“101 计划”核心教材
力学领域

理论力学教程

李俊峰　张　雄　张梦樱　编著

中国教育出版传媒集团
高等教育出版社·北京

内容提要

本书是力学领域“101计划”核心教材及“高等学校力学创新人才培养系列教材”之一，完整呈现课堂教学全过程，采用偏重理性的方式叙述，适合有较好数学基础和习惯逻辑思维的师生阅读。本书以牛顿力学和分析力学为两条并行主线，以微积分、线性代数及大学物理中的力学部分为基础，聚焦最有理论力学特点的基础内容，重点讲授动力学内容和分析力学方法，并从多种角度讲解基本概念、基本公式和基本方法。本书配套的数字资源包括概念辨析、难点讲解、典型例题及习题参考答案，便于读者学习参考。

本书可作为高等学校力学类、机械类、土木类、水利类、航空航天类专业的理论力学课程教材，也可作为研究生和相关工程技术人员的参考用书。

图书在版编目（CIP）数据

理论力学教程 / 李俊峰，张雄，张梦樱编著 . 北京：高等教育出版社，2025. 5. -- ISBN 978-7-04-063849-3

Ⅰ. O31

中国国家版本馆CIP数据核字第20252ZE914号

Lilun Lixue Jiaocheng

策划编辑 赵湘慧　责任编辑 赵湘慧　封面设计 王　洋　版式设计 李彩丽
责任绘图 黄云燕　责任校对 张　薇　责任印制 高　峰

出版发行 高等教育出版社
社　　址 北京市西城区德外大街4号
邮政编码 100120
印　　刷 固安县铭成印刷有限公司
开　　本 787mm×1092mm 1/16
印　　张 38
字　　数 770千字
购书热线 010-58581118
咨询电话 400-810-0598
网　　址 http://www.hep.edu.cn
　　　　 http://www.hep.com.cn
网上订购 http://www.hepmall.com.cn
　　　　 http://www.hepmall.com
　　　　 http://www.hepmall.cn
版　　次 2025年5月第1版
印　　次 2025年5月第1次印刷
定　　价 78.00元

物 料 号 63849-00

理论力学教程

1 计算机访问https://abooks.hep.com.cn/63849 或手机微信扫描下方二维码进入新形态教材网。

2 注册并登录后，计算机端进入“个人中心”，点击“绑定防伪码”，输入图书封底防伪码（20位密码，刮开涂层可见），完成课程绑定；或手机端点击“扫码”按钮，使用“扫码绑图书”功能，完成课程绑定。

3 在“个人中心”→“我的学习”或“我的图书”中选择本书，开始学习。

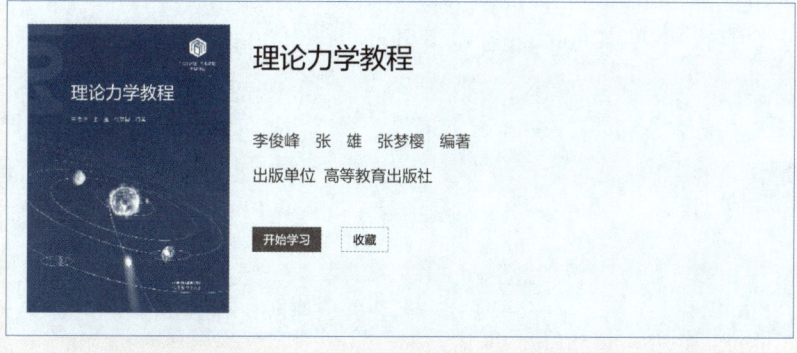

理论力学教程

李俊峰　张　雄　张梦樱　编著

出版单位　高等教育出版社

开始学习　收藏

受硬件限制，部分内容可能无法在手机端显示，请按照提示通过计算机访问学习。如有使用问题，请直接在页面点击答疑图标进行咨询。

扫描二维码
访问新形态教材网
小程序

https://abooks.hep.com.cn/63849

出版说明

为深入实施科教兴国战略、人才强国战略、创新驱动发展战略，统筹推进教育科技人才体制机制一体化改革，推动新一轮科技革命与产业变革时期的拔尖创新人才培养，2021 年 12 月 31 日，教育部决定在部分高校实施计算机领域本科教育教学改革试点工作计划，简称“101 计划”。2023 年 4 月，教育部启动数学、物理学、化学、生物科学、基础医学、中药学、经济学、哲学 8 个领域的基础学科系列“101 计划”。2024 年 4 月以来，第二批“101 计划”在力学、集成电路、人工智能、大气、海洋、统计学等领域陆续启动。

力学是基础科学与工程技术的中枢和桥梁，在推动基础理论发展、科技创新、解决“卡脖子”工程问题等方面发挥着关键作用。力学领域“101 计划”由浙江大学牵头，面向世界科技前沿和国家重大战略需求，联合北京大学、清华大学、北京航空航天大学、北京理工大学、天津大学、大连理工大学、哈尔滨工业大学、同济大学、上海交通大学、南京航空航天大学、中国科学技术大学、华中科技大学、西安交通大学、西北工业大学、国防科技大学（以上按院校代码排序）16 所高校共建，面向工程力学、理论与应用力学两个专业，以实验、理论、计算、数据驱动四大范式交叉融合为导向，以兼具传承经典和探索新知的课程、教材、实践项目建设为引擎，着力推进卓越人才自主培养，激发学生的科学志趣和创新潜力，推动教师为学生成长成才提供学术引领、精神感召和人生指导。

在教育部高等教育司指导下，力学领域“101 计划”成立了由力学领域 11 位院士组成的专家指导委员会和一批权威专家组成的工作组，涵盖“力学导论”“数学物理方法”“理论力学”“材料力学”“弹性力学”“流体力学”“动力学与控制”“计算力学”“数据力学”“实验力学”“力学基本问题”“力学工程问题”12 门核心课程和“入门级夏令营”“国际化夏令营”“虚拟仿真实践项目”“航天类实践项目”“航空类实践项目”“工程类实践项目”6 门核心实践项目，通过数字赋能带动线下课程与实践项目改革，努力探索一条以“建构双脑（电脑与人脑）、人在回路、具身智能”为特征的教育教学新模式。

力学领域“101 计划”系列教材编写团队汇聚国内顶尖高校力学学科带头人及中青年骨干教师，立足中国力学教育特色和借鉴国际先进经验，将知识内容拆分为知识点和知识关系，以循序渐进的方式模块化重构与关联，打造符合学习记忆特征、逻辑完整而不失个性化的教材体系，并强化学生的范式训练与跨学科思维培养。每部教材均经过多轮专家评审，确保体系的系统性、内容的先进性与教学的适应性。

本系列教材由高等教育出版社领衔，联合浙江大学出版社、北京大学出版社、科学出版社等单位共同出版，配套慕课、虚拟仿真平台及力学教育大模型，构建“教材-资源-平台-工具”一体化生态，为高等学校提供可定制的教学解决方案。教材不仅适用于力学类专业，也可作为航空航天、机械、土木、能源、海洋等相关工程科学类专业的重要参考资料。

“101 计划”是我国本科教育教学改革的一项筑基性工程。教学改革，改到深处是课程，改到痛处是教师，改到实处是教材。感谢教育部高等教育司的悉心指导，感谢浙江大学及各参与高校的大力支持，感谢全体教材编写专家、主审专家及出版团队的辛勤付出！本系列教材的出版，是力学领域“101 计划”实施的标志性成果和重要里程碑，与其他基础要素建设相得益彰，将为我国力学及相关专业全面深化本科教育教学改革、构建高质量人才培养体系提供有力支撑。我们将以此为起点，持续推动教学创新，为培养“明理、求是、数智、创新”的力学领军人才贡献力量，助力我国从“教育大国”向“教育强国”、从“力学大国”向“力学强国”的迈进。

力学领域“101 计划”工作组

前 言

本书是根据清华大学李俊峰教授 8 年讲课过程的实录整理而成的，主要包括以李俊峰、张雄主编的《理论力学》（第 2 版）为参考教材，给清华大学钱学森力学班的 2011 级本科生（工程力学专业）讲授“理论力学”课程（64 学时），给 2014 级至 2016 级本科生（工程力学专业）讲授“动力学与控制基础”课程（80 学时，包括理论力学、分析力学、运动稳定性等内容）的理论力学部分；以李俊峰、张雄主编的《理论力学》（第 3 版）为参考教材，给清华大学行健书院的 2020 级至 2023 级本科生（理论与应用力学专业）讲授“理论力学”课程（64 学时）。需要特别说明的是，上述 8 年授课并没有按照选用的参考教材的编排顺序，而是尝试了更符合“拔尖计划”和“强基计划”学生的培养目标、数学基础、逻辑思维习惯的编排顺序，同时增加了部分需要学生精深学习的教学内容。本书是这 8 年教学尝试的呈现，同时充分借鉴了 30 年来李俊峰教授在清华大学讲授理论力学课程、运动稳定性课程的教学经验。

从 1687 年牛顿的《自然哲学的数学原理》出版以来，在 300 多年的发展历史中，有关理论力学内容的课程和教材，一直都有两种类型：一种是注重理性的（或者理论的），强调用严谨的数学命题和数学证明来表述力学；另一种是注重直观和应用。按照钱学森力学班（属于“拔尖计划”）和行健书院双学士学位（属于“强基计划”）的本科生培养方案，学生们在学习理论力学课程之时已经具备了扎实深厚的数学基础，也习惯并喜欢理性思维，他们未来要从事的科研工作在方向上具有多样性，在内容上具有理论创新性。因此，本书采用了更偏向理性的方式讲授理论力学课程内容。

本书遵循了李俊峰、张雄主编的《理论力学》第 1—3 版编写的 4 个原则：（1）以牛顿力学和分析力学为两条并行的主线贯穿整个教学过程，内容完整、结构紧凑、叙述严谨、逻辑性强；（2）以大学物理的力学部分、数学分析（微积分）、高等线性代数为基础，重点介绍最有理论力学课程特点的基础内容；（3）重点讲授动力学内容和分析力学方法，因为它们在理论和应用方面都更有价值，内容也更丰富；（4）从多种不同的角度讲解基本概念、基本公式和基本方法，既有严格的理论证明，又有形象直观的物理解释。

本书共 22 讲，每讲为 2~4 教学学时。第 1 讲是绪论。第 2—7 讲的内容是运动学，包括点的运动学、刚体运动、刚体平面运动、刚体定点运动、点的复合运动、刚体复合运动。第 8—17 讲，以及第 21、22 讲都属于动力学，包括牛顿力学和分析力学基础。我们在教学中尝试将牛顿力学和分析力学融合在一起，不严格区分哪一讲属于牛顿力学或分析力学，只能说是以牛顿力学为主或以分析力学为主。第 8、12—15、17、21、22 讲是以牛顿力学为主，包括质点动力学、动量定理、动量矩定理、动能定理、碰撞问题、力系的等效与简化、刚体动力学和变质量系统动力学。第 9—11、16 讲是以分析力学为主，包括分析力学基本概念、力学基本原理、拉格朗日方程 I。第 18—20 讲的内容是静力学，包括刚体静力学和分析静力学。第 18、19 讲属于刚体静力学，包括刚体系平衡和摩擦。第 20 讲是虚位移原理，属于分析静力学。我们在教学中将静力学看作动力学的特例，安排在动力学基本内容之后。

本书由李俊峰、张雄、张梦樱合作编著，具体分工如下：李俊峰和张雄提供《理论力学》第 1—3 版的相关资料；李俊峰提供讲课过程实录资料，负责本书框架制定和全书统稿；张梦樱负责根据图书资料、视频资料、期刊论文素材等形成初稿，编写动力学部分章节，以及全书统稿。

在我们的教学和教材中，渗透着清华大学的教育理念和教学成果，以及清华大学理论力学教学团队几十年的教学经验，对此深表感谢！

本书在编著过程中，得到了教育部力学领域“101 计划”的支持。北京航空航天大学王琪教授审阅了全书，提出了许多宝贵意见和建议，对此深表谢意。

由于编著者的水平有限，书中难免有疏漏，恳请读者指正。

编著者

2024 年 11 月于清华园

主要符号表

$\boldsymbol{a}$	加速度
$\boldsymbol{a}_{\mathrm{a}}$	绝对加速度
$\boldsymbol{a}_{\mathrm{n}}$	法向加速度
$\boldsymbol{a}_{\tau}$	切向加速度
$\boldsymbol{a}_{\mathrm{r}}$	相对加速度
$\boldsymbol{a}_{\mathrm{r}}^{\tau}$	相对加速度的切向分量
$\boldsymbol{a}_{\mathrm{r}}^{\mathrm{n}}$	相对加速度的法向分量
$\boldsymbol{a}_{\mathrm{e}}$	牵连加速度
$\boldsymbol{a}_{\mathrm{e}}^{\tau}$	牵连加速度的切向分量
$\boldsymbol{a}_{\mathrm{e}}^{\mathrm{n}}$	牵连加速度的法向分量
$\boldsymbol{a}_{\mathrm{k}}$	科氏加速度
A	自由振动振幅、功
C_a	加速度瞬心
$\mathrm{d}'A$	元功
e	碰撞恢复因数、偏心率
$\boldsymbol{f}$	拉普拉斯矢量
f	约束方程
$\boldsymbol{F}$	力
$\boldsymbol{F}_{\mathrm{R}}$	主矢量
$\boldsymbol{F}_{\mathrm{N}}$	约束力
g	重力加速度
G	万有引力常数
h	高度
H	拉梅系数

$\boldsymbol{i}$	x 轴的基矢量
I	冲量
$\boldsymbol{j}$	y 轴的基矢量
J_z	刚体对 z 轴的转动惯量
J_{xy}	刚体对 x、y 轴的惯性积
J_C	刚体对质心的转动惯量
k	弹簧刚度系数
$\boldsymbol{k}$	z 轴的基矢量
l	长度
L	拉格朗日函数
$\boldsymbol{L}_o$	刚体对点 O 的动量矩
$\boldsymbol{L}_C$	刚体对质心的动量矩
m	质量
M_z	对 z 轴的矩
$\boldsymbol{M}$	力偶矩、主矩
$\boldsymbol{M}_o(\boldsymbol{F})$	力 $\boldsymbol{F}$ 对点 O 的矩
n	质点数目、转速
O	参考坐标系的原点
$\boldsymbol{p}$	动量
P	重量、功率
q	载荷集度、广义坐标
$\boldsymbol{Q}$	广义力
r	半径、矢径的模
$\boldsymbol{r}$	矢径
$\boldsymbol{r}_o$	点 O 的矢径
$\boldsymbol{r}_C$	质心的矢径
R	半径
s	弧坐标
S	面积、哈密顿作用量
$\boldsymbol{S}$	惯性力
t	时间

T	动能
$\boldsymbol{v}$	速度
$\boldsymbol{v}_\mathrm{a}$	绝对速度
$\boldsymbol{v}_\mathrm{r}$	相对速度
$\boldsymbol{v}_\mathrm{e}$	牵连速度
$\boldsymbol{v}_C$	质心速度
V	势能、体积
W	重量
Z	拘束
x, y, z	直角坐标
α	角度坐标、初相位
β	角度坐标
ε	角加速度
δ	滚动摩擦系数、阻尼系数
δ_{ij}	克罗内克符号
$\mathrm{\delta}$	变分符号
$\mathrm{\delta}A$	虚功
λ	特征根、不定乘子
μ_s	静摩擦因数
ν	真近点角
φ	角度坐标
φ_f	摩擦角
ψ	角度坐标
ω_0	固有角频率
$\boldsymbol{\omega}$	角速度
$\boldsymbol{\omega}_\mathrm{a}$	绝对角速度
$\boldsymbol{\omega}_\mathrm{r}$	相对角速度
$\boldsymbol{\omega}_\mathrm{e}$	牵连角速度

目　录

第1讲 绪论

1.1 引言

理论力学是一门重要的专业基础课，在很多本科专业培养方案中都被列入必修课，是后续学习力学专业课程和相关工科专业的必备基础。下面将通过几个例子，说明理论力学可以帮助我们解决科学、技术、工程、生活中的实际问题。

1. 最早的人造地球卫星

人类的第一颗人造地球卫星“斯普特尼克 1 号”（俄文名 Спутник-1，英文名 Sputnik-1）如图1.1所示，由苏联研制，于 1957 年 10 月 4 日发射。俄文单词 Спутник 原意是“同行者”“同路人”“旅伴”，后来指代人造地球卫星。现在我们也可以将 Спутник-1 翻译为“卫星 1 号”。美国在 1958 年 1 月 31 日发射了人类历史上第二颗卫星“探险者 1 号”，如图1.2所示。

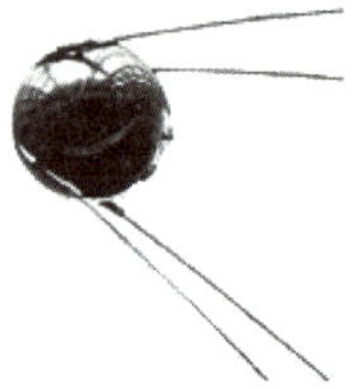

图 1.1 苏联“斯普特尼克 1 号”卫星

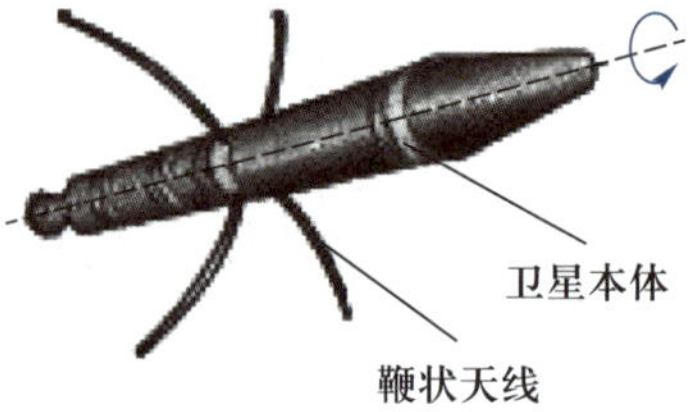

图 1.2 美国“探险者 1 号”卫星

“卫星 1 号”是一个近似的圆球，带着 4 根天线，在轨飞行时，绕其对称轴自旋，并且对称轴沿着设计的方向保持稳定。“探险者 1 号”是一个近似的圆柱，带着 4 根天线，按照设计，这颗卫星也应该是绕其对称轴自旋，并且对称轴沿着设计的方向保持稳定。但是，“探险者 1 号”发射入轨几个小时之后，发生了 90° 的翻转，导致无法正常工作。

“探险者 1 号”发生翻转的原因是什么？20 世纪 60 年代到 70 年代前半段的十余年间，专家学者们经过研究分析给出了自旋稳定卫星设计的“最大轴原理”。“卫星 1 号”符合这个原理，而“探险者 1 号”不符合这个原理。“最大轴原理”与我们理论力学课程的内容密切相关。本教程将在后续内容中逐渐进行详细介绍讲解。

我国于 1971 年发射的“实践一号”也是自旋稳定卫星，卫星设计符合“最大轴原理”。卫星入轨后发生了一个小插曲：刚开始几天地面收不到卫星信号，卫星似乎完全失联了；过了几天后，突然收到卫星信号了；此后一切正常。对这个奇怪现象有一种解释，也是用“最大轴原理”。本教程也会在后续内容中进行介绍。

2. 特罗伊族小行星群

牛顿力学的理论之所以被认可，其中很重要的原因在于能用实践对其加以检验。任何理论都必须通过实验加以验证，其中包括两种情况：一种是理论可以解释已经做过的实验；

另一种是理论可以预测和指导尚未开展的实验。许多人可能认为第二种情况更神奇，本书将介绍两个这样的例子。

读者可能已经比较熟悉海王星的发现过程，这是借助牛顿力学理论的精确数学计算和天文观测相结合的著名案例。在 19 世纪初，天文学家注意到天王星的轨道出现了异常，这表明可能存在一颗未知行星在影响天王星的轨道。英国天文学家亚当斯和法国天文学家勒威耶分别独立进行了计算，预测了这颗未知行星的位置和轨道。随后，欧洲各地的天文台开始在计算预测的位置附近进行观测。1846 年，柏林天文台的伽勒在勒威耶的预测基础上，成功观测到了海王星。

第二个例子是关于特罗伊族小行星群的。大家知道，在三体问题中存在 5 个平衡点（称为拉格朗日点），欧拉在 1767 年推算出了 3 个，拉格朗日在 1772 年推算出了另外 2 个。其中，3 个拉格朗日点（L_1、L_2、L_3）位于两个大天体连线上，而另外 2 个拉格朗日点（L_4、L_5）则分别与两个大天体构成等边三角形。根据运动稳定性理论，L_1、L_2、L_3 是不稳定的平衡点，L_4、L_5 是稳定的平衡点。因此，可以猜测，在与太阳和木星呈等边三角形的位置上，可能存在稳定运行的天体。1906 年，德国天文学家沃尔夫发现位于太阳–木星的 L_4 点附近的小行星。随着持续地观测，人们发现了更多小天体，我们称之为小行星（如图1.3所示）。目前，已经发现的太阳系内小行星数量超过 100 万颗，特罗伊族小行星群就是其中一类。

以上两个例子距离实际生活比较远，下面介绍几个生活中可以遇到的问题。读者在学习理论力学的过程中，会逐渐理解这些问题，也可以尝试解决这些问题。

（1）**侧方停车**

如果路右侧刚好有一个停车位，前后都已有汽车。此时不能直接右转让车头进入车位，

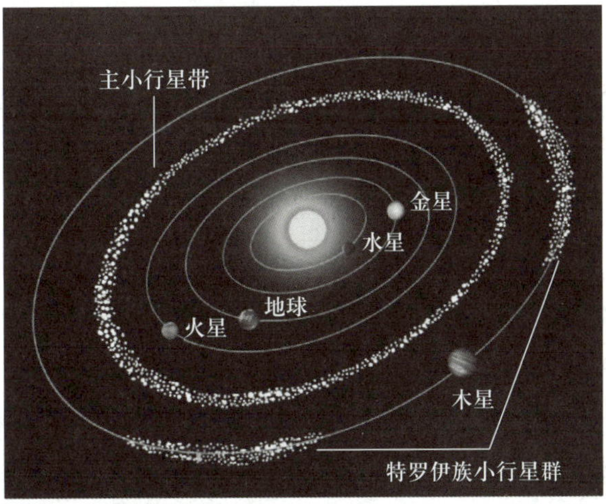

图 1.3　特罗伊族小行星群

而是需要开车超过车位一些，然后再倒回来，让车尾先进入车位，这样才能顺利停入车位。此中的原因用理论力学的运动学知识就可以解释。

（2）**武林高手**

影视剧里的武林高手很神奇，拿骰子飞过去打碎东西，令人称奇。这种现象可以用理论力学中惯性力来解释。

（3）**陀螺惯性**

陀螺有神奇的特性，可以保持旋转轴的指向。直立的陀螺在受到微小的短时间的干扰时，并不会倒下，运动会变得“摇头晃脑”。通过学习理论力学可以了解陀螺运动的基本原理。

（4）**下落的猫**

猫在空中下落的过程中，能够快速翻身，最终四脚着地。本教程作者曾经做过这样的实验：双手分别抓住猫的两条前腿和两条后腿，提到大约 50 cm 的高度，然后双手松开，让猫下落。发现猫并不会后背着地，而是非常灵活地在空中翻转过来，并娴熟地用四脚着地。初步分析可能会产生疑问：猫在空中翻滚的过程中，好像违背了物理中的角动量守恒定律。对这个疑问，不少学者进行过各种各样的研究。

（5）**地球上只能见到月球的一面**

月球总是以其同一面朝向地球，物理学对此有定性的解释（潮汐锁定）。我们可以借助理论力学给出更加详细的解释，并且可以更精确地计算其中的物理量。

（6）**卫星的指向**

航天工程中卫星的指向，属于姿态动力学与控制问题，与理论力学中的刚体动力学密切相关。刚体动力学是研究航天（航空、航海）中姿态动力学、姿态控制的最重要基础，也是研究其他运动体（比如车辆、机器人）控制的基础。

理论力学与之前学过的大学物理有不同的分工。在物理学中更加强调如何展示现象，以及用什么模型来描述这些现象，因此定性的理论分析更为重要。理论力学要面向未来的工程应用，为工科学生学习专业课程打基础。因此，理论力学强调的不仅是定性的理论分析，还包括计算和分析的能力。

1.2 力学是什么

按照汉语字面意思理解，力学似乎是研究力的学问。因此有很多学者，甚至权威专家都解释：力学主要就是研究力的，同时将中国古代一些关于“力”的说法引入讨论，比如，“力，形之所以奋也”。作为学术词汇的“力学”的英文单词是 mechanics，其词根 mechan 源于希腊文，意思是“机器”，由这个词根构成的单词有：mechanic、mechanical、mechanism、mechanize、mechanics……可以想象，一个母语为汉语的小孩第一次见到“力学”，另一个母语是英语的小孩第一次见到 mechanics，他们分别去猜这个生词的含义，其结果可能会大相径庭。

引用国务院学位委员会的文件中两段权威描述。第一段话给出力学的一种定义：

[概念辨析]
力学是什么

> “力学研究物质运动、变形、流动的科学规律，及其与物理学、化学、生物学等过程的作用，其研究成果和研究方法具有极强的普适性……”

变形、流动都是运动的表现形式。所以，力学是研究运动的规律或机理的科学。前文举过的那些例子，都是研究现象背后的机理，探寻科学规律，而不是简单套用数学公式计算数据。力学早期研究的运动主要是机械运动，即物体位形随时间的变化，包括静止、移动、转动、振动、变形、流动、波动、扩散等。现在力学研究更复杂的运动，与自然科学（物理、化学、生物）有一定的交叉融合。众多工程领域中涉及运动规律的问题，也都可能吸引力学专家来研究。

第二段话说明了力学的研究成果：

> “……被诸多学科采用，广泛应用于机械、船舶、航空、航天、交通、能源、环境、土木、水利、材料、化工、电子信息、纳米技术、生物医学工程等领域。”

力学的研究方法具有极强的普适性，因此，被诸多学科所采用，包括机械、船舶、航空、航天、交通等一些领域。这就可以理解为什么有那么多非力学专业的学生要学习理论力学，其他许多专业也同样需要力学。在一定意义上来讲，掌握原理和机理也是原始创新的基础。

理论力学是大学生学习的第一门力学课程，以研究简单的机械运动（静止、移动、转动）为例，介绍力学的基本原理和基本方法，训练大学生的基本力学思维和技能。任何领域的“新手”都应该从简单的问题开始学习和研究，然后再逐渐学习和研究复杂问题。学习理论力学的大学生显然是力学“新手”，即使面对简单问题，也需要足够的时间和耐心，踏踏实实地做好训练。

1.3 力学的发展史

从力学的发展历史来看，促进力学发展的推动力是什么呢？很多人都会觉得一定是生产实践的需求，这个想法是很有道理的。改进生产的工具、工艺，能让我们提高劳动效率，获得更多的生活和生产资源，使我们的生活变得更富足。不过，根据力学史专家研究，在力学成为一门独立学科且有比较完整的理论体系之前，力学研究的主要推动力是探索自然的客观规律，特别是探索天体运动的规律。对我们人类来说，遥远的天体有一定神秘感，在想象中，天体运动的规律可能特别复杂难测。事实上，天体运动的力学规律相比生产、生活中用到的工具（比如马车）的力学规律更简单。尽管天体距离我们很遥远，但其受力非常简单，更容易建模分析。

19 世纪以前，力学是物理学的一部分，大家在中学物理学到的力学知识基本上都是 19 世纪以前的内容。19 世纪中叶，固体力学和流体力学理论基础的建立，标志着力学成为独立于物理的学科。

20 世纪以前的力学、数学、物理、天文密不可分，学者发表的文章涉及各个领域，包括天文学、数学、物理、力学等。当时学科没有细分，做研究的往往都是同一批人，他们彼此交流，力学与数学、物理、天文学交织在一起，所以，力学也具有同样的基础学科的性质。迄今为止，在国家自然科学基金委员会的学科划分中，数学、物理、天文学与力学都在数理科学部，同属基础学科。

20 世纪力学的发展跟航空航天密切相关。首先，制约航空航天发展的核心关键问题中有大量是力学问题，力学家研究的问题对航空航天发展有帮助。同时，那些最让力学家觉得有挑战的问题，往往都来自航空航天。所以，以钱学森为代表的国防领域、航空航天、“两弹一星”专家，同样也是力学家。早年的钱学森研究力学，后来他将力学理论应用于航空航天领域，在应用中又发现了重要的力学问题。

清华大学力学学科发展的历史，也能体现上述特点。1937 年清华大学就建立了航空航天学科，在 1952 年院系调整时该学科完全并入北京航空航天大学。2004 年清华大学恢复设置航天航空学院，把整个力学系并入其中。类似地，现在国内很多高校的力学专业都设置在航空航天学院。

综上所述，力学与基础学科、工程学科都有密切联系。力学跟数学、物理、化学、生物等纯粹的基础学科有明显区别，与工程的联系更加密切。力学是车辆、土木、水利、能源动力、机械、建筑等工程学科的基础。从这个角度来说，力学又具有技术学科的特点。另外，从学科（研究生教育）和专业（本科教育）管理看，力学既可以授予理学学位，也可以授予工学学位，同时具有理科和工科的属性。我们也可以说，力学是横跨理科、工科的桥梁。从很多高校现在的院系和学科设置来看，力学专业有的设置在理学院，也有的设置在工学院，比如机械学院、建筑学院、土木学院等，有一些高校的力学课程由相关工科专业的教师讲授。有些教师认为，力学是应用数学，工科是应用力学或应用数学。

1.3.1 力学的分支

力学有三个主要分支：固体力学、流体力学和一般力学。在 2000 年前后，“一般力学”已更名为“动力学与控制”。“一般力学”不太容易理解，是从俄文直译过来的，再往前回溯，俄文的这个词是从法文来的。学术词汇的流变，反映了学术脉络和传承的历史。早期的学者在力学三个分支上并不分家，比如，欧拉（1707—1783）在三个力学分支上都做出了重要贡献，纳维（1785—1836）对流体力学和固体力学都作出了重要贡献。

1.3.2 代表人物与著作

在牛顿时代之前，也就是在经典力学理论体系建立之前，有一部重要的代表作《几何原本》，由欧几里得（约前 330—前 275）所著。按道理说，几何是与数学相关的，为什么说欧几里得是力学代表人物呢？这是因为整个牛顿力学建立在几何的基础上，牛顿力学也被称为几何力学，所以我们也认为欧几里得是经典力学理论体系建立之前的力学家的代表。《静力学原理》也是早期的重要代表作，由斯蒂文（1548—1620）所著，反映人们早期对力学的研究，研究对象是静止不动的物体，后来逐步拓展到运动的物体。下面列出经典力学理论体系建立之前的代表人物，并列出其中部分人物的代表作，感兴趣的读者可以自行查阅。

亚里士多德（前 384—前 322）
欧几里得（约前 330—前 275）《几何原本》
阿基米德（前 287—前 212）
达·芬奇（1452—1519）
哥白尼（1473—1543）
斯蒂文（1548—1620）《静力学原理》
开普勒（1571—1630）
伽利略（1564—1642）
托里拆利（1608—1647）
帕斯卡（1623—1662）
惠更斯（1629—1695）
笛卡儿（1596—1650）
胡克（1635—1703）
库仑（1736—1806）

在力学史上具有划时代意义的就是牛顿的著作《自然哲学的数学原理》（1687）。牛顿三大定律都出自此书。不过，在现在的许多教材中，对牛顿定律的描述没有尊重原著，而是做了一些“改变”。这些改变从表面上看降低了学生学习的门槛，让没有微积分基础的学生可以阅读，但作者不认为真正降低了学习难度，也可能加大了难度。我们认为，在缺少微积分基础的时候就学牛顿力学，对大部分学生来说可能是“弊大于利”。提早学习牛顿力学，不能用高等数学而只能用初等数学来描述，对真正的学术训练并无益处。在本科阶段“理论力学”这门课中，安排学习牛顿力学更为科学合理，此时大学生已具备学习牛顿力学所需要的数学基础。

牛顿的著作《自然哲学的数学原理》建立了牛顿力学，拉格朗日的著作《分析力学》（1788）建立了拉格朗日力学。用数学分析的方法来研究力学问题，给出了经典力学的一种新的数学表述。这是整个力学发展史上第二个里程碑意义上的重要贡献。我们肯定拉格朗日的贡献，认为其与牛顿一样做出了创新性贡献。拉格朗日评价牛顿说：“牛顿是最杰出的天才，而且他是那么幸运，人类只有一次机会去建立世界的体系”。感兴趣的读者可以阅读彭刚教授的著作《西方思想史十二讲》，其中讲述了这里列举的人物，试着读一读，可从中体会到理工科和文科相通的学术思想。

在经典力学发展史上，哈密顿做出了第三个里程碑意义的重要贡献。哈密顿的两篇论文《论动力学中的一个普遍方法》（1834）和《再论动力学中的一个普遍方法》（1835），建立了哈密顿力学。简单地讲，可以认为牛顿力学是用 $3n$ 个笛卡儿坐标描述运动，对于有约束的力学系统，$3n$ 个笛卡儿坐标不独立，需要处理的常微分方程数目可能多于系统的自由度；拉格朗日力学是用 k 个广义坐标描述运动，对于完整约束的力学系统，广义坐标是独立的，需要处理的常微分方程数目等于系统的自由度。在他们所处的时代，方程多可能就意味着无法求解，方程少就可以求解。哈密顿力学是用 k 个广义坐标和 k 个广义动量作为独立变量来描述运动，从某种意义上可以认为，哈密顿力学是从拉格朗日力学演变而来的。哈密顿力学对现代力学（哈密顿原理是计算力学的基础之一）、物理学（量子力学、统计力学）、数学（微分几何、泊松代数）都有重要意义。例如，哈密顿力学中的正则方程，不仅是经典力学的重要方程，也被应用于量子力学，甚至被认为是连接经典“世界”与量子“世界”的关键。

牛顿力学、拉格朗日力学、哈密顿力学分别用不同的变量描述力学系统，从数学上来讲，可以通过数学变换从一种描述得到另一种描述。用不同的变量描述和研究同一个物理问题，可能会发现，处理问题的难易程度有较大差异。

拉普拉斯的《天体力学》，一共是 5 卷（本），也可以看作重要的力学代表作。在研究天体运动的过程中，经典力学理论得到了综合应用，也推动了经典力学的发展，形成的研究方法至今还可以应用于航天工程设计。

最后介绍俄罗斯学者李雅普诺夫。他既可以算得上是数学家，又可被看作控制理论的奠基者之一，也可被认为是力学家。他研究的运动稳定性属于动力学的研究范畴。李雅普诺夫于 1892 年发表的博士论文《运动稳定性一般问题》，是运动稳定性理论 100 多年来发展的基石。

在经典力学理论体系建立与发展过程中涌现的代表人物及其代表作，还包括达朗贝尔及其著作《论动力学》(1743)、欧拉及其著作《刚体运动理论》(1765)，本教程在后面的内容中会介绍，感兴趣的读者可自行查阅资料。

牛顿《自然哲学的数学原理》(1687)

达朗贝尔《论动力学》(1743)

欧拉《刚体运动理论》(1765)

拉格朗日《分析力学》(1788)

拉普拉斯《天体力学》(1799—1825)

哈密顿《论动力学中的一个普遍方法》(1834)、《再论动力学中的一个普遍方法》(1835)

李雅普诺夫《运动稳定性一般问题》(1892)

本教程不仅要讲牛顿、欧拉和拉格朗日的理论，还会介绍达朗贝尔、拉普拉斯、哈密顿和李雅普诺夫的一些理论。

1.3.3 "理论力学"名称的来源

从世界范围看，有些国家和地区的高校并没有开设理论力学课程，但设有静力学、运动学、动力学和分析力学等相关课程。通过对英语、法语、俄语、德语和汉语教材的分析①，说明"理论力学"起源于牛顿所称的"理性力学"，由法国学者作为课程名称，影响了俄国和中国。俄语汉译的理论力学教材对我国有深远的影响。1811 年泊松的《力学教程》(法文) 奠定了理论力学的教学体系。阿佩尔的 5 卷《理性力学》(1896 年第 1 版) 之第一、二卷接近现今的理论力学，1960 年俄译本直接译为：Теоретическая механика (《理论力学》)，更接近现代的理论力学。现在提到的"理性力学"和"理论力学"无关，通常是指科研方向。

综上所述，"理论力学"始终是力学的基础，以质点、刚体、质点系为模型研究物体运动的一般规律，形成了牛顿力学和分析力学的两大理论体系。理论力学运用这些原理和方法，重点研究刚体、刚体系的运动规律，研究思想和方法也适用于连续介质系统。

我国高校的"理论力学"通常分成三个部分，即静力学、运动学与动力学。绝大多数高校的讲授顺序往往都从静力学开始，再讲运动学和动力学。静力学可以包括分析静力学，动力学也可以包括分析动力学。静力学和动力学之间的讲授次序可以随着授课侧重点不同而变化。包括美国在内的国外高校开设的与理论力学对应的课程通常指两门课，一门是静

① 推荐阅读文献：陈立群."理论力学"名称的来由 [J]. 力学与实践，2022,44 (1)：225-232.

力学，另一门是动力学。静力学通常用以虚位移原理为代表的分析静力学即用数学分析的方法研究平衡问题；动力学包括运动学和牛顿力学中的动力学，也有可能包含分析动力学。

1.4 课程介绍

1.4.1 课程定位

理论力学课程是学习许多工科专业的基础，是工科大学生学习数学和物理之后的第一门专业基础课。理论力学是学习后续课程（如材料力学、弹性力学、流体力学、结构力学、土力学）的必备基础。读者可以通过学习理论力学，建立力学基本概念，学习力学基础知识，掌握处理力学问题的基本方法。力学是成熟最早的学科，在力学知识和方法中蕴含丰富的科学思想。无论将来是否从事力学研究，在学习理论力学时都应认真体会科学思想产生和发展的过程，在学习力学知识和方法的过程中注意力学思维的养成。理论力学课程的第一个教学目标就是奠基：基本概念、基础知识、基本方法、初步力学思维。

尽管理论力学是基础课，但其毕竟也有工科性质。因此，我们也会讲授一些可以直接用于解决工程中、生活中实际问题的知识和方法。工科大学生面对实际问题，应该既能定性研究又能定量分析计算，这是工科大学生必备的基本素质。在教授解决实际问题的实用知识和方法中培养学生的这种素质，是理论力学课程的第二个教学目标。可见，理论力学与数学课程、物理课程教学目标的侧重点有所不同。

理论力学的第三个教学目标是提升力学修养。在概念、方法和思维等方面，相比于以前学习中学物理、大学物理力学部分的时候，应有明显提升。例如，对基本力学概念的理解要从特殊情况扩展到一般情况；面对需要解决的问题要从直接套用公式计算数据转变为关注原理和思路，从局限于初等数学和技巧性考虑转变为运用高等数学的思维和方法，从依靠经验和直觉推断转变为运用理性思维推演。

理论力学只是一门课程，不可能解决太多问题。本教程不会重复之前已经学习过的数学课程和物理课程中的内容。讲解“原汁原味”的工程问题会非常耗时，对于没有任何工程经验的读者来讲，对具体工程问题也是无法体会和理解的，处理这些具体问题的方法也没有太强的可迁移性。相较之下，本教程更倾向选择讲解合理简化后的力学问题。

1.4.2 研究方法

从1.2小节可知，力学是研究运动机理的，探索机理通常都需要建立模型。在研究复杂的实际问题时，机理很可能会被淹没在各种细节中。我们需要去除一些不重要的细节，使用模型清晰地阐述复杂机理。

根据图1.4，处理力学问题通常包括力学建模、数学建模、方程求解与结果分析等几个步骤。力学建模是指把一个工程或自然对象抽象、简化成适当的力学模型，例如，质点模型、刚体模型和弹性体模型。这样的抽象、简化需要对工程或自然对象和各种力学模型的特点都有较全面深入的理解。数学建模是指利用基本的力学原理建立描述各种力学模型的数学方程，包括代数方程、常微分方程、偏微分方程、差分方程等。理论力学的核心内容是利用牛顿力学相关定律和分析力学原理建立力学模型的运动微分方程，通常是常微分方程。

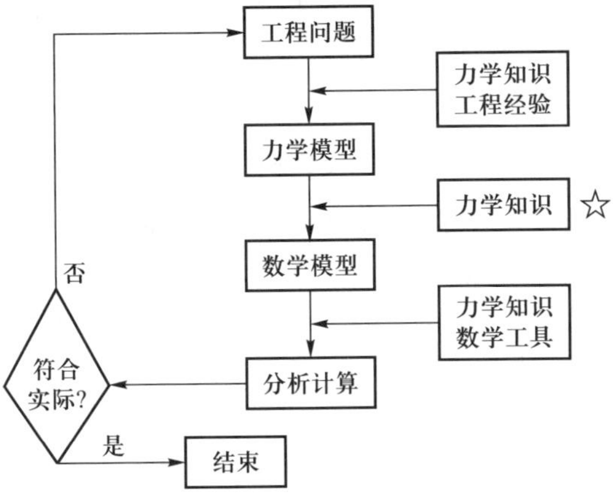

图 1.4

理论力学课程重点研究的力学模型包括质点系、质点和刚体。任何实际物体及物体系统，都可以看成是由质点构成的系统，这个力学模型称为**质点系**。质点系可以是包括有限数量质点的离散系统，也可以是包括无穷多质点的连续体，还可以是离散系统和连续体的组合，是实际物体或物体系统的最具一般性的力学模型。**质点**是最简单的特殊质点系，是体积为零但质量不为零的点。实际物体的体积都不会为零，质点是抽象的理想化的力学模型。如果物体的形状和大小对所研究运动的影响极小，可以忽略不计，就可以选用质点模型。**刚体**也是比较简单的特殊质点系，其内部任何两个质点之间的距离始终保持不变，也就是说刚体在任何情况下都不变形。实际物体在受到外力作用或者温度变化时都会变形，刚体是抽象的理想化的力学模型。如果物体的变形对物体运动的影响可以忽略不计，就可选用刚体模型。显然，质点系模型具有高度的概括性，质点、刚体、弹塑性体和流体等都是特殊的质点系。在理论力学课程中，经常以质点系为对象来介绍基本的力学原理、方法，质点系适用于刚体、弹塑性体、流体等力学模型。理论力学的例题和习题经常选用比较简单的刚体模型，这是第一门力学课程的合理选择。

利用简化模型研究问题，可以降低问题的难度和复杂度，但是任何模型都不能精确地代替实际对象。选用什么样的模型，既要看研究对象，又要看研究内容和计算精度的要求。如果将实际物体用某力学模型代替，不会导致定性分析结果改变，也不会导致定量计算结果超出问题的精度要求，则可以用这个力学模型来简化实际物体。例如，在研究飞机的飞行轨迹时，飞机自身的尺寸与飞机的飞行轨迹相比完全可以忽略不计，可以将飞机简化为质点。在研究飞机的飞行姿态时，可以把飞机看作刚体。另外，飞机在空中飞行时，机翼的弹性变形和空气的升力相互作用，可能导致机翼的强烈振动。研究这种问题时就要把飞机看作弹性体。如图1.5所示，我们再以卫星为例说明。卫星的太阳能帆板可能发生弹性变形和大幅振动，卫星内部燃料贮箱中的液体可能晃动。这些对卫星的运动都有影响。我们研究卫星绕地球的轨道运动时，运动范围（量级大约为 10^7 m）远远超过卫星本身的几何尺寸（量级大约为 10 m），可以选用质点模型。我们研究卫星绕其质心的姿态运动时，就不能用质点模型，至少要选用刚体模型；如果我们对卫星姿态控制精度要求并不是特别高，选用刚体模型就可以了；如果对卫星姿态控制精度的要求特别高，需要同时考虑帆板振动、液体晃动的影响，我们就需要选用刚–弹–液耦合模型了。

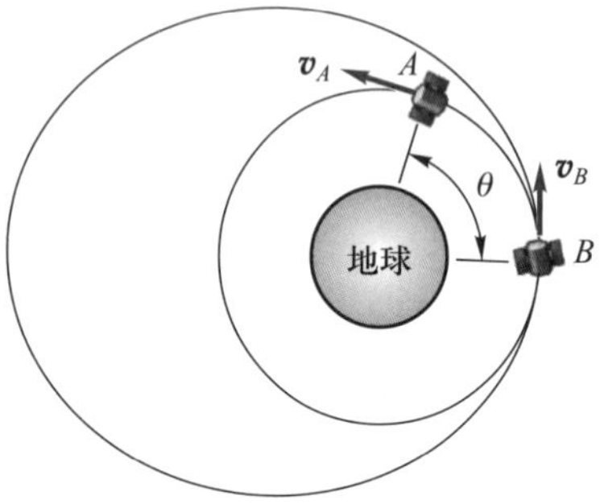

图 1.5

力学的研究方法遵循认识论的基本法则：实践—理论—实践。力学研究方式是多样的，有些是纯理论推理，有些着重实验，有些着重数值模拟。理论推理是通过数学推演来得到力学知识，推演的基础通常是力学的基本原理，本教程后面会具体介绍。

1.4.3 课程特点

本教程突出分析力学，与我国很多高校的理论力学课程及教材相比，介绍牛顿力学的篇幅略少，并且在内容上与大学物理中的力学内容完全不重复。在动力学部分，采用分析力学与牛顿力学交叉的推进方式进行讲授。

本教程的知识体系框架如图1.6所示。先讲运动学，然后讲达朗贝尔—拉格朗日原理，由此原理演绎出整个理论力学的体系。达朗贝尔—拉格朗日原理、虚位移原理、拉格朗日方程通常归属分析力学的内容。

学习理论力学的读者必须熟练掌握必要的数学知识，包括几何（牛顿力学的主要工具）、数学分析（分析力学的主要工具），同时还要清楚公式中数学符号所对应的物理意义。不仅要能准确理解角速度、虚位移等基本力学概念，还要能灵活应用一系列基本定理和公式。这就意味着读者应用本教程时，需要具备数学 [数学分析（微积分）、线性代数、常微分方程、张量] 和物理（特指大学物理的力学部分）的学习基础。初学者在学习牛顿力学相关内容时，会经常感到听懂老师讲课比较容易，自己动手做作业比较困难；学习分析力学相关内容时，会经常感到概念抽象、数学推导比较复杂，听课和读书有一定难度，但自己动手做作业比较容易。这些可以通过课上主动思考、参与交流，课后主动增加一定数量的习题训练，及时找老师、助教答疑，来克服学习困难，最终取得良好的学习效果。

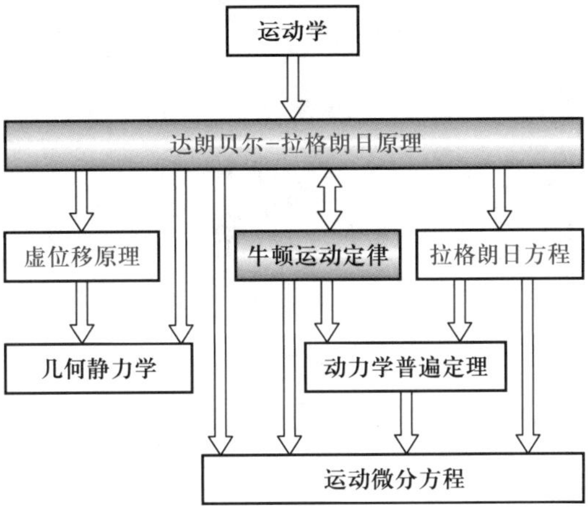

图 1.6

01

第 2 讲

点的运动学

运动学从几何角度描述和研究物体运动，但不必考虑产生运动、改变运动的原因。运动学是动力学的基础，并在工程中有独立的应用。例如，在机器与机构的设计中，需要使用运动学方法分析其运动特性。

为了描述物体的运动，必须首先选取另外一个物体作为**参考体**。在参考体上固连一个由不共面的三条相交直线组成的标架，以代表参考体，称为**参考系**。例如，为了描述汽车的运动，可以在地面上安置一个标架，它的三根轴分别沿着当地的经线、纬线和天顶，称为**地球参考系**。

参考物总是一个尺寸有限的物体，而与之固连的参考系则可以延伸到空间的无限远处，因此参考系是与参考物固连的整个三维空间。地球参考系既可以用来研究汽车的运动，也可以用来研究距离地球很远的一个行星的运动。参考系是参考物的推广，它可能是某个具体参考物的延拓，也可能只有参考系，没有真实参考物。例如，在研究卫星的运动时经常用**地心参考系**，它的原点位于地心，三根轴分别指向三个恒星，但是并不存在一个与该参考系固连的真实参考物，地球本身在这个参考系中绕着地轴旋转。在一般工程技术问题中，如不特别声明，通常选用地球参考系。

参考系和坐标系是两个不同的概念。参考系选定了，物体的运动也随之确定了。描述运动的物理量大多是矢量①。我们可以在参考系中安置坐标系，再将矢量在坐标系中投影，写成分量形式，方便具体计算相关的物理量。在同一个参考系中可以安置多个不同的坐标系，在不同的坐标系中对物体的同一运动的描述也会不同。例如，为了描述某个固定斜面上一个滑块的运动，我们选取地球参考系。可以建立如图2.1所示的坐标系 $Oxyz$ 和 $A\xi\eta\zeta$，在这两个坐标系中物体 W 的运动在数学上的表达显然是不同的，但它们所描述的运动在物理上是相同的。如果在一个参考系中只用一个坐标系，我们可以不区分参考系和坐标系。

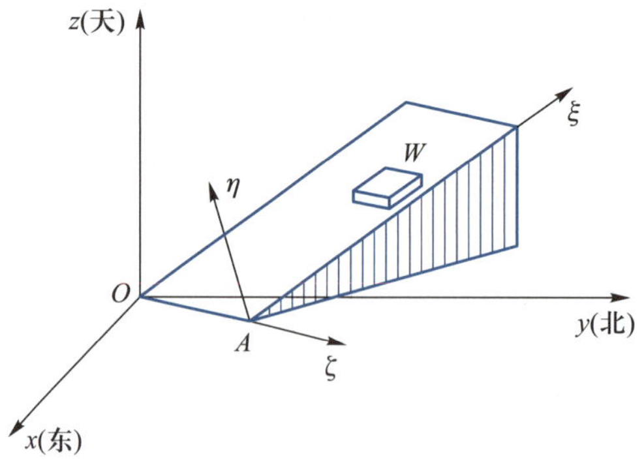

图 2.1

① 推荐阅读文献：朱照宣. 矢量就是向量 [J]. 力学与实践, 2008，30（1）：88.

注记 2.1

当我们谈及关于运动的物理量，如速度、加速度、角速度等，都是相对于某个参考系而言的；当我们提及这些物理量的投影或分量表达，都是相对于某个坐标系而言的。

设物体相对参考系 A 的速度为 $\boldsymbol{v}_A$，相对参考系 B 的速度为 $\boldsymbol{v}_B$，$\boldsymbol{v}_A$ 与 $\boldsymbol{v}_B$ 是两个不同的物理量。可以在不同坐标系下写出这两个量的投影或者分量表达，如表2.1所示。

表 2.1　不同坐标系下速度的投影形式

物体的速度 $\boldsymbol{v}$	相对参考系 A 的速度 $\boldsymbol{v}_A$	在坐标系 $Cxyz$ 中的投影形式	v_{Ax}、v_{Ay}、v_{Az}	①
		在坐标系 $D\xi\eta\zeta$ 中的投影形式	$v_{A\xi}$、$v_{A\eta}$、$v_{A\zeta}$	②
	相对参考系 B 的速度 $\boldsymbol{v}_B$	在坐标系 $Cxyz$ 中的投影形式	v_{Bx}、v_{By}、v_{Bz}	③
		在坐标系 $D\xi\eta\zeta$ 中的投影形式	$v_{B\xi}$、$v_{B\eta}$、$v_{B\zeta}$	④

由表2.1可知，投影形式①与②是一个物理量在两个坐标系中的不同数学表达，两个数学表达之间满足一定的数学变换关系。投影形式③与④亦然。

投影形式①与③是两个物理量在同一个坐标系中的数学表达，两个数学表达之间可以没有关系。投影形式②与④亦然。

投影形式①与④是两个物理量分别在两个坐标系中的数学表达，两个数学表达之间可以没有关系。投影形式②与③亦然。

如果坐标系 $Cxyz$ 与参考系 A 固连，并且是参考系 A 中唯一坐标系，则可以不区分“相对参考系 A 的速度”和“相对坐标系 $Cxyz$ 的速度”。

点的运动学是研究物体运动的基础，研究内容包括点相对于给定参考系的几何位置随时间的变化规律，以及点的运动方程、运动轨迹、位移、速度、加速度等。点的运动学有两种常用的研究方法：解析法和几何法。解析法从建立点的运动方程出发，通过求导得到速度和加速度，适用于研究运动的全过程，也便于计算机求解。几何法直接建立点的矢径、速度、加速度等矢量之间的瞬时几何关系，适用于研究特殊瞬时的运动性质，形象直观，也便于定性分析。

描述点的运动的常见方法包括：矢量描述法、直角坐标描述法、自然坐标描述法、极坐标描述法和曲线坐标描述法等。在理论推导时，我们总是希望所得到的结果不依赖于坐标系，即能适用于各种不同的坐标系。因此，我们通常先用矢量表示出各种量之间的关系，在求解具体问题时，再选用合适的坐标系进行具体的计算。

在本讲内容中，我们先介绍矢量描述法，再介绍与坐标系相关的几种描述法。

■ 2.1 矢量描述法

研究质点 P 相对某参考系的运动，可以在这个参考系中选一个固定点 O，从 O 点引向 P 点的矢量

$$\boldsymbol{r}=\boldsymbol{r}(t) \tag{2.1.1}$$

称为 P 点相对 O 点的**位置矢量**，简称**矢径**。

P 点的位置随时间连续变化，相应的 $\boldsymbol{r}(t)$ 就是一个时间的连续矢量函数。我们称式 (2.1.1) 为 P 点的**矢量形式的运动方程**。对于确定的时刻 t，运动方程给出了 P 点在空间的位置，因此点的运动方程完全确定了它的运动规律。随着时间的变化，矢径 $\boldsymbol{r}(t)$ 的末端在空间中划出一条空间曲线，称作**矢端曲线**，如图2.2所示。这条曲线正是 P 点的运动轨迹。假设由时刻 t 到 $t+\Delta t$，点沿着运动轨迹从 P 点运动到 P' 点（图2.3），相应的矢径由 $\boldsymbol{r}$ 变为 $\boldsymbol{r}+\Delta\boldsymbol{r}$，那么矢量 $\Delta\boldsymbol{r}$ 就是该点在时间间隔 Δt 内的位移。在这段时间内点的平均速度是

$$\boldsymbol{v}^*=\frac{\Delta\boldsymbol{r}}{\Delta t}$$

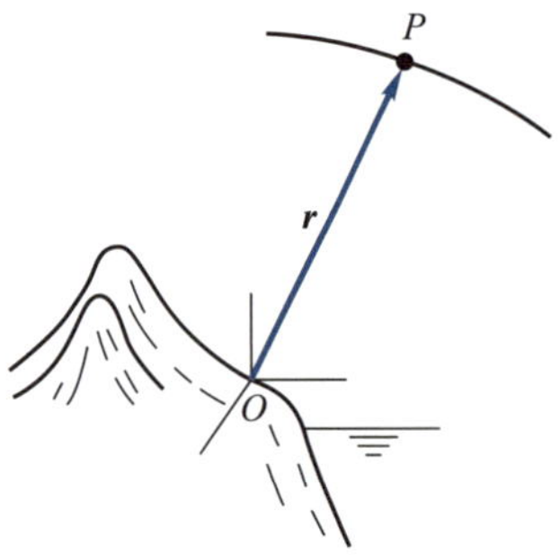

图 2.2

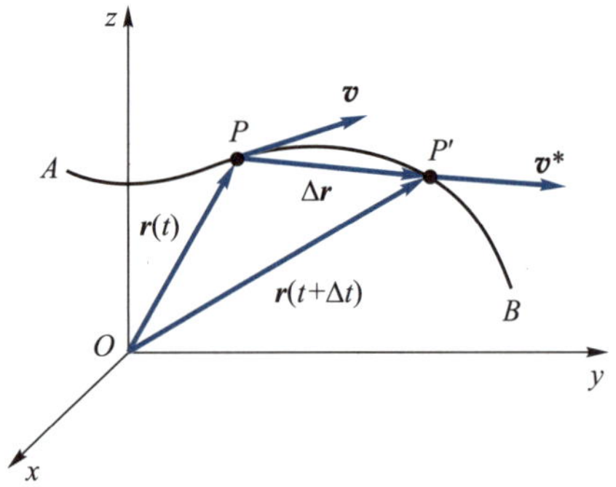

图 2.3

时间间隔的大小不同，得到的平均速度的大小和方向也不同，因此用平均速度不能准确地刻画点的运动状态。为了得到点的位置变化的精确描述，令 $\Delta t\to 0$，平均速度的极限

$$\boldsymbol{v}=\lim_{\Delta t\to 0}\frac{\Delta\boldsymbol{r}}{\Delta t}=\dot{\boldsymbol{r}} \tag{2.1.2}$$

称为点的**瞬时速度**，简称**速度**，它等于矢径对时间的一阶导数。速度是矢量，其方向沿着矢量 $\Delta\boldsymbol{r}$ 的极限方向，即沿着运动轨迹的切线。在国际单位制中速度的单位为 m/s。

速度也是时间的矢量函数，我们可以类似地定义点的**平均加速度**，即在时间间隔 Δt 内速度的平均变化率。如果速度随时间连续变化，我们可以定义点的**瞬时加速度**，简称**加**

速度，即

$$\boldsymbol{a} = \lim_{\Delta t \to 0} \frac{\Delta \boldsymbol{v}}{\Delta t} = \dot{\boldsymbol{v}} = \ddot{\boldsymbol{r}} \tag{2.1.3}$$

在国际单位制中加速度的单位为 $\mathrm{m/s^2}$。

思考题 2.1

$\dot{\boldsymbol{r}}$ 和 $\dot{r}$，$\dot{\boldsymbol{v}}$ 和 $\dot{v}$ 是否相同？它们的物理意义分别是什么？

2.2 直角坐标描述法

式(2.1.2)和式(2.1.3)给出了矢径、速度和加速度三者之间的关系，和坐标系的选择无关。在求解具体问题时，需要选用具体的坐标系。最简单而又最常用的是直角坐标系。

设 $Oxyz$ 是固定的直角坐标系，$\boldsymbol{i}$、$\boldsymbol{j}$ 和 $\boldsymbol{k}$ 分别是坐标轴 Ox、Oy 和 Oz 的正向单位矢量（图2.4），它们是大小和方向都不变的常矢量。矢径 $\boldsymbol{r}(t)$ 可以由 3 个标量函数 $x(t)$、$y(t)$ 和 $z(t)$（即 P 点的坐标）给出

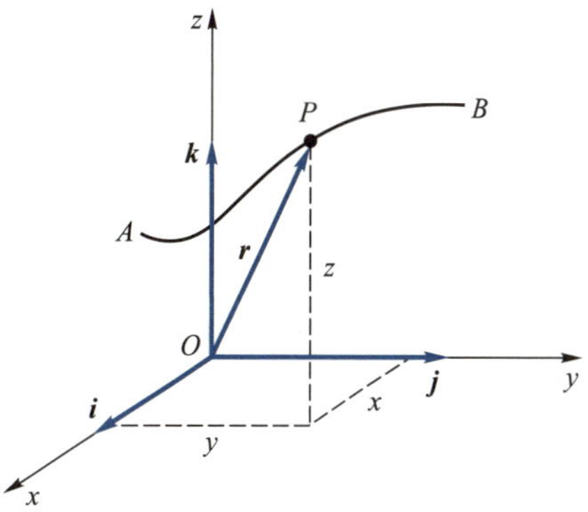

图 2.4

$$\boldsymbol{r}(t) = x(t)\boldsymbol{i} + y(t)\boldsymbol{j} + z(t)\boldsymbol{k} \tag{2.2.1}$$

因此，点的**直角坐标形式的运动方程**为

$$x = x(t), \quad y = y(t), \quad z = z(t) \tag{2.2.2}$$

知道了点的运动方程式(2.2.2)，就可以完全确定任一瞬时点的位置。式(2.2.2)实际上也是点的运动轨迹的参数方程，从中消去时间 t 可得到点的轨迹方程。

根据式(2.1.2)，P 点的速度为

$$\boldsymbol{v}(t) = v_x\boldsymbol{i} + v_y\boldsymbol{j} + v_z\boldsymbol{k} \tag{2.2.3}$$

其中

$$v_x = \dot{x}, \quad v_y = \dot{y}, \quad v_z = \dot{z} \tag{2.2.4}$$

分别是速度 $\boldsymbol{v}(t)$ 在坐标轴 Ox、Oy 和 Oz 上的投影，即**速度 $\boldsymbol{v}(t)$ 在各坐标轴上的投影等于点的各对应坐标对时间的一阶导数**。速度的大小及其与三根坐标轴夹角的方向余弦分别为

$$v = \sqrt{v_x^2 + v_y^2 + v_z^2}$$

$$\cos(\boldsymbol{v},\boldsymbol{i})=\frac{v_x}{v},\quad \cos(\boldsymbol{v},\boldsymbol{j})=\frac{v_y}{v},\quad \cos(\boldsymbol{v},\boldsymbol{k})=\frac{v_z}{v}$$

根据式(2.1.3)，P 点的加速度为

$$\boldsymbol{a}(t)=a_x\boldsymbol{i}+a_y\boldsymbol{j}+a_z\boldsymbol{k} \tag{2.2.5}$$

其中

$$a_x=\ddot{x},\quad a_y=\ddot{y},\quad a_z=\ddot{z} \tag{2.2.6}$$

分别是加速度 $\boldsymbol{a}(t)$ 在坐标轴 Ox、Oy 和 Oz 上的投影，即**加速度 $\boldsymbol{a}(t)$ 在各坐标轴的投影等于点的各对应坐标对时间的二阶导数**。加速度的大小及其与三根坐标轴夹角的方向余弦分别为

$$a=\sqrt{a_x^2+a_y^2+a_z^2}$$

$$\cos(\boldsymbol{a},\boldsymbol{i})=\frac{a_x}{a},\quad \cos(\boldsymbol{a},\boldsymbol{j})=\frac{a_y}{a},\quad \cos(\boldsymbol{a},\boldsymbol{k})=\frac{a_z}{a}$$

例 2.1

设梯子的两个端点 A 和 B 分别沿着墙和地面滑动，如图2.5所示。梯子和地面夹角 φ 是时间的已知函数，求梯子上 M 点的运动轨迹、速度和加速度。

解　欲求 M 点的运动轨迹，可以先写出它的直角坐标形式的运动方程，然后从运动方程中消去参数，得到轨迹方程。为此，建立如图2.5所示的直角坐标系，M 点的运动方程为

$$x=a\cos\varphi,\quad y=b\sin\varphi \tag{a}$$

从式(a)中消除参数 φ，得到 M 点的轨迹方程

$$\frac{x^2}{a^2}+\frac{y^2}{b^2}=1\quad (x\geqslant 0, y\geqslant 0) \tag{b}$$

这是以 O 点为中心的四分之一椭圆。

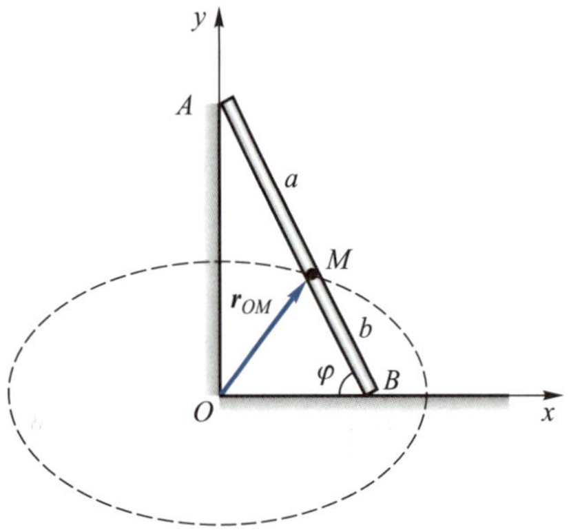

图 2.5

M 点的速度为

$$\boldsymbol{v}=\dot{x}\boldsymbol{i}+\dot{y}\boldsymbol{j}=-a\dot{\varphi}\sin\varphi\boldsymbol{i}+b\dot{\varphi}\cos\varphi\boldsymbol{j}$$

M 点的加速度为

$$\boldsymbol{a}=\ddot{x}\boldsymbol{i}+\ddot{y}\boldsymbol{j}=-a(\ddot{\varphi}\sin\varphi+\dot{\varphi}^2\cos\varphi)\boldsymbol{i}+b(\ddot{\varphi}\cos\varphi-\dot{\varphi}^2\sin\varphi)\boldsymbol{j}$$

注记 2.2

由式(b)可知，当 $a=b=l$ 时，M 点的运动轨迹是以 O 点为圆心、以 l 为半径的四分之一圆周。M 点的速度为 $\boldsymbol{v}=l\dot{\varphi}(-\sin\varphi\boldsymbol{i}+\cos\varphi\boldsymbol{j})$，矢径为 $\boldsymbol{r}_{OM}=l(\cos\varphi\boldsymbol{i}+\sin\varphi\boldsymbol{j})$。

由 $\boldsymbol{v}\cdot\boldsymbol{r}_{OM}=0$ 可知，M 点的速度始终垂直于 $\overrightarrow{OM}$。如果 $\ddot{\varphi}=0$，则 M 点的加速度为 $\boldsymbol{a}=-\dot{\varphi}^2\boldsymbol{r}_{OM}$，方向指向 O 点。事实上，此时 M 点作匀速圆周运动，其速度方向沿圆周切线方向，大小为 $v=l\dot{\varphi}$，加速度指向圆心（向心加速度），大小为 $a=l\dot{\varphi}^2$。

从本例可见，学习力学既需要物理思维也需要数学思维，研究力学问题经常需要将物理语言和数学语言相互转换。

例 2.2

半径为 R 的车轮沿直线轨道作无滑动滚动（称为纯滚动），如图2.6所示。设车轮保持在同一竖直平面内运动，且轮心的速度大小为 u，加速度大小为 a，试分析车轮边缘 M 点的运动。

[典型例题]
例 2.2

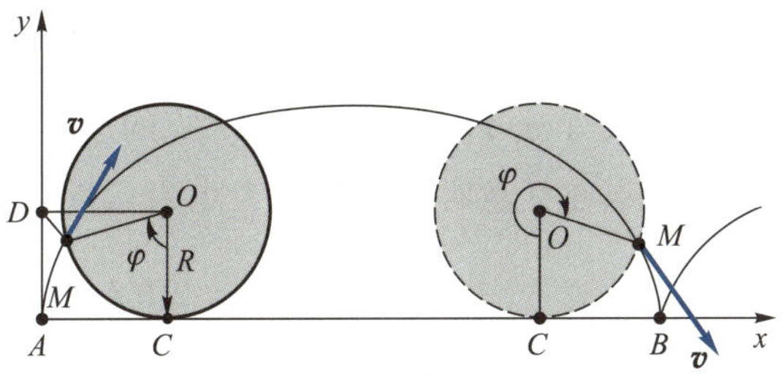

图 2.6

解　取车轮所在平面为 Axy 平面，直线轨道为 x 轴，如图2.6所示。设 M 点为车轮边缘上的任意一点，在初始时刻 M 点与坐标原点 A 重合。又设任意时刻车轮边缘上与地面接触的点为 C，则当车轮转过一个角度 φ 后，轮心的坐标为

$$x_O=\overset{\frown}{MC}=AC=R\varphi,\quad y_O=R$$

轮心的运动轨迹是直线，因此轮心的速度和加速度方向都沿着 x 轴

$$\boldsymbol{v}_O=\dot{x}_O\boldsymbol{i}=R\dot{\varphi}\boldsymbol{i}=u\boldsymbol{i}$$

$$\boldsymbol{a}_O=\ddot{x}_O\boldsymbol{i}=R\ddot{\varphi}\boldsymbol{i}=a\boldsymbol{i}$$

由此可以求出

$$\dot{\varphi}=\frac{u}{R},\quad \ddot{\varphi}=\frac{a}{R}$$

M 点的坐标为

$$x=AC-OM\sin\varphi=R(\varphi-\sin\varphi)$$

$$y=OC-OM\cos\varphi=R(1-\cos\varphi)$$

这是旋轮线的参数方程，因此 M 点的运动轨迹是旋轮线。M 点的矢径为

$$\boldsymbol{r}_{AM}=x\boldsymbol{i}+y\boldsymbol{j}=R(\varphi-\sin\varphi)\boldsymbol{i}+R(1-\cos\varphi)\boldsymbol{j}$$

M 点的速度为

$$\begin{aligned}\boldsymbol{v}&=\dot{x}\boldsymbol{i}+\dot{y}\boldsymbol{j}=R\dot{\varphi}(1-\cos\varphi)\boldsymbol{i}+R\dot{\varphi}\sin\varphi\boldsymbol{j}\\&=u(1-\cos\varphi)\boldsymbol{i}+u\sin\varphi\boldsymbol{j}\end{aligned}$$

可以看出，当 M 点与地面接触（即 $\varphi=2k\pi$）时，M 点速度为零，也就是说 M 点与地面没有相对滑动，这是纯滚动的一个重要特征。当 M 点位于轮子最高点 [即 $\varphi=(2k+1)\pi$] 时，M 点速度大小为 $2u$，方向与轮心速度方向一致。由于

$$\boldsymbol{r}_{CM}=\boldsymbol{r}_{AM}-\boldsymbol{r}_{AC}=-R\sin\varphi\boldsymbol{i}+R(1-\cos\varphi)\boldsymbol{j}$$

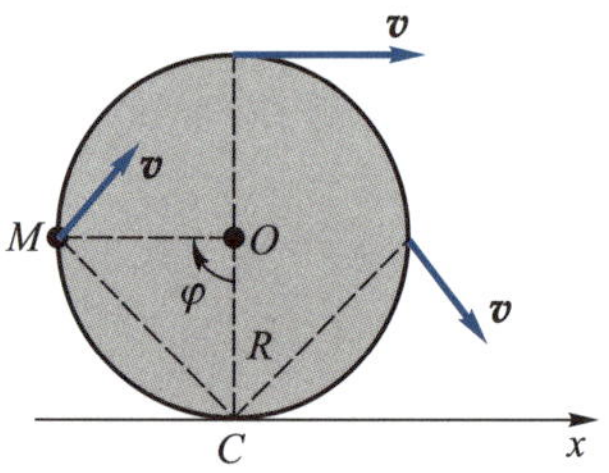

图 2.7

故有 $\boldsymbol{v}\cdot\boldsymbol{r}_{CM}=0$，即 M 点的速度始终垂直于 CM。M 点在任意时刻的速度大小为

$$v=\sqrt{\dot{x}^2+\dot{y}^2}=\left|2R\dot{\varphi}\sin\frac{\varphi}{2}\right|=|r_{CM}\dot{\varphi}|$$

可见，纯滚动圆盘边缘上各点的速度分布和圆盘在该瞬时绕 C 点作瞬时定轴转动时的速度分布完全一样，如图2.7所示。

M 点的加速度为

$$\begin{aligned}\boldsymbol{a}&=\ddot{x}\boldsymbol{i}+\ddot{y}\boldsymbol{j}=R[\ddot{\varphi}(1-\cos\varphi)+\dot{\varphi}^2\sin\varphi]\boldsymbol{i}+R(\ddot{\varphi}\sin\varphi+\dot{\varphi}^2\cos\varphi)\boldsymbol{j}\\&=\left[a(1-\cos\varphi)+\frac{u^2}{R}\sin\varphi\right]\boldsymbol{i}+\left(a\sin\varphi+\frac{u^2}{R}\cos\varphi\right)\boldsymbol{j}\end{aligned}$$

当 M 点与地面接触（即 $\varphi=2k\pi$）时，M 点加速度的大小为 u^2/R，方向指向轮心，这是纯滚动的另外一个重要特征。事实上，在 M 点与地面接触前后瞬时，其速度从竖直向下变为竖直向上，因此 M 点与地面接触的瞬时，其加速度方向必然竖直向上。

注记 2.3

在后面做题时会反复用到的纯滚动圆轮有如下运动学特征:

1）纯滚动圆轮与地面接触点瞬时速度为零。

2）纯滚动圆轮任意边缘点 M 的速度表达。计算 $\boldsymbol{v}$ 和 $\boldsymbol{r}_{CM}$ 的点积为零，表示 M 点速度始终垂直于 CM，速度大小等于 CM 长度乘以 $\dot{\varphi}$。因此，圆轮最高点的速度是轮心速度的 2 倍。

3）纯滚动圆轮与地面接触点的加速度不为零。圆轮轮缘上一点 M 的运动轨迹是旋轮线，关注与地面接触的“瞬时”：接触瞬时边缘点的速度向下，脱离接触瞬时边缘点速度向上，因此该点在此瞬时必然有向上的不为零的加速度。

思考题 2.2

如果轮心的速度为常量（即 $a=0$），M 点的加速度 $\boldsymbol{a}=\dfrac{u^2}{R}(\sin\varphi\boldsymbol{i}+\cos\varphi\boldsymbol{j})$，即 M 点加速度的大小为 $\dfrac{u^2}{R}$，方向始终指向轮心。假想 M 点绕轮心作等速圆周运动时加速度也是这样，这是为什么？

例 2.3

如图2.8(a)所示，绳的一端连在小车的 A 点上，另一端跨过 B 点的小滑车绕在鼓轮 C 上，滑车离地面的高度为 h。若小车以匀速度 $\boldsymbol{v}$ 沿着水平方向向右运动，求当 $\theta=30°$ 时 BC 之间绳上一点 P 的速度和加速度。

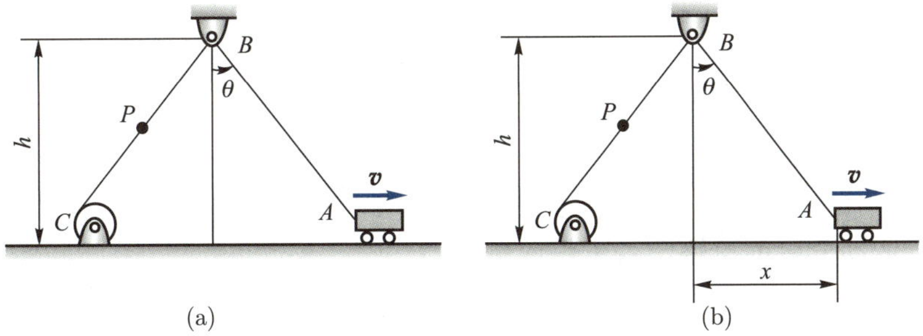

图 2.8

解　令 AB 的长度为 l，根据定义，P 点的速度和加速度大小分别为

$$v_P=\dot{l}$$

$$a_P=\ddot{l}$$

如图2.8(b)所示，小车位置坐标为

$$x = h\tan\theta \tag{a}$$

$$x = l\sin\theta \tag{b}$$

对式(a)求导可得

$$\dot{x} = v = h\dot{\theta}\sec^2\theta \tag{c}$$

又由几何关系 $h = l\cos\theta$，代入式(c)可得

$$l\dot{\theta} = v\cos\theta \tag{d}$$

对式(b)求导可得

$$\begin{aligned} v &= \dot{l}\sin\theta + l\dot{\theta}\cos\theta \\ &= v_P\sin\theta + v\cos^2\theta \end{aligned} \tag{e}$$

由式(e)可得

$$v_P = v\sin\theta = \frac{v}{2} \tag{f}$$

再对 v_P 求导计算加速度，得

$$\begin{aligned} a_P &= v\dot{\theta}\cos\theta \\ &= \frac{v^2\cos^3\theta}{h} \\ &= \frac{3\sqrt{3}v^2}{8h} \end{aligned}$$

思考题 2.3

采用运动分解的思路能否求解此题？

2.3 自然坐标描述法

假设 P 点运动轨迹已知，在轨迹曲线上任取一点作为原点，并规定一个方向为正向，则 P 点的每个位置都与从原点到该位置的弧长 s 一一对应。弧长 s 称为 P 点在轨迹上的**弧坐标**。

如果 $s=s(t)$ 是时间的已知函数，则它完全确定了 P 点的运动。这样的描述点的运动的方法称为自然坐标法，并称

$$s=s(t) \tag{2.3.1}$$

为点的**弧坐标形式的运动方程**。

P 点的矢径可以写成如下的复合函数形式

$$\boldsymbol{r}=\boldsymbol{r}(s(t)) \tag{2.3.2}$$

P 点的速度为

$$\boldsymbol{v}(t)=\frac{\mathrm{d}\boldsymbol{r}}{\mathrm{d}t}=\frac{\mathrm{d}\boldsymbol{r}}{\mathrm{d}s}\frac{\mathrm{d}s}{\mathrm{d}t}=\dot{s}\boldsymbol{\tau} \tag{2.3.3}$$

其中 $\boldsymbol{\tau}(s)=\dfrac{\mathrm{d}\boldsymbol{r}}{\mathrm{d}s}=\lim\limits_{\Delta s\to 0}\dfrac{\Delta\boldsymbol{r}}{\Delta s}$。

由图2.9可知，矢量 $\boldsymbol{\tau}$ 的方向沿着轨迹曲线在 P 点的切线方向（即当 $\Delta s\to 0$ 时 $\Delta\boldsymbol{r}$ 的极限方向），其大小为

$$\left|\frac{\mathrm{d}\boldsymbol{r}}{\mathrm{d}s}\right|=\lim_{\Delta s\to 0}\left|\frac{\Delta\boldsymbol{r}}{\Delta s}\right|=1 \tag{2.3.4}$$

因此，矢量 $\boldsymbol{\tau}$ 称为**切向单位矢量**。可见，**速度的大小等于点的弧坐标对时间的一阶导数的绝对值，方向沿轨迹的切线**。

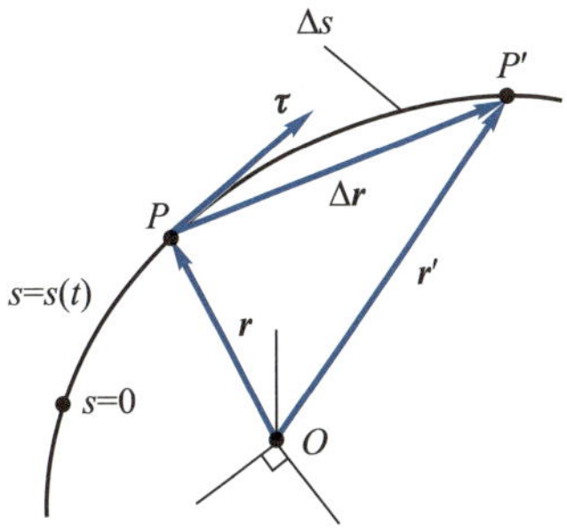

图 2.9

将式(2.3.3)对时间求导，得到 P 点的加速度为

$$\boldsymbol{a}(t)=\ddot{s}\boldsymbol{\tau}+\dot{s}\dot{\boldsymbol{\tau}} \tag{2.3.5}$$

可见，加速度由两部分组成，第一项是由于速度大小变化而产生的加速度，其方向沿着轨迹曲线的切线，称为**切向加速度**，记作 $\boldsymbol{a}_\tau=\ddot{s}\boldsymbol{\tau}$。第二项则是由于速度方向变化而产生的加速度，它可以写成

$$\dot{s}\dot{\boldsymbol{\tau}}=\dot{s}\frac{\mathrm{d}\boldsymbol{\tau}}{\mathrm{d}s}\frac{\mathrm{d}s}{\mathrm{d}t}=\dot{s}^2\frac{\mathrm{d}\boldsymbol{\tau}}{\mathrm{d}s} \tag{2.3.6}$$

首先讨论 $\dfrac{\mathrm{d}\boldsymbol{\tau}}{\mathrm{d}s}$ 的方向。

设 P 点和 P' 点处的切向单位矢量分别是 $\boldsymbol{\tau}$ 和 $\boldsymbol{\tau}'$，它们之间的夹角为 $\Delta\theta$，如图2.10所示。当 Δs 趋于零时，矢量 $\boldsymbol{\tau}$、$\boldsymbol{\tau}'$ 和 $\Delta\boldsymbol{\tau}$ 组成的平面的极限位置，称为曲线在 P 点的**密切平面**，$\boldsymbol{\tau}$ 和 $\dfrac{\mathrm{d}\boldsymbol{\tau}}{\mathrm{d}s}$ 都在这个平面内，如图2.10所示。矢量 $\dfrac{\mathrm{d}\boldsymbol{\tau}}{\mathrm{d}s}$ 垂直于切线 $\boldsymbol{\tau}$，且指向曲线内凹的一侧，这个方向称为**主法线**方向，其单位矢量记为 $\boldsymbol{n}$。

同时垂直于切线和主法线的方向叫做**副法线**方向，其单位矢量记作 $\boldsymbol{b}$，如图2.11所示。$\boldsymbol{\tau}$、$\boldsymbol{n}$ 和 $\boldsymbol{b}$ 构成右手直角坐标系，称为**自然坐标系**。

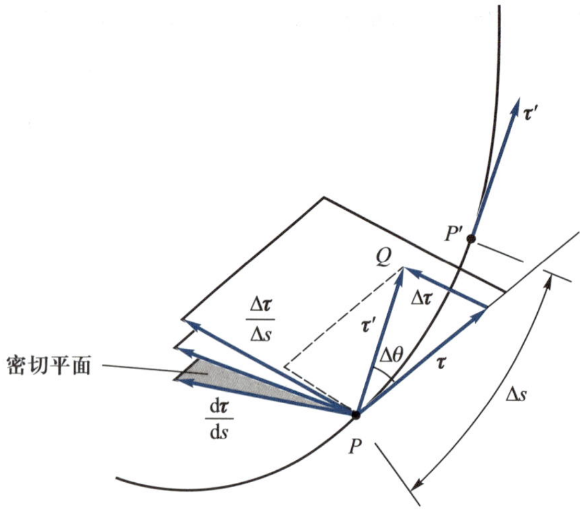

图 2.10

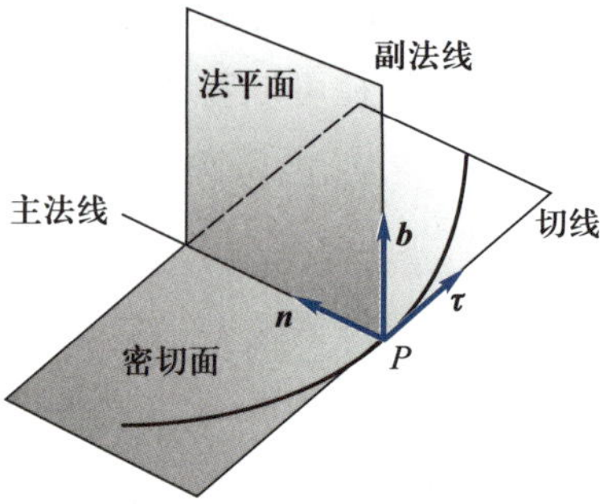

图 2.11

再求 $\dfrac{\mathrm{d}\boldsymbol{\tau}}{\mathrm{d}s}$ 的大小。利用极限的概念，从图2.10可以看出

$$\left|\frac{\mathrm{d}\boldsymbol{\tau}}{\mathrm{d}s}\right| = \lim_{\Delta s\to 0}\left|\frac{\Delta\boldsymbol{\tau}}{\Delta s}\right| = \lim_{\Delta s\to 0}\left|\frac{2\sin\dfrac{\Delta\theta}{2}}{\Delta s}\right| = \lim_{\Delta s\to 0}\left|\frac{\Delta\theta}{\Delta s}\right| = \left|\frac{\mathrm{d}\theta}{\mathrm{d}s}\right|$$

上式中 $|\mathrm{d}\theta/\mathrm{d}s|$ 是曲线上 P 点的**曲率**，它的倒数为**曲率半径**，记为 ρ。曲率半径是曲线弯曲程度的度量，曲率半径越小，曲线“弯得越厉害”。直线是“一点都不弯的”曲线，它的曲率半径是无穷大。圆周上各点的曲率半径都等于圆的半径。

综上所述，可得

$$\frac{\mathrm{d}\boldsymbol{\tau}}{\mathrm{d}s} = \frac{1}{\rho}\boldsymbol{n} \tag{2.3.7}$$

因此，式(2.3.5)的第二项沿主法线方向，称为**法向加速度**，记为 $\boldsymbol{a}_\mathrm{n} = \dfrac{\dot{s}^2}{\rho}\boldsymbol{n}$。

最后得到自然坐标描述中加速度的表达式

$$\boldsymbol{a} = \ddot{s}\boldsymbol{\tau} + \frac{\dot{s}^2}{\rho}\boldsymbol{n} \tag{2.3.8}$$

加速度的大小为

$$a = \sqrt{\ddot{s}^2 + \frac{\dot{s}^4}{\rho^2}}$$

综上所述，**切向加速度沿着轨迹曲线的切线，反映了点的速度大小对时间的变化率；法向加速度沿着轨迹曲线的主法线，指向曲率中心，反映了点的速度方向改变的快慢程度。**下面讨论几个特殊的例子。

(1) **直线运动：**点的速度大小变化，方向不变（即 $\dot{\boldsymbol{\tau}}=0$），所以加速度为 $\boldsymbol{a}=\boldsymbol{a}_\tau=\ddot{s}\boldsymbol{\tau}$。

(2) **匀速曲线运动：**点的速度大小不变（即 $\ddot{s}=0$），只有方向变化，因此加速度只有法向分量，即 $\boldsymbol{a}=\boldsymbol{a}_\text{n}=\dfrac{\dot{s}^2}{\rho}\boldsymbol{n}$。

(3) **圆周运动：**设 P 点沿着一个半径为 R 的圆周运动，O 点为圆心，如图2.12所示。设任意时刻线段 OP 与过 O 点某固定直线的夹角为 φ，则 P 点的弧坐标形式的运动方程为 $s=R\varphi$。P 点的速度为 $\boldsymbol{v}=\dot{s}\boldsymbol{\tau}=R\dot{\varphi}\boldsymbol{\tau}$，加速度为 $\boldsymbol{a}=\ddot{s}\boldsymbol{\tau}+\dfrac{\dot{s}^2}{R}\boldsymbol{n}=R\ddot{\varphi}\boldsymbol{\tau}+R\dot{\varphi}^2\boldsymbol{n}$，其中法向加速度也就是向心加速度。当 P 点作等速圆周运动时，切向加速度为零。

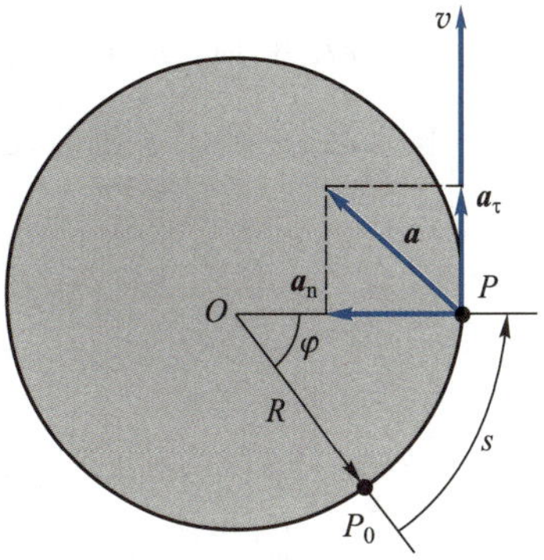

图 2.12

例 2.4

单摆的运动规律为 $\varphi=\varphi_0\sin\omega t$，$\omega$ 为常数，$OA=l$，如图2.13所示。求摆锤 A 的速度和加速度。

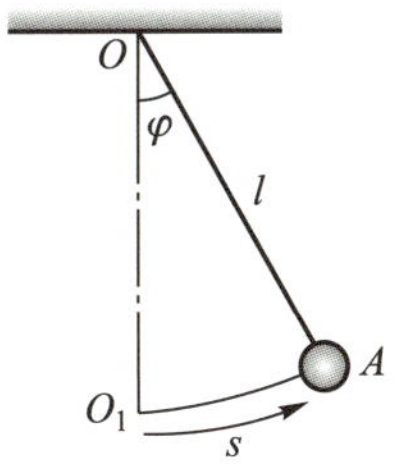

图 2.13

解　以 O_1 点为弧坐标原点，取其正向与 φ 的正向（图2.13）一致。A 点的运动方程为

$$s=l\varphi=l\varphi_0\sin\omega t$$

A 点的速度和加速度分别为

$$\boldsymbol{v}=\dot{s}\boldsymbol{\tau}=l\varphi_0\omega\cos\omega t\boldsymbol{\tau}$$

$$\boldsymbol{a}=\ddot{s}\boldsymbol{\tau}+\frac{\dot{s}^2}{l}\boldsymbol{n}=l\varphi_0\omega^2(-\sin\omega t\boldsymbol{\tau}+\varphi_0\cos^2\omega t\boldsymbol{n})$$

例 2.5

半径为 R 的圆轮沿直线轨道在同一竖直平面内纯滚动，轮心速度 $\boldsymbol{u}$ 为常量。求圆轮边缘点的运动轨迹在最高点的曲率半径。

解　由法向加速度公式 $a_{\mathrm{n}}=\dfrac{\dot{s}^2}{\rho}$ 可知，如果能求得边缘点的法向加速度的大小 a_{n} 和速度的大小 v，则轨迹曲线的曲率半径为 $\rho=\dfrac{v^2}{a_{\mathrm{n}}}$。

例2.2已经给出了圆轮边缘点 M 的速度和加速度表达式

$$\boldsymbol{v}=u(1-\cos\varphi)\boldsymbol{i}+u\sin\varphi\boldsymbol{j}$$

$$\boldsymbol{a}=\frac{u^2}{R}\sin\varphi\boldsymbol{i}+\frac{u^2}{R}\cos\varphi\boldsymbol{j}$$

当 M 点到达最高处 [即 $\varphi=(2k+1)\pi$] 时，速度和加速度分别为 $\boldsymbol{v}=2u\boldsymbol{i}$ 和 $\boldsymbol{a}=-\dfrac{u^2}{R}\boldsymbol{j}$，因此速度的大小为 $v=2u$，法向加速度的大小为 $a_{\mathrm{n}}=u^2/R$。运动轨迹在最高点的曲率半径为

$$\rho=\frac{v^2}{a_{\mathrm{n}}}=4R$$

注记 2.4

若计算运动轨迹上任意点的曲率半径，则需要将速度和加速度从直角坐标系中变换到自然坐标系中。假如已知点的运动方程为 $x=x(t)$，$y=y(t)$，$z=z(t)$，则点 M 在任意位置时运动轨迹的切向单位矢量 $\boldsymbol{\tau}$ 可由下式得到

$$\boldsymbol{\tau}=\frac{\boldsymbol{v}}{v}=\frac{\dot{x}\boldsymbol{i}+\dot{y}\boldsymbol{j}+\dot{z}\boldsymbol{k}}{\sqrt{\dot{x}^2+\dot{y}^2+\dot{z}^2}}$$

切向加速度的大小可以通过将加速度 $\boldsymbol{a}$ 向轨迹曲线的切线方向上投影得到，即

$$a_{\tau}=\boldsymbol{a}\cdot\boldsymbol{\tau}=\frac{\ddot{x}\dot{x}+\ddot{y}\dot{y}+\ddot{z}\dot{z}}{\sqrt{\dot{x}^2+\dot{y}^2+\dot{z}^2}}$$

法向加速度的大小为

$$a_{\mathrm{n}}=\sqrt{a^2-a_{\tau}^2}$$

最终可由 $\rho=\dfrac{v^2}{a_{\mathrm{n}}}$ 得到轨迹曲线的曲率半径 ρ。

例 2.6

如图2.14所示，设有一点 M 的轨迹是平面曲线。已知 M 点的矢径是 $\boldsymbol{r}$，速度为 $\boldsymbol{v}$。直线 OA 垂直于过 M 点的切线，并且与切线交于 A 点。已知轨迹曲线在 M 点的曲率半径大小为 ρ，切向和法向的单位矢量为 $\boldsymbol{\tau}$ 和 $\boldsymbol{n}$。试证：A 点速度的大小为 rv/ρ。

证明 设 $|OA|=q$，$|AM|=l$，则

$$\boldsymbol{q}=\boldsymbol{r}+l\boldsymbol{\tau}$$

求导可得 A 点的速度

$$\boldsymbol{v}_A=\frac{\mathrm{d}(\boldsymbol{r}+l\boldsymbol{\tau})}{\mathrm{d}t}=\boldsymbol{v}+\dot{l}\boldsymbol{\tau}+\frac{lv}{\rho}\boldsymbol{n} \tag{a}$$

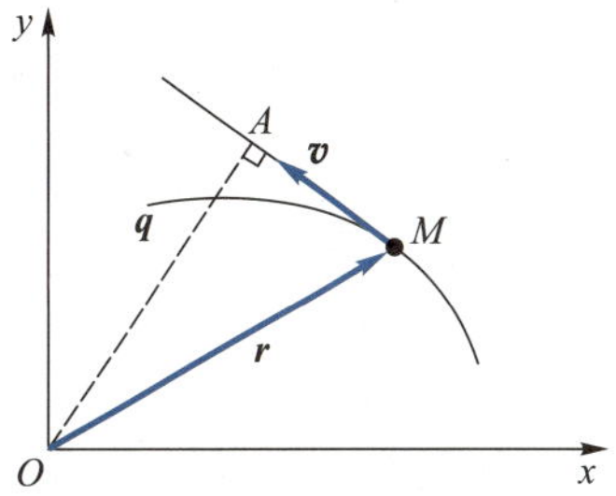

图 2.14

又 AM 的长度可由 $\overrightarrow{OM}$ 向切向投影得到，即

$$l=-\boldsymbol{r}\cdot\boldsymbol{\tau}$$

对上式求导可得

$$\dot{l}=-\boldsymbol{v}\cdot\boldsymbol{\tau}-\boldsymbol{r}\cdot\dot{\boldsymbol{\tau}}=-v-\frac{v}{\rho}\boldsymbol{r}\cdot\boldsymbol{n} \tag{b}$$

OA 也可由 $\overrightarrow{OM}$ 向法向投影所得 $q=-\boldsymbol{r}\cdot\boldsymbol{n}$，代入(b)可得

$$\dot{l}=-v+\frac{qv}{\rho} \tag{c}$$

将式(c)代入式(a)，可得垂足点 A 的速度为

$$\boldsymbol{v}_A=\frac{v}{\rho}(q\boldsymbol{\tau}+l\boldsymbol{n}) \tag{d}$$

考虑到式(d) 中右端括号内矢量的大小恰等于 r，于是可得 A 点速度大小为

$$v_A=\frac{rv}{\rho}$$

■ 2.4 极坐标描述法

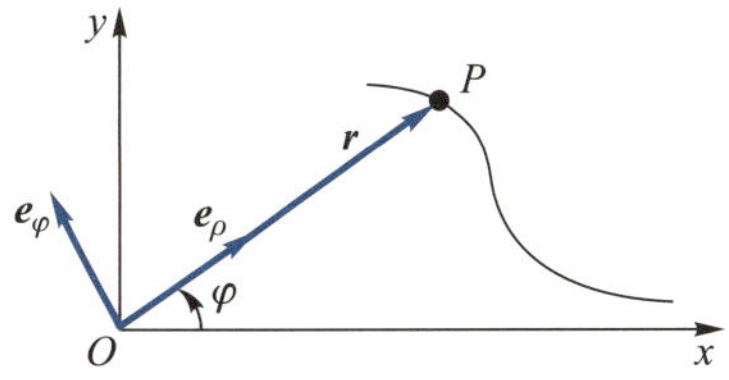

图 2.15

设 P 点沿着平面曲线运动，它在任意时刻的位置可以由极坐标

$$\rho=\rho(t),\quad \varphi=\varphi(t) \tag{2.4.1}$$

确定，如图2.15所示。图中 $\boldsymbol{e}_\rho$ 是**径向单位矢量**，方向与矢径一致。$\boldsymbol{e}_\varphi$ 是**横向单位矢量**，方向与 $\boldsymbol{e}_\rho$ 垂直，并指向 φ 角增加的方向。式(2.4.1)为点的极坐标形式的运动方程。

P 点的矢径可以写作

$$\boldsymbol{r}(t)=\rho(t)\boldsymbol{e}_\rho(t) \tag{2.4.2}$$

径向单位矢量 $\boldsymbol{e}_\rho$ 和横向单位矢量 $\boldsymbol{e}_\varphi$ 可以在直角坐标系中表示为

$$\boldsymbol{e}_\rho = \cos\varphi\boldsymbol{i} + \sin\varphi\boldsymbol{j} \tag{2.4.3}$$

$$\boldsymbol{e}_\varphi = -\sin\varphi\boldsymbol{i} + \cos\varphi\boldsymbol{j} \tag{2.4.4}$$

将单位矢量对时间求导，得

$$\dot{\boldsymbol{e}}_\rho = -\dot{\varphi}\sin\varphi\boldsymbol{i} + \dot{\varphi}\cos\varphi\boldsymbol{j} = \dot{\varphi}\boldsymbol{e}_\varphi \tag{2.4.5}$$

$$\dot{\boldsymbol{e}}_\varphi = -\dot{\varphi}\cos\varphi\boldsymbol{i} - \dot{\varphi}\sin\varphi\boldsymbol{j} = -\dot{\varphi}\boldsymbol{e}_\rho \tag{2.4.6}$$

即单位矢量 $\boldsymbol{e}_\rho$、$\boldsymbol{e}_\varphi$ 的导数与单位矢量本身垂直，其大小等于单位矢量转动的角速度。任何单位矢量的导数均具有此性质。

思考题 2.4

如何根据单位矢量端点作圆周运动的特点直接得到式(2.4.5)和式(2.4.6)?

将 P 点的矢径式(2.4.2)对时间求导，并利用式(2.4.5) 和式(2.4.6)，得到 P 点的速度为

$$\boldsymbol{v}(t) = \dot{\boldsymbol{r}}(t) = \dot{\rho}\boldsymbol{e}_\rho + \rho\dot{\boldsymbol{e}}_\rho = \dot{\rho}\boldsymbol{e}_\rho + \rho\dot{\varphi}\boldsymbol{e}_\varphi \tag{2.4.7}$$

速度在径向和横向的分量 $\boldsymbol{v}_\rho = \dot{\rho}\boldsymbol{e}_\rho$ 和 $\boldsymbol{v}_\varphi = \rho\dot{\varphi}\boldsymbol{e}_\varphi$ 分别称为**径向速度**和**横向速度**。

将式(2.4.7)对时间求导，并利用式(2.4.5)和式(2.4.6)得到点 P 的加速度

$$\boldsymbol{a}(t) = \dot{\boldsymbol{v}}(t) = (\ddot{\rho} - \rho\dot{\varphi}^2)\boldsymbol{e}_\rho + (2\dot{\rho}\dot{\varphi} + \rho\ddot{\varphi})\boldsymbol{e}_\varphi \tag{2.4.8}$$

加速度在径向和横向的分量 $\boldsymbol{a}_\rho = (\ddot{\rho} - \rho\dot{\varphi}^2)\boldsymbol{e}_\rho$ 和 $\boldsymbol{a}_\varphi = (2\dot{\rho}\dot{\varphi} + \rho\ddot{\varphi})\boldsymbol{e}_\varphi = \dfrac{1}{\rho}\dfrac{\mathrm{d}}{\mathrm{d}t}(\rho^2\dot{\varphi})\boldsymbol{e}_\varphi$ 分别称为**径向加速度**和**横向加速度**。需注意径向和法向、横向和切向之间的区别。

例 2.7

已知点的运动方程是 $\rho = e(1-\cos\omega t)$，$\varphi = \omega t$，其中 e、ω 均为常数，求当 $t = \pi/(2\omega)$ 时该点的速度和加速度。

解　直接利用式(2.4.7)可以得到点在任意时刻的速度

$$\boldsymbol{v} = \dot{\rho}\boldsymbol{e}_\rho + \rho\dot{\varphi}\boldsymbol{e}_\varphi = e\omega\sin\omega t\boldsymbol{e}_\rho + \rho\omega\boldsymbol{e}_\varphi$$

将 $t = \pi/(2\omega)$ 代入上式得到此时点的速度

$$\boldsymbol{v} = e\omega(\boldsymbol{e}_\rho + \boldsymbol{e}_\varphi)$$

径向加速度的大小为

$$a_\rho = \ddot{\rho} - \rho\dot{\varphi}^2 = (e\cos\omega t - \rho)\omega^2$$

横向加速度的大小为

$$a_\varphi = 2\dot{\rho}\dot{\varphi} + \rho\ddot{\varphi} = 2e\omega^2 \sin\omega t$$

将 $t = \pi/(2\omega)$ 代入上面两式中可得此时点的加速度为

$$\boldsymbol{a} = -e\omega^2\boldsymbol{e}_\rho + 2e\omega^2\boldsymbol{e}_\varphi$$

例 2.8

根据开普勒定律，行星沿着椭圆形轨道绕太阳运动，运动方程为 $\rho = \dfrac{p}{1+e\cos\varphi}$ $(0 \leqslant e \leqslant 1，p > 0)$，在行星运动过程中从太阳到行星的矢径所扫过的面积与时间成正比，或者说面积速度始终保持是常量，即 $\rho^2\dot{\varphi} = C$。试求行星的加速度。

解　由 $\rho^2\dot{\varphi} = C$ 知，$a_\varphi = \dfrac{1}{\rho}\dfrac{\mathrm{d}}{\mathrm{d}t}(\rho^2\dot{\varphi}) = 0$，即加速度横向分量为零，加速度的方向沿着径向。下面计算径向加速度的大小。

$$a_\rho = \ddot{\rho} - \rho\dot{\varphi}^2$$

利用 $\rho^2\dot{\varphi} = C$ 可得

$$a_\rho = \ddot{\rho} - C^2/\rho^3 \tag{a}$$

因此，求径向加速度的主要问题是求 $\ddot{\rho}$。我们将行星的运动方程（即椭圆方程）写成

$$\frac{p}{\rho} = 1 + e\cos\varphi \tag{b}$$

将式(b)两边对时间 t 求导得

$$-\frac{p}{\rho^2}\dot{\rho} = -e\dot{\varphi}\sin\varphi$$

将 $\rho^2\dot{\varphi} = C$ 代入得

$$\dot{\rho} = \frac{Ce}{p}\sin\varphi \tag{c}$$

将式(c)对时间 t 求导一次，并再次利用 $\rho^2\dot{\varphi} = C$ 得

$$\ddot{\rho} = \frac{Ce}{p}\dot{\varphi}\cos\varphi = \frac{C^2 e}{p\rho^2}\cos\varphi \tag{d}$$

最后将式(d)代入式(a)，并利用关系式(b)，可得

$$a_\rho = \frac{C^2}{p\rho^2}\left(e\cos\varphi - \frac{p}{\rho}\right) = -\frac{C^2}{p\rho^2}$$

即行星的加速度始终指向太阳（坐标原点），其大小与 ρ^2 成反比。

注记 2.5

开普勒第二定律（面积速度为常量）的直接结论是：行星加速度矢量沿着太阳与行星的连线。

2.5 曲线坐标描述法

在一般情况下，一个点在三维空间中的位置可以选三个独立参量 q_1、q_2、q_3 来描述，我们称这三个参量为点的**曲线坐标**。点的矢径就是曲线坐标的函数，即

$$\boldsymbol{r} = \boldsymbol{r}(q_1(t), q_2(t), q_3(t)) = x\boldsymbol{i} + y\boldsymbol{j} + z\boldsymbol{k}$$

利用复合函数的求导法则可得点的速度为

$$\boldsymbol{v} = \dot{\boldsymbol{r}} = \sum_{i=1}^{3} \frac{\partial \boldsymbol{r}}{\partial q_i}\dot{q}_i \tag{2.5.1}$$

式中

$$\frac{\partial \boldsymbol{r}}{\partial q_i} = \frac{\partial x}{\partial q_i}\boldsymbol{i} + \frac{\partial y}{\partial q_i}\boldsymbol{j} + \frac{\partial z}{\partial q_i}\boldsymbol{k} = H_i\boldsymbol{e}_i \quad (i = 1, 2, 3)$$

其中

$$H_i = \left|\frac{\partial \boldsymbol{r}}{\partial q_i}\right| = \sqrt{\left(\frac{\partial x}{\partial q_i}\right)^2 + \left(\frac{\partial y}{\partial q_i}\right)^2 + \left(\frac{\partial z}{\partial q_i}\right)^2}$$

为矢量 $\dfrac{\partial \boldsymbol{r}}{\partial q_i}$ 的大小（也称为**拉梅系数**）；

$$\boldsymbol{e}_i = \frac{1}{H_i}\frac{\partial \boldsymbol{r}}{\partial q_i}$$

为矢量 $\dfrac{\partial \boldsymbol{r}}{\partial q_i}$ 的单位矢量。

如果 $\boldsymbol{e}_i$（$i = 1, 2, 3$）是相互垂直的（如柱坐标系和球坐标系），则点的速度和加速度可以分别写为

$$\boldsymbol{v} = \sum_{i=1}^{3} v_{q_i}\boldsymbol{e}_i \tag{2.5.2}$$

$$\boldsymbol{a}=\sum_{i=1}^{3} a_{q_i}\boldsymbol{e}_i \tag{2.5.3}$$

式中

$$v_{q_i}=\dot{\boldsymbol{r}}\cdot\boldsymbol{e}_i=H_i\dot{q}_i \tag{2.5.4}$$

$$\begin{aligned}a_{q_i}&=\boldsymbol{a}\cdot\boldsymbol{e}_i\\&=\frac{1}{H_i}\left(\frac{\mathrm{d}\boldsymbol{v}}{\mathrm{d}t}\cdot\frac{\partial\boldsymbol{r}}{\partial q_i}\right)\\&=\frac{1}{H_i}\left[\frac{\mathrm{d}}{\mathrm{d}t}\left(\boldsymbol{v}\cdot\frac{\partial\boldsymbol{r}}{\partial q_i}\right)-\boldsymbol{v}\cdot\frac{\mathrm{d}}{\mathrm{d}t}\left(\frac{\partial\boldsymbol{r}}{\partial q_i}\right)\right]\end{aligned} \tag{2.5.5}$$

将矢量 $\dfrac{\partial\boldsymbol{r}}{\partial q_i}$ 对时间求导，得

$$\frac{\mathrm{d}}{\mathrm{d}t}\left(\frac{\partial\boldsymbol{r}}{\partial q_i}\right)=\frac{\partial^2\boldsymbol{r}}{\partial q_i\partial q_1}\dot{q}_1+\frac{\partial^2\boldsymbol{r}}{\partial q_i\partial q_2}\dot{q}_2+\frac{\partial^2\boldsymbol{r}}{\partial q_i\partial q_3}\dot{q}_3 \tag{2.5.6}$$

由式(2.5.1)可得

$$\frac{\partial\boldsymbol{v}}{\partial q_i}=\frac{\partial^2\boldsymbol{r}}{\partial q_i\partial q_1}\dot{q}_1+\frac{\partial^2\boldsymbol{r}}{\partial q_i\partial q_2}\dot{q}_2+\frac{\partial^2\boldsymbol{r}}{\partial q_i\partial q_3}\dot{q}_3 \tag{2.5.7}$$

因为 $\boldsymbol{r}$ 是关于 q_1、q_2、q_3 的连续二阶可微函数，可以交换对 $q_k(k=1,2,3)$ 和 q_i 的微分顺序，于是由式 (2.5.6)和式(2.5.7)得

$$\frac{\mathrm{d}}{\mathrm{d}t}\left(\frac{\partial\boldsymbol{r}}{\partial q_i}\right)=\frac{\partial\boldsymbol{v}}{\partial q_i} \tag{2.5.8}$$

将式 (2.5.1)两端对 $\dot{q}_i$ 求偏导，得

$$\frac{\partial\boldsymbol{r}}{\partial q_i}=\frac{\partial\boldsymbol{v}}{\partial\dot{q}_i} \tag{2.5.9}$$

利用式 (2.5.8) 和式(2.5.9), 式 (2.5.5) 可以写成

$$a_{q_i}=\frac{1}{H_i}\left[\frac{\mathrm{d}}{\mathrm{d}t}\left(\boldsymbol{v}\cdot\frac{\partial\boldsymbol{v}}{\partial\dot{q}_i}\right)-\boldsymbol{v}\cdot\frac{\partial\boldsymbol{v}}{\partial q_i}\right]$$

如果引入 $T=v^2/2$，则 a_{q_i} 的表达式最终可以写成

$$a_{q_i}=\frac{1}{H_i}\left(\frac{\mathrm{d}}{\mathrm{d}t}\frac{\partial T}{\partial\dot{q}_i}-\frac{\partial T}{\partial q_i}\right)\qquad(i=1,2,3) \tag{2.5.10}$$

下面利用这些公式给出柱坐标形式的速度和加速度公式。

柱坐标是一种常见的曲线坐标。在柱坐标系中，P 点的位置由三个独立变量（ρ，φ，z）确定，例如，为了确定飞机 P 的位置（图2.16），ρ 是雷达站 O 到飞机的水平距离，即 O 到 P' 的距离，φ 是飞机的方位角（0° 代表东向，90° 代表北向），z 是飞机的高度。柱坐标与直角坐标之间的关系是

$$x = \rho\cos\varphi, \quad y = \rho\sin\varphi, \quad z = z$$

相应于柱坐标的三个拉梅系数为

$$H_\rho = 1, \quad H_\varphi = \rho, \quad H_z = 1$$

于是，P 点的三个速度分量为

$$v_\rho = \dot{\rho}, \quad v_\varphi = \rho\dot{\varphi}, \quad v_z = \dot{z}$$

由此计算得

$$T = \frac{1}{2}(\dot{\rho}^2 + \rho^2\dot{\varphi}^2 + \dot{z}^2)$$

P 点的三个加速度分量为

$$a_\rho = \ddot{\rho} - \rho\dot{\varphi}^2, \quad a_\varphi = 2\dot{\rho}\dot{\varphi} + \rho\ddot{\varphi}, \quad a_z = \ddot{z}$$

可以看出，对应坐标 ρ 和 φ 的速度和加速度表达式与式(2.4.7)和式(2.4.8)完全一致。

球坐标也是一种常见的曲线坐标。在球坐标系中，P 点的位置由三个独立变量（r，θ，φ）确定，例如，为了确定飞机 P 的位置（图2.17），r 是雷达站 O 到飞机的距离，θ 是 OP 与 z 轴夹角，即余仰角，φ 是 OP 在 Oxy 平面上的投影 OP' 与 Ox 轴的夹角，即方位角。球坐标与直角坐标之间的关系是

$$x = r\sin\theta\cos\varphi, \quad y = r\sin\theta\sin\varphi, \quad z = r\cos\theta$$

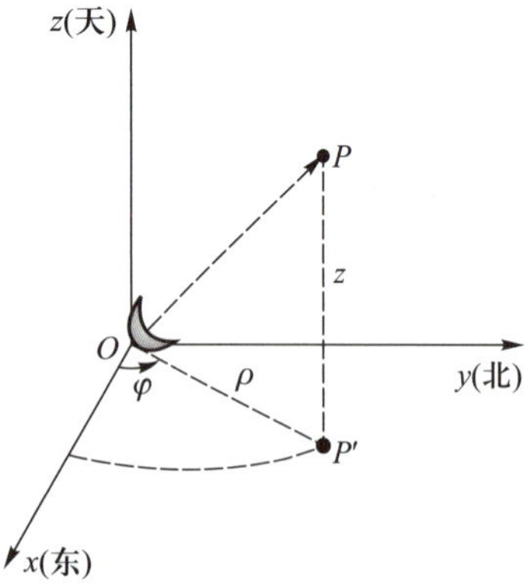

图 2.16

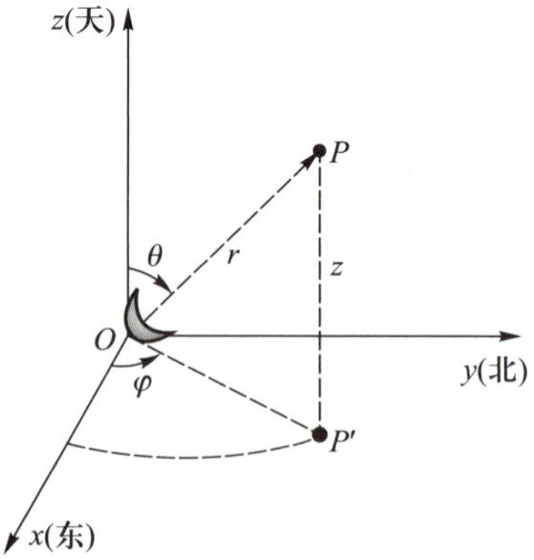

图 2.17

相应于球坐标的三个拉梅系数为

$$H_r = 1, \quad H_\theta = r, \quad H_\varphi = r\sin\theta$$

于是，P 点的三个速度分量为

$$v_r = \dot{r}, \quad v_\theta = r\dot{\theta}, \quad v_\varphi = r\dot{\varphi}\sin\theta$$

由此得

$$T = \frac{1}{2}(\dot{r}^2 + r^2\dot{\theta}^2 + r^2\dot{\varphi}^2\sin^2\theta)$$

P 点的三个加速度分量为

$$a_r = \ddot{r} - r\dot{\theta}^2 - r\dot{\varphi}^2\sin^2\theta$$

$$a_\theta = r\ddot{\theta} + 2\dot{r}\dot{\theta} - r\dot{\varphi}^2\sin\theta\cos\theta$$

$$a_\varphi = r\ddot{\varphi}\sin\theta + 2\dot{r}\dot{\varphi}\sin\theta + 2r\dot{\theta}\dot{\varphi}\cos\theta$$

■ 本讲小结

点的运动学是今后研究质点系（包括刚体）运动的基础，主要任务是通过点的运动方程、速度和加速度来研究运动的几何性质。刻画点运动的常用方法有矢量描述法、直角坐标描述法、自然坐标描述法和曲线坐标（如柱坐标和球坐标等）描述法等。矢量描述法同时包含了物理量的大小与方向信息，所得结果与坐标系的选择无关，反映了物理规律的客观性，主要用于理论推导。直角坐标法将点的空间曲线运动分解为三个直线运动，尤其适合描述在三个方向上的加速度可以独立确定的点的运动问题，如子弹的飞行等。自然坐标法沿运动轨迹的切线和法线方向来描述点的运动，物理概念清晰，特别适合描述点沿已知轨道的运动，如路面上行驶的汽车的运动等。在某些问题中，点的运动或产生该运动的力可以用该点到某一个固定点之间的距离和极角来表示，则适合用极坐标进行描述。例如卫星受到始终指向地球的引力作用，其绕地球的运动宜采用极坐标描述。

表2.2给出了不同描述法对应的运动方程、速度和加速度表达式。

表 2.2 不同描述法对应的运动方程、速度和加速度表达式

描述法	运动方程	速度	加速度
矢量描述法	$\boldsymbol{r}=\boldsymbol{r}(t)$	$\boldsymbol{v}=\dot{\boldsymbol{r}}$	$\boldsymbol{a}=\dot{\boldsymbol{v}}=\ddot{\boldsymbol{r}}$
自然坐标描述法	$s=s(t)$	$\boldsymbol{v}=\dot{s}\boldsymbol{\tau}$	$\boldsymbol{a}=\ddot{s}\boldsymbol{\tau}+\dfrac{\dot{s}^2}{\rho}\boldsymbol{n}$
直角坐标描述法	$x=x(t)$ $y=y(t)$ $z=z(t)$	$v_x=\dot{x}$ $v_y=\dot{y}$ $v_z=\dot{z}$	$a_x=\ddot{x}$ $a_y=\ddot{y}$ $a_z=\ddot{z}$
柱坐标描述法	$\rho=\rho(t)$ $\varphi=\varphi(t)$ $z=z(t)$	$v_\rho=\dot{\rho}$ $v_\varphi=\rho\dot{\varphi}$ $v_z=\dot{z}$	$a_\rho=\ddot{\rho}-\rho\dot{\varphi}^2$ $a_\varphi=2\dot{\rho}\dot{\varphi}+\rho\ddot{\varphi}$ $a_z=\ddot{z}$
球坐标描述法	$r=r(t)$ $\theta=\theta(t)$ $\varphi=\varphi(t)$	$v_r=\dot{r}$ $v_\theta=r\dot{\theta}$ $v_\varphi=r\dot{\varphi}\sin\theta$	$a_r=\ddot{r}-r\dot{\theta}^2-r\dot{\varphi}^2\sin^2\theta$ $a_\theta=r\ddot{\theta}+2\dot{r}\dot{\theta}-r\dot{\varphi}^2\sin\theta\cos\theta$ $a_\varphi=r\ddot{\varphi}\sin\theta+2\dot{r}\dot{\varphi}\sin\theta+2r\dot{\theta}\dot{\varphi}\cos\theta$

■ 概念题

2-1 判断下面的说法是否正确。

（1）点的速度是该点相对参考系原点的矢径对时间的导数，而加速度是速度对时间的导数。

（2）若点的法向加速度为零，则该点轨迹的曲率必为零。

（3）圆轮沿直线轨道作纯滚动，只要轮心作匀速运动，则轮缘上任意一点的加速度的方向均指向轮心。

2-2 $\dot{\boldsymbol{v}}$、$|\dot{\boldsymbol{v}}|$ 和 $\dot{v}$ 是否相同？$\dot{\boldsymbol{r}}$、$|\dot{\boldsymbol{r}}|$ 和 $\dot{r}$ 是否相同？

2-3 切向加速度和法向加速度的物理意义有何不同？

2-4 点在作曲线运动时，如果其加速度 $\boldsymbol{a}$ 是恒矢量，是否说明该点作匀变速率运动？

2-5 什么情况下点的切向加速度等于零？什么情况下点的法向加速度等于零？

2-6 M 点沿螺线自外向内运动，如果它走过的弧长 s 与时间 t 的一次方成正比，则点的加速度是越来越大还是越来越小？点的运动是越来越快，还是越来越慢？

■ 习题

2-1 一个质点的矢径 $\boldsymbol{r}$ 随时间的变化规律为 $\boldsymbol{r}=\boldsymbol{r}_0+(\cos t)\boldsymbol{c}$，其中 $\boldsymbol{r}_0$ 和 $\boldsymbol{c}$ 都是常矢量。试分析质点的运动轨迹和速度变化规律。

2–2　质量为 m 的航天器相对地心的矢径为 $\boldsymbol{r}$，在地心引力作用下，航天器运动的加速度为 $\ddot{\boldsymbol{r}} = -\dfrac{\mu}{r^3}\boldsymbol{r}$，其中 μ 为常量。求航天器的角动量 $\boldsymbol{h}$、机械能 E、拉普拉斯矢量 $\boldsymbol{f} = \dot{\boldsymbol{r}} \times (\boldsymbol{r} \times \dot{\boldsymbol{r}}) - \mu\dfrac{\boldsymbol{r}}{r}$ 的变化率。

2–3　如图2.18所示，曲线规尺的杆长 $OA = AB = 200$ mm，而 $CD = DE = AC = AE = 50$ mm。如果 OA 绕 O 轴转动的规律是 $\varphi = \pi t/5$，初始时 $t = 0$，求规尺上 D 点的运动方程和运动轨迹。

2–4　如图2.19所示，AB 杆长度为 l，绕 B 点按 $\varphi = \omega t$ 的规律转动。与杆连接的滑块按 $s = a + b\sin\omega t$ 的规律沿水平方向作简谐振动，其中 a、b、ω 为常量，求 A 点的运动轨迹。

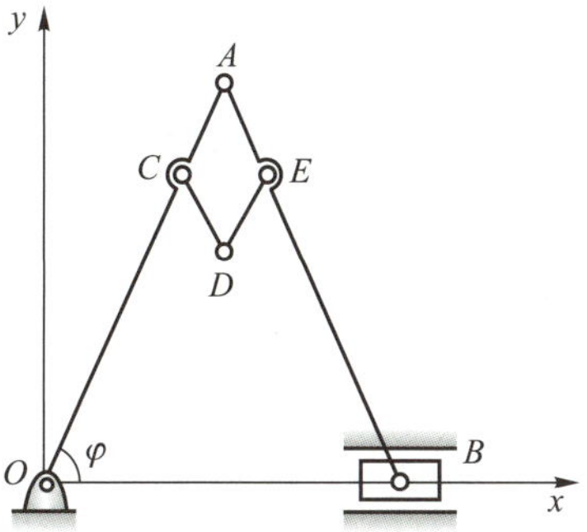

图 2.18

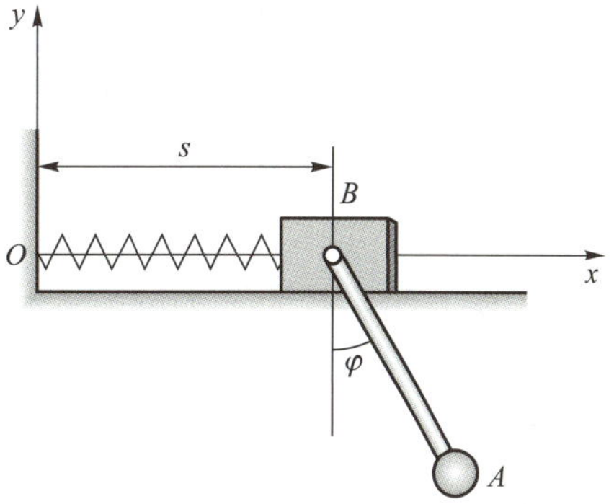

图 2.19

2–5　半径为 r 的半圆形凸轮以等速 $\boldsymbol{v}_0$ 在水平面上滑动，如图2.20所示，求当 $\theta = 30°$ 时顶杆上升的速度大小与加速度大小（顶杆与凸轮的接触点为 M）。

2–6　半径为 R 的圆弧与 AB 墙相切，在圆心 O 处有一光源，M 点从切点 C 处开始以均匀的圆周速度 $\boldsymbol{v}_0$ 沿圆弧运动，如图2.21所示。求 M 点在墙上的影子 M' 点的速度大小与加速度大小。

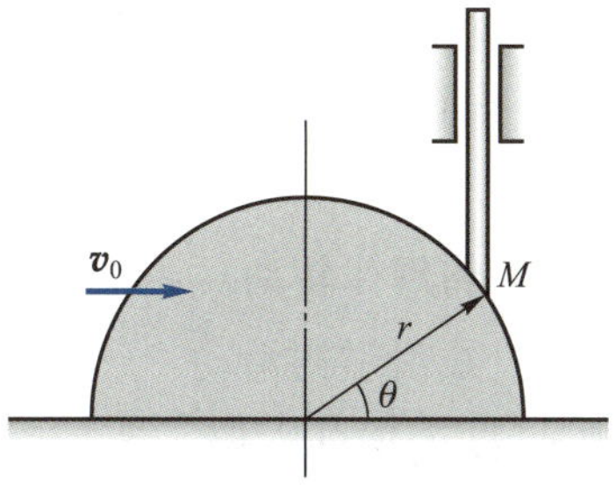

图 2.20

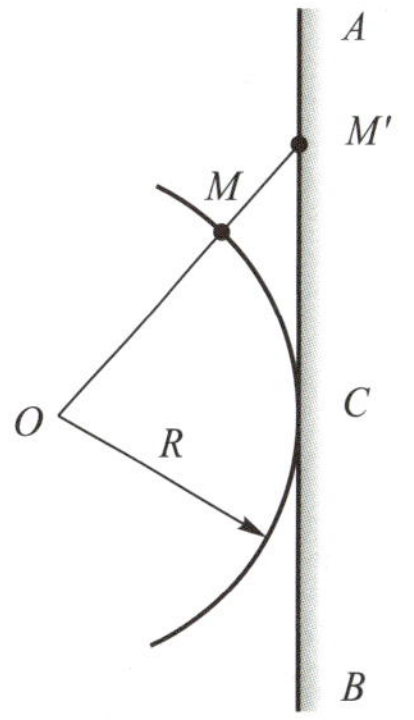

图 2.21

2–7　如图2.22所示机构中，已知 $OO_1 = l$，$\varphi = \omega_0 t$，其中 ω_0 为常量，D 是十字形导槽，求当 $\varphi = 30°$ 时 D 点的速度大小与加速度大小。

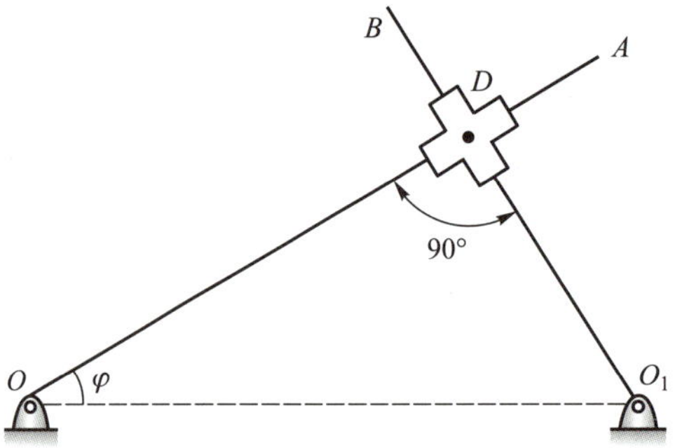

图 2.22

2–8　小车 A 与 B 以绳索相连，如图2.23所示。A 车高出 B 车 1.5 m。小车 A 以匀速 $v_A = 0.4$ m/s 前进而拉动 B 车，设开始时 $BC = l_0 = 4.5$ m。求 5 s 后小车 B 的速度大小与加速度大小。

2–9　M 点沿半径为 r 的圆弧运动，如图2.24所示，该点的速度 $\boldsymbol{v}$ 在直径 AB 方向上的投影 $\boldsymbol{u}$ 是常量。求 M 点的速度和加速度大小关于 r、u、φ 的表达式。

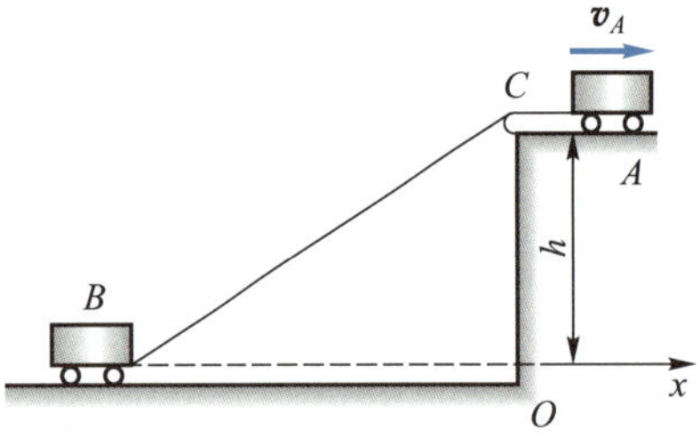

图 2.23

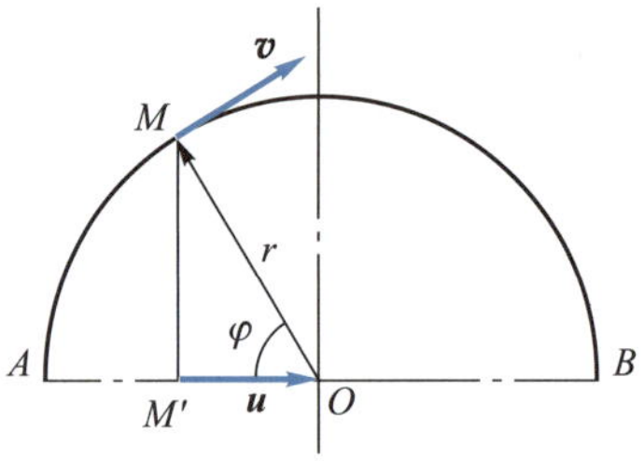

图 2.24

2–10　一个点沿着半径为 R 的圆周运动，任一瞬时，该点的切向加速度大小都与法向加速度大小相等，初速度为 $\boldsymbol{v}_0$。求走完第一圈所需的时间，以及回到出发点时该点的速度大小、切向加速度大小和法向加速度大小。

2–11　若点在平面内运动，其运动方程为 $x = x(t)$，$y = y(t)$，证明运动轨迹的曲率半径为 $\rho = (\dot{x}^2 + \dot{y}^2)^{3/2}/|\dot{x}\ddot{y} - \dot{y}\ddot{x}|$，切向加速度大小为 $a_\tau = (\dot{x}\ddot{x} + \dot{y}\ddot{y})/\sqrt{\dot{x}^2 + \dot{y}^2}$，法向加速度大小为 $a_n = |\dot{x}\ddot{y} - \ddot{x}\dot{y}|/\sqrt{\dot{x}^2 + \dot{y}^2}$。

2–12　如图2.25所示，设摇杆 AB 绕 A 轴按 $\varphi = \omega t$ 的规律转动，$\omega = \pi/10$ rad/s。滑块 B 在固定的圆形滑槽内滑动，又可在摇杆 AB 的直线滑道内滑动。已知圆槽半径 $R = 10$ cm，试选 O_1 点为原点，用自然坐标法建立滑块 B 的运动方程，并求滑块 B 的速度、加速度。

2–13　已知 M 点的运动规律为 $\boldsymbol{r}=(7t)\boldsymbol{i}+(3+t^2)\boldsymbol{j}+(t^3/3)\boldsymbol{k}$，式中 t 以 s 计，r 以 m 计。求 $t=3$ s 时 M 点的速度、切向加速度大小和法向加速度大小。

2–14　如图2.26所示，OA 杆绕 O 轴转动时，可在杆上滑动的销 P 被限制在抛物线 $\rho=2b/(1+\cos\varphi)$ 上运动，若 $\varphi=\omega t$（ω 为常量），求在 $\varphi=0°$ 和 $\varphi=90°$ 时，P 点的速度和加速度。

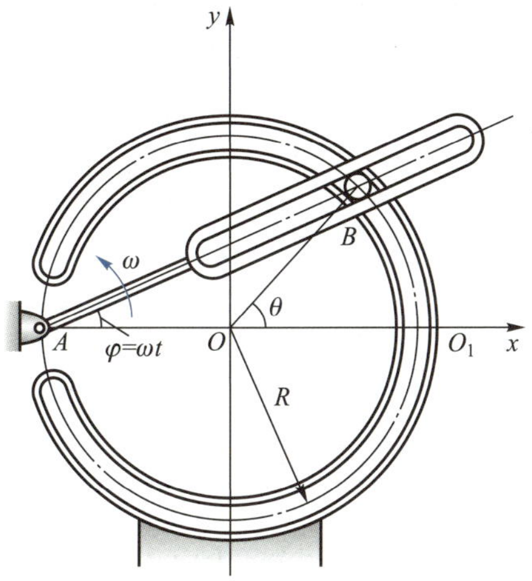

图 2.25

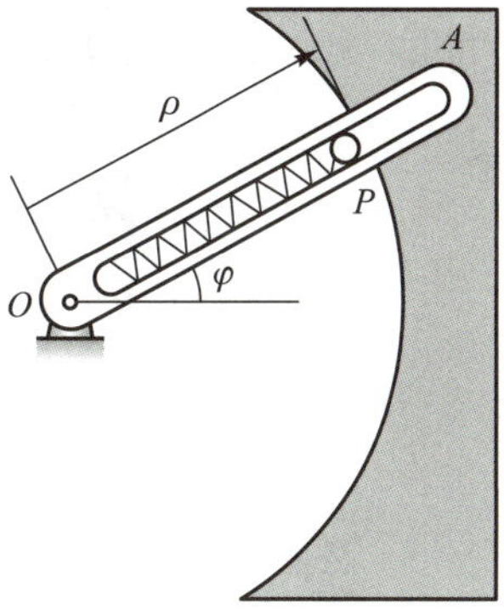

图 2.26

2–15　如图2.27所示，螺线画规中，杆 QQ' 和曲柄 OA 铰接，并穿过可绕 B 轴转动的套筒。已知转角 $\varphi=\omega t$（ω 为常量），$BO=AO=a$，$AM=b$。试求 M 点的极坐标形式的运动方程、轨迹方程，以及 M 点的速度大小和加速度大小。

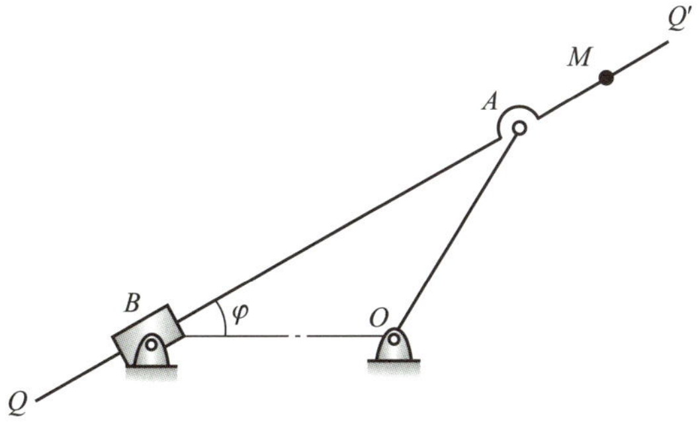

图 2.27

2–16　如图2.28所示，杆 AB 长度为 L，M 在 AB 杆上，AM 长度为 b。A 端以匀速 $\boldsymbol{v}_A$ 沿直线导轨 CD 运动，杆 AB 始终穿过套筒 O，套筒与导轨相距为 a。取 O 点为极点，试用极坐标 ρ、φ 表示 M 点的速度大小和加速度大小。

2–17　已知 M 点以等速率 $v=20$ m/s 沿圆柱螺旋运动，圆柱半径 $r=0.5$ m，螺距

$p = 0.2$ m，试用柱坐标表示 M 点的速度、加速度。

2–18　M 点沿球面 $x^2 + y^2 + z^2 = R^2$ 与柱面 $(x - R/2)^2 + y^2 = R^2/4$ 的交线运动，该点的球坐标形式的运动方程为 $r = R$，$\varphi = kt/2$，$\theta = kt/2$，求该点的加速度大小，以及它在球坐标上的三个分量。

2–19　如图2.29所示，一点 M 沿着缠在轮胎形圆环面上的螺旋线按如下规律运动：R 为常量，$\psi = \omega t, \varphi = kt$。求该点的速度和加速度在圆环面坐标系各轴上的分量（ω 和 k 都为常量）。

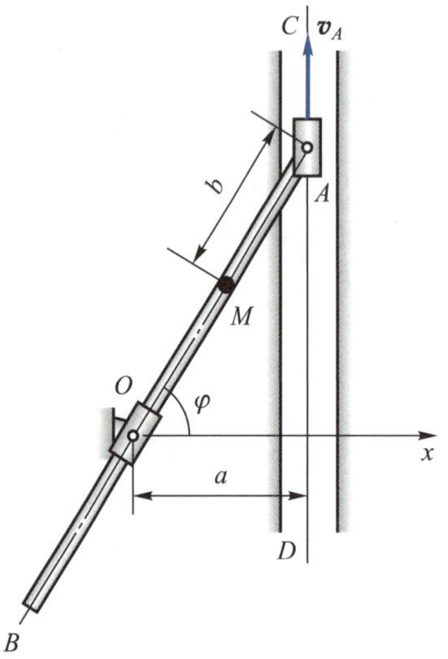

图 2.28

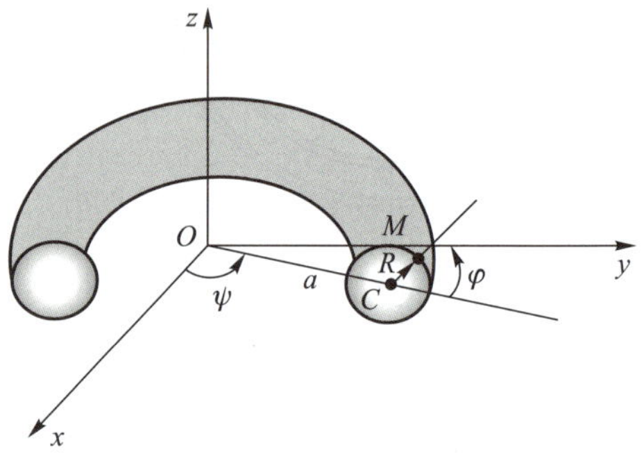

图 2.29

第2讲习题
参考答案

第3讲 刚体运动

■ 3.1 刚体的简单位移与瞬时运动

3.1.1 刚体的简单位移

本节主要内容为刚体的**简单位移**。刚体的两个位置，一个叫**初位置**，一个叫**末位置**。当刚体从初位置变化到末位置，称刚体完成了某个位移。在考察刚体位移时，完全不需考虑刚体从初位置变化到末位置的中间位置，也不用考虑完成这个位移的时间。因此刚体位移完全由初位置和末位置确定，如果初位置和末位置重合，则没有任何位移。

平动位移：刚体上所有点的位移在几何上相等。

转动位移：刚体从初位置绕某条固定直线旋转到末位置，该固定直线称为**转动轴**。

平面位移：由平动位移和转动位移组成，并且平动位移垂直于转动轴。

螺旋位移：由平动位移和转动位移组成，并且平动位移沿着转动轴。

3.1.2 刚体瞬时运动

如果在给定时刻刚体上所有点的速度都等于 $\boldsymbol{v}$，则称刚体以速度 $\boldsymbol{v}$ 作**瞬时平动**。特别地，如果 $\boldsymbol{v}=0$，则刚体**瞬时静止**。

注记 3.1

瞬时平动描述的是在给定时刻刚体各点的速度分布情况。特别需要指出，瞬时平动的刚体上各点的加速度不一定相等，故下一瞬时刚体各点的速度分布情况就可能不再相等了。

如果在给定时刻刚体或其延拓部分上某直线上各点的速度等于零，则称刚体绕该直线作**瞬时转动**。这条直线称为**瞬时转动轴**。

注记 3.2

瞬时转动描述的是刚体瞬时转动轴上各点在给定时刻的速度分布情况。特别需要指出，瞬时转动轴在不同时刻在刚体上和固定空间中占据不同位置。

如果在给定时刻刚体参与两个瞬时运动: 沿着某个轴的平动和绕该轴的转动，则称刚体作**瞬时螺旋运动**。

可以证明，刚体最普遍的瞬时运动是瞬时螺旋运动。

在学习本课程之前，关于物体运动的认识应该是“永久运动”，即运动形态保持时间足够长；与运动时间无限短的瞬时运动相比，也可以称为“有限时间运动”。本课程研究的刚体运动可以是“有限时间运动”，也可以是瞬时运动。

3.1.3 刚体运动形态分类

从几何直观上，我们可以将刚体的有限时间运动形态分为平动、定轴转动、平面运动、定点运动和一般运动。在运动过程中，如果刚体上任一条直线与其初始位置平行，则称刚体作**平行移动**，简称**平动**。如图3.1所示的刚体 AB 在运动过程中保持水平，其上任意一条直线均平行于其初始位置，即刚体 AB 作平动。平动刚体上各点的轨迹曲线形状相同，同一瞬时各点的速度完全相同，刚体上任何一点的运动均可代表刚体上其他各点的运动，因此刚体的平动可以归结为一个点的运动，用点的运动学方法来描述。显而易见，任意指定两个位置作为初、末位置，平动刚体的位移都是平动；任选一个时刻观察，平动刚体都在作瞬时平动。

如果在运动过程中，刚体或者其延拓部分上有且只有一条直线固定不动，则称刚体**定轴转动**，该固定直线称为转动轴。如图3.2所示，z 轴在刚体运动过程中固定不动，刚体绕 z 轴定轴转动，z 轴为转动轴。刚体定轴转动时，不在轴线上的各点均作圆周运动，圆周所在平面垂直于转轴，圆心均在轴线上，半径为点到转轴的距离。显而易见，任意指定两个位置作为初、末位置，定轴转动刚体的位移都是转动位移；任选一个时刻观察，定轴转动刚体都在作瞬时转动，并且任意时刻的转动轴都相同。

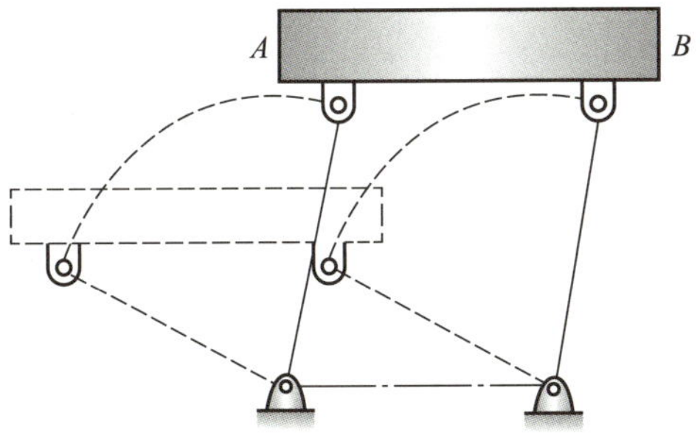

图 3.1

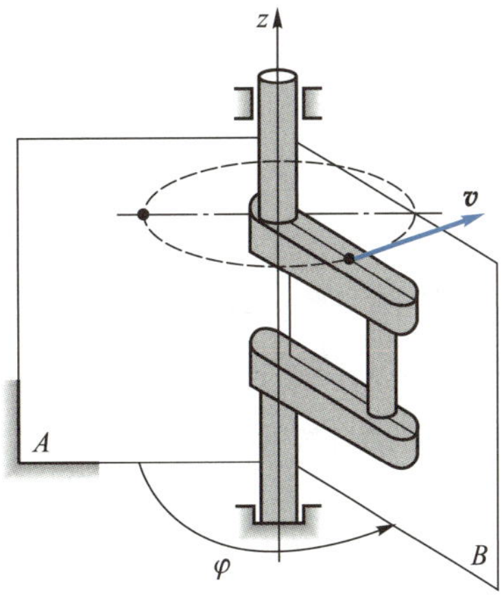

图 3.2

如果刚体上的所有点在平行于某个固定参考平面的平面内运动，则称刚体作**平面运动**。刚体作平面运动时，其上任何一点到固定参考平面的距离保持不变。如图3.3所示的行星齿轮机构中，齿轮 A 的所有点始终在平面内运动，因此齿轮 A 作平面运动。

如果在运动过程中，刚体或其延拓部分上存在且只存在一点固定不动，则称刚体作**定**

点运动。如图3.4所示的陀螺绕自身的 ON 轴转动，而 ON 轴又绕固定轴 Oz 转动。在陀螺的运动过程中，其上 O 点固定不动，因此陀螺作定点运动。

不属于上述运动形态的刚体运动，可以称为**刚体一般运动**。例如，乒乓球在空中的运动即为一般运动，飞机、卫星、汽车和轮船的运动也都属于刚体一般运动。

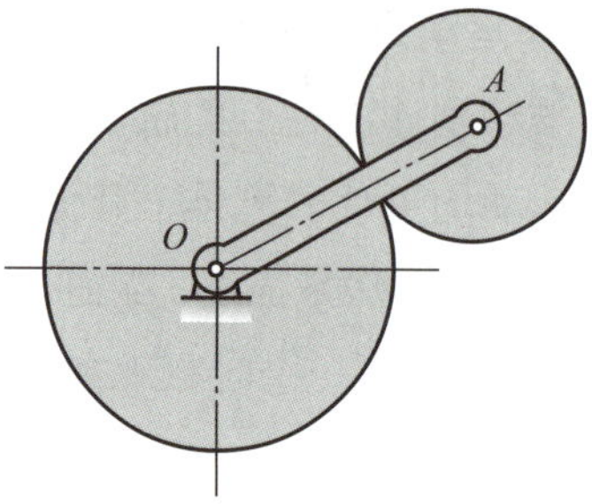

图 3.3

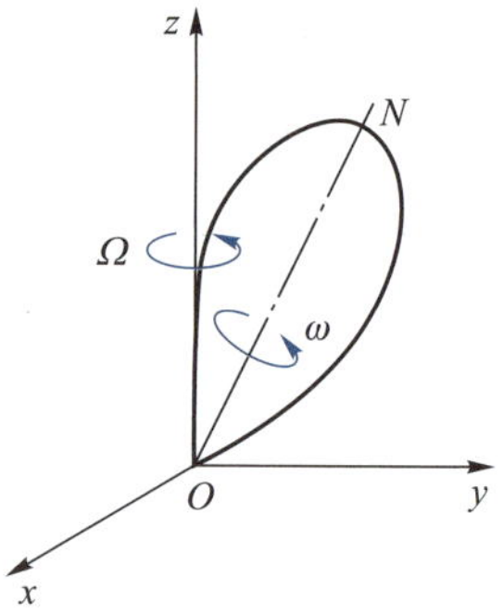

图 3.4

■ 3.2 刚体一般运动的描述

我们给定一个坐标系，将一个矢量向 3 根坐标轴投影，就得到该矢量与这个坐标系对应的 3 个分量。这 3 个分量可以写成 3×1 矩阵，我们称之为该矢量在这个坐标系中的**列阵**。例如，矢量 $\boldsymbol{r}$ 在坐标系 $OXYZ$ 的三个坐标为 x、y、z，则有

$$\boldsymbol{r} = x\boldsymbol{i} + y\boldsymbol{j} + z\boldsymbol{k} \tag{3.2.1}$$

写成列阵形式为

$$\underline{\boldsymbol{r}} = [\ x \quad y \quad z\ ]^{\mathrm{T}} \tag{3.2.2}$$

数学中经常不区分 n 维矢量和 n 维列阵，但本教程需要严格区分。矢量在不同坐标系下投影不同，即列阵不同。有明确物理意义的矢量，例如，力、速度、加速度等，应该不依赖于坐标系的选择。列阵是矢量在给定坐标系中的分量的矩阵形式表达，应该依赖于坐标系的选择。

将矢量 $\boldsymbol{r}$ 在坐标系 $Oxyz$ 中的列阵记为 $\underline{\boldsymbol{\rho}}$，在坐标系 $OXYZ$ 中的列阵记为 $\underline{\boldsymbol{r}}$，即列阵 $\underline{\boldsymbol{r}}$ 和 $\underline{\boldsymbol{\rho}}$ 分别为矢量 $\boldsymbol{r}$ 在不同坐标系中的列阵，它们之间满足坐标转换关系

$$\underline{\boldsymbol{r}} = \boldsymbol{A}\,\underline{\boldsymbol{\rho}} \tag{3.2.3}$$

其中 $\boldsymbol{A}$ 是坐标系 $Oxyz$ 到坐标系 $OXYZ$ 的变换矩阵。

刚体包含无穷多个点，我们不希望用无穷多个运动方程逐个描述刚体每个点的运动。事实上，描述刚体运动只需有限的几个方程。

为了方便描述刚体一般运动，我们需要在参考系中建立 3 个直角坐标系，如图3.5所示。第一个是直角坐标系 $O_0X_0Y_0Z_0$，其坐标原点 O_0 及坐标轴 O_0X_0、O_0Y_0、O_0Z_0 相对参考系都是固定不变的，我们称 $O_0X_0Y_0Z_0$ 为**固定坐标系**。我们在刚体上选定一个点 O，称为**基点**。以基点为坐标原点，建立第二个直角坐标系 $Oxyz$，其坐标原点 O 及坐标轴 Ox、Oy、Oz 都与刚体固连，我们称 $Oxyz$ 为**固连坐标系**。固连坐标系相对刚体固定不变，但相对参考系是运动变化的，即相对固定坐标系是运动变化的。显然，固连坐标系的运动与刚体的运动是一致的，也就是说，固连坐标系 $Oxyz$ 的运动完全代表刚体的运动，反之亦然。可见，可以用固连坐标系 $Oxyz$ 相对固定坐标系 $O_0X_0Y_0Z_0$ 的运动代表刚体相对参考系的运动。固连坐标系 $Oxyz$ 的原点（即基点）位置可以用其相对固定坐标系 $O_0X_0Y_0Z_0$ 原点的矢径 $\boldsymbol{R}_O(t)$ 确定，还需要确定固连坐标轴 Ox、Oy、Oz 相对固定坐标轴 O_0X_0、O_0Y_0、O_0Z_0 的方向，为此，我们建立第三个坐标系 $OXYZ$，其坐标原点就是基点，坐标轴 OX、OY、OZ 分别平行于坐标轴 O_0X_0、OY_0、OZ_0，我们称 $OXYZ$ 为平动坐标系。显然，固连坐标轴 Ox、Oy、Oz 相对固定坐标轴 O_0X_0、O_0Y_0、O_0Z_0 的方向，就是固连坐标轴 Ox、Oy、Oz 相对平动坐标轴 OX、OY、OZ 的方向，后者可以用高等数学（线性代数）中的变换矩阵描述。我们将变换矩阵记为 $\boldsymbol{A}$，这个 3×3 矩阵的 9 个元素都随着刚体运动而变换，即变换矩阵是随时间变换的，$\boldsymbol{A}=\boldsymbol{A}(t)$。可见，矢量 $\boldsymbol{R}_O(t)$ 和矩阵 $\boldsymbol{A}(t)$ 合在一起，就可以描述固连坐标系 $Oxyz$ 相对固定坐标系 $O_0X_0Y_0Z_0$ 的运动，即刚体相对参考系的一般运动。

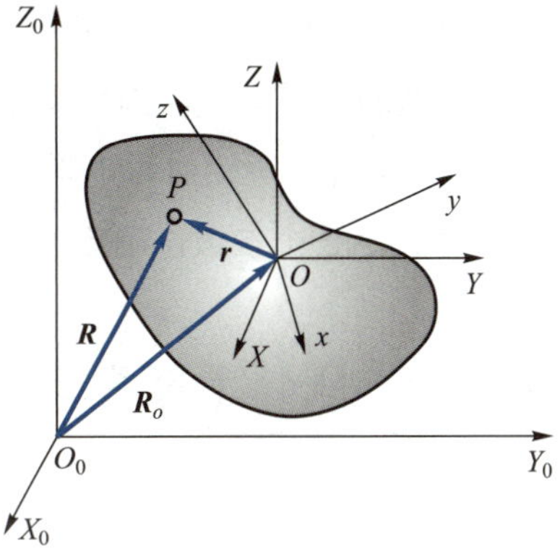

图 3.5

根据高等数学（线性代数）中的知识，两个直角坐标系之间的变换矩阵 $\boldsymbol{A}$ 是正交矩阵，即满足条件

$$\boldsymbol{A}^{\mathrm{T}}=\boldsymbol{A}^{-1} \tag{3.2.4}$$

正交矩阵的 9 个元素不独立，应该满足式(3.2.4)给出的 6 个等式。因此 9 个元素可以用 3 个独立变化的参数（如欧拉角，见本教程第 5 讲）表达，也就是说，正交矩阵只包含 3 个独立变化参数。可见，描述刚体一般运动仅仅需要 6 个独立变化参数，矢量 $\boldsymbol{R}_O(t)$ 和矩阵 $\boldsymbol{A}(t)$ 各包含 3 个。

下面对几种刚体运动形态进行讨论：

(1) 刚体作定点运动时，取定点为基点，有 $\boldsymbol{R}_O(t)=0$，则刚体的运动可以用矩阵 $\boldsymbol{A}(t)$ 描述，因此描述刚体定点运动需要 3 个独立变化参数。

（2）刚体作平面运动时（平行于 xy 平面），各点的 z 坐标不变，矢量 $\boldsymbol{R}_O(t)$ 是二维矢量，矩阵 $\boldsymbol{A}(t)$ 是平面坐标系之间的变换矩阵，只与刚体绕 z 轴转过的角度有关，因此确定刚体平面运动需要 3 个独立变化参数。

（3）刚体作定轴转动时，将基点取在转轴上，有 $\boldsymbol{R}_O(t)=0$，矩阵 $\boldsymbol{A}(t)$ 只与刚体绕转轴转过的角度有关，因此确定刚体定轴转动需要 1 个参数。

（4）刚体作平动时，矩阵 $\boldsymbol{A}(t)$ 是单位矩阵，不随时间变化，因此确定刚体在平面内的平动需要 2 个参数，确定刚体的空间平动需要 3 个参数。

■ 3.3 刚体上任意点的速度与加速度

刚体上任意 P 点相对于 O_0 的矢径为

$$\boldsymbol{R}=\boldsymbol{R}_O+\boldsymbol{r} \tag{3.3.1}$$

其中 $\boldsymbol{R}_O$ 为基点 O 相对于 O_0 的矢径，$\boldsymbol{r}$ 为 P 点相对于基点 O 的矢径。

将矢量 $\boldsymbol{R}$、$\boldsymbol{R}_O$ 和 $\boldsymbol{r}$ 在固定坐标系 $O_0X_0Y_0Z_0$ 中的列阵分别记为 $\underline{\boldsymbol{R}}$、$\underline{\boldsymbol{R}}_O$ 和 $\underline{\boldsymbol{r}}$，将矢量 $\boldsymbol{r}$ 在固连坐标系 $Oxyz$ 中的列阵记为 $\underline{\boldsymbol{\rho}}$。

列阵 $\underline{\boldsymbol{r}}$ 和 $\underline{\boldsymbol{\rho}}$ 分别为矢量 $\boldsymbol{r}$ 在不同坐标系中的列阵，因此它们之间满足坐标转换关系

$$\underline{\boldsymbol{r}}=\boldsymbol{A}\,\underline{\boldsymbol{\rho}} \tag{3.3.2}$$

其中 $\boldsymbol{A}$ 是固连坐标系 $Oxyz$ 到平动坐标系 $OXYZ$ 的变换矩阵，它将矢量在固连坐标系 $Oxyz$ 中的列阵变换成在平动坐标系 $OXYZ$ 中的列阵。在式(3.3.2)两边同时左乘矩阵 $\boldsymbol{A}^{\mathrm{T}}$，并利用式(3.2.4)，得

$$\underline{\boldsymbol{\rho}}=\boldsymbol{A}^{\mathrm{T}}\underline{\boldsymbol{r}} \tag{3.3.3}$$

将式(3.3.1)写成在固定坐标系 $O_0X_0Y_0Z_0$ 中（或平动坐标系 $OXYZ$ 中）的列阵形式，并利用式(3.3.2)，得

$$\underline{\boldsymbol{R}}=\underline{\boldsymbol{R}}_O+\underline{\boldsymbol{r}}=\underline{\boldsymbol{R}}_O+\boldsymbol{A}\,\underline{\boldsymbol{\rho}} \tag{3.3.4}$$

列阵 $\underline{\boldsymbol{\rho}}$ 的三个分量是 P 点在固连坐标系 $Oxyz$ 中的坐标，它们在刚体的运动过程中保持不变，是常量矩阵。式(3.3.4)是刚体中 P 点的运动方程，表明刚体上一点的运动可以用一个矢量（列阵）和一个正交张量（矩阵）描述。

$$\boldsymbol{R}_O=\boldsymbol{R}_O(t) \quad 或 \quad \underline{\boldsymbol{R}}_O=\underline{\boldsymbol{R}}_O(t) \tag{3.3.5}$$

式(3.3.5)描述基点 O 的运动，也表示刚体随着基点的平动，同时也代表平动坐标系的运动。

$$\boldsymbol{A}=\boldsymbol{A}(t) \tag{3.3.6}$$

式(3.3.6)描述刚体相对于基点平动坐标系的运动，代表刚体的定点运动。

因此，刚体的一般运动可以分解为随着基点的平动和相对于基点平动坐标系的定点运动。而刚体一般运动的运动方程可表示为

$$\boldsymbol{R}_O = \boldsymbol{R}_O(t), \quad \boldsymbol{A} = \boldsymbol{A}(t) \tag{3.3.7}$$

3.3.1 刚体上任意点的速度

将式(3.3.4)对时间求导，并利用式(3.3.3)，同时考虑到 $\underline{\boldsymbol{\rho}}$ 为常量列阵，即 $\underline{\dot{\boldsymbol{\rho}}} = 0$，得

$$\underline{\dot{\boldsymbol{R}}} = \underline{\dot{\boldsymbol{R}}}_O + \dot{\boldsymbol{A}}\underline{\boldsymbol{\rho}} = \underline{\dot{\boldsymbol{R}}}_O + \dot{\boldsymbol{A}}\,\boldsymbol{A}^{\mathrm{T}}\underline{\boldsymbol{r}} \tag{3.3.8}$$

式中：$\underline{\dot{\boldsymbol{R}}}$ 和 $\underline{\dot{\boldsymbol{R}}}_O$ 分别为 P 点的速度 $\dot{\boldsymbol{R}}$ 和基点 O 的速度 $\dot{\boldsymbol{R}}_O$ 在坐标系 $O_0X_0Y_0Z_0$ 中的列阵；$\dot{\boldsymbol{A}}$ 为矩阵的导数，是将 $\boldsymbol{A}$ 的每个元素求导后放回原处得到。

下面讨论矩阵 $\dot{\boldsymbol{A}}\,\boldsymbol{A}^{\mathrm{T}}$。将 $\boldsymbol{A}\boldsymbol{A}^{\mathrm{T}} = \boldsymbol{I}$ 两边对时间求导，得

$$\frac{\mathrm{d}}{\mathrm{d}t}(\boldsymbol{A}\,\boldsymbol{A}^{\mathrm{T}}) = \dot{\boldsymbol{A}}\,\boldsymbol{A}^{\mathrm{T}} + \boldsymbol{A}\,\dot{\boldsymbol{A}}^{\mathrm{T}} = \dot{\boldsymbol{A}}\,\boldsymbol{A}^{\mathrm{T}} + (\dot{\boldsymbol{A}}\,\boldsymbol{A}^{\mathrm{T}})^{\mathrm{T}} = 0 \tag{3.3.9}$$

即

$$\dot{\boldsymbol{A}}\,\boldsymbol{A}^{\mathrm{T}} = -(\dot{\boldsymbol{A}}\,\boldsymbol{A}^{\mathrm{T}})^{\mathrm{T}} \tag{3.3.10}$$

可见 $\dot{\boldsymbol{A}}\,\boldsymbol{A}^{\mathrm{T}}$ 是反对称矩阵，它只有 3 个元素是独立的，且其对角元素均为零。不妨将矩阵 $\dot{\boldsymbol{A}}\,\boldsymbol{A}^{\mathrm{T}}$ 写成下面的形式

$$\dot{\boldsymbol{A}}\,\boldsymbol{A}^{\mathrm{T}} = \begin{bmatrix} 0 & -\omega_3 & \omega_2 \\ \omega_3 & 0 & -\omega_1 \\ -\omega_2 & \omega_1 & 0 \end{bmatrix} = \boldsymbol{\varOmega} \tag{3.3.11}$$

我们将 $[\omega_1, \omega_2, \omega_3]^{\mathrm{T}}$ 看作矢量 $\boldsymbol{\omega}$ 在坐标系 $O_0X_0Y_0Z_0$ 中的列阵，则

$$\dot{\boldsymbol{A}}\,\boldsymbol{A}^{\mathrm{T}}\underline{\boldsymbol{r}} = \boldsymbol{\varOmega}\underline{\boldsymbol{r}} = \underline{\boldsymbol{\omega} \times \boldsymbol{r}} \tag{3.3.12}$$

将式(3.3.12)代入式(3.3.8)，得

$$\underline{\dot{\boldsymbol{R}}} = \underline{\dot{\boldsymbol{R}}}_O + \underline{\boldsymbol{\omega} \times \boldsymbol{r}} \tag{3.3.13}$$

$\underline{\boldsymbol{\omega} \times \boldsymbol{r}}$ 是矢量 $\boldsymbol{\omega} \times \boldsymbol{r}$ 在坐标系 $O_0X_0Y_0Z_0$ 中的列阵。

因此，式 (3.3.13)是矢量运算式

$$\dot{\boldsymbol{R}} = \dot{\boldsymbol{R}}_O + \boldsymbol{\omega} \times \boldsymbol{r} \tag{3.3.14}$$

的列阵形式。根据定义，矢量 $\dot{\boldsymbol{R}}$ 是刚体上任意点 P 的速度 $\boldsymbol{v}$，$\dot{\boldsymbol{R}}_O$ 是基点 O 的速度 $\boldsymbol{v}_O$，因此可得到 P 点的速度为

$$\boldsymbol{v} = \boldsymbol{v}_O + \boldsymbol{\omega} \times \boldsymbol{r} \tag{3.3.15}$$

矢量 $\boldsymbol{\omega}$ 是用矩阵 $\boldsymbol{A}$ 定义的，而矩阵 $\boldsymbol{A}$ 描述了固连坐标系 $Oxyz$（即刚体）相对于平动坐标系 $OXYZ$ 的转动，因此矢量 $\boldsymbol{\omega}$ 反映了刚体转动的速度。矢量 $\boldsymbol{\omega}$ 不依赖于基点的选择，称为刚体的**角速度**。在国际单位制中，角速度的单位为 rad/s。当刚体平动时，$\boldsymbol{A} = \boldsymbol{I}$，$\dot{\boldsymbol{A}} = \boldsymbol{0}$，$\boldsymbol{\omega} = \boldsymbol{0}$。

[概念辨析]
对角速度的认识

注记 3.3

我们对角速度的认识是逐渐变化的。在中学物理中认为角速度是标量，用来描述质点的圆周运动。在大学物理中通常也是认为角速度是标量，用来描述质点圆周运动和刚体定轴转动。从上述引入角速度的过程可以看出，用矩阵才能准确描述刚体转动的一般情形。事实上，刚体的角速度是二阶张量①，可以用来描述刚体的任意运动。张量的运算比矢量要复杂得多。由于在理论力学课程中大部分物理量都是矢量，涉及张量之处不多②，又由于角速度张量是反对称的，9 个分量中有 3 个恒为零，另外 6 个中只有 3 个独立，恰好可以拼凑成一个列阵，因此在理论力学中通常把角速度当作矢量，故无须介绍张量运算，而是使用读者熟悉的矢量运算。需要说明的是，如果一个物理量是矢量，必须满足 3 个条件：① 有大小、有方向；② 加法符合平行四边形法则；③ 物理规律不依赖于坐标系的选取。可以证明，刚体角速度不满足第 3 个条件。不过，只要不进行左手坐标系和右手坐标系之间的变换，将角速度当作矢量就不会有问题（只要选择坐标系统一为左手系或者右手系，其伪矢量的特点就不会暴露）。

对比式(3.3.1)和式(3.3.14)可知，刚体上任意点 P 相对于基点 O 的矢径 $\boldsymbol{r}$ 对时间的导数为

$$\dot{\boldsymbol{r}} = \boldsymbol{\omega} \times \boldsymbol{r} \tag{3.3.16}$$

这个公式以后我们还会多次用到。

由式(3.3.15)可以得到如下推论。

推论 3.1

在任意瞬时刚体上两个点的速度在其连线上的投影相等。

① 标量可以看作零阶张量，矢量可以看作一阶张量。

② 在第 21 讲描述刚体质量特性时也需要用到惯性张量，其在坐标系中的投影就是惯性矩阵。

证明 如图3.6 所示，讨论刚体上任意两点 A 和 B 的速度在这两点连线 AB 上的投影。以 A 点为基点，B 点的速度可以写为

$$\boldsymbol{v}_B = \boldsymbol{v}_A + \boldsymbol{\omega} \times \boldsymbol{r}_{AB} \tag{3.3.17}$$

上式右端第 2 项和 AB 连线垂直。在上式两端同时点乘以 AB 方向的单位矢量 $\boldsymbol{e}$，得

$$\boldsymbol{v}_B \cdot \boldsymbol{e} = \boldsymbol{v}_A \cdot \boldsymbol{e} \tag{3.3.18}$$

式(3.3.18)表明，**刚体上任意两点的速度在这两点连线上的投影相等**，这就是刚体运动的**速度投影定理**。

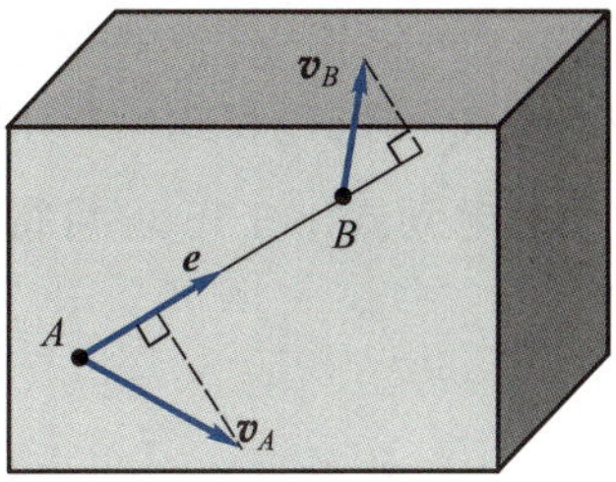

图 3.6

推论 3.2

刚体上不共线的 3 个点的速度完全决定刚体上任意点的速度。

证明 设刚体上的三个不共线的点 A、B、C 速度已知，P 点为刚体上任意点。如果 P 点与 A、B、C 不共面，根据速度投影定理，P 点速度沿着 PA、PB、PC 方向分量分别等于 A、B、C 三点速度在这三个方向的分量。由于 PA、PB、PC 不共面，也两两不共线，因此 P 点速度完全确定。

如果 P 点与 A、B、C 共面，我们可以另选一个点 Q，使得 Q 点与 A、B、C 不共面，则 Q 点速度完全确定。显然，P 点与 A、B、Q 不共面，于是 P 点速度完全确定。

推论 3.3

如果刚体上不共线的 3 个点的速度在某时刻相等，则刚体作瞬时平动。

推论 3.4

如果在给定瞬时刚体上两个点速度等于零，则刚体或者瞬时静止或者绕过这两个点的轴作瞬时转动。

推论 3.5

如果在给定瞬时刚体上某个点速度等于零，则刚体或者瞬时静止或者绕过这个点的轴作瞬时转动。

推论 3.6

刚体瞬时运动在最一般情况下可以分解为两个运动: 以基点的速度平动和绕过基点的轴转动。

3.3.2 刚体上任意点的加速度

式(3.3.15)和式(3.3.16)是在一个时间段内都成立的，我们可以将式(3.3.15)对时间求导，并考虑到式(3.3.16)，可得到 P 点的加速度

$$\boldsymbol{a}=\boldsymbol{a}_O+\boldsymbol{\varepsilon}\times\boldsymbol{r}+\boldsymbol{\omega}\times(\boldsymbol{\omega}\times\boldsymbol{r}) \tag{3.3.19}$$

其中 $\boldsymbol{\varepsilon}=\dot{\boldsymbol{\omega}}$ 是刚体的**角加速度**[①]。同样地，刚体的角加速度也和基点的选择无关，它反映了刚体角速度的变化率。在国际单位制中，角加速度的单位为 $\mathrm{rad/s^2}$。

与式(3.3.13)类似，加速度公式也可由矩阵计算得到:

加速度

$$\boldsymbol{a}=\ddot{\boldsymbol{R}}_O+\ddot{\boldsymbol{r}} \tag{3.3.20}$$

的列阵表达式为

$$\underline{\boldsymbol{a}}=\underline{\ddot{\boldsymbol{R}}_O}+\underline{\ddot{\boldsymbol{r}}} \tag{3.3.21}$$

其中

$$\underline{\ddot{\boldsymbol{r}}}=\ddot{\boldsymbol{A}}\underline{\boldsymbol{\rho}}=\ddot{\boldsymbol{A}}\boldsymbol{A}^{\mathrm{T}}\underline{\boldsymbol{r}}=\frac{\mathrm{d}}{\mathrm{d}t}(\dot{\boldsymbol{A}}\boldsymbol{A}^{\mathrm{T}})\underline{\boldsymbol{r}}-\dot{\boldsymbol{A}}\dot{\boldsymbol{A}}^{\mathrm{T}}\underline{\boldsymbol{r}}=\dot{\boldsymbol{\varOmega}}\underline{\boldsymbol{r}}-\dot{\boldsymbol{A}}\dot{\boldsymbol{A}}^{\mathrm{T}}\underline{\boldsymbol{r}} \tag{3.3.22}$$

由

$$\dot{\boldsymbol{A}}\dot{\boldsymbol{A}}^{\mathrm{T}}=\dot{\boldsymbol{A}}(\boldsymbol{A}^{\mathrm{T}}\boldsymbol{A})\dot{\boldsymbol{A}}^{\mathrm{T}}=\dot{\boldsymbol{A}}\boldsymbol{A}^{\mathrm{T}}\boldsymbol{A}\dot{\boldsymbol{A}}^{\mathrm{T}}=\boldsymbol{\varOmega}\boldsymbol{\varOmega}^{\mathrm{T}}=-\boldsymbol{\varOmega}^2 \tag{3.3.23}$$

代入式(3.3.22)可得

$$\underline{\ddot{\boldsymbol{r}}}=\dot{\boldsymbol{\varOmega}}\underline{\boldsymbol{r}}+\boldsymbol{\varOmega}^2\underline{\boldsymbol{r}} \tag{3.3.24}$$

由

$$\boldsymbol{\varOmega}\underline{\boldsymbol{r}}=\underline{\boldsymbol{\omega}\times\boldsymbol{r}} \tag{3.3.25}$$

可得

$$\begin{aligned}\boldsymbol{\varOmega}^2\underline{\boldsymbol{r}}&=\boldsymbol{\varOmega}(\boldsymbol{\varOmega}\underline{\boldsymbol{r}})=\underline{\boldsymbol{\omega}\times(\boldsymbol{\omega}\times\boldsymbol{r})}\\ \dot{\boldsymbol{\varOmega}}\underline{\boldsymbol{r}}&=\underline{\dot{\boldsymbol{\omega}}\times\boldsymbol{r}}\end{aligned} \tag{3.3.26}$$

① 注意，角加速度的物理量符号是 $\boldsymbol{\varepsilon}$，本教程中的描述和国标用 $\boldsymbol{\alpha}$ 不同。

代入式(3.3.24)可得

$$\underline{\ddot{r}} = \underline{\dot{\boldsymbol{\omega}} \times \boldsymbol{r}} + \underline{\boldsymbol{\omega} \times (\boldsymbol{\omega} \times \boldsymbol{r})} \tag{3.3.27}$$

从而得到加速度公式

$$\underline{\boldsymbol{a}} = \underline{\boldsymbol{a}_O} + \underline{\dot{\boldsymbol{\omega}} \times \boldsymbol{r}} + \underline{\boldsymbol{\omega} \times (\boldsymbol{\omega} \times \boldsymbol{r})} \tag{3.3.28}$$

即

$$\boldsymbol{a} = \boldsymbol{a}_O + \boldsymbol{\varepsilon} \times \boldsymbol{r} + \boldsymbol{\omega} \times (\boldsymbol{\omega} \times \boldsymbol{r}) \tag{3.3.29}$$

由以上推导可见，通过引入反对称矩阵，使用适当的矩阵运算可以简化推导，角速度和角加速度的计算不必像之前章节那样烦琐。

3.3.3 定轴转动

当刚体绕定轴转动时，刚体内任意一点都作圆周运动，圆心在固定轴上，圆周所在平面与固定轴垂直。

将基点 O 取在刚体的固定轴 Oz 上，于是变换矩阵 $\boldsymbol{A}$ 为

$$\boldsymbol{A} = \begin{bmatrix} \cos\varphi & -\sin\varphi & 0 \\ \sin\varphi & \cos\varphi & 0 \\ 0 & 0 & 1 \end{bmatrix} \tag{3.3.30}$$

式中：φ 为坐标轴 OX 与 Ox 之间的夹角，即刚体转动的角度。

可以验证

$$\dot{\boldsymbol{A}}\boldsymbol{A}^{\mathrm{T}} = \begin{bmatrix} 0 & -\dot{\varphi} & 0 \\ \dot{\varphi} & 0 & 0 \\ 0 & 0 & 0 \end{bmatrix} \tag{3.3.31}$$

比较式 (3.3.11) 和式 (3.3.31) 可以看出，定轴转动刚体的角速度 $\boldsymbol{\omega}$ 在固定坐标系 $O_0X_0Y_0Z_0$ 中的列阵是

$$\underline{\boldsymbol{\omega}} = [\ 0 \quad 0 \quad \dot{\varphi}\ ]^{\mathrm{T}} \tag{3.3.32}$$

写成矢量的形式为

$$\boldsymbol{\omega} = \dot{\varphi}\boldsymbol{k} \tag{3.3.33}$$

将式 (3.3.33) 和式 (3.3.32) 对时间求导，得到刚体的角加速度 $\boldsymbol{\varepsilon}$ 及其在固定坐标系 $O_0X_0Y_0Z_0$ 中的列阵

$$\boldsymbol{\varepsilon} = \ddot{\varphi}\boldsymbol{k} \tag{3.3.34}$$

$$\underline{\varepsilon} = [\ 0 \quad 0 \quad \ddot{\varphi}\ ]^{\mathrm{T}} \tag{3.3.35}$$

可见，刚体定轴转动时，角速度和角加速度都沿着转轴的方向，它们的大小就是刚体转动角度对时间的一阶和二阶导数。

由于基点取在刚体的固定轴上（即 $\boldsymbol{v}_O = \boldsymbol{a}_O = 0$），故由式(3.3.15)和式(3.3.19)可知刚体上任意点 P 的速度和加速度分别为

$$\boldsymbol{v} = \boldsymbol{\omega} \times \boldsymbol{r} = \rho\dot{\varphi}\boldsymbol{\tau} \tag{3.3.36}$$

$$\begin{aligned}\boldsymbol{a} &= \boldsymbol{\varepsilon} \times \boldsymbol{r} + \boldsymbol{\omega} \times (\boldsymbol{\omega} \times \boldsymbol{r}) \\ &= \rho\ddot{\varphi}\boldsymbol{\tau} + \rho\dot{\varphi}^2\boldsymbol{n}\end{aligned} \tag{3.3.37}$$

式中：ρ 为 P 点到转轴的距离；$\boldsymbol{\tau}$ 为过 P 点沿圆周切线方向的单位矢量；$\boldsymbol{n}$ 为过 P 点指向圆心的单位矢量，如图3.7所示。

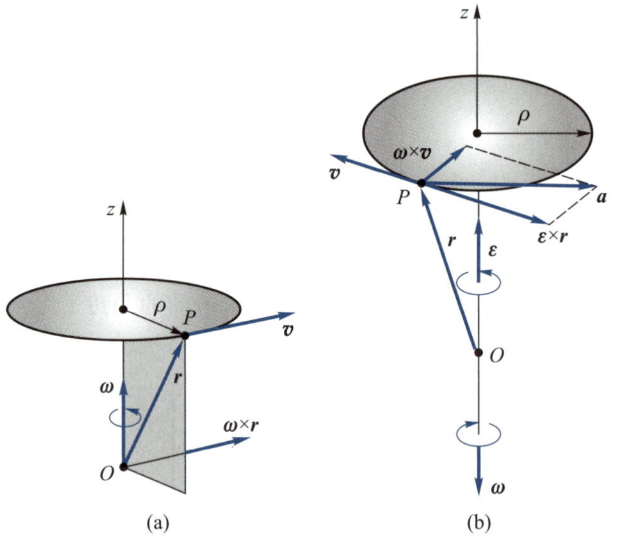

图 3.7

思考题 3.1

如何按照点的运动学来解释式(3.3.36)和式(3.3.37)？

由式(3.3.36)和式(3.3.37)可知，在刚体垂直于转动轴的截面上，同一半径上各点的速度分布呈直角三角形，而加速度分布呈锐角三角形，加速度 $\boldsymbol{a}$ 与半径的夹角 α（图3.8）的正切为

$$\tan\alpha = \frac{a_\tau}{a_\mathrm{n}} = \frac{\varepsilon}{\omega^2} \tag{3.3.38}$$

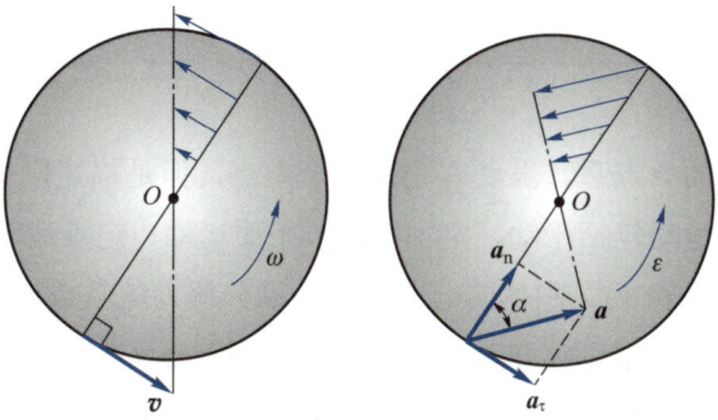

图 3.8

注记 3.4

刚体运动学不变量 对于不随点的选择而改变的物理量称为**刚体运动学不变量**。研究刚体的一般运动，刚体上任一点 P 的速度公式 [式(3.3.15)] 反映出刚体角速度 $\boldsymbol{\omega}$ 不依赖点 P 的选择，因此，刚体角速度被称为**第一运动学不变量**。

［概念辨析］刚体运动学不变量

由刚体上任一点的速度公式可知

$$\boldsymbol{v}_A = \boldsymbol{v}_O + \boldsymbol{\omega} \times \boldsymbol{r}_{OA}$$

上式等号两边同时点乘 $\boldsymbol{\omega}$ 可得

$$\boldsymbol{v}_A \cdot \boldsymbol{\omega} = \boldsymbol{v}_O \cdot \boldsymbol{\omega} \tag{3.3.39}$$

由此可得，刚体上任意两点的速度与角速度的标量积相等。因此，刚体上点的速度沿着角速度方向的投影不依赖于点的选择，$\boldsymbol{v} \cdot \boldsymbol{\omega}$ 称为**第二运动学不变量**。

容易验证，如果第二运动学不变量不为零，则刚体作瞬时螺旋运动。事实上，令

$$\boldsymbol{r}_{OA} = \frac{\boldsymbol{\omega} \times \boldsymbol{v}_O}{\omega^2}$$

将上式代入 A 点的速度公式可得

$$\boldsymbol{v}_A = \boldsymbol{v}_O + \frac{1}{\omega^2}[(\boldsymbol{\omega} \cdot \boldsymbol{v}_O)\boldsymbol{\omega} - \omega^2 \boldsymbol{v}_O] = \left(\frac{\boldsymbol{\omega} \cdot \boldsymbol{v}_O}{\omega^2}\right)\boldsymbol{\omega} \tag{3.3.40}$$

过 A 点且平行于 $\boldsymbol{\omega}$ 的直线，就是瞬时转动轴。因此，瞬时转动轴上任意一点的速度和角速度的方向平行，刚体作瞬时螺旋运动。瞬时螺旋轴上所有点的速度都相同，都等于刚体上任意点的速度在角速度方向上的投影。角速度和瞬时螺旋轴上任意点的速度组合称为**运动螺旋**。

■ 本讲小结

刚体是一个特殊的质点系，虽然有无穷多个质点，但是描述刚体的运动只需要 6 个独立的参数。刚体的运动包括平动、定轴转动、平面运动、定点运动和一般运动等形式。

在刚体上选定基点 O 后，刚体的一般运动可以分解为随基点的平动和相对于基点平动坐标系的定点运动，其中刚体随基点的平动可以用基点 O 相对于固定坐标系原点 O_0 的矢径 $\boldsymbol{R}_O$ 描述，而刚体相对于基点平动坐标系的定点运动可以用固连坐标系关于基点平动坐标系的变换矩阵 $\boldsymbol{A}$ 描述。因此，刚体的一般运动可以用矢量 $\boldsymbol{R}_O$ 和矩阵 $\boldsymbol{A}$ 完全确定，这就是刚体运动的矢量–矩阵描述法。变换矩阵 $\boldsymbol{A}$ 是正交矩阵，它只有 3 个元素是独立的，因此确定刚体的运动只需要 6 个参数，其中 3 个参数描述刚体随基点 O 的平动，另外 3 个参数描述刚体定点运动。

刚体上任一点 P 的速度和加速度分别为

$$\boldsymbol{v} = \boldsymbol{v}_O + \boldsymbol{\omega} \times \boldsymbol{r} \tag{a}$$

$$\boldsymbol{a} = \boldsymbol{a}_O + \boldsymbol{\varepsilon} \times \boldsymbol{r} + \boldsymbol{\omega} \times (\boldsymbol{\omega} \times \boldsymbol{r}) \tag{b}$$

其中 $\boldsymbol{\omega}$ 是刚体的角速度，$\boldsymbol{\varepsilon}$ 是刚体的角加速度，它们均和基点的选择无关。

注意，式(a)和式(b)都是在一个时间段内成立的，既可以给出该时间段内任意瞬时物理量之间的关系，也可以进行求导运算。

■ 概念题

3–1　沿曲线平动的刚体上各点的速度是否相等？加速度是否相等？

3–2　车辆沿圆弧轨道拐弯时，车厢作什么运动？

3–3　刚体定轴转动时，角加速度 $\varepsilon > 0$ 是否表明刚体在加速转动？

3–4　刚体的平动是否一定是平面运动的特例？

3–5　判断该说法是否正确：刚体的角速度是刚体相对参考系的转角对时间的导数，而角加速度是角速度对时间的导数。

■ 习题

3–1　螺旋桨式飞机的发动机在停车瞬时的角速度为 40π rad/s，转了 80 转后停止。假设螺旋桨作匀减速转动，求发动机从停车开始到停止转动所用的时间。

3–2 只考虑地球自转，求清华大学地面上一点的速度和加速度。已知清华大学所在的纬度为 40°，地球赤道半径为 6 378 km。

3–3 已知刚体上不共线的 3 个点的速度，试求刚体的角速度。

3–4 如何理解刚体运动的速度投影定理？刚体上任意两点的加速度在这两点连线上的投影是否相等？为什么？

3–5 对于给定刚体上任意不共线的三点 A_1、A_2 和 A_3，以点 A_1 为原点建立如图3.9所示直角坐标系 A_1xyz，使得 A_1、A_2 和 A_3 三个点在平面 A_1xy 上，且 x 轴由点 A_1 指向点 A_2，$\underline{\boldsymbol{r}}_{13}=[r_{13x},0,0]^{\mathrm{T}}$，$\underline{\boldsymbol{r}}_{23}=[r_{23x},r_{23y},0]^{\mathrm{T}}$。已知三点 A_1、A_2 和 A_3 的加速度分别为 $\boldsymbol{a}_1$、$\boldsymbol{a}_2$ 和 $\boldsymbol{a}_3$，求给定刚体的角速度。

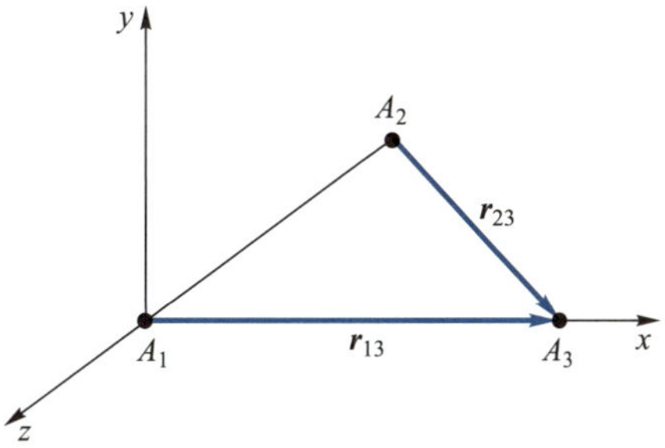

图 3.9

第3讲习题
参考答案

第4讲 刚体平面运动

■ 4.1　运动方程

考察如图4.1(a)所示的平面运动刚体，它与平行于固定参考平面 L_0 的平面 L 的截面为 S。在刚体上作一垂直于平面 L 的直线 A_1A_2 并交截面 S 于 A 点。在刚体运动过程中，直线 A_1A_2 作平动，其上各点运动与 A 点相同，故可用 A 点的运动代表直线 A_1A_2 的运动。因此，刚体的平面运动可以用截面 S 的运动来表示。在本讲再提到刚体，默认是指刚体的截面或其对应的平面图形。

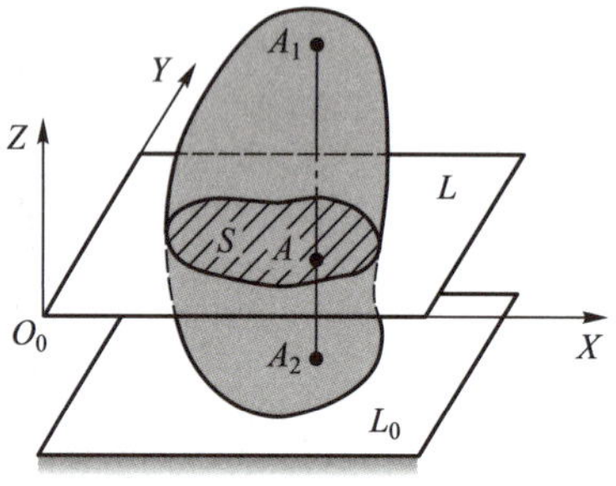

(a)

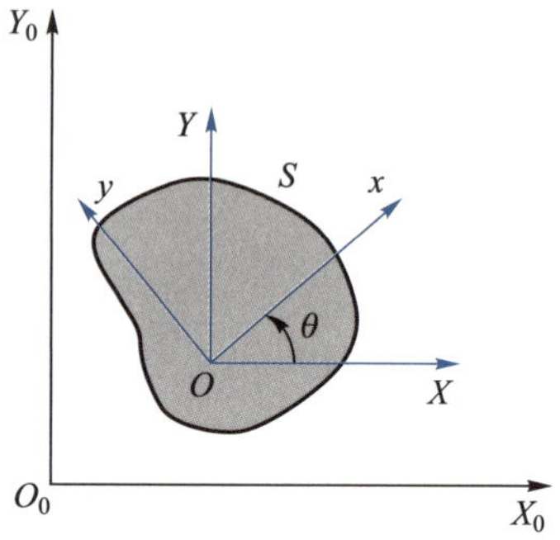

(b)

图 4.1

设 O 点是截面 S 上任选的一个基点，$OXYZ$ 是平动坐标系，$Oxyz$ 是固连坐标系，固连坐标系的 Ox 轴与平动坐标系的 OX 轴之间的夹角为 θ，如图4.1(b)所示。基点 O 的坐标 X_O、Y_O 和角 θ 可以完全确定截面 S 相对于坐标系 O_0XYZ 的位置。用 X_O、Y_O、θ 描述刚体平面运动，则刚体平面运动的运动方程式为

$$X_O = X_O(t), \quad Y_O = Y_O(t), \quad \theta = \theta(t) \tag{4.1.1}$$

式(4.1.1)表明，刚体的平面运动可以分解为两种简单运动：随基点 O 的平动和绕 OZ 轴的转动。平面运动方程式(4.1.1)的前两式描述了刚体随基点的平动，而第三式描述了刚体绕 OZ 轴的转动。刚体上不同点 O 和 O' 的运动不同，因此刚体运动的**平动部分与基点的选择有关**；但坐标轴 Ox 和 $O'x$ 之间永远是平行的，即角 θ 和基点的选择无关，所以刚体运动的**转动部分与基点选择无关**。

显而易见，任意指定两个位置作为初、末位置，平面运动刚体的位移（角速度不为零时），既不是平动位移，也不是转动位移，而是既包含平动位移又包含转动位移，并且平动位移垂直于转动轴，即平面位移。任选一个时刻观察，平面运动刚体（角速度不为零时）都在绕垂直平面的瞬时转动轴作瞬时转动。

固连坐标系 $Oxzy$ 与平动坐标系 $OXYZ$ 的变换矩阵为

$$\boldsymbol{A}=\begin{bmatrix}\cos\theta & -\sin\theta & 0\\ \sin\theta & \cos\theta & 0\\ 0 & 0 & 1\end{bmatrix} \tag{4.1.2}$$

可以验证，矩阵 $\dot{\boldsymbol{A}}\boldsymbol{A}^{\mathrm{T}}$ 为

$$\dot{\boldsymbol{A}}\boldsymbol{A}^{\mathrm{T}}=\begin{bmatrix}0 & -\dot{\theta} & 0\\ \dot{\theta} & 0 & 0\\ 0 & 0 & 0\end{bmatrix} \tag{4.1.3}$$

因此，刚体的角速度和角加速度分别为

$$\boldsymbol{\omega}=\dot{\theta}\boldsymbol{k},\quad \boldsymbol{\varepsilon}=\ddot{\theta}\boldsymbol{k} \tag{4.1.4}$$

式中：$\boldsymbol{k}$ 为 OZ 轴的单位矢量，其方向垂直纸面向外。

可见，刚体的角速度和角加速度与基点的选择无关。

将式(4.1.4)代入式(3.3.15)和式(3.3.19)，得到刚体上任意点 P 的速度和加速度

$$\boldsymbol{v}=\boldsymbol{v}_O+\dot{\theta}\boldsymbol{k}\times\boldsymbol{r} \tag{4.1.5}$$

$$\boldsymbol{a}=\boldsymbol{a}_O+\ddot{\theta}\boldsymbol{k}\times\boldsymbol{r}-\dot{\theta}^2\boldsymbol{r} \tag{4.1.6}$$

其中基点 O 的速度和加速度分别为

$$\boldsymbol{v}_O=\dot{X}_O\boldsymbol{i}+\dot{Y}_O\boldsymbol{j},\quad \boldsymbol{a}_O=\ddot{X}_O\boldsymbol{i}+\ddot{Y}_O\boldsymbol{j} \tag{4.1.7}$$

可见，只要已知刚体平面运动方程，就可以求得刚体上各点的速度和加速度，这种方法称为**解析法**。为了建立或了解在同一瞬时刚体上各点速度之间或加速度之间的关系，或者任一瞬时刚体上各点的速度和加速度分布情况，可以利用**几何法**。

■ 4.2 速度分析

平面运动的速度分析的常用方法有：**基点法**，**速度瞬心法**，以及可被看作基点法特例的速度投影法。

4.2.1 基点法

研究刚体上的速度分析，最一般、最常用的方法是基点法。设已知刚体上 O 点的速度 $\boldsymbol{v}_O$，刚体的角速度 $\boldsymbol{\omega}$，则可选 O 点为基点，建立平动坐标系 $OXYZ$，刚体上任一点

P 的速度为

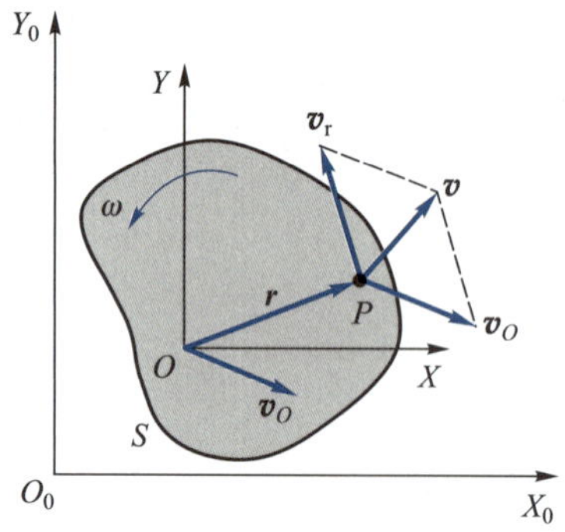

图 4.2

$$\boldsymbol{v} = \boldsymbol{v}_O + \boldsymbol{v}_{\mathrm{r}} \tag{4.2.1}$$

式中：$\boldsymbol{v}_O$ 为基点的速度；$\boldsymbol{v}_{\mathrm{r}} = \boldsymbol{\omega} \times \boldsymbol{r}$ 为 P 点相对于基点平动坐标系 OXY 的速度，其大小为 $v_{\mathrm{r}} = \omega r$，如图4.2所示。

式(4.2.1)中共有 5 个可能的未知数：基点速度 $\boldsymbol{v}_O$（大小和方向）、P 点速度 $\boldsymbol{v}$（大小和方向）以及角速度 $\boldsymbol{\omega}$ 的大小，但是式(4.2.1)对平面运动问题只能提供 2 个独立的标量方程，最多只能够解出两个未知量，这样必须已知这 5 个量中的 3 个量才能求解。例如，已知基点的速度 $\boldsymbol{v}_O$ 和角速度 $\boldsymbol{\omega}$，可求得刚体任意点 P 的速度 $\boldsymbol{v}$；已知基点的速度 $\boldsymbol{v}_O$ 的大小和方向，以及 P 点速度 $\boldsymbol{v}$ 的方向，可求出 P 点速度 $\boldsymbol{v}$ 的大小和角速度 $\boldsymbol{\omega}$ 的大小。

例 4.1

曲柄滑块机构如图4.3所示，已知机构中杆 OA 以常角速度 ω 绕 O 点定轴转动，OA 长度为 R，滑块 B 沿着滑槽作直线运动。求图示瞬时滑块 B 的速度 $\boldsymbol{v}_B$ 和杆 AB 的角速度 ω_{AB}。

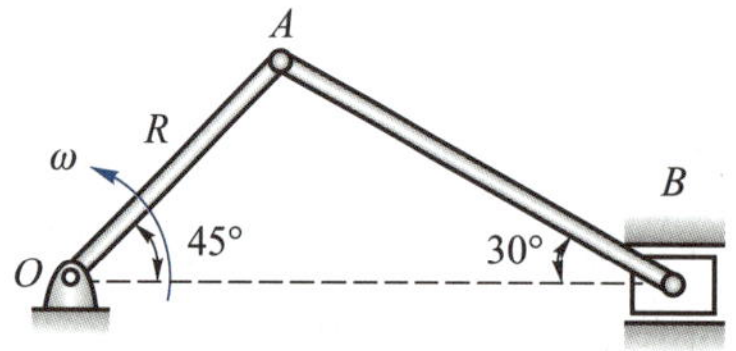

图 4.3

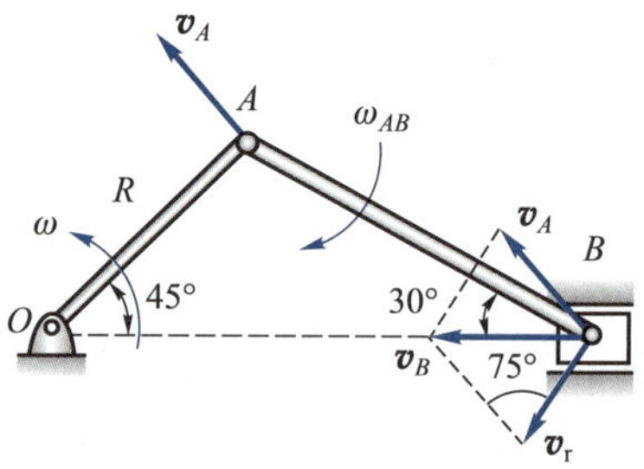

图 4.4

解　分析可得杆 AB 作平面运动，其中 A 点速度大小为

$$v_A = R\omega$$

选 A 点作为基点，由基点法公式，B 点速度为

$$\boldsymbol{v}_B = \boldsymbol{v}_A + \boldsymbol{\omega}_{AB} \times \boldsymbol{r}_{AB}$$

记 $\boldsymbol{v}_{\mathrm{r}} = \boldsymbol{\omega}_{AB} \times \boldsymbol{r}_{AB}$，对杆 AB 作速度分析如图4.4所示，由正弦定理可得

$$\frac{v_B}{\sin 75°} = \frac{v_A}{\sin 60°} = \frac{v_{\mathrm{r}}}{\sin 45°}$$

从而解得

$$v_B = \frac{\sin 75^\circ}{\sin 60^\circ} v_A$$

$$v_{\mathrm{r}} = \frac{\sin 45^\circ}{\sin 60^\circ} v_A$$

$$\omega_{AB} = \frac{v_{\mathrm{r}}}{AB} = \frac{\sqrt{3}}{3}\omega$$

注记 4.1

对机构运动的充分理解，需要完成从平面图形向三维构件的还原。比如此处 O 点实际是一个轴线过 O 点垂直平面的轴，所连接的 OA 和 AB 是两个刚体，不能看作一个刚体。本例中已知 OA 的运动规律，需要求解 AB 的角速度，如应用基点法，要注意公式应用对象是同一个刚体上的两个点，不能给出不在同一个刚体上的两点的速度关系。

因此，分析 AB 的运动时考虑逐点击破。显然 A 点的速度可以通过 OA 的刚体定轴运动求出，而 B 点的速度方向已知，大小未知。平面运动问题中，杆 AB 上的 5 个可能的未知数里有 3 个已知，2 个未知，运用基点法公式问题即可求解。

例 4.2

如图4.5(a)所示，半径为 R 的圆轮在直线轨道上作纯滚动，轮心速度为 v_O，求轮缘上 B、C、D 点的速度。

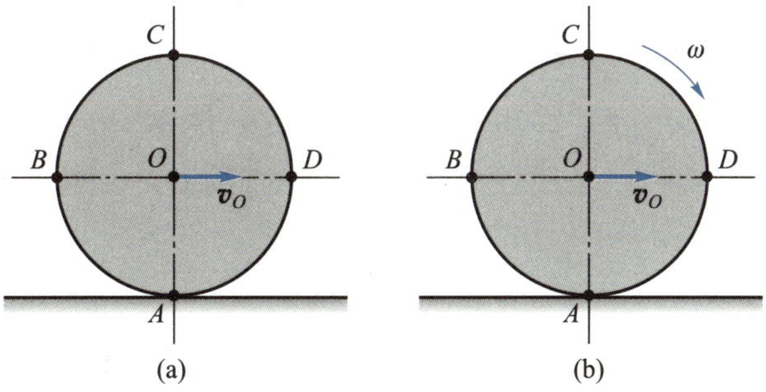

图 4.5

解　设圆轮角速度为 $\boldsymbol{\omega} = -\omega \boldsymbol{k}$，如图4.5(b)所示。$O$ 点速度已知，为

$$\boldsymbol{v}_O = v_O \boldsymbol{i}$$

取 O 点为基点。对 A 点，由基点法有

$$\boldsymbol{v}_A = \boldsymbol{v}_O + \boldsymbol{\omega} \times \boldsymbol{r}_{OA} = v_O\boldsymbol{i} - R\omega\boldsymbol{i}$$

其中，由于 A 点是接触点，则 $v_A = 0$，解出

$$\boldsymbol{\omega} = -\frac{v_O}{R}\boldsymbol{k}$$

同理，对 B 点，有

$$\boldsymbol{v}_B = \boldsymbol{v}_O + \boldsymbol{\omega} \times \boldsymbol{r}_{OB} = v_O(\boldsymbol{i} + \boldsymbol{j})$$

对 C 点，有

$$\boldsymbol{v}_C = \boldsymbol{v}_O + \boldsymbol{\omega} \times \boldsymbol{r}_{OC} = 2v_O\boldsymbol{i}$$

对 D 点，有

$$\boldsymbol{v}_D = \boldsymbol{v}_O + \boldsymbol{\omega} \times \boldsymbol{r}_{OD} = v_O(\boldsymbol{i} - \boldsymbol{j})$$

4.2.2 瞬心法

如果在某瞬时刚体或其延拓部分上的一点 C 的速度为零，则称此点为刚体在该瞬时的**瞬时速度中心**，或**速度瞬心**，简称**瞬心**。如果取速度瞬心 C 为基点，则由于 $\boldsymbol{v}_C = 0$，刚体上各点的速度 $\boldsymbol{v} = \boldsymbol{\omega} \times \boldsymbol{r}$，因此在此瞬时，过 C 点垂直平面图形的直线上各点速度均为零，刚体绕该直线作瞬时转动，图形上各点速度的分布情况与刚体绕瞬心 C 作定轴转动的情况完全相同，如图4.6所示。

如果在某瞬时，刚体不作瞬时平动（即 $\omega \neq 0$），则速度瞬心总是存在且唯一的。

设已知刚体上点 O 的速度 $\boldsymbol{v}_O$ 和刚体的角速度 $\boldsymbol{\omega}$，作直线 OP 与速度 $\boldsymbol{v}_O$ 垂直，如图4.7所示。取 O 点为基点，直线 OP 上各点的速度由两部分组成：基点速度 $\boldsymbol{v}_O$ 和各点相对于基点的速度 $\boldsymbol{v}_\mathrm{r} = \boldsymbol{\omega} \times \boldsymbol{r}$。已知 OP 垂直于 $\boldsymbol{v}_O$，所以 $\boldsymbol{v}_O$ 和 $\boldsymbol{v}_\mathrm{r}$ 平行，但方向相反。另外，$\boldsymbol{v}_O$ 的大小不变，而 $\boldsymbol{v}_\mathrm{r}$ 呈线性分布，因此在直线 OP 上总是存在一点 C，在该点

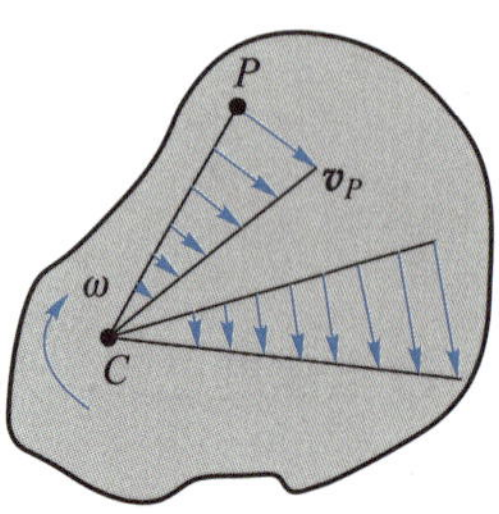

图 4.6

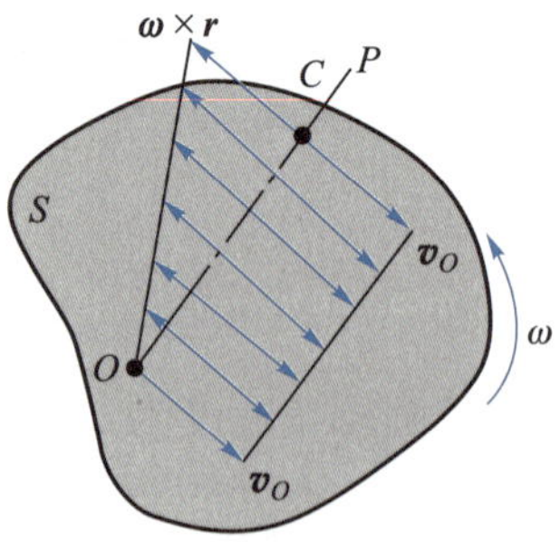

图 4.7

处 $\boldsymbol{v}_O$ 和 $\boldsymbol{v}_{\mathrm{r}}$ 的大小相等，即 $v_C = v_O - \omega \cdot OC = 0$，所以 C 点为速度瞬心，它到基点 O 的距离 $OC = v_O/\omega$。

思考题 4.1

可以用代数方法证明：若刚体瞬时角速度不为零，平面运动刚体的速度瞬心一定存在且唯一。请读者完成证明。

思考题 4.2

刚体作一般运动时，是否存在速度瞬心？为什么？

提示：刚体作一般运动时，$\det(\boldsymbol{\Omega}) = 0$。

速度瞬心的位置是随时间变化的，因此每个瞬时的转动轴是不同的。根据速度瞬心的定义及性质，可以得到以下确定速度瞬心的规则：

（1）当刚体上某点的瞬时速度为零时，此点即为该瞬时的速度瞬心。例如，圆轮在静止轨道上作纯滚动（见例2.2）时，圆轮和轨道的接触点的瞬时速度为零，因此接触点为速度瞬心。

（2）当已知刚体上某点 A 的速度 $\boldsymbol{v}_A$ 和刚体的角速度 $\boldsymbol{\omega}$ 时，可作 $\boldsymbol{v}_A$ 的垂线 AC，且 AC 两点之间的距离为 v_A/ω，C 点即为速度瞬心，如图4.8(a)所示。

（3）当已知刚体上两点的速度方向时，过这两点分别作各自速度的垂线，其交点即为速度瞬心，如图4.8(b)所示。如果两点速度方向平行且垂直于这两点的连线，则两速度矢量端点连线与垂线的交点为速度瞬心，如图4.8(c)所示。

（4）如果已知刚体上两点的速度相等，即 $\boldsymbol{v}_A = \boldsymbol{v}_B$，则刚体作**瞬时平动**，$\omega = 0$，刚体上各点的速度相同。

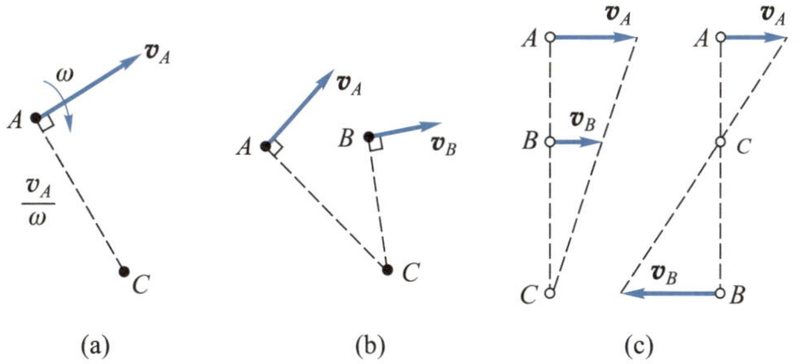

图 4.8

瞬心法将平面运动转化为定轴转动来处理，计算比较简单，只涉及标量运算。

速度瞬心在固定坐标系中的轨迹称为**定瞬心轨迹**，在固连坐标系中的轨迹称为**动瞬心轨迹**。例如，车轮沿着直线轨道作纯滚动时，定瞬心轨迹就是直线轨道，动瞬心轨迹是车轮的轮廓（圆周），如图4.9所示。显然，两条轨迹相切，且在切点处速度为零，因此平面运动也可以看成是动瞬心轨迹沿着定瞬心轨迹的纯滚动。

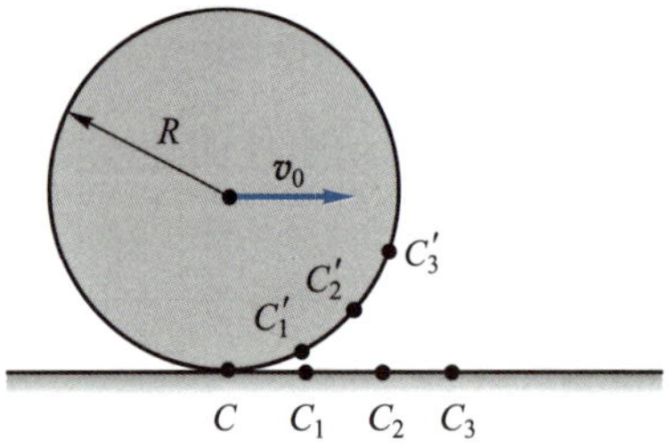

图 4.9

速度瞬心在固定坐标系中的坐标即为定瞬心轨迹的参数方程，将其中的参数（夹角或时间）消除后即可得到定瞬心轨迹的方程。同理，速度瞬心在固连坐标系中的坐标即为动瞬心轨迹的参数方程，将其中的参数消除后即可得到动瞬心轨迹的方程。

例 4.3

试用速度瞬心法求解例 4.1。

解　如图4.10所示，C 为杆 AB 的速度瞬心，$AC=\sqrt{3}R$。可得

$$\omega_{AB}=\frac{v_A}{AC}=\frac{\sqrt{3}}{3}\omega$$

B 点速度大小为

$$v_B=\omega_{AB}\cdot BC$$

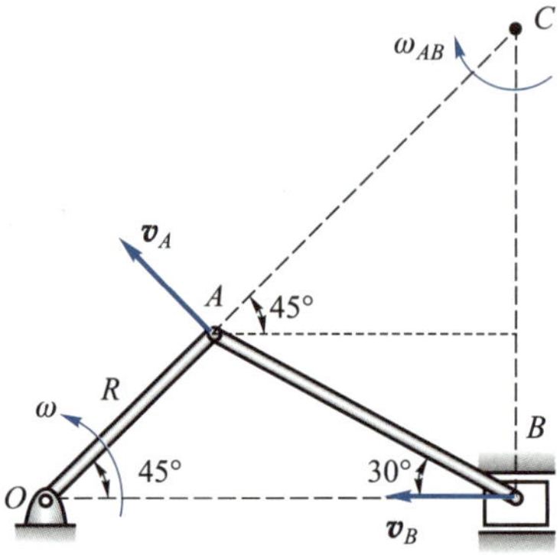

图 4.10

注记 4.2

注意 AB 的速度瞬心不在杆 AB 上，而在其延拓部分上。因此想象 ABC 为一个三角板，瞬时速度中心在 C 点，而三角板绕 C 点作转动。此例体现了瞬心法的特点，即直观，对矢量运算要求不高。但我们更推荐基点法的矢量运算，因为该法更具一般性，适用于一般的问题和工程场景。

例 4.4

试用速度瞬心法求解例 4.2。

解　圆轮与地面接触点 A 为速度瞬心，由

$$v_O = R\omega$$

可求

$$\omega = \frac{v_O}{R}$$

如图4.11所示，得到 B、C 和 D 点的速度

$$v_B = \sqrt{2}v_O,\quad v_C = 2v_O,\quad v_D = \sqrt{2}v_O$$

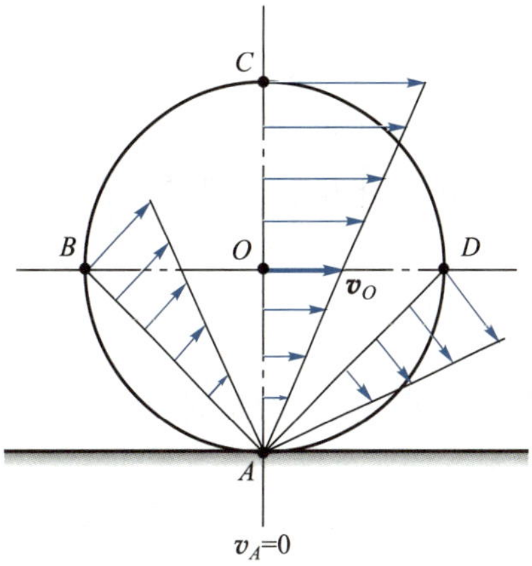

图 4.11

思考题 4.3

（1）若圆轮沿曲线轨道纯滚动，$\omega = v/R$ 是否还成立？

（提示：$v_O\boldsymbol{\tau} = \omega\boldsymbol{k}\times\boldsymbol{r} = \omega r\boldsymbol{\tau}$）

（2）结合图示思考，骑自行车时，车后轮的挡泥板有什么作用？

4.2.3　速度投影法

由第 3 讲的推论 3.1（速度投影定理）可知，刚体上任意两点 A 和 B 的速度在这两点连线 AB 上的投影（见图4.12）相等，即

$$\boldsymbol{v}_B\cdot\boldsymbol{e} = \boldsymbol{v}_A\cdot\boldsymbol{e} \tag{4.2.2}$$

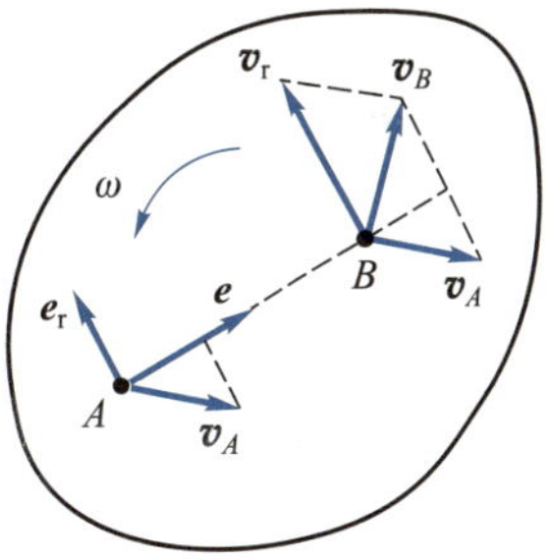

图 4.12

式中：$\boldsymbol{e}$ 为 AB 方向的单位矢量。

速度投影定理式(4.2.2)只能给出刚体上任意两点速度之间的关系，由它无法求得刚体的角速度。在平面运动情况下，如果已知刚体上任意两点 A 和 B 的速度 $\boldsymbol{v}_A$ 和 $\boldsymbol{v}_B$，可将式(3.3.17)向 $\boldsymbol{v}_\mathrm{r} = \boldsymbol{\omega}\times\boldsymbol{r}_{AB}$

方向（与 AB 连线方向垂直）投影，得

$$\boldsymbol{v}_B \cdot \boldsymbol{e}_\mathrm{r} = \boldsymbol{v}_A \cdot \boldsymbol{e}_\mathrm{r} + \boldsymbol{v}_\mathrm{r} \cdot \boldsymbol{e}_\mathrm{r} \tag{4.2.3}$$

式中：$\boldsymbol{e}_\mathrm{r}$ 为 $\boldsymbol{v}_\mathrm{r}$ 方向的单位矢量。

由于 $\boldsymbol{\omega}$ 和 $\boldsymbol{r}_{AB}$ 垂直，$\boldsymbol{e}_\mathrm{r}$ 和 $\boldsymbol{v}_\mathrm{r}$ 同向，因此 $\boldsymbol{v}_\mathrm{r} \cdot \boldsymbol{e}_\mathrm{r} = \omega r_{AB}$。由式(4.2.3)可解得

$$\omega = \frac{(\boldsymbol{v}_B - \boldsymbol{v}_A) \cdot \boldsymbol{e}_\mathrm{r}}{r_{AB}} \tag{4.2.4}$$

即平面运动刚体的角速度等于其上任意两点间的相对速度在 $\boldsymbol{v}_\mathrm{r}$ 方向上的投影与两点间的距离之比。

可见，速度投影法实质上是一种特殊的基点法，它将速度公式(3.3.17)向 AB 连线及其垂线方向投影，得到两个标量方程，可以分别解出 B 点的速度大小和刚体的角速度。

例 4.5

试用速度投影定理求解例 4.1。

解　如图4.13所示，根据速度投影定理，有

$$v_B \cos 30^\circ = v_A \cos 15^\circ$$

可得

$$v_B = \frac{\cos 15^\circ}{\cos 30^\circ} v_A$$

分析杆 AB 作平面运动，如图4.14所示，可由基点法求出杆 AB 角速度 $\boldsymbol{\omega}_{AB}$，在此不再赘述。

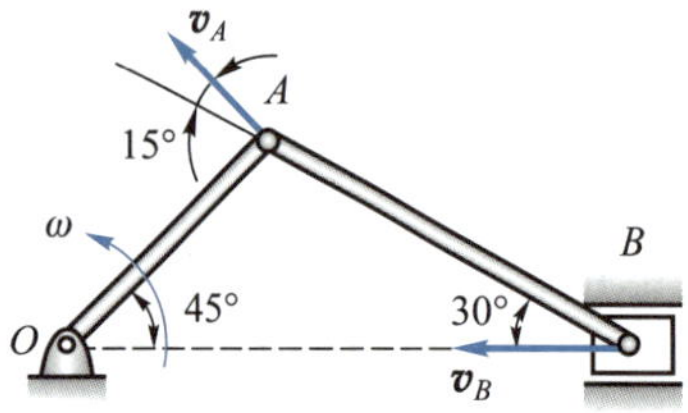

图 4.13

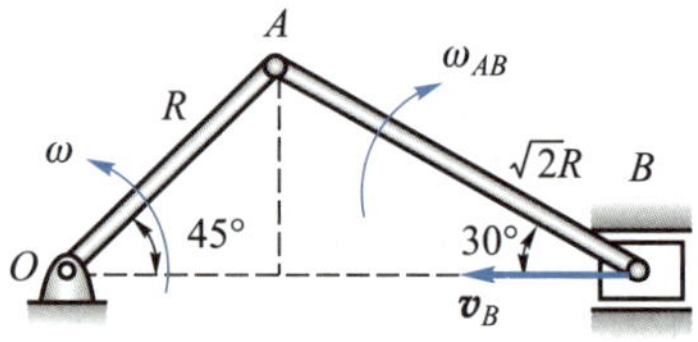

图 4.14

注记 4.3

本例还可以用求导法求解。

设在一般位置，$\angle AOB = \theta$，$\angle ABO = \varphi$。由几何关系

$$R \sin\theta = \sqrt{2} R \sin\varphi$$

两边对时间求导，可得

$$R\dot{\theta}\cos\theta=\sqrt{2}R\dot{\varphi}\cos\varphi$$

从而得到该瞬时杆 AB 的角速度为

$$\omega_{AB}=\dot{\varphi}=\frac{\sqrt{2}\cos\theta\dot{\theta}}{2\cos\varphi}=\frac{\sqrt{3}}{3}\omega$$

对 B 点的 x 坐标

$$x_B=R\cos\theta+\sqrt{2}R\cos\varphi$$

求导可得

$$v_B=\dot{x}_B=-R\dot{\theta}\sin\theta-\sqrt{2}R\dot{\varphi}\sin\varphi=-\frac{3\sqrt{2}+\sqrt{6}}{6}R\omega$$

例 4.6

[典型例题]
例 4.6

梯子 AB 长度为 l，一端靠在墙上，如图4.15(a)所示。如梯子下端 A 以匀速 $\boldsymbol{u}$ 向右水平运动。求 B 点的速度和梯子 AB 的角速度（用 l、u 和 φ 表示）。

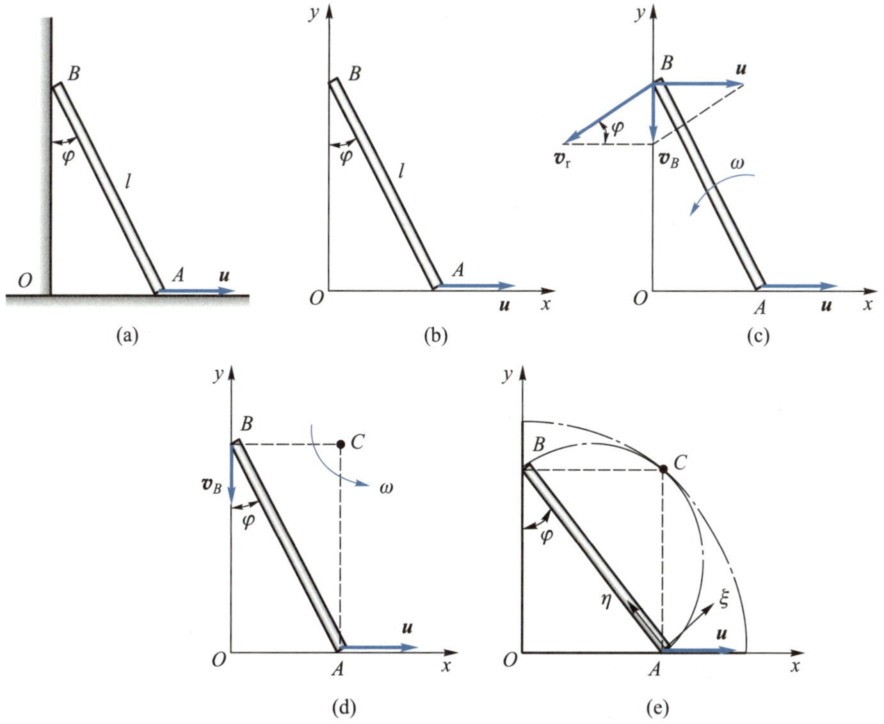

图 4.15

解　方法 1（基点法）

建立如图4.15(b)所示的直角坐标系 $Oxyz$，坐标轴 Ox、Oy 和 Oz 的单位矢量分别记为 $\boldsymbol{i}$、$\boldsymbol{j}$ 和 $\boldsymbol{k}$。取 A 点为基点，A 点和 B 点的速度可以分别写为 $\boldsymbol{v}_A = u\boldsymbol{i}$，$\boldsymbol{v}_B = v_B\boldsymbol{j}$，梯子的角速度可以写为 $\boldsymbol{\omega} = \omega\boldsymbol{k}$。由式(4.2.1)可得到 B 点的速度为

$$\begin{aligned} v_B\boldsymbol{j} &= u\boldsymbol{i} + \omega\boldsymbol{k} \times l(-\sin\varphi\boldsymbol{i} + \cos\varphi\boldsymbol{j}) \\ &= (u - \omega l\cos\varphi)\boldsymbol{i} - \omega l\sin\varphi\boldsymbol{j} \end{aligned}$$

由这个矢量式可得到两个标量方程

$$u - \omega l\cos\varphi = 0$$

$$v_B = -\omega l\sin\varphi$$

由此可解出

$$\boldsymbol{\omega} = \frac{u}{l\cos\varphi}\boldsymbol{k}, \quad \boldsymbol{v}_B = -u\tan\varphi\boldsymbol{j}$$

可见, B 点的速度方向沿着 Oy 轴的负方向（向下），梯子的角速度指向 Oz 轴的正方向，即梯子逆时针旋转。

我们也可以利用速度矢量的几何关系来求解。用 u、v_B 和 ω 分别表示向量 $\boldsymbol{u}$、$\boldsymbol{v}_B$ 和 $\boldsymbol{\omega}$ 的大小，它们的方向如图4.15(c)所示。由图中的几何关系可得

$$u = v_{\mathrm{r}}\cos\varphi, \quad v_B = v_{\mathrm{r}}\sin\varphi$$

可解得梯子的角速度和 B 点的速度分别为

$$\omega = \frac{u}{l\cos\varphi} \quad (\circlearrowleft)$$

$$v_B = u\tan\varphi \quad (\downarrow)$$

ω 和 v_B 均大于零，说明梯子角速度和 B 点速度的方向均与图4.15(c)中假设的方向一致。

方法 2（瞬心法）

梯子上的 A、B 两点的速度方向已知，二者的垂线交于 C 点，如图4.15(d)所示。C 点就是梯子的速度瞬心，此时梯子上各点的速度分布情况与梯子绕速度瞬心 C 作定轴转动的情况完全相同，因此有

$$u = \omega l\cos\varphi, \quad v_B = \omega l\sin\varphi$$

由此可解得

$$\omega = \frac{u}{l\cos\varphi} \quad (\circlearrowleft)$$

$$v_B = u\tan\varphi \quad (\downarrow)$$

这里 $\omega > 0$ 说明角速度 $\boldsymbol{\omega}$ 的实际方向和图4.15(d)中标出的 $\boldsymbol{\omega}$ 方向相同，$v_B > 0$ 说明速度 $\boldsymbol{v}_B$ 的实际方向和图4.15(d)中标出的 $\boldsymbol{v}_B$ 方向相同。

方法 3（速度投影法）

将梯子上 A、B 两点的速度向 AB 连线投影，得

$$v_B\cos\varphi = u\sin\varphi$$

$$v_B = u\tan\varphi \quad (\downarrow)$$

再将速度关系式向 AB 连线的垂线方向投影 [参见式(4.2.3)]，得

$$v_B\sin\varphi = -u\cos\varphi + \omega l$$

$$\omega = \frac{u}{l\cos\varphi} \quad (\circlearrowleft)$$

思考题 4.4

例 4.6 方法 1 中用矢量的代数解法和几何解法得到的 v_B 相差一个负号，这是不是意味着有一种方法是错误的？在这两种方法中，v_B 的物理含义有何不同？为什么它们之间相差一个负号？

注记 4.4

瞬心法中求出的梯子绕速度瞬心 C 的角速度和基点法中求得的梯子绕基点 A 的角速度相等，反映了刚体的角速度和基点的选择无关。

注记 4.5

我们可以研究速度瞬心变化情况，为此，分别建立固定坐标系 Oxy 和固连坐标系 $A\xi\eta$，如图4.15(e)所示。速度瞬心 C 在固定坐标系中的坐标为

$$x_C = l\sin\varphi, \quad y_C = l\cos\varphi$$

消去参数 φ 后得

$$x_C^2 + y_C^2 = l^2$$

因此定瞬心轨迹是以 O 点为圆心，半径为 l 的四分之一圆周。

速度瞬心 C 在固连坐标系中的坐标为

$$\xi_C = l\cos\varphi\sin\varphi, \quad \eta_C = l\cos^2\varphi$$

消去参数 φ 后得

$$\xi_C^2 + \left(\eta_C - \frac{l}{2}\right)^2 = \frac{l^2}{4}$$

因此动瞬心轨迹是以杆中点为圆心，半径为 $l/2$ 的二分之一圆周。

注记 4.6

例 4.6 也可以采用点的运动学方法来求解。将 A 点的 x 坐标 $x_A = l\sin\varphi$ 对时间求导，考虑到 $\dot{x}_A = u$，得

$$u = l\dot{\varphi}\cos\varphi$$

$$\omega = \dot{\varphi} = \frac{u}{l\cos\varphi} \quad (\circlearrowleft)$$

再将 B 点的 y 坐标 $y_B = l\cos\varphi$ 对时间求导，得

$$v_B = \dot{y}_B = -l\dot{\varphi}\sin\varphi = -u\tan\varphi \quad (\downarrow)$$

再将 ω 和 v_B 对时间求导，可得到梯子的角加速度和 B 点的加速度

$$\varepsilon = \dot{\omega} = \frac{u^2\sin\varphi}{l^2\cos^3\varphi} \quad (\circlearrowleft)$$

$$a_B = \dot{v}_B = \frac{u^2}{l\cos^3\varphi} \quad (\downarrow)$$

思考题 4.5

为什么 $\omega = \dot{\varphi}$ 而不是 $\omega = -\dot{\varphi}$?

例 4.7

在外啮合行星齿轮机构 [如图4.16(a)所示] 中，杆 OA 以匀角速度 ω_1 绕固定轴 O 转动，并带动半径为 r 的动齿轮 I 在半径为 R 的固定齿轮 Ⅱ 上作纯滚动。求轮缘上的点 M ($\overrightarrow{AM}\perp\overrightarrow{OA}$) 的速度。

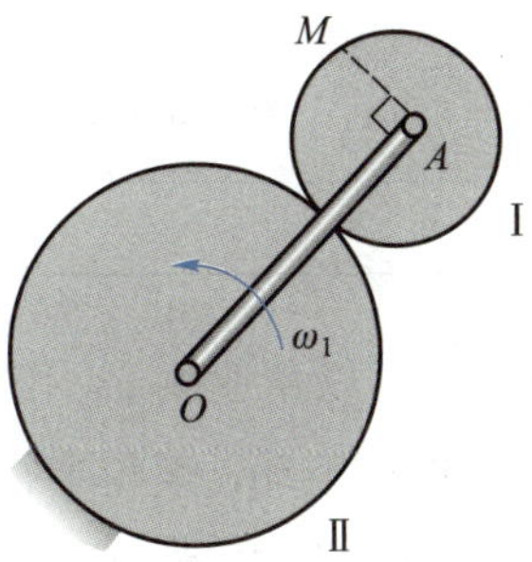

(a)

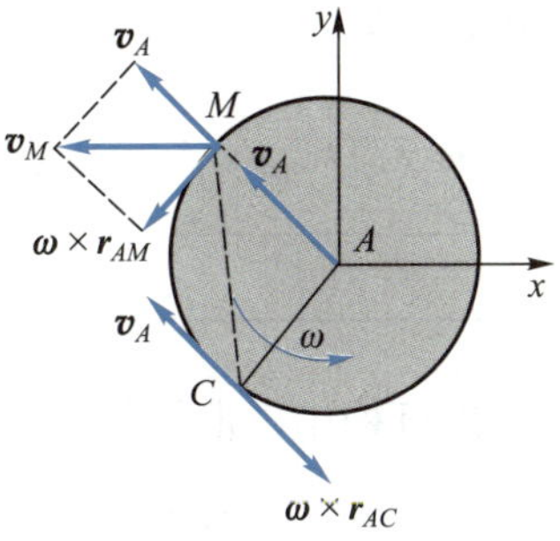

(b)

图 4.16

解　方法 1（基点法）

行星齿轮 I 作平面运动。由于齿轮 II 在固定齿轮上纯滚动，接触点 C 的速度 $v_C=0$。A 点速度的大小为

$$v_A=(R+r)\omega_1$$

方向如图4.16(b)所示。

取 A 点为基点。为求行星齿轮的角速度 ω，可以利用点 C 速度已知的条件，将 C 点的速度公式 $\boldsymbol{v}_C=\boldsymbol{v}_A+\boldsymbol{\omega}\times\boldsymbol{r}_{AC}$ 向 $\boldsymbol{v}_A$ 方向投影，得

$$v_C=v_A-\omega r=0$$

可解得

$$\omega=\frac{v_A}{r}=\frac{R+r}{r}\omega_1\quad(\circlearrowleft)$$

M 点的速度为

$$\boldsymbol{v}_M=\boldsymbol{v}_A+\boldsymbol{v}_\mathrm{r}$$

其中 $\boldsymbol{v}_\mathrm{r}=\boldsymbol{\omega}\times\boldsymbol{r}_{AM}$。由于 $v_\mathrm{r}=\omega r=(R+r)\omega_1$，故有

$$v_M=\sqrt{v_A^2+v_\mathrm{r}^2}=\sqrt{2}(R+r)\omega_1$$

方向如图4.16(b)所示。

方法 2（瞬心法）

行星齿轮与固定齿轮的接触点 C 的速度为零，点 C 为瞬心。此时行星齿轮上各点的速度分布情况与齿轮绕瞬心 C 作定轴转动的情况完全相同，因此行星齿轮的角速度为

$$\omega=\frac{v_A}{r}=\frac{R+r}{r}\omega_1\quad(\circlearrowleft)$$

M 点速度的大小为

$$v_M = \overline{CM} \cdot \omega = \sqrt{2} r\omega = \sqrt{2}(R+r)\omega_1, \quad \boldsymbol{v}_M \perp \overrightarrow{CM}$$

例 4.8

在图4.17所示的机构中，曲柄 OA 的长度为 r，以角速度 ω_0 作匀速转动。连杆 AB 长度 $l=\sqrt{2}r$，带动滚轮 B 沿着直线轨道作纯滚动，滚轮半径 $R=r/2$。求在图示位置时，杆 AB 的角速度、滚轮的角速度及轮上 D 点的速度。

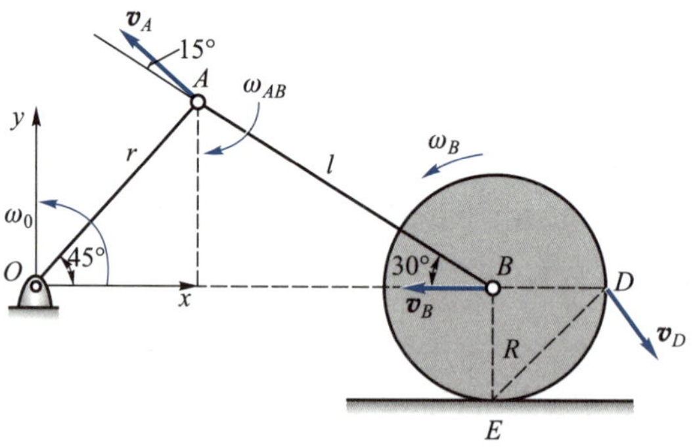

图 4.17

解 滚轮作纯滚动，其与地面的接触点 E 为速度瞬心。如果能先求出滚轮上某点的速度，就可以求出滚轮的角速度，并进而求出 D 点的速度。滚轮是由杆 AB 通过 B 点带动的，而 A 点的速度 $\boldsymbol{v}_A$ 已知，B 点的速度方向已知，因此可以通过研究杆 AB 的运动求得 B 点的速度。

取杆 AB 为研究对象，利用速度投影定理得

$$v_A \cos 15^\circ = v_B \cos 30^\circ$$

可解得

$$v_B = 1.115 v_A = 1.115 r\omega_0$$

$$\omega_B = \frac{v_B}{R} = 2.23\,\omega_0 \quad (\circlearrowleft)$$

$$v_D = \omega_B \cdot ED = 1.115\sqrt{2} r\omega_0$$

$\boldsymbol{v}_D$ 的方向如图4.17所示。

杆 AB 的角速度可以由式(4.2.4)求得

$$\omega_{AB} = \frac{v_B \sin 30^\circ + v_A \sin 15^\circ}{l} = 0.577\omega_0$$

■ 4.3　加速度分析

平面运动的加速度分析的常用方法有：基点法和瞬心法。

4.3.1　基点法

选刚体上 O 点为基点，建立平动坐标系 $OXYZ$（图4.18），刚体上任一点 P 的加速度为

$$\boldsymbol{a}=\boldsymbol{a}_O+\boldsymbol{a}_{\mathrm{r}}^{\tau}+\boldsymbol{a}_{\mathrm{r}}^{\mathrm{n}} \tag{4.3.1}$$

其中

$$\boldsymbol{a}_{\mathrm{r}}^{\tau}=\boldsymbol{\varepsilon}\times\boldsymbol{r},\quad a_{\mathrm{r}}^{\tau}=\varepsilon r \tag{4.3.2}$$

$$\boldsymbol{a}_{\mathrm{r}}^{\mathrm{n}}=\boldsymbol{\omega}\times(\boldsymbol{\omega}\times\boldsymbol{r}),\quad a_{\mathrm{r}}^{\mathrm{n}}=\omega^2 r \tag{4.3.3}$$

式中：$\boldsymbol{a}_{\mathrm{r}}^{\tau},\boldsymbol{a}_{\mathrm{r}}^{\mathrm{n}}$ 分别为 P 点相对基点 O 的切向加速度和法向加速度。

式(4.3.1)共有 5 个可能的未知量：$\boldsymbol{a}$ 和 $\boldsymbol{a}_O$ 的大小和方向以及 $\boldsymbol{a}_{\mathrm{r}}^{\tau}$ 的大小，而式(4.3.1)中只能给出 2 个独立的标量方程，因此必须已知这 5 个量中的 3 个后才能求解。具体求解时，可以将式(4.3.1)向适当的方向投影，应尽可能避免联立求解方程。

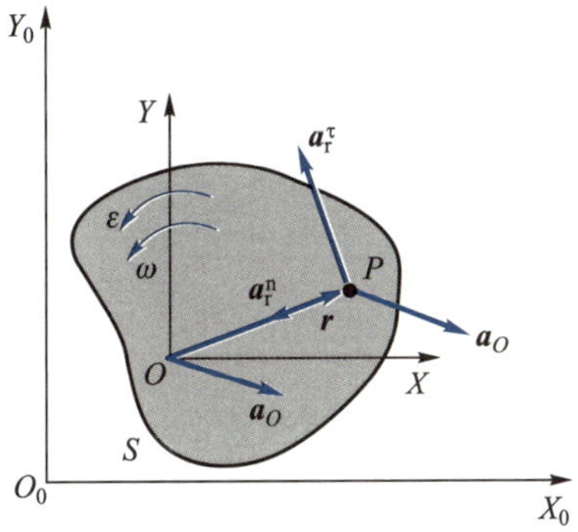

图 4.18

4.3.2　加速度瞬心

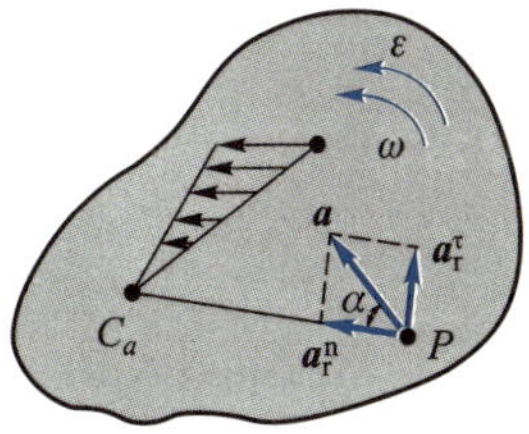

图 4.19

刚体上加速度为零的点 C_a 称为刚体在该瞬时的**瞬时加速度中心**，或**加速度瞬心**。如选加速度瞬心 C_a 为基点，则刚体上各点的加速度分布情况与刚体绕 C_a 作定轴转动的情况完全相同，如图4.19所示，即

$$\boldsymbol{a}=\boldsymbol{a}_{\mathrm{r}}^{\tau}+\boldsymbol{a}_{\mathrm{r}}^{\mathrm{n}},\quad a_{\mathrm{r}}^{\tau}=r\varepsilon,\quad a_{\mathrm{r}}^{\mathrm{n}}=r\omega^2 \tag{4.3.4}$$

$$a=r\sqrt{\varepsilon^2+\omega^4},\quad \tan\alpha=\frac{\varepsilon}{\omega^2} \tag{4.3.5}$$

加速度瞬心和速度瞬心通常不是同一个点。在一个瞬时，速度瞬心的加速度不为零，加速度瞬心的速度也不为零。与速度瞬心不同，加速度瞬心不易确定。只有在少数情况下，才可以很方便地确定加速度瞬心。因此，在平面运动加速度分析中，一般多用基点法。

思考题 4.6

可以用代数方法证明：若刚体瞬时角速度和角加速度不同时为零，平面运动刚体的加速度瞬心一定存在且唯一。请读者完成证明。

思考题 4.7

刚体作一般运动时，是否存在加速度瞬心？为什么？

例 4.9

求例 4.1 所示机构中滑块 B 的瞬时加速度和杆 AB 的瞬时角加速度。

解　方法 1（基点法）

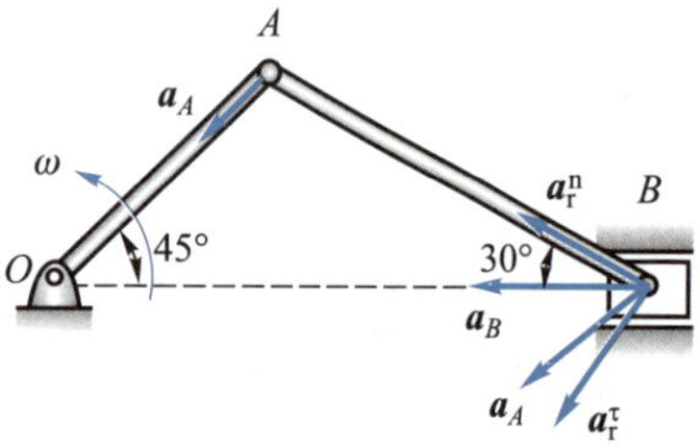

图 4.20

选 A 点为基点，对 B 点作加速度分析，如图4.20所示。由基点法，B 点加速度为

$$\boldsymbol{a}_B=\boldsymbol{a}_A+\varepsilon\boldsymbol{k}\times\boldsymbol{r}-\omega_{AB}^2\boldsymbol{r}=\boldsymbol{a}_A+\boldsymbol{a}_r^\tau+\boldsymbol{a}_r^n \qquad \text{(a)}$$

其中

$$a_A=R\omega^2,\quad a_r^n=\sqrt{2}R\omega_{AB}^2=\frac{\sqrt{2}}{3}R\omega^2$$

如图4.20所示，加速度矢量图中，未知量分别为 a_r^τ 和 a_B。

将式(a)向垂直 AB 的方向投影可得

$$a_B\sin 30^\circ=a_A\sin 75^\circ+a_r^\tau$$

解得

$$a_r^\tau=-0.54R\omega^2,\quad \varepsilon_{AB}=\frac{a_r^\tau}{AB}=-0.385\omega^2$$

将式(a)向 BA 方向投影可得

$$a_B\cos 30^\circ=a_A\cos 75^\circ+a_r^n$$

可得 a_B 大小为

$$a_B=0.84R\omega^2$$

且沿水平方向向左。

方法 2（求导法）

设 $\angle AOB=\theta$，$\angle ABO=\varphi$。利用一般位置的几何关系

$$R\sin\theta=\sqrt{2}R\sin\varphi$$

求导可得

$$R\dot{\theta}\cos\theta=\sqrt{2}R\dot{\varphi}\cos\varphi$$

进一步求导可得

$$\ddot{\theta}\cos\dot{\theta}-\dot{\theta}^2\sin\theta=\sqrt{2}\left(\ddot{\varphi}\cos\varphi-\dot{\varphi}^2\sin\varphi\right)$$

其中，由于 $\dot{\theta}=\omega$ 为常量，$\ddot{\theta}=0$。

则

$$\dot{\omega}_{AB}=\dot{\varphi}=\sqrt{3}\omega/3$$

$$\varepsilon_{AB}=\ddot{\varphi}=-2\sqrt{3}\omega^2/9=-0.385\omega^2$$

写出 B 点横坐标

$$x_B=R\cos\theta+\sqrt{2}R\cos\varphi$$

求导可得

$$a_B=\ddot{x}_B=-R\dot{\theta}^2\cos\theta-\sqrt{2}R\dot{\varphi}^2\cdot\cos\varphi-\sqrt{2}R\ddot{\varphi}\sin\varphi=-0.84R\omega^2$$

思考题 4.8

若杆 OA 角加速度不为零，此题是否还能用求导法求解？

例 4.10

对例 4.6 中的梯子进行加速度分析，求 B 点的加速度和梯子的角加速度。

解　方法 1（基点法）

梯子作平面运动，其角速度 ω 已在例 4.6 中给出。A 点的加速度已知，取 A 点为基点（图4.21），有

$$\boldsymbol{a}_B=\boldsymbol{a}_A+\boldsymbol{a}_{\mathrm{r}}^{\tau}+\boldsymbol{a}_{\mathrm{r}}^{\mathrm{n}} \tag{a}$$

其中 $\boldsymbol{a}_A=0$, $\boldsymbol{a}_{\mathrm{r}}^{\tau}$ 的方向已知（垂直于 AB），大小 $l\varepsilon$ 未知，$\boldsymbol{a}_{\mathrm{r}}^{\mathrm{n}}$ 的方向沿 AB，大小为 $l\omega^2$，$\boldsymbol{a}_B$ 的方向沿竖直方向，大小未知，因此共有 2 个未知量，可以由矢量等式(a)解出。

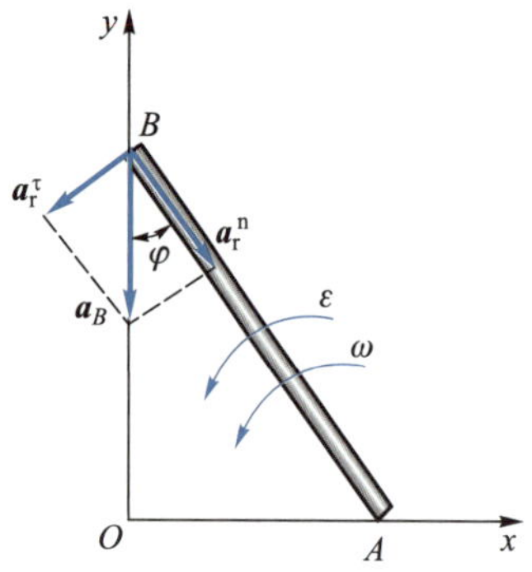

图 4.21

为了避免联立求解方程，先将式(a)向 AB 连线方向投影，有

$$a_B\cos\varphi = a_r^n = l\omega^2$$

$$a_B = \frac{l\omega^2}{\cos\varphi} = \frac{u^2}{l\cos^3\varphi} \quad (\downarrow)$$

再将式(a)向 $\boldsymbol{a}_r^\tau$ 的方向投影，有

$$a_B\sin\varphi = a_r^\tau = l\varepsilon$$

$$\varepsilon = \frac{u^2\sin\varphi}{l^2\cos^3\varphi} \quad (\circlearrowleft)$$

方法 2（瞬心法）

梯子 A 点的加速度为零，因此 A 点为加速度瞬心，梯子上各点的加速度分布情况与梯子绕 A 点作定轴转动的情况完全相同，因此 B 点的加速度 $\boldsymbol{a}_B$ 与 A、B 两点连线夹角 φ 的正切为 [见式(4.3.5)]

$$\tan\varphi = \frac{\varepsilon}{\omega^2}$$

$$\varepsilon = \omega^2\tan\varphi = \frac{u^2\sin\varphi}{l^2\cos^3\varphi} \quad (\circlearrowleft)$$

$$a_B = \frac{a_r^n}{\cos\varphi} = \frac{u^2}{l\cos^3\varphi} \quad (\downarrow)$$

注记 4.7

本例中强调“瞬时”。因为不同瞬时，各点的运动都不一样。只能指定某一瞬时，才能去求解。

会有读者提问，难道不能把整个运动过程都求出来吗？当然可以。但通常不能得到解析解，可以数值求解，可以画出运动过程的曲线。当然，利用仿真软件工具编程求解，对读者提出了更高的要求，既要学习理论力学知识，又要掌握软件工具求解常微分方程。鼓励有基础且有意愿的读者在这方面做一些尝试。

本例可用多种方法求解。速度瞬心法求角速度非常容易，如果用加速度瞬心法求角加速度是否可行？题目中其实给出了条件，A 点作匀速运动，所以由平面运动加速度瞬心的唯一性，A 点就是加速度瞬心。从本例可知，速度瞬心和加速度瞬心不一致。本题利用 A 点的加速度为零，将基点取在加速度瞬心 A 点，加速度 $\boldsymbol{a}_B$ 写成两个矢量 $\boldsymbol{a}_r^n$ 和 $\boldsymbol{a}_r^\tau$ 之和。只要求出相对加速度的切向分量，就能求出刚体的角加速度。此外还可以用求导法，在计算出角速度的基础上，求导得到角加速度。同时，求导法还可以求出 A 点加速度和 B 点加速度。

需要注意，加速度方向很难通过直觉判断，要通过计算结果，根据符号加以判断。根据计算结果可知，B 点速度和加速度方向都向下。

例 4.11

对例 4.2 所示的纯滚动圆轮，求图示轮缘上 A 点和 B 点的加速度。

解　基点法

由例 4.2，轮心 O 点的速度和加速度可求出为

$$\omega = \frac{v_O}{R}, \quad \varepsilon = \frac{a_O}{R}$$

如图4.22(a)所示，取 O 点为基点，分析 A 点的加速度

$$\boldsymbol{a}_A = \boldsymbol{a}_O + \boldsymbol{a}_\mathrm{r}^\tau + \boldsymbol{a}_\mathrm{r}^\mathrm{n}$$

向水平方向投影可得

$$a_\mathrm{r}^\tau = R\varepsilon = a_O$$

又因为

$$a_\mathrm{r}^\mathrm{n} = R\omega^2 = \frac{v_O^2}{R}$$

可得 A 点加速度

$$\boldsymbol{a}_A = \frac{v_O^2}{R}\boldsymbol{j}$$

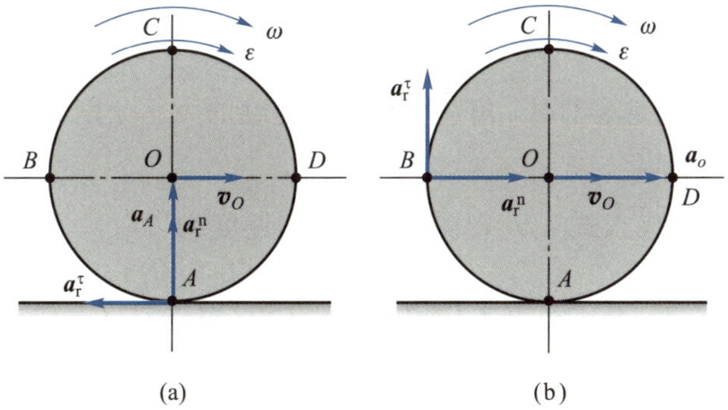

图 4.22

如图4.22(b)所示，以 O 点为基点，分析 B 点加速度

$$\boldsymbol{a}_B = \boldsymbol{a}_O + \boldsymbol{a}_\mathrm{r}^\tau + \boldsymbol{a}_\mathrm{r}^\mathrm{n}$$

其中，$a_r^\tau = R\varepsilon = a_O$ 且 $a_r^n = R\omega^2 = \dfrac{v_O^2}{R}$，可得

$$\boldsymbol{a}_B = \left(a_O + \frac{v_O^2}{R}\right)\boldsymbol{i} + a_O\boldsymbol{j}$$

若 O 点加速度为零，B 点加速度的大小与 A 点相同。

可以看出：若 $a_O = 0$，则瞬时加速度中心为 O 点，而瞬时速度中心为 A 点，二者不重合。

例 4.12

半径为 R 的圆轮在竖直平面内沿直线轨道纯滚动，如图4.23所示。设轮心的速度为 $\boldsymbol{u}$，加速度为 $\boldsymbol{a}$，求此瞬时轮缘上 M 点的加速度。

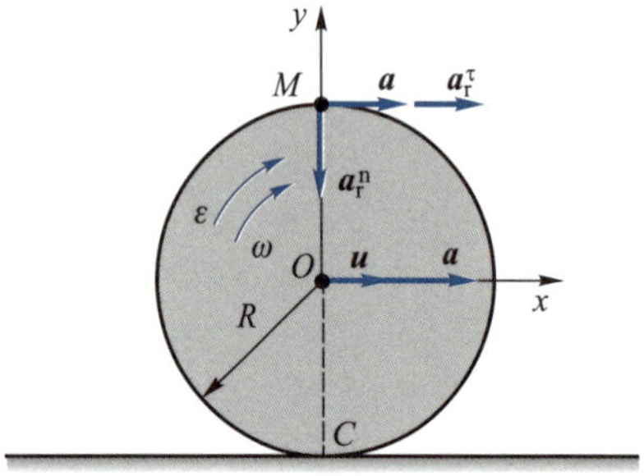

图 4.23

解　圆轮作平面运动，轮心 O 的运动已知，取 O 点为基点，M 点的加速度为

$$\boldsymbol{a}_M = \boldsymbol{a} + \boldsymbol{a}_r^\tau + \boldsymbol{a}_r^n \tag{a}$$

其中 $a_r^\tau = R\varepsilon$，$a_r^n = R\omega^2$。为了求 $\boldsymbol{a}_M$，需要先求出 ε 和 ω。圆轮与地面的接触点 C 为速度瞬心，因而有

$$\omega = \frac{u}{R} \tag{b}$$

将式(b)对时间求导，得

$$\varepsilon = \frac{a}{R} \tag{c}$$

可见，在圆轮作纯滚动时，角速度和角加速度的大小分别等于轮心的速度大小和加速度大小除以半径。

将式(b)和式(c)代入式(a)，得到 M 点的加速度为

$$\boldsymbol{a}_M = (a + R\varepsilon)\boldsymbol{i} - R\omega^2\boldsymbol{j} = 2a\boldsymbol{i} - \frac{u^2}{R}\boldsymbol{j}$$

注记 4.8

对于圆轮与轨道的接触点 C，$\boldsymbol{a}_r^\tau$ 与 $\boldsymbol{a}$ 大小相等，方向相反，因此 C 点的加速度 $\boldsymbol{a}_C = \boldsymbol{a}_r^n = -u^2/R\boldsymbol{j}$ 垂直于轨道方向。类似地，可以证明两个相对作纯滚动的物体在接触点处的相对加速度沿着接触点的公法线。

例 4.13

求例 4.8 中滚轮的角加速度和轮上 D 点的加速度。

解 如图4.24所示，为了求滚轮上 D 点的加速度，必须首先求出滚轮上某点的加速度和滚轮的角加速度。由于 B 点是杆 AB 和滚轮的连接点，所以需要研究 B 点运动，其加速度可以通过分析杆 AB 运动得到。研究杆 AB 的运动，以 A 点为基点，B 点的加速度为

$$\boldsymbol{a}_B = \boldsymbol{a}_A + \boldsymbol{a}_{B\mathrm{r}}^{\tau} + \boldsymbol{a}_{B\mathrm{r}}^{\mathrm{n}} \tag{a}$$

其中 $\boldsymbol{a}_B$ 沿水平方向，大小未知；$\boldsymbol{a}_A$ 沿着 $\overrightarrow{AO}$ 方向，大小为 $a_A = r\omega_0^2$；$\boldsymbol{a}_{B\mathrm{r}}^{\tau}$ 垂直于 AB 连线方向，大小未知；$\boldsymbol{a}_{B\mathrm{r}}^{\mathrm{n}}$ 沿着 $\overrightarrow{BA}$ 方向，大小 $a_{B\mathrm{r}}^{\mathrm{n}} = l\omega_{AB}^2$。

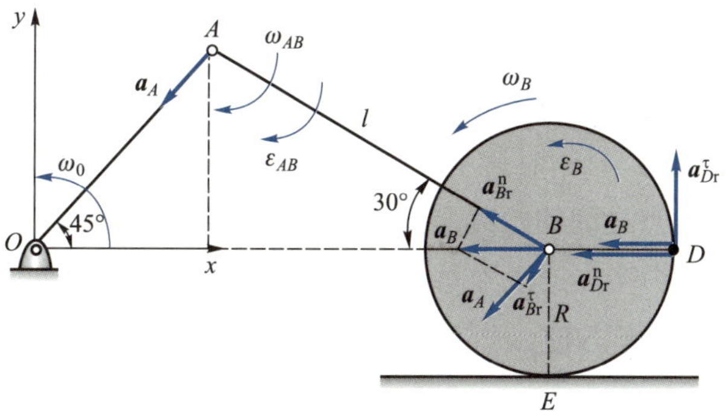

图 4.24

将式(a)向 BA 方向投影，有

$$a_B \cos 30^\circ = a_A \cos 75^\circ + a_{B\mathrm{r}}^{\mathrm{n}} = 0.730r\omega_0^2$$

$$a_B = 0.843r\omega_0^2$$

由于滚轮沿直线作纯滚动，其角加速度的大小 ε_B 等于轮心加速度的大小 a_B 除以半径 R，即

$$\varepsilon_B = \frac{a_B}{R} = 1.686\omega_0^2 \quad (\circlearrowleft)$$

研究滚轮的运动，取 B 点为基点，D 点的加速度为

$$\boldsymbol{a}_D = \boldsymbol{a}_B + \boldsymbol{a}_{D\mathrm{r}}^{\tau} + \boldsymbol{a}_{D\mathrm{r}}^{\mathrm{n}}$$

其中 $a_{D\mathrm{r}}^{\tau} = R\varepsilon_B = 0.843r\omega_0^2$，$a_{D\mathrm{r}}^{\mathrm{n}} = R\omega_B^2 = 2.486r\omega_0^2$。最终得

$$\boldsymbol{a}_D = -3.33r\omega_0^2\boldsymbol{i} + 0.843r\omega_0^2\boldsymbol{j}$$

■ 本讲小结

刚体平面运动可以分解为刚体随基点的平动和绕基点的定轴转动，其中平动部分和基点的选择有关，而转动部分和基点的选择无关。

描述刚体的平面运动需要 3 个参数，其中 2 个参数（基点的坐标）描述刚体随基点的平动，1 个参数（刚体的转角 φ）描述刚体绕基点的定轴转动。刚体上任一点 P 的速度和加速度由式(4.1.5)和式(4.1.6)给出，其中角速度 $\boldsymbol{\omega}$ 和角加速度 $\boldsymbol{\varepsilon}$ 的方向均垂直于刚体的运动平面，大小分别为 $\dot{\varphi}$ 和 $\ddot{\varphi}$。

求解平面运动的问题的主要方法有基点法和瞬心法。基点法思路是将平面运动分解为平面图形跟随基点的平动和绕基点的定轴转动，平面图形上任一点 P 的速度和加速度由式(4.1.5)和式(4.1.6)给出；瞬心法是将平面运动看作是刚体绕瞬心的瞬时定轴转动，平面图形上各点的速度、加速度如同图形分别绕瞬时速度中心、瞬时加速度中心作定轴转动。瞬心的位置是不断变化的，且瞬时速度中心和瞬时加速度中心一般是不重合的。速度投影法反映了刚体上任意两点之间的距离保持不变的特点，实质上是基点法公式的特殊情况：将基点法中的速度公式向两点连线方向投影，得到标量方程。基点法是研究平面运动的基本方法，而瞬心法比较简单方便。一般情况下，瞬时加速度中心不易确定，因此在加速度分析中常用基点法。

以上所介绍的诸方法之中，最为基础并希望读者着重掌握的是**基点法**，因为其扩展性最好。其他方法虽然在简单情形下都能适用，但是在处理更为复杂的问题时通用性稍差。然而这种“一步到位”的方法不能求解有更多未知数的问题。基点法在未来面对更复杂的问题时仍然行之有效。

此外，**求导法**虽然很基础，也具有较好的通用性，但是不能对瞬时关系式求导，要注意“瞬时”位置和一般位置的区别。求导也可能很复杂，不仅会增加计算难度，而且可能会比较耗时。表4.1按照推荐程度由高到低列出这些方法，并指出其各自所适用的问题。

表 4.1　平面运动速度和加速度分析方法小结

	速度分析	加速度分析
基点法	√	√
瞬心法	√	√
速度投影法	√	
求导法	√	√

应注意，瞬心法使用的速度公式和加速度公式都是在一个瞬时成立的，而不是在一个时间段内成立的，因此不能对它们进行求导运算。

概念题

判断下列说法是否正确。

4–1 刚体作平动时，其上各点的轨迹相同，均为直线。

4–2 速度投影定理给出的刚体上两点速度间的关系只适用于作平面运动的刚体。

4–3 刚体作平面运动时，其平面图形上任意两点的加速度在该两点连线上的投影若相等，则该瞬时刚体的角加速度必须等于零。

4–4 刚体作平面运动时，平面图形内两点的速度在任意轴上的投影相等。

4–5 刚体作平面运动时，只要刚体的瞬时角速度不等于零，则刚体的瞬时速度中心一定存在。

4–6 刚体作平面运动时，只要刚体的瞬时角加速度不等于零，则刚体的瞬时加速度中心一定存在。

4–7 刚体作平面运动时，只要刚体的瞬时角速度不等于零，则刚体的瞬时加速度中心一定存在。

4–8 刚体作平面运动时，只要刚体的瞬时角速度和角加速度都不等于零，则刚体的瞬时加速度中心一定存在。

习题

4–1 如图4.25所示，半径为 r 的齿轮由曲柄 OA 带动而沿半径为 R 的定齿轮滚动，曲柄则以匀角加速度 ε_0 绕定齿轮的轴 O 转动。设当 $t=0$ 时，曲柄的角速度 $\omega_0=0$，且初始转角 $\varphi_0=0$。试以动齿轮的中心 A 为基点，求该齿轮的运动方程。

4–2 如图4.26所示，曲柄 OA 以角速度 $\omega_O = 2.5\ \text{rad/s}$ 绕半径为 $r_2 = 15\ \text{cm}$ 的固定齿轮的轴 O 转动，并带动装在曲柄 A 端的、半径为 $r_1 = 5\ \text{cm}$ 的齿轮运动。已知 $CE \perp BD$，求动齿轮上 A、B、C、D、E 各点的速度大小。

4–3 重物 K 利用不可伸长的线与鼓轮 L 相连，并按规律 $x=t^2$（x 以 m 计，t 以 s 计）沿着铅垂线降落。同时，鼓轮 L 沿水平固定轨道纯滚动。已知 $AD \perp OE$，而 $OD=2OC=0.2\ \text{m}$，求当 $t=1\ \text{s}$ 时鼓轮上在图4.27所示位置的 C、A、B、O、E 各点的速度大小，并求鼓轮的角速度大小。

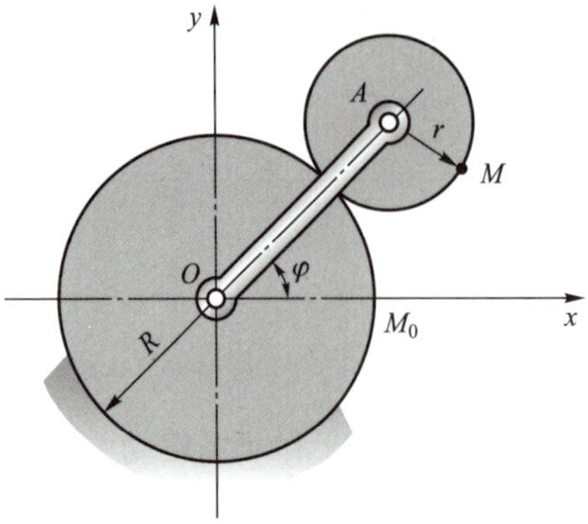

图 4.25

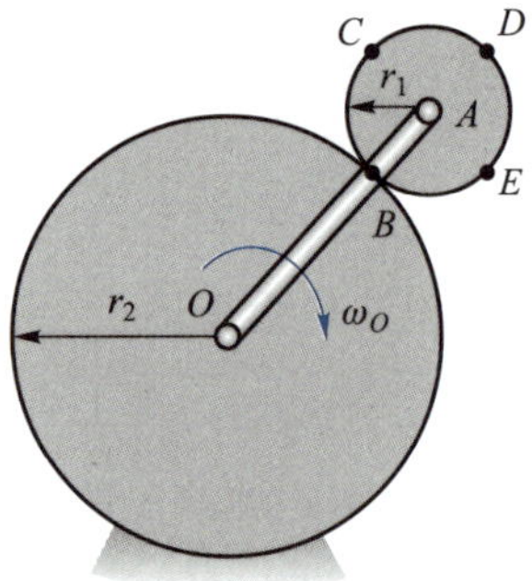

图 4.26

4–4 如图4.28所示，曲柄长度 $OA = 20$ cm，以角速度 2 rad/s 绕垂直于纸面的固定轴 O 转动。在曲柄末端 A 装有半径等于 10 cm 的齿轮 2，齿轮 2 与定齿轮 1 处于内啮合，而齿轮 1 则与曲柄同轴。已知 $BD \perp OC$，求齿轮 2 边缘上 B、C、D、E 各点的速度大小。

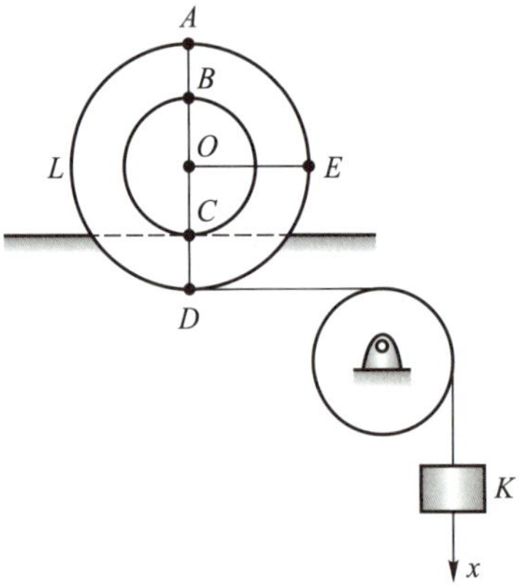

图 4.27

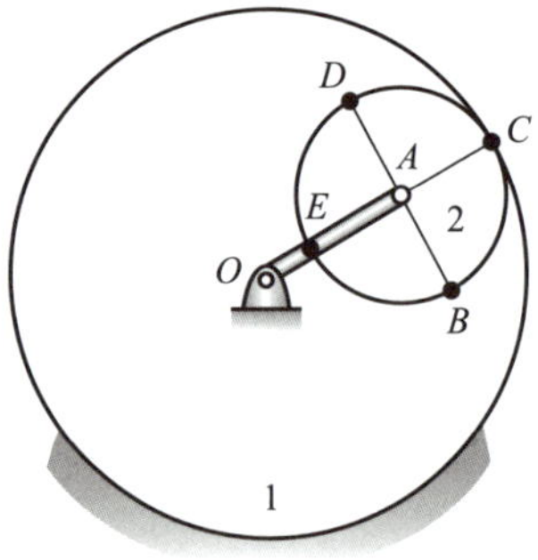

图 4.28

4–5 根据平面运动刚体上各点速度的分布规律，判断如图4.29所示的平面图形上指定点的速度分布是否可能。

4–6 如图4.30所示，已知杆 AB 恒与半径为 R 的半圆台相切，A 端速度为常量，求杆 AB 的角速度 ω 与角 θ 的关系。

4–7 如图4.31所示，四连杆机构 $OABO_1$ 中，$OA = O_1B = \dfrac{1}{2}AB$，曲柄 OA 的角速度 $\omega = 3$ rad/s。当 $\varphi = 90^\circ$ 而曲柄 O_1B 重合于 OO_1 的延长线上时，求杆 AB 及曲柄 O_1B 的角速度。

4–8 如图4.32所示机构中，当杆 AB 的 B 端沿铅垂墙滑下时，通过 A 端推动轮沿水平直线作纯滚动。如已知 A 点的速度大小为 v_A，试将杆 AB 中点 C 的速度及杆的角速度表示为 v_A 与角 θ 的函数。已知杆长度为 l。

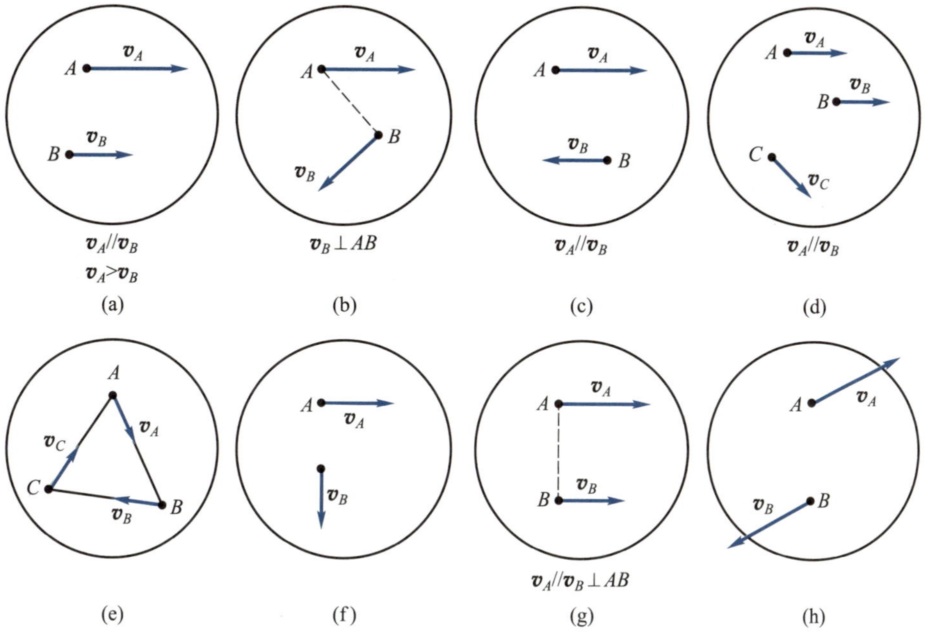

图 4.29

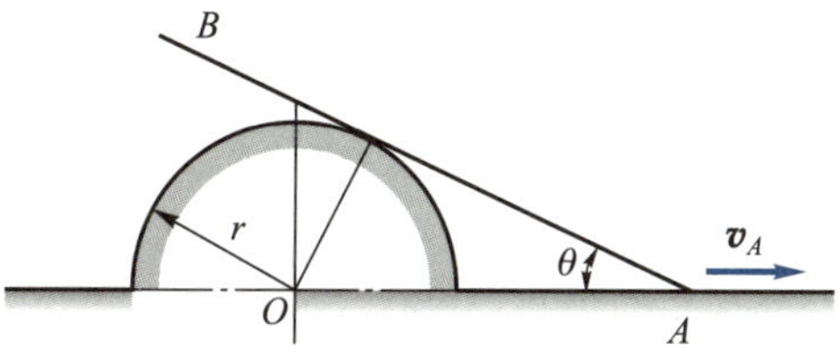

图 4.30

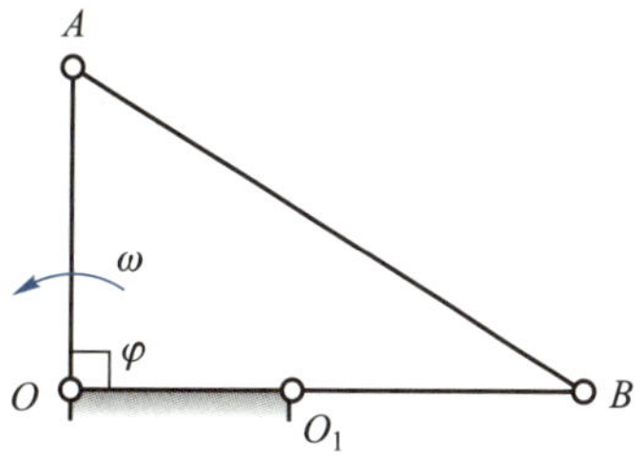

图 4.31

4–9 如图4.33所示，在曲柄滑块机构中，长度为 r 的曲柄以匀角速度 ω_O 绕 O 轴转动，连杆长度为 l。试求当曲柄转角 $\varphi=0$ 和 $\dfrac{\pi}{2}$ 时，滑块 B 和连杆中点 M 在该瞬时的速度。

4–10 如图4.34所示反平行四边形机构中，$AB=CD=2a$，$AC=BD=2c$，$a>c$。求杆 BD 的动瞬心轨迹和定瞬心轨迹。

4–11 半径是 R 的轮子沿平面纯滚动。轮心 O 以匀速度 $\boldsymbol{v}_0$ 运动。长度 $l=3R$ 的杆 AB 在点 A 与轮子铰接。杆的另一端 B 沿平面滑动，求在图4.35所示位置时：(1) 杆 AB 的角速度大小及点 B 的速度大小；(2) 杆 AB 的角加速度大小及点 B 的加速度大小。

4–12 如图4.36所示，直杆 AB 在铅垂面内沿固定半圆柱滑下时，如果 A 端沿水平轴 x 向右运动的速度大小 v_A 为常数，试求在任意位置 θ 处：(1) 直杆 AB 运动时的动、定瞬心轨迹；（2）直杆 AB 的角速度及其上面与圆柱接触的点 C 的速度大小；（3）直杆 AB 的角加速度及其上面与圆柱接触的点 C 的加速度大小。

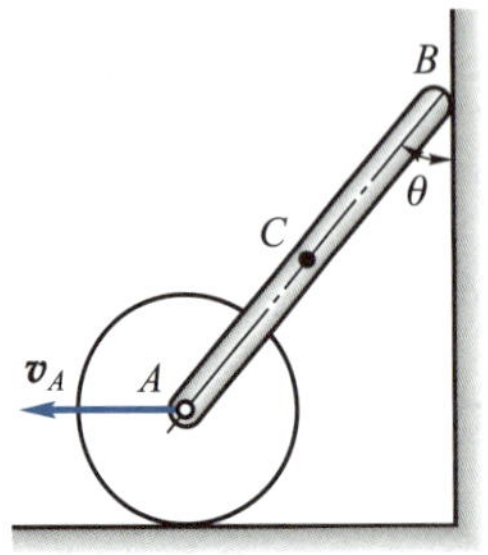

图 4.32

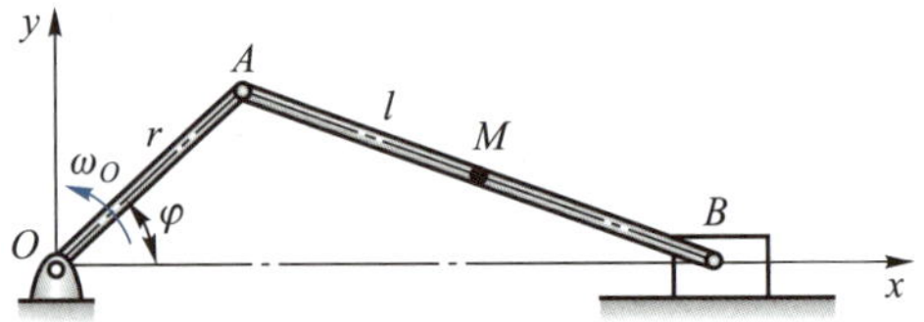

图 4.33

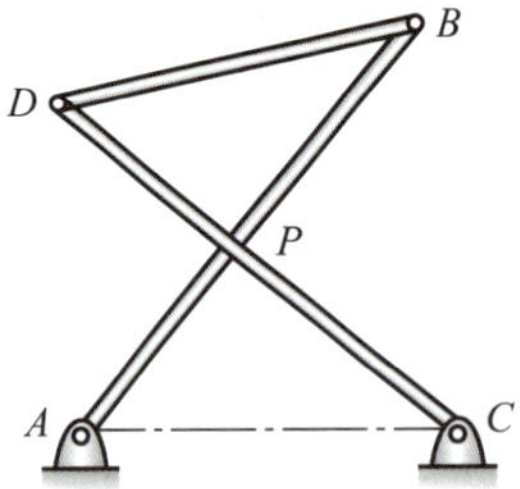

图 4.34

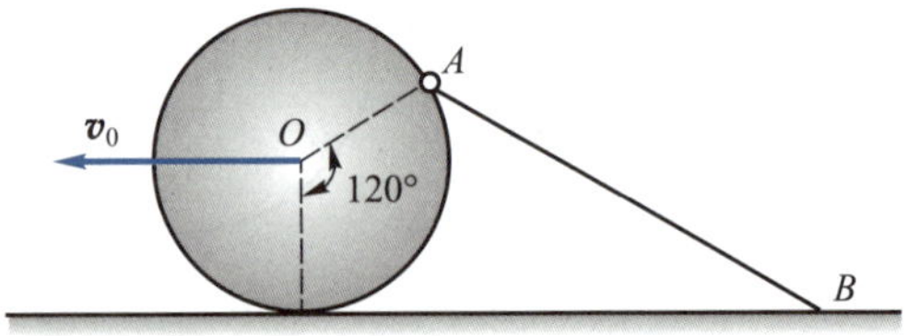

图 4.35

4–13　已知如图4.37所示机构中 $AB = 19.53\ \text{cm}$，$v_A = 15\ \text{cm/s}$，$a_A = 10\ \text{cm/s}^2$，试求此瞬时：（1）杆 AB 的角速度及 B 点的速度；（2）杆 AB 的角加速度及 B 点的加速度。

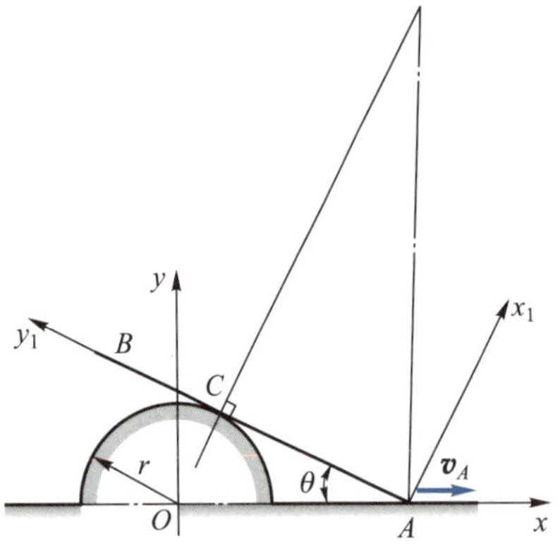

图 4.36

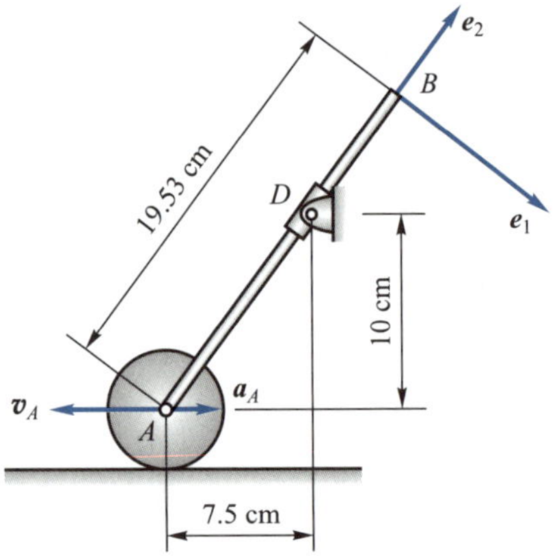

图 4.37

4–14　半径为 10 cm 的轮 B 由曲柄 OA 和连杆 AB 带动在半径为 40 cm 的固定轮上作纯滚动。设 OA 长度为 10 cm，AB 长度为 40 cm，OA 匀速转动，角速度 $\omega = 10\text{rad/s}$。求在图4.38所示位置（OA 垂直于 OB）轮 B 滚动的角速度和角加速度。

4–15　边长是 a 的正方形 $ABCD$ 在如图4.39所示平面内作平面运动。已知在图示瞬时其顶点 A、B 的加速度大小相等且等于 10 $\mathrm{cm/s^2}$，其方向分别沿正方形的一边。求此时正方形的瞬时加速度中心位置及其顶点 C、D 的加速度大小。

4–16　如图4.40所示，在三连杆机构中，长度为 r 的曲柄 OA 以匀角速度 ω_O 转动。连杆 AB 长度 $l=4r$。设某瞬时 $\angle O_1OA=\angle O_1BA=30°$，试求在此瞬时曲柄 O_1B 的角速度和角加速度，并求连杆中点 M 的加速度。

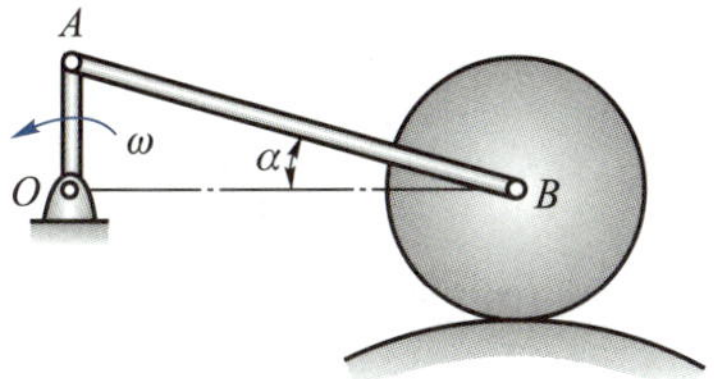

图 4.38

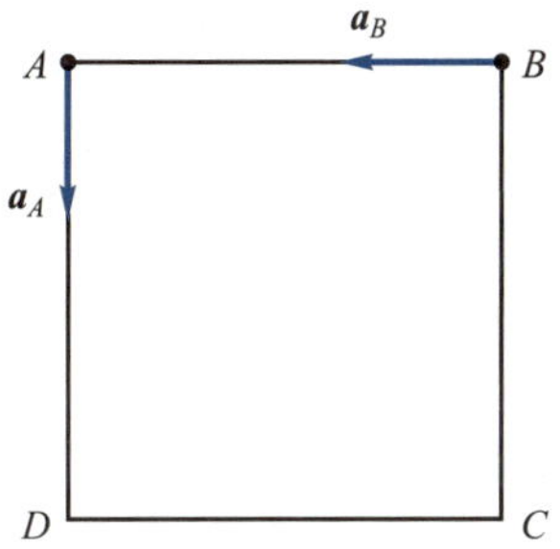

图 4.39

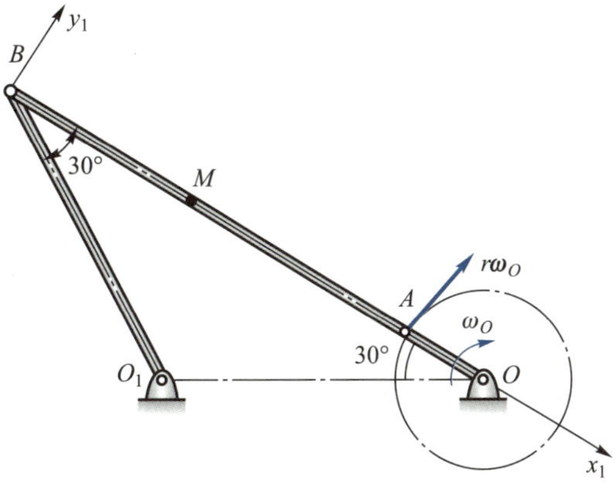

图 4.40

4–17　半径为 r 的圆轮沿着曲线轨道作纯滚动，在某瞬时，其角速度大小为 ω，角加速度大小为 ε，轮心 O 速度大小为 v_O，轮心加速度大小为 a_O，下面关系式是否成立？①

$$\omega=\frac{v_O}{r},\quad \varepsilon=\frac{a_O}{r}$$

第4讲习题参考答案

① 推荐阅读文献: 杜茂林. 刚体在固定面上纯滚时接触点的速度和加速度 [J]. 力学与实践, 2006, 28(5): 79–81.

第5讲
刚体定点运动

刚体一般运动的复杂性，很大程度上体现在定点运动的复杂性上。刚体的定点运动是运动学中的难点也是重点。一方面，刚体定点运动是研究刚体一般运动的前提。另一方面，刚体定点运动也是研究工程实际中的运动体（比如飞机、卫星、汽车和轮船）的动力学问题的基础。

■ 5.1 刚体定点运动的几何描述

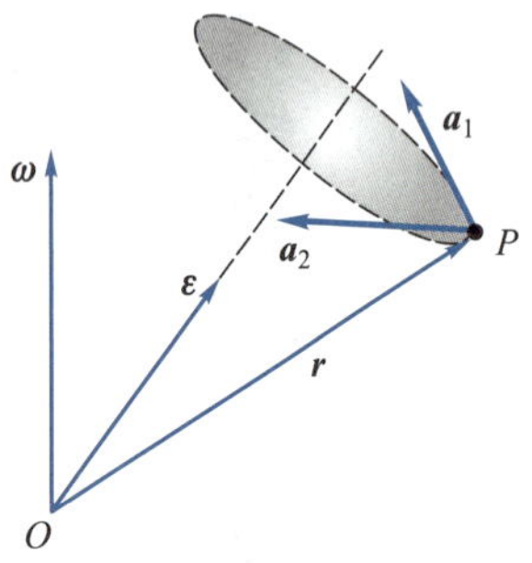

图 5.1

刚体作定点运动时，刚体或其延拓部分上有一点 O 固定不动。将固定点 O 取为基点，则 $\boldsymbol{v}_O=0$，$\boldsymbol{a}_O=0$。由式(3.3.15)和式(3.3.19)可知，定点运动刚体上任意点的速度和加速度为

$$\boldsymbol{v}=\boldsymbol{\omega}\times\boldsymbol{r} \tag{5.1.1}$$

$$\begin{aligned}\boldsymbol{a}&=\boldsymbol{\varepsilon}\times\boldsymbol{r}+\boldsymbol{\omega}\times(\boldsymbol{\omega}\times\boldsymbol{r})\\&=\boldsymbol{\varepsilon}\times\boldsymbol{r}+\boldsymbol{\omega}\times\boldsymbol{v}\end{aligned} \tag{5.1.2}$$

式(5.1.1)和式(5.1.2)看起来与定轴转动的速度和加速度很像，但需要注意定点运动中，刚体角速度 $\boldsymbol{\omega}$ 的大小方向都可能随时间变化，不存在固定不动的转动轴，这明显不同于定轴转动。

式(5.1.2)右端的第 1 项 $\boldsymbol{a}_1=\boldsymbol{\varepsilon}\times\boldsymbol{r}$ 称为**转动加速度**，第 2 项 $\boldsymbol{a}_2=\boldsymbol{\omega}\times(\boldsymbol{\omega}\times\boldsymbol{r})$ 称为**向轴加速度**，如图5.1所示。

思考题 5.1

转动加速度 $\boldsymbol{a}_1$ 是否等于点的切向加速度？向轴加速度 $\boldsymbol{a}_2$ 是否等于点的法向加速度？

设定点运动刚体的固定点为 O，固连坐标系 $Oxyz$ 的运动完全代表了该刚体的运动。刚体从某一位置转动到另一位置时，固连坐标系 $Oxyz$ 转动到 $Ox'y'z'$ 的位置，如图5.2所示。

在任意瞬时观察，定点运动刚体或其延拓部分上，都存在一条直线，其上各点速度均为零。我们称该直线为**瞬时转动轴**，简称**瞬轴**。因此，**刚体的定点运动可以看成是一系列的瞬时转动，其角速度 $\boldsymbol{\omega}$ 沿着瞬时转动轴**。与定轴转动不同，**刚体作定点运动时，瞬时转动轴和角速度的方向都在不断变化，不存在一根固定不动的转动轴**。刚体的连续运动为绕一系列瞬轴、以不同的瞬时角速度作连续瞬时转动。

如何找到瞬轴？在某个瞬时，如果在刚体或其延拓部分上除了定点 O 以外，还能找

到一个瞬时速度为零的点 C，则直线 OC 上的所有点的速度均为零，因此直线 OC 就是瞬时转动轴。我们会发现，求解刚体定点运动问题的重点在于求解刚体的角速度，而作定点运动刚体的角速度计算较复杂。因此，已知刚体上某点的速度 $\boldsymbol{v}$，如果能直接找出刚体的瞬时转动轴，则可以由式(5.1.1)求得刚体的角速度 $\boldsymbol{\omega}$。

在刚体定点运动的过程中，瞬时转动轴在空间中形成一个以定点 O 为顶点的锥面，称为**定瞬轴锥面**，简称**定锥**。各时刻的角速度矢量的端点在定瞬轴锥面上画出一个空间有向轨迹，称为**角速度矢量端图**，而角加速度 $\boldsymbol{\varepsilon}=\dot{\boldsymbol{\omega}}$ 沿着角速度矢量端图的切线方向，如图5.3所示。

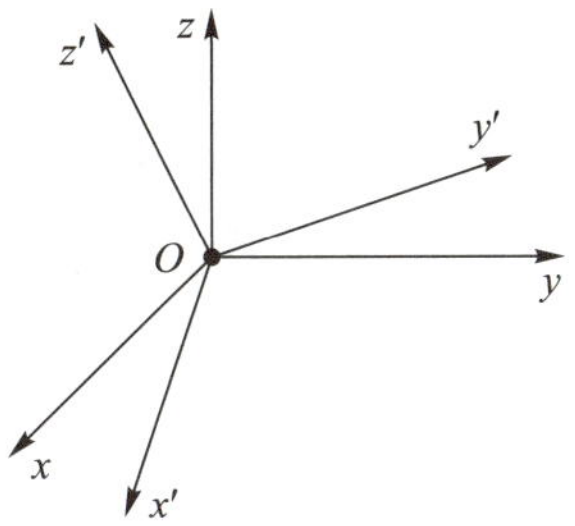

图 5.2

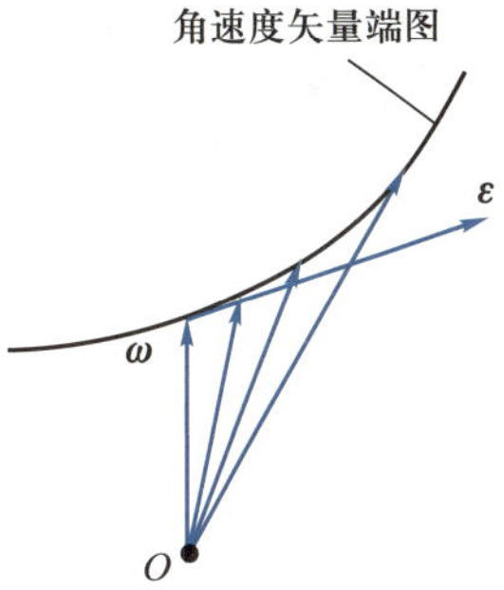

图 5.3

注记 5.1

如果将角速度矢量的端点想象成一个质点，则该质点相对于定点 O 的矢径就是 $\boldsymbol{\omega}$，其速度为 $\dot{\boldsymbol{\omega}}$。可见，**角加速度 $\boldsymbol{\varepsilon}=\dot{\boldsymbol{\omega}}$ 可以理解为角速度矢量端点的速度**。在某些特殊问题中，利用这一物理解释来求解定点运动刚体的角加速度是很方便的。

例 5.1

[典型例题]
例 5.1

正圆锥以其顶点 O 为固定点在水平面上纯滚动，如图5.4所示。圆锥的底面中心 C 点的速度大小为常数 48 cm/s。已知圆锥高度 $h=4$ cm，底面半径 $r=3$ cm。试求圆锥体的角速度和角加速度以及 C 点和 A 点的加速度。

解　圆锥体绕固定点 O 作定点运动。建立如图5.4所示的直角坐标系，其中 x 轴沿圆锥体与坐标面 Oxy 相接触的母线 OA。由于圆锥体在水平面上纯滚动，母线 OA 上的所有点的瞬时速度均为零，因此 OA 即为瞬时转动轴。角速度 $\boldsymbol{\omega}$ 可以表示为

$$\boldsymbol{\omega}=\omega\boldsymbol{i}$$

式中：$\boldsymbol{i}$ 为 Ox 轴的单位矢量；ω 为角速度的大小。

记 $\boldsymbol{j}$ 和 $\boldsymbol{k}$ 为 Oy 轴和 Oz 轴的单位矢量，注意 $\boldsymbol{i}$ 和 $\boldsymbol{j}$ 的方向随时间变化。根

据已知条件有

$$v_C = 48j \text{ cm/s}, \quad r_{OC} = 4\left(\frac{4}{5}i + \frac{3}{5}k\right) \text{ cm}$$

将以上各式代入到速度公式 $v_C = \omega \times r_{OC}$ 中，可解得

$$\omega = -20i \text{ rad/s}$$

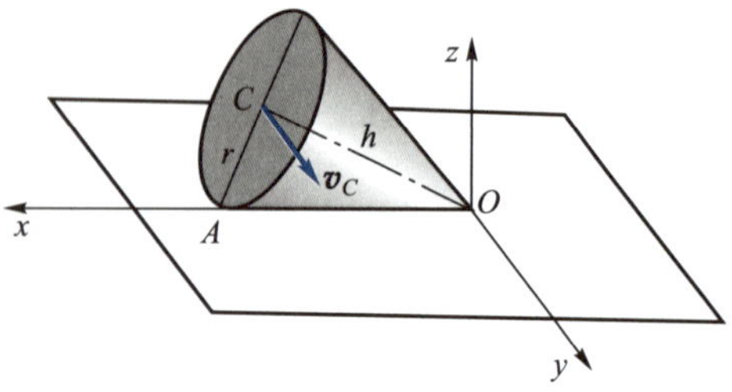

图 5.4

注意，i 方向随时间变化，ω 的方向也随时间变化。

圆锥体的角加速度 ε 等于角速度矢量 ω 端点的运动速度。角速度矢量 ω 的大小不变，可以将其看成是一根刚性杆，它始终处于平面 OCA 上。平面 OCA 在圆锥体运动过程中绕 Oz 轴作定轴转动，转动的角速度为 $\omega' = v_C/\rho k = 15k$ rad/s（其中 $\rho = 16/5$ cm 为 C 点到 Oz 轴的距离）。因此角速度矢量 ω 绕着 Oz 轴以角速度 ω' 作刚体定轴转动，其端点（矢径为 ω）的速度（即圆锥体的角加速度）可由式(3.3.36)得到

$$\varepsilon = \omega' \times \omega = -300j \text{ rad/s}^2$$

注意，j 方向随时间变化，ε 的方向也随时间变化。

根据式(5.1.2)，C 点和 A 点的加速度分别为

$$a_C = \varepsilon \times r_{OC} + \omega \times v_C = -720\, i \text{ cm/s}^2$$
$$a_A = \varepsilon \times r_{OA} + \omega \times v_A = 1500\, k \text{ cm/s}^2$$

注意，C 点加速度的方向随时间变化，但 A 点加速度方向不变。

思考题 5.2

C 点的加速度 a_C 为什么处在平行于水平面的平面内且指向 Oz 轴？A 点的加速度 a_A 为什么垂直于水平面并指向上方？直线 OA 上其他各点的加速度应指向什么方向？

例 5.2

轴 C 绕 z 轴匀角速转动，带动齿轮 A 沿定齿轮 B 滚动，如图5.5(a)所示。轴 C 转动的角速度 $\omega_C = 15$ rad/s。求齿轮 A 转动的角速度和角加速度。

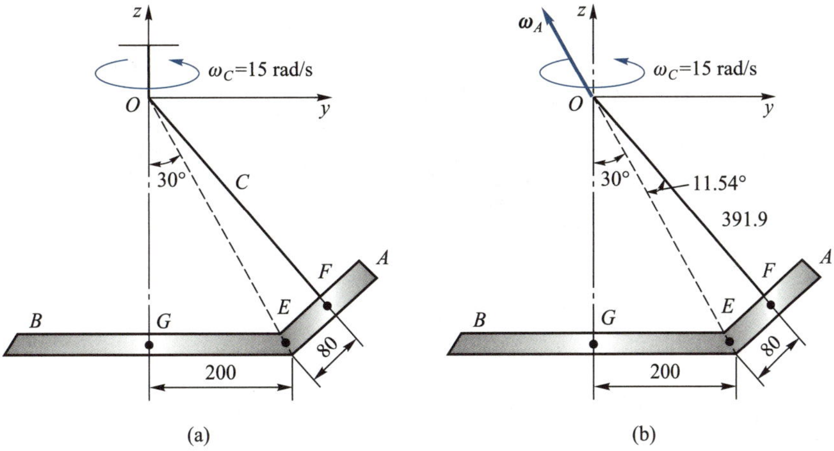

图 5.5

解　齿轮 A 绕 O 点作定点运动。齿轮 A 与定齿轮 B 的接触点 E 的瞬时速度为零，OE 为瞬时转动轴。齿轮 A 的运动可看成是绕 OE 轴的瞬时定轴转动，其角速度 $\boldsymbol{\omega}_A$ 沿 OE 连线，如图5.5(b)所示。齿轮上点 F 的速度为

$$\boldsymbol{v}_F = \boldsymbol{\omega}_A \times \boldsymbol{r}_{OF} = -78.4\omega_A \boldsymbol{i}$$

C 轴以角速度 ω_C 绕 z 轴作定轴转动，故有

$$\boldsymbol{v}_F = -260\omega_C \boldsymbol{i}$$

由以上两式得

$$\omega_A = \frac{260}{78.4}\omega_C = 49.7\ \text{rad/s}$$

角速度矢量 $\boldsymbol{\omega}_A$ 的大小不变，可以将其看成是一根刚性杆，它跟随 C 轴以角速度 $\boldsymbol{\omega}_C$ 绕 Oz 轴作定轴转动，其端点（矢径为 $\boldsymbol{\omega}_A$）的速度（即齿轮的角加速度）为

$$\boldsymbol{\varepsilon}_A = \boldsymbol{\omega}_C \times \boldsymbol{\omega}_A = 15 \times 49.7 \sin 30° \boldsymbol{i} = 372.8\boldsymbol{i}\ \text{rad/s}^2$$

思考题 5.3

如何求齿轮 A 上任意一点的速度和加速度？

例 5.3

半径为 r 的车轮沿圆弧作纯滚动，如图5.6(a)所示。已知轮心 E 的速度 $\boldsymbol{u}$ 的大小是常数，轮心轨道半径是 R。求车轮上最高点 B 的速度和加速度。

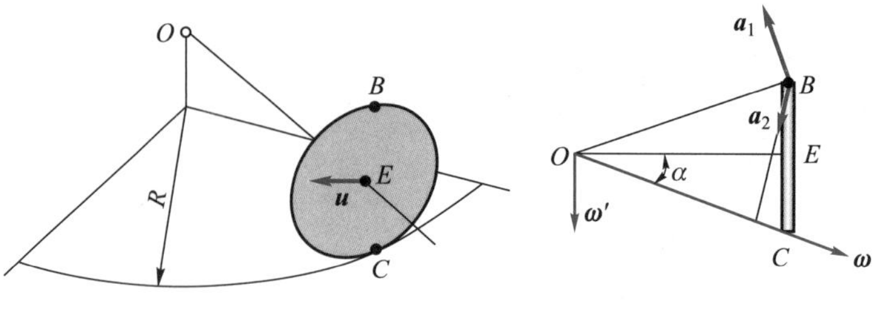

图 5.6

解　车轮绕 OE 轴转动，而 OE 轴又绕过 O 点的铅垂轴转动，因此车轮延拓部分上的 O 点固定不动，车轮绕着 O 点作定点运动。由于轮子作纯滚动，车轮与地面的接触点 C 的瞬时速度为零，因此直线 OC 为轮子的瞬时转动轴，轮子的角速度 $\boldsymbol{\omega}$ 沿着直线 OC，如图5.6(b)所示。用单位矢量 $\boldsymbol{\tau}$ 表示 E 点瞬时速度的方向，根据已知条件和速度公式(3.3.36)，有

$$\boldsymbol{v}_E = u\boldsymbol{\tau} = \boldsymbol{\omega} \times \boldsymbol{r}_{OE} = \omega R \sin\alpha \boldsymbol{\tau}$$

式中：α 为 OC 与 OE 间的夹角。

由上式可得轮子的角速度的大小为

$$\omega = \frac{u}{R\sin\alpha}$$

B 点的速度为

$$\boldsymbol{v}_B = \boldsymbol{\omega} \times \boldsymbol{r}_{OB} = (\omega r_{OB} \sin 2\alpha)\boldsymbol{\tau} = (2\omega R \sin\alpha)\boldsymbol{\tau} = 2u\boldsymbol{\tau}$$

轮子的角速度 $\boldsymbol{\omega}$ 的大小是常数，因此也可以将其看成是一根刚性杆，它跟随平面 OEC 绕过 O 点的铅垂轴以角速度 $\omega' = u/R$ 作定轴转动，如图5.6(b)所示。根据式(3.3.36)，刚性杆端点的速度（即轮子的角加速度）为

$$\boldsymbol{\varepsilon} = \boldsymbol{\omega}' \times \boldsymbol{\omega} = (\omega' \omega \cos\alpha)\boldsymbol{\tau} = \frac{u^2}{R^2 \tan\alpha}\boldsymbol{\tau}$$

根据式(5.1.2)，B 点的加速度为

$$\boldsymbol{a}_B = \boldsymbol{a}_1 + \boldsymbol{a}_2$$

其中转动加速度 $\boldsymbol{a}_1 = \boldsymbol{\varepsilon} \times \boldsymbol{r}_{OB}$ 的大小为 $\dfrac{u^2}{R\sin\alpha}$，向轴加速度 $\boldsymbol{a}_2 = \boldsymbol{\omega} \times \boldsymbol{v}_B$ 的大小为 $\dfrac{2u^2}{R\sin\alpha}$，方向如图5.6(b)所示。

思考题 5.4

如何更简便地直接求出 B 点的速度 $\boldsymbol{v}_B$？

采用几何描述方法分析刚体定点运动的步骤可以归纳为：

（1）判断刚体是否在作定点运动，并找出固定点 O；

（2）确定瞬时转动轴：根据题目条件（如纯滚动条件），在刚体或其延拓部分上除定点 O 外再找一个瞬时速度为零的点 C，直线 OC 就是刚体的瞬时转动轴，角速度 $\boldsymbol{\omega}$ 沿着直线 OC；

（3）根据刚体上某点的已知速度，计算和确定角速度 $\boldsymbol{\omega}$ 的大小和指向；

（4）根据运动过程中角速度 $\boldsymbol{\omega}$ 的变化规律，分析计算角加速度 $\boldsymbol{\varepsilon}=\dot{\boldsymbol{\omega}}$；

（5）根据题目要求，计算刚体上指定点的速度和加速度。

5.2 刚体定点运动的解析描述

刚体定点运动几何描述的关键是确定瞬时转动轴，从而将定点运动处理为一系列的瞬时转动来求解。对于一些特定的定点运动问题，其瞬时转动轴容易确定。但在一般情况下，如卫星相对于质心的定点运动，其瞬时转动轴不易确定，此时需要使用解析法来描述刚体的定点运动，主要包括欧拉角和欧拉运动学方程。

5.2.1 欧拉角

正交矩阵 $\boldsymbol{A}$ 只有 3 个独立的元素，可以用 3 个参数来描述刚体的定点运动。欧拉提出用 3 个相互独立的角度来描述刚体的定点运动，这比用矩阵中的 9 个元素再加 6 个约束方程的方法简单得多。取如图5.7所示的固定坐标系 $OXYZ$ 和固连坐标系 $Oxyz$，坐标平面 OXY 与 Oxy 的交线 ON 称为**节线**，节线与 OX 轴的夹角 ψ 称为**进动角**，Oz 轴与 OZ 轴的夹角 θ 称为**章动角**，节线与 Ox 轴的夹角 φ 称为**自转角**。这三个相互独立的角度就称为**欧拉角**。

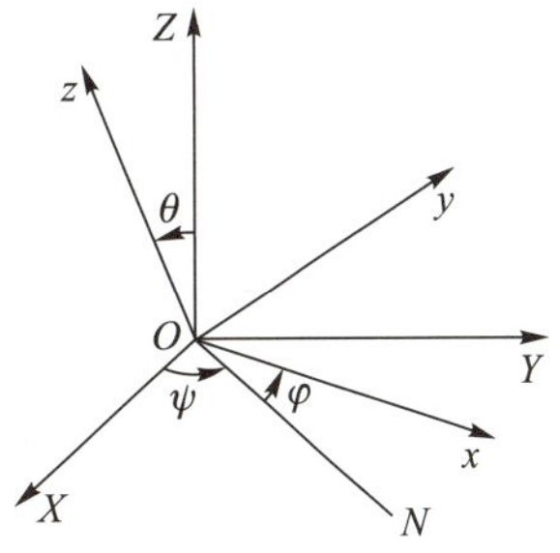

图 5.7

当已知欧拉角时，可以用三次连续转动来确定刚体的方位。令刚体处于初始状态，即 $Oxyz$ 与 $OXYZ$ 重合，第一次绕 OZ 转 ψ 角，再绕 ON 转 θ 角，最后绕 Oz 转 φ 角，最终到达 $Oxyz$ 位置。三次转动对应的变换矩阵分别为

$$
\boldsymbol{A}_1 = \begin{bmatrix} \cos\psi & -\sin\psi & 0 \\ \sin\psi & \cos\psi & 0 \\ 0 & 0 & 1 \end{bmatrix} \tag{5.2.1}
$$

$$
\boldsymbol{A}_2 = \begin{bmatrix} 1 & 0 & 0 \\ 0 & \cos\theta & -\sin\theta \\ 0 & \sin\theta & \cos\theta \end{bmatrix} \tag{5.2.2}
$$

$$
\boldsymbol{A}_3 = \begin{bmatrix} \cos\varphi & -\sin\varphi & 0 \\ \sin\varphi & \cos\varphi & 0 \\ 0 & 0 & 1 \end{bmatrix} \tag{5.2.3}
$$

令列阵 $\underline{\boldsymbol{r}}$、$\underline{\boldsymbol{r}}_1$、$\underline{\boldsymbol{r}}_2$ 和 $\underline{\boldsymbol{r}}_3$ 分别表示矢量 $\boldsymbol{r}$ 在 $Oxyz$ 坐标系、第一次转动后的坐标系、第二次转动后的坐标系和第三次转动后的坐标系（即 $OXYZ$ 坐标系）中的列阵，则它们之间的关系为

$$
\underline{\boldsymbol{r}} = \boldsymbol{A}_1\underline{\boldsymbol{r}}_1, \quad \underline{\boldsymbol{r}}_1 = \boldsymbol{A}_2\underline{\boldsymbol{r}}_2, \quad \underline{\boldsymbol{r}}_2 = \boldsymbol{A}_3\underline{\boldsymbol{r}}_3 \tag{5.2.4}
$$

故有

$$
\underline{\boldsymbol{r}} = \boldsymbol{A}_1\boldsymbol{A}_2\boldsymbol{A}_3\underline{\boldsymbol{r}}_3 \tag{5.2.5}
$$

因此，固连坐标系 $Oxyz$ 到固定坐标系 $OXYZ$ 的变换矩阵为

$$
\boldsymbol{A} = \boldsymbol{A}_1\,\boldsymbol{A}_2\,\boldsymbol{A}_3 \tag{5.2.6}
$$

由于矩阵的乘法不具有可交换性，以不同的顺序转动同样三个欧拉角后得到的变换结果一般是不同的。在具体应用时，需要特别说明使用的是哪种顺序的欧拉角。我们这里讲的欧拉角转动顺序是 3-1-3，即第一次转动是绕第 3 根坐标轴，第二次转动是绕第 1 根坐标轴，第三次转动又是绕第 3 根坐标轴。

5.2.2 欧拉运动学方程

为了使三个欧拉角可以唯一确定刚体的方位，通常假设 $0 \leqslant \psi \leqslant 2\pi$，$0 \leqslant \theta \leqslant \pi$，$0 \leqslant \varphi \leqslant 2\pi$。当刚体绕定点运动时，欧拉角是时间的单值函数，即

$$
\psi = \psi(t), \quad \theta = \theta(t), \quad \varphi = \varphi(t) \tag{5.2.7}
$$

式(5.2.7)称为刚体定点运动的**欧拉角形式的运动方程**。

将式(5.2.6)中的变换矩阵代入式(3.3.11)中，可得到刚体定点转动角速度在固定坐标系 $OXYZ$ 中的列阵

$$\underline{\boldsymbol{\omega}}=\begin{bmatrix}\omega_X\\ \omega_Y\\ \omega_Z\end{bmatrix}=\begin{bmatrix}\dot{\varphi}\sin\theta\sin\psi+\dot{\theta}\cos\psi\\ -\dot{\varphi}\sin\theta\cos\psi+\dot{\theta}\sin\psi\\ \dot{\psi}+\dot{\varphi}\cos\theta\end{bmatrix}\tag{5.2.8}$$

再利用变换可以得到定点转动角速度在固连坐标系 $Oxyz$ 中的列阵

$$\underline{\boldsymbol{\omega}}'=\boldsymbol{A}^{\mathrm{T}}\underline{\boldsymbol{\omega}}=\begin{bmatrix}\omega_x\\ \omega_y\\ \omega_z\end{bmatrix}=\begin{bmatrix}\dot{\psi}\sin\theta\sin\varphi+\dot{\theta}\cos\varphi\\ \dot{\psi}\sin\theta\cos\varphi-\dot{\theta}\sin\varphi\\ \dot{\varphi}+\dot{\psi}\cos\theta\end{bmatrix}\tag{5.2.9}$$

式(5.2.9)称为**欧拉运动学方程**。当运动方程已知时，可由式(5.2.9) 求出刚体的角速度。

由式(5.2.9)可解出 $\dot{\psi}$、$\dot{\theta}$ 和 $\dot{\varphi}$

$$\begin{bmatrix}\dot{\psi}\\ \dot{\theta}\\ \dot{\varphi}\end{bmatrix}=\begin{bmatrix}(\omega_x\sin\varphi+\omega_y\cos\varphi)/\sin\theta\\ \omega_x\cos\varphi-\omega_y\sin\varphi\\ \omega_z-(\omega_x\sin\varphi+\omega_y\cos\varphi)\cot\theta\end{bmatrix}\tag{5.2.10}$$

在已知角速度 $\boldsymbol{\omega}$ 的情况下，通过求解微分方程式(5.2.10)可求得运动方程式(5.2.7)。

欧拉运动学方程是复杂的非线性方程，且式(5.2.10)在 $\theta=0$ 和 $\theta=\pi$ 处奇异，此时无法唯一确定 ψ 和 φ。

■ 5.3 欧拉定理

定点运动刚体从初位置变化到末位置，刚体完成的有限位移，不是平移位移，不是转动位移，不是平面位移，也不是螺旋位移。完成这样的刚体位移，有无穷多种路径，是否可能用一种完成方式等效替代无穷多种完成方式？欧拉定理证明了存在这种可能性。

定理 5.1 (欧拉定理)

作定点运动的刚体从初位置到末位置的有限位移，一定可以利用绕过固定点的某轴的一次转动实现。

[难点讲解]
欧拉定理证明

证明 设刚体绕 O 点作定点运动，可以选一个固连坐标系 $Oxyz$，它在初始时刻与固定坐标系 $OXYZ$ 重合，这时两个坐标系之间的变换矩阵 $\boldsymbol{A}$ 是单位矩阵。根据式 (3.2.3) 这时有 $\underline{\boldsymbol{r}}=\underline{\boldsymbol{\rho}}$，即向量 $\boldsymbol{r}$ 在坐标系 $Oxyz$ 和坐标系 $OXYZ$ 中的分量完全相同。当刚体开

始运动后, 如果在坐标系 $OXYZ$ 中观察这个 $\underline{\boldsymbol{\rho}}$, 我们将看到刚体“携带”它一起运动。经过时间 t 后, 从 $\underline{\boldsymbol{\rho}}$ 到达 $\boldsymbol{A}(t)\underline{\boldsymbol{\rho}}$ 处。设从初始时刻到某个 t_1 时刻, 作定点运动的刚体完成了某个位移。这个位移“携带” $\underline{\boldsymbol{\rho}}$ 到达 $\boldsymbol{A}(t_1)\underline{\boldsymbol{\rho}}$ 处。本定理需要证明的是: 存在一个与刚体固连的矢量 $\boldsymbol{\rho}'$, 它在这个位移完成过程中相对固定坐标系始终保持不变, 也就是说, 在任意时刻 t 都有

$$\underline{\boldsymbol{\rho}}' = \boldsymbol{A}(t)\underline{\boldsymbol{\rho}}' \quad (0 \leqslant t \leqslant t_1)$$

显然，只要矩阵 $\boldsymbol{A}(t)$ 有一个特征值是 1，$\boldsymbol{\rho}'$ 就是与之对应的特征向量。命题的证明转化为证明刻画定点转动的变换矩阵 $\boldsymbol{A}$ 有等于 1 的特征值，对应该特征值的特征向量为转动轴。

设

$$f(\lambda) = \det(\boldsymbol{A} - \lambda\boldsymbol{I})$$

是矩阵 $\boldsymbol{A}$ 的特征多项式。如矩阵 $\boldsymbol{A}$ 有特征值 $\lambda = 1$，代入上式可得

$$f(1) = \det(\boldsymbol{A} - \boldsymbol{I})$$

由变换矩阵的性质，$\boldsymbol{A}^{-1} = \boldsymbol{A}^{\mathrm{T}}$，$\boldsymbol{A}\boldsymbol{A}^{\mathrm{T}} = \boldsymbol{I}$，则上式进一步写成

$$\begin{aligned}
f(1) &= \det\left(\boldsymbol{A}^{\mathrm{T}} - \boldsymbol{I}\right) \\
&= \det(\boldsymbol{A})\det\left(\boldsymbol{A}^{\mathrm{T}} - \boldsymbol{I}\right) \\
&= \det\left(\boldsymbol{A}(\boldsymbol{A}^{\mathrm{T}} - \boldsymbol{I})\right) \\
&= \det(\boldsymbol{I} - \boldsymbol{A}) \\
&= (-1)^3\det(\boldsymbol{A} - \boldsymbol{I}) \\
&= -f(1)
\end{aligned}$$

从而得到 $f(1) = 0$，即变换矩阵 $\boldsymbol{A}$ 一个特征值为 1，命题得证。

欧拉定理证明了可以用一种简单位移（转动位移）实现定点转动位移，但并不代表实际位移就是转动位移，还有其他的无穷多种可能位移。由以上证明可知，当位移完成时间趋于零时，上述证明依然成立，用转动位移可以无限接近于任意实际可能的位移，一次转动的转轴的极限位置就是刚体在初位置的瞬时转动轴。在此瞬时观察，定点运动刚体在绕过固定点的瞬时转动轴作瞬时转动。

有限转动的转角 α 和变换矩阵 $\boldsymbol{A}$ 的关系是什么？瞬轴对应于变换矩阵 $\boldsymbol{A}$ 的特征值

为 1 的特征向量，以此瞬轴为 Z 轴，则正交矩阵 $\tilde{\boldsymbol{A}}$ 可以写成

$$\tilde{\boldsymbol{A}} = \begin{bmatrix} \cos\alpha & -\sin\alpha & 0 \\ \sin\alpha & \cos\alpha & 0 \\ 0 & 0 & 1 \end{bmatrix}$$

$\boldsymbol{A}$ 和 $\tilde{\boldsymbol{A}}$ 是同一个变换在不同坐标系下的不同矩阵表达，因此 $\boldsymbol{A}$ 与 $\tilde{\boldsymbol{A}}$ 相似。由于相似矩阵的迹相等，即

$$2\cos\alpha + 1 = \mathrm{tr}(\tilde{\boldsymbol{A}}) = \mathrm{tr}(\boldsymbol{A})$$

由此可求出转角 α。

例 5.4

如何通过一次转动使如图5.8所示的正方体的顶点 A、B、C 变化到 A_1、B_1、C_1？

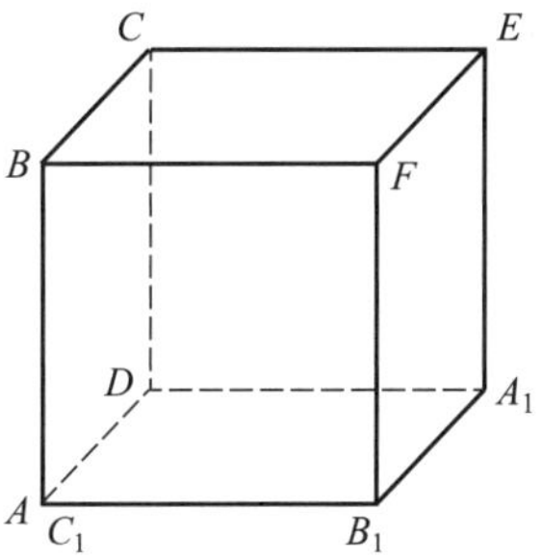

图 5.8

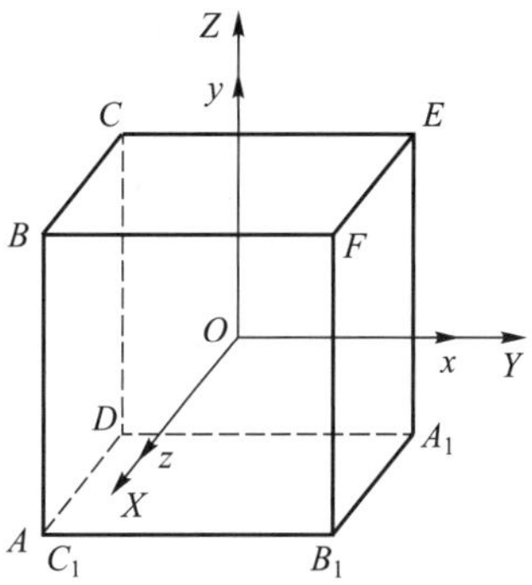

图 5.9

解　如图5.9所示，设固连坐标系 $OXYZ$，转动后变为 $Oxyz$，变换矩阵（方向余弦矩阵）为

$$A = \begin{bmatrix} 0 & 0 & 1 \\ 1 & 0 & 0 \\ 0 & 1 & 0 \end{bmatrix}$$

该矩阵对应于特征值 1 的特征向量为 $[1,1,1]^{\mathrm{T}}$，沿着 OF 连线方向。

由

$$2\cos\alpha + 1 = \mathrm{tr}(A) = 0$$

解得转角

$$\alpha = 120^\circ$$

注记 5.2

我们来讨论一个有意思的问题：是否存在某个时间的函数 $\beta(t)$，其导数就是作定点运动刚体的角速度大小，即 $\omega=\dot{\beta}$？

[概念辨析] 角速度概念理解的几个阶段

对于刚体定点运动，由式(5.2.8)，可知

$$\omega^2=\dot{\psi}^2+\dot{\varphi}^2+\dot{\theta}^2+2\dot{\psi}\dot{\varphi}\cos\theta$$

两边乘以 $(\mathrm{d}t)^2$ 可得

$$(\omega\mathrm{d}t)^2=(\mathrm{d}\psi)^2+(\mathrm{d}\varphi)^2+(\mathrm{d}\theta)^2+2\mathrm{d}\psi\mathrm{d}\varphi\cos\theta$$

假设存在 $\beta(t)$ 使

$$(\omega\mathrm{d}t)^2=(\dot{\beta}\mathrm{d}t)^2=(\mathrm{d}\beta)^2$$

这意味着，$\sqrt{(\mathrm{d}\psi)^2+(\mathrm{d}\varphi)^2+(\mathrm{d}\theta)^2+2\mathrm{d}\psi\mathrm{d}\varphi\cos\theta}$ 是全微分。然而，根据高等数学知识，并不是任何数学表达式都是某函数的全微分，必须满足特定的条件（参见微分几何、微积分、常微分方程等相关教科书）。请读者自己验证角速度表达式是否满足这些条件。

经过刚体定点运动的学习，我们对角速度定义的理解不断提升，如表5.1所示，可依据研究对象及其运动形式，用标量、矢量或者张量来描述，并注意避免概念的错误。

表 5.1　角速度概念理解的几个阶段

研究对象	运动形式	准确（简便）表达	角速度大小	语言描述
质点	圆周运动	标量（数量）	$\dfrac{\mathrm{d}\theta}{\mathrm{d}t}$	绕圆心
刚体	定轴转动	矢量（标量）	$\dfrac{\mathrm{d}\theta}{\mathrm{d}t}$	绕定轴
刚体	平面运动	矢量（标量）	$\dfrac{\mathrm{d}\theta}{\mathrm{d}t}$	绕瞬心
刚体	定点运动	张量（矢量）	$\lim\limits_{\Delta t\to 0}\lvert(\boldsymbol{\Delta\theta}/\Delta t)\rvert$	绕瞬轴
刚体	一般运动	张量（矢量）	$\lim\limits_{\Delta t\to 0}\lvert(\boldsymbol{\Delta\theta}/\Delta t)\rvert$	
变形体	整体运动	张量（矢量）	$\lim\limits_{\Delta t\to 0}\lvert(\boldsymbol{\Delta\theta}/\Delta t)\rvert$	

■ 本讲小结

刚体的定点运动可以看成是一系列的瞬时转动，其角速度 $\boldsymbol{\omega}$ 沿着瞬时转动轴。与定

轴转动不同，刚体作定点运动时，不存在一根固定不动的转动轴，且角速度和角加速度不重合。取固定点 O 为基点，刚体上任一点的速度和加速度由式(5.1.1)和式(5.1.2)给出。

定点运动可以用 3 个参数来描述，如欧拉角 ψ、θ、φ。当已知欧拉角随时间的变化规律时，可以由欧拉运动学方程得到刚体的角速度。反之，当已知刚体的角速度时，可以通过求解微分方程得到刚体的欧拉角随时间的变化规律。

■ 概念题

判断下列说法是否正确。

5–1　刚体作定点运动时，瞬时转动轴上所有点相对固定系的速度为零，所以瞬时转动轴相对固定系是不动的。

5–2　刚体作定点运动时，若其角速度矢量相对刚体不动，则相对固定参考系也不动；反之亦然。

5–3　如果作一般运动的刚体的角速度不为零，在刚体或其延拓部分上一定存在速度等于零的点。

5–4　作定点运动的刚体的角速度就是欧拉角对时间的导数。

■ 习题

5–1　如图5.10所示，锥齿轮 BC 在曲柄 OA 带动下沿固定的锥齿轮 CD 滚动。已知锥齿轮 BC 的节圆半径 $AB = R = 10\sqrt{2}$ cm，顶角 $\angle BOC = 90°$，中心 A 的速度为常量，$v_A = 20$ cm/s。求锥齿轮 BC 上的点 B、C 的速度与加速度。

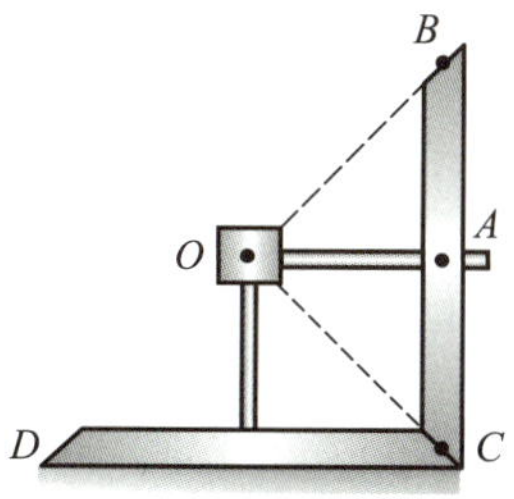

图 5.10

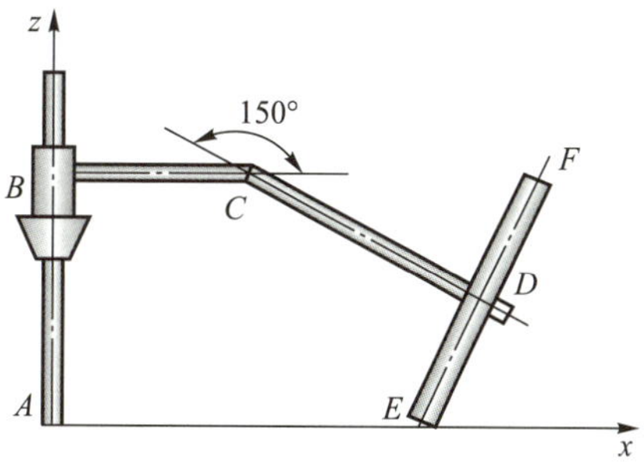

图 5.11

5–2　半径为 10 cm 的圆盘 EDF 用轴承装在曲杆 BCD 上，曲杆可绕铅垂轴 AB

转动，如图5.11所示。已知 $BC = 7.5$ cm，$CD = 5\sqrt{3}$ cm，曲杆绕 AB 轴转动的角速度 $\omega = 10$ rad/s，圆盘与固定水平面接触点 E 处无滑动。试求：（1）圆盘 EDF 的角速度及角加速度；（2）圆盘边缘上点 F 的速度及加速度。

5–3 连杆 $ABCD$ 以匀角速度 $\omega = 25$ rad/s 绕 z 轴转动，带动与之固连的齿轮 Ⅰ 和 Ⅱ 沿固定齿轮 Ⅲ 滚动，如图5.12所示。齿轮 Ⅰ 和 Ⅱ 的半径均为 R，齿轮 Ⅲ 的半径为 $2R$。试求齿轮 Ⅱ 的角速度和角加速度。

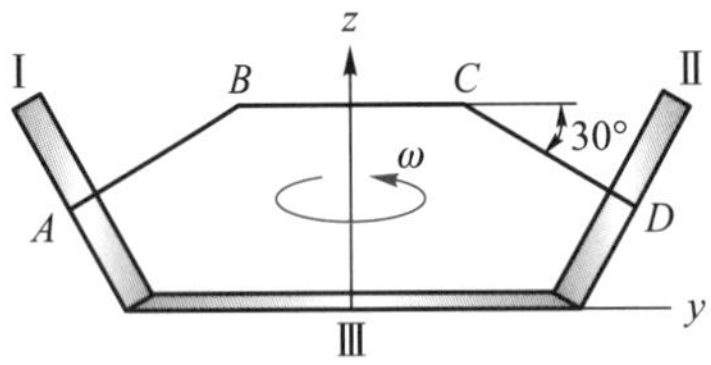

图 5.12

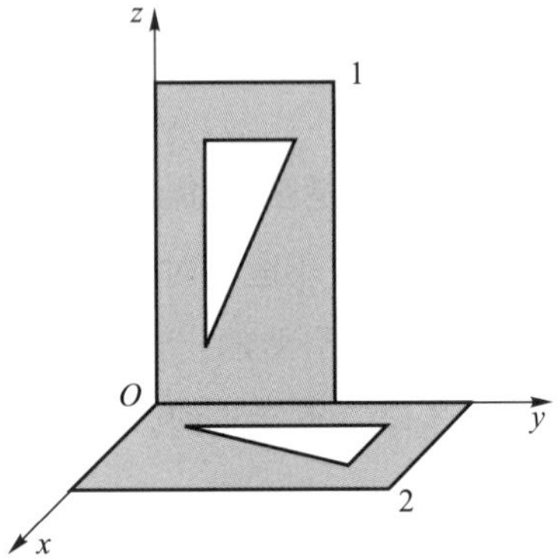

图 5.13

5–4 如图5.13所示，设 $Oxyz$ 为参考坐标系，矩形板（三角形为其上的标志）可绕 O 点作定点运动。为了使矩形板从状态 1（Oyz 平面内）运动到状态 2（Oxy 平面内），根据刚体有限转动的欧拉定理，该转动可绕某根轴的一次转动实现。在 $Oxyz$ 坐标系中，求该转轴的单位矢量和转角的大小。

5–5 试证明：作定点运动刚体的角速度大小 ω 不能表达为 $\dfrac{\mathrm{d}F}{\mathrm{d}t}$，其中 F 是欧拉角的函数。

第5讲习题
参考答案

第 6 讲

点的复合运动

复合运动包括点的复合运动和刚体复合运动，分别研究点和刚体相对于不同参考系的运动之间的关系。将复杂运动问题分解成简单运动问题来研究，这样的方法叫作复合运动方法。这部分也很有难度，要讨论在不同参考系下表达运动。

举一个复合运动的例子。比如“水逆”，只是地球上观察行星的一种特定现象，看似复杂神奇，但如果以太阳为参考体，行星的运动很简单，就是椭圆运动。在“日心说”的发展中，波兰天文学家哥白尼（1473—1543）利用了阿拉伯世界的天文资料，给出了“日心说”的数学论据。布鲁诺因从“日心说”发展了“泛神”理论被烧死。伽利略被认为是第一个具有完美现代科学精神的人物，伽利略根据实验提出了“运动相对性原理”，给出了支持“日心说”的论据。开普勒根据天文学家布拉赫观察与收集的天文资料，用哥白尼的理论计算，发现了误差，开始质疑行星作匀速圆周运动。经过十几年计算，开普勒得出了行星运动三大定律。现在我们进入“大数据”时代，需要从大量数据中寻找规律。有专家认为我们做科研又进入了“开普勒范式”。后来牛顿借助微积分，综合了开普勒定律，提出了万有引力定律。“日心说”才真正意义上被科学所证实。

英国诗人波普（1688—1744）为牛顿撰写的墓志铭写道：

> “Nature and Nature’s law lay hid in night;
> God said, ‘Let Newton be!’ and all was light.”

著名的教育家、力学专家朱照宣先生将其译为“道法自然，久藏玄冥；天生牛顿，万物生冥”，恰如其分地将牛顿评价为开启人类科学时代最著名、最具有标志性的人物①。

工程中经常会需要研究点相对于两个或两个以上参考系的运动规律。牛顿运动定律只在惯性参考系中适用。在研究质点相对于非惯性参考系的运动时，只有转换到惯性参考系中才能使用牛顿运动定律，这就涉及从一个参考系到另一个参考系的运动转换问题。又如图6.1所示的沿直线匀速平移的飞机，其螺旋桨相对于飞机作匀角速度定轴转动，我们来分析螺旋桨上的一点 A 的运动规律。从飞机上观察，点 A 作匀速圆周运动，其运动轨迹是一个圆。而如果从地面上观察，A 点的运动轨迹则是一条螺旋线。因此需要研究 A 点相对于飞机和地面两个参考系的运动及其之间的关系。**点的复合运动理论研究点相对不同参考系运动之间的关系**。由于涉及两个参考系，我们可以把第一个参考系称为**动参考系**，而把第二个参考系称为**定参考系**。将所研究的点称为**动点**。将动点相对于定参考系的运动称为**绝对运动**，将动点相对于动参考系的运动称为**相对运动**，将动参考系相对于定参考系的运动称为**牵连运动**。点的复合运动理论将点的绝对运动分解为点的相对运动和动参考系的牵连运动。显然，点的绝对运动和相对运动均属于点的运动，可以用第 2 讲的方法来描述，而牵连运动是刚体的运动，需要用第 4 讲、第 5 讲的方法来描述。

① 推荐阅读文献: 朱照宣. 牛顿《原理》三百年祭 [J]. 力学与实践，1987，9（5）：1–2.

动参考系和定参考系的选取是人为的，可以根据具体问题的不同需要而选取，“动”和“定”也是相对的。在如图6.1所示的例子中，也可以将飞机取为定参考系，而将地球参考系取为动参考系。选取不同的动、定参考系只会影响计算过程的繁简，不会影响最终计算结果。在应用点的复合运动理论时，动点、动参考系和定参考系的选取需要一定的技巧。恰当地选取动点、动参考系和定参考系可以大大简化求解过程。一般情况下，我们默认选取地球参考系为定参考系。

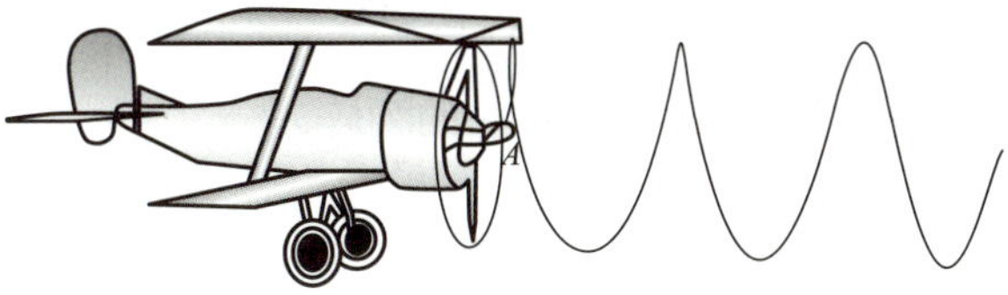

图 6.1

点的复合运动问题可分为两大类：**运动合成问题**（已知点的相对运动和动参考系的牵连运动，求点的绝对运动）和**运动分解问题**（已知点的绝对运动，求点的相对运动或动参考系的牵连运动）。

6.1 运动方程

我们在定参考系中建立与其固连的坐标系 O_0XYZ，在动参考系中建立与其固连的坐标系 $Oxyz$。今后，如果每个参考系中只建立一个坐标系，我们就可以不区别“参考系”与“坐标系”，我们将定参考系及其固连的坐标系都简称为定系；将动参考系及其固连的坐标系都简称为动系。考察动点 P 相对于动系 $Oxyz$ 和定系 O_0XYZ 的运动，如图6.2所示。动点 P 的绝对运动的运动方程为

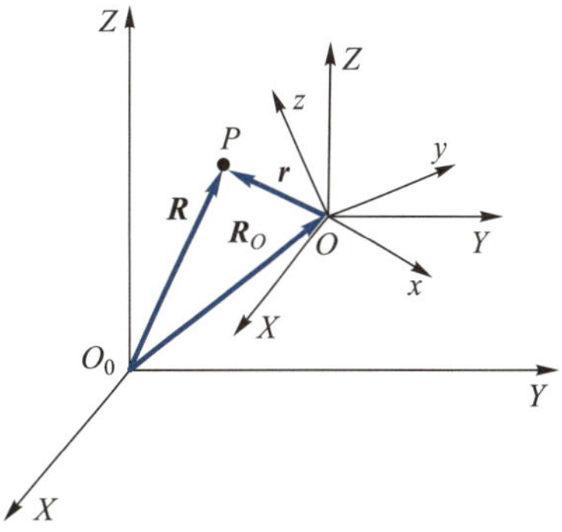

图 6.2

$$X = X(t), \quad Y = Y(t), \quad Z = Z(t) \tag{6.1.1}$$

动点 P 的相对运动的运动方程为

$$x = x(t), \quad y = y(t), \quad z = z(t) \tag{6.1.2}$$

牵连运动是动系相对于定系的运动，其运动方程由动系原点的矢径 $\boldsymbol{R}_O$ 和动系到定系的变换矩阵 $\boldsymbol{A}$ 给出，即

$$\boldsymbol{R}_O = \boldsymbol{R}_O(t), \quad \boldsymbol{A} = \boldsymbol{A}(t) \tag{6.1.3}$$

由图6.2可知，动点 P 相对于定系原点的矢径为

$$\boldsymbol{R} = \boldsymbol{R}_O + \boldsymbol{r} \tag{6.1.4}$$

上式在定系 O_0XYZ 中的列阵形式为

$$\underline{\boldsymbol{R}} = \underline{\boldsymbol{R}}_O + \underline{\boldsymbol{r}} = \underline{\boldsymbol{R}}_O + \boldsymbol{A}\underline{\boldsymbol{\rho}} \tag{6.1.5}$$

其中

$$\underline{\boldsymbol{R}} = [X, Y, Z]^{\mathrm{T}} \tag{6.1.6}$$

是动点 P 相对于定系原点的矢径 $\boldsymbol{R}$ 在定系中的列阵。

$$\underline{\boldsymbol{\rho}} = [x, y, z]^{\mathrm{T}} \tag{6.1.7}$$

是动点 P 相对于动系原点的矢径 $\boldsymbol{r}$ 在动系中的列阵。

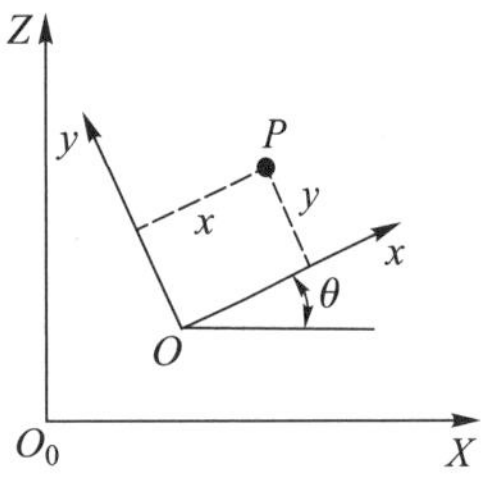

图 6.3

虽然式(6.1.5)和式 (3.3.4)在形式上完全相同，但式(3.3.4)中的列阵 $\underline{\boldsymbol{\rho}}$ 是常数列阵，而这里动点 P 相对于动系在运动，因此式(6.1.5)中的列阵 $\underline{\boldsymbol{\rho}}$ 是时间的函数。

式(6.1.5)给出了动点 P 的绝对运动方程和相对运动方程之间的关系。对于二维问题（图6.3），将矩阵式(4.1.2)代入式(6.1.5)可得

$$\begin{cases} X = X_O + x\cos\theta - y\sin\theta \\ Y = Y_O + x\sin\theta + y\cos\theta \end{cases} \tag{6.1.8}$$

例 6.1

图6.4(a)所示的工件绕 O 点以匀角速度 ω 定轴转动，刀尖沿水平方向往复运动，其运动方程为 $\xi = b\sin\omega t$。试求刀尖在工件上所刻出的轨迹。

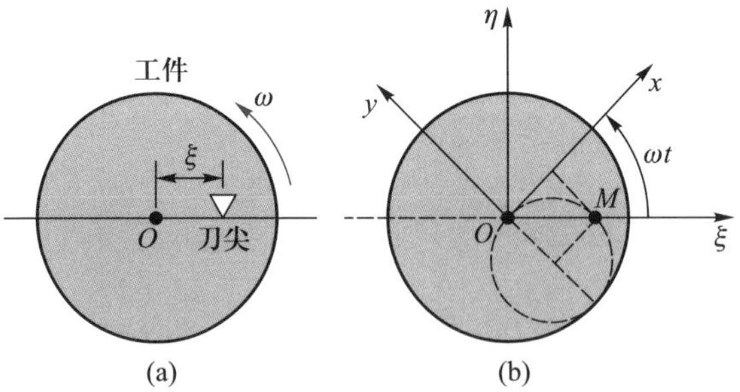

图 6.4

解　本题是求刀尖相对于工件的相对运动轨迹，属于运动分解问题。取刀尖为

动点（将刀尖简化为点），工件为动参考系，则刀尖的绝对运动是沿水平方向的直线运动，动参考系的牵连运动是绕 O 轴的定轴转动，其角速度为 ω。

取定系 $O\xi\eta$，动系 Oxy 与工件固连，如图6.4(b)所示。刀尖 M 在动系 Oxy 中的坐标为

$$x = \xi\cos\omega t = \frac{1}{2}b\sin 2\omega t$$
$$y = -\xi\sin\omega t = -\frac{1}{2}b(1-\cos 2\omega t)$$

在以上两式中消去参数 t 即得刀尖 M 的相对运动轨迹方程

$$x^2 + \left(y+\frac{b}{2}\right)^2 = \left(\frac{b}{2}\right)^2$$

因此，刀尖在工件上刻出了一个半径为 $b/2$ 的圆，如图6.4(b)所示。

6.2 矢量的绝对导数与相对导数

点的复合运动涉及两个或两个以上的参考系，因此在对矢量求导时需要明确指出是对哪个参考系求导。将矢量 $\boldsymbol{r}$ 相对于定系 O_0XYZ 的时间变化率称为**绝对导数**，记为 $\mathrm{d}\boldsymbol{r}/\mathrm{d}t$，将矢量 $\boldsymbol{r}$ 相对于动系 $Oxyz$ 的时间变化率称为**相对导数**或**局部导数**，记为 $\tilde{\mathrm{d}}\boldsymbol{r}/\mathrm{d}t$。

如图6.2所示，矢量 $\boldsymbol{r}$ 在动系 $Oxyz$ 中的列阵 $\underline{\boldsymbol{\rho}}$ 和在定系 O_0XYZ 中的列阵 $\underline{\boldsymbol{r}}$ 之间的关系为

$$\underline{\boldsymbol{r}} = \boldsymbol{A}(t)\underline{\boldsymbol{\rho}} \tag{6.2.1}$$

将式(6.2.1)对时间求导，并考虑到式(3.3.3)，得

$$\underline{\dot{\boldsymbol{r}}} = \dot{\boldsymbol{A}}\underline{\boldsymbol{\rho}} + \boldsymbol{A}\underline{\dot{\boldsymbol{\rho}}} = \dot{\boldsymbol{A}}\boldsymbol{A}^{\mathrm{T}}\underline{\boldsymbol{r}} + \boldsymbol{A}\underline{\dot{\boldsymbol{\rho}}} \tag{6.2.2}$$

由式(3.3.12)可知，$\dot{\boldsymbol{A}}\boldsymbol{A}^{\mathrm{T}}\underline{\boldsymbol{r}} = \boldsymbol{\Omega}\underline{\boldsymbol{r}} = \underline{\boldsymbol{\omega}\times\boldsymbol{r}}$。$\underline{\dot{\boldsymbol{r}}}$ 是绝对导数 $\mathrm{d}\boldsymbol{r}/\mathrm{d}t$ 在定系 O_0XYZ 中的列阵，$\underline{\dot{\boldsymbol{\rho}}}$ 是相对导数 $\tilde{\mathrm{d}}\boldsymbol{r}/\mathrm{d}t$ 在动系 $Oxyz$ 中的列阵，而 $\boldsymbol{A}\underline{\dot{\boldsymbol{\rho}}}$ 则是相对导数 $\tilde{\mathrm{d}}\boldsymbol{r}/\mathrm{d}t$ 在定系中的列阵，因此式(6.2.2)可以写成矢量的形式

$$\frac{\mathrm{d}\boldsymbol{r}}{\mathrm{d}t} = \boldsymbol{\omega}\times\boldsymbol{r} + \frac{\tilde{\mathrm{d}}\boldsymbol{r}}{\mathrm{d}t} \tag{6.2.3}$$

式中：$\boldsymbol{\omega}$ 为动系相对于定系的角速度。

式(6.2.3)给出了矢量的绝对导数和相对导数之间的关系，即**矢量的绝对导数等于它的相对导数加上动系的角速度叉乘该矢量**。如果动参考系是平动参考系，则因 $\boldsymbol{\omega}=0$，绝对

导数和相对导数是相等的。若式(6.2.3)中的矢量 $\boldsymbol{r}$ 是动系的角速度 $\boldsymbol{\omega}$，则其绝对导数和相对导数是相等的。

如果矢量 $\boldsymbol{r}$ 是动点 P 相对于动系原点 O 的矢径，则矢量 $\boldsymbol{r}$ 的绝对导数 $\mathrm{d}\boldsymbol{r}/\mathrm{d}t$ 是动点 P 相对于平动系 $OXYZ$ 的速度，其相对导数 $\tilde{\mathrm{d}}\boldsymbol{r}/\mathrm{d}t$ 是动点 P 相对于动系 $Oxyz$ 的速度。

注记 6.1

式(6.2.3)也可以在直角坐标系中得到。矢量 $\boldsymbol{r}$ 可以在动系 $Oxyz$ 中表示为

$$\boldsymbol{r} = x\boldsymbol{i} + y\boldsymbol{j} + z\boldsymbol{k} \tag{6.2.4}$$

式中：$\boldsymbol{i}$、$\boldsymbol{j}$ 和 $\boldsymbol{k}$ 为动系的三根坐标轴的单位矢量。

将式(6.2.4)求相对导数（即在求导时将动系固定，因此矢量 $\boldsymbol{i}$、$\boldsymbol{j}$ 和 $\boldsymbol{k}$ 的导数为 0），得

$$\frac{\tilde{\mathrm{d}}\boldsymbol{r}}{\mathrm{d}t} = \dot{x}\boldsymbol{i} + \dot{y}\boldsymbol{j} + \dot{z}\boldsymbol{k} \tag{6.2.5}$$

矢量 $\boldsymbol{i}$、$\boldsymbol{j}$ 和 $\boldsymbol{k}$ 可以看成是固连在动参考系（刚体）上的，因此由式(3.3.16)可知，它们对时间的绝对导数为

$$\frac{\mathrm{d}\boldsymbol{i}}{\mathrm{d}t} = \boldsymbol{\omega}\times\boldsymbol{i}, \quad \frac{\mathrm{d}\boldsymbol{j}}{\mathrm{d}t} = \boldsymbol{\omega}\times\boldsymbol{j}, \quad \frac{\mathrm{d}\boldsymbol{k}}{\mathrm{d}t} = \boldsymbol{\omega}\times\boldsymbol{k} \tag{6.2.6}$$

式中 $\boldsymbol{\omega}$ 为动系的角速度。

对式(6.2.4)求绝对导数，并考虑到式(6.2.5)和式(6.2.6)，得

$$\begin{aligned}\frac{\mathrm{d}\boldsymbol{r}}{\mathrm{d}t} &= \dot{x}\boldsymbol{i} + \dot{y}\boldsymbol{j} + \dot{z}\boldsymbol{k} + \boldsymbol{\omega}\times(x\boldsymbol{i} + y\boldsymbol{j} + z\boldsymbol{k}) \\ &= \frac{\tilde{\mathrm{d}}\boldsymbol{r}}{\mathrm{d}t} + \boldsymbol{\omega}\times\boldsymbol{r}\end{aligned} \tag{6.2.7}$$

6.3 速度合成公式

将式(6.1.4)两边在定系中对时间求导，得到动点 P 的**绝对速度**

$$\boldsymbol{v} = \boldsymbol{v}_O + \frac{\mathrm{d}\boldsymbol{r}}{\mathrm{d}t} = \boldsymbol{v}_O + \boldsymbol{\omega}\times\boldsymbol{r} + \frac{\tilde{\mathrm{d}}\boldsymbol{r}}{\mathrm{d}t} \tag{6.3.1}$$

$$= \boldsymbol{v}_{\mathrm{e}} + \boldsymbol{v}_{\mathrm{r}} \tag{6.3.2}$$

其中

$$v_r = \frac{\tilde{d}r}{dt} \tag{6.3.3}$$

为动点 P 相对于动系的**相对速度**

$$v_e = v_O + \omega \times r \tag{6.3.4}$$

为动系中在给定瞬时和动点 P 相重合的点（称为 P 的牵连点）的瞬时速度，称为**牵连速度**。式(6.3.2)表明，**在任一瞬时，动点 P 的绝对速度为其相对速度和牵连速度之矢量和。**

注记 6.2

v_e 是牵连速度，下标的 e 来自法语“entraînement”，英文里对应词是“entrainment”。“en”是加入，“train”是列、列车或队列。车站上的列车已启动，缓慢前进，还在站台上的乘客可略跑几步，一跃上车，描述跳上刚启动的列车的动作，被“牵连”住，被列车“拖带”前进的意思①。

将动系中在给定瞬时和动点 P 相重合的点称为**牵连点**，其矢径为 r。**牵连速度 v_e 是牵连点（而不是动点 P 自身）的速度**，它可以看成是在该瞬时将动点 P 固连在动参考系（刚体）上，跟动参考系（刚体）一起运动时所具有的速度，即受动参考系（刚体）的拖带或牵连而产生的速度。由于动点的相对运动，在不同瞬时牵连点是动系上不同的点。

思考题 6.1

如图6.5所示，飞机沿以角速度 ω 作纵摇运动的舰船的甲板飞行。以舰船为动参考系，试分别分析飞机在飞离甲板前和飞离甲板后的牵连速度。当飞机离开舰船后，飞机有无牵连速度？（提示：动参考系是无限大的空间。无论起飞与否，在动参考系中都有一个牵连点与飞机对应。即便没有具体的接触点，抽象的点也是牵连点，可以描述牵连速度。）

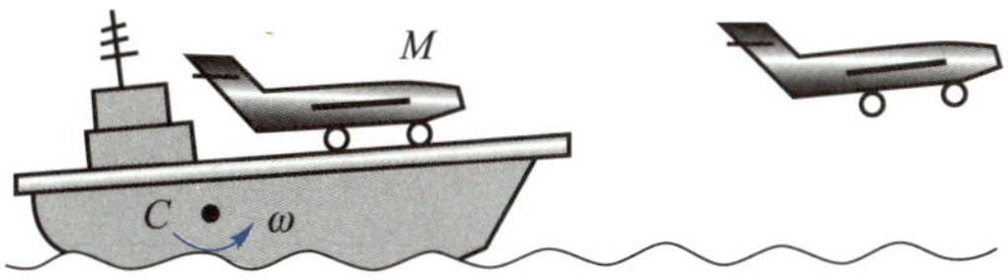

图 6.5

① 推荐阅读文献: 朱照宣. 牵连速度——英文是什么? [J]. 力学与实践，2007，29（5）：96.

例 6.2

已知直管以等角速度 ω 绕定轴 O 转动，质点 P 以等速度 $\boldsymbol{u}$ 沿管轴线运动，如图6.6(a)所示。初始时刻管处于水平位置，$OP=R/3$。求 $OP=R/3$ 和 $OP=R$ 时，质点 P 相对于地面的速度。

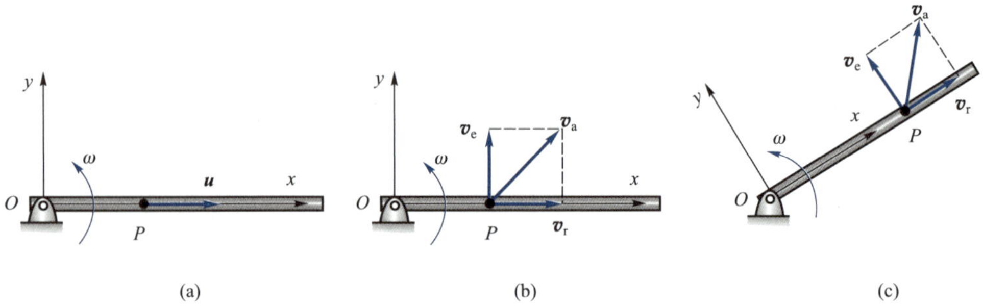

图 6.6

解　取 P 点为动点，直管为动参考系（在其上固连坐标系 Oxy），地面为定参考系。动点的相对运动为沿管轴线的直线运动，牵连运动为直管绕 O 轴的定轴转动。因此，动点的相对速度沿管轴线方向，大小为 u；牵连速度垂直于管轴线方向，大小为 $OP\cdot\omega$；绝对速度为相对速度和牵连速度的合成。

当 $OP=R/3$ 时，管处于水平位置，相对速度和牵连速度分别为 [图6.6(b)]

$$\boldsymbol{v}_{\mathrm{r}}=u\boldsymbol{i},\quad \boldsymbol{v}_{\mathrm{e}}=\frac{R}{3}\omega\boldsymbol{j}$$

式中：$\boldsymbol{i}$ 和 $\boldsymbol{j}$ 为动坐标系 Oxy 的坐标轴的单位矢量。

由速度合成定理可得动点的绝对速度为

$$\boldsymbol{v}_{\mathrm{a}}=\boldsymbol{v}_{\mathrm{e}}+\boldsymbol{v}_{\mathrm{r}}=u\boldsymbol{i}+\frac{R}{3}\omega\boldsymbol{j}$$

当 $OP=R$ 时，管处于图6.6(c)所示的位置。相对速度和牵连速度分别为

$$\boldsymbol{v}_{\mathrm{r}}=u\boldsymbol{i},\quad \boldsymbol{v}_{\mathrm{e}}=R\omega\boldsymbol{j}$$

绝对速度为

$$\boldsymbol{v}_{\mathrm{a}}=\boldsymbol{v}_{\mathrm{e}}+\boldsymbol{v}_{\mathrm{r}}=u\boldsymbol{i}+R\omega\boldsymbol{j}$$

注记 6.3

本例将速度在动参考系中表示，因此绝对速度的表达式非常简洁。也可以将速度在定系中表示，此时绝对速度的表达式中将会出现管和水平轴之间夹角的正弦和

余弦，形式较为复杂。

思考题 6.2

例 6.2 是否有更简洁的求解方法？

例 6.3

如图6.7(a)所示的正弦机构中，曲柄 $OA=l$，角速度 ω 为常量。在图示瞬时 $\theta=30^\circ$，求此时连杆 BCD 的速度。

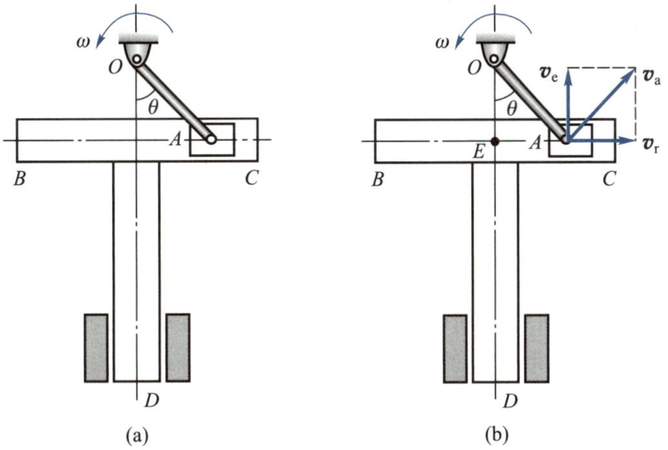

图 6.7

解　滑块 A 相对于连杆 BCD 沿滑槽运动，因此取滑块 A 为动点，连杆 BCD 为动系。

相对运动为沿滑槽的直线运动，相对速度 $\boldsymbol{v}_\mathrm{r}$ 沿水平方向，大小未知；绝对运动为以 O 点为圆心、l 为半径的圆周运动，绝对速度 $\boldsymbol{v}_\mathrm{a}$ 与 OA 垂直，大小为 $v_\mathrm{a}=\omega l$；牵连运动为连杆 BCD 沿铅垂方向的平动，牵连速度沿铅垂方向，大小未知，如图6.7(b)所示。

连杆 BCD 作平动，其上所有点的速度均相等，因此求连杆 BCD 的速度实际上就是求牵连速度。由图6.7(b)可知

$$v_{BCD}=v_\mathrm{e}=v_\mathrm{a}\sin\theta=\frac{1}{2}\omega l$$

注记 6.4

本例也可以用解析法求解。以 O 点为原点，建立坐标系 Oxy，其中 y 轴指向下方。连杆 BCD 上的点 E 的 y 坐标为

$$y_E = l\cos\theta$$

连杆 BCD 的速度为

$$v_{BCD} = \dot{y}_E = -l\dot{\theta}\sin\theta = -\frac{1}{2}\omega l$$

式中：$\dot{\theta} = \omega$，负号表示速度 $\boldsymbol{v}_{BCD}$ 沿着 y 轴的负方向，即铅垂向上。

解析法通过对运动方程求导而得到点的速度和加速度的时间历程，因而适用于分析研究运动的全过程。几何法可以避免求导等复杂的数学推导，而直接求得给定瞬时的速度与加速度，比较形象直观。

思考题 6.3

在本例中，是否可以取当 $\theta = 0$ 时连杆 BCD 上和滑块 A 相接触的点为动点，取曲柄 OA 为动系？此时相对运动的轨迹是什么？

例 6.4

在如图6.8(a)所示的凸轮顶杆机构中，半径为 R 的凸轮以 ω 绕 O 轴作等角速度转动，带动顶杆在铅垂方向上运动。已知 O 轴到凸轮圆心 C 的距离为 e，求当 $\angle OCA = 90°$ 时，杆 AB 的速度。

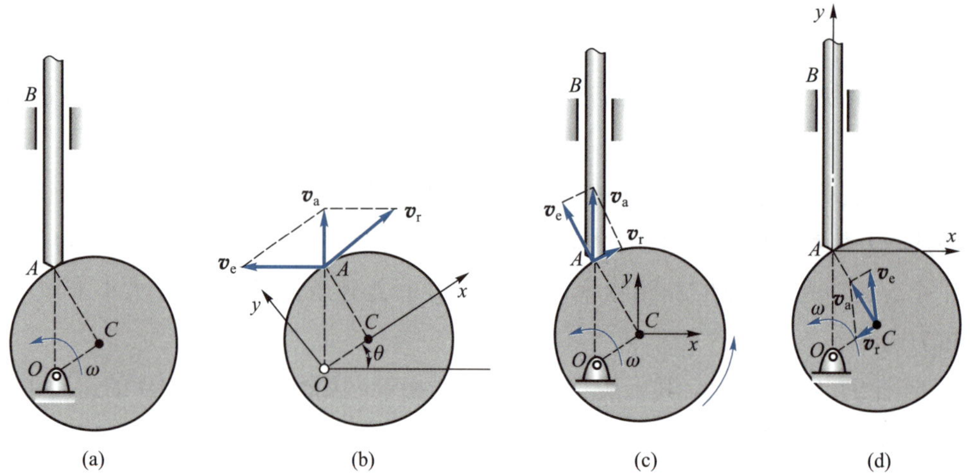

图 6.8

解　选顶杆上的 A 点为动点，动系 Oxy 与偏心轮固连，如图6.8(b)所示。动点 A 的绝对运动是沿铅垂方向的直线运动，绝对速度沿铅垂方向，大小未知。动点 A 距动系中 C 点的距离保持不变，因此相对运动是以 C 点为圆心的圆，相对速度与凸轮相切，大小未知。牵连运动是以 O 为轴的定轴转动，因此牵连速度与

OA 连线垂直，大小为 $v_e = OA \cdot \omega = \sqrt{R^2 + e^2} \cdot \omega$。

顶杆作平动，其上各点的速度均相同，因此顶杆的速度等于动点 A 的绝对速度，即

$$v_a = v_e \tan\theta = \frac{e}{R}\omega\sqrt{R^2 + e^2}$$

动点 A 的相对速度为

$$v_r = \frac{v_e}{\cos\theta} = \omega\frac{R^2 + e^2}{R}$$

思考题 6.4

例 6.4 是否可以采用解析法求解？如何求解？

注记 6.5

动点和动系的选取是人为的，恰当地选取动点和动系可以大大简化求解过程。例 6.4 也可以采用不同的动点和动系。例如，可以将平动坐标系 Cxy 取为动系，如图6.8(c)所示。动点 A 距动系 Cxy 中 C 点的距离保持不变，因此相对运动仍然是以 C 点为圆心的圆周运动，相对速度与凸轮相切。牵连运动为平动，动系中各点的速度相同，因此牵连速度等于动系原点 C 的速度，与 OC 连线垂直，大小为 $v_e = \omega e$。

也可以将凸轮的圆心 C 点取为动点，而将顶杆取为动系，如图6.8(d)所示。动点的绝对运动是以 O 点为圆心的圆周运动，绝对速度垂直于 OC 连线，大小为 $v_a = \omega e$。动点 C 距动系 A 点的距离保持不变，因此相对运动是以 A 点为圆心的圆周运动，相对速度垂直于 AC 连线，大小未知。牵连运动为沿铅垂方向的平动，牵连速度沿铅垂方向，大小未知。

我们利用速度合成定理求特定瞬时或者位置的速度，相比解析法，可以避免写运动方程和求导。在进行运动分解时，通常将动点、动参考系选在不同的刚体上，并且动点的轨迹应该尽量简单直观。在平面问题中，速度合成定理的公式是一个矢量方程，几何表达为速度平行四边形，解析表达式为两个速度投影方程，因而可以求解两个未知数。

6.4 加速度合成公式

将速度公式式(6.3.1)对时间求绝对导数，得

$$\boldsymbol{a} = \boldsymbol{a}_O + \boldsymbol{\varepsilon} \times \boldsymbol{r} + \boldsymbol{\omega} \times \frac{\mathrm{d}\boldsymbol{r}}{\mathrm{d}t} + \frac{\mathrm{d}}{\mathrm{d}t}\frac{\tilde{\mathrm{d}}\boldsymbol{r}}{\mathrm{d}t} \tag{6.4.1}$$

式(6.4.1)最后一项是相对速度 $\tilde{\mathrm{d}}\boldsymbol{r}/\mathrm{d}t$ 的绝对导数，由绝对导数和相对导数之间的关系式(6.2.3) 可得

$$\frac{\mathrm{d}}{\mathrm{d}t}\frac{\tilde{\mathrm{d}}\boldsymbol{r}}{\mathrm{d}t}=\frac{\tilde{\mathrm{d}}^2\boldsymbol{r}}{\mathrm{d}t^2}+\boldsymbol{\omega}\times\frac{\tilde{\mathrm{d}}\boldsymbol{r}}{\mathrm{d}t} \tag{6.4.2}$$

将式(6.2.3)和式(6.4.2)代入式(6.4.1)，得

$$\begin{aligned}\boldsymbol{a}&=\boldsymbol{a}_O+\boldsymbol{\varepsilon}\times\boldsymbol{r}+\boldsymbol{\omega}\times\left(\frac{\tilde{\mathrm{d}}\boldsymbol{r}}{\mathrm{d}t}+\boldsymbol{\omega}\times\boldsymbol{r}\right)+\boldsymbol{\omega}\times\frac{\tilde{\mathrm{d}}\boldsymbol{r}}{\mathrm{d}t}+\frac{\tilde{\mathrm{d}}^2\boldsymbol{r}}{\mathrm{d}t^2}\\&=\boldsymbol{a}_O+\boldsymbol{\varepsilon}\times\boldsymbol{r}+\boldsymbol{\omega}\times(\boldsymbol{\omega}\times\boldsymbol{r})+\frac{\tilde{\mathrm{d}}^2\boldsymbol{r}}{\mathrm{d}t^2}+2\boldsymbol{\omega}\times\boldsymbol{v}_{\mathrm{r}}\\&=\boldsymbol{a}_{\mathrm{e}}+\boldsymbol{a}_{\mathrm{r}}+\boldsymbol{a}_{\mathrm{C}}\end{aligned} \tag{6.4.3}$$

其中

$$\boldsymbol{a}_{\mathrm{e}}=\boldsymbol{a}_O+\boldsymbol{\varepsilon}\times\boldsymbol{r}+\boldsymbol{\omega}\times(\boldsymbol{\omega}\times\boldsymbol{r}) \tag{6.4.4}$$

为动系中在给定瞬时和动点 P 相重合的点（即牵连点）相对于定系的瞬时加速度，称为**牵连加速度**。

$$\boldsymbol{a}_{\mathrm{r}}=\frac{\tilde{\mathrm{d}}^2\boldsymbol{r}}{\mathrm{d}t^2} \tag{6.4.5}$$

为动点的相对速度相对于动系的变化率，即**相对加速度**。

$$\boldsymbol{a}_{\mathrm{C}}=2\boldsymbol{\omega}\times\boldsymbol{v}_{\mathrm{r}} \tag{6.4.6}$$

称为**科氏加速度**。为了避免与质心的下标“C”混淆，本教程后面用 $\boldsymbol{a}_{\mathrm{k}}$ 表示。

因此，**绝对加速度等于牵连加速度、相对加速度和科氏加速度的矢量和**。

牵连加速度 $\boldsymbol{a}_{\mathrm{e}}$ 是牵连点的加速度，它可以看成是在该瞬时将 P 点固连在动参考系（刚体）上，跟随动系（刚体）一起运动时所具有的加速度，即受动参考系（刚体）的拖带或牵连而产生的加速度。由式(6.4.3)可以看出，科氏加速度的来源有两部分：由相对运动引起的牵连速度的附加变化率 $\boldsymbol{\omega}\times\boldsymbol{v}_{\mathrm{r}}$ 和由牵连运动引起的相对速度的附加变化率 $\boldsymbol{\omega}\times\boldsymbol{v}_{\mathrm{r}}$。因此，**科氏加速度是牵连运动与相对运动相互影响而产生的**。

例 6.5

一根直管 OP 在 Oxy 平面内绕 O 轴转动，其运动方程为 $\varphi=\varphi(t)$。一小球 M 在管内沿 OP 运动，其相对运动方程为 $\rho=\rho(t)$。求 M 点相对于地面的速度和加速度。

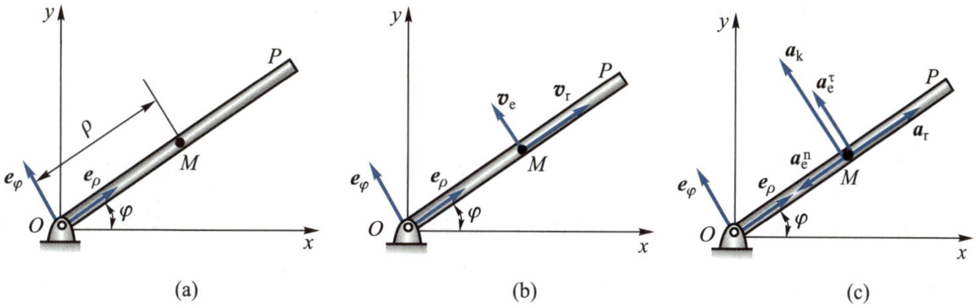

图 6.9

解　取小球 M 为动点，将动系固连在直管上，其单位矢量分别为 $\boldsymbol{e}_\rho$ 和 $\boldsymbol{e}_\varphi$，如图6.9(a)所示。相对运动为沿直管的直线运动，相对速度和相对加速度分别为

$$\boldsymbol{v}_\mathrm{r}=\dot{\rho}\boldsymbol{e}_\rho,\quad \boldsymbol{a}_\mathrm{r}=\ddot{\rho}\boldsymbol{e}_\rho$$

牵连运动为直管绕 O 轴的定轴转动，牵连速度和牵连加速度分别为

$$\boldsymbol{v}_\mathrm{e}=\rho\dot{\varphi}\boldsymbol{e}_\varphi,\quad \boldsymbol{a}_\mathrm{e}=-\rho\dot{\varphi}^2\boldsymbol{e}_\rho+\rho\ddot{\varphi}\boldsymbol{e}_\varphi$$

科氏加速度为

$$\boldsymbol{a}_\mathrm{k}=2\boldsymbol{\omega}\times\boldsymbol{v}_\mathrm{r}=2\dot{\rho}\dot{\varphi}\boldsymbol{e}_\varphi$$

速度和加速度分别如图6.9(b)、(c)所示。由速度合成定理和加速度合成定理可得到 M 点的绝对速度和绝对加速度分别为

$$\boldsymbol{v}=\boldsymbol{v}_\mathrm{e}+\boldsymbol{v}_\mathrm{r}=\dot{\rho}\boldsymbol{e}_\rho+\rho\dot{\varphi}\boldsymbol{e}_\varphi$$

$$\boldsymbol{a}=\boldsymbol{a}_\mathrm{e}+\boldsymbol{a}_\mathrm{r}+\boldsymbol{a}_\mathrm{k}=(\ddot{\rho}-\rho\dot{\varphi}^2)\boldsymbol{e}_\rho+(\rho\ddot{\varphi}+2\dot{\rho}\dot{\varphi})\boldsymbol{e}_\varphi$$

以上结果和第 2 讲用极坐标描述得到的结果式(2.4.7)及式(2.4.8)完全一致。

例 6.6

求例 6.4 中当 $\angle OCA=90^\circ$ 时，杆 AB 的加速度。

解　取 A 点为动点，将动系 Oxy 固连在凸轮上，如图6.10所示。A 点的绝对运动为沿铅垂方向的直线运动，绝对加速度沿铅垂方向，大小未知。相对运动为以 C 点为圆心的圆周运动，相对加速度由切向分量 $\boldsymbol{a}_\mathrm{r}^\tau$ 和向心分量 $\boldsymbol{a}_\mathrm{r}^\mathrm{n}$ 组成，其中 $\boldsymbol{a}_\mathrm{r}^\tau$ 沿凸轮的切线方向，大小未知，$\boldsymbol{a}_\mathrm{r}^\mathrm{n}$ 指向 C 点，大小为 $a_\mathrm{r}^\mathrm{n}=v_\mathrm{r}^2/R$。牵连运动为绕 O 轴的匀角速度定轴转动，牵连加速度 $\boldsymbol{a}_\mathrm{e}$ 只有向心分量，大小为 $a_\mathrm{e}=OA\cdot\omega^2=\sqrt{R^2+e^2}\omega^2$。科氏加速度 $\boldsymbol{a}_\mathrm{k}$ 垂直于相对速度 $\boldsymbol{v}_\mathrm{r}$，大小为 $a_\mathrm{k}=2\omega v_\mathrm{r}=2(R^2+e^2)\omega^2/R$。杆 AB

平动，其上各点加速度均相等，因此杆 AB 的加速度就等于 A 点的绝对加速度，即

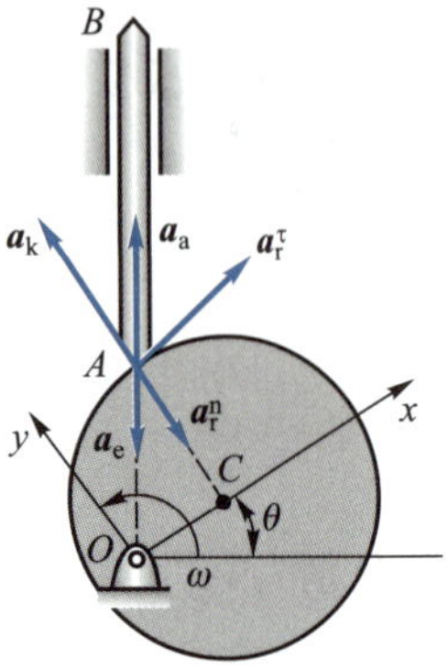

图 6.10

$$\boldsymbol{a}_{AB} = \boldsymbol{a}_a = \boldsymbol{a}_e + \boldsymbol{a}_r^n + \boldsymbol{a}_r^\tau + \boldsymbol{a}_k$$

上式有两个未知数：绝对加速度 $\boldsymbol{a}_a$ 的大小和相对加速度切向分量 $\boldsymbol{a}_r^\tau$ 的大小。将上式向与 $\boldsymbol{a}_r^\tau$ 垂直的方向（如 $\boldsymbol{a}_k$ 方向）投影，可以直接求出绝对加速度

$$a_a\cos\theta = -a_e\cos\theta - a_r^n + a_k$$

其中 $\cos\theta = R/\sqrt{R^2+e^2}$，故

$$a_a = -\frac{e^4}{R^4}\sqrt{R^2+e^2}\,\omega^2$$

注记 6.6

如果采用以下两种不同的动点和动系选取方法，如何进行加速度分析？

（1）选取 A 点为动点，Cxy 为动系，如图6.8(c)所示；

（2）选取 C 点为动点，固连于杆 AB 的 Axy 为动系，如图6.8(d)所示。

例 6.7

［典型例题］例 6.7

一曲柄摇臂机构中，曲柄 OA 以 ω_0 作等角速度转动，滑套 C 可沿 DB 滑动，短杆 AC 则与 C 固连且垂直于滑套。求图6.11(a)所示位置时，DB 的角速度和角加速度。已知 $OA = AC = l$，$\angle AOC = \angle ADC = 30°$。

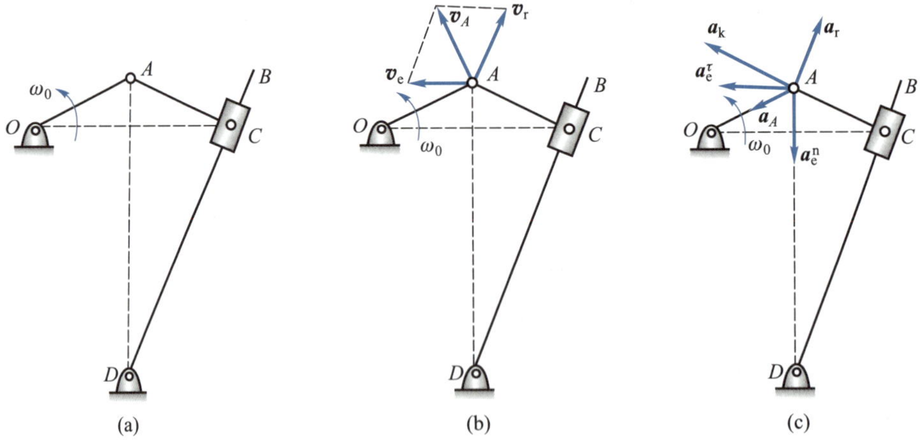

图 6.11

解　取 A 点为动点，BD 杆为动系。A 点的绝对运动为以 O 点为圆心的匀速圆周运动，绝对速度 $\boldsymbol{v}_A$ 与 OA 垂直，大小为 $v_A = l\omega_0$。绝对加速度 $\boldsymbol{a}_A$ 指向 O 点，大小为 $a_A = \omega_0^2 l$。A 点距杆 BD 的距离保持不变，因此相对运动为平行于 BD 杆的直线运动，相对速度 $\boldsymbol{v}_\mathrm{r}$ 和相对加速度 $\boldsymbol{a}_\mathrm{r}$ 均沿杆 BD 方向，大小未知。牵连运动为 $ABCD$ 作为刚体绕 D 轴的定轴转动，牵连速度 $\boldsymbol{v}_\mathrm{e}$ 垂直于 AD，大小为 $v_\mathrm{e} = AD\cdot\omega_{BD} = 2l\omega_{BD}$。牵连加速度 $\boldsymbol{a}_\mathrm{e}$ 包含切向分量 $\boldsymbol{a}_\mathrm{e}^\tau$ 和法向分量 $\boldsymbol{a}_\mathrm{e}^\mathrm{n}$，其中切向分量的大小为 $a_\mathrm{e}^\tau = AD\cdot\varepsilon_{BD} = 2l\varepsilon_{BD}$，法向分量的大小为 $a_\mathrm{e}^\mathrm{n} = AD\cdot\omega_{BD}^2 = 2l\omega_{BD}^2$。科氏加速度 $\boldsymbol{a}_\mathrm{k}$ 与相对速度垂直，大小为 $a_\mathrm{k} = 2\omega_{BD}v_\mathrm{r}$。速度和加速度分别如图6.11(b)、(c)所示。在图示瞬时，绝对速度、相对速度和牵连速度组成等边三角形，故有

$$v_\mathrm{e} = v_\mathrm{r} = v_A = l\omega_0$$

杆 BD 的角速度为

$$\omega_{BD} = \frac{v_\mathrm{e}}{2l} = \frac{\omega_0}{2}$$

将加速度合成公式

$$\boldsymbol{a}_A = \boldsymbol{a}_\mathrm{e}^\mathrm{n} + \boldsymbol{a}_\mathrm{e}^\tau + \boldsymbol{a}_\mathrm{r} + \boldsymbol{a}_\mathrm{k}$$

向垂直相对加速度 $\boldsymbol{a}_\mathrm{r}$ 的方向（如 $\boldsymbol{a}_\mathrm{k}$ 方向）投影，可消去未知的相对加速度 $\boldsymbol{a}_\mathrm{r}$，直接得到杆 BD 的角加速度

$$l\omega_0^2\cos 60^\circ = -2l\omega_{BD}^2\cos 60^\circ + 2l\varepsilon_{BD}\cos 30^\circ + 2\omega_{BD}v_\mathrm{r}$$

故得

$$\varepsilon_{BD} = -\frac{\sqrt{3}}{12}\omega_0^2$$

注记 6.7

本题特点在于有三个刚体参与运动。首要问题在于动点怎么选，动点选 A 点或是 C 点都能求解问题。

如果选 A 点为动点，BD 杆为动系，其难点在于如何判断 A 点的牵连速度方向，这看起来可能不太直观。A 点与杆 BD 距离保持不变，因此容易判断 A 点的相对运动是直线运动。

如果选 C 点为动点，BD 杆为动系，可以避免前一种方法中的难点，但是也会带来新的问题。第一个问题是 C 点的绝对速度未知，只能用基点法

$$\boldsymbol{v}_A + \boldsymbol{\omega}_{AC}\times\boldsymbol{r}_{AC} = \boldsymbol{v}_C = \boldsymbol{v}_\mathrm{e} + \boldsymbol{v}_\mathrm{r}$$

这里出现了杆 AC 的角速度，基点法公式中未知数看起来变得更多。不过杆 AC 的角速度实际不是新的未知数，这是因为杆 BD 和杆 AC 和水平线的夹角相差 $90°$ 度，二者的角速度有关系：$\boldsymbol{\omega}_{AC}=\boldsymbol{\omega}_{BD}$。

类似地，可以求 C 点的绝对加速度。由于 C 点的绝对加速度大小和方向均未知，只好在图中任意画出。用基点法和加速度合成公式写出矢量方程

$$\boldsymbol{a}_A+\boldsymbol{\varepsilon}_{AC}\times\boldsymbol{r}_{AC}-\omega_{AC}^2\boldsymbol{r}_{AC}=\boldsymbol{a}_C=\boldsymbol{a}_\mathrm{e}+\boldsymbol{a}_\mathrm{r}+\boldsymbol{a}_\mathrm{k}$$

同理又可得 $\varepsilon_{AC}=\varepsilon_{BD}$，因此问题得以求解。

综上，如果选取 C 点为动点，需要以完全未知的 C 点的速度和加速度为媒介，将平面运动的基点法的公式和复合运动的速度合成以及加速度合成公式联系起来。

例 6.8

如图6.12所示，半径为 r 的圆轮在水平桌面上作直线纯滚动，轮心速度 $\boldsymbol{v}_O$ 的大小为常数。一摇杆与桌面铰接，并靠在圆轮上。当摇杆与桌面夹角等于 $60°$ 时，试求摇杆 BA 的角速度和角加速度。

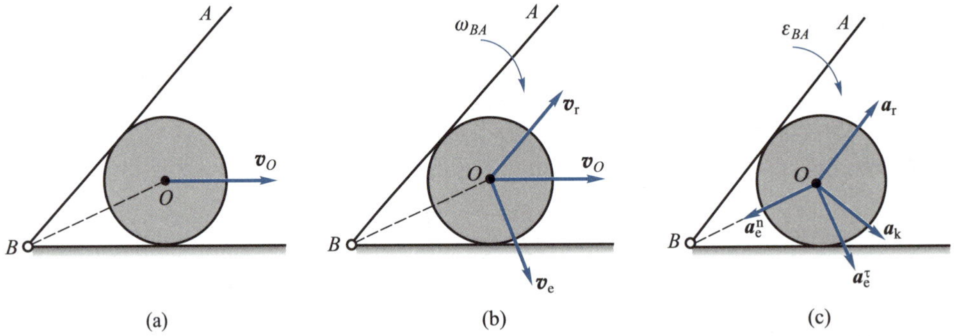

图 6.12

解　取 O 点为动点，杆 BA 为动系。绝对运动为水平方向的直线运动，绝对速度沿水平方向，大小为常数 v_O，因此绝对加速度为零。O 点距动系 BA 的距离保持不变，相对运动沿着平行于 BA 的直线，相对速度 $\boldsymbol{v}_\mathrm{r}$ 和相对加速度 $\boldsymbol{a}_\mathrm{r}$ 均平行于 BA，大小未知。牵连运动为杆 BA 绕 B 轴的定轴转动，牵连速度 $\boldsymbol{v}_\mathrm{e}$ 垂直于 BO 连线，大小为 $v_\mathrm{e}=BO\cdot\omega_{BA}=2r\omega_{BA}$。牵连加速度 $\boldsymbol{a}_\mathrm{e}$ 包含切向分量 $\boldsymbol{a}_\mathrm{e}^\tau$ 和向心分量 $\boldsymbol{a}_\mathrm{e}^\mathrm{n}$，其中切向分量的大小为 $a_\mathrm{e}^\tau=BO\cdot\varepsilon_{BA}=2r\varepsilon_{BA}$，法向分量的大小为 $a_\mathrm{e}^\mathrm{n}=BO\cdot\omega_{BA}^2=2r\omega_{BA}^2$。科氏加速度 $\boldsymbol{a}_\mathrm{k}$ 与相对速度 $\boldsymbol{v}_\mathrm{r}$ 垂直，大小为 $a_\mathrm{k}=2\omega_{BA}v_\mathrm{r}$。

当摇杆与桌面夹角等于 60° 时，绝对速度 $\boldsymbol{v}_O$、相对速度 $\boldsymbol{v}_\mathrm{r}$ 和牵连速度 $\boldsymbol{v}_\mathrm{e}$ 组成等边三角形，因此

$$v_\mathrm{e} = v_\mathrm{r} = v_O$$

故有

$$\omega_{BA} = \frac{v_\mathrm{e}}{2r} = \frac{v_O}{2r}$$

将加速度合成公式

$$\boldsymbol{a}_O = \boldsymbol{a}_\mathrm{e}^\mathrm{n} + \boldsymbol{a}_\mathrm{e}^\tau + \boldsymbol{a}_\mathrm{r} + \boldsymbol{a}_\mathrm{k}$$

向科氏加速度 $\boldsymbol{a}_\mathrm{k}$ 方向投影，可消去相对加速度 $\boldsymbol{a}_\mathrm{r}$ 而直接解出杆 BA 的角加速度

$$0 = -a_\mathrm{e}^\mathrm{n}\cos 60^\circ + a_\mathrm{e}^\tau \cos 30^\circ + a_\mathrm{k}$$

$$\varepsilon_{BA} = -\frac{\sqrt{3}v_O^2}{4r^2}$$

思考题 6.5

（1）例 6.8 是否可以采用解析法求解？如何求解？

（2）如图6.13所示，如果选 D 为动点，杆 BA 为动系，如何分析此例？

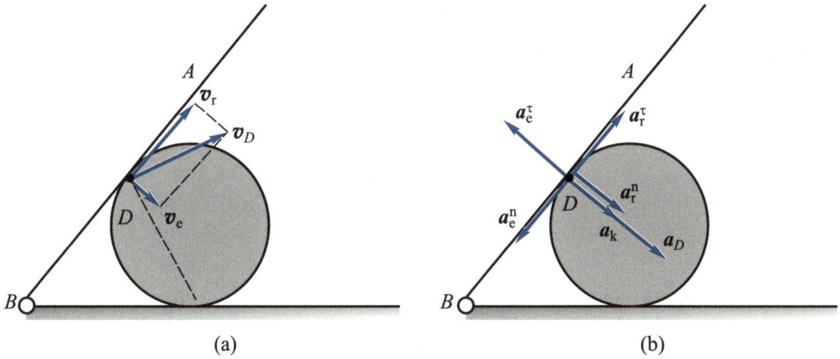

图 6.13

以上例题是典型的点的复合运动问题。下面几个例题不仅涉及点的复合运动，还涉及前面学过的运动学问题。

例 6.9

已知杆 AC 在导轨中以匀速度 $\boldsymbol{v}$ 平动，通过铰链 A 带动杆 AB 沿导套 O 运动，导套 O 与杆 AC 距离为 l。求图6.14所示瞬时杆 AB 的角速度和角加速度。

解　方法 1（瞬心法）

以杆 AB 为研究对象，A 点速度为水平方向，杆 AB 上的 O 点的速度沿着杆方向，如图6.15所示。由 $AO = l/\sin\theta$ 确定杆 AB 的速度瞬心 C^*，有

$$AC^* = \frac{AO}{\sin\theta} = \frac{l}{\sin^2\theta}$$

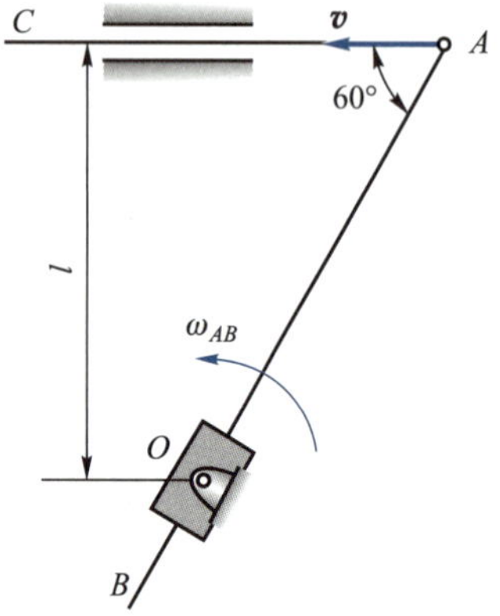

图 6.14

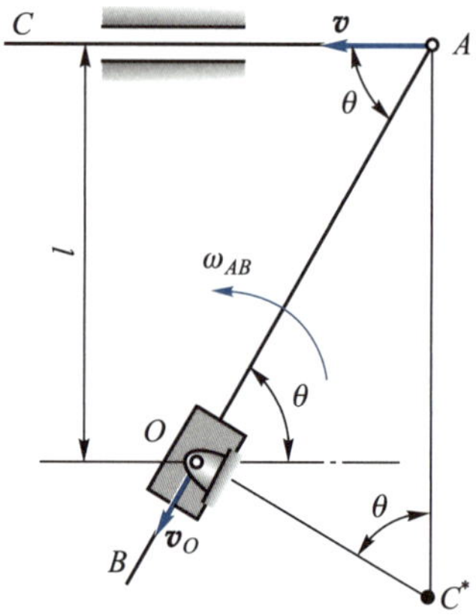

图 6.15

得到杆 AB 的角速度

$$\omega_{AB} = \frac{v}{AC^*} = \frac{v\sin^2\theta}{l}$$

对上式求导，得到角加速度的表达式为

$$\varepsilon_{AB} = \frac{v\dot{\theta}\sin 2\theta}{l}$$

由于 $\theta = 60°$，$\dot{\theta} = \omega_{AB}$，得到

$$\omega_{AB} = \frac{3v}{4l}$$

方向为逆时针。

故得角加速度为

$$\varepsilon_{AB} = \frac{3\sqrt{3}v^2}{8l^2}$$

方法 2（求导法）

建立如图6.16所示的直角坐标系，列写 A 点的 x 坐标得

$$x_A = l\cot\varphi$$

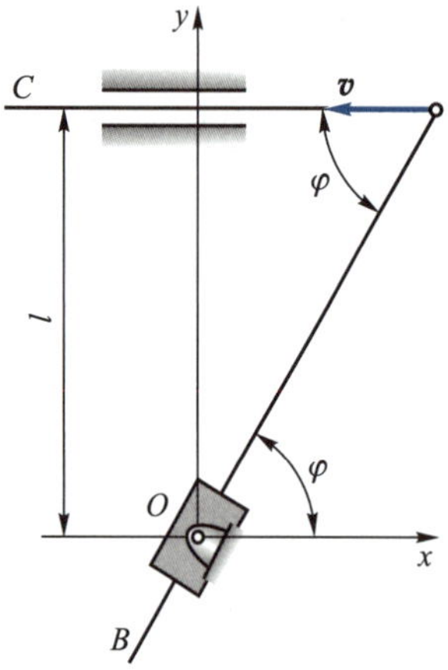

图 6.16

求导得到

$$\dot{x}_A = -l\dot{\varphi}\csc^2\varphi = -v$$

因此，得

$$\dot{\varphi} = \frac{v\sin^2\varphi}{l}$$

对上式求导可得

$$\ddot{\varphi} = \frac{v}{l}\dot{\varphi}\sin 2\varphi = \frac{v^2}{l^2}\sin^2\varphi\sin 2\varphi$$

代入常值角度 $\varphi = 60°$，即可求出此时杆 AB 的角速度和角加速度。

方法 3（复合运动）

先作速度分析如图6.17所示。

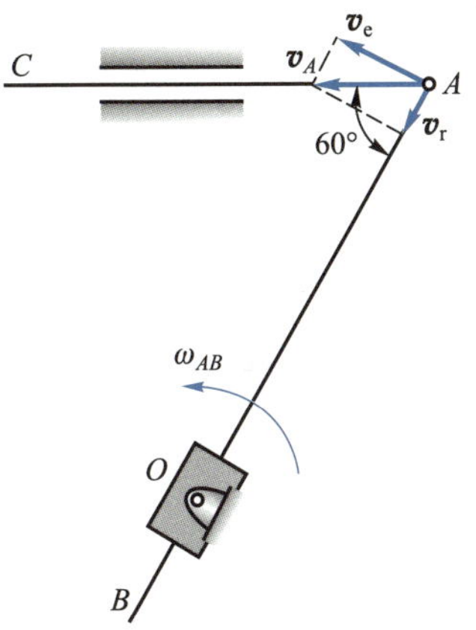

图 6.17

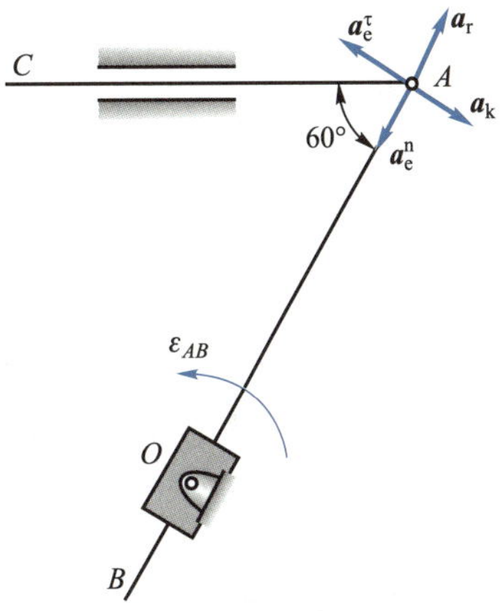

图 6.18

选取 A 点为动点，动系与导套固连。速度合成定理方程写作

$$\boldsymbol{v}_A = \boldsymbol{v}_e + \boldsymbol{v}_r$$

其中，A 点绝对加速度 $v_A = v$，牵连加速度大小为

$$v_e = v_A\sin 60° = \frac{\sqrt{3}v}{2}$$

相对加速度

$$v_r = v_A\cos 60° = \frac{1}{2}v$$

求出角速度

$$\omega_{AB} = \frac{v_e}{AO} = \frac{3v}{4l}$$

再作加速度分析如图6.18所示。

列写加速度合成公式：

$$\boldsymbol{a}_A = \boldsymbol{a}_e^\tau + \boldsymbol{a}_e^n + \boldsymbol{a}_r + \boldsymbol{a}_k \tag{a}$$

由于杆 AC 作匀速直线运动，则 A 点加速度为零，即

$$a_A = 0$$

科氏加速度

$$a_k = 2\omega_{AB} v_r = \frac{3v^2}{4l}$$

将式(a)向 $\boldsymbol{a}_k$ 方向投影得到

$$0 = -a_e^\tau + a_k$$

其中，$a_e^\tau = \varepsilon_{AB} \cdot AO$。求出

$$\varepsilon_{AB} = \frac{a_e^\tau}{AO} = \frac{3\sqrt{3}v^2}{8l^2}$$

为逆时针方向。

例 6.10

滑块 B 可沿杆 OA 滑动。杆 BE 与杆 BD 分别与滑块 B 铰接，杆 BD 可沿水平导轨运动。滑块 E 以匀速度 $\boldsymbol{v}$ 沿铅直导轨向上运动，杆 BE 长度为 $\sqrt{2}l$, 求如图6.19所示瞬时，杆 OA 的角速度与角加速度。

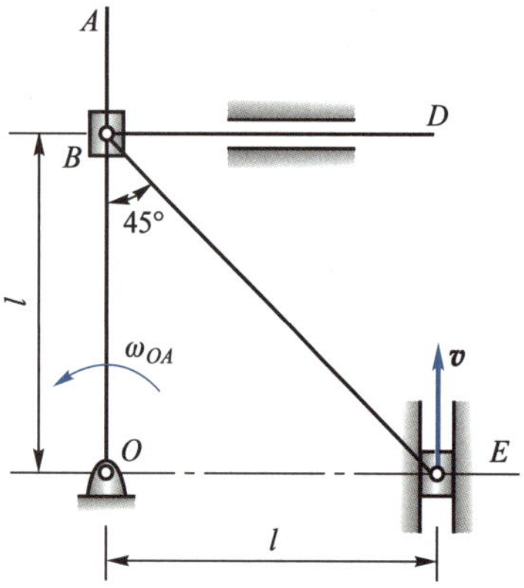

图 6.19

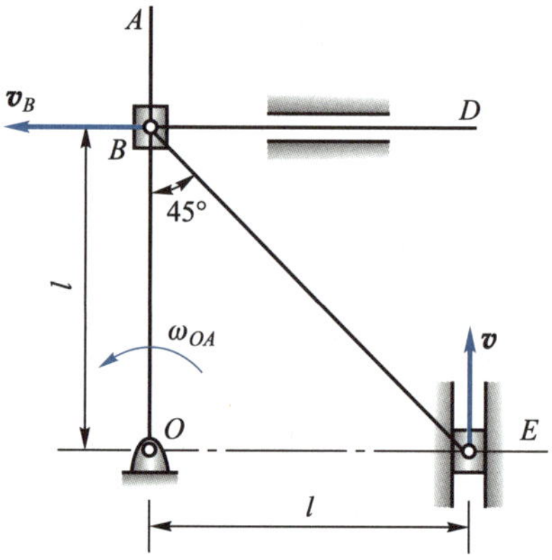

图 6.20

解　杆 BE 作平面运动，滑块 B 沿杆 OA 滑动，并带动杆 OA 转动。速度分析如图6.20所示。易得 O 点为杆 BE 的速度瞬心。

$$\omega_{BE} = \frac{v}{l}$$

$$v_B = \omega_{BE} l = v$$

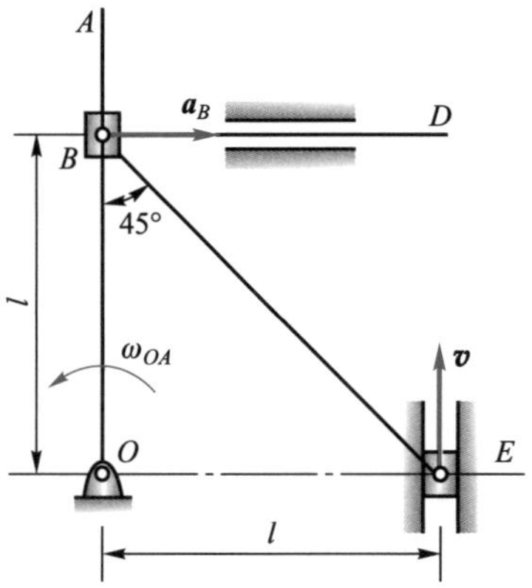

图 6.21

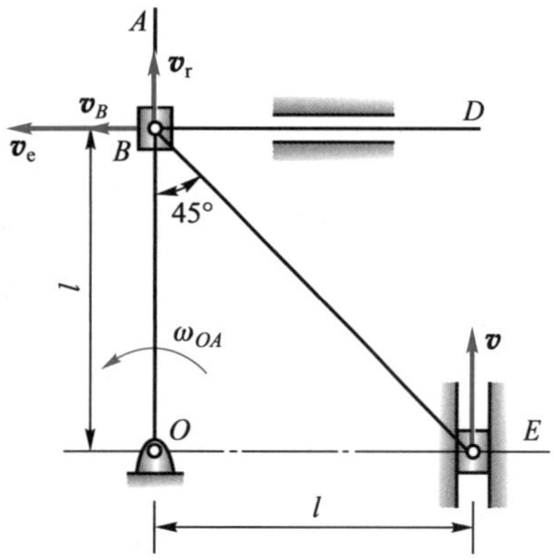

图 6.22

加速度分析如图6.21 所示。由于 E 点的加速度为零，选取 E 点为基点，用基点法分析 B 点加速度有

$$\boldsymbol{a}_B = \boldsymbol{a}_E + \boldsymbol{\varepsilon}_{BE} \times \boldsymbol{r}_{BE} - \omega_{BE}^2 \boldsymbol{r}_{BE}$$

将上式向 BE 方向投影可得

$$a_B \cos 45^\circ = \omega_{BE}^2 \cdot BE$$

求出 B 点加速度

$$a_B = \frac{2v^2}{l}$$

接下来，选取滑块 B 为动点，动系固连于杆 OA，速度分析如图6.22所示。由速度合成定理公式可得

$$\boldsymbol{v}_B = \boldsymbol{v}_\mathrm{e} + \boldsymbol{v}_\mathrm{r}$$

由几何关系可得

$$v_\mathrm{e} = v_B = v, \quad v_\mathrm{r} = 0$$

求出杆 OA 角速度

$$\omega_{OA} = \frac{v_\mathrm{e}}{OB} = \frac{v}{l}$$

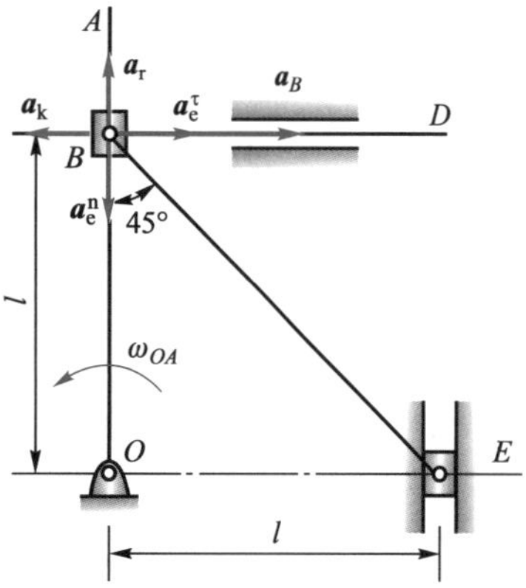

图 6.23

再由加速度合成定理，加速度分析如图6.23所示

$$\boldsymbol{a}_B = \boldsymbol{a}_\mathrm{e}^\tau + \boldsymbol{a}_\mathrm{e}^\mathrm{n} + \boldsymbol{a}_\mathrm{r} + \boldsymbol{a}_\mathrm{k}$$

其中

$$a_{\mathrm{e}}^{\tau} = OB \cdot \varepsilon_{OA}$$

$$a_{\mathrm{e}}^{\mathrm{n}} = \omega_{OA}^{2} \cdot OB = \frac{v^2}{l}$$

$$a_{\mathrm{k}} = 2\omega_{OA} v_{\mathrm{r}} = 0$$

未知量为相对加速度 a_{r} 和 OA 的角加速度 ε_{OA}。

将上式向 BD 方向投影得到

$$a_B = a_{\mathrm{e}}^{\tau} = \frac{2v^2}{l}, \quad \varepsilon_{OA} = \frac{a_{\mathrm{e}}^{\tau}}{OB} = \frac{2v^2}{l^2}$$

例 6.11

AB 长度为 l, 滑块 A 可沿摇杆 OC 的长槽滑动。摇杆 OC 以匀角速度 ω 绕 O 轴转动, 滑块 B 以匀速度 $v = \omega l$ 沿水平导轨滑动。求图6.24所示瞬时杆 AB 的角速度和角加速度。

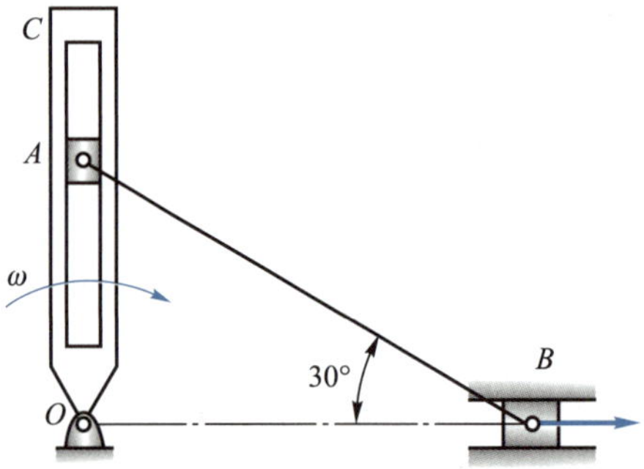

图 6.24

解　杆 AB 作平面运动，速度分析如图6.25所示。由基点法公式可得

$$\boldsymbol{v}_A = \boldsymbol{v}_B + \boldsymbol{\omega}_{AB} \times \boldsymbol{r}_{BA}$$

滑块 A 在杆 OC 内滑动, 取 A 点为动点，动系与 OC 固连, 则有

$$\boldsymbol{v}_A = \boldsymbol{v}_{\mathrm{e}} + \boldsymbol{v}_{\mathrm{r}}$$

其中，$v_{\mathrm{e}} = OA \cdot \omega = \dfrac{l\omega}{2}$。

联立上两式可得

$$\boldsymbol{v}_B + \boldsymbol{\omega}_{AB} \times \boldsymbol{r}_{BA} = \boldsymbol{v}_{\mathrm{e}} + \boldsymbol{v}_{\mathrm{r}}$$

向 $\boldsymbol{v}_B$ 方向投影，得

$$v_B - AB \cdot \omega_{AB} \sin 30^\circ = v_e$$

从而解出杆 AB 的角速度为

$$\omega_{AB} = \omega$$

向 $\boldsymbol{v}_r$ 方向投影，得

$$v_r = AB \cdot \omega_{AB} \cos 30^\circ = \frac{\sqrt{3}}{2} \omega l$$

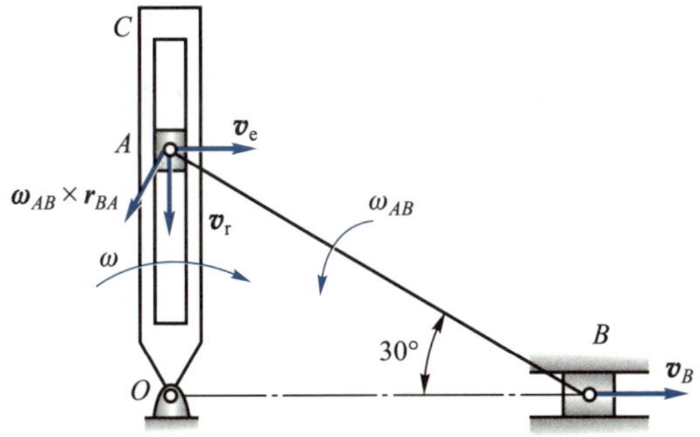

图 6.25

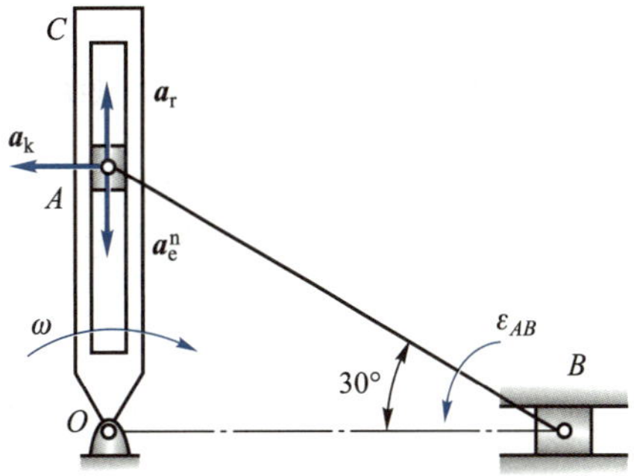

图 6.26

加速度分析如图6.26所示。由基点法公式，A 点加速度为

$$\boldsymbol{a}_A = \boldsymbol{a}_B + \boldsymbol{\varepsilon}_{AB} \times \boldsymbol{r}_{AB} - \omega_{AB}^2 \boldsymbol{r}_{AB}$$

其中 $a_B = 0$。

由加速度合成公式，A 点加速度为

$$\boldsymbol{a}_A = \boldsymbol{a}_e^\tau + \boldsymbol{a}_e^n + \boldsymbol{a}_r + \boldsymbol{a}_k$$

其中，$a_e^\tau = 0$, $a_e^n = \omega^2 \cdot OA = \dfrac{\omega^2 l}{2}$, $a_k = 2\omega v_r = \sqrt{3}\omega^2 l$。联立上两式可以求解

$$\varepsilon_{AB} = 3\sqrt{3}\omega^2$$

例 6.12

如图6.27所示平面机构由四根杆依次铰接而成，已知 $AB = BC = 2r, CD = DE = r$, 杆 AB 与杆 ED 分别以匀角速度 ω_1 和 ω_2 绕 A、E 轴转动。求图示瞬时杆 BC 转动的角速度和 C 点的加速度大小。

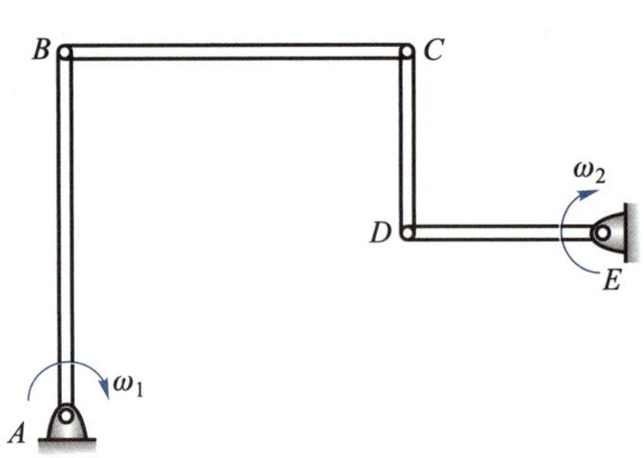

图 6.27

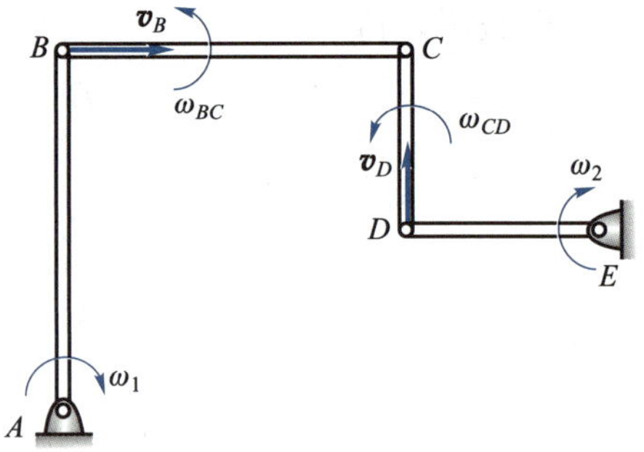

图 6.28

解　如图6.28所示，杆 AB 和杆 DE 作定轴转动, 杆 BC 和杆 CD 作平面运动，其中 $v_B=2r\omega_1$，$v_D=r\omega_2$。

分别以 B 点和 D 点为基点分析 C 点的速度，可得

$$\boldsymbol{v}_C=\boldsymbol{v}_B+\boldsymbol{\omega}_{BC}\times\boldsymbol{r}_{BC}$$
$$\boldsymbol{v}_C=\boldsymbol{v}_D+\boldsymbol{\omega}_{CD}\times\boldsymbol{r}_{DC}$$

可得

$$\boldsymbol{v}_B+\boldsymbol{\omega}_{BC}\times\boldsymbol{r}_{BC}=\boldsymbol{v}_D+\boldsymbol{\omega}_{CD}\times\boldsymbol{r}_{DC}$$

上式向 $\boldsymbol{v}_B$ 方向投影，得

$$v_B=-r\omega_{CD}$$

可得

$$\omega_{CD}=-2\omega_1$$

向 $\boldsymbol{v}_D$ 方向投影，得

$$v_D=2r\omega_{BC}$$

可得

$$\omega_{BC}=\frac{1}{2}\omega_2$$

作加速度分析如图6.29所示，分别以 B 点和 D 点为基点分析 C 点的加速度，其中，$a_B=2r\omega_1^2$,$a_D=r\omega_2^2$。可得

$$\begin{aligned}\boldsymbol{a}_C&=\boldsymbol{a}_B+\boldsymbol{\varepsilon}_{BC}\times\boldsymbol{r}_{BC}-\omega_{BC}^2\boldsymbol{r}_{BC}\\&=-2r\omega_1^2\boldsymbol{j}+2r\varepsilon_{BC}\boldsymbol{j}-\frac{1}{2}r\omega_2^2\boldsymbol{i}\end{aligned}$$

$$\begin{aligned}\boldsymbol{a}_C&=\boldsymbol{a}_D+\boldsymbol{\varepsilon}_{CD}\times\boldsymbol{r}_{DC}-\omega_{CD}^2\boldsymbol{r}_{DC}\\&=r\omega_2^2\boldsymbol{i}-r\varepsilon_{CD}\boldsymbol{i}-4r\omega_1^2\boldsymbol{j}\end{aligned}$$

解得

$$\varepsilon_{BC} = -\omega_1^2, \quad \varepsilon_{CD} = \frac{3}{2}\omega_2^2$$

从而得到 C 点加速度为

$$\boldsymbol{a}_C = -\frac{1}{2}r\omega_2^2\boldsymbol{i} - 4r\omega_1^2\boldsymbol{j}$$

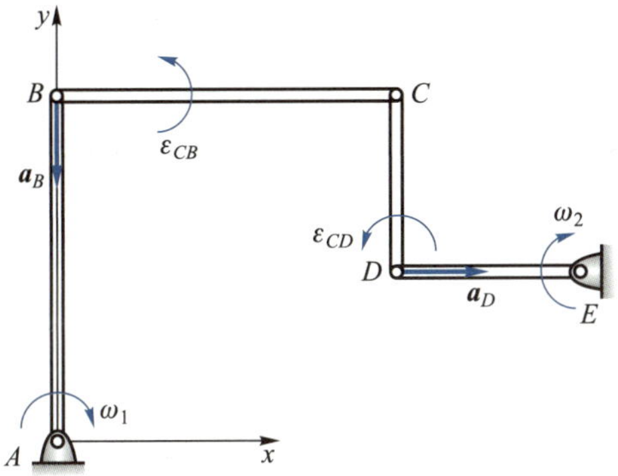

图 6.29

例 6.13

已知如图6.30所示机构中杆 O_1A 的角速度为 ω，角加速度为零。试以 r 和 ω 表示图示瞬时水平杆的速度和加速度。

解 水平杆作平动，因此只需求 C 点的速度和加速度。取 C 点为动点，动系与杆 BAC 固连。C 点的绝对运动是沿水平方向的直线运动，设绝对速度和绝对加速度分别为

$$\boldsymbol{v} = v\boldsymbol{i}, \quad \boldsymbol{a} = a\boldsymbol{i}$$

相对运动是沿杆 BAC 的直线运动，设相对速度和相对加速度分别为

$$\boldsymbol{v}_\mathrm{r} = v_\mathrm{r}(\sin 30^\circ\boldsymbol{i} + \cos 30^\circ\boldsymbol{j})$$
$$\boldsymbol{a}_\mathrm{r} = a_\mathrm{r}(\sin 30^\circ\boldsymbol{i} + \cos 30^\circ\boldsymbol{j})$$

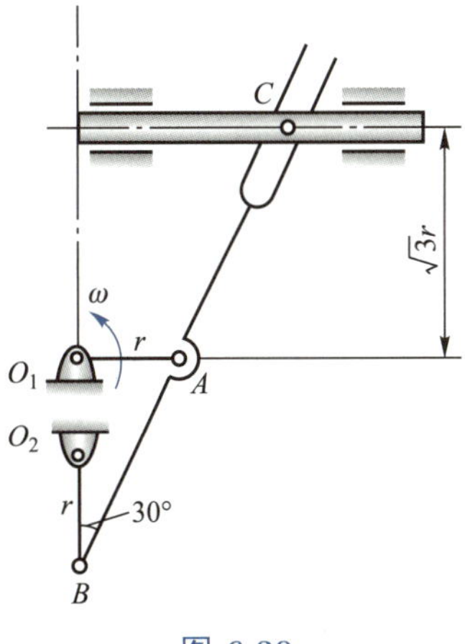

图 6.30

牵连运动比较复杂，因为杆 BAC 作平面运动。由于 A 点的速度和加速度可以求出为

$$\boldsymbol{v}_A = \omega r\boldsymbol{j}, \quad \boldsymbol{a}_A = -\omega^2 r\boldsymbol{i}$$

以 A 点为基点，C 点的牵连速度和牵连加速度分别为

$$\boldsymbol{v}_{\mathrm{e}}=\boldsymbol{v}_A+\omega_{AB}\boldsymbol{k}\times\boldsymbol{r}_{AC}$$
$$\boldsymbol{a}_{\mathrm{e}}=\boldsymbol{a}_A+\varepsilon_{AB}\boldsymbol{k}\times\boldsymbol{r}_{AC}-\omega_{AB}^2\boldsymbol{r}_{AC}$$

其中

$$\boldsymbol{r}_{AC}=r\boldsymbol{i}+\sqrt{3}r\boldsymbol{j}$$

杆 BAC 的角速度和角加速度也是未知的，可利用 B 点将它们求出来。B 点的速度可以写成

$$v_B\boldsymbol{i}=\boldsymbol{v}_A+\omega_{AB}\boldsymbol{k}\times\boldsymbol{r}_{AB}$$

其中

$$\boldsymbol{r}_{AB}=-r\boldsymbol{i}-\sqrt{3}r\boldsymbol{j}$$

由此可以求出

$$\omega_{AB}=\omega,\quad v_B=\sqrt{3}\omega r$$

B 点的加速度可以写成

$$a_B^{\tau}\boldsymbol{i}+\frac{v_B^2}{r}\boldsymbol{j}=\boldsymbol{a}_A+\varepsilon_{AB}\boldsymbol{k}\times\boldsymbol{r}_{AB}-\omega_{AB}^2\boldsymbol{r}_{AB}$$

将此式向 $\boldsymbol{j}$ 方向投影得

$$3\omega^2r=-\varepsilon_{AB}r+\sqrt{3}\omega^2r$$

解出

$$\varepsilon_{AB}=(\sqrt{3}-3)\omega^2$$

现在我们可以求出牵连速度和牵连加速度分别为

$$\boldsymbol{v}_{\mathrm{e}}=\omega r(-\sqrt{3}\boldsymbol{i}+2\boldsymbol{j})$$
$$\boldsymbol{a}_{\mathrm{e}}=\omega^2r[(-5+3\sqrt{3})\boldsymbol{i}-3\boldsymbol{j}]$$

利用速度合成公式有

$$v\boldsymbol{i}=\boldsymbol{v}_{\mathrm{e}}+v_{\mathrm{r}}(\sin 30^\circ\boldsymbol{i}+\cos 30^\circ\boldsymbol{j})$$

由此可以求出

$$v=-5\sqrt{3}\omega r/3,\quad v_{\mathrm{r}}=-4\sqrt{3}\omega r/3$$

在加速度合成公式中还要用到科氏加速度，可由其定义求出

$$\boldsymbol{a}_{\mathrm{k}} = 2\omega_{AB}\boldsymbol{k} \times \boldsymbol{v}_{\mathrm{r}} = 4\omega^2 r(3\boldsymbol{i} - \sqrt{3}\boldsymbol{j})/3$$

最后利用加速度合成公式有

$$a\boldsymbol{i} = \boldsymbol{a}_{\mathrm{e}} + \boldsymbol{a}_{\mathrm{r}} + \boldsymbol{a}_{\mathrm{k}}$$

由此可以解出

$$a = \left(4\sqrt{3} + \frac{1}{3}\right)\omega^2 r$$

例 6.14

火车以匀速度 $\boldsymbol{u}$ 自南向北沿子午线行驶。考虑地球自转，求火车在北纬 φ 处的加速度。

解 为考虑地球自转，取地心坐标系为定系，它的原点在地心，三根轴分别指向三颗恒星。取火车 M 为动点，将动系 $MENZ$ 固连在地球上，如图6.31所示。动系 $MENZ$ 称为**地理坐标系**，其三根轴分别指向东、北和天空，因此也称为**东北天坐标系**。

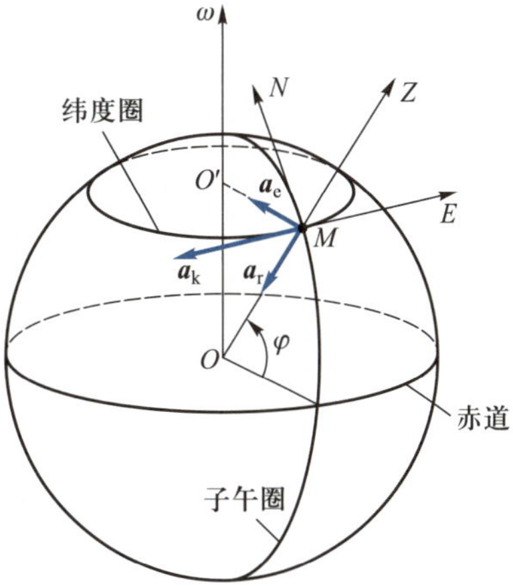

图 6.31

火车的相对运动为沿子午线的圆周运动，相对速度 $\boldsymbol{v}_{\mathrm{r}}$ 与子午线相切，大小为 u，相对加速度 $\boldsymbol{a}_{\mathrm{r}} = -u^2/R\boldsymbol{e}_Z$。牵连运动为地球以角速度 $\boldsymbol{\omega}$ 的定轴转动，牵连加速度 $\boldsymbol{a}_{\mathrm{e}}$ 指向 O' 点，大小为 $a_{\mathrm{e}} = O'M \cdot \omega^2 = R\cos\varphi\omega^2$。科氏加速度 $\boldsymbol{a}_{\mathrm{k}} = 2\boldsymbol{\omega} \times \boldsymbol{v}_{\mathrm{r}} = -2\omega u\sin\varphi\boldsymbol{e}_E$。由加速度合成公式可得到火车的绝对加速度为

$$\boldsymbol{a}_{\mathrm{a}} = -2\omega u\sin\varphi\boldsymbol{e}_E + R\cos\varphi\sin\varphi\omega^2\boldsymbol{e}_N - \left(R\cos^2\varphi\omega^2 + \frac{u^2}{R}\right)\boldsymbol{e}_Z$$

其中 $\boldsymbol{e}_E$、$\boldsymbol{e}_N$ 和 $\boldsymbol{e}_Z$ 为地理坐标系的三根坐标轴的单位矢量。

注记 6.8

本节讲的方法同样适用于空间问题。地心坐标系不动，地球坐标系转动。地理坐标系为“东–天–北”。以地球为动参考系研究火车的运动，其相对加速度、牵连

加速度和科氏加速度都能方便地计算。只是涉及矢量运算，需要注意的是应在地理坐标系下投影。本例虽然是三维问题，但是计算并不难，只是几何表达和坐标系的空间关系分析略烦琐。

[典型例题]
例 6.15

例 6.15

在图6.32所示平行四边形机构中，$EF = AB = 2AE = 2BF = 2l$，已知 EA 以匀角速度转动，并通过套筒 C 带动杆 CD 在铅直槽内平动。图示瞬时杆 AE 和杆 BF 铅直、杆 AB 水平、C 在杆 AB 中点，如以杆 EA 为动参考系，试求此瞬时套筒 C 的牵连速度、相对速度、牵连加速度、相对加速度和科氏加速度①。

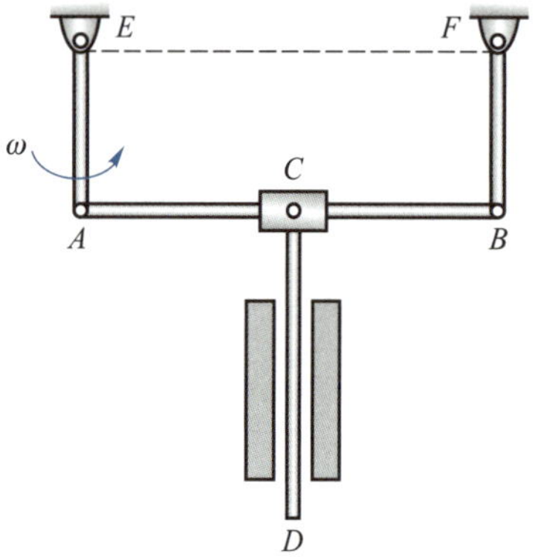

图 6.32

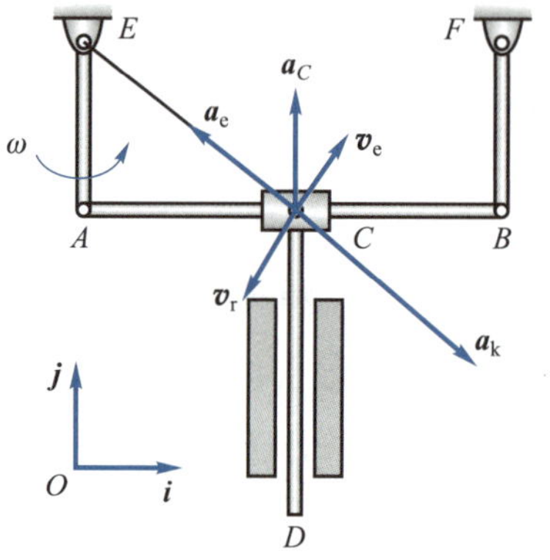

图 6.33

解　分析运动如图6.33所示，杆 AB 和杆 CD 平动，此时套筒上的 C 点的绝对运动为静止，故有

$$v_{\mathrm{a}} = 0$$

杆 EA 定轴转动，可得

$$v_{\mathrm{e}} = v_{\mathrm{r}} = \sqrt{2}\omega l, \quad a_{\mathrm{e}} = \sqrt{2}\omega^2 l$$

科氏加速度为

$$a_{\mathrm{k}} = 2\omega v_{\mathrm{r}} = 2\sqrt{2}\omega^2 l$$

由于杆 AB 平动，而且是在这样的特殊几何位置，C 点加速度同点 A，有

$$\boldsymbol{a}_C = \boldsymbol{a}_A = \omega^2 l \boldsymbol{j}$$

由加速度合成公式计算相对加速度

$$\boldsymbol{a}_{\mathrm{r}} = \boldsymbol{a}_C - \boldsymbol{a}_{\mathrm{e}} - \boldsymbol{a}_{\mathrm{k}}$$

其大小为

$$a_{\mathrm{r}} = \sqrt{5}\omega^2 l$$

① 本例出自 1992 年第二届全国青年力学竞赛试题。

注记 6.9

竞赛题和作业题相比可能反常规。这道题反常规之处有三个。一是要求相对加速度和科氏加速度，而一般习题不求相对加速度；科氏加速度一般在做题过程中很好求，很少作为完全未知量求解。二是在给定的动点、动参考系中求解问题，不像很多题目是做题者自己选择。第三，虽然有五个刚体，但是它们的运动并不复杂。这是不符合“套路”的题，需要跳出解题惯性思维，灵活运用学习的知识。

牵连速度易求，但是相对速度很难凭直觉判断。杆 AB 瞬时只有水平速度，杆 CD 瞬时只有竖直方向速度，因此 C 点瞬时绝对速度为零。所以动点的相对速度 $\boldsymbol{v}_{\mathrm{r}}$ 由速度合成定理可求，$\boldsymbol{v}_{\mathrm{r}}=0-\boldsymbol{v}_{\mathrm{e}}$。接下来分析加速度，牵连加速度只有法向方向，科氏加速度也可以由相对速度求解。

接下来，由杆 AB 平动特性，C 点的加速度和 A 点的加速度完全一样。$\boldsymbol{a}_C=\boldsymbol{a}_A$，求出绝对加速度。此处难点在于杆 AB 的运动形式的判断。

再用加速度合成公式，就能求出来 C 点的相对加速度：$\boldsymbol{a}_{\mathrm{r}}=\boldsymbol{a}_C-\boldsymbol{a}_{\mathrm{e}}-\boldsymbol{a}_{\mathrm{k}}=-\omega^2 l(\boldsymbol{i}-2\boldsymbol{j})$。

求出结果后检查，可以发现相对加速度在两个方向都有分量，这是难以通过直觉直接判断得到的。

本讲小结

复合运动方法是处理复杂运动时常用的。点的复合运动可以看成是刚体运动和点相对刚体运动的合成。当刚体作平动时，就是以前了解的运动合成分解问题。当刚体不作平动（如作定轴转动或平面运动）时，复合运动就复杂多了。首先是牵连速度和牵连加速度必须利用刚体运动学知识求解，其次加速度中可能出现科氏加速度项。本讲讲述的方法和速度、加速度合成公式也适用于刚体作任意运动的情况。

概念题

判断下列说法是否正确。

6-1 相对加速度等于相对速度对时间的导数。

6–2　在复合运动问题中，相对加速度是相对速度对时间的绝对导数。

6–3　在复合运动问题中，定参考系可以是相对地面运动的，而动参考系可以是相对地面静止不动的。

6–4　在刚体上爬行的小虫的科氏加速度为 $\boldsymbol{a}_{\rm k}=2\boldsymbol{\omega}\times\boldsymbol{v}_{\rm r}$，其中 $\boldsymbol{\omega}$ 为刚体的角速度，$\boldsymbol{v}_{\rm r}$ 为小虫相对刚体的速度。

6–5　在点的复合运动中，牵连加速度等于牵连速度对时间的导数减去科氏加速度。

■ 习题

6–1　如图6.34所示，记录装置的鼓轮以匀角速度 ω_0 转动，鼓轮的半径为 r，自动记录笔沿铅垂方向按规律 $y=a\sin\omega_1 t$ 运动。求笔在纸带上所画出曲线的方程。

6–2　如图6.35所示，转式起重机绕轴 O_1O_2 以匀角速度 ω_1 转动，重物 A 借助缠绕在滑轮 B 上的绳子上升，半径为 r 的滑轮 B 以匀角速度 ω_2 转动。已知起重机臂长 d，求重物在水平面 Oxy 上的绝对运动轨迹，其中 O 在 O_1O_2 上，x 轴从 O 指向重物的初始位置。

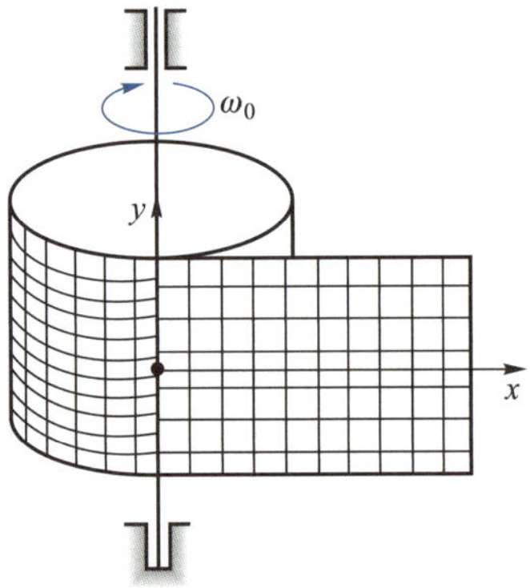

图 6.34

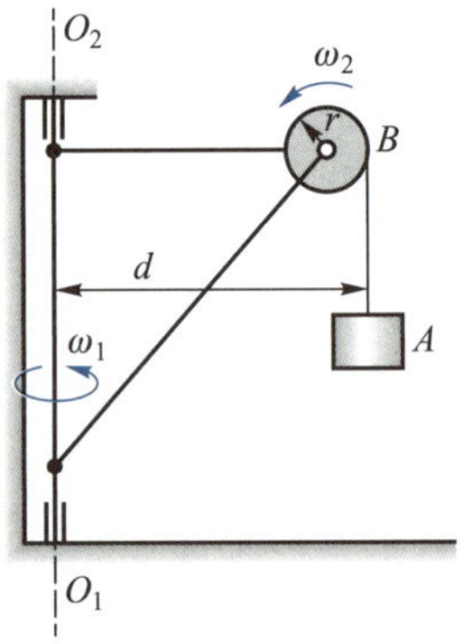

图 6.35

6–3　双摆的末端同时作两个相互垂直的简谐运动，且振动频率相等，但振幅、相角都不同。设振动方程分别是 $x=a\sin(\omega t+\alpha)$，$y=b\sin(\omega t+\beta)$，求双摆末端的复合运动轨迹方程。

6–4　质点 A 和 B 分别以半径 1 m 和 2 m 在 OXY 平面上同时从 X 轴（坐标都为正）出发，绕 O 点以角速度 1 rad/s 和 0.35 rad/s 作同向的匀速圆周运动。建立一个动系 Oxy，x 轴的正向从 O 指向 A，y 轴的正向指向 A 的速度方向。求：(1) 矢量 $\overrightarrow{OB}$ 在定系 OXY 中的导数的表达式；(2) 矢量 $\overrightarrow{OB}$ 在动系 Oxy 中的导数的表达式；(3) B 在

动系 Axy 中的相对速度。

6–5 在地心惯性直角坐标系 $OXYZ$ 中，O 为地心，OXY 是地球的赤道平面，OX 轴指向春分点，OZ 轴指向北极，$OXYZ$ 为右手坐标系。一颗处于极轨的航天器，其轨道平面在 OXZ 平面内，在地心惯性系中以匀速率 v 绕地心作圆周运动，航天器与地心的距离为 R，航天器的实时位置可以用纬度 $\varphi(t)$ 表示，地球以匀角速度 ω_e 绕 OZ 轴自转。试以 R、v、ω_e、φ 表示航天器在旋转地球中的速度和加速度。

6–6 A、B 两船各自以匀速度 $\boldsymbol{v}_A$ 和 $\boldsymbol{v}_B$ 分别沿直线航行，如图6.36所示。B 船上的观察者记录下两船的距离 r 和夹角 φ。试证明 $\ddot{\varphi} = -2\dot{r}\dot{\varphi}/r$，$\ddot{r} = r\dot{\varphi}^2$。

6–7 如图6.37所示，凸轮以匀速度 $\boldsymbol{v}_0$ 自右向左移动，对于固连坐标系 Oxy，凸轮外形曲线方程为 $y = f(x)$。直杆 AB 长度为 l，一端铰接于定点 A，另一端 B 搁在凸轮上。若要求杆 AB 以匀角速度 ω_0 转动，求凸轮外形曲线方程。

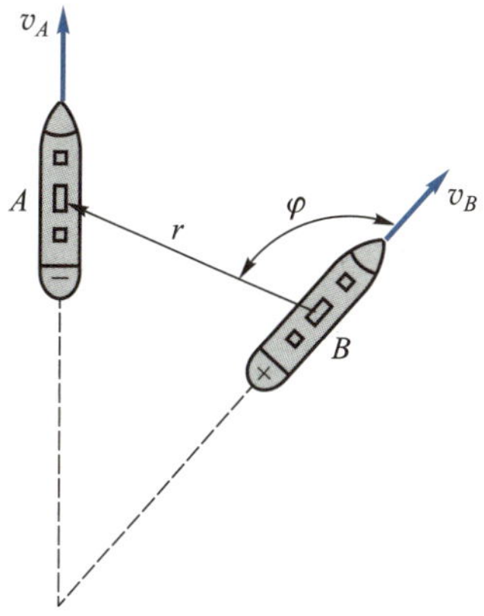

图 6.36

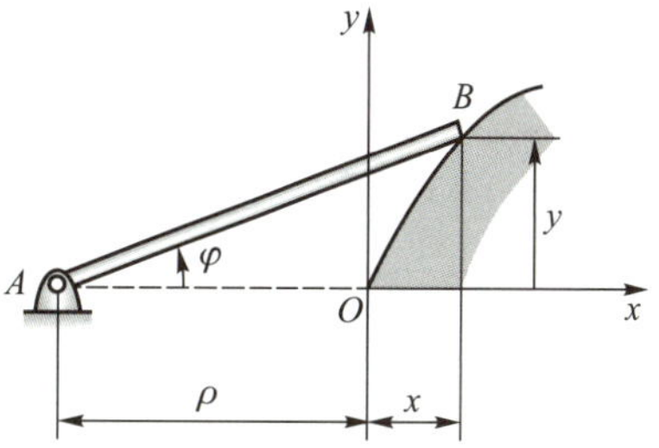

图 6.37

6–8 如图6.38所示，摇杆机构的杆 AB 以匀速度 $\boldsymbol{u}$ 向上运动，初始瞬时摇杆 OC 水平。摇杆长度 $OC = a$，距离 $OD = l$。求 $\varphi = 45°$ 时，C 点的速度大小。

6–9 如图6.39所示，已知直角弯杆 OBC 的角速度 $\omega = 0.5\,\mathrm{rad/s}$，$OB = 0.1\ \mathrm{m}$。求 $\varphi = 60°$ 时，小环 M 的绝对速度大小和绝对加速度大小。

6–10 如图6.40所示，小环 M 套在按抛物线 $y^2 = 180x$ 弯曲的金属丝和沿轴 Ox 以匀速率 $v = 40\ \mathrm{mm/s}$ 移动的铅垂杆 AB 上。求当杆 AB 与抛物线顶点 O 相距 $80\ \mathrm{mm}$ 时，小环 M 的绝对速度、加速度大小，以及相对杆 AB 的速度、加速度大小。

6–11 如图6.41所示，已知轮 C 半径为 R，其角速度 ω 为常量。求 $\varphi = 60°$ 时，杆 O_1A 的角速度和角加速度。

6–12 如图6.42所示，倾角 $\varphi = 30°$ 的尖劈以匀速率 $u = 200\ \mathrm{mm/s}$ 沿水平面向右运动，使杆 OB 绕 O 轴转动，$r = 200\sqrt{3}\ \mathrm{mm}$。求当 $\theta = \varphi$ 时，杆 OB 的角速度和角加速度。

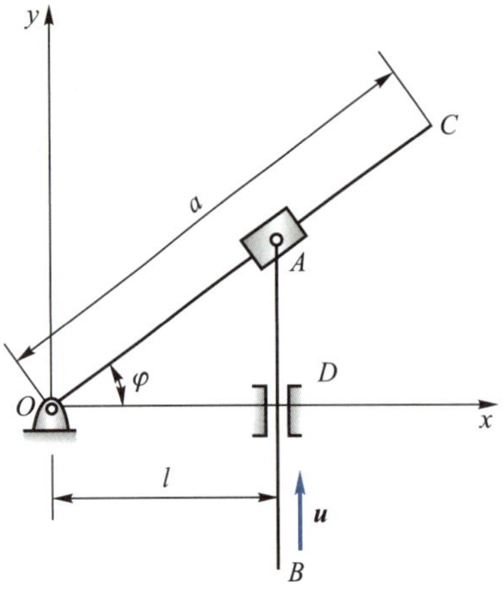

图 6.38

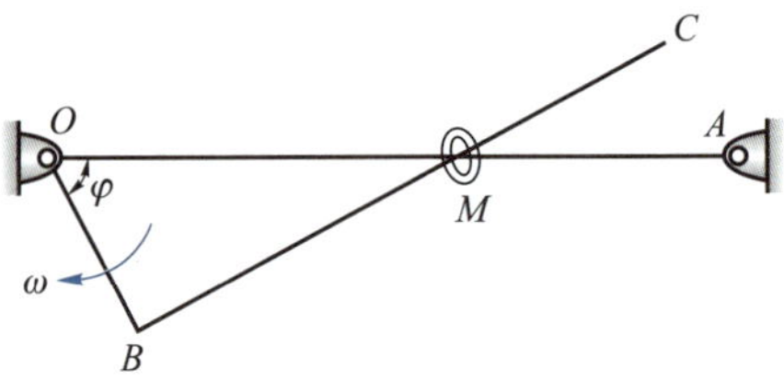

图 6.39

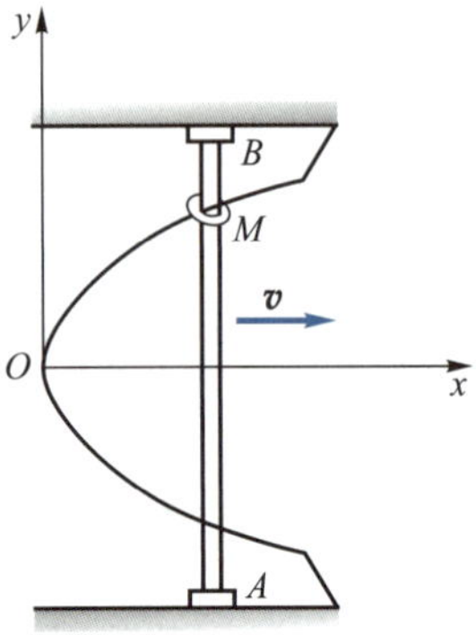

图 6.40

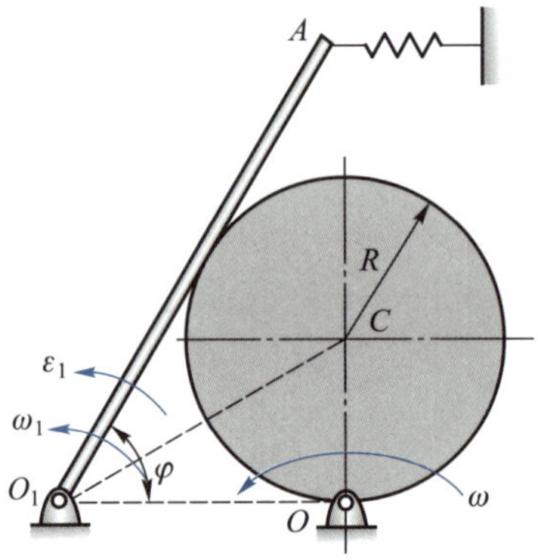

图 6.41

6–13　如图6.43所示，十字形滑块 K 连接固定杆 AB 和与 AB 垂直的杆 CD。滑块 D 按方程 $AD=s=80[5+4\sin(0.5t)]$（式中，s 以 mm 计，t 以 s 计）运动。设 $\alpha=60°$，试求 $t=\pi/3$ s 时，滑块 K 相对杆 CD 的加速度大小和绝对加速度大小。

6–14　如图6.44所示机构中，主动件的角速度或速度已经标明，欲求从动件的速度或

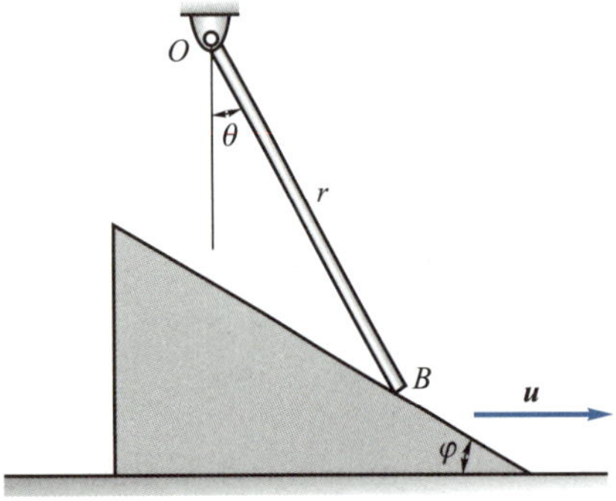

图 6.42

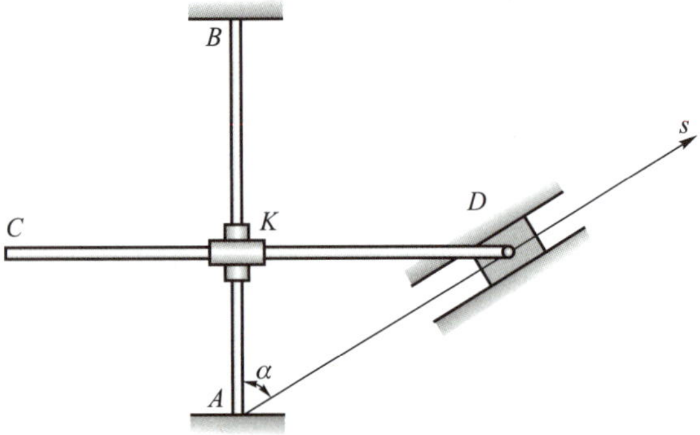

图 6.43

角速度，试选择动点和动参考系，分析牵连、相对、绝对运动，并按图示位置分析牵连、相对、绝对速度。

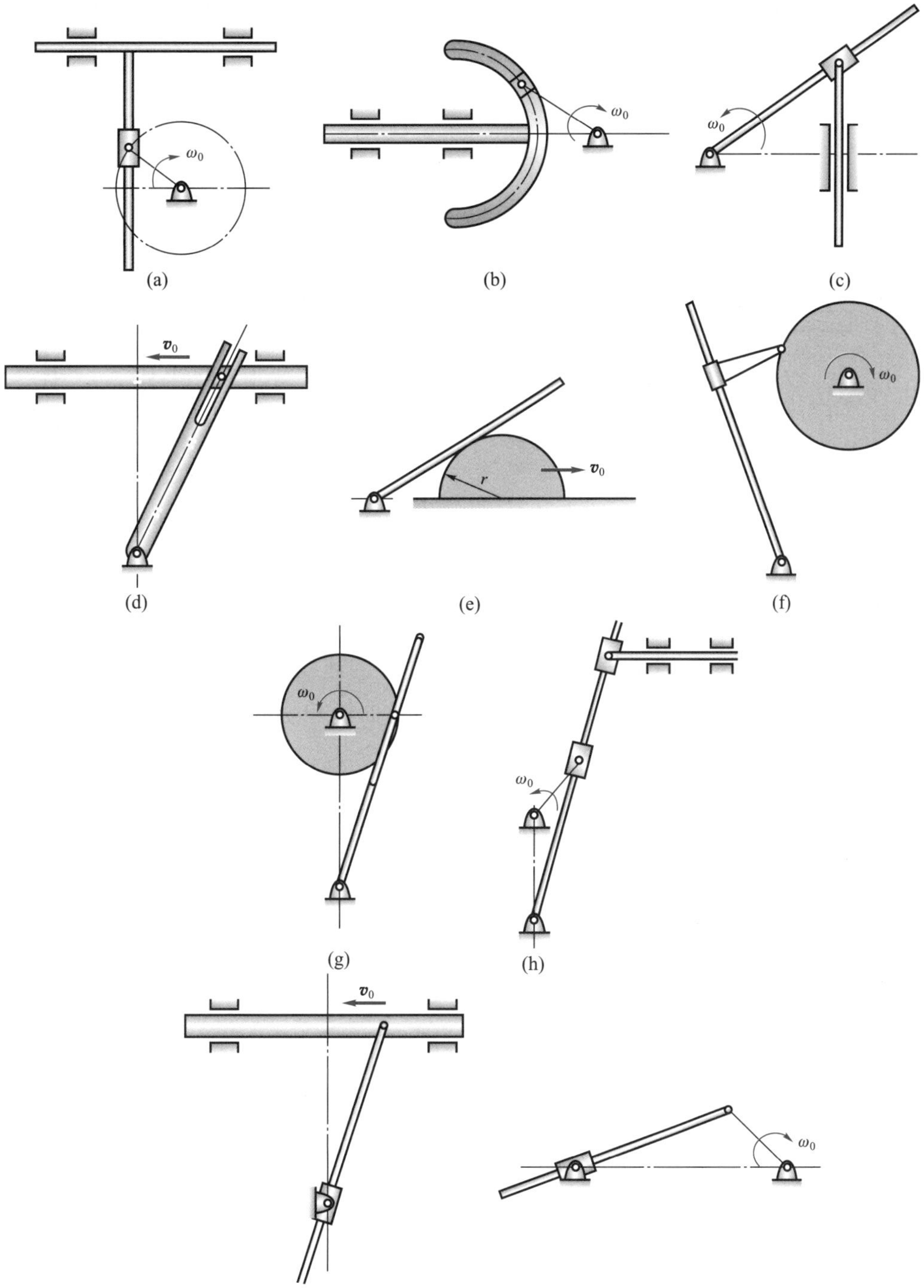

图 6.44

6–15　如图6.45所示，已知轮 C 半径为 R，偏心距为 e，角速度 ω 为常量。求 $\theta=0°$ 时，平顶杆 AB 的速度。

6–16　如图6.46所示，小环 M 同时与半径为 r 的两圆环相交。圆环 O' 固定，圆环 O 绕其圆周上一点 A 以匀角速度 ω 转动。求当 A、O、O' 位于同一直线时两圆环交点 M 的速度大小和加速度大小。

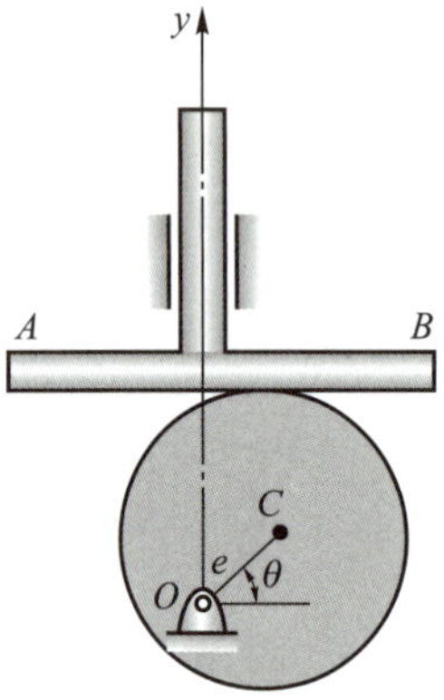

图 6.45

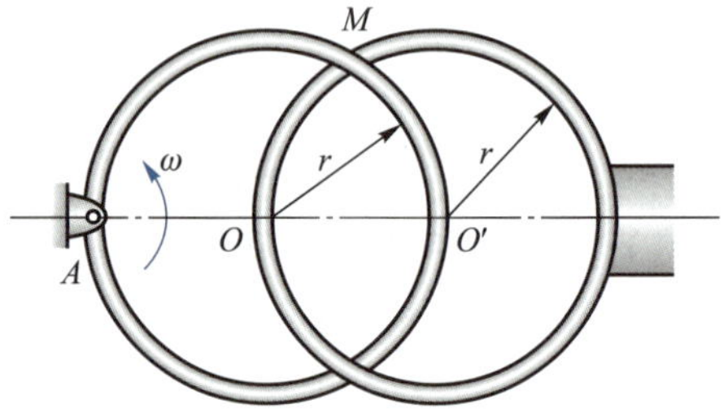

图 6.46

6–17　如图6.47所示，半径为 $r=12$ cm 的半圆环可在水平面上滑动，AB 为固定铅垂直杆，小环 M 套在半圆环与直杆上，某瞬时半圆环平移的速度大小 $v_0=30$ cm/s，加速度大小 $a_0=3$ cm/s^2，且 $\theta=60°$，求此瞬时小环的速度大小和加速度大小。

6–18　如图6.48所示机构中，小环 M 套在直角曲杆 O_1AB 上，同时还套在半径为 r 的半圆环上，$O_1A=\left(\sqrt{3}/2\right)r$，当半圆环以水平速度 $\boldsymbol{v}_0$、水平加速度 $\boldsymbol{a}_0$ 行至图示位置时，$AM=1.5r$，曲杆绕 O_1 轴转动的角速度为 ω_1，角加速度为零。试求此瞬时小环 M 的速度大小和加速度大小。

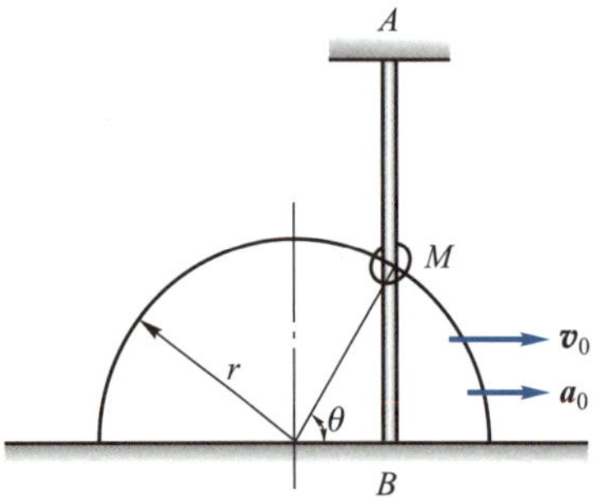

图 6.47

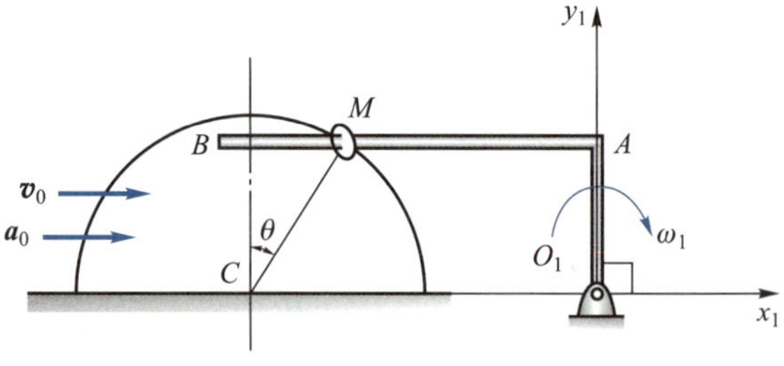

图 6.48

6–19　如图6.49所示，杆 AB 在滑槽内向右运动，杆 CD 绕 C 点以匀角速度 ω 转动，小环 M 套在两杆上，当两杆垂直的瞬时，杆 AB 的速度为 $\boldsymbol{v}_0$，加速度为 $\boldsymbol{a}_0$, C、M 间长度为 L，求小环 M 的速度大小和加速度大小。

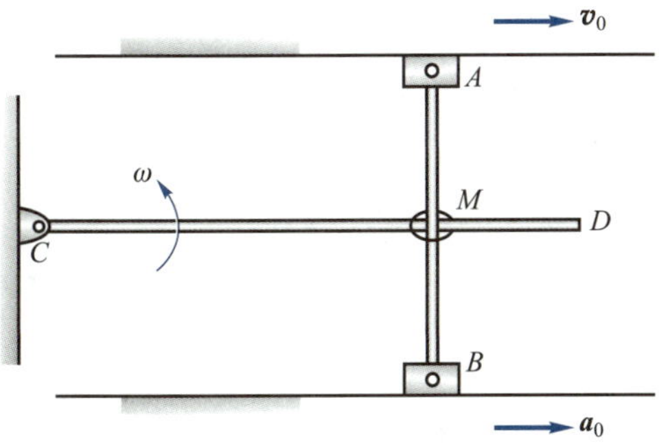

图 6.49

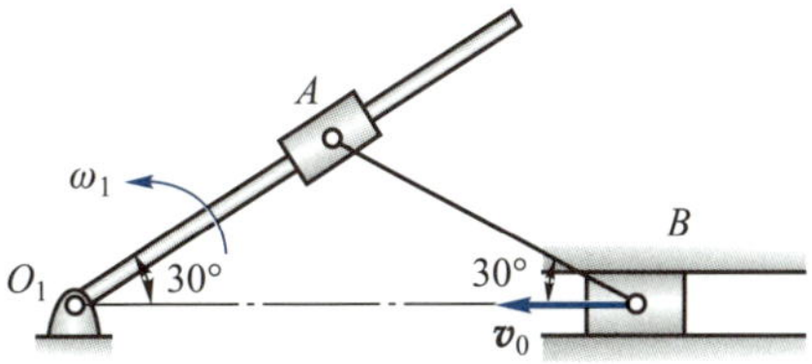

图 6.50

6–20　如图6.50所示，杆 O_1A 绕 O_1 轴以匀角速度 ω_1 转动，连杆一端的滑块 B 以匀速度 $\boldsymbol{v}_0$ 沿滑槽运动，AB 长度为 l，试求图示瞬时 AB 杆的角速度和角加速度。

6–21　如图6.51所示，杆 OA 以匀角速度 ω_0 绕 O 轴转动，半径为 r 的滚轮在杆 OA 上作纯滚动，已知 $O_1B=\sqrt{3}r$，图示瞬时 O、B 在同一水平线上，O_1B 在铅垂位置，$\angle AOB=30°$，求在此瞬时：（1）杆 O_1B 的角速度、滚轮的角速度、滚轮上 P 点的速度；（2）杆 O_1B 的角加速度、滚轮的角加速度、滚轮上 P 点的加速度。

6–22　如图6.52所示，A、B 两个点的运动均满足约束方程组 f_1: $x^2+y^2=1$ 和 f_2: $y=z$，它们的速度大小的数值始终为1，初始时刻在图示坐标系中的位置分别为 $(\sqrt{2}/2, \sqrt{2}/2, \sqrt{2}/2)$ 和 $(-\sqrt{2}/2, \sqrt{2}/2, \sqrt{2}/2)$，运动方向如图所示。以 A 点运动的自然坐标系为动系，求初始时刻 B 点的牵连加速度和科氏加速度。

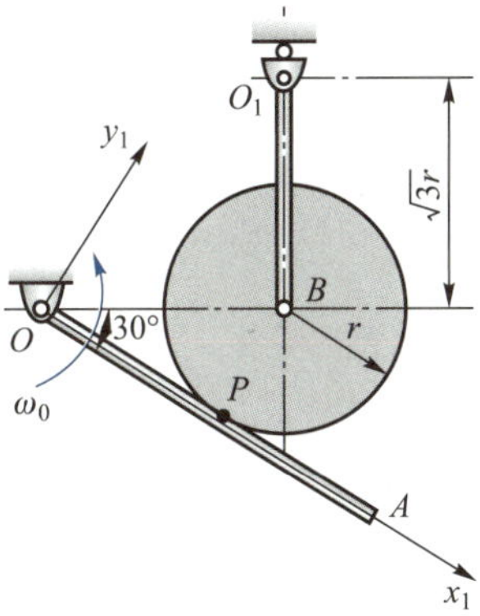

图 6.51

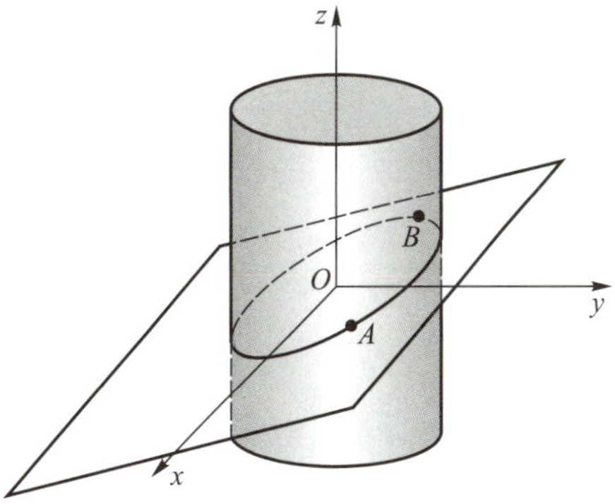

图 6.52

第6讲习题参考答案

第 7 讲 刚体复合运动

刚体复合运动研究刚体相对不同参考系的运动之间的关系。例如，如图 7.1 所示的自行车轮绕其轴作定轴转动，而该轴又绕铅垂轴作定轴转动，因此需要研究车轮相对于其轴和地面这两个参考系的运动之间的关系。

刚体一般运动可以分解为随基点的平动和绕基点的定点运动，而基点的速度和加速度可以利用点的复合运动理论求得，因此刚体复合运动的核心问题是刚体的角速度和角加速度的合成。

图 7.1

■ 7.1 角速度合成公式

考察如图 7.2 所示的刚体的运动。刚体相对动系 $Oxyz$ 以角速度 $\boldsymbol{\omega}_{\mathrm{r}}$ 作定点运动，而动系 $Oxyz$ 又相对于定系 $OXYZ$ 以角速度 $\boldsymbol{\omega}_{\mathrm{e}}$ 作定点运动。相对运动为刚体相对于动系的定点运动，相对角速度为 $\boldsymbol{\omega}_{\mathrm{r}}$。牵连运动为动系相对于定系的定点运动，牵连角速度为 $\boldsymbol{\omega}_{\mathrm{e}}$。绝对运动为刚体相对于定系的运动，绝对角速度为 $\boldsymbol{\omega}$。

[难点讲解] 角速度和角加速度合成公式

为了研究绝对角速度、相对角速度和牵连角速度之间的关系，取刚体上任意一点 P 为动点，其矢径为 $\boldsymbol{r}$，如图 7.2 所示。由于刚体作定点运动，P 点的相对速度、牵连速度和绝对速度分别为

$$\boldsymbol{v}_{\mathrm{r}} = \boldsymbol{\omega}_{\mathrm{r}} \times \boldsymbol{r}, \quad \boldsymbol{v}_{\mathrm{e}} = \boldsymbol{\omega}_{\mathrm{e}} \times \boldsymbol{r}, \quad \boldsymbol{v} = \boldsymbol{\omega} \times \boldsymbol{r} \tag{7.1.1}$$

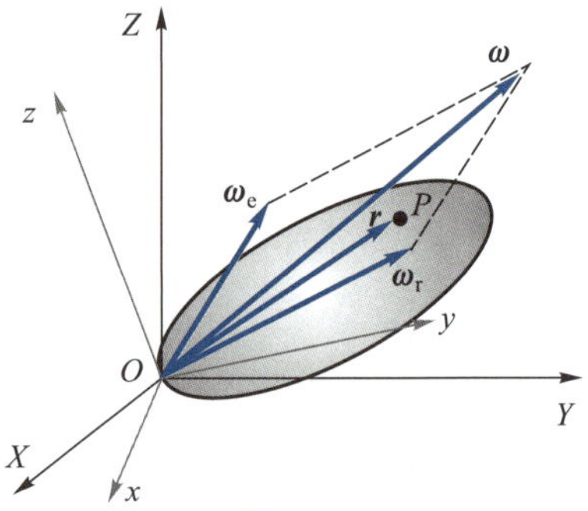

图 7.2

根据点的复合运动的速度合成定理得

$$\boldsymbol{\omega} \times \boldsymbol{r} = (\boldsymbol{\omega}_{\mathrm{e}} + \boldsymbol{\omega}_{\mathrm{r}}) \times \boldsymbol{r} \tag{7.1.2}$$

P 点是刚体上的任意点，故式 (7.1.2) 对任意的 $\boldsymbol{r}$ 都成立，由此得

$$\boldsymbol{\omega} = \boldsymbol{\omega}_{\mathrm{e}} + \boldsymbol{\omega}_{\mathrm{r}} \tag{7.1.3}$$

即刚体的**绝对角速度等于相对角速度和牵连角速度的矢量和**。这一结论是从牵连运动和相对运动都是定点运动这一特例得到的，但可以证明，式 (7.1.3) 对牵连运动和相对运动均为一般运动的情况也成立。

另外，角速度合成公式 (7.1.3) 还可以推广到多个运动合成的情况：刚体相对于坐标系 $Ox_1y_1z_1$ 运动（其角速度为 $\boldsymbol{\omega}_1$），坐标系 $Ox_1y_1z_1$ 相对于坐标系 $Ox_2y_2z_2$ 运动（其角

速度为 $\boldsymbol{\omega}_2$)，坐标系 $Ox_{n-1}y_{n-1}z_{n-1}$ 相对于坐标系 $Ox_ny_nz_n$ 运动（其角速度为 $\boldsymbol{\omega}_n$)，则刚体相对于坐标系 $Ox_ny_nz_n$ 运动的角速度为

$$\boldsymbol{\omega} = \sum_{i=1}^{n} \boldsymbol{\omega}_i \tag{7.1.4}$$

■ 7.2 角加速度合成公式

将式 (7.1.3) 相对于定系对时间求导，可得刚体的绝对角加速度为

$$\boldsymbol{\varepsilon} = \frac{\mathrm{d}}{\mathrm{d}t}(\boldsymbol{\omega}_\mathrm{e} + \boldsymbol{\omega}_\mathrm{r}) \tag{7.2.1}$$

上式右端第 1 项 $\mathrm{d}\boldsymbol{\omega}_\mathrm{e}/\mathrm{d}t$ 是动系的角速度 $\boldsymbol{\omega}_\mathrm{e}$ 相对于定系的时间变化率，也就是牵连角加速度 $\boldsymbol{\varepsilon}_\mathrm{e}$；右端第 2 项 $\mathrm{d}\boldsymbol{\omega}_\mathrm{r}/\mathrm{d}t$ 是刚体的相对角速度 $\boldsymbol{\omega}_\mathrm{r}$ 相对于定系的时间变化率，它并不是刚体的相对角加速度 $\boldsymbol{\varepsilon}_\mathrm{r} = \tilde{\mathrm{d}}\boldsymbol{\omega}_\mathrm{r}/\mathrm{d}t$。利用绝对导数与相对导数之间的关系，有

$$\frac{\mathrm{d}\boldsymbol{\omega}_\mathrm{r}}{\mathrm{d}t} = \frac{\tilde{\mathrm{d}}\boldsymbol{\omega}_\mathrm{r}}{\mathrm{d}t} + \boldsymbol{\omega}_\mathrm{e} \times \boldsymbol{\omega}_\mathrm{r} \tag{7.2.2}$$

将式 (7.2.2) 代入式 (7.2.1)，得到刚体复合运动的角加速度合成公式

$$\boldsymbol{\varepsilon} = \boldsymbol{\varepsilon}_\mathrm{e} + \boldsymbol{\varepsilon}_\mathrm{r} + \boldsymbol{\omega}_\mathrm{e} \times \boldsymbol{\omega}_\mathrm{r} \tag{7.2.3}$$

下面讨论两种特殊情况。

（1）相对运动和牵连运动都是匀角速度的定轴转动，此时相对角加速度和牵连角加速度均为零，角加速度合成公式式 (7.2.3) 简化为

$$\boldsymbol{\varepsilon} = \boldsymbol{\omega}_\mathrm{e} \times \boldsymbol{\omega}_\mathrm{r} \tag{7.2.4}$$

（2）相对运动和牵连运动都是定轴转动，且两根转动轴平行，此时 $\boldsymbol{\omega}_\mathrm{e} \times \boldsymbol{\omega}_\mathrm{r} = \boldsymbol{0}$，角速度合成公式和角加速度合成公式均可以简化为标量形式

$$\omega = \omega_\mathrm{e} + \omega_\mathrm{r} \tag{7.2.5}$$

$$\varepsilon = \varepsilon_\mathrm{e} + \varepsilon_\mathrm{r} \tag{7.2.6}$$

例 7.1

用刚体的复合运动的方法求解例 5.1。

解　易得圆锥体作定点运动，且圆锥体与坐标面 Oxy 相接触的母线 OA 是瞬时转动轴。由速度

$$\boldsymbol{v}_C = \boldsymbol{\omega} \times \boldsymbol{r}_{OC}$$

可得

$$48\boldsymbol{j}\ \text{cm/s} = -\omega \boldsymbol{i} \times \left(\frac{4}{5} \cdot 4\boldsymbol{i} + \frac{3}{5} \cdot 4\boldsymbol{k}\right)\ \text{cm}$$

求出角速度

$$\boldsymbol{\omega} = -20\boldsymbol{i}\ \text{rad/s}$$

角速度矢量 $\boldsymbol{\omega}$ 绕 Oz 轴作定轴转动，转动角速度为

$$\omega_{\mathrm{e}} = \frac{v_C}{O_1C} = 15\ \text{rad/s}$$

即为圆锥体的牵连角速度。

由于

$$\boldsymbol{\omega}_{\mathrm{e}} \times \boldsymbol{\omega} = \boldsymbol{\omega}_{\mathrm{e}} \times (\boldsymbol{\omega}_{\mathrm{e}} + \boldsymbol{\omega}_{\mathrm{r}}) = \boldsymbol{\omega}_{\mathrm{e}} \times \boldsymbol{\omega}_{\mathrm{r}} = \boldsymbol{\varepsilon}$$

即可求出瞬轴（圆锥体）的角加速度为

$$\boldsymbol{\varepsilon} = \boldsymbol{\omega}_{\mathrm{e}} \times \boldsymbol{\omega} = 15\boldsymbol{k} \times (-20\boldsymbol{i})\ \text{rad/s}^2 = -300\boldsymbol{j}\ \text{rad/s}^2$$

再根据式 (5.1.2) 可分别计算 C 点和 A 点的加速度。

例 7.2

如图 7.3 所示机构中，三个齿轮互相啮合，并用一曲柄相连，齿轮中心在同一直线上。已知定轮 0 与动轮 2 的半径相等，曲柄的绝对角速度为 ω_3，求动轮 2 的绝对角速度 ω_2。

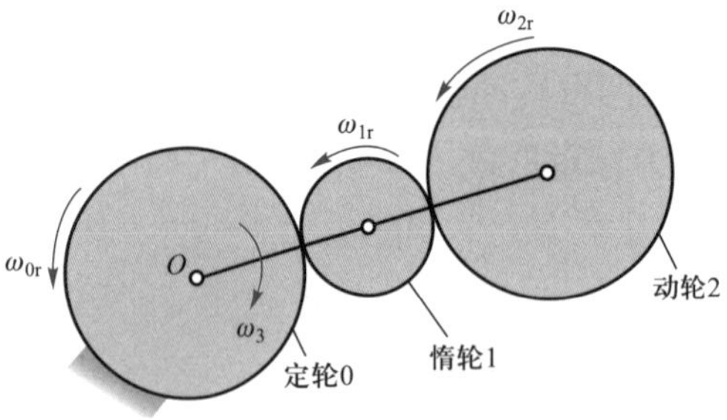

图 7.3

解　取曲柄为动系，则牵连角速度 $\omega_{\mathrm{e}} = \omega_3$。三个齿轮的相对运动均为定轴转动，其相对角速度分别记为 $\omega_{0\mathrm{r}}$、$\omega_{1\mathrm{r}}$ 和 $\omega_{2\mathrm{r}}$，均以逆时针转向为正，如图 7.3 所示。定轮 0 固定，其角速度 $\omega_0 = \omega_{\mathrm{e}} + \omega_{0\mathrm{r}} = 0$，故有 $\omega_{0\mathrm{r}} = -\omega_{\mathrm{e}}$。齿轮间相互啮合，啮合点处的相对速度相等（绝对速度也相等），可得

$$r_0\omega_{0\mathrm{r}} = -r_1\omega_{1\mathrm{r}} = r_2\omega_{2\mathrm{r}}$$

因此得

$$\omega_{2r} = \frac{r_0}{r_2}\omega_{0r} = \omega_{0r} = -\omega_e$$

根据角速度合成公式可得动轮 2 的绝对角速度

$$\omega_2 = \omega_e + \omega_{2r} = 0$$

即动轮 2 作平动。

注记 7.1

动轮 2 作平面运动，例 7.2 也可以用刚体运动学的方法求解。杆 OC 作定轴转动，因此有（如图 7.4 所示）

$$v_B = (r_0 + r_1)\omega_3$$

$$v_C = (r_0 + 2r_1 + r_2)\omega_3 = 2v_B$$

惰轮 1 沿定轮 0 纯滚动，A 点为惰轮 1 的速度瞬心，因此惰轮 1 上 D 点的速度为

$$v_D = 2v_B = 2(r_1 + r_0)\omega_3 = v_C$$

动轮 2 和惰轮 1 啮合，两轮在啮合 D 点的速度相等。

可见，动轮 2 上 C 点和 D 点的速度相同，相对速度为 0，因此有

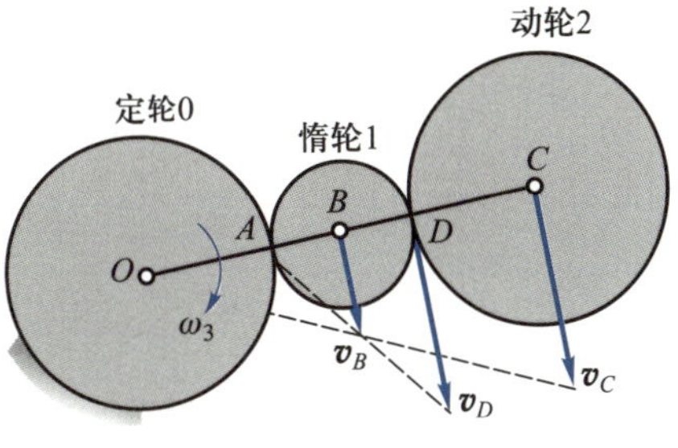

图 7.4

$$\omega_2 = 0$$

例 7.3

差速传动轮系如图 7.5(a) 所示。锥齿轮 Ⅰ 和 Ⅱ 绕 CD 轴线分别以 $\omega_1 = 5$ rad/s 和 $\omega_2 = 3$ rad/s 作匀角速度转动，锥齿轮 Ⅲ 绕 O 点作定点运动，并带动曲柄 Ⅳ 绕轴线 CD 以角速度 $\boldsymbol{\omega}_4$ 转动。已知锥齿轮 Ⅰ 和 Ⅱ 的半径均为 $R = 7$ cm，锥齿轮 Ⅲ 的半径为 $r = 2$ cm。求锥齿轮 Ⅲ 的角速度 $\boldsymbol{\omega}_3$ 和曲柄 Ⅳ 的角速度 $\boldsymbol{\omega}_4$。

[典型例题] 例 7.3

解　方法 1（复合运动方法）

动系 $Oxyz$ 与曲柄 Ⅳ 固连 [如图 7.5(b) 所示]，牵连角速度为 $\boldsymbol{\omega}_e = \omega_4\boldsymbol{k}$。各齿轮均相对动系作定轴转动，齿轮 Ⅰ 和齿轮 Ⅱ 的相对角速度分别为

$$\omega_{1r} = \omega_1 - \omega_4, \quad \omega_{2r} = \omega_2 - \omega_4 \tag{7.2.7}$$

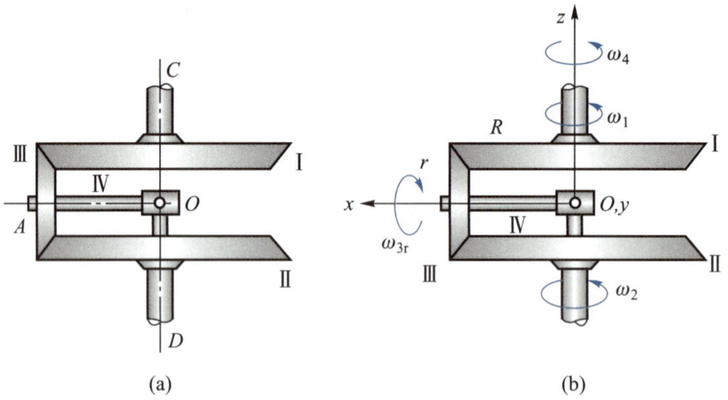

图 7.5

三个齿轮相互啮合，啮合点的相对速度相等（绝对速度也相等），故有

$$R\omega_{1\mathrm{r}} = -r\omega_{3\mathrm{r}}, \quad R\omega_{2\mathrm{r}} = r\omega_{3\mathrm{r}}$$

由以上两个关系式得

$$\omega_{1\mathrm{r}} = -\omega_{2\mathrm{r}}, \quad \omega_{3\mathrm{r}} = \frac{R}{r}\omega_{2\mathrm{r}} = \frac{R}{r}(\omega_2 - \omega_4)$$

因此有

$$\boldsymbol{\omega}_4 = \frac{1}{2}(\omega_1 + \omega_2)\boldsymbol{k} = 4\boldsymbol{k} \ \ \mathrm{rad/s}$$

$$\boldsymbol{\omega}_3 = \boldsymbol{\omega}_{\mathrm{e}} + \boldsymbol{\omega}_{3\mathrm{r}} = (-3.5\boldsymbol{i} + 4\boldsymbol{k}) \ \ \mathrm{rad/s}$$

方法 2（考虑轮 Ⅲ 的绝对运动）

以轮 Ⅲ 为研究对象，接触点 E 和 B 的绝对速度分别为

$$v_E = \omega_1 R, \quad v_B = \omega_2 R$$

因此可以求出轮 Ⅲ 的中心 A 点的速度

$$v_A = \frac{v_B + v_E}{2} = \frac{R(\omega_1 + \omega_2)}{2}$$

再求出轮 Ⅲ 及其轴 Ⅳ 的转动角速度

$$\omega_4 = \frac{v_A}{R} = \frac{\omega_1 + \omega_2}{2}$$

C^* 为刚体 Ⅲ 的延拓部分上的速度为零的点，如图 7.6 所示。又由于 $v_O = 0$，因此 OC^* 即为轮 Ⅲ 的瞬时转轴。只要根据几何关系求出 BF 的长度，即可得到角速度

$$\omega_3 = \frac{v_B}{BF}$$

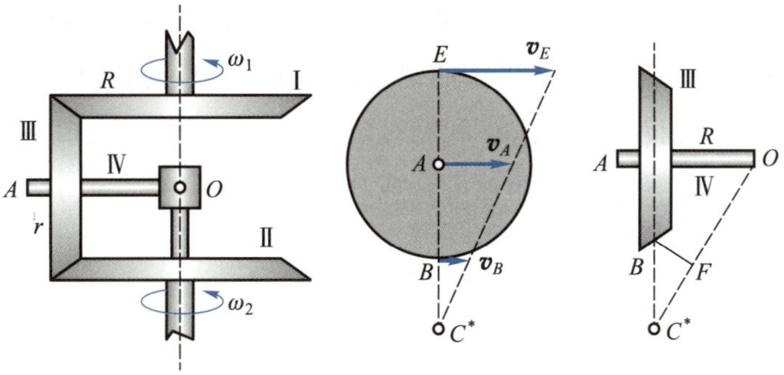

图 7.6

注记 7.2

差速传动轮的两根轴的角速度不同，第三根轴与前两根轴垂直。注意编号 Ⅲ 和 Ⅳ 是两个刚体，需要分别求 Ⅲ 和 Ⅳ 的绝对角速度。

方法 1 中选动系是难点。选 Ⅳ 为动系，Ⅳ 的角速度就是刚体的牵连角速度。由轮与轮接触点速度相等，我们以接触点速度为桥梁，可以求 Ⅲ 的角速度。此外，为什么 Ⅰ 和 Ⅱ 的相对角速度大小相等，符号相反？因为它们在 Ⅲ 的轮缘相接触的两点速度大小相等，方向相反，半径相等，所以得到相对角速度关系 $\omega_{1\mathrm{r}} = -\omega_{2\mathrm{r}}$。又由原本角速度的关系 [见式 (7.2.7)]，可以求出 Ⅳ 的角速度。

例 7.4

轴 C 绕 z 轴匀角速转动，带动齿轮 A 沿定齿轮 B 滚动，如图 7.7(a) 所示。轴 C 转动的角速度 $\omega_C = 15\ \mathrm{rad/s}$。求齿轮 A 转动的角速度和角加速度。

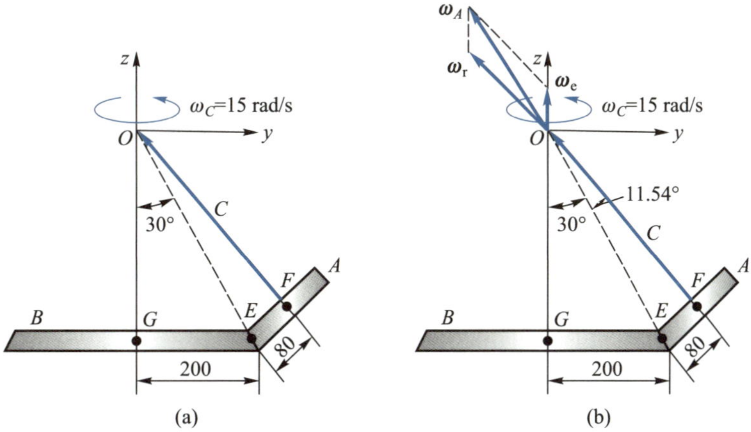

图 7.7

解　将动系固连在轴 C 上，则可将齿轮 A 的运动分解为齿轮相对于轴 C 的定轴转动（相对运动）和轴 C 绕 z 的定轴转动（牵连运动）。牵连角速度为 $\boldsymbol{\omega}_\mathrm{e}=\omega_C\boldsymbol{k}=15\boldsymbol{k}$ rad/s，相对角速度 $\boldsymbol{\omega}_\mathrm{r}$ 和绝对角速度 $\boldsymbol{\omega}_A$ 分别沿轴 C 和 OE 连线，大小未知，如图 7.7(b) 所示。由角速度合成公式，得

$$\boldsymbol{\omega}_A=\boldsymbol{\omega}_\mathrm{e}+\boldsymbol{\omega}_\mathrm{r}$$

由正弦定理得

$$\frac{\omega_\mathrm{e}}{\sin 11.54^\circ}=\frac{\omega_\mathrm{r}}{\sin 30^\circ}=\frac{\omega_A}{\sin 41.54^\circ} \tag{a}$$

可解得

$$\omega_A=49.7\ \ \mathrm{rad/s}$$

$$\omega_\mathrm{r}=37.5\ \ \mathrm{rad/s}$$

牵连运动和相对运动都是匀角速度的定轴转动，因此有 $\varepsilon_\mathrm{e}=0$，$\varepsilon_\mathrm{r}=0$。由角加速度合成公式可得齿轮 A 的角加速度为

$$\boldsymbol{\varepsilon}_A=\boldsymbol{\omega}_\mathrm{e}\times\boldsymbol{\omega}_\mathrm{r}=373.0\boldsymbol{i}\ \ \mathrm{rad/s^2} \tag{b}$$

思考题 7.1

例 5.2 得到的齿轮 A 的角加速度为 $\boldsymbol{\varepsilon}_A=\boldsymbol{\omega}_\mathrm{e}\times\boldsymbol{\omega}_A$，而这里得到的结果为 $\boldsymbol{\varepsilon}_A=\boldsymbol{\omega}_\mathrm{e}\times\boldsymbol{\omega}_\mathrm{r}$，为什么？

例 7.5

半径为 r 的车轮沿圆弧作纯滚动，如图 7.8(a) 所示，已知轮心 E 的速度 $\boldsymbol{u}$ 为常量，轮心轨道半径是 R。求车轮上最高点 B 的速度和加速度。

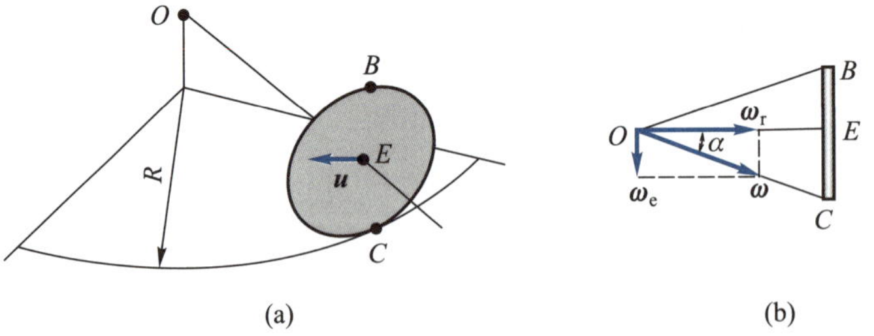

图 7.8

解 车轮绕 O 点作定点运动。取轴 OE 为动系，则车轮的相对运动是绕 OE 轴的定轴转动，相对角速度 $\boldsymbol{\omega}_\mathrm{r}$ 沿 OE 轴。牵连运动是动系绕竖直轴的定轴转动，牵连角速度 $\boldsymbol{\omega}_\mathrm{e}$ 沿竖直轴，其大小可由轮心的速度求得，即

$$\omega_\mathrm{e} = \frac{u}{R}$$

车轮上 C 点的瞬时速度为零，因此 OC 为车轮的瞬时转动轴，车轮的绝对角速度 $\boldsymbol{\omega}$ 沿 OC，如图 7.8(b) 所示。根据角速度合成公式 $\boldsymbol{\omega} = \boldsymbol{\omega}_\mathrm{e} + \boldsymbol{\omega}_\mathrm{r}$ 和几何关系，得

$$\omega = \frac{\omega_\mathrm{e}}{\sin\alpha}, \quad \omega_\mathrm{r} = \omega\cos\alpha$$

牵连运动和相对运动均是常角速度的定轴转动，因此有 $\boldsymbol{\varepsilon}_\mathrm{e} = 0$，$\boldsymbol{\varepsilon}_\mathrm{r} = 0$。由角加速度合成公式，可得车轮的绝对角加速度

$$\boldsymbol{\varepsilon} = \boldsymbol{\omega}_\mathrm{e} \times \boldsymbol{\omega}_\mathrm{r} = \omega_\mathrm{e}\omega_\mathrm{r}\boldsymbol{\tau} = \omega^2 \sin\alpha\cos\alpha\boldsymbol{\tau}$$

其中 $\boldsymbol{\tau}$ 是沿着 E 点速度方向的单位矢量。

求出车轮的角速度和角加速度后，直接利用定点运动的速度公式式 (5.1.1) 和加速度公式式 (5.1.2) 可求出 B 点的速度和加速度，这里就不再具体写出了。

例 7.6

马达转子安装于框架之内，框架绕固定铅垂轴以匀角速度 ω_1 转动，转子绕其自身的中心轴以匀角速度 ω_2 转动，中心轴与水平线的夹角为 α，如图 7.9(a) 所示。求转子的角速度 $\boldsymbol{\omega}$ 和角加速度 $\boldsymbol{\varepsilon}$，以及转子上 C 点的速度 $\boldsymbol{v}_C$ 和加速度 $\boldsymbol{a}_C$。

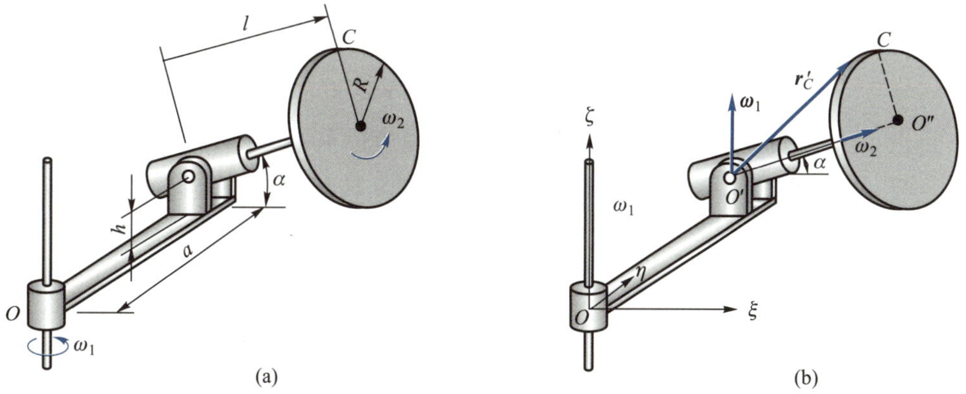

图 7.9

解 转子作空间一般运动。将动系 $O\xi\eta\zeta$ 固结在框架上 [图 7.9(b)]，转子的相

对运动为绕自身中心轴的定轴转动，相对角速度为

$$\boldsymbol{\omega}_{\mathrm{r}}=\boldsymbol{\omega}_2=\omega_2(\cos\alpha\boldsymbol{i}+\sin\alpha\boldsymbol{k})$$

牵连运动为框架绕固定铅垂轴的定轴转动，牵连角速度为

$$\boldsymbol{\omega}_{\mathrm{e}}=\omega_1\boldsymbol{k}$$

由角速度合成公式可得转子的绝对角速度为

$$\boldsymbol{\omega}=\boldsymbol{\omega}_{\mathrm{e}}+\boldsymbol{\omega}_{\mathrm{r}}=\omega_2\cos\alpha\boldsymbol{i}+(\omega_2\sin\alpha+\omega_1)\boldsymbol{k}$$

牵连运动和相对运动均是匀角速度的定轴转动，因此有 $\boldsymbol{\varepsilon}_{\mathrm{e}}=0$，$\boldsymbol{\varepsilon}_{\mathrm{r}}=0$。由角加速度合成公式，可得转子的绝对角加速度

$$\boldsymbol{\varepsilon}=\boldsymbol{\omega}_{\mathrm{e}}\times\boldsymbol{\omega}_{\mathrm{r}}=\omega_1\omega_2\cos\alpha\boldsymbol{j}$$

转子作一般运动，取 O' 点为基点，利用基点法可以求得 C 点的速度和加速度，这里不再赘述。

7.3 欧拉运动学方程推导

按照欧拉角的定义，刚体的角速度 $\boldsymbol{\omega}$ 可以由三次瞬时转动合成，此时，三次瞬时转动的轴不平行或者也不垂直。

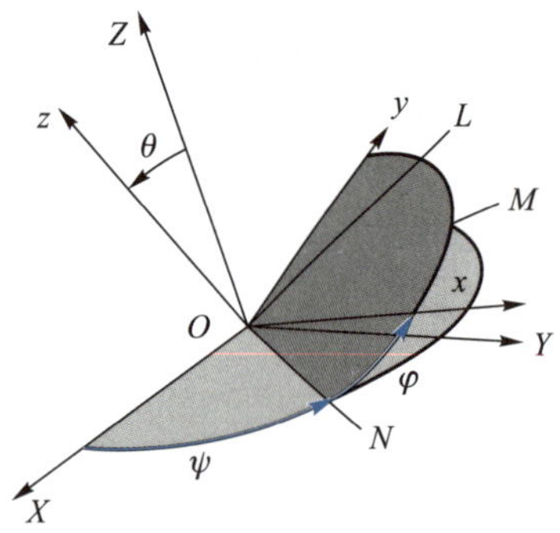

图 7.10

如图 7.10 所示，刚体处于初始状态时，固连坐标系 $Oxyz$ 和 $OXYZ$ 重合，第一次绕 OZ 轴以角速度 $\dot{\psi}$ 转动。转至新坐标系 $ONMZ$ 后，再绕新坐标系的 ON 轴以角速度 $\dot{\theta}$ 转动。转至新坐标系 $ONLz$ 之后，刚体再绕着 Oz 轴以角速度 $\dot{\varphi}$ 转动。

用刚体的复合运动来表示：首先刚体以 $ONMZ$ 为动系，则绝对角速度可写成

$$\boldsymbol{\omega}=\boldsymbol{\omega}_{\mathrm{e}(NMZ)}+\boldsymbol{\omega}_{\mathrm{r}(NMZ)}$$

进一步分解动系 $ONMZ$ 的相对角速度，以 $ONLz$ 为动系，得

$$\boldsymbol{\omega}_{\mathrm{r}(NMZ)}=\boldsymbol{\omega}_{\mathrm{e}(NLz)}+\boldsymbol{\omega}_{\mathrm{r}(NLz)}$$

对应写成三次瞬时转动的角速度的矢量和

$$\boldsymbol{\omega}=\dot{\psi}\boldsymbol{e}_Z+\dot{\theta}\boldsymbol{e}_N+\dot{\varphi}\boldsymbol{e}_z$$

可以将 $\boldsymbol{e}_Z$ 和 $\boldsymbol{e}_N$ 分别在固连坐标系 $Oxyz$ 坐标轴的单位矢量 $\boldsymbol{e}_x$、$\boldsymbol{e}_y$、$\boldsymbol{e}_z$ 表示，代入上式可得角速度和欧拉角的关系，即

$$\boldsymbol{\omega}=(\dot{\psi}\sin\theta\sin\varphi+\dot{\theta}\cos\varphi)\boldsymbol{e}_x+(\dot{\psi}\sin\theta\cos\varphi-\dot{\theta}\sin\varphi)\boldsymbol{e}_y+(\dot{\psi}\cos\theta+\dot{\varphi})\boldsymbol{e}_z \tag{7.3.1}$$

■ 本讲小结

刚体复合运动可以看成是两个刚体运动的合成。由于刚体的一般运动可以分解为随基点的平动和绕基点的定点运动，而基点的速度和加速度可以利用点的复合运动求得，因此刚体复合运动的核心问题是刚体角速度合成和角加速度合成。无论相对运动和牵连运动是何种运动，刚体的绝对角速度均为 $\boldsymbol{\omega}=\boldsymbol{\omega}_{\mathrm{e}}+\boldsymbol{\omega}_{\mathrm{r}}$，绝对角加速度均为 $\boldsymbol{\varepsilon}=\boldsymbol{\varepsilon}_{\mathrm{e}}+\boldsymbol{\varepsilon}_{\mathrm{r}}+\boldsymbol{\omega}_{\mathrm{e}}\times\boldsymbol{\omega}_{\mathrm{r}}$。

对多刚体组成的机构，在分析完单个刚体的角速度和角加速度后，再分析刚体之间的连接点的运动。通过从主动件向从动件运动的传递，一步步逐个对刚体进行分析。

■ 概念题

判断下列说法是否正确。

7–1 刚体绝对角速度等于相对角速度与牵连角速度的矢量和，刚体绝对角加速度等于相对角加速度与牵连角加速度的矢量和。

7–2 只有刚体相对运动、牵连运动、绝对运动都是定点运动时，刚体绝对角速度等于相对角速度与牵连角速度的矢量和。

7–3 只有刚体相对运动、牵连运动、绝对运动都是定轴转动时，刚体绝对角速度等于相对角速度与牵连角速度的矢量和。

7–4 刚体绝对角加速度等于相对角加速度、牵连角加速度与科里奥利加速度的矢量和。

7–5 在刚体复合运动中，角速度合成公式为 $\boldsymbol{\omega}=\boldsymbol{\omega}_{\mathrm{e}}+\boldsymbol{\omega}_{\mathrm{r}}+\boldsymbol{\omega}_{\mathrm{e}}\times\boldsymbol{\omega}_{\mathrm{r}}$。

■ 习题

7–1 如图 7.11 所示，已知杆 OA 以匀角速度 $\omega_e = \omega$ 逆时针转动，圆盘 B 相对杆 OA 以 $\omega_r = 4\omega$ 作顺时针纯滚动，圆盘半径为 r，$OP = 3r$。求圆盘中心 B 的速度大小。

7–2 如图 7.12 所示，曲柄 OA 长度为 l，绕 O 轴以匀角速度 ω_1 转动，其 A 端装有一圆盘，半径为 R，圆盘绕着销轴 A 以匀角速度 ω_2 相对曲柄 OA 转动，试求在图示位置，OA 延长线上 E 点的速度大小和加速度大小。

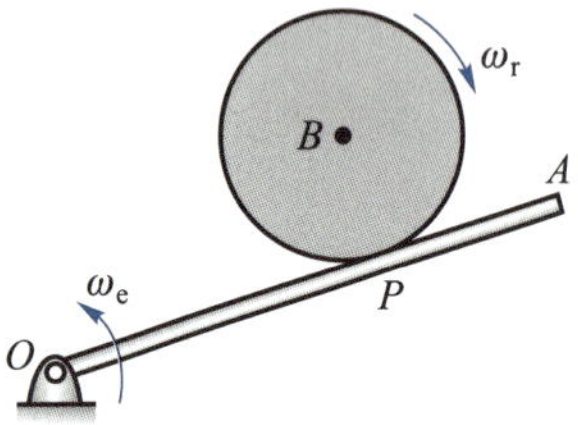

图 7.11

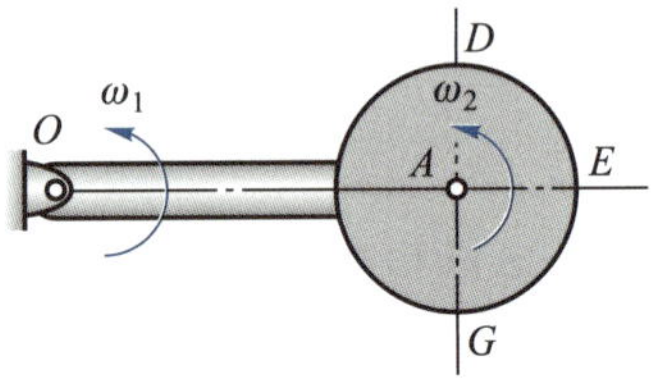

图 7.12

7–3 如图 7.13 所示为航空燃气涡轮发动机中的减速装置，由定轴传动齿轮 I，经过一组啮合于固定内齿轮 Ⅲ 的行星齿轮组 Ⅱ，来携带系杆 Ⅳ 转动，而系杆与螺旋桨相固连。已知各齿轮的齿数分别是 z_1、z_2 和 z_3。设齿轮 I 固连在涡轮机转轴上，角速度为 ω_1，方向如图所示。试求系杆 Ⅳ 的角速度（即螺旋桨的角速度）ω_4。

7–4 曲柄 OA 绕固定齿轮中心 O 轴转动，在曲柄上安装一个双联齿轮和一个小齿轮，如图 7.14 所示。已知曲柄转速 $n_0 = 30$ r/min，固定齿轮齿数 $z_0 = 60$，双联齿轮齿数 $z_1 = 40$ 和 $z_2 = 50$，小齿轮齿数 $z_3 = 25$。求小齿轮的转速和转向。

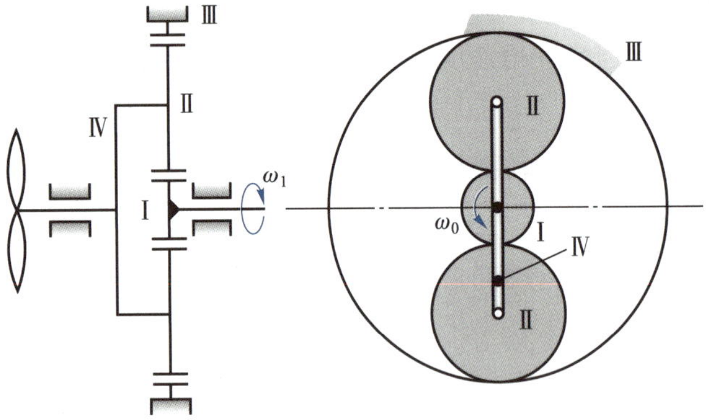

图 7.13

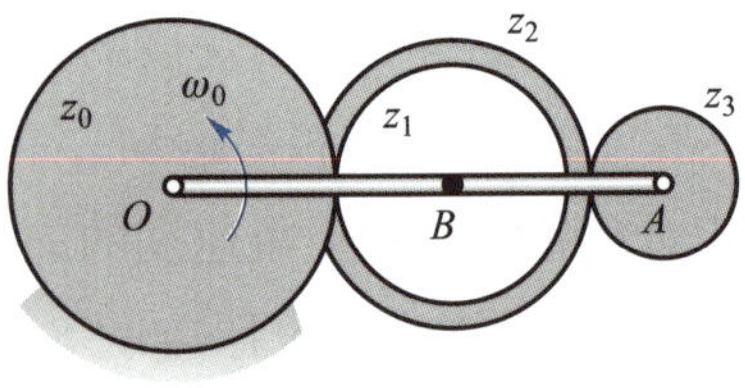

图 7.14

7–5 如图 7.15 所示，使砂轮高速转动的装置如下：杆 Ⅳ 借手柄以角速度 ω_4 绕 O_1 轴转动，在杆的另一端 O_2 轴上活动地套一半径为 r_2 的轮 Ⅱ；当手柄转动时，轮 Ⅱ 在半

径为 r_3 的固定外圆上只滚不滑，同时带动半径为 r_1 的轮 I 只滚不滑地转动；轮 I 是活动地套在 O_1 轴上并与砂轮相固接，如图 7.15 所示。如固定外圆的半径 r_3 为已知，问欲使 $\omega_1/\omega_4=12$，r_1 的值应为多少？

7–6　曲柄 Ⅲ 连接定齿轮 I 的 O_1 轴和行星齿轮 Ⅱ 的 O_2 轴，齿轮的啮合可为外啮合 [见图 7.16(a)]，也可为内啮合 [见图 7.16(b)]。曲柄 Ⅲ 以角速度 ω_3 绕 O_1 轴转动。如齿轮半径分别为 r_1 和 r_2，求齿轮 Ⅱ 的绝对角速度 ω_2 和其相对曲柄的角速度 ω_{23}。

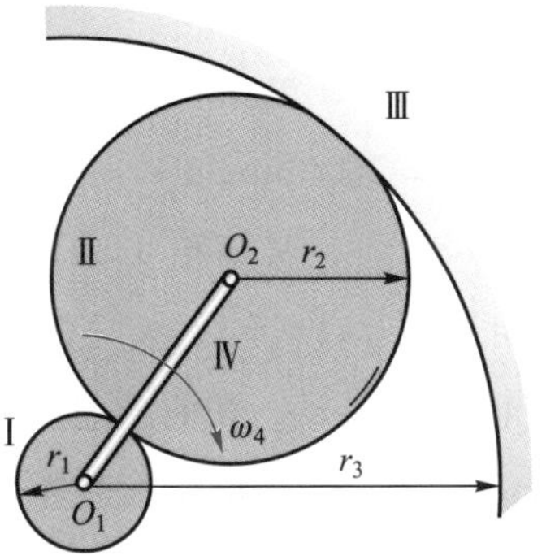

图 7.15

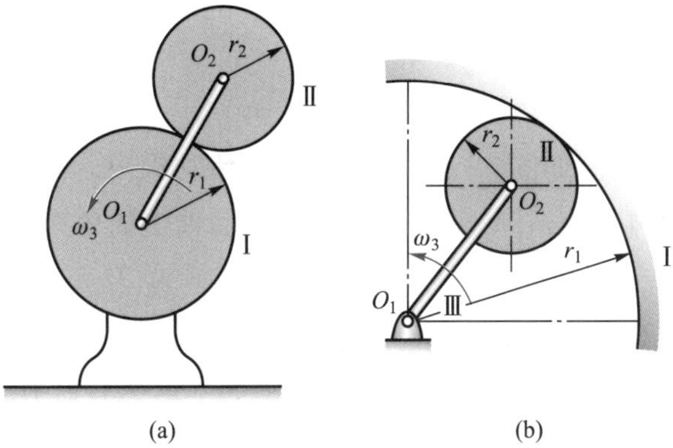

图 7.16

7–7　行星减速齿轮系如图 7.17 所示。齿轮 I 固定在机器外壳上，齿轮 Ⅳ 是中心轮，作定轴转动。行星轮 Ⅱ 及 Ⅲ 固结一体，可绕系杆 H 上的轴 O_2 转动，系杆 H 又绕固定轴转动。设各齿轮的齿数分别为 $z_1=20$，$z_2=22$，$z_3=21$，$z_4=21$，试求传动比 $i=\omega_{\text{Ⅳ}}/\omega_H$ 之值。

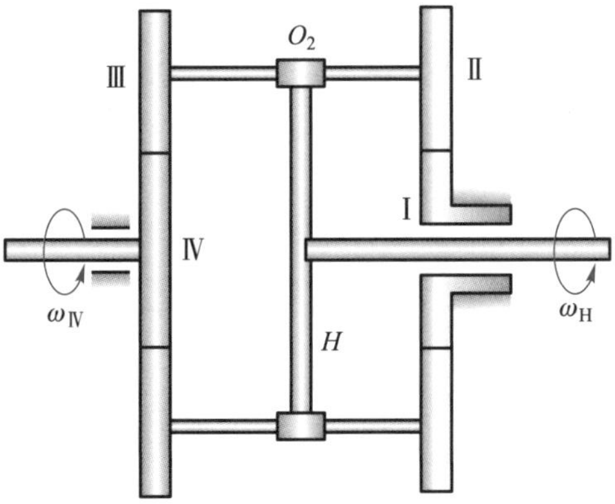

图 7.17

7–8　十字叉联轴节如图 7.18 所示，若此时十字叉 CD 臂在水平面内，AB 臂与铅垂平面相重合。已知主动轴的角速度为 ω_1，试求从动轴的角速度 ω_2 及十字叉头的角速度 ω。

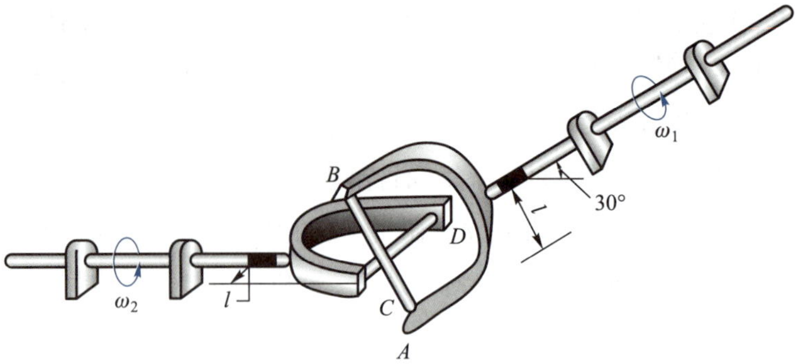

图 7.18

7–9 如图 7.19 所示为锥齿轮传动机构，各轮的半径为 $r_1 = 250$ mm，$r_2 = 200$ mm，$r_3 = 100$ mm，$r_4 = 150$ mm。主动轴 I 的角速度为 $\omega_{\mathrm{I}} = 60$ rad/s，又知轮 1 的角速度 $\omega_1 = 80$ rad/s，求从动轴 Ⅱ 的角速度 ω_{II} 及齿轮 3 的绝对角速度 ω_3。

7–10 差动齿轮构造如图 7.20 所示，曲柄 Ⅲ 可绕固定轴 AB 转动，在曲柄上活动地套一行星齿轮 Ⅳ，此行星齿轮由两个半径分别为 $r_1 = 5$ cm，$r_2 = 2$ cm 的锥齿轮牢固地叠合而成，两锥齿轮又分别与半径为 $R_1 = 10$ cm 和 $R_2 = 5$ cm 的两个锥齿轮 I 和 Ⅱ 啮合；齿轮 I 和 Ⅱ 可绕 AB 轴转动，但不与曲柄相连。今两齿轮 I 和 Ⅱ 的角速度分别为 $\omega_1 = 4.5$ rad/s 及 $\omega_2 = 9$ rad/s，且转向相同，求曲柄 Ⅲ 的角速度 ω_3 及行星齿轮对于曲柄的相对角速度 ω_{43}。

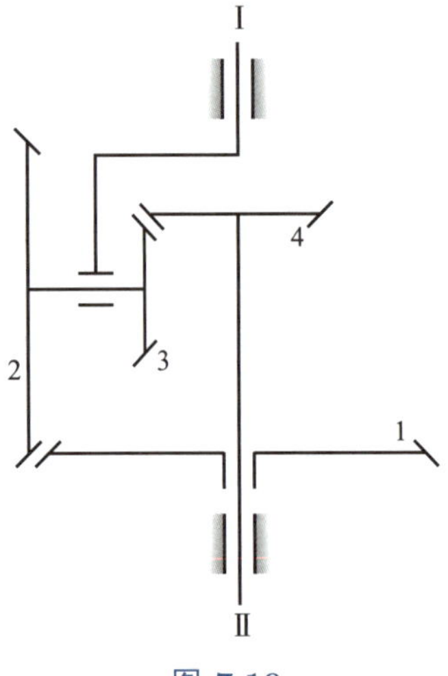

图 7.19

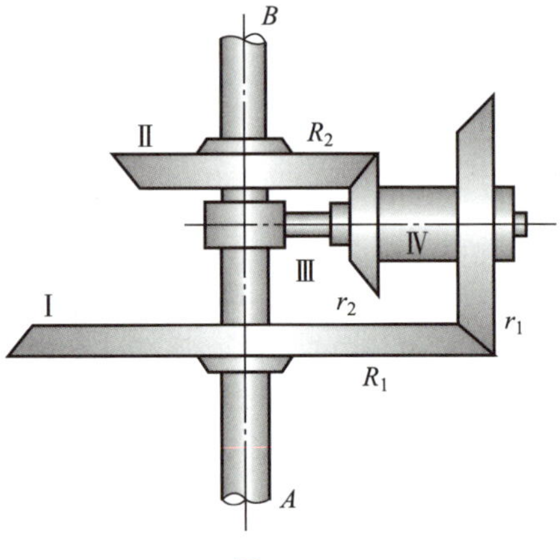

图 7.20

7–11 如图 7.21 所示，正方形框架以 2 r/min 绕轴 AB 转动。圆盘以 2 r/min 绕着与框架对角线相重合的轴 BC 转动。求此圆盘的绝对角速度和角加速度。

7–12 如图 7.22 所示传动装置中，半径为 R 的主动齿轮以匀角速度 ω_0 作逆时针方向转动，而长度为 $3R$ 的曲柄以同样的角速度绕 O 轴作顺时针方向转动。M 点位于半径为 R 的从动齿轮上，在垂直于曲柄的直径的末端。试用基点法和复合运动两种方法求 M 点的速度大小和加速度大小。

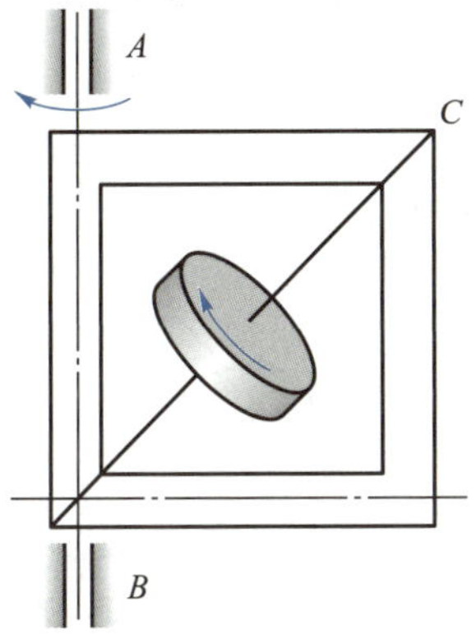

图 7.21

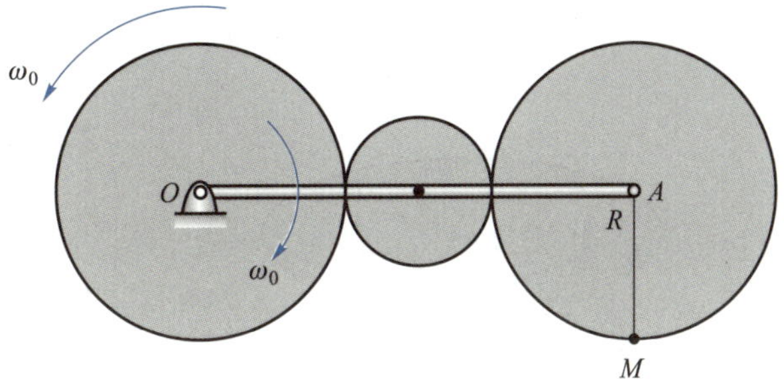

图 7.22

7–13　在圆周轮传动装置中，半径为 R 的主动齿轮以大小为 ω_0 的角速度和大小为 ε_0 的角加速度作逆时针转向的转动，长度为 $3R$ 的曲柄以同样的角速度和角加速度绕其轴作顺时针转向的转动，M 点位于半径为 R 的从动齿轮上，且在垂直于曲柄的直径末端，如图 7.23 所示，求 M 点的速度和加速度。

7–14　如图 7.24 所示曲柄 OA 以匀角速度 ω_0 绕固定齿轮 I 的轴 O 转动，同时在 A 端装有另一同样大小的齿轮 Ⅱ，两齿轮用链条相连接。如曲柄长度 $OA = l$，求动齿轮 Ⅱ 的角速度和角加速度及其上任一点 M 的速度大小和加速度大小。

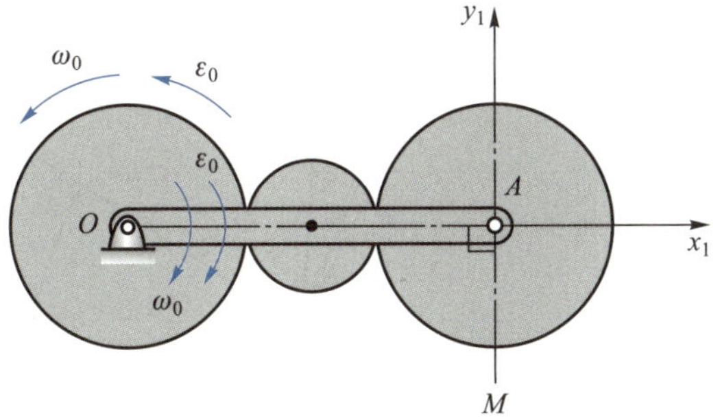

图 7.23

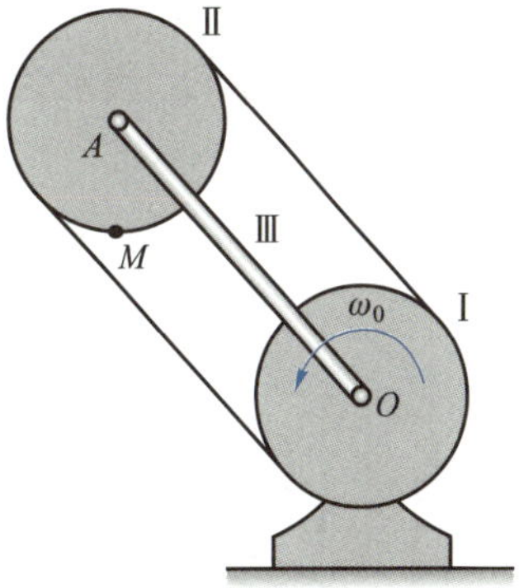

图 7.24

7–15　如图 7.25 所示差速传动装置中，两圆盘 AB 和 DE 的中心活套在同一转动轴上，此两圆盘紧压轮子 MN，其转动轴 HI 和两圆盘的转动轴垂直。已知轮子与两圆盘切点的速度分别为 $v_1 = 3$ m/s 和 $v_2 = 4$ m/s，轮子半径 $r = 5$ cm，$HI = 0.25$ m。求：

（1）轮子 MN 中心 H 的速度大小；（2）轮子 MN 绕 HI 转动的角速度大小；（3）轮子 MN 的绝对角速度和绝对角加速度。

7–16　如图 7.26 所示圆盘以 ω_3 绕 z_3 轴转动，支架 AB 以 ω_2 绕 x_2 轴转动，系统以 ω_1 绕固定轴 y_1 转动；ω_1、ω_2 和 ω_3 均为常量。求在图示位置时圆盘的角速度 $\boldsymbol{\omega}$ 与角加速度 $\boldsymbol{\varepsilon}$，圆盘最高点 D 的速度 $\boldsymbol{v}_D$ 与加速度 $\boldsymbol{a}_D$。

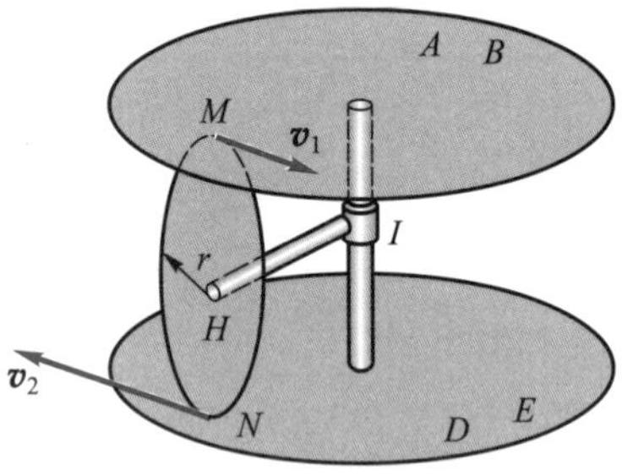

图 7.25

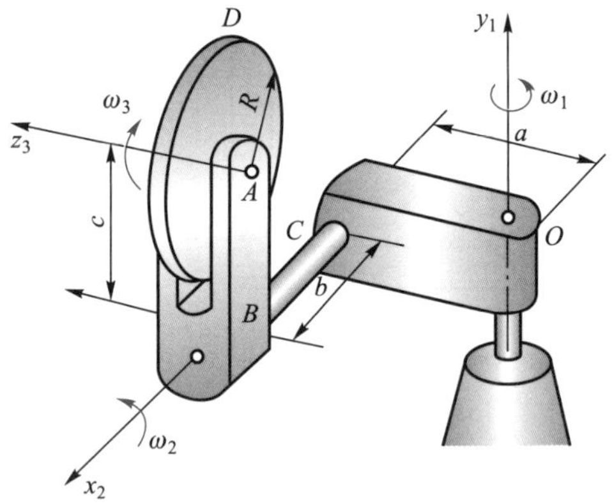

图 7.26

7–17　如图 7.27所示，马达转子安装于框架之内，框架绕固定铅垂轴以角速度 $\omega_1 = \pi/3$ rad/s 转动，转子绕其自身的中心轴以角速度 $\omega_2 = 10\pi$ rad/s 转动，转子半径 $R = 60$ mm，中心轴与水平线的夹角为 36.87°，试求转子的绝对角速度 $\boldsymbol{\omega}_{\mathrm{a}}$ 和绝对角加速度 $\boldsymbol{\varepsilon}_{\mathrm{a}}$；转子上 C 点的速度 $\boldsymbol{v}_C$ 和加速度 $\boldsymbol{a}_C$。

7–18　如图 7.28 所示，电风扇转轴的仰角为 30°，叶片以转速 $n = 900$ r/min 转动，同时绕铅垂轴以角速度 $\omega = \sin(\pi t/5)$ rad/s 来回摆动。试将叶片的绝对角速度和绝对角加速度的大小 ω_{a} 和 ε_{a} 表示为时间的函数。

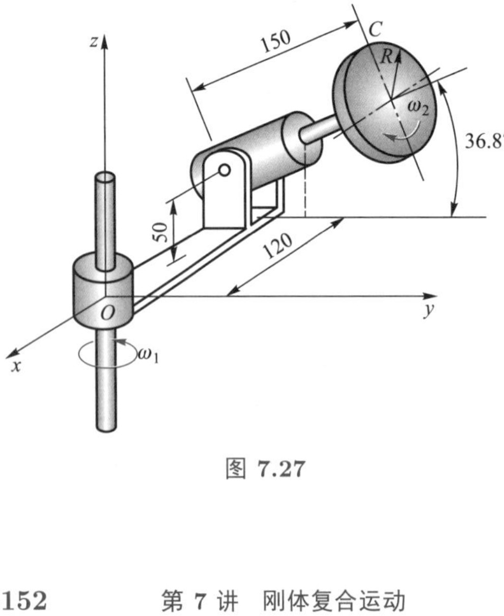

图 7.27

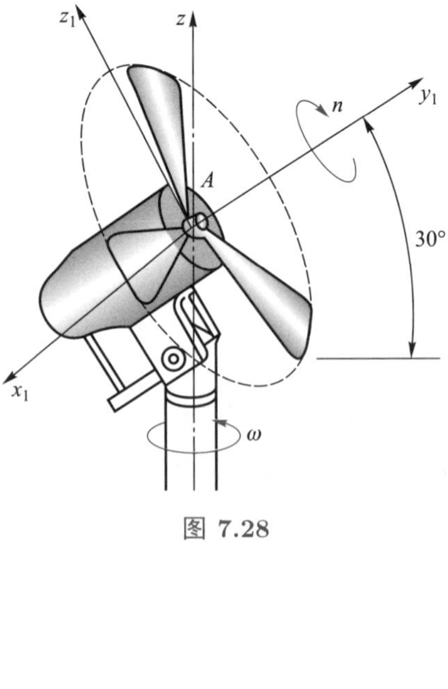

图 7.28

7–19　如图7.29所示，已知圆盘绕 CD 轴转动的角速度恒为 $\omega_1 = 5$ rad/s，支架角速度恒为 $\omega_2 = 3$ rad/s，求圆盘的角速度和角加速度。

7–20　如图7.30 所示，圆盘绕杆 AB 以角速度 $\Omega = 100$ rad/s 转动，杆 AB 及框架则绕铅垂轴以角速度 $\omega = 10$ rad/s 转动。已知 $R = 140$ mm，当 $\theta = 90°$，$\dot{\theta} = 2.5$ rad/s，$\ddot{\theta} = 0$ 时，试求圆盘上两相互垂直半径端点 C 点及 D 点的速度和加速度。

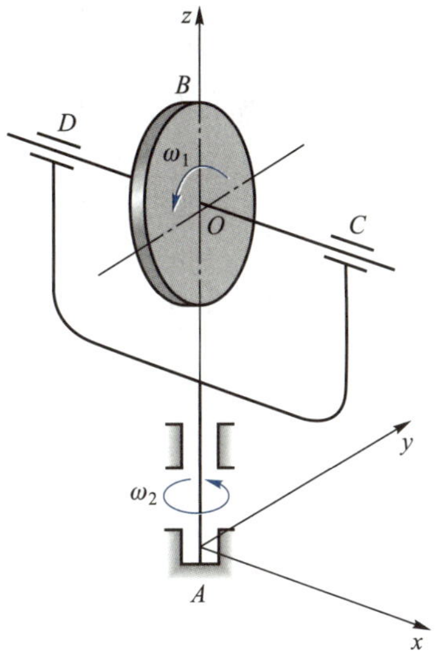

图 7.29

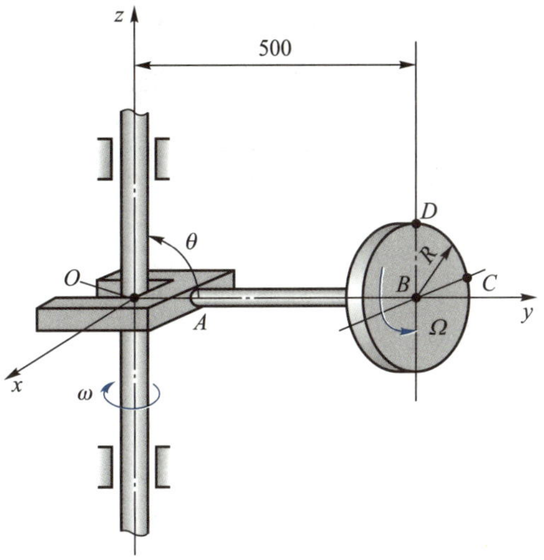

图 7.30

7–21　如图7.31 所示，已知卫星角速度恒为 $\omega = 0.5$ rad/s，电池板绕 y 轴转动的角速度恒为 $\dot{\theta} = 0.25$ rad/s，求 $\theta = 30°$ 时，电池板的绝对角加速度 ε_a 和板上 A 点的绝对加速度 $\boldsymbol{a}_A$。

7–22　如图7.32 所示陀螺仪绕外环轴转动的角速度为 $\dot{\boldsymbol{\alpha}}$，角加速度为 $\ddot{\boldsymbol{\alpha}}$；绕内环轴转动的角速度为 $\dot{\boldsymbol{\beta}}$，角加速度为 $\ddot{\boldsymbol{\beta}}$；转子自转的角速度为 $\dot{\boldsymbol{\varphi}}$，角加速度为 $\ddot{\boldsymbol{\varphi}}$。试写出陀螺转子角速度 $\boldsymbol{\omega}$ 及角加速度 $\boldsymbol{\varepsilon}$ 的公式。

7–23　已知机器人手臂 OA 在铅垂面内位置如图7.33 所示，$OA = 0.8$ m，$s(t)$ 和 $s_1(t)$ 以 m 计，t 以 s 计，分别在下列条件下：

（1）$s(t) = 0.2t^2$，$\varphi(t) = \dfrac{\pi}{2}\sin\dfrac{\pi}{6}t$；

（2）$s(t) = 0.2$，$\varphi(t) = \dfrac{\pi}{3}t$，$\psi(t) = \dfrac{\pi}{6}t^2$；

（3）$s(t) = 0.2$，$s_1(t) = 0.1t^2$，$\varphi(t) = \dfrac{\pi}{6}\cos\pi t$。

求 $t = 1$ s 时，手腕处 B 点在该瞬时的绝对速度大小 v_B 和绝对加速度大小 a_B。

7–24　如图7.34 所示圆盘半径 $R = 0.4$ m，以匀角速度 $\omega_1 = 20$ rad/s 绕 AB 臂上 O 轴转动，AB 臂又以匀角速度 $\omega_2 = 5$ rad/s 绕 z 轴转动，$L = 1.2$ m。求在图示位置时，

圆盘铅垂直径端点 C 的加速度。

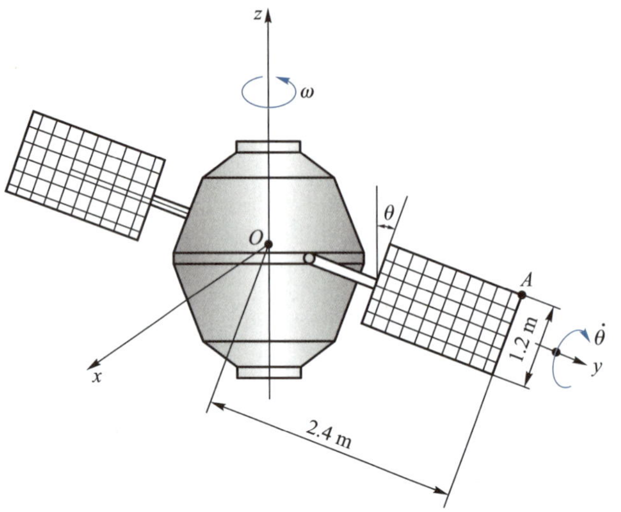

图 7.31

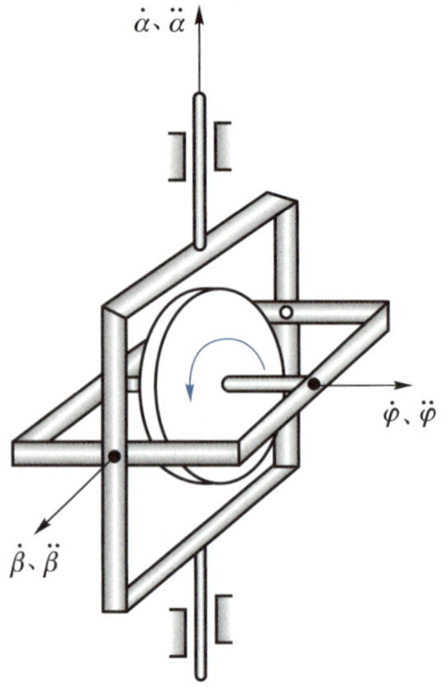

图 7.32

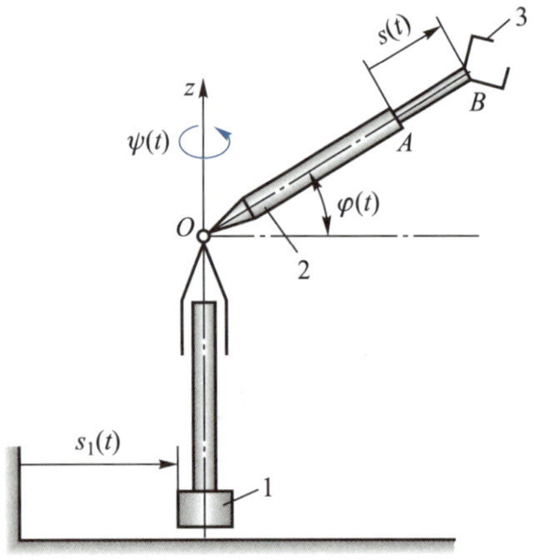

图 7.33

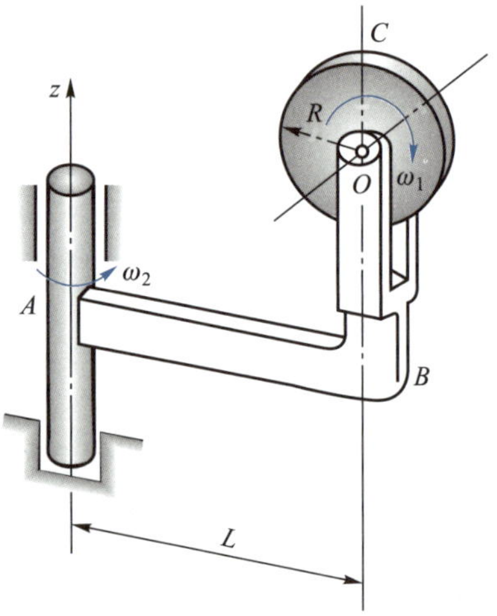

图 7.34

7–25　如图 7.35 所示，机械臂臂长 $AB = BC = CD = a$，初始时刻 AB 与 X 轴平行，BC 与 Y 轴平行，CD 与 Z 轴平行。AB 绕 Z 轴旋转，角速度大小为 ω，方向为 Z 轴正方向；BC 绕 AB 旋转，相对于 AB 的角速度大小为 ω，方向始终为 AB 指向；CD 绕 BC 旋转，相对于 BC 的角速度大小为 ω，方向始终为 BC 指向（即始终保持 Z 轴 $\perp AB$，$AB \perp BC$，$BC \perp CD$ 的几何关系）。求：（1）初始时刻，D 点的速度与加速度；（2）$t = \pi/(2\omega)$ 时，D 点的速度与加速度。

7–26　如图 7.36 所示机构中，A、C 为柱铰，杆 AB 在 yz 平面内运动，杆 CD 在

xy 平行平面内运动。已知 C 点坐标为 $(a,a,-a)$，由杆 AB 推动杆 CD 运动，图示瞬时 AB 沿 z 轴负方向，杆 AB 的角速度为 $\boldsymbol{\omega}=-\omega\boldsymbol{i}$，角加速度为 $\boldsymbol{\varepsilon}=-\varepsilon\boldsymbol{i}$。求此时：（1）两杆接触点 E 的加速度；（2）杆 CD 的角加速度；（3）A 点相对于杆 CD 的加速度。

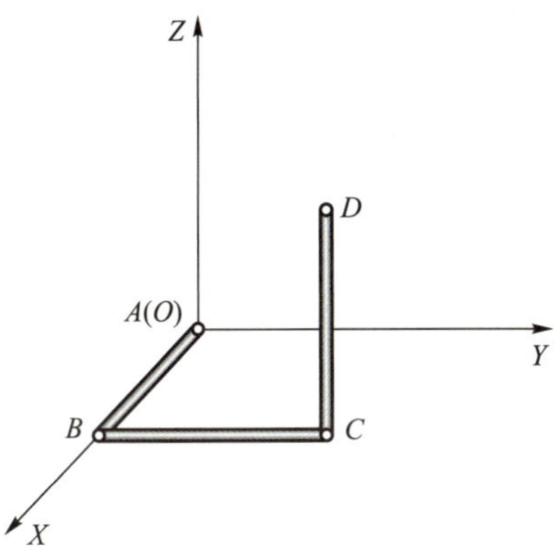

图 7.35

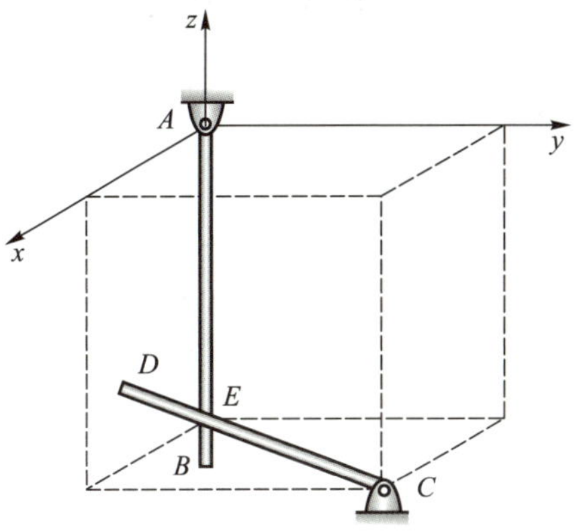

图 7.36

7–27　质点 P 以匀速率 $v=\sqrt{2}$ 沿曲线运动，在柱坐标系中曲线满足方程 $\rho=\cos\varphi$ 和 $z=t$。求 $t=1,\varphi=-\pi/2$ 时：（1）P 点自然坐标系的角速度和角加速度；（2）坐标系的原点 O 相对于 P 点自然坐标系的速度和加速度；（3）P 点在自然坐标系中的切向和法向加速度。

7–28　如图 7.37 所示，底面半径为 r 的小圆锥相对于底面半径为 R 的大圆锥作纯滚动。已知小圆锥底面圆心的相对速度为 $\boldsymbol{v}$，两者顶点重合，且顶角均为直角。大圆锥在惯性系中绕 OX 轴正向以角速度 ω 运动。试求：（1）小圆锥在惯性系中的角速度、角加速度；（2）小圆锥上 B 点在惯性系中的加速度。

7–29　如图 7.38 所示，动轮 2 在定轮 1 上作纯滚动，定轮 1 的半径为 $2R$，动轮 2 的

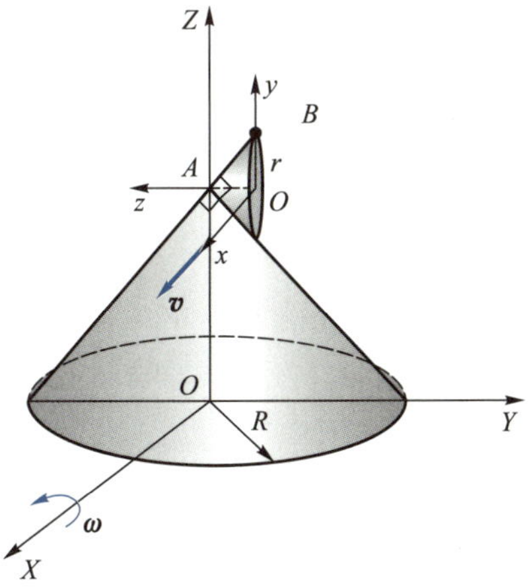

图 7.37

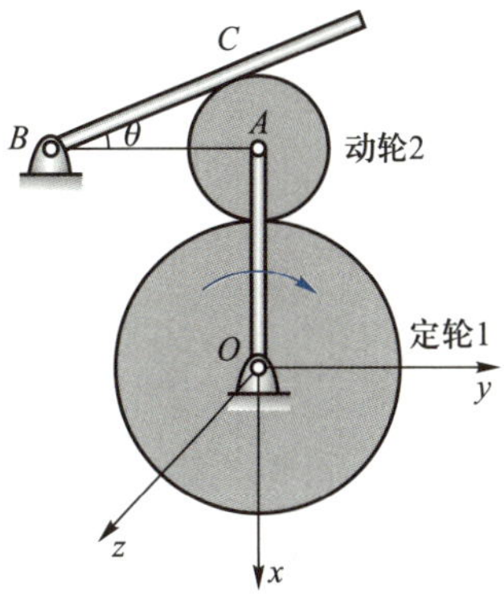

图 7.38

半径为 R，动轮 2 与 1 用曲柄 OA 相连，OA 旋转的角速度为 ω，角加速度为 ε，杆 BC 在 B 点与地面铰接，并靠在动轮 2 上。当曲柄 OA 运动到竖直位置时，动轮 2 的圆心与 B 点位于同一水平线，且 $\theta = 30^\circ$。试求在该瞬时：（1）杆 BC 的角速度和动轮 2 的角速度；（2）杆 BC 的角加速度和动轮 2 的角加速度。

第7讲习题
参考答案

第8讲 质点动力学

本讲利用牛顿运动定律研究质点在力作用下的运动规律，包括质点运动微分方程的建立与求解。牛顿运动定律只适用于惯性系，但工程上常常需要解决物体相对非惯性坐标系的运动问题，因此本讲介绍了质点相对于非惯性坐标系的运动微分方程，并将地球作为非惯性参考系，分析质点相对于地球的运动问题，讨论牵连惯性力和科氏惯性力对质点相对地球运动的影响。

■ 8.1　质点运动微分方程

运动学只研究如何描述物体的运动，不考虑产生运动的原因。动力学则研究**物体的运动与其所受力之间的关系**，这是理论力学的核心内容。

在求解力学问题时，要作受力分析。在本课程常见的力中，除了重力和给定的已知力以外，都是与研究对象接触的物体给它的作用力。这些接触的物体可能会限制研究对象的空间位置和速度，这种限制称为**约束**。比如单摆的摆锤受到绳的约束，摆锤到悬挂点的距离不能超过绳长。

按照牛顿力学的观点，力是改变物体运动的唯一原因。约束限制了物体的运动，因此约束可以被人为地解除并用力来代替。我们将解除约束后加在研究对象上的这种力称为**约束力**。例如，可以认为摆锤不受摆绳的约束，而是受到一个作用在摆锤上的沿着绳子方向的约束力。一般来说，约束力与约束的性质、研究对象的运动及其所受的其他力相关。

质点系所受的外力分为约束力和主动力。在本课程常见的约束力，都是与研究对象接触的物体给它的作用力。作用在物体上的外力，如果与约束无关（例如重力），则称为**主动力**，有时也称为**载荷**（例如建筑结构受到的风载）。一般来说，当主动力不存在时，则有些约束力也不存在，但是约束力不会影响主动力。可见，约束力具有被动的性质。

物体运动与其所受力之间的数学关系称为**动力学方程**，也称为**运动微分方程**。求解运动微分方程可以解决动力学的两类基本问题：第一类问题是已知物体的运动规律，求作用于物体上的力；第二类问题是已知物体的受力，求物体的运动规律。第二类问题称为**动力学正问题**，第一类问题称为**动力学逆问题**。大多数动力学问题都是混合问题，此时既有未知的运动，也有未知的力（约束力）。例如，在求解受约束的非自由质点系在已知主动力作用下的运动问题时，运动和约束力均是未知的。

为了推导质点运动微分方程，我们现对牛顿第二定律做一简要回顾①。

牛顿第二定律（动力学基本公理）：运动的改变与所受的力成正比，且沿所受力的直

① 本教程默认读者已经掌握牛顿运动定律和质点动力学的基本内容，在此仅对牛顿第二定律及其在不同坐标系下的表达做一简要回顾。

线的方向上发生。

$$\frac{\mathrm{d}}{\mathrm{d}t}(m\boldsymbol{v}) = \boldsymbol{F} \tag{8.1.1}$$

注记 8.1

牛顿第二定律为什么不写成大家熟悉的表达式 $\boldsymbol{F} = m\boldsymbol{a}$？牛顿原著《自然哲学的数学原理》（郑太朴 1931 年译）中介绍道：“运动的变化和动力之作用相比，其所循方向则为力施作用的方向。”“运动之量，以是速度及物质之量联合度之。”式 (8.1.1) 是原著中的表达。对于学习过微积分的大学生，可以用牛顿原著中的公式讲解；对于没有学习过微积分的中学生，就只能用公式 $\boldsymbol{F} = m\boldsymbol{a}$ 进行讲解了。

质量为 m 的质点沿空间曲线运动，作用于质点上的合力为 $\boldsymbol{F} = \sum \boldsymbol{F}_i$。应用牛顿第二定律可以直接得到质点的运动微分方程

$$m\ddot{\boldsymbol{r}} = \boldsymbol{F}(t, \boldsymbol{r}, \dot{\boldsymbol{r}}) \tag{8.1.2}$$

式 (8.1.2) 是以矢量形式表示的**质点运动微分方程**。

将式 (8.1.2) 向直角坐标系投影，得到直角坐标形式的质点运动微分方程

$$\begin{cases} m\ddot{x} = F_x \\ m\ddot{y} = F_y \\ m\ddot{z} = F_z \end{cases} \tag{8.1.3}$$

式中：F_x、F_y 和 F_z 为作用于质点上的合力 $\boldsymbol{F}$ 在 x、y 和 z 坐标轴上的投影。

将式 (8.1.2) 向自然坐标系的各轴上投影，得到自然坐标形式的质点运动微分方程

$$\begin{cases} m\ddot{s} = F_\tau \\ m\dfrac{\dot{s}^2}{\rho} = F_n \\ 0 = F_b \end{cases} \tag{8.1.4}$$

式中：F_τ、F_n 和 F_b 分别为作用于质点上的合力 $\boldsymbol{F}$ 在切向 $\boldsymbol{\tau}$、主法向 $\boldsymbol{n}$ 和副法向 $\boldsymbol{b}$ 上的投影。

将式 (8.1.2) 向柱坐标系的各轴上投影，得到柱坐标形式的质点运动微分方程

$$
\begin{cases}
m(\ddot{\rho}-\rho\dot{\varphi}^2)=F_\rho \\
m(\rho\ddot{\varphi}+2\dot{\rho}\dot{\varphi})=F_\varphi \\
m\ddot{z}=F_z
\end{cases}
\tag{8.1.5}
$$

式中：F_ρ、F_φ 和 F_z 分别为作用于质点上的合力 $\boldsymbol{F}$ 在径向 $\boldsymbol{e}_\rho$、横向 $\boldsymbol{e}_\varphi$ 和 z 轴方向 $\boldsymbol{k}$ 上的投影。

应用质点运动微分方程可以求解质点动力学的两类基本问题。第一类问题是已知受力求运动规律，称为动力学正问题，需要求解运动微分方程。第二类问题是已知运动规律求受力，称为动力学逆问题，可以通过将运动方程对时间求导数的方法求解。动力学的重点是研究正问题。

为了求解常微分方程式 (8.1.2) 及其分量式 (8.1.3)$\sim$ 式 (8.1.5) 等，还需给出运动**初始条件**以确定积分常数，即必须给出质点在初始瞬时 t_0 的位置 $\boldsymbol{r}_0$ 和速度 $\dot{\boldsymbol{r}}_0$，才能确定质点的运动。与初值相关的三个量 t_0、$\boldsymbol{r}_0$、$\dot{\boldsymbol{r}}_0$ 是相互独立的，无法由其中一个或两个就完全确定其他量。当然，如果求解完常微分方程，已经得到了函数关系 $\boldsymbol{r}=\boldsymbol{r}(t)$，则 t、$\boldsymbol{r}(t)$、$\dot{\boldsymbol{r}}(t)$ 之间的关系就是确定的。我们可以这样理解：理论力学的核心问题是动力学，动力学主要研究正问题，需要求解常微分方程，因此，我们默认 t、$\boldsymbol{r}(t)$、$\dot{\boldsymbol{r}}(t)$ 是相互独立的。在后面学习分析力学部分时，会遇到函数分别对 t、$\boldsymbol{r}(t)$、$\dot{\boldsymbol{r}}(t)$ 求偏导的运算，有些读者经常感到不太理解。他们觉得 t、$\boldsymbol{r}(t)$、$\dot{\boldsymbol{r}}(t)$ 有确定的关系，不应该当作独立变量。有这种困惑的读者，可以回顾上述说明。

作用于质点上的力可以是时间、质点的位置坐标和速度的函数，只有当这些函数关系较为简单时才能求出微分方程的解析解，否则只能数值求解。

在一维情况下，运动微分方程一般形式为

$$
m\ddot{x}=F(t,x,\dot{x}) \tag{8.1.6}
$$

一般情况下，很难求得常微分方程式 (8.1.6) 的解析解。对于具有特殊形式

$$
\frac{\mathrm{d}x}{\mathrm{d}t}=f(x)f(t)
$$

的常微分方程，可以用**分离变量法**解析求解，即将两个变量 x 和 t 分离到方程式的两边

$$
\frac{\mathrm{d}x}{f(x)}=f(t)\mathrm{d}t
$$

然后进行积分。

下面讨论几种可以利用分离变量法求得运动微分方程解析解的情况。

（1）如果作用在质点上的力为常力或者为时间的函数（与 x 和 $\dot{x}$ 无关），即 $F=C$ 或者 $F=F(t)$，则可将式 (8.1.6) 改写为

$$m\mathrm{d}\dot{x}=F\mathrm{d}t \tag{8.1.7}$$

式 (8.1.7) 可直接积分，得

$$m\dot{x}-m\dot{x}_0=\int_{t_0}^{t}F\mathrm{d}t \tag{8.1.8}$$

式中：$\dot{x}_0$ 为质点在初始时刻 t_0 的速度。

对式 (8.1.8) 再积分一次，得

$$mx-mx_0=\int_{t_0}^{t}\left(\int_{t_0}^{t}F\mathrm{d}t+m\dot{x}_0\right)\mathrm{d}t \tag{8.1.9}$$

式中：x_0 为质点在初始时刻 t_0 的坐标。

（2）如果作用在质点上的力仅为速度的函数，即 $F=F(\dot{x})$，则可将式 (8.1.6) 改写为

$$\frac{m}{F(\dot{x})}\mathrm{d}\dot{x}=\mathrm{d}t \tag{8.1.10}$$

式 (8.1.10) 可直接积分，得

$$\int_{\dot{x}_0}^{\dot{x}}\frac{m}{F(\dot{x})}\mathrm{d}\dot{x}=t-t_0 \tag{8.1.11}$$

对式 (8.1.11) 再次积分，即可得到质点在任意时刻的坐标 $x(t)$。

（3）如果作用在质点上的力只是位置的函数，即 $F=F(x)$，则利用关系式

$$\ddot{x}=\frac{\mathrm{d}\dot{x}}{\mathrm{d}t}=\frac{\mathrm{d}\dot{x}}{\mathrm{d}x}\frac{\mathrm{d}x}{\mathrm{d}t}=\dot{x}\frac{\mathrm{d}\dot{x}}{\mathrm{d}x} \tag{8.1.12}$$

可将式 (8.1.6) 改写为

$$m\dot{x}\mathrm{d}\dot{x}=F(x)\mathrm{d}x \tag{8.1.13}$$

式 (8.1.13) 可直接积分，得

$$\frac{1}{2}m\dot{x}^2-\frac{1}{2}m\dot{x}_0^2=\int_{x_0}^{x}F(x)\mathrm{d}x \tag{8.1.14}$$

对式 (8.1.14) 再次积分，即可得到质点在任意时刻的坐标 $x(t)$。

例 8.1

设垂直向上发射的火箭在高度 h_0 处发动机熄火，此时火箭的质量为 m，垂直向上的速度大小为 v_0。若不考虑空气阻力和地球转动，且 $v_0 \ll \sqrt{2gR}$，$h_0 \ll R$ (R 为地球半径)，求火箭能达到的最大高度。

解　将火箭简化为质点，以地心为坐标原点 O，取 Ox 方向垂直向上，则根据万有引力定律，火箭在距离地心 $x(x \geqslant R)$ 处受到的地球引力大小为

$$F = -G\frac{mM}{x^2}$$

式中：G 为引力常量；M 为地球质量。

当质点在地球表面上，即 $x = R$ 时，质点所受的万有引力近似等于它的重量，即

$$G\frac{mM}{R^2} = mg$$

由此求得 $GM = gR^2$。写出火箭的运动微分方程

$$m\ddot{x} = -\frac{mgR^2}{x^2}$$

利用分离变量法，可以由上式得到

$$\frac{1}{2}(\dot{x}^2 - v_0^2) = gR^2\left(\frac{1}{x} - \frac{1}{R+h_0}\right)$$

显然，当火箭速度达到零，即 $\dot{x} = 0$ 时，火箭到达最高点。由上式可以得到

$$x_{\max} = \frac{2gR^2(R+h_0)}{2gR^2 - v_0^2(R+h_0)}$$

于是火箭能达到的最大高度为

$$h_{\max} = x_{\max} - R$$

考虑到 $h_0 \ll R$，可以略去上式中的 h_0 近似地得到火箭能达到最大高度为

$$h_{\max} = \frac{v_0^2 R}{2gR - v_0^2}$$

再考虑到 $v_0 \ll \sqrt{2gR}$，火箭能达到最大高度为

$$h_{\max} = \frac{v_0^2}{2g}$$

例 8.2

如图 8.1 所示为一在铅垂方向悬挂的弹簧质点系统，质点的质量为 m，弹簧刚度系数为 k，原长度为 l_0。求在一定初始条件下质点的运动规律。

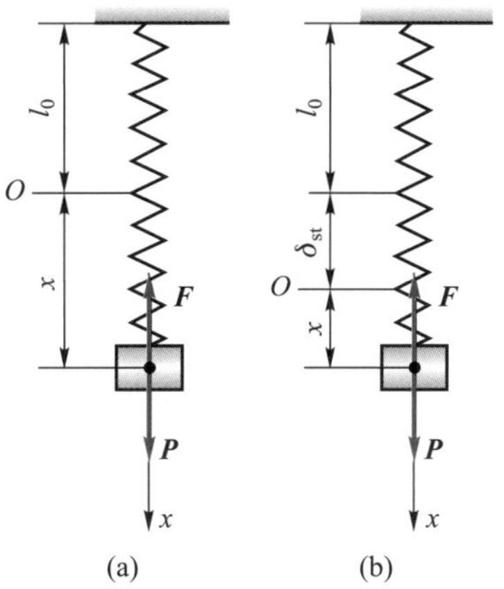

图 8.1

解　质点作直线运动。在弹簧原长处建立坐标轴 Ox，取 x 为广义坐标，并画出质点在任意位置处的受力图，如图 8.1(a) 所示。弹簧恢复力 $\boldsymbol{F}$ 在 x 轴的投影为 $F_x = -kx$。在 Ox 轴上应用牛顿第二定律，得到质点的运动微分方程式

$$m\ddot{x} + kx = mg$$

或

$$\ddot{x} + \omega^2 x = g, \quad \omega = \sqrt{\frac{k}{m}} \tag{a}$$

式 (a) 为二阶非齐次线性常微分方程，相应的齐次常微分方程的特征根为

$$\lambda_{1,2} = \pm\omega\mathrm{i}$$

因此齐次常微分方程的通解为

$$x = A\sin(\omega t + \alpha)$$

其中 A 和 α 分别为**振幅**和**初相位**，它们由初始条件确定。

式 (a) 的特解为

$$x_{\text{特解}} = \frac{mg}{k} = \delta_{\mathrm{st}}$$

式中：δ_{st} 为弹簧的静伸长量。

因此式 (a) 的通解为

$$x = A\sin(\omega t + \alpha) + \frac{mg}{k}$$

代入初始条件 $x(0) = x_0$，$\dot{x}_0 = v_0$，可确定积分常数

$$A = \sqrt{x_0^2 + \frac{v_0^2}{\omega_0^2}}, \quad \tan\alpha = \frac{\omega_0 x_0}{v_0}$$

可见，质点作周期性振动，振动规律为简谐运动，振动中心位于 $x = \delta_{\mathrm{st}}$ 处，即弹簧的静伸长处。振动的频率 ω 只与系统的固有参数有关，与初始条件无关。振动的

振幅 A 和初相位 α 取决于初始条件。常力（这里为重力）只改变振动中心的位置，不改变系统的固有频率、振幅及初相位。

如果将坐标原点取在弹簧静伸长处，如图 8.1(b) 所示，则质点的运动微分方程为

$$m\ddot{x}+k(x+\delta_{\mathrm{st}})=mg$$

即

$$m\ddot{x}+kx=0$$

其解为

$$x=A\sin(\omega t+\alpha)$$

可见，如果将坐标原点取在弹簧静伸长处，则解的形式更为简单。

例 8.3

二体问题：两个质点在牛顿万有引力相互吸引下在空间中运动，它们的初始位置和初始速度已知，求它们在任意时刻的位置。

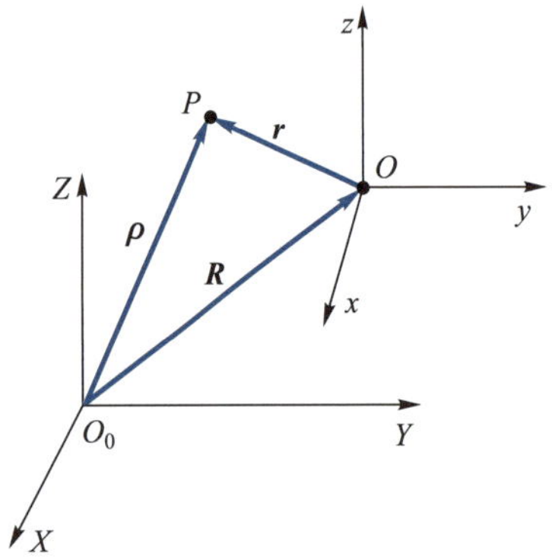

图 8.2

解　为了列写二体问题中两个质点的运动微分方程，我们在惯性参考系中建立直角坐标系 O_0XYZ。设质量为 m 的质点 P 和质量为 M 的质点 O 相对该坐标原点的矢径分别为 $\boldsymbol{R}$ 和 $\boldsymbol{\rho}$（图 8.2），P 点相对 O 点的矢径为 $\boldsymbol{r}$，则质点 O 对质点 P 的万有引力为

$$\boldsymbol{F}=-G\frac{mM}{r^3}\boldsymbol{r}$$

式中：G 为引力常量。

质点 P 对质点 O 的万有引力为 $-\boldsymbol{F}$，于是两个质点满足的运动微分方程分别为

$$\ddot{\boldsymbol{\rho}}=-G\frac{M}{r^3}\boldsymbol{r},\quad \ddot{\boldsymbol{R}}=G\frac{m}{r^3}\boldsymbol{r}$$

由于 $\boldsymbol{r}=\boldsymbol{\rho}-\boldsymbol{R}$，故由上两式得

$$\ddot{\boldsymbol{r}}=-G\frac{M+m}{r^3}\boldsymbol{r}=-k\frac{\boldsymbol{r}}{r^3} \tag{8.1.15}$$

其中 $k=G(m+M)$。只要从这个方程中解出 $\boldsymbol{r}=\boldsymbol{r}(t)$，就可以利用下面的关系式得到两个质点的运动

$$\boldsymbol{\rho}=\boldsymbol{R}_C+\frac{M}{m+M}\boldsymbol{r},\quad \boldsymbol{R}=\boldsymbol{R}_C-\frac{m}{m+M}\boldsymbol{r}$$

式中：$\boldsymbol{R}_C$ 为两个质点组成系统的质心 C 的矢径。

我们下面的任务就是求解运动微分方程式 (8.1.15)。

设 $\boldsymbol{v}=\dot{\boldsymbol{r}}$，则容易验证

$$\boldsymbol{r}\times\boldsymbol{v}=\boldsymbol{c} \tag{a}$$

是个常矢量。这个结论与开普勒第二定律（面积速度为常数）是一致的。如果我们考虑卫星绕地球的运动，假设 O 点是地心，P 点是卫星，那么式 (a) 表明，卫星对地心的角动量守恒。还可以观察发现，$\boldsymbol{r}$ 和 $\boldsymbol{v}$ 都始终垂直于常矢量 $\boldsymbol{c}$，这说明卫星始终运行在与常矢量 $\boldsymbol{c}$ 垂直的平面内，卫星运动轨迹是平面曲线，所在平面称为轨道平面。轨道平面在惯性参考系中固定不变，考虑到地球自转，轨道平面相对地球参考系是变化的。

由式 (8.1.15) 和式 (a) 有

$$\frac{\mathrm{d}}{\mathrm{d}t}(\boldsymbol{c}\times\boldsymbol{v})=\boldsymbol{c}\times\ddot{\boldsymbol{r}}=(\boldsymbol{r}\times\dot{\boldsymbol{r}})\times\left(-\frac{k}{r^3}\boldsymbol{r}\right)$$

根据矢量运算公式有

$$(\boldsymbol{r}\times\dot{\boldsymbol{r}})\times\boldsymbol{r}=\dot{\boldsymbol{r}}(\boldsymbol{r}\cdot\boldsymbol{r})-\boldsymbol{r}(\boldsymbol{r}\cdot\dot{\boldsymbol{r}})=r^3\frac{r\dot{\boldsymbol{r}}-\boldsymbol{r}\dot{r}}{r^2}=r^3\frac{\mathrm{d}}{\mathrm{d}t}\left(\frac{\boldsymbol{r}}{r}\right)$$

由上面这两个式子可知

$$\boldsymbol{c}\times\boldsymbol{v}+k\frac{\boldsymbol{r}}{r}=-\boldsymbol{f} \tag{b}$$

是常矢量，其中 $\boldsymbol{f}$ 称为拉普拉斯矢量。容易验证，$\boldsymbol{c}\cdot\boldsymbol{f}=0$，可见，矢量 $\boldsymbol{f}$ 也在 $\boldsymbol{r}$ 和 $\boldsymbol{v}$ 所在平面内，即在轨道平面内。将式 (b) 两边点乘 $\boldsymbol{r}$ 得

$$(\boldsymbol{c}\times\boldsymbol{v})\cdot\boldsymbol{r}+kr=-\boldsymbol{f}\cdot\boldsymbol{r}$$

由于 $(\boldsymbol{c}\times\boldsymbol{v})\cdot\boldsymbol{r}=\boldsymbol{c}\cdot(\boldsymbol{v}\times\boldsymbol{r})=-\boldsymbol{c}\cdot(\boldsymbol{r}\times\boldsymbol{v})=-c^2$，上式可以写成

$$-c^2+kr=-fr\cos\varphi$$

式中：φ 为矢量 $\boldsymbol{r}$ 和 $\boldsymbol{f}$ 之间的夹角。

令 $e=f/k$，$p=c^2/k$，则由上式得

$$r=\frac{p}{1+e\cos\varphi} \tag{c}$$

可见，质点 P 相对质点 O 的运行轨道是圆锥曲线，当 $e<1$ 时为椭圆，当 $e>1$ 时为双曲线，当 $e=1$ 时为抛物线，当 $e=0$ 时为圆。常数 e 完全取决于两个质点的初始位置和速度。

我们研究椭圆轨道情况，利用面积速度为常数，即 $r^2\dot{\varphi}=c$，以及式 (c) 可得

$$\frac{\mathrm{d}\varphi}{\mathrm{d}t}=\frac{c}{r^2}=\frac{c}{p^2}(1+\cos\varphi)^2$$

积分后得

$$\int_0^{\varphi}\frac{\mathrm{d}\varphi}{(1+\cos\varphi)^2}=\frac{c}{p}(t-t_0)$$

由此得出 $\varphi=\varphi(t)$ 后，即求出了质点的极坐标，二体问题就求解完了。

8.2 质点相对运动微分方程

牛顿运动定律只适用于惯性参考系。在很多实际工程技术中，往往将地球看作惯性参考系，利用牛顿运动定律研究动力学问题。然而，在精度要求很高，或者运动时间很长的情况下，例如研究洲际导弹的运动时，必须考虑地球自转带来的影响。也就是说，必须将地球看作非惯性参考系，研究质点在非惯性参考系中的相对运动。需要在非惯性参考系中讨论动力学问题的例子还有很多，比如研究乘客相对汽车、轮船、飞机等的运动。

为了建立质点在非惯性参考系中的相对运动动力学方程，可以先在惯性参考系中应用牛顿运动定律建立质点的绝对运动动力学方程，然后利用质点的绝对运动和相对运动之间的关系将其变换到非惯性参考系中，得到质点在非惯性参考系的相对运动与受力之间的关系。

设 $O_1\xi\eta\zeta$ 是惯性参考系的坐标系，$Oxyz$ 是非惯性参考系的坐标系，M 点为所研究的质点。在惯性系 $O_1\xi\eta\zeta$ 中使用牛顿第二定律，有

$$m\boldsymbol{a}=\boldsymbol{F} \tag{8.2.1}$$

式中：$\boldsymbol{a}$ 为质点在惯性参考系中的加速度，即绝对加速度。

由点的复合运动理论可知

$$\boldsymbol{a}=\boldsymbol{a}_{\mathrm{e}}+\boldsymbol{a}_{\mathrm{r}}+\boldsymbol{a}_{\mathrm{k}} \tag{8.2.2}$$

式中：$\boldsymbol{a}_{\mathrm{e}}$、$\boldsymbol{a}_{\mathrm{r}}$ 和 $\boldsymbol{a}_{\mathrm{k}}$ 分别为质点的相对加速度、牵连加速度和科氏加速度。

将式 (8.2.2) 代入式 (8.2.1) 并移项，得到质点 M 相对于非惯性参考系的动力学方程

$$m\boldsymbol{a}_{\mathrm{r}}=\boldsymbol{F}-m\boldsymbol{a}_{\mathrm{e}}-m\boldsymbol{a}_{\mathrm{k}} \tag{8.2.3}$$

式 (8.2.3) 右侧后两项都具有力的量纲。引入记号

$$\boldsymbol{S}_{\mathrm{e}}=-m\boldsymbol{a}_{\mathrm{e}},\quad \boldsymbol{S}_{\mathrm{k}}=-m\boldsymbol{a}_{\mathrm{k}} \tag{8.2.4}$$

式中：$\boldsymbol{S}_{\mathrm{e}}$ 和 $\boldsymbol{S}_{\mathrm{k}}$ 分别称为**牵连惯性力**和**科氏惯性力**。

式 (8.2.3) 可改写为

$$m\boldsymbol{a}_{\mathrm{r}}=\boldsymbol{F}+\boldsymbol{S}_{\mathrm{e}}+\boldsymbol{S}_{\mathrm{k}} \tag{8.2.5}$$

式 (8.2.5) 建立了质点在非惯性参考系的相对运动与作用力之间的关系，称为质点的**相对运动微分方程**。该式说明，**在研究质点在非惯性系中的相对运动时，在形式上仍可使用牛顿第二定律，条件是在真实力 $\boldsymbol{F}$ 之外再加上牵连惯性力 $\boldsymbol{S}_{\mathrm{e}}$ 和科氏惯性力 $\boldsymbol{S}_{\mathrm{k}}$**。

牵连惯性力和科氏惯性力具有虚假性和真实性两重特性。虚假性在于：惯性力既不存在施力体，也不存在相应的反作用力，因此牛顿第三定律不成立。此外，惯性力的大小和方向与所选定的非惯性参考系的运动有关，而真实力的大小和方向与参考系的选择无关。真实性在于：当观察者处于非惯性系中时就能感受到惯性力的存在，并可测量；惯性力具有与真实力一样的效应，在研究质点的相对运动时可以与实际力一样对待。

思考题 8.1

在质点相对非惯性参考系的运动过程中，科氏惯性力是否做功？为什么？

思考题 8.2

试分析战斗机驾驶员在飞机急速爬升时，如图 8.3(a) 所示，为什么会出现黑晕现象（即眼睛会感到发黑，看东西模模糊糊，甚至什么也看不见），而在飞机急速俯冲时，如图 8.3(b) 所示，会出现红视现象（即感觉戴上了一副红色眼镜，周围成了一片红色世界）。

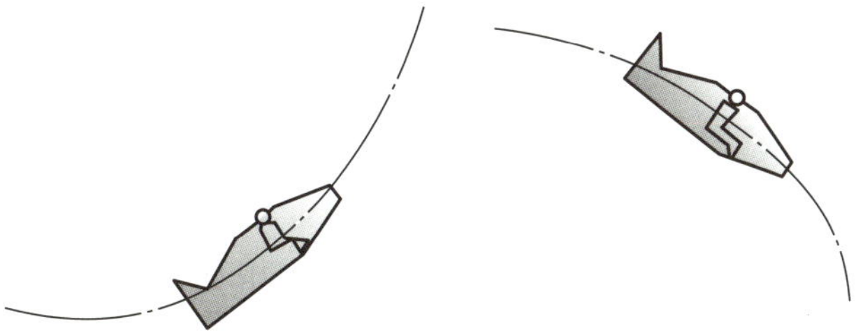

(a) (b)

图 8.3

思考题 8.3

在慢速转动的大圆盘上有一快速运动的皮带，如图 8.4 所示。试分别分析当大圆盘逆时针转动和顺时针转动时皮带的变形规律。

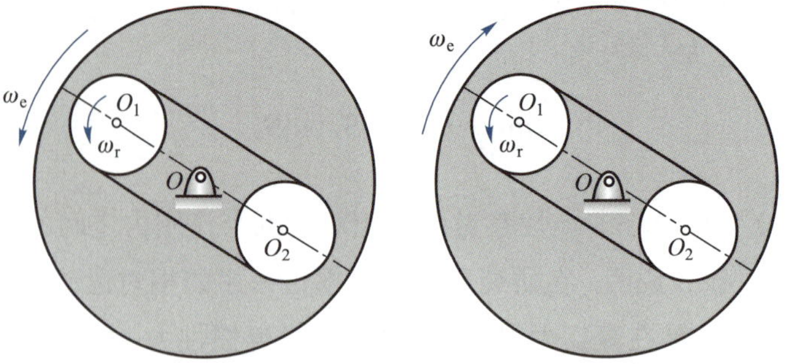

图 8.4

当质点相对于非惯性参考系静止不动时，其相对加速度 $\boldsymbol{a}_r$ 和相对速度 $\boldsymbol{v}_r$ 均等于零，科氏惯性力也为零。因此式 (8.2.5) 可改写为

$$\boldsymbol{F}+\boldsymbol{S}_e=0 \tag{8.2.6}$$

即当质点保持相对静止状态时，作用于质点上的力与牵连惯性力的合力为零。

当质点相对于非惯性参考系作匀速直线运动时，其相对加速度 $\boldsymbol{a}_r$ 为零，因此式 (8.2.5) 可改写为

$$\boldsymbol{F}+\boldsymbol{S}_e+\boldsymbol{S}_k=0 \tag{8.2.7}$$

即，作用于质点上的力与牵连惯性力及科氏惯性力的合力为零。

例 8.4

在以匀加速度 $\boldsymbol{a}$ 上升的电梯中放置一磅秤，质量为 m 的人站在磅秤上，如图 8.5(a) 所示。求磅秤的读数。

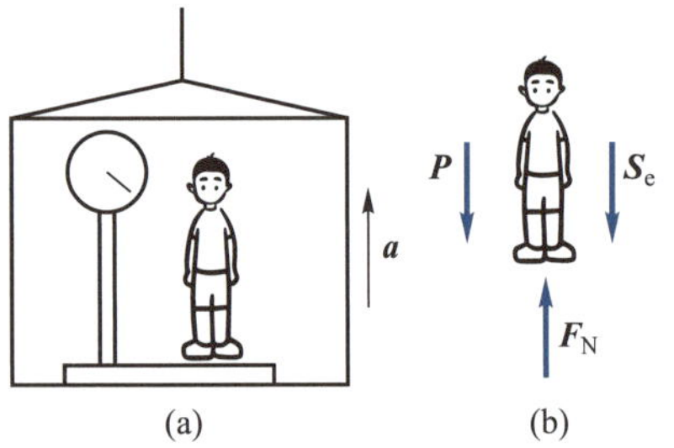

图 8.5

解　电梯是非惯性参考系。分析人的受力，添加牵连惯性力，如图 8.5(b) 所示

$$S_e=ma$$

人处于相对静止状态，因此有

$$F_N-P-S_e=0$$

即磅秤的读数为

$$F_N=m(g+a)$$

磅秤的读数大于人的体重，这种现象称为在非惯性参考系中的**超重**现象。类似地，如果电梯以匀加速度 $\boldsymbol{a}$ 下降，此时磅秤的读数则为 $F_N=m(g-a)$，小于人的体重，

即人体处于**失重**状态。当电梯下降的加速度的大小 a 等于重力加速度的大小 g 时，磅秤的读数为 0，人体处于**完全失重**状态。

注记 8.2

本问题也可以在惯性系中分析。以地球为惯性坐标系，人体在磅秤的支持力 F_{N} 和重力 P 的作用下具有加速度 $\boldsymbol{a}$，应用牛顿第二定理，有

$$F_{\mathrm{N}} - P = ma$$

同样可解得

$$F_{\mathrm{N}} = m(g + a)$$

思考题 8.4

如图 8.6 所示，如何人工制造完全失重的环境？在水池中利用水的浮力能模拟宇航员的失重环境吗？

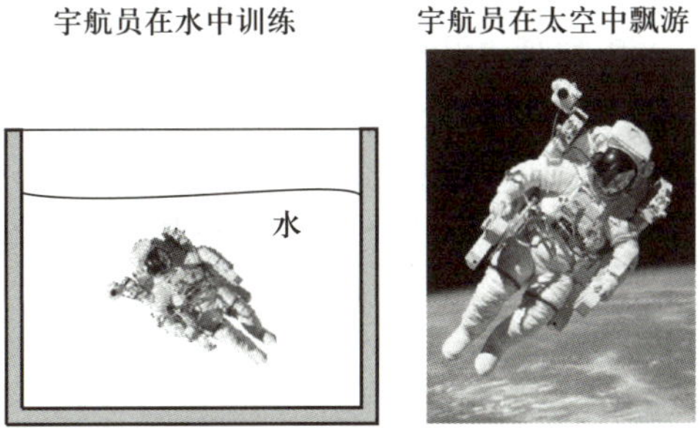

图 8.6

例 8.5

已知圆盘在水平面内绕 O 轴以匀角速度 ω 转动，小球 M 在圆盘上的光滑滑槽 B 内运动，如图 8.7 所示。求小球相对圆盘的运动规律和滑槽对小球的横向作用力。

解　圆盘上是一个非惯性参考系。分析小球受力，添加牵连惯性力

$$\boldsymbol{S}_{\mathrm{e}} = m\omega^2 x\boldsymbol{i} + m\omega^2 s\boldsymbol{j}$$

和科氏惯性力

$$\boldsymbol{S}_{\mathrm{k}} = -2m\omega\dot{x}\boldsymbol{j}$$

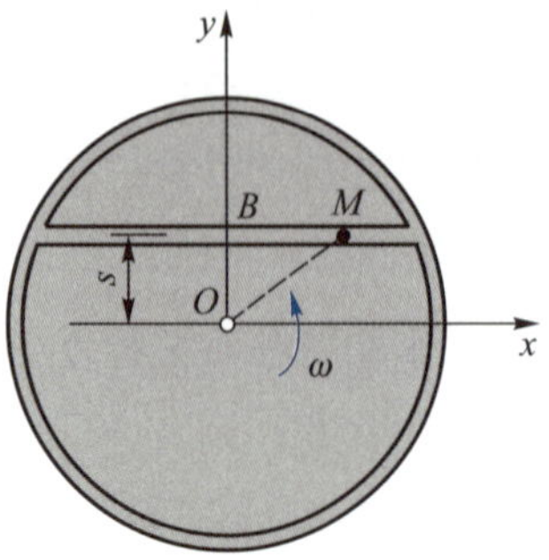

图 8.7

式中：$\boldsymbol{i}$ 和 $\boldsymbol{j}$ 分别为 Ox 轴和 Oy 轴的正向单位矢量；x 和 y 分别为小球 M 的坐标。

将质点相对运动微分方程式 (8.2.5) 投影，得

$$m\ddot{x} = m\omega^2 x \tag{a}$$

$$0 = m\omega^2 s - 2m\omega\dot{x} + F_{\mathrm{N}} \tag{b}$$

初始条件为

$$t = 0, x = x_0, \dot{x} = v_0$$

式 (a) 是一个二阶齐次线性常微分方程，其特征根为

$$\lambda_{1,2} = \pm\omega$$

因此其通解为

$$x(t) = c_1 \mathrm{e}^{\omega t} + c_2 \mathrm{e}^{-\omega t}$$

将初始条件代入上式，得

$$x(t) = x_0 \cosh\omega t + (v_0/\omega)\sinh\omega t$$

式中：$\sinh x = (\mathrm{e}^x - \mathrm{e}^{-x})/2$ 为双曲正弦函数，$\cosh x = (\mathrm{e}^x + \mathrm{e}^{-x})/2$ 为双曲余弦函数。

上式即为小球的运动方程，将其代入式 (b)，可得到小球受到的横向力

$$F_{\mathrm{N}} = 2m\omega(\omega x_0 \sinh\omega t + v_0 \cosh\omega t) - m\omega^2 s$$

8.3 三体问题

三体问题是天体力学中一个经典的问题，它研究的是三个质点在万有引力作用下的运动。三体问题的解析解非常罕见，仅在少数特殊情况下存在。由于引力相互作用的非线性性质，三体问题往往具有混沌行为，即使是微小扰动也会导致系统行为的巨大变化。这种运动是非常复杂且难以准确描述的，无法获得解析解。

8.3.1 动力学方程

三个质量为 m_1、m_2、m 的质点构成三体系统，如果 m 远小于 m_1、m_2，则可以忽略 m 对 m_1、m_2 的万有引力作用。研究小质量 m 在 m_1、m_2 的万有引力作用下的运动，称为**限制性三体问题**。研究深空探测器在两个天体（如地球和月球）之间飞行，就属于这种问题。

如图 8.8 所示，质点 m_1 和 m_2 组成二体系统 (m_1, m_2)，绕系统的质心 O 作开普勒运动。将例 8.3 的 M 和 m 分别以 m_1 和 m_2 代替，由式 (8.1.15) 直接写出 m_2 相对 m_1 的运动微分方程

$$\ddot{\boldsymbol{r}} + k\frac{\boldsymbol{r}}{r^3} = 0 \tag{8.3.1}$$

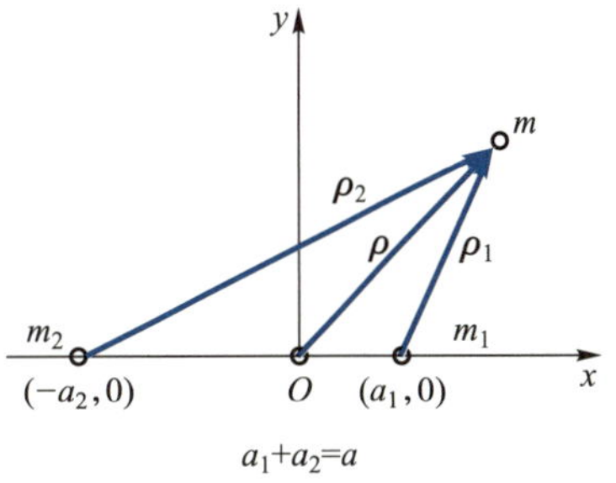

图 8.8

还可以导出 m_1 或 m_2 相对总质心的运动微分方程

$$\ddot{\boldsymbol{r}}_1 + k_1\frac{\boldsymbol{r}_1}{r_1^3} = 0 \tag{8.3.2}$$

$$\ddot{\boldsymbol{r}}_2 + k_2\frac{\boldsymbol{r}_2}{r_2^3} = 0 \tag{8.3.3}$$

其中

$$k_1 = k\left(\frac{m_2}{m_1+m_2}\right)^3, \quad k_2 = k\left(\frac{m_1}{m_1+m_2}\right)^3$$

由于式 (8.3.2) 和 (8.3.3) 与式 (8.3.1) 相同，描述的都是开普勒运动，轨道都是圆锥曲线。若 m_2 相对 m_1 作以 m_1 为焦点的椭圆运动，长半轴为 a，则 m_1 和 m_2 相对质心的运动也是以 O 点为焦点的椭圆运动，半长轴分别为 a_1 和 a_2。三点保持共线，$\boldsymbol{r}$ 旋转一周时，$\boldsymbol{r}_1$ 和 $\boldsymbol{r}_2$ 也旋转一周，因此三种椭圆运动有相同的周期

$$T = 2\pi\sqrt{\frac{a^3}{k}} = 2\pi\sqrt{\frac{a_1^3}{k_1}} = 2\pi\sqrt{\frac{a_2^3}{k_2}} \tag{8.3.4}$$

由此可得 a_1、a_2 和 a 的关系

$$a_1 = \left(\frac{m_2}{m_1+m_2}\right)a, \quad a_2 = \left(\frac{m_1}{m_1+m_2}\right)a \tag{8.3.5}$$

如果 m_2 相对 m_1 的运动轨道是圆，则 m_1 和 m_2 相对 O 点的运动轨道也是圆。这种问题称为**圆型限制性三体问题**。下面研究圆型限制性三体问题。

以 O 点为原点建立坐标系 $Oxyz$，令 x 轴沿着 m_1 至 m_2 连线，z 轴沿着轨道平面的法线，m_1 和 m_2 在 x 轴上的坐标分别为 a_1 和 a_2。此坐标系随同 m_1 和 m_2 绕 O 点转动的角速度为

$$\boldsymbol{\omega} = \omega\boldsymbol{k} = \sqrt{\frac{k}{a^3}}\boldsymbol{k} \tag{8.3.6}$$

分别以 ρ、ρ_1 和 ρ_2 表示自 O、m_1 和 m_2 引向 m 点的矢径。二体系统的万有引力场势函数 U^* 等于

$$U^* = -\frac{mu_1}{\rho_1} - \frac{mu_2}{\rho_2} \tag{8.3.7}$$

其中，$mu_1 = Gm_1$，$mu_2 = Gm_2$，且

$$\rho_1 = \sqrt{(x-a_1)^2 + y^2 + z^2}, \quad \rho_2 = \sqrt{(x+a_2)^2 + y^2 + z^2}$$

质点 m 在二体系统的万有引力场中的相对运动微分方程为

$$\frac{\tilde{\mathrm{d}}^2 \boldsymbol{\rho}}{\mathrm{d}t^2} + 2\boldsymbol{\omega} \times \frac{\tilde{\mathrm{d}}\boldsymbol{\rho}}{\mathrm{d}t} + \boldsymbol{\omega} \times (\boldsymbol{\omega} \times \boldsymbol{\rho}) = -\nabla U^* \tag{8.3.8}$$

写成分量形式

$$\begin{aligned} \ddot{x} - 2\omega\dot{y} - \omega^2 x &= -\frac{\partial U^*}{\partial x} \\ \ddot{y} + 2\omega\dot{x} - \omega^2 y &= -\frac{\partial U^*}{\partial y} \\ \ddot{z} &= -\frac{\partial U^*}{\partial z} \end{aligned} \tag{8.3.9}$$

记

$$U = U^* - \frac{1}{2}\omega^2(x^2 + y^2) \tag{8.3.10}$$

可得 m 的运动微分方程为

$$\begin{cases} \ddot{x} - 2\omega\dot{y} + \dfrac{\partial U}{\partial x} = 0 \\ \ddot{y} + 2\omega\dot{x} + \dfrac{\partial U}{\partial y} = 0 \\ \ddot{z} + \dfrac{\partial U}{\partial z} = 0 \end{cases} \tag{8.3.11}$$

8.3.2 拉格朗日点

在三体问题的研究中，人们通常使用数值模拟、近似分析和符号计算等方法。其中最著名的方法是使用数值积分来模拟三体系统的运动，通过数值计算来获取天体的轨迹和演化。此外，还有一些特殊情况的解析解，如**拉格朗日点**，又称为天平动点（天秤点），对应于函数 U 的极值点。（在各天平动点处，小质量 m 的相对速度和相对加速度均为零。）

根据多元函数极值条件有

$$U_x = \frac{\partial U}{\partial x} = \frac{k_1(x-a_1)}{\rho_1^3} + \frac{k_2(x+a_2)}{\rho_2^3} - \omega^2 x = 0 \tag{8.3.12}$$

$$U_y = \frac{\partial U}{\partial y} = y\left(\frac{k_1}{\rho_1^3} + \frac{k_2}{\rho_2^3} - \omega^2\right) = 0 \tag{8.3.13}$$

$$U_z = \frac{\partial U}{\partial z} = z\left(\frac{k_1}{\rho_1^3} + \frac{k_2}{\rho_2^3}\right) = 0 \tag{8.3.14}$$

这三式可确定天平动点 $L_i(i=1,2,\cdots,5)$ 的位置。

由 (8.3.14) 可得 $z=0$。

式 (8.3.13) 存在两组解

$$y=0 \tag{8.3.15}$$

$$\omega^2-\frac{k_1}{\rho_1^3}-\frac{k_2}{\rho_2^3}=0 \tag{8.3.16}$$

将式 (8.3.15) 代入方程 (8.3.12)，得到 x 的代数方程为

$$F(x)=\omega^2 x-\frac{k_1(x-a_1)}{|x-a_1|^3}-\frac{k_2(x+a_2)}{|x+a_2|^3}=0 \tag{8.3.17}$$

由式 (8.3.17) 可得

$$\begin{array}{ll} F(-\infty)=-\infty<0, & F\left(-a_2-0\right)=+\infty>0 \\ F\left(-a_2+0\right)=-\infty<0, & F\left(a_1-0\right)=+\infty>0 \\ F\left(a_1+0\right)=-\infty<0, & F(+\infty)=+\infty>0 \end{array}$$

由此判断：$y=0$ 时，在 x 轴上 $(-\infty,-a_2)$，$(-a_2,a_1)$ 和 $(a_1,+\infty)$ 三个区间内，方程 (8.3.17) 各有一实根，即 $L_1(x_1,0,0)$、$L_2(x_2,0,0)$ 和 $L_3(x_3,0,0)$。

当 $y\neq 0$ 时，将式 (8.3.16) 乘以 x 与方程 (8.3.12) 相减，联立 (8.3.5) 和 (8.3.6) 可得

$$\rho_1=\rho_2=a \tag{8.3.18}$$

对应于 $L_4(x_4,y_4,0)$ 和 $L_5(x_4,-y_4,0)$，分别与 m_1 和 m_2 构成等边三角形。

1. 平衡点 L_1、L_2 和 L_3 附近的周期轨道及应用

可以将微分方程线性化，研究线性系统平衡位置的稳定性。方程 (8.3.11) 的 $\dfrac{\partial U}{\partial x}$、$\dfrac{\partial U}{\partial y}$、$\dfrac{\partial U}{\partial z}$ 在平衡位置附近线性化，并记 $x=x_i+\xi$，$y=y_i+\eta$，$z=\zeta$，有

$$\left\{\begin{array}{l} \ddot{\xi}-2\omega\dot{\eta}+U_{xx}\left(L_i\right)\xi+U_{xy}\left(L_i\right)\eta=0 \\ \ddot{\eta}+2\omega\dot{\xi}+U_{xy}\left(L_i\right)\xi+U_{yy}\left(L_i\right)\eta=0 \\ \ddot{\xi}+U_{zz}\left(L_i\right)\zeta=0 \end{array}\right. \tag{8.3.19}$$

其中，$U_{xx}(L_i)$ 表示 U_{xx} 在平衡位置 L_i 的取值，依此类推。计算可知，$U_{xz}(L_i)=U_{yz}(L_i)=U_{zx}(L_i)=U_{zy}(L_i)=0, i=1,2,...,5$。

式 (8.3.19) 中第三个方程与其他两个无关，可单独研究。由于

$$U_{zz}\left(L_i\right)=\frac{k_1}{\rho_1^3\left(L_i\right)}+\frac{k_2}{\rho_2^3\left(L_i\right)}>0 \tag{8.3.20}$$

第三式的解对应于简谐振动，故轨道面外的偏离量周期变化，振动幅值与初始状态有关。只要初始状态偏差很小，振幅也会很小。

接下来研究前两个耦合方程

$$
\begin{cases}
\ddot{\xi} - 2\omega\dot{\eta} + U_{xx}(L_i)\xi + U_{xy}(L_i)\eta = 0 \\
\ddot{\eta} + 2\omega\dot{\xi} + U_{xy}(L_i)\xi + U_{yy}(L_i)\eta = 0
\end{cases}
\tag{8.3.21}
$$

其特征方程为

$$
f(\lambda) = \begin{vmatrix} \lambda^2 + U_{xx}(L_i) & -2\omega\lambda + U_{xy}(L_i) \\ 2\omega\lambda + U_{xy}(L_i) & \lambda^2 + U_{yy}(L_i) \end{vmatrix} = 0
$$

从而得到

$$
\lambda^4 + \left(4\omega^2 + U_{xx}(L_i) + U_{yy}(L_i)\right)\lambda^2 + \left(U_{xx}(L_i)U_{yy}(L_i) - U_{xy}^2(L_i)\right) = 0 \tag{8.3.22}
$$

记 $K = \dfrac{k_1}{|x_i - a_1|^3} + \dfrac{k_2}{|x_i + a_2|^3} > 0$，对于 L_1、L_2、L_3 有

$$
U_{xx}(L_i) = -2K - \omega^2 < 0, \quad U_{yy}(L_i) = K - \omega^2 > 0, \quad U_{xy}(L_i) = 0
$$

分析特征方程(8.3.22)，其最后一项为负数，则一定有一对反号的实根，以及一对纯虚根，记为 d_1、$-d_1$、d_2j、$-d_2j$。微分方程的通解为

$$
\begin{aligned}
\xi &= C_1\mathrm{e}^{d_1t} + C_2\mathrm{e}^{-d_1t} + C_3\cos d_2t + C_4\sin d_2t \\
\eta &= \alpha_1C_1\mathrm{e}^{d_1t} - \alpha_1C_2\mathrm{e}^{-d_1t} - \alpha_2C_3\cos d_2t + \alpha_2C_4\sin d_2t
\end{aligned}
$$

其中，$C_i(i = 1, \cdots, 4), d_i(i = 1, 2)$ 为待定系数。

$$
2\alpha_1 = (d_1 + U_{xx}/d_1), \quad 2\alpha_2 = (d_2 - U_{xx}/d_2) \tag{8.3.23}
$$

从微分方程的通解可以看出，轨道面内偏离量以指数增大，所以这三个平衡位置不稳定。但如果选择初始状态满足一定条件，可以使 $C_1 = C_2 = 0$，得到绕平衡位置的椭圆轨道，称为李雅普诺夫轨道。如果这个面内轨道周期与面外振动周期可约，则得到绕平衡位置的三维封闭轨道，称为李萨如轨道。特别地，两个周期相等，称为晕轨道。

晕轨道在天文学中有多年的研究，但作为直到 20 世纪 60 年代，才由斯坦福大学一名博士生作为航天器轨道概念被提出，后在航天领域被广泛研究和采用。五个平衡点附近的周期轨道在航天器任务中的具体应用情况参见表 8.1。

表 8.1　五个平衡点附近的周期轨道及应用

任务名称	平衡点位置	任务来源 国家或地区	完成情况
飞天号（Hiten）	地月 L_4、L_5	日本	1992 年通过 L_4 和 L_5
高级合成探测器	日地 L_1	美国	1997 年发射，2024 年到达 L_1
太阳风层探测器	日地 L_1	欧洲、美国	1996 年到达 L_1 附近，运行中
风（WIND）	日地 L_1	美国	2004 年到达 L_1 附近，可运行 60 年
国际日地探测器 3 号	日地 L_1	美国	原任务完成，1982 年秋离开 L_1
威尔金森微波各向异性探测器	日地 L_2	美国	2001 年到达 L_2，2010 年完成任务，进入 L_2 以外的日心轨道
赫歇尔太空望远镜	日地 L_2	欧洲	2009 年到达 L_2，2013 年完成任务奔向日心轨道
普朗克太空望远镜	日地 L_2	欧洲	2009 年到达 L_2，运行中
嫦娥 2 号	日地 L_2	中国	离开 L_2，2012 年 4 月到达图塔蒂斯小行星
阿尔忒弥斯（Artemis）	地月 L_1, L_2	美国	运行中
圣杯号（GRAIL）	日地 L_1	美国	经过 L_1，到达月球
太空气象天文台	日地 L_1	美国	推迟
激光干涉仪太空天线探路者（LISA Footpath）	日地 L_1	欧洲、美国	2014 年发射
鹊桥	地月 L_2	中国	2018 年发射，嫦娥 4 号的中继星
詹姆斯–韦伯太空望远镜	日地 L_2	欧洲、美国、加拿大	2018 年发射

2. 平衡点 L_4 和 L_5 的稳定性

关于 L_4 和 L_5 点的稳定性，对于线性化系统的研究结果表明，只要两个大天体的质量比超过了 24.974，L_4 和 L_5 点就是稳定的。比如，对地月系统（质量比为 81）和太阳木星系统（质量比约为 1000），理论上航天器可以在前者的 L_4 和 L_5 点长期存在，而在后者的 L_4 和 L_5 点附近观测到了特罗伊族小行星群。虽然方程线性化结果表明 L_4 和 L_5

点稳定，但无法说明原来的非线性系统的稳定性，感兴趣的读者可以查阅由科尔莫戈罗夫（Kolmogorov）、阿诺尔德（Arnold）和莫塞（Moser）提出的 KAM 定理①。

■ 8.4 质点相对地球的运动

取地心参考系为惯性参考系，建立坐标系 $O\xi\eta\zeta$，其原点位于地球中心，三轴分别指向三颗恒星。地球自转的周期（相对于恒星转动 360°）是一个恒星日，目前其值为 23 小时 56 分 4 秒（86 164 s）。取动系 $OXYZ$ 与地球固结，牵连运动为绕南北极轴 OZ 的匀角速度 ω 转动，角速度约为

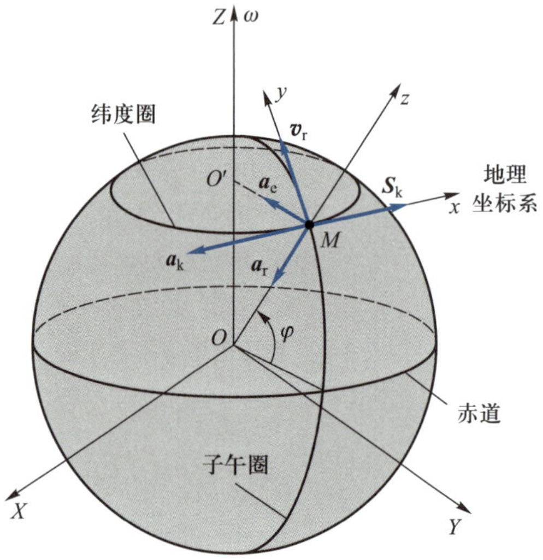

图 8.9

$$\omega=\frac{2\pi}{86164}\ \mathrm{rad/s}=7.292\times10^{-5}\ \mathrm{rad/s}$$

设质点 M 在北半球纬度为 φ 处以速度 $\boldsymbol{v}_\mathrm{r}$ 相对地球等速运动。建立地理坐标系（东北天坐标系）$Mxyz$，如图 8.9 所示。质点的牵连加速度大小和科氏加速度分别为（见例 6.14）

$$a_\mathrm{e}=\omega^2R\cos\varphi$$

$$\boldsymbol{a}_\mathrm{k}=-2\omega v_\mathrm{r}\sin\varphi\boldsymbol{i}$$

其中牵连加速度 $\boldsymbol{a}_\mathrm{e}$ 垂直并指向 Oz 轴。

地面上运动物体（如火车、汽车）的速度一般约为

$$v_\mathrm{r}=120\ \mathrm{km/h}\approx33\ \mathrm{m/s}$$

在北纬 45° 处的牵连加速度和科氏加速度约为

$$a_\mathrm{e}=7.292^2\times10^{-10}\times6378000\times\cos45^\circ\ \mathrm{m/s^2}\approx2.40\times10^{-2}\ \mathrm{m/s^2}$$

$$a_\mathrm{k}=2\times7.292\times10^{-5}\times33\times\sin45^\circ\ \mathrm{m/s^2}\approx3.40\times10^{-3}\ \mathrm{m/s^2}$$

可见，牵连惯性力不到重力的千分之三，科氏惯性力不到重力的万分之四。对于运动时间短，精度要求不高的一些工程问题，惯性力的影响可以忽略，即可以将地球参考系当作惯性参考系。利用微分方程求解物体运动规律的过程，需要两次积分运算。如果运动时间长，

① 推荐阅读文献：B. И. 阿诺尔德. 经典力学的数学方法 [M]. 4 版. 齐民友, 译. 北京: 高等教育出版社, 2006.

积分时间就长，忽略惯性力带来的误差就会累计增加，因此对于精度要求较高的问题，必须考虑惯性力的影响。

下面分别讨论牵连惯性力和科氏惯性力对物体相对地球运动的影响。

8.4.1 牵连惯性力的影响

质量为 m 的小球 B 在北纬 φ 处用细线 AB 悬挂于固定点 A 处，如图 8.10 所示。当小球处于平衡状态时，我们称 AB 线为铅垂线或竖直线。实际上 AB 线并不经过地心 O 点，下面分析 AB 线与 BO 的夹角 θ。

小球受到的力有：地心引力 $\boldsymbol{W}$，大小为 mg_0，方向指向地心；牵连惯性力 $\boldsymbol{S}_\mathrm{e}$，大小为 $m\omega^2R\cos\varphi$，方向与地球转动轴垂直，指向外；线的拉力 $\boldsymbol{F}_\mathrm{T}$。当小球处于平衡状态时，这三个力构成平衡力系，即

$$\boldsymbol{F}_\mathrm{T}+\boldsymbol{W}+\boldsymbol{S}_\mathrm{e}=0$$

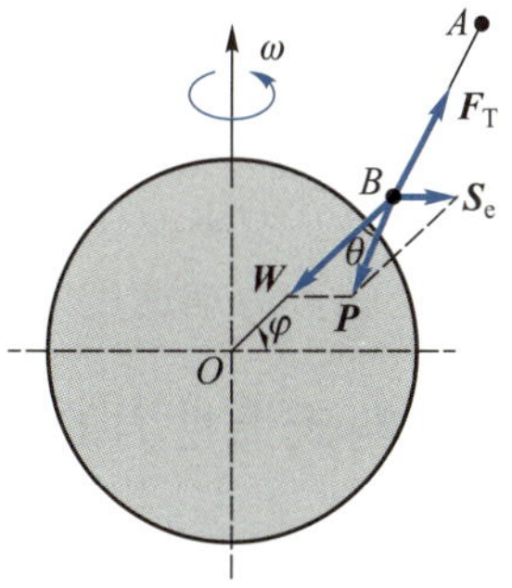

图 8.10

地心引力 $\boldsymbol{W}$ 和牵连惯性力 $\boldsymbol{S}_\mathrm{e}$ 的合力 $\boldsymbol{P}=\boldsymbol{W}+\boldsymbol{S}_\mathrm{e}$ 为小球的重力，大小为 $P=mg$。

由图 8.10 中的几何关系知

$$F_\mathrm{T}\sin\theta=S_\mathrm{e}\sin\varphi$$

考虑到 $F_\mathrm{T}=P=mg$，上式可改写为

$$\sin\theta=\frac{S_\mathrm{e}}{mg}\sin\varphi=\frac{\omega^2R\sin 2\varphi}{2g}$$

由于 $S_\mathrm{e}\ll W$，θ 是很小的角度，我们可以近似地得到 $F_\mathrm{T}\approx mg_0$ 和 $\sin\theta\approx\theta$。将 $R=6378\ \mathrm{km}$，$g_0=9.82\ \mathrm{m/s^2}$，$\omega=7.27\times10^{-5}\ \mathrm{rad/s}$ 代入上式，得

$$\theta\approx\frac{1}{290}\sin\varphi\cos\varphi$$

由此可见，在纬度 $\varphi=45^\circ$ 时，这个偏差最大，约为 $5.9'$；在赤道 $(\varphi=0^\circ)$ 和两极 $(\varphi=90^\circ)$ 铅垂线正好指向地心。

在垂直 $\boldsymbol{S}_\mathrm{e}$ 方向

$$W\sin\varphi=mg\sin(\varphi+\theta)$$

$$\begin{aligned}W&=mg\sin(\varphi+\theta)/\sin\varphi=mg\cos\theta+m\omega^2R\cos^2\varphi\\&=mg+m\omega^2R\cos^2\varphi=mg+m\omega^2R-m\omega^2R\sin^2\varphi\end{aligned}$$

W 与 φ 无关，g 随纬度 φ 变化。当 $\varphi=0$ 时，$W=mg_0+m\omega^2R$，有

$$mg_0+m\omega^2R=mg+m\omega^2R-m\omega^2R\sin^2\varphi$$

$$g=g_0+\omega^2R\sin^2\varphi$$

计算极地和赤道处的重力加速度之差

$$\omega^2R=\left(7.292\times10^{-5}\right)^2\times6.378\times10^6\ \mathrm{m/s^2}\approx0.034\ \mathrm{m/s^2}$$

而实测结果为

$$\varphi=90^\circ\ \text{时},g=9.832\ \mathrm{m/s^2}$$

$$\varphi=0^\circ\ \text{时},\ g=9.780\ \mathrm{m/s^2}$$

极地和赤道处的重力加速度测量值之差为 $0.052\ \mathrm{m/s^2}$，比较上面计算的惯性力引起的极地和赤道处的重力加速度之差为 $0.018\ \mathrm{m/s^2}$，这是由于地球的非球形引起的。

8.4.2 科氏惯性力的影响

当质点 M 在北半球以速度 $\boldsymbol{v}_\mathrm{r}$ 相对地球运动时，科氏惯性力为

$$\boldsymbol{S}_\mathrm{k}=2m\omega v_\mathrm{r}\sin\varphi\boldsymbol{i}$$

科氏惯性力 $\boldsymbol{S}_\mathrm{k}$ 指向运动方向的右方（如图 8.9 所示），它相对重力为小量，但因为此方向上没有其他力作用，故仍可能对在较大范围内运动的物体产生较显著的影响。当质点位于南半球时，科氏惯性力指向运动方向的左方。

1. 落体偏东

下面分析科氏惯性力对自由落体的影响。设一物体在地球表面上自高度为 h 的 A 点处自由落下，如图 8.11 所示。由于地球自转的影响，落体并不沿铅垂线下降。地球自转角速度可以写为

$$\boldsymbol{\omega}=\omega(\cos\varphi\boldsymbol{j}+\sin\varphi\boldsymbol{k})$$

质点的运动微分方程为

$$m\ddot{\boldsymbol{r}}=-mg\boldsymbol{k}-2m\boldsymbol{\omega}\times\dot{\boldsymbol{r}}$$

将上式向三根坐标轴投影，得

$$\begin{cases}\ddot{x}=2\omega(\dot{y}\sin\varphi-\dot{z}\cos\varphi)\\ \ddot{y}=-2\omega\dot{x}\sin\varphi\\ \ddot{z}=-g+2\omega\dot{x}\cos\varphi\end{cases}\tag{8.4.1}$$

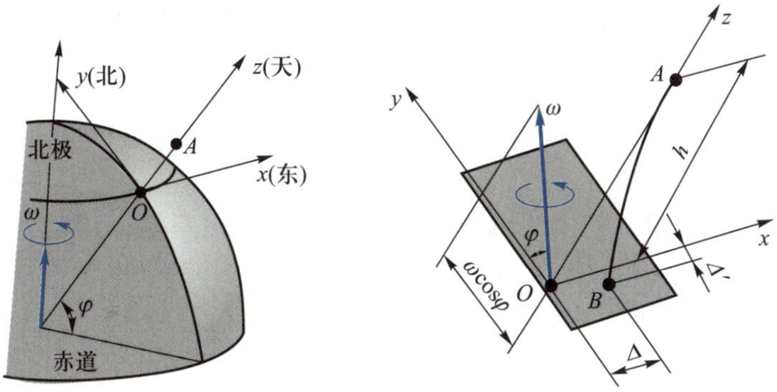

(a) (b)

图 8.11

自由落体的初始条件为

$$x(0)=y(0)=0,\quad z(0)=h,\quad \dot{x}(0)=\dot{y}(0)=\dot{z}(0)=0 \tag{8.4.2}$$

解析求解这组微分方程较为复杂，下面用逐步迭代法求其近似解。令带小量 ω 的各项为零，得零次近似方程

$$\begin{cases}\ddot{x}_0=0\\ \ddot{y}_0=0\\ \ddot{z}_0=-g\end{cases}$$

满足初始条件 (8.4.2) 的解为

$$x(t)=0,\quad y(t)=0,\quad z(t)=h-\frac{1}{2}gt^2 \tag{8.4.3}$$

它是运动微分方程的零次近似解，也是不考虑地球自转时的自由落体运动方程。将它代入运动微分方程 (8.4.1) 的右端，得到一次近似方程

$$\begin{cases}\ddot{x}=2\omega gt\cos\varphi\\ \ddot{y}=0\\ \ddot{z}=-g\end{cases}$$

满足初始条件 (8.4.2) 的解为

$$\begin{cases}x(t)=\dfrac{1}{3}g\omega t^3\cos\varphi\\ y(t)=0\\ z(t)=h-\dfrac{1}{2}gt^2\end{cases} \tag{8.4.4}$$

它是运动微分方程的一次近似解。由式 (8.4.4) 的第三式可以求出物体的下落时间为

$$t = \sqrt{\frac{2h}{g}}$$

代入第一式可以发现，物体落到地面时向东有一个偏差量，其大小为

$$\varDelta = \frac{1}{3} g\omega \left(\frac{2h}{g}\right)^{3/2} \cos\varphi$$

将一次近似解 (8.4.4) 代入运动微分方程 (8.4.1) 的右端，得到二次近似方程

$$\begin{cases} \ddot{x} = 2\omega g t \cos\varphi \\ \ddot{y} = -2\omega^2 g t^2 \sin\varphi \cos\varphi \\ \ddot{z} = -g + 2\omega^2 g t^2 \cos^2\varphi \end{cases}$$

满足初始条件 (8.4.2) 的解为

$$\begin{cases} x(t) = \dfrac{1}{3} g\omega t^3 \cos\varphi \\ y(t) = -\dfrac{1}{12} g\omega^2 t^4 \sin 2\varphi \\ z(t) = h - \dfrac{1}{2} g t^2 + \dfrac{1}{6}\omega^2 g t^4 \cos^2\varphi \end{cases}$$

由此可知，物体落地时还在南北方向有偏差，在北半球偏差向南，在南半球则偏差向北。取 $h = 100$ m，$\varphi = 40°$（大约是北京的纬度），落点向东偏差约 1 cm，向南偏差约 1 μm。

思考题 8.5

（1）为什么质点运动微分方程中没有出现牵连惯性力？

（2）若上抛小球，小球上升时会偏向哪个方向？小球回落时呢？

注记 8.3

下落物体的运动微分方程式 (8.4.1) 的求解，也有其他方法。可将方程组式 (8.4.1) 的第一式两边对时间求导，将第二式和第三式代入，消除 $\ddot{y}$ 和 $\ddot{z}$，整理得到

$$\dddot{x} + 4\omega^2 \dot{x} - 2g\omega\cos\varphi = 0 \tag{a}$$

式 (a) 的通解为

$$x(t)=\frac{gt}{2\omega}\cos\varphi+A+B\sin(2\omega t)+C\cos(2\omega t) \tag{b}$$

其中 A、B 和 C 为待定常数，可由式 (8.4.1) 和关于 x、$\dot{x}$ 和 $\ddot{x}$ 的初值确定。

类似地，$y(t)$ 和 $z(t)$ 也可以用待定系数法求得①

$$\left.\begin{aligned} y(t)&=-\frac{1}{2}gt^2\sin\varphi\cos\varphi+B\sin\varphi\cos(2\omega t)-C\sin\varphi\sin(2\omega t)+Dt+E \\ z(t)&=-\frac{1}{2}gt^2\sin^2\varphi+\cos\varphi[-B\cos(2\omega t)+C\sin(2\omega t)]+Ft+G \end{aligned}\right\} \tag{c}$$

其中，D、E、F 和 G 都是待定系数。

最后，由初值式 (8.4.2) 可得各待定系数的取值为

$$\left.\begin{aligned} &A=0, B=-\frac{g}{4\omega^2}\cos\varphi, C=0 \\ &D=0, E=\frac{g}{4\omega^2}\sin\varphi, F=0, \\ &G=h-\frac{g\cos^2\varphi}{4\omega^2} \end{aligned}\right\} \tag{d}$$

代入通解式 (b) 可得

$$x(t)=\frac{gt}{2\omega}\cos\varphi\left[1-\frac{\sin(2\omega t)}{2\omega t}\right] \tag{e}$$

易得 $x(t)>0$，即物体下落过程中向东偏。

同时，对在地球附近下落的物体，时间 t 较小，而 $2\omega t$ 为小量，略去二次以上的小量，也可推导出一次近似解，见式 (8.4.4)。

2. 北半球傅科摆的摆动平面顺时针旋转

傅科摆是法国科学家傅科设计的用于证明地球自转的仪器，是一个巨大的单摆，如图 8.12 所示。

取 Oz 轴竖直向上，由于摆绳很长，摆锤可以近似地认为在水平面 Oxy 平面内运动。摆锤受到重力 $mg\boldsymbol{k}$、绳的拉力 $\boldsymbol{F}_{\mathrm{T}}$ 和科氏惯性力 $\boldsymbol{S}_{\mathrm{k}}=-2m\omega\sin\varphi\boldsymbol{k}\times\boldsymbol{v}$。因为摆绳很长，可以认为 $F_{\mathrm{T}}\approx mg$，于是摆在水平面内的运动微分方程为

$$m\ddot{\boldsymbol{r}}=-\frac{mg}{l}\boldsymbol{r}-2m\omega\sin\varphi\boldsymbol{k}\times\dot{\boldsymbol{r}}$$

其中 $\boldsymbol{r}$ 是摆锤相对 O 点的矢径。将上式改用极坐标表示，得

① 推荐阅读文献：陈立群. 关于自由质点相对地球的运动 [J]. 力学与实践, 2015, 37(2):243-244.

$$\begin{cases} m(\ddot{r} - r\dot{\theta}^2) = -\dfrac{mgr}{l} + 2mr\omega\dot{\theta}\sin\varphi \\ m(r\ddot{\theta} + 2\dot{r}\dot{\theta}) = -2m\omega\dot{r}\sin\varphi \end{cases}$$

考察 $\ddot{\theta} = 0$ 的特解，将 $\ddot{\theta} = 0$ 代入第二个方程可得

$$\dot{\theta} = -\omega\sin\varphi$$

将上式代入第一个方程，略去带 ω^2 的项（高阶小量），得

$$\ddot{r} + \frac{g}{l}r = 0$$

这个方程说明，摆锤在摆动平面内的运动和单摆一样，其周期为 $2\pi/\sqrt{g/l}$。而特解 $\dot{\theta} = -\omega\sin\varphi$ 的存在说明，摆动平面也在转动，其转动周期为 $2\pi/(\omega\sin\varphi)$，如图 8.13 所示。

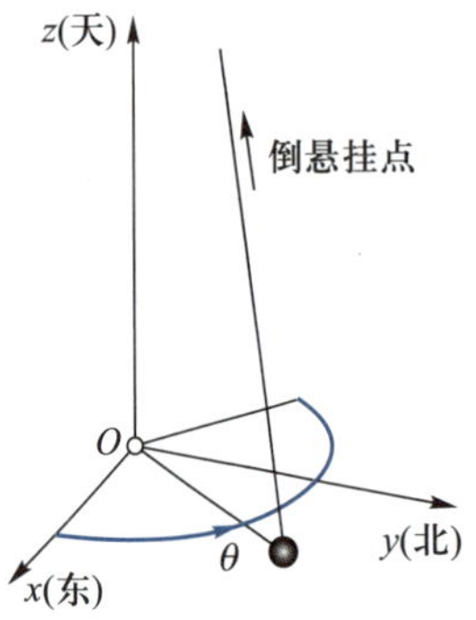

图 8.12

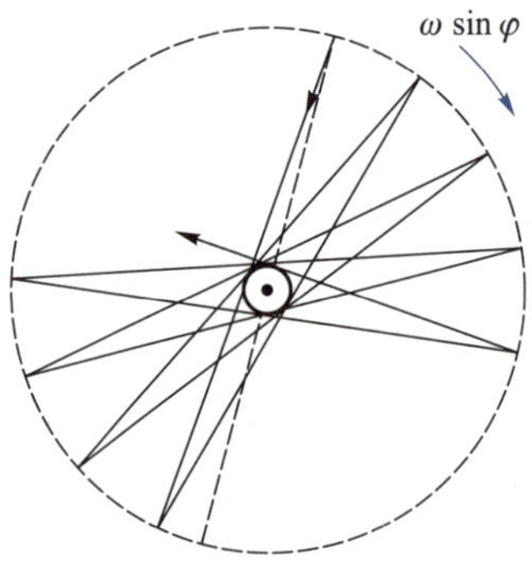

图 8.13

傅科在 1851 年利用单摆摆动平面的缓慢转动现象论证地球的自转。当年的实验在巴黎（$\varphi = 49°$）进行，摆锤重量为 28 kg，摆长度为 70 m，摆动直径约为 30 cm，测量结果是摆动周期为 17 s，摆平面转动周期为 32 h，与计算所得的摆动周期 16.8 s、转动周期 31.7 h 很接近。

3. 弹道偏差

在地球的北半球，根据第 6 讲的例 6.14 可知，科氏加速度 $\boldsymbol{a}_{\mathrm{k}} = 2\boldsymbol{\omega}\times\boldsymbol{v}_{\mathrm{r}} = -2\omega u\sin\varphi\boldsymbol{e}_E$ 的方向指向左边，科氏惯性力方向指向右边，这就使运动物体总是向右偏移（在地球的南半球正好相反）。

第一次世界大战期间，英国炮手在马尔维纳斯（福克兰）群岛发生的海战中发射的炮弹经常落在德国战舰的左方而不能命中。瞄准器的设计者了解科氏惯性力的作用，并已把这个因素考虑在内。问题在于他们是按假设海战在英国本土（约北纬 50°）附近做了向左

的校正，但是马尔维纳斯（福克兰）群岛在南美洲（约南纬 50°）。由于设计者没有把校正方法告诉不懂科氏惯性力的炮手们，结果产生了双倍的向左误差。

4. 热带气旋

在气象学中也要考虑惯性力的影响。当局部地面或海面温度很高时，空气受热上升，形成低压中心。在北半球，在科氏惯性力的作用下，空气在向低压中心移动时会逐渐偏右，最后形成右旋气流，如图 8.14 所示。在南半球则形成左旋气流。

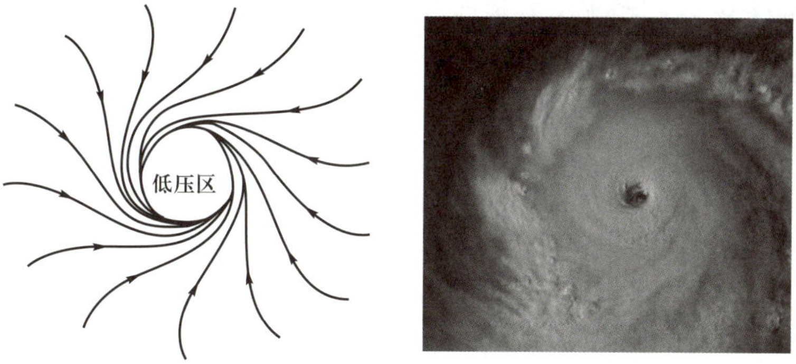

图 8.14

> **思考题 8.6**
>
> 在北半球河流两岸的哪一侧冲刷更为严重？单向行车的铁轨哪一侧的磨损更为严重？炮弹的落点在射击平面的哪一方？

■ 本讲小结

对学过大学物理的读者来说，建立质点的运动微分方程不是新问题，主要问题是求解运动微分方程，因此本讲介绍了一些解方程的技巧。

矢量形式的质点运动微分方程：$m\ddot{\boldsymbol{r}} = \boldsymbol{F}(t, \boldsymbol{r}, \dot{\boldsymbol{r}})$

直角坐标形式的质点运动微分方程：$m\ddot{x} = F_x, \quad m\ddot{y} = F_y, \quad m\ddot{z} = F_z$

自然坐标形式的质点运动微分方程：$m\ddot{s} = F_\tau, \quad m\frac{\dot{s}^2}{\rho} = F_n, \quad 0 = F_b$

柱坐标形式的质点运动微分方程：$m(\ddot{\rho} - \rho\dot{\varphi}^2) = F_\rho, \quad m(\rho\ddot{\varphi} + 2\dot{\rho}\dot{\varphi}) = F_\varphi, \quad m\ddot{z} = F_z$

质点相对运动微分方程：$m\boldsymbol{a}_{\mathrm{r}} = \boldsymbol{F} + \boldsymbol{S}_{\mathrm{e}} + \boldsymbol{S}_{\mathrm{k}}$

■ 概念题

8–1 质点的运动方向是否一定和质点上所受合力的方向一致?

8–2 如果两个质点的质量相等,在相同力的作用下,它们的速度和加速度是否都相等?

8–3 当作用于质点上的力为常矢量时,该质点能否作匀速曲线运动?

8–4 在密闭的车厢中能否正确判断列车的运动状态?

8–5 判断该说法是否正确:在惯性参考系中,不论初始条件如何变化,只要质点不受力的作用,则该质点是否应保持静止或匀速直线运动状态。

■ 习题

8–1 质量为 90 kg 的人滑雪,不用滑雪拐支撑,沿着 45° 的斜坡迅速下滑。滑雪板与雪的摩擦因数 $\mu = 0.1$,滑雪人运动时所受的空气阻力大小与速度大小平方成反比。当滑雪人的速度大小等于 1 m/s 时,空气阻力大小等于 0.635 N。求滑雪人的最大速度大小。如果滑雪人用滑油把摩擦因数减到 0.05,最大速度大小会增加到多少?

8–2 静止的潜艇在力 P 作用下向水底平稳下沉。当 P 不大时,可以认为水的阻力大小与下沉速度大小成正比,等于 kSv,其中 k 是比例常数,S 是潜艇的水平投影面积,v 是下沉速度大小,潜艇的质量是 M。设当 $t = 0$ 时,$v_0 = 0$,求潜艇下沉速度大小 v 的表达式。

8–3 质量为 1.5×10^6 kg 的轮船所受的阻力为 $F = av^2$(F 以 N 为单位),其中 v 是轮船的速度大小,以 m/s 为单位,常数 $a = 1200$。螺旋桨推力沿速度方向按规律 $F_{\mathrm{T}} = 1.2\times10^6(1-v/33)$ 变化,单位为 N。设轮船的初始速度大小为 v_0 (以 m/s 为单位),求:(1)轮船速度大小与时间的关系;(2)航程与速度大小的关系;(3)$v_0 = 10$ m/s 时,求航程与时间的关系。

8–4 质量为 m 的质点 A 由位置 $\boldsymbol{r} = \boldsymbol{r}_0$($\boldsymbol{r}$ 是质点的矢径)出发以垂直于 $\boldsymbol{r}_0$ 的速度 $\boldsymbol{v}_0$ 开始运动,作用在质点上的引力为向心力,指向中心 O 点,大小与距离成正比,比例系数为 mc_1。此外,常力 $mc\boldsymbol{r}_0$ 也作用在质点上。求:(1)质点的运动方程;(2)质点的运动轨迹;(3)运动轨迹通过中心 O 点所需的常数比值 c_1/c;(4)质点通过中心 O 点的速度。

8–5 重量为 W 的小球 A 以两绳悬挂,如图 8.15 所示。若将绳 AB 突然剪断,分别求在绳 AB 剪断瞬时和当小球运动到铅垂位置时绳 AC 中的拉力。

8–6　小球 A 自光滑半圆柱的顶点由静止开始滑下，如图8.16 所示。求小球脱离半圆柱时的位置角 φ。

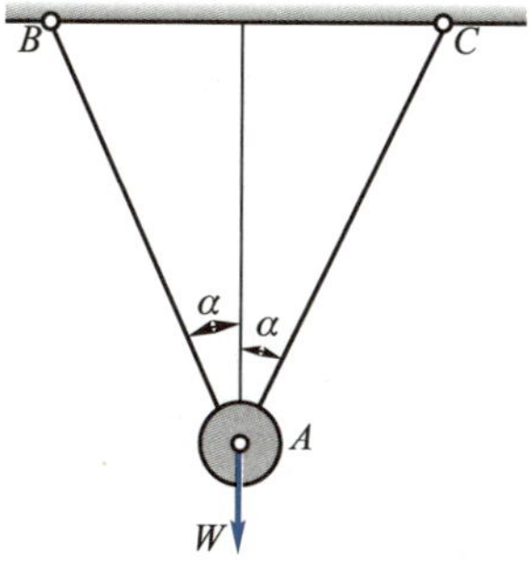

图 8.15

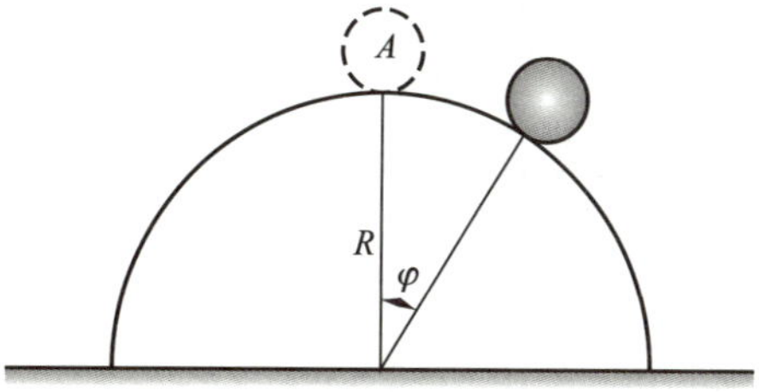

图 8.16

8–7　质量为 m 的小球 A 用两根长度均为 l 的细杆支承，支承架以匀角速度 ω 绕铅垂轴 BC 转动，如图8.17 所示。$BC = 2a$，杆 AB 与 AC 的两端均铰接，杆重忽略不计。求杆所受到的力。

8–8　半径为 R、偏心距为 $OC = e$ 的偏心轮绕 O 轴以匀角速度 ω 转动，带动导板及在其顶部放置的、质量为 m 的物块 A 沿铅直轨道运动，如图8.18 所示。开始时 OC 沿水平线，求：（1）物块对导板的最大压力；（2）使物块不离开导板的 ω 最大值。

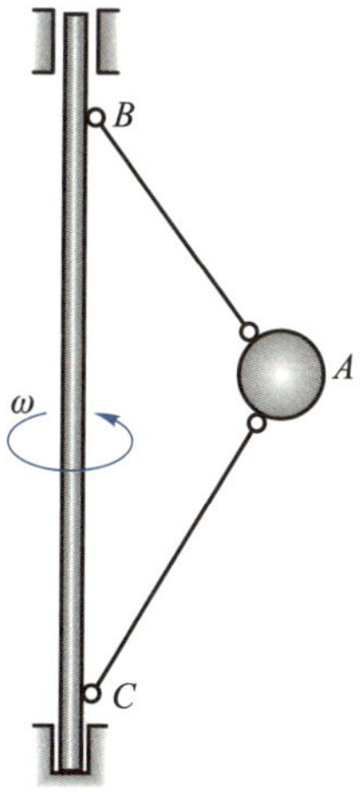

图 8.17

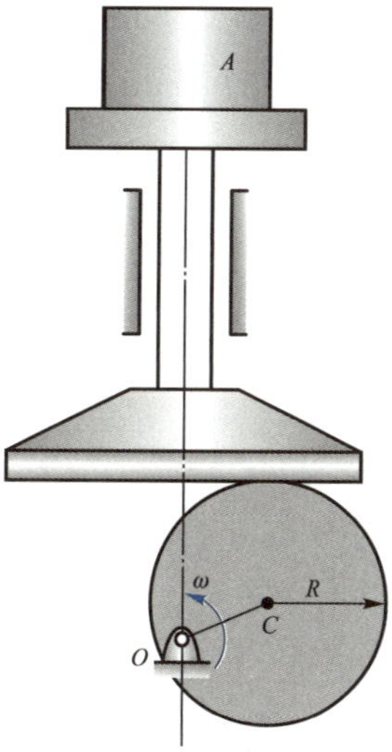

图 8.18

8–9　质量分别为 m_1 与 m_2 的两质点，用一原长为 l 的弹簧相连，弹簧刚度系数 $k = 2m_1m_2\omega^2/(m_1 + m_2)$。现将此系统放入光滑的水平管内，管绕弹簧中点以匀角速度 ω 转动，如图8.19 所示。求在任意瞬时两质点间的距离。设初始时质点相对于管静止。

8–10　如图 8.20 所示，圆盘以匀角速度 ω 绕通过中心 C 点的铅直轴在水平面内转动。盘上有一通过盘心的光滑直槽，刚度系数为 k 的弹簧置于槽中，一端固定于 C 点，另一端系有质量为 m 的小球 M。初始时弹簧无变形，小球在盘上静止。求当 $\dfrac{k}{m} > \omega^2$ 时，小球在盘上的相对运动规律及直槽作用于小球的约束力，并讨论 $\dfrac{k}{m} \leqslant \omega^2$ 时小球的运动规律。

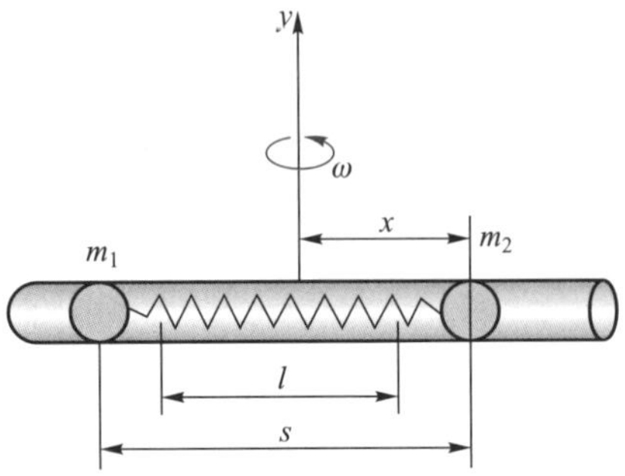

图 8.19

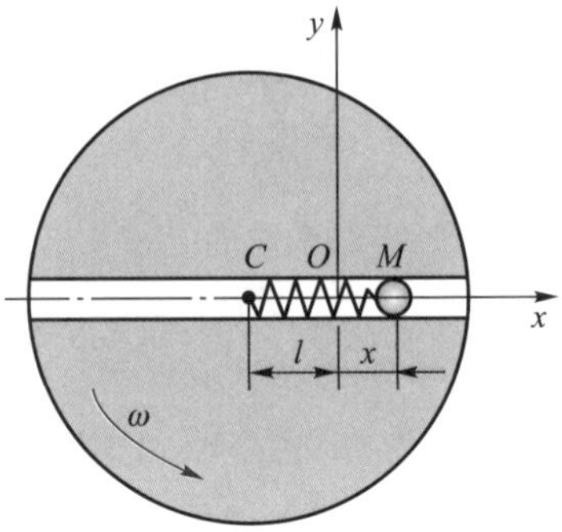

图 8.20

8–11　如图 8.21 所示，质量为 m、长度为 l 的均质杆 AB，其一端 A 可沿竖直轴 Oz 滑动，另一端 B 可沿水平轴 Ox 滑动，而 Ox 轴以匀角速 ω 绕 Oz 轴转动。B 端与弹簧 BC 相连，C 端固定在 Ox 轴上。当 $\alpha = 0$ 时，弹簧为原长。弹簧的刚度系数为 k，不计摩擦，且 $0 \leqslant \alpha \leqslant \pi/2$。求杆 AB 的相对平衡位置。

8–12　如图 8.22 所示，水平管 CD 绕铅直轴 AB 以角速度 ω 作匀速转动。管内放有物体 M，管长为 L。不计摩擦，求此物体脱离管口时相对于管口的速度。设在初瞬时 $v = 0$，$x = x_0$。

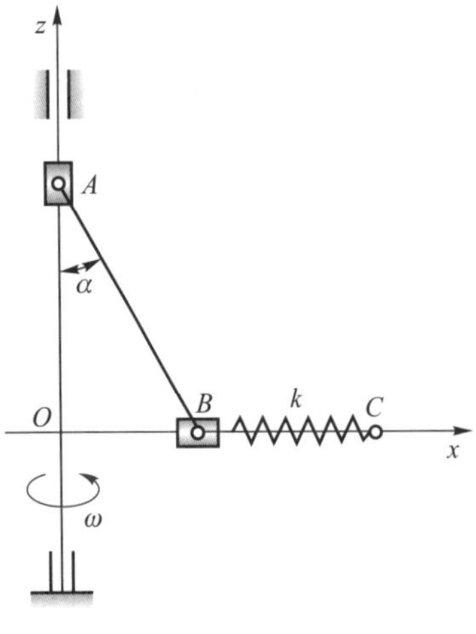

图 8.21

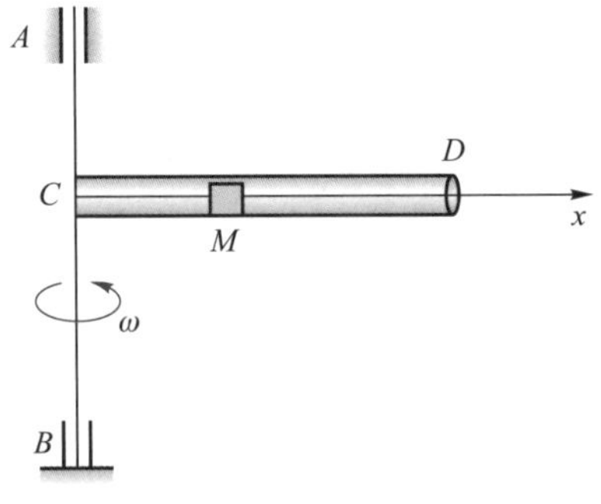

图 8.22

8–13　假定人造地球卫星的运行轨道是半径为 R 的圆，周期为 T。宇航员以相对速率 v_0 垂直地球表面投射一物。如果不计 r/R 的高次项（r 是投射物与卫星之间的距离），求证投射物相对于卫星的轨迹为一椭圆，周期也是 T。

8–14　考虑地球自转产生科氏惯性力的影响，在纬度 φ 处的光滑水平面上一质点以相对初速率 v_0 开始运动，求该质点相对地球的运动轨迹。

8–15　一质点竖直上抛，到达高度 h 后又落至地面，不计空气阻力，精确到地球自转角速度 ω 的一次项，求落地时偏离了抛出点多少距离？

8–16　人造卫星观察到地球海洋某处有一逆时针转向的漩涡，周期为 14 h，该处在北半球还是南半球？纬度为多少？

8–17　一炮弹以初速率 v_0、仰角 α 在地球表面北纬 φ 处向北发射，求经过时间 t 后炮弹东偏的距离。

第8讲习题
参考答案

第9讲 分析力学基本概念

本讲介绍分析力学的几个最重要的基本概念，这些概念不仅在本讲用到，在涉及分析力学的第 11 讲、第 16 讲和第 20 讲也要使用。

非自由质点系的运动规律与约束密切相关。研究非自由质点系的运动，有两种不同的思路。一个是牛顿力学的思路，认为力是改变物体运动的唯一原因，约束是通过未知约束力作用在质点上来限制运动，因此约束都可以用未知力（即约束力）代替。对于约束的分析因而转换成受力分析。用牛顿力学思路研究问题（包括静力学问题和动力学问题）的关键步骤之一，就是在受力分析时确定约束力的特点。一些常见的约束，根据约束的具体实现形式，可以分析出约束力的特点。

另一个是分析力学的思路，认为约束与力同样都是改变运动的原因，将约束看作是强制性的，我们首先要找到约束允许的可能运动，然后再按照一定的规则从所有的可能运动中找到真实的运动，在受力分析时不必考虑理想约束的约束力。

9.1 约束及其分类

由多个质点组成的系统，简称为**质点系**或者**质系**。质点系可以由有限或无限个离散质点组成，也可以由一个或多个连续体组成。刚体、弹性体和流体都可以看作是由无限个质点组成的质点系。质点系是最一般的力学模型，是力学的最一般的研究对象，理论力学中的基本原理都是针对质点系给出的。

如果质点系中每个质点的运动都不受任何预先给定的限制，则称为**自由质点系**。显然，研究自由质系的运动，与研究单个质点的运动相比，没有任何新的困难。**非自由质点系**是指质点的运动受到预先给定的强制性限制。这些预先给定的强制性限制称为**约束**，可能来自质点系内部，也可能来自质点系外部。

在这里介绍几个约束实例。

（1）用一根无质量的刚性杆联结两个小球（质点），运动时由于刚性杆的存在，两质点的距离保持不变，这样的约束是刚性约束；

（2）在粗糙平面上纯滚动的圆盘，圆盘上与平面的接触点的速度等于零，这样的约束是摩擦约束；

（3）导弹追踪目标时，其飞行速度方向始终对准目标，这样的约束是控制约束。

尽管约束的形式和机理千差万别，本质上都是限制质点的位置、速度等运动学量，本教程仅讨论限制质点位置和速度的约束。如果质点系由 n 个质点 $P_i(i=1,2,\cdots,n)$ 构成，设 P_i 的矢径为 $\boldsymbol{r}_i$，速度为 $\boldsymbol{v}_i$。约束可以表示为以下形式：

$$f_s(\boldsymbol{r}_1,\cdots,\boldsymbol{r}_n,\boldsymbol{v}_1,\cdots,\boldsymbol{v}_n,t)\geqslant 0 \quad (s=1,2,\cdots,l) \tag{9.1.1}$$

或者简记为

$$f_s(\boldsymbol{r},\boldsymbol{v},t)\geqslant 0 \quad (s=1,2,\cdots,l) \tag{9.1.2}$$

式 (9.1.1) 和式 (9.1.2) 所示的约束表达式称为**约束方程**。其中，l 即为质点系的约束方程数。

注记 9.1

如果有读者感到困惑：$\boldsymbol{r}$、$\boldsymbol{v}$ 都是时间 t 的函数，为什么不写成 $F(t)=0$？请参考第 8 讲关于动力学方程（常微分方程）初值的说明。

约束有很多种分类方式。由不等式给出的约束称为**不等式约束**或者**单面约束**。例如，质点被限制在曲面的某一侧运动，则质点的坐标应满足的约束条件是 $f(x,y,z)\geqslant 0$。如果质点被限制沿着这个曲面运动，则质点的坐标应满足的约束条件是 $f(x,y,z)=0$。这种由等式给出的称为**等式约束**或者**双面约束**。显然，对于单面约束情况，运动可以分阶段考虑：在质点不接触到曲面的阶段，约束不起任何作用，与没有约束情况相同；质点在曲面内运动的阶段，约束就是双面的。鉴于此，在本教程中我们仅研究等式约束（双面约束）

$$f_s(\boldsymbol{r},\boldsymbol{v},t)=0 \quad (s=1,2,\cdots,l) \tag{9.1.3}$$

再比如，如图 9.1 所示，质点 A 由刚性杆限制与转轴的位移，其坐标满足双面约束条件 $x_A^2+y_A^2-l^2=0$。若将刚性杆改为柔索，则质点 A 所受的为单面约束，在柔索未绷紧时处于无约束阶段，在绷紧时处于双面约束阶段。

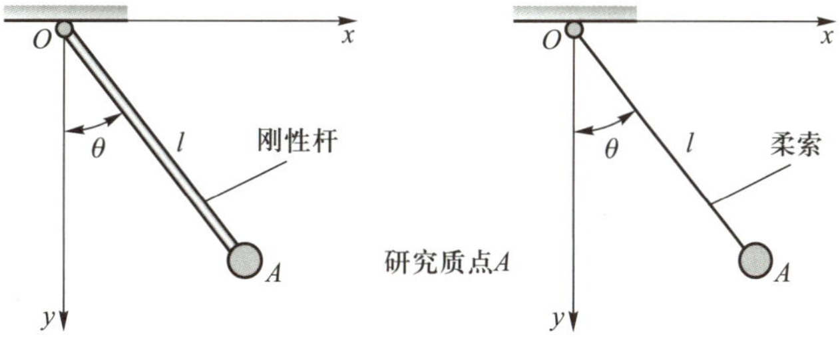

图 9.1

约束方程式 (9.1.2) 和式 (9.1.3) 中不显含时间 t 时称为**定常约束**，显含时间 t 时称为**非定常约束**。例如设某质点被限制在一个球心位于坐标原点的球面上运动。如果球半径随时间变化规律为 $r=f(t)$，则约束方程为 $x^2+y^2+z^2=f^2(t)$，这就是非定常约束。如果球半径固定不变，则约束为定常的。

再举一个例子，如图 9.2 所示，单摆的质点与悬挂点距离保持不变，约束是定常的。如果摆绳随时间变化规律为 $l=l(t)$，则约束方程为 $x_A^2+y_A^2-l(t)^2=0$，这是非定常约束。在本教程中主要研究定常约束。

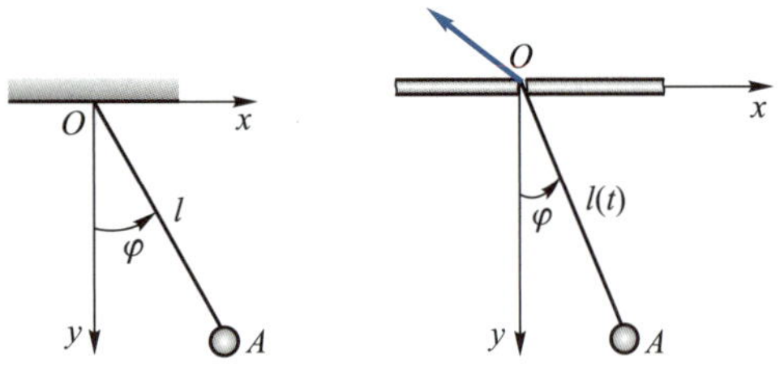

图 9.2

如果约束方程式 (9.1.3) 中不包含速度，则称为**几何约束**，如图 9.2 所示的例子就是几何约束。如果约束方程包含速度，则称其为**微分约束**。例如半径为 R 的圆柱作纯滚动，如图 9.3 所示。圆柱有一个微分约束 $\dot{x}_C = R\dot{\varphi}$（纯滚动条件），其中 φ 为圆柱的转角。

有些微分约束可以积分后写成几何约束的形式，有些则不可能。几何约束以及可以积分后写成几何约束形式的微分约束统称为**完整约束**，不能写成几何约束形式的微分约束称为**非完整约束**。在图 9.3 所示的圆柱作纯滚动例子中，微分约束可以积分成为 $x_C = R\varphi + C$（C 为常数），因此是完整约束。冰刀运动时的约束是典型的非完整约束。设冰刀沿着水平冰面运动，冰刀以细杆为模型，杆上 C 点的速度在运动过程中始终沿着杆（如图 9.4 所示）。x、y 是 C 点的坐标，而 φ 是杆与 Ox 轴的夹角，则约束由方程 $\dot{y} = \dot{x}\tan\varphi$ 给出。

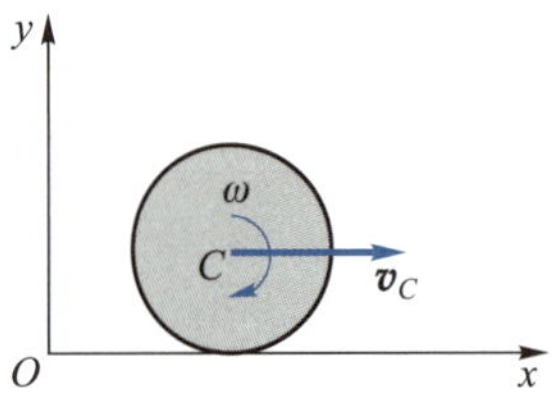

图 9.3

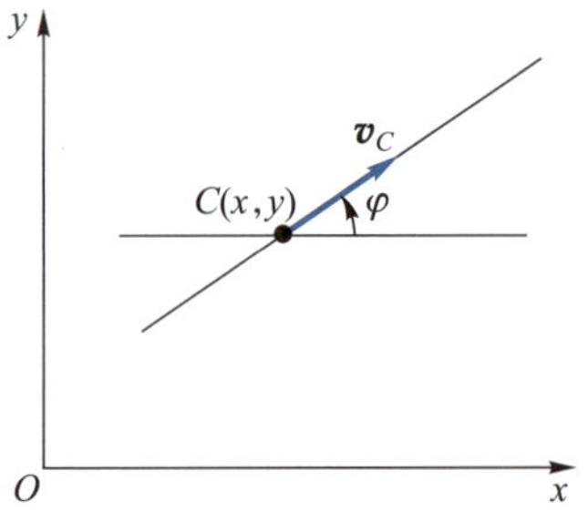

图 9.4

下面证明微分约束 $\dot{y} = \dot{x}\tan\varphi$ 是不可积的。用反证法，假设 x、y、φ 满足关系式 $f(x, y, \varphi, t) = 0$，那么 f 对时间的全导数为

$$\dot{f} = \frac{\partial f}{\partial x}\dot{x} + \frac{\partial f}{\partial y}\dot{y} + \frac{\partial f}{\partial \varphi}\dot{\varphi} + \frac{\partial f}{\partial t} \equiv 0$$

利用约束方程 $\dot{y} = \dot{x}\tan\varphi$ 可以将 $\dot{f}$ 写成

$$\dot{f} = \left(\frac{\partial f}{\partial x} + \tan\varphi\frac{\partial f}{\partial y}\right)\dot{x} + \frac{\partial f}{\partial \varphi}\dot{\varphi} + \frac{\partial f}{\partial t} \equiv 0$$

由于 $\dot{x}$、$\dot{\varphi}$ 是独立的，故

$$\frac{\partial f}{\partial x} + \tan\varphi\frac{\partial f}{\partial y} = 0, \quad \frac{\partial f}{\partial \varphi} = 0, \quad \frac{\partial f}{\partial t} = 0$$

又由于角度 φ 是任意的，上面第一个式子可得：$\partial f/\partial x = 0$，$\partial f/\partial y = 0$。因此，函数

f 对其所有变量的偏导数都等于零，即 f 不显含 x、y、φ、t，与假设矛盾。因此，约束 $\dot{y}=\dot{x}\tan\varphi$ 不可积。

约束还有一种重要的分类：理想约束和非理想约束，需要借助下面的虚位移概念给出。

9.2 虚位移

[概念辨析] 虚位移

非自由质点系的各质点不能在空间中任意运动，它们必须满足约束。设质点系由 n 个质点 $P_i(i=1,2,\cdots,n)$ 组成，它们相对于固定参考点 O 的矢径为 $\boldsymbol{r}_i(i=1,2,\cdots,n)$。假设该质点系共有 l 个相互独立的完整约束，约束方程为

$$f_s(\boldsymbol{r}_1,\boldsymbol{r}_2,\cdots,\boldsymbol{r}_n,t)=0 \qquad (s=1,2,\cdots,l) \tag{9.2.1}$$

满足约束方程式 (9.2.1) 的运动称为**可能运动**，它在无限小时间间隔 Δt 内产生的位移称为**可能位移**，记为 $\Delta\boldsymbol{r}_i(i=1,2,\cdots,n)$；同时满足运动微分方程（包括初始条件）和约束方程式 (9.2.1) 的运动称为**真实运动**，它在无限小时间间隔 $\mathrm{d}t$ 内产生的位移称为**真实位移**，记为 $\mathrm{d}\boldsymbol{r}_i(i=1,2,\cdots,n)$。

当 Δt 无限小，由约束方程式 (9.2.1) 可知质点系的可能位移满足条件

$$\sum_{i=1}^{n}\frac{\partial f_s}{\partial \boldsymbol{r}_i}\cdot\Delta\boldsymbol{r}_i+\frac{\partial f_s}{\partial t}\Delta t=0 \qquad (s=1,2,\cdots,l) \tag{9.2.2}$$

将约束方程式 (9.2.1) 进行全微分，可知质点系的真实位移满足条件

$$\sum_{i=1}^{n}\frac{\partial f_s}{\partial \boldsymbol{r}_i}\cdot\mathrm{d}\boldsymbol{r}_i+\frac{\partial f_s}{\partial t}\mathrm{d}t=0 \qquad (s=1,2,\cdots,l) \tag{9.2.3}$$

由式 (9.2.2) 和式 (9.2.3) 可知，真实位移与可能位移满足同样的约束方程，不同之处在于真实位移还必须满足动力学方程（由牛顿第二定律导出的运动微分方程）。因此，真实位移是在无穷多的可能位移中，满足动力学方程及其初始条件的唯一的解。显然，真实位移是一种可能位移，但任意一个可能位移不一定是真实位移。

对于定常约束，f_s 不显含时间 t，$\partial f_s/\partial t$，式 (9.2.2) 简化为

$$\sum_{i=1}^{n}\frac{\partial f_s}{\partial \boldsymbol{r}_i}\cdot\Delta\boldsymbol{r}_i=0 \qquad (s=1,2,\cdots,l) \tag{9.2.4}$$

约束方程的梯度 $\partial f_s/\partial\boldsymbol{r}_i$ 沿约束面 $f_s=0$ 的法向。式 (9.2.4) 表明，在定常约束下，可能位移 $\Delta\boldsymbol{r}_i$ 与约束面 $f_s=0$ 的法向垂直，即可能位移沿约束面的切向。但在非定常约束下，$\partial f_s/\partial t\neq 0$，由式 (9.2.4) 可知，可能位移 $\Delta\boldsymbol{r}_i$ 不再沿约束面 $f_s=0$ 的切向。

例如，设质点 P 在固定平面内运动（图 9.5），其约束方程为 $z-z_0=0$。此时质点的可能位移满足条件 $\Delta z=0$，即在平面内的任何无限小位移均为可能位移，如图 9.5中的 $\Delta\boldsymbol{r}^*$ 和 $\Delta\boldsymbol{r}^{**}$。若约束平面以速度 $\boldsymbol{u}$ 匀速向上运动（图 9.6），则质点 P 的约束方程为 $z-(z_0+ut)=0$，可能位移满足条件 $\Delta z-u\Delta t=0$，其起点和终点分别位于 t 时刻和 $t+\Delta t$ 时刻的平面内，即可能位移不再沿约束面的切向，如图 9.6中的 $\Delta\boldsymbol{r}^*$ 和 $\Delta\boldsymbol{r}^{**}$。

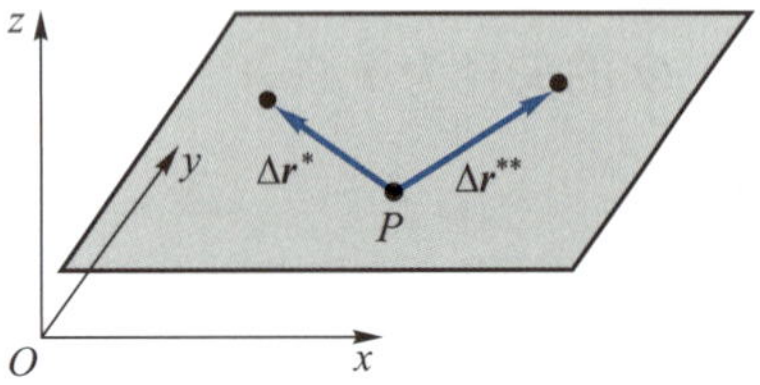

图 9.5

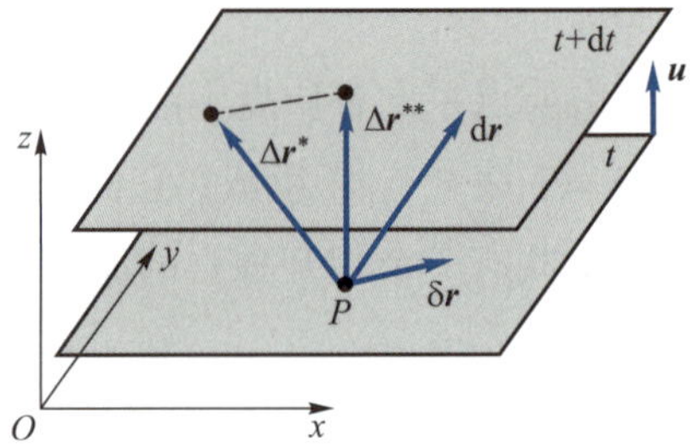

图 9.6

为了方便下面讨论，介绍一下**变分**的概念。如图 9.7 所示，$u(x)$ 是以 x 为自变量的函数，而 $F[u(x)]$ 是函数 $u(x)$ 的函数，称为**泛函**。函数 $u(x)$ 的微分是指：自变量 x 的微小增量 $\mathrm{d}x$ 使函数 $u(x)$ 产生增量 $u(x+\mathrm{d}x)-u(x)$ 的线性部分 $\mathrm{d}u$；当然，自变量 x 的微小增量 $\mathrm{d}x$ 也是微分。泛函 $F[u(x)]$ 的变分是指：函数 $u(x)$ 的微小增量 δu 使泛函产生增量 $F[u(x)+\delta u(x)]-F[u(x)]$ 的线性部分 δF；当然，函数 $u(x)$ 的微小增量 δu 也是变分。可见，对于函数 $u(x)$，其微分是由自变量的增量 $\mathrm{d}x$ 产生的，而其变分是函数自身的微小增量，自变量 x 可以没有发生变化。变分与微分运算类似。使函数 $u(x)$ 发生微小增量的原因可能有很多，其中包括单纯的时间变化引起函数的改变。如果我们完全排除（不考虑）时间变化使函数改变，相应的变分就称为**等时变分**。

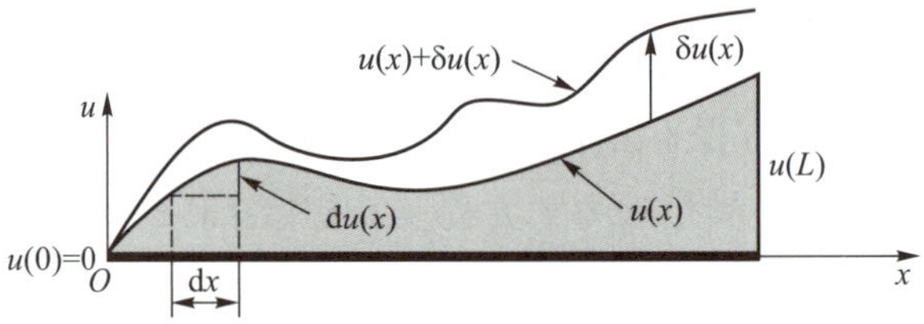

图 9.7　变分与微分

若约束面光滑，质点 P 受到的约束力 F_{N} 垂直于约束面。对于定常约束，可能位移沿约束面切向，约束力 F_{N} 在可能位移上所做的功为零；但对于非定常约束，可能位移不再沿约束面切向，此时约束力 F_{N} 在可能位移上所做的功不为零。为了在分析过程中尽可能多地消除约束力，我们希望能够定义一种特殊的位移（称为**虚位移**），约束力在该位移上所做的功为零。

定义满足下面齐次线性方程的 $\delta \boldsymbol{r}_i$ 为受双面几何约束式 (9.2.1) 的质点系的**虚位移**

$$\sum_{i=1}^{n} \frac{\partial f_s}{\partial \boldsymbol{r}_i} \cdot \delta \boldsymbol{r}_i = 0 \quad (s = 1, 2, \cdots, l) \tag{9.2.5}$$

按照这个定义, 虚位移可以是有限大小, 也可以是无穷小的。容易看出, 虚位移有无穷多个。

在非定常约束下, 可能位移包括相对约束面的位移(沿约束面切向)和被约束面拖带产生的位移两部分。各质点在同一时刻、同一位置、相同时间间隔 Δt 内的不同可能位移中, 被约束面拖带所产生的位移部分是相同的, 任意两个可能位移之差 $\delta \boldsymbol{r}_i = \Delta \boldsymbol{r}_i^* - \Delta \boldsymbol{r}_i^{**}$ 沿约束面的切向(如图 9.6 所示), 约束力 F_{N} 在其上所做的功为零, 因此质点系的虚位移也可以定义为**质点系在同一时刻、同一位置、相同时间间隔 Δt 内的两组可能位移之差**, 记为 $\delta \boldsymbol{r}_i (i = 1, 2, \cdots, n)$。

可能位移 $\Delta \boldsymbol{r}_i^*$ 和 $\Delta \boldsymbol{r}_i^{**}$ 均满足方程式 (9.2.3), 即

$$\sum_{i=1}^{n} \frac{\partial f_s}{\partial \boldsymbol{r}_i} \cdot \Delta \boldsymbol{r}_i^* + \frac{\partial f_s}{\partial t} \Delta t = 0 \qquad (s = 1, 2, \cdots, l)$$

$$\sum_{i=1}^{n} \frac{\partial f_s}{\partial \boldsymbol{r}_i} \cdot \Delta \boldsymbol{r}_i^{**} + \frac{\partial f_s}{\partial t} \Delta t = 0 \qquad (s = 1, 2, \cdots, l)$$

将以上两式相减, 可知这样定义的虚位移 $\delta \boldsymbol{r}_i = \Delta \boldsymbol{r}_i^* - \Delta \boldsymbol{r}_i^{**}$ 同样也满足条件式 (9.2.5)。可见，通过两个可能位移做差，排除了单纯由时间变化引起的位移，得到等时变分。

对于如图 9.6 所示的例子，$f = z - (z_0 + ut) = 0$，$\partial f / \partial \boldsymbol{r} = \boldsymbol{k}$，虚位移满足条件 $\boldsymbol{k} \cdot \delta \boldsymbol{r} = \delta z = 0$。可见，虚位移满足的条件和定常约束下可能位移满足的条件相同，即虚位移的发生和时间 t 的变化无关。因此，质点系的虚位移也可以定义为**在给定瞬时质点系所作的约束允许的任意无限小假想位移**。虚位移满足给定瞬时的约束条件，即将约束面在该时刻“凝固”。虚位移位于给定瞬时约束曲面的切面上，可以看成是质点系相对于约束面的可能相对位移。可见，这里“凝固”约束，也是排除了单纯由时间变化引起的位移，得到等时变分。在定常约束下，虚位移就是可能位移，真实位移是无数虚位移中的一个。非定常约束情况下，虚位移一般不是可能位移（除非 $\partial f_s / \partial t = 0$），真实位移一般也不是无数虚位移中的一个。

如表 9.1 所示，我们对比三种位移的概念。微小真实位移是（自变量 t）矢径 $\boldsymbol{r}$（产生）的微分 $\mathrm{d}\boldsymbol{r}$，同时考虑约束力、主动力、时间变化等因素对真实位移的影响；可能位移是矢径 $\boldsymbol{r}$ 的变分 $\Delta \boldsymbol{r}$，即函数 $\boldsymbol{r}$ 满足约束的变化量，考虑约束限制、时间变化等因素对可能位移的影响，但不考虑主动力的影响；微小虚位移是矢径 $\boldsymbol{r}$ 的等时变分 $\delta \boldsymbol{r}$，考虑约束限制，不考虑主动力影响，不考虑时间变化的影响。

表 9.1　三种位移的比较

	真实位移 d$\boldsymbol{r}$	可能位移 $\Delta\boldsymbol{r}$	虚位移 $\delta\boldsymbol{r}$
约束力	√	√	√
主动力	√	×	×
发生时间	√	√	×

质点的矢径 $\boldsymbol{r}_i$ 和矢量 $\partial f_s/\partial\boldsymbol{r}_i$ 可以用直角坐标表示为

$$\boldsymbol{r}_i = x_i\boldsymbol{i} + y_i\boldsymbol{j} + z_i\boldsymbol{k}$$

$$\frac{\partial f_s}{\partial\boldsymbol{r}_i} = \frac{\partial f_s}{\partial x_i}\boldsymbol{i} + \frac{\partial f_s}{\partial y_i}\boldsymbol{j} + \frac{\partial f_s}{\partial z_i}\boldsymbol{k}$$

于是式 (9.2.5) 可以写成

$$\sum_{i=1}^{n}\left(\frac{\partial f_s}{\partial x_i}\delta x_i + \frac{\partial f_s}{\partial y_i}\delta y_i + \frac{\partial f_s}{\partial z_i}\delta z_i\right) = 0 \qquad (s = 1, 2, \cdots, l) \tag{9.2.6}$$

方程式 (9.2.6) 是以 $\delta x_1, \delta y_1, \delta z_1, \cdots, \delta x_n, \delta y_n, \delta z_n$ 为未知数的代数方程组，只要约束方程数 l 小于未知数的个数 $3n$，方程组就有无穷多组非零解。也就是说，质点系有无穷多组虚位移。方程式 (9.2.5) 给出了 n 个质点的虚位移 $\delta\boldsymbol{r}_1, \cdots, \delta\boldsymbol{r}_n$ 必须满足的关系式，方程式 (9.2.6) 给出了 $3n$ 个虚位移分量 $\delta x_1, \delta y_1, \delta z_1, \cdots, \delta x_n, \delta y_n, \delta z_n$ 必须满足的关系式。

综上，我们定义虚位移有三种方式：

（1）定常约束情况下的可能位移，非定常情况下假想约束“冻结”时的可能位移；

（2）可能位移之差；

（3）满足式 (9.2.5) 的一组位移。

值得注意的是，以上虚位移的表述都是“等时变分”的不同表达。在 t 固定时，从矢径 $\boldsymbol{r}$ 确定的位置变化到无限接近的 $\boldsymbol{r} + \delta\boldsymbol{r}$，得到的微小增量 $\delta\boldsymbol{r}$ 称为**等时变分**。等时变分不考察运动过程，是无限接近的可能位置做比较。

分析力学中考虑微小虚位移，只需研究虚位移的方向，以及虚位移之间的比例关系。

后续的分析静力学和分析动力学章节中，找出虚位移或虚位移分量必须满足的关系式是非常重要的。下面介绍分析质点系虚位移之间关系的两种方法：几何法和解析法。

（1）几何法：对于定常约束，虚位移就是可能位移，而可能位移 $\mathrm{d}\boldsymbol{r} = \boldsymbol{v}\mathrm{d}t$，因此可以用运动学中分析速度的方法（基点法、瞬心法、速度投影法）来分析质点系每组虚位移中各质点虚位移间的关系。

（2）解析法：如果在对约束方程(9.2.1)进行全微分时令 $\mathrm{d}t=0$（相当于“凝固”约束），则得到的关系式 (9.2.3) 和虚位移满足的关系式 (9.2.5) 相同。因此我们可以定义与微分运算 d 类似的**等时变分**运算 δ，它是假想约束“凝固”不动的微分运算，即 $\delta t=0$。对约束方程式 (9.2.1) 进行等时变分就给出了虚位移满足的关系式 (9.2.5) 和虚位移分量满足的关系式 (9.2.6)。

例 9.1

[典型例题]
例 9.1

分析如图 9.8(a) 所示的曲柄滑块机构中 A 铰和 B 铰的虚位移及其之间的关系。

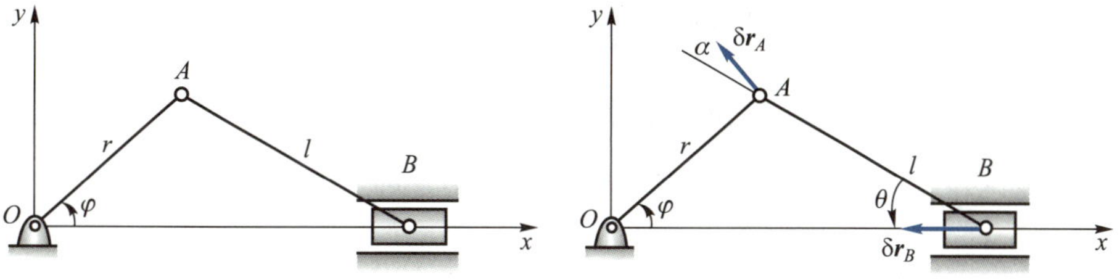

(a) (b)

图 9.8

解　系统的约束包括刚性杆 OA、AB 和滑槽，约束方程分别为

$$x_A^2+y_A^2=r^2$$

$$y_B=0$$

$$(x_B-x_A)^2+y_A^2=l^2$$

可见，这三个约束都是定常约束。

方法 1（几何法）

铰 A 和铰 B 的虚位移如图 9.8(b) 所示，它们也是可能位移，即 $\delta\boldsymbol{r}_A=\boldsymbol{v}_A\mathrm{d}t$，$\delta\boldsymbol{r}_B=\boldsymbol{v}_B\mathrm{d}t$。由速度投影定理可知

$$\delta r_A\cos\alpha=\delta r_B\cos\theta$$

方法 2（解析法）

虚位移分量之间的关系可以通过对约束方程进行等时变分求得，即

$$x_A\delta x_A+y_A\delta y_A=0$$

$$\delta y_B=0$$

$$(x_B-x_A)(\delta x_B-\delta x_A)+y_A\delta y_A=0$$

系统的 4 个虚位移分量需满足以上三个方程，因此独立的虚位移分量只有 1 个。

9.3 理想约束

设力 $\boldsymbol{F}_i$ 作用在质点系中质点 P_i 上，$\mathrm{d}\boldsymbol{r}_i$ 是质点 P_i 沿着其轨迹的无限小位移，矢量点积

$$\mathrm{d}'A_i = \boldsymbol{F}_i \cdot \mathrm{d}\boldsymbol{r}_i = F_{ix}\mathrm{d}x_i + F_{iy}\mathrm{d}y_i + F_{iz}\mathrm{d}z_i \tag{9.3.1}$$

称为力 $\boldsymbol{F}_i$ 在无限小位移 $\mathrm{d}\boldsymbol{r}_i$ 上做的**元功**。作用在质点系上的力系 $\boldsymbol{F}_1, \cdots, \boldsymbol{F}_n$ 的元功相应地定义为

$$\mathrm{d}'A = \sum_{i=1}^{n} \boldsymbol{F}_i \cdot \mathrm{d}\boldsymbol{r}_i = \sum_{i=1}^{n} (F_{ix}\mathrm{d}x_i + F_{iy}\mathrm{d}y_i + F_{iz}\mathrm{d}z_i) \tag{9.3.2}$$

式 (9.3.1) 和式 (9.3.2) 中的符号 d' 表示其右端不一定是全微分。

力系在虚位移上所做的元功称为**虚功**，记为 δA，即

$$\delta A = \sum_{i=1}^{n} \boldsymbol{F}_i \cdot \delta\boldsymbol{r}_i = \sum_{i=1}^{n} (F_{ix}\delta x_i + F_{iy}\delta y_i + F_{iz}\delta z_i) \tag{9.3.3}$$

如果约束力在质点系的任意虚位移上所做的虚功之和恒等于零，即

$$\sum_{i=1}^{n} \boldsymbol{F}_{\mathrm{N}i} \cdot \delta\boldsymbol{r}_i = 0$$

则此约束称为**理想约束**，式中 $\boldsymbol{F}_{\mathrm{N}i}$ 为作用在质点 P_i 上的约束力。理想约束的约束力在真实位移上所做的实功不一定等于零，但在虚位移上所做的虚功一定等于零。

下面介绍几种常见的理想约束。

（1）质点 P 沿光滑曲面运动，无论曲面固定还是按照给定规律运动，曲面的约束力 $\boldsymbol{F}_{\mathrm{N}}$ 都是沿着曲面的法向。而质点的虚位移一定沿着曲面的切向（否则会破坏约束），因此约束力的虚功等于零。

（2）刚体由光滑球铰固定于 O 点，作定点运动，由于 O 点为光滑铰接，没有约束力矩，只有过 O 点的约束力。由于 O 点固定，其虚位移恒等于零，约束力的虚功恒等于零。因此光滑球铰对刚体的约束是理想约束。同理，可以验证光滑柱铰对刚体的约束是理想约束。

（3）两个刚体以光滑表面保持接触运动，如图 9.9 所示。记刚体 1 的接触点为 P，其向径为 $\boldsymbol{r}_1$，受刚体 2 的约束力为 $\boldsymbol{F}_{\mathrm{N}1}$；记刚体 2 的接触点为 Q，其向径为 $\boldsymbol{r}_2$，受刚体 1 的约束力为 $\boldsymbol{F}_{\mathrm{N}2}$。根据牛顿第三定律，可知 $\boldsymbol{F}_{\mathrm{N}2} = -\boldsymbol{F}_{\mathrm{N}1}$。

这两个约束力的虚功之和为

$$\sum_{s=1}^{2} \boldsymbol{F}_{\mathrm{N}i} \cdot \delta\boldsymbol{r}_i = \boldsymbol{F}_{\mathrm{N}1} \cdot \delta\boldsymbol{r}_1 + \boldsymbol{F}_{\mathrm{N}2} \cdot \delta\boldsymbol{r}_2 = \boldsymbol{F}_{\mathrm{N}1} \cdot (\delta\boldsymbol{r}_1 - \delta\boldsymbol{r}_2)$$

由于虚位移 $\delta\boldsymbol{r}_1$ 和 $\delta\boldsymbol{r}_2$ 在接触面的公法向的分量相等（否则两个刚体脱离接触），因此矢量 $\delta\boldsymbol{r}_1-\delta\boldsymbol{r}_2$ 一定位于接触点的切平面上，与约束力 $\boldsymbol{F}_{\mathrm{N1}}$ 和 $\boldsymbol{F}_{\mathrm{N2}}$ 都垂直，故

$$\boldsymbol{F}_{\mathrm{N1}}\cdot(\delta\boldsymbol{r}_1-\delta\boldsymbol{r}_2)=0$$

因此这种约束是理想约束。

（4）两个运动刚体以完全粗糙表面接触，如图 9.10 所示。记刚体 1 的接触点向径为 $\boldsymbol{r}_1$，受刚体 2 的约束力为 $\boldsymbol{F}_{\mathrm{N1}}$；记刚体 2 的接触点向径为 $\boldsymbol{r}_2$，受刚体 1 的约束力为 $\boldsymbol{F}_{\mathrm{N2}}$。根据牛顿第三定律，可知 $\boldsymbol{F}_{\mathrm{N2}}=-\boldsymbol{F}_{\mathrm{N1}}$。

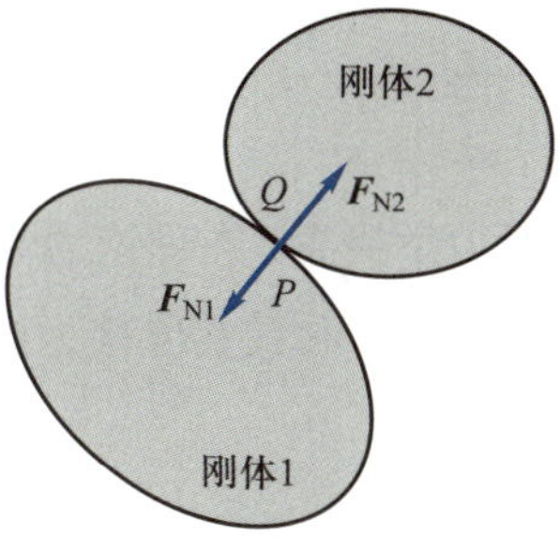

图 9.9

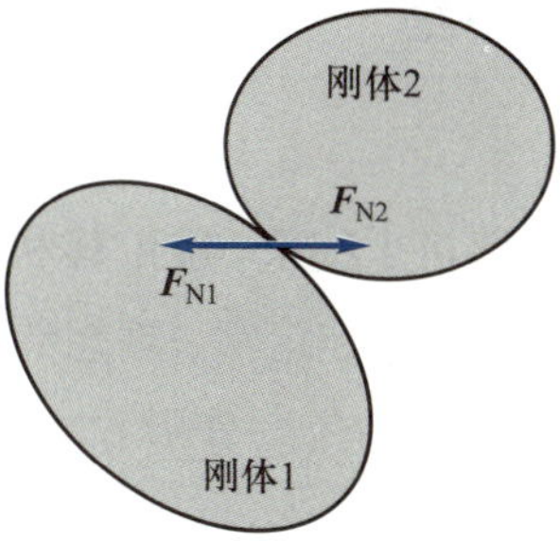

图 9.10

这两个约束力的虚功之和为

$$\sum_{s=1}^{2}\boldsymbol{F}_{\mathrm{N}i}\cdot\delta\boldsymbol{r}_i=\boldsymbol{F}_{\mathrm{N1}}\cdot\delta\boldsymbol{r}_1+\boldsymbol{F}_{\mathrm{N2}}\cdot\delta\boldsymbol{r}_2=\boldsymbol{F}_{\mathrm{N1}}\cdot(\delta\boldsymbol{r}_1-\delta\boldsymbol{r}_2)$$

由于接触表面完全粗糙，两个接触点不能有相对位移，根据虚位移定义有

$$\delta\boldsymbol{r}_1-\delta\boldsymbol{r}_2=0$$

因此，这是理想约束。

（5）两个质点用不可伸长的无质量的绳子连接，如图 9.11 所示。

设两个质点的虚位移为 $\delta\boldsymbol{r}_1$ 和 $\delta\boldsymbol{r}_2$，绳子对两个质点的约束力分别为 $\boldsymbol{F}_{\mathrm{N1}}$、$\boldsymbol{F}_{\mathrm{N2}}$，显然有

$$F_{\mathrm{N1}}=F_{\mathrm{N2}}$$

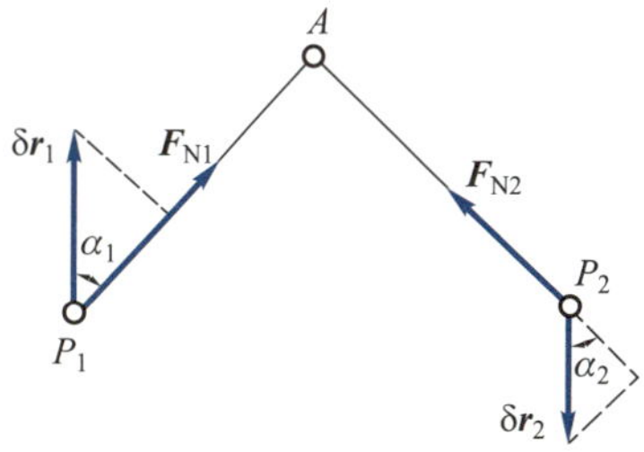

图 9.11

约束力的虚功之和为

$$\sum_{s=1}^{2}\boldsymbol{F}_{\mathrm{N}i}\cdot\delta\boldsymbol{r}_i=F_{\mathrm{N1}}\delta r_1\cos\alpha_1-F_{\mathrm{N2}}\delta r_2\cos\alpha_2=F_{\mathrm{N1}}(\delta r_1\cos\alpha_1-\delta r_2\cos\alpha_2)$$

由于绳子不可伸长，所以有

$$\delta r_1 \cos\alpha_1 = \delta r_2 \cos\alpha_2$$

因此这是理想约束。

最后需要说明的是，如果质点系还有非完整约束，则虚位移的定义需要修改：$\delta \boldsymbol{r}_1, \cdots, \delta \boldsymbol{r}_n$ 必须满足由式 (9.2.5) 与非完整约束相应的方程共同构成的线性齐次方程组。我们在理论力学课程中主要研究受双面、定常、完整、理想约束的质点系。

■ 本讲小结

本讲主要讲了约束、虚位移和等时变分等重要的分析力学概念，在理论力学课程中主要考虑双面、完整、定常、理想约束。在定常约束情况下，可以取真实位移为虚位移，并利用刚体运动学的速度分析方法寻找虚位移的关系式。

■ 概念题

判断下列说法是否正确。

9–1　在定常约束下真实位移是虚位移之一，与约束是否完整无关。

9–2　在完整约束下广义坐标数等于自由度，与约束是否定常无关。

9–3　在完整约束下各个广义坐标相互独立。

9–4　在粗糙地面上作直线纯滚动的圆柱有 1 个自由度。

9–5　在粗糙地面上纯滚动的刚性球有 3 个自由度。

9–6　在粗糙地面上运动的自行车（只考虑车架和两个轮子）有 4 个自由度。

9–7　理想约束的约束力不做功。

9–8　粗糙曲面的约束不是理想约束，只有光滑约束才是理想约束。

■ 习题

9–1　下述物体的约束属于何种约束？试写出约束方程。

（1）绳长为 l，两端固定于 A、B 点，$AB = a$，圆环 M 可在绳上任意滑动，但不许达到天花板 AB 上方，亦不可离开绳。假设任何时刻绳索都绷紧，如图 9.12(a) 所示。

（2）放在水平地面上的物块 M，如图 9.12(b) 所示。

（3）在铅垂平面内车轮沿着斜面纯滚动，如图 9.12(c) 所示。

（4）摇摆木马放在水平面上，在铅垂平面内运动，且与水平面间无滑动，如图 9.12(d) 所示。

（5）曲柄连杆机构的连杆 AB，如图 9.12(e) 所示。

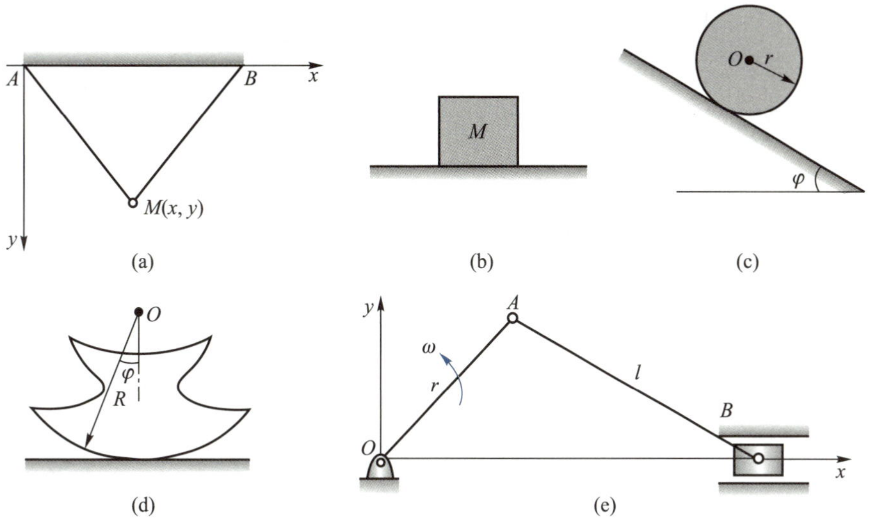

图 9.12

9–2　一质点在空间中运动，所受约束为 $\dot{z} - \dot{x}y + \dot{y}z + xyz = 0$，试研究其真实位移是否是虚位移之一。

9–3　一质点在空间中运动，所受微分约束为 $\dot{x}\left(x^2 + y^2 + z^2\right) + 2\left(x\dot{x} + y\dot{y} + z\dot{z}\right) = 0$，试研究其真实位移与虚位移之间的关系。

9–4　半径为 R 的轮子在地面上滚动，如图 9.13 所示。设轮心 C 的速度为 $\boldsymbol{v}$，轮子的角速度是 ω。试讨论地面对轮子的摩擦力 F_{f} 所做的元功。

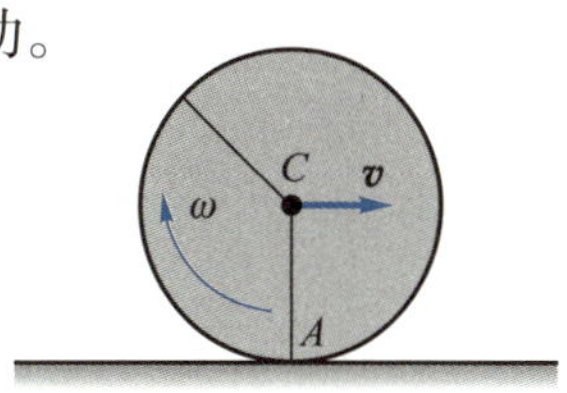

图 9.13

9–5　下述哪些约束是理想约束？

（1）纯滚动，无滚动摩擦。

（2）连接两个质点的无质量刚杆。

（3）悬挂重物的绳索。

（4）有摩擦的铰链。

（5）连接两个质点的无质量弹性绳。

（6）摩擦传动中两个刚性摩擦轮的接触处，两轮间不打滑，无滚动摩擦。

9–6　画出下列各图中 A、B 点的虚位移方向。

（1）沿直线纯滚动的轮，如图 9.14(a) 所示。

（2）四连杆机构，如图 9.14(b) 所示。

（3）曲柄摇杆机构，如图 9.14(c) 所示。

（4）不可伸长的绳索，如图 9.14(d) 所示。

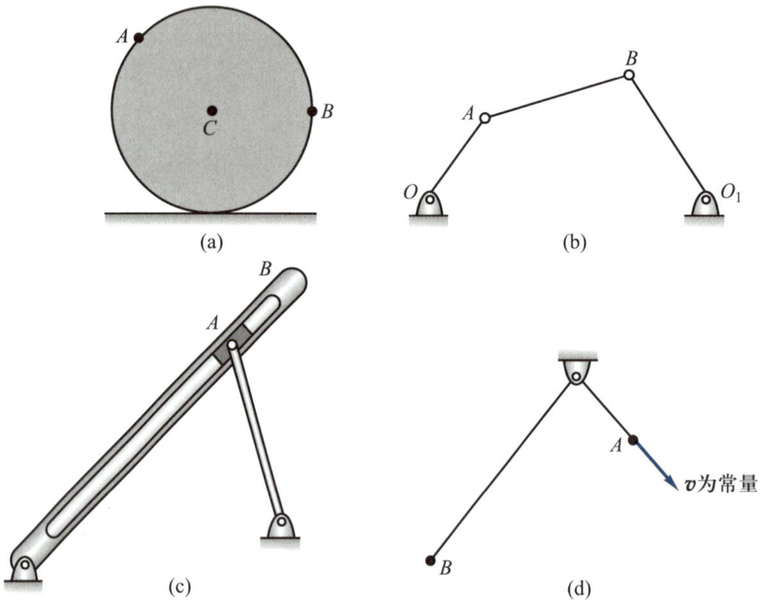

图 9.14

9–7 请画出图 9.15中 M 点虚位移的方向。各图均为平面机构。图 9.15(a) 中杆 OM 可绕 O 点转动。图 9.15(b) 为曲柄滑块机构，OA 可绕 O 点转动，AB 可绕 A 点转动。

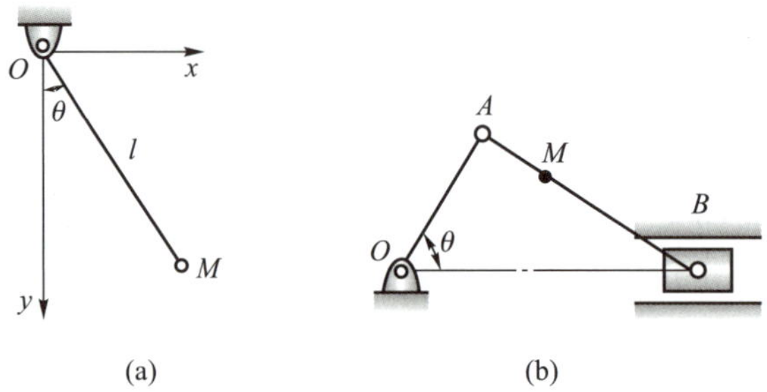

图 9.15

9–8 试用不同方法确定如图 9.16 所示机构中 A 点的虚位移，并比较各种方法。

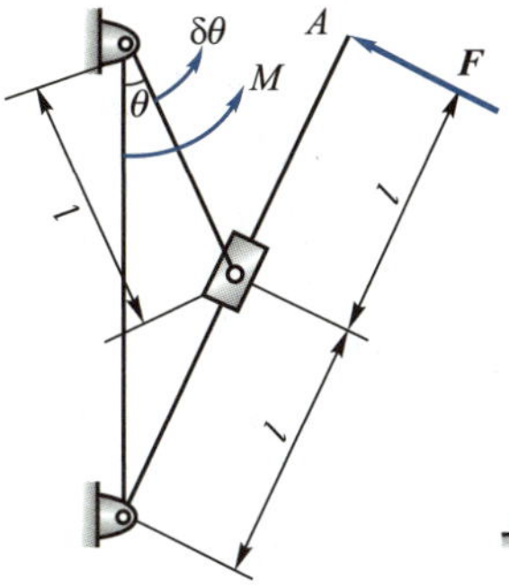

(a)

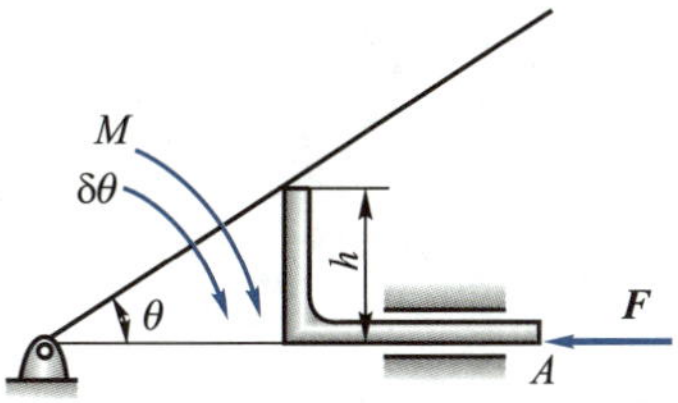

(b)

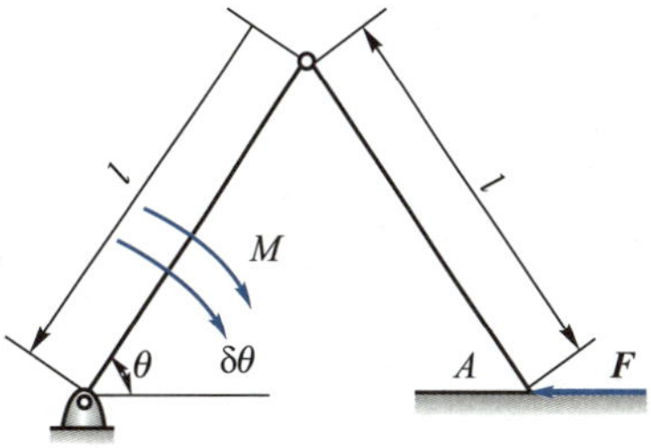

(c)

图 9.16

第 9 讲习题
参考答案

第 10 讲

力学基本原理

理论力学的基本原理可以分类为变分原理和非变分的原理。牛顿运动定律、达朗贝尔原理等属于非变分的原理。变分原理是用数学语言陈述的区分系统真实运动与可能运动的条件。变分原理承认并遵守约束，在所有可能运动中找出真实运动，给出判据，且不需要考虑约束力。非变分原理包括牛顿运动定律和达朗贝尔原理等，通过解除约束并代之以约束力，将运动原因全部归结为力，直接给出真实运动，但需要考虑约束力。

变分原理分为微分变分原理和积分变分原理。微分变分原理给出某时刻真实运动的判据，例如达朗贝尔–拉格朗日原理、高斯原理。积分变分原理给出有限时间段内真实运动的判据，例如哈密顿原理。

本讲重点介绍达朗贝尔–拉格朗日原理，并从动力学普遍原理的等价形式的角度简要介绍若当原理、高斯原理和哈密顿原理，给出各原理之间的等价关系。

10.1 达朗贝尔–拉格朗日原理

达朗贝尔–拉格朗日原理：设质点系的质点$P_i(i=1,2,\cdots,n)$受主动力$\boldsymbol{F}_i$作用，质点系的约束都是双面理想约束，可能运动$\boldsymbol{r}_i=\boldsymbol{r}_i(t)$是真实运动的充分必要条件是

$$\sum_{i=1}^{n}(\boldsymbol{F}_i-m_i\ddot{\boldsymbol{r}}_i)\cdot\delta\boldsymbol{r}_i=0 \tag{10.1.1}$$

对任意一组虚位移$\delta\boldsymbol{r}_i$都成立。

式 (10.1.1) 又称为**动力学普遍方程**。该方程也可写为标量形式

$$\sum_{i=1}^{n}[(F_{ix}-m_i\ddot{x}_i)\delta x_i+(F_{iy}-m_i\ddot{y}_i)\delta y_i+(F_{iz}-m_i\ddot{z}_i)\delta z_i)]=0$$

这是拉格朗日于 1788 年在《分析力学》中提出的。

通过下面的推导说明达朗贝尔–拉格朗日原理和牛顿第二定律等价。

首先我们从牛顿第二定律推导达朗贝尔–拉格朗日原理。根据牛顿第二定律，在真实运动中质点系每个质点都满足运动微分方程

$$\boldsymbol{F}_i+\boldsymbol{F}_{\mathrm{N}i}-m_i\ddot{\boldsymbol{r}}_i=0\quad(i=1,2,\cdots,n) \tag{10.1.2}$$

式中：$\boldsymbol{F}_i$ 为质点 P_i 所受的主动力的合力；$\boldsymbol{F}_{\mathrm{N}i}$ 为质点 P_i 所受的约束力的合力。

将上式两边点乘该质点的虚位移 $\delta\boldsymbol{r}_i$，并对质系的所有质点求和得

$$\sum_{i=1}^{n}(\boldsymbol{F}_i-m_i\ddot{\boldsymbol{r}}_i)\cdot\delta\boldsymbol{r}_i+\sum_{i=1}^{n}\boldsymbol{F}_{\mathrm{N}i}\cdot\delta\boldsymbol{r}_i=0 \tag{10.1.3}$$

根据理想约束的定义，式 (10.1.3) 的第二项求和为零，于是得到达朗贝尔–拉格朗日原理式 (10.1.1)。

下面从达朗贝尔–拉格朗日原理推导牛顿运动定律。由达朗贝尔–拉格朗日原理和理想约束的定义可知，式 (10.1.3) 对任意的一组虚位移都成立。将求和号合并后可得

$$\sum_{i=1}^{n}(\boldsymbol{F}_i + \boldsymbol{F}_{\mathrm{N}i} - m_i\ddot{\boldsymbol{r}}_i)\cdot\delta\boldsymbol{r}_i = 0 \tag{10.1.4}$$

引入约束力代替约束，质点系就不再有约束，变成了自由质点系，因此所有质点的虚位移都是相互独立的。如果我们取一组特殊的虚位移

$$\delta\boldsymbol{r}_1 \neq 0, \quad \delta\boldsymbol{r}_2 = \delta\boldsymbol{r}_3 = \cdots = \delta\boldsymbol{r}_n = 0$$

则有

$$\boldsymbol{F}_1 + \boldsymbol{F}_{\mathrm{N}1} - m_1\ddot{\boldsymbol{r}}_1 = 0$$

同理可以得到其他 $n-1$ 个方程。

■ 10.2　达朗贝尔原理与动静法

1743 年法国科学家达朗贝尔提出了一个原理，称为达朗贝尔原理，数学表达式为

$$\boldsymbol{F}_i + \boldsymbol{F}_{\mathrm{N}i} - m_i\ddot{\boldsymbol{r}}_i = 0 \quad (i = 1, 2, \cdots, n) \tag{10.2.1}$$

式中：$\boldsymbol{F}_i$ 和 $\boldsymbol{F}_{\mathrm{N}i}$ 为作用在质点 $P_i(i = 1, 2, \cdots, n)$ 上的主动力和约束力。

后来力学家把 $-m_i\ddot{\boldsymbol{r}}_i$ 称为惯性力，作用在质点 P_i 上。**达朗贝尔原理**叙述为：**质点系的每一个质点在主动力、约束力和惯性力作用下平衡**。

注记 10.1

达朗贝尔原理的提出时间早于达朗贝尔–拉格朗日原理，前者是后者的基础。然而，为了方便教学，我们可以认为前者是后者的推论。

这样定义的惯性力不同于第 8 讲中由非惯性参考系引起的惯性力（即牵连惯性力和科氏惯性力），我们称 $-m_i\ddot{\boldsymbol{r}}_i$ 为**达朗贝尔惯性力**。牵连惯性力和科氏惯性力分别与牵连加速度和科氏加速度有关，只有在非惯性参考系中才有意义，它们的大小和方向都与非惯性参考系的选取有关。质点在主动力、约束力、牵连惯性力和科氏惯性力的作用下并不一定能平衡，在它们的作用下质点还可以有相对运动（相对加速度可以不等于零）。而达朗

贝尔惯性力与绝对加速度有关，质点在主动力、约束力与达朗贝尔惯性力作用下平衡，在它们的作用下质点可以保持静止。

当然，在一些具体问题中，如果选取的非惯性参考系恰好使得被研究质点没有相对运动，则达朗贝尔惯性力就是牵连惯性力。

在不会引起混淆的情况下，我们可以把达朗贝尔惯性力简称为惯性力。

根据达朗贝尔原理，可以通过对质点附加惯性力使动力学问题转化为静力学问题，即研究质点在主动力、约束力与达朗贝尔惯性力作用下的平衡问题。这种方法称为**动静法**，也称惯性力法。与牛顿第二定律相比，用动静法求解动力学问题并无特别的好处。在数学形式上也只是将 $m_i\ddot{\boldsymbol{r}}_i$ 移到等式的另一端。但是将 $-m_i\ddot{\boldsymbol{r}}_i$ 看作"力"，在解释物理现象上更加形象直观，对力学的发展产生了积极的影响。

动静法对于已知运动求力的问题非常有效，而且不涉及动力学概念，因此乐于为工程技术人员采用，也容易被非力学专业人员领会。动静法产生和发展于对静力学较为了解但对动力学知之甚少的时代。现在研究动力学的方法很多，动静法与它们相比有形象直观的优点，但局限性也非常明显。

下面看一个应用动静法和几个应用动力学普遍方程的例子。

[典型例题]
例 10.1

例 10.1

设飞球调速器的主轴 O_1y_1 以匀角速度 ω 转动。试求调速器两臂的张角 α。设重锤 C 的质量为 M，飞球 A、B 的质量均为 m，各杆长度均为 l，不计杆重和摩擦，如图 10.1 所示。

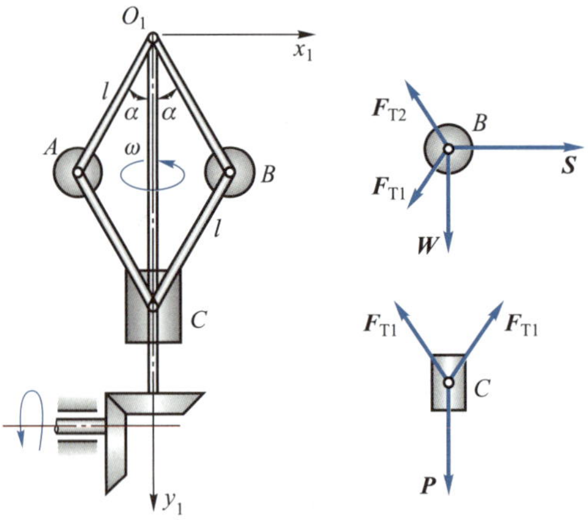

图 10.1

解　当调速器稳定运转时，飞球在水平面内作匀速圆周运动，因此惯性力（即离心力）沿着圆的径向向外，垂直并通过主轴，其大小为

$$S = ml\omega^2 \sin\alpha$$

方向如图 10.1 所示。选球 B 为研究对象，将其惯性力加上之后，它的受力图如图 10.1 所示。球 B 在 $\boldsymbol{F}_{\mathrm{T1}}$、$\boldsymbol{F}_{\mathrm{T2}}$、$\boldsymbol{W}$ 和惯性力 $\boldsymbol{S}$ 的作用下平衡。选取图示坐标轴后，列出水平和竖直方向的力的平衡方程

$$ml\omega^2 \sin\alpha - (F_{\mathrm{T1}} + F_{\mathrm{T2}})\sin\alpha = 0$$
$$mg + (F_{\mathrm{T1}} - F_{\mathrm{T2}})\cos\alpha = 0$$

重锤 C 可以当作质点，因调速器稳定运转时它没有加速度，且在杆 AC、BC 的拉力和重力 $P = Mg$ 作用下平衡，由此求出

$$F_{\mathrm{T1}} = \frac{Mg}{2\cos\alpha}$$

以 F_{T1} 代入前两式，可解出

$$\cos\alpha = \frac{m+M}{ml\omega^2}g$$

由此式可知，调速器两臂的张角 α 与转动角速度 ω 有关。

我们在本教程中介绍达朗贝尔–拉格朗日原理的目的主要是为了推导第二类拉格朗日方程。当然，达朗贝尔–拉格朗日原理也可以直接用来求解动力学问题。关系式 (10.1.1) 实际上不是一个方程。虚位移 $\delta x_1, \delta y_1, \delta z_1, \cdots, \delta x_n, \delta y_n, \delta z_n$ 不是相互独立的，其中包含的独立虚位移的个数就是关系式 (10.1.1) 实际包含的方程的数目。每个独立的方程都不包含约束力。动力学普遍方程不包含约束力这一重要性质，给求解问题带来很大便利，特别针对由很多刚体组成的系统，如传动机构。

例 10.2

两个质量分别为 m_1 和 m_2 的质点以理想的细绳相连，绳跨过半径为 r 的光滑杆，两个质点在重力作用下在铅垂平面内运动，如图 10.2 所示。试建立系统运动微分方程。

解　设 (x_1, y_1) 和 (x_2, y_2) 分别是质点 m_1 和 m_2 的坐标。约束方程为

$$x_1 + x_2 = C(C\text{为常数}), \quad y_1 = -r, \quad y_2 = r$$

进行等时变分 δ 运算得

$$\delta x_1 + \delta x_2 = 0, \quad \delta y_1 = 0, \quad \delta y_2 = 0$$

将第一个约束方程对时间求二阶导数，得

$$\ddot{x}_1+\ddot{x}_2=0$$

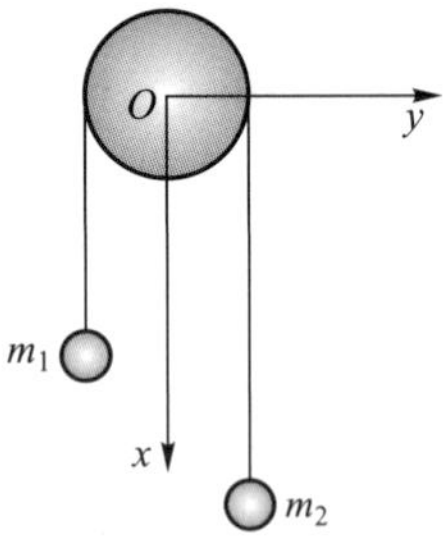

图 10.2

由动力学普遍方程得

$$(m_1g-m_1\ddot{x}_1)\delta x_1+(m_2g-m_2\ddot{x}_2)\delta x_2=0$$

整理后得

$$[(m_2-m_1)g-(m_1+m_2)\ddot{x}_2]\delta x_2=0$$

由于 δx_2 的任意性，我们得到运动微分方程

$$(m_1+m_2)\ddot{x}_2=(m_2-m_1)g$$

例 10.3

建立平面单摆的运动微分方程。

解　设摆锤质量为 m，与长度为 l 的无质量杆固结，杆的另一端铰接在 A 点，杆可以绕 A 点在铅垂平面内无摩擦地转动。坐标系如图 10.3 所示。取 φ 为广义坐标，摆锤坐标写成

$$x=l\cos\varphi,\quad y=l\sin\varphi$$

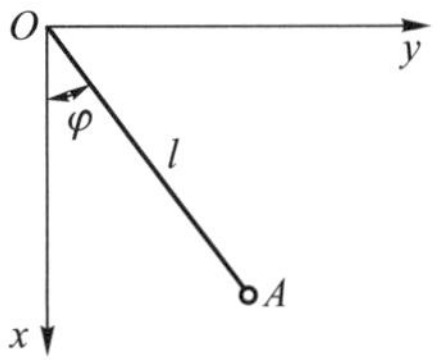

图 10.3

进行等时变分 δ 运算得

$$\delta x=-l\sin\varphi\delta\varphi,\quad \delta y=l\cos\varphi\delta\varphi$$

坐标 x、y 对时间的二阶导数为

$$\ddot{x}=-l\sin\varphi\ddot{\varphi}-l\cos\varphi\dot{\varphi}^2,\quad \ddot{y}=l\cos\varphi\ddot{\varphi}-l\sin\varphi\dot{\varphi}^2$$

主动力为重力

$$F_x=mg,\quad F_y=0$$

由动力学普遍方程

$$(F_x-m\ddot{x})\delta x+(F_y-m\ddot{y})\delta y=0$$

给出等式

$$-ml(g\sin\varphi+l\ddot{\varphi})\delta\varphi=0$$

再利用 $\delta\varphi$ 的任意性得单摆的运动微分方程

$$\ddot{\varphi}+\frac{g}{l}\sin\varphi=0$$

例 10.4

重新求解例 10.1。

解　以整个调速器为研究对象，约束是理想的。系统有一个自由度，选 α 为广义坐标。A、B、C 的坐标为

$$x_A=-x_B=-l\sin\alpha,\quad y_A=y_B=l\cos\alpha,\quad y_C=2l\cos\alpha$$

进行等时变分 δ 运算得

$$\delta x_A=-\delta x_B=-l\cos\alpha\delta\alpha,\quad \delta y_A=\delta y_B=-l\sin\alpha\delta\alpha,\quad \delta y_C=-2l\sin\alpha\delta\alpha$$

当调速器稳定运转时，飞球在水平面内作匀速圆周运动，因此加速度沿着圆的径向向内，垂直并通过主轴，其大小为

$$a_A=-a_B=l\omega^2\sin\alpha$$

由动力学普遍方程

$$-ma_A\delta x_A+mg\delta y_A-ma_B\delta x_B+mg\delta y_B+Mg\delta y_A=0$$

整理得

$$2[ml^2\omega^2\cos\alpha-(m+M)g]\sin\alpha\delta\alpha=0$$

再利用 $\delta\alpha$ 的任意性得

$$[ml^2\omega^2\cos\alpha-(m+M)g]\sin\alpha=0$$

显然 $\sin\alpha=0$ 不符合题意，故

$$\cos\alpha=\frac{m+M}{ml\omega^2}g$$

注记 10.2

动力学普遍方程是在约束理想的假设下得到的。如果质点系存在非理想约束，则相应的约束力 $\boldsymbol{F}_{\mathrm{N}i}^*$ 的虚功不为零。我们可以将这样的约束力当作主动力，动力学

普遍方程变为

$$\sum_{i=1}^{n}(\boldsymbol{F}_i+\boldsymbol{F}_{\mathrm{N}i}^*-m_i\ddot{\boldsymbol{r}}_i)\cdot\delta\boldsymbol{r}_i=0 \tag{10.2.2}$$

一般来说约束力 $\boldsymbol{F}_{\mathrm{N}i}^*$ 是未知的，需要根据约束的物理性质补充其他方程来确定。

10.3 若当原理

我们研究从可能位置 $\boldsymbol{r}_i^*$ 出发，具有不同可能速度 $\boldsymbol{v}_i^*$ 的可能运动集合，将它们与在相同时刻从相同位置出发的真实运动比较。这样我们就得到了**若当等时变分**，$\delta\boldsymbol{r}_i=\delta\dot{\boldsymbol{r}}_i\Delta t$，其中 $\delta\dot{\boldsymbol{r}}_i=\boldsymbol{v}_{i1}^*-\boldsymbol{v}_{i2}^*$ 是被比较运动的可能速度之差（这个值不一定是无穷小量）。

将这个 $\delta\boldsymbol{r}_i$ 的表达式代入动力学普遍方程式 (10.1.1) 并消去 Δt 得

$$\sum_{i=1}^{n}(\boldsymbol{F}_i-m_i\ddot{\boldsymbol{r}}_i)\cdot\delta\dot{\boldsymbol{r}}_i=0 \tag{10.3.1}$$

即为**若当原理**：质点系的质点 P_i 受主动力 $\boldsymbol{F}_i$ 的作用，质点系的约束都是理想、双面约束，在给定时刻从相同可能位置出发但具有不同可能速度的所有可能运动中，只有真实运动满足方程式 (10.3.1)。

10.4 高斯原理

达朗贝尔–拉格朗日变分原理和若当变分原理不涉及极值的概念。高斯提出了达朗贝尔–拉格朗日原理的显著变异，引入了某个表达式的最小值概念。达朗贝尔–拉格朗日原理的这个变异称为高斯原理或者最小拘束原理。

为了得到高斯原理的数学形式，我们研究从相同可能位置 $\boldsymbol{r}_i^*$ 出发，具有相同可能速度 $\boldsymbol{v}_i^*$ 但具有不同可能加速度 $\boldsymbol{a}_i^*$ 的可能运动集合，将它们与在相同时刻从相同位置出发的真实运动比较。这样我们就得到了**高斯等时变分**，$\delta\boldsymbol{r}_i=\delta\ddot{\boldsymbol{r}}(\Delta t)^2/2$，其中 $\delta\ddot{\boldsymbol{r}}_i=\boldsymbol{a}_{i1}^*-\boldsymbol{a}_{i2}^*$ 是被比较运动的可能加速度之差（这个值不一定是无穷小量）。

将这个 $\delta\boldsymbol{r}_i$ 的表达式代入动力学普遍方程式 (10.1.1) 并消去 $(\Delta t)^2/2$ 得

$$\sum_{i=1}^{n}(\boldsymbol{F}_i-m_i\ddot{\boldsymbol{r}}_i)\cdot\delta\ddot{\boldsymbol{r}}_i=0 \tag{10.4.1}$$

即为**高斯原理**：质点系的质点 P_i 受主动力 $\boldsymbol{F}_i$ 的作用，质点系的约束都是理想、双面约束，在给定时刻从相同可能位置以相同可能速度出发但具有不同可能加速度的所有可能运动中，只有真实运动满足方程式 (10.4.1)。

对于加速度无限小变分，方程式 (10.4.1) 可以化为某个函数 Z 的驻值条件

$$\delta Z = 0 \tag{10.4.2}$$

Z 是各质点的加速度 $\ddot{\boldsymbol{r}}_i\,(i=1,2,\cdots,n)$ 的函数，称为系统的**拘束**，定义为

$$Z = \frac{1}{2}\sum_{i=1}^{n} m_i\left(\ddot{\boldsymbol{r}}_i - \frac{\boldsymbol{F}_i}{m_i}\right)^2 \tag{10.4.3}$$

将上式代入式 (10.4.2)，对加速度 $\ddot{\boldsymbol{r}}_i\,(i=1,2,\cdots,n)$ 取高斯变分，即各质点在位置和速度不变条件下的加速度变分，得出

$$\delta Z = \delta\left[\frac{1}{2}\sum_{i=1}^{n} m_i\left(\frac{\boldsymbol{F}_i}{m_i} - \ddot{\boldsymbol{r}}_i\right)^2\right] = -\sum_{i=1}^{n}(\boldsymbol{F}_i - m_i\ddot{\boldsymbol{r}})\cdot\delta\ddot{\boldsymbol{r}}_i = 0 \tag{10.4.4}$$

可见，上式与高斯原理的方程形式一致。从而证明，系统的真实运动与位置和速度相同但加速度不同的可能运动比较，加速度的函数 Z（拘束）在真实加速度上取驻值。还可以进一步证明，真实运动对应的拘束在该点不仅取驻值，而且取最小值。所以，高斯原理也称为**最小拘束原理**。

还可以利用牛顿运动定律，将式 (10.4.3) 改写成

$$Z = \frac{1}{2}\sum_{i=1}^{n} m_i\left(\ddot{\boldsymbol{r}}_i - \frac{\boldsymbol{F}_i}{m_i}\right)^2 = \frac{1}{2}\sum_{i=1}^{n}\frac{\boldsymbol{F}_{\mathrm{N}i}^2}{m_i} \tag{10.4.5}$$

式中：$\boldsymbol{F}_{\mathrm{N}i}$ 为约束力，当拘束函数 Z 取最小值时，约束力（加权平方和）“最小”，即真实运动的约束力“最小”。

10.5 哈密顿原理

哈密顿原理属于积分变分原理。积分变分原理不是给出某个给定时刻的真实运动判据，而是在某个有限时间段 $t_0 \leqslant t \leqslant t_1$ 内的真实运动判据，描述系统在整个时间段内的运动。

假设质点系 $P_s\quad(s=1,2,\cdots,n)$ 受理想双面完整约束，在 $t=t_0$ 时刻的位置称为**初位置**，在 $t=t_1$ 时刻的位置称为**末位置**。假设在 $t=t_0$ 时刻可以选择各点的速度使它们在 $t=t_1$ 时到达其末位置。各个质点在从初位置移动到末位置的轨迹形成了质点系的真实路径，称为质点系的**正路**。

在不破坏约束的条件下，我们对正路上每个点（端点除外）的矢径 $\boldsymbol{r}_s$ 进行等时变分（即进行 δ 运算）得到 $\delta\boldsymbol{r}_s$，由矢径为 $\boldsymbol{r}_s+\delta\boldsymbol{r}_s$ 的点构成系统的**旁路**。

正路和旁路都是质点系约束允许的可能路径。旁路有无穷多条，它们无限接近正路，并且与正路有完全相同的初位置和末位置。哈密顿原理就是在正路与旁路的比较中，从无穷多可能路径中选出正路。

我们需要比较的不仅有正路和旁路，还有在相同时刻 P_s 点在正路上的速度 $\dot{\boldsymbol{r}}_s$ 和在旁路上的速度 $\dot{\boldsymbol{r}}_s+\delta\dot{\boldsymbol{r}}_s$（对正路上速度进行等时变分后得到）。按照速度的定义，有

$$\dot{\boldsymbol{r}}_s+\delta\dot{\boldsymbol{r}}_s=\frac{\mathrm{d}}{\mathrm{d}t}(\boldsymbol{r}_s+\delta\boldsymbol{r}_s)=\dot{\boldsymbol{r}}_s+\frac{\mathrm{d}}{\mathrm{d}t}\delta\boldsymbol{r}_s\quad(s=1,2,\cdots,n)\tag{10.5.1}$$

由此可得

$$\delta\dot{\boldsymbol{r}}_s=\frac{\mathrm{d}}{\mathrm{d}t}\delta\boldsymbol{r}_s\quad(s=1,2,\cdots,n)\tag{10.5.2}$$

可见，等时变分运算 δ 和对时间的微分运算 $\mathrm{d}/\mathrm{d}t$ 可交换。

如果在广义坐标空间中正路由下面方程给出

$$q_i=q_i(t),\quad q_i(t_0)=q_i^0,\quad q_i(t_1)=q_i^1\quad(i=1,2,\cdots,k)\tag{10.5.3}$$

由正路借助虚位移 δq_i 得到旁路则由下面方程给出

$$q_i=q_i(t)+\delta q_i(t)\quad(i=1,2,\cdots,k)\tag{10.5.4}$$

其中

$$\delta q_i(t_0)=0,\quad\delta q_i(t_1)=0\quad(i=1,2,\cdots,k)\tag{10.5.5}$$

式 (10.5.5) 表示旁路与正路有完全相同的初位置和末位置。假设 $\delta q_i(t)$ 是 t 的二次连续可微函数，满足类似式 (10.5.2) 的等式

$$\delta\dot{q}_i=\frac{\mathrm{d}}{\mathrm{d}t}\delta q_i\quad(i=1,2,\cdots,k)\tag{10.5.6}$$

我们定义

$$S=\int_{t_0}^{t_1}[T(q_1,\cdots,q_k,\dot{q}_1,\cdots,\dot{q}_k,t)-V(q_1,\cdots,q_k,\dot{q}_1,\cdots,\dot{q}_k,t)]\mathrm{d}t\tag{10.5.7}$$

为**哈密顿作用量**，T 为质点系的动能，V 为势能。

哈密顿原理：设质点系受理想双面完整约束且主动力有势，正路使哈密顿作用量取驻值，即哈密顿作用量的等时变分在正路上等于零。

$$\delta S=\delta\int_{t_0}^{t_1}(T-V)\mathrm{d}t=0\tag{10.5.8}$$

可以证明，如果初位置与末位置足够接近，正路使哈密顿作用量取极小值。

本讲小结

本讲讲述了达朗贝尔惯性力，介绍了达朗贝尔原理、达朗贝尔–拉格朗日原理（动力学普遍方程），以及包括若当原理（虚功率原理）、高斯原理（最小拘束原理）和哈密顿原理在内的其他动力学普遍原理的不同等价形式。牛顿运动定律、达朗贝尔–拉格朗日原理、哈密顿原理，分别作为牛顿力学、拉格朗日力学、哈密顿力学出发点的基本原理，是相互等价的。若当原理和高斯原理和达朗贝尔–拉格朗日原理也等价。在后续的章节，我们将要继续推导达朗贝尔–拉格朗日原理与拉格朗日方程、哈密顿原理的等价关系

概念题

判断下列说法是否正确。

10–1　达朗贝尔惯性力等于离心力与科氏惯性力之和。

10–2　高斯原理也称为最小拘束原理，它表明：真实运动是所有可能运动中对应着约束力的加权和是最小的那个。

10–3　哈密顿原理也称为最小作用量原理，它表明：自然在产生效果时总是选择最简单的手段，它所选取的途径是作用量为最小的那个。

10–4　两个同样的生鸡蛋 A 和 B，A 静止，B 运动，碰撞后哪个更容易破碎？

习题

10–1　4 个重量均为 P 的重物，用绳子相连接，绳子跨过一个定滑轮 A，其中 3 个重物放在光滑的水平面上，第 4 个重物铅垂悬挂，如图 10.4 所示。如果绳重忽略不计，求：（1）系统的加速度；（2）在截面 ab 处绳子的张力。

10–2　如图 10.5 所示三棱柱 A 沿三棱柱 B 的光滑斜面滑动，A、B 的重量分别为 P、G，三棱柱 B 的斜面与水平面成 α 角。如开始时系统静止，求三棱柱 B 的加速度。摩擦略去不计。

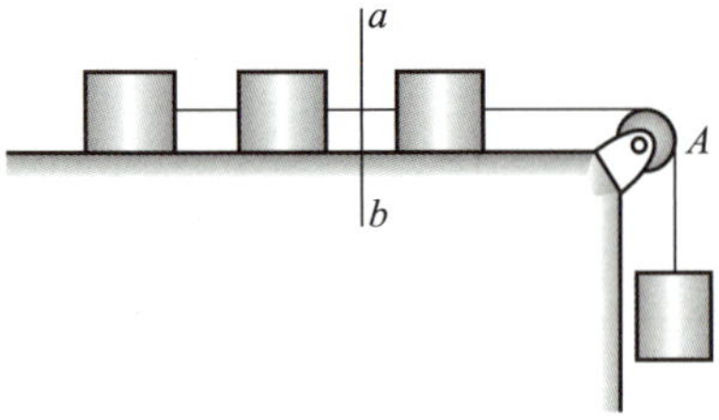

图 10.4

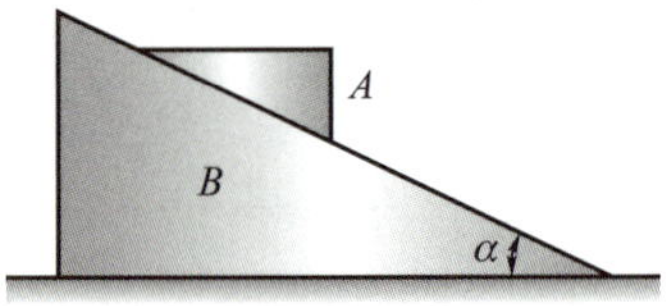

图 10.5

10–3 如图 10.6 所示离心调速器以角速度 ω 绕铅垂轴转动。每个球的重量为 P，套管的重量为 G，杆重略去不计。求稳定旋转时，两臂 OA、OB 和铅垂轴的夹角 α。

10–4 如图 10.7 所示系统由定滑轮 A、动滑轮 B 以及三个用不可伸长的绳挂起的重物 M_1、M_2、M_3 组成。各重物的质量分别为 m_1、m_2、m_3，且 $m_1 < m_2 + m_3$；滑轮的质量不计。各重物的初速度均为零。求质量 m_1、m_2、m_3 应具有何种条件，重物 M_1 方能下降。并求绳子对重物 M_1 的拉力。

10–5 转速表的简化模型如图 10.8 所示。杆 CD 的两端分别有重量为 W 的 C 球和 D 球，杆 CD 与转轴 AB 铰接，自重不计。当转轴 AB 转动时，杆 CD 的转角 φ 就发生变化。设 $\omega = 0$ 时，$\varphi = \varphi_0$ 且弹簧中无力。弹簧产生的力矩 M 与转角 φ 的关系为 $M = k(\varphi - \varphi_0)$，$k$ 为弹簧刚度系数。试求角速度 ω 与角 φ 之间的关系。

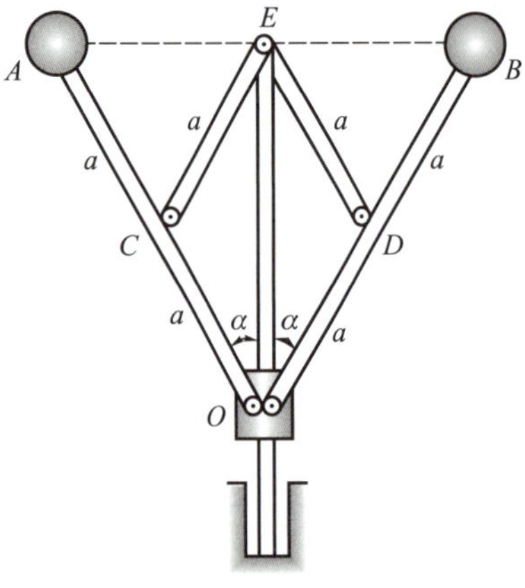

图 10.6

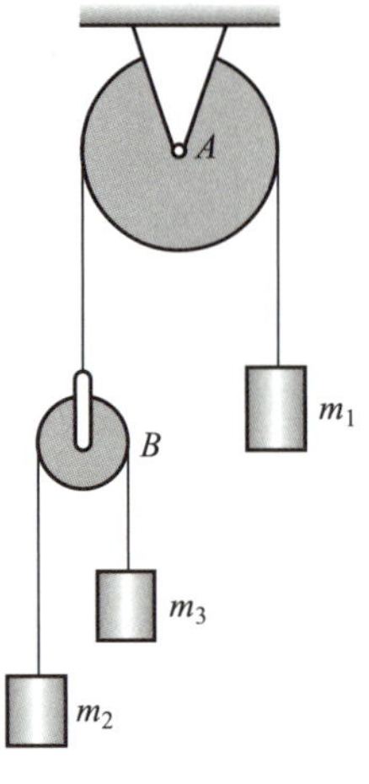

图 10.7

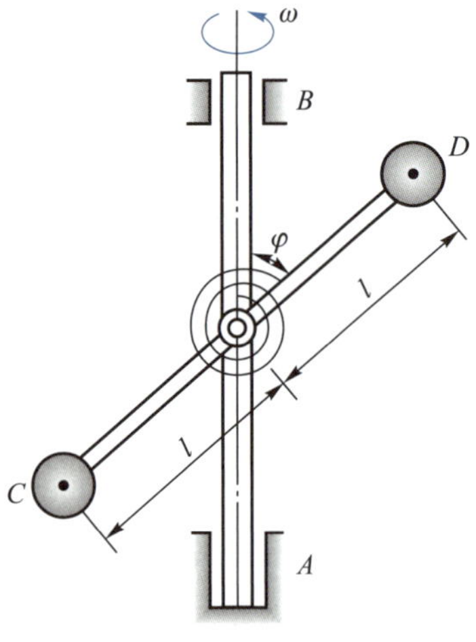

图 10.8

第10讲习题
参考答案

第11讲 拉格朗日方程 I

本讲首先介绍广义坐标和广义力等概念，再由达朗贝尔–拉格朗日原理推导出第二类拉格朗日方程，最后应用拉格朗日方程求解动力学问题。在学习本讲以前，读者需要掌握约束和虚位移等分析力学基本概念。

11.1 广义坐标与广义力

11.1.1 自由度与广义坐标

定义独立的虚位移的数目为质系的**自由度**。自由质点不受任何约束，在空间 3 个方向的虚位移分量 δx、δy、δz 相互独立，因此一个自由质点的自由度为 3。由 n 个质点组成的自由质点系的自由度为 $3n$。如果质点系受到 l 个相互独立的几何约束，则虚位移 $\delta \boldsymbol{r}_1, \cdots, \delta \boldsymbol{r}_n$（分量 $\delta x_1, \delta y_1, \delta z_1, \cdots, \delta x_n, \delta y_n, \delta z_n$）必须满足 l 个相互独立的方程式 (9.2.5)[分量满足式 (9.2.6)]，因此在这 $3n$ 个虚位移中只有 $3n-l$ 个是相互独立的，即质点系的自由度等于 $3n-l$。如果质点系还有 r 个独立的非完整约束，则自由度等于 $3n-l-r$。

能够唯一确定质点系可能位置的独立参数 $q_1, \cdots, q_k$ 称为**广义坐标**。广义坐标是时间的函数，广义坐标对时间的一次导数 $\dot{q}_1, \cdots, \dot{q}_k$ 称为**广义速度**，广义坐标对时间的两次导数 $\ddot{q}_1, \cdots, \ddot{q}_k$ 称为**广义加速度**，广义速度和广义加速度都是标量。

对于只有完整约束（几何约束）的质点系，广义坐标数 k 为 $3n-l$，正好等于自由度。如果质点系还有非完整约束，则自由度小于广义坐标数。如果质点系只有完整约束，则广义坐标的变化不受任何约束限制，广义坐标对应的虚位移 $\delta q_1, \cdots, \delta q_k (k=3n-l)$ 都是相互独立的（注意：如果质点系还有非完整约束，则 $\delta q_1, \cdots, \delta q_k$ 不是相互独立的）。并且利用广义坐标描述质点系运动时完整约束自然满足。

一般来说，我们可以通过求解代数方程组式 (9.2.1)，从 $3n$ 个坐标 $x_1, y_1, z_1, \cdots, x_n, y_n, z_n$ 之中选出 $3n-l$ 个独立坐标（并且能唯一确定质点系位置）作为广义坐标。但是，在实际应用中会发现，这样选择广义坐标不好用。根据需要可以任选 $3n-l$ 个可以确定质系可能位置的独立参数 $q_1, \cdots, q_k$ 作为广义坐标，它们可以是距离、角度、面积等。由于理论力学课程中的问题都不复杂，自由度比较少，我们很容易看出如何选取广义坐标。

例 11.1

设一根刚性杆的一端通过柱铰悬挂于 O 点，另一端固定一个小球 A，如图 11.1 所示。试判断小球的自由度，并选择描述运动的广义坐标。

解　柱铰限制刚性杆只能在 Oxy 平面内运动，刚性杆限制小球到 O 点的距离一定等于杆的长度 l。因此小球的约束可以写为

$$z=0,\quad x^2+y^2=l^2$$

我们知道小球不受任何约束时的自由度是 3，现在有两个几何约束，自由度为 $3-2=1$。

描述小球的运动需要一个广义坐标。我们是否可以选择 x 或者 y 作为广义坐标呢？不能。因为给定的 x（或者 y）不能唯一地确定小球的位置。容易发现，杆与 Ox 轴的夹角 φ 可以唯一确定小球的位置，可以选作广义坐标。

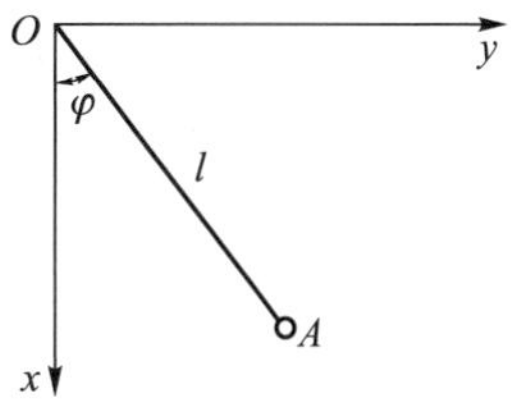

图 11.1

例 11.2

滑块 A 可以沿水平面自由滑动，小球 B 用长度为 l 的刚性杆与滑块相连，刚性杆可以在竖直平面内自由转动，如图 11.2 所示。试判断小球与滑块组成的质点系的自由度，并选择描述质点系运动的广义坐标。

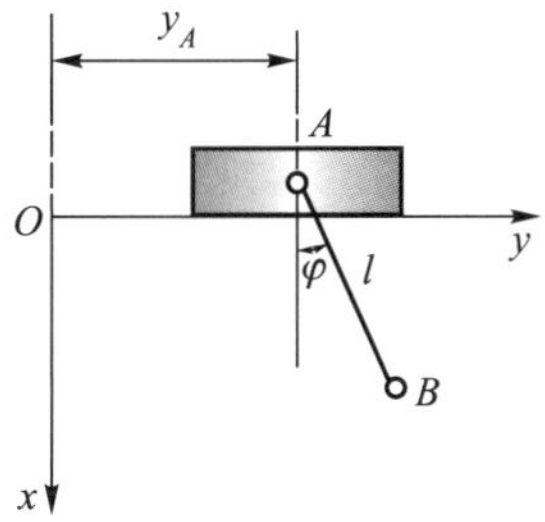

图 11.2

解　质系受到 4 个几何约束，相应的约束方程为

$$z_A=0,\quad z_B=0,\quad x_A=0,\quad x_B^2+(y_B-y_A)^2=l^2$$

我们知道，2 个自由质点组成的质点系有 6 个自由度，因此小球与滑块组成质系的自由度为 2。可以选取 y_A 和角 φ 为广义坐标。

例 11.3

试分析自由刚体的自由度，选择广义坐标。

解　刚体由无穷多个质点构成，任意两个质点之间的距离都是常数。自由刚体的运动没有来自外部的其他约束，只有内部质点之间距离不变的约束，因此这个质点系只有几何约束。因此，自由刚体的自由度等于广义坐标数。

在刚体运动学中，我们已经知道，描述刚体的空间一般运动需要 6 个参数。这 6 个参数可以选为刚体质心坐标 x_C、y_C、z_C 和 3 个欧拉角，这也是 6 个广义坐标。因此，作空间一般运动的自由刚体有 6 个自由度。如果刚体作平面运动，我们可以选择刚体质心坐标 x_C、y_C 和转角 θ 为广义坐标，自由度为 3。

例 11.4

试分析冰刀的自由度，选择广义坐标。

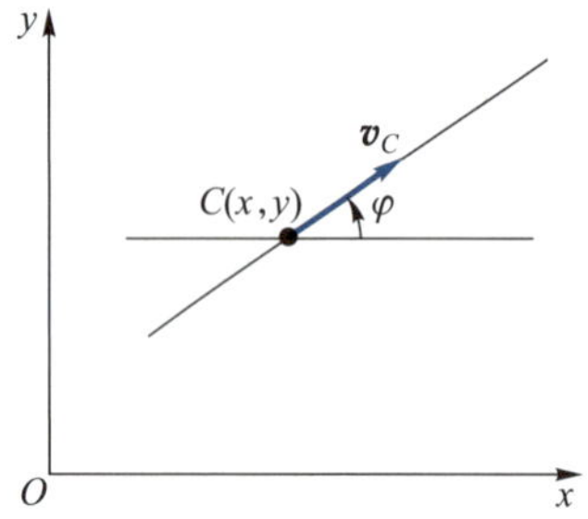

图 11.3

解　设冰刀沿着水平冰面运动，冰刀以细杆为模型，杆上 C 点的速度在运动过程中始终沿着杆（图 11.3）。x、y 是 C 点的坐标，而 α 是杆与 Ox 轴的夹角。冰刀的位置和方位（即这个质点系的位置）可以用这 3 个独立的参数位移确定，我们可以将其选为广义坐标。冰刀还有一个非完整约束 $\dot{y}=\dot{x}\tan\alpha$，其自由度并不等于广义坐标数 3，而是等于 2。

思考题 11.1

以下对象有哪些约束？广义坐标数和自由度分别为多少？

（1）在粗糙地面上沿着直线作纯滚动的圆柱（提示：以圆柱绕轴线的转角为广义坐标）；

（2）在粗糙曲面上作纯滚动的圆球（提示：先考虑圆球在平面上作纯滚动的情况。球心到平面的距离始终等于圆球半径，纯滚动圆球与平面接触点的速度为零，这是微分约束。以球心为基点，写出圆球与平面接触点的速度，再将这个矢量关系式向平面内两个相互垂直的方向投影，考察它们可否积分成几何约束）；

（3）在粗糙曲面上作纯滚动的硬币（提示：先考虑硬币在平面上作纯滚动的情况。纯滚动硬币与平面接触点的速度为零，这是微分约束。以硬币质心为基点，写出硬币与平面接触点的速度，再将这个矢量关系式向三个相互垂直方向投影，考察它们可否积分成几何约束）；

（4）在粗糙地面上运动的自行车（提示：可以假设自行车由车架和前后两个车轮构成，前轮既可以自转也相对车架左右转动，后轮可以自转但不能相对车架左右转动。如果我们让自行车前轮脱离地面，自行车后轮就与前述的硬币类似）。

11.1.2　广义力

设质点系的位置可以用广义坐标 $q_1,\cdots,q_k$ 唯一确定，则质点 $P_i(i=1,2,\cdots,n)$ 的矢径可以用这些广义坐标表示为

$$\boldsymbol{r}_i = \boldsymbol{r}_i(q_1, \cdots, q_k, t) \quad (i = 1, 2, \cdots, n) \tag{11.1.1}$$

对方程式 (11.1.1) 进行等时变分 δ 运算，得

$$\delta \boldsymbol{r}_i = \sum_{j=1}^{k} \frac{\partial \boldsymbol{r}_i}{\partial q_j} \delta q_j \quad (i = 1, 2, \cdots, n) \tag{11.1.2}$$

式中：$\delta q_1, \cdots, \delta q_k$ 为广义坐标的变分。

利用方程式 (11.1.2)，可以将主动力 $\boldsymbol{F}_1, \cdots, \boldsymbol{F}_n$ 的虚功改写成

$$\delta A = \sum_{i=1}^{n} \boldsymbol{F}_i \cdot \delta \boldsymbol{r}_i = \sum_{j=1}^{k} Q_j \delta q_j \tag{11.1.3}$$

其中

$$Q_j = \sum_{i=1}^{n} \boldsymbol{F}_i \cdot \frac{\partial \boldsymbol{r}_i}{\partial q_j} = \sum_{i=1}^{n} \left(F_{ix} \frac{\partial x_i}{\partial q_j} + F_{iy} \frac{\partial y_i}{\partial q_j} + F_{iz} \frac{\partial z_i}{\partial q_j} \right) \tag{11.1.4}$$

称为对应广义坐标 q_j 的**广义力**，它是广义坐标和时间的函数。广义力和广义坐标变分的乘积是虚功，如果广义坐标 q_j 是长度单位，则相应的广义力是力的单位；如果广义坐标是角度单位，则相应的广义力是力矩的单位。

例 11.5

计算例 11.1 中，广义坐标 φ 对应的广义力。

解　根据几何关系，小球 A 的位置坐标有

$$x_A = l\cos\varphi, \qquad y_A = l\sin\varphi$$

对上式进行等时变分，得

$$\delta x_A = -l\sin\varphi\delta\varphi, \qquad \delta y_A = l\cos\varphi\delta\varphi$$

主动力所做的虚功为

$$\delta A = mg\delta x_A = -mgl\sin\varphi\delta\varphi = Q_\varphi\delta\varphi$$

于是广义力为

$$Q_\varphi = -mgl\sin\varphi$$

我们一般不直接使用方程式 (11.1.4) 给出的表达式来求广义力，下面通过例题介绍两种求广义力的方法：解析法和几何法。

例 11.6

均质杆 OA 和 AB 用铰 A 连接，用铰 O 固定，如图 11.4 所示。两杆的长度为 l_1 和 l_2，质量为 m_1 和 m_2。在 B 端作用一个水平力 $\boldsymbol{F}$，取 α、β 为广义坐标，求广义力。

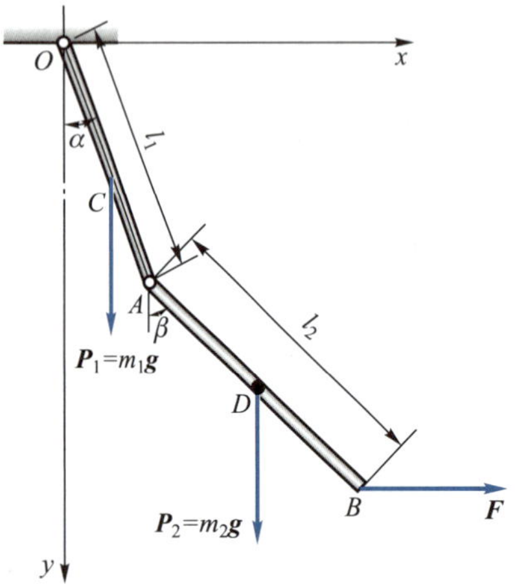

图 11.4

解　方法 1（几何法）

首先令 $\delta\alpha = 0, \delta\beta \neq 0$ 且 $\delta\beta$ 是无穷小量，如图 11.5(a) 所示，可以看出

$$\delta r_C = 0, \quad \delta r_B = 2\delta r_D = l_2\delta\beta$$

主动力 $\boldsymbol{P}_1$、$\boldsymbol{P}_2$ 和 $\boldsymbol{F}$ 所做的虚功之和为

$$\begin{aligned}\delta A &= -m_2 g\delta r_D \sin\beta + F\delta r_B \cos\beta \\ &= \frac{l_2}{2}(2F\cos\beta - m_2 g\sin\beta)\delta\beta\end{aligned}$$

于是，广义坐标 β 对应的广义力为

$$Q_\beta = \frac{\delta A}{\delta\beta} = \frac{l_2}{2}(2F\cos\beta - m_2 g\sin\beta)$$

再令 $\delta\alpha \neq 0, \delta\beta = 0$ 且 $\delta\alpha$ 是无穷小量，从图 11.5(b) 中可以看出

$$\delta r_B = \delta r_D = 2\delta r_C = l_1\delta\alpha$$

主动力 $\boldsymbol{P}_1$、$\boldsymbol{P}_2$ 和 $\boldsymbol{F}$ 所做的虚功之和为

$$\begin{aligned}\delta A &= -m_1 g\delta r_C \sin\alpha - m_2 g\delta r_D \sin\alpha + F\delta r_B \cos\alpha \\ &= \frac{l_1}{2}[2F\cos\alpha - (m_1 + 2m_2)g\sin\alpha]\delta\alpha\end{aligned}$$

于是，广义坐标 α 对应的广义力为

$$Q_\alpha = \frac{\delta A}{\delta\alpha} = \frac{l_1}{2}[2F\cos\alpha - (m_1 + 2m_2)g\sin\alpha]$$

方法 2（解析法）

在 B、C 和 D 处分别作用有主动力 $\boldsymbol{P}_1$、$\boldsymbol{P}_2$ 和 $\boldsymbol{F}$，计算它们的虚功时需要用到这 3 个点的虚位移。考虑到主动力的方向，我们仅需 C 和 D 两点虚位移的竖直分量以及 B 点虚位移的水平分量。根据几何关系有

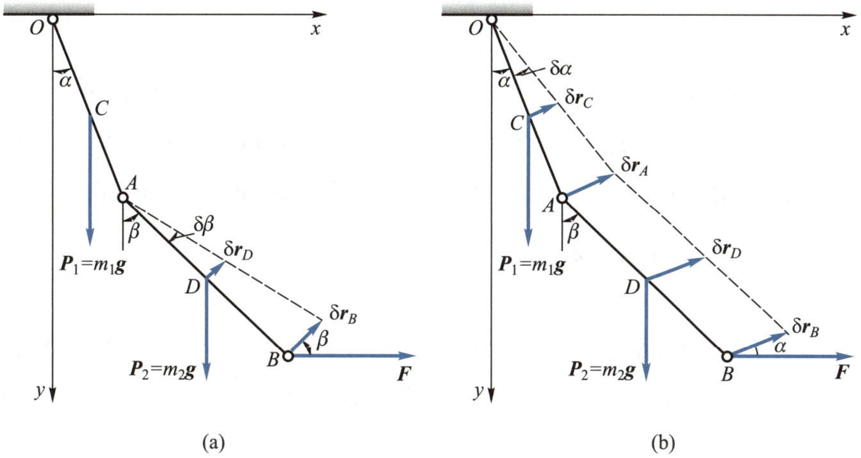

图 11.5

$$y_C=\frac{l_1}{2}\cos\alpha$$

$$y_D=l_1\cos\alpha+\frac{l_2}{2}\cos\beta$$

$$x_B=l_1\sin\alpha+l_2\sin\beta$$

我们对这 3 个式子进行等时变分，得

$$\delta y_C=-\frac{l_1}{2}\sin\alpha\delta\alpha$$

$$\delta y_D=-l_1\sin\alpha\delta\alpha-\frac{l_2}{2}\sin\beta\delta\beta$$

$$\delta x_B=l_1\cos\alpha\delta\alpha+l_2\cos\beta\delta\beta$$

主动力所做的虚功之和为

$$\begin{aligned}\delta A&=m_1g\delta y_C+m_2g\delta y_D+F\delta x_B\\&=Q_\alpha\delta\alpha+Q_\beta\delta\beta\end{aligned}$$

整理后分别比较 $\delta\alpha$ 和 $\delta\beta$ 相应的项，可得

$$Q_\alpha=\frac{l_1}{2}[2F\cos\alpha-(m_1+2m_2)g\sin\alpha]$$

$$Q_\beta=\frac{l_2}{2}(2F\cos\beta-m_2g\sin\beta)$$

■ 11.2 第二类拉格朗日方程

动力学普遍方程虽然形式简单，但是应用时需要分析加速度，并不方便。本节由动力学普遍方程出发导出拉格朗日方程，然后介绍拉格朗日方程的应用。用第二类拉格朗日方程推导质点系运动微分方程的过程，关键在于计算系统的动能、势能和广义力。

11.2.1 广义坐标下的动力学普遍方程

考察由 n 个质点组成的质点系。如果质点系有 l 个完整、理想约束，则可以选 k 个（$k=3n-l$）广义坐标 $q_1,q_2,\cdots,q_k$ 来描述质点系的运动。设质点 P_i 的质量为 m_i，其矢径 $\boldsymbol{r}_i$ 可表示为广义坐标和时间的函数，即

$$\boldsymbol{r}_i=\boldsymbol{r}_i(q_1,q_2,\cdots,q_k,t) \tag{11.2.1}$$

注记 11.1

如果有读者感到困惑：$q_1,q_2,\cdots,q_k$ 是时间 t 的函数，为什么不写成 $\boldsymbol{r}_i=\boldsymbol{r}_i(t)$ 或者 $\boldsymbol{r}_i=\boldsymbol{r}_i(q_1,q_2,\cdots,q_k)$? 请参考第 8 讲关于动力学方程（常微分方程）初值的说明。

质点系动力学普遍方程可以写成

$$\sum_{i=1}^{n}\boldsymbol{F}_i\cdot\delta\boldsymbol{r}_i+\sum_{i=1}^{n}(-m_i\ddot{\boldsymbol{r}}_i)\cdot\delta\boldsymbol{r}_i=0 \tag{11.2.2}$$

在第11.1.2小节讲广义力时我们已经知道，式 (11.2.2) 左端第一项可以写成

$$\sum_{i=1}^{n}\boldsymbol{F}_i\cdot\delta\boldsymbol{r}_i=\sum_{j=1}^{k}Q_j\delta q_j \tag{11.2.3}$$

式中：Q_j 为对应广义坐标 q_j 的广义力。

类似地，我们可以将式 (11.2.2) 左端的第二项写成

$$\sum_{i=1}^{n}(-m_i\ddot{\boldsymbol{r}}_i)\cdot\delta\boldsymbol{r}_i=\sum_{j=1}^{k}Q_j^*\delta q_j \tag{11.2.4}$$

其中

$$Q_j^*=-\sum_{i=1}^{n}m_i\ddot{\boldsymbol{r}}_i\cdot\frac{\partial\boldsymbol{r}_i}{\partial q_j} \tag{11.2.5}$$

称为对应广义坐标 q_j 的**广义惯性力**。

于是，式 (11.2.2) 可以改写为

$$\sum_{j=1}^{k}(Q_j + Q_j^*)\delta q_j = 0 \tag{11.2.6}$$

这是**广义坐标下的动力学普遍方程**。

广义惯性力式 (11.2.5) 和各质点的加速度有关，而加速度分析要比速度分析复杂得多。下面我们将广义惯性力改写成更容易计算的形式。在继续推导之前，我们首先证明两个数学关系式。将式 (11.2.1) 对时间求导数，可得质点 P_i 的速度为

$$\dot{\boldsymbol{r}}_i = \sum_{j=1}^{k}\frac{\partial \boldsymbol{r}_i}{\partial q_j}\dot{q}_j + \frac{\partial \boldsymbol{r}_i}{\partial t} \tag{11.2.7}$$

将质点 P_i 的速度式 (11.2.7) 对 $\dot{q}_s$ 求偏导数。由于 $\partial \boldsymbol{r}_i/\partial q_j(j=1,2,\cdots,k)$ 和 $\partial \boldsymbol{r}_i/\partial t$ 均与 $\dot{q}_s$ 无关，故

$$\frac{\partial \dot{\boldsymbol{r}}_i}{\partial \dot{q}_s} = \frac{\partial \boldsymbol{r}_i}{\partial q_s} \tag{11.2.8}$$

这是后面推导需要用的第一个数学关系式（拉格朗日关系式）。

我们再将质点 P_i 的速度式 (11.2.7) 对任意广义坐标 q_s 求偏导数，并考虑到 $\dot{q}_j(j=1,2,\cdots,k)$ 与 q_s 相互独立，得

$$\frac{\partial \dot{\boldsymbol{r}}_i}{\partial q_s} = \sum_{j=1}^{k}\frac{\partial^2 \boldsymbol{r}_i}{\partial q_j \partial q_s}\dot{q}_j + \frac{\partial^2 \boldsymbol{r}_i}{\partial t \partial q_s} = \sum_{j=1}^{k}\frac{\partial}{\partial q_j}\left(\frac{\partial \boldsymbol{r}_i}{\partial q_s}\right)\dot{q}_j + \frac{\partial}{\partial t}\left(\frac{\partial \boldsymbol{r}_i}{\partial q_s}\right)$$

上式右端正是 $\partial \boldsymbol{r}_i/\partial q_s$ 对时间的全导数，故

$$\frac{\partial \dot{\boldsymbol{r}}_i}{\partial q_s} = \frac{\mathrm{d}}{\mathrm{d}t}\left(\frac{\partial \boldsymbol{r}_i}{\partial q_s}\right) \tag{11.2.9}$$

这是后面推导需要用的第二个数学关系式（拉格朗日关系式）。

注记 11.2

如果有读者不理解上面推导中强调的“$\dot{q}_j(j=1,2,\cdots,k)$ 与 q_s 相互独立”“$\partial \boldsymbol{r}_i/\partial q_j(j=1,2,\cdots,k)$ 和 $\partial \boldsymbol{r}_i/\partial t$ 均与 $\dot{q}_s$ 无关”，请参考第 8 讲关于动力学方程（常微分方程）初值的说明。

下面推导广义惯性力更容易计算的形式。广义惯性力式 (11.2.5) 可以改写为

$$Q_j^* = -\frac{\mathrm{d}}{\mathrm{d}t}\left(\sum_{i=1}^{n} m_i \dot{\boldsymbol{r}}_i \cdot \frac{\partial \boldsymbol{r}_i}{\partial q_j}\right) + \sum_{i=1}^{n} m_i \dot{\boldsymbol{r}}_i \cdot \frac{\mathrm{d}}{\mathrm{d}t}\left(\frac{\partial \boldsymbol{r}_i}{\partial q_j}\right) \tag{11.2.10}$$

将关系式 (11.2.8) 和式 (11.2.9) 代入上式，得到广义惯性力的表达式

$$
\begin{aligned}
Q_j^* &= -\frac{\mathrm{d}}{\mathrm{d}t}\left(\sum_{i=1}^{n} m_i \dot{\boldsymbol{r}}_i \cdot \frac{\partial \dot{\boldsymbol{r}}_i}{\partial \dot{q}_j}\right) + \sum_{i=1}^{n} m_i \dot{\boldsymbol{r}}_i \cdot \frac{\partial \dot{\boldsymbol{r}}_i}{\partial q_j} \\
&= -\frac{\mathrm{d}}{\mathrm{d}t}\left(\frac{\partial T}{\partial \dot{q}_j}\right) + \frac{\partial T}{\partial q_j}
\end{aligned} \tag{11.2.11}
$$

式中

$$
T = \frac{1}{2}\sum_{i=1}^{n} m_i (\dot{\boldsymbol{r}}_i \cdot \dot{\boldsymbol{r}}_i) = \frac{1}{2}\sum_{i=1}^{n} m_i \dot{r}_i^2 \tag{11.2.12}
$$

为质点系的动能。由式 (11.2.11) 给出的广义惯性力表达式只与质点系的动能有关，无须再分析计算各质点的加速度。

应用拉格朗日方程求解质点系的动力学问题，往往需要计算质点系动能。考察由 n 个质点组成的质点系，设质点系中质点 P_i 的质量为 m_i，速度为 $\boldsymbol{v}_i$，则质点系的**动能**定义为

$$
T = \frac{1}{2}\sum_{i=1}^{n} m_i v_i^2 \tag{11.2.13}
$$

质点系的动能也是度量质点系整体运动的物理量，它是标量，只取决于各质点的质量和速度大小，而与速度方向无关。在国际单位制中，动能的单位为焦耳（J），量纲为 $\mathrm{ML^2T^{-2}}$。

对于以速度 $\boldsymbol{v}$ 平动的刚体，将 $v_i = v$ 代入式 (11.2.13)，得到平动刚体的动能为

$$
T = \frac{1}{2} m v^2 \tag{11.2.14}
$$

式中：m 为刚体的质量。

对于以角速度 ω 绕定轴 z 转动的刚体，将 $v_i = r_i\omega$ 代入式 (11.2.13)，得到绕定轴转动刚体的动能为

$$
T = \frac{1}{2} J_z \omega^2 \tag{11.2.15}
$$

式中：J_z 为刚体绕 z 轴的转动惯量。

我们可以采用定义式 (11.2.13) 计算质点系的动能，也可以采用柯尼希定理计算。

定理 11.1

柯尼希定理：质点系的动能等于随质点系质心的平动动能和相对质心平动系转动动能的和。

$$
T = \frac{1}{2} m v_C^2 + \frac{1}{2}\sum_{i=1}^{n} m_i v_{\mathrm{r}i}^2 \tag{11.2.16}
$$

证明　建立质心平动坐标系 $Cxyz$，则质点 P_i 的速度可写作

$$\boldsymbol{v}_i = \boldsymbol{v}_C + \boldsymbol{v}_{\mathrm{r}i}$$

式中：$\boldsymbol{v}_C$ 为质心 C 的速度；$\boldsymbol{v}_{\mathrm{r}i}$ 为质点 P_i 相对质心平动系的相对速度。

将上式代入式 (11.2.13)，得到

$$\begin{aligned}T &= \frac{1}{2}\sum_{i=1}^{n} m_i(\boldsymbol{v}_C + \boldsymbol{v}_{\mathrm{r}i}) \cdot (\boldsymbol{v}_C + \boldsymbol{v}_{\mathrm{r}i}) \\ &= \frac{1}{2}mv_C^2 + \frac{1}{2}\sum_{i=1}^{n} m_i v_{\mathrm{r}i}^2 + \boldsymbol{v}_C \cdot \sum_{i=1}^{n} m_i \boldsymbol{v}_{\mathrm{r}i}\end{aligned}$$

注意到 $\sum\limits_{i=1}^{n} m_i \boldsymbol{v}_{\mathrm{r}i}/m$ 为质心相对质心平动系的相对速度，因此等于零。上式可化为

$$T = \frac{1}{2}mv_C^2 + \frac{1}{2}\sum_{i=1}^{n} m_i v_{\mathrm{r}i}^2$$

刚体作平面运动时 $v_{\mathrm{r}i} = r_i\omega$，由柯尼希定理可得到平面运动刚体的动能为

$$T = \frac{1}{2}mv_C^2 + \frac{1}{2}J_C\omega^2 \tag{11.2.17}$$

式中：$J_C = \sum\limits_{i=1}^{n} m_i r_i^2$ 为刚体对过质心且垂直于运动平面的轴 Cz 的转动惯量。

11.2.2　第二类拉格朗日方程

将式 (11.2.11) 代入式 (11.2.6)，可得

$$\sum_{j=1}^{k}\left[\frac{\mathrm{d}}{\mathrm{d}t}\left(\frac{\partial T}{\partial \dot{q}_j}\right) - \frac{\partial T}{\partial q_j} - Q_j\right]\delta q_j = 0 \tag{11.2.18}$$

如果质点系的约束都是完整的，则 $\delta q_j (j = 1, 2, \cdots, k)$ 是相互独立的，由式 (11.2.18) 可得

$$\frac{\mathrm{d}}{\mathrm{d}t}\left(\frac{\partial T}{\partial \dot{q}_j}\right) - \frac{\partial T}{\partial q_j} = Q_j \quad (j = 1, 2, \cdots, k) \tag{11.2.19}$$

这就是**第二类拉格朗日方程**，经常简称为**拉格朗日方程**。

若在某空间区域，质点所受的作用力只依赖于空间位置和时间，而与速度无关，则称该空间区域存在**力场**。例如，地球附近存在重力场、整个宇宙存在万有引力场等。若存在标量函数 V，只依赖于质点 $P_i (i = 1, 2, \cdots, n)$ 的坐标 x_i、y_i、z_i 及时间 t，并且质点 P_i 在力场中所受的力等于

$$F_{ix} = -\frac{\partial V}{\partial x_i}, \quad F_{iy} = -\frac{\partial V}{\partial y_i}, \quad F_{iz} = -\frac{\partial V}{\partial z_i} \tag{11.2.20}$$

则称力场有势，函数 V 为**势能**，$\boldsymbol{F}_i$ 为**有势力**。常见的势力场有重力场、弹性力场、万有引力场、电场和磁场等。例如，重力势能表达式为 $V=mgz$，其中 z 是质点到零势能面的距离。又如弹性势能表达式为 $V=\dfrac{1}{2}kx^2$，其中 x 是弹簧伸长量，k 为弹簧刚度系数。

设质点系 $P_i(i=1,2,\cdots,n)$ 所受的主动力有势，势能 V 是质点坐标 x_i、y_i、$z_i(i=1,2,\cdots,n)$ 和时间 t 的函数。如果我们选取广义坐标 $q_1,q_2,\cdots,q_k$ 描述质点系的运动，则 x_i、y_i、z_i 可以用广义坐标及时间 t 表示，势能就是广义坐标的复合函数

$$V\left[x_1(q,t),y_1(q,t),z_1(q,t),\cdots,x_n(q,t),y_n(q,t),z_n(q,t),t\right] \tag{11.2.21}$$

式中：q 为 $q_1(t),\cdots,q_k(t)$。

利用复合函数求导关系，可得 V 对 q_j 的偏导数

$$\frac{\partial V}{\partial q_j}=\sum_{i=1}^{n}\left(\frac{\partial V}{\partial x_i}\frac{\partial x_i}{\partial q_j}+\frac{\partial V}{\partial y_i}\frac{\partial y_i}{\partial q_j}+\frac{\partial V}{\partial z_i}\frac{\partial z_i}{\partial q_j}\right) \tag{11.2.22}$$

利用式 (11.1.4) 和式 (11.2.20)，可将式 (11.2.22) 写成

$$Q_j=-\frac{\partial V}{\partial q_j}\quad (j=1,2,\cdots,k) \tag{11.2.23}$$

如果质点系的主动力都是有势的，引入**拉格朗日函数**$L=T-V$（又称为**动势**）。利用势能与广义力的关系式，并考虑到 $\partial V/\partial\dot{q}_j=0$，可将式 (11.2.19) 改写成

$$\frac{\mathrm{d}}{\mathrm{d}t}\left(\frac{\partial L}{\partial\dot{q}_j}\right)-\frac{\partial L}{\partial q_j}=0\quad (j=1,2,\cdots,k) \tag{11.2.24}$$

这是**拉格朗日方程的标准形式**。

拉格朗日方程是关于 k 个函数 $q_1(t),q_2(t),\cdots,q_k(t)$ 的 k 个二阶微分方程。这个方程组的阶数为 $2k$，这是 k 自由度质点系的运动微分方程的最小可能阶数。拉格朗日方程具有**不变性**，其形式不依赖于广义坐标的选择，选取不同的广义坐标只会改变函数 T 和 Q_j（或 V）的形式，但方程式 (11.2.19) 和式 (11.2.24) 的形式不会改变。

应用拉格朗日方程的解题步骤如下。

（1）判断约束是否为完整理想约束，主动力是否有势，确定能否应用拉格朗日方程以及应用何种形式的拉格朗日方程。

如果系统约束是完整、理想的，但不确定主动力是否有势，可使用第二类拉格朗日方程

$$\frac{\mathrm{d}}{\mathrm{d}t}\left(\frac{\partial T}{\partial\dot{q}_j}\right)-\frac{\partial T}{\partial q_j}=Q_j\quad (j=1,2,\cdots,k)$$

如果系统约束是完整、理想的，并且主动力都有势，可引入拉格朗日函数，应用拉格朗日方程的标准形式

$$\frac{\mathrm{d}}{\mathrm{d}t}\left(\frac{\partial L}{\partial \dot{q}_j}\right)-\frac{\partial L}{\partial q_j}=0 \quad (j=1,2,\cdots,k)$$

如果系统约束是完整、理想的，有些主动力有势，有些主动力不确定是否有势，则拉格朗日方程又可以改写为

$$\frac{\mathrm{d}}{\mathrm{d}t}\left(\frac{\partial L}{\partial \dot{q}_j}\right)-\frac{\partial L}{\partial q_j}=Q_j' \quad (j=1,2,\cdots,k)$$

式中：Q_j' 为对应于广义坐标 q_j 的非有势广义力。

而拉格朗日函数 $L=T-V$ 中的势能 V 则只由有势的主动力决定。

（2）确定系统的自由度，选择合适的广义坐标。

（3）按所选的广义坐标，写出系统的动能、势能或广义力。正确计算质点系（包括刚体）的动能往往是解题的关键。

（4）将拉格朗日函数或动能、广义力代入拉格朗日方程。

例 11.7

质量为 m_1、半径为 r 的均质圆柱体在质量为 m_2、半径为 R 的半圆形滑槽内作纯滚动。滑槽作直线平动，如图 11.6 所示。求系统的动能。

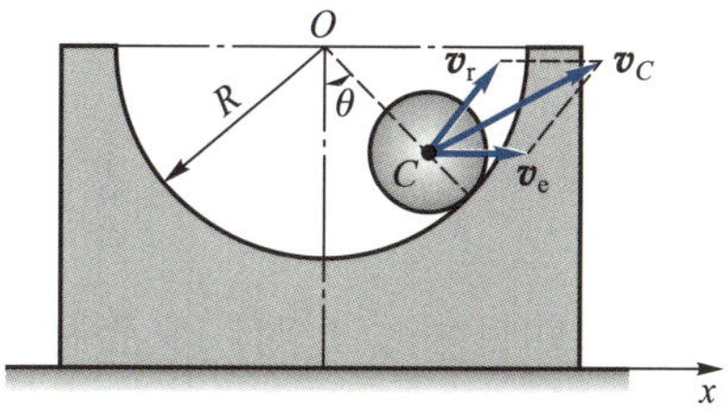

图 11.6

解　系统具有两个自由度，选 x 和 θ 为广义坐标，其正方向如图所示，x 的原点位于滑槽中点。系统的动能为

$$T=\frac{1}{2}m_2\dot{x}^2+\frac{1}{2}m_1v_C^2+\frac{1}{2}J_C\omega^2$$

其中 $J_C=m_1r^2/2$，$\omega=\dfrac{R-r}{r}\dot{\theta}$。取滑槽为动系，由点的复合运动可知

$$v_C^2=v_\mathrm{e}^2+v_\mathrm{r}^2+2v_\mathrm{e}v_\mathrm{r}\cos\theta=\dot{x}^2+(R-r)^2\dot{\theta}^2+2(R-r)\dot{x}\dot{\theta}\cos\theta$$

所以有

$$T=\frac{1}{2}(m_1+m_2)\dot{x}^2+\frac{3}{4}m_1(R-r)^2\dot{\theta}^2+m_1(R-r)\dot{x}\dot{\theta}\cos\theta$$

从本例可以看出，应根据物体的具体运动形式，选定合适的广义坐标，如本题中选 x 和 θ 为广义坐标。广义坐标的原点一般选在运动的初始位置或系统的静平衡位置处。广义坐标的正方向确定后，其他运动量（如速度、加速度等）的正方向都应与广义坐标的正方向一致。合理地选取广义坐标，可大大地简化结果。

例 11.8

两个质量分别为 m_1 和 m_2 的质点以理想的细绳相连，绳跨过半径为 r 的光滑杆，两个质点在重力作用下在铅垂平面内运动，如图 11.7 所示。试建立系统运动微分方程。

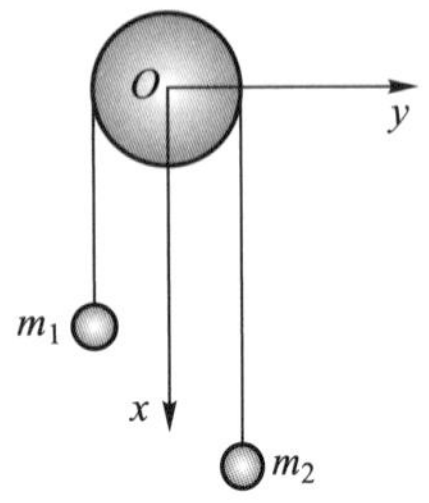

图 11.7

解　这个质点系有一个自由度，可以取质点 m_2 的坐标 x_2 为广义坐标，质点 m_1 的坐标 x_1 可以表示为

$$x_1 = l - x_2$$

其中 l 为常数。此式对时间求导得

$$\dot{x}_1 = -\dot{x}_2$$

系统动能为

$$T = \frac{1}{2}m_1\dot{x}_1^2 + \frac{1}{2}m_2\dot{x}_2^2 = \frac{1}{2}(m_1+m_2)\dot{x}_2^2$$

主动力为重力，势能为

$$V = -m_1gx_1 - m_2gx_2 = -mgl + (m_1-m_2)gx_2$$

动势（拉格朗日函数）为

$$L = T - V = \frac{1}{2}(m_1+m_2)\dot{x}_2^2 - (m_1-m_2)gx_2 + mgl$$

计算拉格朗日函数 L 对广义坐标和广义速度的偏导数

$$\frac{\partial L}{\partial x_2} = (m_2-m_1)g$$
$$\frac{\partial L}{\partial \dot{x}_2} = (m_1+m_2)\dot{x}_2$$

计算全导数

$$\frac{\mathrm{d}}{\mathrm{d}t}\left(\frac{\partial L}{\partial \dot{x}_2}\right) = (m_1+m_2)\ddot{x}_2$$

由拉格朗日方程

$$\frac{\mathrm{d}}{\mathrm{d}t}\left(\frac{\partial L}{\partial \dot{x}_2}\right) - \frac{\partial L}{\partial x_2} = 0$$

得

$$(m_1+m_2)\ddot{x}_2 + (m_1-m_2)g = 0$$

例 11.9

建立平面单摆的运动微分方程。

解　设摆锤质量为 m，与长度为 l 的无质量杆固结，杆的另一端铰接在 A 点，杆可以绕 A 点在铅垂平面内无摩擦地转动。坐标系如图 11.8 所示。这是一单自由度系统，取 φ 为广义坐标，摆锤坐标写成

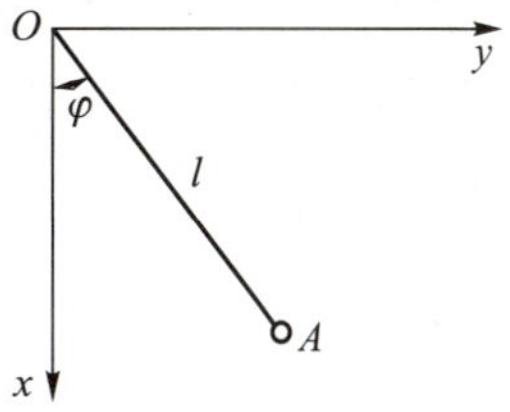

图 11.8

$$x = l\cos\varphi,\quad y = l\sin\varphi$$

对时间求导得

$$\dot{x} = -l\sin\varphi\dot{\varphi},\quad \dot{y} = l\cos\varphi\dot{\varphi}$$

动能为

$$T = \frac{1}{2}m(\dot{x}^2+\dot{y}^2) = \frac{1}{2}ml^2\dot{\varphi}^2$$

主动力为重力，势能为

$$V = -mgx = -mgl\cos\varphi$$

拉格朗日函数为

$$L = T - V = \frac{1}{2}ml^2\dot{\varphi}^2 + mgl\cos\varphi$$

计算 L 对广义坐标和广义速度的偏导数

$$\frac{\partial L}{\partial \varphi} = -mgl\sin\varphi$$
$$\frac{\partial L}{\partial \dot{\varphi}} = ml^2\dot{\varphi}$$

计算全导数

$$\frac{\mathrm{d}}{\mathrm{d}t}\left(\frac{\partial L}{\partial \dot{\varphi}}\right) = ml^2\ddot{\varphi}$$

由

$$\frac{\mathrm{d}}{\mathrm{d}t}\left(\frac{\partial L}{\partial \dot{\varphi}}\right) - \frac{\partial L}{\partial \varphi} = 0$$

得 $ml^2\ddot{\varphi} + mgl\sin\varphi = 0$，即

$$\ddot{\varphi} + \frac{g}{l}\sin\varphi = 0$$

[典型例题]
例 11.10

例 11.10

椭圆摆由质量为 m_A 的滑块 A 和质量为 m_B 的单摆 B 构成，如图 11.9 所示。滑块可沿光滑水平面滑动，杆 AB 长度为 l，质量不计。不考虑摩擦，试建立系统的运动微分方程。

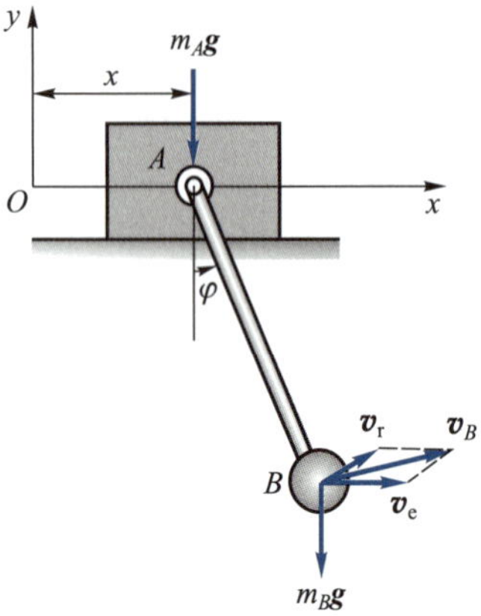

图 11.9

解 取系统整体为研究对象，系统具有两个自由度，取 x 和 φ 为广义坐标，其原点和指向如图 11.9 所示。系统具有完整理想约束，可用第二类拉格朗日方程求解。系统的动能为

$$\begin{aligned}T &= \frac{1}{2}m_A v_A^2 + \frac{1}{2}m_B v_B^2 \\ &= \frac{1}{2}m_A \dot{x}^2 + \frac{1}{2}m_B(\dot{x}^2 + l^2\dot{\varphi}^2 + 2l\dot{x}\dot{\varphi}\cos\varphi)\end{aligned}$$

系统的主动力仅有重力，设零势能点在 $y=0$ 处，系统的势能为

$$V = -m_B g l\cos\varphi$$

因此拉格朗日函数为

$$L = T - V = \frac{1}{2}m_A\dot{x}^2 + \frac{1}{2}m_B(\dot{x}^2 + l^2\dot{\varphi}^2 + 2l\dot{x}\dot{\varphi}\cos\varphi) + m_B g l\cos\varphi$$

计算拉格朗日函数对广义坐标 x 和相应的广义速度 $\dot{x}$ 的偏导数

$$\frac{\partial L}{\partial x} = 0$$
$$\frac{\partial L}{\partial \dot{x}} = (m_A + m_B)\dot{x} + m_B l\dot{\varphi}\cos\varphi$$

再计算全导数

$$\frac{\mathrm{d}}{\mathrm{d}t}\left(\frac{\partial L}{\partial \dot{x}}\right) = (m_A + m_B)\ddot{x} + m_B l\ddot{\varphi}\cos\varphi - m_B l\dot{\varphi}^2\sin\varphi$$

由

$$\frac{\mathrm{d}}{\mathrm{d}t}\left(\frac{\partial L}{\partial \dot{x}}\right) - \frac{\partial L}{\partial x} = 0$$

可得

$$(m_A + m_B)\ddot{x} + m_B l\ddot{\varphi}\cos\varphi - m_B l\dot{\varphi}^2\sin\varphi = 0$$

计算拉格朗日函数对广义坐标 φ 和相应的广义速度 $\dot{\varphi}$ 的偏导数

$$\frac{\partial L}{\partial \varphi} = -m_B l\dot{x}\dot{\varphi}\sin\varphi - m_B gl\sin\varphi$$
$$\frac{\partial L}{\partial \dot{\varphi}} = m_B l^2\dot{\varphi} + m_B l\dot{x}\cos\varphi$$

再计算全导数

$$\frac{\mathrm{d}}{\mathrm{d}t}\left(\frac{\partial L}{\partial \dot{\varphi}}\right) = m_B l^2\ddot{\varphi} + m_B l\ddot{x}\cos\varphi - m_B l\dot{x}\dot{\varphi}\sin\varphi$$

由

$$\frac{\mathrm{d}}{\mathrm{d}t}\left(\frac{\partial L}{\partial \dot{\varphi}}\right) - \frac{\partial L}{\partial \varphi} = 0$$

可得

$$m_B l^2\ddot{\varphi} + m_B l\ddot{x}\cos\varphi + m_B gl\sin\varphi = 0$$

最后，系统的运动微分方程写成

$$(m_A + m_B)\ddot{x} + m_B l\ddot{\varphi}\cos\varphi - m_B l\dot{\varphi}^2\sin\varphi = 0$$
$$m_B l^2\ddot{\varphi} + m_B l\ddot{x}\cos\varphi + m_B gl\sin\varphi = 0$$

例 11.11

均质圆柱体质量为 m，半径为 r，沿倾角为 α 的三角块作无滑动滚动，如图 11.10 所示。三角块的质量为 M，置于光滑的水平面上。试列写系统的运动微分方程。

解　系统具有两个自由度，取 x 和 x_r 为广义坐标。该系统有完整理想约束，可用拉格朗日方程求解。

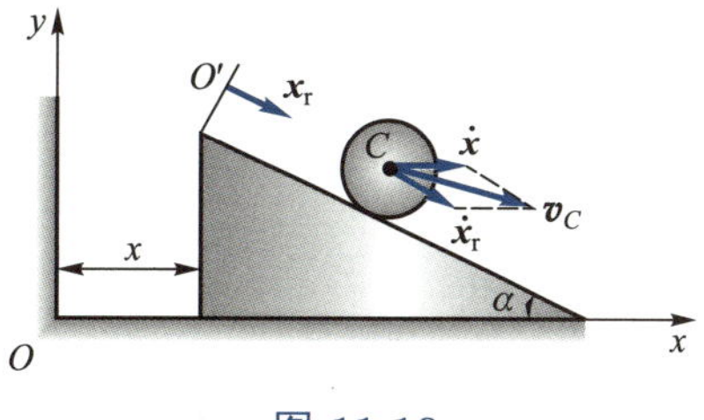

图 11.10

系统的动能为

$$\begin{aligned}T &= \frac{1}{2}M\dot{x}^2 + \frac{1}{2}mv_C^2 + \frac{1}{2}\left(\frac{1}{2}mr^2\right)\omega^2\\ &= \frac{1}{2}M\dot{x}^2 + \frac{1}{2}m(\dot{x}^2 + \dot{x}_r^2 + 2\dot{x}\dot{x}_r\cos\alpha) + \frac{1}{2}\left(\frac{1}{2}mr^2\right)\left(\frac{\dot{x}_r}{r}\right)^2\\ &= \frac{1}{2}(M+m)\dot{x}^2 + \frac{3}{4}m\dot{x}_r^2 + m\dot{x}\dot{x}_r\cos\alpha\end{aligned}$$

选三角块在水平面而圆柱体在 O' 处为系统的零势能位置，则系统的势能为

$$V=-mgx_{\mathrm{r}}\sin\alpha$$

因此拉格朗日函数为

$$L=T-V=\frac{1}{2}(M+m)\dot{x}^2+\frac{3}{4}m\dot{x}_{\mathrm{r}}^2+m\dot{x}\dot{x}_{\mathrm{r}}\cos\alpha+mgx_{\mathrm{r}}\sin\alpha$$

计算拉格朗日函数对广义坐标 x 和相应的广义速度 $\dot{x}$ 的偏导数

$$\frac{\partial L}{\partial x}=0$$

$$\frac{\partial L}{\partial \dot{x}}=(M+m)\dot{x}+m\dot{x}_{\mathrm{r}}\cos\alpha$$

再计算全导数（注意 α 是常值）

$$\frac{\mathrm{d}}{\mathrm{d}t}\left(\frac{\partial L}{\partial \dot{x}}\right)=(M+m)\ddot{x}+m\ddot{x}_{\mathrm{r}}\cos\alpha$$

由

$$\frac{\mathrm{d}}{\mathrm{d}t}\left(\frac{\partial L}{\partial \dot{x}}\right)-\frac{\partial L}{\partial x}=0$$

可得

$$(M+m)\ddot{x}+m\ddot{x}_{\mathrm{r}}\cos\alpha=0$$

计算拉格朗日函数对广义坐标 x_{r} 和相应的广义速度 $\dot{x}_{\mathrm{r}}$ 的偏导数

$$\frac{\partial L}{\partial x_{\mathrm{r}}}=mg\sin\alpha$$
$$\frac{\partial L}{\partial \dot{x}_{\mathrm{r}}}=\frac{3}{2}m\dot{x}_{\mathrm{r}}+m\dot{x}\cos\alpha$$

再计算全导数（注意 α 是常值）

$$\frac{\mathrm{d}}{\mathrm{d}t}\left(\frac{\partial L}{\partial \dot{\varphi}}\right)=\frac{3}{2}m\ddot{x}_{\mathrm{r}}+m\ddot{x}\cos\alpha$$

由

$$\frac{\mathrm{d}}{\mathrm{d}t}\left(\frac{\partial L}{\partial \dot{x}_{\mathrm{r}}}\right)-\frac{\partial L}{\partial x_{\mathrm{r}}}=0$$

可得

$$\frac{3}{2}m\ddot{x}_{\mathrm{r}}+m\ddot{x}\cos\alpha-mg\sin\alpha=0$$

最后，系统的运动微分方程写成

$$(M+m)\ddot{x}+m\ddot{x}_{\mathrm{r}}\cos\alpha=0$$

$$\frac{3}{2}m\ddot{x}_{\mathrm{r}}+m\ddot{x}\cos\alpha-mg\sin\alpha=0$$

例 11.12

均质杆 OA 和 AB 用铰 A 连接，用铰 O 固定，如图 11.11 所示。两杆的长度分别为 l_1 和 l_2，质量分别为 m_1 和 m_2。在 B 端作用一个常值水平力 $\boldsymbol{F}$，请写出该系统的运动微分方程。

解　系统具有两个自由度，取 α、β 为广义坐标。系统具有完整理想约束，可用拉格朗日方程求解。

主动力包括 $\boldsymbol{P}_1$、$\boldsymbol{P}_2$、$\boldsymbol{F}$。两个重力是有势力，而常值主动力 $\boldsymbol{F}$ 可以当作重力对待，如图 11.12 所示，用重物的重力代替作用在 B 处的主动力 $\boldsymbol{F}$。

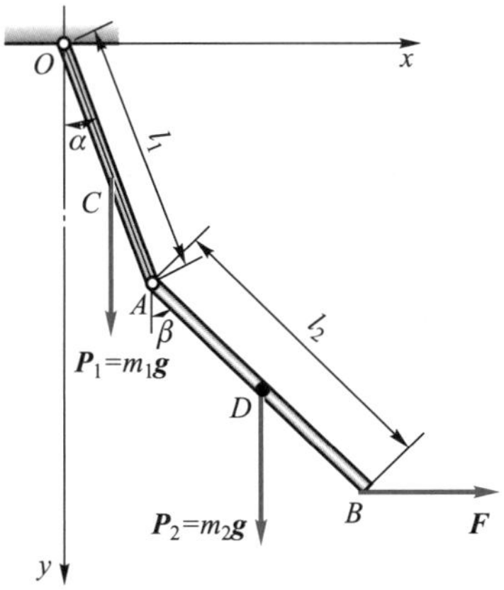

图 11.11

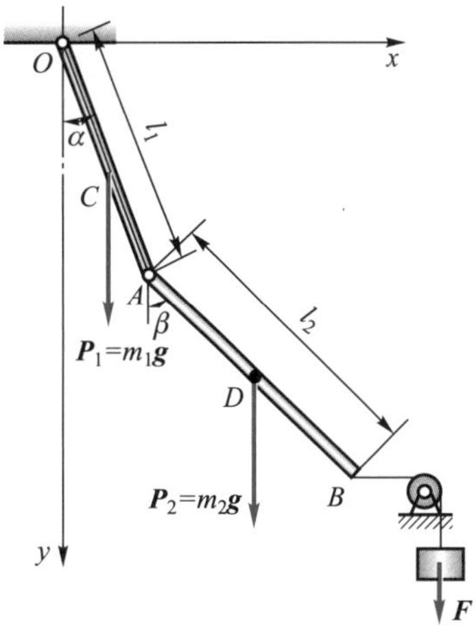

图 11.12

根据几何关系有

$$y_C = \frac{1}{2}l_1\cos\alpha$$

$$x_D = l_1\sin\alpha + \frac{1}{2}l_2\sin\beta$$

$$y_D = l_1\cos\alpha + \frac{1}{2}l_2\cos\beta$$

$$x_B = l_1\sin\alpha + l_2\sin\beta$$

相应地写出重力势能

$$V_1 = -m_1 g y_C = -\frac{1}{2}m_1 g l_1\cos\alpha$$

$$V_2 = -m_2 g y_D = -m_2 g\left(l_1\cos\alpha + \frac{1}{2}l_2\cos\beta\right)$$

$$V_3 = -F x_B = -F(l_1\sin\alpha + l_2\sin\beta)$$

总势能为

$$V=V_1+V_2+V_3=-\frac{1}{2}m_1gl_1\cos\alpha-m_2g\left(l_1\cos\alpha+\frac{1}{2}l_2\cos\beta\right)-F(l_1\sin\alpha+l_2\sin\beta)$$

下面求系统的动能。

由于杆 OA 绕 O 点作定轴转动，其动能为

$$T_{OA}=\frac{1}{2}\left(\frac{1}{3}m_1l_1^2\right)\dot{\alpha}^2$$

由于杆 AB 作刚体平面运动，根据柯尼希定理，杆 AB 的动能为

$$T_{AB}=\frac{1}{2}m_2(\dot{x}_D^2+\dot{y}_D^2)+\frac{1}{2}\left(\frac{1}{12}m_2l_2^2\right)\dot{\beta}^2$$

将

$$\dot{x}_D=(l_1\cos\alpha)\dot{\alpha}+\frac{1}{2}(l_2\cos\beta)\dot{\beta},\quad \dot{y}_D=-(l_1\sin\alpha)\dot{\alpha}-\frac{1}{2}(l_2\sin\beta)\dot{\beta}$$

代入，可得

$$T_{AB}=\frac{1}{2}m_2\left[l_1^2\dot{\alpha}^2+\frac{1}{4}l_2^2\dot{\beta}^2+l_1l_2\cos(\alpha-\beta)\dot{\alpha}\dot{\beta}\right]+\frac{1}{2}\left(\frac{1}{12}m_2l_2^2\right)\dot{\beta}^2$$

即

$$T_{AB}=\frac{1}{2}m_2\left[l_1^2\dot{\alpha}^2+\frac{1}{3}l_2^2\dot{\beta}^2+l_1l_2\cos(\alpha-\beta)\dot{\alpha}\dot{\beta}\right]$$

整个系统的动能为

$$T=T_{OA}+T_{AB}=\frac{1}{2}\left[\left(\frac{1}{3}m_1+m_2\right)l_1^2\dot{\alpha}^2+\frac{1}{3}m_2l_2^2\dot{\beta}^2+m_2l_1l_2\cos(\alpha-\beta)\dot{\alpha}\dot{\beta}\right]$$

系统的拉格朗日函数为

$$\begin{aligned}L=T-V=&\frac{1}{2}\left[\left(\frac{1}{3}m_1+m_2\right)l_1^2\dot{\alpha}^2+\frac{1}{3}m_2l_2^2\dot{\beta}^2+m_2l_1l_2\cos(\alpha-\beta)\dot{\alpha}\dot{\beta}\right]+\\&\frac{1}{2}m_1gl_1\cos\alpha+m_2g\left(l_1\cos\alpha+\frac{1}{2}l_2\cos\beta\right)+F(l_1\sin\alpha+l_2\sin\beta)\end{aligned}$$

接下来计算拉格朗日函数（动势）对广义坐标 α 和相应的广义速度 $\dot{\alpha}$ 的偏导数

$$\frac{\partial L}{\partial\alpha}=-\frac{1}{2}m_2l_1l_2\sin(\alpha-\beta)\dot{\alpha}\dot{\beta}-\frac{1}{2}m_1gl_1\sin\alpha-m_2gl_1\sin\alpha+Fl_1\cos\alpha$$

$$\frac{\partial L}{\partial\dot{\alpha}}=\left(\frac{1}{3}m_1+m_2\right)l_1^2\dot{\alpha}+\frac{1}{2}m_2l_1l_2\cos(\alpha-\beta)\dot{\beta}$$

再计算全导数

$$\frac{\mathrm{d}}{\mathrm{d}t}\left(\frac{\partial L}{\partial \dot{\alpha}}\right)=\left(\frac{1}{3}m_1+m_2\right)l_1^2\ddot{\alpha}+\frac{1}{2}m_2l_1l_2\cos(\alpha-\beta)\ddot{\beta}-\frac{1}{2}m_2l_1l_2\sin(\alpha-\beta)\dot{\alpha}\dot{\beta}+\frac{1}{2}m_2l_1l_2\sin(\alpha-\beta)\dot{\beta}^2$$

由

$$\frac{\mathrm{d}}{\mathrm{d}t}\left(\frac{\partial L}{\partial \dot{\alpha}}\right)-\frac{\partial L}{\partial \alpha}=0$$

可得

$$\left(\frac{1}{3}m_1+m_2\right)l_1^2\ddot{\alpha}+\frac{1}{2}m_2l_1l_2\cos(\alpha-\beta)\ddot{\beta}+\frac{1}{2}m_2l_1l_2\sin(\alpha-\beta)\dot{\beta}^2+\frac{1}{2}m_1gl_1\sin\alpha+m_2gl_1\sin\alpha-Fl_1\cos\alpha=0$$

对广义坐标 β 和广义速度 $\dot{\beta}$ 进行类似的计算，可得

$$\frac{\partial L}{\partial \beta}=\frac{1}{2}m_2l_1l_2\sin(\alpha-\beta)\dot{\alpha}\dot{\beta}-\frac{1}{2}m_2gl_2\sin\beta+Fl_2\cos\beta$$

$$\frac{\partial L}{\partial \dot{\beta}}=\frac{1}{3}m_2l_1^2\dot{\beta}+\frac{1}{2}m_2l_1l_2\cos(\alpha-\beta)\dot{\alpha}$$

$$\frac{\mathrm{d}}{\mathrm{d}t}\left(\frac{\partial L}{\partial \dot{\beta}}\right)=\frac{1}{3}m_2l_2^2\ddot{\beta}+\frac{1}{2}m_2l_1l_2\cos(\alpha-\beta)\ddot{\alpha}+\frac{1}{2}m_2l_1l_2\sin(\alpha-\beta)\dot{\alpha}\dot{\beta}-\frac{1}{2}m_2l_1l_2\sin(\alpha-\beta)\dot{\alpha}^2$$

由

$$\frac{\mathrm{d}}{\mathrm{d}t}\left(\frac{\partial L}{\partial \dot{\beta}}\right)-\frac{\partial L}{\partial \beta}=0$$

可得

$$\frac{1}{3}m_2l_2^2\ddot{\beta}+\frac{1}{2}m_2l_1l_2\cos(\alpha-\beta)\ddot{\alpha}-\frac{1}{2}m_2l_1l_2\sin(\alpha-\beta)\dot{\alpha}^2+\frac{1}{2}m_2gl_2\sin\beta-Fl_2\cos\beta=0$$

最后，系统的运动微分方程写为

$$\left(\frac{1}{3}m_1+m_2\right)l_1^2\ddot{\alpha}+\frac{1}{2}m_2l_1l_2\cos(\alpha-\beta)\ddot{\beta}+\frac{1}{2}m_2l_1l_2\sin(\alpha-\beta)\dot{\beta}^2+\frac{1}{2}m_1gl_1\sin\alpha+m_2gl_1\sin\alpha-Fl_1\cos\alpha=0$$

$$\frac{1}{3}m_2l_2^2\ddot{\beta}+\frac{1}{2}m_2l_1l_2\cos(\alpha-\beta)\ddot{\alpha}-\frac{1}{2}m_2l_1l_2\sin(\alpha-\beta)\dot{\alpha}^2+\frac{1}{2}m_2gl_2\sin\beta-Fl_2\cos\beta=0$$

例 11.13

[典型例题]
例 11.13

如图 11.13 所示，半径为 R 的圆环在力矩 M 作用下转动，质量为 m 的小环可在圆环上自由滑动。已知圆环对 y 轴的转动惯量为 J，忽略摩擦力。求为使圆环匀角速度转动所需施加的力矩 M。

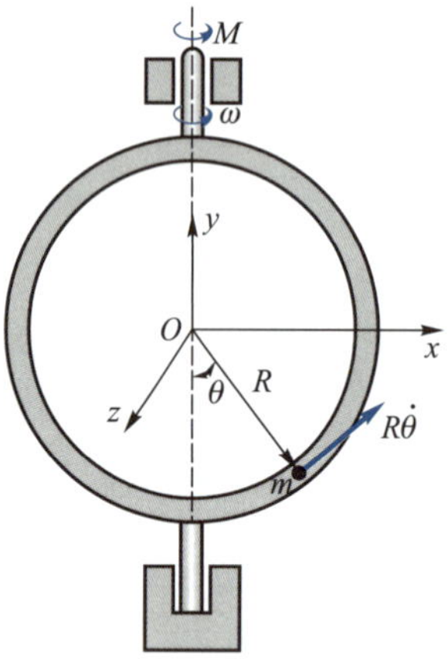

图 11.13

解 取大圆环和小环组成的系统为研究对象。系统具有两个自由度，可取 φ 和 θ 为广义坐标。系统的动能是

$$T=\frac{1}{2}J\dot{\varphi}^2+\frac{1}{2}m[(R\sin\theta)^2\dot{\varphi}^2+R^2\dot{\theta}^2]$$

取 O 点为重力的势能零点，系统的势能为

$$V=-mgR\cos\theta$$

拉格朗日函数为

$$L=T-V=\frac{1}{2}J\dot{\varphi}^2+\frac{1}{2}m[(R\sin\theta)^2\dot{\varphi}^2+R^2\dot{\theta}^2]+mgR\cos\theta$$

由于不知道主动力矩 M 是否有势，因此，采用部分有势力的拉格朗日方程

$$\frac{\mathrm{d}}{\mathrm{d}t}\left(\frac{\partial L}{\partial\dot{\varphi}}\right)-\frac{\partial L}{\partial\varphi}=Q_\varphi$$

其中，$Q_\varphi=M$。代入拉格朗日方程中，经整理后得广义力

$$M=(J+mR^2\sin^2\theta)\ddot{\varphi}+2mR^2\dot{\theta}\dot{\varphi}\sin\theta\cos\theta$$

将题设条件 $\dot{\varphi}=\omega$ 和 $\ddot{\varphi}=0$ 代入上式，即得

$$M=2mR^2\dot{\theta}\omega\sin\theta\cos\theta$$

例 11.14

半径为 r、质量为 m 的均质圆柱，在半径为 R 的刚性圆槽内纯滚动，如图 11.14 所示。在初始位置 $\varphi=\varphi_0$ 处，圆柱由静止向下滚动。求圆柱的运动微分方程。

解 以圆柱为研究对象，由于其作纯滚动，系统只有一个自由度。取 φ 为广义坐标。

动能为

$$T=\frac{1}{2}m(R-r)^2\dot{\varphi}^2+\frac{1}{2}\times\frac{1}{2}mr^2\left(\frac{R-r}{r}\dot{\varphi}\right)^2=\frac{3}{4}m(R-r)^2\dot{\varphi}^2$$

势能为

$$V=-mg(R-r)\cos\varphi$$

拉格朗日函数为

$$L=\frac{3}{4}m(R-r)^2\dot{\varphi}^2+mg(R-r)\cos\varphi$$

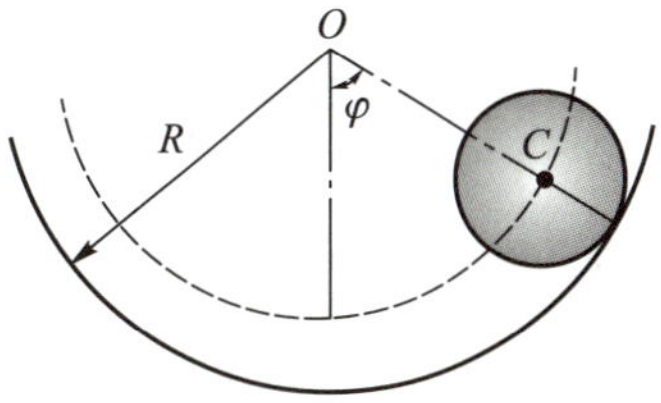

图 11.14

代入标准形式拉格朗日方程，得到系统的运动微分方程

$$\frac{3}{2}(R-r)\ddot{\varphi}+g\sin\varphi=0$$

例 11.15

设倾角为 α 的质量为 M 的三角块可以沿着水平面自由运动，质量为 m 的小物块沿着三角块运动，并以刚度系数为 k 的弹簧与三角块相连，如图 11.15 所示。求该系统的运动微分方程。

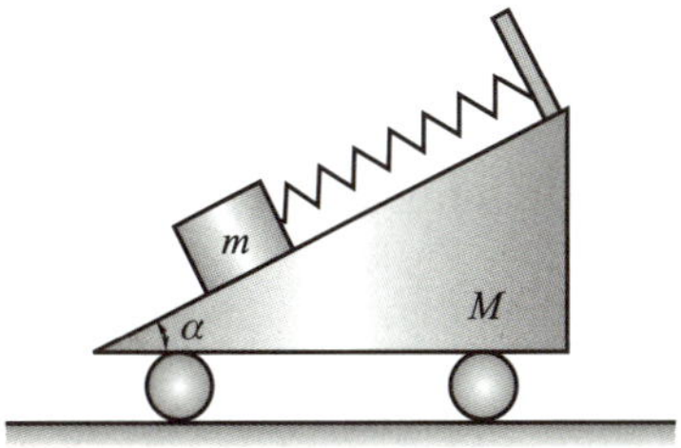

图 11.15

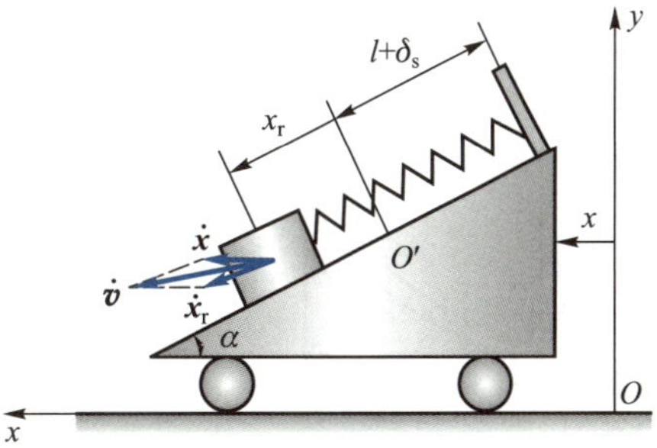

图 11.16

解　该系统有两个自由度，选取 x 和 x_{r} 为广义坐标，如图 11.16 所示。

系统的动能为

$$T=\frac{1}{2}M\dot{x}^2+\frac{1}{2}m(\dot{x}^2+\dot{x}_{\mathrm{r}}^2+2\dot{x}\dot{x}_{\mathrm{r}}\cos\alpha)$$

系统的势能为

$$V=\frac{1}{2}k(x_{\mathrm{r}}+\delta_{\mathrm{s}})^2-mg\sin\alpha\cdot x_{\mathrm{r}}$$

式中：δ_{s} 为三角块和小物块静止时弹簧的伸长量。

系统所有主动力都是有势力，应用拉格朗日方程的标准形式，对广义坐标 x，有

$$\frac{\mathrm{d}}{\mathrm{d}t}[(M+m)\dot{x}+m\dot{x}_{\mathrm{r}}\cos\alpha]=0$$

对广义坐标 x_{r}，有

$$\frac{\mathrm{d}}{\mathrm{d}t}[m\dot{x}_{\mathrm{r}}+m\dot{x}\cos\alpha]+k(x_{\mathrm{r}}+\delta_{\mathrm{s}})-mg\sin\alpha=0$$

得到系统的运动微分方程为

$$\begin{cases}(M+m)\ddot{x}+m\ddot{x}_{\mathrm{r}}\cos\alpha]=0\\ m\ddot{x}\cos\alpha+m\ddot{x}_{\mathrm{r}}+kx_{\mathrm{r}}=0\end{cases}$$

例 11.16

设圆柱表面有一条光滑的螺旋槽，其升角为 45°，质量与圆柱相等的小球可沿着槽运动，圆柱可绕竖直轴 AB 自由转动，如图 11.17 所示。设初始时刻圆柱和小球都静止，求运动后圆柱的角加速度。

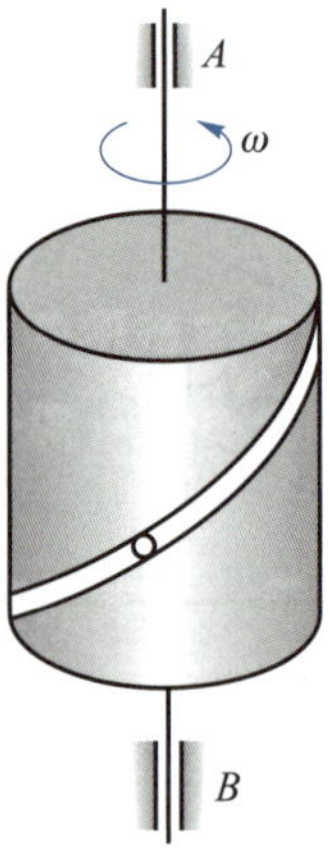

图 11.17

解　系统具有两个自由度。取圆柱转角 φ 与小球铅垂下降高度 h 为广义坐标。系统约束是完整理想的，可用拉格朗日方程求解。

根据几何关系

$$\boldsymbol{v}=\left(r\dot{\varphi}-\dot{h}\tan 45^\circ\right)\boldsymbol{i}+\dot{h}\boldsymbol{j}$$

系统的动能为

$$T=\frac{1}{2}\cdot\frac{1}{2}mr^2\dot{\varphi}^2+\frac{1}{2}mv^2=\frac{3}{4}mr^2\dot{\varphi}^2-mr\dot{h}\dot{\varphi}+m\dot{h}^2$$

势能为

$$V=-mgh$$

因此拉格朗日函数为

$$L=\frac{3}{4}mr^2\dot{\varphi}^2-mr\dot{h}\dot{\varphi}+m\dot{h}^2+mgh$$

计算拉格朗日函数对广义坐标 φ 和相应广义速度 $\dot{\varphi}$ 的偏导数

$$\frac{\partial L}{\partial\dot{\varphi}}=\frac{3}{2}mr^2\dot{\varphi}-mr\dot{h}$$

$$\frac{\partial L}{\partial \varphi}=0$$

计算拉格朗日函数对广义坐标 h 和相应广义速度 $\dot{h}$ 的偏导数

$$\frac{\partial L}{\partial \dot{h}}=-mr\dot{\varphi}+2mr\dot{h}$$

$$\frac{\partial L}{\partial h}=mg$$

可得系统的运动微分方程

$$\frac{3}{2}r\ddot{\varphi}-\ddot{h}=0$$

$$r\ddot{\varphi}-2\ddot{h}+g=0$$

不难看出，第二类拉格朗日方程具有以下优点：

（1）拉格朗日方程的方程数等于自由度（即完整系统的广义坐标数）。

（2）分析运动时，只需要分析速度和角速度，不需分析加速度和角加速度。

（3）拉格朗日方程是标量形式，不需要矢量相关的作图、投影等“技巧”。

11.3 从哈密顿原理导出拉格朗日方程

本教程以达朗贝尔–拉格朗日原理作为与牛顿运动定律并列的理论基石，那么哈密顿原理与达朗贝尔–拉格朗日原理是什么关系呢？我们下面就研究这个问题。

在第11.2.2小节已经知道，对于受双面完整理想约束的质点系，如果主动力都有势，从达朗贝尔–拉格朗日原理可以推导出拉格朗日方程。实际上，读者不难发现，这个推导过程完全可逆，即从拉格朗日方程也能推导出达朗贝尔–拉格朗日原理。下面证明，从拉格朗日方程可以推导出哈密顿原理；反之，从哈密顿原理也可以推导出拉格朗日方程。

首先，考虑到在从正路到旁路、从旁路到另外旁路的变换中 t_0 和 t_1 的不变性，哈密顿作用量的等时变分可以写成

$$\delta S=\int_{t_0}^{t_1}\delta L(q_1,\cdots,q_k,\dot{q}_1,\cdots,\dot{q}_k,t)\mathrm{d}t \tag{11.3.1}$$

由于

$$\delta L=\sum_{i=1}^{k}\left(\frac{\partial L}{\partial q_i}\delta q_i+\frac{\partial L}{\partial \dot{q}_i}\delta \dot{q}_i\right) \tag{11.3.2}$$

考虑到拉格朗日方程

$$\frac{\partial L}{\partial q_i}=\frac{\mathrm{d}}{\mathrm{d}t}\left(\frac{\partial L}{\partial \dot{q}_i}\right)$$

并利用等时变分运算 δ 和对时间的微分运算 d/dt 可交换式 (10.5.2)，可得

$$\delta L=\sum_{i=1}^{k}\left[\frac{\mathrm{d}}{\mathrm{d}t}\left(\frac{\partial L}{\partial \dot{q}_i}\right)\delta q_i+\frac{\partial L}{\partial \dot{q}_i}\delta \dot{q}_i\right]=\sum_{i=1}^{k}\frac{\mathrm{d}}{\mathrm{d}t}\left(\frac{\partial L}{\partial \dot{q}_i}\delta q_i\right) \tag{11.3.3}$$

将式 (11.3.3) 代入式 (11.3.1) 可得

$$\delta S=\int_{t_0}^{t_1}\delta L\mathrm{d}t=\int_{t_0}^{t_1}\sum_{i=1}^{k}\frac{\mathrm{d}}{\mathrm{d}t}\left(\frac{\partial L}{\partial \dot{q}_i}\delta q_i\right)\mathrm{d}t=\sum_{i=1}^{k}\frac{\partial L}{\partial \dot{q}_i}\delta q_i\bigg|_{t_0}^{t_1} \tag{11.3.4}$$

根据式 (10.5.5)，即

$$\delta q_i(t_0)=0,\quad \delta q_i(t_1)=0\quad (i=1,2,\cdots,k)$$

最终得到式 (10.5.8)，即

$$\delta S=\delta\int_{t_0}^{t_1}(T-V)\mathrm{d}t=0$$

以上是由拉格朗日方程推导哈密顿原理的过程，下面将由哈密顿原理推导拉格朗日方程。

利用式 (11.3.2) 计算

$$\int_{t_0}^{t_1}\delta L\mathrm{d}t=\sum_{i=1}^{k}\left(\int_{t_0}^{t_1}\frac{\partial L}{\partial q_i}\delta q_i\mathrm{d}t+\int_{t_0}^{t_1}\frac{\partial L}{\partial \dot{q}_i}\delta \dot{q}_i\mathrm{d}t\right) \tag{11.3.5}$$

利用分部积分以及变分微分可交换，有

$$\int_{t_0}^{t_1}\frac{\partial L}{\partial \dot{q}_i}\delta \dot{q}_i\mathrm{d}t=\frac{\partial L}{\partial \dot{q}_i}\delta q_i\bigg|_{t_0}^{t_1}-\int_{t_0}^{t_1}\frac{\mathrm{d}}{\mathrm{d}t}\left(\frac{\partial L}{\partial \dot{q}_i}\delta q_i\right)\mathrm{d}t \tag{11.3.6}$$

将式 (11.3.6) 代入式 (11.3.5)，考虑到式 (10.5.5)，可得

$$\int_{t_0}^{t_1}\delta L\mathrm{d}t=\sum_{i=1}^{k}\int_{t_0}^{t_1}\left[\frac{\partial L}{\partial q_i}-\frac{\mathrm{d}}{\mathrm{d}t}\left(\frac{\partial L}{\partial \dot{q}_i}\right)\right]\delta q_i\mathrm{d}t \tag{11.3.7}$$

再由哈密顿原理式 (10.5.8) 可得

$$\sum_{i=1}^{k}\int_{t_0}^{t_1}\left[\frac{\partial L}{\partial q_i}-\frac{\mathrm{d}}{\mathrm{d}t}\left(\frac{\partial L}{\partial \dot{q}_i}\right)\right]\delta q_i\mathrm{d}t=0 \tag{11.3.8}$$

利用 $\delta q_1,\cdots,\delta q_k$ 的独立性、任意性，令 $\delta q_1=0,\cdots,\delta q_{j-1}=0,\delta q_{j+1}=0,\cdots,\delta q_k=0$，而 $\delta q_j\neq 0$，那么式 (11.3.8) 变为

$$\int_{t_0}^{t_1}\left[\frac{\partial L}{\partial q_j}-\frac{\mathrm{d}}{\mathrm{d}t}\left(\frac{\partial L}{\partial \dot{q}_j}\right)\right]\delta q_j\mathrm{d}t=0 \tag{11.3.9}$$

接下来，用反证法证明，由式 (11.3.9) 可推出

$$\frac{\partial L}{\partial q_j}-\frac{\mathrm{d}}{\mathrm{d}t}\left(\frac{\partial L}{\partial \dot{q}_j}\right)=0 \tag{11.3.10}$$

假设在时间段 $t_0<t<t_1$ 内的某时刻 $t=t_*$，式 (11.3.9) 中方括号内表达式不等于零，不妨假设大于零。根据连续性，在时间段 $t_0<t<t_1$ 内存在某个邻域 $-\varepsilon+t_*<t<t_*+\varepsilon$，在该邻域内式 (11.3.9) 中方括号中表达式取正值。任意函数 $\delta q_j(t)$ 选择为：在 $-\varepsilon+t_*<t<t_*+\varepsilon$ 之外等于零，而在该邻域内取正值。那么等式 (11.3.9) 的左端写成

$$\int_{t_*-\varepsilon}^{t_*+\varepsilon}\left[\frac{\partial L}{\partial q_j}-\frac{\mathrm{d}}{\mathrm{d}t}\left(\frac{\partial L}{\partial \dot{q}_j}\right)\right]\delta q_j\mathrm{d}t \tag{11.3.11}$$

并且按照这样选择的 $\delta q_j(t)$，式 (11.3.11) 一定为正值，不可能等于零。这与等式 (11.3.9) 矛盾。

通过以上证明可知，哈密顿原理与达朗贝尔–拉格朗日原理等价。牛顿运动定律、达朗贝尔–拉格朗日原理、哈密顿原理，分别作为牛顿力学、拉格朗日力学、哈密顿力学出发点的基本原理，是相互等价的。

正如达朗贝尔–拉格朗日原理一样，哈密顿原理也可以直接用于建立质点系的运动微分方程，得到的微分方程与拉格朗日方程完全一致，运算过程、复杂程度也与应用拉格朗日方程差不多。我们这里就不举例子了。

哈密顿原理的数学形式不但简洁、紧凑，而且内容广泛，适当替换拉格朗日函数的内容，就可以作为电动力学、相对论力学的基础。另外，积分变分原理特别适用于近似解法，在连续介质力学、结构力学等领域应用非常广泛。

■ 本讲小结

本讲介绍了动势（拉格朗日函数）、广义坐标、广义力和自由度等概念，推导了第二类拉格朗日方程。

学习本讲的基本要求是：了解第二类拉格朗日方程基本形式和标准形式的适用条件并熟练运用。

第二类拉格朗日方程的基本形式为

$$\frac{\mathrm{d}}{\mathrm{d}t}\left(\frac{\partial T}{\partial \dot{q}_i}\right)-\frac{\partial T}{\partial q_i}=Q_i \quad (i=1,2,\cdots,k)$$

第二类拉格朗日方程的标准形式为

$$\frac{\mathrm{d}}{\mathrm{d}t}\left(\frac{\partial L}{\partial \dot{q}_i}\right)-\frac{\partial L}{\partial q_i}=0 \quad (i=1,2,\cdots,k)$$

第二类拉格朗日方程是标量形式的方程，适用于完整约束系统。应用拉格朗日方程解题时，首先要分析质点系的自由度，选取广义坐标；其次计算质点系的动能，并将动能用广义速度表示；再次计算势能或广义力；最后利用拉格朗日方程建立系统的运动微分方程。正确写出给定系统的动能、势能或广义力，特别是动能，是应用拉格朗日方程的关键。

第二类拉格朗日方程有三个优点：

（1）方程是标量形式，具有形式不变性；

（2）只需计算系统的动能、势能或广义力，不必考虑理想约束的约束力；

（3）解题步骤程式化、规范化。

■ 概念题

判断下列说法是否正确。

11–1 从达朗贝尔–拉格朗日原理可以导出牛顿第二定律和第二类拉格朗日方程，从牛顿第二定律又可以导出动能定理。但是动能定理只适用于单自由度系统，而第二类拉格朗日方程可以适用于任意自由度系统，因此第二类拉格朗日方程比动能定理适用范围更广泛。

11–2 设质点系的主动力有势，势能为 V，则广义力 Q_i 等于 $-V$ 对广义坐标 q_i 的偏导数。

■ 习题

11–1 如图 11.18 所示质量为 M 的滑块可在圆盘上的光滑直槽内滑动。圆盘以匀角速度 ω 在水平面内转动。当圆盘静止时，滑块位于圆心 O 处，弹簧无初变形，两弹簧总的当量刚度系数为 k。试用拉格朗日方程导出此系统的运动微分方程，并求滑块振动的周期和使滑块能保持振动的最大角速度。

11–2 如图 11.19 所示，导杆机构带动单摆的支点 O 按已知规律 $x = r\sin(\omega t)$ 作水平直线运动，试用拉格朗日方程导出质点 m 的运动微分方程。不计杆的质量和摩擦。

11–3 如图 11.20 所示，两均质圆柱 A 和 B，重量分别为 P_1 和 P_2。圆柱间绕以绳索，其轴水平放置，圆柱 A 可绕定轴 O_1 转动，圆柱 B 则在重力作用下自由下落。不计绳索的质量，试用拉格朗日方程导出其运动微分方程。

11–4 重量为 W_1 的物块 A 在倾角 α 的斜面上滑动，块 A 与一个刚度系数为 k 的弹簧相连，重量为 W_2、长度为 l 的均质杆 AB 之一端铰接在块 A 上，如图 11.21 所示。

不计摩擦，试列写系统的运动微分方程。

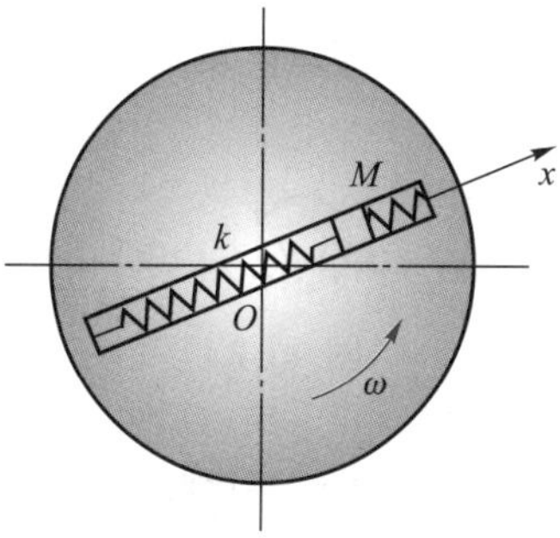

图 11.18

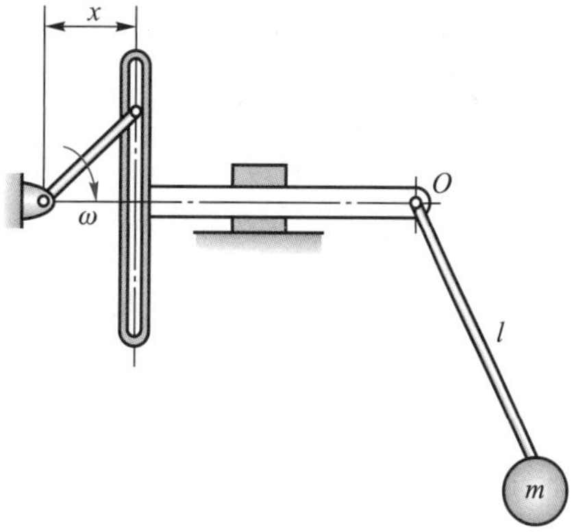

图 11.19

11–5　如图 11.22 所示，质量为 m、半径为 R 的均质圆轮绕 O 轴以匀角速度 ω 作定轴转动，轮上 A 点用刚度系数为 k 的弹簧连接一个质量亦为 m 的质点，弹簧不计重量，整个系统处于光滑的水平面上。试用拉格朗日方程列写运动微分方程。

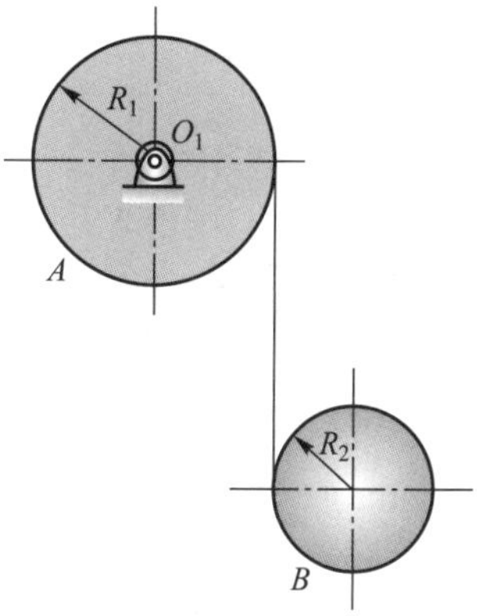

图 11.20

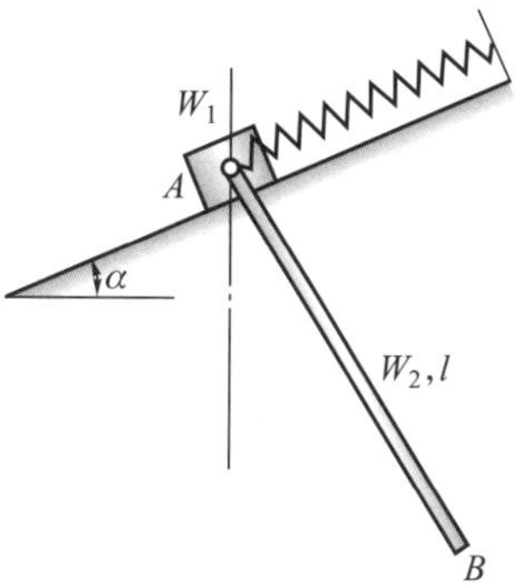

图 11.21

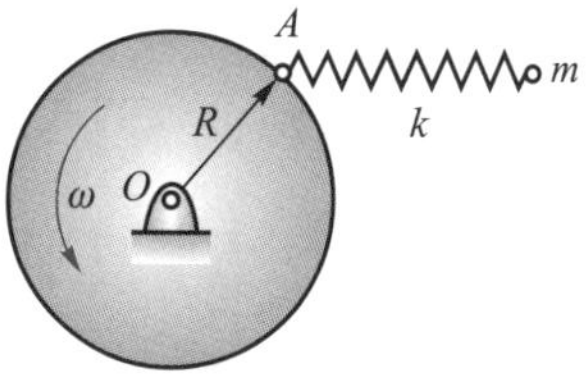

图 11.22

11–6　质量为 m 的质点用绳系住，绳的另一端挂在固定圆柱的最高点 A，并绕在圆柱上，如图 11.23 所示。绳长等于 $l+\pi R/2$，其中 R 为圆柱的半径。试导出质点的运动微分方程。

11–7　薄壁圆柱 A 质量为 m，固连在一起的圆柱 B 与圆柱 C 的总质量为 $2m$，总转动惯量等于 $mR^2/2$。薄壁圆柱 A 与圆柱 B 半径都等于 $R/2$，圆柱 C 的半径为 R。薄壁圆柱 A 用绳子缠绕，此绳另一头缠在圆柱 B 上。在圆柱 C 上也缠有绳子，此绳的末端固结在 D 点，如图 11.24 所示。整个系统在重力作用下运动，试求两圆柱轴心的绝对加速度。

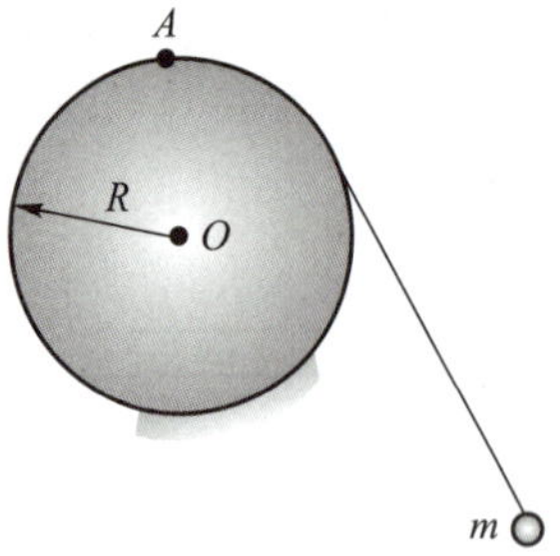

图 11.23

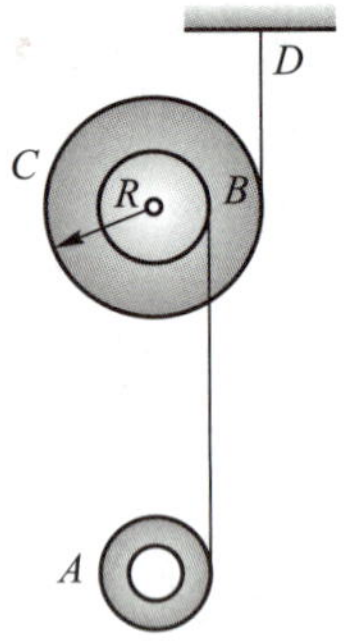

图 11.24

11–8　如图 11.25 所示，两根长度为 l、质量为 m 的均质杆，用刚度系数为 k 的弹簧在中点相连。设弹簧原长为 b，两根杆只允许在铅直面内摆动，假设角度 θ_1 和 θ_2 都很小。当 $t=0$ 时，$\theta_1=0$，$\dot{\theta}_1=\dot{\theta}_2=0$，$\theta_2=\theta_0$，求杆的运动微分方程。

11–9　如图 11.26 所示，行星轮系由 3 个均质圆轮组成，$r_1=3r_2/2=r_3=r$，$m_1=m_2=m_3=m$，曲柄不计重量，系统处于水平面内，设轮 I 以匀角速度转动。今在曲柄上作用常力偶矩 M，方向如图所示。试列写系统的运动微分方程。

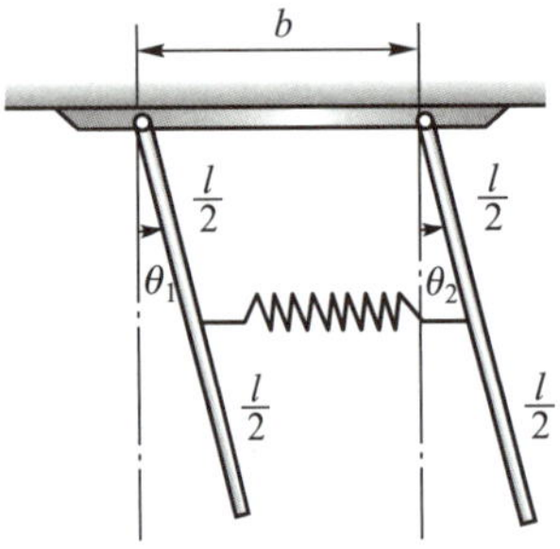

图 11.25

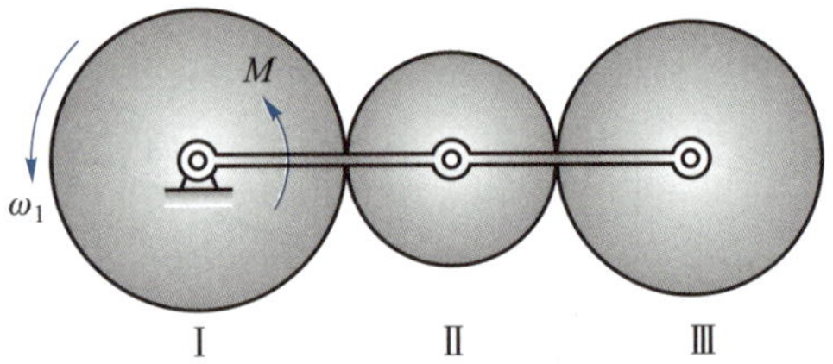

图 11.26

11–10　如图 11.27 所示，一根不计质量、水平放置的轻杆两端固结质量分别为 m_1 和 m_2 的质点（$m_1\neq m_2$），杆中 A 点与圆盘边缘相铰接，圆盘绕铅垂轴以 ω 作匀角速度转动。设圆盘半径为 R。试以 φ 为广义坐标建立系统的运动微分方程。

11–11　如图 11.28 所示，质量为 m_1 的物块 1 放在光滑水平面上，一端与水平放置、刚度系数为 k 的弹簧相连，一端作用水平力 $F=F_0\cos\omega t$。在半径为 R、表面足够粗糙的半圆柱槽内放一个半径为 r、质量为 m_2 的小球 2（小球在槽内作纯滚动）。试建立系统的运动微分方程。

11–12　如图 11.29 所示，均质圆盘 A 在板 B 上作纯滚动，板与水平面为光滑接触。圆盘中心安装一单摆 C，绳长度为 l，质量不计。若 $m_A=m_B=3m_C$，开始时系统无初速度，$\theta=\theta_0$，求单摆自 θ_0 位置无初速度运动至铅垂位置时单摆 C 的速度。

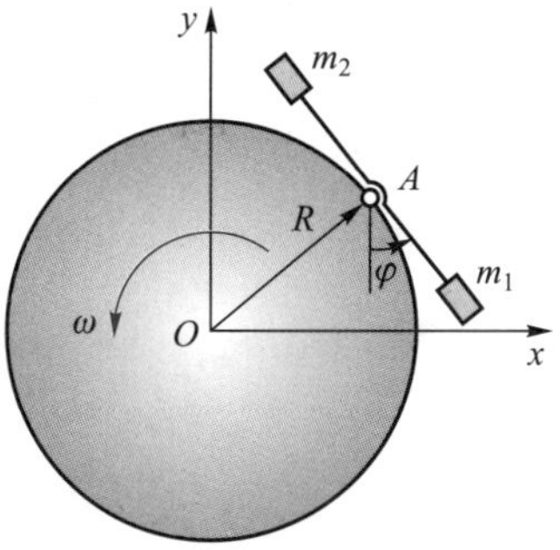

图 11.27

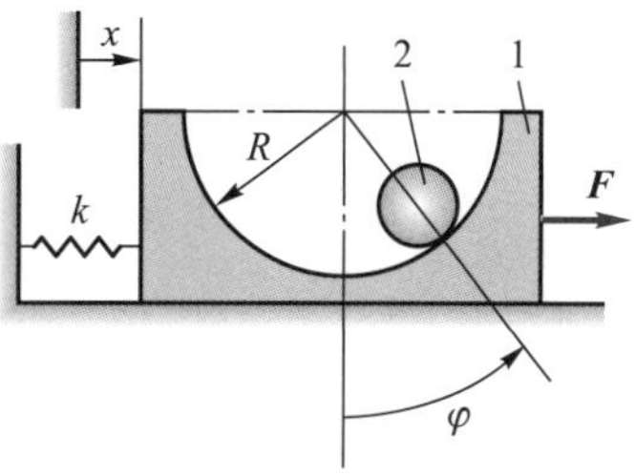

图 11.28

11–13　如图 11.30 所示，均质杆 AB 长度为 $2a$，质量为 M，两端约束在半径为 R 的光滑水平圆周上（$a < R$）。质量为 m 的甲虫以不变的相对速度 $\boldsymbol{u}$ 沿杆运动，初始时甲虫在杆的中点。设杆与某一固定直径的夹角为 θ，求杆 AB 的运动规律。

11–14　如图 11.31 所示，均质杆 AB 长度为 $2l$，质量为 m，两端约束在半径为 $R=\sqrt{2}l$、质量为 M 的均质圆环内壁上。直杆可以沿光滑圆环内部自由滑动，圆环在地面上作纯滚动。初始时刻，直杆和圆环静止，点 A 位于圆环的最底端。求：（1）初始时刻，圆环和直杆的角加速度；（2）初始时刻，杆上 B 点的加速度；（3）杆 AB 运动到水平位置时，圆环在 A 点处对杆的作用力。

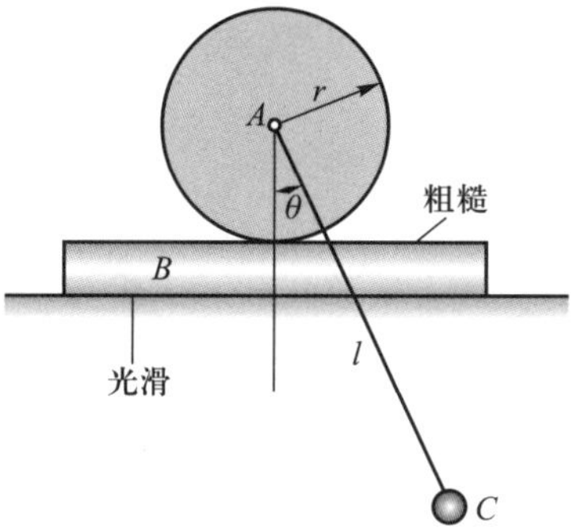

图 11.29

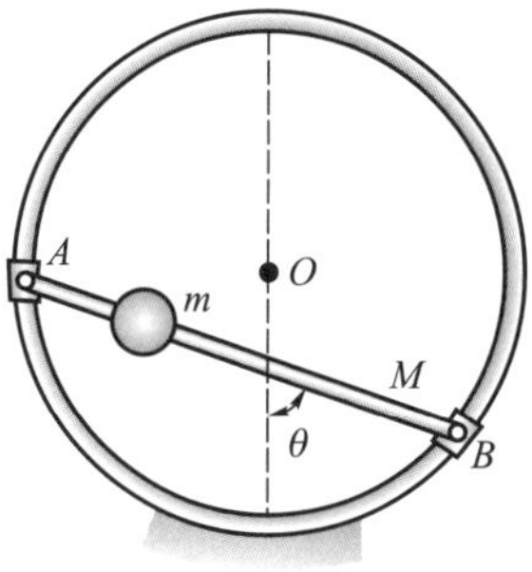

图 11.30

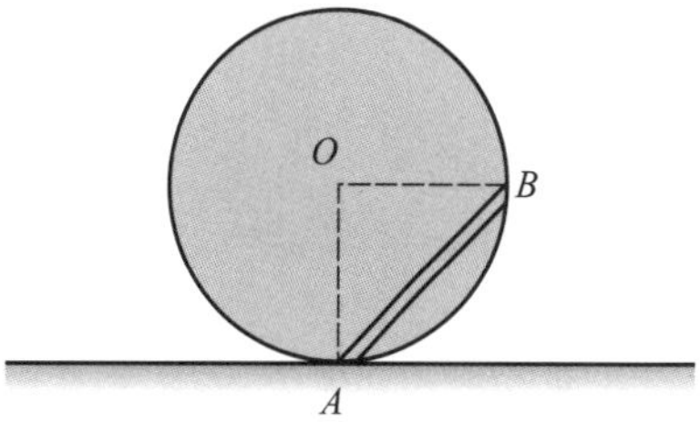

图 11.31

第 11 讲习题
参考答案

第12讲

动量定理

在研究包含 n 个质点的质点系动力学问题时，我们完全可以利用牛顿运动定律列写质点系中每一个质点的运动微分方程，再联立求解 $3n$ 个运动微分方程。但是，这种方法的未知量（$3n$ 个坐标加 l 个约束力）和方程数（$3n$ 个运动微分方程和 l 个约束方程）过多，对于大多数实际问题过于烦琐。在很多情况下，我们只需研究质点系的整体运动特性，即研究描述质点系整体运动状态的物理量（动量、动量矩和动能）的变化规律。从本讲开始，后续动力学部分将从牛顿运动定律和拉格朗日方程两条线推导动力学普遍定理，并导出运动微分方程。

考虑由 n 个质点组成的质点系，设质点系中的质点 P_i 的质量为 m_i，对惯性参考点 O 的矢径为 $\boldsymbol{r}_i$，速度为 $\boldsymbol{v}_i=\mathrm{d}\boldsymbol{r}_i/\mathrm{d}t$，所受的外力为 $\boldsymbol{F}_i^{(\mathrm{e})}$，内力为 $\boldsymbol{F}_i^{(\mathrm{i})}$。由牛顿第二定律可得质点 P_i 的运动微分方程为

$$\frac{\mathrm{d}}{\mathrm{d}t}(m_i\boldsymbol{v}_i)=\boldsymbol{F}_i^{(\mathrm{e})}+\boldsymbol{F}_i^{(\mathrm{i})} \tag{12.0.1}$$

从单个质点运动微分方程式 (12.0.1) 出发，可以建立质点系的动量定理、动量矩定理和动能定理。

■ 12.1 质点系动量定理

质点系的动量定义为

$$\boldsymbol{p}=\sum_{i=1}^{n}m_i\boldsymbol{v}_i \tag{12.1.1}$$

质点系的动量是描述质点系整体运动的一个基本量。在国际单位制中动量的单位为 kg·m/s。根据质心的定义，上式可进一步写成

$$\boldsymbol{p}=\sum_{i=1}^{n}m_i\boldsymbol{v}_i=\frac{\mathrm{d}}{\mathrm{d}t}\left(\sum_{i=1}^{n}m_i\boldsymbol{r}_i\right)=\frac{\mathrm{d}}{\mathrm{d}t}(m\boldsymbol{r}_C)=m\boldsymbol{v}_C \tag{12.1.2}$$

式中：m 为质点系的总质量；$\boldsymbol{v}_C=\mathrm{d}\boldsymbol{r}_C/\mathrm{d}t$ 为质心的速度。

可见，**质点系的动量等于质心速度与质点系总质量的乘积**。

思考题 12.1

当质点系中每一个质点都作高速运动时，该质点系的动能和动量是否都一定很大？

注记 12.1

式 (12.1.1) 中的求和，既可以代表有限个质点的求和，也可以代表对刚体求积分，为了书写方便，本书一般不作区分。

用式 (12.1.2) 计算刚体的动量是非常方便的。例如，长度为 l、质量为 m 的均质细杆，在平面内以角速度 ω 绕 O 点转动，如图 12.1(a) 所示。细杆质心的速度大小为 $v_C = \omega l/2$，故细杆的动量大小为 $m\omega l/2$，方向与 $\boldsymbol{v}_C$ 相同。又如图 12.1(b) 所示的均质滚轮，其质量为 m，质心速度为 $\boldsymbol{v}_C$，故其动量为 $m\boldsymbol{v}_C$。而图 12.1(c) 所示的绕中心转动的均质轮，无论其角速度和质量多大，由于其质心不动，其动量总是零。

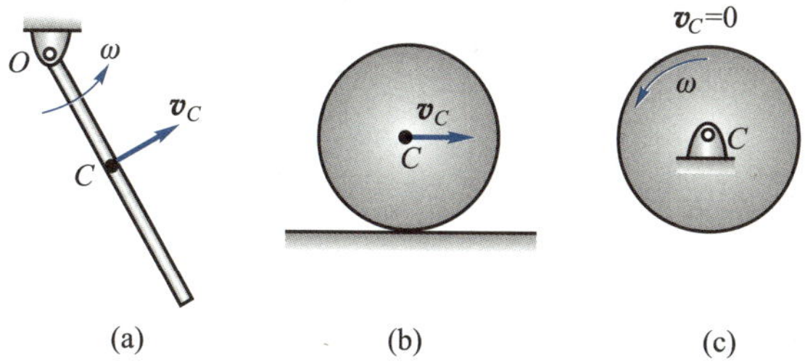

图 12.1

思考题 12.2

如何求刚体系的动量？

12.1.1 从牛顿运动定律导出质点系动量定理

将质点系中所有质点的运动微分方程式 (12.0.1) 相加，得

$$\sum_{i=1}^{n} \frac{\mathrm{d}(m_i \boldsymbol{v}_i)}{\mathrm{d}t} = \frac{\mathrm{d}}{\mathrm{d}t}\sum_{i=1}^{n}(m_i \boldsymbol{v}_i) = \sum_{i=1}^{n} \boldsymbol{F}_i^{(\mathrm{e})} + \sum_{i=1}^{n} \boldsymbol{F}_i^{(\mathrm{i})}$$

上式右端的第一项是作用在质点系上所有外力的矢量和，称为**外力系主矢量**，记为 $\boldsymbol{F}_{\mathrm{R}}^{(\mathrm{e})}$。根据牛顿第三定律，内力总是成对出现的，且大小相等、方向相反，因此上式右端第二项等于零。于是有

$$\frac{\mathrm{d}\boldsymbol{p}}{\mathrm{d}t} = \boldsymbol{F}_{\mathrm{R}}^{(\mathrm{e})} \tag{12.1.3}$$

式 (12.1.3) 就是**质点系动量定理，即质点系的动量 $\boldsymbol{p}$ 对时间 t 的变化率等于作用在质点系上的外力系主矢量**。可见，质点系的内力虽可改变质点系中质点的动量，但不能改变整个质点系的动量，只有外力才能改变质点系的动量。

力系的主矢量与合力是两个不同的概念。力系指作用在一个质点系上的力的集合。力系的**主矢量**指力系中各力的矢量和，包括内力和外力，主矢量恒等于外力的主矢量。合力是作用在同一个质点的各力之矢量和，而主矢量可以是作用在不同质点的各力之矢量和。合力是一个力，有大小、方向、作用线和作用点。力系中的各力并不一定作用于一个点，力系的主矢量有大小和方向，但无作用线、无作用点，不完全满足力的三要素。

将矢量式 (12.1.3) 向惯性参考系中的固定坐标系 $Oxyz$ 的各个坐标轴投影，得到动量定理的投影形式

$$\begin{aligned}\frac{\mathrm{d}p_x}{\mathrm{d}t}&=F_{\mathrm{R}x}^{(\mathrm{e})}\\ \frac{\mathrm{d}p_y}{\mathrm{d}t}&=F_{\mathrm{R}y}^{(\mathrm{e})}\\ \frac{\mathrm{d}p_z}{\mathrm{d}t}&=F_{\mathrm{R}z}^{(\mathrm{e})}\end{aligned} \tag{12.1.4}$$

其中 p_x、p_y 和 p_z 分别为动量 $\boldsymbol{p}$ 在 x、y 和 z 坐标轴上的投影。

思考题 12.3

如果坐标系 $Oxyz$ 绕 Oz 轴匀角速度转动，动量定理的投影形式是什么？

12.1.2 从拉格朗日方程导出质点系动量定理

除了从牛顿第二定律导出动量定理，也能从拉格朗日方程导出动量定理。由于拉格朗日方程中不含约束力，可以解除质点系的所有约束，将约束力当作主动力。设质点系由 n 个质点组成，选择在直角坐标系下描述，取每个质点的笛卡儿坐标为广义坐标，则系统具有 $3n$ 个广义坐标。

系统的动能可以写成

$$T=\frac{1}{2}\sum_{i=1}^{n}m_i(\dot{x}_i^2+\dot{y}_i^2+\dot{z}_i^2)$$

动能对 x_i 的广义速度求偏导数：

$$\frac{\partial T}{\partial \dot{x}_i}=m_i\dot{x}_i=p_{ix}$$

又因为动能不显含 x_i，所以求偏导数可得

$$\frac{\partial T}{\partial x_i}=0$$

代入拉格朗日方程

$$\dot{p}_{ix}=\frac{\mathrm{d}}{\mathrm{d}t}\left(\frac{\partial T}{\partial \dot{x}_i}\right)-\frac{\partial T}{\partial x_i}=F_{ix}$$

类似地，可以推导出 y 和 z 方向的投影方程，从而得到对质点 i 的动量定理

$$\dot{\boldsymbol{p}}_i = \boldsymbol{F}_i \tag{12.1.5}$$

对所有质点求矢量和可得

$$\dot{\boldsymbol{p}} = \boldsymbol{F}_{\mathrm{R}}^{(\mathrm{e})} \tag{12.1.6}$$

即质点系动量的改变率等于作用在质点系上的外力系的主矢量。

12.1.3 质心运动定理

将式 (12.1.2) 代入质点系动量定理式 (12.1.3) 中，得

$$\frac{\mathrm{d}(m\boldsymbol{v}_C)}{\mathrm{d}t} = \boldsymbol{F}_{\mathrm{R}}^{(\mathrm{e})} \tag{12.1.7}$$

即

$$m\boldsymbol{a}_C = \boldsymbol{F}_{\mathrm{R}}^{(\mathrm{e})} \tag{12.1.8}$$

式中：$\boldsymbol{a}_C$ 为质心的加速度。

式 (12.1.8) 表明，**质点系的质量与质心加速度的乘积等于作用在质点系上的外力系主矢量**。这个结论称为**质心运动定理**。对于由多个刚体组成的系统，式 (12.1.8) 可以写为

$$\sum_{i=1}^{n} m_i \boldsymbol{a}_{Ci} = \boldsymbol{F}_{\mathrm{R}}^{(\mathrm{e})} \tag{12.1.9}$$

式中：m_i 为第 i 个刚体的质量；$\boldsymbol{a}_{Ci}$ 为第 i 个刚体的质心加速度。

式 (12.1.8) 与牛顿第二定理表达形式 $m\boldsymbol{a} = \boldsymbol{F}$ 类似，因此在研究质心的运动规律时，可以假想地把质点系的质量和所受的外力都集中在质心上，当作一个质点来研究。

由质心运动定理可知，质心的运动与质点系的内力无关。例如，炮弹在空中爆炸时，爆炸力是内力，它不能改变炮弹碎片组成的质点系之质心的运动，因此炮弹在爆炸前后其质心的运动规律不变，如图 12.2 所示。再举个例子，如图 12.3 所示，跳水运动员在起跳后，人体翻转姿态变化很复杂。起跳后人体受到外力就只有重力，其质心的运动轨迹是抛物线。

思考题 12.4

人骑自行车在水平路面上由静止出发开始前进。试分析是什么力使其具有向前运动的速度？（提示：内力可以改变质点系中各质点的动量，无法改变质点系的动量。）

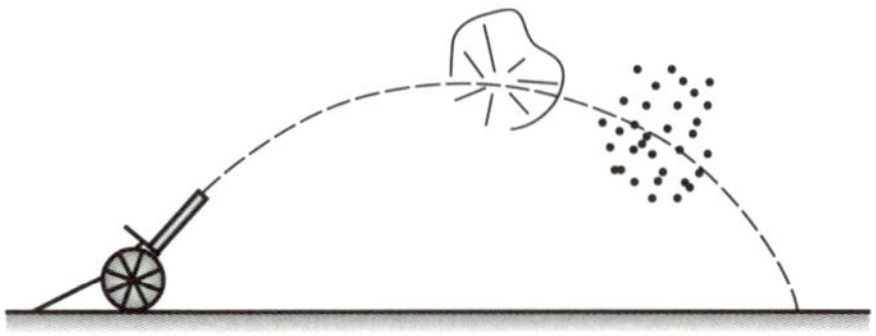

图 12.2

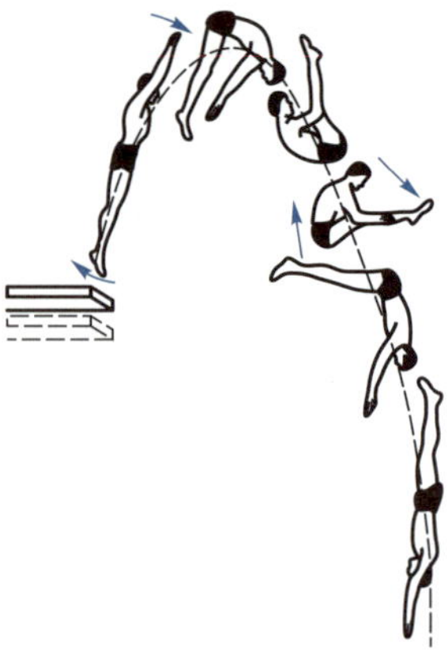

图 12.3

12.1.4 动量守恒

如果作用在质点系上的外力系主矢量 $\boldsymbol{F}_{\mathrm{R}}^{(\mathrm{e})}$ 为零，则由式 (12.1.3) 可得

$$\boldsymbol{p} = \text{常矢量} \tag{12.1.10}$$

即质点系的**动量守恒**。式 (12.1.10) 中的常矢量由运动的初始条件决定。如果作用在质点系上的外力系主矢量在某一坐标轴上的投影恒等于零，则由式 (12.1.4) 可知，质点系动量在该坐标轴上的投影保持不变，即质点系在该方向的动量守恒。

动量守恒的例子很多。如图 12.4 所示，两个质量分别为 m_A 和 m_B 的航天员在太空中拔河。我们取由两人与绳子组成的质点系为研究对象。该系统不受外力作用，故动量守恒。如果开始时，两人在太空中保持静止，则有

$$\boldsymbol{p} = m_A\boldsymbol{v}_A + m_B\boldsymbol{v}_B = (m_A + m_B)\boldsymbol{v}_C = 0$$

其中 $\boldsymbol{v}_A$ 和 $\boldsymbol{v}_B$ 分别为航天员 A 和航天员 B 在拔河过程中的速度，$\boldsymbol{v}_C$ 为系统质心 C 的速度。上式表明，拔河中两人同时相互被对方拉动，各自速度的大小与其质量成反比，但系统的质心速度始终为零，即 C 点保持不动，因此两人同时到达质心 C 处。

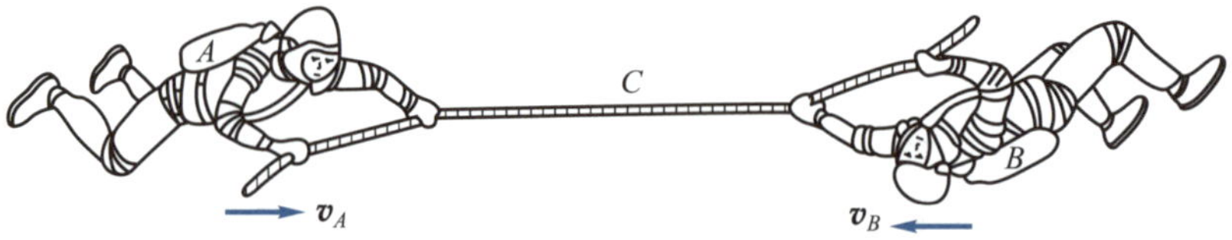

图 12.4

> **思考题 12.5**
>
> A、B 两人在粗糙的地面上拔河，设各自鞋底与地面的静摩擦因数相同，试用动量定理分析影响拔河胜负的因素。

■ 12.2 典型约束的约束力的主矢量

在第 8 讲已经介绍过约束力，这里简单回顾一下。按照牛顿力学的观点，力是改变物体运动的唯一原因。约束限制了物体的运动，因此约束可以被人为地解除并用力来代替。我们将解除约束后加在研究对象上的这种力称为**约束力**。下面介绍几种常见的典型约束的约束力。由于约束的形式和机理千差万别，给出用约束力代替约束的一般原则是非常困难的，但是有一些常见的约束，根据约束的具体实现形式，可以分析出约束力的特点。

（1）**柔性约束**：提供约束的是绳索、带或链条等柔性物体。这种约束只能提供拉力，因此可以确定其约束力的作用线必沿着绳索、带或链条的轴线，并具有拉力的指向。如图 12.5(a) 所示绳索 BC 对杆 AB 的约束力是拉力 $\boldsymbol{F}_{\mathrm{T}}$[图 12.5(b)]，作用线沿着 BC 直线。

（2）**刚性约束**：提供约束的物体是刚体，常见的刚性约束有以下几种。

① **光滑曲面**。刚性的光滑曲面限制物体沿着曲面法向的运动，因此约束力为沿接触面公法线的支撑力 $\boldsymbol{F}_{\mathrm{N}}$，如图 12.6 所示。

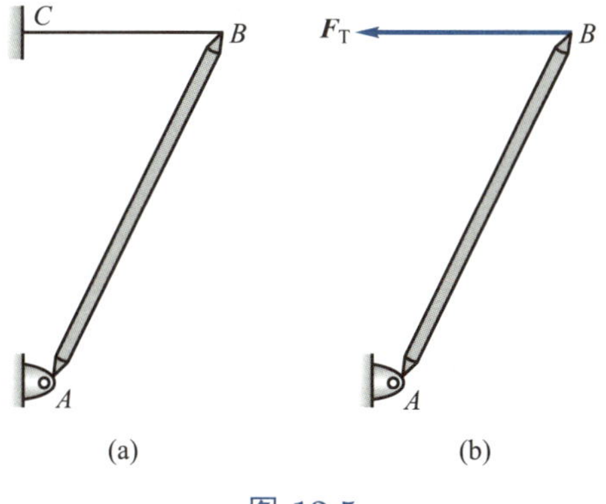

图 12.5

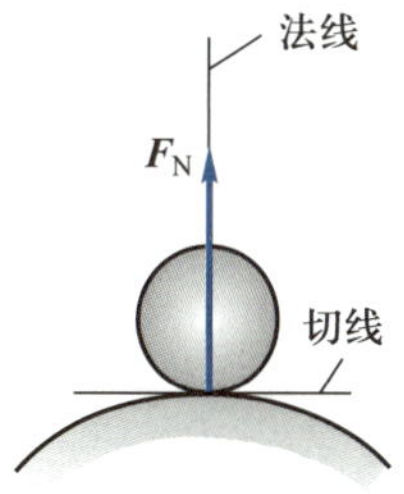

图 12.6

② **粗糙曲面**。粗糙曲面除了提供沿着公法线方向的支承力以外，还有沿着切线方向的摩擦力。摩擦力的指向取决于相对运动速度或趋势（相对速度为零时取决于相对加速度方向）。有关摩擦的其他内容将在第 19 讲详细介绍。

③ **光滑柱铰**。光滑柱铰提供的约束力是通过柱铰中心轴的支撑力，如图 12.7(a) 所示桥梁的左端就是一固定的铰链支座，简称支座。支座的固定部分和活动部分（与被约束物

体固连）各有相同的圆孔，中间穿以圆柱销。活动部分只能绕销的轴线定轴转动。显然，销与活动部分可以在销柱面的任意一条母线上接触，由于光滑曲面约束力沿着公法线，光滑柱铰约束力的作用线必通过圆孔的中心，如图 12.7(b) 所示。为便于计算，通常把约束力分解为水平分量 $\boldsymbol{F}_x$ 和垂直分量 $\boldsymbol{F}_y$，如图 12.7(c) 所示。在图 12.7(d) 中用简化符号图表示铰支座。

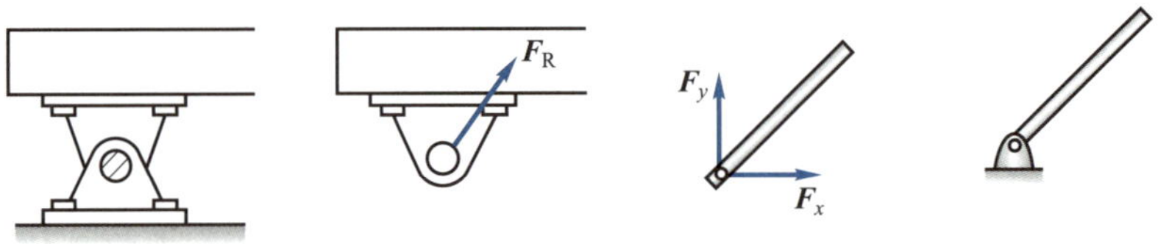

(a) (b) (c) (d)

图 12.7

常见的柱铰还有轴承和滚轴等。滚轴的简化符号图如图 12.8 所示。

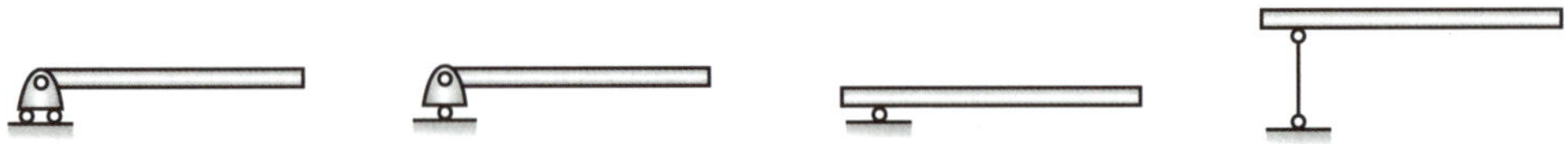

图 12.8

④ **光滑球铰**。球铰的结构如图 12.9 所示，杆端为球形，它被约束在一固定的球窝中，球和球窝半径近似相等，球心是固定不动的，杆只能绕球心作定点运动。与光滑柱铰类似，光滑球铰的约束力必然通过球心。通常也可以用 $\boldsymbol{F}_x$、$\boldsymbol{F}_y$、$\boldsymbol{F}_z$ 表示它的三个方向的分力。

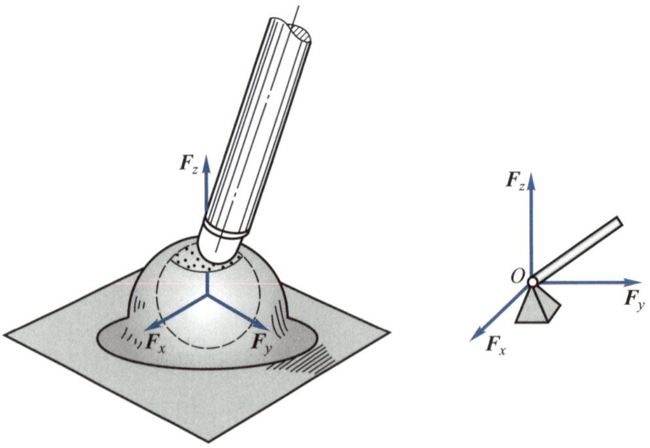

图 12.9

例 12.1

质量分别为 m_A 和 m_B 的两个物块 A 和 B，用刚度系数为 k 的弹簧联结。B 物块放在地面上，静止时 A 物块位于 O 位置。如将 A 物块压下，使其具有初位移 x_0，此后突然松开，如图 12.10(a) 所示。求：（1）地面对 B 物块的约束力 F_{NB}；（2）当 x_0 为多大时，B 物块将跳起？

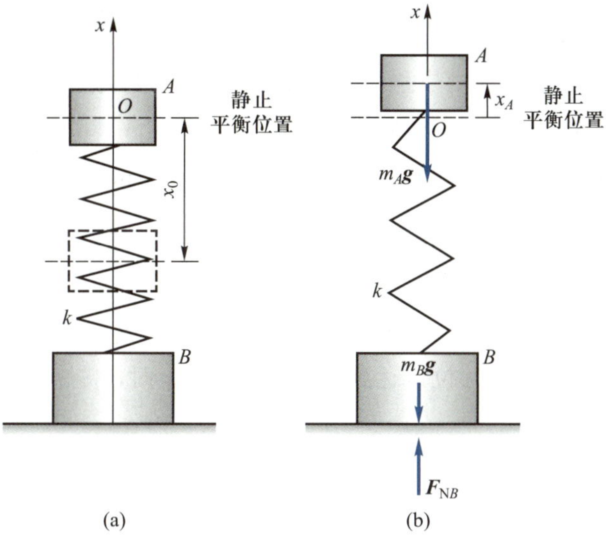

图 12.10

解　取由物块 A、B 和弹簧组成的质点系为研究对象，画出质点系在任意位置处的受力图，不必考虑内力，如图 12.10(b) 所示。作 Ox 坐标轴，选 A 物块静止平衡的位置 O 为坐标原点，x 轴向上为正。

（1）求地面对 B 物块的约束力 F_{NB}。

当物块 B 保持与地面接触时，物块 A 在重力 $m_A\boldsymbol{g}$ 和弹性恢复力的作用下作简谐运动，其初始条件为 $t=0$，$x_A(0)=-x_0$，$\dot{x}_A(0)=0$。因此可得

$$x_A = -x_0\cos\omega t$$

$$\dot{x}_A = x_0\omega\sin\omega t$$

$$\ddot{x}_A = x_0\omega^2\cos\omega t$$

其中 $\omega=\sqrt{k/m_A}$。因 B 物块静止不动，故 $x_B=0$，$\dot{x}_B=0$，$\ddot{x}_B=0$。系统的动量在 x 轴上的投影为

$$p_x = m_A\dot{x}_A + m_B\dot{x}_B = m_A x_0\omega\sin\omega t$$

由质点系动量定理在 x 轴上的投影式得

$$m_A x_0 \omega^2 \cos\omega t = F_{NB} - m_A g - m_B g$$

故有

$$F_{NB} = (m_A + m_B)g + m_A x_0 \omega^2 \cos\omega t$$

这一问题是属于已知运动求力的问题，所求得的约束力包含由主动力直接引起的**静约束力**$(m_A + m_B)g$ 和由质点系运动引起的**动约束力**$m_A x_0 \omega^2 \cos\omega t$ 两部分。

（2）求当 x_0 为多大时，B 块将跳起。

当 $t = \pi/\omega$ 时 F_{NB} 取最小值 $F_{NB\,\min} = (m_A + m_B)g - m_A x_0 \omega^2$，此时由 B 物块跳起的条件 $F_{NB} = 0$ 可解出

$$x_0 = \frac{m_A + m_B}{m_A \omega^2} g = \frac{m_A + m_B}{k} g$$

当 A 物块被压下的初始位移达到 $(m_A + m_B)g/k$ 时，突然松开后经过 $t = \pi/\omega$，B 物块会开始跳起。

例 12.2

椭圆摆由质量为 m_A 的滑块 A 和质量为 m_B 的单摆 B 构成，如图 12.11 所示。滑块可沿光滑水平面滑动，杆 AB 长度为 l，质量不计。试建立系统的运动微分方程，并求水平面对滑块 A 的约束力。

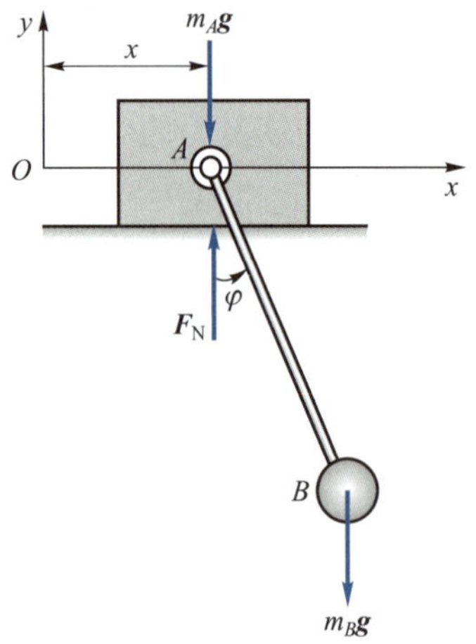

图 12.11

解　系统具有两个自由度，取 x 和 φ 为广义坐标，由运动学可以得到滑块 A 和单摆 B 的速度分别为

$$\boldsymbol{v}_A = \dot{x}\boldsymbol{i}$$

$$\boldsymbol{v}_B = (\dot{x} + l\dot{\varphi}\cos\varphi)\boldsymbol{i} + l\dot{\varphi}\sin\varphi\boldsymbol{j}$$

以系统为研究对象，受力图如图 12.11示。分别列写 x 方向和 y 方向的动量定理，有

$$\frac{\mathrm{d}}{\mathrm{d}t}[m_A\dot{x} + m_B(\dot{x} + l\dot{\varphi}\cos\varphi)] = 0 \qquad \text{(a)}$$

$$\frac{\mathrm{d}}{\mathrm{d}t}(m_B l\dot{\varphi}\sin\varphi) = F_N - m_A g - m_B g \qquad \text{(b)}$$

再取单摆 B 为研究对象，在垂直于 AB 的方向列写牛顿第二定律，有

$$m_B(l\ddot{\varphi}+\ddot{x}\cos\varphi)=-m_Bg\sin\varphi \tag{c}$$

式 (a) 和式 (c) 就是系统的运动微分方程。由式 (b) 可得水平面对滑块 A 的约束力

$$F_{\mathrm{N}}=(m_A+m_B)g+m_Bl(\ddot{\varphi}\sin\varphi+\dot{\varphi}^2\cos\varphi)$$

例 12.3

[典型例题] 例12.3

如图 12.12 所示的电动机用螺栓固定在刚性基础上。设其外壳和定子的总质量为 m_1，质心位于转子转轴的中心 O_1；转子质量为 m_2，由于制造或安装时的偏差，转子质心 O_2 不在转轴中心上，偏心距 $O_1O_2=e$，已知转子以匀角速度 ω 转动。试求电动机机座的约束力。

解　取电动机为研究对象，定子与转子之间的电磁力和转子轴与定子轴承 O_1 间的相互作用力均为内力，不必考虑。系统所受到的外力有：定子和转子的重力 $m_1\boldsymbol{g}$ 和 $m_2\boldsymbol{g}$、机座上的分布约束力向其中点简化得到的约束力 $\boldsymbol{F}_x$，$\boldsymbol{F}_y$ 及约束力矩 M。

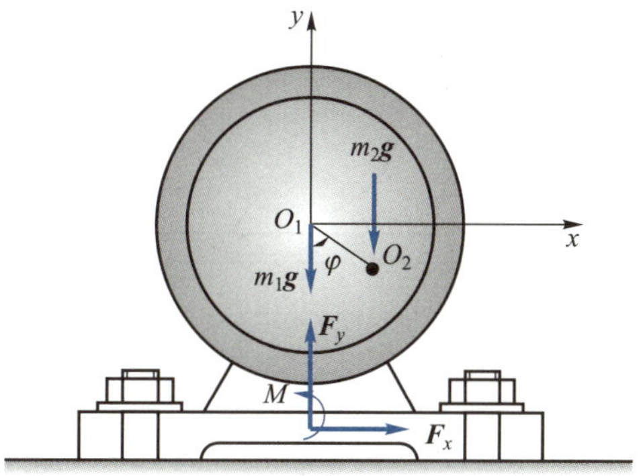

图 12.12

设 O_1xy 为定坐标系。外壳和定子静止，其动量恒为零。转子以匀角速度 ω 作定轴转动，其质心有向心加速度 $e\omega^2$。在初始时刻转子质心 O_2 位于 y 轴上，因此有 $\varphi=\omega t$。

根据质点系动量定理式 (12.1.4)，有

$$m_1\cdot 0-m_2e\omega^2\sin\omega t=F_x$$

$$m_1\cdot 0+m_2e\omega^2\cos\omega t=F_y-m_1g-m_2g$$

由此求出支座的约束力为

$$F_x=-m_2e\omega^2\sin\omega t$$

$$F_y=m_1g+m_2g+m_2e\omega^2\cos\omega t$$

由上式可知，电动机约束力由两部分组成：由重力直接引起的**静约束力** $(m_1g+$

$m_2g)\boldsymbol{j}$ 和由转子质心运动状态变化引起的**动约束力** $-m_2e\omega^2\sin\omega t\boldsymbol{i}+m_2e\omega^2\cos\omega t\boldsymbol{j}$。

从这个例子可以看出，动约束力的大小与 ω^2 平方成正比。当转子的转速很高时，其数值可以达到静约束力的几倍，甚至几十倍。而且这种约束力是随时间周期性变化的，必然引起机座和基础的振动，影响安放在基础上其他设备。工程上常在电动机和基础之间安装具有弹性和阻尼的减振器以减小基础的动约束力，这种方法称为**隔振**。

例 12.4

[典型例题] 例 12.4

若如图 12.12 中所示的电动机没有用螺栓固定，各处摩擦忽略不计，初始时电动机静止，如图 12.13(a) 所示。试求：

（1）转子以匀角速度 ω 转动时电动机外壳在水平方向的运动方程；

（2）电动机跳起的最小角速度。

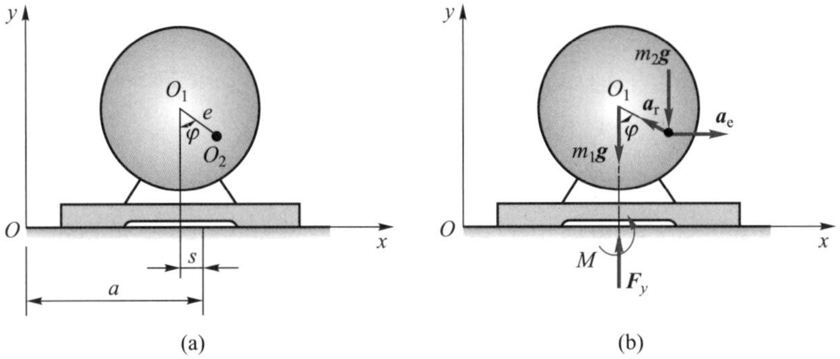

图 12.13

解　取电动机整体作为研究对象。建立坐标系如图 12.13 所示。

（1）求电动机外壳在水平方向的运动方程。

因为电动机在水平方向没有受到外力，且初始为静止，因此系统在运动过程中其质心的 x 坐标保持不变。

设转子在静止 $(\varphi=0)$ 时系统的质心坐标 $x_{C1}=a$。当转子转过角度 $\varphi=\omega t$ 时，定子应向左移动，设移动距离为 s，如图 12.13(a) 所示，则此时质心坐标为

$$x_{C2}=\frac{m_1(a-s)+m_2(a-s+e\sin\omega t)}{m_1+m_2}$$

由 $x_{C1}=x_{C2}$ 解得

$$s=\frac{m_2}{m_1+m_2}e\sin\omega t$$

由此可见，当转子偏心的电动机未用螺栓固定时，将在水平面上作简谐运动。

（2）求电动机起跳条件。

转子作平面运动，其质心 O_2 的加速度等于牵连加速度 $\boldsymbol{a}_{\mathrm{e}}$(即外壳运动的加速度 $\boldsymbol{a}_{O1}$) 与相对加速度 $\boldsymbol{a}_{\mathrm{r}}(a_{\mathrm{r}}=e\omega^2)$ 的矢量和，如图 12.13(b) 所示。在 y 方向上应用质心运动定理，有

$$m_1 \cdot 0 + m_2 e\omega^2 \cos\omega t = F_y - m_1 g - m_2 g$$

因此机座的约束力为

$$F_y = m_1 g + m_2 g + m_2 e\omega^2 \cos\omega t$$

当 $t=\pi/\omega$ 时，约束力 F_y 取最小值 $F_{y\min}=m_1g+m_2g-m_2e\omega^2$。电动机的起跳临界条件是 $F_y=0$。由此可得电动机起跳的最小角速度 $\omega_{\min}$ 为

$$\omega_{\min}=\sqrt{\frac{m_1+m_2}{m_2 e}g}$$

土木建筑工地上常用的蛙式打夯机在偏心飞轮的带动下，像蛙跳一样自动地一跳一跳向前运动（如图 12.14 所示），从而不断地夯实地面，其原理与此例题类似。

图 12.14

■ 本讲小结

质点系的动量为质点系动力学的三个基本量之一。对学过大学物理的读者来说，质点动量定理是熟悉的内容，主要问题在于如何在质点系中加以应用，并列写质点系运动微分方程。

质点系的动量定理建立了质点系动量的变化与外力主矢量之间的关系，即

$$\frac{\mathrm{d}\boldsymbol{p}}{\mathrm{d}t}=\boldsymbol{F}_{\mathrm{R}}^{(\mathrm{e})} \quad 或者 \quad m\boldsymbol{a}_C=\boldsymbol{F}_{\mathrm{R}}^{(\mathrm{e})}$$

对刚体系有：$\sum\limits_{i=1}^{n} m_i \boldsymbol{a}_{Ci}=\boldsymbol{F}_{\mathrm{R}}^{(\mathrm{e})}$。质心运动定理可以看作质点系的动量定理的另一种形式，动量守恒可以看作动量定理的特例。

概念题

判断下列说法是否正确。

12–1　若刚体的动量为零，则它一定处于静止状态。

12–2　若质点系的动量守恒，各质点的动量也一定守恒。

习题

12–1　如图 12.15 所示，均质杆 AB 的长度为 l，重量为 P，用铰 A 与匀质圆盘中心连接。圆盘半径为 r，重量为 G，可在水平面内作无滑动滚动。当 $\varphi = 30°$ 时，杆 AB 的 B 端沿铅垂方向下滑的速度为 $\boldsymbol{v}_B$，求此刚体系统在图示瞬时的动量。

12–2　如图 12.16 所示，往复式水泵的固定外壳部分 D 和基础 E 的质量为 m_1，匀质曲柄 OA 长度为 r，质量为 m_2。导杆 B 和活塞 C 作往复平动，其质量为 m_3。曲柄 OA 以匀角速度 ω 绕 O 轴转动。规定 $t = 0$ 时，$\varphi = 0°$，求水泵基础给地面的压力的表达式。

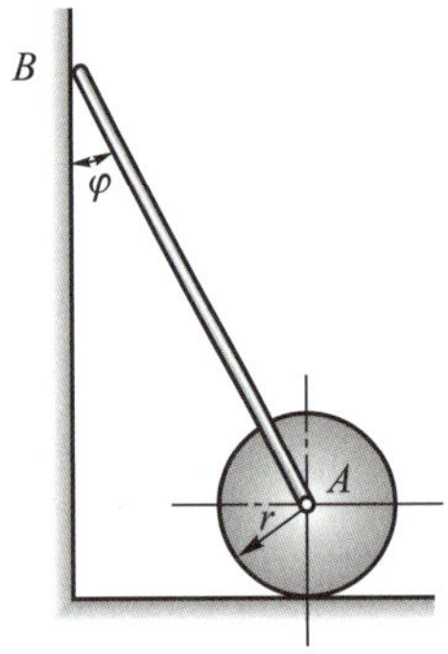

图 12.15

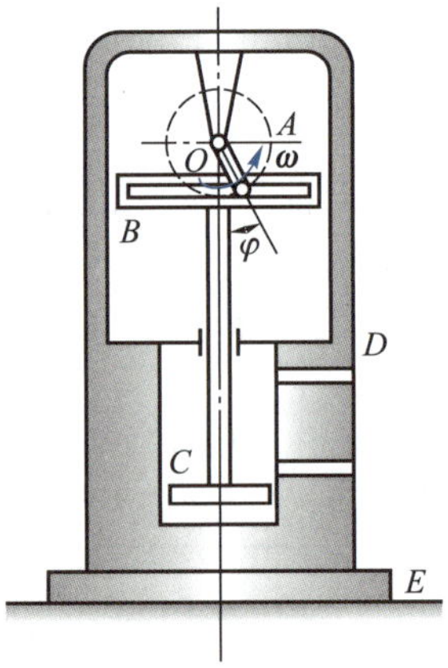

图 12.16

12–3　如图 12.17 所示凸轮机构中，凸轮半径为 r、偏心距为 e。凸轮绕 A 轴以匀角速度 ω 转动，带动滑杆 D 在套筒 E 中沿水平方向作往复运动。规定 $t = 0$ 时，凸轮轴心与 A 轴在同一水平线上，已知凸轮质量为 m_1，滑杆质量为 m_2。试求在任意瞬时机座螺栓所受的动约束力。

12–4　如图 12.18 所示，小球 P 沿大半圆柱体表面由顶点滑下，小球质量为 m_2，半径为 r。大半圆柱体质量为 m_1，半径为 R，放在光滑水平面上。初始时系统静止，求小球未脱离大半圆柱体时相对图示静坐标系的运动轨迹。

12–5　如图 12.19 所示系统中，物块 A 的质量为 m，小车 B 的质量为 M，弹簧刚度系数为 k，斜面光滑。不计轮子的质量，试建立系统的运动微分方程。

12–6　两质量都等于 M 的小车，停在光滑的水平直铁轨上。一质量为 m 的人，自一车跳到另一车，并立刻自第二车跳回第一车。证明两车最后速度大小之比为 $M:(M+m)$。

12–7　如图 12.20 所示，质量为 30 kg 的小车 B 上有一质量为 20 kg 的重物 A，已知小车在大小为 120 N 的水平力 F 作用 2 s 后移过 5 m。不计轨道阻力，试计算 A 在 B 上移过的距离。

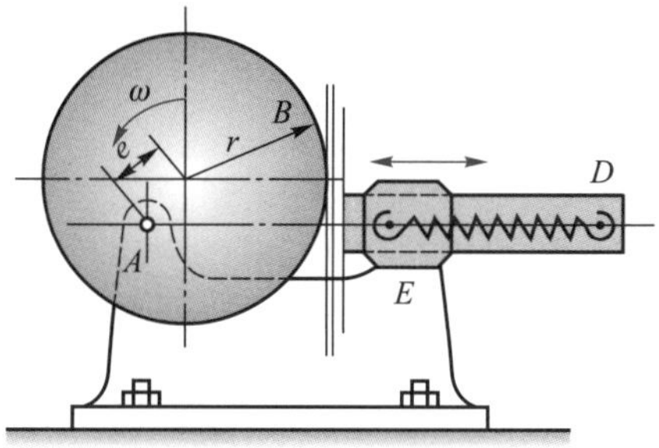

图 12.17

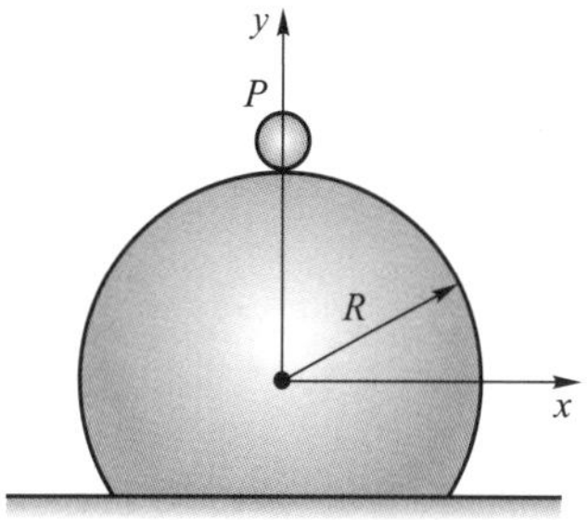

图 12.18

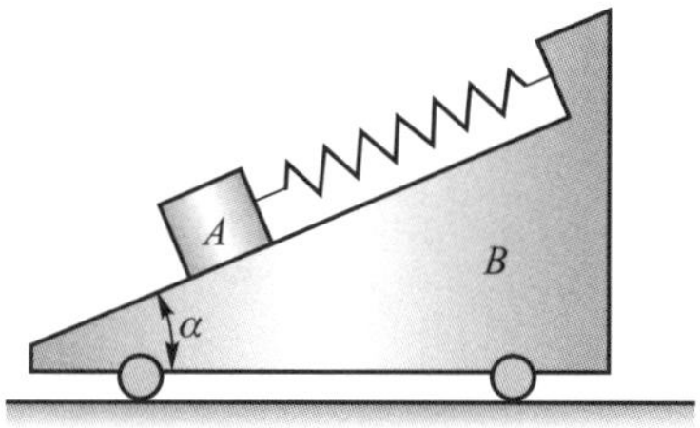

图 12.19

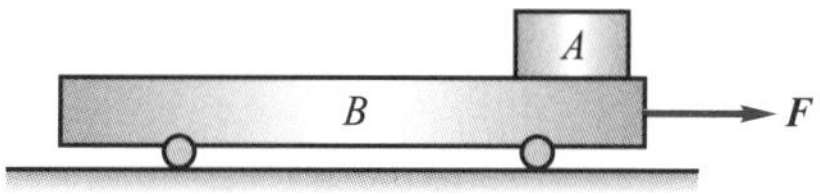

图 12.20

第12讲习题
参考答案

第 13 讲

动量矩定理

13.1 质点系的动量矩

考察由 n 个质点组成的质点系，设质点系中质点 P_i 的质量为 m_i，相对点 O 的矢径为 $\boldsymbol{r}_i$，速度为 $\boldsymbol{v}_i$，则**质点系对点 O 的动量矩或角动量**定义为

$$\boldsymbol{L}_O=\sum_{i=1}^{n}\boldsymbol{r}_i\times m_i\boldsymbol{v}_i \tag{13.1.1}$$

质点系的动量矩也是度量质点系整体运动的一个基本量，在国际单位制中动量矩的单位为 $\mathrm{kg\cdot m^2/s}$。动量矩是一个矢量，它与矩心 O 的选择有关。

例 13.1

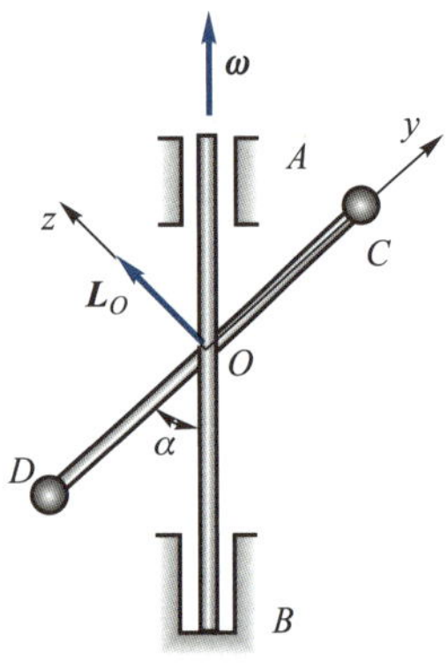

图 13.1

如图 13.1 所示，质量均为 m 的两小球 C 和 D 用长度为 $2l$ 的无质量刚性杆连接，并以其中点固定在铅垂轴 AB 上，杆与 AB 轴之间的夹角为 α，AB 轴以匀角速度 ω 转动，角加速度为零。A、B 轴承间的距离为 h。求：系统对 O 点的动量矩。

解 取两小球、刚性杆及铅垂轴组成的质点系为研究对象。建立固结于杆 CD 上的动坐标系 $Oxyz$，其单位矢量为 $\boldsymbol{i}$、$\boldsymbol{j}$、$\boldsymbol{k}$，如图 13.1 所示。

杆 CD 的角速度矢量为

$$\boldsymbol{\omega}=\omega(\cos\alpha\boldsymbol{j}+\sin\alpha\boldsymbol{k})$$

两小球的矢径分别为

$$\boldsymbol{r}_C=l\boldsymbol{j},\quad \boldsymbol{r}_D=-l\boldsymbol{j}$$

两小球均绕铅垂轴作定轴转动，它们的速度分别为

$$\boldsymbol{v}_C=\omega\times\boldsymbol{r}_C=-\omega l\sin\alpha\boldsymbol{i}$$

$$\boldsymbol{v}_D=\omega\times\boldsymbol{r}_D=\omega l\sin\alpha\boldsymbol{i}$$

两小球速度方向都垂直于纸面。因此，由质点系的动量矩的定义可得

$$\begin{aligned}\boldsymbol{L}_O&=\boldsymbol{r}_C\times m\boldsymbol{v}_C+\boldsymbol{r}_D\times m\boldsymbol{v}_D\\&=2ml^2\omega\sin\alpha\boldsymbol{k}\end{aligned}$$

注记 13.1

本例中，系统对固定点 O 的动量矩 $\boldsymbol{L}_O$ 以角速度 ω 绕 AB 轴转动，其端点的轨迹为半径等于 $|\boldsymbol{L}_O|\cos\alpha$ 的圆，$\boldsymbol{L}_O$ 端点的速度的大小为 $\omega|\boldsymbol{L}_O|\cos\alpha = ml^2\omega^2\sin 2\alpha$，方向沿端点轨迹的切线方向。

当 $\alpha = 90°$ 时，动量矩大小才等于两球转动惯量乘以角速度，并且方向沿着 AB（竖直方向），垂直于杆 CD。

13.1.1 质点系对质心的动量矩

首先，我们引入质心平动坐标系 $Cx'y'z'$，如图 13.2 所示。设质心 C 的速度为 $\boldsymbol{v}_C$，质点 P_i 的绝对速度为 $\boldsymbol{v}_i$，相对于质心平动坐标系 $Cx'y'z'$ 的速度为 $\boldsymbol{v}_{i\mathrm{r}} = \boldsymbol{v}_i - \boldsymbol{v}_C$。于是，质点系对质心的动量矩 $\boldsymbol{L}_C$ 为

$$\boldsymbol{L}_C = \sum_{i=1}^{n}\boldsymbol{\rho}_i \times m_i\boldsymbol{v}_i = \sum_{i=1}^{n}\boldsymbol{\rho}_i \times m_i\boldsymbol{v}_C + \sum_{i=1}^{n}\boldsymbol{\rho}_i \times m_i\boldsymbol{v}_{i\mathrm{r}}$$

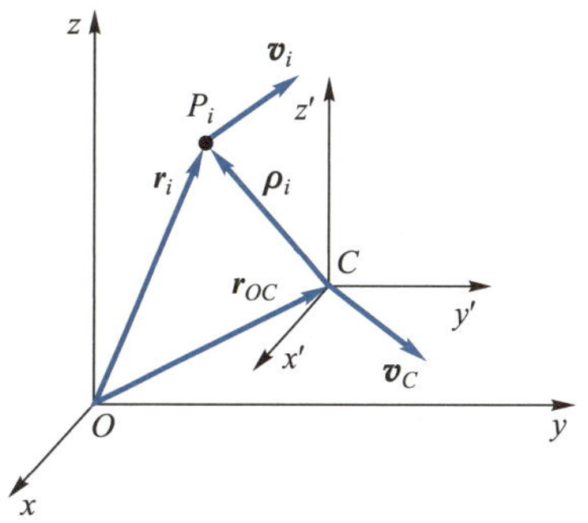

图 13.2

由质心的定义有

$$\sum_{i=1}^{n} m_i\boldsymbol{\rho}_i = m\boldsymbol{\rho}_C$$

式中：m 为质点系的总质量；$\boldsymbol{\rho}_C$ 为质心 C 在质心平动坐标系 $Cx'y'z'$ 中的矢径。显然 $\boldsymbol{\rho}_C = 0$，故有

$$\boldsymbol{L}_C = \boldsymbol{L}_{C\mathrm{r}} = \sum_{i=1}^{n}\boldsymbol{\rho}_i \times m_i\boldsymbol{v}_{i\mathrm{r}} \tag{13.1.2}$$

式中：$\boldsymbol{L}_{C\mathrm{r}}$ 为质点系相对质心平动系的相对动量对质心的矩，即质点系对质点平动系的相对动量矩。

式 (13.1.2) 表明质点系相对于质心点 C 的绝对动量矩，等于质点系相对**质心平动系**的相对动量矩。有时应用式 (13.1.2) 计算刚体对质心的动量矩更为方便。

13.1.2 对两点动量矩之间的关系

下面讨论质点系对任意两点 O 和 A 的动量矩 $\boldsymbol{L}_O$ 和 $\boldsymbol{L}_A$ 之间的关系。

如图 13.3 所示，质点 A 在参考系 $Oxyz$ 中的矢径为 $\boldsymbol{r}_{OA}$，质点 P_i 相对于点 A 的矢径为 $\boldsymbol{\rho}_i$，因此质点 P_i 的矢径 $\boldsymbol{r}_i$ 可以表示为

$$\boldsymbol{r}_i = \boldsymbol{r}_{OA} + \boldsymbol{\rho}_i \tag{13.1.3}$$

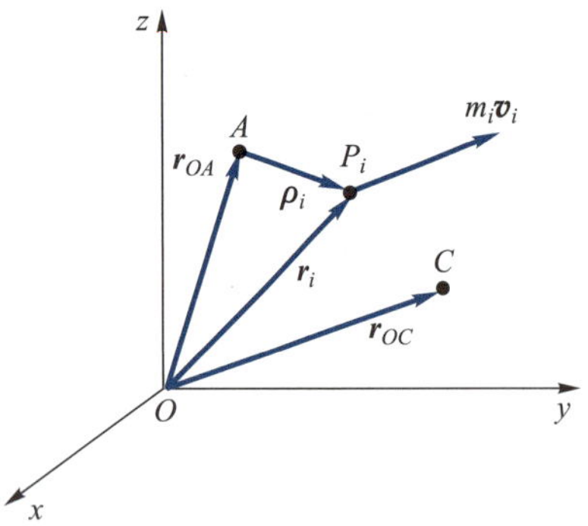

图 13.3

将上式代入式 (13.1.1) 中，可得

$$\boldsymbol{L}_O=\sum_{i=1}^{n}\boldsymbol{\rho}_i\times m_i\boldsymbol{v}_i+\boldsymbol{r}_{OA}\times\sum_{i=1}^{n}m_i\boldsymbol{v}_i=\boldsymbol{L}_A+\boldsymbol{r}_{OA}\times\boldsymbol{p} \tag{13.1.4}$$

其中

$$\boldsymbol{L}_A=\sum_{i=1}^{n}\boldsymbol{\rho}_i\times m_i\boldsymbol{v}_i$$

是质点系对点 A 的动量矩。

如果将点 A 取为质心 C，则由上式可得

$$\boldsymbol{L}_O=\boldsymbol{L}_C+\boldsymbol{r}_{OC}\times\boldsymbol{p}=\boldsymbol{L}_C+\boldsymbol{r}_{OC}\times m\boldsymbol{v}_C \tag{13.1.5}$$

即质点系相对于点 O 的动量矩，等于质点系相对于质心的动量矩与质点系动量对 O 点之矩的矢量和。在一些情况下，质点系对质心 C 的动量矩比较容易计算，因此可利用式 (13.1.5) 来计算质点系对任意点 O 的动量矩。

思考题 13.1

式 (13.1.4) 与第 3 讲的刚体上不同点的速度公式很相似。这是为什么？

例 13.2

一半径为 r 的均质圆盘在水平面上纯滚动，如图 13.4 所示。已知圆盘对质心的转动惯量为 J_O，角速度为 ω，试求圆盘对水平面上 O_1 点的动量矩。

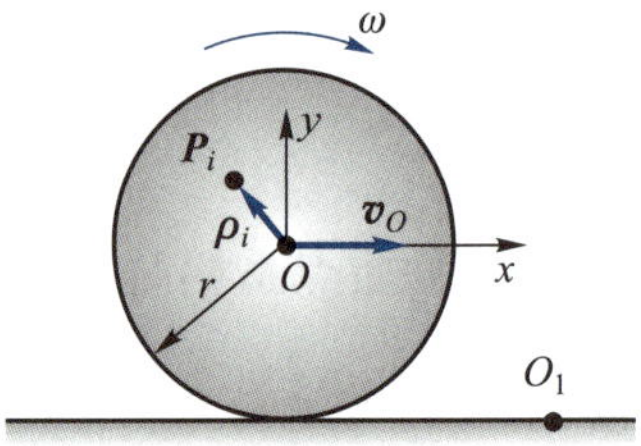

图 13.4

解　圆盘相对于质心平动参考系 $Oxyz$ 作定轴转动，利用式 (13.1.4) 可得圆盘对 O_1 点的动量矩 $\boldsymbol{L}_{O_1}$ 为

$$\boldsymbol{L}_{O_1}=\boldsymbol{L}_O+\boldsymbol{r}_{O_1O}\times m\boldsymbol{v}_O$$

其中，由式 (13.1.2) 可得圆盘对质心 O 点的动量矩 $\boldsymbol{L}_O$ 为

$$\begin{aligned}\boldsymbol{L}_O&=\sum\boldsymbol{\rho}_i\times m_i\boldsymbol{v}_{ir}=\sum\boldsymbol{\rho}_i\times m_i(\boldsymbol{\omega}\times\boldsymbol{\rho}_i)\\&=-\sum m_i\rho_i^2\omega\boldsymbol{k}=-J_O\omega\boldsymbol{k}\end{aligned}$$

式中：$\boldsymbol{\rho}_i$ 为圆盘上质点 P_i 相对质心 O 的矢径。

圆盘作纯滚动，质心速度为 $\boldsymbol{v}_O = \omega r\boldsymbol{i}$。因此，第二项

$$\boldsymbol{r}_{O_1O} \times m\boldsymbol{v}_O = mr^2\boldsymbol{\omega}$$

可得圆盘对 O_1 点的动量矩 $\boldsymbol{L}_{O_1}$ 为

$$\boldsymbol{L}_{O_1} = (J_O + mr^2)\boldsymbol{\omega} = -\frac{3}{2}mr^2\omega\boldsymbol{k}$$

思考题 13.2

请思考，将 O_1 点移动到圆盘与地面的接触点，本例的结论是否仍成立？

13.2 质点系动量矩定理

为了推导动量矩定理，先回顾力矩的概念并介绍力系的主矩。

13.2.1 力矩与力系的主矩

力 $\boldsymbol{F}$ 对 O 点的矩定义为

$$\boldsymbol{M}_O(\boldsymbol{F}) = \boldsymbol{r} \times \boldsymbol{F} \tag{13.2.1}$$

其中 $\boldsymbol{r}$ 是力 $\boldsymbol{F}$ 的作用点 A 相对 O 点的矢径，点 O 称为**矩心**。由矢量积的性质可知，力对点的矩的大小等于力的大小乘以力臂 d（从 O 点到力 $\boldsymbol{F}$ 作用线的距离），方向沿着 O 点和力 $\boldsymbol{F}$ 作用线所在平面的法线，如图 13.5 所示。从力矩矢量顶端看，力产生逆时针“转动”。力矩的国际单位是 N·m。

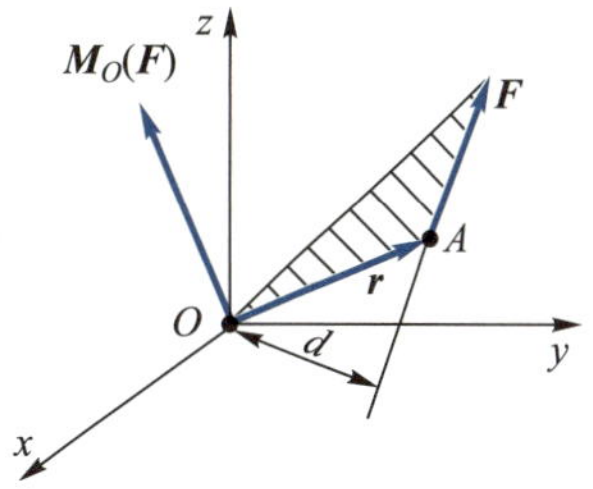

图 13.5

力对点的矩 $\boldsymbol{M}_O(\boldsymbol{F})$ 可以在直角坐标系 $Oxyz$ 中表示为

$$\boldsymbol{M}_O(\boldsymbol{F}) = \begin{vmatrix} \boldsymbol{i} & \boldsymbol{j} & \boldsymbol{k} \\ x & y & z \\ F_x & F_y & F_z \end{vmatrix}$$

$$= (yF_z - zF_y)\boldsymbol{i} + (zF_x - xF_z)\boldsymbol{j} + (xF_y - yF_x)\boldsymbol{k} \tag{13.2.2}$$

因此力矩 $\boldsymbol{M}_O(\boldsymbol{F})$ 在三根坐标轴上的投影分别为

$$M_{Ox} = yF_z - zF_y \tag{13.2.3}$$

$$M_{Oy} = zF_x - xF_z \tag{13.2.4}$$

$$M_{Oz} = xF_y - yF_x \tag{13.2.5}$$

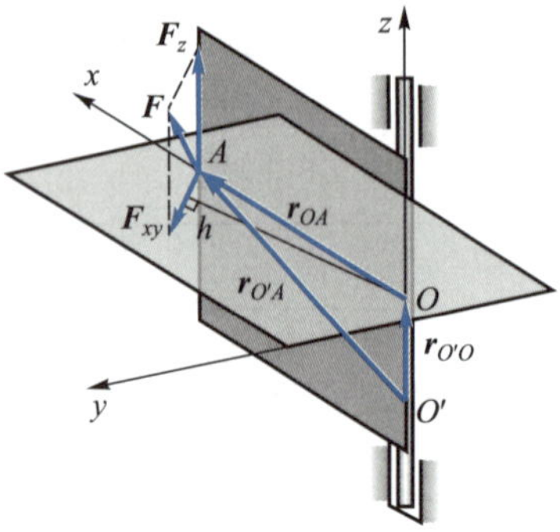

图 13.6

为了表征力对绕定轴转动刚体的作用效应，我们定义**力对轴的矩**。设绕固定轴 z 转动的刚体受力 $\boldsymbol{F}$ 作用，将力 $\boldsymbol{F}$ 分解为沿 z 轴和垂直于 z 轴的平面 Oxy 的分量 $\boldsymbol{F}_z$ 和 $\boldsymbol{F}_{xy}$，如图 13.6 所示。$\boldsymbol{F}_z$ 不影响刚体绕 z 轴的转动，但 $\boldsymbol{F}_{xy}$ 会使刚体产生绕 z 轴的转动趋势，该趋势的方向和强弱取决于 $\boldsymbol{F}_{xy}$ 对 O 点的矩。因此将力 $\boldsymbol{F}$ 在与 z 轴垂直的平面 Oxy 上的投影 $\boldsymbol{F}_{xy}$ 对该轴与平面交点 O 之矩在 Oz 轴上的投影定义为力 $\boldsymbol{F}$ 对 z 轴的矩，即

$$M_z(\boldsymbol{F}) = \boldsymbol{M}_O(\boldsymbol{F}_{xy}) \cdot \boldsymbol{k} = \pm F_{xy}h \tag{13.2.6}$$

式中：正号表示 $M_z(\boldsymbol{F})$ 和 z 轴同向，负号表示和 z 轴反向。

力 $\boldsymbol{F}_z$ 对 O 点的矩 $\boldsymbol{M}_O(\boldsymbol{F}_z)$ 与 z 轴垂直，有 $\boldsymbol{M}_O(\boldsymbol{F}_z) \cdot \boldsymbol{k} = 0$；轴上任一点 O' 的矢径 $\boldsymbol{r}_{O'O}$ 与 z 轴平行，有 $(\boldsymbol{r}_{O'O} \times \boldsymbol{F}) \cdot \boldsymbol{k} = 0$。因此式 (13.2.6) 可进一步写为

$$M_z(\boldsymbol{F}) = \boldsymbol{M}_O(\boldsymbol{F}) \cdot \boldsymbol{k} = [(\boldsymbol{r}_{O'O} + \boldsymbol{r}_{OA}) \times \boldsymbol{F}] \cdot \boldsymbol{k} = \boldsymbol{M}_{O'}(\boldsymbol{F}) \cdot \boldsymbol{k} \tag{13.2.7}$$

可见，力对轴的矩等于力对该轴上任意点的矩在该轴上的投影，即

$$M_x(\boldsymbol{F}) = M_{Ox} \tag{13.2.8}$$

$$M_y(\boldsymbol{F}) = M_{Oy} \tag{13.2.9}$$

$$M_z(\boldsymbol{F}) = M_{Oz} \tag{13.2.10}$$

可以验证，当力 $\boldsymbol{F}$ 与 z 轴平行或相交时，即力与轴共面时，力对该轴的矩等于零。

将力系 $\boldsymbol{F}_1, \boldsymbol{F}_2, \cdots, \boldsymbol{F}_n$ 中所有力对 O 点之矩的矢量和

$$\boldsymbol{M}_O = \sum_{i=1}^{n} \boldsymbol{M}_O(\boldsymbol{F}_i) = \sum_{i=1}^{n} \boldsymbol{r}_i \times \boldsymbol{F}_i \tag{13.2.11}$$

称为力系对 O 点的**主矩**。根据牛顿第三定律，两个质点的作用力和反作用力大小相等、方向相反。将力系方程

$$\boldsymbol{F}_i = \boldsymbol{F}_i^{(\mathrm{i})} + \boldsymbol{F}_i^{(\mathrm{e})} \quad (i = 1, 2, \cdots, n) \tag{13.2.12}$$

代入式 (13.2.11)，则质点系内部的各个质点的相互作用力相互抵消，于是可得，力系的主矩等于外力系的主矩，即

$$\boldsymbol{M}_O = \boldsymbol{M}_O^{(\mathrm{e})}$$

今后我们不再区分 $\boldsymbol{F}_{\mathrm{R}}$ 和 $\boldsymbol{F}_{\mathrm{R}}^{(\mathrm{e})}$，$\boldsymbol{M}_O$ 和 $\boldsymbol{M}_O^{(\mathrm{e})}$。

设 x_i、y_i、z_i 是矢径 $\boldsymbol{r}_i$ 在直角坐标系 $Oxyz$ 中的分量，则 $\boldsymbol{M}_O$ 分别在这 3 根坐标轴 Ox、Oy、Oz 上的投影

$$M_x = \sum_{i=1}^{n}(y_i F_{iz} - z_i F_{iy})$$

$$M_y = \sum_{i=1}^{n}(z_i F_{ix} - x_i F_{iz})$$

$$M_z = \sum_{i=1}^{n}(x_i F_{iy} - y_i F_{ix})$$

恰好就是力系中所有力 $\boldsymbol{F}_i(i=1,2,\cdots,n)$ 对 Ox、Oy、Oz 轴之矩的代数和。主矩的大小为

$$M_O = \sqrt{M_x^2 + M_y^2 + M_z^2}$$

同一个力系对不同点的主矩是不同的，即主矩与矩心有关。设 P 点是不同于 O 的点 (图 13.7)，则有以下关系式：

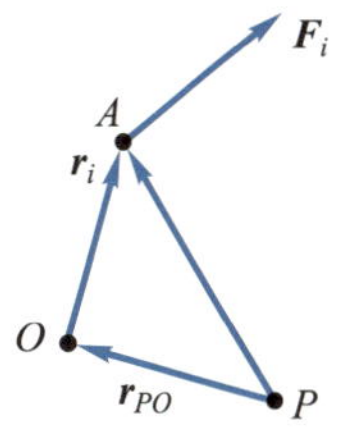

图 13.7

$$\begin{aligned}
\boldsymbol{M}_P &= \sum_{i=1}^{n}(\boldsymbol{r}_{PO} + \boldsymbol{r}_i) \times \boldsymbol{F}_i \\
&= \sum_{i=1}^{n}\boldsymbol{r}_i \times \boldsymbol{F}_i + \boldsymbol{r}_{PO} \times \sum_{i=1}^{n}\boldsymbol{F}_i \\
&= \boldsymbol{M}_O + \boldsymbol{r}_{PO} \times \boldsymbol{F}_{\mathrm{R}} \\
&= \boldsymbol{M}_O + \boldsymbol{F}_{\mathrm{R}} \times \boldsymbol{r}_{OP}
\end{aligned}$$

即

$$\boldsymbol{M}_P = \boldsymbol{M}_O + \boldsymbol{F}_{\mathrm{R}} \times \boldsymbol{r}_{OP} \tag{13.2.13}$$

可以发现，这个关系式类似于运动学中刚体上两点速度的关系式，只需用 $\boldsymbol{M}$ 和 $\boldsymbol{F}_{\mathrm{R}}$ 分别置换 $\boldsymbol{v}$ 和 $\boldsymbol{\omega}$。

分别列出力系对不同点的主矩之间的关系式，质点系的动量对不同的点计算动量矩之间的关系式，以及基点法中计算刚体上两个不同的点的速度之间的关系式。

$$\boldsymbol{M}_B = \boldsymbol{M}_O + \boldsymbol{F}_{\mathrm{R}} \times \boldsymbol{r}_{OB}$$

$$\boldsymbol{v}_B = \boldsymbol{v}_O + \boldsymbol{\omega} \times \boldsymbol{r}_{OB}$$

$$\boldsymbol{L}_B = \boldsymbol{L}_O + \boldsymbol{p} \times \boldsymbol{r}_{OB}$$

对比三式，会发现非常类似。

注记 13.2

可以证明有类似于速度投影定理的结论：力系对空间任意两点的主矩在通过该两点的连线上的投影相等。

由力系的主矩出发，可推导对任意点的动量矩定理。

13.2.2 对任意点的动量矩定理

设图 13.3 中 O 点为固定点，$Oxyz$ 为惯性系，A 点为任意点，其绝对速度为 $\boldsymbol{v}_A$。在各质点的运动微分方程式 (12.0.1) 两端叉乘该质点相对于 A 点的矢径 $\boldsymbol{\rho}_i$ 后相加，得

$$\sum_{i=1}^{n}\boldsymbol{\rho}_i\times\frac{\mathrm{d}}{\mathrm{d}t}(m_i\boldsymbol{v}_i)=\sum_{i=1}^{n}\boldsymbol{\rho}_i\times(\boldsymbol{F}_i^{(\mathrm{i})}+\boldsymbol{F}_i^{(\mathrm{e})}) \tag{13.2.14}$$

质点系中内力总是成对出现的，且大小相等、方向相反，因此内力系对任意点的主矩为零。于是式 (13.2.14) 右端为作用在质点系上外力系对 A 点的主矩

$$\boldsymbol{M}_A^{(\mathrm{e})}=\sum_{i=1}^{n}\boldsymbol{\rho}_i\times\boldsymbol{F}_i^{(\mathrm{e})} \tag{13.2.15}$$

式 (13.2.14) 左端可以进一步写为

$$\sum_{i=1}^{n}\boldsymbol{\rho}_i\times\frac{\mathrm{d}}{\mathrm{d}t}(m_i\boldsymbol{v}_i)=\frac{\mathrm{d}\boldsymbol{L}_A}{\mathrm{d}t}-\sum_{i=1}^{n}\frac{\mathrm{d}\boldsymbol{\rho}_i}{\mathrm{d}t}\times m_i\boldsymbol{v}_i \tag{13.2.16}$$

式中

$$\boldsymbol{L}_A=\sum_{i=1}^{n}\boldsymbol{\rho}_i\times m_i\boldsymbol{v}_i \tag{13.2.17}$$

为质点系对 A 点的动量矩。将式 (13.1.3) 两边对时间求一阶导数得

$$\frac{\mathrm{d}\boldsymbol{\rho}_i}{\mathrm{d}t}=\boldsymbol{v}_i-\boldsymbol{v}_A \tag{13.2.18}$$

将式 (13.2.16) 和式 (13.2.18) 代入到式 (13.2.14)，并考虑到 $\boldsymbol{v}_i\times\boldsymbol{v}_i=0$，可得

$$\frac{\mathrm{d}\boldsymbol{L}_A}{\mathrm{d}t}=\boldsymbol{M}_A^{(\mathrm{e})}+m\boldsymbol{v}_C\times\boldsymbol{v}_A \tag{13.2.19}$$

可见，**质点系对任意点动量矩的变化仅取决于外力系的主矩，内力系不能改变质点系的动量矩。**

下面分别介绍两种特殊情况，即对固定点的动量矩定理和对质心的动量矩定理。

13.2.3　对固定点的动量矩定理及动量矩守恒

如果 A 点为固定点，即 $\boldsymbol{v}_A=0$，则由式 (13.2.19) 得

$$\frac{\mathrm{d}\boldsymbol{L}_A}{\mathrm{d}t}=\boldsymbol{M}_A^{(\mathrm{e})} \tag{13.2.20}$$

这就是**质点系对固定点的动量矩定理，即质点系对任意固定点的动量矩的变化率，等于作用在质点系上的外力系对该点的主矩**。式 (13.2.20) 在固定坐标系 $Axyz$ 中的投影形式为

$$\begin{aligned}\frac{\mathrm{d}L_x}{\mathrm{d}t}&=M_x^{(\mathrm{e})}\\\frac{\mathrm{d}L_y}{\mathrm{d}t}&=M_y^{(\mathrm{e})}\\\frac{\mathrm{d}L_z}{\mathrm{d}t}&=M_z^{(\mathrm{e})}\end{aligned} \tag{13.2.21}$$

其中 $M_x^{(\mathrm{e})}$、$M_y^{(\mathrm{e})}$ 和 $M_z^{(\mathrm{e})}$ 分别为所有外力对 x 轴、y 轴和 z 轴的矩之和，L_x、L_y 和 L_z 分别为质点系对 x 轴、y 轴和 z 轴的动量矩。式 (13.2.21) 表明，**质点系对任意固定轴的动量矩对时间的导数，等于作用在质点系上的所有外力对该轴的矩之和**。

例 13.3

质量均为 m 的两人 A 和 B 同时从静止开始爬绳，如图 13.8 所示。已知 A 的体质比 B 的体质好，因此 A 相对于绳的速率 u_1 大于 B 相对于绳的速率 u_2。不计绳子和滑轮的质量，不计轴 O 的摩擦。试问谁先到达顶端，并求绳子的移动速率 u。

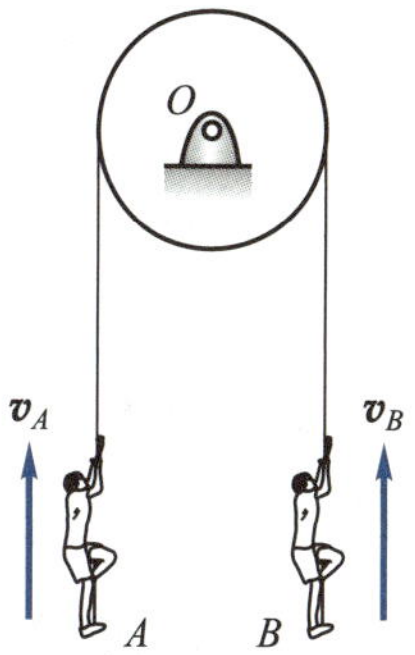

图 13.8

解　取绳、滑轮与 A 和 B 两人组成的系统为研究对象。内力系不能改变质点系的动量矩，只需考察外力系。外力系包括两人的重力和轴承的约束力。忽略轴承 O 的摩擦力，轴承的约束力对 Oz 轴的力矩为零。两人的重力对 Oz 轴的力矩之和也为零，因而所有外力对 Oz 轴的矩之和为零，系统对 Oz 轴的动量矩守恒。初始时刻两人都处于静止状态，对 Oz 轴的动量矩为零，因此两人爬绳过程中对 Oz 轴的动量矩之和为零，即

$$r(mv_B-mv_A)=0$$

由此可得 $v_A=v_B$，也就是说，尽管 A 的体质比 B 的体质好 $(u_1>u_2)$，但他们上升的速度都一样，同时到达顶端。即使 B 不爬绳 $(u_2=0)$，其还是以与 A 相同的速度上升。

设绳子移动的速率为 u。因为 $v_A = u_1 - u, v_B = u_2 + u$，所以由 $v_A = v_B$ 可解得绳子的移动速率为 $u = (u_1 - u_2)/2$。

如果作用在质点系上的外力系对固定点 A 的主矩为零，即

$$\boldsymbol{M}_A^{(\mathrm{e})} = 0$$

则由式 (13.2.20) 可知，质点系对该点的**动量矩守恒**，即

$$\boldsymbol{L}_A = \boldsymbol{C}$$

如果外力系对某定轴的矩为零，例如

$$M_z^{(\mathrm{e})} = 0$$

则质点系对该轴的动量矩守恒

$$L_z = C\ (C\ 为常数)$$

更多的情况下是对某一根轴的动量矩守恒，也就是主矩对某根轴的投影等于零，可能对其他轴的投影不等于零，这种情况下得到整个系统对某一根轴的动量矩守恒。

如图 13.9、图 13.10 所示，芭蕾舞演员和花样滑冰运动员类似自旋的动作，采用对竖直轴的动量矩定理分析起旋、加速、减速、停转的全过程。演员、运动员蹬地面、冰面，地面或冰面的反作用力产生的外力矩，使他们开始旋转。旋转过程中四肢收拢，人体对竖直轴的惯量变小，在动量矩守恒的情况下，旋转的角速度就变大，加速旋转。接下来，四肢舒展，转动惯量增大，旋转角速度变小。最后，他们蹬地面或冰面，地面或冰面的反作用力产生“刹车”力矩，最终使他们停止旋转。

图 13.9　芭蕾舞演员

图 13.10　花样滑冰运动员

13.2.4 从拉格朗日方程导出质点系动量矩定理

除了用牛顿第二定律推导动量矩定理,还可以从第二类拉格朗日方程导出动量矩定理。

第一步，解除质点系的所有约束，将约束力当作主动力，得到 n 个自由质点。

第二步，取每个质点的笛卡儿坐标为广义坐标，一共有 $3n$ 个。

计算动能

$$T=\frac{1}{2}\sum_{i=1}^{n}m_i(\dot{x}_i^2+\dot{y}_i^2+\dot{z}_i^2)$$

对广义速度、广义坐标的偏导数

$$\frac{\partial T}{\partial \dot{x}_i}=m_i\dot{x}_i=p_{ix},\quad \frac{\partial T}{\partial \dot{y}_i}=m_i\dot{y}_i=p_{iy},\quad \frac{\partial T}{\partial \dot{z}_i}=m_i\dot{z}_i=p_{iz}$$

$$\frac{\partial T}{\partial x_i}=0,\quad \frac{\partial T}{\partial y_i}=0,\quad \frac{\partial T}{\partial z_i}=0$$

根据拉格朗日方程有

$$\dot{p}_{ix}=\frac{\mathrm{d}}{\mathrm{d}t}\left(\frac{\partial T}{\partial \dot{x}_i}\right)=F_{ix},\quad \dot{p}_{iy}=\frac{\mathrm{d}}{\mathrm{d}t}\left(\frac{\partial T}{\partial \dot{y}_i}\right)=F_{iy},\quad \dot{p}_{iz}=\frac{\mathrm{d}}{\mathrm{d}t}\left(\frac{\partial T}{\partial \dot{z}_i}\right)=F_{iz}$$

进一步计算

$$\frac{\mathrm{d}}{\mathrm{d}t}(y_ip_{ix})=y_i\dot{p}_{ix}+m_i\dot{x}_i\dot{y}_i=y_iF_{ix}+m_i\dot{x}_i\dot{y}_i$$

$$\frac{\mathrm{d}}{\mathrm{d}t}(x_ip_{iy})=x_i\dot{p}_{iy}+m_i\dot{x}_i\dot{y}_i=x_iF_{iy}+m_i\dot{x}_i\dot{y}_i$$

接下来，对上两式作差，可得对 z 方向的动量矩的导数

$$\dot{L}_{iz}=\frac{\mathrm{d}}{\mathrm{d}t}(x_ip_{iy}-y_ip_{ix})=x_iF_{iy}-y_iF_{ix}=M_{iz}$$

同理可得

$$\dot{L}_{ix}=M_{ix},\quad \dot{L}_{iy}=M_{iy}$$

于是，可得每一个质点动量矩的变化率与力矩的关系

$$\dot{\boldsymbol{L}}_i=\boldsymbol{M}_i$$

对所有质点求和得到整个质点系对任意点 O 的动量矩定理

$$\dot{\boldsymbol{L}}_O=\boldsymbol{M}_O^{(\mathrm{e})}$$

13.2.5 刚体定轴转动运动微分方程

应用质点系对定轴的动量矩定理可以得到刚体定轴转动运动微分方程。

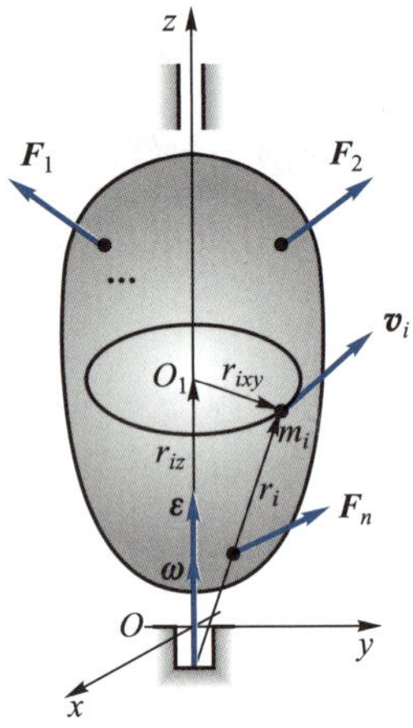

图 13.11

设刚体绕固定轴 Oz 转动 (图 13.11)，其角速度与角加速度分别为 $\boldsymbol{\omega}$ 与 $\boldsymbol{\varepsilon}$。刚体上第 i 个质点的质量为 m_i，距 O 点的距离为 r_i，距轴 Oz 的距离为 r_{ixy}，于是刚体对固定转轴 Oz 轴的动量矩为

$$
\begin{aligned}
L_z &= \boldsymbol{L}_O \cdot \boldsymbol{k} \\
&= \left[\sum_{i=1}^{n} m_i \boldsymbol{r}_i \times (\omega \boldsymbol{k} \times \boldsymbol{r}_i)\right] \cdot \boldsymbol{k} \\
&= \left[\sum_{i=1}^{n} m_i \omega {r_i}^2 \boldsymbol{k} - m_i(\omega \boldsymbol{k} \cdot \boldsymbol{r}_i)\boldsymbol{r}_i\right] \cdot \boldsymbol{k} \\
&= \left[\sum_{i=1}^{n} m_i(r_i^2 - (\boldsymbol{r}_i \cdot \boldsymbol{k})^2)\right] \omega \\
&= \left[\sum_{i=1}^{n} m_i(r_i^2 - r_{iz}^2)\right] \omega \\
&= \sum_{i=1}^{n} m_i r_{ixy}^2 \omega \\
&= J_z \omega
\end{aligned} \tag{13.2.22}
$$

式中：$J_z = \sum\limits_{i=1}^{n} m_i r_{ixy}^2$ 为刚体对 Oz 轴的**转动惯量**。

如果不计轴承的摩擦，轴承约束力对于 Oz 轴的力矩等于零，根据质点系动量矩定理，得

$$J_z \varepsilon = M_z^{(\mathrm{e})} \tag{13.2.23}$$

或

$$J_z \ddot{\varphi} = M_z^{(\mathrm{e})} \tag{13.2.24}$$

其中 φ 是刚体绕 Oz 轴转动的转角。这就是**刚体定轴转动运动微分方程**。

在固定的时间间隔内，当主动力对转轴的矩相同时，刚体的转动惯量越大，转动状态变化越小；转动惯量越小，转动状态变化越大。刚体转动惯量表现了刚体转动状态改变的难易程度，是刚体转动时惯性的度量，就像质量是刚体平动时惯性的度量一样。转动惯量不仅与物体的质量有关，而且与质量对于转动轴的分布状况有关。

对于均质物体，其转动惯量与质量的比值仅与物体的几何形状和尺寸有关。我们称

$$\rho_z = \sqrt{\frac{J_z}{m}} \tag{13.2.25}$$

为物体对 Oz 轴的**回转半径** (或**惯性半径**)，物体对 Oz 轴的转动惯量等于该物体的质量与回转半径的平方的乘积。表 13.1 列出了一些常见均质物体的转动惯量。

表 13.1　常见均质物体的转动惯量

物体的形状	简图	转动惯量
细直杆	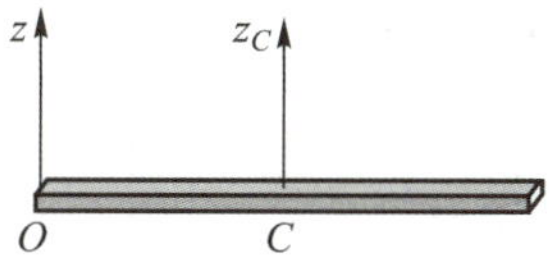	$J_{z_C}=\frac{1}{12}ml^2$ $J_z=\frac{1}{3}ml^2$
薄壁圆筒	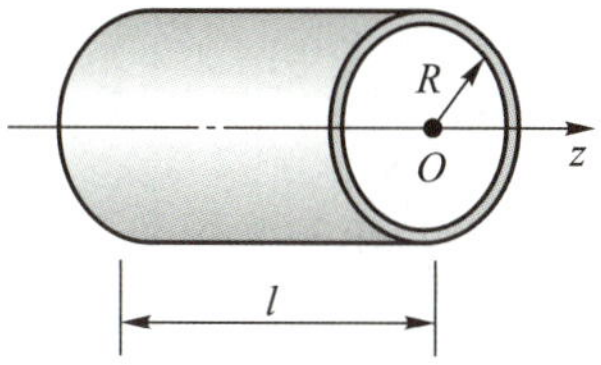	$J_z=mR^2$
圆柱	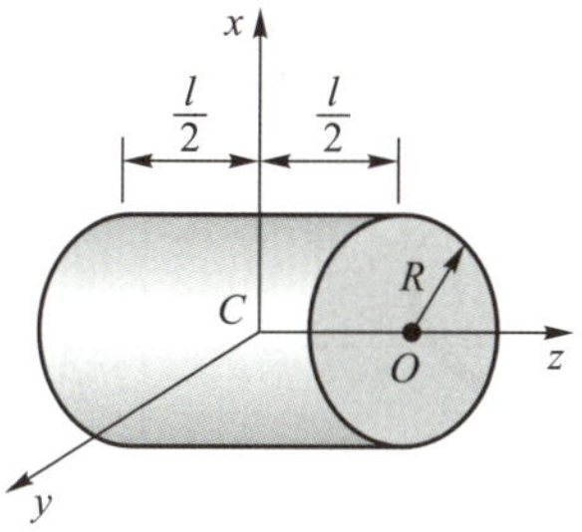	$J_z=\frac{1}{2}mR^2$ $J_x=J_y=\frac{1}{12}m(3R^2+l^2)$
空心圆柱	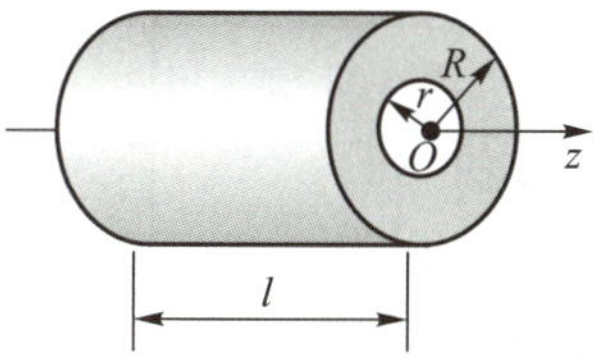	$J_z=\frac{1}{2}m(R^2+r^2)$
薄壁空心球	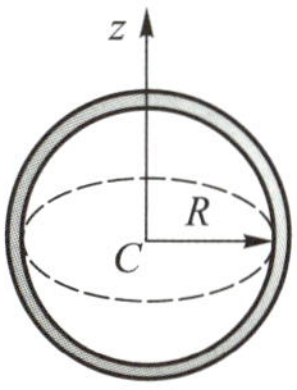	$J_z=\frac{2}{3}mR^2$
实心球	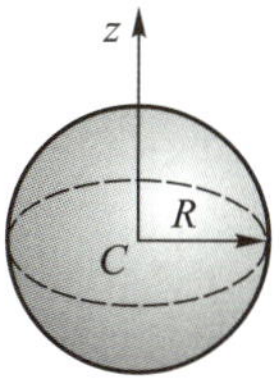	$J_z=\frac{2}{5}mR^2$

物体的形状	简图	转动惯量
圆锥体	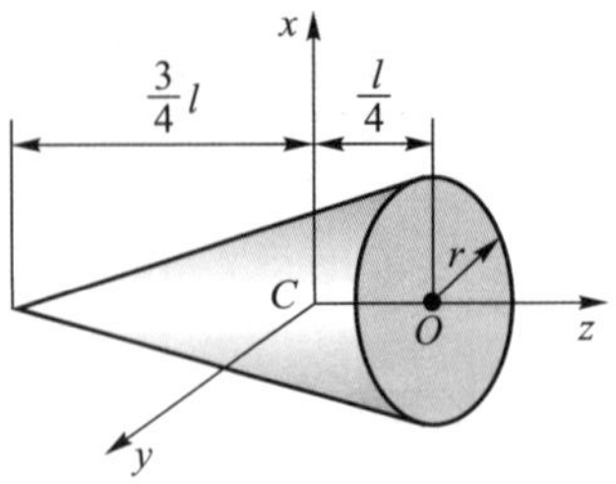	$J_z=\frac{3}{10}mr^2$ $J_x=J_y=\frac{3}{80}m(4r^2+l^2)$
圆环	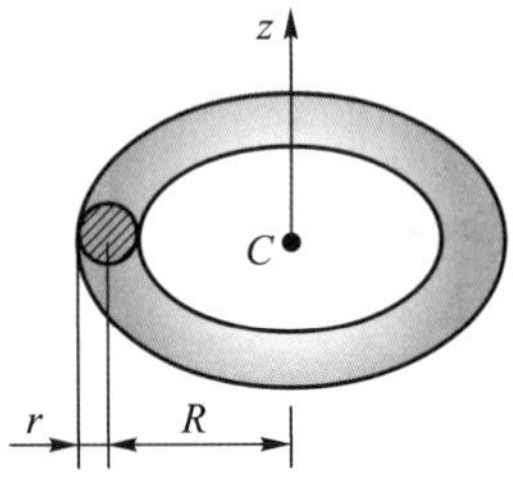	$J_z=m\left(R^2+\frac{3}{4}r^2\right)$
椭圆形薄板	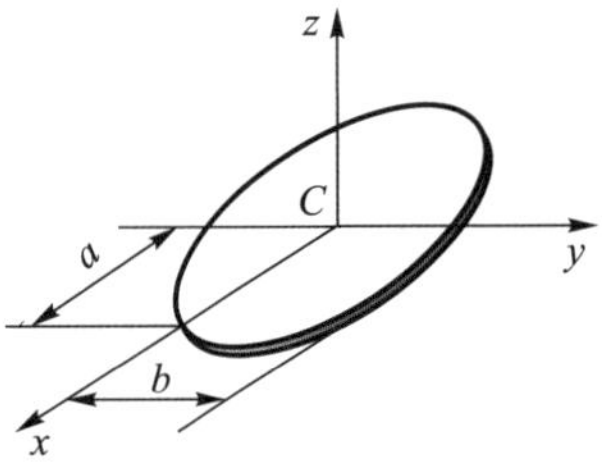	$J_z=\frac{1}{4}m(a^2+b^2)$ $J_y=\frac{1}{4}ma^2$ $J_x=\frac{1}{4}mb^2$
立方体	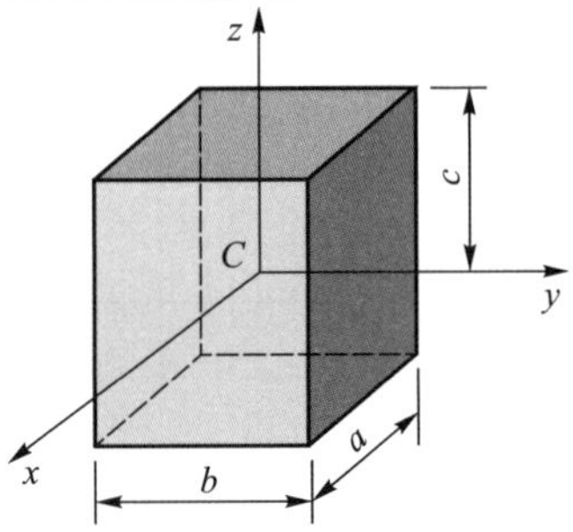	$J_z=\frac{1}{12}m(a^2+b^2)$ $J_y=\frac{1}{12}m(a^2+c^2)$ $J_x=\frac{1}{12}m(b^2+c^2)$
矩形薄板	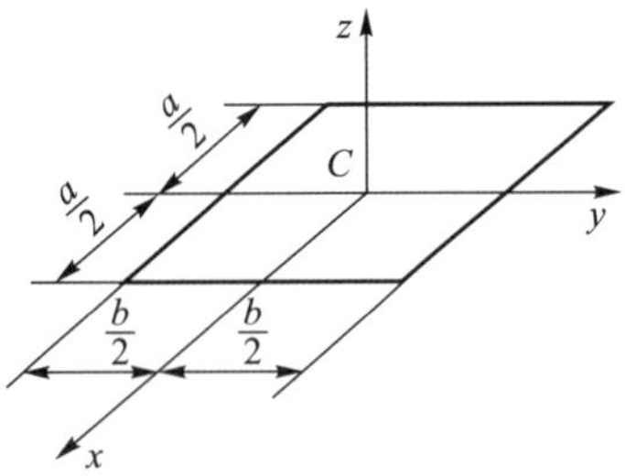	$J_z=\frac{1}{12}m(a^2+b^2)$ $J_y=\frac{1}{12}ma^2$ $J_x=\frac{1}{12}mb^2$

例 13.4

设质量为 m 的刚体悬挂在 O 点，并可绕水平轴 O 自由摆动，如图 13.12(a) 所示。这种装置称为复摆。已知刚体质心 C 点到悬挂点 O 的距离 $OC = a$，求复摆的微振动周期。

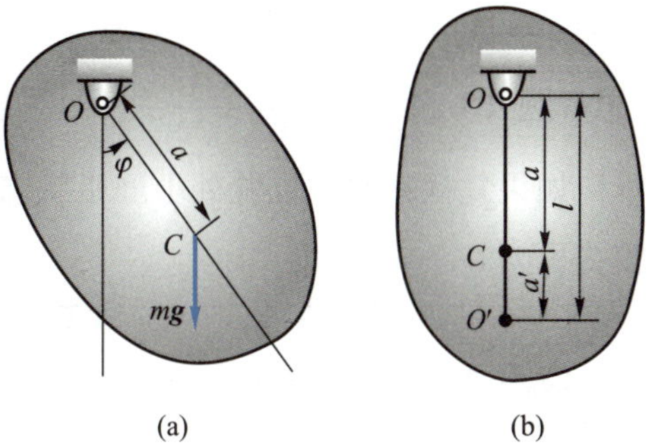

图 13.12

解　取 OC 与竖直线的夹角 φ 为广义坐标，根据式 (13.2.24) 可得刚体的运动微分方程

$$J\ddot{\varphi} = -mga\sin\varphi$$

式中：$J = J_C + ma^2$ 为刚体绕 O 轴的转动惯量；J_C 为刚体绕 C 轴的转动惯量。

令 $l = J/(ma)$，上式可以写成

$$\ddot{\varphi} + \frac{g}{l}\sin\varphi = 0$$

如摆角 φ 很小，$\sin\varphi \approx \varphi$，则运动方程为

$$\ddot{\varphi} + \frac{g}{l}\varphi = 0$$

因此刚体的微振动周期为

$$T = 2\pi\sqrt{\frac{l}{g}} = 2\pi\sqrt{\frac{J}{mga}}$$

注记 13.3

由上面的分析可见，复摆的运动规律和摆长为 l 的单摆的运动规律相同，即复摆可以等效为摆长为 l 的单摆，因此 l 称为**等效摆长**。延长线段 OC 至 O' 点，使得 $OO' = l$，如图 13.12(b) 所示。O' 点称为复摆的**摆动中心**，O 点称为复摆的**悬挂中心**。等效摆长 l 可以进一步展开为

$$l = \frac{J_C + ma^2}{ma} = a' + a$$

式中：$a' = J_C/(ma)$。

若以 O' 点为悬挂点，则复摆的等效摆长为

$$l' = \frac{J_C + ma'^2}{ma'} = a + a' = l$$

即悬挂中心和摆动中心可以相互交换，而不改变其振动周期。

利用复摆法，可以测量刚体的转动惯量和重力加速度。

思考题 13.3

如果复摆在水平位置处于静止状态，如何求将其释放后摆至铅锤位置时转动轴的约束力？

例 13.5

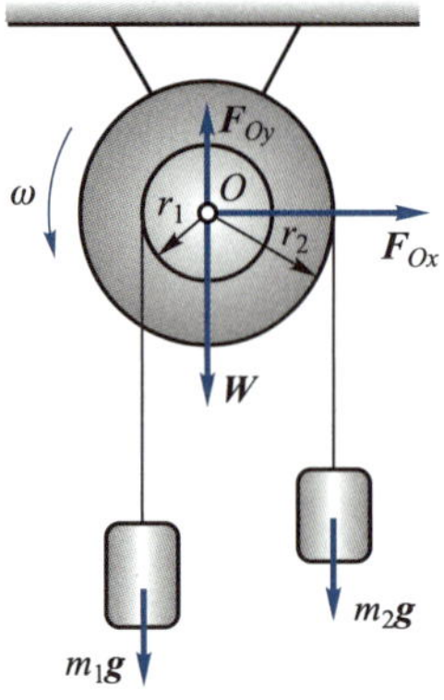

图 13.13

两个质量为 m_1 和 m_2 的重物分别系在两根不同的绳子上，两绳分别绕在半径为 r_1 和 r_2 并固结在一起的两鼓轮上，如图 13.13 所示。设鼓轮对 O 轴的转动惯量为 J_O，重量为 W。求鼓轮的角加速度和轴承的约束力。

解　取重物、绳子和鼓轮组成的系统为研究对象，质点系所受的外力如图 13.13 所示，其中 $m_1\boldsymbol{g}$、$m_2\boldsymbol{g}$ 和 $\boldsymbol{W}$ 为主动力，$\boldsymbol{F}_{Ox}$，$\boldsymbol{F}_{Oy}$ 为轴承的约束力。系统对 O 轴的动量矩为

$$L_O = (J_O + m_1 r_1^2 + m_2 r_2^2)\omega$$

由动量矩定理得

$$(J_O + m_1 r_1^2 + m_2 r_2^2)\varepsilon = (m_1 r_1 - m_2 r_2)g$$

所以鼓轮的角加速度为

$$\varepsilon = \frac{m_1 r_1 - m_2 r_2}{J_O + m_1 r_1^2 + m_2 r_2^2} g$$

由质点系动量定理得

$$0 = F_{Ox}$$

$$-m_1 r_1 \varepsilon + m_2 r_2 \varepsilon = F_{Oy} - m_1 g - m_2 g - W$$

所以轴承的约束力为

$$F_{Ox} = 0$$

$$F_{Oy} = (m_1 + m_2)g + W - \frac{(m_1 r_1 - m_2 r_2)^2}{J_O + m_1 r_1^2 + m_2 r_2^2} g$$

13.2.6 对质心的动量矩定理及守恒

前面已经讲了对固定点的动量矩定理及其守恒形式，这种较常见。还有第二种常见的情况，矩心不是固定点，但是它也是质点系中的特殊的点——质心。对质心的动量矩定理，可以用来研究航天器的姿态动力学。质心是否运动，都不影响对质心的动量矩定理的结论。

如果 A 点为质点系的质心 C，则由式 (13.2.19) 可得

$$\frac{\mathrm{d}\boldsymbol{L}_C}{\mathrm{d}t}=\boldsymbol{M}_C^{(\mathrm{e})} \tag{13.2.26}$$

这就是**质点系对质心的动量矩定理，即质点系对质心的动量矩对时间的导数，等于作用在质点系上的外力系对质心的主矩。**

其中

$$\boldsymbol{M}_C^{(\mathrm{e})}=M_{Cx}^{(\mathrm{e})}\boldsymbol{i}+M_{Cy}^{(\mathrm{e})}\boldsymbol{j}+M_{Cz}^{(\mathrm{e})}\boldsymbol{k}$$

$$\boldsymbol{L}_C=L_{Cx}\boldsymbol{i}+L_{Cy}\boldsymbol{j}+L_{Cz}\boldsymbol{k}$$

设有一个质心平动坐标系 $Cxyz$，原点在质心 C，三轴方向不变化，可以写出三个方向投影表达式（注意，三轴方向如果变化，结论不变）。

$$\frac{\mathrm{d}L_{Cx}}{\mathrm{d}t}=M_{Cx}^{(\mathrm{e})},\ \frac{\mathrm{d}L_{Cy}}{\mathrm{d}t}=M_{Cy}^{(\mathrm{e})},\ \frac{\mathrm{d}L_{Cz}}{\mathrm{d}t}=M_{Cz}^{(\mathrm{e})}$$

结论：**质点系对质心平动坐标系各轴的动量矩的变化率，等于外力对相同坐标轴的合力矩。**

例 13.6

在例 13.1 的基础上，求 A、B 轴承的约束力。

解　例 13.1 中已求得

$$\boldsymbol{L}_O=2ml^2\omega\sin\alpha\boldsymbol{k}$$

质点系动量矩 $\boldsymbol{L}_O$ 的模为常量，且始终沿着 z 轴的正方向，因此它对动坐标系 $Oxyz$ 的相对导数等于零，即

$$\frac{\tilde{\mathrm{d}}\boldsymbol{L}_O}{\mathrm{d}t}=0$$

根据矢量的绝对导数与相对导数之间的关系式可知，动量矩对时间的一阶导数为

$$\frac{\mathrm{d}\boldsymbol{L}_O}{\mathrm{d}t}=\frac{\tilde{\mathrm{d}}\boldsymbol{L}_O}{\mathrm{d}t}+\omega\times\boldsymbol{L}_O=ml^2\omega^2\sin2\alpha\boldsymbol{i}$$

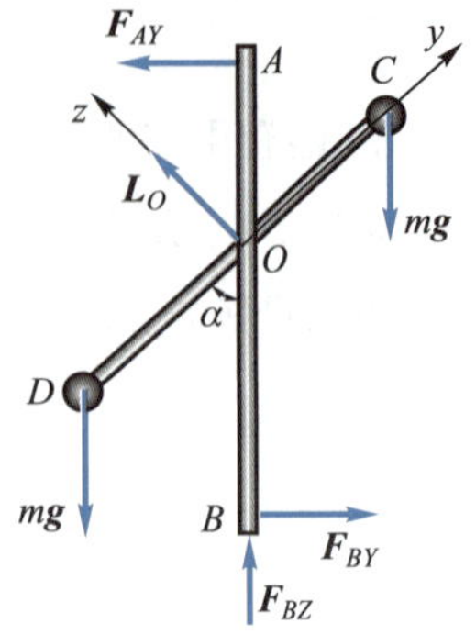

图 13.14

上式表明，质点系动量矩 L_O 对时间的一阶导数只有 $\boldsymbol{i}$ 方向上的分量，由质点系对定点的动量矩定理可以判定，轴承 A、B 处的约束力 F_{AY}、F_{BY}、F_{BZ} 方向如图 13.14 所示。坐标轴 Oz 沿 BA 方向，坐标轴 Oy 垂直于 BA，Ox、Oy、Oz 构成右手直角坐标系。由质心运动定理得

$$F_{AY}=F_{BY},\quad F_{BZ}=2mg$$

外力系对 O 点的主矩为

$$\boldsymbol{M}_O^{(\mathrm{e})}=F_{AY}h\boldsymbol{i}$$

由质点系对定点 O 的动量矩定理式 (13.2.20) 可得

$$F_{AY}=F_{BY}=\frac{ml^2\omega^2}{h}\sin 2\alpha$$

轴承约束力的方向如图 13.14 所示，它们始终位于由杆 CD 和轴 AB 所组成的平面内，也以角速度 ω 绕轴 AB 转动。

注记 13.4

本例计算可得到轴承约束力 F_{AY} 和 F_{BY}。事实上，x 方向也可能有约束力，只是暂时不用分析 x 方向，没有将其画出来。

可以看出，转速越大，侧向约束力越大，并且和角度有关。什么时候约束力最大？当 $\alpha=45°$。约束力最小的情况是 CD 与 AB 重合或者垂直。

本例的结论与转子动力学的应用有关。如果转子未沿垂直转轴方向安装，约束力会很大，对于高速的转子，容易发生事故。

以上的分析都是简化的结果。工程上，转轴也可能变形，并非完全的刚体。实际转子动起来会因变形导致偏心或偏转，约束力也可能很大。

思考题 13.4

考虑稍微复杂的情况：假设转动角速度未知，已知作用于轴 AB 上主动力矩为 $\boldsymbol{M}(t)$，求轴承 A 和 B 处的约束力。

受力分析图中未画出 $\boldsymbol{F}_{Ax}$ 和 $\boldsymbol{F}_{Bx}$，但实际这两个约束力存在，它们垂直于纸面。根据质心运动定理，二者大小相等、方向相反，形成的力矩则垂直于 AB 方向，在 y 和 z 方向有投影分量。

而 y 方向的两个约束力形成的力矩垂直纸面，主动力矩 $\boldsymbol{M}(t)$ 沿着 AB 方向，在 y 和 z 方向有投影分量。

因此，三个方向的约束力分量都未知。此时，角速度和角加速度也未知，使用

动量矩定理，相对导数的部分不等于 0。在此情况下，将主动力矩 $\boldsymbol{M}(t)$ 代入动量矩定理，逐个对比三个方向的分量。首先，对 O 点的主矩

$$\boldsymbol{M}_O = F_{AY}h\boldsymbol{i} + (M\cos\alpha + F_{Ax}h\sin\alpha)\boldsymbol{j} + (M\sin\alpha - F_{Ax}h\cos\alpha)\boldsymbol{k}$$

由动量矩定理，有

$$\boldsymbol{M}_O = \frac{\mathrm{d}\boldsymbol{L}_O}{\mathrm{d}t} = 2ml^2\varepsilon\sin\alpha\mathbf{k} + 2ml^2\omega^2\sin\alpha\cos\alpha\boldsymbol{i}$$

$\boldsymbol{j}$ 方向

$$M\cos\alpha + F_{Ax}h\sin\alpha = 0$$

可以计算出 x 方向的约束力

$$F_{Ax} = -(M/h)\cot\alpha \tag{a}$$

发现 F_{Ax} 不等于零，并且和主动力矩的大小 $M(t)$ 有关。回过头再看匀角速度时，为什么不考虑 F_{Ax}？因为匀角速度的情形下主动力矩等于零，所以 $F_{Ax} = 0$。

$\boldsymbol{i}$ 方向

$$F_{AY}h = 2ml^2\omega^2\sin\alpha\cos\alpha \tag{b}$$

$\boldsymbol{k}$ 方向

$$M\sin\alpha - F_{Ax}h\cos\alpha = 2ml^2\varepsilon\sin\alpha \tag{c}$$

将式 (a) 代入式 (c) 可得

$$M\sin^2\alpha + M\cos^2\alpha = 2ml^2\varepsilon\sin^2\alpha \tag{d}$$

即

$$2m(l\sin\alpha)^2\varepsilon = M \tag{e}$$

发现关系式 (e) 和定轴转动情况的公式一样。

由式 (d) 也能得出角加速度 $\varepsilon(t)$，积分可以得到角速度方程 $\omega(t)$，再代回式 (b)，可以求解约束力 $F_{AY}(t)$。

如果作用在质点系上的外力系对质心点 C 的主矩为零，即

$$\boldsymbol{M}_C^{(\mathrm{e})} = 0$$

则由式 (13.2.20) 可知，质点系对质心的动量矩守恒

$$\boldsymbol{L}_C = \boldsymbol{C}$$

如果外力系对某定轴的矩为零

$$M_{Cz}^{(\mathrm{e})} = 0$$

则质点系对该轴的动量矩守恒

$$L_{Cz} = C\ (C\ \text{为常数})$$

当外力系对质心平动坐标系某轴的合力矩等于零时，质点系对于该轴的动量矩保持不变。

如图 13.15 所示的花样滑冰运动，女运动员被抛出去，在空中作旋转运动的时候，没有一个固定点，可以用对质心的动量矩守恒来解释。运动员在空中想要旋转速度快，也要收紧四肢；在落地之前则会舒展四肢，让角速度变小，才容易落地站稳。舒展看起来很美观，也符合力学原理。花样滑冰是美学与力学的结合。

卫星姿态控制的一种重要方式是在卫星内安装一些高速旋转的飞轮（动量轮）。空间中的干扰力很小，因此整个系统近似动量矩守恒。如果卫星内有一个活动部件，给它加电让它开始旋转，因系统动量矩守恒，整体的卫星将反向转动。卫星内的部件旋转，而卫星整体也朝着另一个方向转动，这种方式称为动量矩交换模式，就是利用卫星内飞轮的动量矩去交换整个卫星的动量矩。这种方式原理上很清晰，但很多读者会有一个疑问：卫星内的飞轮是否必须安装在卫星的质心？实际上，将飞轮放置在卫星内不同位置，都可以实现动量矩的交换。

1998—1999 年，清华大学派出一个 8 人小组前往英国萨里大学合作研制小卫星。为了提高卫星的姿态控制精度，采用飞轮控制方案，但小组中有人担心三个飞轮若安装在质心位置，卫星内的布线会因此变得混乱无序。但实际的小卫星将三个飞轮安装在如图 13.16 所示靠近顶端的位置。

图 13.15　花样滑冰

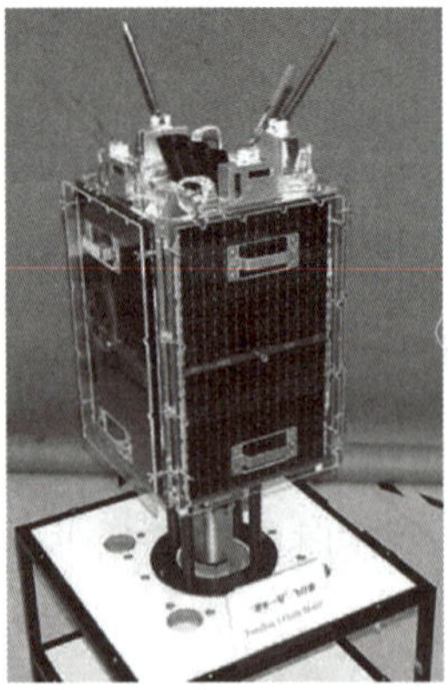

图 13.16　“清华一号”小卫星

现在的问题是：将飞轮放置在卫星哪个位置都可以实现动量矩转换吗？或者在不同位置是否会产生差异？我们可以就简化的平面情况进行推导。

例 13.7

试分析卫星飞轮的安装位置对卫星的动量矩的影响。

解　本例仅讨论平面情况，空间情况可以类似地讨论。

如图 13.17 所示，飞轮不在卫星质心 O_1 点，则其对 O_1 点动量矩为

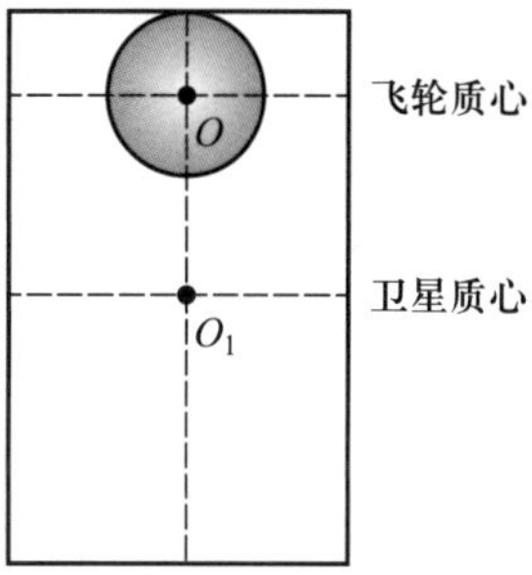

图 13.17

$$\boldsymbol{L}_{O_1}^{\mathrm{w}}=\boldsymbol{L}_{O}^{\mathrm{w}}+\boldsymbol{r}_{O_1O}\times m\boldsymbol{v}_O$$

式中：$\boldsymbol{L}_O^{\mathrm{w}}=J_O^{\mathrm{w}}\boldsymbol{\omega}_{\mathrm{a}}^{\mathrm{w}}$；$\boldsymbol{v}_O=\boldsymbol{\omega}_{\mathrm{a}}^{\mathrm{s}}\times\boldsymbol{r}_{O_1O}$；$J_O^{\mathrm{w}}$ 为飞轮对其质心的转动惯量；$\boldsymbol{\omega}_{\mathrm{a}}^{\mathrm{w}}$ 为飞轮的角速度；$\boldsymbol{\omega}_{\mathrm{a}}^{\mathrm{s}}$ 为卫星的角速度；上角标 w 表示飞轮；上角标 s 表示卫星。

卫星对质心 O_1 点的动量矩为

$$\boldsymbol{L}_{O_1}^{\mathrm{s}}=J_{O_1}^{\mathrm{s}}\boldsymbol{\omega}_{\mathrm{a}}^{\mathrm{s}}$$

式中：$J_{O_1}^{\mathrm{s}}$ 为卫星对质心的转动惯量。

飞轮角速度为

$$\boldsymbol{\omega}_{\mathrm{a}}^{\mathrm{w}}=\boldsymbol{\omega}_{\mathrm{r}}^{\mathrm{w}}+\boldsymbol{\omega}_{\mathrm{a}}^{\mathrm{s}}$$

式中：$\boldsymbol{\omega}_{\mathrm{r}}^{\mathrm{w}}$ 为飞轮相对卫星的角速度。

系统对质心的动量矩为

$$\begin{aligned}\boldsymbol{L}_{O_1}&=\boldsymbol{L}_{O_1}^{\mathrm{s}}+\boldsymbol{L}_{O_1}^{\mathrm{w}}\\&=J_{O_1}^{\mathrm{s}}\boldsymbol{\omega}_{\mathrm{a}}^{\mathrm{s}}+J_O^{\mathrm{w}}\boldsymbol{\omega}_{\mathrm{a}}^{\mathrm{w}}+mr_{O_1O}^2\boldsymbol{\omega}_{\mathrm{a}}^{\mathrm{s}}\\&=J_{O_1}^{\mathrm{s}}\boldsymbol{\omega}_{\mathrm{a}}^{\mathrm{s}}+J_O^{\mathrm{w}}(\boldsymbol{\omega}_{\mathrm{r}}^{\mathrm{w}}+\boldsymbol{\omega}_{\mathrm{a}}^{\mathrm{s}})+mr_{O_1O}^2\boldsymbol{\omega}_{\mathrm{a}}^{\mathrm{s}}\\&=J_{O_1}^{\mathrm{s}}\boldsymbol{\omega}_{\mathrm{a}}^{\mathrm{s}}+J_O^{\mathrm{w}}\boldsymbol{\omega}_{\mathrm{r}}^{\mathrm{w}}+(J_O^{\mathrm{w}}+mr_{O_1O}^2)\boldsymbol{\omega}_{\mathrm{a}}^{\mathrm{s}}\\&=J_{O_1}^{\mathrm{s}}\boldsymbol{\omega}_{\mathrm{a}}^{\mathrm{s}}+J_O^{\mathrm{w}}\boldsymbol{\omega}_{\mathrm{r}}^{\mathrm{w}}+J_{O_1}^{\mathrm{w}}\boldsymbol{\omega}_{\mathrm{a}}^{\mathrm{s}}\end{aligned}$$

记系统对质心的总转动惯量为 $J_{O_1}=J_{O_1}^{\mathrm{s}}+J_{O_1}^{\mathrm{w}}$，有

$$\boldsymbol{L}_{O_1}=(J_{O_1}^{\mathrm{s}}+J_{O_1}^{\mathrm{w}})\boldsymbol{\omega}_{\mathrm{a}}^{\mathrm{s}}+J_O^{\mathrm{w}}\boldsymbol{\omega}_{\mathrm{r}}^{\mathrm{w}}=J_{O_1}\boldsymbol{\omega}_{\mathrm{a}}^{\mathrm{s}}+J_O^{\mathrm{w}}\boldsymbol{\omega}_{\mathrm{r}}^{\mathrm{w}}$$

如果飞轮安装在卫星质心 O_1 点处，易得系统的总动量矩与上式相同，即

$$\boldsymbol{L}_{O_1}=J_{O_1}^{\mathrm{w}}\boldsymbol{\omega}_{\mathrm{a}}^{\mathrm{s}}+J_{O_1}^{\mathrm{w}}\boldsymbol{\omega}_{\mathrm{r}}^{\mathrm{w}}$$

式中：$\boldsymbol{\omega}_{\mathrm{r}}^{\mathrm{w}}$ 为飞轮**相对卫星的相对角速度**。

可见，卫星飞轮安装位置与其对卫星质心的动量矩无关。

例 13.8

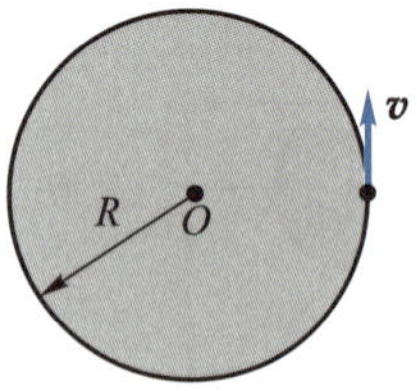

图 13.18

[典型例题]
例 13.8

在光滑水平面上放置半径为 R 的圆环，在环上有一个质量与环相同的小虫，以相对环的等速率 v 爬行，如图 13.18 所示。设开始时环与虫都静止，求环的角速度。

解　方法 1　圆环和小虫的系统的质心在 C 点

$$OC = CA = R/2$$

将矩心取在 C 点，由对质心的动量矩定理有

$$\dot{\boldsymbol{L}}_C = \boldsymbol{M}_C^{(\mathrm{e})}$$

系统对质心的动量矩守恒

$$\dot{L}_{Cz} = M_{Cz}^{(\mathrm{e})} = 0$$

则

$$L_{Cz} = C\ (C\ \text{为常数})$$

在空间中任选两点 P 点和 Q 点，由于系统的总动量为零，$\boldsymbol{v}_C = 0$，则

$$\boldsymbol{L}_Q = \boldsymbol{L}_P + m\boldsymbol{v}_C \times \boldsymbol{r}_{PQ} = \boldsymbol{L}_P$$

即，对任意两点的动量矩都相等。

圆环对中心轴 Oz 的动量矩

$$L_{Oz}^{\mathrm{r}} = J_{Oz}\omega = mR^2\omega$$

小虫对中心轴 Oz 的动量矩

$$L_{Oz}^{\mathrm{w}} = mRv_A$$

其中，小虫的绝对速度计算中牵连速度 $\boldsymbol{v}_{\mathrm{e}}$ 以 O 点为基点来计算

$$v_A = v_{\mathrm{e}} + v = v_O + \omega R + v \tag{a}$$

由系统的水平动量守恒或质心运动定理

$$mv_A + mv_O = 0$$

因此，代入式 (a)，有

$$v_A = -v_O = (\omega R + v)/2$$

于是，系统的动量矩守恒

$$L_{Oz} = L_{Oz}^{\mathrm{r}} + L_{Oz}^{\mathrm{w}} = m(v + 3\omega R)R/2 = 0$$

可求出圆环角速度

$$\omega = -\frac{v}{3R}$$

方法 2　如果仍然选共同质心为基点，设 C' 点与圆环固连，初始和 C 点重合，如图 13.19 所示，此时使用基点法计算固连的 C' 点的速度

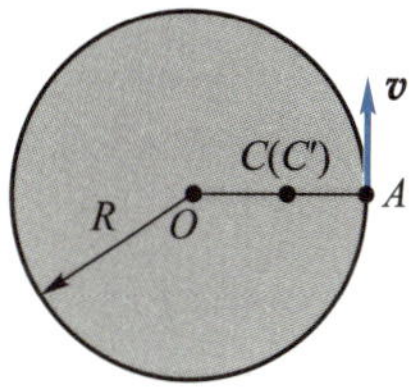

图 13.19

$$v_{C'} = v_O + \omega R/2 = -v/2$$

可见，该点速度和质心速度不同，不为零。

圆环对过 C' 点的轴 $C'z$ 的动量矩

$$L_{C'z}^{\mathrm{r}} = L_{Oz}^{\mathrm{r}} - mv_O \cdot OC' = mR^2\omega + \frac{1}{4}m(v + \omega R)R$$

计算 A 点的绝对速度，其中牵连速度可以 C' 点为基点采用基点法计算

$$v_A = v_{\mathrm{e}} + v = \left(v_{C'} + \frac{1}{2}\omega R\right) + v = \frac{1}{2}(v + \omega R)$$

小虫对过 C' 点的轴 $C'z$ 的动量矩

$$L_{C'z}^{\mathrm{w}} = \frac{1}{4}mR(v + \omega R)$$

系统的动量矩守恒

$$L_{C'z} = L_{C'z}^{\mathrm{r}} + L_{C'z}^{\mathrm{w}} = mR^2\omega + \frac{1}{2}mR(v + \omega R) = 0$$

可以解出

$$\omega = -\frac{v}{3R}$$

思考题 13.5

以下给出一种解法，结论正确但过程有问题，请思考问题出在哪儿？

圆环的质心在 O 点，加上小虫的质量，系统的质心在 C 点，如图 13.19 所示。

$$OC = CA = R/2$$

采用对质心的动量矩守恒，矩心取在 C 点。

$$\dot{\boldsymbol{L}}_C = \boldsymbol{M}_C^{(\mathrm{e})}$$
$$\dot{L}_{Cz} = M_{Cz}^{(\mathrm{e})} = 0$$

则

$$L_{Cz} = C\ (C\ 为常数)$$

先算圆环的动量矩再算小虫的动量矩。其中，小虫的动量矩由两部分组成

$$L_{Cz} = J_{Cz}\omega + \boldsymbol{r}_{CA} \times m\left(\boldsymbol{v} + \boldsymbol{v}_{\mathrm{e}}\right) \cdot \boldsymbol{k}$$

其中，牵连速度用基点法来计算

$$\boldsymbol{v}_{\mathrm{e}} = \boldsymbol{v}_C + \boldsymbol{\omega} \times \boldsymbol{r}_{CA} = \boldsymbol{\omega} \times \boldsymbol{r}_{CA} \tag{*}$$

$$\begin{aligned} L_{Cz} &= J_{Cz}\omega + mv \cdot AC + m\omega \cdot AC^2 \\ &= [mR^2 + m(R/2)^2]\omega + mRv/2 + m(R/2)^2\omega \\ &= 0 \end{aligned}$$

求出角速度

$$\omega = -\frac{v}{3R}$$

提示：系统质心 C 点是否与圆环固连？(*) 式是否成立？

13.3 典型约束的约束力的主矩

利用动量矩定理求解问题，经常需要计算约束力的主矩，下面介绍几种常见约束力的主矩。

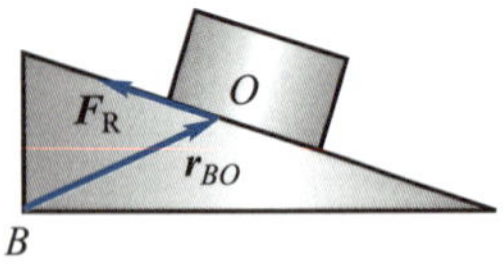

图 13.20 分布摩擦力

1. 摩擦力的主矩

摩擦力是分布力，对接触面（或者过接触点的切平面）上点的主矩恒为零。对接触面（或者过接触点的切平面）之外的一点 B 计算主矩，设 O 点是接触面的点（或者接触点），如图 13.20 所示，则

$$\boldsymbol{M}_B = \boldsymbol{M}_O + \boldsymbol{F}_{\mathrm{R}} \times \boldsymbol{r}_{OB} = \boldsymbol{F}_{\mathrm{R}} \times \boldsymbol{r}_{OB} = \boldsymbol{r}_{BO} \times \boldsymbol{F}_{\mathrm{R}} \tag{13.3.1}$$

结论：**将力系的主矢量 $\boldsymbol{F}_{\mathrm{R}}$ 看作一个作用在 O 点的集中力，计算对 B 点的力矩，即为分布摩擦力对 B 点的主矩。**因此，根据这一结论，可以把由无穷多个摩擦力组成的分布力系当作一个作用在接触点力来计算主矩，而不再需要使用积分。

2. 光滑柱铰约束力的主矩

光滑柱铰的约束力是分布力，考虑一个横截面，对圆心的主矩恒为零。对光滑柱铰的约束力形成的分布力，可以将主矢量看作一个在 O 点的集中力，对圆心之外的 B 点计算主矩。

设 O 点是圆心，则

$$\boldsymbol{M}_B = \boldsymbol{M}_O + \boldsymbol{F}_{\mathrm{R}} \times \boldsymbol{r}_{OB} = \boldsymbol{F}_{\mathrm{R}} \times \boldsymbol{r}_{OB} = \boldsymbol{r}_{BO} \times \boldsymbol{F}_{\mathrm{R}} \tag{13.3.2}$$

结论：**将力系的主矢量 $\boldsymbol{F}_{\mathrm{R}}$ 看作一个作用在 O 点的集中力，计算对 B 点的力矩，即为分布力对 B 点的主矩。**

3. 光滑球铰约束力的主矩

光滑球铰约束力是分布力，对球心的主矩恒为零，对球心之外的 B 点计算主矩。

设 O 点是球心，则

$$\boldsymbol{M}_B = \boldsymbol{M}_O + \boldsymbol{F}_{\mathrm{R}} \times \boldsymbol{r}_{OB} = \boldsymbol{F}_{\mathrm{R}} \times \boldsymbol{r}_{OB} = \boldsymbol{r}_{BO} \times \boldsymbol{F}_{\mathrm{R}} \tag{13.3.3}$$

结论：**将力系的主矢量 $\boldsymbol{F}_{\mathrm{R}}$ 看作一个作用在 O 点的集中力，计算对 B 点的力矩，即为分布力对 B 点的主矩。**

■ 13.4 刚体平面运动微分方程

在运动学中我们已经知道，刚体平面运动可以用平面图形的运动代替，我们不妨就研究刚体质心所在平面的运动。如果以质心 C 为基点，则刚体质心的坐标 x_C、y_C 和刚体绕质心平动参考系的转角 φ 完全可以确定刚体的平面运动。设在刚体质心所在平面内，有一力系 $\boldsymbol{F}_1, \boldsymbol{F}_2, \cdots, \boldsymbol{F}_n$ 作用在刚体上，如图 13.21 所示。又设 $Cx'y'$ 为质心平动参考系，则平面图形上任一点 P_i 相对质心平动参考系的速度大小为

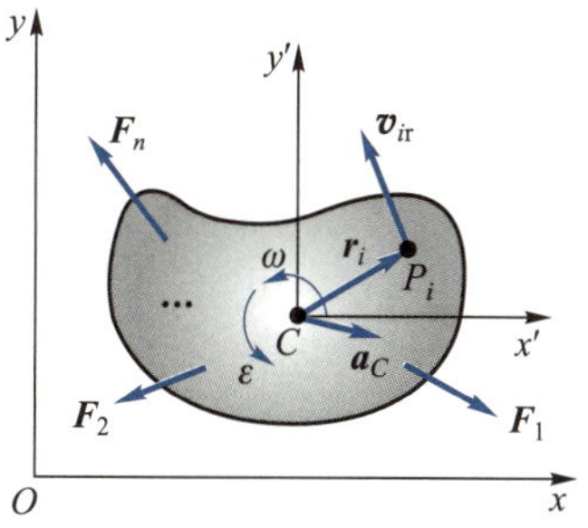

图 13.21

$$v_{\mathrm{r}i} = r_i \omega \tag{13.4.1}$$

式中：ω 为平面图形的角速度；r_i 为由 C 点到 P_i 点的距离。

于是刚体对质心的动量矩可得

$$L_C=\sum_{i=1}^{n}r_im_iv_{ri}=\sum_{i=1}^{n}m_ir_i^2\omega=J_C\omega \tag{13.4.2}$$

其中 $J_C=\sum_{i=1}^{n}m_ir_i^2$ 为刚体对 Cz 轴的转动惯量。

应用质心运动定理和对质心的动量矩定理得

$$\begin{cases}m\ddot{x}_C=F_{Rx}\\ m\ddot{y}_C=F_{Ry}\\ J_C\ddot{\varphi}=M_{Cz}\end{cases} \tag{13.4.3}$$

式中：F_{Rx} 和 F_{Ry} 分别为外力系主矢量在 x 和 y 方向上的投影；M_{Cz} 为外力系对质心 C 的主矩在 z 轴的投影。式 (13.4.3) 称为**刚体平面运动微分方程**。

例 13.9

长度为 l、质量为 m 的均质细杆 AB 位于铅垂平面内，如图 13.22(a) 所示。开始时杆 AB 直立于墙面，受微小干扰后 B 端由静止状态开始沿水平面滑动。求杆在任意位置受到墙的约束力（表示为 θ 的函数形式）。所有摩擦忽略不计。

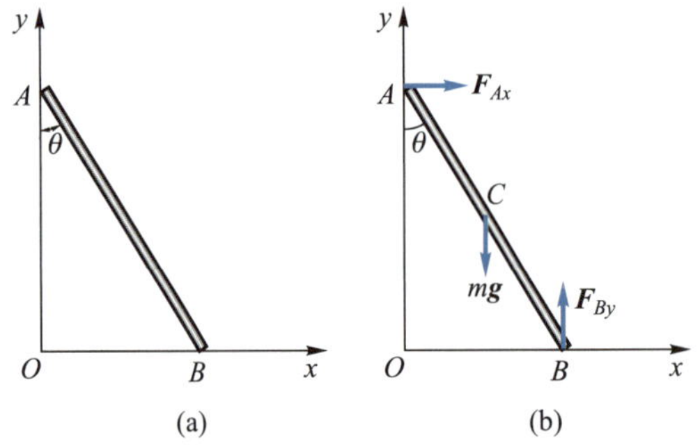

图 13.22

解　杆作平面运动，受力图如图 13.22(b) 所示。系统具有一个自由度，取 θ 为广义坐标。在任意时刻，质心 C 的坐标为

$$x_C=\frac{1}{2}l\sin\theta$$
$$y_C=\frac{1}{2}l\cos\theta$$

对时间求导得质心的加速度为

$$\ddot{x}_C=\frac{l}{2}(\ddot{\theta}\cos\theta-\dot{\theta}^2\sin\theta)$$
$$\ddot{y}_C=\frac{l}{2}(-\ddot{\theta}\sin\theta-\dot{\theta}^2\cos\theta)$$

由刚体的平面运动微分方程得

$$m\frac{l}{2}(\ddot{\theta}\cos\theta-\dot{\theta}^2\sin\theta)=F_{Ax} \tag{a}$$

$$m\frac{l}{2}(-\ddot{\theta}\sin\theta-\dot{\theta}^2\cos\theta)=F_{By}-mg \tag{b}$$

$$\frac{1}{12}ml^2\ddot{\theta} = F_{By}\frac{l}{2}\sin\theta - F_{Ax}\frac{l}{2}\cos\theta \tag{c}$$

将式 (a) 和 (b) 代入 (c) 得

$$\ddot{\theta} = \frac{3g}{2l}\sin\theta \tag{d}$$

在式 (d) 中把 $\ddot{\theta}$ 改写成 $\dot{\theta}\dfrac{\mathrm{d}\dot{\theta}}{\mathrm{d}\theta}$ 后对 θ 从 0 到 θ 进行积分，得

$$\dot{\theta}^2 = \frac{3g}{l}(1-\cos\theta) \tag{e}$$

把式 (d) 和式 (e) 代入式 (a) 得到墙对杆的约束力为

$$F_{Ax} = \frac{3}{4}mg\sin\theta(3\cos\theta - 2)$$

当 F_{Ax} 等于零时，杆将脱离墙的约束。杆脱离墙面时，杆与墙面的夹角为

$$\theta = \arccos\frac{2}{3}$$

注记 13.5

本例是典型的刚体平面运动问题。首先建立坐标系，分析所有的主动力和约束力。接下来用广义坐标刻画运动，并且用其表示平面运动方程中的加速度项。

需要注意三点。一是需要物理概念清晰，列平面运动微分方程时，把所有需要的力都考虑进来。二是关注一个常用的求解二阶常微分方程的技巧，即

$$\ddot{\theta} = \dot{\theta}\frac{\mathrm{d}\dot{\theta}}{\mathrm{d}\theta}$$

分离变量求积分，将二阶变为一阶，求出广义坐标的一阶导数。三是对结果的讨论，不同的角度，约束力大小不同，所以下滑过程中，杆不是一直紧贴墙面，它将运动到某个角度后脱离墙面。

思考题 13.6

杆脱离墙面后如何运动？

例 13.10

均质杆 AB 长度为 l，质量为 m，用两根细绳悬挂，如图 13.23(a) 所示。求当把 B 绳突然剪断时，杆 AB 的角加速度和 A 绳中的张力。

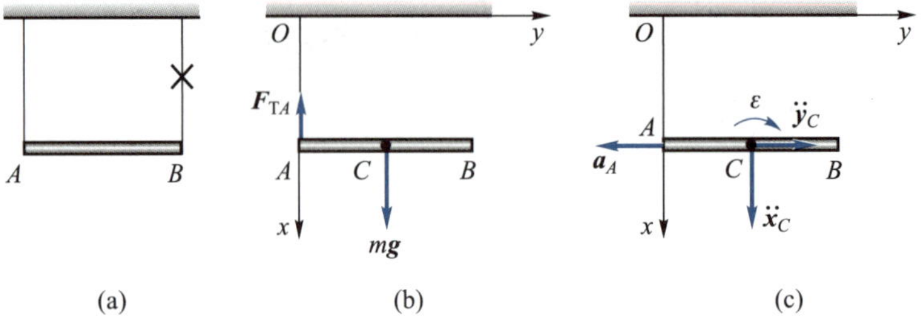

图 13.23

解　绳 B 被突然剪断时，杆 AB 的受力如图 13.23(b) 所示。此瞬时杆的角速度为零，角加速度为 ε，方向如图 13.23(c) 所示。质心加速度在 x 和 y 方向上的投影分别为 $\ddot{x}_C$ 和 $\ddot{y}_C$。绳 B 被剪断后杆 AB 将作平面运动，其运动微分方程为

$$m\ddot{x}_C = mg - F_{\mathrm{T}A} \tag{a}$$

$$m\ddot{y}_C = 0 \tag{b}$$

$$\frac{1}{12}ml^2\varepsilon = \frac{1}{2}lF_{\mathrm{T}A} \tag{c}$$

上述 3 个方程含有 4 个未知数，不能直接求解，需根据约束条件补充一个运动学方程。以 A 点为基点分析 C 点的加速度，则

$$\begin{aligned}\boldsymbol{a}_C &= \boldsymbol{a}_A + \boldsymbol{a}_{\mathrm{r}}^{\tau} + \boldsymbol{a}_{\mathrm{r}}^{\mathrm{n}} \\ &= \boldsymbol{a}_A + \boldsymbol{\varepsilon} \times \boldsymbol{r}_{AC} - \omega^2 \boldsymbol{r}_{AC}\end{aligned}$$

A 点将作圆周运动。在剪断绳 B 的瞬时，杆 AB 的角速度为零，点 A 的速度为零，所以点 A 的法向加速度为 0，只有切向加速度 $\frac{1}{2}l\varepsilon$，即 $\boldsymbol{a}_A$ 沿水平方向。将上式沿 x 轴投影，得到

$$\ddot{x}_C = \frac{1}{2}l\varepsilon \tag{d}$$

联立求解式 (a)、式 (c)、式 (d) 可得

$$\varepsilon = \frac{3g}{2l}$$

$$F_{\mathrm{T}A} = \frac{1}{4}mg$$

注记 13.6

本例根据运动微分方程中的未知数个数，判断是否需要列写运动学补充方程。作平面运动的刚体有 3 个自由度，可用刚体平面运动微分方程描述刚体的运动。但

当刚体存在约束的情况下，方程中将出现未知的约束力，只用运动微分方程无法求解所有的未知数。这时需要将反映约束条件的运动学方程与运动微分方程联立求解。

结果表明瞬时绳的拉力比静止时还要小，如何理解？静止时重力和约束力相等；运动时，用达朗贝尔的观点，重力的 3/4 被分走产生角加速度或者加速度，而 1/4 用于惯性的保持。

思考题 13.7

杆 AB 用绳 OA 和 OB 悬挂，如图 13.24 所示。请读者分析当突然把绳 OB 剪断时，如何补充运动学方程。

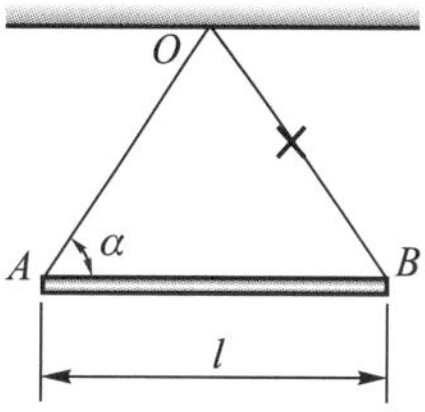

图 13.24

例 13.11

杂技演员使杂耍圆盘高速转动，并在地面上向前抛出，不久杂耍圆盘可自动返回到演员跟前。求完成这种运动所需的条件。（设开始时盘心速度为 $\boldsymbol{v}_0$，盘角速度为 ω_0，求 ω_0 与 v_0 应该满足的关系。）

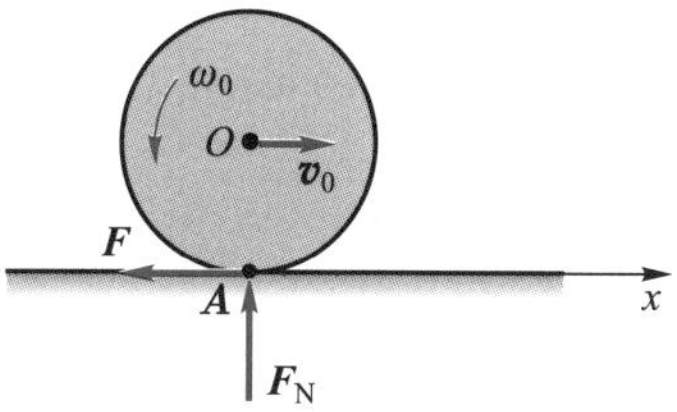

图 13.25

解　设圆盘质量为 m，半径为 R。初始时刻圆盘质心的速度大小为 v_0，角速度大小为 ω_0，方向如图 13.25 所示。

在任意时刻 t，圆盘质心的速度大小为 v，角速度大小为 ω，则圆盘上与地面接触点的速度为

$$\boldsymbol{v}_A(t) = \boldsymbol{v}(t) + R\omega(t)\boldsymbol{i}$$

在圆盘抛出后的一段时间内，$v_A > 0$，即圆盘相对地面有沿 x 方向的滑动，因此摩擦力 $\boldsymbol{F} = -\mu mg\boldsymbol{i}$。

由平面运动微分方程

$$\begin{cases} m\dfrac{\mathrm{d}v}{\mathrm{d}t} = -\mu mg \\ \dfrac{1}{2}mR^2\dfrac{\mathrm{d}\omega}{\mathrm{d}t} = -\mu mgR \end{cases} \tag{a}$$

解得

$$v = v_0 - \mu g t, \qquad \omega = \omega_0 - \frac{2\mu g}{R}t \tag{b}$$

这表明，如果初始时刻 $v_A(t_0) = v_0 + R\omega_0 > 0$，则由于摩擦力的作用，圆盘质心速度越来越小，转动角速度也越来越小。圆盘上与地面接触点的速度为

$$v_A = v + R\omega = v_0 + R\omega_0 - 3\mu g t$$

直至 t^* 时刻，$v_A(t^*) = 0$，即

$$t^* = \frac{v_0 + R\omega_0}{3\mu g}$$

当 $t = t^*$ 时，圆盘与地面之间不再有相对滑动，v_A 和摩擦力同时变为零。

因此，当 $t > t^*$ 时，根据前述章节的分析，圆盘作纯滚动时与地面的静摩擦力为零，圆盘在水平方向上又不受其他外力的作用，故此后圆盘将保持匀角速纯滚动。由式 (b) 可得圆盘在时刻 t^* 时的质心速度和角速度分别为

$$v^* = \frac{2v_0 - R\omega_0}{3}$$
$$\omega^* = \frac{R\omega_0 - 2v_0}{3R}$$

可见，可以往回滚动时 $v^* < 0$，即 $\omega_0 > 2v_0/R$。在这种条件下，圆盘从时刻 $t' = v_0/(\mu g)$（$t' < t^*$）开始连滚带滑地往回滚，而在 t^* 时刻以后就是无滑动地往回滚。将式 (b) 的第一式对时间 t 从 0 到 t' 积分可得圆盘所走的最远距离是 $v_0^2/(2\mu g)$。

还可以思考，如果 $\omega_0 = 2v_0/R$，圆盘将如何运动？

在上面的分析中忽略了滚动摩擦的影响。事实上，从时刻 t^* 开始，圆盘不受静摩擦力的作用，但受到滚动摩擦的作用，故圆盘不会无限地滚下去。

注记 13.7

本例背景是一个杂技表演。演员抛出旋转的圆轮沿地面滚动，演员适时招手，圆轮仿佛有生命被其召回。这背后蕴含力学原理。

初步分析，如果有摩擦力，圆轮质心速度会随时间减小。再根据对质心的动量矩定理，角速度也随时间减小。

此外，本例的重点在于分类讨论不同阶段不同速度和角速度情况所对应的情形。

情况 1：抛出后，速度和角速度均减少，直到接触点速度为零。此时演出成功

的关键在于找出临界的时刻，找准时间进行招手表演，增加表演效果。

情况 2：圆环要往回走的条件，在于临界时刻其接触点速度已经反号了。

最终的结论是初始角速度必须足够大。对演员来说，只要初始圆圈转得足够快即可完成杂技表演。

13.5 对速度瞬心的动量矩定理讨论

我们考虑刚体平面运动，记 $\boldsymbol{\rho}$ 为速度瞬心 A 到质心 C 的矢径，瞬时 $v_A=0$，则由式 (13.2.19) 可得

$$\frac{\mathrm{d}\boldsymbol{L}_A}{\mathrm{d}t}=\boldsymbol{M}_A^{(\mathrm{e})}$$

刚体对瞬心 A 的动量矩可写作

$$\boldsymbol{L}_A=J_C\boldsymbol{\omega}+m\boldsymbol{\rho}\times\boldsymbol{v}_C$$

又考虑到 A 点是速度瞬心，即 $v_A=0$，故

$$\boldsymbol{v}_C=\boldsymbol{\omega}\times\boldsymbol{\rho} \tag{13.5.1}$$

于是，有

$$\begin{aligned}\boldsymbol{L}_A&=J_C\boldsymbol{\omega}+m\boldsymbol{\rho}\times(\boldsymbol{\omega}\times\boldsymbol{\rho})\\&=J_C\boldsymbol{\omega}+m(\boldsymbol{\rho}\cdot\boldsymbol{\rho})\boldsymbol{\omega}-m(\boldsymbol{\rho}\cdot\boldsymbol{\omega})\boldsymbol{\rho}\\&=(J_C+m\rho^2)\boldsymbol{\omega}=J_A\boldsymbol{\omega}\end{aligned} \tag{13.5.2}$$

写成标量形式

$$L_A=J_A\omega$$

对上式求导，得

$$\frac{\mathrm{d}L_A}{\mathrm{d}t}=J_A\varepsilon \tag{13.5.3}$$

这样就得到平面运动刚体对瞬时速度中心动量矩定理的表达式

$$J_A\varepsilon=M_A^{(\mathrm{e})} \tag{13.5.4}$$

下面尝试用式 (13.5.4) 求解几个例题。

例 13.12

采用对瞬心 D 的动量矩定理，求解例 13.9。

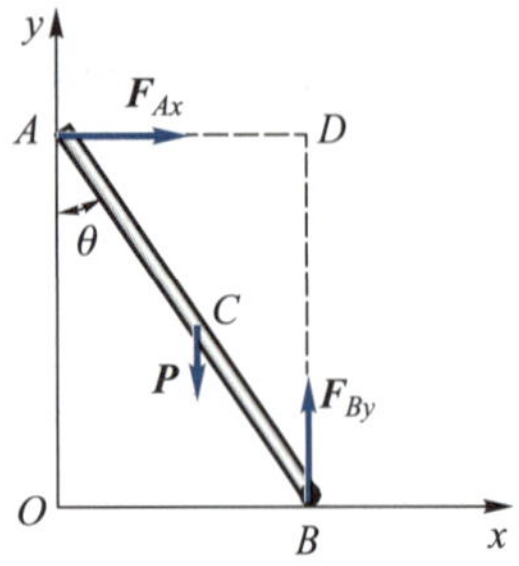

图 13.26

解　如图 13.26 所示，对瞬心 D 的动量矩为

$$L_D = J_D\omega = \left(\frac{1}{12}ml^2 + \frac{1}{4}ml^2\right)\omega = \frac{1}{3}ml^2\dot{\theta}$$

由于瞬心 D 到质心 C 的距离不变，由对 D 点的动量矩定理

$$\frac{1}{3}ml^2\ddot{\theta} = \frac{1}{2}mgl\sin\theta$$

解得

$$\ddot{\theta} = \frac{3g}{2l}\sin\theta$$

例 13.13

［典型例题］
例 13.13

质量为 m、半径为 R 的均质圆盘沿倾角为 α 的斜面作纯滚动，如图 13.27 所示。试求圆盘的质心加速度和斜面对圆盘的约束力。不计滚动摩擦。

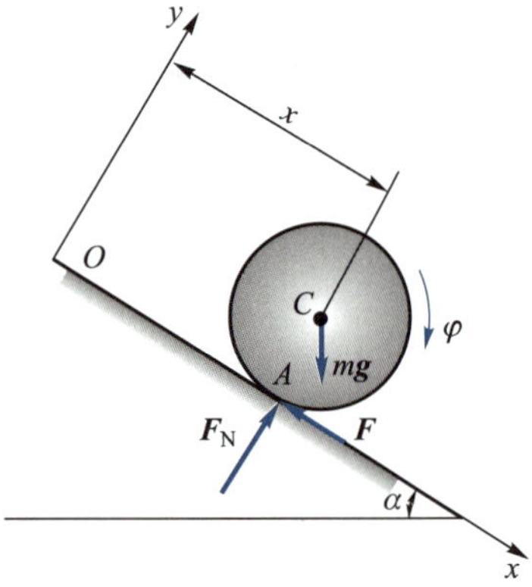

图 13.27

解　纯滚动的圆盘具有一个自由度，取 x 为广义坐标。圆盘的受力图如图 13.27 所示。由刚体平面运动微分方程得出

$$m\ddot{x} = mg\sin\alpha - F \tag{a}$$

$$0 = F_{\rm N} - mg\cos\alpha \tag{b}$$

$$\frac{1}{2}mR^2\ddot{\varphi} = FR \tag{c}$$

以上方程组中，第二个方程等价于一个静力学条件，只有第一个和第三个方程之间有联系。3 个方程中有 4 个未知数，需补充一个方程后才能求解。由于圆盘只滚不滑，故采用纯滚动的条件 $\dot{x} = R\dot{\varphi}$，再求导

$$\ddot{x} = R\ddot{\varphi} \tag{d}$$

联立以上 4 个方程求得

$$\ddot{x} = \frac{2}{3}g\sin\alpha,\quad F = \frac{1}{3}mg\sin\alpha,\quad F_{\rm N} = mg\cos\alpha \tag{e}$$

由式 (e) 可见，观察结果可知，运动时摩擦力变小了，只是静止情况的三分之一，另外三分之二用来产生加速度了。

注记 13.8

纯滚动与静摩擦力。圆盘在斜面上作纯滚动时，静摩擦力的大小与斜面倾角 α 有关。如果圆盘在水平面上作纯滚动，在水平方向没有作用力时，静摩擦力为零。没有摩擦力圆盘还能保持纯滚动吗？

思想实验：假设空间站中，圆盘初始轮心速度和角速度满足纯滚动条件，它能否保持这一运动？显然能。看来保持纯滚动并不一定需要摩擦力。

我们区分平面和斜面的情况、初始和瞬时的情况来讨论。

（1）圆盘沿水平地面纯滚动。

① 若初始时，圆心速度和圆盘角速度为常量，接触点速度为零，加速度水平分量为零，因此接触点与地面无相对滑动也无相对滑动趋势，摩擦力为零。

② 此后，若仍然没有摩擦力，且在水平方向没有主动力，则圆盘保持纯滚动。因此，对平面情况无须摩擦力也可以保持纯滚动。

（2）圆盘沿斜面纯滚动。

① 若初始时，圆盘盘心速度和圆盘角速度为常量，接触点速度为零，加速度沿着斜面方向分量为零，因此接触点与地面无相对滑动也无相对滑动趋势，摩擦力为零。

② 此后，若仍然没有摩擦力，重力使质心加速，但没有力矩加速圆盘转动，纯滚动则将无法保持；若有摩擦力，它既可加速圆盘转动又可减缓圆盘的质心加速，从而使纯滚动得以保持。

注记 13.9

圆盘不打滑的条件。圆盘在斜面上保持纯滚动需要摩擦力，只有当静摩擦力 F 小于最大静摩擦力 $\mu_s F_N$ 时，圆盘才能只滚不滑，即不打滑，此为补充方程。因此圆盘在斜面上不打滑的条件为

$$\mu_s \geqslant \frac{1}{3}\tan\alpha \tag{f}$$

如果式 (f) 不满足，静摩擦因数 μ_s 较小，则圆盘会又滚又滑。纯滚动运动方程不再成立，圆盘的运动具有两个自由度，可取 x 和 φ 为广义坐标。此时图 13.27 中的 $\boldsymbol{F}$ 变为动摩擦力

$$F = \mu F_N \tag{g}$$

其中 μ 为动摩擦因数。在这种情况下，圆盘的运动微分方程式 (a) ~ 式 (c) 在形式上并没有发生变化，只是补充方程变为式 (g)，而不是式 (d)。联立求解式 (a) ~ 式 (c) 和式 (g) 可以得到

$$\ddot{x} = g(\sin\alpha - \mu\cos\alpha)$$
$$\ddot{\varphi} = 2\frac{\mu g}{R}\cos\alpha$$

上面两个例题用式 (13.5.4) 求解很方便。不过，也确实有一些问题，用式 (13.5.4) 求解会得出错误的结果。我们来看下面的例子。

例 13.14

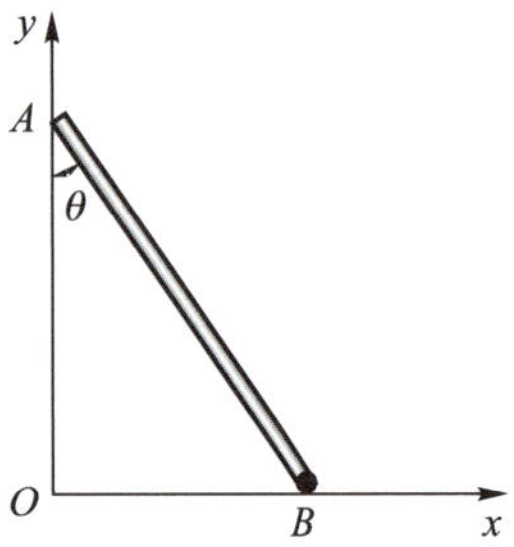

图 13.28

如图 13.28 所示长度为 l、质量为 m 的均质杆，在 B 点增加一个质量相同的集中质量，仍位于铅垂平面内。开始时 AB 直立于墙面，受微小干扰后 B 端由静止状态开始沿水平面滑动。求杆在任意位置的角加速度（表示为 θ 和 $\dot{\theta}$ 的函数形式）。所有摩擦不计。

解　方法 1（对质心的动量矩定理）

系统作平面运动，且具有一个自由度，取 θ 为广义坐标。在任意时刻，系统质心 C 的坐标为

$$x_C = \frac{3}{4}l\sin\theta$$
$$y_C = \frac{1}{4}l\cos\theta$$

对时间求导得质心的加速度为

$$\ddot{x}_C = \frac{3l}{4}(\ddot{\theta}\cos\theta - \dot{\theta}^2\sin\theta)$$
$$\ddot{y}_C = -\frac{l}{4}(\ddot{\theta}\sin\theta + \dot{\theta}^2\cos\theta)$$

系统对质心的转动惯量

$$J_C = \frac{1}{12}ml^2 + m\left(\frac{l}{4}\right)^2 + m\left(\frac{l}{4}\right)^2 = \frac{5}{24}ml^2$$

由刚体的平面运动微分方程得

$$2m\frac{3l}{4}(\ddot{\theta}\cos\theta - \dot{\theta}^2\sin\theta) = F_{Ax} \tag{a}$$

$$-2m\frac{l}{4}(\ddot{\theta}\sin\theta+\dot{\theta}^2\cos\theta)=F_{By}-2mg \tag{b}$$

$$\frac{5}{24}ml^2\ddot{\theta}=F_{By}\frac{l}{4}\sin\theta-F_{Ax}\frac{3l}{4}\cos\theta \tag{c}$$

将式 (a) 和式 (b) 代入式 (c) 得

$$\ddot{\theta}=\frac{3\sin\theta(g+2\cos\theta\dot{\theta}^2l)}{2(1+3\cos^2\theta)l} \tag{d}$$

方法 2（对瞬心的动量矩求导）

如图 13.29 所示，D 点为系统的速度瞬心。对瞬心 D 的动量矩为

$$\boldsymbol{L}_D=\boldsymbol{L}_C+\boldsymbol{r}_{DC}\times 2m\boldsymbol{v}_C$$

即

$$L_D=J_C\dot{\theta}+2m\left(\frac{1}{16}l^2\dot{\theta}+\frac{1}{2}l^2\cos^2\theta\dot{\theta}\right)=\frac{1}{3}ml^2\dot{\theta}+ml^2\cos^2\theta\dot{\theta} \tag{e}$$

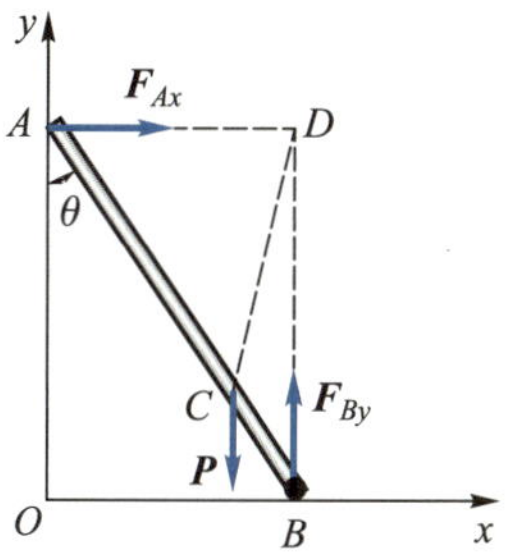

图 13.29

对 D 点的动量矩定理

$$\frac{\mathrm{d}L_D}{\mathrm{d}t}=\frac{1}{2}mgl\sin\theta$$

将式 (e) 求导，并代入上式解得

$$\ddot{\theta}=\frac{3\sin\theta(g+4\cos\theta\dot{\theta}^2l)}{2l(1+3\cos^2\theta)} \tag{f}$$

与解法一 (d) 结论不同。

下面我们讨论一下，例 13.14 的两种解法得到结果为什么不一致。我们回顾一下，在式 (13.5.2) 推导过程中利用了式 (13.5.1)，而式 (13.5.1) 是瞬时成立的，不能对其做求导运算。因此，无法保证求导得到的式 (13.5.3) 是正确的。

现在我们重新推导平面运动刚体对速度瞬心的动量矩定理。设刚体质心为 C，刚体角速度为 $\boldsymbol{\omega}$，在刚体或其延拓部分上任意给定一个点 A，令 $\boldsymbol{r}_{AC}=\boldsymbol{\rho}$，则刚体对 A 点的动量矩可以写为

$$\boldsymbol{L}_A=\boldsymbol{L}_C+\boldsymbol{r}_{AC}\times m\boldsymbol{v}_C \tag{13.5.5}$$

由质点系对任意点的动量矩定理有

$$\frac{\mathrm{d}\boldsymbol{L}_A}{\mathrm{d}t}=\boldsymbol{M}_A^{(\mathrm{e})}-\boldsymbol{v}_A\times m\boldsymbol{v}_C \tag{13.5.6}$$

将式 (13.5.5) 代入式 (13.5.6) 可得

$$\begin{aligned}\frac{\mathrm{d}\boldsymbol{L}_A}{\mathrm{d}t}&=\frac{\mathrm{d}\boldsymbol{L}_C}{\mathrm{d}t}+\frac{\mathrm{d}}{\mathrm{d}t}(\boldsymbol{r}_{AC}\times m\boldsymbol{v}_C)\\&=J_C\frac{\mathrm{d}\boldsymbol{\omega}}{\mathrm{d}t}+\frac{\mathrm{d}\boldsymbol{r}_{AC}}{\mathrm{d}t}\times m\boldsymbol{v}_C+\boldsymbol{r}_{AC}\times\frac{\mathrm{d}m\boldsymbol{v}_C}{\mathrm{d}t}\\&=J_C\boldsymbol{\varepsilon}+(\boldsymbol{v}_C-\boldsymbol{v}_A)\times m\boldsymbol{v}_C+\boldsymbol{r}_{AC}\times m\boldsymbol{a}_C\\&=J_C\boldsymbol{\varepsilon}-\boldsymbol{v}_A\times m\boldsymbol{v}_C+\boldsymbol{r}_{AC}\times m\boldsymbol{a}_C\end{aligned} \tag{13.5.7}$$

从而得到

$$J_C\boldsymbol{\varepsilon}-\boldsymbol{v}_A\times m\boldsymbol{v}_C+\boldsymbol{r}_{AC}\times m\boldsymbol{a}_C=\boldsymbol{M}_A^{(\mathrm{e})}-\boldsymbol{v}_A\times m\boldsymbol{v}_C$$

即

$$J_C\boldsymbol{\varepsilon}+\boldsymbol{r}_{AC}\times m\boldsymbol{a}_C=\boldsymbol{M}_A^{(\mathrm{e})} \tag{13.5.8}$$

其中

$$\begin{aligned}\boldsymbol{r}_{AC}\times\boldsymbol{a}_C&=\boldsymbol{r}_{AC}\times(\boldsymbol{a}_A+\boldsymbol{\varepsilon}\times\boldsymbol{r}_{AC}-\omega^2\boldsymbol{r}_{AC})\\&=\boldsymbol{r}_{AC}\times\boldsymbol{a}_A+\rho^2\boldsymbol{\varepsilon}-0\\&=\boldsymbol{r}_{AC}\times\boldsymbol{a}_A+\rho^2\boldsymbol{\varepsilon}\end{aligned} \tag{13.5.9}$$

将式 (13.5.9) 代入式 (13.5.8)，可得

$$J_C\boldsymbol{\varepsilon}+m\rho^2\boldsymbol{\varepsilon}+\boldsymbol{r}_{AC}\times m\boldsymbol{a}_A=\boldsymbol{M}_A^{(\mathrm{e})} \tag{13.5.10}$$

根据平行轴定理，有 $J_A=J_C+m\rho^2$，则

$$J_A\boldsymbol{\varepsilon}+\boldsymbol{r}_{AC}\times m\boldsymbol{a}_A=\boldsymbol{M}_A^{(\mathrm{e})} \tag{13.5.11}$$

式 (13.5.11) 是平面运动刚体对任意点的动量矩定理的一般表达形式。当 $\boldsymbol{r}_{AC}=0$，或者 $\boldsymbol{a}_A=0$，或者 $\boldsymbol{a}_A$ 与 $\boldsymbol{r}_{AC}$ 平行，就会得到 $J_A\boldsymbol{\varepsilon}=\boldsymbol{M}_A^{(\mathrm{e})}$，也就是说，式 (13.5.4) 在以上特定条件下正确。

在式 (13.5.11) 中，$\boldsymbol{r}_{AC}$ 是从速度瞬心指向刚体质心的矢量。根据文献①，纯滚动刚体的瞬心（刚体上与固定面接触点）加速度总是沿着法线指向曲率中心，对于例 13.9（或例 13.12）、例 13.13，瞬心加速度方向都指向刚体形心（杆中心点、圆盘中心）C。对于这

① 推荐阅读文献：李海龙，水小平，刘海燕. 在固定曲面上作平面纯滚动刚体的接触点加速度 [J]. 力学与实践，2008，30（1）：90-91.

类形状规则的均质刚体，形心恰好也是质心，$\boldsymbol{a}_A$ 与 $\boldsymbol{r}_{AC}$ 总是平行的，因此，式 (13.5.11) 左端第二项为零，这时式 (13.5.4) 恰好是正确的。但对于例 13.14 来说，刚体的形心并不是质心，式 (13.5.11) 左端第二项不总是零，式 (13.5.4) 就不总是正确的了，只有在一些特殊瞬时（刚体运动到一些特殊位置）才成立。

我们再回来讨论例 13.14。瞬心在固定坐标系中的轨迹称为定瞬心轨迹，在固连坐标系中的轨迹称为动瞬心轨迹。如图 13.30 所示，杆的动瞬心轨迹是以杆中点为原点，半径为 $l/2$ 的二分之一的圆周，而定瞬心的轨迹是以 O 点为圆心，半径为 l 的四分之一的圆周。动瞬心 D 的加速度为

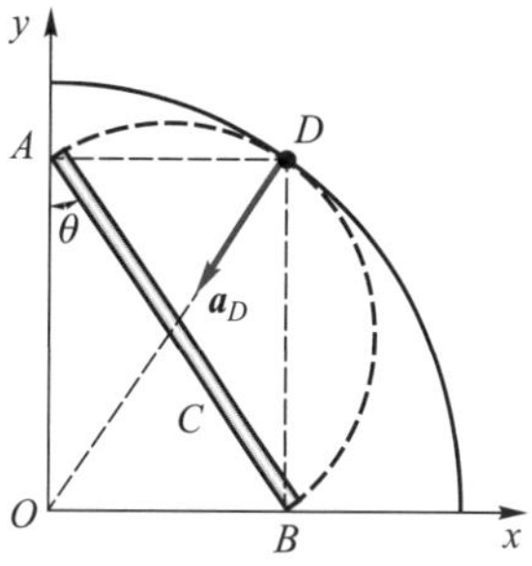

图 13.30

$$\boldsymbol{a}_D = \frac{\rho_1\rho_2\omega^2}{\rho_2-\rho_1}\boldsymbol{n}$$

式中：ρ_1 和 ρ_2 分别为动瞬心轨迹和定瞬心轨迹在 D 点的曲率半径，即 $\rho_1=l/2$ 和 $\rho_2=l$；$\boldsymbol{n}$ 为主法线方向上指向曲率中心的单位矢量。

可计算出 A 点加速度的大小为

$$a_D = \frac{l^2/2}{l-l/2}\dot{\theta}^2 = l\dot{\theta}^2$$

加速度方向指向杆中点，故

$$\boldsymbol{a}_D = -l\dot{\theta}^2(\sin\theta\boldsymbol{i}+\cos\theta\boldsymbol{j})$$

应用对速度瞬心的动量矩定理 [式 (13.5.11)]，可求出

$$\ddot{\theta} = \frac{3\sin\theta(g+2\cos\theta\dot{\theta}^2 l)}{2l(1+3\cos^2\theta)}$$

与解法一结果 (d) 相同。

思考题 13.8

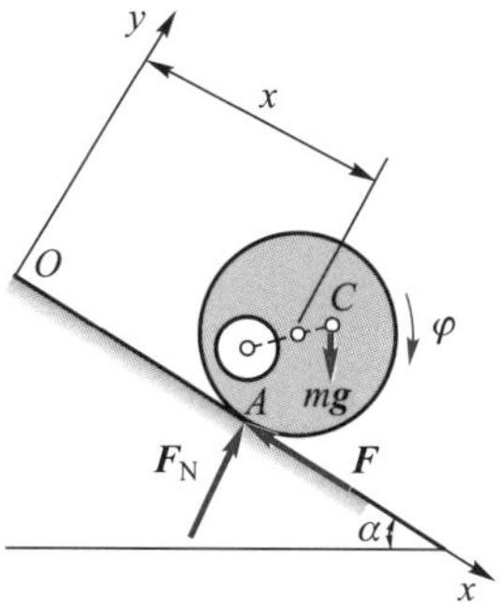

图 13.31

如果例 13.13 所示圆盘是非均质的，如图 13.31 所示，圆盘被挖掉一块，质心不在圆盘中心点。在什么情况下可以使用式 (13.5.4) 求解？[提示：尽管 $\boldsymbol{a}_A$ 与 $\boldsymbol{r}_{AC}$ 不总是平行，但在某些瞬时，它们平行，式 (13.5.4) 在这些瞬时成立。]

■ 本讲小结

质点系对点 O 的动量矩

$$\boldsymbol{L}_O=\sum_{i=1}^{n}\boldsymbol{r}_i\times m_i\boldsymbol{v}_i$$

质点系的动量矩与矩心的选取有关。质点系对任意两点 O 点和 A 点的动量矩之间的关系为

$$\boldsymbol{L}_O=\boldsymbol{L}_A+\boldsymbol{r}_{OA}\times\boldsymbol{p}$$

质点系对质心的绝对动量矩等于质点系对质心平动系的相对动量矩，即

$$\boldsymbol{L}_C=\sum_{i=1}^{n}\boldsymbol{\rho}_i\times m_i\boldsymbol{v}_i=\sum_{i=1}^{n}\boldsymbol{\rho}_i\times m_i\boldsymbol{v}_{\mathrm{r}i}$$

质点系动量矩定理建立了质点系的动量矩的变化与外力主矩之间的关系：

A为任意动点时 $$\frac{\mathrm{d}\boldsymbol{L}_A}{\mathrm{d}t}=\boldsymbol{M}_A^{(\mathrm{e})}+m\boldsymbol{v}_C\times\boldsymbol{v}_A$$

A为固定点时 $$\frac{\mathrm{d}\boldsymbol{L}_A}{\mathrm{d}t}=\boldsymbol{M}_A^{(\mathrm{e})}$$

C为质点系的质心时 $$\frac{\mathrm{d}\boldsymbol{L}_C}{\mathrm{d}t}=\boldsymbol{M}_C^{(\mathrm{e})}\quad\text{或}\quad\frac{\mathrm{d}\boldsymbol{L}_{C\mathrm{r}}}{\mathrm{d}t}=\boldsymbol{M}_C^{(\mathrm{e})}$$

动量定理与对质心的动量矩定理给出了刚体运动的动力学描述，其中前者描述刚体质心的运动，后者描述刚体相对质心平动坐标系的转动。

刚体定轴转动运动微分方程： $J_z\varepsilon=M_z$ 或 $J_z\ddot{\varphi}=M_z$。

刚体平面运动微分方程： $m\ddot{x}_C=F_{\mathrm{R}x}$，$m\ddot{y}_C=F_{\mathrm{R}y}$，$J_C\ddot{\varphi}=M_{Cz}$。

平面运动刚体对瞬心的动量矩定理有如下形式:

（1）一般形式

$$J_A\boldsymbol{\varepsilon}+\boldsymbol{r}_{AC}\times m\boldsymbol{a}_A=\boldsymbol{M}_A^{(\mathrm{e})}$$

（2）简化形式

当瞬心和质心的距离保持不变时，有简化形式

$$J_A\boldsymbol{\varepsilon}=\boldsymbol{M}_A^{(\mathrm{e})}$$

■ 概念题

13–1　判断下列说法是否正确。

(1) 刚体只受力偶作用时，其质心的运动不变。

(2) 动量矩定理是由牛顿运动定律导出的，因此在相对于质心的动量矩定理中，质心的加速度必须等于零。

(3) 刚体的质量是刚体平动时惯性大小的量度，刚体对某轴的转动惯量则是刚体绕该轴转动时惯性大小的量度。

(4) 作定轴转动的刚体的动量矩矢量一定沿着转动轴方向。

(5) 刚体对某个转动轴的回转半径大于质心到该转动轴的垂直距离。

13–2　在光滑水平面上放置一静止的圆盘，当它受一力偶作用时，盘心将如何运动？盘心的运动与力偶的大小及作用位置是否有关？若圆盘面内受一大小和方向都不变的力作用，盘心将如何运动？此时盘心的运动与力的大小和作用点是否有关？

■ 习题

13–1　如图 13.32 所示，质量为 m 的偏心轮在水平面上作平面运动。轮子轴心为 A，质心为 C，$AC=e$；轮子半径为 R，对轴心 A 的转动惯量为 J_A；C、A、B 三点在同一铅垂线上。

（1）当轮子只滚不滑时，若 $\boldsymbol{v}_A$ 已知，求轮子的动量和对地面上 B 点的动量矩。

（2）当轮子又滚又滑时，若 $\boldsymbol{v}_A$ 和 ω 已知，求轮子的动量和对地面上 B 点的动量矩。

13–2　如图 13.33 所示均质圆盘，半径为 R，质量为 m，不计质量的细杆长度为 l，绕轴 O 转动，角速度 ω，求下列三种情况下圆盘对固定轴 O 的动量矩。

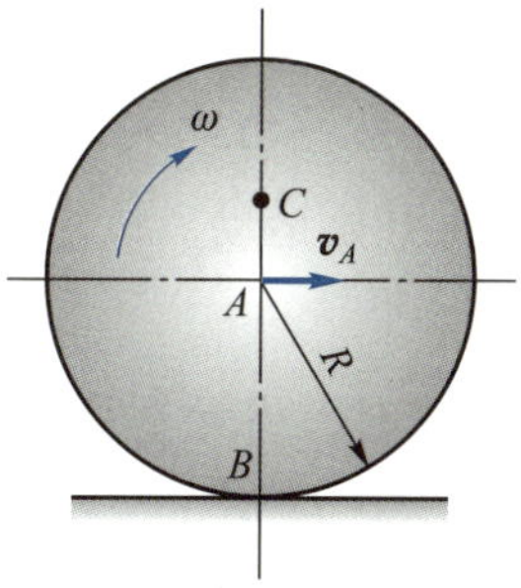

图 13.32

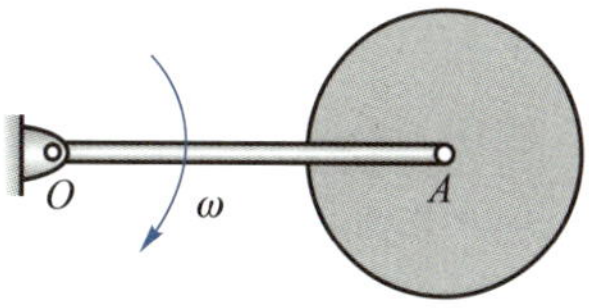

图 13.33

（1）圆盘固结于杆；

（2）圆盘绕 A 轴转动，相对于杆的角速度为 $-\omega$；

（3）圆盘绕 A 轴转动，相对于杆的角速度为 ω。

13–3　水平圆盘可绕铅垂轴 z 转动，如图 13.34 所示。其对 z 轴的转动惯量为 J_z。一质量为 m 的质点，在圆盘上作匀速圆周运动，圆周半径为 r，速度为 $\boldsymbol{v}_0$，圆心到盘心的距离为 l。开始运动时，质点在位置 A，圆盘角速度为零。试求圆盘角速度 ω 与角 φ 间的关系。轴承摩擦略去不计。

13–4　如图 13.35 所示，均质细杆 OA 和 EC 的质量分别为 50 kg 和 100 kg，并在点 A 焊成一体。若此结构在图示位置由静止状态释放，计算刚释放时，铰链 O 处的约束力和杆 EC 在 A 处的约束力偶矩。不计铰链摩擦。

13–5　半径为 r 的均质圆盘在铅垂平面内绕水平轴 A 作小幅摆动，如图 13.36 所示。设圆盘中心 O 至 A 的距离为 b。b 为何值时，摆动的周期为最小？求此最小周期。

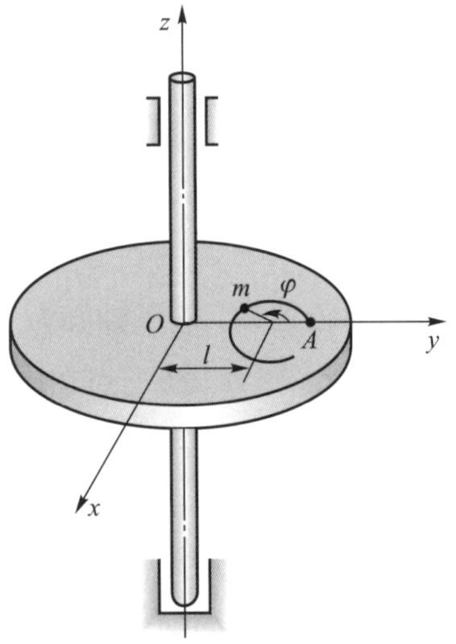

图 13.34

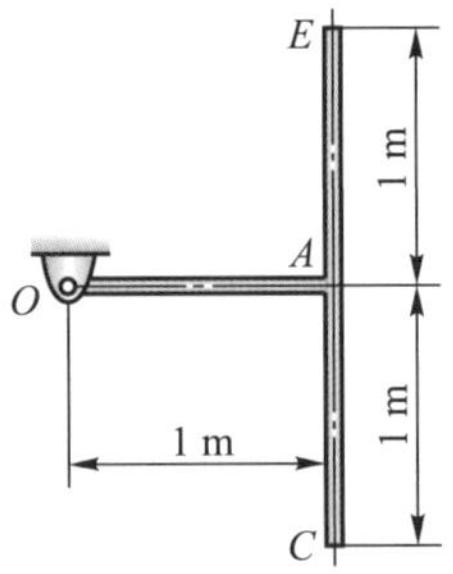

图 13.35

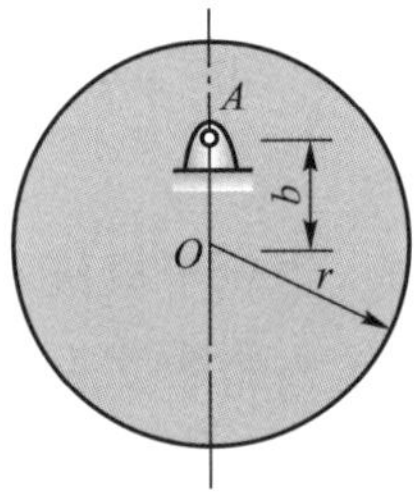

图 13.36

13–6　均质滚子的质量为 m，半径为 R，放在粗糙的水平地板上，如图 13.37 所示。在滚子的鼓轮上绕以绳，在绳子上作用有常力 $\boldsymbol{F}_{\mathrm{T}}$，作用线与水平方向夹角为 α。已知鼓轮的半径为 r，滚子对轴 O 的回转半径为 ρ_O，滚子由静止开始运动。试求滚子轴 O 的运动方程。

13–7　如图 13.38 所示，重物 A 的质量为 m，当其下降时，借无重且不可伸长的绳使滚子 C 沿水平轨道纯滚动。绳子跨过定滑轮 D 并绕在滑轮 B 上。滑轮 B 与滚子 C 固结为一体。已知滑轮 B 的半径为 R，滚子 C 的半径为 r，二者总质量为 M，它们共同对与图面垂直的轴 O 的回转半径为 ρ。求重物 A 的加速度。

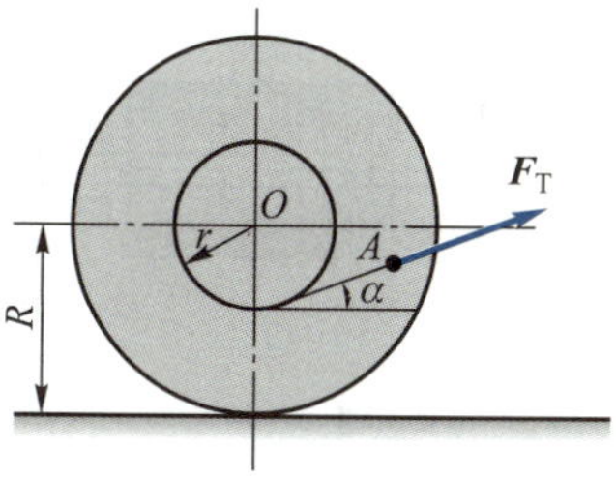

图 13.37

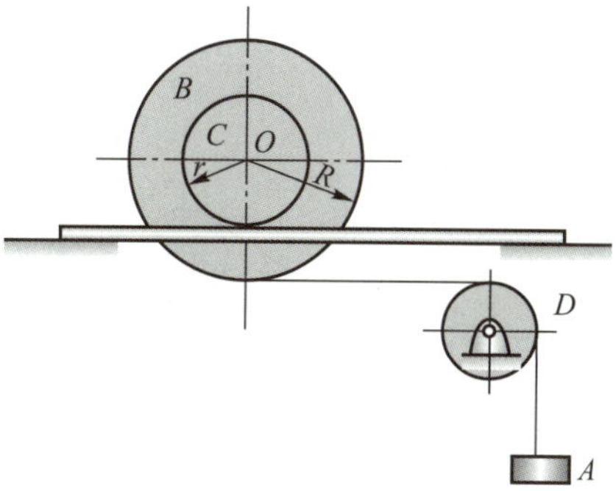

图 13.38

13–8　如图 13.39 所示，均质圆盘的质量为 16 kg，半径为 0.1 m，与地面间的动摩擦因数 $\mu = 0.25$。若盘心 O 的初速度大小 $v_O = 0.4$ m/s，初角速度 $\omega_O = 2$ rad/s。经过多长时间后球停止滑动？此时球心速度为多大？

13–9　如图 13.40 所示，均质细长杆 AB，质量为 m，长度为 l，在铅垂位置由静止释放，借 A 端的小滑轮沿倾角为 θ 的轨道滑下。不计摩擦和小滑轮的质量，试求刚释放时 A 点的加速度。

13–10　质量为 m_1 的直杆 A 可以自由地在固定铅垂套管中移动，杆的下端搁在质量为 m_2、倾角为 α 的光滑楔子 B 上，楔子放在光滑的水平面上，由于杆的重量，楔子沿水平方向移动，杆下落，如图 13.41 所示。求两物体的加速度大小及地面约束力。

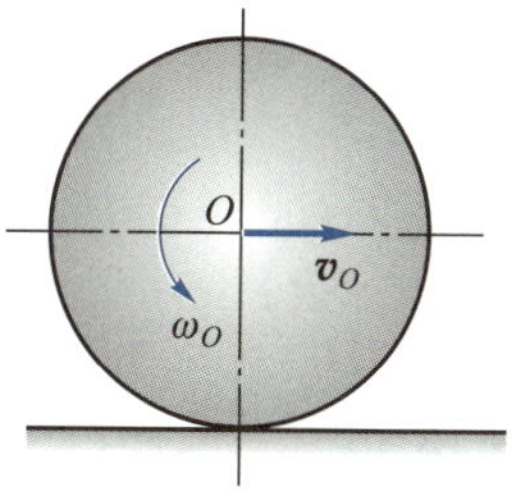

图 13.39

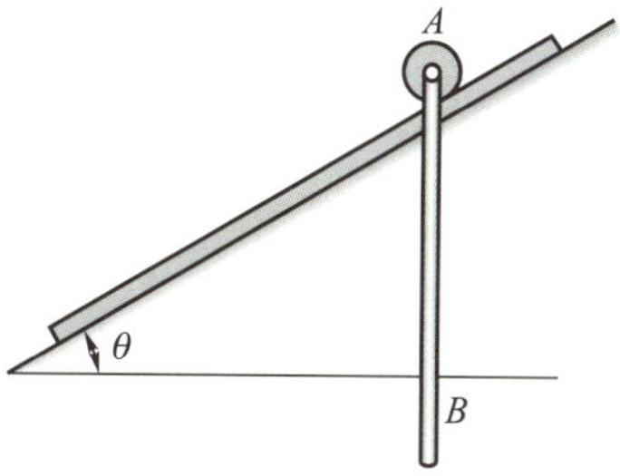

图 13.40

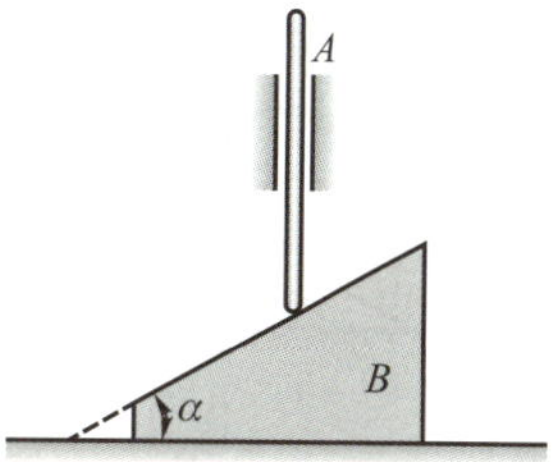

图 13.41

13–11　一常力矩 M 作用在绞车的鼓轮上，轮的半径为 r，质量为 m_1。缠在鼓轮上绳索的末端 A 系一质量为 m_2 的重物，沿着与水平倾斜角为 α 的斜面上升，如图 13.42 所示。重物与斜面间的动摩擦因数为 μ。绳索的质量不计，鼓轮可看成为均质圆柱体，开始时系统静止。求鼓轮转过 φ 角时的角速度。

13–12　绞车提升一质量为 m 的重物，如图 13.43 所示。绞车在主动轴上作用一不变的转动力矩 M。已知主动轴和从动轴连同安装在这两轴上的齿轮以及其他附属零件的转动惯量分别为 J_1 和 J_2，传动比 $z_2/z_1 = i$。吊索缠绕在鼓轮上，鼓轮的半径为 R。设轴承的摩擦以及吊索的质量均可略去不计。试求重物的加速度。

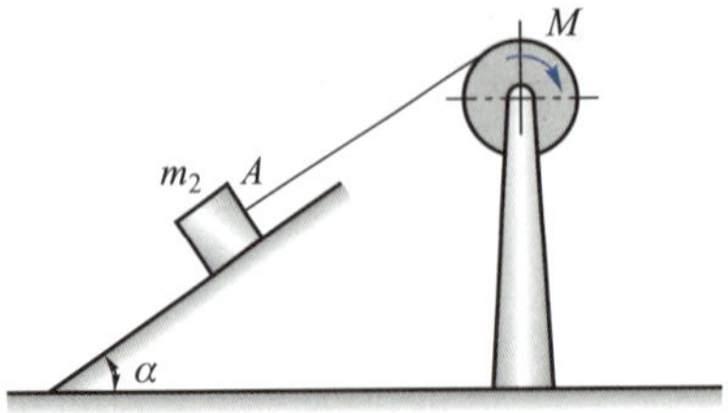

图 13.42

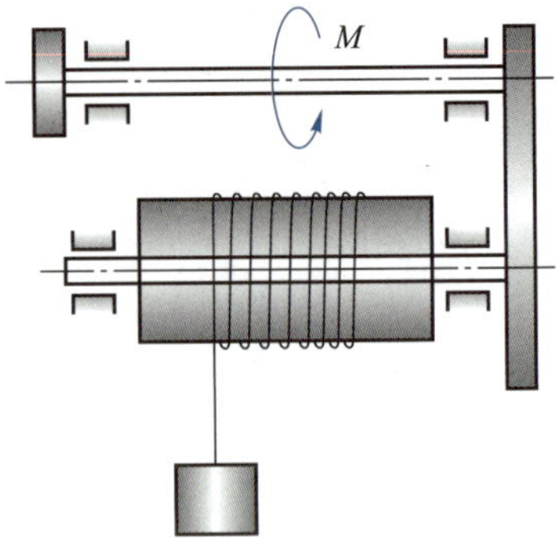

图 13.43

13–13　如图 13.44 所示，均质圆盘 A 和 B 的质量均为 m，半径均为 R。重物 C 的质量为 m_C，且已知 $m\sin\alpha > m_C$。三角块 D 的质量为 M，绳的质量忽略不计。圆盘 A 在倾斜角为 α 的斜面上作无滑动滚动，三角块 D 放在光滑平面上。不计铰 B 及重物 C 与三角块间的摩擦，求三角块 D 的加速度。

13–14　均质细杆 OA 可绕水平轴 O 转动，另一端有一均质圆盘，圆盘可绕 A 在铅垂面内自由旋转，如图 13.45 所示。已知杆 OA 长度为 l，质量为 m_1；圆盘半径为 R，质量为 m_2。不计摩擦，初始时杆 OA 水平，杆和圆盘静止。求杆与水平线成 θ 角的瞬时，杆的角速度和角加速度。

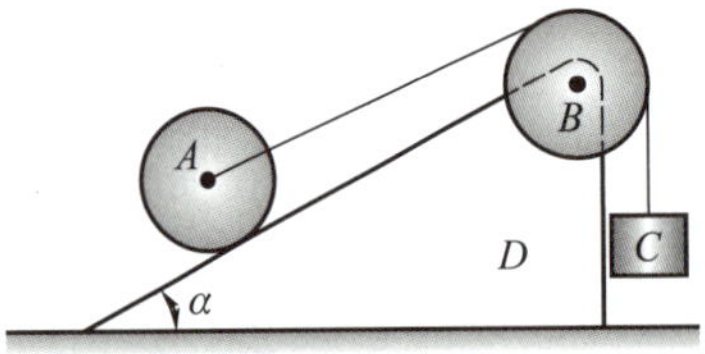

图 13.44

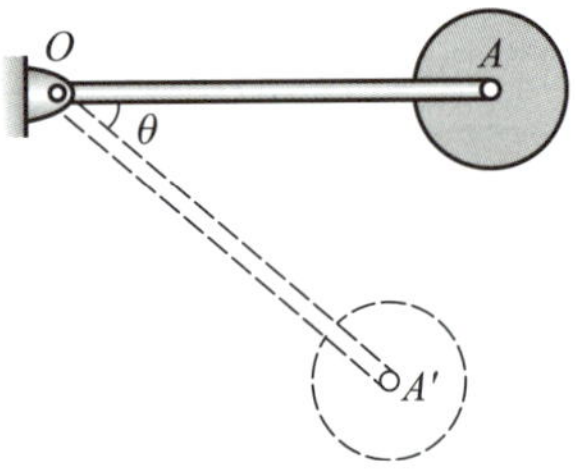

图 13.45

第13讲习题
参考答案

第14讲

动能定理

■ 14.1 质点系动能定理

在质点 P_i 的运动微分方程式 (12.0.1) 两端同时点乘无限小位移 $\mathrm{d}\boldsymbol{r}_i$，得力 $\boldsymbol{F}_i$ 在无限小位移 $\mathrm{d}\boldsymbol{r}_i$ 上做的元功

$$\mathrm{d}'A_i = \boldsymbol{F}_i \cdot \mathrm{d}\boldsymbol{r}_i = m_i \frac{\mathrm{d}\boldsymbol{v}_i}{\mathrm{d}t} \cdot \mathrm{d}\boldsymbol{r}_i = m_i \boldsymbol{v}_i \cdot \mathrm{d}\boldsymbol{v}_i = \mathrm{d}\left(\frac{1}{2} m_i v_i^2\right) = \mathrm{d}T_i \tag{14.1.1}$$

式中：$\boldsymbol{F}_i = \boldsymbol{F}_i^{(\mathrm{e})} + \boldsymbol{F}_i^{(\mathrm{i})}$；$\mathrm{d}T_i$ 为质点 P_i 动能的微分。

将上式对所有质点求和，得

$$\mathrm{d}T = \sum_{i=1}^{n} \boldsymbol{F}_i \cdot \mathrm{d}\boldsymbol{r}_i = \sum_{i=1}^{n} (\boldsymbol{F}_i^{(\mathrm{e})} \cdot \mathrm{d}\boldsymbol{r}_i + \boldsymbol{F}_i^{(\mathrm{i})} \cdot \mathrm{d}\boldsymbol{r}_i) = \mathrm{d}'A \tag{14.1.2}$$

即质点系动能的微分等于作用在质点系上所有力（包括内力和外力）的元功之和，这就是质点系动能定理。注意内力的功不一定为零。

如质点系从状态 1 经过运动到状态 2，将式 (14.1.2) 积分，得

$$T_2 - T_1 = A_{1\to 2} \tag{14.1.3}$$

式中：T_1 和 T_2 分别为质点系在状态 1 和状态 2 时的动能；$A_{1\to 2}$ 为作用于质点系上的所有力 (包括内力和外力) 的功之和，**计算力系的功时既有外力做功又有内力做功**。

依旧可以用拉格朗日方程导出动能定理。解除质点系的所有约束，将约束力当作主动力，取每个质点的笛卡儿坐标为广义坐标（$3n$ 个），写出动能方程

$$T = \frac{1}{2} \sum_{i=1}^{n} m_i (\dot{x}_i^2 + \dot{y}_i^2 + \dot{z}_i^2)$$

推导拉格朗日方程，作偏导数计算

$$\frac{\partial T}{\partial \dot{x}_i} = m_i \dot{x}_i$$

$$\frac{\partial T}{\partial x_i} = 0$$

利用上面两式条件

$$\frac{\mathrm{d}}{\mathrm{d}t}(m_i \dot{x}_i) = \frac{\mathrm{d}}{\mathrm{d}t}\frac{\partial T}{\partial \dot{x}_i} - 0 = \frac{\mathrm{d}}{\mathrm{d}t}\frac{\partial T}{\partial \dot{x}_i} - \frac{\partial T}{\partial x_i} = F_{ix}$$

上式左右两边同乘以 $\mathrm{d}x_i$，方程改写为

$$\mathrm{d}(m_i \dot{x}_i)\frac{\mathrm{d}x_i}{\mathrm{d}t} = F_{ix}\mathrm{d}x_i$$

即

$$\mathrm{d}\left(\frac{1}{2}m_i\dot{x}_i^2\right) = F_{ix}\,\mathrm{d}x_i$$

另两个方向同理推导，从而得到第 i 个质点的动能表达式，且满足

$$\mathrm{d}(T_i) = F_{ix}\mathrm{d}x_i + F_{iy}\mathrm{d}y_i + F_{iz}\mathrm{d}z_i = \boldsymbol{F}_i \cdot \mathrm{d}\boldsymbol{r}_i$$

对所有质点求和，可得

$$\mathrm{d}T = \sum_{i=1}^{n} \boldsymbol{F}_i \cdot \mathrm{d}\boldsymbol{r}_i$$

思考题 14.1

当质点系中每一个质点都作高速运动时，该质点系的动能和动量是否都一定很大？

我们来分析以下实例。如图 14.1 所示，如果一辆汽车从静止开始运动，是什么力改变了车的动量和动能呢？根据动量定理，只有外力中地面对后轮产生的向前的摩擦力，能够改变系统整体的动量，使汽车动量增加。在车轮纯滚动的情况下，摩擦力不做功，不改变汽车的动能。那么还有什么能够改变动能呢？那就是发动机中的内力。内力做功使得汽车的动能增加。可见，为了全面分析“什么力驱动汽车行驶”这个问题，必须同时考虑外力改变动量、内力和外力改变动能。

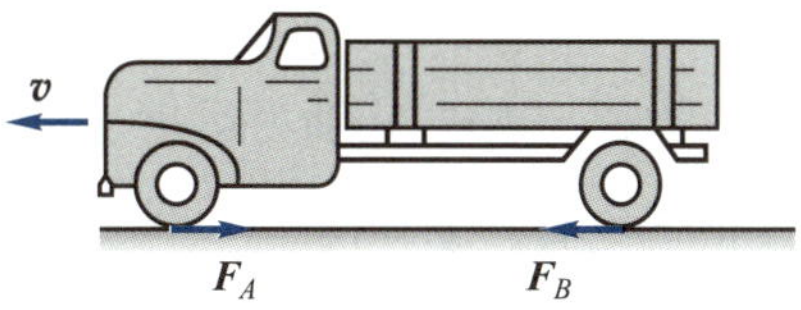

图 14.1

注记 14.1

以机动车为代表的质点系的运动，如果分别用动量、动量矩、动能做分析，都只是刻画了系统运动的某个维度，都不全面。从动能的角度描述运动，只能看得到内力做功，看不到外力对动量的作用；从动量的角度描述，只能看得到外力改变动量，看不到内力对动能的作用。

我们从内力和外力的作用效果来看，内力不能改变系统整体的动量和动量矩，但可能改变系统中某些部分的动量和动量矩，也能改变系统整体的动能。而外力可以改变系统整体的动量、动量矩和动能。比如，当机动车的发动机关闭时，没有内力做功，主动外力可以推动车辆前进，同时改变机动车的动量、动量矩、动能。

当质点系在势力场中运动，有势力的功可通过势能计算。根据第 11 讲介绍的势能和有势力，系统的势能函数和有势力可以分别表示为

$$V = V(x_1, y_1, z_1, ..., x_n, y_n, z_n)$$

$$\boldsymbol{F}_i = -\frac{\partial V}{\partial x_i}\boldsymbol{i} - \frac{\partial V}{\partial y_i}\boldsymbol{j} - \frac{\partial V}{\partial z_i}\boldsymbol{k} = -\nabla V$$

则有势力做功

$$\sum_{i=1}^{n} \boldsymbol{F}_i \cdot \mathrm{d}\boldsymbol{r}_i = -\sum_{i=1}^{n}\left(\frac{\partial V}{\partial x_i}\mathrm{d}x_i + \frac{\partial V}{\partial y_i}\mathrm{d}y_i + \frac{\partial V}{\partial z_i}\mathrm{d}z_i\right) = -\mathrm{d}V$$

由质点系动能定理得

$$\mathrm{d}(T+V) = 0$$

可见，如果质点系只受到有势力的作用，或者虽然受到非有势力的作用，但这些非有势力不做功，**质点系的机械能守恒**，即

$$T + V = C\ (C\ 为常数) \tag{14.1.4}$$

我们考察一段时间内的运动，有势力所做的功等于质点系在运动过程的初始与末端位置的势能差，即

$$A_{1\to 2} = V_1 - V_2 \tag{14.1.5}$$

式中：V_1 和 V_2 分别为运动过程的初始和末端位置的势能。

例 14.1

[典型例题]
例 14.1

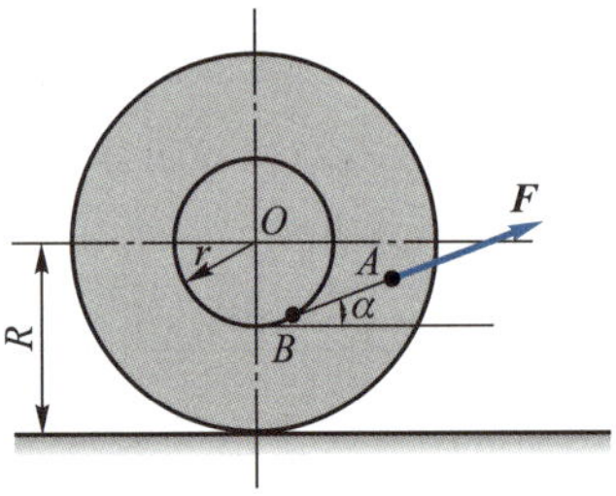

图 14.2

均质滚子的质量为 m，半径为 R，放在粗糙的水平地板上，如图 14.2 所示。在滚子的鼓轮上绕以绳子，在绳子上作用有常力 F，作用线与水平方向的夹角为 α。已知鼓轮的半径为 r，滚子对轴 O 的转动惯量为 $m\rho^2$，滚子由静止开始运动。试求滚子轴心 O 的运动方向。

解 由柯尼希定理计算系统动能

$$T = \frac{1}{2}mv_O^2 + \frac{1}{2}J_O\omega^2$$

纯滚动条件下，角速度和轮心速度有关系

$$v_O = R\omega$$

则有

$$T = \frac{1}{2}mv_O^2 + \frac{1}{2}m\rho^2\omega^2$$

求微分可得

$$\mathrm{d}T = m(R^2 + \rho^2)\omega\mathrm{d}\omega$$

重力和正压力不做功，在纯滚动条件下，摩擦力也不做功，只有 $\boldsymbol{F}$ 做功。因此外力的元功为

$$\mathrm{d}'A^{(\mathrm{e})}=\boldsymbol{F}\cdot\boldsymbol{v}_A\mathrm{d}t \tag{*}$$

其中，A 点的位移可以写成 $\boldsymbol{v}_A\mathrm{d}t$，需要将 A 点的速度和滚轮上切点 B 的速度建立联系。利用速度投影定理，可得

$$\mathrm{d}'A^{(\mathrm{e})}=\boldsymbol{F}\cdot\boldsymbol{v}_A\mathrm{d}t=\boldsymbol{F}\cdot\boldsymbol{v}_B\mathrm{d}t\quad(\boldsymbol{v}_A\neq\boldsymbol{v}_B)$$

A 和 B 速度大小方向都不一定相同，但是根据速度投影定理，二者向着绳子方向的投影相等。其中，$\boldsymbol{F}=F(\cos\alpha\boldsymbol{i}+\sin\alpha\boldsymbol{j})$。

设角速度和角加速度逆时针为正，由于绳子不打滑，B 处绳子的速度与刚体上的相应点的速度相等，可由基点法求刚体上 B 点的速度

$$\boldsymbol{v}_B=\boldsymbol{v}_O+\boldsymbol{\omega}\times\boldsymbol{r}_{OB}=-R\omega\boldsymbol{i}+r\omega(\cos\alpha\boldsymbol{i}+\sin\alpha\boldsymbol{j})$$

代回式（*）可得

$$\mathrm{d}'A^{(\mathrm{e})}=F(r-R\cos\alpha)\omega$$

则

$$m(R^2+\rho^2)\omega\mathrm{d}\omega=F(r-R\cos\alpha)\omega\mathrm{d}t$$

从而求出

$$\frac{\mathrm{d}\omega}{\mathrm{d}t}=\frac{F(r-R\cos\alpha)}{m(R^2+\rho^2)}$$

根据角加速度的变化规律可得轴心 O 的运动方向：如果角加速度为正，滚轮逆时针转动，轴心 O 向左运动；如果角加速度为负，滚轮顺时针转动，轴心 O 向右运动。

注记 14.2

我们可以采用对瞬心的动量矩定理分析本例。

对瞬心 D 点的动量矩定理

$$\frac{\mathrm{d}\boldsymbol{L}_D}{\mathrm{d}t}=\boldsymbol{M}_D^{(\mathrm{e})}+m\boldsymbol{v}_C\times\boldsymbol{v}_D$$

其中，$v_D=0$，则

$$\frac{\mathrm{d}L_{Dz}}{\mathrm{d}t}=M_{Dz}^{(\mathrm{e})}$$

$$J_{Dz}\varepsilon=M_{Dz}^{(\mathrm{e})}$$

其中，

$$J_{Dz} = J_{Oz} + m(OD)^2 = m(\rho^2 + R^2)$$

则可得到类似关系

$$m(\rho^2 + R^2)\varepsilon = F(r - R\cos\alpha)$$

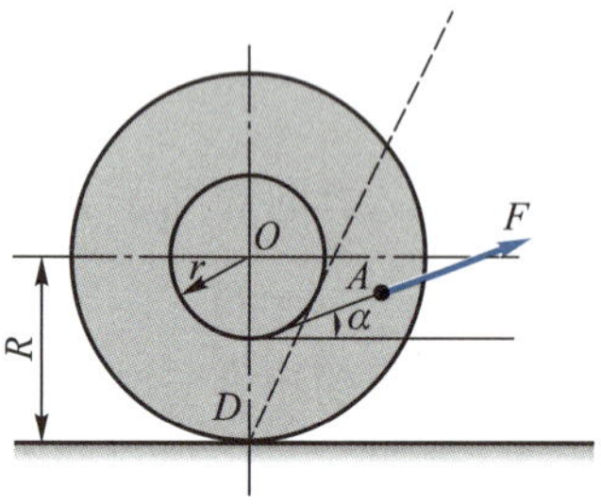

图 14.3

进一步得到

$$\varepsilon = \frac{F(r - R\cos\alpha)}{m(\rho^2 + R^2)}$$

如图 14.3 所示，作一条过 D 点与内轮相切的辅助线(虚线)。我们可以观察到，当连线 AD 位于虚线的右侧时，力矩是逆时针的；而当连线位于虚线的左侧时，力矩是顺时针的。这种观察方式比动能定理更加直观，也更容易理解。动能和功是标量，只有大小没有方向，因此不容易由动能和功判断运动的方向。

例 14.2

图 14.4 所示的均质细杆长度为 l、质量为 m，静止直立于光滑水平面上。当杆受微小干扰而倒下时，求杆刚刚倒到地面瞬时的角速度和地面约束力。

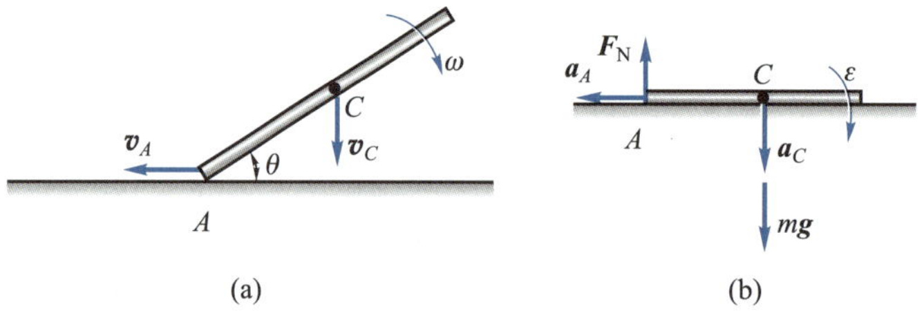

图 14.4

解　由于地面光滑，直杆沿水平方向不受力，由质心运动定理可知，直杆在倒下过程中其质心将铅垂下落，如图 14.4(a) 所示。

（1）求杆刚刚倒到地面瞬时的角速度

在杆的运动过程中，约束力不做功，系统的机械能守恒。杆刚刚倒到地面瞬时，A 点为杆的瞬心。由瞬心法，可得杆的质心 C 的速度为

$$v_C = \frac{1}{2}l\omega$$

此时杆的动能为

$$T=\frac{1}{2}mv_C^2+\frac{1}{2}J_C\omega^2=\frac{1}{6}ml^2\omega^2$$

杆的初始动能为零，此过程中只有重力做功。取地面为势能零点，由机械能守恒定理得

$$\frac{1}{6}ml^2\omega^2=mg\frac{1}{2}l$$

即

$$\omega=\sqrt{\frac{3g}{l}}$$

（2）求杆刚刚倒到地面瞬时的地面约束力

当杆刚刚倒到地面瞬时的受力及加速度如图 14.4(b) 所示。由刚体的平面运动微分方程得

$$ma_C=mg-F_{\mathrm{N}}$$
$$\frac{1}{12}ml^2\varepsilon=F_{\mathrm{N}}\frac{l}{2}$$

上式有 3 个未知数，需补充运动学条件后才能求解。点 A 的加速度 a_A 沿水平方向，质心 C 的加速度沿铅垂方向，由基点法得 C 点加速度

$$\boldsymbol{a}_C=\boldsymbol{a}_A+\boldsymbol{\varepsilon}\times\boldsymbol{r}_{AC}-\omega^2\boldsymbol{r}_{AC}$$

将上式沿 a_C 方向投影得

$$a_C=\frac{1}{2}l\varepsilon$$

联立求解得

$$F_{\mathrm{N}}=\frac{1}{4}mg$$

注记 14.3

本例的系统有几个自由度?

按照定义，自由度等于独立虚位移数。水平方向的动量守恒是一个易得的方程，动力学守恒式是否可以当作约束？如果可以当作约束，系统就有一个自由度；如果不能当作约束，系统有两个自由度。按照定义，约束是预先给定的强制性限制，与运动无关，与主动力无关。动力学守恒与运动有关，与受力有关，不符合约束的定义。因此，本例的系统是两个自由度，有两个独立的动力学方程。

学术研究有时会突破课本上的定义。例如，在 1995—1996 年，作者曾研究过

空间机械臂的操作控制问题。空间机械臂通常安装在空间站或飞船上，由六七个关节和杆组成。操作时整个系统对质心的动量矩守恒，这意味着系统中一部分构件发生运动，系统的整体姿态就会发生改变。在研究这种守恒量时，学术界确实有很多文章将动量矩守恒的关系视为约束来处理。

在讲述广义坐标时，我们曾经介绍广义坐标是能够唯一刻画系统运动的独立参数。然而在科研工作中，特别是在多体动力学和航天领域的研究中，有时会故意选择多余的广义坐标，以便更容易求解方程。而我们在基础课中需要强调定义的严谨性。

例 14.3

半径为 R，质量为 m 的均质半圆柱体在固定平面上纯滚动，如图 14.5(a) 所示。半圆柱体质心 C 与圆心 O_1 之间的距离为 e，对质心的回转半径为 ρ_C。试列写该半圆柱体的运动微分方程。

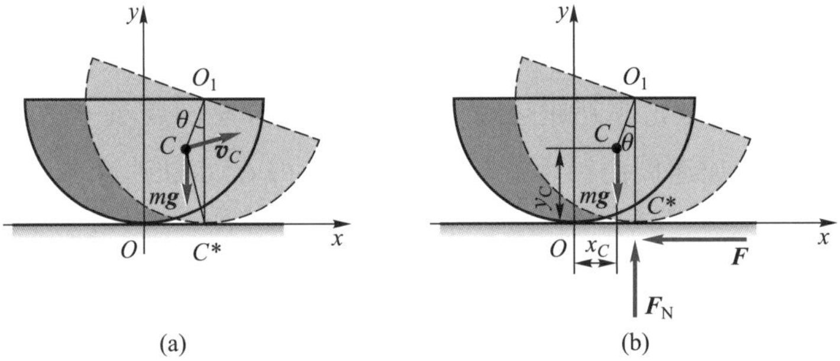

图 14.5

解　方法 1　用动能定理求解。系统具有一个自由度，选 θ 为广义坐标。半圆柱体在任意位置的动能为

$$T=\frac{1}{2}mv_C^2+\frac{1}{2}J_C\omega^2$$

式中：v_C 为半圆柱体质心的速度。

半圆柱体在水平面上作纯滚动，其角速度 $\omega=\dot{\theta}$，它与水平面的接触点 C^* 为瞬心。故有

$$\begin{aligned}v_C^2&=(CC^*\cdot\dot{\theta})^2\\&=(e^2+R^2-2eR\cos\theta)\dot{\theta}^2\end{aligned}$$

因此得

$$T=\frac{1}{2}m(e^2+R^2-2eR\cos\theta)\dot{\theta}^2+\frac{1}{2}m\rho_C^2\dot{\theta}^2$$

显然，只有重力对系统做功。半圆柱体在任意位置时质心的 y 坐标如图 14.5(b) 所示为

$$y_C = R - e\cos\theta$$

重力的元功为

$$\begin{aligned}\mathrm{d}'A &= -mg\mathrm{d}y_C \\ &= -mge\sin\theta\mathrm{d}\theta\end{aligned}$$

应用动能定理得

$$m(e^2+R^2+\rho_C^2)\dot{\theta}\mathrm{d}\dot{\theta} - 2meR\cos\theta\dot{\theta}\mathrm{d}\dot{\theta} + meR\dot{\theta}^2\sin\theta\mathrm{d}\theta = -mge\sin\theta\mathrm{d}\theta$$

由于 $\dot{\theta}\neq 0$，等式两边同除以 $\dot{\theta}\mathrm{d}t$，即得到系统的运动微分方程

$$m(e^2+R^2+\rho_C^2)\ddot{\theta} - 2meR\cos\theta\ddot{\theta} + meR\dot{\theta}^2\sin\theta + mge\sin\theta = 0 \tag{a}$$

对于微摆动，θ 和 $\dot{\theta}$ 均为小量，$\sin\theta\approx\theta$，$\cos\theta\approx 1$，并略去二阶以上小量，上述非线性微分方程可线性化，得到系统微摆动的微分方程为

$$[(R-e)^2+\rho_C^2]\ddot{\theta} + ge\theta = 0$$

方法 2　用机械能守恒求解。选半圆柱体中心 O_1 所在平面为零势面，系统的势能为

$$V = -mge\cos\theta$$

由机械能守恒得

$$\frac{1}{2}m(e^2+R^2-2eR\cos\theta)\dot{\theta}^2 + \frac{1}{2}m\rho_C^2\dot{\theta}^2 - mge\cos\theta = E$$

两边对时间 t 求导，即可得到与式 (a) 相同的运动微分方程。

方法 3　用平面运动微分方程求解。系统的受力图如图 14.5(b) 所示。列写平面运动微分方程

$$m\ddot{x}_C = -F \tag{b}$$

$$m\ddot{y}_C = F_\mathrm{N} - mg \tag{c}$$

$$m\rho_C^2\ddot{\theta} = F(R-e\cos\theta) - F_\mathrm{N}e\sin\theta \tag{d}$$

上述方程包含 5 个未知量，需补充 2 个运动学方程才能求解。质心的坐标与广义坐标 θ 之间的关系为

$$x_C = R\theta - e\sin\theta$$

$$y_C = R - e\cos\theta$$

将上式对时间求两次导，得

$$\ddot{x}_C = R\ddot{\theta} - e\cos\theta\ddot{\theta} + e\sin\theta\dot{\theta}^2 \tag{e}$$

$$\ddot{y}_C = e\sin\theta\ddot{\theta} + e\cos\theta\dot{\theta}^2 \tag{f}$$

联立求解式 (b) ~ 式 (f)，即可得到与式 (a) 相同的结果。

例 14.4

传动轴由电动机带动。电动机和传动装置用胶带相连接，如图 14.6 所示。在电动机轴上作用有一力偶，其力偶矩为 M。电动机轴和安装在其上的滑轮的转动惯量为 J_1，传动轴和安装在其上的滑轮的转动惯量为 J_2。电动机上滑轮的半径为 r_1，传动轴上滑轮的半径为 r_2，胶带质量为 m。轴承的摩擦可略去不计，试求电动机轴的角加速度。

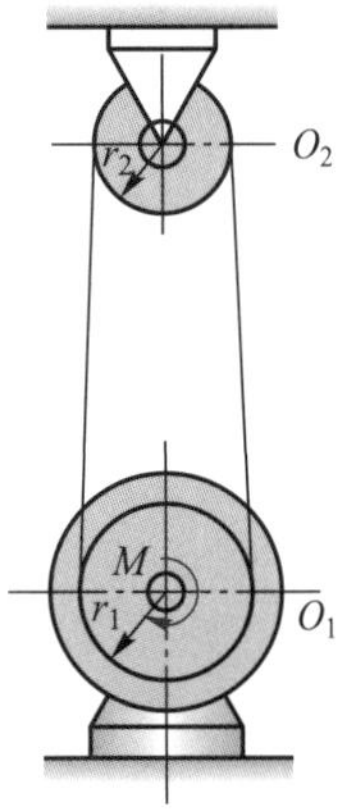

图 14.6

解　取整个系统为研究对象，系统只有一个自由度，选轮 1 的转角 φ_1 为广义坐标。系统的动能为

$$T = \frac{1}{2}J_1\omega_1^2 + \frac{1}{2}J_2\omega_2^2 + \frac{1}{2}mv^2 \tag{a}$$

其中，ω_1、ω_2 和 v 分别为轮 1、轮 2 的角速度和胶带的速度。

由运动学关系可得

$$\frac{\omega_1}{\omega_2} = \frac{\varepsilon_1}{\varepsilon_2} = \frac{r_2}{r_1}, \qquad v = r_1\omega_1 = r_2\omega_2 \tag{b}$$

其中 ε_1、ε_2 与 r_1、r_2 分别为轮 1、轮 2 的角加速度与半径。将式 (b) 代入式 (a)，得

$$T = \frac{1}{2}\left(J_1 + J_2\frac{r_1^2}{r_2^2} + mr_1^2\right)\omega_1^2$$

假设胶带十分柔软且不可伸长，其内力不做功，不计轴承与轴间的摩擦，于是

做功的力只有主动力矩 M。应用动能定理得

$$\left(J_1+J_2\frac{r_1^2}{r_2^2}+mr_1^2\right)\omega_1\mathrm{d}\omega_1=M\mathrm{d}\varphi_1$$

等式两边同除以 $\mathrm{d}t$，解得

$$\varepsilon_1=\frac{M}{J_1+J_2\dfrac{r_1^2}{r_2^2}+mr_1^2}$$

本例也可用动量矩定理求解，但必须把系统拆开成两个子系统，对每个子系统分别应用动量矩定理，再联立求解。若子系统的数目较多，用动量矩定理求解就很麻烦。对一个自由度的系统，取整体为研究对象，利用动能定理远比用动量定理和动量矩定理简便得多。

■ 14.2 动力学普遍定理的综合应用

质点系的动力学普遍定理提供了解决质点系动力学问题的一般方法。在许多较为复杂的问题中，往往需要联合应用几个定理。在求解质点系动力学问题时，根据已知量和未知量之间的关系，以及质点系的受力特点，选取合适的定理求解。对一般的非自由质点系动力学问题，既要求未知的运动，也要求未知的约束力。这时应根据系统中各物体的运动情况及系统的受力特点，尽可能先避开未知的约束力求出运动量，然后再求解未知约束力。如果质点系只受有势力的作用，则可用机械能守恒；如果约束力不做功，则可用质点系的动能定理；如约束力与某一定轴相交或平行，则用质点系动量矩定理更方便；如约束力与某定轴垂直，则可应用质点系动量定理在此轴上的投影式。求得质点系的运动后，用动量定理或动量矩定理求未知约束力。对于一个自由度的质点系，应用质点系的动能定理往往更方便。

采用牛顿力学解题，要分析约束力。对平面运动问题，动力学普遍定理有四个可选的方程，但是只需三个就可以求解问题，提供的方程比需要的多，选取合适的方程可以更加便利地求解问题。

例 14.5

采用动能定理求解例 11.16。

解　本例先研究动力学正问题，求运动，再研究动力学反问题，求压力。由于

自由度数不多，所以可尽可能采用动能定理求解。

系统有两个自由度，机械能守恒。设小球相对圆柱的速度为 u，小球的动能

$$T = \frac{1}{2} \cdot \frac{1}{2} m r^2 \omega^2 + \frac{1}{2} m v^2$$

其中绝对速度

$$\boldsymbol{v} = (\omega r - u \cos 45^\circ)\, \boldsymbol{i} + u \sin 45^\circ \boldsymbol{j}$$

设小球下降了 h，则势能变为

$$V = -mgh$$

由小球机械能守恒

$$E = \left(\frac{3}{4} m r^2 \omega^2 + \frac{1}{2} m u^2 - \frac{\sqrt{2}}{2} m r u \omega \right) - mgh = 0$$

得

$$\frac{3}{2} r^2 \omega^2 + u^2 - \sqrt{2} r u \omega = 2gh \tag{a}$$

对 AB 轴由动量矩守恒

$$\frac{1}{2} m r^2 \omega + m r \boldsymbol{v} \cdot \boldsymbol{i} = 0$$

得

$$\frac{3}{2} m r^2 \omega - \frac{\sqrt{2}}{2} m r u = 0 \tag{b}$$

联立式 (a) 和式 (b)，可解出

$$u = \sqrt{3gh}, \quad \omega = \frac{\sqrt{6gh}}{3r}$$

以圆柱为对象进行分析，由动能定理

$$\mathrm{d} T_{\mathrm{C}} = F_{\mathrm{N}} \cos \frac{\pi}{4} r \mathrm{d} \varphi$$

其中

$$T_{\mathrm{C}} = \frac{1}{4} m r^2 \omega^2$$

代入上式可得

$$m r \omega \mathrm{d} \omega = \sqrt{2} F_{\mathrm{N}} \mathrm{d} \varphi = \sqrt{2} F_{\mathrm{N}} \omega \mathrm{d} t \tag{c}$$

并引入变换：$\dfrac{\mathrm{d}\omega}{\mathrm{d}t} = \dfrac{\mathrm{d}\omega}{\mathrm{d}h} \cdot \dfrac{\mathrm{d}h}{\mathrm{d}t}$。由于

$$\omega = \frac{\sqrt{6gh}}{3r}$$

代入式 (c) 可得

$$\frac{\sqrt{2}F_{\rm N}}{mr}=\frac{{\rm d}\omega}{{\rm d}t}=\frac{{\rm d}\omega}{{\rm d}h}\cdot\frac{{\rm d}h}{{\rm d}t}=\frac{\sqrt{6g}}{3r\cdot 2\sqrt{h}}\cdot\frac{{\rm d}h}{{\rm d}t} \tag{d}$$

同时，又因为 y 方向速度分量为

$$\frac{{\rm d}h}{{\rm d}t}=\boldsymbol{v}\cdot\boldsymbol{j}=u\sin\frac{\pi}{4}=\sqrt{\frac{3gh}{2}}$$

代入式 (d) 解得

$$F_{\rm N}=\frac{mr}{\sqrt{2}}\cdot\frac{\sqrt{g}}{r\sqrt{6h}}\cdot\sqrt{\frac{3gh}{2}}=\frac{\sqrt{2}}{4}mg$$

注记 14.4

本例需要先以系统为研究对象，判断系统是否机械能守恒。虽然约束力（侧向压力）对小球做功，对圆柱体也做功，但二者之和为零，所以系统机械能守恒。

为了求解侧向压力，因其为系统内力，所以需要拆分系统，以其中一部分为研究对象分析，比如以圆柱为对象分析。随后使用动能定理，求解出侧向力。如果用拉格朗日方程解题，则无须这么多解题技巧。

例 14.6

半球壳靠在光滑墙上，无初速滑下。假设半球壳始终在如图 14.7 所示的竖直平面内运动。圆心为 O 与半球壳质心为 C，运动过程中 OC 与水平方向夹角为 θ，初始时刻 $\theta=0$，求脱离墙后半球壳的角速度和质心速度 (用 θ 表示)。

解　本例求解的是动力学正问题。

（1）研究对象：半球壳。

（2）受力分析：重力 $m\boldsymbol{g}$，约束力 $\boldsymbol{F}_{\rm N1}$、$\boldsymbol{F}_{\rm N2}$ 脱离墙以后，$F_{\rm N1}=0$（如图 14.8 所示）。

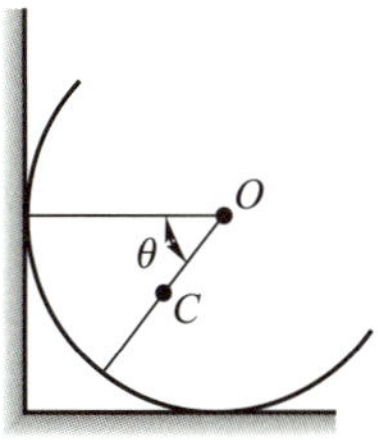

图 14.7

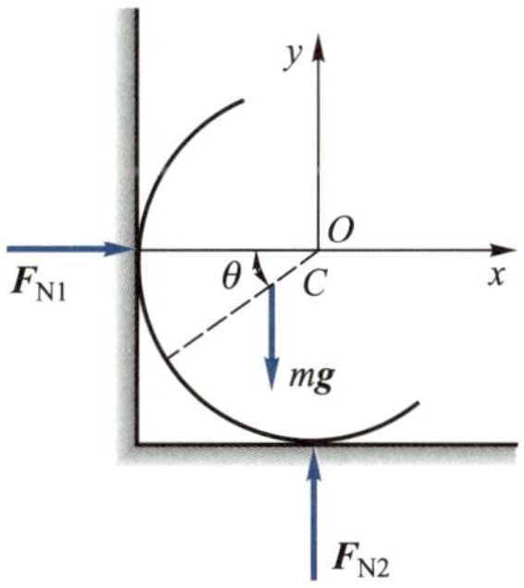

图 14.8

（3）运动分析: 脱离前, 绕 O 定轴转动；脱离后, 平面运动取图示固定坐标系 Oxy。

（4）列方程:

1）脱离前，由对瞬心的动量矩定理

$$J_O\ddot{\theta} = mgr_{OC}\cos\theta$$

积分得到

$$\frac{1}{2}J_O\dot{\theta}^2 = mgr_{OC}\sin\theta$$

其中 $J_O = \dfrac{2}{3}mR^2$，$r_{OC} = \dfrac{1}{2}R$。

由质心公式和质心运动方程

$$x_C = -\frac{1}{2}R\cos\theta$$

$$\ddot{x}_C = \frac{9}{8}g\sin\theta\cos\theta$$

可得

$$F_{\text{N1}} = m\ddot{x}_C = \frac{9}{16}mg\sin 2\theta$$

2）脱离时，侧面墙壁的约束力为零，即

$$F_{\text{N1}} = \frac{9}{16}mg\sin 2\theta = 0$$

可求出

$$\theta = \frac{\pi}{2}$$

设脱离时刻为 t^*

$$\dot{\theta}\left(t^*\right) = \sqrt{3g/(2R)}$$

$$\dot{x}_C\left(t^*\right) = \omega r_{OC} = \sqrt{3gR/8}$$

$$\dot{y}_C\left(t^*\right) = 0$$

3）脱离后，由 x 方向方程可得

$$\dot{x}_C = \dot{x}_C\left(t^*\right) = C$$

由 $y = r_{OC}\sin\theta$，可得

$$\dot{y}_C = \dot{\theta}\left(-r_{OC}\cos\theta\right)$$

利用动能定理

$$\frac{1}{2}m\left(\dot{x}_C^2 + \dot{y}_C^2\right) + \frac{1}{2}J_C\theta^2 = mgr_{OC}\sin\theta$$

其中，$J_C = \frac{5}{12}mR^2$。可得

$$\frac{1}{2}m\left[\frac{3}{8}gR + \frac{1}{4}R^2\dot{\theta}^2\cos^2\theta\right] + \frac{1}{2}\left(\frac{5}{12}mR^2\right)\dot{\theta}^2 = mg\frac{1}{2}R\sin\theta$$

进一步求出

$$\dot{\theta}^2 = \frac{3g(8\sin\theta - 3)}{2R(3\cos^2\theta + 5)}$$

由于 $\theta^2 \geqslant 0$, 故 $\sin\theta \geqslant \frac{3}{8}$, 即

$$68^\circ > \alpha > -68^\circ$$

其中 $\alpha = \theta - 90^\circ$。

当 α 很小时, 运动微分方程可近似写成

$$\ddot{\alpha} + \frac{21g}{10R}\alpha = 0$$

这是频率为 $1.45\sqrt{glR}$ 的振动。

例 14.7

在水平面内运动的行星齿轮机构如图 14.9(a) 所示。质量为 m 的均质曲柄 AB 带动行星齿轮 Ⅱ 在固定齿轮 Ⅰ 上纯滚动。行星齿轮 Ⅱ 的质量为 m_2，半径为 r_2。固定齿轮 Ⅰ 的半径为 r_1。杆与轮铰接处的摩擦力忽略不计。当曲柄受力偶矩为 M 的常力偶作用时，求杆的角加速度 ε 及行星齿轮 Ⅱ 边缘所受切向力 F。

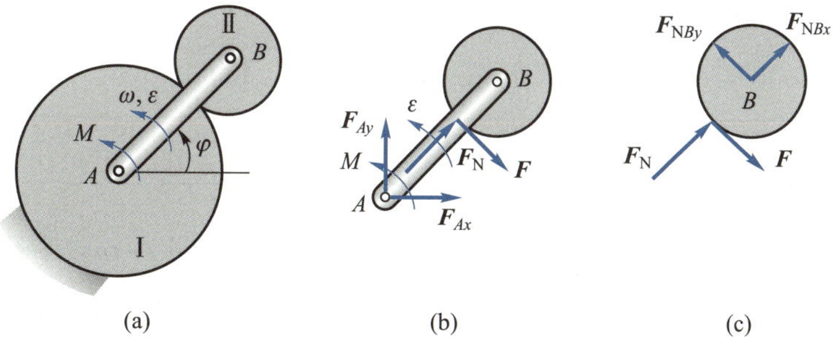

图 14.9

解　以轮 Ⅱ 和杆组成的系统为研究对象，这是一个自由度的系统，取 φ 为广义坐标。受力图如图 14.9(b) 所示。

（1）求杆的角加速度 ε。由于未知的约束力不做功，系统具有一个自由度，可用动能定理。系统的动能为

$$T=\frac{1}{2}\cdot\frac{1}{3}m(r_1+r_2)^2\omega^2+\frac{1}{2}m_2(r_1+r_2)^2\omega^2+\frac{1}{2}\cdot\frac{1}{2}m_2r_2^2\omega_2^2$$

其中 $\omega=\dot{\varphi}$，ω_2 为轮 Ⅱ 的角速度。由于轮 Ⅱ 作纯滚动，因此有 $\omega_2=(r_1+r_2)\omega/r_2$。代入上式得

$$T=\frac{1}{2}\left(\frac{1}{3}m+\frac{3}{2}m_2\right)(r_1+r_2)^2\omega^2$$

主动力在无限小角位移 $\mathrm{d}\varphi$ 上的元功为

$$\mathrm{d}'A=M\mathrm{d}\varphi$$

由动能定理得

$$\left(\frac{1}{3}m+\frac{3}{2}m_2\right)(r_1+r_2)^2\omega\mathrm{d}\omega=M\mathrm{d}\varphi$$

等式两边同除 $\mathrm{d}t$，得

$$\varepsilon=\frac{6M}{(2m+9m_2)(r_1+r_2)^2}$$

（2）求轮 Ⅱ 边缘所受切向力 F。取轮 Ⅱ 为研究对象，受力图如图 14.9(c) 所示。未知约束力 F_{N}、$F_{\mathrm{N}Bx}$ 和 $F_{\mathrm{N}By}$ 相交于轮 Ⅱ 的质心 B，因此它们对质心 B 的矩为零。由对质心的动量矩定理得

$$\frac{1}{2}m_2r_2^2\varepsilon_2=Fr_2$$

因轮 Ⅱ 作纯滚动，故有

$$\varepsilon_2=\frac{r_1+r_2}{r_2}\varepsilon=\frac{6M}{(2m+9m_2)(r_1+r_2)r_2}$$

由此得

$$F=\frac{3Mm_2}{(2m+9m_2)(r_1+r_2)}$$

例 14.8

均质圆柱体质量为 m，半径为 r，沿倾角为 α 的三角块作无滑动滚动，如图 14.10 所示。三角块的质量为 M，置于光滑的水平面上。试列写系统的运动微分方程。

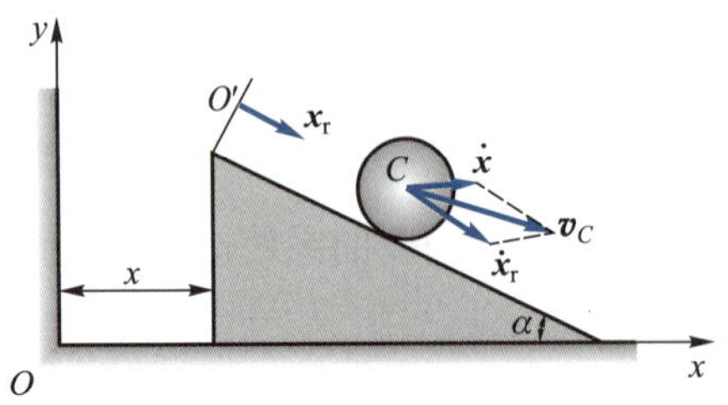

图 14.10

解　取由圆柱体和三角块组成的系统整体为研究对象，该系统具有两个自由度，选 x 和 x_{r} 为广义坐标，其坐标原点和指向如图

14.10 所示。显然，系统机械能守恒。在水平方向的外力为零，故水平方向动量守恒。取水平面为三角块的重力势能零点，O' 点为圆柱体的重力势能零点，则这两个守恒方程为

$$\frac{1}{2}M\dot{x}^2+\frac{1}{2}m(\dot{x}^2+\dot{x}_\mathrm{r}^2+2\dot{x}\dot{x}_\mathrm{r}\cos\alpha)+\frac{1}{2}\cdot\frac{1}{2}mr^2\frac{\dot{x}_\mathrm{r}^2}{r^2}-mgx_\mathrm{r}\sin\alpha=E$$

$$M\dot{x}+m(\dot{x}+\dot{x}_\mathrm{r}\cos\alpha)=C$$

将上式两边对时间 t 求导，即可得到系统的运动微分方程

$$\frac{3}{2}m\ddot{x}_\mathrm{r}+m\ddot{x}\cos\alpha-mg\sin\alpha=0$$

$$(M+m)\ddot{x}+m\ddot{x}_\mathrm{r}\cos\alpha=0$$

对于单自由度系统，利用动能定理可直接由已知的主动力求系统的运动。但对于多自由度系统，如两个自由度的系统，动能定理只给出了一个标量方程，必须再用其他定理，如动量定理或动量矩定理，得到另外一个方程。

例 14.9

试建立例 12.2 系统的运动微分方程。

解　系统有两个自由度，取 x 和 φ 为广义坐标。利用例 12.2 得到的滑块 A 和单摆 B 的速度，可以写出系统机械能守恒和水平方向动量守恒的表达式

$$\frac{1}{2}m_A\dot{x}^2+\frac{1}{2}m_B(\dot{x}^2+l^2\dot{\varphi}^2+2l\dot{\varphi}\dot{x}\cos\varphi)-m_Bgl\cos\varphi=E$$

$$m_A\dot{x}+m_B(\dot{x}+l\varphi\cos\varphi)=C$$

将上式对时间 t 求导，整理后可得系统的运动微分方程

$$m_B(l\ddot{\varphi}+\ddot{x}\cos\varphi)+m_Bg\sin\varphi=0$$

$$m_A\ddot{x}+m_B(\ddot{x}+l\ddot{\varphi}\cos\varphi-l\dot{\varphi}^2\sin\varphi)=0$$

■ 14.3　非惯性参考系中的动力学普遍定理

在第 12 讲、第 13 讲和第 14.1 节、第 14.2 节中，我们推导了质点系动力学普遍定理：动量定理、动量矩定理和动能定理，它们只在惯性参考系中成立。本节将推导适用于非惯性参考系的动量定理、动量矩定理和动能定理。

由第 8.2 节可知，质点 P_i 相对非惯性参考系的运动微分方程为

$$m_i\boldsymbol{a}_{i\mathrm{r}}=\boldsymbol{F}_i+\boldsymbol{S}_{i\mathrm{e}}+\boldsymbol{S}_{i\mathrm{k}} \tag{14.3.1}$$

式中：$\boldsymbol{S}_{i\mathrm{e}}=-m_i\boldsymbol{a}_{i\mathrm{e}}$ 为牵连惯性力；$\boldsymbol{S}_{i\mathrm{k}}=-m_i\boldsymbol{a}_{i\mathrm{k}}$ 为科氏惯性力。

假设坐标系 $Oxyz$ 与非惯性参考系固连，其角速度为 $\boldsymbol{\omega}$，角加速度为 $\boldsymbol{\varepsilon}$，坐标原点 O 的绝对加速度为 $\boldsymbol{a}_O$，质点 P_i 相对原点 O 的矢径为 $\boldsymbol{r}_i$，则有

$$\boldsymbol{a}_{i\mathrm{e}}=\boldsymbol{a}_O+\boldsymbol{\varepsilon}\times\boldsymbol{r}_i+\boldsymbol{\omega}\times(\boldsymbol{\omega}\times\boldsymbol{r}_i) \tag{14.3.2}$$

$$\boldsymbol{a}_{i\mathrm{k}}=2\boldsymbol{\omega}\times\boldsymbol{v}_{i\mathrm{r}} \tag{14.3.3}$$

利用式 (14.3.1) 可推导出适用于非惯性参考系的动量定理、动量矩定理和动能定理。

14.3.1 非惯性参考系中的动量定理

将式 (14.3.1) 对所有质点求和，得

$$\sum_{i=1}^{n}m_i\boldsymbol{a}_{i\mathrm{r}}=\frac{\tilde{\mathrm{d}}\boldsymbol{p}_r}{\mathrm{d}t}=\boldsymbol{F}_{\mathrm{R}}^{(\mathrm{e})}+\boldsymbol{S}_{\mathrm{e}}+\boldsymbol{S}_{\mathrm{k}} \tag{14.3.4}$$

式中：

$$\boldsymbol{p}_{\mathrm{r}}=\sum_{i=1}^{n}m_i\boldsymbol{v}_{i\mathrm{r}} \tag{14.3.5}$$

为质点系相对非惯性参考系的动量，简称为质点系的**相对动量**；$\tilde{\mathrm{d}}\boldsymbol{p}_{\mathrm{r}}/\mathrm{d}t$ 为质点系相对动量的相对导数；$\boldsymbol{F}_{\mathrm{R}}^{(\mathrm{e})}$ 为外力系的主矢量；

$$\begin{aligned}\boldsymbol{S}_{\mathrm{e}}&=-\sum_{i=1}^{n}m_i[\boldsymbol{a}_O+\boldsymbol{\varepsilon}\times\boldsymbol{r}_i+\boldsymbol{\omega}\times(\boldsymbol{\omega}\times\boldsymbol{r}_i)]\\&=-m\boldsymbol{a}_O-m\boldsymbol{\varepsilon}\times\boldsymbol{r}_C-m[\boldsymbol{\omega}\times(\boldsymbol{\omega}\times\boldsymbol{r}_C)]\\&=-m\boldsymbol{a}_{C\mathrm{e}}\end{aligned} \tag{14.3.6}$$

为牵连惯性力系的主矢量；$\boldsymbol{a}_{C\mathrm{e}}$ 为质心的牵连加速度；

$$\begin{aligned}\boldsymbol{S}_{\mathrm{k}}&=-\sum_{i=1}^{n}m_i(2\boldsymbol{\omega}\times\boldsymbol{v}_{i\mathrm{r}})=-2\boldsymbol{\omega}\times m\boldsymbol{v}_{C\mathrm{r}}\\&=-2\boldsymbol{\omega}\times\boldsymbol{p}_{\mathrm{r}}\end{aligned} \tag{14.3.7}$$

为科氏惯性力系的主矢量；$\boldsymbol{v}_{C\mathrm{r}}$ 为质心的相对速度。

式 (14.3.4) 就是**在非惯性参考系中的动量定理**，即质点系相对动量的相对时间导数，等于作用于质点系上的外力系主矢量、牵连惯性力系主矢量和科氏惯性力系的主矢量之和。

如果将坐标系 $Oxyz$ 的原点取在质系的质心 C 上，则有 $\boldsymbol{r}_C = 0$，$\boldsymbol{p}_{\mathrm{r}} = m\boldsymbol{v}_{C\mathrm{r}} = 0$，$\boldsymbol{a}_{C\mathrm{e}} = \boldsymbol{a}_C$，式 (14.3.4) 变为

$$\boldsymbol{F}_{\mathrm{R}}^{(\mathrm{e})} - m\boldsymbol{a}_C = 0 \tag{14.3.8}$$

这正是第 12.1.3 小节讲过的质心运动定理。

14.3.2 非惯性参考系中的动量矩定理

在坐标系 $Oxyz$ 与非惯性参考系固连，质点系相对于其原点 O 的相对动量矩为

$$\boldsymbol{L}_{O\mathrm{r}} = \sum_{i=1}^{n} \boldsymbol{r}_i \times m_i \boldsymbol{v}_{i\mathrm{r}} \tag{14.3.9}$$

对上式在非惯性参考系中求相对导数，并利用式 (14.3.1) 得

$$\frac{\tilde{\mathrm{d}}\boldsymbol{L}_{O\mathrm{r}}}{\mathrm{d}t} = \sum_{i=1}^{n} \boldsymbol{r}_i \times m_i \boldsymbol{a}_{i\mathrm{r}} = \boldsymbol{M}_O^{(\mathrm{e})} + \sum_{i=1}^{n} \boldsymbol{r}_i \times (\boldsymbol{S}_{i\mathrm{e}} + \boldsymbol{S}_{i\mathrm{k}}) \tag{14.3.10}$$

式中：$\boldsymbol{M}_O^{(\mathrm{e})}$ 为作用在质点系上的外力系对 O 点的主矩。

这就是质点系**在非惯性参考系中的动量矩定理**，即质点系相对于非惯性参考系中的点 O 的相对动量矩的相对时间导数，等于作用在质点系上的外力系、牵连惯性力系和科氏惯性力系对 O 点的主矩之和。

特别地，如果非惯性参考系作平动，即 $\boldsymbol{\omega} = \boldsymbol{\varepsilon} = 0$，式 (14.3.10) 变为

$$\frac{\tilde{\mathrm{d}}\boldsymbol{L}_{O\mathrm{r}}}{\mathrm{d}t} = \boldsymbol{M}_O^{(\mathrm{e})} - m\boldsymbol{r}_C \times \boldsymbol{a}_O \tag{14.3.11}$$

式中：$\boldsymbol{a}_O$ 为非惯性参考系平动的绝对加速度；$\boldsymbol{r}_C$ 为质心相对于非惯性参考系原点 O 的矢径。

若非惯性参考系平动，且 O 点为质心 C，则 $\boldsymbol{r}_C = 0$，有

$$\frac{\tilde{\mathrm{d}}\boldsymbol{L}_{C\mathrm{r}}}{\mathrm{d}t} = \boldsymbol{M}_C^{(\mathrm{e})} \tag{14.3.12}$$

综合式 (13.1.2)、式 (13.2.26) 和式 (14.3.12)，有

$$\frac{\mathrm{d}\boldsymbol{L}_C}{\mathrm{d}t} = \frac{\mathrm{d}\boldsymbol{L}_{C\mathrm{r}}}{\mathrm{d}t} = \frac{\tilde{\mathrm{d}}\boldsymbol{L}_{C\mathrm{r}}}{\mathrm{d}t} = \boldsymbol{M}_C^{(\mathrm{e})} \tag{14.3.13}$$

上式表明，质点系对质心的绝对动量矩的绝对导数、相对动量矩的绝对导数、相对动量矩的相对导数都等于作用在质点系上的外力系对质心的主矩。

注记 14.5

与绝对动量矩相比，相对动量矩更便于计算，因此在许多问题中，使用非惯性参考系中的动量矩定理式 (14.3.11) 更为方便。例如，对于例 13.2，约束力对接触点 A 的主矩为零，因此可以取 A 点为原点，在非惯性参考系中建立平动坐标系 $Axyz$，在此非惯性参考系中列写动量矩定理，直接求出圆盘质心的加速度，而无须联立方程求解。圆盘相对平动坐标系 $Axyz$ 作定轴转动，相对转动角速度为 $\dot{\varphi} = \dot{x}/R$，对 A 点的相对动量矩为

$$L_{A\mathrm{r}} = J_A\dot{\varphi} = \frac{3}{2}mR\dot{x} \tag{a}$$

代入式 (14.3.11) 中，并考虑到 A 点的加速度指向质心 C（即 $\boldsymbol{a}_A \parallel \boldsymbol{r}_C$），得

$$\frac{3}{2}mR\ddot{x} = mgR\sin\alpha \tag{b}$$

由此得

$$\ddot{x} = \frac{2}{3}g\sin\alpha$$

例 14.10

平板车上放着宽度为 b、高度为 h、质量为 m 的均质箱子，如图 14.11 所示。箱子与车之间有足够的摩擦防止滑动，设平板车急刹车时的加速度大小为 a，求急刹车时箱子所受的约束力。

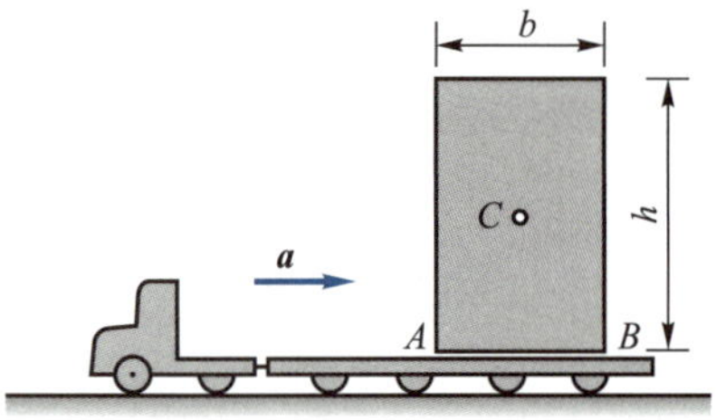

图 14.11

解　以平板车为参考系。非惯性参考系作平动，因此只有牵连惯性力系，其合力大小为 ma，方向向左，作用点在箱子的质心 C。箱子还受重力、车的支撑力和摩擦力作用。根据非惯性参考系中的动量定理和对质心的动量矩定理，有

$$m\ddot{x}_C = F - ma \tag{a}$$

$$m\ddot{y}_C = F_{\mathrm{N}} - mg \tag{b}$$

$$\frac{1}{12}m(b^2+h^2)\varepsilon = \frac{1}{2}Fh - F_{\mathrm{N}}l \tag{c}$$

式中：l 为箱子质心到车的支撑力作用线距离，$\ddot{x}_C$ 和 $\ddot{y}_C$ 是质心的相对加速度。

箱子翻倒的临界条件是支撑力和摩擦力都作用在 A 点，$l = b/2$。这时箱子要动但未动，仍处于平衡状态。因此

$$F = ma$$

$$F_{\mathrm{N}} = mg$$

$$Fh = F_{\mathrm{N}}b$$

利用这三个式子求出临界条件下加速度

$$a = gb/h$$

如果 $a < gb/h$，在急刹车时箱子保持静止，箱子所受的约束力 $F = ma$，$F_{\mathrm{N}} = mg$。如果 $a > gb/h$，在急刹车时箱子绕 A 点作定轴转动，故

$$\ddot{x}_C = -\frac{1}{2}h\varepsilon \tag{d}$$

$$\ddot{y}_C = \frac{1}{2}b\varepsilon \tag{e}$$

由方程 (a) ~ 方程 (e) 可以解出

$$F_{\mathrm{N}} = mg + \frac{3mb(ah-gb)}{4(b^2+h^2)}$$

$$F = ma - \frac{3mh(ah-gb)}{4(b^2+h^2)}$$

显然，在 $a > gb/h$ 的情况下，$F < ma$，$F_{\mathrm{N}} > mg$。

14.3.3 非惯性参考系中的动能定理

在非惯性系中，质点系的动能为

$$T_{\mathrm{r}} = \frac{1}{2}\sum_{i=1}^{n} m_i v_{i\mathrm{r}}^2 \tag{14.3.14}$$

将式 (14.3.1) 两边同时点乘质点的相对位移 $\tilde{\mathrm{d}}\boldsymbol{r}_i$，得

$$m_i\frac{\tilde{\mathrm{d}}\boldsymbol{v}_{i\mathrm{r}}}{\mathrm{d}t}\cdot\tilde{\mathrm{d}}\boldsymbol{r}_i = \boldsymbol{F}_i\cdot\tilde{\mathrm{d}}\boldsymbol{r}_i + \boldsymbol{S}_{i\mathrm{e}}\cdot\tilde{\mathrm{d}}\boldsymbol{r}_i + \boldsymbol{S}_{i\mathrm{k}}\cdot\tilde{\mathrm{d}}\boldsymbol{r}_i \tag{14.3.15}$$

上式左端可进一步写为

$$m_i\frac{\tilde{\mathrm{d}}\boldsymbol{v}_{i\mathrm{r}}}{\mathrm{d}t}\cdot\tilde{\mathrm{d}}\boldsymbol{r}_i = m_i\tilde{\mathrm{d}}\boldsymbol{v}_{i\mathrm{r}}\cdot\boldsymbol{v}_{i\mathrm{r}} = \tilde{\mathrm{d}}\left(\frac{1}{2}m_i v_{i\mathrm{r}}^2\right) \tag{14.3.16}$$

科氏惯性力总与相对速度垂直，也就是总与相对位移 $\tilde{\mathrm{d}}\boldsymbol{r}_i$ 垂直，因此科氏惯性力的元功 $\boldsymbol{S}_{i\mathrm{k}}\cdot\tilde{\mathrm{d}}\boldsymbol{r}_i$ 总为零。将式 (14.3.15) 对所有质点求和，得

$$\tilde{\mathrm{d}}T_{\mathrm{r}} = \mathrm{d}'A + \mathrm{d}'A_{\mathrm{e}} \tag{14.3.17}$$

式中

$$\mathrm{d}'A = \sum_{i=1}^{n} \boldsymbol{F}_i \cdot \tilde{\mathrm{d}}\boldsymbol{r}_i$$

为所有真实力（包括内力和外力）在相对位移上所做的元功之和，即

$$\mathrm{d}'A_{\mathrm{e}} = \sum_{i=1}^{n} \boldsymbol{S}_{i\mathrm{e}} \cdot \tilde{\mathrm{d}}\boldsymbol{r}_i$$

为所有牵连惯性力在相对位移上所做的元功之和。这就是质点系在**非惯性参考系中的动能定理，即质点系在非惯性系中相对动能的微分，等于作用在质点系上的所有真实力和牵连惯性力在相对位移上所做的元功之和。**

如果非惯性参考系随质心平动，则有 $\boldsymbol{a}_{i\mathrm{e}} = \boldsymbol{a}_{C\mathrm{e}}$，$\sum\limits_{i=1}^{n} m_i\boldsymbol{r}_i = \sum\limits_{i=1}^{n} m\boldsymbol{r}_C = 0$，因此有

$$\mathrm{d}'A_{\mathrm{e}} = -\sum_{i=1}^{n} m_i\boldsymbol{a}_{i\mathrm{e}} \cdot \tilde{\mathrm{d}}\boldsymbol{r}_i = -\tilde{\mathrm{d}}\left(\sum_{i=1}^{n} m_i\boldsymbol{r}_i\right) \cdot \boldsymbol{a}_{C\mathrm{e}} = 0 \tag{14.3.18}$$

故有

$$\tilde{\mathrm{d}}T_{\mathrm{r}} = \mathrm{d}'A \tag{14.3.19}$$

即当非惯性参考系随质心平动时，在非惯性系中的质系动能定理与惯性系中的动能定理形式完全相同。

例 14.11

半径为 R 的大圆环绕竖直轴 Oy 以匀角速度 ω 转动，转动惯量为 J。质量为 m 的小环可在大圆环上自由滑动，如图 14.12 所示。忽略摩擦力，求系统的运动微分方程。

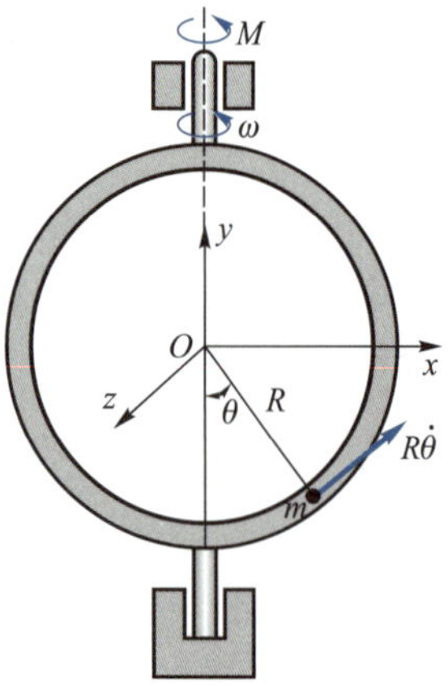

图 14.12

解　取与大圆环固连的坐标系 $Oxyz$ 为动系，小环的位置由 θ 唯一确定，如图 14.12 所示。在这个非惯性系中，小环的动能为

$$T_{\mathrm{r}} = \frac{1}{2}mv_{\mathrm{r}}^2 = \frac{1}{2}mR^2\dot{\theta}^2 \tag{a}$$

牵连惯性力为

$$\boldsymbol{S}_{\mathrm{e}} = m(R\sin\theta)\omega^2\boldsymbol{i}$$

牵连惯性力的功为

$$\begin{aligned}\mathrm{d}'A_{\mathrm{e}} &= \boldsymbol{S}_{\mathrm{e}}\cdot(\cos\theta\boldsymbol{i}+\sin\theta\boldsymbol{j})R\mathrm{d}\theta\\ &= \tilde{\mathrm{d}}\left(\frac{1}{2}mR^2\omega^2\sin^2\theta\right)\end{aligned} \tag{b}$$

上式右端的全微分形式说明牵连惯性力有势。由于牵连惯性力是离心力，因此

$$V_{\mathrm{e}}=\frac{1}{2}mR^2\omega^2\sin^2\theta$$

称为**离心势能**。

重力的功为

$$\mathrm{d}'A=-mg\boldsymbol{j}\cdot(\cos\theta\boldsymbol{i}+\sin\theta\boldsymbol{j})R\mathrm{d}\theta=\tilde{\mathrm{d}}(mgR\cos\theta) \tag{c}$$

将式 (a)、式 (b) 和式 (c) 代入非惯性参考系中的动能定理公式 (14.3.17) 并积分，得

$$\frac{1}{2}mR^2\dot{\theta}^2-\frac{1}{2}mR^2\sin^2\theta\omega^2-mgR\cos\theta=C$$

这表明在非惯性系中质点的机械能守恒。容易验证，在惯性系中系统机械能不守恒，这是因为要保持大圆环的匀速转动需要有能量输入。

将上式对时间求导即得系统运动微分方程

$$mR\ddot{\theta}-mR\omega^2\sin\theta\cos\theta+mg\sin\theta=0$$

14.4 动力学守恒量总结

[难点讲解] 动力学守恒量总结

在动力学的研究中，守恒量非常重要，为分析动力学问题提供了重要的工具。以下是常见的动力学守恒量。

(1) **动量守恒**。如果作用在质点系上的外力系主矢量 $\boldsymbol{F}_{\mathrm{R}}^{(\mathrm{e})}$ 为零，则质点系的动量守恒。

$$\boldsymbol{p}=\text{常矢量}$$

如果作用在质点系上的外力系主矢量在某一坐标轴上的投影恒等于零，则质点系在该方向的动量守恒。

(2) **动量矩守恒**。如果作用在质点系上的外力系对固定点 A 的主矩为零，即

$$\boldsymbol{M}_A^{(\mathrm{e})}=0$$

则质点系对该点的动量矩守恒，即

$$\boldsymbol{L}_A = \boldsymbol{C}$$

如果外力系对某定轴的矩为零，例如

$$M_z^{(\mathrm{e})} = 0$$

则质点系对该轴的动量矩守恒

$$L_z = C$$

如果作用在质点系上的外力系对质心 C 的主矩为零，即

$$\boldsymbol{M}_C^{(\mathrm{e})} = 0$$

则质点系对质心的动量矩守恒，即

$$\boldsymbol{L}_C = \boldsymbol{C}$$

如果外力系对过质心的某定轴的矩为零，例如

$$M_{Cz}^{(\mathrm{e})} = 0$$

则质点系对该轴的动量矩守恒，即

$$L_{Cz} = C$$

(3) **机械能守恒**。如果质点系只受到有势力的作用，或者虽然受到非有势力的作用，但这些非有势力不做功，质点系的机械能守恒，即

$$T + V = C$$

思考题 14.2

讨论下列例子是否违背守恒（部分见图 14.13）。

（1）猫下落翻身。猫从四爪朝天状态下落，却能在空中翻身，最后四爪着地，翻转很迅速。在初始时刻其对质心的动量矩为零，下落过程中又只受到过质心的重力，外力对质心的动量矩为零。那么猫的运动规律违反动量矩守恒了吗？如何解释猫下落翻身的现象？

（2）跳水运动员的“旋”。跳水运动员起跳后，重力使运动员的重心作抛物线运动，身体在空中起“旋”翻腾，在通过重心的身体横轴和纵轴的动量矩分量都不是零了，纵轴方向角动量从何而来？在腾空过程中，哪些动力学量是守恒的？

（3）健身器与人。旋转圆盘健身器是一种常见的运动设备，它通过旋转来锻炼身体的平衡能力和核心肌群。当一个人站在旋转圆盘健身器上时，即使不主动运动，也可能会发现自己的身体逐渐旋转起来。在此过程中机械能守恒吗？动量矩守恒吗？

（4）旋转的鸡蛋[①]。将一个熟鸡蛋放在桌上，用手使其快速旋转，旋转过程中鸡蛋就会从绕横轴旋转，转变成绕细长轴直立转动。在鸡蛋竖起来的过程中，有哪些动力学量守恒？

图 14.13

（5）翻身陀螺[②③]。翻身陀螺的两端是两个不同半径的大小球面，陀螺重心与两个球面的球心都不重合且在大球球心的下方，静止时大球在下、短柄朝上，与不倒翁类似，但旋转起来之后，陀螺会奇迹般地翻转 180°，变为短柄朝下、大球朝上的旋转。在翻身的过程中，陀螺的哪些动力学量守恒呢？

■ 本讲小结

质点系的动能是质点系动力学的基本量，即

$$T=\frac{1}{2}\sum_{i=1}^{n}m_iv_i^2=\frac{1}{2}mv_C^2+\frac{1}{2}\sum_{i=1}^{n}m_iv_{\mathrm{r}i}^2$$

平动刚体的动能为 $$T=\frac{1}{2}mv^2$$

定轴转动刚体的动能为 $$T=\frac{1}{2}J_z\omega^2$$

平面运动刚体的动能为 $$T=\frac{1}{2}mv_C^2+\frac{1}{2}J_C\omega^2$$

质点系动能定理建立了质点系动能变化和内外力做功之间的关系：

$$\mathrm{d}T=\sum_{i=1}^{n}\mathrm{d}'A_i$$

$$T_2-T_1=A_{1\to2}$$

① 推荐阅读文献：刘延柱. 立春时节话竖蛋 [J]. 力学与实践，2013，35（1）：97-98.
② 推荐阅读文献：刘延柱. 翻身陀螺简史及其力学分析 [J]. 力学与实践，2007，29（2）：88-90.
③ 推荐阅读文献：印明威，李舒航. 你真的会玩翻身陀螺吗?[J]. 力学与实践，2016，38（1）：102-105.

我们已经学习了建立质点系运动微分方程的两种方法：牛顿力学方法和分析力学方法。我们可以做个简单地比较。

牛顿力学方法是以质点或刚体为研究对象，将系统拆分成单个质点或刚体，利用牛顿定律及其导出的动力学普遍定理（见第 12 讲 ~ 第 14 讲）写出各个质点和各个刚体的运动微分方程，再与约束方程共同组成封闭方程组。这些方程中包含未知约束力，约束方程中包含代数方程。所以封闭方程组中既有常微分方程又有代数方程，属于微分–代数方程（在计算上比单纯的常微分方程更难处理），方程数大于自由度。在列方程的过程中，受力分析时需要考虑约束力，运动分析时需要进行加速度分析。对于学习理论力学的学生来说，对这种方法涉及的基本概念和原理，在中学时就有所了解，因此，困难不大，容易听懂。但是，这种方法有很大的灵活性，学生感到做题难，因为选择定理（定律）、受力分析、加速度分析、消去未知约束力等，都不同程度地需要经验和技巧，对学生的数学和物理水平都有较高的要求。

分析力学方法（如利用拉格朗日方程）是以系统整体为研究对象，无须拆分。用广义坐标描述系统运动，运动微分方程数目最少，等于自由度。封闭方程组由单纯的常微分方程组成，不包含约束力，不包含约束方程。在列方程的过程中，受力分析时只需考虑主动力，不需要考虑约束力，运动分析时只需分析速度，不需要分析加速度。对于学习理论力学的学生来说，对这种方法涉及的基本概念和原理，都是第一次接触，比较抽象，数学推导比较烦琐，因此，听课比较困难。然而，这种方法具有程式化、规范化的优点，不需要解题经验和技巧，只要掌握了高等数学的基本运算，做题就比较容易了（更像是做数学题）。

正是由于这些原因，理论力学课程让学生感到"牛顿力学部分，听课容易做题难；分析力学部分，做题容易听课难"。

■ 概念题

判断下列说法是否正确。

14–1　当轮子作纯滚动时，滑动摩擦力做负功。

14–2　无论弹簧是伸长还是缩短，弹性力的功总等于 $-k\delta^2/2$。

14–3　当质点作曲线运动时，沿切向和法向的分力都做功。

14–4　质点的动能越大，作用于质点上的力所做的功越大。

14–5　质点系的内力不能改变质点系的动能。

■ 习题

14–1　计算如图 14.14 所示各系统的动能：

（1）偏心圆盘的质量为 m，偏心距 $OC = e$，对质心的回转半径为 ρ_C，绕轴 O 以角速度 ω_O 转动 [图 14.14(a)]。

（2）长度为 l、质量为 m 的均质杆，其端部固结半径为 r、质量为 m 的均质圆盘。杆绕轴 O 以角速度 ω_O 转动 [图 14.14(b)]。

（3）滑块 A 沿水平面以速度 $\boldsymbol{v}_1$ 移动，重块 B 沿滑块以相对速度 $\boldsymbol{v}_2$ 下滑，已知滑块 A 的质量为 m_1，重块 B 的质量为 m_2 [图 14.14(c)]。

（4）汽车以速度 v_0 沿平直道路行驶，已知汽车的总质量为 M，轮子的质量为 m，半径为 R，轮子可近似视为均质圆盘 (共有 4 个轮子) [图 14.14(d)]。

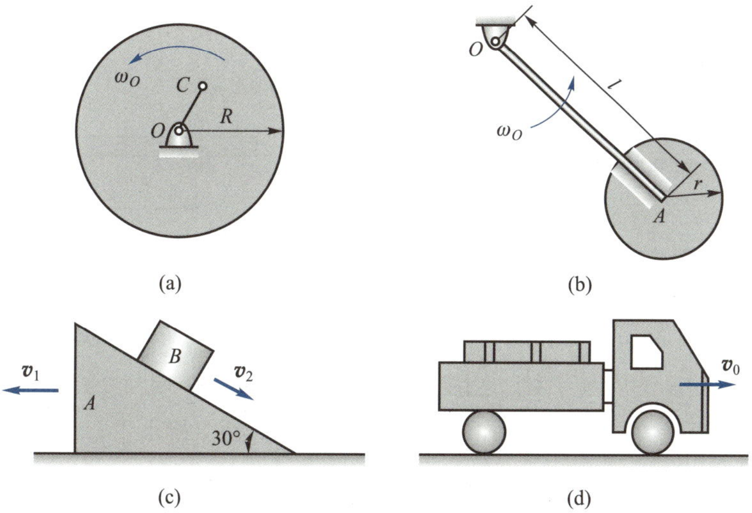

图 14.14

14–2　如图 14.15 所示三棱柱体 ABC 的质量为 m_1，放在光滑的水平面上，可以无摩擦地滑动。质量为 m_2 的均质圆柱体 O 由静止沿斜面 AB 向下滚动而不滑动。如斜面的倾角为 θ，求三棱柱体的加速度。

14–3　如图 14.16 所示，两根长度为 l、质量为 m 的均质杆 AC 与 CB 用铰 C 相连接，A 端为铰支座，B 端用铰与一均质圆盘连接，圆盘半径为 r，质量为 $2m$，它在水平面上作无滑动的滚动。当 $\theta = 30°$ 时，此系统在重力作用下无初速开始运动，求此瞬时杆 AC 的角加速度。

14–4　系统如图 14.17 所示。回转半径为 ρ、半径为 R、重量为 P_1 的均质滚轮沿水平轨道作纯滚动，在半径为 r 的轴颈上绕以刚度系数为 k 的弹簧。重物重量为 P，通过绕在滚轮上的绳子与滚轮相连。假设不计滑轮 O 的质量。列写系统运动微分方程。

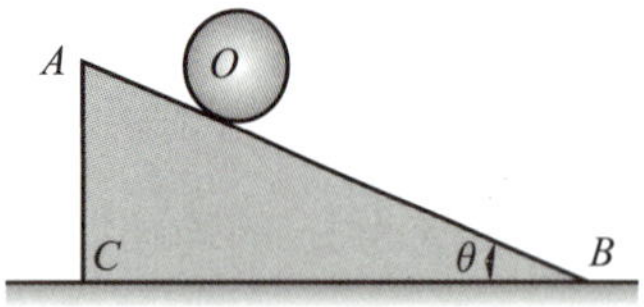

图 14.15

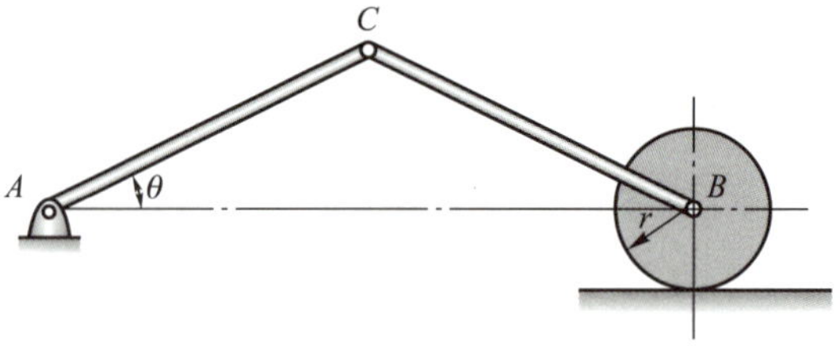

图 14.16

14–5　一复摆绕 O 点转动如图 14.18 所示，O 点离其质心 O' 的距离为 x，问当 x 为何值时，摆从水平位置无初速地转到铅垂位置时的角速度为最大？并求此最大角速度。设复摆质量为 m，对质心的回转半径为 $\rho_{O'}$。

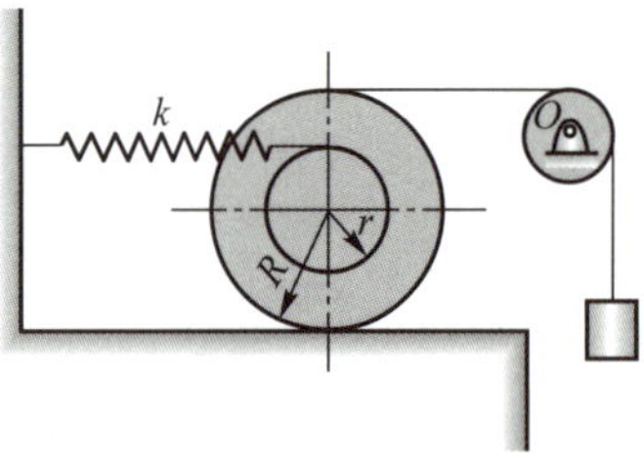

图 14.17

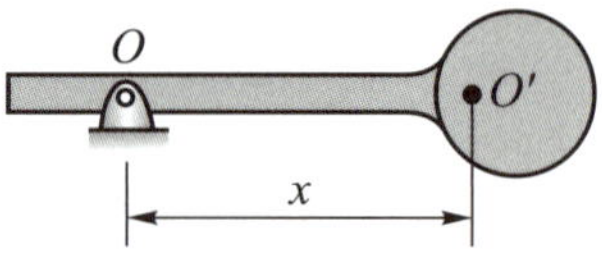

图 14.18

14–6　如图 14.19 所示，长度为 l、重量为 W 的 3 根相同的均质杆用理想铰链连接，在铅垂平面内运动。一质量不计、刚度系数为 k 的弹簧，一端与 BC 杆的中点 E 连接，另一端可沿光滑铅垂直导槽滑动 (在运动过程中弹簧始终保持水平)。杆 AB 和杆 CD 与墙垂直时，弹簧不变形。求系统在此瞬时由静止释放时 AB 杆的角加速度。

14–7　均质杆 AC、BC 重量均为 W，长度为 l，由理想铰链 C 铰接，在各杆中点连接一刚度系数为 k 的弹簧，置于光滑水平面上，在铅垂平面内运动 (如图 14.20 所示)。设开始时，$\theta = 60^\circ$，速度为零，弹簧未变形。求当 $\theta = 30^\circ$ 时 C 点的速度。设 $k = W/[(\sqrt{3}-1)l]$。

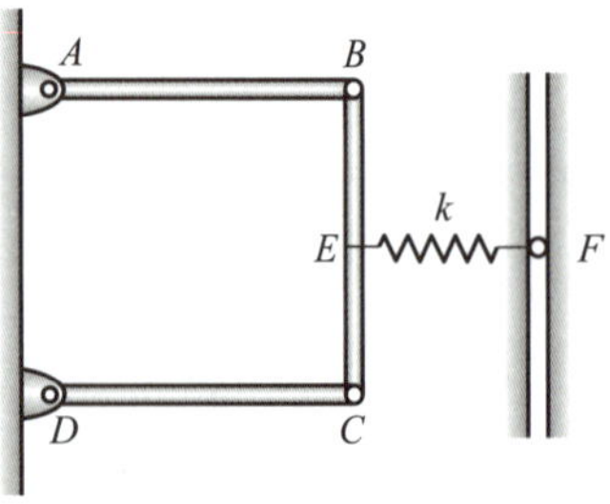

图 14.19

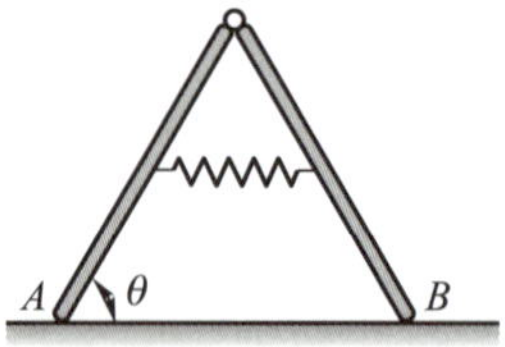

图 14.20

14–8　如图 14.21 所示，半径为 r 的均质圆柱体，初始时静止在台边上，且 $\alpha=0$，受到小扰动后无滑动地滚下。求圆柱体离开水平台时的角度 α 和此时的角速度。

14–9　如图 14.22 所示，一柔软的均质链条长度为 l，放在光滑的水平桌面上。开始时链条临桌静置，有水平线段和悬垂线段两部分，且下垂部分的长度为 x_0，求链条释放以后在还没有脱离桌面时的速度表达式，以图中下垂部分长度 x 表示。

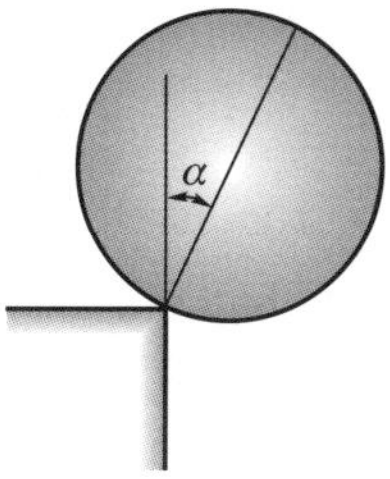

图 14.21

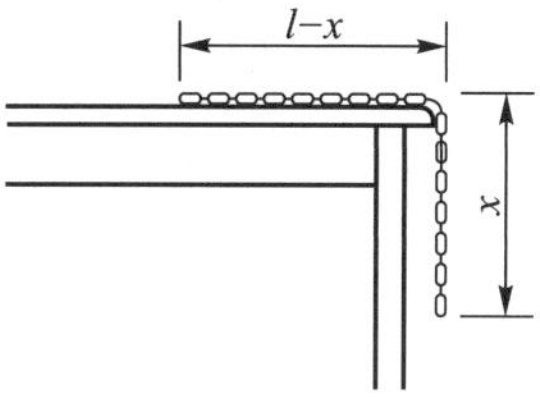

图 14.22

14–10　如图 14.23 所示，一摆由均质的直角弯杆 AOB 组成，O 点为悬挂点，AOB 在同一竖直平面内运动。设 $OB<OA$，平衡时 OB 与向下竖直线的夹角为 $\varphi=\varphi_0$。现将 OA 杆置于水平位置，然后无初速地释放，求 φ 角的最大值。

14–11　如图 14.24 所示的机构中，物块 A、B 的质量均为 m，两均质圆轮 C、D 的质量均为 $2m$，半径均为 R。C 轮铰接于无重悬臂梁 CK 上，D 为动滑轮，梁的长度为 $3R$，绳与轮间无滑动。系统由静止开始运动，求：（1）A 物块上升的加速度；（2）HE 段绳的拉力；（3）固定端 K 处的约束力和约束力偶矩。

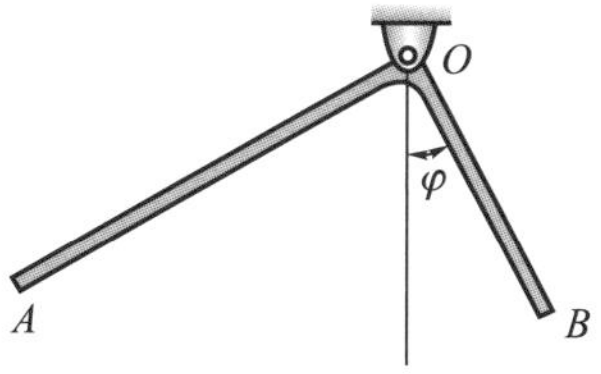

图 14.23

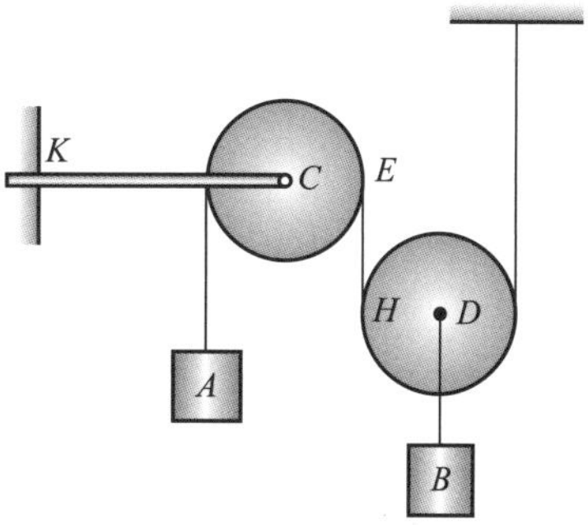

图 14.24

14–12　如图 14.25 所示，人造地球卫星 A 绕以地球 E 为中心的圆轨道运行，在同一轨道平面内，人造地球卫星 B 作小偏心率椭圆轨道运动。假设无量纲化后，卫星 A 的圆轨道半径为 1，地球质量为 1，万有引力常数 $G=1$，俩卫星的质量都远小于 1。（1）推导卫星 B 在卫星 A 轨道坐标系（坐标平面 Axy 在卫星 A 的轨道平面内，坐标原点位于卫星 A，x 轴从地心指向卫星 A，y 轴指向卫星 A 的速度方向）中的相对运动微

分方程；（2）当 $\|\boldsymbol{r}\| \ll 1$ 时，求线性化的相对运动微分方程；（3）设卫星 B 在卫星 A 轨道坐标系中的初始位置为 (x_0, y_0)，初始速度为 $(\dot{x}_0, \dot{y}_0)$，当 $\|\boldsymbol{r}\| \ll 1$ 时，求初始相对位置与速度满足什么条件时，卫星 A 和 B 的轨道周期相同。

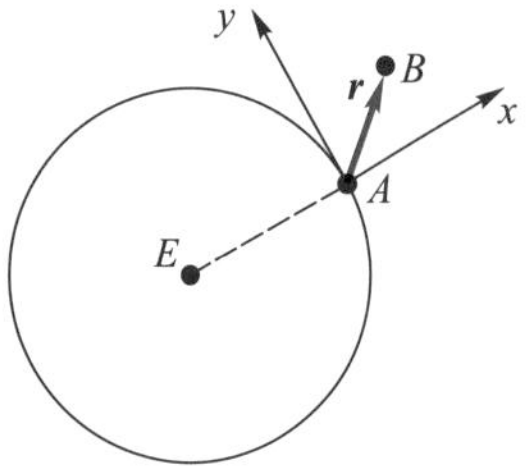

图 14.25

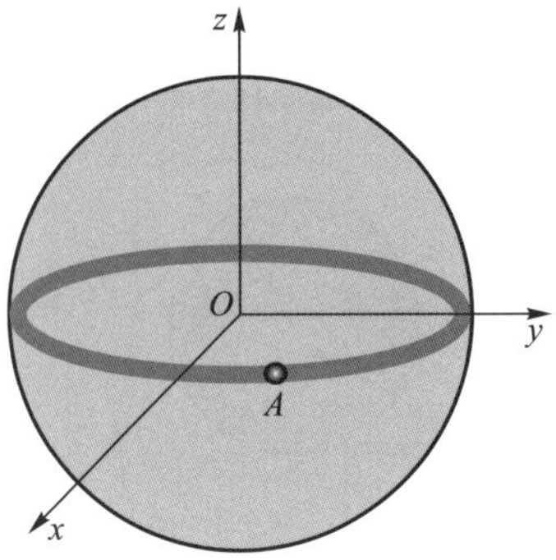

图 14.26

14–13　在真空中处于失重状态的均质球形刚体，其半径 $r = 1$ m，质量 $M = 2.5$ kg，对直径的转动惯量 $J = 1\ \mathrm{kg \cdot m^2}$，球体固连坐标系 $Oxyz$ 如图 14.26 所示。另有质量 $m = 1$ kg 的质点 A 在内力驱动下沿球体大圆上的光滑无质量管道（位于 Oxy 平面内）以相对速度 $v_\mathrm{r} = 1$ m/s 运动。初始时，系统质心速度为零，质点 A 在 x 轴上。（1）试判断系统自由度；（2）当球体初始角速度 $\omega_{x0} = 0, \omega_{y0} = 0, \omega_{z0} = 1$ rad/s 时，求球心 O 的绝对速度 v_O，球体的角速度沿 z 轴的分量 ω_z，质点 A 的绝对速度 $\boldsymbol{v}_A$ 和绝对加速度 $\boldsymbol{a}_A$；（3）当球体初始角速度 $\omega_{x0} = 1$ rad/s$, \omega_{y0} = 0, \omega_{z0} = 0.4$ rad/s 时，求球体的角速度 ω 和角加速度 ε（提示：建立另一个动系 $Ox'y'z$，使质点 A 始终在 x' 轴上）。

14–14　如图 14.27 所示铅垂平面内的系统，T 形杆质量为 m_1，对质心 C 的转动惯量为 J_1；圆盘半径为 R，质量为 m_2，对质心 O 的转动惯量为 J_2；杆和盘光滑铰接于点 O。设重力加速度为 g，地面和盘间的静摩擦因数为 μ_0，动摩擦因数为 μ，不计滚动摩阻。（1）如图 14.27(a) 所示，盘以匀角速度 ω 沿水平地面向右作纯滚动。为使杆保持与铅垂方向夹角 $\theta(0 \leqslant \theta < \pi/2)$ 不变，需在杆上施加多大的力偶矩 M_1? 并求此时地面作用于盘的摩擦力 F。（2）如图 14.27(b) 所示，当盘上施加顺时针的常力偶矩 M_2，同时 $M_1 = 0$，杆作平移，分析圆盘的可能运动，并求杆与铅垂方向的夹角 β、盘的角加速度 ε 及地面对盘的摩擦力 F。

14–15　如图 14.28 所示，水平面上放一均质三棱柱 A。此三棱柱上又放一均质三棱柱 B，两三棱柱的横截面都是直角三角形，三棱柱 A 比三棱柱 B 重两倍。设三棱柱和水平面都是绝对光滑的。（1）试列写系统运动微分方程；（2）求当三棱柱 B 的最右端沿三棱柱 A 滑至水平面时，三棱柱 A 的位移 s；（3）求在（2）对应瞬时，水平面作用于三棱柱 A 的约束力。

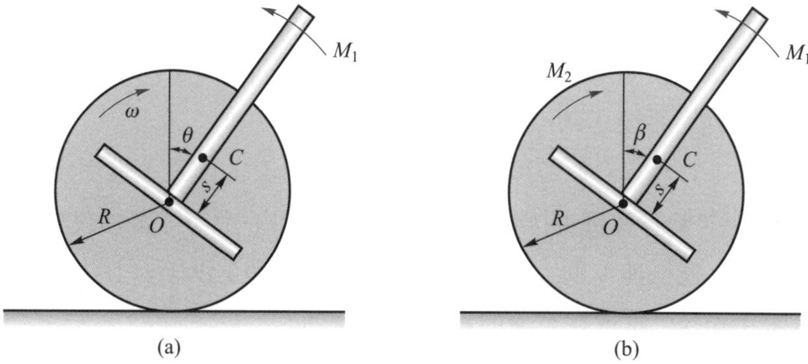

图 14.27

14–16　均质杆 AC 质量为 30 kg，有一水平力 240 N 突然作用于杆上 B 点，杆开始时保持如图 14.29 所示垂直位置。(1) 若不考虑水平表面与杆之间的摩擦力，试确定此瞬时杆端 C 的加速度；(2) 若 AC 杆与水平表面之摩擦因数为 0.30，试求 C 点的初始加速度。

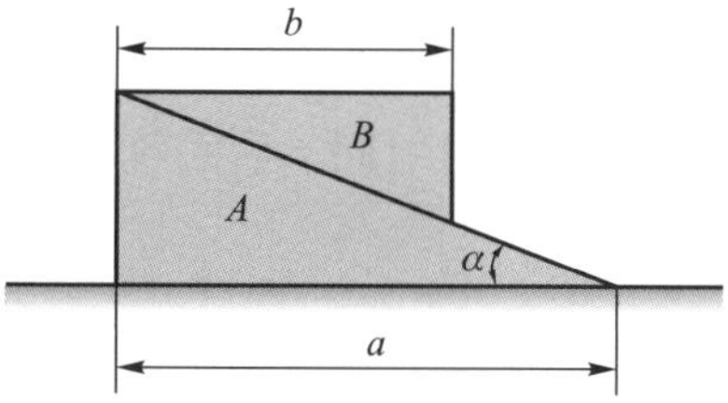

图 14.28

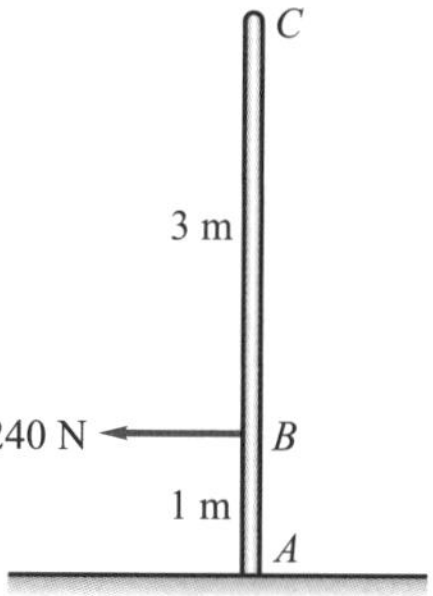

图 14.29

14–17　一圆环由绳 AB 和光滑斜面支承。圆环质量为 10 kg、半径为 2 m，质量为 3 kg 的质点 D 与圆环固结，如图 14.30 所示。求当绳子剪断的瞬时质点 D 的加速度。

14–18　重 100 N、长 1 m 的均质杆 AB，一端 B 搁在地面上，另一端 A 用软绳吊住，如图 14.31 所示。设杆与地面间的静摩擦因数为 0.30，问在软绳剪断的瞬间，B 端是否滑动？并求此瞬时杆的角加速度及地面对杆的作用力。

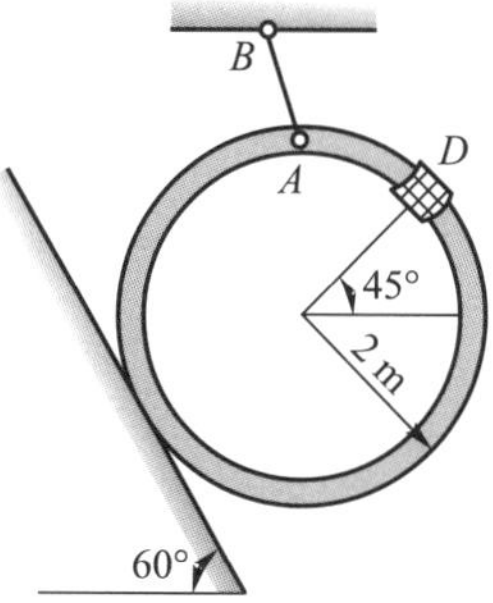

图 14.30

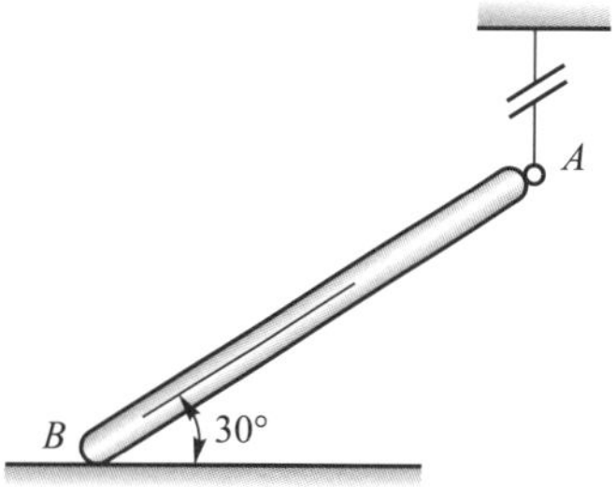

图 14.31

14–19　如图 14.32 所示，均质杆 AB 质量为 m，长度为 $l=\sqrt{2}R$，在半径为 R 的光滑圆槽内运动，圆槽质量为 M，放置在光滑的水平面上。(1) 写出系统在任意位置的动能与势能；(2) 列写系统运动微分方程。

14–20　如图 14.33 所示，原长度为 l_0、刚度系数为 k 的弹簧一端固定，另一端与质量为 m 的质点相连。初始时弹簧被拉长 l_0，并对质点施加一个与弹簧轴线相垂直的速度 v_0。求弹簧恢复原长时，质点速度的大小及与弹簧轴线的夹角。设 $k=100\ \mathrm{N/m}$，$l_0=50\ \mathrm{cm}$，$m=5\ \mathrm{kg}$，$v_0=1\ \mathrm{m/s}$。质点在光滑的水平面内运动。

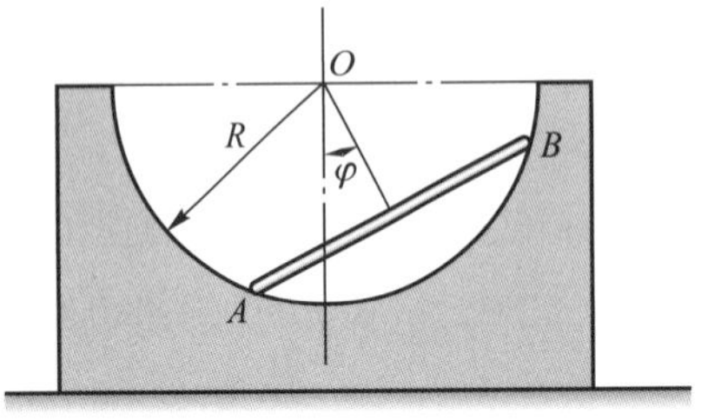

图 14.32

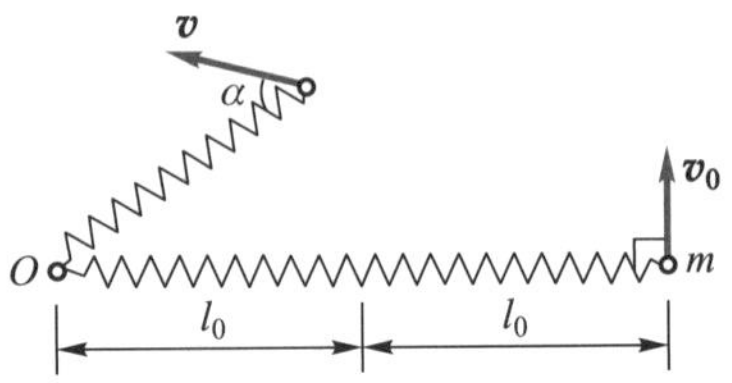

图 14.33

14–21　如图 14.34 所示均质杆 OA 长度为 l，质量为 m，在常力偶的作用下在水平面内从静止开始绕 z 轴转动，设力偶矩为 M。求：(1) 经过时间 t 后系统的动量、对 z 轴的动量矩和动能的变化；(2) 轴承的动约束力。

14–22　如图 14.35 所示，均质杆 OA 长度为 l，质量为 m，弹簧刚度系数为 k，弹簧原长度为 l，系统由图示位置无初速释放。当杆运动至水平位置时，求：(1) 杆 OA 的角速度；(2) 铰 O 的约束力。

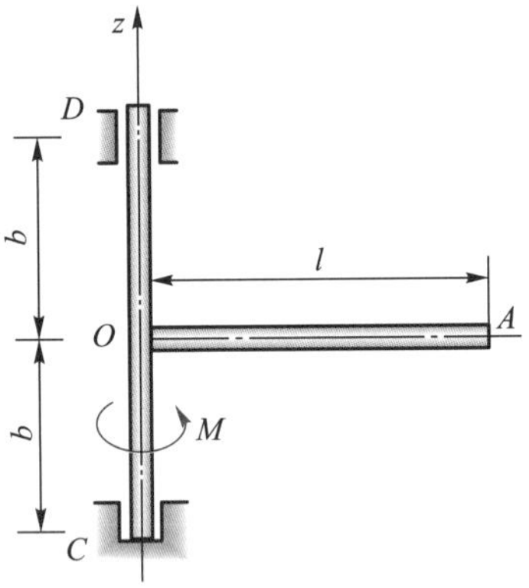

图 14.34

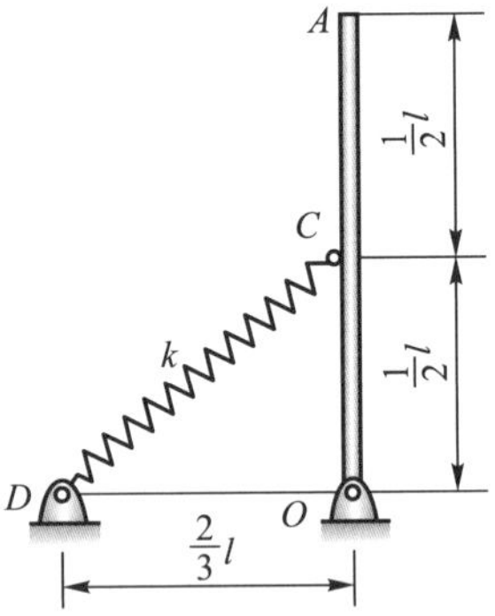

图 14.35

第14讲习题
参考答案

第15讲 碰撞问题

两物体碰撞时，其运动状态有急剧的变化，相互间有很大的作用力，例如打桩、锻压、踢球等。另外机器中传动零件之间总有一定间隙，也会有撞击发生。碰撞现象的特点是在极短的时间内，产生巨大的碰撞力。这种巨大的碰撞力可以用来打碎物体、锻压工件。另一方面，机器中的碰撞力又会导致零件损坏，所以在机械应用中应尽量防止或减轻这种破坏。这是工程中有重要意义的动力学问题。

15.1　碰撞问题的基本假设

我们主要讨论碰撞问题的宏观层面。在微观尺度上，物体的碰撞是一个过程，不是瞬间完成的。然而，在我们讨论宏观问题的时间尺度上，通常认为碰撞瞬时完成，碰撞使运动的速度发生了突变，无法对速度求导运算。

由于碰撞的时间很短，碰撞力很大，并且在这极短的时间内碰撞力又是急剧变化的，很难准确确定其变化规律。对一般工程问题，可以分析碰撞前后物体运动状态的变化，而绕过这一极短的复杂力学过程。因此根据碰撞现象的特点，可作如下两点假设：（1）在碰撞过程中，由于碰撞力非常大，常规力可以忽略不计；（2）由于碰撞过程非常短，物体的位移可以忽略不计。

一般情况下，物体间的碰撞总会伴随有发声、发热、发光，并产生塑性变形，因而机械能一般不守恒，总有一部分机械能转化为其他形式的能量，如热能等。

15.2　动量定理与动量矩定理的积分形式

刚体碰撞问题也可用质点系的动量定理和动量矩定理来研究。所不同的是，碰撞过程时间短而碰撞力的变化规律很复杂，一般只研究碰撞前后刚体运动状态的变化。因此在研究刚体的碰撞问题时，使用动量和动量矩定理的积分形式。

将质点系动量定理

$$\frac{\mathrm{d}(m\boldsymbol{v}_C)}{\mathrm{d}t}=\boldsymbol{F}_{\mathrm{R}}^{(\mathrm{e})}$$

在时刻 t_1 和 t_2 之间积分可以得到

$$m\boldsymbol{u}_C-m\boldsymbol{v}_C=\int_{t_1}^{t_2}\boldsymbol{F}_{\mathrm{R}}^{(\mathrm{e})}\mathrm{d}t=\boldsymbol{I}^{(\mathrm{e})} \tag{15.2.1}$$

式中：$\boldsymbol{v}_C$ 和 $\boldsymbol{u}_C$ 分别为碰撞前后质点系质心的速度；$\boldsymbol{I}^{(\mathrm{e})}$ 为外碰撞冲量的矢量和，即外碰撞力主矢量积分得到的冲量。

式 (15.2.1) 表明，**质点系在碰撞前后动量的变化，等于作用于质点系上的外碰撞冲量的矢量和。**

将对固定点的质点系动量矩定理

$$\frac{\mathrm{d}\boldsymbol{L}_A}{\mathrm{d}t} = \boldsymbol{M}_A^{(\mathrm{e})} = \sum_{i=1}^{n} \boldsymbol{\rho}_i \times \boldsymbol{F}_i^{(\mathrm{e})}$$

在时刻 t_1 和 t_2 之间积分，并交换积分与求和的顺序，得

$$\boldsymbol{L}_{A2} - \boldsymbol{L}_{A1} = \sum_{i=1}^{n} \int_{t_1}^{t_2} \boldsymbol{\rho}_i \times \boldsymbol{F}_i^{(\mathrm{e})} \mathrm{d}t$$

一般情况下，$\boldsymbol{\rho}_i$ 是未知的变量，上式右端的积分较复杂。但在碰撞过程中，按基本假设，各质点的位置都是不变的，碰撞力作用点的矢径 $\boldsymbol{\rho}_i$ 在碰撞过程中保持不变，因此可得

$$\boldsymbol{L}_{A2} - \boldsymbol{L}_{A1} = \sum_{i=1}^{n} \boldsymbol{\rho}_i \times \boldsymbol{I}_i^{(\mathrm{e})} = \boldsymbol{M}_A(\boldsymbol{I}^{(\mathrm{e})}) \tag{15.2.2}$$

式中：$\boldsymbol{M}_A(\boldsymbol{I}^{(\mathrm{e})}) = \sum\limits_{i=1}^{n} \boldsymbol{\rho}_i \times \boldsymbol{I}_i^{(\mathrm{e})}$ 是外碰撞冲量对 A 点的矩。

式 (15.2.2) 表明，**碰撞前后质点系对固定点动量矩改变量等于作用在质点系上外碰撞冲量对该点的矩。**

注记 15.1

特别注意，碰撞瞬间位置来不及变化，所以积分中的 $\boldsymbol{\rho}_i$ 是常量，与积分无关。

将质点系对质心的动量矩定理表达式 (13.2.26) 的两边在一段时间内积分，经过类似的推导，可得到

$$\boldsymbol{L}_{C2} - \boldsymbol{L}_{C1} = \boldsymbol{M}_C(\boldsymbol{I}^{(\mathrm{e})}) \tag{15.2.3}$$

式中：$\boldsymbol{M}_C(\boldsymbol{I}^{(\mathrm{e})}) = \sum\limits_{i=1}^{n} \boldsymbol{\rho}_i \times \boldsymbol{I}_i^{(\mathrm{e})}$ 是外碰撞冲量对质心 C 点的矩。

式 (15.2.3) 表明，**质点系在碰撞前后对质心的动量矩的改变量等于作用在质点系上的所有外碰撞冲量对质心的矩。**

特别地，如果作定轴转动的刚体受到碰撞冲量 $I_i^{(\mathrm{e})}$ 的作用，其动力学方程为

$$J_z(\omega_2 - \omega_1) = M_z(\boldsymbol{I}^{(\mathrm{e})}) \tag{15.2.4}$$

式中：J_z 为刚体对 z 轴的转动惯量；ω_1 和 ω_2 分别为刚体碰撞前后的角速度。

同理可得平面运动刚体在碰撞冲量 $I_i^{(\mathrm{e})}$ 的作用下的动力学方程为

$$\begin{cases} mu_{Cx} - mv_{Cx} = I_x^{(\mathrm{e})} \\ mu_{Cy} - mv_{Cy} = I_y^{(\mathrm{e})} \\ J_C(\omega_2 - \omega_1) = M_C(I^{(\mathrm{e})}) \end{cases} \tag{15.2.5}$$

式中：$I_x^{(\mathrm{e})}$、$I_y^{(\mathrm{e})}$ 分别是外碰撞冲量 $\boldsymbol{I}^{(\mathrm{e})}$ 在 x 和 y 轴上的投影。

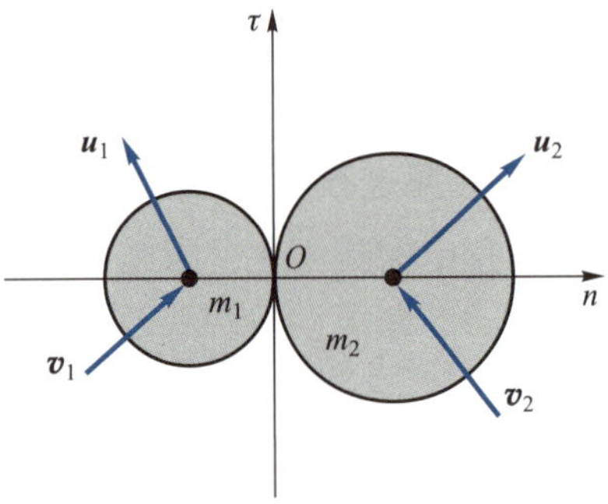

图 15.1

下面我们研究两个小球的碰撞问题。设质量为 m_1、速度为 $\boldsymbol{v}_1$ 的光滑小球与质量为 m_2、速度为 $\boldsymbol{v}_2$ 的光滑小球相撞（如图 15.1 所示），碰撞后两小球的速度为 $\boldsymbol{u}_1$ 和 $\boldsymbol{u}_2$。我们设法建立两个小球碰撞前、后速度之间的关系。将两球碰撞前后的速度在两球接触面的公法线 $\boldsymbol{n}$ 和公切线 $\boldsymbol{\tau}$ 上分解，法向分量分别记为 $v_{1\mathrm{n}}$、$v_{2\mathrm{n}}$、$u_{1\mathrm{n}}$ 和 $u_{2\mathrm{n}}$，切向分量分别记为 $v_{1\tau}$、$v_{2\tau}$、$u_{1\tau}$ 和 $u_{2\tau}$。碰撞前后质点系在法向上动量守恒，两小球各自在切向上动量守恒，因此两球碰撞的动力学方程为

$$\begin{cases} m_1v_{1\mathrm{n}} + m_2v_{2\mathrm{n}} = m_1u_{1\mathrm{n}} + m_2u_{2\mathrm{n}} \\ m_1v_{1\tau} = m_1u_{1\tau} \\ m_2v_{2\tau} = m_2u_{2\tau} \end{cases} \tag{15.2.6}$$

式 (15.2.6) 有 3 个方程，4 个未知数，为了求解碰撞问题，还需要补充 1 个方程。我们将碰撞过程分成压缩和恢复两个阶段。在压缩阶段中，两球在接触区域产生微小的压缩变形，球心之间的距离逐渐缩短。由于小球是光滑的，两球之间的冲击力方向沿球心连线方向。当两球的压缩变形达到最大时，两球沿公法线 $\boldsymbol{n}$ 的速度相等，记作 $\boldsymbol{u}$。在压缩阶段中，碰撞力的冲量称为**压缩冲量**，记作 $\boldsymbol{I}_1$。在此时刻以后进入恢复阶段，两球的形状开始恢复，球心距离逐渐增大，直至两球脱离。恢复阶段碰撞力的冲量称为**恢复冲量**，记为 $\boldsymbol{I}_2$。恢复冲量与压缩冲量的大小之比值称为**恢复因数**，记作 e，即

$$e = \frac{I_2}{I_1} \tag{15.2.7}$$

恢复因数 e 的值与两碰撞物体的性质有关，和运动速度无关，需由实验确定。不过，这只是一个初步结论。通常 e 值在 0 与 1 之间，$e = 0$ 的情况叫做**完全非弹性碰撞**，$e = 1$ 的情况叫做**完全弹性碰撞**。

在压缩阶段，分别对两小球列写动量定理沿公法线方向的投影式，两球在压缩变形前后的动量之差都由 I_1 造成，有

$$\begin{cases} m_1(u - v_{1n}) = -I_1 \\ m_2(u - v_{2n}) = I_1 \end{cases} \tag{15.2.8}$$

同样在恢复阶段，两球的速度都从 u 开始，直到变形结束，速度变为 u_{1n} 和 u_{2n}。分别对两小球列写动量定理沿公法线方向的投影式，有

$$\begin{cases} m_1(u_{1n} - u) = -I_2 \\ m_2(u_{2n} - u) = I_2 \end{cases} \tag{15.2.9}$$

由式 (15.2.8) 和式 (15.2.9) 可得

$$\begin{cases} v_{1n} - v_{2n} = I_1\left(\dfrac{1}{m_1} + \dfrac{1}{m_2}\right) \\ u_{1n} - u_{2n} = -I_2\left(\dfrac{1}{m_1} + \dfrac{1}{m_2}\right) \end{cases} \tag{15.2.10}$$

将式 (15.2.10) 代入式 (15.2.7) 得

$$e = \frac{u_{2n} - u_{1n}}{v_{1n} - v_{2n}} \tag{15.2.11}$$

式 (15.2.11) 也可作为恢复因数的定义，即**恢复因数等于小球碰撞后相对分离的速度和碰撞前相对接近的速度之比**。由于压缩冲量 I_1 和恢复冲量 I_2 难以实测，一般是根据式 (15.2.11) 来测量恢复因数的。

恢复因数的定义可以推广到刚体碰撞问题中，此时恢复因数等于碰撞点在碰撞后的相对分离速度和碰撞前的相对接近速度之比。

注记 15.2

恢复因数有几种不同的定义方式，但各自的适用范围较为模糊，容易产生误用。恢复因数的初始定义是用来表征两个质点碰撞时能量耗散的程度，后来也被广泛用来描述刚体和弹性体的碰撞。恢复因数有如下 3 种定义方式：

(1) 速度定义。恢复因数的速度定义始于牛顿对质点碰撞的研究，其定义为碰撞后法向相对分离速度 v_{nr} 和碰撞前相对接近速度 v_{n0} 的比值，即

$$e = v_{nr}/v_{n0} \tag{15.2.12}$$

按选取的速度参考点不同，此定义细分为两小类：

1）以物体质心为速度参考点。

2）以碰撞接触点为速度参考点。

（2）冲量定义。恢复因数的冲量定义是 19 世纪初由泊松提出的，其定义为恢复阶段法向冲量 I_{r} 与压缩阶段的法向冲量 I_0 的比值，即

$$e = I_{\mathrm{r}}/I_0 \tag{15.2.13}$$

（3）能量定义。恢复因数的能量定义由斯特朗于 1990 年给出。在能量定义中，恢复因数的平方 e^2 为恢复阶段弹性变形所释放的能量 E_{r} 与压缩阶段储存的能量 E_0 之比，即

$$e = \sqrt{E_{\mathrm{r}}/E_0} \tag{15.2.14}$$

可以证明，以上 3 种恢复因数的定义方式在质点的碰撞中是相互等价的。在实际应用中，考虑到测量的简便，质心速度定义的恢复因数通常是最容易被采用的方式，但要特别注意恢复因数定义的使用需要与采用的力学模型相匹配，否则容易引起误用。这是因为在实际问题中，参与碰撞的对象常常不能被简化为质点，对于刚体、质点系的碰撞，接触点速度、冲量、能量的定义方式都适用，但质心速度的定义方式一般不再适用，只可作为弹簧刚度系数很大、物体尺寸可忽略时的近似。对于弹性体的碰撞，用能量和冲量方式定义的恢复因数仍然适用，而由于弹性体自身的变形，无论参考点是质心还是接触点，速度定义的恢复因数都有局限性，接触点定义的局限性体现于无法获得准确的接触点速度，质心的定义只能针对变形很小的情况适用①。

将补充方程式 (15.2.11) 和动力学方程式 (15.2.6) 联立求解，可求得碰撞后两个小球的速度

$$\begin{cases} u_{1\tau} = v_{1\tau} \\ u_{2\tau} = v_{2\tau} \\ u_{1\mathrm{n}} = \dfrac{1}{m_1 + m_2}[(m_1 - em_2)v_{1\mathrm{n}} + m_2(1+e)v_{2\mathrm{n}}] \\ u_{2\mathrm{n}} = \dfrac{1}{m_1 + m_2}[m_1(1+e)v_{1\mathrm{n}} + (m_2 - em_1)v_{2\mathrm{n}}] \end{cases} \tag{15.2.15}$$

应该指出，这里我们假设两球是绝对光滑的，即忽略了两球在碰撞时的摩擦力。一般情况下，摩擦力和碰撞时的正压力都是极大的瞬时力。乒乓球运动员正是利用了球与拍之间的

① 推荐阅读文献：李逸良，邱信明，张雄. 恢复因数的不同定义及其适用性分析 [J]. 力学与实践，2015，37（6）：773-777.

摩擦力才能打出极富进攻性的上旋球、下旋球和侧旋球。

思考题 15.1

如图 15.2 所示，是一种最简单的测定恢复因数的方法。小球自高度 h_1 处自由降落，与水平固定面碰撞后的回跳高度为 h_2。不计空气阻力，试分析恢复因数与 h_1 和 h_2 之间的关系。

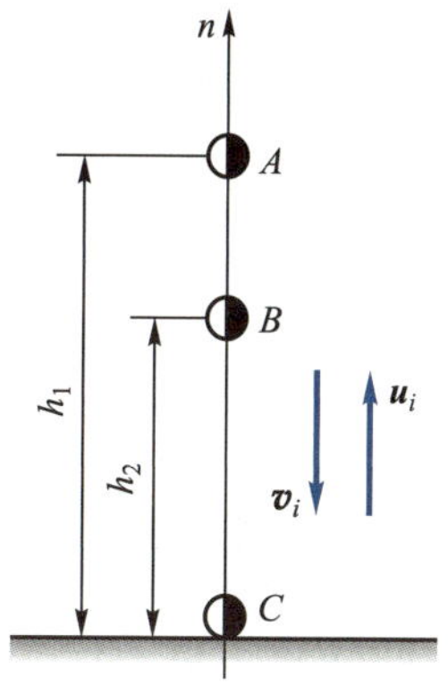

图 15.2

我们来看小球碰撞的几个特殊情况：

（1）完全塑性碰撞，即 $e=0$，碰撞后两球速度相等，即

$$u_{1\mathrm{n}}=u_{2\mathrm{n}}=\frac{(m_1v_1+m_2v_2)}{(m_1+m_2)}$$

（2）完全弹性碰撞，即 $e=1$，且两球质量相等，$m_1=m_2$，两球法向速度交换，即

$$u_{1\mathrm{n}}=v_{2\mathrm{n}},\quad u_{2\mathrm{n}}=v_{1\mathrm{n}}$$

（3）球与固定面碰撞，$m_2=\infty, v_2=0$ ，类似于球撞上墙，即

$$u_{1\mathrm{n}}=-ev_{1\mathrm{n}},\quad u_2=0$$

例 15.1

设质量为 m_1 的小球同质量为 m_2 的静止球碰撞，恢复因数为 k，碰撞后两小球速度方向垂直，求 m_1 与 m_2 之间的关系。

解　碰撞前，m_2 静止，碰撞后 m_2 的速度只能沿着两球连线方向。

$$\boldsymbol{v}_2=0,\quad \boldsymbol{u}_2=\boldsymbol{u}_{2\mathrm{n}}$$

由于碰后两球速度垂直，所以 m_1 碰后在连线方向分量为零

$$\boldsymbol{u}_2\perp\boldsymbol{u}_1$$

因此可以得到

$$u_{1\mathrm{n}}=0$$

根据恢复因数定义

$$k=\frac{u_{2\mathrm{n}}-0}{v_{1\mathrm{n}}-0}=\frac{u_{2\mathrm{n}}}{v_{1\mathrm{n}}}$$

再由动量守恒

$$m_1 \boldsymbol{v}_1 + m_2 \cdot 0 = m_1 \boldsymbol{u}_1 + m_2 \boldsymbol{u}_2$$

向法线方向投影

$$m_1 v_{1\mathrm{n}} + 0 = 0 + m_2 u_{2\mathrm{n}}$$

从而可以得到二者的质量比

$$\frac{m_1}{m_2} = \frac{u_{2\mathrm{n}}}{v_{1\mathrm{n}}} = k$$

注记 15.3

本例类似于打台球，最后也验证了当质量比满足恢复因数条件时，可以出现台球撞后两球运动方向垂直的情况。

碰撞时一方面发生机械运动的传递 (此时用动量来度量机械运动)，另一方面也发生由机械运动到其他形态运动的转化 (例如机械能转化为热能，这时要用动能来度量机械运动)。动量和能量从两个不同的方面度量了机械运动，二者是相辅相成的。下面分析碰撞过程中两球动能的变化。

考察两球的碰撞，由式 (15.2.15) 可得两小球碰撞后的速度为

$$\begin{cases} u_1 = v_1 - \dfrac{m_2(1+e)}{m_1+m_2}(v_1 - v_2) \\ u_2 = v_2 + \dfrac{m_1(1+e)}{m_1+m_2}(v_1 - v_2) \end{cases} \tag{15.2.16}$$

两球在碰撞前、后的总动能分别为

$$T_1 = \frac{1}{2}m_1 v_1^2 + \frac{1}{2}m_2 v_2^2$$

$$T_2 = \frac{1}{2}m_1 u_1^2 + \frac{1}{2}m_2 u_2^2$$

在碰撞过程中，动能的损失为

$$\begin{aligned} \Delta T = T_1 - T_2 &= \frac{1}{2}m_1(v_1^2 - u_1^2) + \frac{1}{2}m_2(v_2^2 - u_2^2) \\ &= \frac{1}{2}m_1(v_1 - u_1)(v_1 + u_1) + \frac{1}{2}m_2(v_2 - u_2)(v_2 + u_2) \end{aligned} \tag{15.2.17}$$

将式 (15.2.16) 代入式 (15.2.17) 得

$$\Delta T = \frac{1}{2}(1+e)\frac{m_1 m_2}{m_1+m_2}(v_1 - v_2)(v_1 - v_2 + u_1 - u_2) \tag{15.2.18}$$

由恢复因数的定义式 (15.2.11) 可知

$$u_1 - u_2 = -e(v_1 - v_2)$$

因此得到碰撞过程中两球的动能损失为

$$\Delta T = \frac{m_1 m_2}{2(m_1 + m_2)}(1 - e^2)(v_1 - v_2)^2 \tag{15.2.19}$$

下面讨论两种特殊情况碰撞前后的动能变化。

（1）**完全弹性碰撞**，此时 $e = 1$，$\Delta T = 0$，碰撞过程中没有动能损失。

（2）碰撞过程中，有一物体始终不动，例如**锻压**和**打桩**（如图 15.3 所示），在这种情况下有 $v_2 = 0$，碰撞过程中动能的损失为

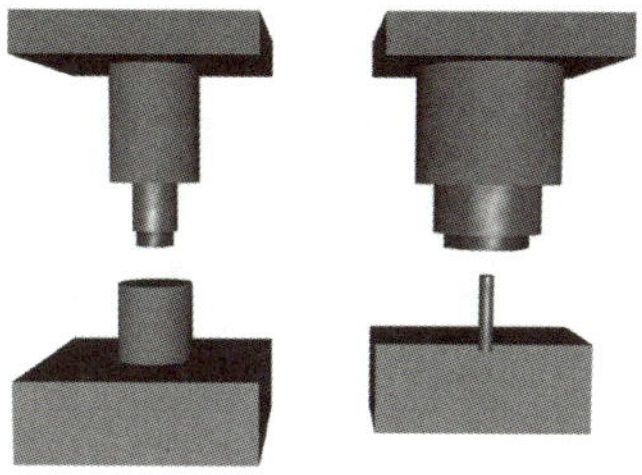

图 15.3

$$\Delta T = \frac{m_1 m_2}{2(m_1 + m_2)}(1 - e^2)v_1^2 = \frac{1 - e^2}{1 + m_1/m_2}T_0 \tag{15.2.20}$$

式中：$T_0 = m_1 v_1^2/2$ 为碰撞前物体 m_1 (锤) 的动能。

上式表明，在锻压和打桩等碰撞过程中，动能的损失与两物体的质量比有关。下面具体分析锻压和打桩过程中的动能损失情况。

1）锻压金属。工程上希望将汽锤的动能尽量多地转化为锻件的塑性变形能，尽量少的动能传递给铁砧和基础。为此锻压金属时应使 $m_1 \ll m_2$，即采用“小锤大砧”。从动量概念来看，汽锤传递给铁砧与基础的动量一定时，后者质量越大，其速度越小；从能量概念来看，汽锤的质量 m_1 越小，动能损失越大，即动能转化为锻件的塑性变形能就越多。

2）打桩。与锻压金属正好相反。工程上希望桩锤的动能尽量多地传递给桩，以使桩能克服土壤阻力，深入土壤中，而不是将桩锤的动能转化为桩的塑性变形能。因此，应使 $m_1 \gg m_2$，即采用“大锤小桩”。这样从动量概念看，桩的速度大；从能量概念看，桩锤的动能损失很小，桩锤在碰撞前具有的动能基本上变为锤与桩一起克服土壤阻力的动能。如采用“小锤打大桩”，即使锤将桩打坏，桩也很难进入土壤之中。

思考题 15.2

一位表演者躺在地上，身上压一块重石板，另一位表演者用重锤猛击石板。请从动量和能量两个方面来分析为什么石板破碎而表演者却毫发无损？

[典型例题]
例 15.2

例 15.2

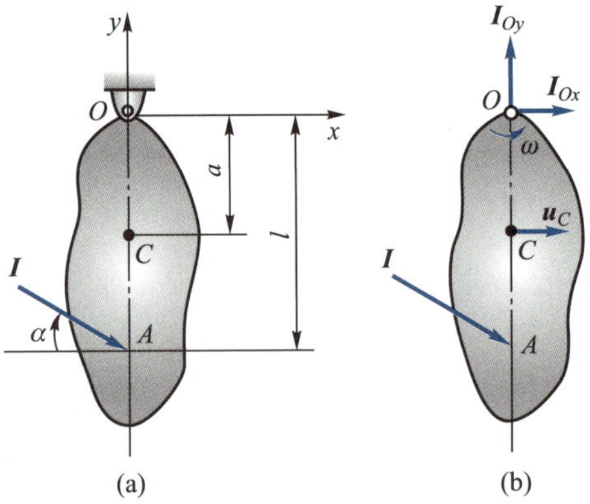

图 15.4

图 15.4(a) 所示的定轴转动刚体受碰撞冲量 $\boldsymbol{I}$ 的作用。已知刚体对定轴 O 的转动惯量为 J，质量为 m，质心 C 距轴 O 的距离为 a，冲量 $\boldsymbol{I}$ 与 OC 的延长线的交点 A 距轴 O 的距离为 l。求碰撞后质心 C 的速度 $\boldsymbol{u}_C$ 和轴承 O 处的约束碰撞冲量 $\boldsymbol{I}_O$。

解　刚体在碰撞冲量 I 的作用下作定轴转动，刚体的受力图（冲量图）如图 15.4(b) 所示。由对 O 轴的动量矩定理的积分形式 (15.2.4) 得

$$J\omega = Il\cos\alpha \tag{a}$$

其中 ω 为碰撞后刚体转动的角速度。由运动学关系可以得到质心 C 的速度为

$$u_{Cx} = a\omega = \frac{Ial\cos\alpha}{J}, \quad u_{Cy} = 0 \tag{b}$$

由质心运动定理的积分形式 (15.2.1) 得

$$\begin{cases} mu_{Cx} = I_{Ox} + I\cos\alpha \\ mu_{Cy} = I_{Oy} - I\sin\alpha \end{cases} \tag{c}$$

将式 (b) 代入式 (c) 得

$$\begin{cases} I_{Ox} = I\cos\alpha\left(\dfrac{mal}{J} - 1\right) \\ I_{Oy} = I\sin\alpha \end{cases} \tag{d}$$

注记 15.4

碰撞问题的解题思路和非碰撞问题的解题思路类似，即先由动量矩定理求解刚体的运动，再由动量定理求约束力。

分析结果，区分主动冲量和约束冲量。发现 x 方向的冲量除了主动冲量的方向，还有一个系数。由式 (d) 可以看出，当 $\alpha = 0$ 且 $l = J/ma$ 时，轴承 O 处的约束碰撞力为零，此时碰撞冲量与 OC 延长线的交点 A 称为**撞击中心**。若主动力碰撞冲

量作用在刚体的撞击中心，且与轴 O 至质心 C 的连线垂直，则不引起轴承 O 处的撞击力（约束力）。在打垒球时，如果打击的地方恰好是杆的撞击中心，则打击时手上不会感到冲击。否则，手会感到强烈的冲击。同理，用锤子钉钉子时，手握在锤柄上适当的位置就不会感到冲击。

例 15.3

［典型例题］例 15.3

突加约束。沿水平面作纯滚动的均质圆盘的质量为 m，半径为 r，其质心 C 以匀速度 v 前进。圆盘突然与一高度为 $h(h<r)$ 的凸台碰撞，如图 15.5 所示。设碰撞为完全非弹性且无切向相对滑动，求圆盘碰撞后的角速度及碰撞冲量。

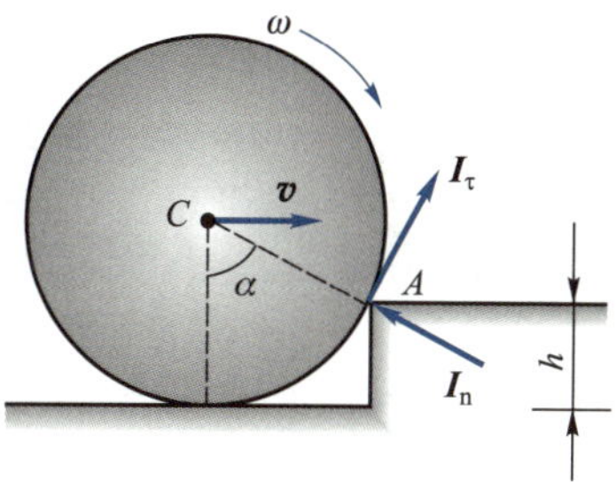

图 15.5

解　这是一个刚体的突加约束问题。圆盘与凸台的棱缘 A 相碰后不分离，圆盘的运动由碰撞前的平面运动突变为碰撞后的绕棱缘 A 的定轴转动。圆盘仅受到凸台棱缘 A 的碰撞冲量，故碰撞前后圆盘对 A 轴的动量矩守恒。设碰撞后圆盘的角速度为 ω，则碰撞前后圆盘对 A 轴的动量矩 L_{A1} 和 L_{A2} 分别为

$$L_{A1}=J_C\frac{v}{r}+mv(r-h)=mv\left(\frac{3}{2}r-h\right)$$

$$L_{A2}=J_A\omega=\frac{3}{2}mr^2\omega$$

由 $L_{A1}=L_{A2}$ 解得角速度

$$\omega=\left(1-\frac{2h}{3r}\right)\frac{v}{r}$$

碰撞前后质心 C 的速度沿 $\boldsymbol{I}_\mathrm{n}$ 和 $\boldsymbol{I}_\tau$ 方向的分量分别为

$$v_{C\mathrm{n}}=-v\sin\alpha,\qquad v_{C\tau}=v\cos\alpha$$

$$u_{C\mathrm{n}}=0,\qquad u_{C\tau}=\omega r$$

其中 $\cos\alpha=(r-h)/r$，$\sin\alpha=\sqrt{h(2r-h)}/r$。代入到动力学方程 (15.2.5) 中，得

$$I_\mathrm{n}=m(u_{C\mathrm{n}}-v_{C\mathrm{n}})=mv\sqrt{h(2r-h)/r}$$

$$I_\tau=m(u_{C\tau}-v_{C\tau})=m\frac{vh}{3r}$$

注记 15.5

当车轮行驶中突然遇到台阶，台阶越高，法向冲量越小，切向冲量越大；台阶越低，法向冲量越大，切向冲量越小。

思考题 15.3

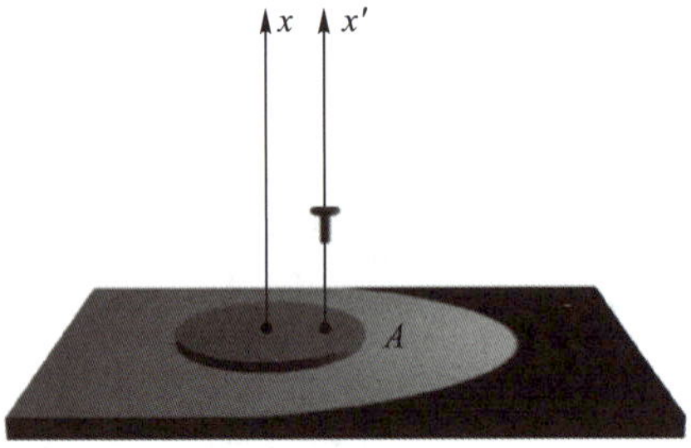

图 15.6

如图 15.6 所示，圆盘绕 x 轴自转。突然将钉子插入小孔 A 后，圆盘如何运动？此后又将钉子从小孔 A 中取出，圆盘又将如何运动？

例 15.4

如图 15.7 所示水平面上两杆，$AC = BC = l$，质量均为 m，C 为光滑铰，静止放在水平面上，A 端受冲量 I，求此后 C 铰的速度。

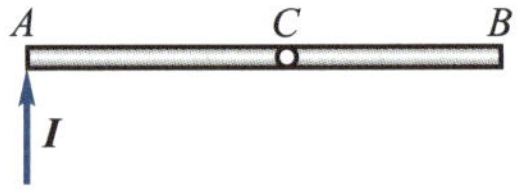

图 15.7

解　以 AC 杆为研究对象，如图 15.8 所示分析受力，其受到主动冲量 $\boldsymbol{I}$ 和约束冲量 $\boldsymbol{I}_{\mathrm{P}}$，由于 AC 杆作平面运动，可列出运动微分方程

$$mv_D - 0 = I - I_{\mathrm{P}} \tag{a}$$

$$\frac{1}{12}ml^2\omega_{AC} - 0 = \frac{1}{2}l(I + I_{\mathrm{P}}) \tag{b}$$

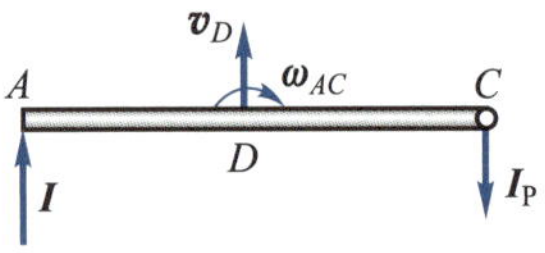

图 15.8

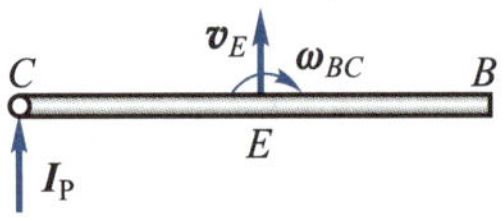

图 15.9

未知数有 I_{P}、v_D 和 ω_{AC}，共 3 个，方程只有 2 个，问题无解或者解不唯一。

如图 15.9 所示，以 CB 为研究对象，其受约束冲量 $-\boldsymbol{I}_{\mathrm{P}}$，由于其作平面运动，列出运动微分方程

$$mv_E - 0 = I_{\mathrm{P}} \tag{c}$$

$$\frac{1}{12}ml^2\omega_{BC} - 0 = \frac{1}{2}lI_{\mathrm{P}} \tag{d}$$

式 (c)、式 (d) 中有 v_E、ω_{BC} 和 I_P 3 个未知数，无法求解。

方程式 (a) ~ 式(d) 一共有 4 个方程和 5 个未知数。需要找出未知数间的关系，补充 1 个方程，一般是运动学关系。显然，铰 C 的速度可以用 v_D、ω_{AC} 或 v_E、ω_{BC} 给出，即

$$v_C = v_D - \frac{1}{2}l\omega_{AC} = v_E + \frac{1}{2}l\omega_{BC} \tag{e}$$

由式 (a)~ 式 (e) 可解出

$$\begin{cases} v_D = \dfrac{5I}{4m} \\ \omega_{AC} = \dfrac{9I}{2ml} \\ v_E = -\dfrac{I}{4m} \\ \omega_{BC} = -\dfrac{3I}{2ml} \end{cases}$$

再算出

$$v_C = -\frac{I}{m}, \quad v_A = \frac{7I}{2m}, \quad v_B = \frac{I}{2m}$$

A、B、C、D、E 各点速度满足几何关系，如图 15.10 所示，图中 $\boldsymbol{v}_O$ 是系统质心碰撞后的速度。

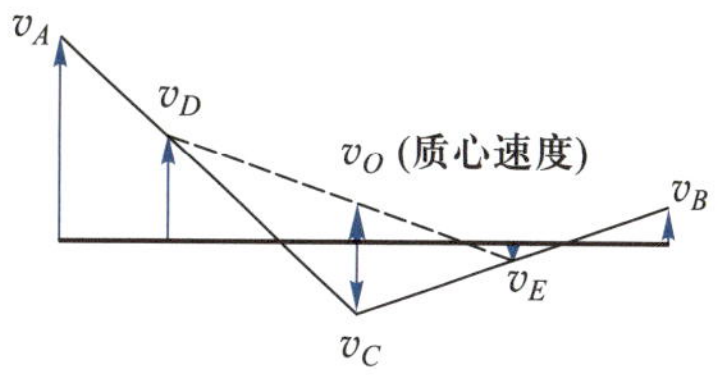

图 15.10

思考题 15.4

可否根据质心运动定理从 $2m(\boldsymbol{v}_C - 0) = \boldsymbol{I}$ 直接解出 $\boldsymbol{v}_C = \boldsymbol{I}/2m$？

例 15.5

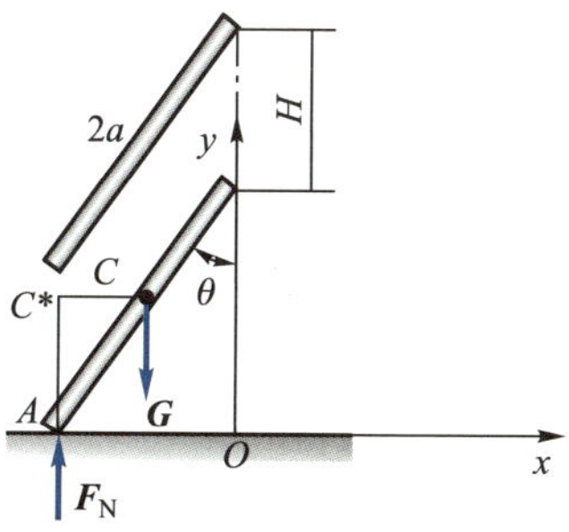

图 15.11

如图 15.11 所示，一长度为 $2a$ 的均质杆与竖直线成 θ 角，自高处无初速地落下时与光滑水平面作完全非弹性碰撞。试证明：若杆中心下落高度

$$H > \frac{a(1+3\sin^2\theta)^2}{18\sin^2\theta\cos\theta}$$

则杆的下端与地面接触后又立刻离开地面①。

分析：杆与地面完全非弹性碰撞，碰撞后瞬间 $u_{Ay} = 0$；碰撞后杆端立即离开地面，即地面对其弹力 $F_N = 0$，且 a_{Ay} 方向向上。

① 推荐阅读文献：李俊峰. 非弹性碰撞之困惑 [J]. 力学与实践，2017，39（1）：86-87.

证明：设碰撞前瞬间杆的速度为 u_0，碰撞后瞬间杆质心速度为 (u_{Cx}, u_{Cy})，杆角速度为 ω_1。

平面运动碰撞动力学方程有

$$\begin{cases} mu_{Cx} = I_x^{(e)} = 0 \\ m(u_0 - u_{Cy}) = I_y^{(e)} \\ J_C\omega_1 = J_C(\omega_1 - \omega_0) = M_C[I^{(e)}] = I_y^{(e)} a \sin\theta \end{cases} \tag{a}$$

由于杆与地面完全非弹性碰撞，碰撞后瞬间 $u_{Ay} = 0$，A 点只有 x 方向的速度，从而可得速度瞬心 C^*，计算碰撞后质心速度 $u_{Cy} = \omega_1 a \sin\theta$，代入式 (a) 的第二式，与第三式联系可求得

$$\omega_1 = \frac{3\sin\theta}{a(3\sin^2\theta + 1)}\sqrt{2gH}$$

碰撞后杆端立即离开地面，即地面对其弹力 $F_N = 0$，且 $\boldsymbol{a}_{Ay}$ 方向向上。

碰后瞬时，由动量和动量矩定理

$$m\boldsymbol{a}_C = -mg\boldsymbol{j}$$

$$J_C\varepsilon = M_C = 0$$

由此可得，杆的质心加速度

$$\boldsymbol{a}_C = -mg\boldsymbol{j}$$

角加速度

$$\varepsilon = 0$$

用基点法计算 A 点加速度

$$\boldsymbol{a}_A = \boldsymbol{a}_C - \omega_1^2\boldsymbol{r}_{CA} = \omega_1^2 a \sin\theta\boldsymbol{i} + (\omega_1^2 a\cos\theta - g)\boldsymbol{j}$$

其中，A 点加速度的 y 方向分量

$$a_{Ay} = \omega_1^2 a\cos\theta - g > 0$$

可推导出

$$H > \frac{a(1 + 3\sin^2\theta)^2}{18\sin^2\theta\cos\theta}$$

本题得证。

■ 本讲小结

碰撞问题可用质点系的动量定理和动量矩定理求解。所不同的是, 研究碰撞问题使用动量和动量矩定理的积分形式

$$m\boldsymbol{u}_C - m\boldsymbol{v}_C = \boldsymbol{I}^{(\mathrm{e})}$$

$$\boldsymbol{L}_{C2} - \boldsymbol{L}_{C1} = \boldsymbol{M}_C[\boldsymbol{I}^{(\mathrm{e})}]$$

恢复冲量与压缩冲量的大小之比值称为**恢复因数**，记作 e，可用碰撞点在碰撞后的相对分离速度和碰撞前的相对接近速度之比计算

$$e = \frac{I_2}{I_1} = \frac{u_{2\mathrm{n}} - u_{1\mathrm{n}}}{v_{1\mathrm{n}} - v_{2\mathrm{n}}}$$

e 的取值在 0 和 1 之间，当 $e = 0$ 时，表示完全非弹性碰撞或塑性碰撞，$e = 1$ 时，表示完全弹性碰撞。

■ 概念题

判断下列说法是否正确。

15–1　弹性碰撞与塑性碰撞的主要区别在于是否有塑性变形。

15–2　两球相互对心正碰撞时，恢复因数是两球碰撞后相对分离的速度与碰撞前相对接近的速度之比。

■ 习题

15–1　球 1 速度 $v_1 = 6$ m/s，方向与静止球 2 相切，如图 15.12 所示。两球半径相同、质量相等，不计摩擦。碰撞的恢复因数 $e = 0.6$。求碰撞后两球的速度。

15–2　如图 15.13 所示，质量为 0.2 kg 的球以水平方向的速度 $v = 48$ km/h 打在一质量为 2.4 kg 的均质木棒上，木棒的一端用细绳悬挂于天花板上。若恢复因数为 0.5，试求碰撞后木棒两端 A、B 的速度。

15–3　如图 15.14 所示，均质杆长度为 l，质量为 m，在铅垂面内保持水平下降并与固定支点 E 碰撞。碰撞前杆的质心速度为 v_C，恢复因数为 e。试求碰撞后杆的质心速度 u_C 与杆的角速度 ω。

15–4　如图 15.15 所示，一球放在水平面上，其半径为 r。在球上作用一水平冲量 I，求当接触点 A 无滑动时，冲量距水平面的高度 h 应为多少，使得接触点 A 无滑动？不考虑摩擦力的冲量。

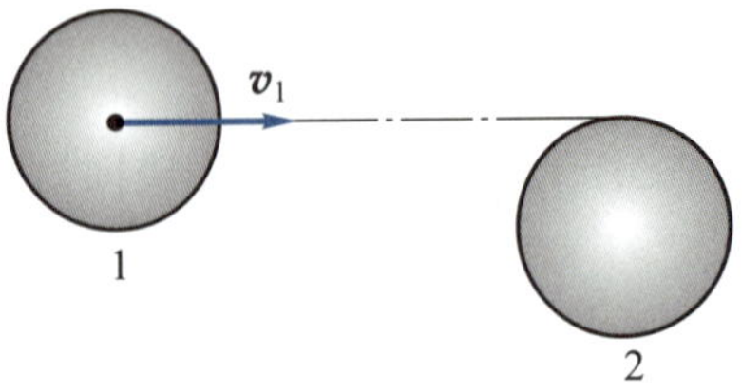

图 15.12

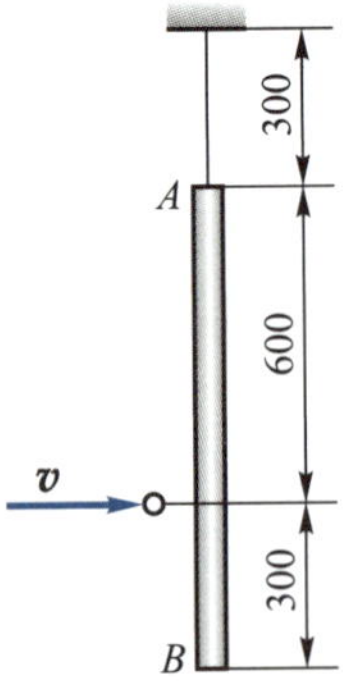

图 15.13

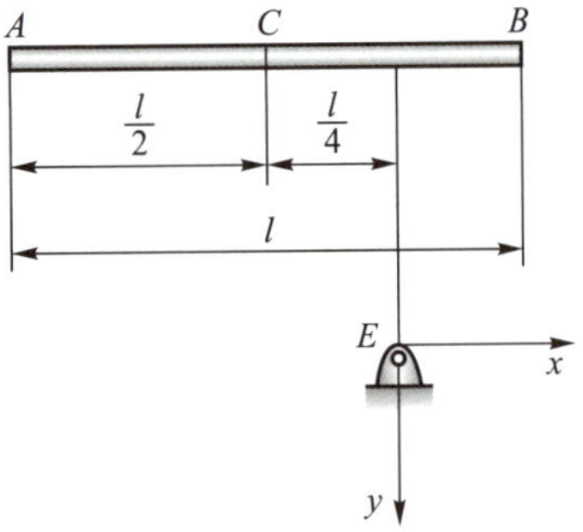

图 15.14

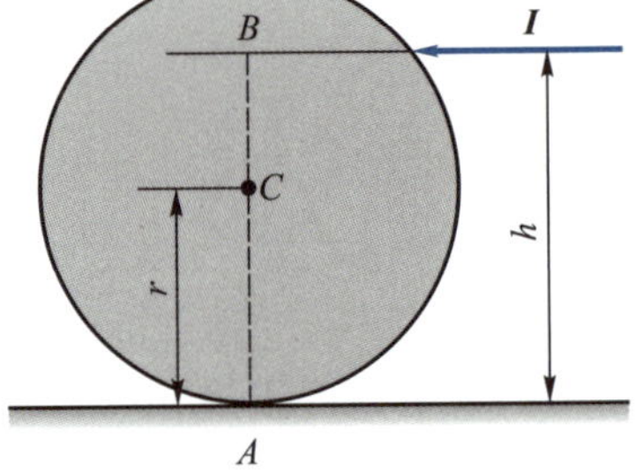

图 15.15

15–5　如图 15.16 所示，3 根杆开始为静止，$AB = BD = 2CD = l$，彼此用铰链连接，AB、CD 铅垂，BD 水平。AB、BD 质量为 m，CD 质量为 $m/2$，在 AB 杆上作用有一水平冲量 I，求冲量作用后瞬时，AB 杆的角速度。假设铰链都是光滑的。

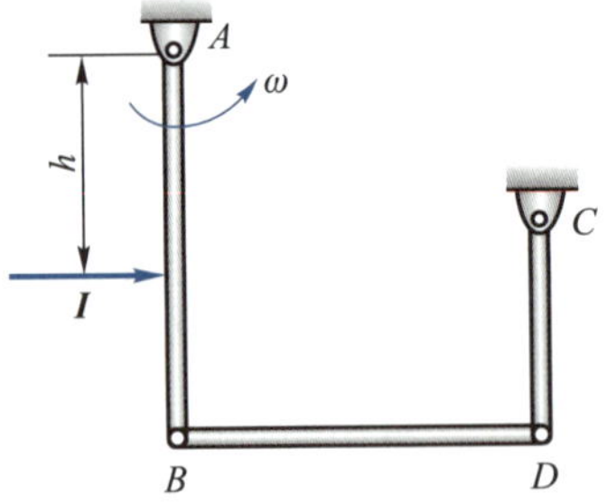

图 15.16

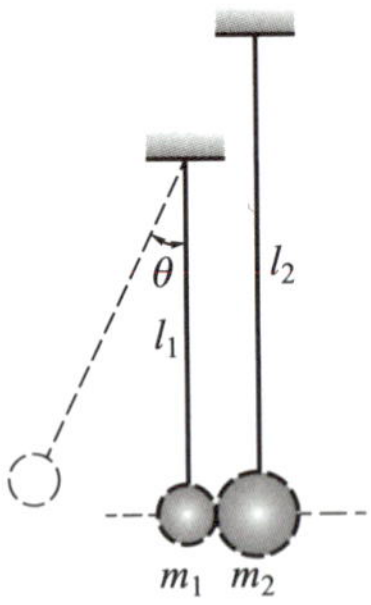

图 15.17

15–6　如图 15.17 所示，两球的质量各为 m_1、m_2，分别用长度为 l_1、l_2 的两根不可伸长的绳子平行地挂起，使两球的中心在同一水平上并且紧挨着。今使 m_1 球与竖直线偏离 θ 角，然后无初速地释放，若恢复因数为 e，求第二个球被碰后的最大偏角 α。

15–7　如图 15.18 所示，均质杆 AB 的长度为 $2a$、质量为 $2m$，均质杆 BC 的长度为 $2b$、质量为 m，B 为光滑铰链，且 $\angle ABC = 90°$，两杆静止地放在光滑水平面上。今在 A 端沿 BC 方向作用一冲量 $\boldsymbol{I}$，证明系统受打击后的动能为 $5I^2/6m$。

15–8　长度为 $2L$ 的均质杆件在高度为 $2L$ 处与铅垂线成 θ 角 $(0° \leqslant \theta < 90°)$ 无初速地竖直落下，并与固定的光滑水平面碰撞，如图 15.19 所示。（1）杆 AB 自由下落的倾角 $\theta = 30°$。若在碰撞刚结束的瞬时，质心 C 的速度恰好为零，那么碰撞时的恢复因数 e 为多大？（2）若杆 AB 自由下落的倾角 $\theta = 45°$，A 端与地面发生完全非弹性碰撞。在碰撞后杆 AB 刚达到水平位置的瞬时，质心 C 的速度为多少？

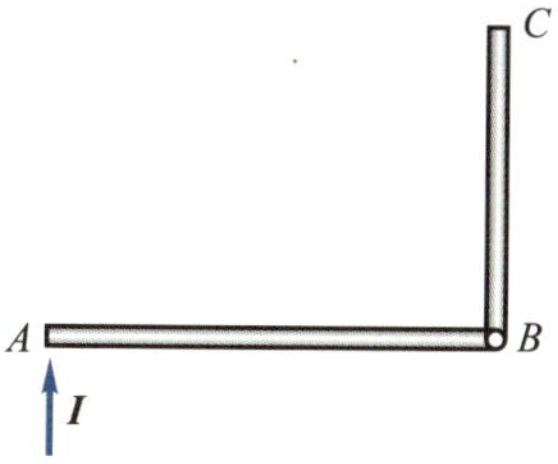

图 15.18

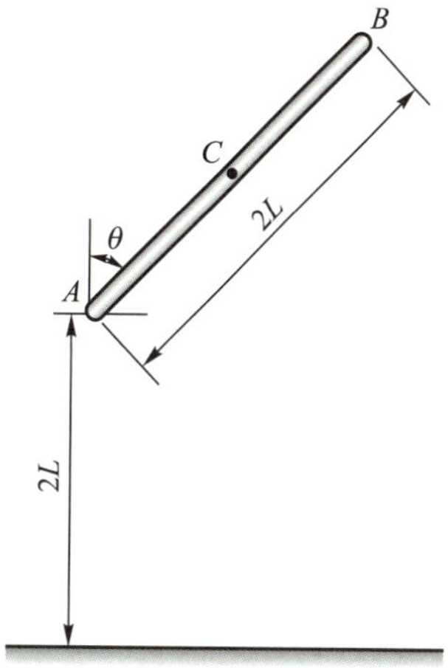

图 15.19

第 15 讲习题
参考答案

第 16 讲

拉格朗日方程 Ⅱ

■ 16.1 碰撞问题的拉格朗日方程

利用动力学普遍定理解碰撞问题时，动力学方程中会出现由约束引起的碰撞冲量。用拉格朗日方程的积分形式研究碰撞问题，可以避免出现理想约束的碰撞冲量。

具有 k 个自由度的完整质点系的拉格朗日方程为

$$\frac{\mathrm{d}}{\mathrm{d}t}\left(\frac{\partial T}{\partial \dot{q}_i}\right)-\frac{\partial T}{\partial q_i}=Q_i \quad (i=1,2,\cdots,k) \tag{16.1.1}$$

将方程两边同时乘以 $\mathrm{d}t$，并在时间段 $[0,\tau]$ 积分，得

$$\int_0^\tau \mathrm{d}\left(\frac{\partial T}{\partial \dot{q}_i}\right)-\int_0^\tau \frac{\partial T}{\partial q_i}\mathrm{d}t=\int_0^\tau Q_i\mathrm{d}t \tag{16.1.2}$$

即

$$\int_0^\tau \mathrm{d}p_i(t)-\int_0^\tau f(t)\mathrm{d}t=\tilde{I}_i \tag{16.1.3}$$

$$p_i=\frac{\partial T}{\partial \dot{q}_i},\quad f(t)=\frac{\partial T}{\partial q_i},\quad \tilde{I}_i=\int_0^\tau Q_i\mathrm{d}t$$

其中 $\tilde{I}_i$ 称为对应广义坐标 q_i 的**广义冲量**，广义动量 $p_i(t)$ 和 $f(t)$ 是广义坐标、广义速度对时间的连续函数，而广义坐标和广义速度又是时间的连续函数，因此 $p_i(t)$ 和 $f(t)$ 都是时间的连续函数。根据积分第一中值定理，存在 ξ 使得

$$\int_0^\tau f(t)\mathrm{d}t=f(\xi)\tau \quad (0<\xi<\tau) \tag{16.1.4}$$

由 $f(t)$ 的连续性可知，$f(\xi)$ 是有限量。

于是式 (16.1.3) 可以写成

$$p_i(\tau)-p_i(0)-f(\xi)\tau=\tilde{I}_i \tag{16.1.5}$$

如果 τ 是无穷小量，则 $f(\xi)\tau$ 与有限量 $p_i(\tau)-p_i(0)$ 相比是无穷小量，可以忽略。因此有

$$p_i(\tau)-p_i(0)=\tilde{I}_i \tag{16.1.6}$$

这就是**拉格朗日方程的积分形式**。

根据广义力的定义

$$Q_i=\sum_{s=1}^{n}\boldsymbol{F}_s\cdot\frac{\partial \boldsymbol{r}_s}{\partial q_i}$$

可以将广义冲量写成

$$\tilde{I}_i = \int_0^\tau \left(\sum_{s=1}^{n} \boldsymbol{F}_s \cdot \frac{\partial \boldsymbol{r}_s}{\partial q_i} \right) \mathrm{d}t \tag{16.1.7}$$

对于碰撞问题，碰撞时间 τ 是无穷小量，碰撞力非常大，与之相比的常规力可以忽略。因此我们将式 (16.1.7) 中的 $\boldsymbol{F}_s$ 看作碰撞力。由于碰撞时间非常短暂，各个质点来不及发生位移，$\partial \boldsymbol{r}_s / \partial q_i$ 可以近似看作不随时间变化，可以移到积分号外面，即

$$\int_0^\tau \left(\sum_{s=1}^{n} \boldsymbol{F}_s \cdot \frac{\partial \boldsymbol{r}_s}{\partial q_i} \right) \mathrm{d}t = \sum_{s=1}^{n} \left(\int_0^\tau \boldsymbol{F}_s \mathrm{d}t \right) \cdot \frac{\partial \boldsymbol{r}_s}{\partial q_i} \tag{16.1.8}$$

由式 (16.1.7) 和式 (16.1.8) 可得

$$\tilde{I}_i = \sum_{s=1}^{n} \boldsymbol{I}_s \cdot \frac{\partial \boldsymbol{r}_s}{\partial q_i} \tag{16.1.9}$$

式中：$\boldsymbol{I}_s$ 为碰撞力 $\boldsymbol{F}_s$ 的冲量。

将式 (16.1.9) 与广义力的定义式对比发现，我们可以用求广义力的方法类似地求广义冲量。

例 16.1

[典型例题] 例 16.1

两个长度均为 l、质量均为 m 的均质杆在 A 点铰接后悬挂在 O 轴上，在 B 端受到冲量 $\boldsymbol{I}$ 的作用，如图 16.1 所示。求碰撞后两杆的角速度。

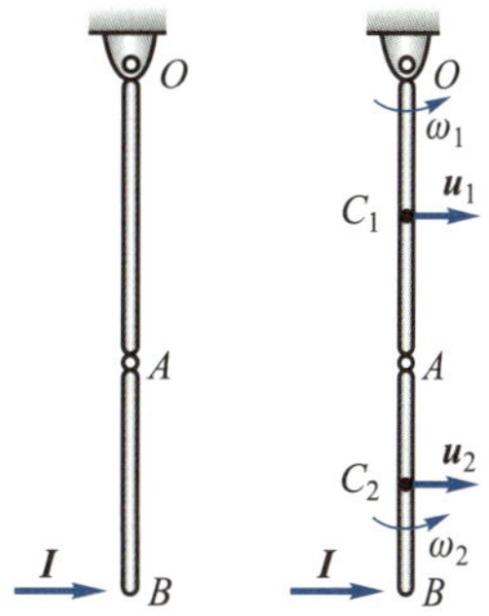

图 16.1

解　取 OA 杆的转角 φ_1 和 AB 杆的转角 φ_2 为广义坐标。碰撞前两杆的角速度均为零，碰撞后两杆的角速度分别为 ω_1 和 ω_2。

杆 OA 作定轴转动，其动能为

$$T_1 = \frac{1}{2}\left(\frac{1}{3}ml^2\right)\dot{\varphi}_1^2 = \frac{1}{6}ml^2\dot{\varphi}_1^2$$

杆 OA 和杆 AB 的质心速度分别为

$$u_1 = \frac{1}{2}l\dot{\varphi}_1, \quad u_2 = l\dot{\varphi}_1 + \frac{1}{2}l\dot{\varphi}_2$$

杆 AB 作平面运动，其动能为

$$T_2 = \frac{1}{2}mu_2^2 + \frac{1}{2}\left(\frac{1}{12}ml^2\right)\dot{\varphi}_2^2 = \frac{1}{2}ml^2\left(\dot{\varphi}_1^2 + \dot{\varphi}_1\dot{\varphi}_2 + \frac{1}{3}\dot{\varphi}_2^2\right)$$

系统的动能为

$$T = T_1 + T_2 = \frac{1}{2}ml^2\left(\frac{4}{3}\dot{\varphi}_1^2 + \dot{\varphi}_1\dot{\varphi}_2 + \frac{1}{3}\dot{\varphi}_2^2\right)$$

计算广义动量

$$p_{\varphi_1} = \frac{\partial T}{\partial \dot{\varphi}_1} = \frac{4}{3}ml^2\dot{\varphi}_1 + \frac{1}{2}ml^2\dot{\varphi}_2$$

$$p_{\varphi_2} = \frac{\partial T}{\partial \dot{\varphi}_2} = \frac{1}{2}ml^2\dot{\varphi}_1 + \frac{1}{3}ml^2\dot{\varphi}_2$$

碰撞前广义动量都是零，碰撞后的广义动量为

$$p_{\varphi_1}(\tau) = \frac{4}{3}ml^2\omega_1 + \frac{1}{2}ml^2\omega_2$$

$$p_{\varphi_2}(\tau) = \frac{1}{2}ml^2\omega_1 + \frac{1}{3}ml^2\omega_2$$

冲量作用点 B 的水平坐标为

$$x_B = l\sin\varphi_1 + l\sin\varphi_2$$

冲量 I 的虚功为

$$I\delta x_B = Il(\cos\varphi_1\delta\varphi_1 + \cos\varphi_2\delta\varphi_2)$$

设广义冲量分别为 $\tilde{I}_1$ 和 $\tilde{I}_2$，则

$$\tilde{I}_1 = Il\cos\varphi_1$$

$$\tilde{I}_2 = Il\cos\varphi_2$$

注意到发生碰撞的位置为 $\varphi_1 = 0, \varphi_2 = 0$，广义冲量为

$$\tilde{I}_1 = Il, \quad \tilde{I}_2 = Il$$

代入拉格朗日方程的积分形式 (16.1.6) 得

$$\frac{4}{3}ml^2\omega_1 + \frac{1}{2}ml^2\omega_2 = Il$$

$$\frac{1}{2}ml^2\omega_1 + \frac{1}{3}ml^2\omega_2 = Il$$

由此解得

$$\omega_1 = -\frac{6I}{7ml}, \quad \omega_2 = -\frac{30I}{7ml}$$

■ 16.2 拉格朗日方程的首次积分

一般情况下，拉格朗日方程的解析求解是很困难的。在某些条件下，可以找到拉格朗日方程的**首次积分**（也称**第一积分**）。利用首次积分可以使方程降阶（可参见有关分析力

学教材），向微分方程的完全求解迈进了一步。另外，首次积分有明确的物理意义，代表系统具有某些物理性质，有时不通过运动微分方程可以直接写出来。本节介绍拉格朗日方程（标准形式）的两种首次积分。

16.2.1 广义动量积分

如果系统的所有主动力都为有势力，且拉格朗日函数不显含某广义坐标 q_i，则

$$\frac{\partial L}{\partial q_i}=0 \tag{16.2.1}$$

利用拉格朗日方程的标准形式 (11.2.24) 可得拉格朗日方程的一种首次积分

$$\frac{\partial L}{\partial \dot{q}_i}=C_i \tag{16.2.2}$$

式中：C_i 为积分常数，由运动初始条件决定。

式 (16.2.2) 称为**循环积分**，q_i 称为**循环坐标**或**可遗坐标**。显然，有几个循环坐标，就会有几个循环积分。

我们定义

$$p_j=\frac{\partial T}{\partial \dot{q}_j} \tag{16.2.3}$$

为**广义动量**。因此，循环积分又称为**广义动量积分**或**广义动量守恒**。由于势能函数 V 不依赖于广义速度，即

$$\frac{\partial V}{\partial \dot{q}_j}\equiv 0 \quad (j=1,2,\cdots,k)$$

于是有

$$p_j=\frac{\partial L}{\partial \dot{q}_j}$$

我们可以给出广义动量的两个简单例子。

当质量为 m 的刚体沿着 x 方向平动时，取刚体质心坐标 x 为广义坐标，刚体动能为

$$T=\frac{1}{2}m\dot{x}^2$$

按照定义，广义动量

$$p_x=\frac{\partial T}{\partial \dot{x}}=m\dot{x}$$

就是刚体沿着 x 方向的动量。

当刚体作定轴转动时，设其对转动轴的转动惯量为 J，以转角 φ 为广义坐标，转动角速度大小为 $\dot{\varphi}$，则刚体动能为

$$T=\frac{1}{2}J\dot{\varphi}^2$$

按照定义，广义动量

$$p_\varphi = \frac{\partial T}{\partial \dot{\varphi}} = J\dot{\varphi}$$

就是刚体的角动量。

16.2.2 广义能量积分

如果系统的所有主动力都为有势力，且拉格朗日函数 L 不显含时间 t，即

$$\frac{\partial L}{\partial t} = 0 \tag{16.2.4}$$

则拉格朗日函数 $L = L[q_1(t), q_2(t), \cdots, q_k(t); \dot{q}_1(t), \dot{q}_2(t), \cdots, \dot{q}_k(t)]$ 对时间的全导数为

$$\frac{\mathrm{d}L}{\mathrm{d}t} = \sum_{i=1}^{k}\left(\frac{\partial L}{\partial q_i}\dot{q}_i + \frac{\partial L}{\partial \dot{q}_i}\ddot{q}_i\right) \tag{16.2.5}$$

由于主动力有势，由拉格朗日方程的标准形式 (11.2.24) 可知

$$\frac{\partial L}{\partial q_i} = \frac{\mathrm{d}}{\mathrm{d}t}\left(\frac{\partial L}{\partial \dot{q}_i}\right) \tag{16.2.6}$$

将式 (16.2.6) 代入式 (16.2.5) 中，得

$$\frac{\mathrm{d}L}{\mathrm{d}t} = \sum_{i=1}^{k}\left[\frac{\mathrm{d}}{\mathrm{d}t}\left(\frac{\partial L}{\partial \dot{q}_i}\right)\dot{q}_i + \frac{\partial L}{\partial \dot{q}_i}\ddot{q}_i\right] = \frac{\mathrm{d}}{\mathrm{d}t}\left(\sum_{i=1}^{k}\frac{\partial L}{\partial \dot{q}_i}\dot{q}_i\right) \tag{16.2.7}$$

故有

$$\frac{\mathrm{d}}{\mathrm{d}t}\left(\sum_{i=1}^{k}\frac{\partial L}{\partial \dot{q}_i}\dot{q}_i - L\right) = 0 \tag{16.2.8}$$

由此可得拉格朗日方程的首次积分

$$\sum_{i=1}^{k}\frac{\partial L}{\partial \dot{q}_i}\dot{q}_i - L = E \tag{16.2.9}$$

式中：E 为积分常数，由运动初始条件确定。

式 (16.2.9) 称为**广义能量积分**或**广义能量守恒**。

为了便于计算广义能量积分，我们将质点系的动能表示成广义速度的代数齐次式形式。将式 (11.2.7) 代入到质点系的动能表达式 (11.2.12) 中，得

$$T = T_2 + T_1 + T_0 \tag{16.2.10}$$

式中：T_0、T_1 和 T_2 分别为广义速度 $\dot{q}_j$ 的零次齐次式、一次齐次式和二次齐次式。

$$T_0 = \frac{1}{2}\sum_{i=1}^{n} m_i \left(\frac{\partial \boldsymbol{r}_i}{\partial t}\cdot\frac{\partial \boldsymbol{r}_i}{\partial t}\right) \tag{16.2.11}$$

$$T_1 = \sum_{j=1}^{k}\sum_{i=1}^{n} m_i \left(\frac{\partial \boldsymbol{r}_i}{\partial q_j}\cdot\frac{\partial \boldsymbol{r}_i}{\partial t}\right)\dot{q}_j \tag{16.2.12}$$

$$T_2 = \frac{1}{2}\sum_{s=1}^{k}\sum_{j=1}^{k}\sum_{i=1}^{n} m_i \left(\frac{\partial \boldsymbol{r}_i}{\partial q_s}\cdot\frac{\partial \boldsymbol{r}_i}{\partial q_j}\right)\dot{q}_j\dot{q}_s \tag{16.2.13}$$

由欧拉齐次式定理可知

$$\sum_{j=1}^{k}\frac{\partial T_2}{\partial \dot{q}_j}\dot{q}_j = 2T_2,\quad \sum_{j=1}^{k}\frac{\partial T_1}{\partial \dot{q}_j}\dot{q}_j = T_1,\quad \sum_{j=1}^{k}\frac{\partial T_0}{\partial \dot{q}_j}\dot{q}_j = 0 \tag{16.2.14}$$

将拉格朗日函数 $L = T_2 + T_1 + T_0 - V$ 代入式 (16.2.9)，可得

$$T_2 - T_0 + V = E \tag{16.2.15}$$

如果质点系的约束都是定常的，则

$$\frac{\partial \boldsymbol{r}_i}{\partial t} = 0$$

故

$$T_1 = 0,\quad T_0 = 0,\quad T = T_2$$

广义能量积分 (16.2.15) 即为

$$T + V = E \tag{16.2.16}$$

这就是机械能守恒。由此可见，机械能守恒是广义能量守恒的特殊情形。

力学中定义**保守系统**，应需要满足以下三个条件：

（1）约束为定常、完整和理想的；

（2）主动力有势；

（3）势能不显含时间。

由约束完整、理想，可以推导出拉格朗日方程；由约束定常和势能不显含时间，可以推导出拉格朗日函数不显含时间，且 $T_1 = T_0 = 0, T = T_2$。因此可得：保守系统的机械能守恒。

［典型例题］例 16.2

例 16.2

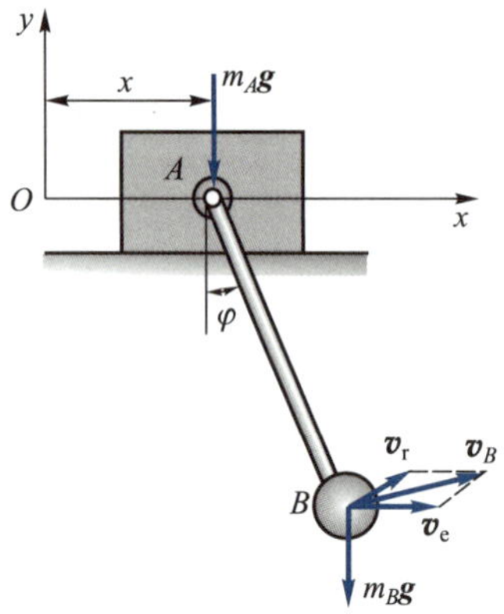

图 16.2

椭圆摆由质量为 m_A 的滑块 A 和质量为 m_B 的单摆 B 构成，如图 16.2 所示。滑块可沿光滑水平面滑动，AB 杆长度为 l，质量不计。不考虑摩擦，试分析首次积分及其物理意义。

解　取系统整体为研究对象，系统具有两个自由度，取 x 和 φ 为广义坐标，其原点和指向如图 16.2 所示。拉格朗日函数为

$$L=\frac{1}{2}m_A\dot{x}^2+\frac{1}{2}m_B(\dot{x}^2+l^2\dot{\varphi}^2+2l\dot{x}\dot{\varphi}\cos\varphi)+m_Bgl\cos\varphi$$

系统的所有主动力都为有势力，拉格朗日函数不显含广义坐标 x，故存在广义动量积分

$$p_x=\frac{\partial L}{\partial \dot{x}}=(m_A+m_B)\dot{x}+m_Bl\dot{\varphi}\cos\varphi=C\ (C\ \text{为常数})$$

其物理意义是系统在水平方向动量守恒。

系统的所有主动力都为有势力，拉格朗日函数不显含时间 t，故存在广义能量积分

$$T+V=\frac{1}{2}m_A\dot{x}^2+\frac{1}{2}m_B(\dot{x}^2+l^2\dot{\varphi}^2+2l\dot{x}\dot{\varphi}\cos\varphi)-m_Bgl\cos\varphi=C\ (C\ \text{为常数})$$

其物理意义是系统的机械能守恒。

例 16.3

均质圆柱体质量为 m、半径为 r，沿倾角为 α 的三角块作无滑动滚动，如图 16.3 所示。三角块的质量为 M，置于光滑的水平面上。试分析首次积分及其物理意义。

解　系统具有两个自由度，取 x 和 x_r 为广义坐标。拉格朗日函数为

$$L=\frac{1}{2}(M+m)\dot{x}^2+\frac{3}{4}m\dot{x}_r^2+m\dot{x}\dot{x}_r\cos\alpha+mgx_r\sin\alpha$$

系统的所有主动力都为有势力，拉格朗日函数不显含广义坐标 x，故存在广义动量积分

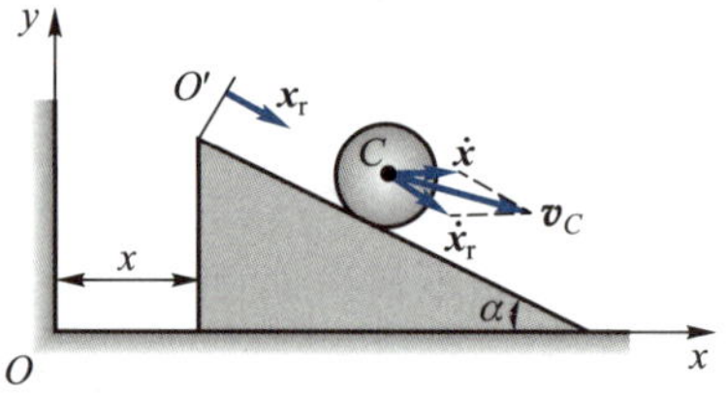

图 16.3

$$p_x=(M+m)\dot{x}+m\dot{x}_r\cos\alpha=C\ (C\ \text{为常数})$$

其物理意义是系统在水平方向动量守恒。

系统的所有主动力都为有势力，拉格朗日函数不显含时间 t，故存在广义能量积分

$$T+V=\frac{1}{2}(M+m)\dot{x}^2+\frac{3}{4}m\dot{x}_{\mathrm{r}}^2+m\dot{x}\dot{x}_{\mathrm{r}}\cos\alpha-mgx_{\mathrm{r}}\sin\alpha=C\ (C\ \text{为常数})$$

其物理意义是系统的机械能守恒。

例 16.4

如图 16.4 所示的小车的车轮在水平地面上作纯滚动，每个轮子的质量为 m_1、半径为 r，车架质量不计。车上有一个质量弹簧系统，弹簧刚度系数为 k，物块质量为 m_2。试分析拉格朗日方程的首次积分及其物理意义。

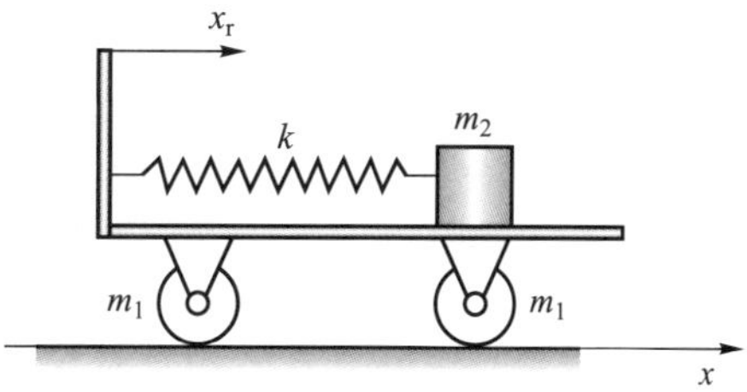

图 16.4

解　该系统有两个自由度，选取 x 和 x_{r} 为广义坐标。一个车轮动能为

$$T_{\mathrm{w}}=\frac{1}{2}m_1\dot{x}^2+\frac{1}{2}\left(\frac{1}{2}m_1r^2\right)\omega^2$$

式中：ω 为车轮转动角速度的大小，根据运动学关系有 $\omega=\dot{x}/r$。

由此可得

$$T_{\mathrm{w}}=\frac{1}{2}m_1\dot{x}^2+\frac{1}{2}\left(\frac{1}{2}m_1r^2\right)\left(\frac{\dot{x}}{r}\right)^2=\frac{3}{4}m_1\dot{x}^2$$

系统的动能为

$$T=2T_{\mathrm{w}}+\frac{1}{2}m_2(\dot{x}+\dot{x}_{\mathrm{r}})^2=\frac{3}{2}m_1\dot{x}^2+\frac{1}{2}m_2(\dot{x}+\dot{x}_{\mathrm{r}})^2$$

系统的势能为

$$V=\frac{1}{2}kx_{\mathrm{r}}^2$$

拉格朗日函数为

$$L=T-V=\frac{3}{2}m_1\dot{x}^2+\frac{1}{2}m_2(\dot{x}+\dot{x}_{\mathrm{r}})^2-\frac{1}{2}kx_{\mathrm{r}}^2$$

拉格朗日函数不显含时间 t，存在广义能量积分

$$T+V=\frac{3}{2}m_1\dot{x}^2+\frac{1}{2}m_2(\dot{x}+\dot{x}_{\mathrm{r}})^2+\frac{1}{2}kx_{\mathrm{r}}^2=E$$

其物理意义是系统的机械能守恒。

拉格朗日函数不显含广义坐标 x，故 x 为循环坐标，有循环积分（广义动量积分）

$$p_x=3m_1\dot{x}+m_2(\dot{x}+\dot{x}_{\mathrm{r}})=C\ (C\ \text{为常数})$$

其物理意义不明确。

注记 16.1

请读者注意，广义动量 p_x 不是系统水平方向动量。系统的水平动量为

$$2m_1\dot{x}+m_2(\dot{x}+\dot{x}_{\mathrm{r}})=C-m_1\dot{x}$$

不是守恒量。按照质点系的动量定理，系统受到水平方向的静摩擦力作用，水平动量不守恒。

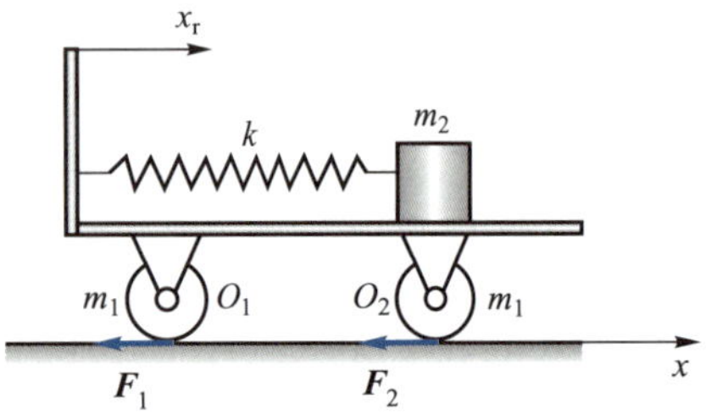

图 16.5

如图 16.5 所示，假设两个车轮所受的摩擦力分别为 $\boldsymbol{F}_1$ 和 $\boldsymbol{F}_2$，对两个车轮，利用对质心的动量矩定理，可得

$$\frac{1}{2}m_1r^2\left(\frac{\ddot{x}}{r}\right)=\dot{L}_{O_1}=F_1r$$

$$\frac{1}{2}m_1r^2\left(\frac{\ddot{x}}{r}\right)=\dot{L}_{O_2}=F_2r$$

对整个系统，利用动量定理可得

$$2m_1\ddot{x}+m_2\left(\ddot{x}+\ddot{x}_r\right)=\dot{p}_x=-F_1-F_2$$

整理上述三个方程可得

$$3m_1\ddot{x}+m_2\left(\ddot{x}+\ddot{x}_r\right)=0$$

积分即得

$$3m_1\dot{x}+m_2\left(\dot{x}+\dot{x}_r\right)=C\ (C\ \text{为常数})$$

这正是拉格朗日方程的首次积分。这个守恒量，既不是系统的动量守恒，也不是动量矩守恒，而是水平方向动量和两轮对质心动量矩的一种组合。

例 16.5

半径为 R 的大圆环可以绕竖直轴 Oy 转动，转动惯量为 J，M 是作用在大圆环上的力偶矩，其方向与 Oy 轴相同。质量为 m 的小环可在圆环上自由滑动，如图 16.6 所示。忽略摩擦力。在以下两种情况下，试建立系统的运动微分方程，分析首次积分及其物理意义：（1）力矩 M 是圆环转角 φ 的给定函数，即 $M=M(\varphi)$；（2）圆环转角 φ 是 t 的给定函数，即 $\varphi=\varphi(t)$。

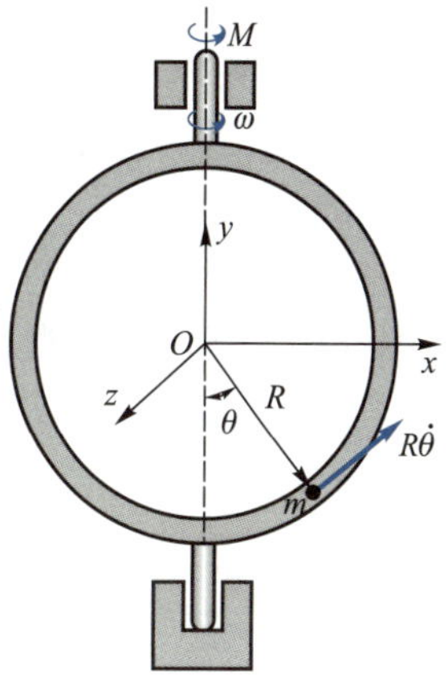

图 16.6

解　取大圆环和小环组成的系统为研究对象。

（1）力矩是 φ 的已知函数，系统具有两个自由度，可取 φ 和 θ 为广义坐标。系统的动能是

$$T=\frac{1}{2}J\dot{\varphi}^2+\frac{1}{2}m[(R\sin\theta)^2\dot{\varphi}^2+R^2\dot{\theta}^2]$$

取 O 点为重力的势能零点，$\varphi=0$ 为力矩 M 对应势能的零点，系统的势能为

$$V=-mgR\cos\theta-\int_0^{\varphi}M(\varphi)\mathrm{d}\varphi$$

将拉格朗日函数

$$L=T-V=\frac{1}{2}J\dot{\varphi}^2+\frac{1}{2}m[(R\sin\theta)^2\dot{\varphi}^2+R^2\dot{\theta}^2]+mgR\cos\theta+\int_0^{\varphi}M(\varphi)\mathrm{d}\varphi$$

代入拉格朗日方程中，经整理后得系统的运动微分方程

$$(J+mR^2\sin^2\theta)\ddot{\varphi}+mR^2\dot{\theta}\dot{\varphi}\sin 2\theta=M(\varphi)$$

$$mR\ddot{\theta}-mR\sin\theta\cos\theta\dot{\varphi}^2+mg\sin\theta=0$$

拉格朗日函数不显含时间 t，存在广义能量积分

$$T+V=\frac{1}{2}J\dot{\varphi}^2+\frac{1}{2}m[(R\sin\theta)^2\dot{\varphi}^2+R^2\dot{\theta}^2]-mgR\cos\theta-\int_0^{\varphi}M(\varphi)\mathrm{d}\varphi=E$$

其物理意义是系统机械能守恒。

拉格朗日函数中显含广义坐标 φ 和 θ，不存在循环积分。但如果作用在大圆环上的力矩 M 恒等于零，则拉格朗日函数中不显含广义坐标 φ，存在循环积分

$$(J+mR^2\sin^2\theta)\dot{\varphi}=C\ (C\ 为常数)$$

其物理意义是系统对 y 轴的动量矩守恒。

（2）系统只有一个自由度，取 θ 为广义坐标。在这种情况下 M 是约束力矩，不是主动力矩，它的虚功 $M\delta\varphi$ 为零（因为 φ 给定，$\delta\varphi\equiv 0$），是理想约束。系统的动能为

$$T=\frac{1}{2}J\dot{\varphi}^2+\frac{1}{2}m[(R\sin\theta)^2\dot{\varphi}^2+R^2\dot{\theta}^2]$$

取 O 点为零势能点，系统的势能为

$$V=-mgR\cos\theta$$

系统的拉格朗日函数为

$$L=T-V=\frac{1}{2}J\dot{\varphi}^2+\frac{1}{2}m[(R\sin\theta)^2\dot{\varphi}^2+R^2\dot{\theta}^2]+mgR\cos\theta$$

计算偏导数

$$\begin{aligned}\frac{\partial L}{\partial\theta}&=mR^2\dot{\varphi}^2\sin\theta\cos\theta-mgR\sin\theta\\ \frac{\partial L}{\partial\dot{\theta}}&=mR^2\dot{\theta}\end{aligned}$$

代入拉格朗日方程中得系统运动微分方程

$$mR^2\ddot{\theta}-mR^2\dot{\varphi}^2\sin\theta\cos\theta+mgR\sin\theta=0$$

对于一般的转动规律 $\varphi=\varphi(t)$，拉格朗日函数显含时间 t，不存在广义能量积分。如果转动是匀速的，即 $\dot{\varphi}=\omega$ 为常数，则拉格朗日函数不显含时间 t，系统有广义能量积分

$$T_2-T_0+V=\frac{1}{2}mR^2\dot{\theta}^2-\frac{1}{2}(J+mR^2\sin^2\theta)\omega^2-mgR\cos\theta=E$$

此时广义能量包括两部分：大圆环的转动动能和小球相对非惯性系运动的机械能（小球的相对运动动能、重力势能和牵连惯性力势能之和）。

注记 16.2

请读者注意，在第二种情况下，系统广义能量守恒，但机械能并不守恒。事实上，由于存在非定常约束 $\varphi=\varphi_0+\omega t$，约束力矩 M 在实位移 $\mathrm{d}\varphi=\omega\mathrm{d}t$ 上做功不

为零，使得系统的机械能不断在变化，因此机械能不守恒。

拉格朗日函数表征系统固有的动力学性质，$\partial L/\partial x=0$ 说明坐标原点在 x 方向的平移不影响系统的动力学性质，这反映了空间在 x 方向的均匀性。同样，$\partial L/\partial \varphi=0$ 说明坐标旋转一个角度不影响系统的动力学性质，这反映了空间的各向同性；$\partial L/\partial t=0$ 则反映了时间的均匀性。可见，经典力学中时间空间的 3 个基本属性——空间的均匀性和各向同性及时间的均匀性，通过三个基本守恒得到了反映。

16.3 带乘子的拉格朗日方程

在推导第二类拉格朗日方程时，从

$$\sum_{i=1}^{k}\left[\frac{\mathrm{d}}{\mathrm{d}t}\left(\frac{\partial T}{\partial \dot{q}_i}\right)-\frac{\partial T}{\partial q_i}-Q_i\right]\delta q_i=0 \tag{16.3.1}$$

到

$$\frac{\mathrm{d}}{\mathrm{d}t}\left(\frac{\partial T}{\partial \dot{q}_i}\right)-\frac{\partial T}{\partial q_i}=Q_i \quad (i=1,2,\cdots,k)$$

必须用到 $\delta q_j(j=1,2,\cdots,k)$ 相互独立的条件。然而，在质点系有非完整约束的情况下，这个条件无法得到满足。另外，对于一些多刚体系统，用非独立的广义坐标 [①]描述更加方便。不妨假设 $\delta q_j(j=1,2,\cdots,k)$ 满足 r 个关系式，即

$$\sum_{i=1}^{k} b_{i\beta}\delta q_i=0 \quad (\beta=1,2,\cdots,r) \tag{16.3.2}$$

式中：$b_{i\beta}$ 为广义坐标和时间的函数。

$$b_{i\beta}=b_{i\beta}(q_1,q_2,\cdots,q_k,t)$$

这样，在 $q_1,q_2,\cdots,q_k$ 之中有 $k-r$ 个相互独立，不妨假设就是 $q_1,q_2,\cdots,q_{k-r}$，其他 r 个广义坐标 $q_{k-r+1},\cdots,q_k$ 可以用 $q_1,q_2,\cdots,q_{k-r}$ 唯一地表示出来。当然，这个假设在数学上要求 $b_{i\beta}(i=k-r+1,\cdots,k;\beta=1,2,\cdots,r)$ 构成的 $r\times r$ 的行列式不等于零。

将 r 个等式 (16.3.2) 分别乘以不定乘子 λ_β（也称约束乘子、拉格朗日乘子），得

$$\sum_{i=1}^{k}\lambda_\beta b_{i\beta}\delta q_i=0 \quad (\beta=1,2,\cdots,r) \tag{16.3.3}$$

① 按照严格定义，广义坐标必须是相互独立的，但在研究多刚体系统动力学的文献中，特别是在英文文献中，广义坐标不一定相互独立。

用式 (16.3.1) 减去式 (16.3.3) 得

$$\sum_{i=1}^{k}\left[\frac{\mathrm{d}}{\mathrm{d}t}\left(\frac{\partial T}{\partial \dot{q}_i}\right)-\frac{\partial T}{\partial q_i}-Q_i-\sum_{\beta=1}^{r}\lambda_\beta b_{i\beta}\right]\delta q_i=0 \tag{16.3.4}$$

如果 $b_{i\beta}$ $(i=k-r+1,\cdots,k;\beta=1,2,\cdots,r)$ 构成的行列式不等于零，则可以适当选择不定乘子 λ_β，使得

$$\frac{\mathrm{d}}{\mathrm{d}t}\left(\frac{\partial T}{\partial \dot{q}_i}\right)-\frac{\partial T}{\partial q_i}-Q_i-\sum_{\beta=1}^{r}\lambda_\beta b_{i\beta}=0 \quad (i=k-r+1,\cdots,k) \tag{16.3.5}$$

事实上，我们可以把式 (16.3.5) 看作以 λ_β 为未知数的 r 个代数方程，其系数矩阵的秩为 r，该方程组一定有解。于是式 (16.3.4) 变为

$$\sum_{i=1}^{k-r}\left[\frac{\mathrm{d}}{\mathrm{d}t}\left(\frac{\partial T}{\partial \dot{q}_i}\right)-\frac{\partial T}{\partial q_i}-Q_i-\sum_{\beta=1}^{r}\lambda_\beta b_{i\beta}\right]\delta q_i=0 \tag{16.3.6}$$

注意：求和运算变为从 $i=1$ 到 $i=k-r$。

由于 $q_1,q_2,\cdots,q_{k-r}$ 相互独立，从式 (16.3.6) 可得

$$\frac{\mathrm{d}}{\mathrm{d}t}\left(\frac{\partial T}{\partial \dot{q}_i}\right)-\frac{\partial T}{\partial q_i}-Q_i-\sum_{\beta=1}^{r}\lambda_\beta b_{i\beta}=0 \quad (i=1,2,\cdots,k-r) \tag{16.3.7}$$

由式 (16.3.5) 和式 (16.3.7) 构成了 k 个方程，即

$$\frac{\mathrm{d}}{\mathrm{d}t}\left(\frac{\partial T}{\partial \dot{q}_i}\right)-\frac{\partial T}{\partial q_i}=Q_i+\sum_{\beta=1}^{r}\lambda_\beta b_{i\beta} \quad (i=1,2,\cdots,k) \tag{16.3.8}$$

称为**带乘子的拉格朗日方程**或者**第一类拉格朗日方程**。

如果主动力都是有势力，则式 (16.3.8) 写成

$$\frac{\mathrm{d}}{\mathrm{d}t}\left(\frac{\partial L}{\partial \dot{q}_i}\right)-\frac{\partial L}{\partial q_i}=\sum_{\beta=1}^{r}\lambda_\beta b_{i\beta} \quad (i=1,2,\cdots,k) \tag{16.3.9}$$

式 (16.3.8) 或式 (16.3.9) 与约束方程联立，构成系统的封闭方程组。在式 (16.3.8) 和式 (16.3.9) 中

$$\sum_{\beta=1}^{r}\lambda_\beta b_{i\beta}$$

称为**广义约束力**。

例 16.6

如图 16.7 所示的机构在铅垂平面内运动。假设 A、B 两个质点的质量均为 m，刚性杆 OA 和 AB 的质量忽略不计，不考虑摩擦。试建立该系统的运动微分方程。

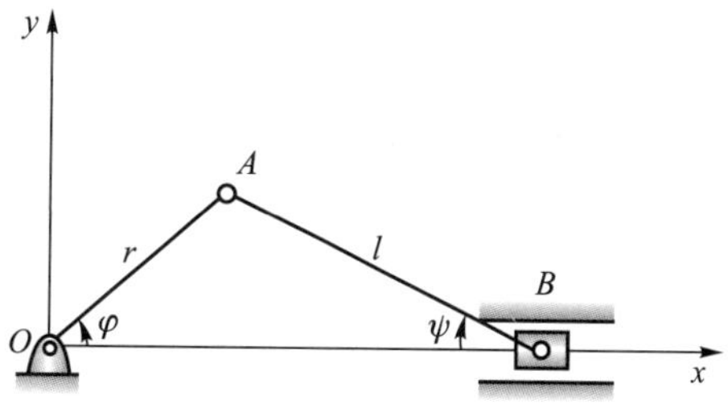

图 16.7

解　我们先尝试应用第二类拉格朗日方程。这个系统有一个自由度，可以选择 φ（或者 ψ）为广义坐标。根据几何关系有

$$x_A = r\cos\varphi, \quad y_A = r\sin\varphi, \quad x_B = r\cos\varphi + l\cos\psi$$

以及

$$r\sin\varphi = l\sin\psi \tag{a}$$

系统的动能为

$$\begin{aligned} T &= \frac{1}{2}m(\dot{x}_A^2 + \dot{y}_A^2) + \frac{1}{2}m\dot{x}_B^2 = \frac{1}{2}m[r^2\dot{\varphi}^2 + (r\dot{\varphi}\sin\varphi + l\dot{\psi}\sin\psi)^2] \\ &= \frac{1}{2}m[r^2\dot{\varphi}^2 + r^2\sin^2\varphi(\dot{\varphi} + \dot{\psi})^2] \end{aligned}$$

势能为

$$V = mgy_A = mgr\sin\varphi$$

拉格朗日函数为

$$L = T - V = \frac{1}{2}m[r^2\dot{\varphi}^2 + r^2\sin^2\varphi(\dot{\varphi} + \dot{\psi})^2] - mgr\sin\varphi \tag{b}$$

为了写第二类拉格朗日方程，必须对关系式 (a) 求导

$$r\dot{\varphi}\cos\varphi = l\dot{\psi}\cos\psi$$

解出

$$\dot{\psi} = \frac{r\dot{\varphi}\cos\varphi}{l\cos\psi} = \frac{r\dot{\varphi}\cos\varphi}{\sqrt{l^2 - r^2\sin^2\varphi}}$$

并代入拉格朗日函数

$$L = T - V = \frac{1}{2}m\left[r^2\dot{\varphi}^2 + r^2\sin^2\varphi\left(\dot{\varphi} + \frac{r\dot{\varphi}\cos\varphi}{\sqrt{l^2 - r^2\sin^2\varphi}}\right)^2\right] - mgr\sin\varphi \tag{c}$$

可以看出，拉格朗日函数式 (c) 非常复杂，用它写第二类拉格朗日方程时，还需要计算偏导数、全导数，表达式更加复杂。这样写出的第二类拉格朗日方程也非常复杂，对这么复杂的方程，无论是解析分析还是利用计算机进行数值计算，都很不方便。

下面我们尝试利用第一类拉格朗日方程。选择 φ 和 ψ 描述该系统的运动，则拉格朗日函数就是式 (b)。计算偏导数

$$\frac{\partial L}{\partial \varphi}=mr^2\sin\varphi\cos\varphi(\dot{\varphi}+\dot{\psi})^2-mgr\sin\varphi,\quad \frac{\partial L}{\partial \psi}=0$$
$$\frac{\partial L}{\partial \dot{\varphi}}=mr^2[\dot{\varphi}+(\dot{\varphi}+\dot{\psi})\sin^2\varphi],\quad \frac{\partial L}{\partial \dot{\psi}}=mr^2(\dot{\varphi}+\dot{\psi})\sin^2\varphi$$

计算全导数

$$\frac{\mathrm{d}}{\mathrm{d}t}\left(\frac{\partial L}{\partial \dot{\varphi}}\right)=mr^2[\ddot{\varphi}+(\ddot{\varphi}+\ddot{\psi})\sin^2\varphi+2(\dot{\varphi}+\dot{\psi})\dot{\varphi}\sin\varphi\cos\varphi]$$
$$\frac{\mathrm{d}}{\mathrm{d}t}\left(\frac{\partial L}{\partial \dot{\psi}}\right)=mr^2[(\ddot{\varphi}+\ddot{\psi})\sin^2\varphi+2(\dot{\varphi}+\dot{\psi})\dot{\varphi}\sin\varphi\cos\varphi]$$

对关系式 (a) 进行 δ 运算得

$$r\cos\varphi\delta\varphi-l\cos\psi\delta\psi=0$$

令 λ 为约束乘子，则第一类拉格朗日方程为

$$\frac{\mathrm{d}}{\mathrm{d}t}\left(\frac{\partial L}{\partial \dot{\varphi}}\right)-\frac{\partial L}{\partial \varphi}=\lambda r\cos\varphi$$
$$\frac{\mathrm{d}}{\mathrm{d}t}\left(\frac{\partial L}{\partial \dot{\psi}}\right)-\frac{\partial L}{\partial \psi}=-\lambda l\cos\psi$$

即

$$mr^2[\ddot{\varphi}+(\ddot{\varphi}+\ddot{\psi})\sin^2\varphi+(\dot{\varphi}^2-\dot{\psi}^2)\sin\varphi\cos\varphi]+mgr\sin\varphi=\lambda r\cos\varphi$$
$$mr^2[(\ddot{\varphi}+\ddot{\psi})\sin^2\varphi+2(\dot{\varphi}+\dot{\psi})\dot{\varphi}\sin\varphi\cos\varphi]=-\lambda l\cos\psi$$

这两个方程与代数方程 (a) 构成封闭方程组。

■ 16.4 描述相对非惯性参考系运动的拉格朗日方程

获得系统相对非惯性坐标系运动的运动方程有多种不同的方法，下面介绍其中两种。第一种方法与相对运动理论无关，无须引入惯性力。将系统绝对运动的动能用相对广

义坐标和相对速度表示，计算广义力时只考虑主动力。在这种方法中惯性力将在计算拉格朗日方程过程中自动计入。

第二种方法以相对运动理论为基础。引入牵连惯性力和科氏惯性力，动能要用相对运动来计算，而计算广义力时除了给定主动力，还要考虑牵连惯性力和科氏惯性力。

如果在第一种方法和第二种方法中取同样的广义坐标，则得到的运动方程也相同。在具体问题中可以看出哪种方法更方便。当然，还可能有其他得到描述系统相对非惯性坐标系运动的拉格朗日方程的方法。

例 16.7

半径为 R 的大圆环以常角速度 ω 绕竖直轴 Oy 转动，转动惯量为 J。质量为 m 的小环可在圆环上自由滑动，如图 16.8 所示。忽略摩擦力。试建立小环相对大圆环运动的拉格朗日方程并分析首次积分。

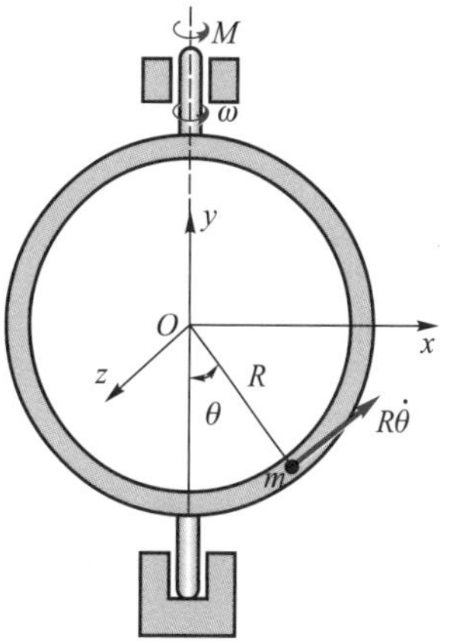

图 16.8

解　在例 16.5 的第二种情况中，取 θ 为广义坐标，用第一种方法建立了拉格朗日方程

$$mR^2\ddot{\theta} - mR^2\omega^2\sin\theta\cos\theta + mgR\sin\theta = 0$$

这里我们采用第二种方法。

取与圆环固连的坐标系 $Oxyz$（如图 16.8 所示），在这个非惯性系中，小环的动能为

$$T = \frac{1}{2}mR^2\dot{\theta}^2$$

牵连惯性力（即离心力）为

$$\boldsymbol{S} = mx\omega^2\boldsymbol{i}$$

牵连惯性力是有势力，其势能为

$$V_S = -\frac{1}{2}m\omega^2x^2$$

容易验证

$$\mathrm{d}V_S/\mathrm{d}x = -S$$

将牵连惯性力的势能用广义坐标表示为

$$V_S = -\frac{1}{2}mR\omega^2\sin^2\theta$$

重力势能为

$$V_g = -mgR\cos\theta$$

系统总势能为

$$V = V_S + V_g = -\frac{1}{2}mR\omega^2\sin^2\theta - mgR\cos\theta$$

拉格朗日函数为

$$L = T - V = \frac{1}{2}mR^2\dot{\theta}^2 + \frac{1}{2}mR\omega^2\sin^2\theta + mgR\cos\theta$$

计算偏导数

$$\frac{\partial L}{\partial \theta} = mR^2\omega^2\sin\theta\cos\theta - mgR\sin\theta$$
$$\frac{\partial L}{\partial \dot{\theta}} = mR^2\dot{\theta}$$

代入拉格朗日方程中得系统运动微分方程

$$mR^2\ddot{\theta} - mR^2\omega^2\sin\theta\cos\theta + mgR\sin\theta = 0$$

与第一种方法得到的完全一致。

拉格朗日函数不显含时间 t，系统有广义能量积分

$$T + V = \frac{1}{2}mR^2\dot{\theta}^2 - \frac{1}{2}mR\omega^2\sin^2\theta - mgR\cos\theta = E$$

其物理意义是在相对运动中机械能守恒。

■ 本讲小结

本讲进一步介绍了拉格朗日方程的应用，包括碰撞问题的拉格朗日方程和拉格朗日方程的首次积分。

如果系统主动力有势，且拉格朗日函数不显含某广义坐标 q_i（称为循环坐标），则有循环积分（广义动量守恒）

$$p_j = \frac{\partial L}{\partial \dot{q}_j} = \frac{\partial T}{\partial \dot{q}_j} = C_j$$

如果系统主动力有势，拉格朗日函数中不显含时间 t，则有广义能量积分

$$T_2 - T_0 + V = E$$

■ 概念题

判断下列说法是否正确。

16–1　拉格朗日方程的循环积分实际上就是动量守恒或者角动量守恒。

16–2　拉格朗日方程的广义能量积分实际上就是机械能守恒。

16–3　如果一个单自由度系统的第二类拉格朗日方程存在第一积分，则系统的机械能守恒。

16–4　如果一个两自由度系统的第二类拉格朗日方程存在两个独立的第一积分，则其中至少有一个是广义动量积分。

16–5　如果系统存在广义能量积分，不一定机械能守恒；而如果系统的机械能守恒，则一定存在广义能量积分。

16–6　如果系统存在一个广义动量积分，不能说明系统在某个方向动量（矩）守恒；而如果系统在某个方向动量守恒，则系统一定存在广义动量积分。

16–7　将拉格朗日方程在一个时间段上积分就直接得到了拉格朗日方程的积分形式。

16–8　主动力有势的定常系统一定是保守系统。

■ 习题

16–1　如图 16.9 所示瓦特调速器的两飞球质量各为 m，OA、OB、AC、BC 等 4 根铰连杆长度均为 l，质量均略去不计，套管 C 的质量为 M。试由拉格朗日方程导出此系统的运动微分方程，并分析首次积分。

16–2　质量为 m、半径为 $3R$ 的大圆环在粗糙的水平面上作纯滚动，如图 16.10 所示。另一个质量亦为 m、半径为 R 的小圆环又在粗糙的大圆环内壁作纯滚动。不计滚动摩阻，整个系统处于铅垂面内。初始时，O_1O_2 在水平线上，被无初速释放。试列写系统的运动微分方程与相应的首次积分。

16–3　如图 16.11 所示机构在铅垂平面内。均质圆盘 A 的半径 $R=2r$，质量 $M=2m$，可绕 A 点转动。均质圆盘 B 的半径为 r、质量为 m，可在圆盘 A 的边缘上作纯滚动。均质杆 AB 的质量也为 m，所有铰链约束均为理想约束。试写出系统的运动微分方程，并分析首次积分。

16–4　如图 16.12 所示，铅垂平面内长度为 l、质量为 m 的均质杆 AB 一端与半径为 R、质量为 m 的均质圆盘在轮心 A 处铰接，初始时刻杆处于竖直状态（$\theta=0^\circ$），且杆和圆盘都静止，杆受到微小扰动后倒下，设圆盘始终沿水平地面纯滚动。求：（1）以图

中 x 和 θ 为广义坐标，写出系统的运动微分方程；(2) 分析系统的首次积分及其物理意义；(3) 杆第一次处于水平状态 ($\theta = 90°$) 时杆的角速度。

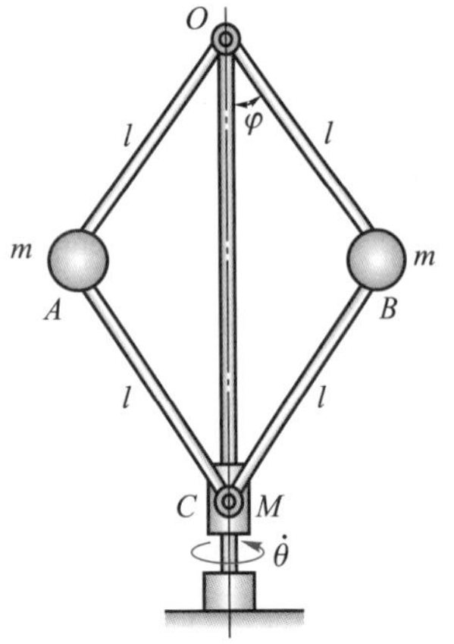

图 16.9

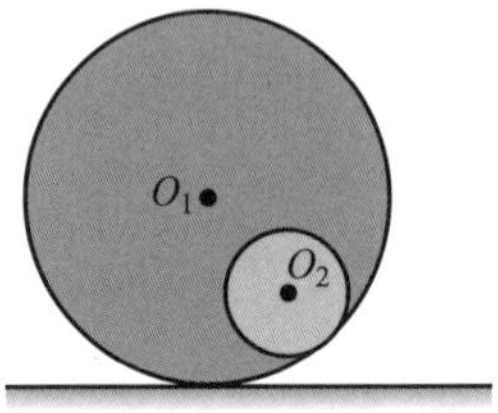

图 16.10

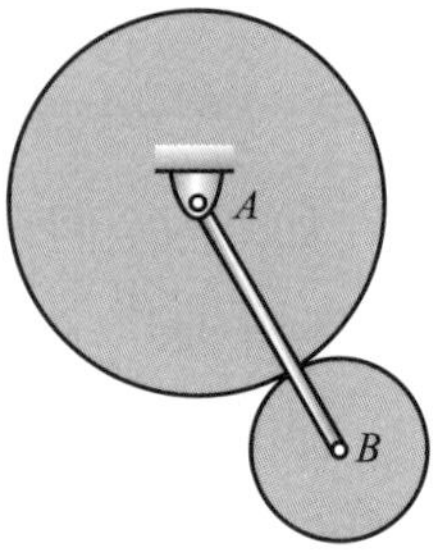

图 16.11

16–5　如图 16.13 所示，质量均为 m、长度均为 l 的两根相同的均质杆 AB、BC 铰接后成直线静止放在光滑的桌面上，并以铰链 A 固接于桌面。小球 D 以垂直于杆的速度 v 与 BC 杆的 E 点发生碰撞，恢复因数 $e = 0.5$。设小球 D 的质量为 $m/2$。求碰撞后瞬时杆 AB 和 BC 的角速度。

16–6　如图 16.14 所示，一边长为 10 cm 的正方形平板重 10 N，在距均质杆 AB 10 cm 的高度水平掉下，平板一端点与杆 B 端发生碰撞，恢复因数 $e = 0.7$。设 AB 杆重 20 N，可绕其中点转动。求碰撞后杆 AB 瞬时的角速度。

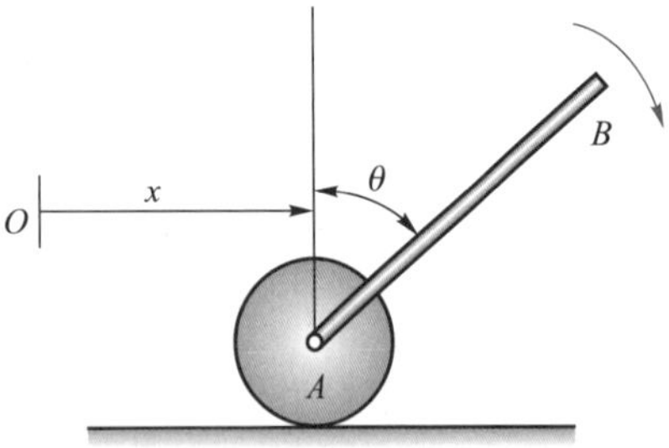

图 16.12

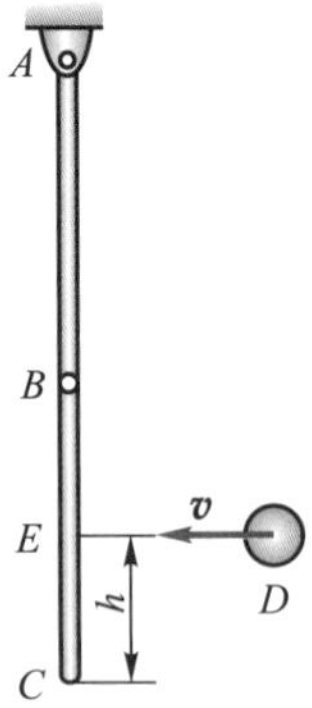

图 16.13

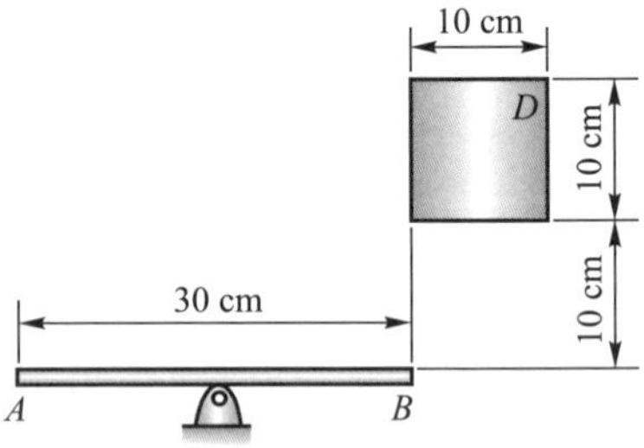

图 16.14

16–7　如图 16.15 所示，设 3 根等长度的均质杆 AB、BC、CD 铰接成正方形的三边，放在光滑水平面上，A 端固定。今在 D 点沿着 $\overrightarrow{AD}$ 方向作用冲量，证明受冲击后杆 AB、CD 的初始角速度大小之比为 $1:11$。

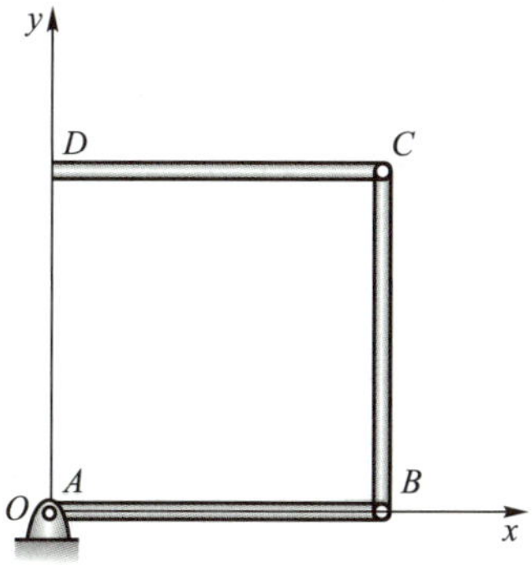

图 16.15

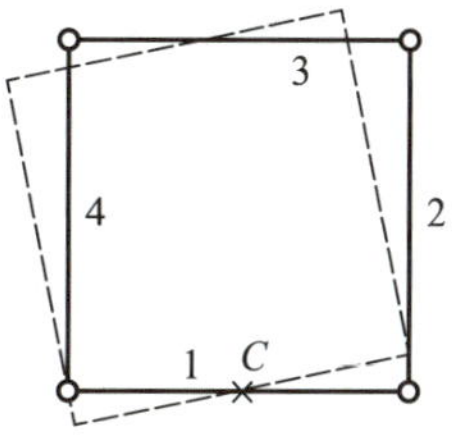

图 16.16

16–8　如图 16.16 所示，设 4 根相同的均质杆在端点铰接而成一个正方形框架。初始时它们在自身平面内绕正方形中心以常角速度 ω 转动。今突然按住其中一根杆的中点 C，求按住后瞬时各杆的角速度。

16–9　如图 16.17 所示，三根质量均为 m、长度均为 l 的均质细杆铰接后成一直线静止于光滑水平面上，今在 AB 杆的质心 G 处作用一垂直于杆的水平冲量 I。试用拉格朗日方程的积分形式：(1) 证明冲击后 AB 杆、BC 杆、CD 杆的初始角速度之比为 $4:3:-1$；(2) 求冲击后系统的动能。

16–10　如图 16.18 所示的光滑墙壁内，CD 杆由光滑铰链连接在 AB 杆中点。无量纲化后，两竖墙的间距为 2.2，均质杆 AB 与 CD 长度都为 2，质量都为 1，重力加速度 $g=1$。(1) 求平衡位置 θ 满足的方程；(2) 运用第一类拉格朗日方程推导系统的运动微分方程；(3) 从 $\theta=53.1^\circ$（按照 $\sin 53.1^\circ=0.8$ 计算）位置静止释放，求释放后瞬时 CD 杆的加速度瞬心位置和角加速度，D 点的加速度和 A 点的约束力；(4) 如果在 A 点作用一水平方向力使系统平衡在 $\theta=53.1^\circ$ 位置，求该力。

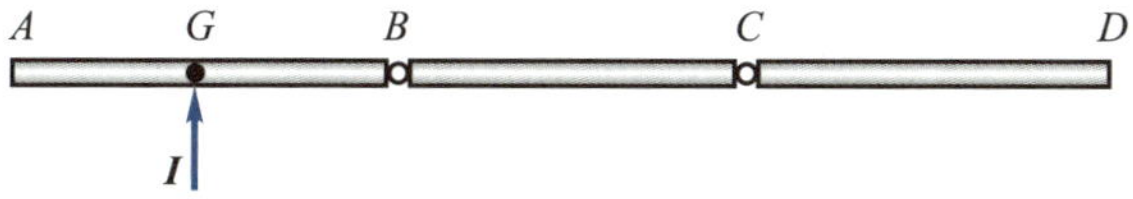

图 16.17

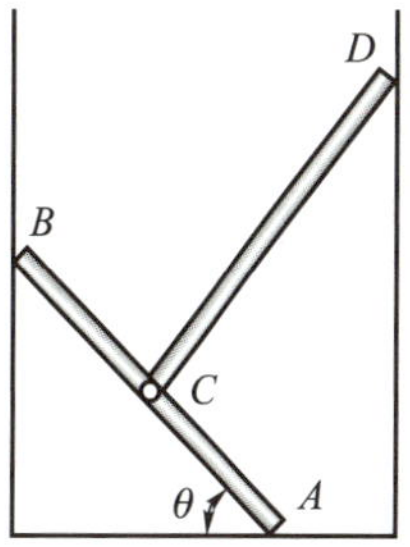

图 16.18

第16讲习题参考答案

第17讲 力系的等效与简化

本讲从达朗贝尔–拉格朗日定理出发，研究力系的等效与简化问题。

■ 17.1　力系等效定理

质点的位置和速度构成其运动状态，力的作用使质点的运动状态发生改变（见第 8 讲）。根据牛顿第二定律，力的作用效果主要是改变质点的瞬时加速度，此瞬时之后质点的运动状态将发生改变。

力对物体的作用效应可以分为外效应和内效应，外效应改变物体的整体运动状态（质心位置和速度、方位和角速度），内效应使物体变形和产生应力（材料力学课程中会介绍应力的概念）。如果我们用质点系模型代替物体，则内、外效应都归结为各个质点的运动状态改变。我们将质点系中所有质点的运动状态之集合作为质点系的运动状态，则力系对质点系的作用效应是改变其运动状态。

如果作用在同一个质点系上的两个力系相互替代而不影响质点系运动状态的改变，则称这两个**力系等效**。

由达朗贝尔–拉格朗日原理

$$\sum_{i=1}^{n}(\boldsymbol{F}_i - m_i\ddot{\boldsymbol{r}}_i)\cdot\delta\boldsymbol{r}_i = 0$$

可得两个力系等效的充分必要条件是它们在质点系的任意一组相同的虚位移上所做的虚功相等。

接下来考虑一种在理论力学中非常特殊的情况，研究空间中的自由刚体。设力系 $\boldsymbol{F}_i$ 作用在刚体上 P_i 点 $(i=1,2,\cdots,N)$，O 点是刚体上任选的基点，自由刚体上任意点 P_i 的虚位移可由基点的虚位移 $\delta\boldsymbol{r}_O$ 和刚体的虚转角 $\delta\boldsymbol{\theta}$ 确定，即

$$\delta\boldsymbol{r}_i = \delta\boldsymbol{r}_O + \delta\boldsymbol{\theta}\times\boldsymbol{r}_i$$

式中：$\delta\boldsymbol{r}_O$ 为基点的虚位移；$\delta\boldsymbol{\theta}$ 为刚体的虚转角。

计算力系 $\boldsymbol{F}_1,\boldsymbol{F}_2,\cdots,\boldsymbol{F}_N$ 在这组虚位移上所做虚功

$$\begin{aligned}\delta A &= \sum_{i=1}^{N}\boldsymbol{F}_i\cdot\delta\boldsymbol{r}_i\\ &= \sum_{i=1}^{N}\boldsymbol{F}_i\cdot(\delta\boldsymbol{r}_O + \delta\boldsymbol{\theta}\times\boldsymbol{r}_i)\\ &= \sum_{i=1}^{N}\boldsymbol{F}_i\cdot\delta\boldsymbol{r}_O + \sum_{i=1}^{N}\boldsymbol{F}_i\cdot(\delta\boldsymbol{\theta}\times\boldsymbol{r}_i)\end{aligned}\tag{17.1.1}$$

$$= \sum_{i=1}^{N} \boldsymbol{F}_i \cdot \delta \boldsymbol{r}_O + \left(\sum_{i=1}^{N} \boldsymbol{r}_i \times \boldsymbol{F}_i \right) \cdot \delta \boldsymbol{\theta}$$

$$= \boldsymbol{F}_{\mathrm{R}} \cdot \delta \boldsymbol{r}_O + \boldsymbol{M}_O \cdot \delta \boldsymbol{\theta}$$

式中：$\boldsymbol{F}_{\mathrm{R}}$ 为力系 $\boldsymbol{F}_1, \boldsymbol{F}_2, \cdots, \boldsymbol{F}_N$ 的主矢量；$\boldsymbol{M}_O$ 为力系 $\boldsymbol{F}_1, \boldsymbol{F}_2, \cdots, \boldsymbol{F}_N$ 对 O 点的主矩。

同样计算另一个力系 $\boldsymbol{F}_1^*, \boldsymbol{F}_2^*, \cdots, \boldsymbol{F}_L^*$ 的虚功

$$\delta A^* = \sum_{j=1}^{L} \boldsymbol{F}_j^* \cdot \delta \boldsymbol{r}_j = \boldsymbol{F}_{\mathrm{R}}^* \cdot \delta \boldsymbol{r}_O + \boldsymbol{M}_O^* \cdot \delta \boldsymbol{\theta} \tag{17.1.2}$$

式中：$\boldsymbol{F}_{\mathrm{R}}^*$ 为力系 $\boldsymbol{F}_1^*, \boldsymbol{F}_2^*, \cdots, \boldsymbol{F}_L^*$ 的主矢量；$\boldsymbol{M}_O^*$ 为力系 $\boldsymbol{F}_1^*, \boldsymbol{F}_2^*, \cdots, \boldsymbol{F}_L^*$ 对 O 点的主矩。

根据力系等效的充分必要条件，两个力系的虚功相等，由式 (17.1.1) 和式 (17.1.2) 可得

$$(\boldsymbol{F}_{\mathrm{R}} - \boldsymbol{F}_{\mathrm{R}}^*) \cdot \delta \boldsymbol{r}_O + (\boldsymbol{M}_O - \boldsymbol{M}_O^*) \cdot \delta \boldsymbol{\theta} = 0 \tag{17.1.3}$$

由于基点的虚位移 $\delta \boldsymbol{r}_O$ 和刚体的虚转动位移 $\delta \boldsymbol{\theta}$ 都是任意的，所以有

$$\boldsymbol{F}_{\mathrm{R}} = \boldsymbol{F}_{\mathrm{R}}^*, \quad \boldsymbol{M}_O = \boldsymbol{M}_O^* \tag{17.1.4}$$

这就是**力系等效定理**。

定理 17.1

力系等效定理：作用在刚体上的两个力系 $\boldsymbol{F}_1, \boldsymbol{F}_2, \cdots, \boldsymbol{F}_N$ 和 $\boldsymbol{F}_1^*, \boldsymbol{F}_2^*, \cdots, \boldsymbol{F}_L^*$ 等效的充分必要条件是它们的主矢量相等，对同一点的主矩相等，即

$$\sum_{i=1}^{N} \boldsymbol{F}_i = \sum_{j=1}^{L} \boldsymbol{F}_j^*, \quad \sum_{i=1}^{N} \boldsymbol{r}_i \times \boldsymbol{F}_i = \sum_{j=1}^{L} \boldsymbol{r}_j \times \boldsymbol{F}_j^*$$

注记 17.1

我们也可以利用若当原理推导力系等效定理。

由若当原理

$$\sum_{i=1}^{n} (\boldsymbol{F}_i - m_i \ddot{\boldsymbol{r}}_i) \cdot \delta \boldsymbol{v}_i = 0$$

可得，两个力系等效的充分必要条件是它们在质点系的任意一组相同的虚位移上所做的虚功率都相等，即

$$\sum_{i=1}^{N} \boldsymbol{F}_i \cdot \delta \boldsymbol{v}_i = \sum_{j=1}^{L} \boldsymbol{F}_j^* \cdot \delta \boldsymbol{v}_j$$

设力系 $\boldsymbol{F}_i$ 作用在刚体上 P_i 点 $(i = 1, 2, \cdots, N)$，O 点是刚体上任选的基点，则 P_i

点的速度由基点法可得

$$\boldsymbol{v}_i = \boldsymbol{v}_O + \boldsymbol{\omega} \times \boldsymbol{r}_i$$

对上式进行变分运算，得

$$\delta\boldsymbol{v}_i = \delta\boldsymbol{v}_O + \delta\boldsymbol{\omega} \times \boldsymbol{r}_i$$

计算力系 $\boldsymbol{F}_1, \boldsymbol{F}_2, \cdots, \boldsymbol{F}_N$ 在这组虚位移上所做虚功率

$$\begin{aligned}
\delta P &= \sum_{i=1}^{N} \boldsymbol{F}_i \cdot \delta\boldsymbol{v}_i \\
&= \sum_{i=1}^{N} \boldsymbol{F}_i \cdot (\delta\boldsymbol{v}_O + \delta\boldsymbol{\omega} \times \boldsymbol{r}_i) \\
&= \sum_{i=1}^{N} \boldsymbol{F}_i \cdot \delta\boldsymbol{v}_O + \sum_{i=1}^{N} \boldsymbol{F}_i \cdot (\delta\boldsymbol{\omega} \times \boldsymbol{r}_i) \\
&= \sum_{i=1}^{N} \boldsymbol{F}_i \cdot \delta\boldsymbol{v}_O + (\sum_{i=1}^{N} \boldsymbol{r}_i \times \boldsymbol{F}_i) \cdot \delta\boldsymbol{\omega} \\
&= \boldsymbol{F}_{\mathrm{R}} \cdot \delta\boldsymbol{v}_O + \boldsymbol{M}_O \cdot \delta\boldsymbol{\omega}
\end{aligned} \tag{17.1.5}$$

式中：$\boldsymbol{F}_{\mathrm{R}}$ 为力系 $\boldsymbol{F}_1, \boldsymbol{F}_2, \cdots, \boldsymbol{F}_N$ 的主矢量；$\boldsymbol{M}_O$ 为力系 $\boldsymbol{F}_1, \boldsymbol{F}_2, \cdots, \boldsymbol{F}_N$ 对 O 点的主矩。

式 (17.1.1) 和式 (17.1.5) 表明，虚功和虚功率与力系对 O 点的主矢量和主矩有关。

同样计算另一个力系 $\boldsymbol{F}_1^*, \boldsymbol{F}_2^*, \cdots, \boldsymbol{F}_L^*$ 的虚功率

$$\delta P^* = \sum_{j=1}^{L} \boldsymbol{F}_j^* \cdot \delta\boldsymbol{v}_j = \boldsymbol{F}_{\mathrm{R}}^* \cdot \delta\boldsymbol{v}_O + \boldsymbol{M}_O^* \cdot \delta\boldsymbol{\omega} \tag{17.1.6}$$

式中：$\boldsymbol{F}_{\mathrm{R}}^*$ 为力系 $\boldsymbol{F}_1^*, \boldsymbol{F}_2^*, \cdots, \boldsymbol{F}_L^*$ 的主矢量；$\boldsymbol{M}_O^*$ 为力系 $\boldsymbol{F}_1^*, \boldsymbol{F}_2^*, \cdots, \boldsymbol{F}_L^*$ 对 O 点的主矩。

根据力系等效的充分必要条件，两个力系虚功率相等，可得

$$(\boldsymbol{F}_{\mathrm{R}} - \boldsymbol{F}_{\mathrm{R}}^*) \cdot \delta\boldsymbol{v}_O + (\boldsymbol{M}_O - \boldsymbol{M}_O^*) \cdot \delta\boldsymbol{\omega} = 0 \tag{17.1.7}$$

由于 $\delta\boldsymbol{v}_O$ 和 $\delta\boldsymbol{\omega}$ 都是任意的，所以有

$$\boldsymbol{F}_{\mathrm{R}} = \boldsymbol{F}_{\mathrm{R}}^*, \quad \boldsymbol{M}_O = \boldsymbol{M}_O^* \tag{17.1.8}$$

推论 17.1

作用在刚体上的力可以沿着其作用线在刚体上滑移而不改变作用效应，但不能平行于作用线在刚体上平移。

这个推论很容易由定理直接得到。我们考虑由一个作用在刚体上的力 $\boldsymbol{F}$ 构成的力系，其主矢量 $\boldsymbol{F}_\mathrm{R}$ 的大小、方向与力 $\boldsymbol{F}$ 的大小、方向完全一致。设 $\boldsymbol{F}$ 作用在刚体上 A 点，如图 17.1(a) 所示。将力 $\boldsymbol{F}$ 在刚体上沿着作用线滑移后，得到一个新的力 $\boldsymbol{F}'$，其大小、方向、作用线都与原来的力 $\boldsymbol{F}$ 一致，只是作用点变成了 B 点，如图 17.1(b) 所示。显然，这两个力系的主矢量完全相等，而且对同一个点（例如 O 点）之矩也完全相等，因此等效。如果将 $\boldsymbol{F}$ 平行于作用线在刚体上平移到 O 点得到 $\boldsymbol{F}''$，如图 17.1(c) 所示，显然 $\boldsymbol{F}$ 和 $\boldsymbol{F}''$ 对 O 点的主矩不相等，因此它们不等效。

这个推论给出的作用在刚体上力的特性称为**可传性**。需要指出的是，力的可传性只适用于单个刚体，不适用于变形体。如图 17.2 所示，一根弹簧在两端受拉力作用时会伸长，如果这两个力沿着弹簧传到另一端成为压力，弹簧会被压缩。这是截然不同的作用效应。如果我们定义起始点固定的矢量为**固定矢量**，起始点可以沿着作用线滑移的矢量为**滑移矢量**，起始点可以任意变化的矢量为**自由矢量**，则作用在变形体上的力是固定矢量，作用在刚体上的力是滑移矢量，而力系的主矢量是自由矢量。此外，力系等效定理只适用于同一个刚体，对于变形体或者多个刚体，一般情况下定理不成立。

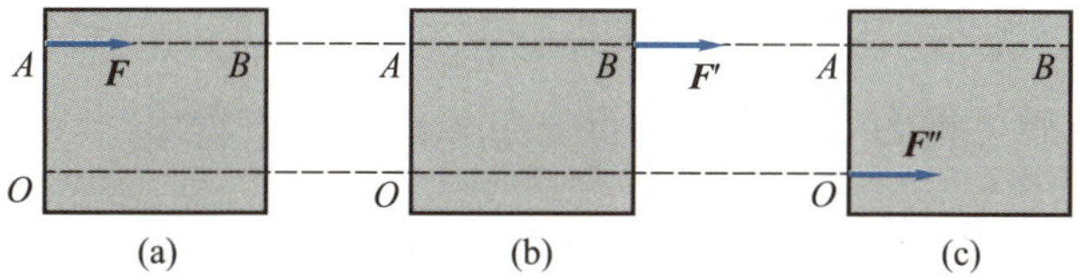

图 17.1

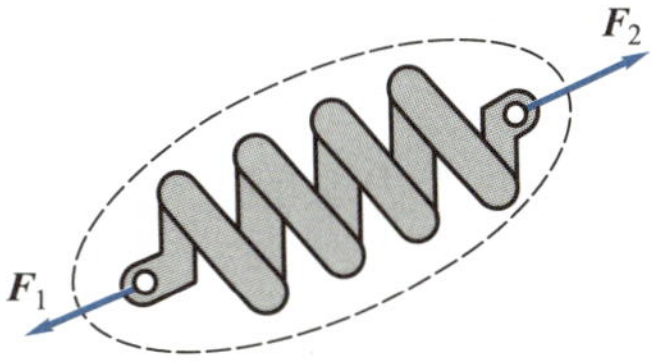

图 17.2

注记 17.2

我们还可以检验已经学过的其他矢量是哪一种。例如，力系的主矩、力对点之矩、位移、速度、加速度等都是固定矢量，刚体的角速度、角加速度等都是自由矢量。

例 17.1

在直角楔的棱边上作用两个力 $\boldsymbol{F}_1$ 和 $\boldsymbol{F}_2$，如图 17.3 所示，它们与力 $\boldsymbol{F}_1^*$ 和 $\boldsymbol{F}_2^*$ 等效。已知力 $\boldsymbol{F}_1$、$\boldsymbol{F}_2$ 和 $\boldsymbol{F}_1^*$ 的大小与相应的棱边长度成正比，求力 $\boldsymbol{F}_2^*$。

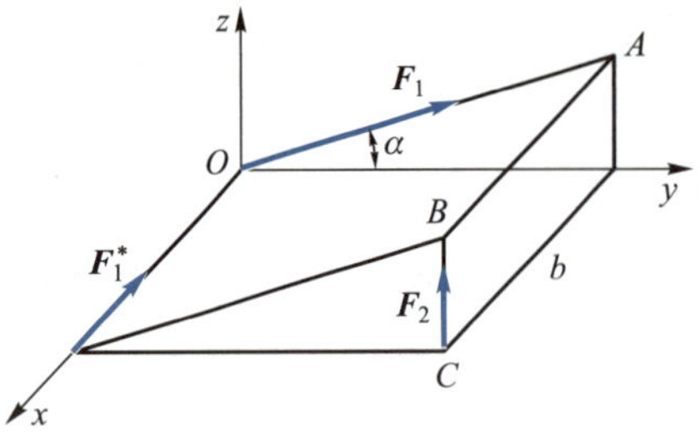

图 17.3

解　如果 a、b 为棱边 OA、AB 的长度，f 为比例系数，则

$$F_1 = fa,\quad F_2 = fa\sin\alpha,\quad F_1^* = fb$$

建立坐标系 $Oxyz$，如图 17.3 所示，力系 $(\boldsymbol{F}_1, \boldsymbol{F}_2)$ 的主矢量和对 O 点的主矩在该坐标系中的分量为

$$F_{\mathrm{R}x} = 0,\quad F_{\mathrm{R}y} = fa\cos\alpha,\quad F_{\mathrm{R}z} = 2fa\sin\alpha$$

$$M_x = fa^2\sin\alpha\cos\alpha,\quad M_y = -fab\sin\alpha,\quad M_z = 0$$

设力 $\boldsymbol{F}_2^*$ 的分量为 F_{2x}^*、F_{2y}^*、F_{2z}^*，其作用点坐标为 x, y, z。力系 $(\boldsymbol{F}_1^*, \boldsymbol{F}_2^*)$ 的主矢量和主矩在该坐标系中的分量为

$$F_{\mathrm{R}x}^* = -fb + F_{2x}^*,\quad F_{\mathrm{R}y}^* = F_{2y}^*,\quad F_{\mathrm{R}z}^* = F_{2z}^*,$$

$$M_x^* = yF_{2z}^* - zF_{2y}^*,\quad M_y^* = zF_{2x}^* - xF_{2z}^*,\quad M_z^* = xF_{2y}^* - yF_{2x}^*$$

由等效力系 $(\boldsymbol{F}_1, \boldsymbol{F}_2)$ 和 $(\boldsymbol{F}_1^*, \boldsymbol{F}_2^*)$ 的主矢量相等的 3 个方程可以求得 $\boldsymbol{F}_2^*$ 的分量为

$$F_{2x}^* = fb,\quad F_{2y}^* = fa\cos\alpha,\quad F_{2z}^* = 2fa\sin\alpha$$

这就给出了 $\boldsymbol{F}_2^*$ 的方向和大小，其中大小为

$$F_2^* = \sqrt{F_{2x}^{*2} + F_{2y}^{*2} + F_{2z}^{*2}}$$

根据两个力系的主矩相等，简化后可得力 $\boldsymbol{F}_2^*$ 的作用点 x, y, z 满足的方程

$$2y\sin\alpha - z\cos\alpha = a\sin\alpha\cos\alpha,\quad 2ax\sin\alpha - bz = ab\sin\alpha,\quad ax\cos\alpha - by = 0$$

这些方程不是确定力 $\boldsymbol{F}_2^*$ 的作用点，而是作用线

$$\frac{2x - b}{b} = \frac{2y - a\cos\alpha}{a\cos\alpha} = \frac{z}{a\sin\alpha}$$

力 $\boldsymbol{F}_2^*$ 的作用线经过楔顶点 B 和楔底面对角线的交点。

17.2　力系简化

下面我们讨论作用在刚体上的力系简化。**力系简化**是指用更简单的等效力系来代替原力系。首先介绍四个基本（最简单）的力系：零力系、一个力、力偶、力螺旋。

17.2.1 最简单的力系

零力系是指能使刚体保持原运动状态不变的力系，也叫**平衡力系**。如果刚体初始时刻静止，则会保持静止状态。零力系显然是一种最简单的力系，其主矢量和对任意点的主矩都为零。一个力构成的力系也是最简单的，其主矢量不为零，对作用线上任意点的主矩为零。此外，力系的平衡和刚体的平衡需要被加以区分。力系是零力系（平衡力系）的充分必要条件是该力系的主矢量为零，对某个点的主矩为零（对任意点的主矩为零）。

如果某个力系可以用一个力代替，则称这个力为该力系的**合力**——这是推广的合力概念。

力偶是指大小相等、方向相反、作用线平行但不重合的一对力构成的力系，如图 17.4 所示的 $(\boldsymbol{F}, -\boldsymbol{F})$。力偶对任意点 O 的主矩为

$$\boldsymbol{M}_O = \boldsymbol{r}_1 \times \boldsymbol{F} + \boldsymbol{r}_2 \times (-\boldsymbol{F}) = (\boldsymbol{r}_1 - \boldsymbol{r}_2) \times \boldsymbol{F}$$

其中 $\boldsymbol{r}_1 - \boldsymbol{r}_2$ 是与矩心 O 无关的矢量。因此，力偶对任意点的主矩都相同，与矩心选择无关，是一个自由矢量，我们称之为**力偶矩**。

力偶矩是确定力偶作用效应的物理量，只要保持力偶矩的大小和方向不变，力偶可以在一个刚体上任意旋转、滑移和平移。力偶矩的大小等于其中一个力的大小乘以作用线之间的距离，一定不等于零，所以力偶不可能等效于零力系。又由于力偶的主矢量等于零，力偶也不可能等效于一个力。由此可见，力偶已经是最简单的力系了。由多个力偶组成的力偶系的主矢量为零，因此力偶系一定等效于一个力偶或零力系。

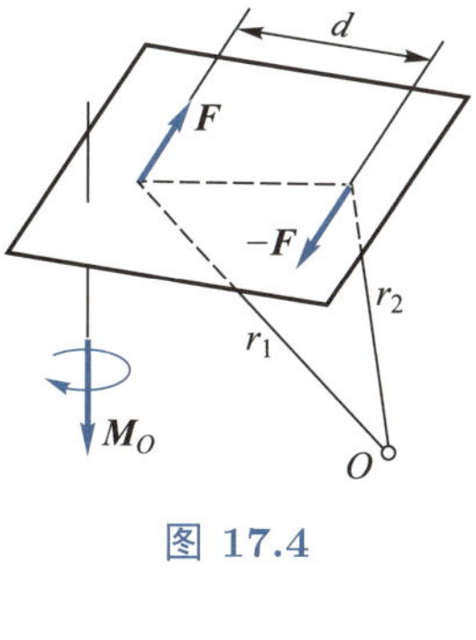

图 17.4

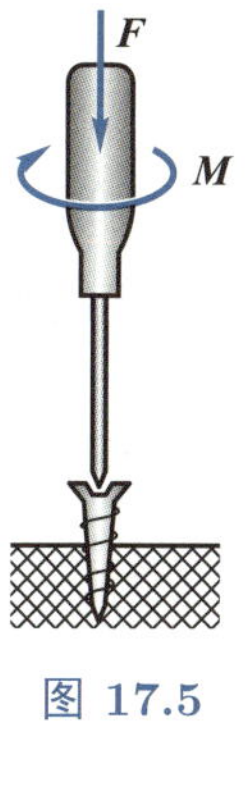

图 17.5

对于一个力和一个力偶构成的力系，如果力偶矩的方向与力的作用线平行，则称该力系为**力螺旋**，力的作用线称为力螺旋的中心轴。例如拧螺丝时手加在螺丝刀上的就是力螺旋，如图 17.5 所示。力螺旋的主矢量不为零，对任意点的主矩也不可能等于零，所以力螺旋不能简化为一个力或者一个力偶。显然，力螺旋可以沿着其中心轴移动，而不改变对刚

体的作用效应。若力和力偶矩同向，则称为**右手力螺旋**，反之称为**左手力螺旋**。这里给大家介绍一个生活小常识，大多数情况下，当我们想拧紧螺丝或者螺母的时候，我们应该施加右螺旋；当我们想拧松螺丝或螺母的时候，我们应该施加左螺旋。当然，少数情况下，是反过来的。同学们可以观察自行车，拧紧哪些螺母需要施加左螺旋？

综上，我们介绍了四种最简单的力系的形式：零力系、一个力、力偶和力螺旋。

根据力系等效定理，我们可以得到下面的**泊松定理**。

定理 17.2

泊松定理：作用在刚体上的任意力系等效于由一个力和一个力偶构成的力系，这个力的作用线通过刚体上的某个点 O，其大小、方向与原力系的主矢量的大小、方向相同，这个力偶的力偶矩等于原力系对 O 点的主矩。

这个定理中提到的 O 点称为**简化中心**。要确定新的力系中的力，需要由主矢量确定力的大小和方向，其中作用点可以任意指定；而确定新力系的力偶，需要将原力系对简化中心 O 求主矩。显然，选取不同的简化中心，新力系中力的作用线可能不同，力偶矩也可能不同。

前面我们曾经指出，作用在刚体上的力平行于其作用线在刚体上平移将会改变作用效应。根据泊松定理，我们可以得到如下推论。

推论 17.2

力的平移定理：可以将作用在刚体上的力平行于其作用线在刚体上平移，同时附加一个力偶，其力偶矩等于原来的力对新作用点的矩。

例 17.2

力 $\boldsymbol{F}$ 作用在刚体上坐标为 $(2,2,2)$ 的 A 点，其分量为 $F_x = 1$，$F_y = -2$，$F_z = 3$。不改变力的作用效应，试将其搬移到坐标为 $(-1,4,2)$ 的 B 点。

解　力 $\boldsymbol{F}$ 对 B 点之矩的分量为 $M_x = -6$，$M_y = -9$，$M_z = -4$。于是，搬移的结果变为力 $\boldsymbol{F}$ 和一个力偶，力偶矩大小等于 $M = \sqrt{133}$，力偶矩的方向与坐标轴 Ox, Oy, Oz 夹角的余弦分别为

$$-\frac{6}{\sqrt{133}},\qquad -\frac{9}{\sqrt{133}},\qquad -\frac{4}{\sqrt{133}}$$

根据泊松定理，任何作用在刚体上的力系都可以简化为上述四种简单力系之一。

17.2.2 常见力系的简化结果

我们常见的几种力系分别是汇交力系、平行力系、平面力系和一般力系。在第 10 讲中，我们介绍了达朗贝尔惯性力，由达朗贝尔惯性力组成的力系也是常见的力系。下面介绍前三种常见力系的简化结果，一般力系和惯性力系的简化结果我们将在下一小节介绍。

1. 汇交力系

汇交力系是指力的作用线交于一点的力系。我们可将所有力的作用点滑移到汇交点，若该点不在刚体上，可以想象它是刚体的延拓点，变成等效的共点力系，所以汇交力系等效于一个力，其简化中心为汇交点。如图 17.6 所示的光滑柱铰所受约束力即为这样的汇交力系。

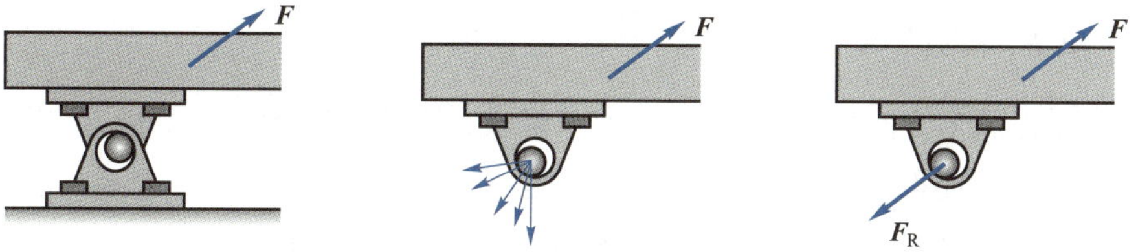

图 17.6

2. 平行力系

平行力系是指由作用线相互平行的力构成的力系，其中各个力的方向可以相同或者相反。其简化结果有以下两种情况。

（1）主矢量不等于零的平行力系可以简化成一个力。

证明 任取一点 O，如果平行力系对点 O 的主矩 $\boldsymbol{M}_O=0$，则该力系的合力的作用线过点 O，其大小、方向与主矢量 $\boldsymbol{F}_{\mathrm{R}}$ 相同。

如果对点 O 的主矩 $\boldsymbol{M}_O\neq 0$，我们另选一个点 P，使得

$$\boldsymbol{r}_{OP}=(\boldsymbol{F}_{\mathrm{R}}\times\boldsymbol{M}_O)/F_{\mathrm{R}}^2$$

利用第 13 讲中的式 (13.2.13) 可得

$$\begin{aligned}
\boldsymbol{M}_P&=\boldsymbol{M}_O+\boldsymbol{F}_{\mathrm{R}}\times\boldsymbol{r}_{OP}\\
&=\boldsymbol{M}_O+\boldsymbol{F}_{\mathrm{R}}\times\boldsymbol{r}_{OP}\\
&=\boldsymbol{M}_O+\frac{\boldsymbol{F}_{\mathrm{R}}\times(\boldsymbol{F}_{\mathrm{R}}\times\boldsymbol{M}_O)}{F_{\mathrm{R}}^2}\\
&=\boldsymbol{M}_O+\frac{(\boldsymbol{F}_{\mathrm{R}}\cdot\boldsymbol{M}_O)\boldsymbol{F}_{\mathrm{R}}-F_{\mathrm{R}}^2\boldsymbol{M}_O}{F_{\mathrm{R}}^2}
\end{aligned}$$

$$
\begin{aligned}
&= \boldsymbol{M}_O + \frac{0 \cdot \boldsymbol{F}_{\mathrm{R}} - \boldsymbol{F}_{\mathrm{R}}^2 \boldsymbol{M}_O}{F_{\mathrm{R}}^2} \\
&= 0
\end{aligned}
$$

故该力系的合力作用线过 P 点，其大小、方向与主矢量 $\boldsymbol{F}_{\mathrm{R}}$ 相同。

（2）主矢量等于零的平行力系可以简化成一个力偶或零力系。

证明 不妨设力系中 $\boldsymbol{F}_1 \neq 0$，去掉 $\boldsymbol{F}_1$ 后的新力系是主矢量不为零的平行力系，可以简化为一个力 $\boldsymbol{F}_1'$，其大小、方向与 $\boldsymbol{F}_{\mathrm{R}} - \boldsymbol{F}_1$ 相同。

由

$$\boldsymbol{F}_1 + \boldsymbol{F}_1' = \boldsymbol{F}_{\mathrm{R}} = 0$$

可知，$\boldsymbol{F}_1$ 和 $\boldsymbol{F}_1'$ 构成一个力偶或者零力系，结论得证。

如果力系由两个方向相同的力 $\boldsymbol{F}_1$ 和 $\boldsymbol{F}_2$ 组成，其作用点分别为 A 和 B，我们在 AB 连线上取一点 C，使得 $F_1|AC| = F_2|BC|$，显然力系对 C 点的主矩等于零，也就是说合力的作用点一定经过 C 点，如图 17.7(a) 所示。对于两个方向相反的力组成的平行力系，只要它们大小不相等，也可以用类似的方法找到 C 点，不同的是这时 C 点将落在 AB 的外侧，如图 17.7(b) 所示。

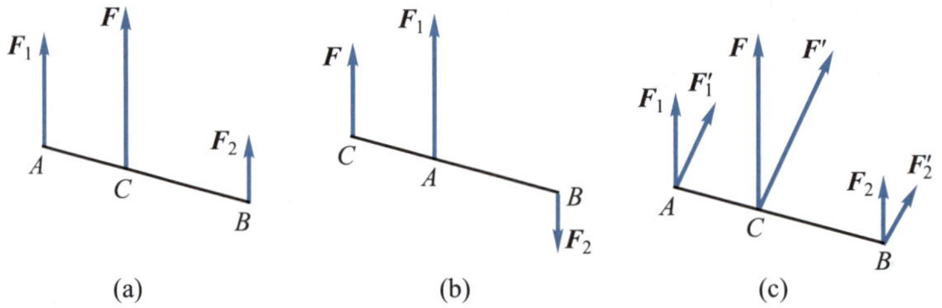

图 17.7

如果将力 $\boldsymbol{F}_1$ 和 $\boldsymbol{F}_2$ 转过一个角度成为 $\boldsymbol{F'}_1$ 和 $\boldsymbol{F'}_2$，但大小不变，则不难看出合力仍然过 C 点，如图 17.7(c) 所示。对于主矢量不为零的平行力系，如果各个力的作用点固定、大小固定但方向任意变动时，其合力都经过 C 点，我们就称 C 点是这个平行力系的中心。下面给出**平行力系中心**的计算公式。

设平行力系由 n 个力 $\boldsymbol{F}_1, \boldsymbol{F}_2, \cdots, \boldsymbol{F}_n$ 构成，并且主矢量不为零。我们将各力作用线的单位矢量记为 $\boldsymbol{e}$，则有

$$\boldsymbol{F}_{\mathrm{R}} = \sum_{i=1}^{n} \boldsymbol{F}_i = \left(\sum_{i=1}^{n} F_i \right) \boldsymbol{e}$$

由主矢量不为零可知

$$\sum_{i=1}^{n} F_i \neq 0$$

假设 $\boldsymbol{F}_1, \boldsymbol{F}_2, \cdots, \boldsymbol{F}_n$ 作用点的矢径分别为 $\boldsymbol{r}_1, \boldsymbol{r}_2, \cdots, \boldsymbol{r}_n$，而该平行力系中心的矢径为 $\boldsymbol{r}_C$，则有

$$\boldsymbol{r}_C \times \left(\sum_{i=1}^{n} F_i\right) \boldsymbol{e} = \sum_{i=1}^{n} (\boldsymbol{r}_i \times F_i \boldsymbol{e})$$

两边叉乘单位矢量 $\boldsymbol{e}$ 得

$$\boldsymbol{r}_C \times \left(\sum_{i=1}^{n} F_i\right) \boldsymbol{e} \times \boldsymbol{e} = \sum_{i=1}^{n} (\boldsymbol{r}_i \times F_i \boldsymbol{e}) \times \boldsymbol{e}$$

利用矢量三重积的公式可得

$$[\boldsymbol{r}_C - (\boldsymbol{e} \cdot \boldsymbol{r}_C)\boldsymbol{e}] \left(\sum_{i=1}^{n} F_i\right) = \sum_{i=1}^{n} [F_i \boldsymbol{r}_i - F_i (\boldsymbol{e} \cdot \boldsymbol{r}_i) \boldsymbol{e}]$$

整理得

$$\boldsymbol{r}_C \left(\sum_{i=1}^{n} F_i\right) - \sum_{i=1}^{n} F_i \boldsymbol{r}_i = \left[\boldsymbol{e} \cdot \left(\boldsymbol{r}_C \sum_{i=1}^{n} F_i - \sum_{i=1}^{n} F_i \boldsymbol{r}_i\right)\right] \boldsymbol{e}$$

这个等式说明，如果矢量 $\boldsymbol{r}_C \left(\sum\limits_{i=1}^{n} F_i\right) - \sum\limits_{i=1}^{n} F_i \boldsymbol{r}_i$ 不为零，则它总是沿着 $\boldsymbol{e}$ 方向。又由于单位矢量 $\boldsymbol{e}$ 任意改变方向时上面等式都成立，而方程左端与 $\boldsymbol{e}$ 无关，因此一定有

$$\boldsymbol{r}_C \left(\sum_{i=1}^{n} F_i\right) - \sum_{i=1}^{n} F_i \boldsymbol{r}_i = 0$$

即

$$\boldsymbol{r}_C = \frac{\sum\limits_{i=1}^{n} F_i \boldsymbol{r}_i}{\sum\limits_{i=1}^{n} F_i} \tag{17.2.1}$$

作用在刚体上的地球引力，是作用在刚体的所有质点上的分布力系，每个力都是从质点指向地球中心的，因此这是汇交力系，有合力。这个合力就称为**重力**，重力的作用点就称为刚体的**重心**。在大学物理课程中已经提到过，对于尺寸不十分大的物体，它的重心和质心重合，但是没有给出证明。我们下面根据力系等效给出证明。

首先回顾一下质心的定义。我们考虑质点系 $P_i(i = 1, 2, \cdots, n)$，设 m_i 是质点 P_i 的质量，$\boldsymbol{r}_i$ 是质点 P_i 相对某个坐标系 $Oxyz$ 原点的矢径。系统的**质心**是指空间中的几何点

C，其矢径为

$$\boldsymbol{r}_C = \frac{\sum_{i=1}^{n} m_i \boldsymbol{r}_i}{\sum_{i=1}^{n} m_i} \tag{17.2.2}$$

如果计算连续体（例如刚体）的质心，只需将上式中的求和号都变成积分号，将有限求和运算变为在连续体（刚体）区域内的定积分运算。在本教程后面还有推导，也都是先针对离散质点系进行，采用求和记号，而对于连续体，只需进行数学符号的替换。

由于物体的尺寸 l（例如取为 1 m 来计算）远远小于地球半径 R_{e}（约 6 378 km），因此作用在地球表面物体上的分布力系中各个力作用线之间的夹角不超过

$$2\arcsin\left(\frac{l}{2R_{\mathrm{e}}}\right) \approx 0.000\ 5^\circ$$

可以近似地看成是平行力系，根据平行力系中心的计算式 (17.2.1)，并令 $F_i = m_i g_i$，可得重心公式

$$\boldsymbol{r}_C = \frac{\sum_{i=1}^{n} m_i g_i \boldsymbol{r}_i}{\sum_{i=1}^{n} m_i g_i} \tag{17.2.3}$$

式中：g_i 为重力加速度的大小。

如果物体的体积不十分大，各个质点所处位置的重力加速度的大小都是相等的，即 $g_i = g$（对于 1 m 尺寸的物体，这种误差约为 10^{-5}）。这样在式 (17.2.3) 的分子和分母中约去 g，就得到式 (17.2.2) 了。

由于这里用到的力系等效仅适用于作用在刚体上的力系，重心公式用来计算刚体重心时，误差主要来自当作平行力系对待和认为重力加速度大小都相等；而用来计算变形体重心时，物体的变形也会引入一定的误差。

如果刚体是均质的，其重心、质心都与几何形心一致。另外，需要指出的是，物体的重心不一定在物体上，例如均质圆环的重心就不在圆环上，而在它的圆心上。

例 17.3

试求图 17.8(a) 所示均质面积重心的位置。设 $FG = DE = EF = 20$ cm，$AL = BH = 30$ cm，$AB = 40$ cm。

解　方法 1（分割法）

将这个图形分割成三个长方形 $ALDI$、$IEFJ$ 和 $JGHB$，并取直角坐标系 Oxy，

坐标原点位于线段 IJ 的中点，如图 17.8(b) 所示。这三个矩形的面积分别为

$$S_1 = 300\ \text{cm}^2,\quad S_2 = 200\ \text{cm}^2,\quad S_3 = 300\ \text{cm}^2$$

它们的形心 C_1、C_2 和 C_3 分别位于

$$x_1 = 15\ \text{cm},\quad y_1 = 15\ \text{cm}$$
$$x_2 = 5\ \text{cm},\quad y_2 = 0$$
$$x_3 = 15\ \text{cm},\quad y_3 = -15\ \text{cm}$$

均匀分布在所求图形上的重力等效于作用在这三个矩形形心上的、大小与矩形面积成正比的三个力。这三个同方向的力构成一个新的平行力系，它们的中心就是我们要求的重心。利用式 (17.2.2) 可求得重心 C 的位置为

$$x_C = \frac{S_1x_1 + S_2x_2 + S_3x_3}{S_1 + S_2 + S_3} = 12.5\ \text{cm}$$
$$y_C = \frac{S_1y_1 + S_2y_2 + S_3y_3}{S_1 + S_2 + S_3} = 0$$

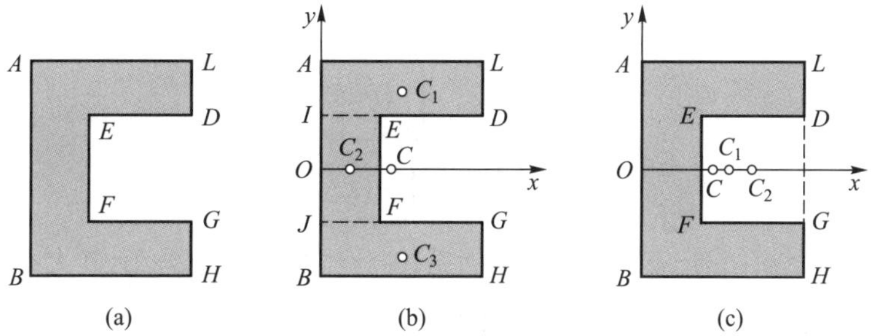

图 17.8

方法 2（负面积法）

将图形看成是从大矩形 $ALHB$ 中挖去小矩形 $EDGF$，如图 17.8(c) 所示。大矩形和小矩形的面积分别为

$$S_1 = 1\,200\ \text{cm}^2,\quad S_2 = 400\ \text{cm}^2$$

它们的形心 C_1 和 C_2 分别位于

$$x_1 = 15\ \text{cm},\quad y_1 = 0$$
$$x_2 = 20\ \text{cm},\quad y_2 = 0$$

均匀分布在所求图形上的重力等效于作用在这两个矩形形心上的、大小与矩形面积成正比的两个力。这两个方向相反的力构成一个新的平行力系，它们的中心 C 就

是我们要求的重心。利用式 (17.2.2) 可求得重心 C 的位置为

$$x_C = \frac{S_1x_1 - S_2x_2}{S_1 - S_2} = 12.5\ \text{cm}$$

而 $y_C = 0$ 是显然的。

例 17.4

求如图 17.9(a) 所示的分布平行力系 $q(x)(0 \leqslant x \leqslant l)$ 的简化结果。

解　取 O 点为简化中心，简化结果为一个力 $\boldsymbol{F}_\text{R}$ 和力偶 $\boldsymbol{M}_O$，其大小分别为

$$F_\text{R} = \int_0^l \text{d}F_\text{R} = \int_0^l q(x)\text{d}x$$

$$M_O = \int_0^l x\text{d}F_\text{R} = \int_0^l xq(x)\text{d}x$$

由于 $\boldsymbol{F}_\text{R}$ 和 $\boldsymbol{M}_O$ 垂直，它们可以进一步被简化为一个合力，其作用线距 O 点的距离为

$$d = \frac{M_O}{F_\text{R}} = \frac{\displaystyle\int_0^l xq(x)\text{d}x}{\displaystyle\int_0^l q(x)\text{d}x} \tag{17.2.4}$$

对于如图 17.9(b) 所示的均布平行力系，简化结果为一个合力，其大小为 $F_\text{R} = ql$，作用线距 O 的距离为 $d = l/2$；对于如图 17.9(c) 所示的三角形分布力系，简化结果为一个合力，其大小为 $F_\text{R} = q_0l/2$，作用线距 O 的距离为 $d = 2l/3$。

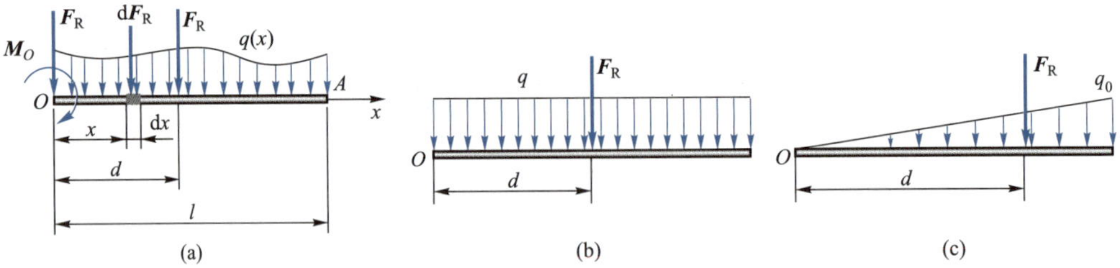

图 17.9

思考题 17.1

请分析梯形分布力系 $q(x) = q_1 + (q_2 - q_1)x/l\ (0 \leqslant x \leqslant l)$ 的简化结果。

例 17.5

储油罐阀门 AB 板的一端由铰链 A 支撑，如图 17.10(a) 所示。已知油的密度为水的 0.9 倍，阀门宽度为 $b=0.75\ \mathrm{m}$，$d=3\ \mathrm{m}$，求油对阀门压力的合力大小及合力作用点（称为**压力中心**）。

解　我们知道在深度为 h 处液体的压强为

$$p=p_0+\rho gh$$

其中 ρ 为液体的密度，p_0 为大气压强，g 为重力加速度的大小。考虑到阀门板的两侧的大气压力相互抵消，由此 A 点和 B 点的净压强分别为 $p_A=1.2\rho g$ 和 $p_B=3\rho g$。AB 板上任意点 M 的净压强为

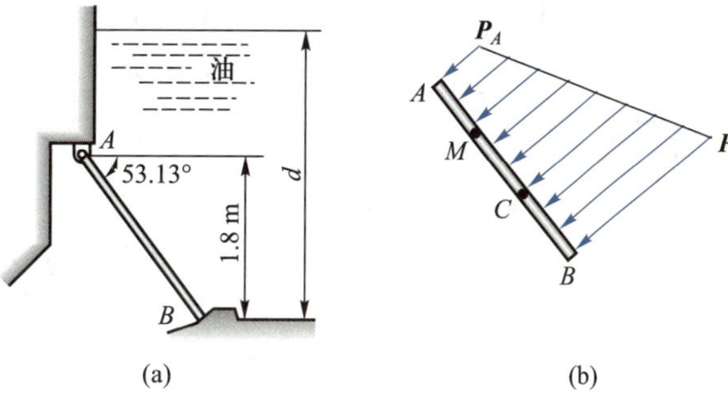

图 17.10

$$p=\left(1.2+\frac{1.8x}{l}\right)\rho g$$

其中 x 为 $|AM|$，l 为 $|AB|$。整个 AB 板受到分布力的作用，如图 17.10(b) 所示，这些分布力的合力大小为

$$F_{\mathrm{R}}=\int_0^l pb\mathrm{d}x=\left(1.2+\frac{1.8}{2}\right)\rho gbl=31.26\ \mathrm{N}$$

设合力的作用点为 AB 板上的 C 点，则有

$$F_{\mathrm{R}}|AC|=\int_0^l pbx\mathrm{d}x=\left(0.6+\frac{1.8}{3}\right)\rho gbl^2$$

解出

$$|AC|=1.286\ \mathrm{m}$$

3. 平面力系

平面力系是指作用线共面的力系，其简化结果有两种。

（1）主矢量不等于零的平面力系可以简化成一个力。

证明与平行力系的证明过程完全一样，不再赘述。

（2）主矢量等于零的平面力系可以简化成一个力偶或零力系。

证明与平行力系的证明过程完全一样，不再赘述。

[典型例题]
例 17.6

例 17.6

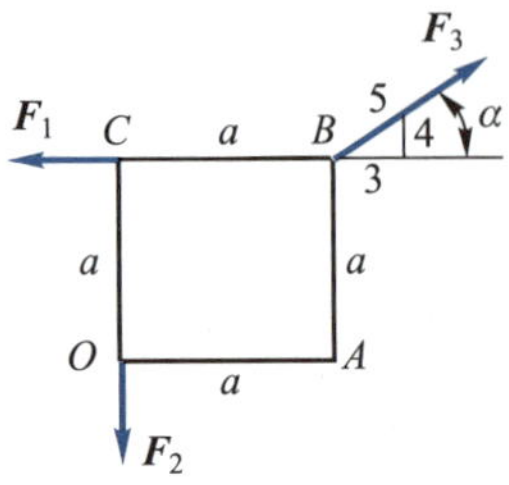

图 17.11

如图 17.11 所示，已知 $F_1 = 2\,\text{kN}, F_2 = 4\,\text{kN}, F_3 = 10\,\text{kN}$，求此力系的简化结果。

解　简化结果包括主矢量、主矩及简化中心。

力系主矢量为

$$\boldsymbol{F}_\text{R} = (F_1 + F_3\cos\alpha)\boldsymbol{i} + (-F_2 + F_3\sin\alpha)\boldsymbol{j} = 4\boldsymbol{i} + 4\boldsymbol{j} \neq 0$$

向 O 点简化所得的主矩为

$$\boldsymbol{M}_O = 4a\boldsymbol{k}\ \text{kN}\cdot\text{m}$$

力系简化成过点 O 的主矢量 $\boldsymbol{F}_\text{R}$ 和主矩 $\boldsymbol{M}_O$。

还可以进一步简化为一个合力，由式 (17.2.6)，其简化中心为

$$\boldsymbol{r}_{OP} = (\boldsymbol{F}_\text{R} \times \boldsymbol{M}_O)/F_\text{R}^2 = a(\boldsymbol{i} - \boldsymbol{j})$$

如图 17.12 所示。

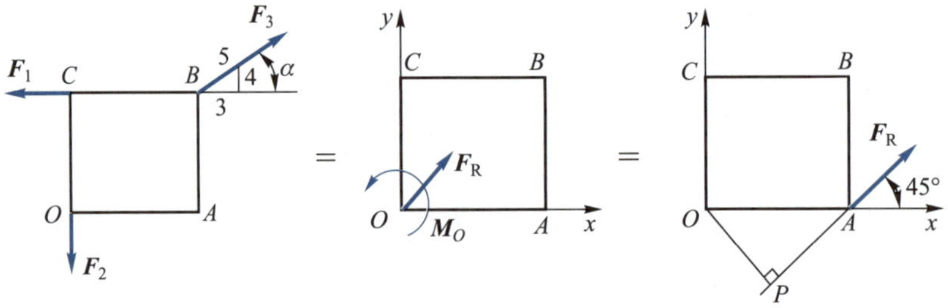

图 17.12

注记 17.3

设一个平面力系作用在刚体上，各个力按比例画出矢量，依次首尾相接，构成一个封闭多边形。虽然这个力系的主矢量为零，但不等效于零力系。它等效于一个力偶，其力偶矩的方向垂直于力系所在平面，大小等于多边形面积的 2 倍。

假设 O 点位于 n 边形内，将 O 点与各个多边形顶点相连，得到 n 个三角形。每个力对 O 点之矩的大小等于相应三角形面积的 2 倍。由于各个力对 O 点之矩的方向都相同，力系对 O 点主矩的大小为各个三角形面积之和的 2 倍，即等于 n 边

形面积的 2 倍。因此力偶矩的大小也等于多边形面积的 2 倍。

显然，这个力系对刚体的作用，就像转动汽车方向盘一样，使刚体发生转动。

17.2.3 力系的不变量

由力系对不同矩心的主矩之间的关系 (见第 13 讲式 (13.2.13) 及其推导)，有

$$\boldsymbol{M}_P = \boldsymbol{M}_O + \boldsymbol{F}_{\mathrm{R}} \times \boldsymbol{r}_{OP} \tag{17.2.5}$$

可以发现，这个关系式类似于运动学中刚体上两点速度的关系式，只需用 $\boldsymbol{M}$ 和 $\boldsymbol{F}_{\mathrm{R}}$ 分别置换 $\boldsymbol{v}$ 和 $\boldsymbol{\omega}$。

在式 (17.2.5) 两边点乘主矢量 $\boldsymbol{F}_{\mathrm{R}}$，可知 $\boldsymbol{M}_P \cdot \boldsymbol{F}_{\mathrm{R}} = \boldsymbol{M}_O \cdot \boldsymbol{F}_{\mathrm{R}}$，即 $\boldsymbol{M}_O \cdot \boldsymbol{F}_{\mathrm{R}}$ 与矩心无关，称为力系的**第二不变量**。主矢量 $\boldsymbol{F}_{\mathrm{R}}$ 也与矩心无关，称为力系的**第一不变量**。由泊松定理，简化中心不同，新力系中力的作用线可能不同，力偶矩也可能不一样。这两个与简化中心无关的量，则被称为不变量。

根据力系的第二不变量是否为零，可以得出**一般力系的简化**结果。

1. 一般力系

由泊松定理可知，任意力系均可以简化为过任意点 O 的一个力和一个力偶。根据力系的第二不变量是否为零，可以将力系简化分为 $\boldsymbol{F}_{\mathrm{R}} \cdot \boldsymbol{M}_O = 0$ 和 $\boldsymbol{F}_{\mathrm{R}} \cdot \boldsymbol{M}_O \neq 0$ 两大类，其中第一大类又可以细分为四种情况，详见表 17.1。下面分别讨论这五种情况下的一般力系简化结果。

(1) $\boldsymbol{F}_{\mathrm{R}} \neq 0$, $\boldsymbol{M}_O = 0$：此时力系可简化为通过简化中心 O 的合力，其大小和方向由主矢量 $\boldsymbol{F}_{\mathrm{R}}$ 确定。**汇交力系**就属于这种情况，可以简化为一个作用线过交点的合力。如果点 O 不在刚体上，我们可以认为点 O 位于一个无质量杆的一端，杆的另一端固结于刚体，这样就可以认为点 O 是刚体上的点。

(2) $\boldsymbol{F}_{\mathrm{R}} \neq 0$, $\boldsymbol{M}_O \neq 0$ 并且$\boldsymbol{F}_{\mathrm{R}} \perp \boldsymbol{M}_O$：此时力系可简化为通过简化中心 P 的合力，其大小和方向由主矢量 $\boldsymbol{F}_{\mathrm{R}}$ 确定，而确定 P 点位置的矢量 $\boldsymbol{r}_{OP}$ 为

$$\boldsymbol{r}_{OP} = \frac{\boldsymbol{F}_{\mathrm{R}} \times \boldsymbol{M}_O}{F_{\mathrm{R}}^2} \tag{17.2.6}$$

这个结论很容易验证：作用点在 P 点、大小和方向由 $\boldsymbol{F}_{\mathrm{R}}$ 确定的力对 O 点的力矩为

$$\boldsymbol{r}_{OP} \times \boldsymbol{F}_{\mathrm{R}} = \frac{(\boldsymbol{F}_{\mathrm{R}} \times \boldsymbol{M}_O) \times \boldsymbol{F}_{\mathrm{R}}}{F_{\mathrm{R}}^2} = \boldsymbol{M}_O$$

当然，我们也可以用比较直观的方法来验证：假设原力系是一个力和一个力偶，力的作用点在 O、大小和方向由 $\boldsymbol{F}_{\mathrm{R}}$ 确定，力偶矩的大小和方向由 $\boldsymbol{M}_O$ 确定。我们将该力沿垂直于 $\boldsymbol{F}_{\mathrm{R}}$ 的方向平移至 P 点，如图 17.13 所示。为保证力系等效，需要附加力偶矩为 $\boldsymbol{M}'_O = \boldsymbol{r}_{PO} \times \boldsymbol{F}_{\mathrm{R}}$ 的力偶。显然，$\boldsymbol{M}'_O + \boldsymbol{M}_O = 0$，即力系可以简化为作用线过 P 点的一个合力。

（3）$\boldsymbol{F}_{\mathrm{R}} = 0$, $\boldsymbol{M}_O \neq 0$：此时力系简化为一个力偶，简化结果与简化中心无关。

（4）$\boldsymbol{F}_{\mathrm{R}} = 0$, $\boldsymbol{M}_O = 0$：此时力系简化为零力系，即平衡力系。

（5）$\boldsymbol{F}_{\mathrm{R}} \cdot \boldsymbol{M}_O \neq 0$：此时主矢量 $\boldsymbol{F}_{\mathrm{R}}$ 和主矩 $\boldsymbol{M}_O$ 均不等于零，且相互之间也不垂直。将 $\boldsymbol{M}_O$ 分解为与 $\boldsymbol{F}_{\mathrm{R}}$ 平行的分量 $\boldsymbol{M}'$ 和与 $\boldsymbol{F}_{\mathrm{R}}$ 垂直的分量 $\boldsymbol{M}''$，如图 17.14 所示。主矢量为 $\boldsymbol{F}_{\mathrm{R}}$、对 O 点主矩为 $\boldsymbol{M}''$ 的力系，等效为过 P 点的一个合力，其大小和方向由 $\boldsymbol{F}_R$ 确定，而确定 P 点位置的矢量 $\boldsymbol{r}_{OP}$ 由式 (17.2.6) 确定。将 $\boldsymbol{M}'$ 也平移至 P 点，最终得到作用线过 P 点的一个力螺旋 $(\boldsymbol{F}_{\mathrm{R}}, \boldsymbol{M}')$，其中

$$\boldsymbol{M}' = \frac{\boldsymbol{M}_O \cdot \boldsymbol{F}_{\mathrm{R}}}{F_{\mathrm{R}}^2} \boldsymbol{F}_{\mathrm{R}} = p\boldsymbol{F}_{\mathrm{R}}$$

式中：$p = (\boldsymbol{M}_O \cdot \boldsymbol{F}_{\mathrm{R}})/F_{\mathrm{R}}^2$，为**螺旋参数**。

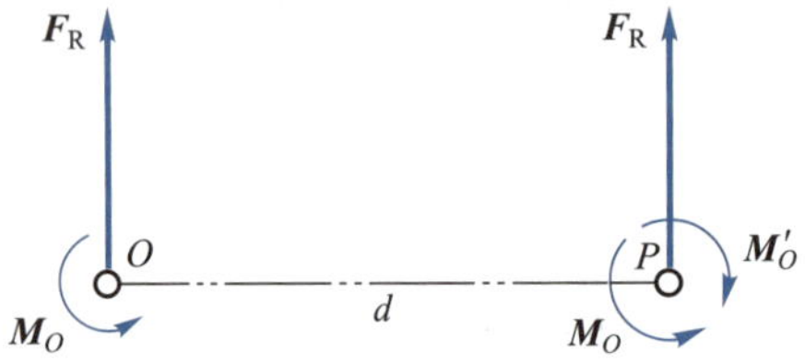

图 17.13

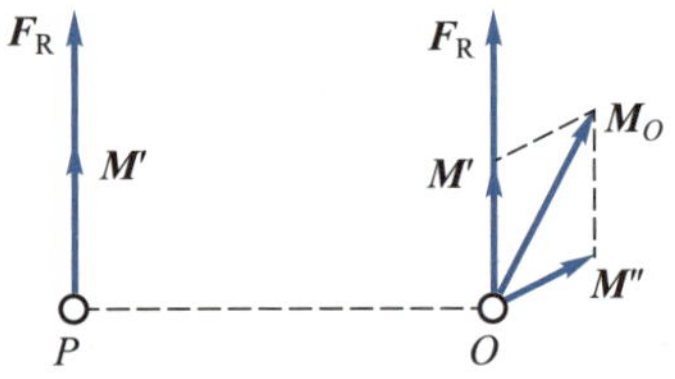

图 17.14

通过简单计算也可以验证，力系的第二不变量 $\boldsymbol{F}_{\mathrm{R}} \cdot \boldsymbol{M}_O \neq 0$ 时，力系可以等效为力螺旋

$$\boldsymbol{M}_P = \boldsymbol{M}_O + \boldsymbol{F}_{\mathrm{R}} \times \boldsymbol{r}_{OP} = \boldsymbol{M}_O + \frac{\boldsymbol{F}_{\mathrm{R}} \times (\boldsymbol{F}_{\mathrm{R}} \times \boldsymbol{M}_O)}{F_{\mathrm{R}}^2} = \frac{\boldsymbol{F}_{\mathrm{R}} \cdot \boldsymbol{M}_O}{F_{\mathrm{R}}^2} \boldsymbol{F}_{\mathrm{R}} = p\boldsymbol{F}_{\mathrm{R}}.$$

表 17.1 给出了作用在刚体上的力系简化的各种可能情况。

表 17.1　作用在刚体上的力系简化的各种可能情况

	第二不变量	第一不变量	主矩 $\boldsymbol{M}_O$	简化结果
1	$\boldsymbol{F}_{\mathrm{R}} \cdot \boldsymbol{M}_O = 0$	$\boldsymbol{F}_{\mathrm{R}} \neq 0$	$\boldsymbol{M}_O = 0$	合力
2			$\boldsymbol{M}_O \neq 0$	
3		$\boldsymbol{F}_{\mathrm{R}} = 0$	$\boldsymbol{M}_O \neq 0$	力偶
4			$\boldsymbol{M}_O = 0$	平衡力系
5	$\boldsymbol{F}_{\mathrm{R}} \cdot \boldsymbol{M}_O \neq 0$	$\boldsymbol{F}_{\mathrm{R}} \neq 0$	$\boldsymbol{M}_O \neq 0$	力螺旋

注记 17.4

在第 3 讲的注记中介绍过刚体运动学不变量。如果第二运动学不变量不为零，则刚体作瞬时螺旋运动。本讲研究作用在刚体上的力系等效简化，在力系的第二不变量不为零时，一般力系简化为力螺旋。我们可以想象：一般力系（即力螺旋）作用在静止的刚体上，刚体将产生一般的瞬时运动（即螺旋运动）。

例 17.7

已知立方体的边长为 a，在其上作用有 5 个力，大小分别为 $P_1=P_2=P_3=P$，$P_4=P_5=\sqrt{2}P$，方向如图 17.15(a) 所示。求该力系的简化结果。

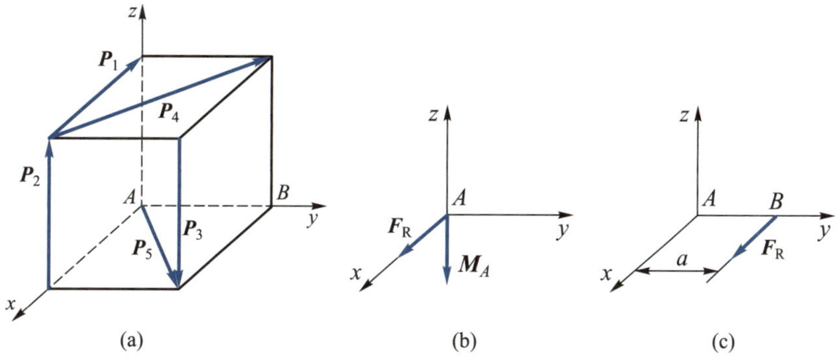

图 17.15

解　取 A 点为简化中心，力系的主矢量和主矩分别为

$$\boldsymbol{F}_{\mathrm{R}}=\sum_{i=1}^{5}\boldsymbol{P}_i=P\boldsymbol{i}$$

$$\boldsymbol{M}_A=\sum_{i=1}^{5}\boldsymbol{r}_i\times\boldsymbol{P}_i=-Pa\boldsymbol{k}$$

式中：$\boldsymbol{r}_i$ 为从 A 点指向力 $\boldsymbol{P}_i$ 作用点的矢径。

由于主矢量和主矩垂直 [如图 17.15(b) 所示]，力系可以进一步简化为一个合力，其作用线和点 A 之间的距离为

$$d=\frac{M_A}{F_{\mathrm{R}}}=a$$

即力系最终简化为过 B 点的一个合力，如图 17.15(c) 所示。

例 17.8

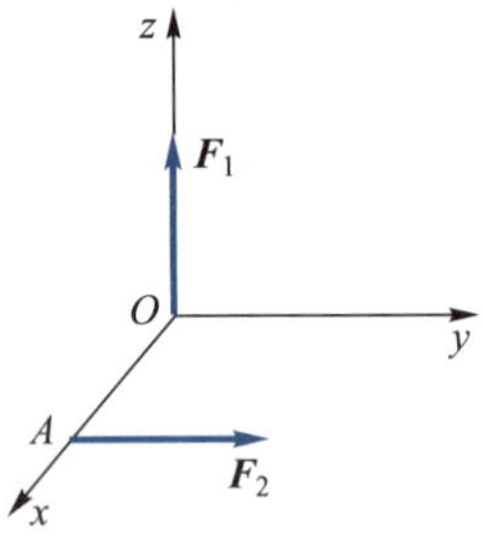

图 17.16

在刚体上作用有力系：$F_1=1\,\mathrm{N}$，方向沿着 Oz 轴，$F_2=1\,\mathrm{N}$，方向平行于 Oy 轴，如图 17.16 所示。已知 $OA=1\ \mathrm{m}$，试将这个力系简化为最简单的形式。如果在 O 点再作用第三个力 $\boldsymbol{F}_3$，求可以将这三个力简化为合力的最小力 $\boldsymbol{F}_3$。

解　两个力所构成力系的主矢量和主矩分别为

$$\boldsymbol{F}_{\mathrm{R}}=\boldsymbol{j}+\boldsymbol{k},\quad \boldsymbol{M}_O=\boldsymbol{k}$$

因为 $\boldsymbol{M}_O\cdot\boldsymbol{F}_{\mathrm{R}}\neq 0$，力系 $(\boldsymbol{F}_1,\boldsymbol{F}_2)$ 可以简化为力螺旋。螺旋参数为

$$p=\frac{\boldsymbol{M}_O\cdot\boldsymbol{F}_{\mathrm{R}}}{F_{\mathrm{R}}^2}=\frac{1}{2}$$

因此力螺旋的力偶矩为

$$\boldsymbol{M}=p\boldsymbol{F}_{\mathrm{R}}=\frac{1}{2}(\boldsymbol{j}+\boldsymbol{k})$$

其作用线过点 P，该点的矢径为

$$\boldsymbol{r}_{OP}=\frac{\boldsymbol{F}_{\mathrm{R}}\times\boldsymbol{M}_O}{F_{\mathrm{R}}^2}=\frac{1}{2}\boldsymbol{i}$$

即力螺旋的中心轴通过线段 OA 的中点，垂直于 Ox 轴，与 Oy 和 Oz 轴成 $\pi/4$ 角。

如果在坐标原点作用力 $\boldsymbol{F}_3$，设 $\boldsymbol{F}_3=X\boldsymbol{i}+Y\boldsymbol{j}+Z\boldsymbol{k}$，则对 O 点的主矩与原力系相同，而主矢量变为 $\boldsymbol{F}_{\mathrm{R}}=X\boldsymbol{i}+(Y+1)\boldsymbol{j}+(Z+1)\boldsymbol{k}$。由新力系可以简化为合力的条件 $\boldsymbol{M}_O\cdot\boldsymbol{F}_{\mathrm{R}}=Z+1=0$，即 $Z=-1$。因此力 $\boldsymbol{F}_3=[X\quad Y\quad -1]^{\mathrm{T}}$，其中的 X、Y 是任意的。当 $X=Y=0$ 时，$F_3=\sqrt{X^2+Y^2+1}$ 有最小值。由此可得 $\boldsymbol{F}_3=-\boldsymbol{F}_1$。

2. 惯性力系

根据一般力系的简化结论，作用在刚体上的惯性力系同样可以简化为力偶和一个过简化中心的力，力的大小和方向由力系的主矢量决定，力偶矩等于力系对简化中心的主矩。下面分别讨论作用在刚体上的惯性力系的主矢量和主矩。

由定义，作用在刚体上的惯性力系的主矢量等于各质点惯性力的矢量和，即

$$\boldsymbol{F}_{\mathrm{R}_S}=\int -\mathrm{d}m_i\boldsymbol{a}_i=-m\boldsymbol{a}_C \tag{17.2.7}$$

式中：$\boldsymbol{a}_C$ 为质心 C 的加速度；$m=\int \mathrm{d}m_i$ 为刚体的总质量。

上式未涉及刚体的运动形式，说明无论刚体作何种运动，其惯性力系简化所得的主矢量均等于负的刚体的总质量与质心加速度乘积，方向与质心加速度方向相反。

刚体惯性力系的主矩情况较复杂，与简化中心位置及刚体运动形式均有关系。

（1）定轴转动刚体。设刚体绕 Oz 轴作定轴转动，则刚体的角速度和角加速度分别为 $\boldsymbol{\omega}=\omega\boldsymbol{k}$ 和 $\boldsymbol{\varepsilon}=\varepsilon\boldsymbol{k}$，刚体内质量微元为 $\mathrm{d}m$，$\boldsymbol{r}$ 为该微元对点 O 的矢径，其加速度为

$$\boldsymbol{a}=\boldsymbol{\varepsilon}\times\boldsymbol{r}+\boldsymbol{\omega}\times(\boldsymbol{\omega}\times\boldsymbol{r}) \tag{17.2.8}$$

利用矢量运算可得

$$\boldsymbol{r}\times\boldsymbol{a}=\boldsymbol{r}\times(\varepsilon\boldsymbol{k}\times\boldsymbol{r})+\boldsymbol{r}\times[\omega\boldsymbol{k}\times(\omega\boldsymbol{k}\times\boldsymbol{r})] \tag{17.2.9}$$

我们把矢径 $\boldsymbol{r}$ 写成 $\boldsymbol{r}=x\boldsymbol{i}+y\boldsymbol{j}+z\boldsymbol{k}$，代入公式 (17.2.9) 可得

$$\boldsymbol{r}\times\boldsymbol{a}=\varepsilon(xz\boldsymbol{i}-yz\boldsymbol{j})+\varepsilon(x^2+y^2)\boldsymbol{k}-\omega^2(yz\boldsymbol{i}+xz\boldsymbol{j}) \tag{17.2.10}$$

如果 Oxy 平面是刚体的质量对称面，则有

$$\int xz\mathrm{dm}=0,\qquad \int yz\mathrm{dm}=0$$

在这个条件下，由式 (17.2.10) 可得惯性力系对 O 点的主矩为

$$\boldsymbol{M}_{\mathrm{S}O}=-\varepsilon\boldsymbol{k}\int(x^2+y^2)\mathrm{d}m \tag{17.2.11}$$

即

$$\boldsymbol{M}_{\mathrm{S}O}=-J_{Oz}\varepsilon\boldsymbol{k} \tag{17.2.12}$$

其中 J_{Oz} 是刚体对 Oz 轴的转动惯量。

（2）平面运动刚体。如果刚体平行于 xy 平面作平面运动，则刚体的角速度和角加速度分别为 $\boldsymbol{\omega}=\omega\boldsymbol{k}$ 和 $\boldsymbol{\varepsilon}=\varepsilon\boldsymbol{k}$，$\boldsymbol{\rho}$ 为该微元对质心 C 的矢径，刚体内质量微元 $\mathrm{d}m$ 的加速度为

$$\boldsymbol{a}=\boldsymbol{a}_C+\boldsymbol{\varepsilon}\times\boldsymbol{\rho}+\boldsymbol{\omega}\times(\boldsymbol{\omega}\times\boldsymbol{\rho}) \tag{17.2.13}$$

式中：$\boldsymbol{\rho}$ 为质量微元 $\mathrm{d}m$ 相对质心 C 的矢径。考虑到

$$\int\boldsymbol{\rho}\times\boldsymbol{a}_C\mathrm{d}m=\left(\int\boldsymbol{\rho}\mathrm{d}m\right)\times\boldsymbol{a}_C=m\boldsymbol{\rho}_C\times\boldsymbol{a}_C=\boldsymbol{0}$$

其中 $\boldsymbol{\rho}_C$ 是刚体质心 C 相对 C 的矢径，故 $\boldsymbol{\rho}_C\equiv\boldsymbol{0}$。

如果 Cxy 平面是刚体的质量对称面，则完全类似于式 (17.2.9)~ 式 (17.2.11) 的计算过程，可得惯性力系对质心的主矩

$$\boldsymbol{M}_{\mathrm{SC}} = -J_{Cz}\varepsilon\boldsymbol{k} \tag{17.2.14}$$

式中：J_{Cz} 为刚体对 Cz 轴的转动惯量。

根据公式 (17.2.14) 可知，如果刚体作平动 ($\varepsilon = 0$)，则

$$\boldsymbol{M}_{\mathrm{SC}} = \boldsymbol{0} \tag{17.2.15}$$

在第 21 讲我们将会看到，根据刚体动力学也可以直接得到式 (17.2.12) 和式 (17.2.14)。

（3）定点运动刚体。设刚体绕固定点 O 转动。取固定点 O 为简化中心，质点系的惯性力系对固定点 O 的主矩为

$$\begin{aligned}\boldsymbol{M}_{\mathrm{SO}} &= \sum_{i=1}^{n}\boldsymbol{r}_i \times (-m_i\boldsymbol{a}_i)\\ &= \frac{\mathrm{d}}{\mathrm{d}t}\sum_{i=1}^{n}\boldsymbol{r}_i \times (-m_i\boldsymbol{v}_i) - \sum_{i=1}^{n}\boldsymbol{v}_i \times (-m_i\boldsymbol{v}_i)\\ &= -\frac{\mathrm{d}\boldsymbol{L}_O}{\mathrm{d}t}\end{aligned} \tag{17.2.16}$$

（4）一般运动刚体。当刚体作一般运动时，只需以刚体的质心 C 为基点，将刚体的一般运动分解成随质心的平动和绕质心的定点运动。以质心 C 为简化中心，惯性力系简化为作用于质心的一个力 $\boldsymbol{F}_{\mathrm{RS}} = -m\boldsymbol{a}_C$ 和一个力偶，力偶矩为 $\boldsymbol{M}_{\mathrm{SC}} = -\dfrac{\mathrm{d}\boldsymbol{L}_C}{\mathrm{d}t}$。

■ 本讲小结

本讲由达朗贝尔–拉格朗日原理导出作用在刚体上的力系等效定理，研究了在等效的条件下如何进行力系简化，简化后的一般结果等。

（1）本讲介绍的主要概念包括：力系的等效、力系的简化、固定矢量、滑移矢量、自由矢量、力偶（矩）、力螺旋、简化中心、合力、静力学不变量。

（2）本讲得出的主要结论包括：

1）作用在刚体上的力是滑移矢量。

2）汇交力系有合力。

3）主矢量不为零的平行力系有合力，主矢量为零的平行力系等效于力偶或零力系。

4）主矢量不为零的平面力系有合力，主矢量为零的平面力系等效于力偶或零力系。

5）力系的第二不变量不为零的力系等效于力螺旋。

■ 概念题

判断下列说法是否正确。

17–1　力是滑移矢量，主矢量是自由矢量。

17–2　内力系的主矢量恒等于零。

17–3　内力系对任意点的主矩都等于零。

17–4　力系的主矢量就是力系的合力。

17–5　力系的主矩就是力系的合力矩。

17–6　力偶的合力等于零。

■ 习题

17–1　在三棱柱体的 3 个顶点 A、B 和 C 上作用有 6 个力，其方向如图 17.17 所示。如 $AB = 30$ cm，$BC = 40$ cm，$AC = 50$ cm，试简化此力系。

17–2　如图 17.18 所示，载荷 $P_1 = 100\sqrt{2}$ N，$P_2 = 200\sqrt{3}$ N，分别作用在正方形的顶点 A 和 B 处。试将此力系向 O 点简化。

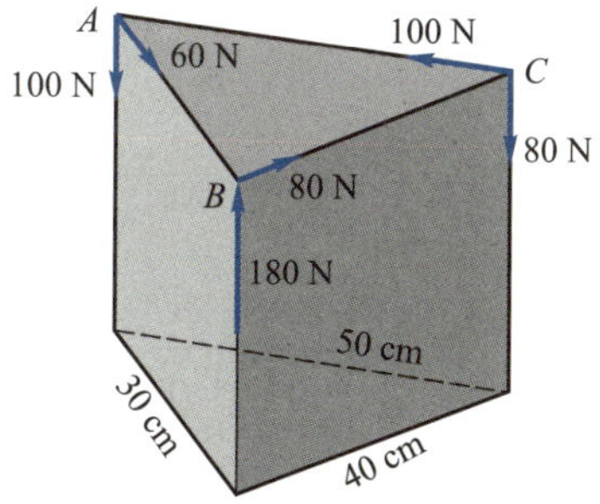

图 17.17

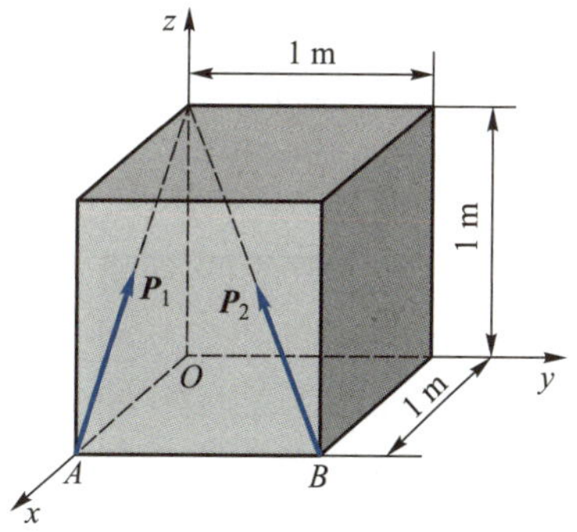

图 17.18

17–3　如图 17.19 所示，三个圆盘 A、B 和 C 的半径分别为 15 cm、10 cm 和 5 cm。在这三个圆盘的边缘上各作用有力偶，组成各力偶的力的大小分别等于 100 N、200 N 和 500 N。轴 OA、OB 和 OC 在同一平面内，$\angle AOB$ 为直角，$\alpha = 90^\circ + \arctan(4/3)$，试简化此力系。

17–4　如图 17.20 所示，齿轮箱受三个力偶的作用。求此力偶系的合力偶矩。

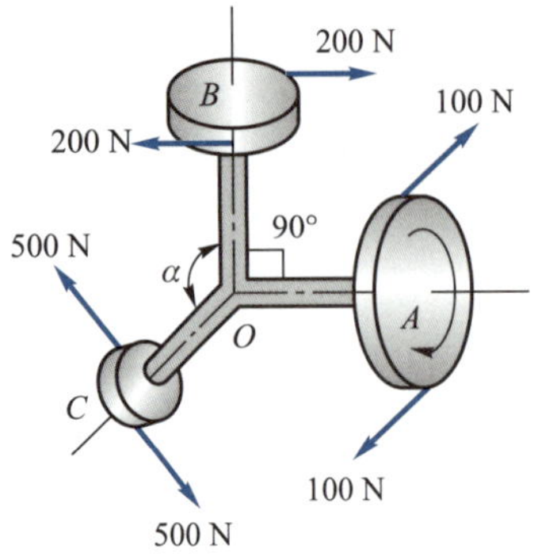

图 17.19

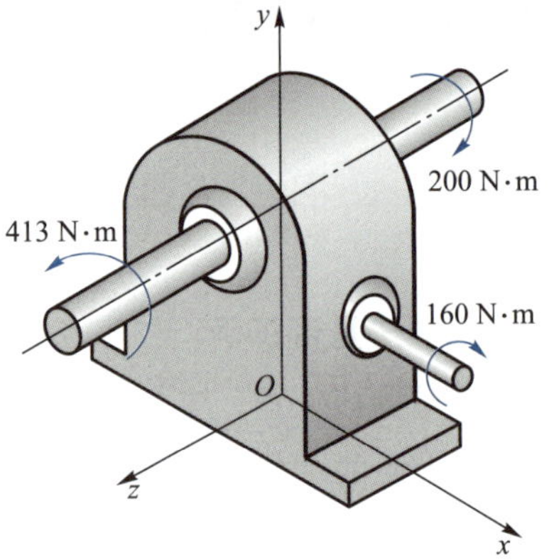

图 17.20

17–5　如图 17.21 所示，3 个力 $\boldsymbol{P}_1$、$\boldsymbol{P}_2$、$\boldsymbol{P}_3$ 的大小均等于 P，作用在边长为 a 的正立方体的棱边上，求力系简化结果。

17–6　如果作用在刚体上的两个力系 $\boldsymbol{F}_1,\boldsymbol{F}_2,\cdots,\boldsymbol{F}_k$ 和 $\boldsymbol{F}_1^*,\boldsymbol{F}_2^*,\cdots,\boldsymbol{F}_l^*$ 对不共线三个点 A、B、C 的主矩分别相等，即

$$\sum_{i=1}^{k}\boldsymbol{r}_{Ai}\times\boldsymbol{F}_i=\sum_{j=1}^{l}\boldsymbol{r}_{Aj}\times\boldsymbol{F}_j^*$$

$$\sum_{i=1}^{k}\boldsymbol{r}_{Bi}\times\boldsymbol{F}_i=\sum_{j=1}^{l}\boldsymbol{r}_{Bj}\times\boldsymbol{F}_j^*$$

$$\sum_{i=1}^{k}\boldsymbol{r}_{Ci}\times\boldsymbol{F}_i=\sum_{j=1}^{l}\boldsymbol{r}_{Cj}\times\boldsymbol{F}_j^*$$

试证明这两个力系等效。

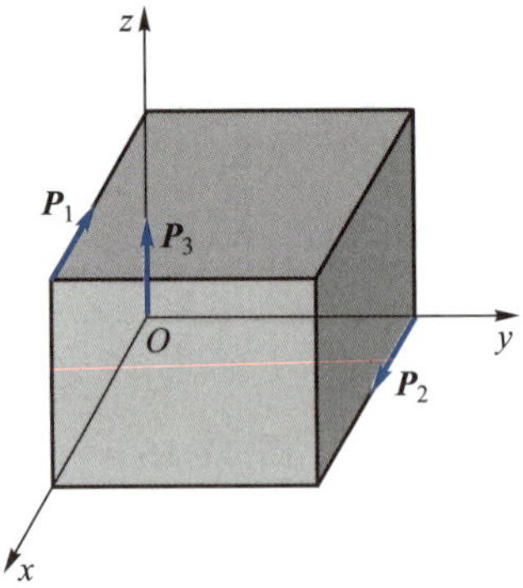

图 17.21

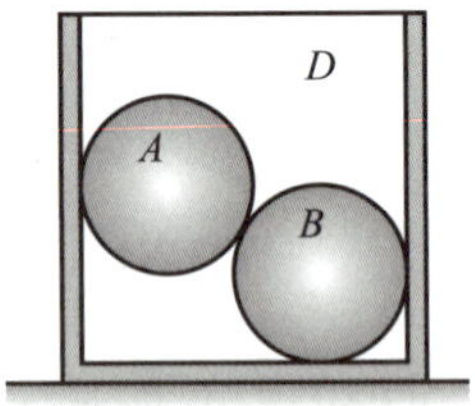

图 17.22

17–7　如图 17.22 所示，在筒内放两个相同的球 A 和 B，各重 P，筒 D 重 W，放在光滑的地面上，试画出：(1) 球 A 的受力图；(2) 球 B 的受力图；(3) 球 A 和球 B

一起的受力图；(4) 筒 D 的受力图。如果这个系统在光滑地面上运动，以上受力图是否有所不同？

17–8　如图 17.23 所示，构架 ABC 在 O 铰处连接滑轮 B，绳跨过滑轮 B，一端吊着重物 W，另一段 D 固定在墙上。试画出：(1) 弯杆 AB 的受力图，(2) 弯杆 BC 的受力图，(3) 滑轮 B 的受力图，(4) 弯杆 AB 和 BC 作为整体的受力图。(5) 如果绳 D 端也吊一个重物 W'，再画滑轮 B 和绳作为整体的受力图。

17–9　四个半径为 r 的均质球在光滑的水平面上堆成锥形，如图 17.24 所示。下面的三个球 A、B、C 用绳缚住，绳与三个球心在同一水平面内。如各球重量均为 P，求绳子的张力的大小。当上面的球未放上时，设绳内不存在初始张力。

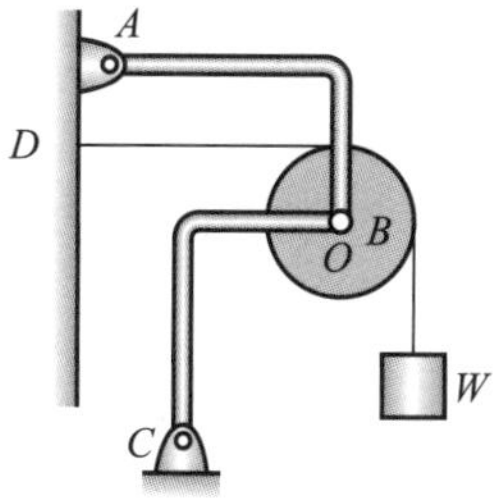

图 17.23

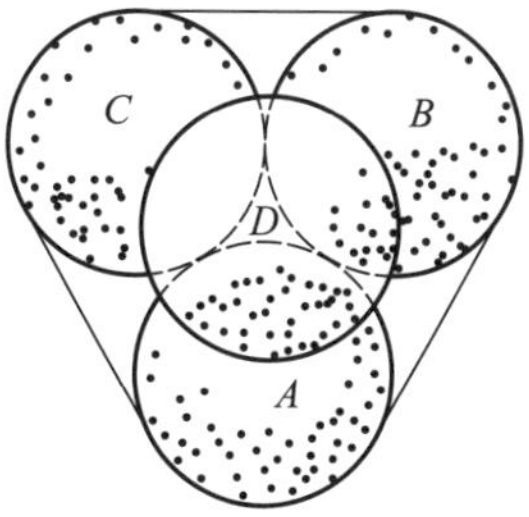

图 17.24

第17讲习题参考答案

第18讲 刚体系平衡

静力学研究物体（质点系）平衡的规律。用分析力学方法研究平衡，称为**分析静力学**，将在第 20 讲中介绍。用牛顿力学方法研究平衡问题，称为**刚体静力学**或者**几何静力学**。本讲就属于几何静力学，根据作用在刚体上的力系等效定理（在第 17 讲中介绍过），得到刚体平衡方程，并以此研究刚体和刚体系平衡问题。

这里提到的“平衡”概念，并不像“静止”那样显而易见，下面简单介绍这两者之间的关联。我们说物体（质点系）在某瞬时 t^* 静止，是指所有质点的瞬时速度为零，即 $\boldsymbol{v}_i(t^*)=0$。如果物体（质点系）在一个时间段 $[t_0,t_1]$ 内保持静止，也就是，所有质点的速度在该时间段内为零，即 $\boldsymbol{v}_i(t)=0 \quad (t_0 \leqslant t \leqslant t_1)$，则称物体 (质点系) 在时间段 $[t_0,t_1]$ 内处于**平衡状态**。当然，在时间段 (t_0,t_1) 内，所有质点的加速度都应该为零，即 $\boldsymbol{a}_i(t)=0 \quad (t_0<t<t_1)$。因此，物体（质点系）平衡通常是指在一个时间段内所有质点的速度和加速度都为零的运动状态。

如果作用在刚体上的全部力构成的力系等效于平衡力系（即零力系），且刚体初始静止，则刚体将继续保持静止状态。因此，刚体平衡条件就是作用在刚体上的力系 $\boldsymbol{F}_1,\boldsymbol{F}_2,\cdots,\boldsymbol{F}_n$ 是平衡力系，即

$$\boldsymbol{F}_{\mathrm{R}}=\sum_{i=1}^{n}\boldsymbol{F}_i=0,\quad \boldsymbol{M}_O=\sum_{i=1}^{n}\boldsymbol{r}_i\times\boldsymbol{F}_i=0 \tag{18.0.1}$$

这就是**刚体平衡方程**，也是作用在刚体上的一般空间力系是平衡力系的方程。

思考题 18.1

刚体匀角速度定轴转动是不是平衡？

定轴转动的刚体并不处于平衡状态，因为除了转轴上的点静止，其他点都不静止。但为什么这一论断有争议？很多情况下，“平衡力系”和刚体处于“平衡状态”这两个概念常被混淆。通常情况下，一个原本处于平衡状态的刚体，作用一个平衡力系，仍然处于平衡状态，在这种情况下，平衡力系和刚体平衡状态等价。作用在定轴转动刚体上的力系是零力系，不改变其运动状态，这个力系是平衡力系。但对于刚体匀角速度定轴转动的情况，刚体原本不是处于平衡状态，加上一个平衡力系，并不能使刚体进入平衡状态。

今后我们可以不用区分“刚体平衡方程”和“力系平衡方程”。由于力系的主矢量和主矩都与内力无关，因此式 (18.0.1) 中 $\boldsymbol{F}_i(i=1,2,\cdots,n)$ 是作用在刚体上的全部外力，不包含刚体内部质点之间的内力。

■ 18.1 刚体平衡

18.1.1 一般力系的平衡方程

式 (18.0.1) 中的两个矢量形式的刚体平衡方程也可以写成如下 6 个标量:

$$\boldsymbol{F}_{\mathrm{R}x}=\sum_{i=1}^{n}F_{ix}=0 \tag{18.1.1}$$

$$\boldsymbol{F}_{\mathrm{R}y}=\sum_{i=1}^{n}F_{iy}=0 \tag{18.1.2}$$

$$\boldsymbol{F}_{\mathrm{R}z}=\sum_{i=1}^{n}F_{iz}=0 \tag{18.1.3}$$

$$M_x=\sum_{i=1}^{n}(y_iF_{iz}-z_iF_{iy})=0 \tag{18.1.4}$$

$$M_y=\sum_{i=1}^{n}(z_iF_{ix}-x_iF_{iz})=0 \tag{18.1.5}$$

$$M_z=\sum_{i=1}^{n}(x_iF_{iy}-y_iF_{ix})=0 \tag{18.1.6}$$

对于一般空间力系，这 6 个平衡方程是相互独立的。但对不同的力系，其独立方程数目与力系有关。

对于空间汇交力系，由于力系等效为一个合力，取汇交点为 O，则方程式 (18.1.4) ~ 式 (18.1.6) 是恒等式，方程式 (18.1.1) ~ 式 (18.1.3) 是 3 个独立的方程。

对于平行力系，由于力系可等效为一个力或者力偶，这 6 个平衡方程中有 3 个是独立的。不妨假设力系垂直于 Oxy 平面，则 $F_{ix}=F_{iy}=0$，由此可知，方程式 (18.1.1)、式 (18.1.2)和式(18.1.6) 都是恒等式，而方程式 (18.1.3) ~ 式 (18.1.5) 是独立的方程。

对于一般平面力系，这 6 个平衡方程中有 3 个是独立的。不妨假设力系位于 Oxy 平面内，则由 $F_{iz}=0$ 和 $z_i=0$ 可知，方程式 (18.1.3) ~ 式 (18.1.5) 都是恒等式，而方程式 (18.1.1)、式 (18.1.2) 和式 (18.1.6) 是独立的方程。

对于平面汇交力系，这 6 个平衡方程中只有 2 个是独立的。由于力系有合力，取汇交点为 O，不妨假设力系位于 Oxy 平面内，则由于 $F_{iz}=0$ 可知，方程式 (18.1.3) ~ 式 (18.1.6) 都是恒等式，而方程式 (18.1.1) 和式 (18.1.2) 是独立的方程。

对于平面平行力系，这 6 个平衡方程中只有 2 个是独立的。不妨假设力系平行于 Ox 轴并位于 Oxy 平面内，则由 $F_{iy}=F_{iz}=0$ 和 $z_i=0$ 可知，方程式 (18.1.2) ~ 式 (18.1.5) 都是恒等式，而方程式 (18.1.1) 和式 (18.1.6) 是独立的方程。

如果作用在刚体上的外力只有两个，且使刚体保持平衡，则根据主矢量为零可知它们大小相等、方向相反、作用线平行，再根据主矩为零可知，它们作用线重合。就是说，作用在刚体上的两个力平衡的充分必要条件是：这两个力大小相等、方向相反，且作用在同一直线上。这就是所谓的**二力平衡条件**，在静力学公理体系中是作为无须证明的公理给出的，在这里以刚体平衡条件的特例形式简单地推导得出。

可以自由运动的刚体称为**自由刚体** (例 11.3 曾讨论自由刚体的自由度)，运动受限制（约束）的刚体称为**非自由刚体**。按牛顿力学观点，非自由刚体所受约束可以看作额外的未知力作用，称为**约束力**。

将约束力也包含在力系之中，就可以用刚体平衡方程研究非自由刚体的平衡问题。下面先看一个简单的例子。

例 18.1

如图18.1 所示，用两根细绳悬挂重量为 P 的均质杆，试求平衡时两根细绳对杆的约束力。

解　解除细绳约束，代之以约束力 $\boldsymbol{F}_{\mathrm{T1}}$ 和 $\boldsymbol{F}_{\mathrm{T2}}$，进行受力分析，画出受力图如图 18.2 所示。

列出平衡方程

$$F_{\mathrm{R}y}=F_{\mathrm{T1}}+F_{\mathrm{T2}}-P=0$$

$$M_{Cz}=F_{\mathrm{T2}}\cdot BC-F_{\mathrm{T1}}\cdot AC=0$$

求解方程得到

$$F_{\mathrm{T1}}=F_{\mathrm{T2}}=P/2$$

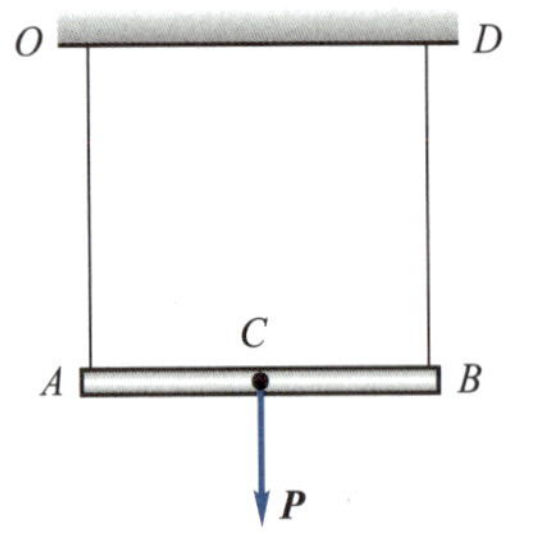

图 18.1

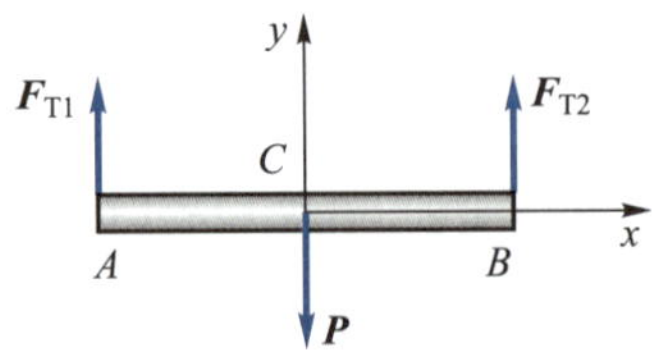

图 18.2

注记 18.1

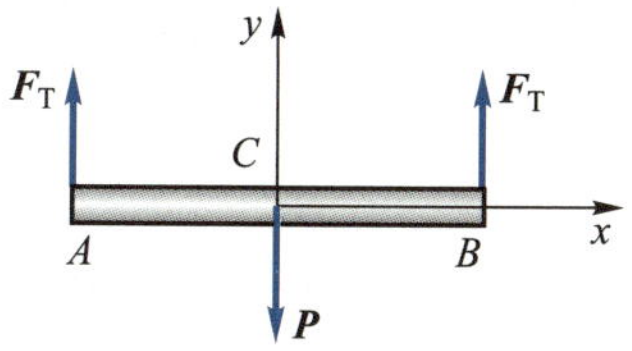

图 18.3

是否可以直接默认 $T_1 = T_2$，直接画出受力分析图（图 18.3），并列出如下方程？

$$F_{Ry} = 2F_T - P = 0$$

看似显而易见的结论，其实已经用了第二个对质心的力矩为零的平衡方程，才得出两绳拉力相等的“条件”。

例 18.2

重量为 P 的均质等腰三角形板 $ABC(AC = BC)$ 的顶点靠在三个坐标平面上，点 C 和点 O 用细绳 CO 连接，如图 18.4 所示。已知距离 a、b、c 和 $\angle COy = \pi/4$。求细绳的拉力 F_T 和 A、B、C 三点的约束力 $\boldsymbol{F}_x$、$\boldsymbol{F}_y$、$\boldsymbol{F}_z$。

解　在板上有 5 个力作用：重力、细绳的拉力和 A、B、C 三点的约束力。由于没有摩擦，后 3 个约束力垂直于坐标平面，如图 18.4 所示。由几何关系不难得到板重心的坐标为

$$\frac{a+b}{3},\quad \frac{a+b}{3},\quad \frac{2c}{3}$$

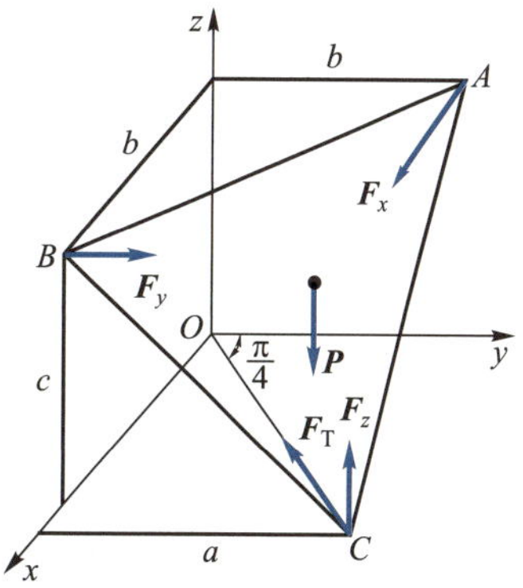

图 18.4

标准形式的刚体平衡方程给出 6 个关于 4 个未知数 F_x，F_y，F_z，F_T 的线性方程组

$$F_{Rx} = -F_T\frac{\sqrt{2}}{2} + F_x = 0$$

$$F_{Ry} = -F_T\frac{\sqrt{2}}{2} + F_y = 0$$

$$F_{Rz} = F_z - P = 0$$

$$M_x = F_z a - F_y c - \frac{1}{3}P(a+b) = 0$$

$$M_y = -F_z a + F_x c + \frac{1}{3}P(a+b) = 0$$

$$M_z = F_y b - F_x b = 0$$

解方程得

$$F_x = F_y = \frac{2a-b}{3c}P, \quad F_z = P, \quad F_{\mathrm{T}} = \frac{\sqrt{2}(2a-b)}{3c}P$$

例 18.3

[典型例题] 例 18.3

正方形板 $ABCD$ 由 6 根直杆支撑于水平位置，若在 A 点沿 AD 作用有水平的力 $\boldsymbol{P}$，尺寸如图 18.5(a) 所示，不计板重和杆重，试求各杆对板的约束力（已知杆对板的约束力作用线沿着杆）。

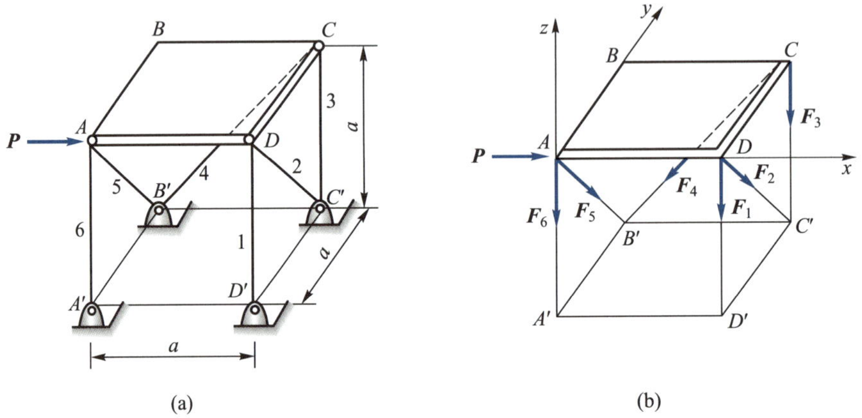

图 18.5

解　板的受力图如图 18.5(b) 所示，我们先假设各杆约束力均为拉力，如果计算结果是负号，则应是压力。设坐标系 $Axyz$ 的 Ax 轴沿着 AD 方向，Ay 轴沿着 AB 方向，Az 轴沿着 $A'A$ 方向，则可以写出平衡方程组

$$F_{\mathrm{R}x} = P - F_4 \cos 45^\circ = 0$$

$$F_{\mathrm{R}y} = (F_2 + F_5)\cos 45^\circ = 0$$

$$F_{\mathrm{R}z} = -[F_1 + F_3 + F_6 + (F_2 + F_4 + F_5)\cos 45^\circ] = 0$$

$$M_x = -a(F_3 + F_4 \cos 45^\circ) = 0$$

$$M_y = a[F_1 + F_3 + (F_2 + F_4)\cos 45^\circ] = 0$$

$$M_z = a(F_2 + F_4)\cos 45^\circ = 0$$

解联立方程得出各杆约束力为

$$F_1 = P, \quad F_2 = -\sqrt{2}P, \quad F_3 = -P$$

$$F_4 = \sqrt{2}P, \quad F_5 = \sqrt{2}P, \quad F_6 = -P$$

注记 18.2

求出的杆的内力有正有负，表示和假设方向相同或者相反。与假设一致是正，相反是负。此外，校核的办法也很简单。平衡力系对任意点或者轴取矩都是零，比如 $M_{DD'}=0$，即可自行可判断对错。在求解上面的方程组时，选择好的求解顺序，可以做到每个方程只包含一个未解出的未知数，思路上类似高斯消元法。

方程式 (18.1.1) ~ 式 (18.1.6) 是一般空间力系平衡方程的基本形式，其中包括三个力矩形式的方程，称为三力矩式的平衡方程，也可以类似地给出四力矩式、五力矩式和六力矩式的平衡方程。下面以定理的形式给出。

定理 18.1

四力矩式：设 P 点在坐标系 $Oxyz$ 中的坐标为 x_P、y_P、z_P，如果 $x_P\neq 0$ 或者 $y_P\neq 0$，则一般空间力系平衡的充分必要条件是

$$
\begin{aligned}
&F_{\mathrm{R}x}=0\\
&F_{\mathrm{R}y}=0\\
&M_{Px}=0\quad (y_P\neq 0)\quad \text{或}\quad M_{Py}=0\quad (x_P\neq 0)\\
&M_{Ox}=0\\
&M_{Oy}=0\\
&M_{Oz}=0
\end{aligned}
$$

这就是一般空间力系的四力矩式平衡方程。

证明 必要性是显然的，我们只需证明充分性。根据力系对不同点的主矩关系式 (13.2.13) 有

$$\boldsymbol{M}_P=\boldsymbol{M}_O+\boldsymbol{F}_{\mathrm{R}}\times\boldsymbol{r}_{OP}=\boldsymbol{F}_{\mathrm{R}}\times\boldsymbol{r}_{OP}$$

写成分量形式就是

$$
\begin{aligned}
M_{Px}&=z_PF_{\mathrm{R}y}-y_PF_{\mathrm{R}z}\\
M_{Py}&=x_PF_{\mathrm{R}z}-z_PF_{\mathrm{R}x}\\
M_{Pz}&=y_PF_{\mathrm{R}x}-x_PF_{\mathrm{R}y}
\end{aligned}
$$

利用

$$
\begin{aligned}
F_{\mathrm{R}x}&=0\\
F_{\mathrm{R}y}&=0
\end{aligned}
$$

可得

$$M_{Px} = -y_P F_{Rz}$$
$$M_{Py} = x_P F_{Rz}$$
$$M_{Pz} = 0$$

在 $x_P \neq 0$ 的情况下，由 $M_{Py} = 0$ 可得 $F_{Rz} = 0$；而在 $y_P \neq 0$ 的情况下，由 $M_{Px} = 0$ 可得 $F_{Rz} = 0$。可见，由四力矩式导出了三力矩式，定理得证。

定理 18.2

五力矩式：设 P 点在坐标系 $Oxyz$ 中的坐标为 x_P、y_P、z_P，如果 $x_P \neq 0$，则一般空间力系平衡的充分必要条件是

$$F_{Rx} = 0$$
$$M_{Py} = 0$$
$$M_{Pz} = 0$$
$$M_{Ox} = 0$$
$$M_{Oy} = 0$$
$$M_{Oz} = 0$$

这就是一般空间力系的五力矩式平衡方程。

证明 必要性是显然的，我们只需证明充分性。根据力系对不同点的主矩关系式 (13.2.13) 有

$$\boldsymbol{M}_P = \boldsymbol{M}_O + \boldsymbol{F}_R \times \boldsymbol{r}_{OP} = \boldsymbol{F}_R \times \boldsymbol{r}_{OP}$$

写成分量形式就是

$$M_{Px} = z_P F_{Ry} - y_P F_{Rz}$$
$$M_{Py} = x_P F_{Rz} - z_P F_{Rx}$$
$$M_{Pz} = y_P F_{Rx} - x_P F_{Ry}$$

利用 $F_{Rx} = 0$ 可得

$$M_{Px} = z_P F_{Ry} - y_P F_{Rz}$$
$$M_{Py} = x_P F_{Rz}$$
$$M_{Pz} = -x_P F_{Ry}$$

在 $x_P \neq 0$ 的情况下，由 $M_{Py} = 0$ 可得 $F_{Rz} = 0$，由 $M_{Pz} = 0$ 可得 $F_{Ry} = 0$。可见，由五力矩式导出了三力矩式，定理得证。

定理 18.3

六力矩式：设 P 点和 Q 点在坐标系 $Oxyz$ 中的坐标分别为 x_P, y_P, z_P 和 x_Q, y_Q, z_Q，如果 $x_P = y_P = 0, z_P \neq 0$，$x_Q^2 + y_Q^2 \neq 0, z_Q = 0$，则一般空间力系平衡的充分必要条件是

$$
\begin{aligned}
&M_{Px} = 0 \\
&M_{Py} = 0 \\
&M_{Qx} = 0 \quad \text{或} \quad M_{Qy} = 0 \\
&M_{Ox} = 0 \\
&M_{Oy} = 0 \\
&M_{Oz} = 0
\end{aligned}
$$

这就是一般空间力系的六力矩式平衡方程。

证明 必要性是显然的，我们只需证明充分性。根据力系对不同点的主矩关系式 (13.2.13) 有

$$
\boldsymbol{M}_P = \boldsymbol{M}_O + \boldsymbol{F}_{\mathrm{R}} \times \boldsymbol{r}_{OP} = \boldsymbol{F}_{\mathrm{R}} \times \boldsymbol{r}_{OP}
$$

写成分量形式就是

$$
\begin{aligned}
M_{Px} &= z_P F_{\mathrm{R}y} - y_P F_{\mathrm{R}z} \\
M_{Py} &= x_P F_{\mathrm{R}z} - z_P F_{\mathrm{R}x} \\
M_{Pz} &= y_P F_{\mathrm{R}x} - x_P F_{\mathrm{R}y}
\end{aligned}
$$

利用 $x_P = y_P = 0, z_P \neq 0$ 可得

$$
\begin{aligned}
M_{Px} &= z_P F_{\mathrm{R}y} \\
M_{Py} &= -z_P F_{\mathrm{R}x} \\
M_{Pz} &= 0
\end{aligned}
$$

由 $M_{Px} = 0$ 可得 $F_{\mathrm{R}y} = 0$，由 $M_{Py} = 0$ 可得 $F_{\mathrm{R}x} = 0$。

对于 Q 点有

$$
\begin{aligned}
M_{Qx} &= z_Q F_{\mathrm{R}y} - y_Q F_{\mathrm{R}z} \\
M_{Qy} &= x_Q F_{\mathrm{R}z} - z_Q F_{\mathrm{R}x} \\
M_{Qz} &= y_Q F_{\mathrm{R}x} - x_Q F_{\mathrm{R}y}
\end{aligned}
$$

利用 $F_{\mathrm{R}x} = F_{\mathrm{R}y} = 0$，$z_Q = 0$ 可得

$$M_{Qx} = -y_Q F_{\mathrm{R}z}$$
$$M_{Qy} = x_Q F_{\mathrm{R}z}$$
$$M_{Qz} = 0$$

又由 $x_Q^2 + y_Q^2 \neq 0$ 知，x_Q 和 y_Q 不同时为零，于是，由 $M_{Qx} = 0$ 或 $M_{Qy} = 0$ 可得 $F_{\mathrm{R}z} = 0$。可见，由六力矩式导出了三力矩式，定理得证。

下面我们写出例 18.3 的四力矩式、五力矩式和六力矩式。

四力矩式

$$F_{\mathrm{R}x} = P - F_4 \cos 45^\circ = 0$$
$$F_{\mathrm{R}y} = (F_2 + F_5) \cos 45^\circ = 0$$
$$M_{Dy} = -a(F_5 \cos 45^\circ + F_6) = 0$$
$$M_{Ax} = -a(F_3 + F_4 \cos 45^\circ) = 0$$
$$M_{Ay} = a[F_1 + F_3 + (F_2 + F_4) \cos 45^\circ] = 0$$
$$M_{Az} = a(F_2 + F_4) \cos 45^\circ = 0$$

五力矩式

$$F_{\mathrm{R}x} = P - F_4 \cos 45^\circ = 0$$
$$M_{Dy} = -a(F_5 \cos 45^\circ + F_6) = 0$$
$$M_{Dz} = a(F_4 - F_5) \cos 45^\circ = 0$$
$$M_{Ax} = -a(F_3 + F_4 \cos 45^\circ) = 0$$
$$M_{Ay} = a[F_1 + F_3 + (F_2 + F_4) \cos 45^\circ] = 0$$
$$M_{Az} = a(F_2 + F_4) \cos 45^\circ = 0$$

六力矩式

$$M_{A'x} = -a[F_3 + (F_2 + F_4 + F_5) \cos 45^\circ] = 0$$
$$M_{A'y} = a(P + F_1 + F_3 + F_5 \cos 45^\circ) = 0$$
$$M_{Bx} = a[F_1 + F_6 + (F_2 + F_5) \cos 45^\circ] = 0$$
$$M_{Ax} = -a(F_3 + F_4 \cos 45^\circ) = 0$$
$$M_{Ay} = a[F_1 + F_3 + (F_2 + F_4) \cos 45^\circ] = 0$$
$$M_{Az} = a(F_2 + F_4) \cos 45^\circ = 0$$

18.1.2 静定与静不定问题

在静力学中研究平衡问题时，如果独立的平衡方程数和未知数一样多，则称为**静定**问题，比如上面的例题就是静定问题。如果独立的平衡方程数少于未知数，则称此问题是**静不定**（或**超静定**）问题。比如在上面例题中，如果在 B 和 B' 之间增加一个杆，则未知数就变为 7 个，但独立的平衡方程还是 6 个，这就变成了超静定问题。在理论力学中一般只研究静定问题。

超静定问题中独立的平衡方程数目少于未知量的数目，这是否意味着这个问题没有解或者有无穷多个解呢？对于上面的例 18.3，如果在 B 和 B' 之间增加一个杆，是不是这 7 根杆的内力是随意的或者没有办法确定呢？当然不是，这只能说明我们无法利用刚体平衡方程求出 7 根杆的内力，将来在材料力学和弹性力学课程中，同学们可以学到如何利用变形协调方程求解这类问题。在这个例子中，如果在 B 和 B' 之间增加一个杆，我们可以将这 7 根杆看作弹性的，可以适当地伸长或压缩。我们还将正方形板当作刚体，那么这 7 根杆的伸缩量之间必须满足一个协调关系（方程），才能保证正方形板不变形。它们的伸缩量与它们对板的约束力成比例，比例系数是与材料特性相关的常数。这样，协调方程就可以转换为 7 个约束力之间的关系式，这就是第 7 个独立的方程。由此可以求解超静定问题。

思考题 18.2

设桌子有四条竖直桌腿，在桌面上摆放一个重物，不计桌面和桌腿的重量，求四条桌腿对地面的压力。提示：四条桌腿表示未知数个数大于平衡方程个数，是静不定问题，可以通过假设变形协调条件求解。

18.1.3 平面力系的平衡方程

平面力系的平衡方程是指平面力系作用下的刚体平衡方程，是方程式 (18.0.1) 或者方程式 (18.1.1) ~ 式 (18.1.6) 的特殊情况。对于一般平面力系，这 6 个平衡方程中有 3 个是独立的。如果力系位于 Oxy 平面内，方程式 (18.1.3) ~ 式 (18.1.5) 都是恒等式，而方程式 (18.1.1)、式 (18.1.2) 和式 (18.1.6) 是独立的方程。这三个独立的方程是平面力系平衡方程的基本形式，因为其中有一个是力矩形式的，就称为**一力矩式**的平衡方程，可重新为

$$F_{\mathrm{R}x} = \sum_{i=1}^{n} F_{ix} = 0 \tag{18.1.7}$$

$$F_{\mathrm{R}y} = \sum_{i=1}^{n} F_{iy} = 0 \tag{18.1.8}$$

$$M_z = \sum_{i=1}^{n}(x_i F_{iy} - y_i F_{ix}) = 0 \tag{18.1.9}$$

平面力系平衡方程除了基本形式（一力矩式），还有另外两种常用的形式：二力矩式和三力矩式。下面我们以定理的形式给出。

定理 18.4

二力矩式：设 A、B 是 Oxy 平面上任选两点，再取一个与直线 AB 不垂直的单位矢量 $\boldsymbol{e}$，在 Oxy 平面内的力系 $\boldsymbol{F}_1, \boldsymbol{F}_2, \cdots, \boldsymbol{F}_n$ 平衡的充分必要条件是

$$M_{Az} = 0, \quad M_{Bz} = 0, \quad \sum_{i=1}^{n} F_{ie} = 0 \tag{18.1.10}$$

式中：F_{ie} 为 $\boldsymbol{F}_i$ 在 $\boldsymbol{e}$ 方向的投影。

这三个方程也称为平面力系的二力矩式平衡方程。

证明 必要性也是显然的，下面证明充分性。根据 $M_{Az} = 0$，力系可以简化成过 A 点的合力 $\boldsymbol{F}^*$。我们用反证法证明 $\boldsymbol{F}^* = \boldsymbol{0}$。假设 $\boldsymbol{F}^* \neq \boldsymbol{0}$，则根据 $M_{Bz} = 0$ 和 $M_{Bz} = |\boldsymbol{r}_{BA} \times \boldsymbol{F}^*|$ 可知 $\boldsymbol{F}^*$ 的作用线必然与 AB 共线。又因为

$$\sum_{i=1}^{n} F_{ie} = 0$$

因此 $\boldsymbol{F}^*$ 只能沿着垂直于 $\boldsymbol{e}$ 的方向。但是定理条件是 $\boldsymbol{e}$ 和 AB 不垂直，这个矛盾说明 $\boldsymbol{F}^* = \boldsymbol{0}$，定理得证。

定理 18.5

三力矩式：设 A、B、C 是 Oxy 平面上任选不共线的三个点，在 Oxy 平面内的力系 $\boldsymbol{F}_1, \boldsymbol{F}_2, \cdots, \boldsymbol{F}_n$ 平衡的充分必要条件是

$$M_{Az} = 0, \quad M_{Bz} = 0, \quad M_{Cz} = 0 \tag{18.1.11}$$

这三个方程也称为平面力系的三力矩式平衡方程。

证明 必要性也是显然的，下面证明充分性。根据 $M_{Az} = 0$，力系可以简化成过 A 点的合力 $\boldsymbol{F}^*$。我们用反证法证明 $\boldsymbol{F}^* = \boldsymbol{0}$。假设 $\boldsymbol{F}^* \neq \boldsymbol{0}$，则根据 $M_{Bz} = 0$ 和 $M_{Bz} = |\boldsymbol{r}_{BA} \times \boldsymbol{F}^*|$ 可知 $\boldsymbol{F}^*$ 的作用线必然与 AB 共线。同理，$\boldsymbol{F}^*$ 的作用线必然与 AC 共线。这与 A、B、C 不共线矛盾。这个矛盾说明 $\boldsymbol{F}^* = \boldsymbol{0}$，定理得证。

在平面力系平衡问题中，还经常用到**三力平衡条件**，我们也以定理形式给出。

定理 18.6

三力平衡条件：设平衡力系只包含三个力 $\boldsymbol{F}_1$、$\boldsymbol{F}_2$、$\boldsymbol{F}_3$，如果其中两个力作用线相交，则三个力构成平面汇交力系。

证明 假设 $\boldsymbol{F}_1$、$\boldsymbol{F}_2$ 的作用线相交于 O 点，根据 $\boldsymbol{F}_\mathrm{R}=0$ 可得

$$\boldsymbol{F}_3=-(\boldsymbol{F}_1+\boldsymbol{F}_2)$$

因此，$\boldsymbol{F}_3$ 的作用线一定位于 $\boldsymbol{F}_1$、$\boldsymbol{F}_2$ 所确定的平面内。根据 $\boldsymbol{M}_O=\boldsymbol{r}_3\times\boldsymbol{F}_3$ 和 $\boldsymbol{M}_O=\boldsymbol{0}$ 可知，$\boldsymbol{F}_3$ 的作用线也通过 O 点。定理得证。

值得注意的是，善用力矩方程，可以避免平衡方程中出现一些没必要求的未知数，求解起来更加方便。

例 18.4

长度为 l 的均质细杆放置在两个互相垂直的光滑斜面上，其中一个斜面的倾角为 θ，如图 18.6(a) 所示，求平衡时细杆的倾角 φ。

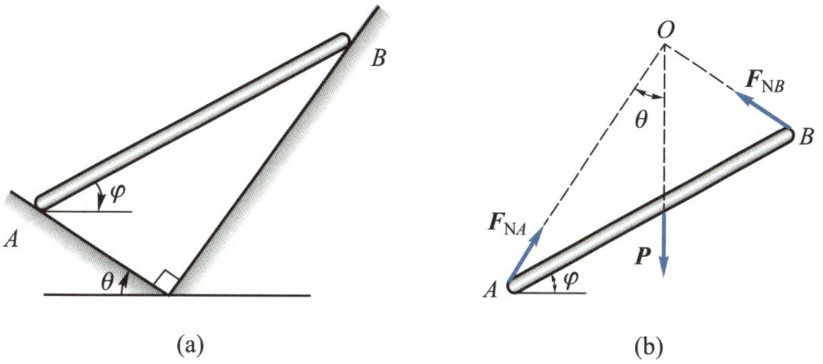

图 18.6

解 以 AB 杆为研究对象，画出受力图如图 18.6(b) 所示。这是三力平衡问题，重力的作用线必然通过墙对杆的约束力 $\boldsymbol{F}_{\mathrm{N}A}$ 与 $\boldsymbol{F}_{\mathrm{N}B}$ 的交点 O，由几何关系知

$$OA\sin\theta=\frac{l}{2}\cos\varphi$$

和

$$OA=l\sin(\theta+\varphi)$$

因此有

$$l\sin(\theta+\varphi)\sin\theta=\frac{l}{2}\cos\varphi$$

由此可解出

$$\tan\varphi=\cot 2\theta$$

进而求得

$$\varphi = 90^\circ - 2\theta$$

例 18.5

车间用的悬臂式简易起重机可简化为如图 18.7(a) 所示的结构。AB 是吊车梁，BC 是钢索，A 端支承可简化为铰链支座。设电葫芦和提升重物共重 $P = 5\ \text{kN}$，已知 $\theta = 25^\circ$，$a = 2\ \text{m}$，$l = 2.5\ \text{m}$，吊车梁的自重可略去不计。求钢索 BC 和铰 A 的约束力。

解　载荷和约束力都作用在吊车梁上，选择吊车梁为研究对象，可以求出约束力。先分析吊车梁所受的力。主动力 $\boldsymbol{P}$ 作用在 D 点，B 点受钢索的约束，约束力 $\boldsymbol{F}_{\text{T}B}$ 的作用线沿着 BC，且为拉力。根据三力平衡条件，铰 A 的约束力 $\boldsymbol{F}_{\text{R}A}$ 必通过 $\boldsymbol{P}$ 与 $\boldsymbol{F}_{\text{T}B}$ 的交点 O。吊车梁的受力图如图 18.7(b) 所示。

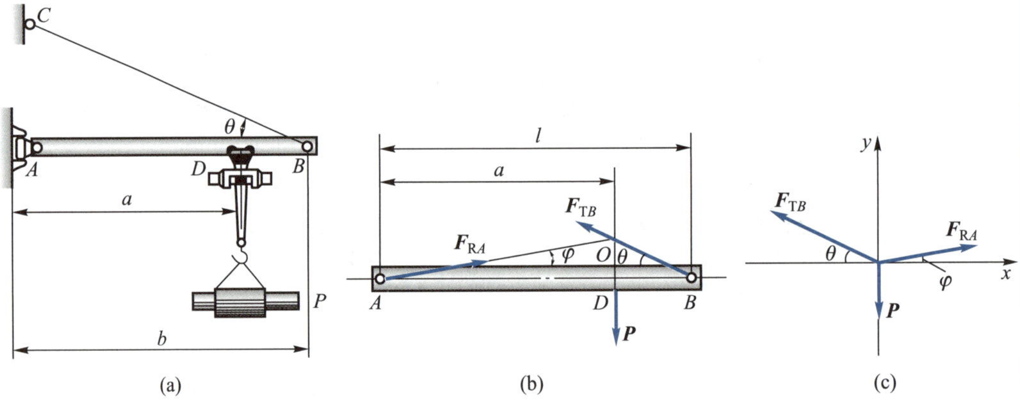

图 18.7

取直角坐标系 Oxy，如图 18.7(c) 所示。列出平衡方程

$$F_{\text{R}A}\cos\varphi - F_{\text{T}B}\cos\theta = 0$$

$$-P + F_{\text{R}A}\sin\varphi + F_{\text{T}B}\sin\theta = 0$$

式中角 φ 可由图中的几何关系

$$\tan\varphi = \frac{OD}{AD} = \frac{BD\tan\theta}{AD} = \frac{l-a}{a}\tan\theta$$

求得。解平衡方程可得

$$F_{\text{R}A} = 8.63\ \text{kN}, \quad F_{\text{T}B} = 9.46\ \text{kN}$$

例 18.6

半径为 R 的半球形碗内搁一根均质的筷子 AB，如图 18.8(a) 所示。筷子的长度为 $2l$（假设 $2R > l > \sqrt{6}R/3$），且为光滑接触。求筷子平衡时的倾角 α。

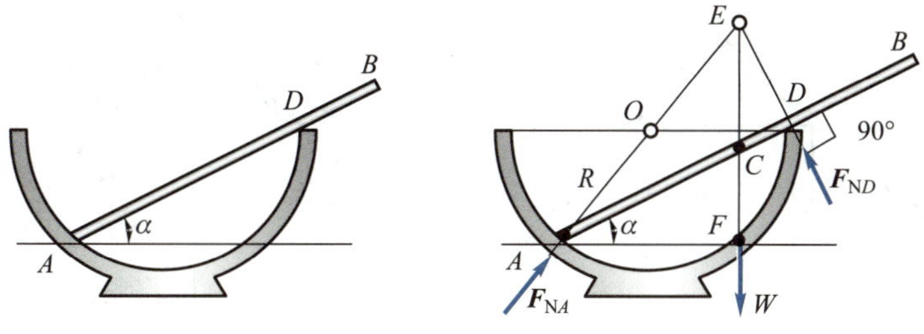

(a) (b)

图 18.8

解　确定筷子为研究对象，作受力分析。在 A 端，碗对它的约束力 $\boldsymbol{F}_{\mathrm{N}A}$ 垂直于碗面，即沿半径 AO。在碗边 D 处对筷子有约束力 $\boldsymbol{F}_{\mathrm{N}D}$，垂直于 AB。在筷子的重心 C 处（即 AB 的中点）有重力 $\boldsymbol{W}$，垂直向下。由 $\boldsymbol{F}_{\mathrm{N}A}$，$\boldsymbol{F}_{\mathrm{N}D}$，$\boldsymbol{W}$ 三个力组成一个平衡力系。根据三力平衡的条件，$\boldsymbol{W}$ 的作用线必须经过 $\boldsymbol{F}_{\mathrm{N}D}$ 和 $\boldsymbol{F}_{\mathrm{N}A}$ 的交点 E，如图 18.8(b) 所示。

因为 $\angle ADE$ 是直角，所以 E 一定在圆周上，即 $|AE| = 2R$。因为 $\angle OAD = \angle ODA = \alpha$，所以

$$l\cos\alpha = |AF| = 2R\cos 2\alpha$$

由此解得

$$\alpha = \arccos\left[\frac{l}{8R} \pm \sqrt{\left(\frac{l}{8R}\right)^2 + \frac{1}{2}}\right]$$

经过一系列数学运算后，得到结果。一般来说，还不能说解题任务已经全部完成，因为我们解的是力学问题，而不是数学问题。还应该把数学的运算结果带回到力学问题中加以讨论。在 α 的表达式中，根号外的正负号应该是怎样取？应该取正号，因为 $0 < \alpha < 90°$。由图 18.8(a) 可知，必须有 $l < 2R$。同时 l 又不能太小，因为由图 18.7(b) 可知，必须有 $|AD| < |AB|$，即 $2R\cos\alpha < 2l$，将 $\cos\alpha$ 的表达式代入，即得 $l > \sqrt{6}R/3$。合起来必须有条件 $2R > l > \sqrt{6}R/3$。

例 18.7

边长均为 $2l$ 的均质直角尺放在桌子的边缘上，如图 18.9(a) 所示。设 $AB=a=0.4l$，求平衡时的角 α 及桌子对直尺的约束力。

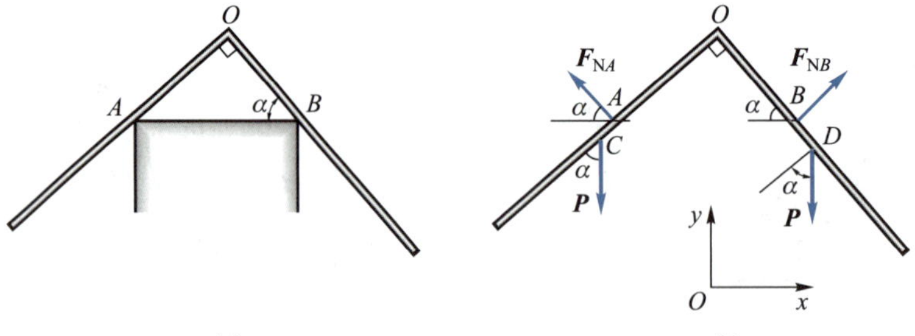

图 18.9

首先进行受力分析，受力图和坐标轴方向如图 18.9(b) 所示。本题可以有以下多种解法。

解　方法 1　列出一力矩式平衡方程

$$F_{Rx}=F_{NB}\sin\alpha-F_{NA}\cos\alpha=0$$
$$F_{Ry}=F_{NB}\cos\alpha+F_{NA}\sin\alpha-2P=0$$
$$M_{Oz}=-F_{NA}a\sin\alpha+F_{NB}a\cos\alpha+Pl\sin\alpha-Pl\cos\alpha=0$$

从这三个方程可解出

$$\alpha=\alpha_1=\frac{\pi}{4},\quad F_{NA}=F_{NB}=\sqrt{2}P$$

$$\alpha=\alpha_2=\frac{1}{2}\arcsin\frac{9}{16},\quad F_{NA}=\frac{P}{2}\sqrt{\frac{16-5\sqrt{7}}{2}},\quad F_{NB}=\frac{P}{2}\sqrt{\frac{16+5\sqrt{7}}{2}}$$

方法 2　列出两力矩式平衡方程

$$F_{Rx}=F_{NB}\sin\alpha-F_{NA}\cos\alpha=0$$
$$M_{Az}=F_{NB}a\cos\alpha+P(l-a\sin\alpha)\sin\alpha-P[(l-a\cos\alpha)\cos\alpha+a]=0$$
$$M_{Bz}=-F_{NA}a\sin\alpha+P[(l-a\sin\alpha)\sin\alpha+a]-P(l-a\cos\alpha)\cos\alpha=0$$

从这三个方程可以解出 α、F_{NA}、F_{NB}。

方法 3　列出三力矩式平衡方程

$$M_{Oz}=-F_{NA}a\sin\alpha+F_{NB}a\cos\alpha+Pl\sin\alpha-Pl\cos\alpha$$

$$M_{Az} = F_{NB}a\cos\alpha + P(l - a\sin\alpha)\sin\alpha - P[(l - a\cos\alpha)\cos\alpha + a] = 0$$

$$M_{Bz} = -F_{NA}a\sin\alpha + P[(l - a\sin\alpha)\sin\alpha + a] - P(l - a\cos\alpha)\cos\alpha = 0$$

从这三个方程可以解出 α、F_{NA}、F_{NB}。

综上，如果将达朗贝尔–拉格朗日原理看作本课程框架体系的基础（根基），将“任意质点系的力系等效”看作长出的树干，则“刚体平衡”仅仅是树干上的一根树枝，而“平面力系的平衡”只是树枝上的一片树叶。相比其他部分，本节篇幅不长，但学习过程中，还需要自己多加练习，掌握方法，举一反三，做到既见“树叶”，又见“树木”。

例 18.8

设长度为 l、质量为 m 的均质杆，以常角速度 ω 绕铅垂轴转动如图 18.10(a) 所示，求杆与铅垂轴的夹角 φ。

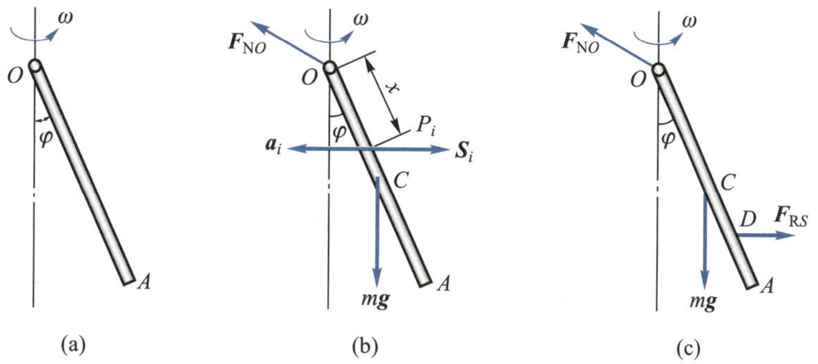

图 18.10

解　取 OA 杆为研究对象，作用在 OA 杆上的重力、约束力 $\boldsymbol{F}_{NO}$ 和惯性力构成平衡力系，如图 18.10(b) 所示。杆上任意点 P_i 作圆周运动，它的加速度大小为 $x\omega^2\sin\varphi$，因此惯性力的大小为

$$S_i = x\omega^2\sin\varphi\frac{m}{l}\mathrm{d}x$$

惯性力系是平行力系，其主矢量显然不等于零，故可以等效为一个力，其大小为

$$F_{RS} = \int_0^l x\omega^2\sin\varphi\frac{m}{l}\mathrm{d}x = \frac{1}{2}ml\omega^2\sin\varphi$$

这个力的作用点为 D 点，如图 18.10(c) 所示，则

$$F_{RS}|OD|\cos\varphi = \int_0^l (x\cos\varphi)S_i = \frac{1}{3}ml^2\omega^2\sin\varphi\cos\varphi$$

由此可得

$$|OD| = \frac{2}{3}l$$

对 O 点取矩，得平衡方程

$$F_{\mathrm{RS}}|OD|\cos\varphi - mg\left(\frac{1}{2}l\sin\varphi\right) = 0$$

整理得

$$(2l\omega^2\cos\varphi - 3g)\sin\varphi = 0$$

由此解出

$$\varphi = 0°,\quad \varphi = 180°,\quad \varphi = \arccos\frac{3g}{2l\omega^2}$$

结果分析：

(1) 若 $2l\omega^2 \leqslant 3g$，只有两个解，$\varphi = 0°$，$\varphi = 180°$；

(2) 若 $2l\omega^2 > 3g$，3 个解都存在。

例 18.9

设转子的偏心距 $e = 0.1$ mm，质量 $m = 20$ kg，转轴垂直于转子的对称面，如图 18.11(a) 所示。若转子以匀转速 12000 r/min 转动，设转子的对称面与两轴承的距离相等，求轴承的动约束力 (由运动时的惯性力所引起的约束力)。

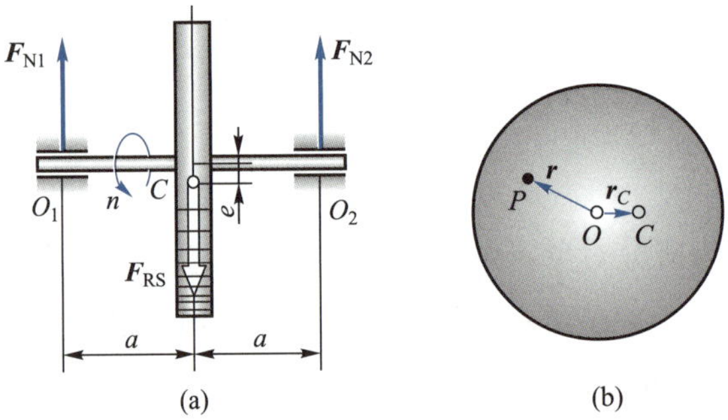

图 18.11

解　由于转子作匀角速转动，转子上任意一点 P 作匀速圆周运动，加速度为向心加速度 $-\omega^2\boldsymbol{r}$，其中 $\boldsymbol{r}$ 为该点相对转子的形心 O 的矢径，如图 18.11(b) 所示。因此作用在转子上的惯性力 (即离心力) 是分布的汇交力系，其汇交点就是转子的形心 O。这个惯性力系可以等效为一个过转子形心 O 的合力，即

$$\boldsymbol{F}_{\mathrm{RS}} = \int_V \omega^2\boldsymbol{r}\rho\mathrm{d}V$$

利用质心公式可得

$$\boldsymbol{F}_{\mathrm{RS}} = m\omega^2 \boldsymbol{r}_C$$

式中：$\boldsymbol{r}_C$ 为转子质心 C 相对转子的形心 O 的矢径。

根据已知条件，这个合力的大小为

$$F_{\mathrm{RS}} = m\omega^2 e$$

利用平衡方程容易求出两个轴承的动约束力为

$$F_{\mathrm{N1}} = F_{\mathrm{N2}} = \frac{1}{2} m\omega^2 e = 1.58\ \mathrm{kN}$$

如果仅考虑重力作用，轴承的静约束力仅为 98 N，只是动约束力的 1/16。

例 18.10

质量为 m、半径为 R 的均质圆盘沿倾角为 α 的斜面只滚不滑，如图 18.12 所示。试求圆盘的质心加速度和斜面对圆盘的约束力。不计滚动摩阻。

解　取 x 为广义坐标，圆盘受到的约束力和主动力如图 18.12 所示。将惯性力系向圆盘质心简化，得到惯性力 $\boldsymbol{F}_{\mathrm{RS}}$ 和惯性力偶 $\boldsymbol{M}_{\mathrm{SC}}$，其大小分别为

$$F_{\mathrm{RS}} = m\ddot{x}$$

$$M_{\mathrm{SC}} = \frac{1}{2} mR^2 \ddot{\varphi} = \frac{1}{2} mR\ddot{x}$$

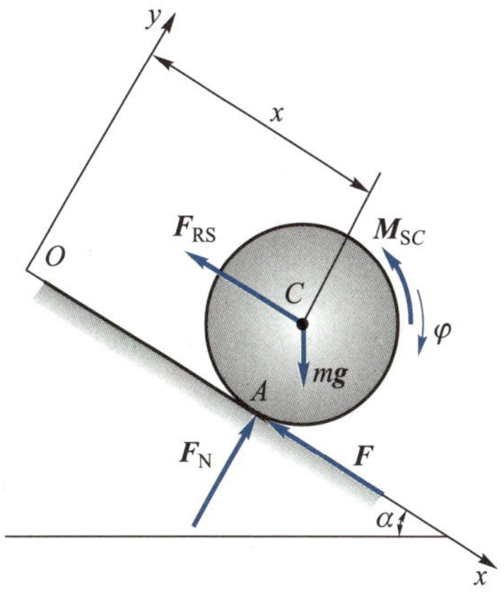

图 18.12

约束力对接触点 A 的力矩为 0，因此对 A 点列力矩平衡方程

$$M_{\mathrm{SC}} + F_{\mathrm{RS}} R - mgR\sin\alpha = 0$$

可解得

$$\ddot{x} = \frac{2}{3} g\sin\alpha$$

再由质心运动定理

$$-F_{\mathrm{RS}} - F + mg\sin\alpha = 0$$

$$F_{\mathrm{N}} - mg\cos\alpha = 0$$

可解得

$$F = \frac{1}{3}mg\sin\alpha$$

$$F_{\mathrm{N}} = mg\cos\alpha$$

注记 18.3

我们还可以采用质心运动定理和对质心的动量矩定理求解本问题。由于约束力对质心的力矩不为零，需要联立求解方程组 (参见例 13.13)。本例中，约束力均过接触点 A，对 A 点列力矩平衡方程可以消除约束力，直接解出质心的加速度，避免联立求解方程组。

18.2 刚体系平衡

本节将刚体的平衡方程拓展应用到刚体系的平衡问题，研究对象包括组合结构、桁架和机构。

18.2.1 刚化原理

在介绍如何求解刚体系平衡问题之前，先来讲讲什么是刚体系，以及将平衡状态的变形体处理为刚体系统的刚化原理。

多刚体系统是由多个刚体组成的，也简称为**刚体系**。**多体系统**是由多个刚体和变形体组成的，其中自由度为零的称为**结构**，自由度不为零的称为**机构**。

变形体是质点之间的相对距离可以变化的物体，例如弹性体、液体、气体等。变形体也是一种质点系，只要理想约束的条件能满足，变形体的平衡问题可以利用虚位移原理（见第 20 讲）来研究。从这一角度来说，自由度不为零的由刚体构成的机构，由于各刚体质心之间的距离发生变化，实际上可以看作一种变形体。那么，能不能使用刚体平衡方程式 (18.0.1) 或者方程式 (18.1.1) ~ 式 (18.1.6) 研究变形体平衡问题呢？我们以弹簧为例进行讨论。没有力系作用时，弹簧处于静止状态。如果我们在弹簧的两端施加大小相等、方向相反、作用线重合的两个力，$\boldsymbol{F}_1 = -\boldsymbol{F}_2$，如图 18.13(a) 所示，弹簧也会发生变形。因此方程式 (18.0.1) 或者方程式 (18.1.1) ~ 式 (18.1.6) 不能保证变形体处于平衡状态。但是，如果我们已知弹簧在力系作用下处于平衡状态，则我们可以断定该力系一定是平衡力系，否则弹簧将产生刚体运动（参见第 12 讲中的质心运动定理）。从这个例子可以看出，尽

管方程式 (18.0.1) 或者方程式 (18.1.1) ～ 式 (18.1.6) 不是非刚体（包括刚体系和变形体）平衡的充分条件，但却是非刚体平衡的必要条件。也就是说，已知非刚体处于平衡状态，如果将其刚化（想象成刚体），则平衡条件不变。这就是所谓的**刚化原理**，也称为**硬化原理**。这个原理可以作为定理来证明，可以仿照力系等效定理的证明过程给出，也可以用动量定理和动量矩定理证明，在静力学公理体系中被当作一个公理看待。

事实上，这个原理是人们在常识范围内很容易接受的，比如在上面的例子中，弹簧两头受拉力，它就要变形，最后在拉伸到适当长度以后就达到平衡（弹簧不再变形，从整体看处于静止）。此时我们把弹簧“刚化”一下，也就是想象这根弹簧被一根形状相同的完全不会变形的刚体代替，当然不会使平衡状态遭到破坏。但是这种做法反过来就不对了，如果有一根不能变形的刚杆，两端受拉力处于平衡，此时我们把刚杆“软化”一下，也就是想象这根刚杆被一根橡皮绳代替，平衡马上就被破坏了。

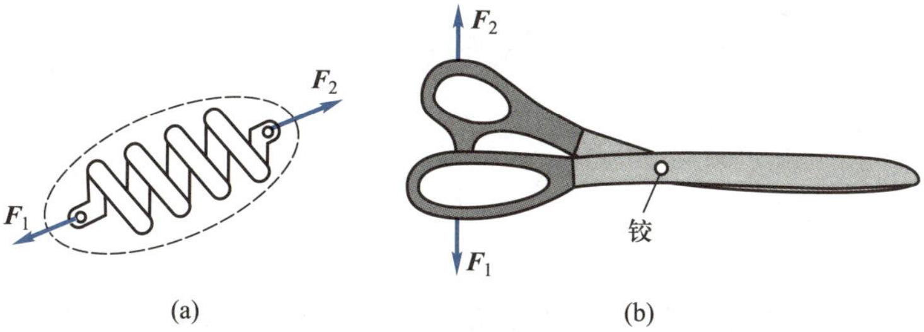

图 18.13

刚体系的平衡问题可以通过解除刚体间的约束，利用平衡方程式 (18.0.1) 或者式 (18.1.1)～式(18.1.6) 逐个研究单个刚体；也可以利用虚位移原理（见第 20 讲）研究整个刚体系。能不能使用刚体平衡方程式 (18.0.1) 或者方程式 (18.1.1) ～ 式 (18.1.6) 研究刚体系的平衡问题呢？我们来看如图 18.13 (b) 所示的剪刀，它由两个刚体用柱铰链连接，$\boldsymbol{F}_1$ 和 $\boldsymbol{F}_2$ 分别作用在两个刚体上。如果 $\boldsymbol{F}_1$ 和 $\boldsymbol{F}_2$ 的大小相等、方向相反、作用线重合，符合刚体平衡条件，但是，剪刀这个刚体系显然不平衡。如果我们已知剪刀在某个力系作用下处于平衡状态，则我们可以断定该力系一定是平衡力系，否则剪刀整体将产生刚体运动（见第 12.1.3 小节质心运动定理）。对多体系统也有类似的结论。

综上，对于刚体的平衡问题，刚体平衡方程是刚体系平衡的必要条件，如果已知刚体系保持静止，则作用在刚体系上的全部力构成平衡力系；对于变形体的平衡问题，刚体平衡方程同样是变形体平衡的必要条件，如果已知变形体保持静止，则作用在变形体上的全部力构成平衡力系。因此，一般来说，刚体的平衡条件是非刚体（变形体、多刚体系统、多体系统）平衡的必要条件，但不是充分条件，解决变形体的平衡还需要考虑变形条件。刚化原理使得刚体静力学中关于平衡的一些结果，可以用于解决一些非刚体平衡问题。下面我们通过一些例子介绍如何用刚体平衡方程求解刚体系的平衡问题。

18.2.2 组合结构

例 18.11

设三铰拱由两个刚体 AC 和 BC 组成，见图 18.14(a)。这两部分由铰链 C 联结起来。每一部分又用铰链和支座相联结（这种结构常用于房屋和桥梁）。已知有一竖直外力 $\boldsymbol{P}$ 作用在拱上，设三铰拱自身重量不计，尺寸如图 18.14 所示。求 A 和 B 处的支座约束力。

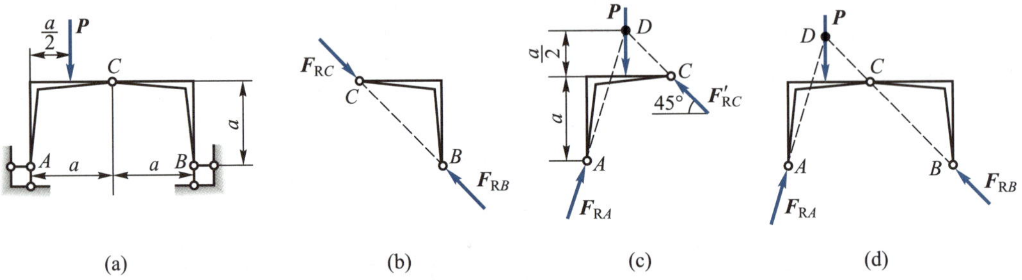

图 18.14

解　方法 1　将这个多体系分割成两个体，根据刚化原理，分别看作刚体来研究它们的平衡问题。先画右半拱 BC 的受力图，见图 18.14(b)。$\boldsymbol{F}_{RB}$ 是支座 B 的约束力，$\boldsymbol{F}_{RC}$ 是刚体 AC 对刚体 BC 的作用力。由二力平衡条件可知，$\boldsymbol{F}_{RB}$ 和 $\boldsymbol{F}_{RC}$ 的作用线重合，即沿着 BC。再作左半拱 AC 的受力图，见图 18.14(c)，图中的 $\boldsymbol{F}'_{RC}$ 是 $\boldsymbol{F}_{RC}$ 的反作用力，其作用线与 $\boldsymbol{F}_{RC}$ 重合（与水平线夹角为 45°）。根据三力平衡条件，$\boldsymbol{F}_{RA}$ 的作用线必须经过 $\boldsymbol{F}'_{RC}$ 和 $\boldsymbol{P}$ 的交点 D。由几何关系就可以确定 $\boldsymbol{F}_{RA}$ 与竖直线的夹角为 arctan(1/3)。列平衡方程得

$$F_{Rx} = \frac{1}{\sqrt{10}}F_{RA} - \frac{1}{\sqrt{2}}F'_{RC} = 0$$

$$F_{Ry} = \frac{3}{\sqrt{10}}F_{RA} + \frac{1}{\sqrt{2}}F'_{RC} - P = 0$$

由此解出

$$F'_{RC} = \frac{\sqrt{2}}{4}P, \quad F_{RA} = \frac{\sqrt{10}}{4}P$$

另外，由于 $F_{RB} = F_{RC} = F'_{RC}$，所以

$$F_{RB} = \frac{\sqrt{2}}{4}P$$

方法 2　前几步还是和上面一样，直至分析出 $\boldsymbol{F}_{RB}$ 与水平夹角为 45°。随后我们不去研究左半拱，而是把整个三铰拱作为分析对象，画出其受力图，见图 18.14(d)。然后根据三力平衡的条件进行计算，最后当然得出与前一种方法相同的计算结果。

在这个例子中，我们注意到，采用后一种方法时，图 18.14(d) 中没有涉及 $\boldsymbol{F}_{RC}$，因为我们把整个三铰拱当作一个刚体看待，那么 $\boldsymbol{F}_{RC}$ 就成了刚体自身这一部分对另一部分作用的内力。我们研究的是刚体在外力作用下的平衡问题，当然内力就不必出现。

注记 18.4

如果右半拱也有一个力作用，则右半拱也受到三个力作用，无法确定约束力 $\boldsymbol{F}_{\mathrm{RB}}$ 和 $\boldsymbol{F}_{\mathrm{R}C}$ 的方向。

分别作用在左、右半拱上的平面力系都包含 4 个未知数，无法求解。如果以三铰拱为研究对象，也是有 4 个未知数，无法求解。这是一个超静定问题吗？

分别利用对 A 点和 B 点的力矩平衡方程，可以分别求出 A 点和 B 点约束力的竖直方向分量。根据水平方向力平衡方程，这两处约束力的水平分量之和应该为零，但是无法确定每个约束力水平分量的大小和指向。如果这时再考虑左或右半拱，如右半拱，则只有三个未知量：$\boldsymbol{F}_{\mathrm{R}C}$ 的两个分量和 $\boldsymbol{F}_{\mathrm{RB}}$ 的水平分量。由 $M_{Cz}=0$ 可以求出 $\boldsymbol{F}_{\mathrm{R}B}$ 的水平分量。进一步可以求得 $\boldsymbol{F}_{\mathrm{RA}}$ 的水平分量。

可见，这是静定问题。

例 18.12

如图 18.15(a) 所示，水平梁由 AC 和 CD 两部分组成，它们在 C 处用光滑铰链相连。梁的 A 端插入墙内，在 B 处由滚动支座支撑。已知梁受到的载荷有集中载荷 $P_1=10$ kN 和 $P_2=20$ kN，还有 OC 段的均布载荷 $p=5$ kN/m，BD 段的线性分布载荷在 D 端为零，在 B 处达到最大值 $q=6$ kN/m。试求 A 和 B 处的约束力。

解　梁是变形体，根据刚化原理将它们看作刚体，首先将分布力系简化。

根据平行力系的简化结论，作用在 OC 段的均布载荷可以简化为作用在 OC 中点 H 的集中载荷 $P_3=p|OC|=5$ kN，而作用在 BD 段的线性载荷可以简化为作用在 E 点的集中载荷 $P_4=q|BD|/2=3$ kN，其中 E 到 B 的距离为 $|BE|=|BD|/3=1/3$ m。墙作用在 A 端的约束力也是分布力，如图 18.15(b) 所示，是一般平面力系。一般平面力系的简化结果是合力（主矢量不为零）或者力偶（主矢量为零）。由于约束力的主矢量也是未知的，而且与主动力有关，我们无法判断其简

化结果是合力还是力偶。因此，根据泊松定理，我们就将该力系用作用在 A 点的未知力 $\boldsymbol{F}_{\mathrm{N}A}$ 和未知力偶矩 $\boldsymbol{M}_A$ 代替，如图 18.15(c) 所示。对于平面力系，力偶矩 $\boldsymbol{M}_A$ 一定垂直于力系所在平面，因此仅用代数量 m_A 表示就可以了。约束力 $\boldsymbol{F}_{\mathrm{N}A}$ 的大小和方向都未知，我们用两个未知分量 F_{Ax} 和 F_{Ay} 表示，如图 18.15(d) 所示。

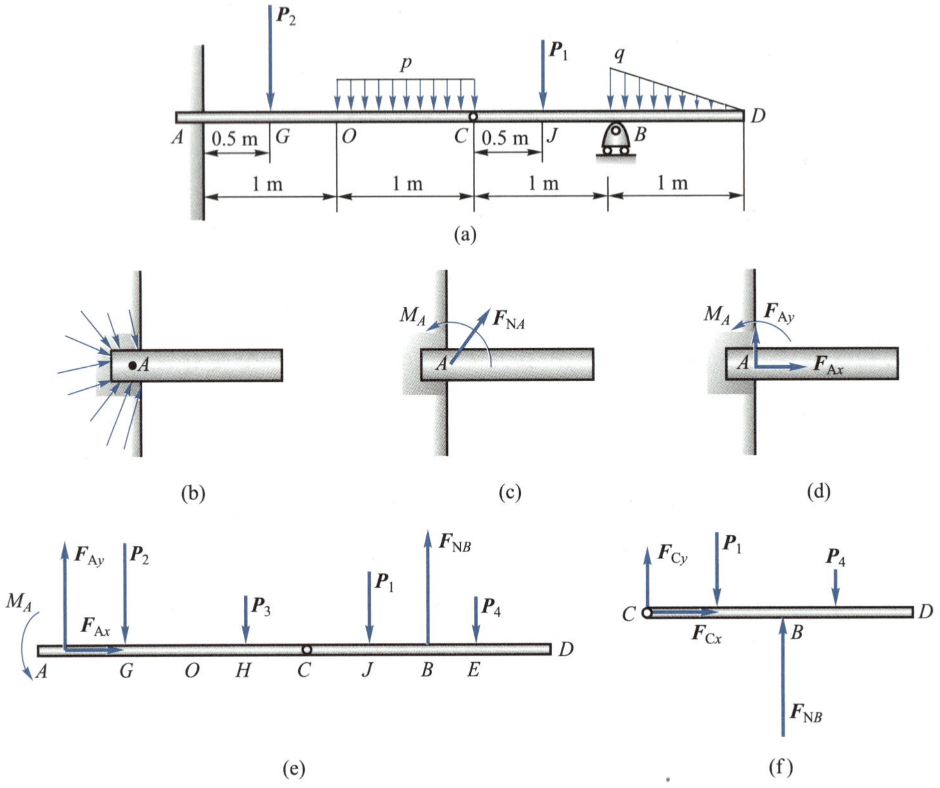

图 18.15

下面以整个梁为研究对象，受力图如图 18.15(e) 所示。列平衡方程

$$F_{\mathrm{R}x}=F_{Ax}=0$$

$$F_{\mathrm{R}y}=F_{Ay}+F_{\mathrm{N}B}-P_1-P_2-P_3-P_4=0$$

$$\sum M_A(F_i)=M_A+F_{\mathrm{N}B}|AB|-P_2|AG|-P_1|AJ|-P_3|AH|-P_4|AE|=0$$

以上 3 个方程包括 4 个未知数，无法求解。

我们选 DC 段为研究对象，受力图如图 18.15(f) 所示。列平衡方程

$$M_C=F_{\mathrm{N}B}|CB|-P_1|CJ|-P_4|CE|=0$$

解得 $F_{\mathrm{N}B}=9\ \mathrm{kN}$。将这个结果代入前面 3 个方程，解得

$$M_A=25.5\ \mathrm{kN}\cdot\mathrm{m},\quad F_{Ay}=29\ \mathrm{kN},\quad F_{Ax}=0$$

注记 18.5

在这个例题中，如果均布载荷作用在 OJ 段，可否简化为作用在 OJ 中点的集中力？

一般来说，不能这样简化，因为力系简化的结果是针对作用在一个刚体上的力系，而 OJ 段包含两段梁。如果这样简化后计算结果也对，那也纯属巧合，没有理论依据。

18.2.3 桁架

在工程实际中，厂房、桥梁、起重机、油田井架、电视塔等大跨度建筑物常采用桁架结构，如图 18.16 所示。

图 18.16

这种结构具有自重小、承载能力强、跨度大且可以充分利用材料等优点，在材料力学课程中也有相关介绍。**桁架**是由若干直杆状构件在两端以一定的方式连接起来的结构。详细分析桁架中各个构件及连接处的受力是非常复杂的，需要借助材料力学、弹性力学和结构力学的知识。这里我们可以根据一些假设，对桁架作适当简化之后再来分析。根据实际情况，基于引入误差小和计算偏“保守”的原则，可以对桁架作如下假设：

（1）桁架的构件都是直的刚杆。这个假设是基本符合实际情况的，尽管实际构件不是绝对直的，不是不变形的刚体，不是完全不能承受垂直杆的力，但这样假设引入的计算误差非常小，计算结果对评估结构的安全性问题是偏“保守”的。

（2）各个构件在端点以光滑铰链相连接，连接点称为**节点**。实际桁架的连接方式有焊接、铆接、榫接、螺栓连接等，如图 18.17 所示。对比实际节点和理想节点，前者多为焊接或铆接，在杆的端点不能转动，但可以承受力矩；后者为光滑铰链，不能承受力矩。这样假设，使理想桁架相比实际桁架更容易失衡。从而以引入非常小的计算误差的代价，获得更加“保守”的评估结构安全性的桁架计算结果，具有合理性。

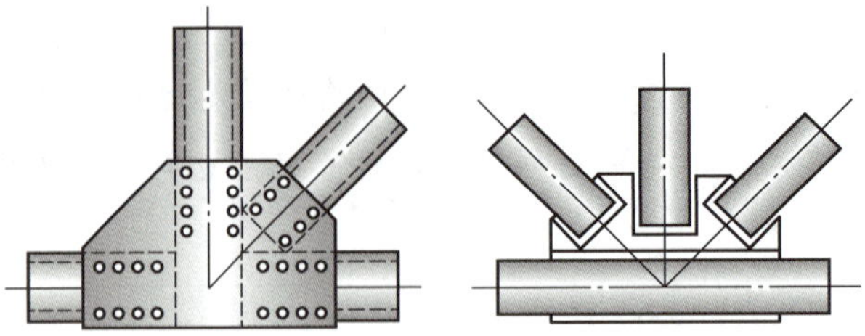

图 18.17

（3）构件的自重不计，且支座约束力及载荷均作用在连接点，也就是节点上。这个假设的引入，使得各杆均为二力杆。假设引入的计算误差也很小，但是计算结果对评估结构的安全性问题并不是偏“保守”的。理论力学的杆状构件只有在桁架里默认是二力杆，其他的没有特别说明就不是二力杆。比如在习题 18–21 中，单根线的构件默认是二力杆，粗的杆状物体不是二力杆。

满足以上假设的桁架称为**理想桁架**。在这些假设下，桁架的各个杆均为二力杆，杆所受的内力必须沿着杆的方向，是单纯的拉力或者压力。这里**杆的内力**是杆内各部分之间的作用力，可以用一个假想的截面将杆分成两部分来判断它们之间的相互作用，如图 18.18 所示。根据理想桁架求出杆的内力是实际桁架各杆内力的主要部分，一般情况下已经可以满足设计要求。如果桁架的所有杆和所有载荷都在同一个平面内，则称为**平面桁架**。图 18.19 所示的就是平面理想桁架，在理论力学课程中通常只研究这种桁架的分析方法，这些方法对空间理想桁架分析也适用，只是在应用上更复杂。

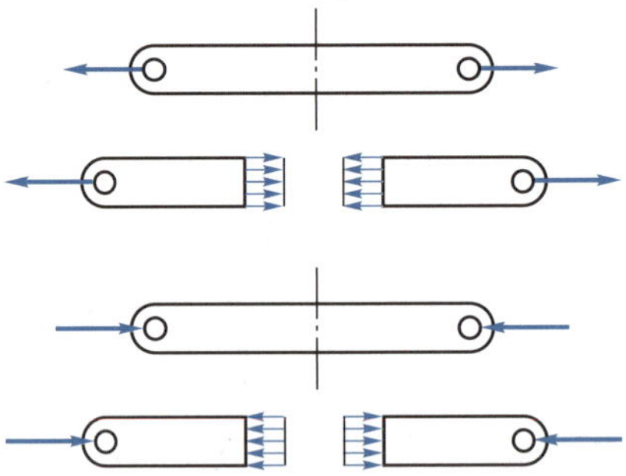

图 18.18

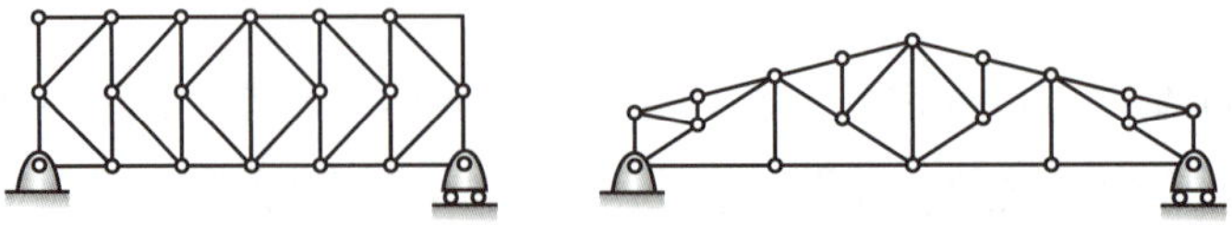

图 18.19

最简单的平面桁架是由 3 根杆和 3 个铰链构成的三角形。可以在这个三角形的基础上增加杆和铰链形成比较复杂的桁架。如果每次增加两根杆和一个铰链，不断扩大，最后将整个桁架用铰链与辊轴支承起来（如图 18.20 所示），这样的桁架称为**简单桁架**。简单桁架的杆数 m 和节点（铰链）数 n 之间的关系很容易得到，即

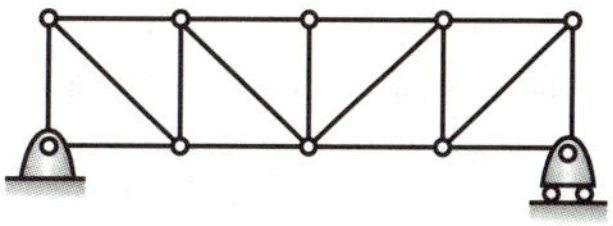

图 18.20 平面简单桁架

$$m+3=2n$$

分析桁架杆件内力的方法有两种：节点法和截面法。

节点法是以节点为研究对象，作用在节点上的力系是汇交力系，对于简单桁架，每个节点上有两个未知力（杆的内力），可以通过平面汇交力系的两个平衡方程解出来。可见，简单桁架是静定结构。通过合理选择节点的顺序，采用节点法适合于求解全部的杆件内力。

截面法是用一个假想截面截出桁架的一部分（并刚化）作为研究对象，被截断杆件的内力就转变为外力，应用平面力系的平衡方程来求解。由于平面力系的平衡方程只有 3 个独立，被截断杆件不超过 3 个才能求解。截面法适用于校核部分杆件的内力。

下面用两个例题具体介绍用节点法和截面法来分析桁架。

例 18.13

求图 18.21(a) 所示的桁架结构中 AC 和 BC 杆的内力。

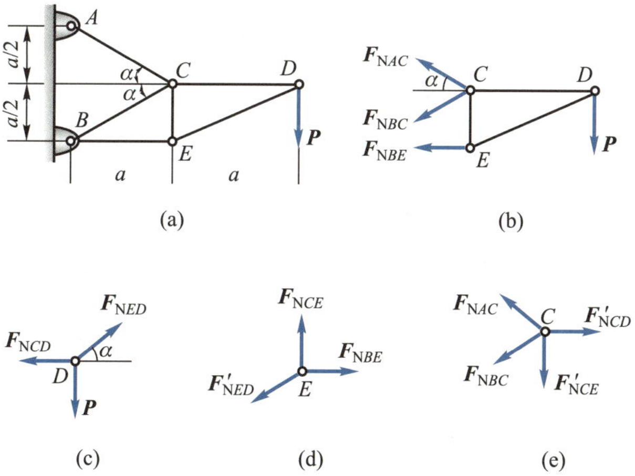

图 18.21

解　方法 1（截面法）

根据刚化原理，可以将该结构看成一个刚体。这个刚体处于平衡时，它的任何一部分也一定是平衡的。假设我们用一个截面截断 AC、BC、BE 杆，研究截断面

右边部分的平衡，如图 18.21(b) 所示。截断后三根杆的内力变成所研究部分的外力，其作用方向沿着杆的方向，大小待求。

利用 AC、BC 杆的内力作用线都通过 C 点，我们对 C 点取矩可以使平衡方程只包含一个未知数，即

$$M_C = -\frac{a}{2}F_{\mathrm{N}BE} - aP = 0$$

从而解出 $F_{\mathrm{N}BE} = -2P$。

再列出竖直方向和水平方向的平衡方程

$$F_{\mathrm{N}AC}\sin\alpha - F_{\mathrm{N}BC}\sin\alpha - P = 0$$
$$-F_{\mathrm{N}AC}\cos\alpha - F_{\mathrm{N}BC}\cos\alpha - F_{\mathrm{N}BE} = 0$$

解得

$$F_{\mathrm{N}AC} = \sqrt{5}P, \quad F_{\mathrm{N}BC} = 0$$

当然，也可以对 B 点求矩先求出 AC 杆的内力，再利用平衡方程求 BC 杆的内力。这样每个方程中仅包含一个未知数，求解比较方便。

方法 2 （节点法）

结构处于平衡状态，它的各个节点（即各个杆的连接铰）也一定是平衡的。对每个节点只能列出两个独立的平衡方程，如果节点与两根以上杆相连，则内力未知的杆必须少于两根才能求解。

对于本题直接对 C 点或 E 点列平衡方程都不能解出需要的内力，必须先对 D 点列平衡方程，解出 CD、DE 杆的内力，再研究节点 E 和 C。

对 D 点列平衡方程，受力图如 18.21(c) 所示，即

$$F_x = F_{\mathrm{N}ED}\cos\alpha - F_{\mathrm{N}CD} = 0$$
$$F_y = F_{\mathrm{N}ED}\sin\alpha - P = 0$$

解得

$$F_{\mathrm{N}ED} = \sqrt{5}P, \quad F_{\mathrm{N}CD} = 2P$$

对 E 点列平衡方程，受力图如 18.21(d) 所示，即

$$F_x = F_{\mathrm{N}BE} - F_{\mathrm{N}ED}\cos\alpha = 0$$
$$F_y = F_{\mathrm{N}CE} - F_{\mathrm{N}ED}\sin\alpha = 0$$

解得

$$F_{\mathrm{N}CE} = P$$

对 C 点列平衡方程，受力图如图 18.21(e) 所示，即

$$F_x = F_{\mathrm{N}CD} - F_{\mathrm{N}AC}\cos\alpha - F_{\mathrm{N}BC}\cos\alpha = 0$$

$$F_y = F_{\mathrm{N}AC}\sin\alpha - F_{\mathrm{N}BC}\sin\alpha - F_{\mathrm{N}CE} = 0$$

解得

$$F_{\mathrm{N}AC} = \sqrt{5}P, \quad F_{\mathrm{N}BC} = 0$$

例 18.14

桁架如图 18.22(a) 所示。尺寸和受力情况如图。求 a、b、c 三杆中的内力 F_a、F_b、F_c。

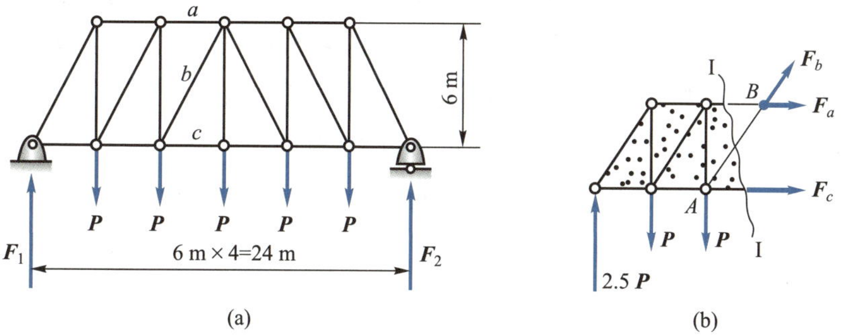

图 18.22

解　先把桁架作为一个整体，应用平衡方程算出两个支座的约束力。我们也可以应用对称性，立刻看出这两个约束力方向向上。在桁架上取一个假想的截面 I–I，把桁架分成两部分，如图 18.22(b) 所示，并取左半边为研究对象。这左半边包括 a、b 和 c 三杆的一部分，每一杆的另一部分对于这个研究对象的作用力就成了外力，它们分别沿着杆的方向，设分别是 F_a、F_b 和 F_c，并且假设都是拉力（如果计算结果是负号，则应是压力）。

应用两力矩形式的平衡方程，取 A、B 点如图 18.22(b) 所示，y 轴方向竖直向上，则有

$$F_y = 25P - P - P + 3F_b/\sqrt{13} = 0$$

$$M_A = 4\ \mathrm{m}\cdot P - 20\ \mathrm{m}\cdot P - 6\ \mathrm{m}\cdot F_a = 0$$

$$M_B = 4\ \mathrm{m}\cdot P + 8\ \mathrm{m}\cdot P - 30\ \mathrm{m}\cdot P + 6\ \mathrm{m}\cdot F_c = 0$$

从以上方程解出

$$F_a = -2.667\ P, \quad F_b = -0.601\ P, \quad F_c = 3\ P$$

作为验核，可取任一个投影式或力矩式（它与以上三个方程总是线性相关的），例

如取 $F_x = 0$。

例 18.15

[典型例题]
例 18.15

桁架的尺寸、载荷如图 18.23 所示，求各杆的内力。

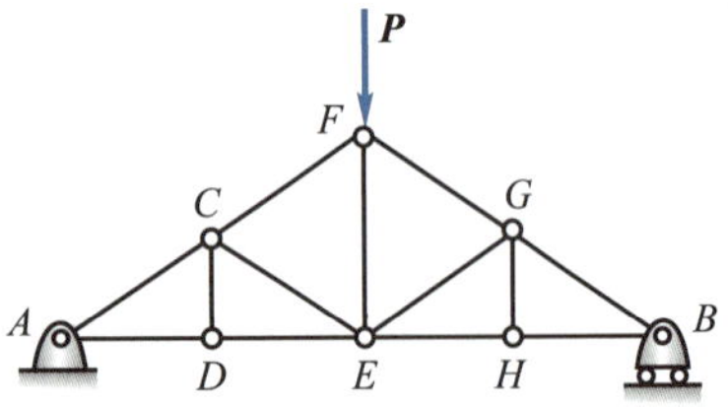

图 18.23

解　方法 1（节点法）

如图 18.24 所示，考虑系统整体平衡，由 $M_A = 0$ 可求出 F_{NB}。由 $F_x = 0$ 可求得 $F_{NAx} = 0$。由 $F_y = 0$ 可求得 F_{NAy}。

随后用节点法求各杆内力，考虑各节点平衡的顺序 $A \to D \to C \to F \to E \to G \to H$。如图 18.25 所示，以 A 和 D 节点为例求解 1 ~ 4 杆的内力。

节点 A：由 $F_y = 0$ 求出 F_2，由 $F_x = 0$ 求出 F_1。

节点 D：由 $F_y = 0$ 求出 $F_3 = 0$，由 $F_x = 0$ 求出 $F_4 = F_1$。最后，可以利用节点 B 的平衡条件校核所求结果。

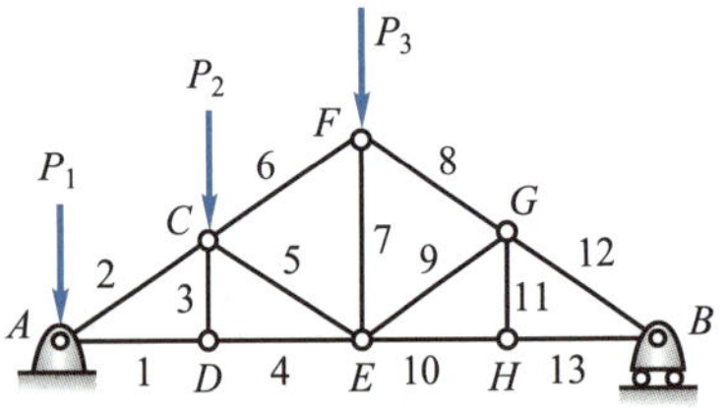

图 18.24

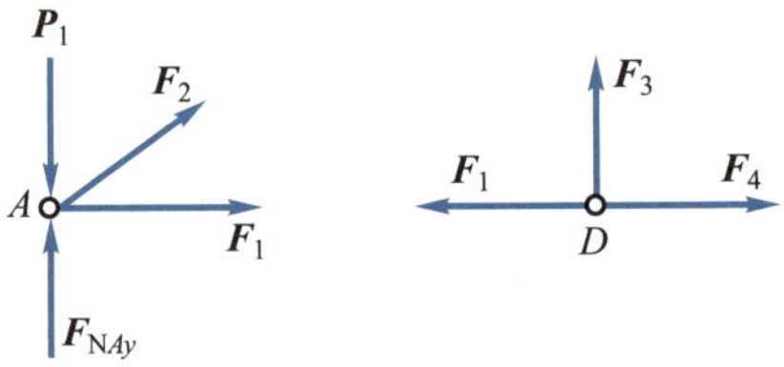

图 18.25

方法 2（截面法）

先由整体平衡求出 A、B 处的约束力，同方法 1。再作截面 I 如图 18.26 所示，考虑左半部平衡，依次求出 4 ~ 6 杆的内力（如图 18.27 所示）。由 $M_{Cz} = 0$ 求出 F_4，由 $M_{Ez} = 0$ 求出 F_6，由 $F_x = 0$ 求出 F_5。

随后依次类推，可求出剩下的杆件的内力。

在桁架中有一些杆的内力为零，如图 18.21 所示的 BC 杆，我们称为**零杆**。有时不用列方程就可以直接判断桁架中哪些是零杆。利用节点法很容易得到两个关于零杆的结论：

(1) 如果某个节点只与两杆相连，节点上无主动力，这两根杆不平行，则两根杆均为零杆。

(2) 如果某个节点与三根杆相连，节点上无主动力，其中有两根杆相互平行，则第三根杆为零杆。

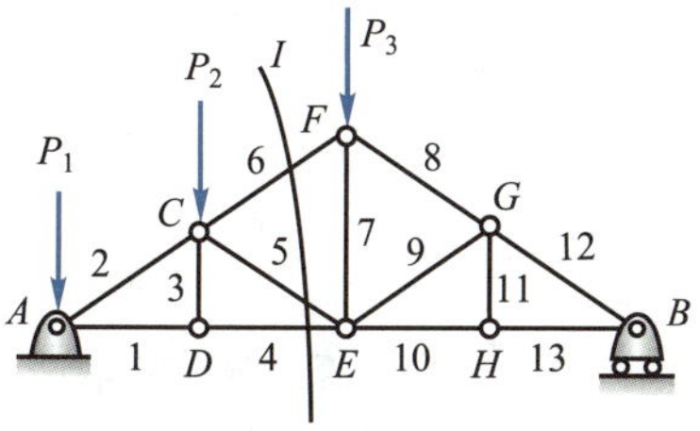

图 18.26

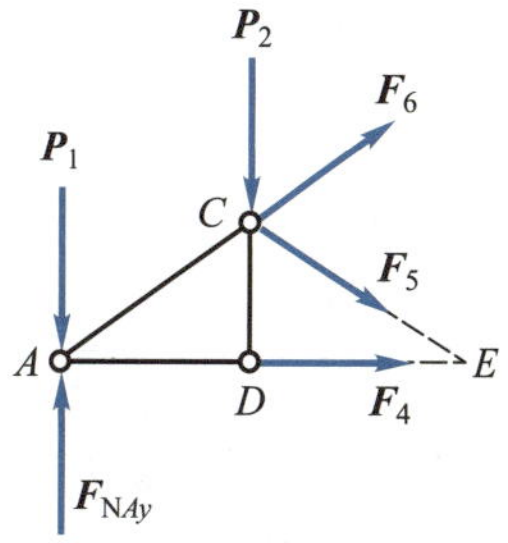

图 18.27

利用这两个结论可以判断如图 18.23 所示桁架的零杆。我们观察节点 D 和 H，杆 CD 和杆 GH 是零杆；我们去掉这两根零杆，再观察节点 C 和 G，杆 CE 和杆 GE 是零杆；再去掉这两根杆，然后观察节点 E，杆 EF 也是零杆。

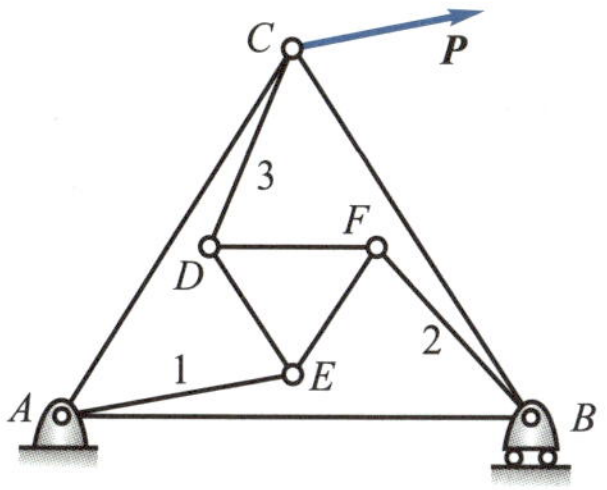

图 18.28

需要指出的是，桁架中的零杆与承受的载荷情况相关。同一桁架在不同的载荷下，零杆可能不同。例如，如果图 18.23 所示，若桁架中节点 C 有竖直载荷，则杆 CE 和杆 EF 都不一定是零杆了。

对于比较复杂的桁架，往往需要灵活使用截面法。如图 18.28 所示的桁架，取任何节点研究都有 3 个未知量，无法使用节点法逐个求解。若截断杆 1、2、3，以三角形 DEF 为研究对象，则用平面力系平衡方程可以求解杆 1、2、3 的内力。

注记 18.6

图 18.29 所示的 K 形桁架，在利用截面 aa' 截断的 4 根杆中，杆 1 的内力可以由 $M_C = 0$ 求出，杆 4 的内力可以由 $M_D = 0$ 求出。被截断的其他两根杆的内力无法求得，只能求出它们的和。可见，这个 K 形桁架不是简单桁架，是超静定的。

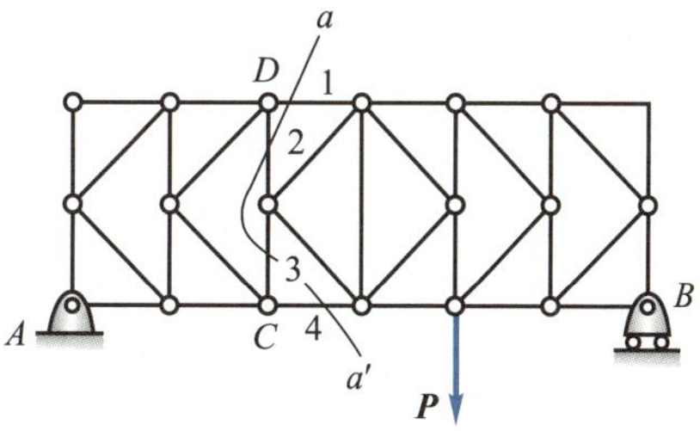

图 18.29

例 18.16

在图 18.30(a) 所示的平面桁架中，沿对角线的杆件均为钢索，它们只能承受拉力。已知 $P_1 = 40$ kN，$P_2 = 80$ kN，求钢索 BF 及 CG 的拉力。

解　先以桁架整体为研究对象，受力图如图 18.30(b) 所示。由

$$M_{Dz} = 2P_1a + P_2a - 3F_Aa = 0$$

可得

$$F_A = \frac{160}{3}\ \text{kN}$$

用截面截断杆 BC、GF，以及钢索 BF、GC，以左半部分为研究对象，受力图如图 18.30(c) 所示。有 4 个未知量 F_{BC}、F_{GF}、F_{BF}、F_{GC}，无法直接求解。

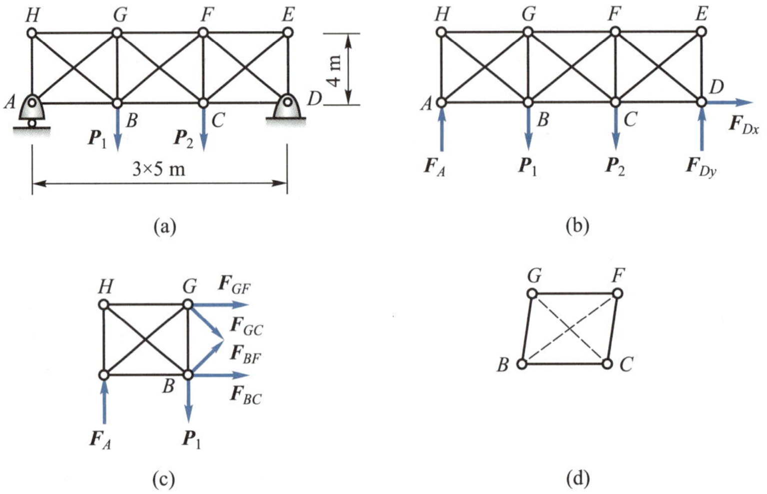

图 18.30

考虑到 BF、GC 是钢索，它们位于四根杆构成的正方形对角线上。两个对角线不可能同时被拉长，当一个变长时，另一个一定变短，如图 18.30(d) 所示。所以如果有一根钢索承受拉力，则另一根钢索的内力一定为零。现在我们无法判断具体是哪根钢索受拉，可以任意假设其中一个内力为零，例如 $F_{BF} = 0$，利用平面力系平衡方程求出杆 BC、GF 及钢索 GC 的内力。如果求出的 $F_{GC} < 0$，则说明该钢索受压，与钢索性质矛盾，实际情况应该是 $F_{GC} = 0$，再次利用平面力系平衡方程求解杆 BC、GF 及钢索 BF 的内力即可；如果求出的 $F_{GC} > 0$，则说明假设恰巧是正确的。

本题的计算结果是

$$F_{BF} = 0, \quad F_{GC} = \frac{10\sqrt{41}}{3}\ \text{kN}$$

18.2.4　机构

利用刚体平衡方程还可以分析多体系统构成的机构的平衡问题。

例 18.17

如图 18.31(a) 所示的尖劈放在两个水平木条上，尖劈重量为 W，它的两边与竖直线各成 α 角和 β 角。

假设平衡时作用在水平木条上的力为 $\boldsymbol{P}_1$ 和 $\boldsymbol{P}_2$，不计各个接触面的摩擦和木条的质量，试求 P_1、P_2、W 之间的关系。

[典型例题]
例 18.17

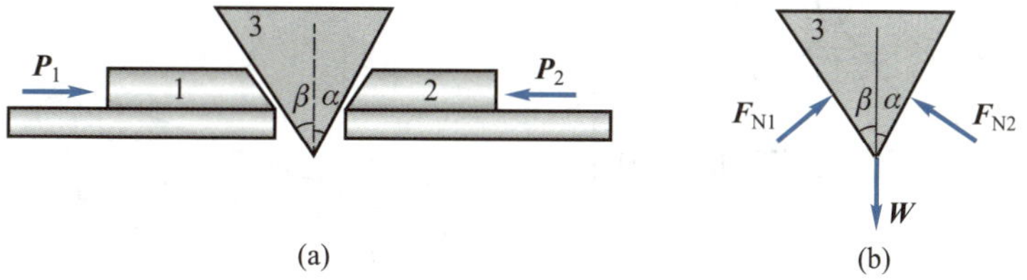

图 18.31

解　先以尖劈和两个木条整体为研究对象，由于不考虑摩擦，这个研究对象所受的水平外力只有 $\boldsymbol{P}_1$ 和 $\boldsymbol{P}_2$。平衡时一定有 $P_1 = P_2$。

再以尖劈为研究对象，它受重力 $\boldsymbol{W}$ 和两个木条的约束力 $\boldsymbol{F}_{\mathrm{N}1}$、$\boldsymbol{F}_{\mathrm{N}2}$，如图 18.31(b) 所示。根据三力平衡条件可以求得

$$F_{\mathrm{N}1}\sin\alpha + F_{\mathrm{N}2}\sin\beta = W$$

再由两个木条的平衡很容易得到

$$F_{\mathrm{N}1}\cos\alpha = P_1,\quad F_{\mathrm{N}2}\cos\beta = P_2$$

于是有

$$W = P_1\tan\alpha + P_2\tan\beta = P_1(\tan\alpha + \tan\beta) = P_2(\tan\alpha + \tan\beta)$$

例 18.18

如图 18.32(a) 所示的压缩机的手轮上作用力偶矩 $\boldsymbol{M}$。手轮轴的两端各有螺距同为 h，但螺纹方向相反的螺母 A 和 B。这两个螺母分别与长为 a 的杆相铰接，四杆形成菱形框。此菱形框的点 D 固定不动，而点 C 连接在压缩机的水平压板上。不计摩擦，不计各构件的自重，求当菱形框的顶角等于 2θ 时，压缩机对被压物体的压力。

解　设螺杆的升角为 α，半径为 r。如果螺母固定不动，则螺杆旋转 2π 同时沿着轴向移动 h，于是有

$$\tan\alpha = \frac{h}{2\pi r}$$

也可以将螺旋看成是斜面在圆柱上缠绕而成，如图 18.32(a) 所示，得到这个关系式。

由于不考虑摩擦，螺母 A 对螺杆作用一个分布力系 $\boldsymbol{F}_{Ai}$，如图 18.32(b) 所示只画出了其中一个力。

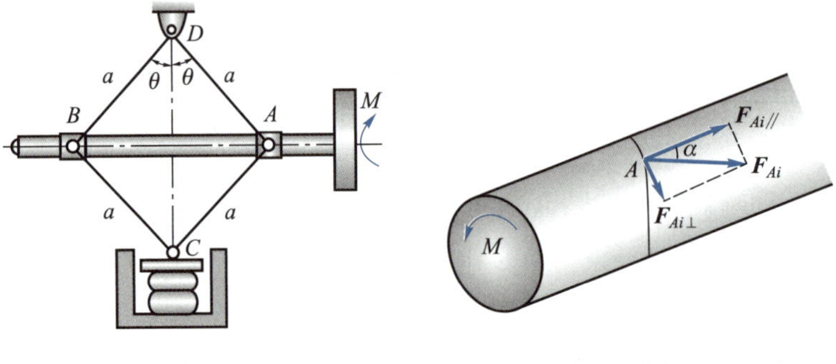

(a) (b)

图 18.32

它们与螺杆轴线的夹角为 α，垂直手轮轴轴线的分量 $\boldsymbol{F}_{Ai\perp}$ 形成力偶矩 $\boldsymbol{M}_A$，它们沿着轴线的分量 $\boldsymbol{F}_{Ai//}$ 的合力为 $\boldsymbol{F}_A$，方向向右。

同理，螺母 B 对螺杆的作用力系的垂直轴线的分量形成力偶矩 $\boldsymbol{M}_B$，沿着轴线的分量的合力为 $\boldsymbol{F}_B$，方向向左。由几何关系可知，垂直轴线分量形成的力偶矩大小为

$$M_A = F_A r\tan\alpha, \quad M_B = F_B r\tan\alpha$$

对螺杆作受力分析，如图 18.33 所示，列出平衡方程

$$F_A - F_B = 0$$
$$F_A r\tan\alpha + F_B r\tan\alpha - M = 0$$

于是有

$$F_A = F_B = \frac{M}{2r}\cot\alpha = \frac{M\pi}{h}$$

由于 $ABCD$ 是由 4 根杆构成的机构，相对 AB 和 CD 都对称，根据整体平衡可知受力情况也对称（见图 18.34）。因此这 4 根杆的内力都相等。

再研究 AC 杆，这是二力杆。由二力平衡条件可知

$$\frac{F_A}{P} = \tan\theta$$

于是，最终得

$$P = \frac{M\pi}{h}\cot\theta$$

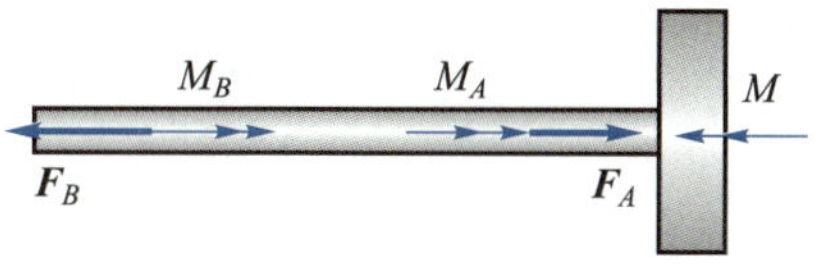

图 18.33

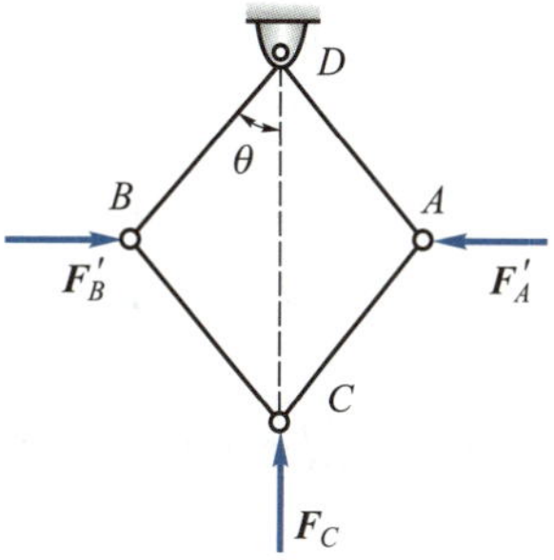

图 18.34

思考题 18.3

如果螺母对螺杆作用的分布力系并不是整数圈数，那么力系简化结果是什么？如何消除其影响？

■ 本讲小结

本讲主要介绍了平衡问题。从理论上平衡问题是上一讲力系简化问题的特例，工程意义和价值很大，因此用了较多的笔墨。其中刚体的平衡方程是基础，通过引入刚化原理，刚体系、桁架、机构的平衡也可以借助刚体平衡方程研究。

（1）本讲主要讲的概念包括：刚化（硬化）、桁架、杆的内力、节点法、截面法、静定。

（2）本讲介绍的主要公式包括：

1）一般空间力系的三力矩式（标准形式）平衡方程

$$
\begin{aligned}
F_x &= 0 \\
F_y &= 0 \\
F_z &= 0 \\
M_{Ox} &= 0 \\
M_{Oy} &= 0 \\
M_{Oz} &= 0
\end{aligned}
$$

2）一般空间力系的四力矩式平衡方程

$$
\begin{aligned}
F_x &= 0 \\
F_y &= 0
\end{aligned}
$$

$$M_{Px}=0 \quad (y_P\neq 0) \quad 或 \quad M_{Py}=0 \quad (x_P\neq 0)$$
$$M_{Ox}=0$$
$$M_{Oy}=0$$
$$M_{Oz}=0$$

3）一般空间力系的五力矩式平衡方程

$$F_x=0$$
$$M_{Py}=0$$
$$M_{Pz}=0$$
$$M_{Ox}=0$$
$$M_{Oy}=0$$
$$M_{Oz}=0$$
$$(x_P\neq 0)$$

4）一般空间力系的六力矩式平衡方程

$$M_{Px}=0$$
$$M_{Py}=0$$
$$M_{Qx}=0 \quad (y_Q\neq 0, z_Q=0) \quad 或 \quad M_{Qy}=0 \quad (x_Q\neq 0, z_Q=0)$$
$$M_{Ox}=0$$
$$M_{Oy}=0$$
$$M_{Oz}=0$$

5）一般平面力系的一矩式（标准形式）平衡方程

$$F_x=0, \quad F_y=0, \quad M_{Oz}=0$$

6）一般平面力系的二矩式平衡方程

$$F_{\mathrm{Re}}=0, \quad M_{Az}=0, \quad M_{Bz}=0$$

其中 F_{Re} 是主矢量在 $\boldsymbol{e}$ 方向的投影，且单位矢量 $\boldsymbol{e}$ 与直线 AB 不垂直。

7）一般平面力系的三矩式平衡方程

$$M_{Az}=0, \quad M_{Bz}=0, \quad M_{Cz}=0$$

其中 A、B、C 不共线。

（3）本讲得到的主要结论包括：

1）二力平衡条件；

2）三力平衡条件；

3）刚体的平衡条件是非刚体（刚体系和变形体）平衡的必要条件，但不是充分条件；

4）简单、理想桁架是静定的。

■ 概念题

判断下列说法是否正确。

18–1　如果作用在刚体上的平行力系对两个点的主矩等于零，则这个力系是平衡力系。

18–2　如果作用在刚体上的平面力系对两个点的主矩等于零，则这个力系是平衡力系。

18–3　静力学第一不变量和第二不变量都等于零的力系是平衡力系。

18–4　静力学第二不变量不等于零时，静力学第一不变量也不等于零。

18–5　作用在刚体上的任何力系都可以用两个力等效代替。

18–6　作用在刚体上的力偶可以在自己的作用平面内任意移动和转动，也可以从一个平面移至另一个平行平面。

18–7　作用在刚体上的力系最多有 6 个独立的力矩平衡方程。

18–8　作用在刚体上的力系最多有 3 个独立的力平衡方程。

18–9　如果受力图中画出的力不能构成平衡力系，则受力图一定有错误。

18–10　内力和外力是可以互相转变的。

18–11　根据刚化原理和力的可传性，作用在三铰拱左半拱的力可以沿着作用线滑移到右半拱上。

18–12　根据刚化原理和平行力系简化结果，作用在一根梁上的均布载荷等效为一个集中力（见例 18.12）。如果 100 个体重为 60 kg 的人可以排队通过小桥（桥可以当作一根梁，桥长大于队伍长度），则一个重 6 吨的卡车就可以慢速驶过这个小桥。

18–13　刚体平衡方程应该计入所有外力和解题所需的部分内力。

18–14　只在两端受力的构件是二力构件。

18–15　超静定问题中未知量数目多于独立方程数，因此有无穷多个解。

18–16　桁架受不同载荷作用时，零杆的数目可能会变化。

18–17　桁架中的零杆就是为了美观设计的，从实用角度看完全可以去掉。

■ 习题

18–1　如图 18.35 所示均质长方形薄板重 $W = 200$ N，用球铰链 A 和蝶铰链 B 固定在墙上，并用绳子 CE 拉住以维持在水平位置。绳子 CE 缚在薄板上的 C 点，并挂在钉子 E 上，钉子钉入墙内，并和 A 点在同一铅垂墙上。$\angle ECA = \angle BAC = 30°$。求绳子的张力和支座的约束力大小。（提示：蝶铰链 B 可以提供 x 方向和 z 方向的约束力，不能提供 y 方向的约束力。）

18–2　如图 18.36 所示三铰架由球铰链 A、D 和 E 固结在水平面上，杆 BD 和 BE 在同一铅垂平面内，且长度相等，并用铰链在 B 点连接；其中 $\angle DBE = 90°$，BD 和 BE 杆重不计。均质杆 AB 与水平面成角 $\alpha = 30°$，重为 $W = 500$ N。在 AB 杆中点 C 的作用力大小为 10 kN，作用线在铅垂平面 ABF 内，且与铅垂线成 60° 角。求 A 点的支座约束力及 BD 和 BE 杆的内力大小。

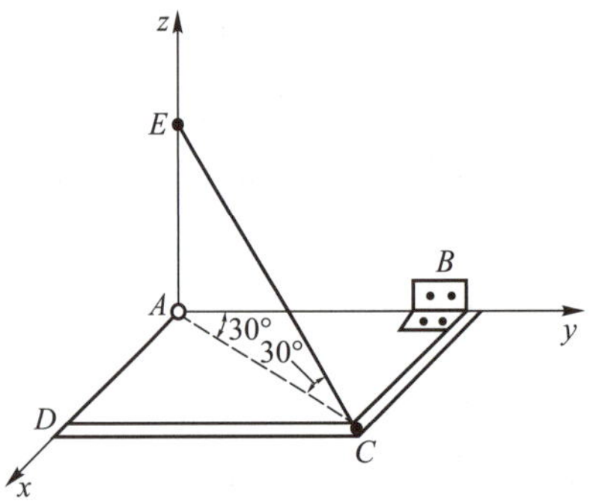

图 18.35

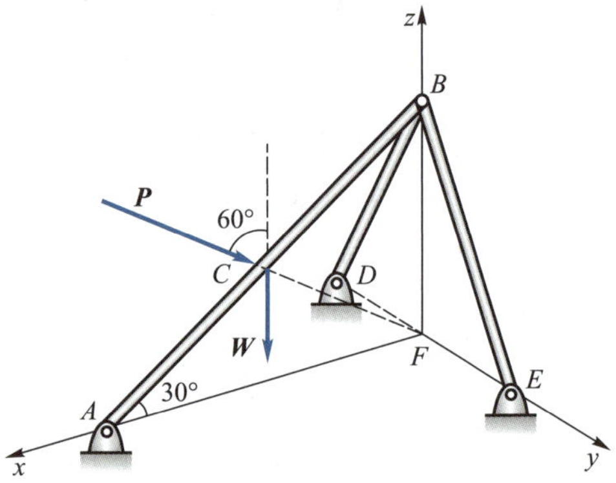

图 18.36

18–3　质点 M 受三个共面的固定中心 M_1、M_2 和 M_3 的吸引力，各引力与距离成正比：$F_1 = k_1r_1$，$F_2 = k_2r_2$，$F_3 = k_3r_3$。其中 $r_1 = MM_1$，$r_2 = MM_2$，$r_3 = MM_3$，而 k_1、k_2、k_3 为比例常数。设 M_1、M_2 和 M_3 的坐标分别为 (x_1, y_1)，(x_2, y_2) 和 (x_3, y_3)，求质点 M 在平衡位置时的坐标。

18–4　如图 18.37 所示杆 AB 及其两端滚子一起的总重心在 G 点，滚子搁置在倾斜的光滑平面上，如图所示。给定 θ 角，求平衡时的 β。

18–5　夹具中所用的两种连杆增力机构如图 18.38 所示，不考虑摩擦。已知大小为 P 的推力作用于 A 点。当夹具平衡时，杆 AB 与水平线夹角为 α。求对工件 B 的夹紧力的大小 F。

18–6　试求如图 18.39 所示铰接结构在水平力 $\boldsymbol{P}$ 作用下支座 A、B 的约束力。各构件的重量略去不计。

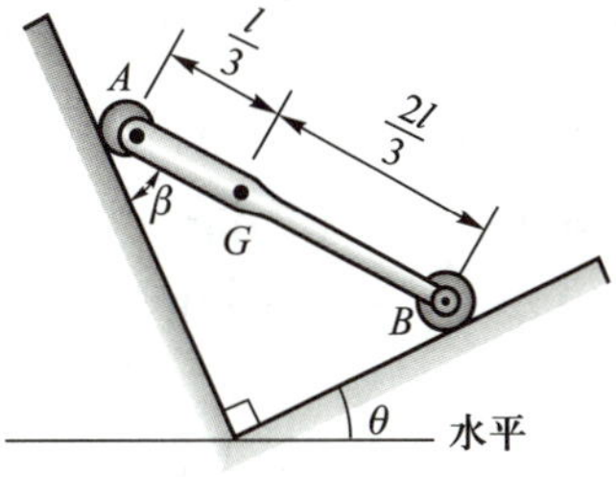

图 18.37

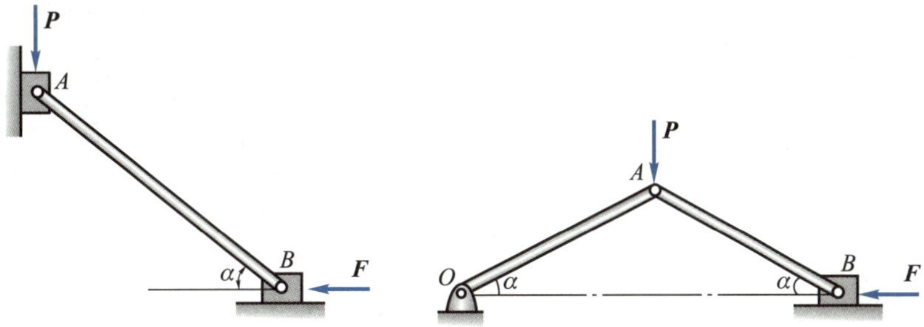

图 18.38

18–7　直角弯杆 ABC 由直杆 CD 支撑，如图 18.40 所示。若 $\angle ADC = 60°$，力 $P = 60$ N，沿 BC（水平）方向，且各杆重量不计，试求铰链 A 及 D 的约束力大小。

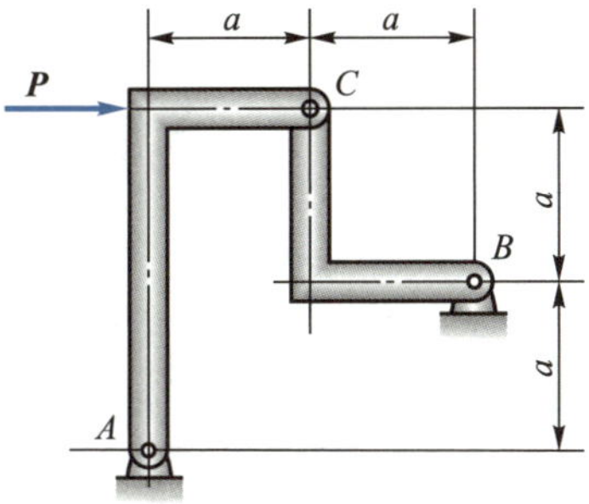

图 18.39

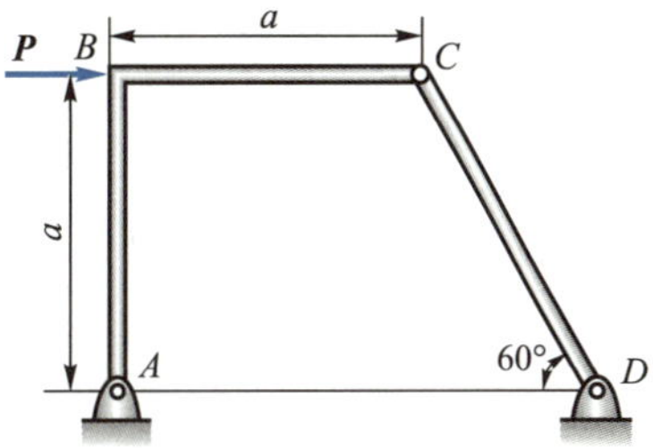

图 18.40

18–8　在如图 18.41 所示机构中，套筒 A 穿过摆杆 O_1B，用销连接在曲柄 OA 上，已知 OA 长度为 a，其上作用的力偶矩大小为 M_1，如在图示 $\alpha = 30°$，OA 处于水平位置时，机构能维持平衡，则应在摆杆 O_1B 上加多大的力偶矩 M_2？不计各构件的重量及摩擦。

18–9　在具有铰链 A、B、C 的杆系上，作用着水平力 $P = 4$ kN，如图 18.42 所示。若杆系各部分重量不计，试求铰链 A 和 B 处的约束力大小。

18–10　用滑轮机构将两物体 A 和 B 悬挂如图 18.43 所示，并设物体 B 保持水平。如绳和滑轮的重量不计，求两物体平衡时，重量 P_A 和 P_B 的关系。

18–11　反平行四边形机构 $ABCD$ 中的杆 AB、CD 和 BC 用铰链 B 和 C 互相连接，同时又用铰链 A 和 D 连在机架 AD 上。在杆 CD 的铰链 C 处作用着大小为 F_C 的水平力。在铰链 B 沿垂直于杆 AB 的方向作用有大小为 F_B 的力，机构在图 18.44 所示位置处于平衡。设 $AD = BC$，$AB = CD$，$\angle ABC = \angle ADC = 90°$，$\angle DCB = 30°$。求 $\boldsymbol{F}_B$。

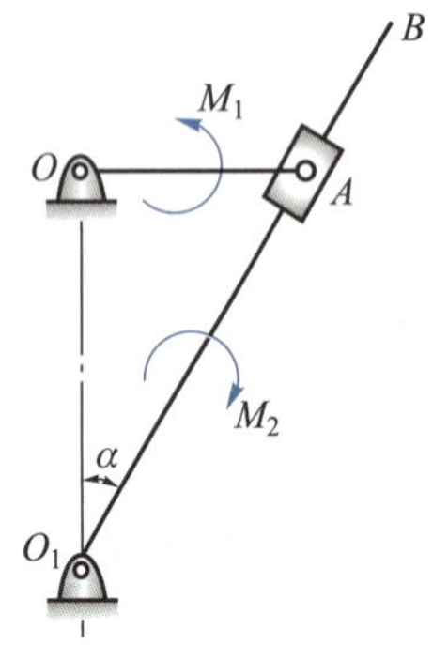

图 18.41

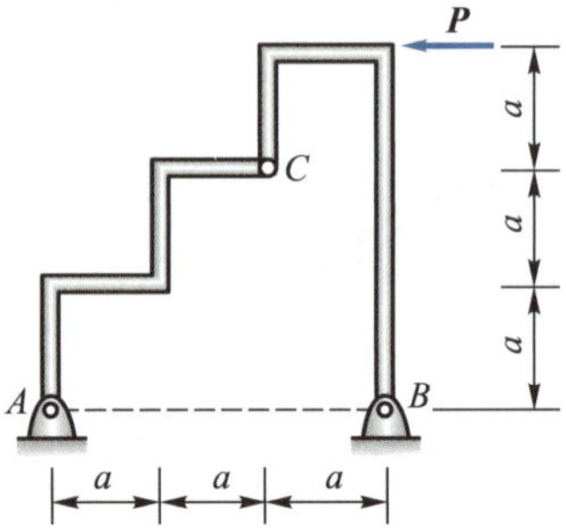

图 18.42

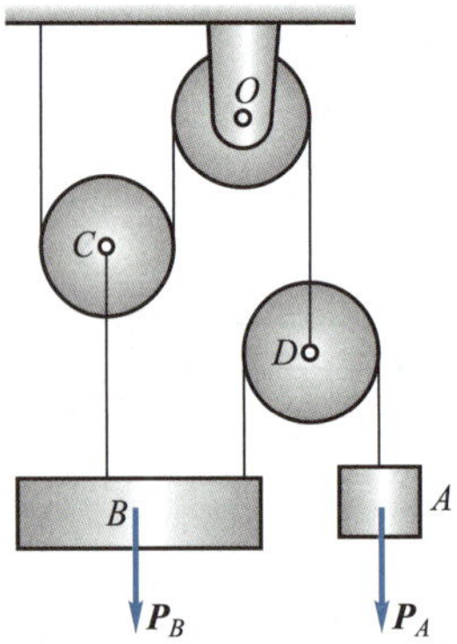

图 18.43

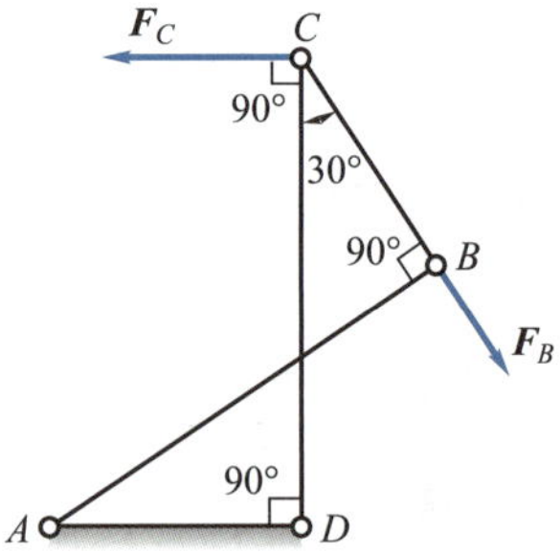

图 18.44

18–12　均质杆 AB 长度为 $2l$，一端靠在光滑的铅垂墙壁上，另一端放在固定光滑曲面 DE 上，如图 18.45 所示。欲使细杆能静止在铅垂平面的任意位置，问曲面的 DE 应是怎样的曲线?

18–13　均质杆 AB 的长度为 l，重为 $\boldsymbol{P}$，搁置在宽为 a 的槽内，如图 18.46 所示。设 A 和 D 处光滑接触，试求平衡时的 θ 角。

18–14　如图 18.47 所示，长度为 l 的无质量绳 AB 一端固定于墙壁 A 点，另一端与均质椭圆的短轴端点 B 连接，椭圆斜靠在墙壁上。椭圆半长轴为 a，半短轴为 b，忽略各处摩擦。已知 $a = \sqrt{3}\ \mathrm{m}$，$b = 1\ \mathrm{m}$，$l = \sqrt{10}/2\ \mathrm{m}$。求在重力 $\boldsymbol{G}$ 作用下平衡时，绳与墙壁之间的夹角 θ。(提示：可以解得椭圆与墙壁切点 C 在图示坐标系中纵坐标 $y_C = 1/2\ \mathrm{m}$。)

18–15　如图 18.48 所示有 $2n=100$ 颗，质量各为 m 的小球等距串在无质量绳上，绳长度为 $2L$，悬挂于 A、B 点，AB 距离为 L。求最低点处绳的张力、端点处绳与平面的夹角。

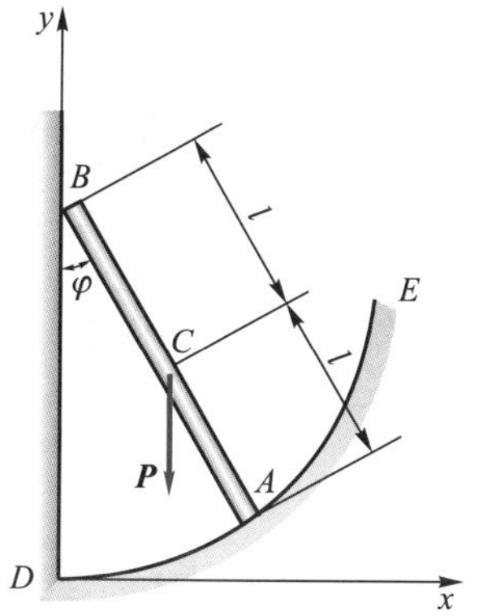

图 18.45

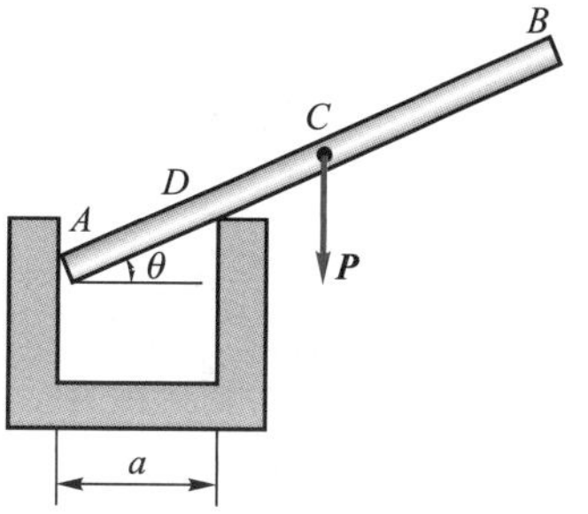

图 18.46

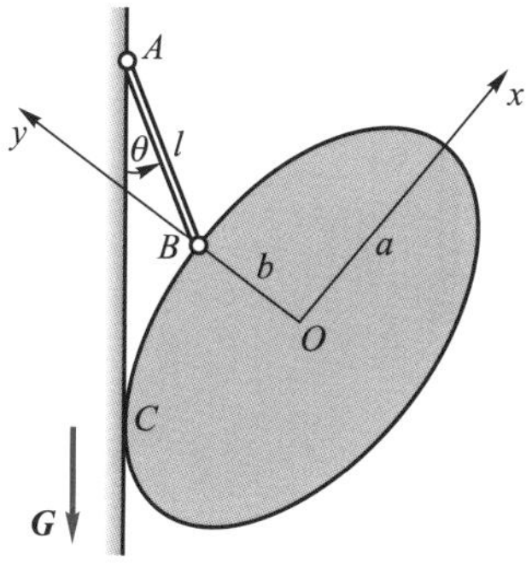

图 18.47

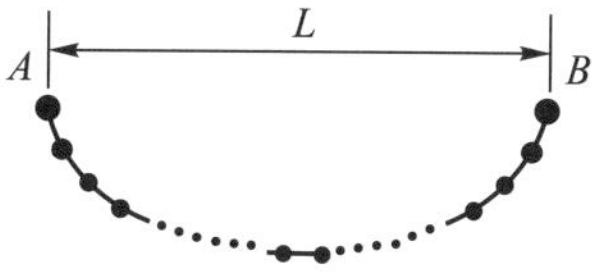

图 18.48

18–16　如图 18.49 所示，两个相同的均质圆柱体，半径均为 r，重均为 $\boldsymbol{P}$，这两圆柱放在水平面上，且其轴心用不可伸长的绳连在一起；绳长度为 $2r$，在这两个圆柱上放着半径为 R、重为 $\boldsymbol{W}$ 的第三个均质圆柱，求绳的张力，圆柱对平面的压力，以及各圆柱之间的作用力，不计摩擦。

18–17　如图 18.50 所示，边长为 a 的等边三角形板 ABC 用三根铅垂杆 1、2、3 及三根与水平面成 30° 角的斜杆 4、5、6 撑在水平位置，在板的平面内作用一力偶，其力偶矩大小为 M，方向如图 18.50 所示。不计板及杆的重量，试求各杆内力。

18–18　刚架由 AC、BC 两部分组成，所受载荷如图 18.51 所示，求 A、B、C 处的约束力。

18–19　如图 18.52 所示结构由 CD、DE 和 AEG 三部分组成，载荷及尺寸如图，求 A、B 和 C 处的约束力。

18–20 双层三铰拱由 AC、BC、DF 和 EF 四部分组成，彼此间用铰链连接，所受载荷如图 18.53 所示，求 A、B 支座的约束力。

图 18.49

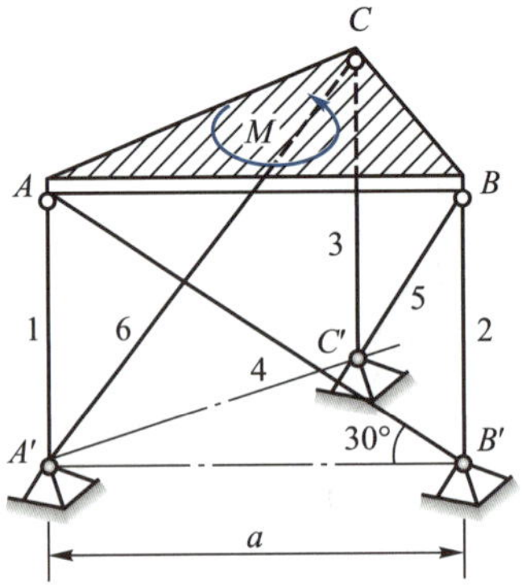

图 18.50

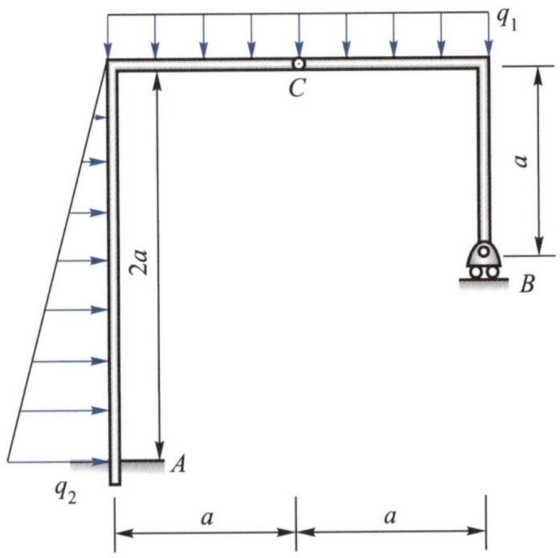

图 18.51

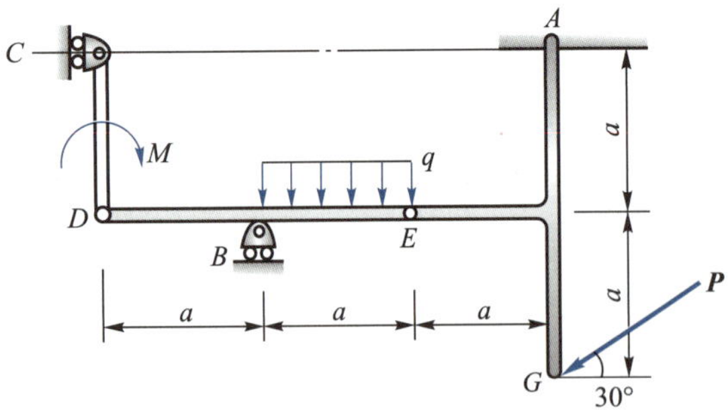

图 18.52

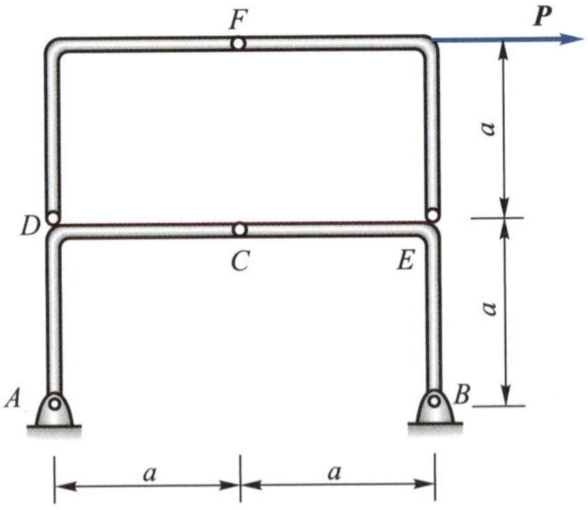

图 18.53

18–21　如图 18.54 所示结构由 AC、CD、DE 和 BE 四部分组成，载荷及尺寸如图，求 A、B、C 处的约束力和 1、2、3 杆的内力。

18–22　三均质细杆以铰链相连，其 A 端和 B 端以铰链联结在固定水平直线 AB 上，如图 18.55 所示。已知各杆的重量与其长度成正比，$AC = a$，$CD = DB = 2a$，$AB = 3a$。设铰链为理想约束，求杆系平衡时 α、β 和 γ 间的关系。

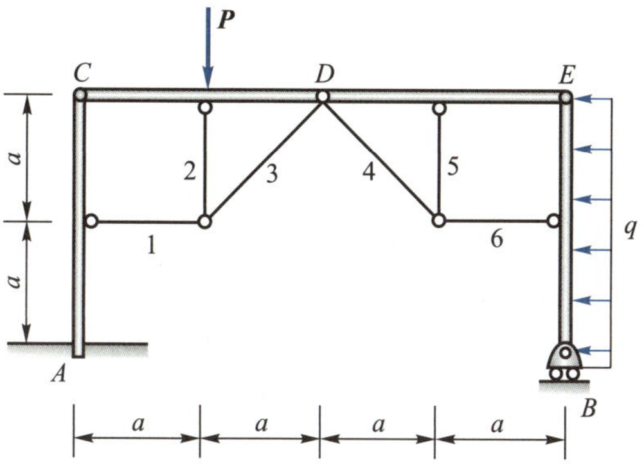

图 18.54

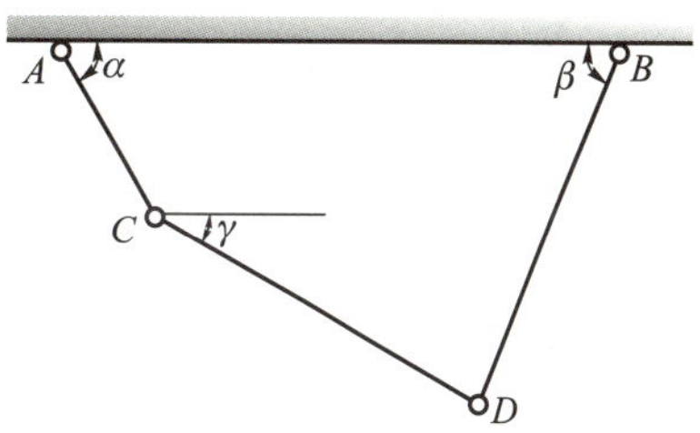

图 18.55

18–23　如图 18.56 所示平台钢架由一个 Γ 形框架带中间铰 C 构成。框架的上端刚性地插在混凝土墙内，下端则搁在辊轴支座上。载荷 $\boldsymbol{P}_1$ 和 $\boldsymbol{P}_2$ 如图 18.56 所示，求插入端 A 处的铅垂反作用力。

18–24　如图 18.57 所示三铰拱的自重不计，求在水平力 $\boldsymbol{P}$ 作用下支座 A 和 B 的约束力。

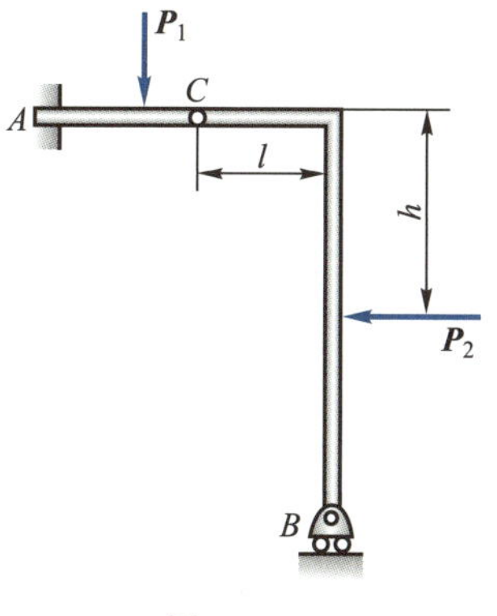

图 18.56

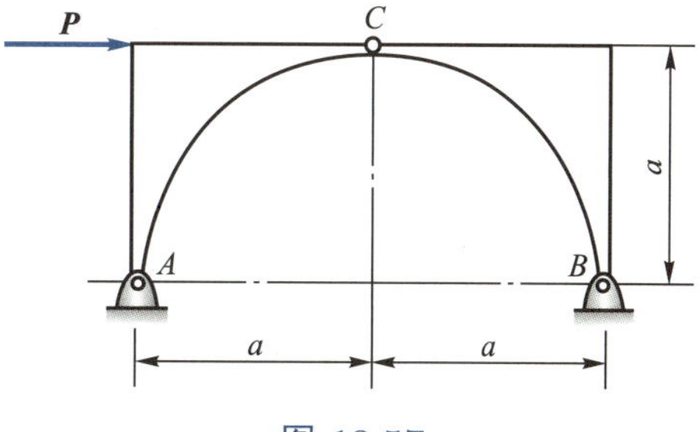

图 18.57

18–25　如图 18.58 所示组合梁上作用有载荷 $P_1 = 5\ \text{kN}$，$P_2 = 4\ \text{kN}$，$P_3 = 3\ \text{kN}$，以及 $M = 2\ \text{kN}\cdot\text{m}$ 的力偶矩。不计摩擦及梁的质量。试求固定端 A 的约束力偶之矩 M_A。

18–26　在图 18.59 所示桁架的节点 B 上作用一个水平力 $\boldsymbol{P}$，设 $AB = BC = CD = AD$，求各杆内力大小。

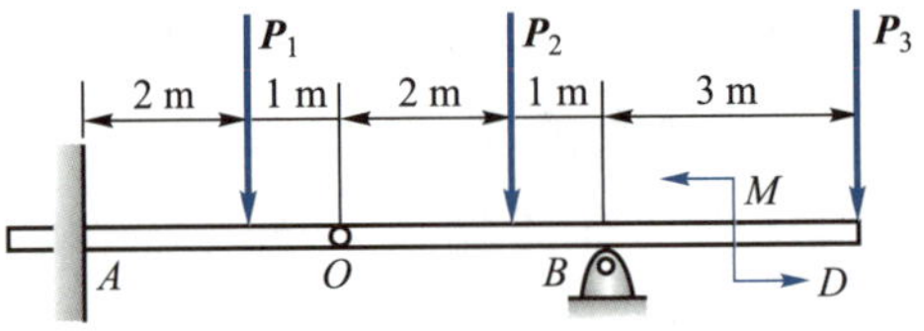

图 18.58

18–27　桁架如图 18.60 所示，载荷 P 作用在节点 C 上，其中对角线 BC 和 AD 为钢索，求各杆内力大小。

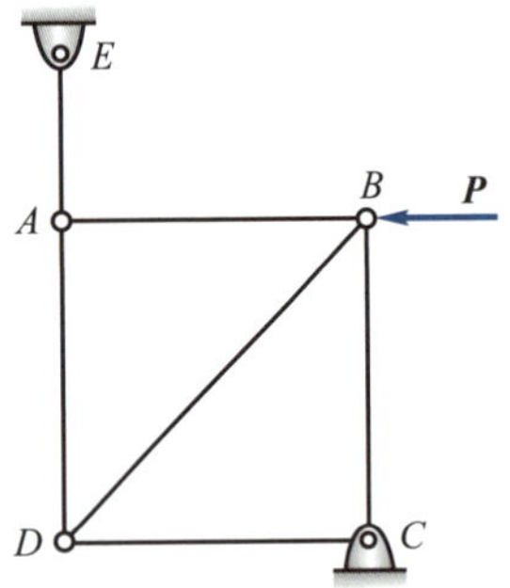

图 18.59

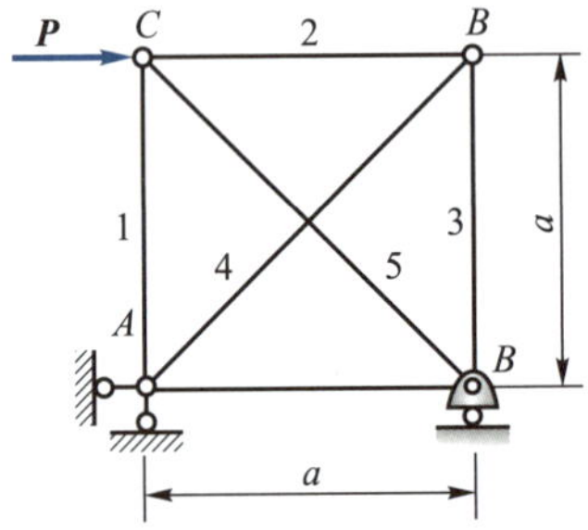

图 18.60

18–28　平面桁架的支座和载荷如图 18.61 所示。ABC 为等边三角形，E、F 为两腰中点，又 $AD = DB$。求杆 CD 的内力 F。

18–29　平面桁架的支座和载荷如图 18.62 所示，求杆 AB 的内力。

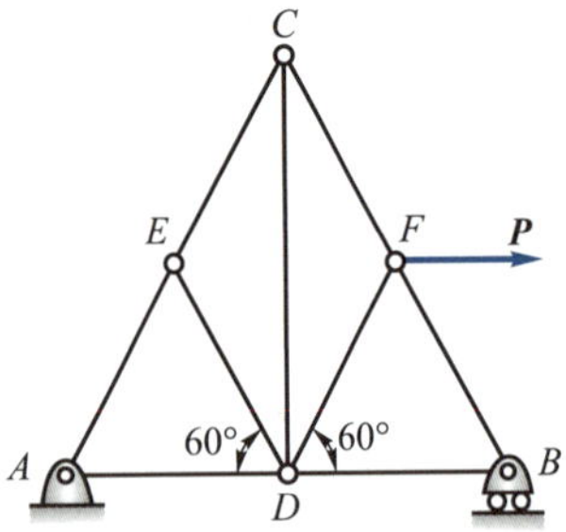

图 18.61

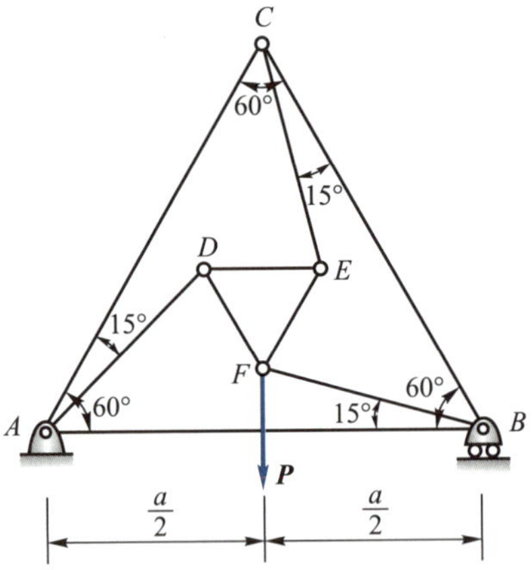

图 18.62

18–30　平面桁架的支座和载荷如图 18.63 所示，求杆 1、2 和 3 的内力。

18–31　平面桁架的支座和载荷如图 18.64 所示，其中 $ABCDEF$ 为正八角形的一半，求杆 1、2 和 3 的内力。

18–32　如图 18.65 所示桁架中 $AD = DB = 6\ \text{m}$，$CD = 3\ \text{m}$，在节点 D 的载荷为 $\boldsymbol{P}$，各杆自重不计。试求杆 3 的内力。

18–33　求图 18.66 所示桁架 1、2 两杆的内力。

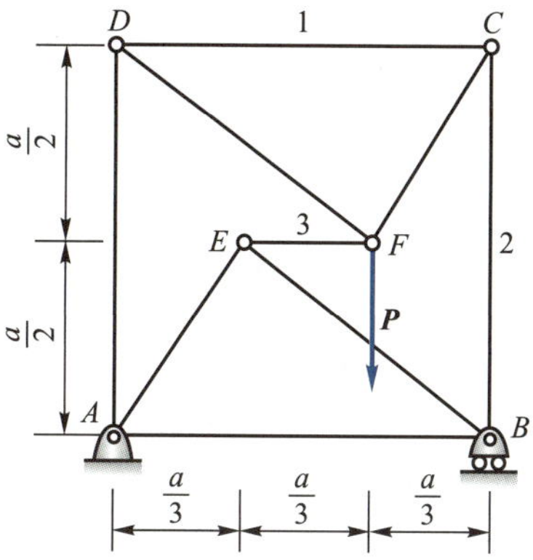

图 18.63

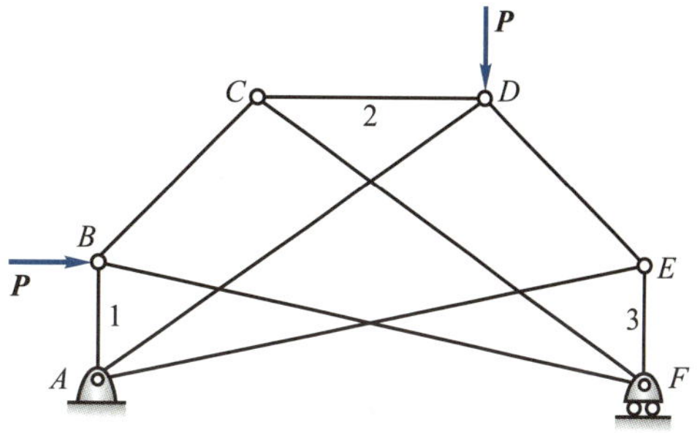

图 18.64

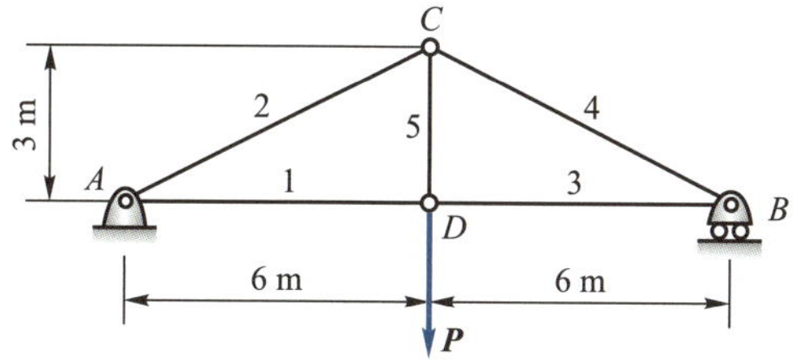

图 18.65

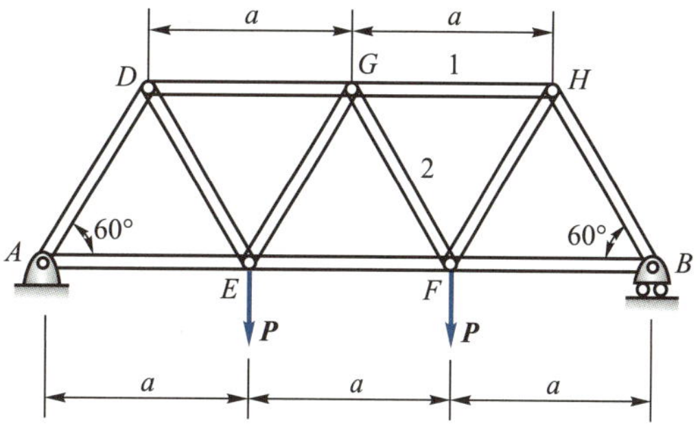

图 18.66

18–34　构架 ABC 由三杆 AB、AC 和 DF 组成，如图 18.67 所示。杆 DF 上的销 E 可在杆 AC 的槽内滑动。求在水平杆 DF 的一端作用铅垂力 $\boldsymbol{P}$ 时，杆 AB 上的点 A、D 和 B 所受的力。

18–35　长度均为 l 的轻杆 4 根，由光滑铰链连成一菱形 $ABCE$，AB、AD 两边支于同一水平线的两个钉 E、F 上，相距为 $2a$，BD 间用一细绳连接，C 点作用有大小为 P 的铅垂力，如图 18.68 所示。设 A 点的顶角为 2α，试求细绳中张力的大小 F_T。

18–36　如图 18.69 所示为一轧纸钳，其尺寸如图。工作时上、下钳口保持平行，设手握力为 $\boldsymbol{P}$，求作用于纸片上力的大小 F。

18–37　如图 18.70 所示机构在 C 处铰接，在 D 点上作用水平力 $\boldsymbol{P}_1$，已知 $AC = BC = EC = FC = DE = DF = l$，求保持机构平衡的力的大小 P_2。

18–38　滑套 D 套在光滑直杆 AB 上，并带动 CD 杆在铅垂滑道上滑动，如图 18.71

所示。已知当 $\theta = 0°$ 时，弹簧等于原长，且弹簧刚度系数为 5 kN/m。若系统的自重不计，要在任意角 θ 平衡，在 AB 杆上应加多大力偶矩?

18–39 两等长杆 AB 与 BC 在 B 点用铰链连接，又在杆的 D 和 E 两点连一根弹簧，如图 18.72 所示。弹簧刚度系数为 k，当距离 AC 等于 a 时，弹簧的拉力为零。在 C 点作用大小为 F 的水平力，杆系处于平衡。设 $AB = l$，$BD = b$，杆重及摩擦略去不计，求距离 AC。

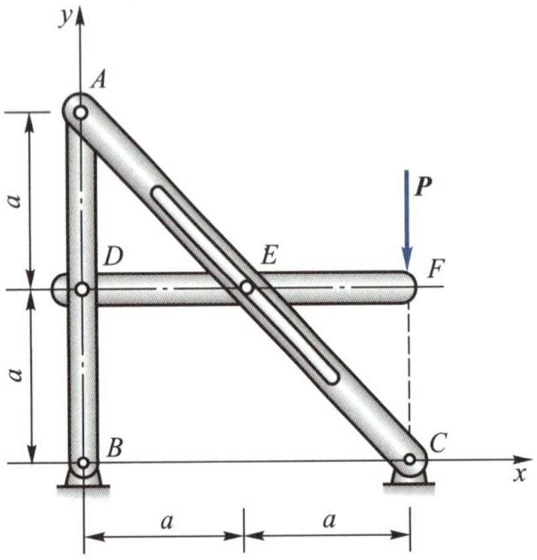

图 18.67

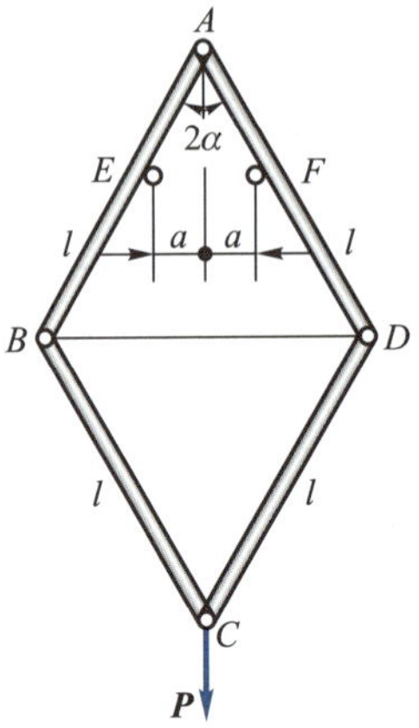

图 18.68

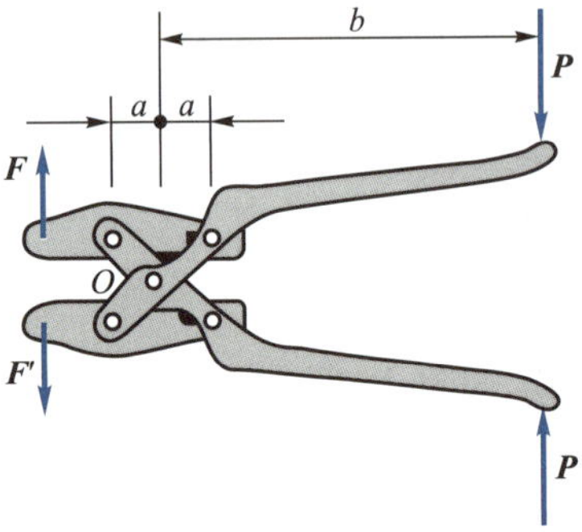

图 18.69

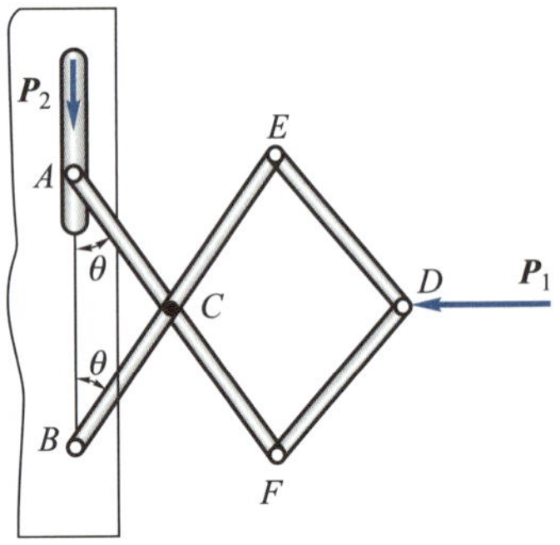

图 18.70

18–40 在如图 18.73 所示机构中，AB 和 CD 长度均为 $a = 300$ cm，在 E 处以铰链连接，$BE = DE = a/3$，AB 与 BF 在 B 处以铰链连接，D 处为光滑套筒，C 处为小滚轮。弹簧刚度系数为 1.8 kN/m，且当弹簧为原长时，其末端在 A 点正上方。在 B 处的载荷 $P = 1.2$ kN，求平衡时的 θ。

18–41 在曲柄 OA 上作用力偶矩为 $M = 6$ N·m 的力偶。$OA = 150$ mm，$OO_1 = 200$ mm，$O_1B = 500$ mm，$BC = 780$ mm，略去摩擦及自重。当 $OA \perp OO_1$ 时（如图 18.74 所示），为了使机构处于平衡，求作用在滑块 C 上的水平力大小 P。

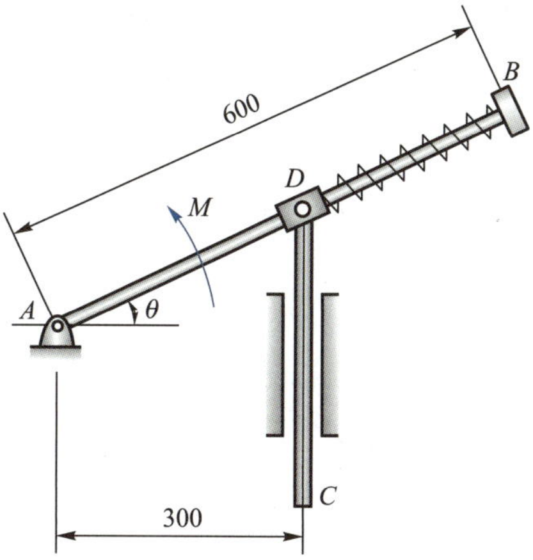

图 18.71

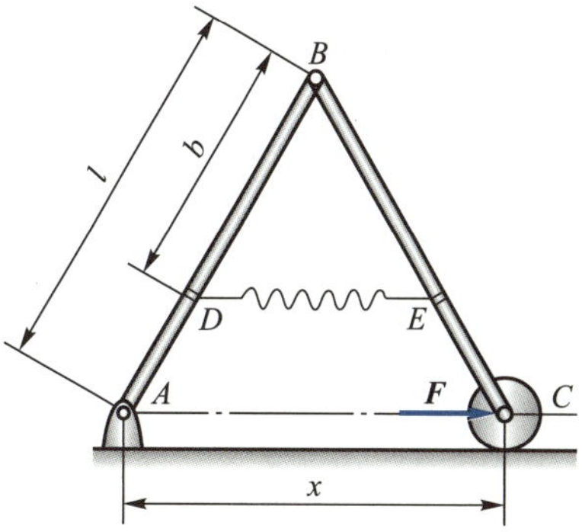

图 18.72

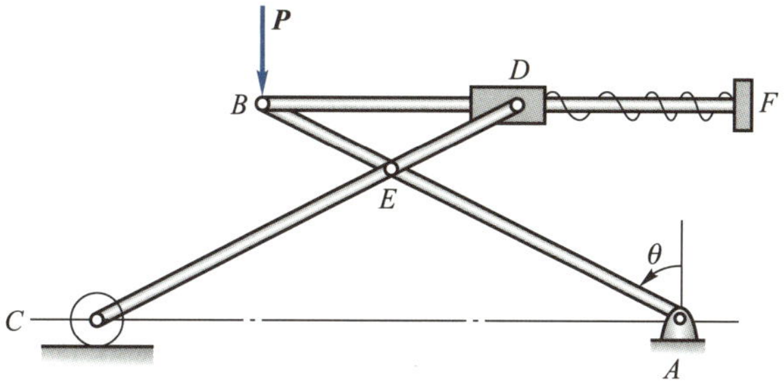

图 18.73

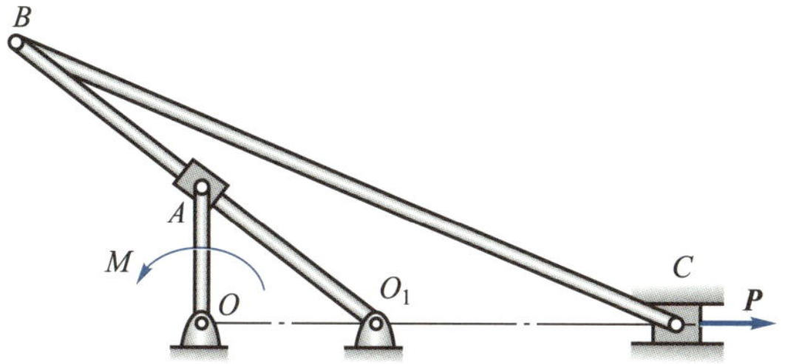

图 18.74

18–42　两相同的均质杆，长度均为 l，质量均匀为 m，其上作用力偶如图 18.75 所示。试求在平衡状态时，杆与水平线之间的夹角 θ_1 和 θ_2。

18–43　在如图 18.76 所示平面连杆机构中，A、B、C、D 等为铰链，这些杆件组成 n 个菱形（图中仅画出 3 个）。在 O 和 K 之间有一个弹簧秤，在机构最下端挂一个重为 $\boldsymbol{W}$ 的物块。不计所有杆的重量，试问弹簧秤所指示的值。

18–44　将一支长铅笔放在两手水平伸直的食指上，然后使两食指慢慢相互靠近，并使铅笔保持水平。你会发现什么有趣的现象？试解释之。

18–45　重均为 $\boldsymbol{W}$ 的两个小环沿着光滑的大椭圆环滑动，椭圆偏心率为 e，椭圆长轴竖直。两小环由一条线连接，线搭在固定于椭圆焦点的光滑钉子上。试证明：无论小环处于什么平衡位置，线的张力大小均为 $F_{\mathrm{T}} = W/e$。

18–46　求证：任意空间力系是平衡力系的充分必要条件是分别对一个四面体六条边的矩均为零。

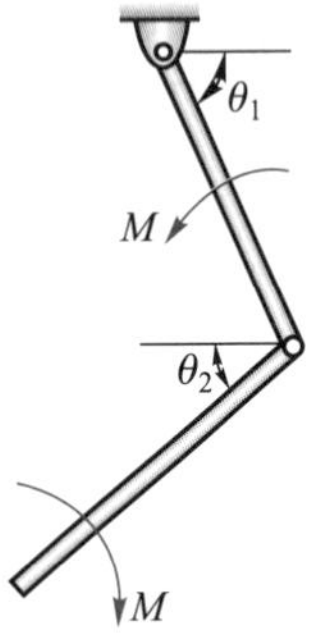

图 18.75

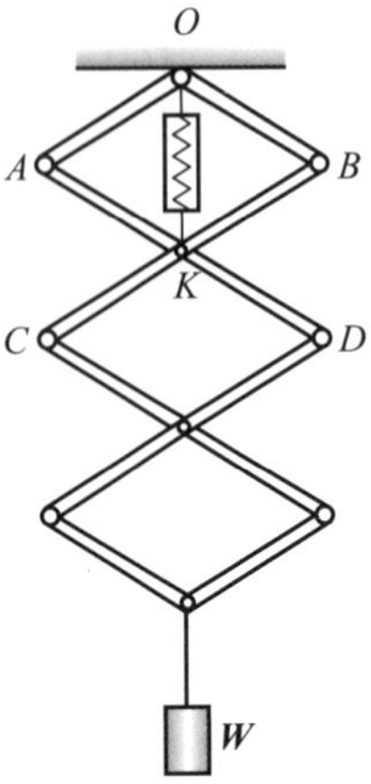

图 18.76

18–47　长为 l 的均质杆放在粗糙水平面上，在杆的一端 A 作用一个垂直于杆的水平力。当平衡破坏时，杆将绕 C 点转动。试证明：$|AC| = \sqrt{2}l/2$。

18–48　设 4 个半径为 r 的均质光滑小球静止放在半径为 R（$R > 4r$）的光滑半球内，4 个小球的中心在同一个水平面上。再拿一个同样的小球放在 4 个小球之上。试证明：如果 $R > (2\sqrt{13}+1)r$，则 4 个小球将相互分离。

第18讲习题
参考答案

第19讲 摩擦

本讲研究含摩擦的平衡问题，依然属于几何静力学。

■ 19.1 关于摩擦的基本知识

摩擦有很多种，常见的有**干摩擦**（**滑动摩擦**）、**黏性摩擦**和**滚动摩擦**等，它们的力学机理和性质是不同的。本讲不涉及摩擦的机理，主要介绍如何利用摩擦的性质研究含干摩擦的动力学（包括静力学）问题，比物理研究的内容复杂一些。在本讲的最后还将介绍滚动摩擦。

滑动摩擦力分为静滑动摩擦力（简称静摩擦力）和动滑动摩擦力（简称动摩擦力），如无特殊说明，本教程随后均将滑动摩擦力简称为摩擦力。摩擦力的大小与主动力有关。例如木块放在粗糙水平桌面上，如果主动力垂直桌面压木块，摩擦力是零；如果主动力水平作用，就会有摩擦力阻碍木块运动。当木块仍旧静止时，水平推力越大，静摩擦力也变得越大以保持木块平衡。但是静摩擦力有一个上限，当水平力大过某个值，静摩擦力达到最大值，木块将开始运动。这个静摩擦力的最大值称为最大静摩擦力，记为 $F_{\max}$。根据库仑定律：$F_{\max}=\mu_s F_N$，其中 μ_s 称为静摩擦因数，它只依赖于物体和约束面的材料性质。F_N 是约束面的法向约束力的大小。

在有摩擦力的平衡问题中，摩擦力应满足不等式

$$F \leqslant \mu_s F_N \tag{19.1.1}$$

桌面作用在木块上的约束力包括摩擦力 $\boldsymbol{F}$ 和法向约束力 $\boldsymbol{F}_N$，它们的合力 $\boldsymbol{F}_R$ 称为**全约束力**。当摩擦力达到最大静摩擦力时，全约束力 $\boldsymbol{F}_R$ 和约束面法向的夹角称为**摩擦角**，记为 θ_m。以约束面法向为中心轴，以 $2\theta_m$ 为顶角的正圆锥称为**摩擦锥**，如图 19.1 所示。

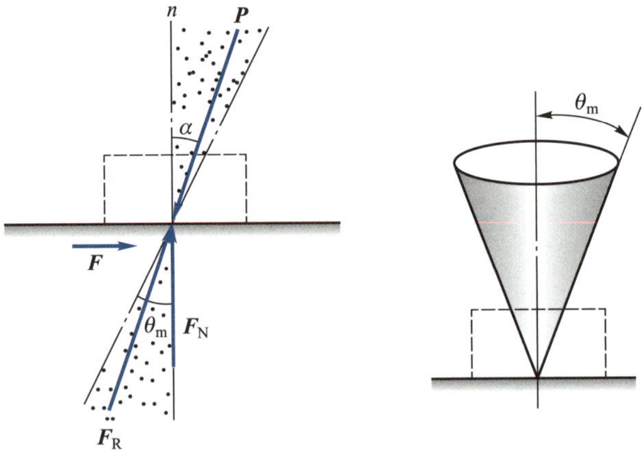

图 19.1

容易发现静摩擦因数与摩擦角的关系为

$$\mu_s = \tan\theta_m \tag{19.1.2}$$

利用式 (19.1.1) 和式 (19.1.2) 可以得到两个有用的结论，下面以定理形式给出。

定理 19.1

在含摩擦的平衡问题中，摩擦面的全约束力 $\boldsymbol{F}_R$ 的作用线一定位于摩擦锥内。

证明 设全约束力 $\boldsymbol{F}_R$ 与法向的夹角为 α，法向约束力大小为 F_N，摩擦力大小为 F，则平衡时有

$$\tan\alpha = \frac{F}{F_N} \leqslant \frac{\mu_s F_N}{F_N}$$

即

$$\tan\alpha \leqslant \mu_s$$

利用式 (19.1.2) 可得 $\alpha \leqslant \theta_m$，结论得证。

定理 19.2

在有摩擦的平衡问题中，平衡的充分必要条件是主动力作用线在摩擦锥内且方向指向接触点。

证明 必要性根据定理 19.1 和二力平衡条件立刻可以得到。下面证明充分性。设主动力 $\boldsymbol{P}$ 与法向的夹角为 α，法向约束力大小为 F_N，摩擦力大小为 F。约束限制了物体沿法向的运动，即 $P\cos\alpha = F_N$，主动力沿切向分量满足下面关系

$$P\sin\alpha = P\cos\alpha\tan\alpha = F_N\tan\alpha \leqslant F_N\tan\theta_m$$

即

$$P\sin\alpha \leqslant F_{max}$$

因此物体处于平衡状态。

这个定理说明，如果主动力作用线落在摩擦锥之内且方向指向接触点，则无论主动力有多大，都不能使物体运动。这种现象称为**摩擦自锁**。

■ 19.2 考虑摩擦的平衡问题

在求解考虑摩擦的平衡问题时，受力图中多了摩擦力，这是一种约束力，大小和方向未知。因此除静力学平衡方程外还要补充摩擦力条件式 (19.1.1)。式 (19.1.1) 是一个不等

式，因此所得结果是一个范围，在求解时既可直接求解不等式方程，也可在临界情况下求解等式，再根据物理意义确定解的取值范围。由于达到临界情况时，受摩擦力的物体即将受到动摩擦，所以考虑摩擦的平衡问题属于静力学与动力学交叉的问题。

例 19.1

[典型例题] 例 19.1

设一物块放在粗糙斜面上，如图 19.2 所示。斜面与物块间的静摩擦因数为 μ_s，问平衡时 α 应满足什么条件？

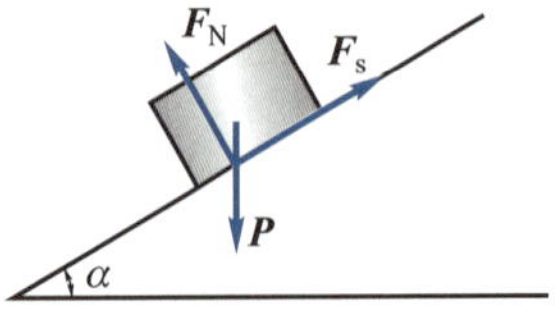

图 19.2

解　画出受力分析图，列出沿着斜面和垂直斜面方向的平衡方程

$$F_N = P\cos\alpha, \quad F_s = P\sin\alpha$$

由于平衡时有

$$F_s \leqslant \mu_s F_N$$

再利用摩擦角的定义，有

$$\tan\alpha \leqslant \tan\theta_m$$

可见，平衡时 $\alpha \leqslant \theta_m$，即主动力 $\boldsymbol{P}$ 在摩擦锥内。

注记 19.1

特别注意对于物块，摩擦力作用在接触面的中心，不要想当然把摩擦力画在物块的几何中心。

例 19.2

[典型例题] 例 19.2

上例中，若 $\alpha > \theta_m$，则主动力 $\boldsymbol{P}$ 落在锥外，物体不平衡。需加一个水平力 $\boldsymbol{F}$ 使物体平衡。求力 $\boldsymbol{F}$ 的大小。

解　方法 1　首先列出沿着斜面和垂直斜面方向的平衡方程

$$F\cos\alpha - F_s - P\sin\alpha = 0$$
$$F_N - P\cos\alpha - F\sin\alpha = 0$$

解出

$$F_s = F\cos\alpha - P\sin\alpha$$
$$F_N = P\cos\alpha + F\sin\alpha$$

平衡时摩擦力应满足

$$-\mu_s F_N \leqslant F \leqslant \mu_s F_N$$

即

$$-\mu_s(P\cos\alpha + F\sin\alpha) \leqslant F_s \leqslant \mu_s(P\cos\alpha + F\sin\alpha)$$

左边不等式可以变化成

$$P(\sin\alpha - \mu_s\cos\alpha) \leqslant F(\cos\alpha + \mu_s\sin\alpha)$$

右边不等式可以变化成

$$F(\cos\alpha - \mu_s\sin\alpha) \leqslant P(\sin\alpha + \mu_s\cos\alpha)$$

容易发现，当 $\mu_s \geqslant \cot\alpha$ 时，也就是说 $\alpha \geqslant \arctan\mu_s > 45°$ 时，这个不等式左端小于或等于零，不等式自然满足，因此推力的大小 F 只有下限而没有上限。当 $\mu_s < \cot\alpha$ 时，得出推力的大小 F 应满足的条件为

$$\frac{P(\sin\alpha - \mu_s\cos\alpha)}{\cos\alpha + \mu_s\sin\alpha} \leqslant F \leqslant \frac{P(\sin\alpha + \mu_s\cos\alpha)}{\cos\alpha - \mu_s\sin\alpha}$$

再利用摩擦系数与摩擦角的关系可得

$$\tan(\alpha - \theta_m) \leqslant \frac{F}{P} \leqslant \tan(\alpha + \theta_m)$$

方法 2　设 $\boldsymbol{F}$ 与 $\boldsymbol{P}$ 的合力为 $\boldsymbol{F}_R$，它与 $\boldsymbol{P}$ 的夹角为 β，如图 19.3 所示，则

$$\tan\beta = \frac{F}{P}$$

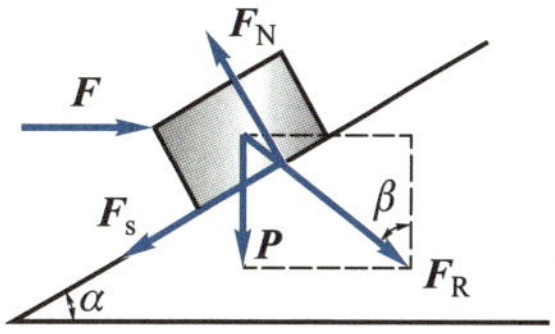

图 19.3

由几何关系知 $\boldsymbol{F}_R$ 与 $\boldsymbol{F}_N$ 的夹角为 $\beta-\alpha$。平衡时这个夹角一定不超过摩擦角，即

$$|\beta - \alpha| \leqslant \theta_m$$

亦即

$$0 < \alpha - \theta_m \leqslant \beta \leqslant \alpha + \theta_m$$

当 $\alpha + \theta_m < 90°$ 时，即当 $\mu_s < \cot\alpha$ 时，由上式可得

$$\tan(\alpha - \theta_m) \leqslant \frac{F}{P} \leqslant \tan(\alpha + \theta_m)$$

当 $\alpha + \theta_m \geqslant 90°$ 时，即当 $\mu_s \geqslant \cot\alpha$ 时，由于 $\beta < 90°$，因此 $\beta \leqslant \alpha + \theta_m$ 是恒成立的，可以取消。这时对 F 只有下限而没有上限。

从这个例子可以看出，只要斜面的倾斜角小于摩擦角，无论物块多么重都能保持平衡，这就是摩擦自锁。斜面倾斜角等于摩擦角是临界情况。利用这个结果我们可以粗略估算出沙堆的倾角应该等于沙粒之间的摩擦角（见图 19.4）。这是因为如果倾角小于摩擦角，沙粒将停留在沙堆斜面上使倾角升高，直到倾角达到摩擦角。沙粒不能停留在倾角大于摩擦角的斜面上，一定会沿着斜面滑落，因此倾角不可能大于摩擦角。

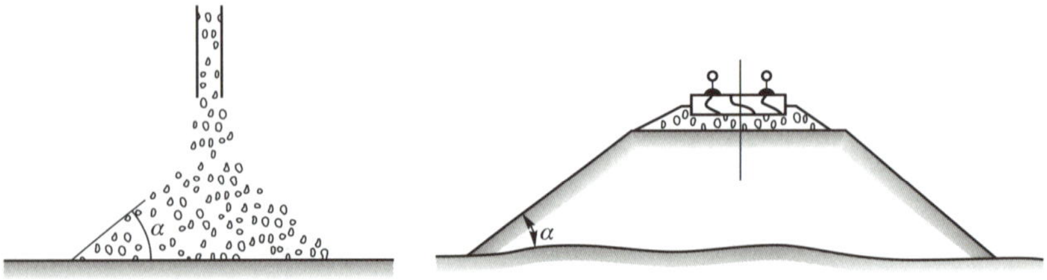

图 19.4

螺旋器械相当于在圆柱上缠绕的斜面。如图 19.5(a) 所示的螺旋夹紧器，其具有阴螺纹的框架相当于斜面，具有阳螺纹的螺杆相当于在斜面上滑动的物块，载荷相当于物块的重量，如图 19.5(b) 所示。如果螺纹升角小于摩擦角，无论载荷多大，螺杆都可以在任意位置保持静止，即摩擦自锁，类似地还有螺旋千斤顶，如图 19.6 所示。

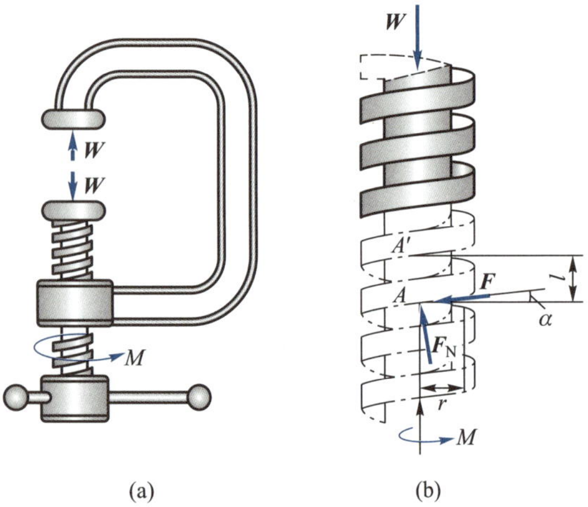

图 19.5

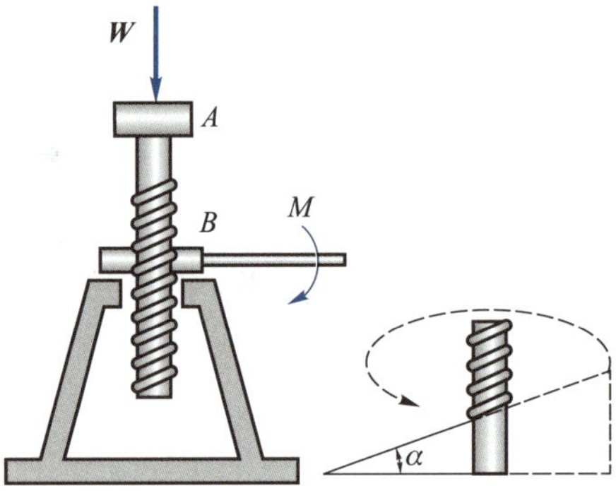

图 19.6

例 19.3

长度为 $2l$ 的均质杆 AB 搁在半径为 r 的均质圆柱体上，杆与圆柱轴互相垂直，杆与圆柱重心在同一竖直平面内，如图 19.7(a) 所示。点 A 为光滑铰支座，其余接触处的静摩擦因数均为 μ_s。求平衡时杆与水平面夹角 θ 的最大值。

解　本题的特点是在多个点有摩擦，任何一点的摩擦力达到最大静摩擦都会破坏平衡。一般来说，应该首先判断哪个点最先达到最大静摩擦。

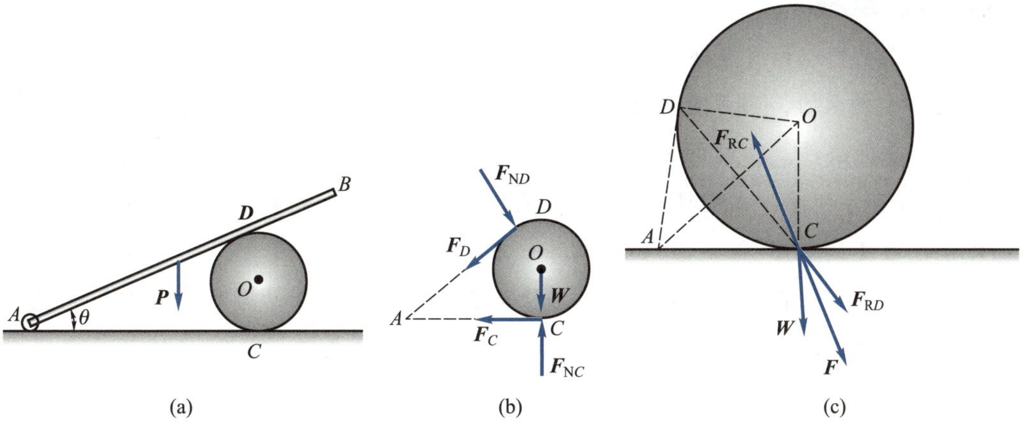

图 19.7

以柱为研究对象，其受力图如图 19.7(b) 所示。对点 O 求矩得

$$F_D r - F_C r = 0$$

由此可知 $F_D = F_C$，即 C 和 D 处的摩擦力总是相等的。

本题假设这两处的静摩擦因数相等，因此它们可以承受的最大静摩擦力的大小取决于正压力。下面就来判断哪个点的正压力较小。

对 A 点求矩有

$$F_{\mathrm{N}C}|AC| - F_{\mathrm{N}D}|AD| - W|AC| = 0$$

由于 $|AC| = |AD|$，上式可解出

$$F_{\mathrm{N}C} = W + F_{\mathrm{N}D}$$

可见，D 点的正压力小于 C 点的正压力，D 点可以承受的最大静摩擦力比 C 点小，因此 D 点首先达到最大静摩擦。此时

$$F_C = F_D = \mu_{\mathrm{s}} F_{\mathrm{N}D} < \mu_{\mathrm{s}} F_{\mathrm{N}C}$$

列出竖直方向的平衡方程

$$F_{\mathrm{N}D}\cos\theta + F_D\sin\theta + W = F_{\mathrm{N}C}$$

将上面已经求出的 $F_{\mathrm{N}C} = W + F_{\mathrm{N}D}$ 代入得

$$\cos\theta + \mu_{\mathrm{s}}\sin\theta = 1$$

由此式可以解出

$$\theta = 0, \quad \theta = 2\arctan\mu_{\mathrm{s}}$$

根据题意可以判断 $\theta = 0$ 不合题意，因此其不是真正的解。

注记 19.2

我们也可以利用摩擦角来求解这个问题。分析圆柱的受力，它受重力、C 处和 D 处的全约束力，而且重力 $\boldsymbol{W}$ 和 C 处全约束力 $\boldsymbol{F}_{\mathrm{R}C}$ 的作用线相交于 C 点。根据三力平衡条件，D 处的全约束力 $\boldsymbol{F}_{\mathrm{R}D}$ 的作用线也必然通过 C 点，即沿着 DC，如图 19.7(c) 所示。我们可以将 $\boldsymbol{F}_{\mathrm{R}D}$ 看作作用在圆柱上的主动力，设 $\boldsymbol{W}$ 与 $\boldsymbol{F}_{\mathrm{R}D}$ 的合力为 $\boldsymbol{F}$，则 $\boldsymbol{F}$ 与 $\boldsymbol{F}_{\mathrm{R}C}$ 大小相等、方向相反、作用线重合。当 D 处摩擦力达到临界值时，即 D 点发生滑动时，DC 与 OD 的夹角等于摩擦角，这时 $\boldsymbol{F}$ 与竖直方向的夹角一定小于摩擦角，即 $\boldsymbol{F}$ 位于 C 处摩擦锥之内。因此 C 点不会发生滑动。可见，D 点先达到最大静摩擦。

在临界情况下，$\angle AOD = 90° - \angle CDO = 90° - \arctan\mu_{\mathrm{s}}$。由此可得

$$\theta = 2\angle DAO = 2(90° - \angle AOD) = 2\arctan\mu_{\mathrm{s}}$$

思考题 19.1

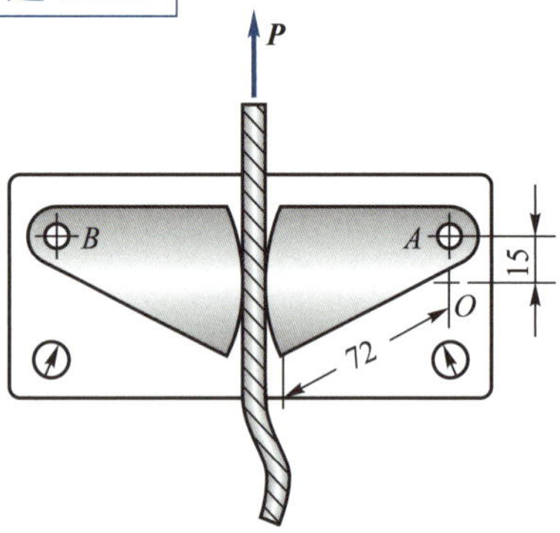

图 19.8

如图 19.8 所示为一种夹紧装置，它能卡住绳索使之不能沿着拉力 $\boldsymbol{P}$ 的方向移动。设绳索沿铅垂线，凸轮圆弧中心为 O 点，A 和 B 为光滑销。在图示位置时，绳索与凸轮间的静摩擦因数至少应等于多少才能保证自锁？凸轮自重可忽略。

例 19.4

[典型例题]
例 19.4

图 19.9 所示为工人攀登电杆时脚上所带的套钩。已知套钩的尺寸 b、电杆直径 d，和静摩擦因数 μ_{s}。求套钩不下滑时脚踏力 $\boldsymbol{P}$ 距电杆中心线的距离 l。

解　方法 1　取套钩为研究对象，画受力图如图 19.10 所示。列出一矩式的平衡方程

$$F_{\mathrm{R}x} = F_{\mathrm{N}B} - F_{\mathrm{N}A} = 0$$

$$F_{\mathrm{R}y} = F_A + F_B - P = 0$$

$$M_{Az} = F_{\mathrm{N}B}b + F_Bd - P\left(l + \frac{d}{2}\right) = 0$$

又由于摩擦力满足

$$F_A \leqslant \mu_s F_{NA},\quad F_B \leqslant \mu_s F_{NB}$$

可以解出满足不下滑的距离的条件

$$l \geqslant \frac{b}{2\mu_s}$$

方法 2　采用几何法。套钩在全约束力 $\boldsymbol{F}_{RA}$、$\boldsymbol{F}_{RB}$ 和主动力 $\boldsymbol{P}$ 三力作用下平衡，三力必汇交，其交点必须位于图 19.10 阴影区中 (平衡的必要条件)。

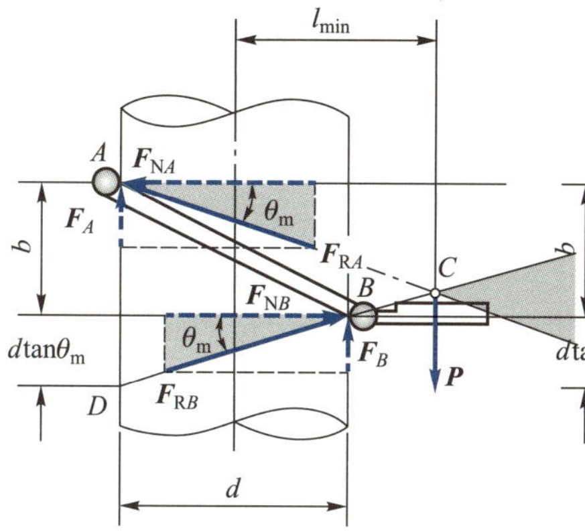

图 19.9

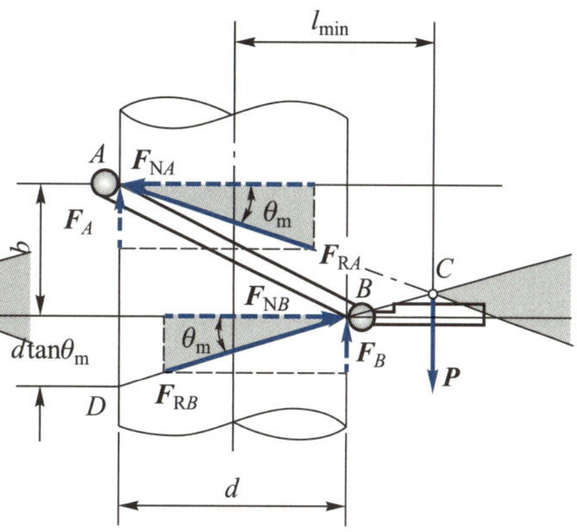

图 19.10

由三角形 ACD 可得

$$\frac{1}{2}(b + d\tan\theta_m) = \left(\frac{d}{2} + l_{\min}\right)\tan\theta_m$$

即

$$l_{\min} = \frac{b}{2\tan\theta_m} = \frac{b}{2\mu_s}$$

该安全距离与人的体重无关。

例 19.5

带轮绕过圆柱体，两端作用有力 $\boldsymbol{F}_{T1}$ 和 $\boldsymbol{F}_{T2}$，已知静摩擦因数为 μ_s，圆柱半径为 r，圆柱与带接触部分的张角为 β，如图 19.11(a) 所示。已知 $F_{T1} > F_{T2}$，求带不滑动情况下 F_{T1}/F_{T2} 的最大值。

解　我们研究与圆柱接触部分带的平衡，带和其中一个微元的受力图如图 19.11(b) 所示。设微元的中心角为 $\mathrm{d}\theta$，列写微元的平衡方程

$$F_{R\tau} = (F_T + dF_T)\cos(d\theta/2) - F_T\cos(d\theta/2) - \mu_s dF_N = 0$$
$$F_{Rn} = dF_N - (F_T + dF_T)\sin(d\theta/2) - F_T\sin(d\theta/2) = 0$$

由于 $d\theta$ 为小量，有

$$\cos\left(\frac{d\theta}{2}\right) \approx 1, \quad \sin\left(\frac{d\theta}{2}\right) \approx \frac{d\theta}{2}$$

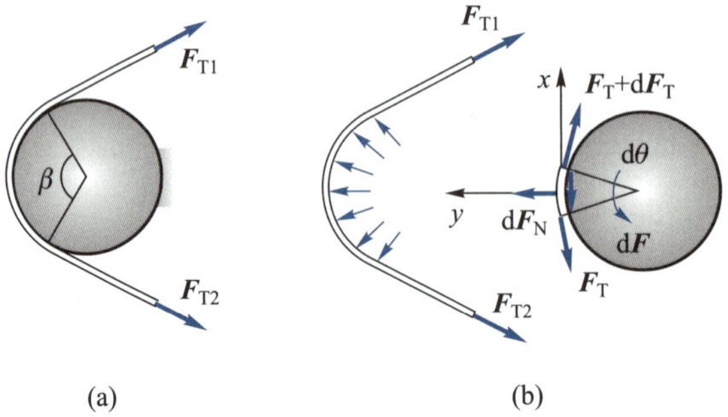

图 19.11

因此微元平衡方程可以写成

$$F_{R\tau} = (F_T + dF_T) - F_T - \mu_s dF_N = 0$$
$$F_{Rn} = dF_N - (F_T + dF_T)(d\theta/2) - F_T(d\theta/2) = 0$$

显然，$dF_T(d\theta/2)$ 也是高阶小量，也要略去。于是微元方程进一步写成

$$dF_T = \mu_s dF_N$$
$$dF_N = F_T d\theta$$

由此可得

$$dF_T = \mu_s F_T d\theta$$

为了便于积分，将这个方程变为

$$\frac{dF_T}{F_T} = \mu_s d\theta$$

两边积分

$$\int_{F_{T2}}^{F_{T1}} \frac{dF_T}{F_T} = \int_0^\beta \mu_s d\theta$$

可得

$$\ln\frac{F_{T1}}{F_{T2}} = \mu_s\beta$$

即

$$\frac{F_{T1}}{F_{T2}} = e^{\mu_s\beta}$$

注记 19.3

假设有一根绳子在树上绕两周，绳子的一端作用 50 N 的力，设静摩擦因数为 0.3，那么在另一端作用多大的力就可以保持绳子不滑动？

这种情况下 $\beta = 4\pi$，如果令 $F_{T2} = 50$ N，计算得 $F_{T1} = 2164.67$ N；如果令 $F_{T1} = 50$ N，计算得 $F_{T2} = 1.15$ N。所以若另一端的作用力在 1.15 N 到 2164.67 N 之间，则绳子都不会滑动。

例 19.6

一个长方体形状的均质箱子放在粗糙水平面上，箱子与水平面之间的静摩擦因数为 μ_s，如果我们用一个力推箱子，希望箱子从静止开始运动，为了更省力，这个力的作用点应作用在哪里？

解　简单分析可知，箱子（设质量为 m）由静止开始运动的临界情况有 3 种：① 箱子底面不离开水平面，开始作刚体平动（以下简称平动）；② 箱子底面不离开水平面，开始作刚体平面运动，可以看作绕某个铅垂轴的瞬时转动（以下简称转动）；③ 箱子底面部分脱离水平面，开始绕箱子某个棱边作刚体定轴转动（以下简称翻倒）。

（1）平动情况。平动的分析比较简单，设推力水平分量为 F_{1h}，竖直分量为 F_{1v}，如图 19.12 所示。由竖直和水平方向受力平衡可得 $F_{1\min} = \dfrac{\mu_s}{\sqrt{\mu_s^2+1}}mg$，这个推力大小显然只与静摩擦因数有关而和箱子尺寸无关。

（2）转动情况。此时为了理论分析的方便，不妨把箱子简化为一个放置于水平面上的长条状物体，水平推力垂直于箱子，如图 19.13 所示。此时假设杆长为 l，摩擦力方向的切换点 O 距离施力点的距离为 x，那么 O 两端受到方向相反的摩擦力作用，其合力分别为 $F_{s1} = \mu_s m(l-x)g/l$ 和 $F_{s2} = \mu_s mxg/l$，由受力平衡及力矩平衡可得 $F_2 = \left(\sqrt{2}-1\right)\mu_s mg$，和平动一样，这个推力大小与箱子尺寸无关。

（3）翻倒情况。同样为简化分析，把箱子简化为一个竖直平面，宽为 w，高为 h，如图 19.14 所示。那么由力矩平衡可解得 $F_3 = \dfrac{mg}{2\sqrt{1+(h/w)^2}}$，而这个大小就与箱子的高宽比有关，与静摩擦因数无关。

同样可以通过分析静摩擦因数进一步比较 3 种情况所需临界力的大小，易得当 $\mu_s \leqslant \sqrt{2+2\sqrt{2}}$ 时，$F_{1\min} \geqslant F_2$；当 $\mu_s > \sqrt{2+2\sqrt{2}}$ 时，$F_3 < mg/2 < F_{1\min} < F_2$，即无论静摩擦因数多大，都有 $F_{1\min} \geqslant \min\{F_2, F_3\}$。这样可以得出 3 个结论：① 平动情况总是比转动情况更费力；② 如果静摩擦因数和箱子高宽比同时都比较小，即较光滑地面上放置矮箱子，使其转动更省力；③ 如果摩擦系数和箱子高宽比同时都比较大，

即较粗糙地面上放置高箱子，使其翻倒更省力。如果读者有兴趣，也可以通过数值计算的方法验证以上结果①。

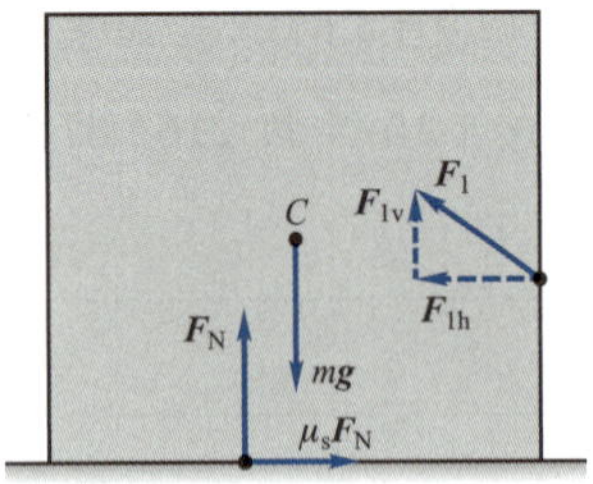

图 19.12

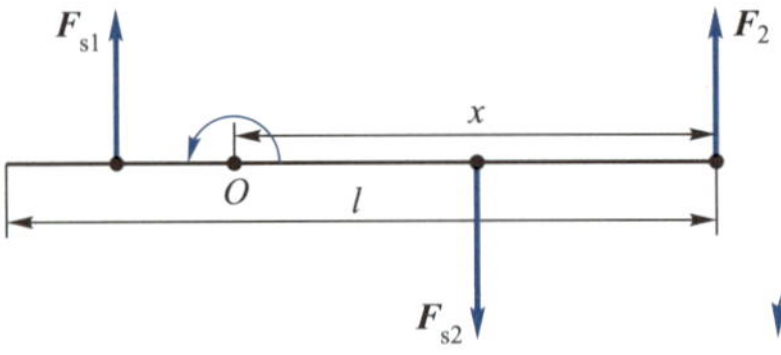

图 19.13

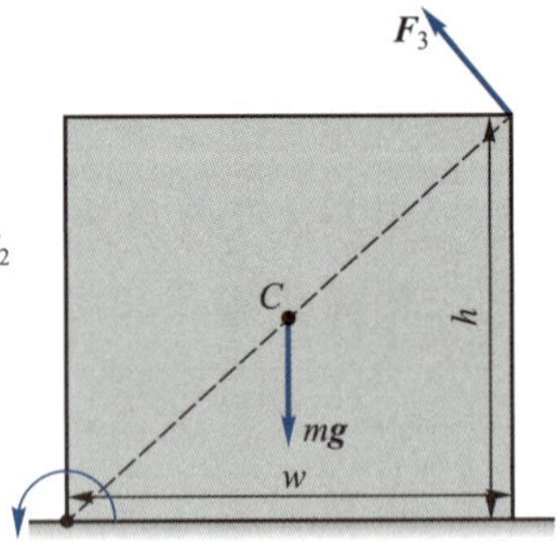

图 19.14

下面介绍滚动摩阻。设有一个半径为 r 的车轮，在轮心 O 处受到铅垂力 $\boldsymbol{P}$ 和水平力 $\boldsymbol{F}_{\mathrm{T}}$ 作用。假设车轮与路面都是完全刚性的，它们只在 A 点接触，车轮的受力图如图 19.15(a) 所示。这时无论铅垂力 $\boldsymbol{P}$ 多么大、水平力 $\boldsymbol{F}_{\mathrm{T}}$ 多么小，车轮都无法平衡，一定会发生滚动，这与我们的常识（水平拉力必须大于一定数值时车轮才开始滚动）不符。

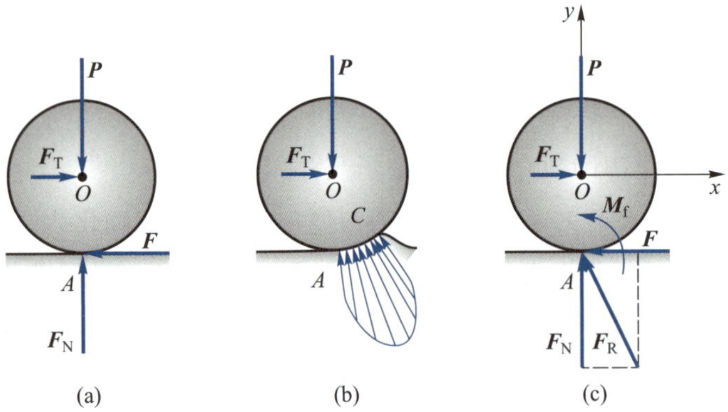

图 19.15

实际上，车轮和路面都不是绝对刚性的，路面也不是绝对平坦的，因此车轮与路面接触处不是一个点，而是一块小面积，如图 19.15(b) 所示。因此路面对车轮的作用力是分布力，一般来说，这些分布力可以等效成一个约束力 $\boldsymbol{F}_{\mathrm{R}}$ 和一个力偶矩为 $\boldsymbol{M}_{\mathrm{f}}$ 的力偶，如图 19.15(c) 所示。这个力偶起着阻碍滚动的作用，称为**滚动摩阻力偶**。在车轮静止时，滚动摩阻力偶 $\boldsymbol{M}_{\mathrm{f}}$ 的大小随着水平拉力 $\boldsymbol{F}_{\mathrm{T}}$ 增大而增大，当拉力 $\boldsymbol{F}_{\mathrm{T}}$ 达到一定值时，车轮处于滚动的临界状态，滚动摩阻力偶 $\boldsymbol{M}_{\mathrm{f}}$ 的数值也达到最大 $M_{\mathrm{f\,max}}$。实验证明

$$M_{\mathrm{f\,max}} = \delta F_{\mathrm{N}}$$

① 推荐阅读文献：李俊峰，马曙光. 如何推动箱子更省力？[J]. 力学与实践，2018，40（3）：337-338.

式中：F_N 为法向约束力的大小；δ 称为滚动摩阻系数，它具有长度的量纲，与材料的硬度、温度等因素有关。

■ 本讲小结

考虑摩擦的平衡问题只需再增加一个有关摩擦的物理方程。为列写关于摩擦的物理方程，读者需要熟练掌握静摩擦和动摩擦模型，以及在本讲介绍的摩擦角（摩擦锥）、摩擦自锁、滚动摩阻等重要概念。

本讲介绍了摩擦平衡的几何判据：如果主动力作用线落在摩擦锥之内且方向指向接触点，则无论主动力有多大，都不能使物体运动，即摩擦自锁。

■ 概念题

判断下列说法是否正确。

19–1　在静摩擦因数较小的时候不会发生摩擦自锁现象。

19–2　摩擦力是约束力，它的大小和方向仅依赖于主动力。

19–3　考虑铰链的摩擦时，简单桁架也是超静定的。

■ 习题

19–1　重为 $\boldsymbol{P}$ 的物体放在倾角为 α 的斜面上，物体与斜面间的摩擦角为 φ，如图 19.16 所示。在物体上作用大小为 F 的力，与斜面的交角为 θ，求刚刚拉动物体时的 F；并问当角 θ 为何值时，F 取极小值。

19–2　如图 19.17 所示，半圆柱体重为 $\boldsymbol{P}$，重心 C 到圆心 O 的距离为 $a = 4R/(3\pi)$，其中 R 为圆柱体半径。半圆柱体与水平面间的静摩擦因数为 μ_s，求半圆柱体被拉动时所偏过的角度 θ。

19–3　梯子 AB 重为 $\boldsymbol{P}$，上端靠在光滑的墙上，下端搁在粗糙的地板上，如图 19.18 所示。静摩擦因数为 μ_s。试问当梯子与地面间之夹角 α 为何值时，体重为 $\boldsymbol{W}$ 的人才能爬到梯子的顶点？

19–4　鼓轮 B 重 500 N，放在墙角里，如图 19.19 所示。已知鼓轮与水平地板间的静摩擦因数为 0.25，而铅垂墙壁则假定是光滑的。鼓轮上的绳索下端挂着重物。设半径

$R = 20$ cm，$r = 10$ cm，求平衡时重物 A 的最大重量。

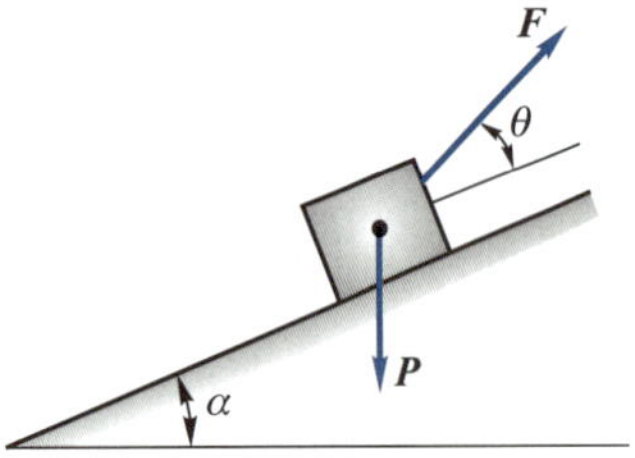

图 19.16

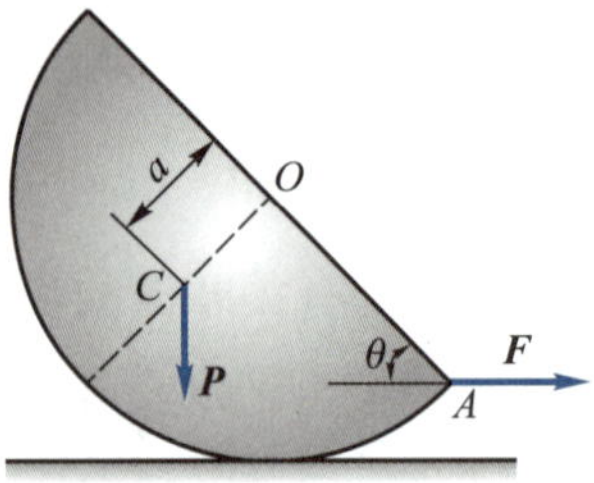

图 19.17

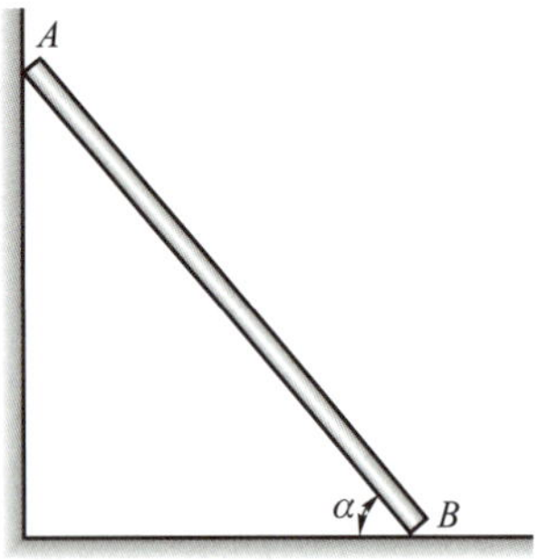

图 19.18

19–5　两个物体用绳子连接，放在斜面上，如图 19.20 所示。已知静摩擦因数对于重为 100 N 的物体为 0.2，对于重为 $\boldsymbol{W}$ 的物体为 0.4。试求：(1) 当重为 $\boldsymbol{W}$ 的物体能静止于斜面上时，$\boldsymbol{W}$ 的最小值。(2) 当 $\boldsymbol{W} = 800$ N 时，作用于其上的静摩擦力 $\boldsymbol{F}$ 的大小。

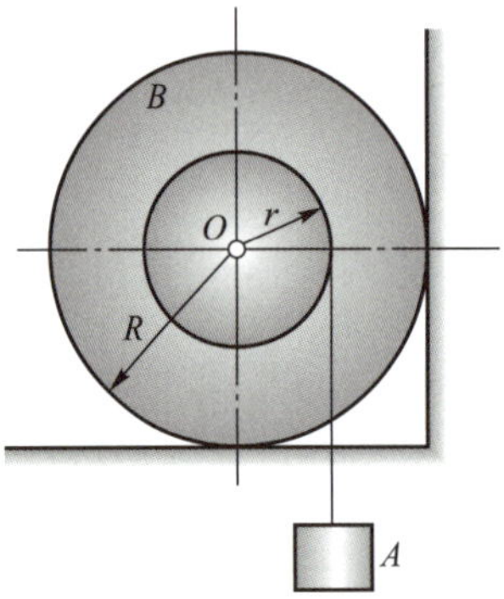

图 19.19

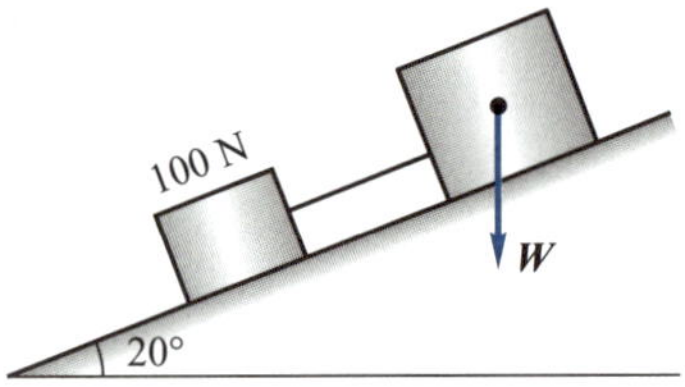

图 19.20

19–6　两重块 A 和 B 相叠放在水平面上，如图 19.21(a) 所示。已知 A 块重 $W_1 = 500$ N，B 块重 $W_2 = 200$ N；A 块和 B 块间的静摩擦因数为 $\mu_{s1} = 0.25$，B 块和水平面间的静摩擦因数 $\mu_{s2} = 0.20$。(1) 求刚刚拉动 B 块时 $\boldsymbol{P}$ 的最小值。(2) 若 A 块被一绳拉住，如图 19.21(b) 所示，求刚刚拉动 B 块时 $\boldsymbol{P}$ 的最小值。

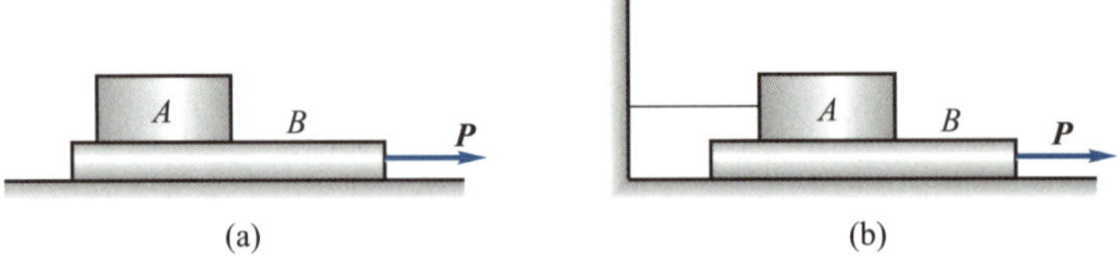

图 19.21

19–7 如图 19.22 所示均质杆 AB 长度为 $2b$，重为 $\boldsymbol{P}$，放在水平面和半径为 r 的固定圆柱上。设各处静摩擦因数都是 μ_s，试求杆处于平衡时 φ 的最大值。

19–8 有人想水平地执持一叠书，他用手在这叠书的两端加压力 $F = 225$ N，如图 19.23 所示。每本书的质量为 0.95 kg，手与书之间的静摩擦因数为 0.45，书与书之间的静摩擦因数为 0.40。求可能执持书的最大数目。

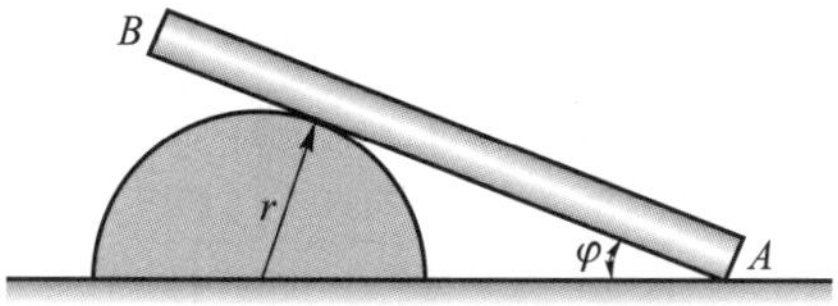

图 19.22

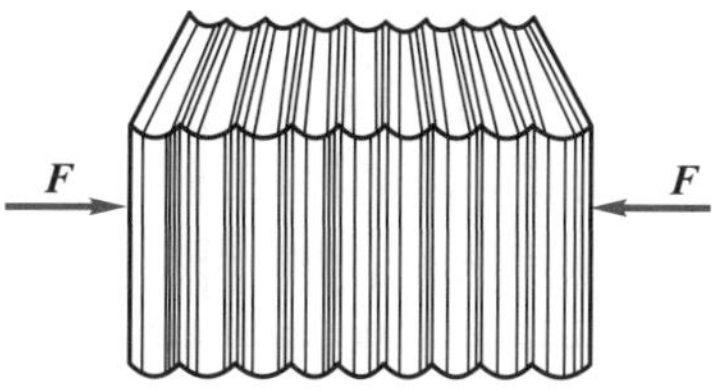

图 19.23

19–9 两根相同的均质杆 AB 和 BC，在端点 B 用光滑铰链连接，A、C 端放在不光滑的水平面上，如图 19.24 所示，当 ABC 成等边三角形时，系统在铅垂面内处于临界平衡状态。试求杆端与水平面间的静摩擦因数。

19–10 悬臂架的端部 A 和 C 处有套环，活套在铅垂的圆柱上，可以上下移动，如图 19.25 所示。设套环与圆柱间的摩擦角皆为 φ，不计架重，试求架不致被卡住时，平行圆柱轴线的力 $\boldsymbol{P}$ 的作用点离开圆柱轴线的最大距离。

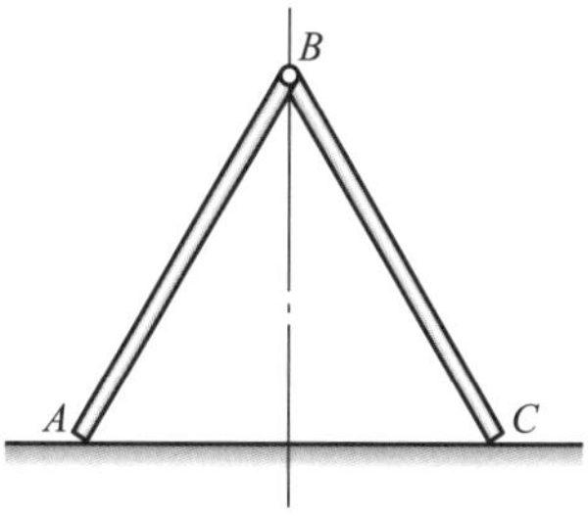

图 19.24

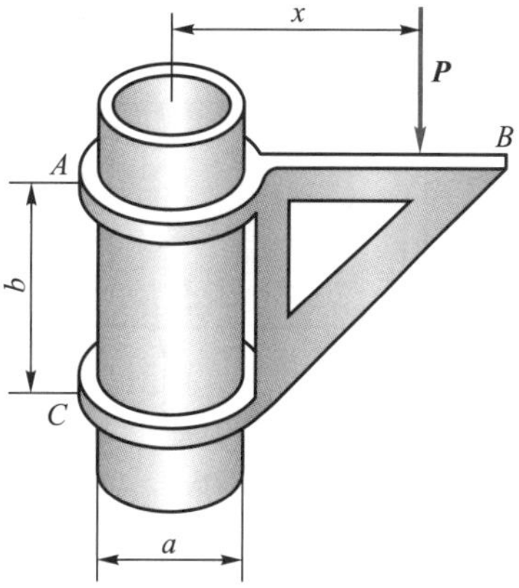

图 19.25

19–11 砖夹的宽度为 25 cm，曲杆 AGB 与 $GCED$ 在 G 点铰接，尺寸如图 19.26 所示。设砖重 $W = 120$ N，提起砖的力 $\boldsymbol{P}$ 作用在砖夹的中心线上，砖夹与砖间的静摩擦因数 $\mu_s = 0.5$，试求距离 b 为多大才能把砖夹起？

19–12 3 个物块叠置在一起，如图 19.27 所示，它们的重量和接触面间的静摩擦因数分别为：$W_1 = 1$ kN，$W_2 = 500$ N，$W_3 = 200$ N，$\mu_{s1} = 0.6$，$\mu_{s2} = 0.4$，$\mu_{s3} = 0.3$。问

力 $\boldsymbol{P}$ 应多大才能使物块发生滑动?（不计小轮处摩擦）

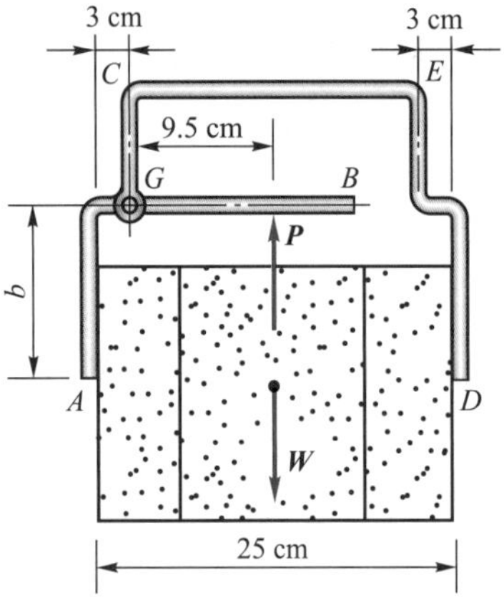

图 19.26

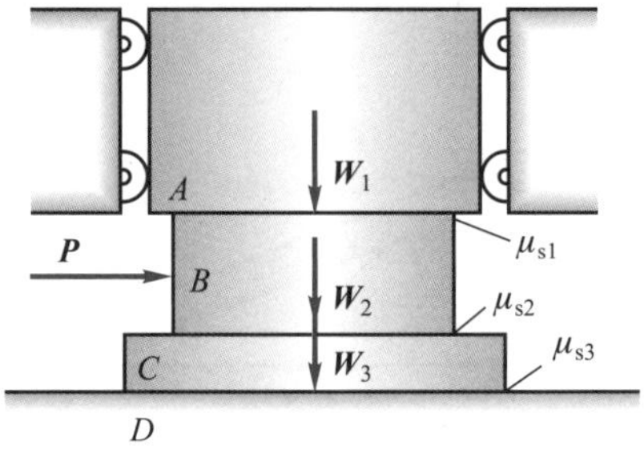

图 19.27

19–13　抽屉宽为 d，长为 b，与侧面导轨之静摩擦因数均为 μ_s。因抽屉较大，在距两侧面为 l 处装置了两个拉手，如图 19.28 所示。为了在使用一个拉手时抽屉也能顺利抽出，l 应如何选择?

19–14　衣橱重 500 N，用水平力 $\boldsymbol{P}$ 拉着，如图 19.29 所示。设衣橱与地面间的静摩擦因数 $\mu_s = 0.40$，图中 $a = h = 1$ m。当力 $\boldsymbol{P}$ 逐渐增大时，衣橱是先滑动还是先翻倒?

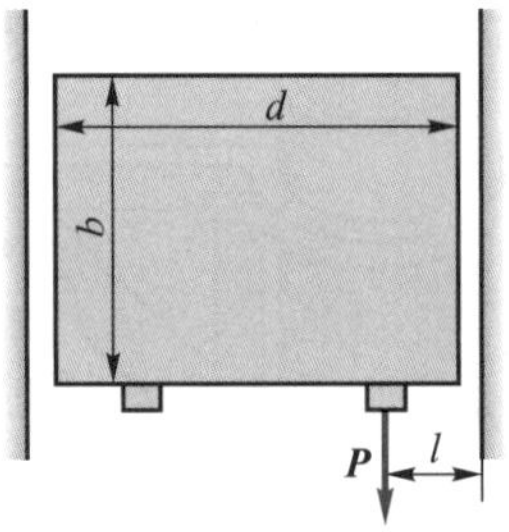

图 19.28

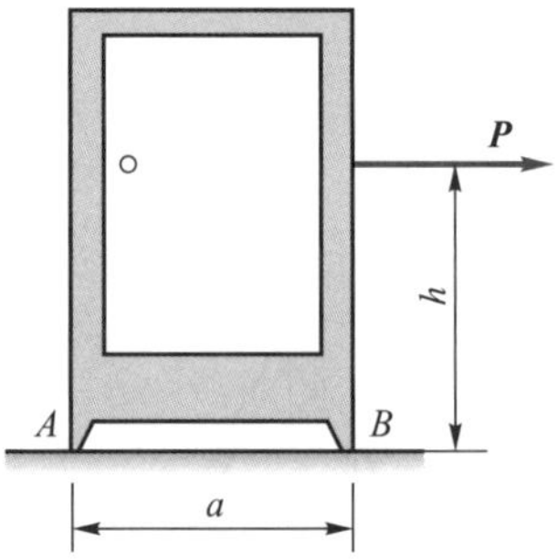

图 19.29

19–15　如图 19.30 所示小球重 $\boldsymbol{W}_1$，半径为 r，大球重 $\boldsymbol{W}_2$，半径为 R。设球与地面间、大球与小球之间的静摩擦因数均为 μ_s，在大球上作用有大小为 P 的水平力。试问摩擦系数 μ_s 至少应为多少，P 足够大可以保证大球从小球上面翻过? 不计滚动摩阻。

19–16　拉住轮船的绳子绕固定在码头上的带缆桩两整圈，如图 19.31 所示。设船作用于绳子的拉力为 7 500 N；为了保证两者之间无相对滑动，码头装卸工人必须用 150 N 的拉力拉住绳子的另一端。试求：（1）绳子与带缆桩间的静摩擦因数；（2）如果绳子绕在桩上三整圈，工人的拉力仍为 150 N，问此时船作用于绳子的最大拉力应为多少?

19–17　一根质量为 m 的均质杆的一端放在粗糙水平面上，另一端由一条绳系于水平面上方的固定点，杆和绳处于同一个竖直平面内。设杆、绳与竖直方向夹角分别为 φ、θ，水平面对杆的全约束力与竖直方向夹角为 ψ，试证明：

$$\cot\theta \pm 2\cot\varphi = \cot\psi$$

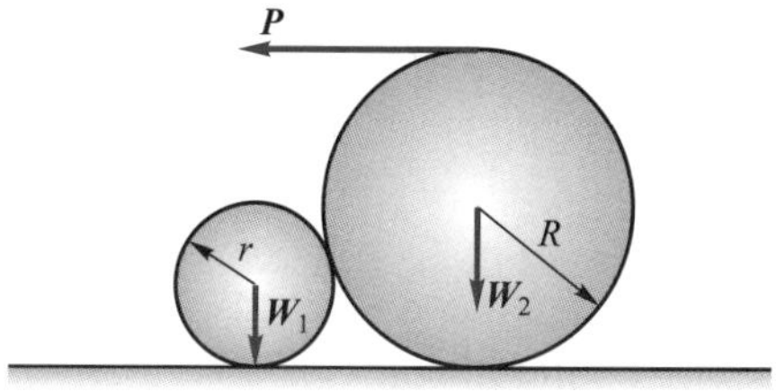

图 19.30

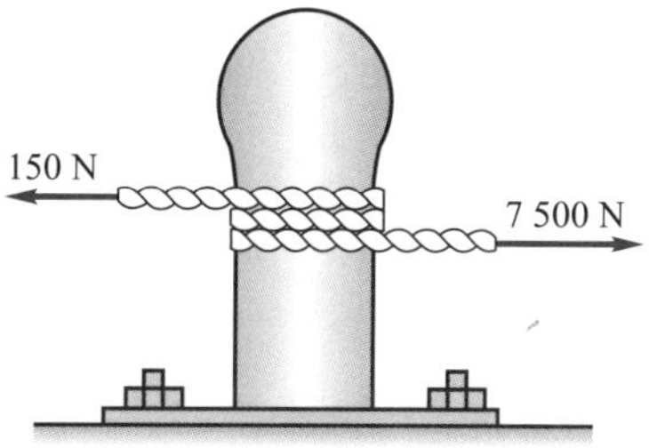

图 19.31

19–18　两个钉子的连线与水平面的夹角为 θ（$0 < \theta < 90°$）。一根均质长杆经过低处钉子下边，压在高处钉子的上边。杆的重心高于高处的钉子，且重心到两个钉子的距离分别为 a 和 b（$b > a$）。设杆与两个钉子之间的静摩擦因数都是 μ_s，试证明在杆刚刚能滑动的临界情况下有如下关系式：

$$\tan\theta = \frac{(a+b)\mu_s}{b-a}$$

19–19　在习题 19–15 中，考虑滚动摩阻，且设两个球的滚动摩阻系数均为 δ，请重新计算。

19–20　倾斜的 V 形槽中若干个小玻璃球排成一列，用手缓慢地推最下面的小球。实验表明，初始球数为奇数时，第 2 个小球（从下向上数）会首先被挤出队列；初始球数为偶数时，第 3 个小球会首先被挤出。考虑接触面摩擦的计算机数值模拟得到与实验一致的结果。试解释这个现象。

第19讲习题参考答案

第20讲 虚位移原理

静力学研究物体（质点系）平衡的规律。用牛顿力学方法研究平衡问题，称为刚体静力学或者几何静力学。用分析力学方法研究平衡，称为**分析静力学**。本讲就属于分析静力学，从达朗贝尔–拉格朗日原理出发，得到虚位移原理；然后利用虚位移原理的几种常见形式，研究一般质点系平衡问题，包括刚体和刚体系的平衡问题。在第 18 讲中介绍过，物体（质点系）平衡通常是指在一个时间段内所有质点的速度和加速度都为零的运动状态，即 $\boldsymbol{v}_i(t)=0, \boldsymbol{a}_i(t)=0 (t_0<t<t_1)$。

本讲与第 18 讲介绍的几何静力学内容相对独立。在学习本讲之前，同学们应该已经掌握了分析力学基本概念和力学基本原理，学会了刚体运动学中的速度分析。

■ 20.1　虚位移原理（虚功原理）

20.1.1　静力学普遍方程

让我们回顾一下达朗贝尔–拉格朗日原理。设质点系的质点 P_i 受主动力 $\boldsymbol{F}_i$ 的作用，质点系的约束都是理想、双面约束，在给定时刻的所有可能运动中，只有真实运动满足方程

$$\sum_{i=1}^{n}(\boldsymbol{F}_i-m_i\ddot{\boldsymbol{r}}_i)\cdot\delta\boldsymbol{r}_i=0$$

这是 1788 年拉格朗日在《分析力学》中提出的**动力学普遍方程**。

如果研究动力学普遍方程的特殊情况，设一段时间质点系的速度为零且加速度为零，可以得到如下的特殊情况。

虚位移原理（虚功原理） 设具有理想约束的质点系初始静止，各质点 P_i 所受主动力为 $\boldsymbol{F}_i$，该质点系继续保持静止 $(\ddot{r}=0)$ 的**充分必要条件是：主动力系在质点系的任意一组虚位移 $\delta\boldsymbol{r}_i$ 上的虚功等于零**，即

$$\sum_{i=1}^{n}\boldsymbol{F}_i\cdot\delta\boldsymbol{r}_i=0\quad(t_0\leqslant t\leqslant t_1)\tag{20.1.1}$$

注记 20.1

虚位移原理的提出时间早于达朗贝尔–拉格朗日原理，前者是后者的基础。然而，为了方便教学，我们可以认为前者是后者的结论。

该方程也可以用标量形式表示

$$\sum_{i=1}^{n}(F_{ix}\delta x_i+F_{iy}\delta y_i+F_{iz}\delta z_i)=0$$

虚位移原理由拉格朗日于 1764 年提出。由于式 (20.1.1) 是质点系平衡的一般条件，又称为**静力学普遍方程**。尽管虚位移原理可以看作达朗贝尔–拉格朗日原理的特殊情况，但它的提出比达朗贝尔–拉格朗日原理早了 24 年。

注记 20.2

在前文中我们提到，虚位移原理可以看作达朗贝尔–拉格朗日原理的特殊情况。事实上，如果在时间段 $t_0 \leqslant t \leqslant t_1$ 内质点系静止 (平衡)，即所有质点的速度都为零，则在时间段 $t_0 < t < t_1$ 内所有质点的加速度都为零，即 $\ddot{\boldsymbol{r}}_i \equiv 0(i = 1, 2, \cdots, n)$。动力学普遍方程式 (10.1.1) 就退化为静力学普遍方程式 (20.1.1)。

由以上论述可以看出，虚位移原理建立了主动力的平衡条件，方程式 (20.1.1) 中不出现任何约束力，这给我们解决力学问题带来了极大的方便。虚位移原理给出了区别质点系的真实平衡位置与约束所容许的可能平衡位置的准则或判据，即系统的可能平衡位置是真实平衡位置的充分必要条件。判断系统在某个位置是否平衡需要两步，首先判断该位置是否为约束所允许的可能平衡位置，然后再根据虚位移原理判断该可能平衡位置是否是真实的平衡位置。第一步的判断往往是不需要的，可以直观地看出来。

虚位移原理可求解系统的各类平衡问题：

(1) 系统在给定位置平衡时主动力之间的关系；

(2) 求系统在已知主动力作用下的平衡位置；

(3) 求系统在已知主动力作用下平衡时的约束力。尽管方程中不出现约束力，但只用解除约束，并代替以一个未知的主动力，仍能采用虚位移原理求解。

例 20.1

设倾角为 α 的固定光滑斜面上放有一个刚体，可以在铅垂平面内运动。刚体的重力为 $\boldsymbol{P}$，由一个平行斜面向上的主动力 $\boldsymbol{F}$ 拉着它，假设主动力作用线经过刚体质心，如图 20.1 所示。求使刚体平衡的主动力的大小。

解　本例是一个刚体的平衡问题，较为简单。光滑斜面对它的约束是理想的。该刚体所受的主动力为重力 $\boldsymbol{P}$ 和拉力 $\boldsymbol{F}$，作用点分别在质心 C 点和 A 点，如图 20.1 所示。

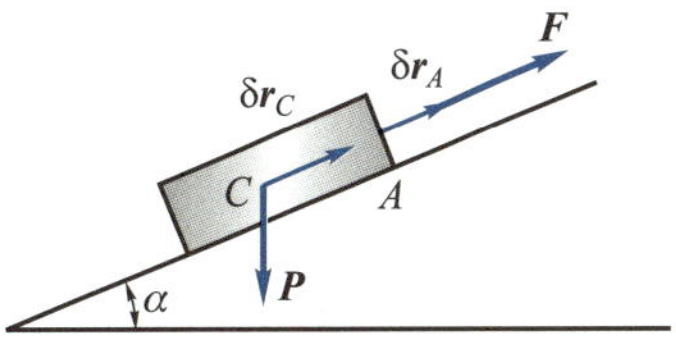

图 20.1

$\delta\boldsymbol{r}_C$ 在铅垂平面内，平行于斜面，可以指向斜上方或者斜下方，这里不妨取向上为正。斜面上任何点都是刚体的可能平衡位置。选

取图示虚位移，对于刚体有

$$\delta \boldsymbol{r}_A = \delta \boldsymbol{r}_C = \delta \boldsymbol{r}$$

拉力和重力在这组虚位移上做的虚功等于零，即

$$\delta A = \boldsymbol{F} \cdot \delta \boldsymbol{r} + \boldsymbol{P} \cdot \delta \boldsymbol{r} = 0$$

即

$$(-F + P \sin\alpha)\delta r = 0$$

由于 δr 的大小可以任意，不妨取 $\delta r \neq 0$，则有

$$F = P \sin\alpha$$

例 20.2

[典型例题]
例20.2

如图 20.2(a) 所示的尖劈放在两个水平木条上，尖劈的重力为 $\boldsymbol{W}$，它的两边与竖直线各成 α 角和 β 角。假设平衡时作用在水平木条上的力为 $\boldsymbol{P}_1$ 和 $\boldsymbol{P}_2$，不计各个接触面的摩擦和木条的质量，试求 P_1、P_2、W 之间的关系。

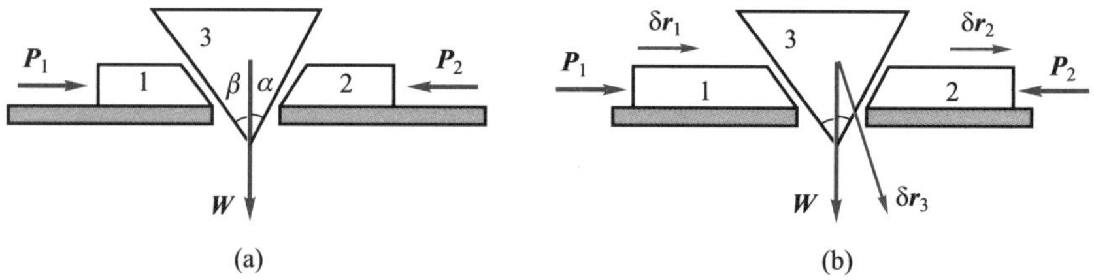

图 20.2

解　该问题是三个刚体的平衡问题，已知平衡求主动力之间的关系。

（1）取尖劈和两个木条组成的质点系为研究对象。

（2）所有的约束面都是光滑的，因此约束是理想的。

（3）主动力包括尖劈所受的重力 $\boldsymbol{W}$、作用在两个木条上的力 $\boldsymbol{P}_1$ 和 $\boldsymbol{P}_2$。

（4）取尖劈和两个木条的虚位移方向如图 20.2(b) 所示，即

$$\delta \boldsymbol{r}_1 = \delta r_1 \boldsymbol{i}, \quad \delta \boldsymbol{r}_2 = \delta r_2 \boldsymbol{i}, \quad \delta \boldsymbol{r}_3 = \delta r_{3x} \boldsymbol{i} + \delta r_{3y} \boldsymbol{j}$$

式中：$\boldsymbol{i}$、$\boldsymbol{j}$ 分别是水平向右方向单位矢量和竖直向上方向单位矢量。

由于尖劈不对称，因此 δr_{3x} 和 δr_{3y} 分别是 $\delta \boldsymbol{r}_3$ 的水平方向分量和竖直方向分量。

（5）由约束知，虚位移满足关系式

$$\delta r_2-\delta r_{3x}=\delta r_{3y}\tan\alpha,\quad \delta r_{3x}-\delta r_1=\delta r_{3y}\tan\beta$$

理解两式含义，第一式表示尖劈和右边木条“挤压”满足的虚位移条件，第二式表示左边木条和尖劈“挤压”产生的虚位移条件。

由于 δr_{3x} 在虚功表达式中不会出现，将上面两式相加得

$$\delta r_2-\delta r_1=(\tan\alpha+\tan\beta)\delta r_{3y}$$

即 δr_1、δr_2、δr_{3y} 中只有两个是可以独立任意变化的，上式用以表示 δr_1、δr_2、δr_{3y} 之间的虚位移关系。不妨设 δr_2、δr_{3y} 可以独立任意变化，δr_1 可以用 δr_2、δr_{3y} 表示为

$$\delta r_1=\delta r_2-(\tan\alpha+\tan\beta)\delta r_{3y}$$

（6）根据虚功原理有

$$P_1\delta r_1-P_2\delta r_2+W\delta r_{3y}=0$$

代入虚位移的关系式，得

$$(P_1-P_2)\delta r_2+[W-P_1(\tan\alpha+\tan\beta)]\delta r_{3y}=0$$

因为 δr_2、δr_{3y} 可以独立任意变化，取 $\delta r_2\neq 0,\delta r_{3y}=0$，可得

$$P_1=P_2$$

再取 $\delta r_2=0,\delta r_{3y}\neq 0$，则得

$$W=P_1(\tan\alpha+\tan\beta)$$

所以平衡时，P_1、P_2、W 之间应满足的关系是

$$P_1=P_2,\quad W=P_1(\tan\alpha+\tan\beta)$$

注记 20.3

本例主要的工作量在求解虚位移，再将虚位移关系式代入虚功原理方程，由广义坐标变分的独立性，推导主动力之间的关系。同样一个问题，采用虚位移原理只需以整体为研究对象，不额外讨论约束力；而采用牛顿定律则需要求解约束力，因此显得烦琐。满足虚功为零的一组虚位移，就满足平衡条件。请读者体会使用虚位移定理时“动中求平衡”的思想。

例 20.3

如图 20.3(a) 所示的压缩机的手轮上作用一力偶矩 $\boldsymbol{M}$。手轮轴的两端有螺距均为 h 但螺纹方向相反的螺母 A 和 B，这两个螺母分别与长为 a 的杆相铰接，四杆形成菱形框。此菱形框的点 D 固定不动，而 C 点连接在压缩机的水平压板上。不计摩擦，不计各构件的自重，求当菱形框的顶角等于 2θ 时，压缩机对被压物体的压力。

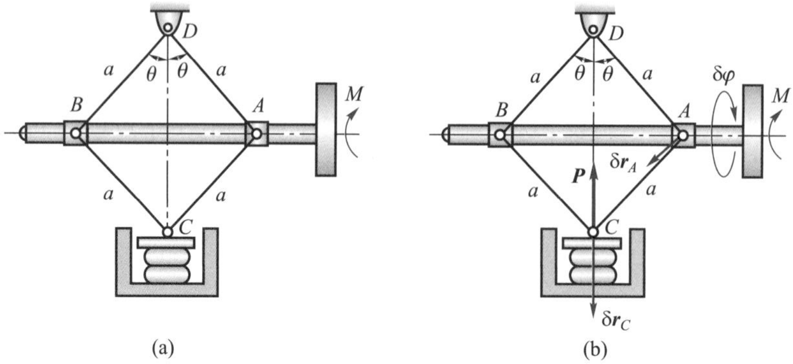

图 20.3

解　本例将解决机构的平衡问题。

以整个机构（不包括被压物体）为研究对象。不计摩擦，所有的约束都是理想约束。主动力包括力偶矩 $\boldsymbol{M}$，作用在手轮上；被压物给机构的反作用力 $\boldsymbol{P}$，作用在 C 点。设 C 点虚位移 $\delta \boldsymbol{r}_C$ 竖直向下，手柄的虚位移为转角 $\delta\varphi$，如图 20.3(b) 所示。

主动力的虚功

$$\delta A = M\delta\varphi - P\delta r_C$$

根据螺距和转角的几何关系，手柄转过一圈（2π），螺纹移动一个螺距 h，列写虚位移关系式

$$\frac{h}{2\pi} = \frac{\delta r_A \cos\theta}{\delta\varphi}$$

以 AC 杆为研究对象，根据速度投影定理，可以推导 δr_A 和 δr_C 的关系为

$$\delta r_A \cos(90^\circ - 2\theta) = \delta r_C \cos\theta$$

再将螺距关系代入上式，则可得到

$$\delta r_C = \frac{h\tan\theta}{\pi}\delta\varphi$$

再代入虚功方程

$$\delta A = \left(M - P\frac{h}{\pi}\tan\theta\right)\delta\varphi = 0$$

因此

$$P = \frac{M\pi}{h\tan\theta}$$

注记 20.4

本例中需要注意的是，手柄也有上下左右的位移，但是和手柄的主动力矩的作用无关，所以也不考虑这些虚位移。只要讨论 C 点的虚位移和手柄处的虚转角的关系，就可以分析主动力矩和 C 处约束力的关系。

以上例题研究的对象是单个刚体和刚体系的平衡，此外，虚功原理还可以研究液体等质点系的平衡。值得强调的是，理论力学不止研究刚体，它的一般性结论也同样适用于变形体。

例 20.4

液体容器有 3 个活塞，其面积分别为 S_1、S_2、S_3，上面分别作用 3 个力 $\boldsymbol{P}_1$、$\boldsymbol{P}_2$、$\boldsymbol{P}_3$，如图 20.4 所示。假设液体为不可压缩的，容器内壁完全光滑，活塞与容器接触也完全光滑，不考虑大气压力和重力，求平衡时 S_1、S_2、S_3 与 P_1、P_2、P_3 的关系。

解 这是已知平衡求主动力关系的问题。

(1) 取容器内的液体和 3 个活塞组成的质点系为研究对象。

(2) 光滑容器内壁对质点系的约束是理想的。

(3) 质点系的主动力为 $\boldsymbol{P}_1$、$\boldsymbol{P}_2$、$\boldsymbol{P}_3$，分别作用在 3 个活塞上。

(4) 设 3 个塞的虚位移为 $\delta\boldsymbol{r}_1$、$\delta\boldsymbol{r}_2$、$\delta\boldsymbol{r}_3$，取它们的方向如图 20.4 所示。

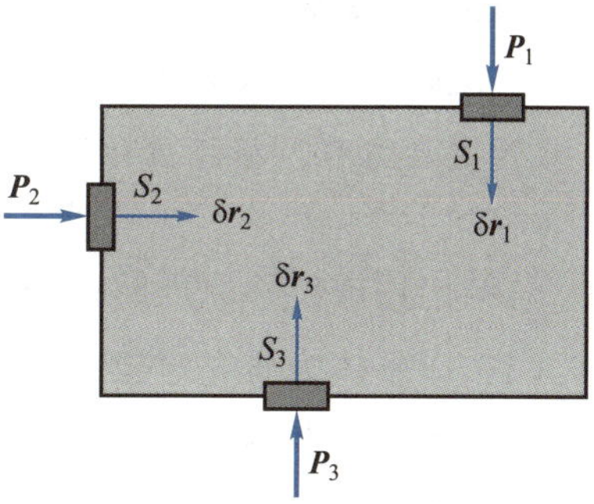

图 20.4

(5) 由液体不可压缩可知 3 个虚位移的大小必须满足下面关系：

$$S_1\delta r_1 + S_2\delta r_2 + S_3\delta r_3 = 0$$

因此可知 $\delta\boldsymbol{r}_1$、$\delta\boldsymbol{r}_2$、$\delta\boldsymbol{r}_3$ 中只有 2 个是独立的，不妨设 $\delta\boldsymbol{r}_1$、$\delta\boldsymbol{r}_2$ 是可以独立变化

的，则 δr_3 可以用 δr_1、δr_2 表示出来，即

$$\delta r_3 = -\frac{S_1 \delta r_1 + S_2 \delta r_2}{S_3}$$

（6）由虚功原理

$$\boldsymbol{P}_1 \cdot \delta \boldsymbol{r}_1 + \boldsymbol{P}_2 \cdot \delta \boldsymbol{r}_2 + \boldsymbol{P}_3 \cdot \delta \boldsymbol{r}_3 = 0$$

可得

$$P_1 \delta r_1 + P_2 \delta r_2 - \frac{P_3(S_1 \delta r_1 + S_2 \delta r_2)}{S_3} = 0$$

整理可得

$$\left(\frac{P_1}{S_1} - \frac{P_3}{S_3}\right) S_1 \delta r_1 + \left(\frac{P_2}{S_2} - \frac{P_3}{S_3}\right) S_2 \delta r_2 = 0$$

由于 $\delta \boldsymbol{r}_1$、$\delta \boldsymbol{r}_2$ 的大小可以任意取，我们先取 $\delta r_1 \neq 0$，$\delta r_2 = 0$，则得到

$$\frac{P_1}{S_1} = \frac{P_3}{S_3}$$

同理，再选取 $\delta r_1 = 0$，$\delta r_2 \neq 0$，可以得到

$$\frac{P_2}{S_2} = \frac{P_3}{S_3}$$

于是有

$$\frac{P_1}{S_1} = \frac{P_2}{S_2} = \frac{P_3}{S_3}$$

即液体压强处处相等，这就是帕斯卡定律。

注记 20.5

液体的不可压缩性决定了三个体积变化之和为零，得到虚位移之间的关系。再代入虚功方程，根据虚位移的独立性，得到结论。

总结出用虚位移原理解这类问题的基本步骤。

（1）以整体为研究对象，分析约束是否理想。

（2）进行受力分析：只需要分析主动力，不需要分析约束力，因为约束力不出现在虚功表达式中。

（3）选取虚位移，建立虚位移之间的关系：采用几何法，即根据约束的几何关系，直接找出各点虚位移之间的关系；采用解析法，即选取坐标系，写出约束方程并进行变分，可求得各点的虚位移。

（4）列写虚功方程并求解。

以下例题具体介绍几何法和解析法列虚位移关系表达式的不同。

例 20.5

如图 20.5 所示椭圆规机构，连杆 AB 长为 l，杆重和滑道、铰链上的摩擦均忽略不计。求在图示位置平衡时，主动力 $\boldsymbol{P}$ 和 $\boldsymbol{F}$ 的大小之比。

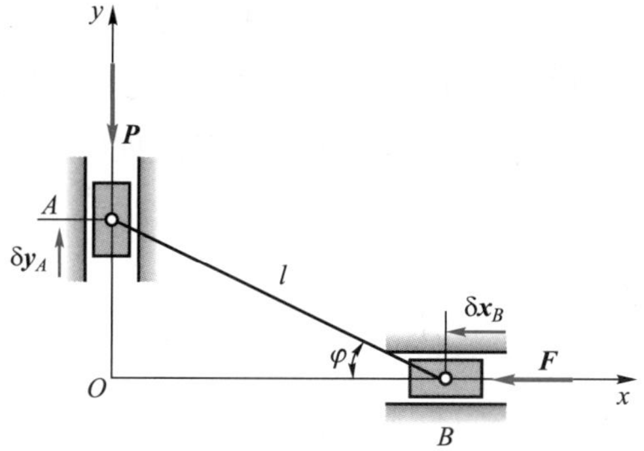

图 20.5

解　已知平衡求主动力关系的问题。我们按基本解题步骤求解。

（1）以整个机构为研究对象，取如图 20.5 所示的坐标系。

（2）约束为双面理想约束。

（3）主动力 $\boldsymbol{P}$ 和 $\boldsymbol{F}$ 分别作用在 A 点和 B 点。

（4）取 A 点和 B 点的无穷小真实位移为虚位移 δy_A 和 δx_B，如图 20.5 所示。

（5）建立虚位移 δy_A 和 δx_B 的关系有很多方法。这里介绍三种方法。

由于无穷小真实位移分别与它们速度的大小、方向相同，我们可以利用刚体运动学中的瞬心法得

$$\frac{\delta x_B}{\delta y_A}=\frac{v_B}{v_A}=\tan\varphi$$

即

$$\delta x_B=\delta y_A\tan\varphi$$

我们也可以根据速度投影定理

$$v_B\cos\varphi=v_A\sin\varphi$$

得到

$$\delta x_B\cos\varphi=\delta y_A\sin\varphi$$

我们还可以利用约束的数学表达式

$$x_B^2+y_A^2=l^2$$

得到

$$2x_B\delta x_B + 2y_A\delta y_A = 0$$

即

$$\delta x_B = -\frac{y_A}{x_B}\delta y_A = -\delta y_A \tan\varphi$$

这个关系式不同于瞬心法和速度投影定理得到的，出现一个负号。这是为什么呢？这是因为在最后这种方法中默认 δx_B 与 Ox 轴方向一致，也就是与假设的 B 点虚位移方向相反。所以，这种方法得到的虚位移之间的关系与其他方法得到的实际上是一致的。

（6）主动力的虚功为

$$-P\delta y_A + F\delta x_B = 0$$

注意，这个表达式第一项出现负号，这是因为主动力 $\boldsymbol{P}$ 与 A 点虚位移的方向相反。由上式直接得到

$$\frac{P}{F} = \frac{\delta x_B}{\delta y_A} = \tan\varphi$$

如果我们在第（5）步求虚位移之间的关系采用最后一种方法，由于默认 δx_B 与 Ox 轴方向一致，则主动力的虚功为

$$-P\delta y_A - F\delta x_B = 0$$

因此

$$\frac{P}{F} = -\frac{\delta x_B}{\delta y_A} = \tan\varphi$$

解析法和几何法都很方便。

例 20.6

在墙边放置 3 个相同的圆管，如图 20.6 所示。假设圆管之间、圆管与墙、圆管与地面的接触都是光滑的，每个管所受的重力为 $\boldsymbol{P}$，圆管横截面半径为 r，不计管壁厚度。这些圆管处于平衡状态，求作用在右边圆管质心上的水平力 $\boldsymbol{F}$ 的大小。

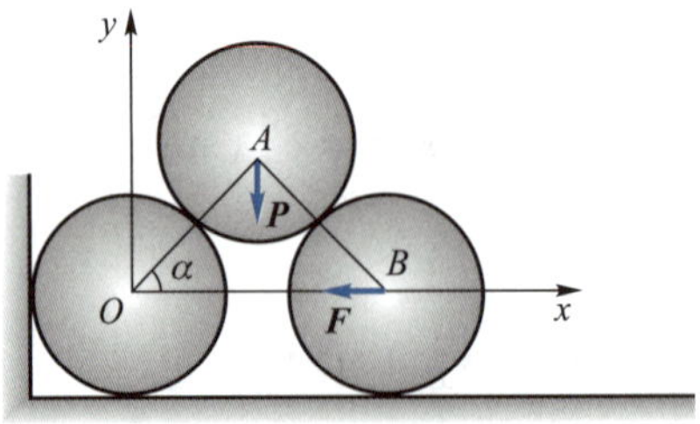

图 20.6

解　这是已知平衡求主动力关系的问题。我们按基本解题步骤求解。

（1）取 3 个圆管组成的质点系为研究对象。

（2）所有接触都是光滑的，因此质点系的约束是理想约束。

（3）质点系的主动力为 3 个圆管的重力和 $\boldsymbol{F}$，这些力分别作用在圆管质心上。由于下面两个圆管质心的虚位移只能是水平方向，因此这两个圆管的重力的虚功恒为零。我们可以不考虑下面两个圆管的重力，仅仅考虑上面圆管的重力 $\boldsymbol{P}$ 和右边圆管上的主动力 $\boldsymbol{F}$。

（4）根据主动力 $\boldsymbol{P}$ 和 $\boldsymbol{F}$ 的方向，我们只需分析 A 点虚位移的竖直分量 δy_A 和 B 点虚位移的水平分量 δx_B。

（5）下面我们设法找到 δy_A 和 δx_B 的关系。根据几何关系知

$$y_A = 2r\sin\alpha, \quad x_B = 2(2r\cos\alpha) = 4r\cos\alpha$$

由此可得约束方程

$$x_B^2 + 4y_A^2 = (4r)^2$$

由此约束方程，有

$$2x_B\delta x_B + 8y_A\delta y_A = 0$$

即

$$\delta x_B = -\frac{4y_A}{x_B}\delta y_A = -(2\tan\alpha)\delta y_A$$

（6）由虚功原理

$$-P\delta y_A - F\delta x_B = 0$$

注意：由于默认 δx_B 的方向与 Ox 轴一致，δy_A 的方向与 Oy 轴一致，都恰好分别与主动力 $\boldsymbol{F}$ 和 $\boldsymbol{P}$ 反向，因此上式左端两项都有负号。

再将 δy_A 和 δx_B 的关系代入上式，可求得

$$F = \frac{P}{2}\cot\alpha$$

例 20.7

惰钳机构由 6 根长杆和 2 根短杆组成，长杆长度为 $2a$，短杆长度为 a，各杆之间用光滑铰链相连，如图 20.7(a) 所示。在它顶部有重为 $\boldsymbol{P}$ 的重物，在滑块 B 和 C 上的作用力 $\boldsymbol{F}$ 未知。不考虑滑块与支撑面间的摩擦，求 $\boldsymbol{F}$ 大小为多少时惰钳机构处于平衡状态。其中，角 θ 的大小已知。

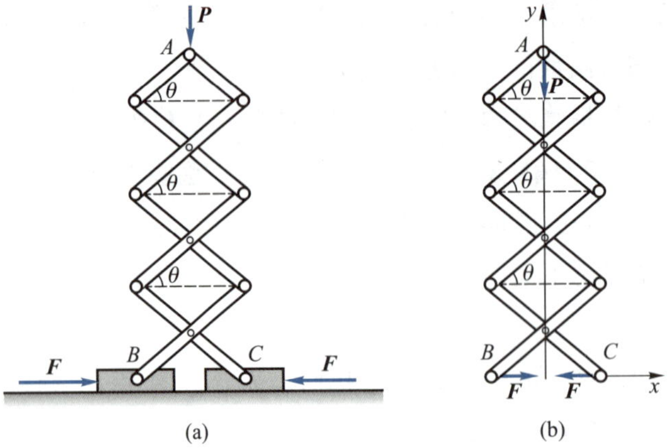

图 20.7

解　这是已知平衡位置求主动力关系的问题。我们可以按基本解题步骤求解。

（1）取整个惰钳机构为研究对象。这是一个自由度的质点系，可以取 θ 为广义坐标。

（2）所有铰链都是光滑的，不考虑滑块与支撑面间的摩擦，因此约束是理想的。

（3）主动力包括作用在顶部 A 点的 $\boldsymbol{P}$，作用在滑块 B 和 C 上的 $\boldsymbol{F}$。

（4）设 A、B、C 各点的虚位移为 δy_A、δx_B、δx_C，且以坐标轴的正向为正，如图 20.7(b) 所示。

（5）由几何关系，A 点纵坐标、B 点和 C 点的横坐标可以写成

$$x_B = -a\cos\theta, \quad x_C = a\cos\theta, \quad y_A = 7a\sin\theta$$

进行等时变分运算得

$$\delta x_B = a\sin\theta\delta\theta, \quad \delta x_C = -a\sin\theta\delta\theta, \quad \delta y_A = 7a\cos\theta\delta\theta$$

（6）主动力所做的虚功之和为

$$\begin{aligned}\delta A &= -P\delta y_A + F\delta x_B - F\delta x_C \\ &= (2Fa\sin\theta - 7Pa\cos\theta)\delta\theta \\ &= 0\end{aligned} \tag{a}$$

可得

$$F = \frac{7P}{2}\cot\theta$$

注记 20.6

值得注意的是，式 (a) 括号中的表示即为对应广义坐标 θ 的广义力

$$F_\theta = \frac{\delta A}{\delta \theta} = 2Fa\sin\theta - 7Pa\cos\theta$$

广义坐标对应的广义力为零，也是虚功原理的表达。此外，如果给出主动力的关系，此题也可以改为求平衡位置 θ 角的大小，求解思路和步骤与上面类似。

以上例题都是已知平衡求主动力之间的关系。由于在式 (20.1.1) 中，只出现主动力，不出现约束力，使用虚位移原理求解这类问题非常方便。

如果我们想利用虚位移原理求解质点系的约束力，只需将相应的约束解除，代之以约束力，同时将约束力看作未知的主动力。我们用下面的例子具体说明。

例 20.8

圆柱重为 $\boldsymbol{W}$，搁置在倾角为 α 的倾斜平板 AB 上，B 点用细绳拉在墙上，如图 20.8(a) 所示。设各接触点都是光滑的，不考虑平板 AB 的重量，$|AB| = l$，求平衡时细绳拉力的大小。

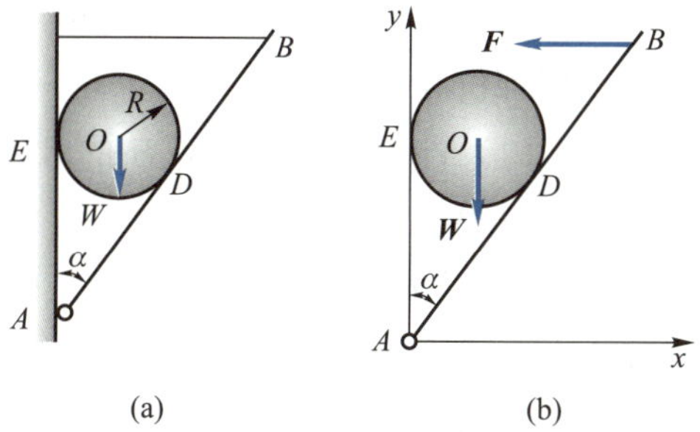

图 20.8

解　这是已知平衡求约束力的问题。我们以圆柱和平板组成的系统为研究对象，所有的约束都是理想的。主动力只有圆柱的重力。在主动力虚功的表达式中不出现任何约束力，为了求细绳的拉力，需要解除细绳的约束，即假设没有细绳存在，而是在 B 点有一个未知的主动力，如图 20.8(b) 所示。解除约束后，系统的自由度为 1，我们取角 α 为广义坐标。下面我们把重力 $\boldsymbol{W}$ 作用点 O 的纵坐标和拉力作用点 B 的横坐标都用角 α 表示出来

$$y_O = R\cot\frac{\alpha}{2}, \quad x_B = l\sin\alpha$$

进行等时变分运算得

$$\delta y_O = -\frac{1}{2}R\csc^2\frac{\alpha}{2}\delta\alpha, \quad \delta x_B = l\cos\alpha\delta\alpha$$

重力和拉力的虚功之和为

$$\delta A = -W\delta y_O - F\delta x_B = \left(\frac{WR}{2\cos\alpha} - Fl\cos\alpha\right)\delta\alpha$$

广义坐标 α 对应的广义力为

$$Q_\alpha = \frac{\delta A}{\delta\alpha} = \frac{WR}{2\cos\alpha} - Fl\cos\alpha$$

由 $Q_\alpha = 0$ 得

$$F = \frac{WR}{2l\cos\alpha\sin^2\dfrac{\alpha}{2}}$$

例 20.9

如图 20.9 所示的三铰拱的自重不计，求在水平力 $\boldsymbol{P}$ 和力偶矩 $\boldsymbol{M}$ 作用下支座 B 的约束力。

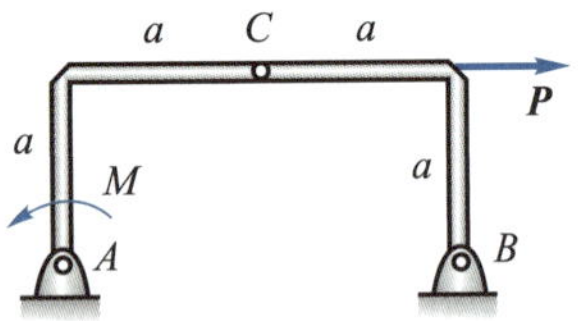

图 20.9

解 我们的求解思路是以整体为研究对象，解除约束代替以未知约束力，将未知约束力看作待求的主动力，应用虚位移原理求解。

（1）首先，解除支座 B 的水平约束，用未知约束力 F_{Bx} 代替水平约束，如图 20.10 所示。我们将未知约束力 F_{Bx} 看作未知主动力。这样，系统有两个主动力和一个主动力偶矩，分别是 $\boldsymbol{P}$、F_{Bx} 和 $\boldsymbol{M}$，我们需要计算它们的虚功。

我们假想：左拱 AC 绕 A 发生微小的转动位移，虚转角为 $\delta\theta$，相应地，C 点的虚位移为 δr_C，则有

$$\delta r_C = AC\cdot\delta\theta = \sqrt{2}a\delta\theta$$

我们再分析右拱 BC 的平面位移。根据图示 B 点虚位移和 C 点虚位移的方向，可以判断出右拱平面位移的瞬心为 C^*。于是，右拱 BC 绕瞬心 C^* 的虚转角可由 δr_C 求得，恰好也是 $\delta\theta$。利用类似刚体平面运动中的瞬心法，可以求出 B 点虚位移和 D 点虚位移，即

$$\delta r_B = 2a\delta\theta, \quad \delta r_D = a\delta\theta$$

列写虚功原理方程

$$-M\delta\theta + P\delta r_D + F_{Bx}\delta r_B = 0$$

整理得到

$$(-M + Pa + F_{Bx} \cdot 2a)\,\delta\theta = 0$$

由于 $\delta\theta \neq 0$，从而得出

$$F_{Bx} = \frac{M}{2a} - \frac{P}{2}$$

（2）解除支座 B 的竖直约束，用未知约束力 F_{By} 代替竖直约束，如图 20.11 所示。我们将未知约束力 F_{By} 看作未知主动力。我们假想：左拱 AC 绕 A 发生微小的转动位移，虚转角为 $\delta\theta$，相应地，C 点的虚位移为 δr_C，则有

$$\delta r_C = AC \cdot \delta\theta = \sqrt{2}a\delta\theta$$

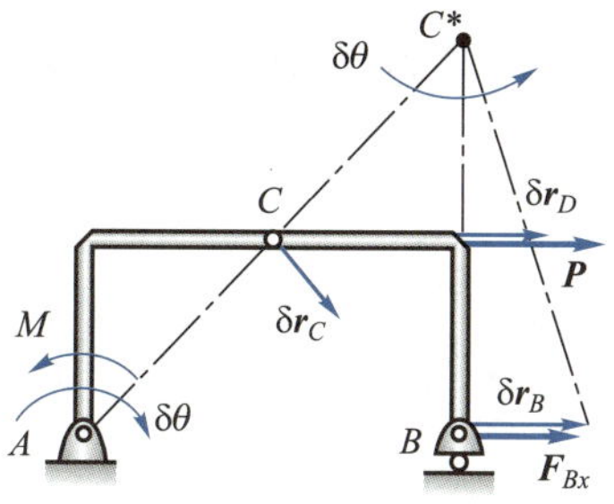

图 20.10

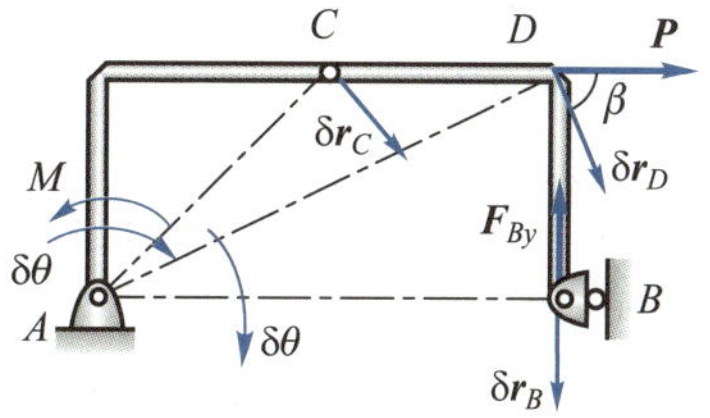

图 20.11

我们再分析右拱 BC 的平面位移。根据图示 B 点虚位移和 C 点虚位移的方向，可以判断出右拱平面位移的瞬心在 A 点。于是，右拱 BC 绕瞬心 A 的虚转角可由 δr_C 求得，恰好也是 $\delta\theta$。利用类似刚体平面运动中的瞬心法，可以求出 B 点虚位移和 D 点虚位移，即

$$\delta r_B = 2a\delta\theta, \quad \delta r_D = AD \cdot \delta\theta$$

列写虚功方程

$$-M\delta\theta + P\delta r_D \cos\beta - F_{By}\delta r_B = 0$$

整理得到

$$(-M + Pa - 2aF_{By})\delta\theta = 0$$

由于 $\delta\theta \neq 0$，从而得出

$$F_{By} = -\frac{M}{2a} + \frac{P}{2}$$

注记 20.7

能否将 B 点的约束完全解除，同时求该点所有约束力？在 B 点处，如果一次解除整个铰点的约束，则会出现两个方向的未知的约束力，难以求解，因此需要一

个一个地拆除。

例 20.10

试用虚位移原理求图 20.12 所示的桁架结构中 AC 杆和 BC 杆的内力。

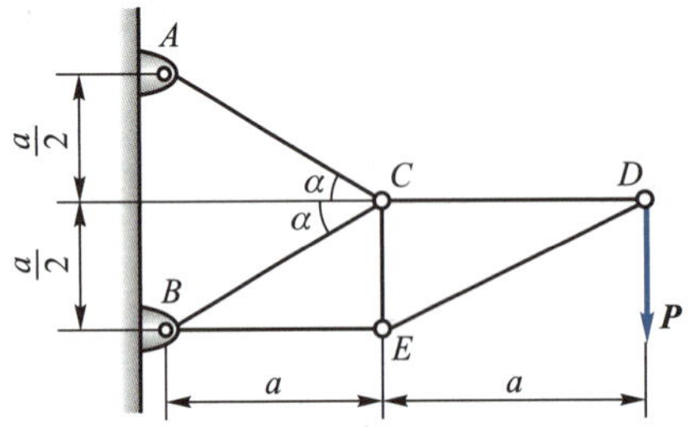

图 20.12

解　我们先求 AC 杆的内力。为此，我们去掉 AC 杆，以 $\boldsymbol{F}_{AC}$ 代替，如图 20.13 所示。考虑一组虚位移：假想 $BCDE$ 整体绕 B 点转动 $\delta\varphi$，那么 C 点和 D 点的虚位移分别垂直于 BC 和 BD，如图 20.13 所示，大小分别为

$$\delta r_C = BC\cdot\delta\varphi,\quad \delta r_D = BD\cdot\delta\varphi$$

由虚位移原理得

$$\boldsymbol{F}_{AC}\cdot\delta\boldsymbol{r}_C + \boldsymbol{P}\cdot\delta\boldsymbol{r}_D = 0$$

即

$$[F_{AC}(BC\cdot\sin\angle ACB) - P(BD\cdot\cos\angle BDC)]\delta\varphi = 0$$

由于 $\delta\varphi$ 任意，可得

$$F_{AC} = \frac{BD\cdot\cos\angle BDC}{BC\cdot\sin\angle ACB}P = \sqrt{5}P$$

下面求 BC 杆的内力。再去掉 BC 杆，以 $\boldsymbol{F}_{BC}$ 代替，如图 20.14 所示。考虑一组虚位移：假想 CDE 整体绕 E 点转动，由虚位移原理得

$$\boldsymbol{F}_{AC}\cdot\delta\boldsymbol{r}_C + \boldsymbol{F}_{BC}\cdot\delta\boldsymbol{r}_C + \boldsymbol{P}\cdot\delta\boldsymbol{r}_D = 0$$

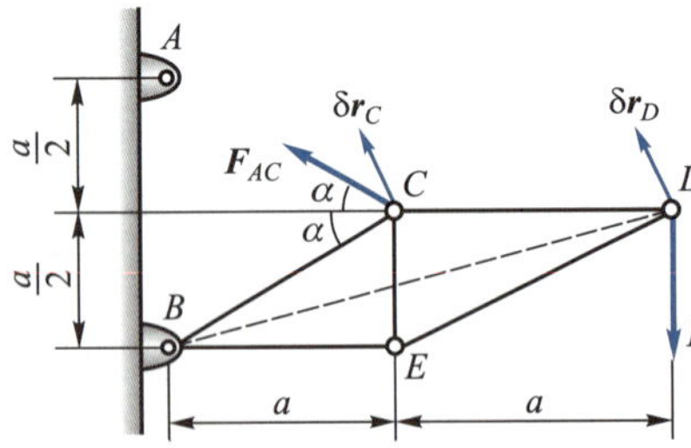

图 20.13

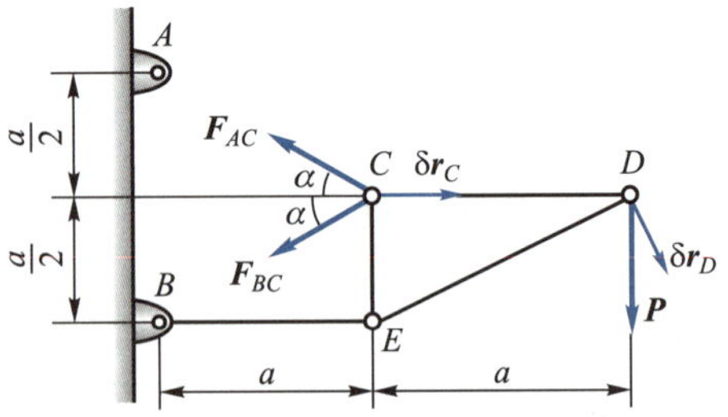

图 20.14

即

$$P\delta r_D\cos\alpha - (F_{AC}+F_{BC})\delta r_C\cos\alpha = 0$$

由 $\delta r_C = \delta r_D \sin\alpha$，代入上式可得

$$F_{AC} + F_{BC} = \frac{P}{\sin\alpha} = \sqrt{5}P = F_{AC}$$

因此有

$$F_{BC} = 0$$

20.1.2　虚功原理的其他形式

在上述例题的讨论中，我们可以看到，虚位移原理根据讨论问题的不同可以有各类应用的形式。本节从达朗贝尔–朗格朗日原理出发，讨论虚位移原理在不同情况下的其他形式。

从达朗贝尔–拉格朗日原理出发，将**一般形式的平衡方程**特殊化所得的虚功原理的一般形式为

$$\sum_{i=1}^{n} \boldsymbol{F}_i \cdot \delta \boldsymbol{r}_i = 0 \quad (t_0 \leqslant t \leqslant t_1)$$

其中，系统的虚位移 $\boldsymbol{r}_i$ 不是相互独立的，所以上式难以写成力的关系。但如果选取广义坐标，其变分相互独立的话，上式就可以进一步改写。

（1）广义力形式的平衡方程。将式 (11.1.4) 代入静力学普遍方程式 (20.1.1)，可得

$$\sum_{j=1}^{k} Q_j \delta q_j = 0 \tag{20.1.2}$$

式 (20.1.2) 表示广义坐标形式的虚功原理。

对于完整系统，$\delta q_1, \cdots, \delta q_j, \cdots, \delta q_k (k = 3n - l)$ 彼此独立，因此由式 (20.1.2) 可得

$$Q_j = 0 \quad (j = 1, 2, \cdots, k) \tag{20.1.3}$$

可见，**具有理想约束的完整系统的某一位置是平衡位置的充要条件是：在该位置的所有广义力都等于零**。式 (20.1.3) 即为**广义力形式的平衡方程**。注意式 (20.1.3) 代表的平衡方程的个数等于自由度的个数。

从拉格朗日方程出发计算广义力

$$Q_j = \frac{\mathrm{d}}{\mathrm{d}t}\left(\frac{\partial T}{\partial \dot{q}_j}\right) - \frac{\partial T}{\partial q_j}$$

可知，当系统平衡时质点系动能为零，同样也可由动力学角度推导得出广义力形式的平衡方程 $Q_j = 0$。

（2）势能形式的平衡方程。由 11.2.2 节可知，如果质点系的所有主动力都是有势力，则有

$$Q_j = -\frac{\partial V}{\partial q_j} \quad (j=1,2,\cdots,k) \tag{20.1.4}$$

由式 (20.1.3) 和式 (20.1.4) 可知：如果质点系的约束是完整、理想的，并且所有主动力都是有势力，则质点系平衡的充分必要条件是

$$\frac{\partial V}{\partial q_j} = 0 \quad (j=1,2,\cdots,k) \tag{20.1.5}$$

根据高等数学（微积分）的知识，势能对广义坐标的偏导数为零，意味着势能函数取驻值。也就是说，**具有完整、理想约束的质点系，所有主动力都有势，势能函数在平衡位置取驻值**。方程式 (20.1.5) 是**势能形式的平衡方程**。

例 20.11

设无质量的刚性杆 OA，一端通过柱铰悬挂于 O 点，另一端固定一个质量为 m 的小球 A，如图 20.15 所示。以杆与 Ox 轴的夹角 φ 为广义坐标，求小球的平衡位置。

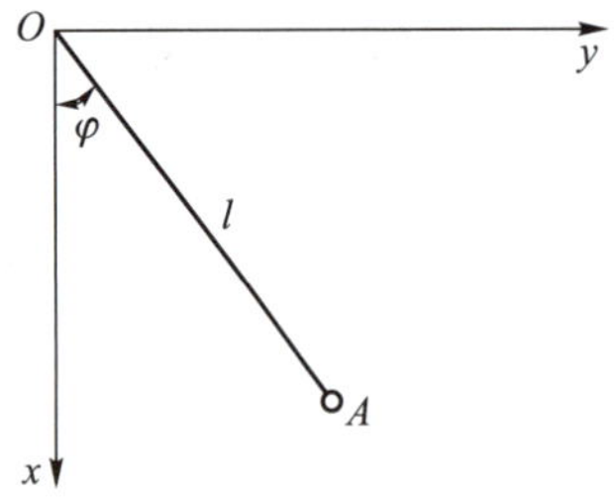

图 20.15

解　我们以小球和杆为研究对象，约束是完整、理想的，主动力只有小球的重力，是有势力。

小球的重力势能（以 $x=0$ 为零势能线）

$$V = -mgl\cos\varphi$$

这个势能是广义坐标的函数，我们将势能对广义坐标求导得

$$\frac{\mathrm{d}V}{\mathrm{d}\varphi} = mgl\sin\varphi$$

小球平衡的充分必要条件

$$\frac{\mathrm{d}V}{\mathrm{d}\varphi} = 0$$

由此求得小球平衡位置为 $\varphi = 0°$ 或者 $\varphi = 180°$。

例 20.12

[典型例题]
例20.12

设灯 G 的质量为 m，A、C 为铰链，B 为套筒，AC 与 AB 的夹角为 θ。$AC = AB = l, AG = a$，如图 20.16 所示。当 $\theta = 180°$ 时弹簧为原长。不计杆的质量，不计摩擦。如果 $\theta = 120°$ 是平衡位置，求弹簧刚度系数 k 的大小？

解　这个机构有 1 个自由度，可以选 θ 为广义坐标。约束是完整理想的，主动力包括弹簧的弹力和灯的重力，都是有势力。我们先写出重力势能（以 A 为零势

能点）

$$V_1 = mga\sin(\theta - \pi/2) = -mga\cos\theta$$

为了求弹性势能，先计算弹簧的变形量

$$\Delta = 2l - BC = 2l - 2l\sin(\theta/2) = 2l[1 - \sin(\theta/2)]$$

于是，弹性势能为

$$V_2 = \frac{1}{2}k\Delta^2 = 2kl^2\left[1 - \sin\left(\frac{\theta}{2}\right)\right]^2$$

总势能为

$$V = V_1 + V_2 = -mga\cos\theta + 2kl^2\left[1 - \sin\left(\frac{\theta}{2}\right)\right]^2$$

势能对 θ 的导数为

$$\frac{\mathrm{d}V}{\mathrm{d}\theta} = mga\sin\theta - 2kl^2\cos\frac{\theta}{2} + kl^2\sin\theta$$

$\theta = 120°$ 是平衡位置的充分必要条件是

$$\left.\frac{\mathrm{d}V}{\mathrm{d}\theta}\right|_{\theta=120°} = 0$$

即

$$mga\sqrt{3}/2 - kl^2 + kl^2\sqrt{3}/2 = 0$$

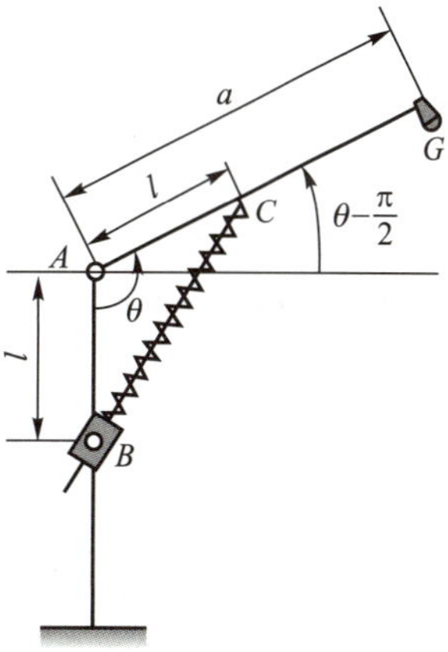

图 20.16

解得

$$k = (3 + 2\sqrt{3})mga/l^2$$

注记 20.8

本例如果用虚功原理的前两种形式，计算较为烦琐。如果采用势能形式的平衡方程求解，反而较为简便。

例 20.13

均质杆 AB 长为 $2l$，一端靠在光滑的铅垂墙壁上，另一端放在固定光滑曲线 DE 上，如图 20.17 所示。欲使杆能静止在铅垂平面的任意位置。问 DE 应是怎样的曲线？

解　以杆为研究对象，所有约束都是理想几何约束，主动力只有杆的重力，势能可以写成

$$V = mgy_C$$

式中：y_C 为杆质心的纵坐标。

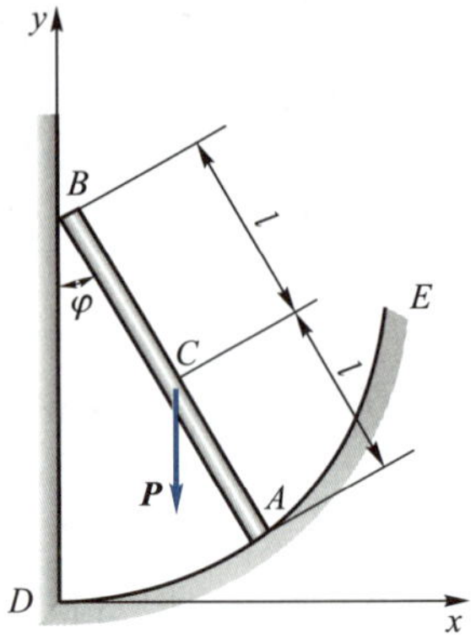

图 20.17

杆在任意位置都能平衡，就是说势能在任意位置都取驻值，因此势能一定是常数。由此可知 y_C 也是常数，再考虑到杆全部靠墙时 $y_C = l$，因此有

$$y_C \equiv l$$

根据几何关系，我们写出杆底端 A 的坐标

$$x_A = 2l\sin\varphi$$

$$y_A = y_C - l\cos\varphi = l(1-\cos\varphi)$$

故

$$\frac{x_A^2}{(2l)^2} + \frac{(y_A - l)^2}{l^2} = 1$$

可见曲线 DE 是以 $(0,l)$ 为中心、长短半轴分别为 l 和 $2l$ 的椭圆的一部分。

注记 20.9

本题需要理解杆在任意位置均平衡，指系统的势能为常数。从而得出杆的重心的高度一直保持不变，由此求出重心的 y 坐标，而 DE 曲线方程则需要通过求解接触点 A 的坐标方程。

例 20.14

均质杆 OA 和 AB 用铰 A 连接，用铰 O 固定，如图 20.18 所示。两杆的长度分别为 l_1 和 l_2，质量分别为 m_1 和 m_2。在 B 端作用一个水平力 $\boldsymbol{F}$，设 α、β 分别是两根杆与竖直方向的夹角，求平衡时 α 和 β。

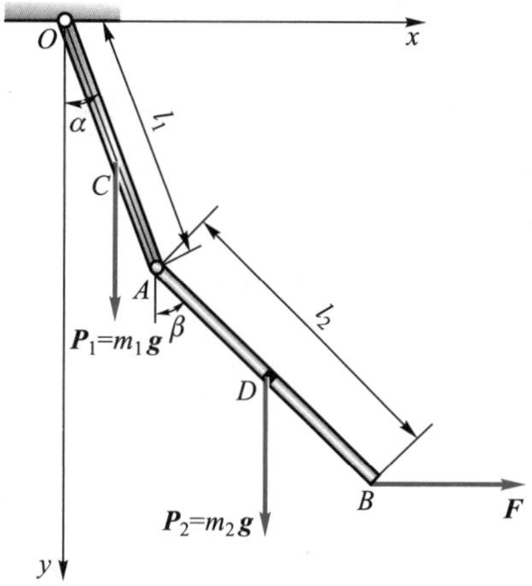

图 20.18

解　以两根杆为研究对象，这是两个自由度的质点系，取 α、β 为广义坐标。主动力包括 $\boldsymbol{P}_1$、$\boldsymbol{P}_2$、$\boldsymbol{F}$。两个重力是有势力，而主动力 $\boldsymbol{F}$ 可以这样处理：假设有一个重为 $\boldsymbol{F}$ 的物块，有一个定滑轮位于 B 点右侧，与 B 处于同一水平线上，一根无质量的细绳绕过定滑轮，一端连接 B 点，另一端连接物块。这样就可以把主动力 $\boldsymbol{F}$ 当作重力对待。

根据几何关系有

$$
\begin{aligned}
y_C &= \frac{1}{2}l_1\cos\alpha \\
y_D &= l_1\cos\alpha + \frac{1}{2}l_2\cos\beta \\
x_B &= l_1\sin\alpha + l_2\sin\beta
\end{aligned}
$$

相应地写出重力势能

$$
\begin{aligned}
V_1 &= -m_1 g y_C = -\frac{1}{2}m_1 g l_1\cos\alpha \\
V_2 &= -m_2 g y_D = -m_2 g\left(l_1\cos\alpha + \frac{1}{2}l_2\cos\beta\right) \\
V_3 &= -F x_B = -F(l_1\sin\alpha + l_2\sin\beta)
\end{aligned}
$$

总势能为

$$
\begin{aligned}
V &= V_1 + V_2 + V_3 \\
&= -\frac{1}{2}m_1 g l_1\cos\alpha - m_2 g\left(l_1\cos\alpha + \frac{1}{2}l_2\cos\beta\right) - F(l_1\sin\alpha + l_2\sin\beta)
\end{aligned}
$$

下面求 V 对 α 的偏导数

$$\frac{\partial V}{\partial \alpha}=m_1 g\frac{l_1}{2}\sin\alpha+m_2 g l_1\sin\alpha-F l_1\cos\alpha$$

再求 V 对 β 的偏导数

$$\frac{\partial V}{\partial \beta}=m_2 g\frac{l_2}{2}\sin\beta-F l_2\cos\beta$$

令

$$\frac{\partial V}{\partial \alpha}=0,\quad \frac{\partial V}{\partial \beta}=0$$

可以解出平衡时的 α、β 为

$$\alpha=\arctan\frac{2F}{(m_1+2m_2)g},\quad \beta=\arctan\frac{2F}{m_2 g}$$

（3）**部分主动力有势的情况**。第三种形式的特殊情况为部分主动力有势。可分别计算有势的主动力的虚功，和其他主动力的虚功。

对于有势的主动力

$$\boldsymbol{F}_i=-\frac{\partial V}{\partial x_i}\boldsymbol{i}-\frac{\partial V}{\partial y_i}\boldsymbol{j}-\frac{\partial V}{\partial z_i}\boldsymbol{k}$$

则有势的主动力的虚功为

$$\sum_{i=1}^{n}\boldsymbol{F}_i\cdot\delta\boldsymbol{r}_i=-\sum_{i=1}^{n}\left(\frac{\partial V}{\partial x_i}\delta x_i+\frac{\partial V}{\partial y_i}\delta y_i+\frac{\partial V}{\partial z_i}\delta z_i\right)=-\delta V \tag{20.1.6}$$

即有势的主动力的虚功等于势能的变分。

由此可见，**对于主动力有势的理想完整系统平衡的充要条件是：势能的等时变分为零，即** $\delta V=0$。

下面看更一般的情况，只有部分主动力有势。设非有势的主动力为 $\boldsymbol{F}_i^*$，虚功原理可写为有势力的虚功和非有势力的虚功二者之和等于零，即

$$\delta A=\sum_{i=1}^{n}\boldsymbol{F}_i^*\cdot\delta\boldsymbol{r}_i-\delta V=0 \tag{20.1.7}$$

下面，让我们用一个例题来看看如何运用部分主动力有势的平衡方程。

例 20.15

在图 20.19 所示的机构中，AB 与 CD 长均为 $a=300\,\text{cm}$，在 E 处以铰链连接，$BE=DE=a/3$，AB 与 BF 在 B 处以铰链连接，D 处为一光滑套筒，C 处为小滚轮，弹簧刚度系数为 $1.8\,\text{kN/m}$，且当 $\theta=0$ 时，弹簧为原长。求当在 B 处作用载荷 $P=1.2\,\text{kN}$ 时，系统的平衡位置。

解　方法 1　本例中，弹簧力有势，但主动力 $\boldsymbol{P}$ 不是有势力。

首先，需要计算弹簧弹性势能。其伸长量 BD 为

$$BD = 2BE \cdot \sin\theta$$

弹性势能

$$V = \frac{1}{2}k \cdot BD^2 = \frac{2}{9}ka^2 \sin^2\theta$$

计算有势的主动力的虚功，需要计算势能函数变分

$$\delta V = \frac{4}{9}ka^2 \sin\theta\cos\theta\delta\theta$$

再计算主动力 $\boldsymbol{P}$ 的虚功

$$\boldsymbol{F}^* \cdot \delta\boldsymbol{r} = P\delta y_B = Pa\sin\theta\delta\theta$$

应用虚功原理可得

$$\begin{aligned}\delta A &= \boldsymbol{F}^* \cdot \delta\boldsymbol{r} - \delta V \\ &= \left(Pa\sin\theta - \frac{4}{9}ka^2\sin\theta\cos\theta\right)\delta\theta \\ &= 0\end{aligned}$$

解得

$$\sin\theta = 0, \quad \cos\theta = \frac{9P}{4ka} = \frac{1}{2}$$

方法 2　如图 20.20 所示，在 B 点用重量为 P 的重物代替载荷，对于定常主动力都可以用重物来代替主动力。如此转化后，系统中所有主动力有势，可以应用势能形式的平衡方程求解。

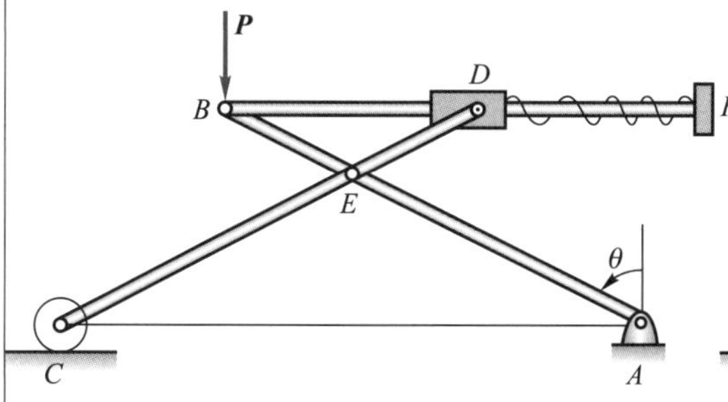

图 20.19

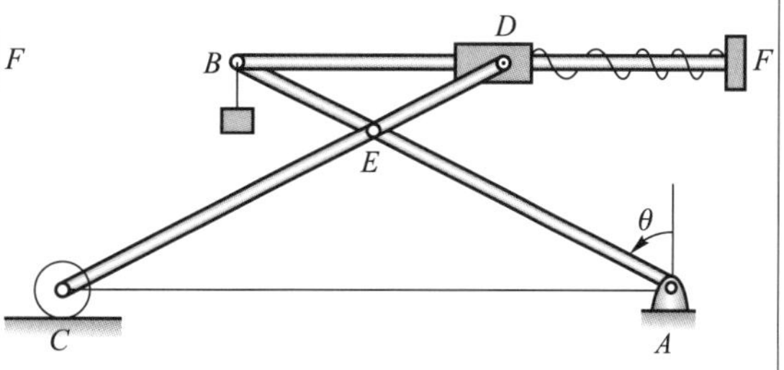

图 20.20

写出势能函数

$$V = \frac{2}{9}ka^2\sin^2\theta + Pa\cos\theta$$

应用主动力有势的理想完整系统平衡的充要条件，势能的等时变分为零，即

$$\frac{\mathrm{d}V}{\mathrm{d}\theta}=-Pa\sin\theta+\frac{4}{9}ka^2\sin\theta\cos\theta=0$$

解得

$$\sin\theta=0,\quad \cos\theta=\frac{9P}{4ka}=\frac{1}{2}$$

例 20.16

用主动力有势的理想完整系统平衡的充要条件，求解例 20.8。

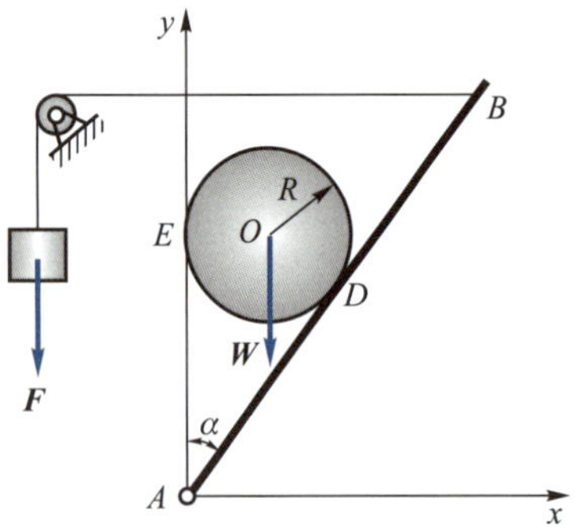

图 20.21

解　如图 20.21 所示，解除绳的约束，代之以约束力 $\boldsymbol{F}$，作用在 B 处。再用重物的重力代替 $\boldsymbol{F}$，写出系统势能函数

$$V=Wy_O+Fx_B$$

其中，$y_O=R\cot\frac{\alpha}{2}$，$x_B=l\sin\alpha$。

由于系统只有一个自由度

$$\frac{\mathrm{d}V}{\mathrm{d}\alpha}=-\frac{1}{2}WR\csc^2\alpha+Fl\cos\alpha=0$$

解得拉力

$$F=\frac{WR}{2l\cos\alpha\sin^2\frac{\alpha}{2}}$$

20.2　平衡稳定性

数学上得到的平衡位置，有些在实际生活或物理实验中很难观察到，这与平衡位置的稳定性有关。我们通过一个简单的例子说明这个问题。

如图 20.22 所示，情况 (a)、情况 (b) 和情况 (c) 中的均质杆 AB 的 A 点用光滑铰支撑，情况 (c) 中铰正好与杆的质心重合。对于情况 (a) 和情况 (b)，系统的势能分别为 $V=-mga\cos\theta$ 和 $V=mga\cos\theta$。由 $\partial V/\partial\theta=0$ 可以求出平衡位置 $\theta=0$。显然，对于情况 (a)，平衡位置 $\theta=0$ 有一定的抗干扰能力，当杆受到很小的干扰偏离平衡位置时，重力的作用将使杆恢复到平衡位置。我们称这个平衡位置**稳定**。对于情况 (b)，平衡位置 $\theta=0$ 没有抗干扰能力，当杆受到很小的干扰偏离平衡位置时，重力的作用会使杆偏离平衡位置更远。我们称这个平衡位置**不稳定**。对于情况 (c)，势能为常数，杆在任意位置都能平衡，这是随遇平衡，也属于不稳定平衡。

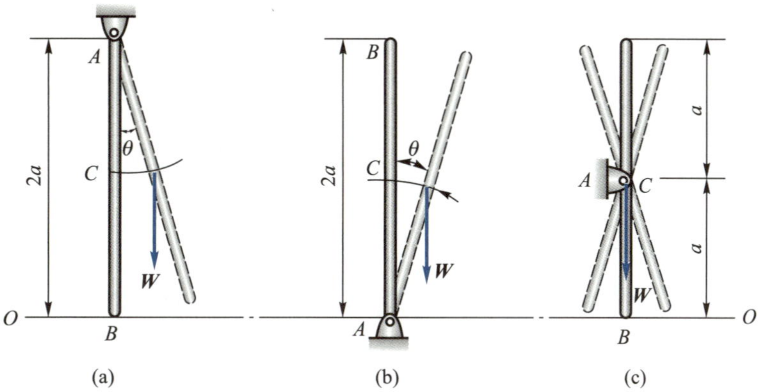

图 20.22

在本教程中我们讨论的平衡位置的稳定性是研究运动稳定性中最简单、最直观的一类。事实上，早在李雅普诺夫稳定性理论之前（17 世纪初叶），意大利物理学家托里拆利认为，当重心最低时，平衡是稳定的。这里的“重心最低”指的是势能取值最低的点。拉格朗日将这一结论推广到了任意自由度的保守系统，本教程运用拉格朗日定理来处理保守系统的平衡位置的稳定性问题。

定理 20.1

拉格朗日定理：设质点系受完整、理想、定常约束，所有主动力有势，势能函数不显含时间。如果势能函数在孤立平衡位置取严格极小值，则该平衡位置稳定。

当然，要对定理进行严格证明需要用到李雅普诺夫稳定性理论，属于“运动稳定性”的内容。但我们的课程里还是可以借助势能函数来判断系统是否处于平衡位置，且该位置是否稳定。

拉格朗日定理表明，如果完整保守系统的势能函数在孤立的平衡位置取严格的极小值，那么该平衡位置是稳定的。条件不仅仅是取最小值（势能的一阶导数为零的点），而且得是取极值的点（势能的二阶导数大于零的点）。值得注意的是对“严格”和“孤立”的解释，在处理完整约束且处于孤立位置的保守系统时，平衡位置只在单独的点上成立，不能说一个区域或一段区域都是平衡位置。只有满足这个条件的平衡位置才是稳定的。

注记 20.10

平衡稳定性拉格朗日定理的物理说明

拉格朗日定理严格的证明超出了本教程范围，我们可以对此给出物理说明。系统在平衡位置 $q=0$ 处，动能为零 $T(0)=0$，势能 $V(q)$ 取严格极小值，此

时总机械能为

$$E_0 = T + V = V(0)$$

假设初始时刻系统受扰，偏离平衡位置 δ，此时系统机械能为

$$E_1 = V(\delta) > V(0)$$

根据机械能守恒，如发生运动，动能 $T > 0$，则势能势必减小，即 δ 趋于 0。与此同时，动能的增量亦有上限，且上限是一个小量，即

$$\Delta T \leqslant E_1 - E_0$$

同理，初始时刻受干扰，在平衡位置有微小速度 ε，机械能为

$$E_2 = T(\varepsilon) + V(0) > V(0)$$

根据机械能守恒，此后运动中动能只能减少，势能可以增大，但势能增量亦有上限，且上限是一个小量

$$\Delta V \leqslant E_2 - E_0$$

即偏离平衡位置有限（小量）。

类似地，还可以分析系统同时受位置和速度的扰动均为小量的情况。由于机械能守恒，最终偏离平衡位置的速度和位置均为高阶小量。总之，系统在势能取严格极小值的平衡位置受扰动后，其动能和势能均保持为小量或变小。

仍以例 20.11 的单摆的平衡位置 $\theta = 0$ 为例说明。在平衡位置，单摆机械能 $E_0 = -mgl$，受到微小扰动 δ 的单摆的机械能 $E_1 = -mgl\cos\delta$，系统动能增量为

$$E_1 - E_0 = mgl(1 - \cos\delta) = \Delta(\delta^2)$$

动能的增量上限是一个二阶小量。

当系统在平衡位置有微小速度 ε 干扰，此时单摆的机械能

$$E_2 = \frac{1}{2}m\varepsilon^2 - mgl$$

由于机械能守恒，随后动能减少，势能增大，但存在上限

$$\Delta V = E_2 - E_0 = \frac{1}{2}m\varepsilon^2$$

同样得出单摆偏离平衡位置 $\theta = 0$ 的偏差是一个二阶小量。

综上，单摆在平衡位置 $\theta = 0$ 处是稳定的。

关于例 20.11 的情况，单摆的势能

$$V = -mgl\cos\varphi$$

由小球平衡的充要条件

$$\frac{\mathrm{d}V}{\mathrm{d}\theta} = mgl\sin\theta = 0$$

得到单摆的平衡位置 $\theta = 0$ 或 $\theta = \pi$。再对势能函数求二阶导数

$$\frac{\mathrm{d}^2V}{\mathrm{d}\theta^2} = mgl\cos\theta$$

在平衡位置 $\theta = 0$ 处

$$\left.\frac{\mathrm{d}^2V}{\mathrm{d}\theta^2}\right|_{\theta=0} = mgl > 0$$

势能在该孤立平衡位置 $\theta = 0$ 处取极小值，因此该平衡位置稳定。

思考题 20.1

单摆在平衡位置 $\theta = \pi$ 处有

$$\left.\frac{\mathrm{d}^2V}{\mathrm{d}\theta^2}\right|_{\theta=\pi} = -mgl < 0$$

这一平衡位置是稳定的还是不稳定的？

我们回到例 20.12，研究台灯平衡的稳定性。

我们已经知道系统的总势能

$$V = -mga\cos\theta + 2kl^2\left[1 - \sin\left(\frac{\theta}{2}\right)\right]^2$$

以及势能对 θ 的导数

$$\frac{\mathrm{d}V}{\mathrm{d}\theta} = mga\sin\theta - 2kl^2\cos\frac{\theta}{2} + kl^2\sin\theta$$

其中

$$k = (3 + 2\sqrt{3})mga/l^2$$

容易验证，$\theta = 120^\circ$ 和 $\theta = 180^\circ$ 是两个孤立平衡位置。

为了判断势能在平衡位置是否取极小值，我们进一步计算势能对 θ 的二阶导数

$$\frac{\mathrm{d}^2V}{\mathrm{d}\theta^2} = (mga + kl^2)\cos\theta + kl^2\sin\frac{\theta}{2}$$

对于平衡位置 $\theta = 120^\circ$，计算得

$$\frac{\mathrm{d}^2V}{\mathrm{d}\theta^2}|_{\theta=120^\circ}=(1+\sqrt{3}/2)mga>0$$

势能函数在平衡位置 $\theta=120^\circ$ 取严格极小值。根据拉格朗日定理，平衡位置 $\theta=120^\circ$ 稳定。

请读者注意，拉格朗日定理给出的是平衡位置稳定的充分条件，不是必要条件。换句话说，这个定理的否命题不成立。

拉格朗日定理的否命题：若保守系统的势能在平衡位置不取严格局部极小值，则平衡位置不稳定。请注意，这个否命题并不成立。让我们举出反例①：

系统的动能

$$T=\frac{1}{2}\dot{q}^2$$

其势能函数

$$\Pi(q)=\begin{cases}0 & q=0\\ e^{-\frac{1}{q^2}}\cos\dfrac{1}{q} & q\neq 0\end{cases}$$

学者温特纳已经证明，此单自由度系统的势能在平衡位置 $q=0$ 不取极小值也不取极大值，但是该平衡位置稳定。

既然拉格朗日定理的否命题无法判定平衡位置不稳定性，是否还有其他判定平衡不稳定性的准则？接下来让我们学习契达耶夫定理。

定理 20.2

契达耶夫定理：设质点系受完整、理想、定常约束，所有主动力有势，势能函数不显含时间。如果势能函数在孤立平衡位置不取严格极小值，且势能可以写成齐次式之和

$$V=V_m+V_{m+1}+\cdots\qquad(m\geqslant 2)$$

则该平衡位置不稳定。其中，V_m 是关于广义坐标的 m 次齐次式。

需要说明的是，除了有意构造的势能函数，一般实际系统的势能函数都可以展开成广义坐标的齐次式之和。我们约定：在本教程中应用契达耶夫定理，可以不验证这个条件。

如果没有势能函数可以写成齐次式之和的这一条件，仅以势能是否取极小值来判断不稳定性，推断并不严密。不过，在实际工程中一般可以这样做，原因是工程问题中需要稳定性，即便将原本稳定的平衡位置误判成不稳定，但没有将不稳定误判为稳定，造成结果偏“保守”和安全。可是在某些领域，比如军事领域和竞技体育的对抗中，如果采用这种保守的方法判别不稳定性，偏“保守”的判断可能无法获取优势。

① 推荐阅读文献：王照林. 运动稳定性及其应用 [M]. 北京：高等教育出版社，1992.

回到单摆问题，也可以用契达耶夫定理判断最高点 $\theta=\pi$ 的不稳定性。尽管在最高的平衡位置，一阶导数为零，但二阶导数在此位置的取值为负数，因此势能在该孤立平衡位置 $\theta=\pi$ 不取极小值，并且势能可写成

$$V=mgl(1-\cos\theta)=mgl\left(\frac{\theta^2}{2}-\frac{\theta^4}{4!}\right)+\cdots$$

因此该位置不稳定。

思考题 20.2

例 20.12 中的灯在平衡位置 $\theta=180^\circ$ 处是否是稳定的？

对于平衡位置 $\theta=180^\circ$，计算势能对 θ 的二阶导数得

$$\left.\frac{\mathrm{d}^2V}{\mathrm{d}\theta^2}\right|_{\theta=180^\circ}=-mga<0$$

势能函数在平衡位置 $\theta=180^\circ$ 取严格极大值，当然，不取严格极小值。根据契达耶夫定理，平衡位置 $\theta=180^\circ$ 不稳定。注意，此处略去了势能可写成齐次式之和的验证。

相对平衡位置的稳定性：对存在广义能量积分的系统，研究其相对平衡的稳定性，可以用相对势能代替上述定理中的势能，结论不变。

思考题 20.3

在圆型限制性三体问题中，三个拉格朗日点位于 m_1 和 m_2 连线上，是不稳定的平衡点，另外两个分别与 m_1 和 m_2 构成等边三角形，如何判断其稳定性？系统机械能是否守恒，广义能量是否守恒，能否用拉格朗日定理或者其推广形式进行判断？

例 20.17

判断例 16.7 中的相对平衡位置的稳定性。

解 前例分析可得如图 20.23 所示的系统的自由度为 1，取 θ 为广义坐标。系统的动能

$$T=\frac{1}{2}J\omega^2+\frac{1}{2}m(R^2\sin^2\theta\omega^2+R^2\dot{\theta}^2)=T_2+T_0$$

其中

$$T_2=\frac{1}{2}mR^2\dot{\theta}^2,\quad T_0=\frac{1}{2}(J+mR^2\sin^2\theta)\omega^2$$

小环在任意位置的系统势能

$$V = -mgR\cos\theta$$

则拉格朗日函数

$$L = \frac{1}{2}mR^2\dot{\theta}^2 + \frac{1}{2}(J + mR^2\sin^2\theta)\omega^2 + mgR\cos\theta$$

系统显然有广义能量积分

$$T_2 - T_0 + V = \frac{1}{2}mR^2\dot{\theta}^2 - \frac{1}{2}(J + mR^2\sin^2\theta)\omega^2 - mgR\cos\theta = E$$

此时相对势能

$$\tilde{V} = -\frac{1}{2}mR^2\omega^2\sin^2\theta - mgR\cos\theta$$

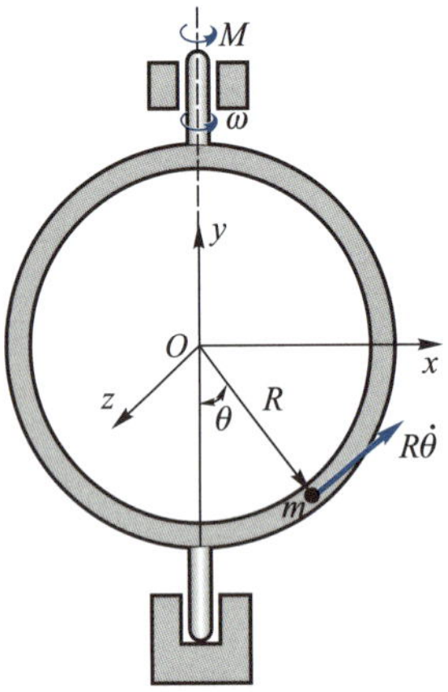

图 20.23

应用拉格朗日定理

$$\frac{\mathrm{d}\tilde{V}}{\mathrm{d}\theta} = -mR^2\omega^2\sin\theta\cos\theta + mgR\sin\theta = 0$$

得出三个相对平衡位置

$$\theta_1 = 0, \quad \theta_2 = \pi, \quad \theta_3 = \arccos\frac{g}{\omega^2 R} \quad (g < \omega^2 R)$$

再进一步，根据相对势能的二次导数

$$\left.\frac{\mathrm{d}^2\tilde{V}}{\mathrm{d}\theta^2}\right|_{\theta=\theta_i}$$

的定号性，判别三个位置的稳定性。

注记 20.11

分析此系统，其机械能不守恒，但广义能量守恒。广义能量守恒意味着相对运动的机械能守恒（相对动能 + 相对势能）。小环有三个相对平衡的位置：最低点、最高点和偏一个角度的位置。第三个位置和角速度有关：如果角速度不够大，则不出现这个平衡位置。

最低点和最高点的稳定性容易分析，和圆环的角速度大小（甚至是否转动）均无关。第三个平衡位置如果存在，平衡位置是否稳定呢？可以用相对势能的二阶导数的定号性判断。

我们也可以运用平衡稳定性的拉格朗日定理的物理解释加以判断。

注记 20.12

虚位移原理和几何静力学的关系

最后讨论虚位移原理与几何静力学的关系。我们从虚位移原理出发，以单个刚体为研究对象。设 $\boldsymbol{F}_i$ 作用于刚体上的 P_i 点 $(i=1,2,\cdots,N)$，O 点是刚体上任选的基点，则 P_i 点的速度为

$$\boldsymbol{v}_i=\boldsymbol{v}_O+\boldsymbol{\omega}\times\boldsymbol{r}_i$$

设 $\delta\boldsymbol{\theta}$ 为虚转动位移，为一个无穷小量，则自由刚体上任意点的虚位移 (速度) 可由基点虚位移 (速度) 和刚体的虚转动位移 (角速度) 确定，即

$$\delta\boldsymbol{r}_i=\delta\boldsymbol{r}_O+\delta\boldsymbol{\theta}\times\boldsymbol{r}_i$$

力系 $\boldsymbol{F}_1,\boldsymbol{F}_2,\cdots,\boldsymbol{F}_N$ 在这组虚位移上所做的虚功为

$$\begin{aligned}\delta A&=\sum_{i=1}^{N}\boldsymbol{F}_i\cdot(\delta\boldsymbol{r}_O+\delta\boldsymbol{\theta}\times\boldsymbol{r}_i)\\&=\sum_{i=1}^{N}\boldsymbol{F}_i\cdot\delta\boldsymbol{r}_O+\sum_{i=1}^{N}\boldsymbol{F}_i\cdot(\delta\boldsymbol{\theta}\times\boldsymbol{r}_i)\\&=\sum_{i=1}^{N}\boldsymbol{F}_i\cdot\delta\boldsymbol{r}_O+\left(\sum_{i=1}^{N}\boldsymbol{r}_i\times\boldsymbol{F}_i\right)\cdot\delta\boldsymbol{\theta}\\&=\boldsymbol{F}_{\mathrm{R}}\cdot\delta\boldsymbol{r}_O+\boldsymbol{M}_O\cdot\delta\boldsymbol{\theta}\end{aligned}$$

由虚位移原理 $\delta A=0$，根据虚位移的任意性可得

$$\boldsymbol{F}_{\mathrm{R}}=0,\quad \boldsymbol{M}_O=0$$

从而得出和几何静力学一致的刚体平衡条件。

■ 本讲小结

本讲属于分析静力学范畴，介绍了虚位移原理及其他形式，并介绍了平衡稳定性的概念。

本讲的理论和方法的适用条件涉及不同类型的约束。在理论力学课程中主要考虑双面、完整、定常和理想约束。在定常约束情况下，可以取真实位移为虚位移，并利用刚体运动的速度分析方法寻找虚位移的关系式。

在理想约束情况下，可以利用虚位移原理（静力学普遍方程），即

$$\sum_{s=1}^{n} \boldsymbol{F}_s \cdot \delta \boldsymbol{r}_s = 0$$

这个等式对应的独立方程数等于质点系的自由度。研究平衡问题归结为选取主动力作用点的虚位移并寻找虚位移的关系式。

在理想、完整约束情况下，可以利用广义力形式的平衡方程

$$Q_j = 0 \quad (j = 1, 2, \cdots, k)$$

独立的平衡方程数等于质点系的自由度，也等于广义坐标数。研究平衡问题归结为选取广义坐标并求主动力的广义力，求广义力的方法有几何法和解析法。

在理想、完整约束并且主动力有势的情况下，可以利用势能形式的平衡方程

$$\frac{\partial V}{\partial q_j} = 0 \quad (j = 1, 2, \cdots, k)$$

独立的平衡方程数等于质点系的自由度，也等于广义坐标数。研究平衡问题归结为求主动力的势能。

前两种形式的虚位移原理的应用方法差别不大，读者只需分析主动力作用点的虚位移。问题关键是确定虚位移之间的关系，而求虚位移的关系可归结为运动学问题，与平面运动速度分析类似。因此，虚位移原理的应用可看作将静力学问题转化成动力学问题求解，其中既包含力也包含运动的分析。力的分析几乎只有主动力的分析，主动载荷可以用势能表示，首先考虑第三种形式，归结为数学问题；运动学的分析则主要在于虚位移关系的求解。

■ 概念题

判断下列说法是否正确。

20–1　虚功原理给出了受理想双面约束质点系的平衡条件。

20–2　在第 18 讲介绍的各个平衡方程中，静力学普遍方程的适用面最广。

20–3　定常约束是应用广义力形式平衡方程的前提条件之一。

20–4　定常约束是应用势能形式平衡方程的前提条件之一。

20–5　用几何静力学的理论和方法无法判断平衡位置的稳定性。

20–6　虚位移原理的思想来源于杠杆原理。

20–7　在静力学平衡问题中，所有常值主动力都可以等效为重力，写入势能。

■ 习题

20–1　如图 20.24 所示机构中各无质量杆由铰链连接，A、C 点处于同一水平高度，BD 杆竖直，DE 杆水平，滑块 C 位于 E 点正下方，忽略各处摩擦，系统处于平衡状态。用虚位移原理求力的大小 P 和力矩大小 M 的关系。

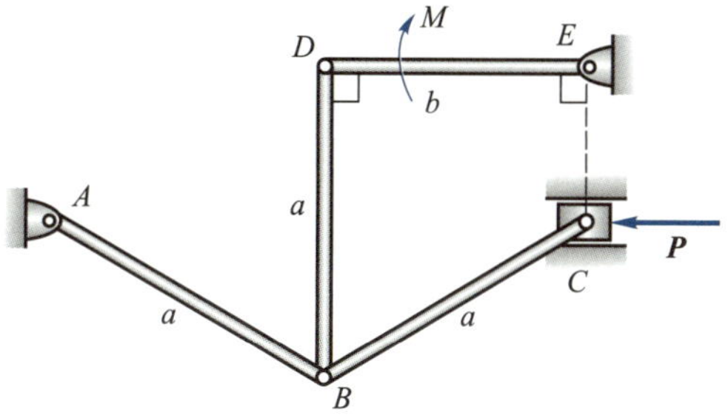

图 20.24

20–2　三均质细杆以铰链相连，其 A 端和 B 端另以铰链连接在固定水平直线 AB 上，如图 20.25 所示。已知各杆的重量与其长度成正比，$AC = a$，$CD = DB = 2a$，$AB = 3a$。设铰链为理想约束，求杆系平衡时 α、β、γ 之间的关系。

20–3　如图 20.26 所示平面平衡系统，在利用刚体平衡方程求解时，无须计入弹簧内力，而用虚功原理求力 $\boldsymbol{F}_1$ 和 $\boldsymbol{F}_2$ 之间的大小关系时，必须计入弹簧的虚功。这是否有矛盾？

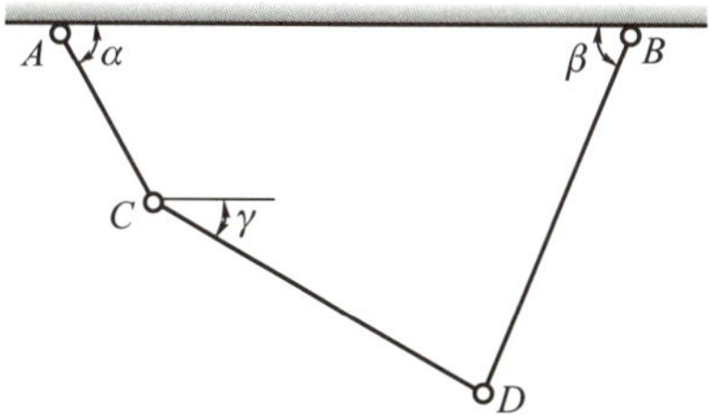

图 20.25

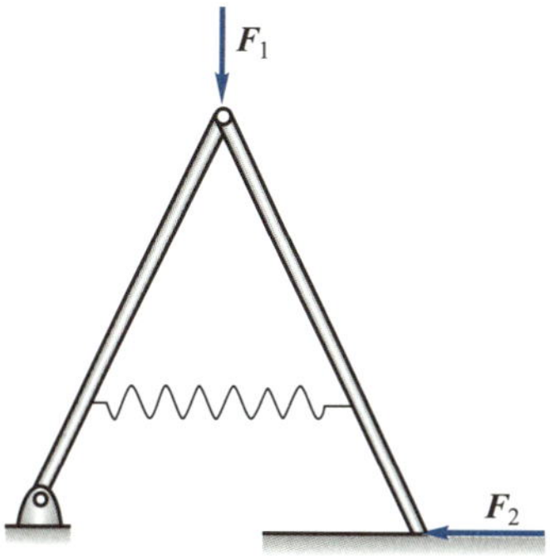

图 20.26

20–4　长度均为 l 的轻杆四根，由光滑铰链连成一个菱形 $ABCD$。AB、AD 两边支于同一水平线的两个钉 E、F 上，相距为 $2a$，BD 间用一根细绳连接，C 点作用一个铅垂力 $\boldsymbol{P}$，如图 20.27 所示。设 A 点的顶角为 2α，试求细绳中张力的大小。

20–5　在如图 20.28 所示桁架中 $AD = DB = 6\ \text{m}, CD = 3\ \text{m}$，在节点 D 的载荷为 $\boldsymbol{P}$，各杆自重不计。求该桁架中杆 3 的内力。

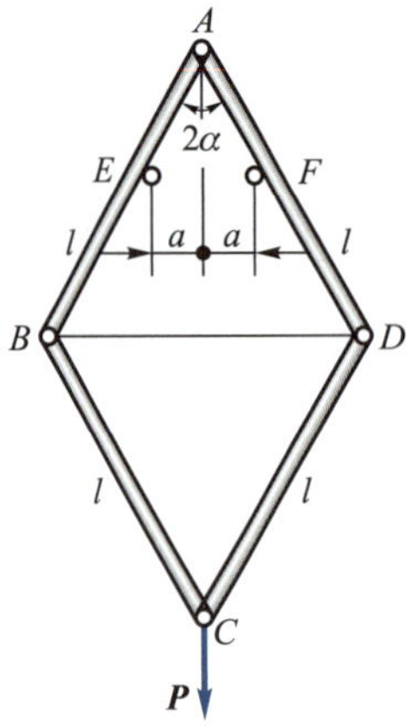

图 20.27

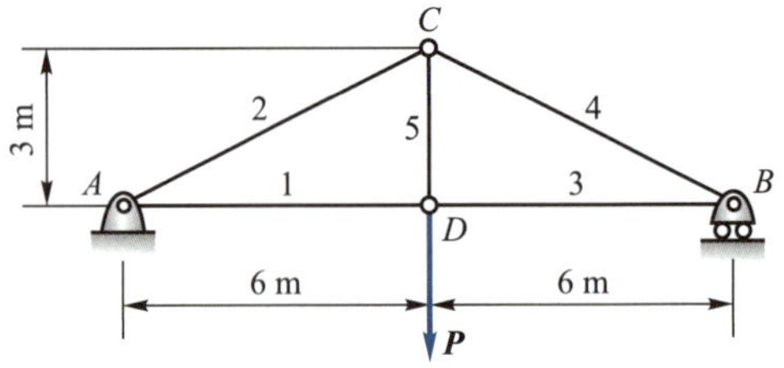

图 20.28

20–6　钢架由一个 Γ 形框架带中间铰 C 构成，如图 20.29 所示。框架的上端刚性地插在混凝土墙内，下端则搁在辊轴支座上。当 $\boldsymbol{P}_1$ 和 $\boldsymbol{P}_2$ 两力作用时，求插入端 A 处的铅垂反作用力。

20–7　求如图 20.30 所示桁架 1、2 两杆的内力。

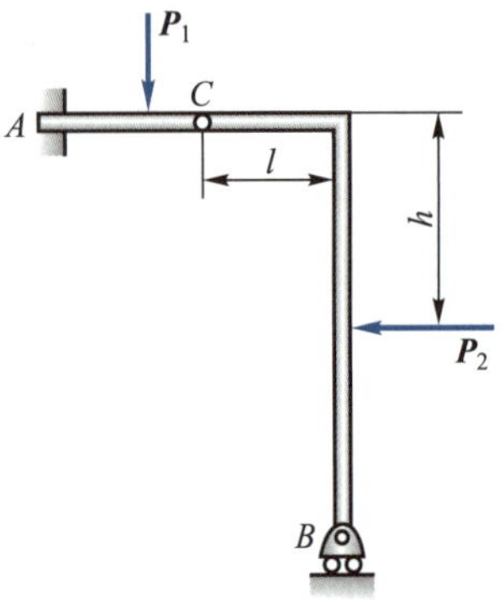

图 20.29

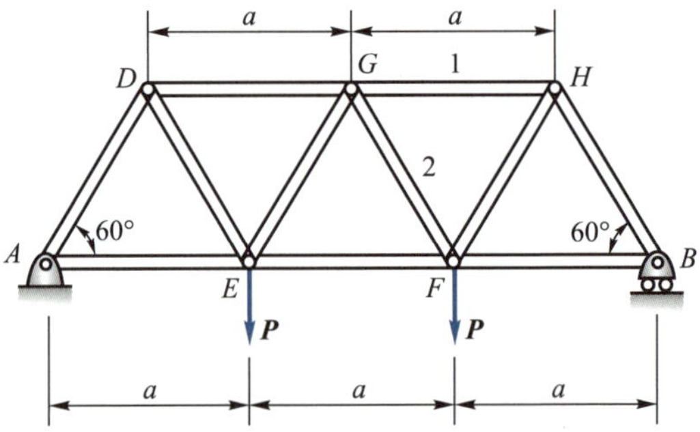

图 20.30

20–8　如图 20.31 所示三铰拱的自重不计，求在水平力 $\boldsymbol{P}$ 作用下支座 A 和 B 的约束力。

20–9　如图 20.32 所示组合梁上作用有载荷 $P_1 = 5\ \text{kN}, P_2 = 4\ \text{kN}, P_3 = 3\ \text{kN}$，以及 $M = 2\ \text{kN}\cdot\text{m}$ 的力偶。不计摩擦及梁的质量，试求固定端 A 的约束力偶矩 M_A。

20–10　利用本讲方法重新求解习题 17-9。

20–11　利用本讲方法重新求解习题 18–11　。

20–12　试用虚位移原理推导作用在刚体上平面力系的平衡方程。

20–13　下述质点系有几个自由度?

（1）平面四连杆机构，见图 20.33(a)。

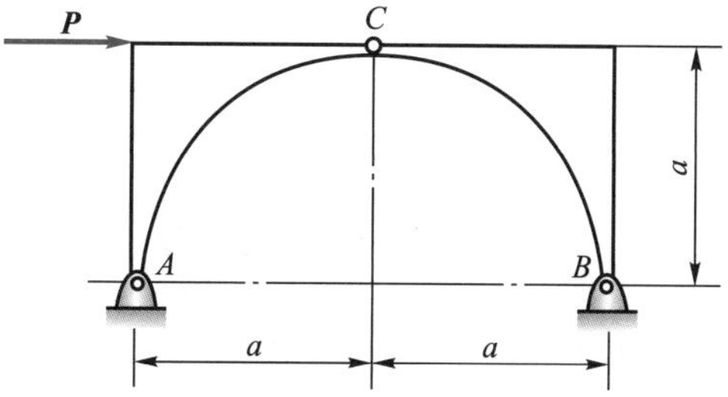

图 20.31

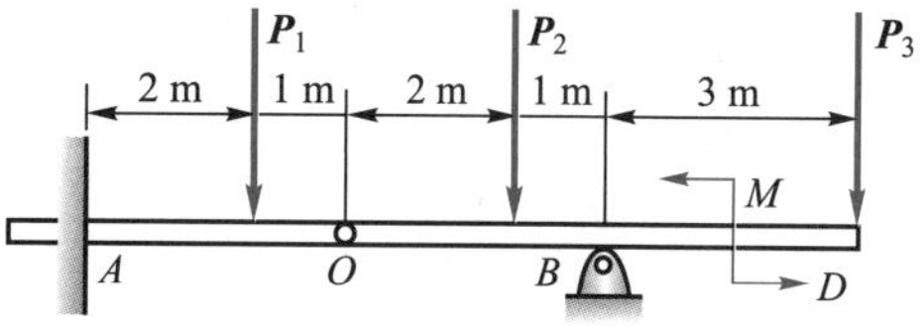

图 20.32

（2）在固定铅垂面内运动的双摆，见图 20.33(b)。

（3）在平面内沿直线作纯滚动的轮，见图 20.33(c)。

（4）一端由铰链约束的杆，见图 20.33(d)。

（5）在光滑水平面上运动的球，见图 20.33(e)。

（6）平面机构，见图 20.33(f)。

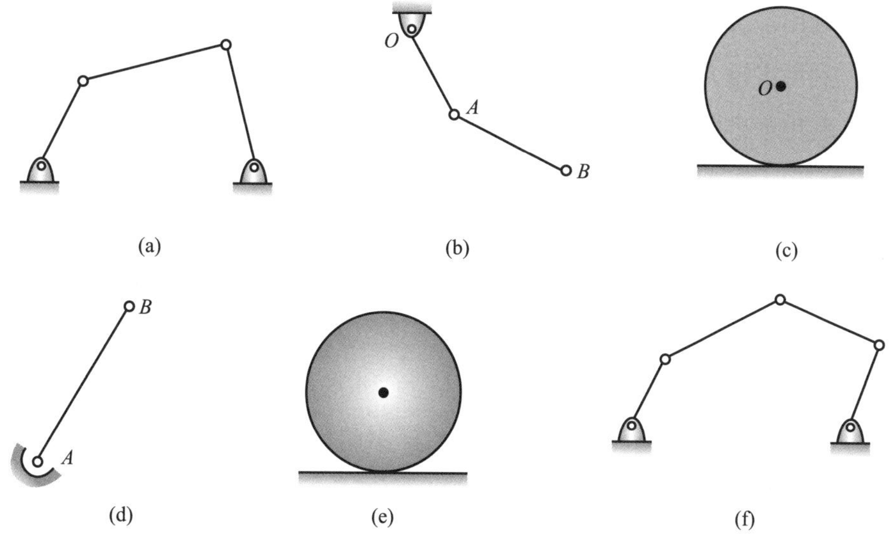

图 20.33

20–14　如图 20.34 所示健身器械由四根长为 L 的杆铰接而成。弹簧刚度系数为 k，原长度为 l，$l < 2L$。当水平力 $\boldsymbol{F}$ 和 $-\boldsymbol{F}$ 作用在手柄上，角 θ 缓慢减小。不计杆重和摩擦，求 F 具有最大值时的 θ 角。

20–15　如图 20.35 所示机构中 $CDEF$ 为平行四边形，杆 AB 可以沿着 O 处的销槽滑动。当大小为 M 的力偶矩作用在连杆 GF 上，弹簧被压缩，弹簧的刚度系数为 k，当 $\theta = 0$ 时弹簧为原长。不计杆重和摩擦，求平衡时的 θ 角。

20–16　利用本讲方法重新求解习题 18–5 。

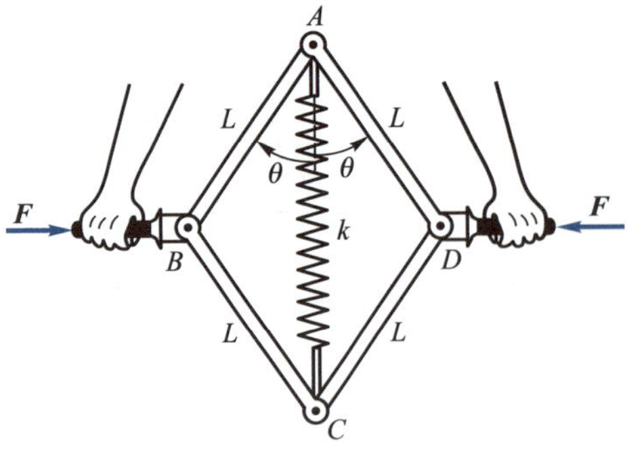

图 20.34

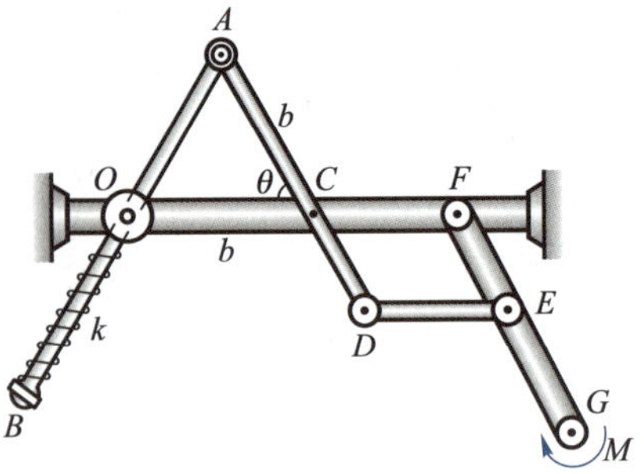

图 20.35

20–17　利用本讲方法重新求解习题 18–36。

20–18　利用本讲方法重新求解习题 18–37。

20–19　利用本讲方法重新求解习题 18–10。

20–20　利用本讲方法重新求解习题 18–38。

20–21　利用本讲方法重新求解习题 18–39。

20–22　利用本讲方法重新求解习题 18–40。

20–23　利用本讲方法重新求解习题 18–41。

20–24　利用本讲方法重新求解习题 18–42。

20–25　利用本讲方法重新求解习题 18–13。

20–26　如图 20.36 所示，一小球在一光滑管内，此管为一长轴为 $2a$ 的椭圆形状并位于水平面内。此球受椭圆两焦点 C_1 和 C_2 的吸引，引力与距离平方成反比，比例系数分别为 k_2^1 和 k_2^2。试求小球在平衡位置时的矢径 $\boldsymbol{r_1}$ 和 $\boldsymbol{r_2}$ 的大小。

20–27　如图 20.37 所示，长度为 l 的均质杆 AB 放在半径为 r 的光滑圆柱面上，其 A 端抵在光滑墙上。试证：平衡时的角 θ 满足 $l\cos^3\theta + r\sin\theta - b = 0$，其中 b 为圆柱中心到墙的距离。

20–28　如图 20.38 所示，一均质杆 AB 长度为 $2a$，靠在半径为 R 的光滑半圆导板上。试求平衡位置，并讨论其稳定性。

20–29 地震仪的杠杆 ACD 与铰链 B 连接，其上固结一个质量为 m 的重物，如图 20.39 所示。当 ABC 处于水平位置时，弹簧具有初压力 $\boldsymbol{F}_0$，若不计杠杆质量，求当 BD 处于铅垂位置且为稳定平衡时的弹簧的刚度系数 k。

20–30　如图 20.40 所示，均质杆 OA 长度为 3 m，质量为 $m = 2$ kg。O 为铰链，A 端连一个弹簧，弹簧刚度系数 $k = 4$ N/m。若弹簧原长度为 $l_0 = 1.2$ m，求平衡时的角度 θ。

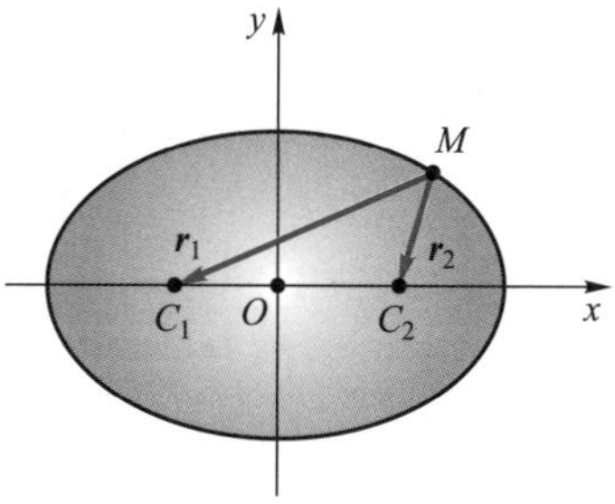

图 20.36

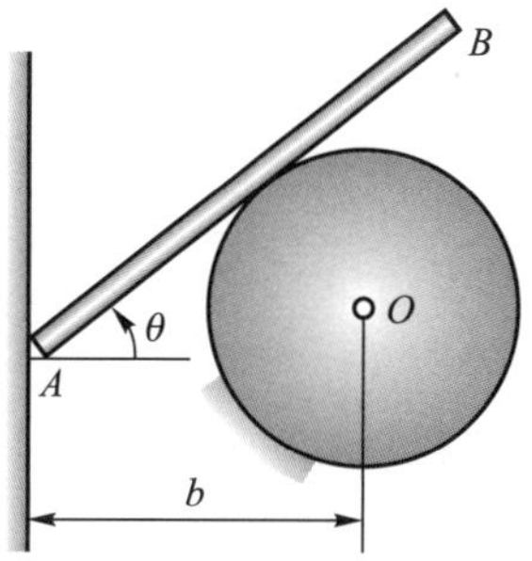

图 20.37

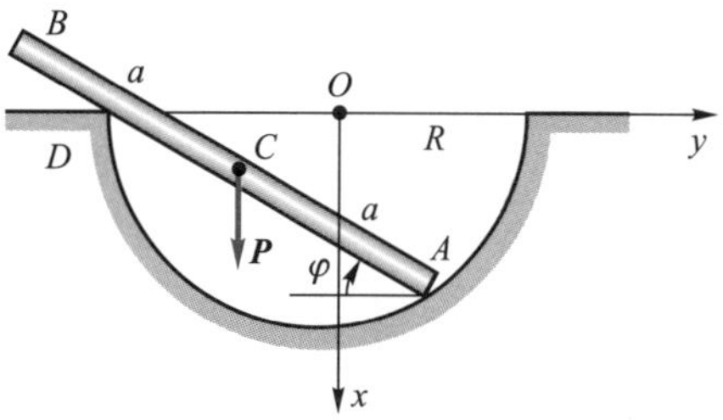

图 20.38

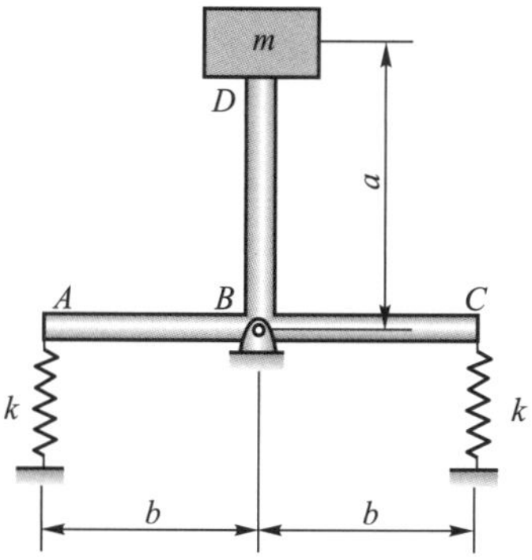

图 20.39

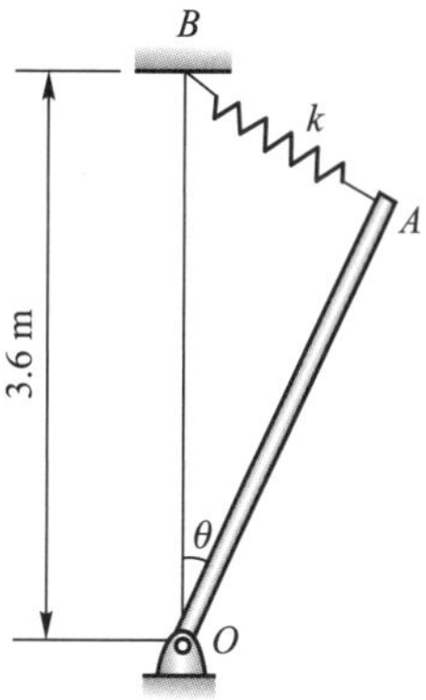

图 20.40

第20讲习题
参考答案

第21讲 刚体动力学

在第 12 讲和第 13 讲中我们学习了刚体作平动、定轴转动和平面运动情况的刚体动力学，本讲的主要任务是推导刚体定点运动和刚体一般运动的运动微分方程，仍属于动力学普遍定理的应用范畴。尽管研究的对象为三维刚体，相比平面问题难一些，但需要运用的理论和数学工具同学们均已掌握，即采用质点系的动量定理和动量矩定理进行推导。

■ 21.1　定点运动刚体的动量矩和动能

刚体的定点运动是研究刚体一般运动的基础。刚体定点运动动力学方程可以利用质点系动量矩定理给出，为此需要计算刚体定点运动的动量矩。我们所遇到的第一个问题就是如何计算定点运动的刚体的动量矩和动能。

21.1.1　定点运动刚体的动量矩

设刚体绕固定点 O 转动，$O\xi\eta\zeta$ 为惯性参考系中的固定坐标系，其坐标轴相应的单位矢量为 $\boldsymbol{i}$、$\boldsymbol{j}$、$\boldsymbol{k}$，$Oxyz$ 为固连于刚体的坐标系，其坐标轴相应的单位矢量为 $\boldsymbol{e}_1$、$\boldsymbol{e}_2$、$\boldsymbol{e}_3$，如图 21.1 所示。

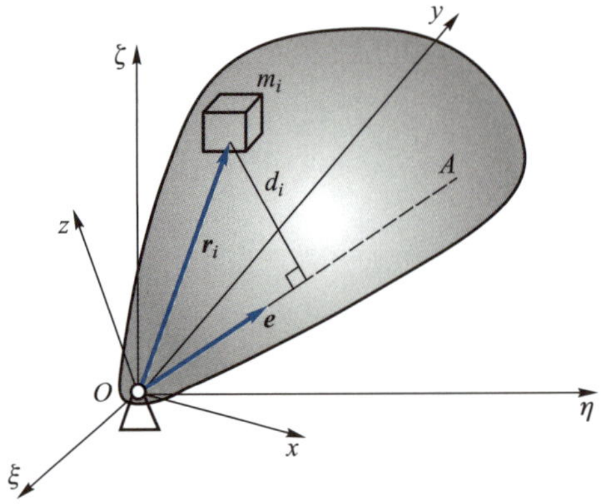

图 21.1

刚体的瞬时角速度为 $\boldsymbol{\omega}$，在固连系 $Oxyz$ 中的列阵为 $\underline{\boldsymbol{\omega}} = [\omega_x \quad \omega_y \quad \omega_z]^{\mathrm{T}}$。根据动量矩的定义，刚体对 O 点的动量矩为

$$\boldsymbol{L}_O = \iiint(\boldsymbol{r} \times \boldsymbol{v})(\rho \mathrm{d}x\mathrm{d}y\mathrm{d}z) = \int(\boldsymbol{r} \times \boldsymbol{v})\mathrm{d}m \tag{21.1.1}$$

式中：$\mathrm{d}m$ 为刚体中任意点的微元质量。

注意，此处将 $\rho \mathrm{d}x\mathrm{d}y\mathrm{d}z$ 简记作 $\mathrm{d}m$，代表了一般的非均质刚体的情况，即 ρ 可以不是常值。$\boldsymbol{r}$ 为该微元对 O 点的矢径，它在固连系 $Oxyz$ 中的列阵为 $\underline{\boldsymbol{r}} = [x \quad y \quad z]^{\mathrm{T}}$。

由于 $\boldsymbol{v}=\boldsymbol{\omega}\times\boldsymbol{r}$，可得矢量关系式

$$\boldsymbol{r}\times(\boldsymbol{\omega}\times\boldsymbol{r})=(\boldsymbol{r}\cdot\boldsymbol{r})\boldsymbol{\omega}-(\boldsymbol{\omega}\cdot\boldsymbol{r})\boldsymbol{r}=r^2\boldsymbol{\omega}-(\boldsymbol{\omega}\cdot\boldsymbol{r})\boldsymbol{r}=r^2\boldsymbol{\omega}-\boldsymbol{r}(\boldsymbol{r}\cdot\boldsymbol{\omega}) \tag{21.1.2}$$

式 (21.1.2) 中等式右边出现了 $-\boldsymbol{r}(\boldsymbol{r}\cdot\boldsymbol{\omega})$，对于定点运动刚体，一般情况下此项不为零。由于 $\boldsymbol{\omega}$ 与积分无关，可以将 $\boldsymbol{L}_O$ 用矢量表示成

$$\boldsymbol{L}_O=\int[r^2\boldsymbol{\omega}-\boldsymbol{r}(\boldsymbol{r}\cdot\boldsymbol{\omega})]\mathrm{d}m \tag{21.1.3}$$

利用列阵形式表示矢量，可得列阵表示的动量矩

$$\underline{\boldsymbol{L}}_O=\int(r^2\underline{\boldsymbol{\omega}}-\underline{\boldsymbol{r}}\,\underline{\boldsymbol{r}}^{\mathrm{T}}\underline{\boldsymbol{\omega}})\mathrm{d}m=\left[\int(r^2\boldsymbol{E}-\underline{\boldsymbol{r}}\,\underline{\boldsymbol{r}}^{\mathrm{T}})\mathrm{d}m\right]\underline{\boldsymbol{\omega}} \tag{21.1.4}$$

其中 $\boldsymbol{E}$ 为 3×3 的单位矩阵，$\underline{\boldsymbol{r}}\,\underline{\boldsymbol{r}}^{\mathrm{T}}=[x\quad y\quad z]^{\mathrm{T}}[x\quad y\quad z]$ 是 3×3 的矩阵。引入 3×3 的矩阵

$$\boldsymbol{J}_O=\int(r^2\boldsymbol{E}-\underline{\boldsymbol{r}}\,\underline{\boldsymbol{r}}^{\mathrm{T}})\mathrm{d}m \tag{21.1.5}$$

式 (21.1.4) 可以写成

$$\underline{\boldsymbol{L}}_O=\boldsymbol{J}_O\underline{\boldsymbol{\omega}} \tag{21.1.6}$$

$\boldsymbol{J}_O$ 称为刚体对 O 点的**惯性矩阵**。

注记 21.1

如果有些同学已经学过张量，可以发现，式 (21.1.3) 右端可以用张量与矢量的点积表达

$$\boldsymbol{L}_O=\boldsymbol{J}_O\cdot\boldsymbol{\omega} \tag{21.1.7}$$

其中

$$\boldsymbol{J}_O=\int(r^2\boldsymbol{E}-\boldsymbol{r}\;\boldsymbol{r})\mathrm{d}m \tag{21.1.8}$$

式中：$\boldsymbol{J}_O$ 为惯性张量；$\boldsymbol{E}$ 为二阶单位张量；$\boldsymbol{r}\;\boldsymbol{r}$ 为并矢，也是二阶张量。

[概念辨析]
惯性张量

21.1.2 定点运动刚体的动能

根据动能的定义，刚体定点运动的动能为

$$T=\frac{1}{2}\int v^2\mathrm{d}m=\frac{1}{2}\int\boldsymbol{v}\cdot(\boldsymbol{\omega}\times\boldsymbol{r})\mathrm{d}m \tag{21.1.9}$$

利用矢量的混合积的关系式

$$\boldsymbol{v}\cdot(\boldsymbol{\omega}\times\boldsymbol{r})=\boldsymbol{\omega}\cdot(\boldsymbol{r}\times\boldsymbol{v})$$

以及动量矩的定义，式 (21.1.9) 可写成

$$T=\frac{1}{2}\boldsymbol{\omega}\cdot\int(\boldsymbol{r}\times\boldsymbol{v}\mathrm{d}m)=\frac{1}{2}\boldsymbol{\omega}\cdot\boldsymbol{L}_O \tag{21.1.10}$$

利用列阵表示，可得正定二次型

$$T=\frac{1}{2}\underline{\boldsymbol{\omega}}^{\mathrm{T}}\boldsymbol{J}_O\underline{\boldsymbol{\omega}} \tag{21.1.11}$$

注记 21.2

如果有些同学已经学过张量，可以发现，式 (21.1.10) 右端可以用张量与矢量的点积表达

$$T=\frac{1}{2}\boldsymbol{\omega}\cdot\boldsymbol{J}_O\cdot\boldsymbol{\omega}$$

■ 21.2 惯性主轴

我们在固连系 $Oxyz$ 中，按式 (21.1.5) 计算惯性矩阵，可得

$$\boldsymbol{J}_O=\begin{bmatrix} J_x & -J_{xy} & -J_{xz} \\ -J_{yx} & J_y & -J_{yz} \\ -J_{zx} & -J_{zy} & J_z \end{bmatrix} \tag{21.2.1}$$

其中

$$\begin{cases} J_x=\int(y^2+z^2)\mathrm{d}m \\ J_y=\int(x^2+z^2)\mathrm{d}m \\ J_z=\int(x^2+y^2)\mathrm{d}m \end{cases} \tag{21.2.2}$$

分别为刚体绕坐标轴 Ox、Oy、Oz 的**转动惯量**，而

$$\begin{cases} J_{xy}=J_{yx}=\int xy\mathrm{d}m \\ J_{xz}=J_{zx}=\int xz\mathrm{d}m \\ J_{yz}=J_{zy}=\int yz\mathrm{d}m \end{cases} \tag{21.2.3}$$

分别是刚体对 xy 轴、xz 轴和 yz 轴的**惯性积**。惯性矩阵是对称阵，描述物体对点 O 的质量分布状况，表示物体绕点 O 转动惯性的度量。

例 21.1

已知如图 21.2 所示的均质细杆绕 z 轴匀角速度转动，质量为 m，求：（1）杆对 O 点的惯性矩阵；（2）杆对 O 点的动量矩；（3）杆的动能。

解　（1）杆对 O 点的惯性矩阵

建立如图 21.2 所示固连坐标系 $Oxyz$，其中

$$x \equiv 0, \quad z \equiv 0$$

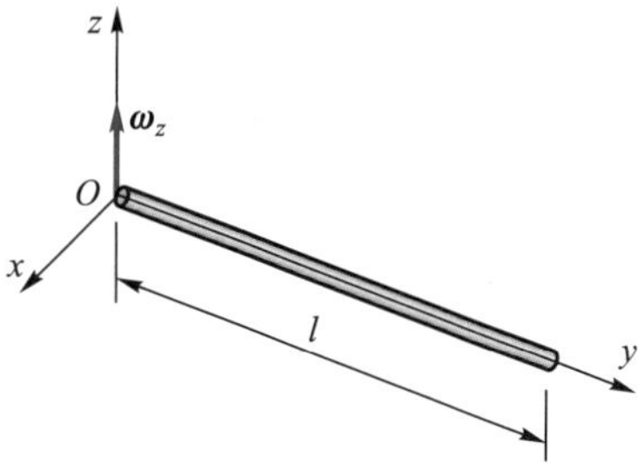

图 21.2

则可计算惯性积和转动惯量为

$$J_{xy} = J_{xz} = J_{yz} = J_y = 0$$

$$J_x = \frac{1}{3}ml^2, \quad J_z = \frac{1}{3}ml^2$$

可得惯性矩阵

$$\boldsymbol{J}_O = \begin{bmatrix} \frac{1}{3}ml^2 & 0 & 0 \\ 0 & 0 & 0 \\ 0 & 0 & \frac{1}{3}ml^2 \end{bmatrix}$$

（2）杆对 O 点的动量矩

$$\boldsymbol{\omega} = \omega_z \boldsymbol{k}, \quad \underline{\boldsymbol{\omega}} = [0 \quad 0 \quad \omega_z]^{\mathrm{T}}$$

$$\underline{\boldsymbol{L_O}} = \boldsymbol{J}_O \underline{\boldsymbol{\omega}} = [-J_{xz}\omega_z \quad -J_{yz}\omega_z \quad J_z\omega_z]^{\mathrm{T}} = [0 \quad 0 \quad J_z\omega_z]^{\mathrm{T}}$$

（3）杆的动能

$$T = \frac{1}{2}\underline{\boldsymbol{\omega}}^{\mathrm{T}} \boldsymbol{J}_O \underline{\boldsymbol{\omega}} = \frac{1}{2}J_z\omega_z^2 = \frac{1}{6}ml^2\omega_z^2$$

主轴坐标系：如果我们能选择坐标系 $Oxyz$，使刚体对点 O 的惯性矩阵为

$$\boldsymbol{J}_O = \begin{bmatrix} J_x & 0 & 0 \\ 0 & J_y & 0 \\ 0 & 0 & J_z \end{bmatrix} = \mathrm{diag}(J_x \quad J_y \quad J_z) \tag{21.2.4}$$

即所有惯性积都等于零，则标量形式的方程就会得到简化。事实上，我们总能找到这样的坐标系，使得所有惯性积都为零。设 $Oxyz$ 和 $Ox'y'z'$ 是坐标原点相同的两个直角坐标系，设 $\boldsymbol{A}$ 为它们之间的变换矩阵，它一定是正交矩阵。如果微元 $\mathrm{d}m$ 对 O 点的矢径为

$\boldsymbol{r}$，它在 $Oxyz$ 中的列阵 $\underline{\boldsymbol{r}}$ 和在 $Ox'y'z'$ 中的列阵 $\underline{\boldsymbol{r}}'$ 之间的关系为

$$\underline{\boldsymbol{r}}' = \boldsymbol{A}\underline{\boldsymbol{r}} \tag{21.2.5}$$

利用上式，并考虑到 $r'^2 = r^2$ 和 $\boldsymbol{A}^{\mathrm{T}}\boldsymbol{A} = \boldsymbol{E}$，可将刚体在坐标系 $Ox'y'z'$ 中的惯性矩阵写为

$$\boldsymbol{J}'_O = \int(r'^2\boldsymbol{E} - \underline{\boldsymbol{r}}'\underline{\boldsymbol{r}}'^{\mathrm{T}})\mathrm{d}m = \int(r^2\boldsymbol{E} - \boldsymbol{A}^{\mathrm{T}}\underline{\boldsymbol{r}}\ \underline{\boldsymbol{r}}^{\mathrm{T}}\boldsymbol{A})\mathrm{d}m = \boldsymbol{A}^{\mathrm{T}}\boldsymbol{J}_O\boldsymbol{A}$$

即

$$\boldsymbol{J}'_O = \boldsymbol{A}^{\mathrm{T}}\boldsymbol{J}_O\boldsymbol{A} \tag{21.2.6}$$

可见，在两个不同的直角坐标系 $Oxyz$ 和 $Ox'y'z'$ 中的惯性矩阵 $\boldsymbol{J}_O$ 和 $\boldsymbol{J}'_O$ 是相似的。在数学中已证明，对于实对称矩阵 $\boldsymbol{J}_O$，一定可以找到正交矩阵 $\boldsymbol{A}$，使 $\boldsymbol{J}'_O$ 为对角矩阵

$$\boldsymbol{J}'_O = \mathrm{diag}(\lambda_x \quad \lambda_y \quad \lambda_z) \tag{21.2.7}$$

式中：λ_x、λ_y、λ_z 为 $\boldsymbol{J}_O$ 的特征值，与 λ_x、λ_y、λ_z 对应的特征向量分别沿着坐标轴 Ox'、Oy'、Oz'。

式 (21.2.6) 称为**惯性矩阵的转轴公式**。使得惯性矩阵 $\boldsymbol{J}'_O$ 为对角矩阵的坐标系 $Ox'y'z'$ 称为**主轴坐标系**，三个坐标轴 Ox'、Oy'、Oz' 称为**惯性主轴**。对角矩阵 $\boldsymbol{J}'_O$ 的三个对角元称为**主转动惯量**。在主轴坐标系中惯性矩阵为对角矩阵

$$\boldsymbol{J}_O = \mathrm{diag}(A \quad B \quad C) \tag{21.2.8}$$

其中，主转动惯量可按经典写法记为 A、B、C。常见的规则均质刚体的主轴惯性矩阵见表 21.1。

更进一步地，若点 O 与质心 C 重合，使得惯性矩阵为对角矩阵的质心坐标系 $Cxyz$ 称为**中心主轴坐标系**，坐标轴 Cx、Cy、Cz 称为**中心惯性主轴**，非零的三个对角线上的转动惯量，称为**中心主转动惯量**。研究飞行器姿态运动时，通常在中心主轴坐标系下讨论。

确定惯性主轴的方法：对于具有几何对称性的均质刚体，可以直观地判断出主轴方向。

如果均质刚体有对称平面，则平面上某点的惯性主轴之一必与平面垂直，如图 21.3 所示。有对称轴平行于 z 轴，则与该轴有关的惯性积都为零。

$$J_{xz} = J_{zx} = \int xz\mathrm{d}m = 0, \quad J_{yz} = J_{zy} = \int yz\mathrm{d}m = 0 \tag{21.2.9}$$

如果均质刚体有对称轴，其对称轴就是刚体对轴上各点的惯性主轴。如图 21.4 所示，式 (21.2.9) 同样成立。

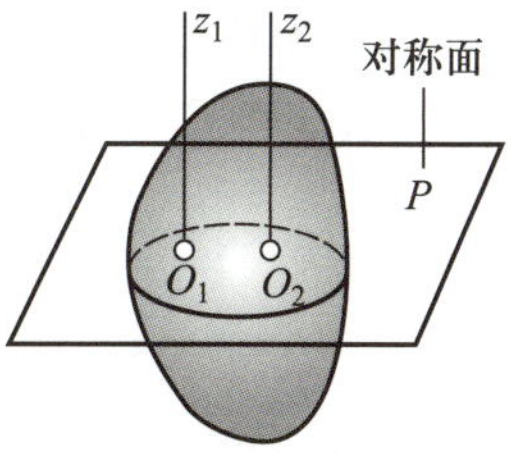

图 21.3

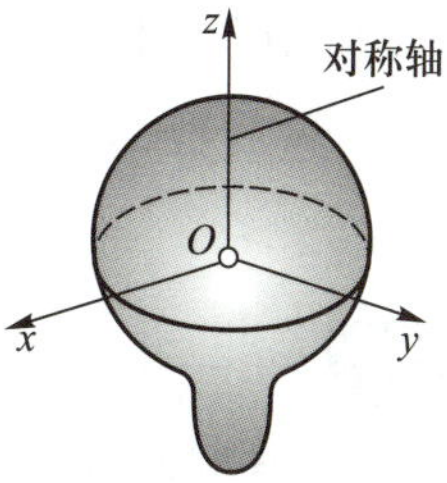

图 21.4

表 21.1　常见的规则均质刚体的主轴惯性矩阵

刚体形状	刚体	惯性矩阵
圆柱	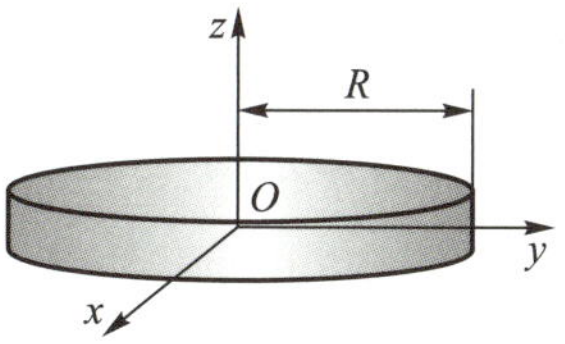	$J_C=\begin{bmatrix}\frac{1}{4}mR^2 & 0 & 0\\ 0 & \frac{1}{4}mR^2 & 0\\ 0 & 0 & \frac{1}{2}mR^2\end{bmatrix}$
长方体	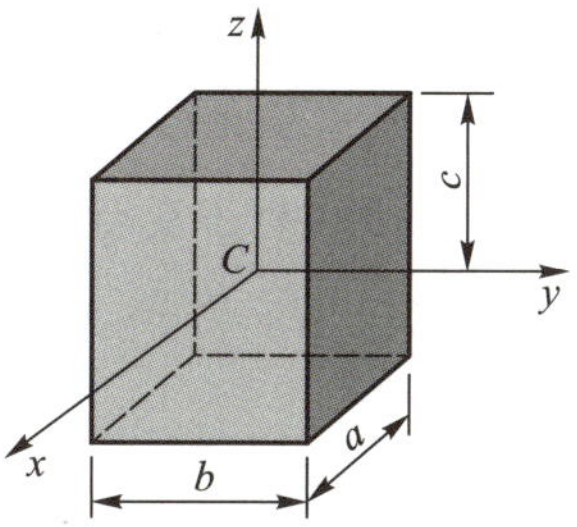	$J_C=\begin{bmatrix}\frac{1}{12}m(b^2+c^2) & 0 & 0\\ 0 & \frac{1}{12}m(a^2+c^2) & 0\\ 0 & 0 & \frac{1}{12}m(a^2+b^2)\end{bmatrix}$
细杆	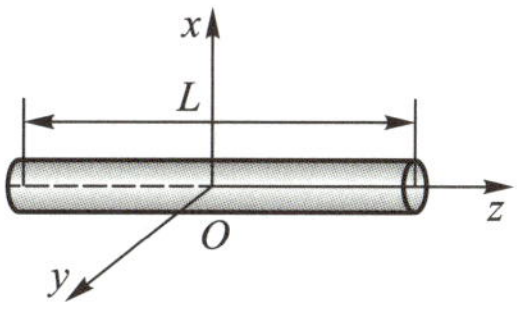	$J_C=\begin{bmatrix}\frac{1}{12}mL^2 & 0 & 0\\ 0 & \frac{1}{12}mL^2 & 0\\ 0 & 0 & 0\end{bmatrix}$
圆球	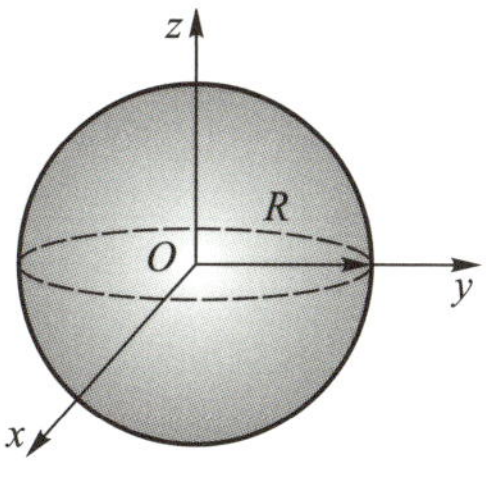	$J_C=\begin{bmatrix}\frac{2}{5}mR^2 & 0 & 0\\ 0 & \frac{2}{5}mR^2 & 0\\ 0 & 0 & \frac{2}{5}mR^2\end{bmatrix}$

以上是确定惯性主轴的几何方法。而对于一般问题，比如非规则几何形状刚体，或者非均质的刚体，又或者看起来对称，但是质量分布并非均匀的物体，惯性主轴便无法通过几何法求得了，需采用解析法。

已知惯性矩阵 $\boldsymbol{J}_O$，用解析法求主转动惯量、惯性主轴，在数学上归结为求 $\boldsymbol{J}_O$ 的特征值、特征向量。这些数学知识，同学们在高等数学（线性代数）中已经学习过了，不再赘述。

注记 21.3

我们先回顾第 3 讲中介绍的矢量与列阵的关系，然后再介绍二阶张量与矩阵的关系。

矢量与列阵： 标量可以看作零阶张量，矢量可以看作一阶张量。一阶张量（矢量）在具体坐标系中的表达就是 3×1 列阵。同一个矢量在不同坐标系中的列阵会不同。在力学中使用的矢量都有明确物理含义，比如速度、动量和力等。这些物理量无论如何投影或者变换，其本身具有的物理性质并不会改变。为了保证物理量的这种不变性，有物理意义的矢量在不同坐标系中的列阵之间必须满足一定的变换关系，例如本教程中常见的 $\underline{\boldsymbol{r}} = \boldsymbol{A}\underline{\boldsymbol{\rho}}$。

二阶张量与矩阵： 本教程中惯性张量和角速度张量都是二阶张量。二阶张量在具体坐标系中的表达就是 3×3 矩阵。同一个二阶张量在不同坐标系中的矩阵会不同。在力学中使用的二阶张量都有明确物理含义。这些物理量无论如何投影或者变换，其本身具有的物理性质并不会改变。为了保证物理量的这种不变性，有物理意义的张量在不同坐标系中的矩阵之间必须满足一定的变换关系。例如，本教程中惯性张量在不同坐标系中表达的惯性矩阵需满足关系式

$$\boldsymbol{J}'_O = \boldsymbol{A}^{\mathrm{T}}\boldsymbol{J}_O\boldsymbol{A}$$

矢量与张量的运算： 理论力学课程中我们主要使用矢量的点乘、叉乘运算，以及矢量与张量的点乘运算。在流体力学或弹性力学等后续课程的学习中，大家会发现张量运算非常丰富。在理论力学课程中可以这样简单理解矢量与张量的点乘：矢量左点乘张量，具体计算就是矢量的列阵的转置左乘矩阵；矢量右点乘张量，具体计算就是矩阵右乘矢量的列阵。

21.3 刚体定点运动微分方程

设刚体绕固定点 O 转动，$Oxyz$ 是固连于刚体的主轴坐标系，则刚体对固定点 O 的动量矩可以写成

$$\underline{\boldsymbol{L}}_O = \boldsymbol{J}_O\underline{\boldsymbol{\omega}} \tag{21.3.1}$$

其中惯性矩阵和刚体角速度列阵为

$$\boldsymbol{J}_O = \mathrm{diag}(A \quad B \quad C), \qquad \underline{\boldsymbol{\omega}} = [\omega_x \quad \omega_y \quad \omega_z]^{\mathrm{T}} \tag{21.3.2}$$

我们也可以将 (21.3.1) 写成矢量形式

$$\boldsymbol{L}_O = A\omega_x \boldsymbol{i} + B\omega_y \boldsymbol{j} + C\omega_z \boldsymbol{k} \tag{21.3.3}$$

式中：$\boldsymbol{i}$、$\boldsymbol{j}$、$\boldsymbol{k}$ 分别为坐标轴 Ox、Oy、Oz 的单位矢量，它们的方向都随着时间变化。

计算 $\boldsymbol{L}_O$ 的绝对导数，可以利用第 6 讲中式 (6.2.3) 或者式 (6.2.7)，即

$$\frac{\mathrm{d}}{\mathrm{d}t}\boldsymbol{L}_O = \frac{\tilde{\mathrm{d}}}{\mathrm{d}t}\boldsymbol{L}_O + \boldsymbol{\omega} \times \boldsymbol{L}_O \tag{21.3.4}$$

也可以写成列阵形式

$$\frac{\mathrm{d}}{\mathrm{d}t}\underline{\boldsymbol{L}}_O = \boldsymbol{J}_O \dot{\underline{\boldsymbol{\omega}}} + \underline{\boldsymbol{\omega}} \times \boldsymbol{J}_O \underline{\boldsymbol{\omega}} = \begin{bmatrix} A\dot{\omega}_x + (C-B)\omega_y\omega_z \\ B\dot{\omega}_y + (A-C)\omega_z\omega_x \\ C\dot{\omega}_z + (B-A)\omega_x\omega_y \end{bmatrix} \tag{21.3.5}$$

根据动量矩定理

$$\frac{\mathrm{d}}{\mathrm{d}t}\boldsymbol{L}_O = \boldsymbol{M}_O^{(\mathrm{e})} \tag{21.3.6}$$

或者

$$\frac{\mathrm{d}}{\mathrm{d}t}\underline{\boldsymbol{L}}_O = \underline{\boldsymbol{M}}_O^{(\mathrm{e})} \tag{21.3.7}$$

于是可得刚体定点运动微分方程

$$\begin{cases} A\dot{\omega}_x + (C-B)\omega_y\omega_z = M_{Ox} \\ B\dot{\omega}_y + (A-C)\omega_z\omega_x = M_{Oy} \\ C\dot{\omega}_z + (B-A)\omega_x\omega_y = M_{Oz} \end{cases} \tag{21.3.8}$$

此式称为**欧拉动力学方程**。如果方程式 (21.3.8) 中 M_{Ox}、M_{Oy}、M_{Oz} 是 ω_x、ω_y、ω_z, t 的函数，则方程式 (21.3.8) 不能单独求解，还需要**欧拉运动学方程**，即

$$\begin{cases} \omega_x = \dot{\psi}\sin\theta\sin\varphi + \dot{\theta}\cos\varphi \\ \omega_y = \dot{\psi}\sin\theta\cos\varphi - \dot{\theta}\sin\varphi \\ \omega_z = \dot{\psi}\cos\theta + \dot{\varphi} \end{cases} \tag{21.3.9}$$

联立欧拉动力学方程和欧拉运动学方程，可求解刚体定点运动的动力学问题。

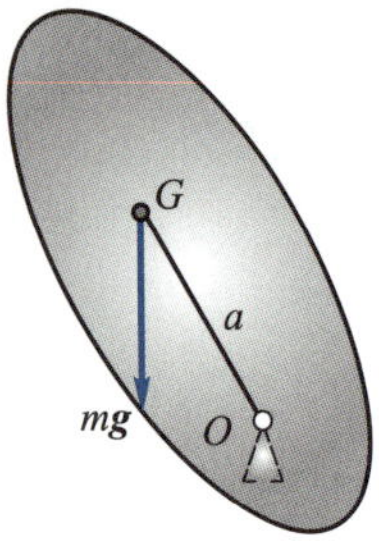

图 21.5

一般情况下，这组关于欧拉角的非线性耦合方程组很难求解析解。在十九世纪，人们花了很长时间研究此方程组。有一种较为简单的情况，重刚体绕着固定点运动，外力矩是重力对固定点 O 之矩（见图 21.5）。

对于重刚体的定点运动，有一些情况可以求出适用任何初值的解析解。

（1）**欧拉情况**：1765 年欧拉研究了重心与固定点重合的情况，即 $M_O^{(\mathrm{e})}=0$，刚体自由转动，解析解用椭圆函数表示。

（2）**拉格朗日情况**：1788 年拉格朗日研究了 $A=B$ 且重心在对称轴上的情况，解析解也是用椭圆函数表示。

（3）**柯瓦列夫斯卡娅情况**：1888 年柯瓦列夫斯卡娅研究了 $A=B=2C$ 且重心在赤道面上的情况，解析解用超椭圆函数表示。

注记 21.4

柯瓦列夫斯卡娅是俄国女数学家。在沙皇俄国时期，她克服困难赴德国求学，师从魏尔斯特拉斯，获得哥廷根大学数学博士学位。1888 年因解决刚体绕定点旋转问题而获得法兰西科学院鲍廷奖。1898 年俄国科学院的院士们不顾当局阻挠，破例修改院章中有关“不让女性取得院士荣誉”的条款，选举柯瓦列夫斯卡娅为通讯院士，她由此成为俄国历史上获此称号的第一位女性。此外，在学术成就之外，她还是一位出色的作家，使得 21 世纪的人们在追忆两个世纪前的这位同样重视人文的伟大女科学家时心中充满敬意。

（4）**呼松（Husson，1905 年）和波加梯（Burgatti，1910 年）证明**：除了上述三种情况外，不存在其他可积的情况。

在以上存在的几种定点转动特殊情形下欧拉动力学方程的可解情形中，我们重点关注的是欧拉情形的解，对其他情况所作的拓展说明详见第 21.7.1 小节。

21.4 刚体一般运动微分方程

刚体一般运动微分方程可以用动力学普遍定理得到。一般运动可以分解为随质心的平动和绕质心的定点运动。刚体质心的运动可根据质心运动定理转化为质点动力学问题，即

$$m\dot{\boldsymbol{v}}_C=\boldsymbol{F}_{\mathrm{R}}^{(\mathrm{e})} \tag{21.4.1}$$

式中：$\boldsymbol{v}_C$ 为刚体质心的速度；$\boldsymbol{F}_{\mathrm{R}}^{(\mathrm{e})}$ 为作用在刚体上的外力主矢量。

刚体绕质心转动由质点系对质心的动量矩定理确定，即

$$\dot{\boldsymbol{L}}_C = \frac{\tilde{\mathrm{d}}\boldsymbol{L}_C}{\mathrm{d}t} + \boldsymbol{\omega} \times \boldsymbol{L}_C = \boldsymbol{M}_C^{(\mathrm{e})} \tag{21.4.2}$$

式中：$\boldsymbol{L}_C$ 为刚体对质心的动量矩；$\boldsymbol{M}_C^{(\mathrm{e})}$ 为作用在刚体上的外力对质心的主矩。

式 (21.4.1) 和式 (21.4.2) 就是**刚体一般运动的微分方程**。

由这两个方程可以看出：如果两个力系的主矢量相等，且对 C 点的主矩相等，则在这两个力系作用下刚体的质心运动和绕质心的转动完全相同。因此，这两个力系对刚体的作用效果相同，即两个力系等效。当 $\boldsymbol{F}_{\mathrm{R}}^{(\mathrm{e})} = 0$，$\boldsymbol{M}_C^{(\mathrm{e})} = 0$ 时，刚体所受外力系等效于零力系，也与刚体平衡的充要条件 [式 (18.0.1)] 一致。

另一方面，根据动静法，刚体在主动力系、约束力系和惯性力系下平衡，即

$$\boldsymbol{F}_{\mathrm{R}} + \boldsymbol{F}_{\mathrm{RN}} + \boldsymbol{F}_{\mathrm{RS}} = \boldsymbol{0} \tag{21.4.3}$$

和

$$\boldsymbol{M}_O + \boldsymbol{M}_{\mathrm{N}O} + \boldsymbol{M}_{\mathrm{S}O} = \boldsymbol{0} \tag{21.4.4}$$

式中：$\boldsymbol{F}_{\mathrm{R}}$、$\boldsymbol{F}_{\mathrm{RN}}$ 和 $\boldsymbol{F}_{\mathrm{RS}}$ 分别是主动力系主矢量、约束力系主矢量和惯性力系的主矢量；$\boldsymbol{M}_O$、$\boldsymbol{M}_{\mathrm{N}O}$ 和 $\boldsymbol{M}_{\mathrm{S}O}$ 分别是主动力系的主矩、约束力系的主矩和惯性力系的主矩。

首先取固定点 O 为简化中心，惯性力系可以简化为作用在 O 点的惯性力和惯性力偶，它们分别由惯性力系的主矢量 $\boldsymbol{F}_{\mathrm{RS}}$ 和对 O 点的主矩 $\boldsymbol{M}_{\mathrm{S}O}$ 确定。惯性力系的主矢量为

$$\boldsymbol{F}_{\mathrm{RS}} = -\sum_{i=1}^{n} m_i \boldsymbol{a}_i = -m\boldsymbol{a}_C = -\frac{\mathrm{d}\boldsymbol{p}}{\mathrm{d}t} \tag{21.4.5}$$

式中：m_i 和 $\boldsymbol{a}_i$ 分别为质点 P_i 的质量和绝对加速度；m 为质点系的质量；$\boldsymbol{a}_C$ 为质点系质心的加速度；$\boldsymbol{p}$ 为质点系的动量。

由动静法列出的力的平衡方程式 (21.4.3) 可以改写为

$$\frac{\mathrm{d}\boldsymbol{p}}{\mathrm{d}t} = \boldsymbol{F}_{\mathrm{R}} + \boldsymbol{F}_{\mathrm{RN}}$$

质点系的惯性力系对固定点 O 的主矩为

$$\begin{aligned}\boldsymbol{M}_{\mathrm{S}O} &= \sum_{i=1}^{n} \boldsymbol{r}_i \times (-m_i \boldsymbol{a}_i) \\ &= \frac{\mathrm{d}}{\mathrm{d}t}\sum_{i=1}^{n} \boldsymbol{r}_i \times (-m_i \boldsymbol{v}_i) - \sum_{i=1}^{n} \boldsymbol{v}_i \times (-m_i \boldsymbol{v}_i)\end{aligned}$$

$$= -\frac{\mathrm{d}\boldsymbol{L}_O}{\mathrm{d}t} \tag{21.4.6}$$

式中：$\boldsymbol{r}_i$ 为质点 P_i 相对 O 点的矢径；$\boldsymbol{L}_O$ 为质点系对 O 点动量矩。

由动静法列出的力矩平衡方程式 (21.4.4) 可以改写为

$$\frac{\mathrm{d}\boldsymbol{L}_O}{\mathrm{d}t} = \boldsymbol{M}_O + \boldsymbol{M}_{\mathrm{N}O}$$

如果取质点系的质心 C 为简化中心，惯性力系简化为作用在质心的惯性力和惯性力偶，它们分别由惯性力系的主矢量 $\boldsymbol{F}_{\mathrm{RS}}$ 和对质心的主矩确定。惯性力系对质心 C 的主矩为

$$\begin{aligned}
\boldsymbol{M}_{\mathrm{S}C} &= \sum_{i=1}^{n} \boldsymbol{\rho}_i \times (-m_i \boldsymbol{a}_i) \\
&= \frac{\mathrm{d}}{\mathrm{d}t} \sum_{i=1}^{n} \boldsymbol{\rho}_i \times (-m_i \boldsymbol{v}_i) - \sum_{i=1}^{n} \frac{\mathrm{d}\boldsymbol{\rho}_i}{\mathrm{d}t} \times (-m_i \boldsymbol{v}_i) \\
&= \frac{\mathrm{d}}{\mathrm{d}t} \sum_{i=1}^{n} \boldsymbol{\rho}_i \times (-m_i \boldsymbol{v}_i) - \sum_{i=1}^{n} (\boldsymbol{v}_i - \boldsymbol{v}_C) \times (-m_i \boldsymbol{v}_i) \\
&= -\frac{\mathrm{d}\boldsymbol{L}_C}{\mathrm{d}t}
\end{aligned} \tag{21.4.7}$$

式中：$\boldsymbol{\rho}_i$ 为质点 P_i 对质心 C 的矢径；$\boldsymbol{L}_C$ 为质点系对质心的动量矩。

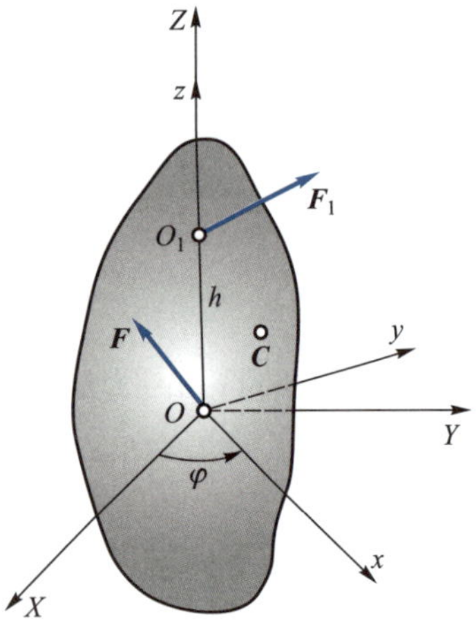

图 21.6

[难点讲解]
刚体定轴转动的约束力

由此可见，惯性力系的主矢量等于质点系动量对时间的导数的负值，惯性力系对固定点 O (或质心 C) 的主矩等于质点系对固定点 O (或质心 C) 的动量矩对时间的导数的负值。动静法中的力矩平衡方程实际上是动量矩定理的另一种表达形式，而力的平衡方程实际上是动量定理的另一种表达形式。因此达朗贝尔原理与刚体一般运动动力学方程的结论是完全等价的，动静法也可以求解一些简单的刚体动力学问题。

刚体定轴转动的约束力：我们研究定轴转动刚体的约束力，假设刚体有两个固定点 O 和 O_1，如图 21.6 所示。

设 $\boldsymbol{F}$ 和 $\boldsymbol{F}_1$ 是点 O 和 O_1 的约束力，$\boldsymbol{F}_{\mathrm{R}}$ 是作用在刚体上的主动力的主矢量，$\boldsymbol{M}_O$ 是主动力对点 O 的主矩。以点 O 为固定坐标系 $OXYZ$ 的原点，OZ 轴沿着 OO_1。刚体固连坐标系 $Oxyz$ 的 Oz 轴也沿着 OO_1。定轴转动的刚体有一个自由度，我们用坐标轴 OX 与 Ox 的夹角 φ 来描述运动。刚体角速度 $\boldsymbol{\omega}$ 和角加速度 $\boldsymbol{\varepsilon}$ 在固连坐标系中的列阵分别为 $[0\quad 0\quad \dot{\varphi}]^{\mathrm{T}}$ 和 $[0\quad 0\quad \ddot{\varphi}]^{\mathrm{T}}$。

这一模型的动力学正问题是：已知 $\boldsymbol{F}_{\rm R}$ 和 $\boldsymbol{M}_O$，求转动规律 $\varphi(t)$。而反问题则是：已知转动规律 $\varphi(t)$，求主动力 $\boldsymbol{F}_{\rm R}$ 和 $\boldsymbol{M}_O$，以及约束力 $\boldsymbol{F}$ 和 $\boldsymbol{F}_1$。

定轴转动刚体的运动微分方程为

$$J_z\ddot{\varphi} = M_z$$

这个方程不包含约束力，显然不能从中求解出约束力。为了求约束力，我们必须解除约束，代之以约束力，把刚体看作自由的，即作一般运动。根据刚体一般运动的微分方程式 (21.4.1) 和式 (21.4.2)，有

$$m\dot{\boldsymbol{v}}_C = \boldsymbol{F}_{\rm R} + \boldsymbol{F} + \boldsymbol{F}_1 \tag{21.4.8}$$

以及绝对导数和相对导数的关系为

$$\frac{\tilde{\rm d}}{{\rm d}t}\boldsymbol{L}_O + \boldsymbol{\omega}\times\boldsymbol{L}_O = \boldsymbol{M}_O + \boldsymbol{r}_{OO_1}\times\boldsymbol{F}_1 \tag{21.4.9}$$

根据刚体运动学可知

$$\dot{\boldsymbol{v}}_C = \boldsymbol{\varepsilon}\times\boldsymbol{r}_{OC} + \boldsymbol{\omega}\times(\boldsymbol{\omega}\times\boldsymbol{r}_{OC}) \tag{21.4.10}$$

我们用固连坐标系 $Oxyz$ 中的列阵表示矢量，即

$$\underline{\boldsymbol{F}}_{\rm R} = [F_{{\rm R}x} \quad F_{{\rm R}y} \quad F_{{\rm R}z}]^{\rm T}, \quad \underline{\boldsymbol{M}}_O = [M_x \quad M_y \quad M_z]^{\rm T}$$

$$\underline{\boldsymbol{F}} = [F_x \quad F_y \quad F_z]^{\rm T}, \quad \underline{\boldsymbol{F}}_1 = [F_{1x} \quad F_{1y} \quad F_{1z}]^{\rm T}$$

$$\underline{\boldsymbol{OC}} = [x_C \quad y_C \quad z_C]^{\rm T}, \quad \underline{\boldsymbol{OO}}_1 = [0 \quad 0 \quad h]^{\rm T}$$

则矢量方程组式 (21.4.8) 和式 (21.4.9) 可以写成下面的形式：

$$\begin{cases} -My_C\ddot{\varphi} - Mx_C\dot{\varphi}^2 = F_{{\rm R}x} + F_x + F_{1x} \\ Mx_C\ddot{\varphi} - My_C\dot{\varphi}^2 = F_{{\rm R}y} + F_y + F_{1y} \\ 0 = F_{{\rm R}z} + F_z + F_{1z} \\ -J_{xz}\ddot{\varphi} + J_{yz}\dot{\varphi}^2 = M_x - hF_{1y} \\ -J_{yz}\ddot{\varphi} - J_{xz}\dot{\varphi}^2 = M_y + hF_{1x} \\ J_z\ddot{\varphi} = M_z \end{cases} \tag{21.4.11}$$

式 (21.4.11) 中的最后一个方程是刚体定轴转动的运动微分方程，但不包含约束力，求解动力学正问题只需要这一个方程。其他 5 个方程包含待求的约束力，求解约束力需要这 5 个方程。不过该问题不能完全求解，因为第 3 个方程不能求出轴向约束力 F_z 和 F_{1z}，只能求得它们的和。侧向约束力 F_x、F_{1x}、F_y、F_{1y} 可以由第 1、2、4、5 个方程求出。

注记 21.5

也可以采用另一种推导思路。

由动量定理

$$m\dot{\boldsymbol{v}}_C = \boldsymbol{F}_{\mathrm{R}} + \boldsymbol{F} + \boldsymbol{F}_1$$

动量矩定理

$$\dot{\boldsymbol{L}}_O = \boldsymbol{M}_O + \boldsymbol{r}_{OO_1} \times \boldsymbol{F}_1$$

式中：$\boldsymbol{v}_C = \boldsymbol{\omega} \times \boldsymbol{r}_{OC}$；$\boldsymbol{L}_O = \boldsymbol{J}_O \cdot \boldsymbol{\omega}$。

设固定坐标系和固连系的单位矢量分别为：$\boldsymbol{i}$、$\boldsymbol{j}$、$\boldsymbol{k}$ 和 $\boldsymbol{e}_1$、$\boldsymbol{e}_2$、$\boldsymbol{e}_3$。

可得到质心运动在两个坐标系下的表达

$$\boldsymbol{r}_{OC} = x_C\boldsymbol{e}_1 + y_C\boldsymbol{e}_2 + z_C\boldsymbol{e}_3$$

$$\boldsymbol{r}_{OC} = X_C\boldsymbol{i} + Y_C\boldsymbol{j} + Z_C\boldsymbol{k}$$

式中：x_C、y_C、z_C 为常数；X_C、Y_C、Z_C 为时间的函数，是未知变量。

因此在固连系中写刚体定轴转动的动力学方程更加方便。

因此，写出角速度和速度的在 $Oxyz$ 中的分量形式

$$\boldsymbol{\omega} = \dot{\varphi}\boldsymbol{k} = \dot{\varphi}\boldsymbol{e}_3$$

$$\boldsymbol{v}_C = \dot{\varphi}x_C\boldsymbol{e}_2 - \dot{\varphi}y_C\boldsymbol{e}_1$$

又由 $\dot{\boldsymbol{e}}_1 = \dot{\varphi}\boldsymbol{e}_2, \dot{\boldsymbol{e}}_2 = -\dot{\varphi}\boldsymbol{e}_1$，将以上关系式代入动量定理和动量矩定理的表达式，即可得到动力学方程在固连坐标系 $Oxyz$ 下的分量形式。

例 21.2

直角三角形 OO_1A 以直角边 $OO_1 = a$ 绕竖直轴转动，如图 21.7 所示。试问转动角速度多大时下支撑点 O 处的侧向压力等于零？直角三角形 OO_1A 为均质薄板。

解　在这个问题中

$$x_C = 0, \qquad y_C = a/3, \qquad h = a, \qquad J_{xz} = 0$$

$$J_{yz} = \int yz\mathrm{d}m = \frac{2m}{a^2}\int_0^a z\left(\int_0^z y\mathrm{d}y\right)\mathrm{d}z = \frac{m}{a^2}\int_0^a z^3\mathrm{d}z = \frac{1}{4}ma^2$$

以及

$$F_{\mathrm{R}x} = F_{\mathrm{R}y} = 0$$

$$F_{\mathrm{R}z} = -mg$$

$$M_x = -\frac{1}{3}mga$$

$$M_y = M_z = 0$$

再考虑到问题的条件 $F_x = F_y = 0$，可将方程组式 (21.4.11) 写为

$$\begin{cases} -\frac{1}{3}ma\ddot{\varphi} = F_{1x} \\ -\frac{1}{3}ma\dot{\varphi}^2 = F_{1y} \\ -mg + F_z + F_{1z} = 0 \\ \frac{1}{4}ma\dot{\varphi}^2 = \frac{1}{3}mga - aF_{1y} \\ -\frac{1}{4}ma\ddot{\varphi} = -aF_{1x} \\ J_z\ddot{\varphi} = 0 \end{cases}$$

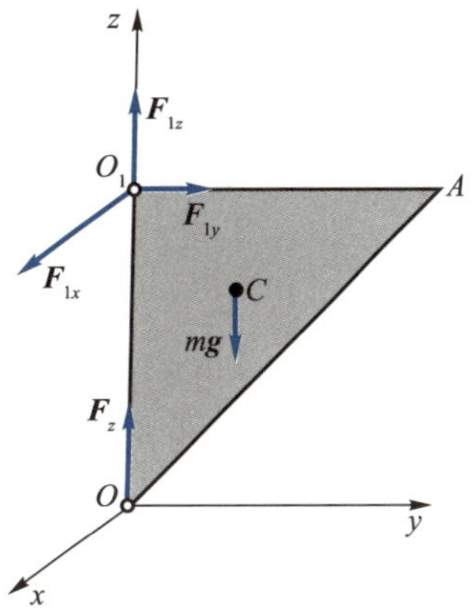

图 21.7

由最后一个方程可知 $\dot{\varphi} = \omega$ 为常数，即三角形以常角速度转动。从第 2 个和第 4 个方程中消去 F_{1y} 可得到角速度满足的关系式。最后得

$$\omega = 2\sqrt{g/a}$$

如果在方程组式 (21.4.11) 的第 1、2、4、5 个方程中令 $\dot{\varphi} = 0$，$\ddot{\varphi} = 0$，则得确定侧向静约束力的方程。只要刚体转动，$\dot{\varphi}$ 和 $\ddot{\varphi}$ 就不会同时等于零，方程的左边一般不等于零，即**动约束力不同于静约束力**。

刚体定轴转动动约束力为零的情况：由上例的推导，我们定义**静约束力**为当系统静止时的约束力；**动约束力**为维持系统运动所需约束力，当运动停止时该力消失。可见刚体高速定轴转动时，其动约束力远远大于静约束力。而什么时候动约束力的附加影响会消失呢？下面我们来研究动约束力等于静约束力的条件。

令方程组式 (21.4.11) 的第 1、2、4、5 个方程的左边等于零，得下面 4 个方程：

$$\begin{cases} \ddot{\varphi}y_C + \dot{\varphi}^2 x_C = 0 \\ -\dot{\varphi}^2 y_C + \ddot{\varphi}x_C = 0 \end{cases} \tag{21.4.12}$$

$$\begin{cases} \ddot{\varphi}J_{xz} - \dot{\varphi}^2 J_{yz} = 0 \\ \dot{\varphi}^2 J_{xz} + \ddot{\varphi}J_{yz} = 0 \end{cases} \tag{21.4.13}$$

方程组式 (21.4.12) 可以看作 y_C、x_C 的齐次线性方程组，方程组式 (21.4.13) 可以看作 J_{xz}、J_{yz} 的齐次线性方程组，这两个方程组的系数行列式分别是

$$\begin{vmatrix} \ddot{\varphi} & \dot{\varphi}^2 \\ -\dot{\varphi}^2 & \ddot{\varphi} \end{vmatrix} = \ddot{\varphi}^2 + \dot{\varphi}^4$$

和

$$\begin{vmatrix} \ddot{\varphi} & -\dot{\varphi}^2 \\ \dot{\varphi}^2 & \ddot{\varphi} \end{vmatrix} = \ddot{\varphi}^2 + \dot{\varphi}^4$$

只要刚体转动，角速度和角加速度不可能同时等于零，即 $\ddot{\varphi}^2 + \dot{\varphi}^4 \neq 0$。因此这两个齐次方程组都只有零解，即

$$x_C = y_C = 0$$

和

$$J_{xz} = J_{yz} = 0$$

这表明，刚体质心位于转动轴上，同时转动轴是惯性主轴。由此可见，**刚体定轴转动的动约束力等于静约束力的充分必要条件是，转动轴为刚体的中心惯性主轴**。

■ 21.5 刚体定点运动的欧拉情况

本节我们将学习刚体定点转动的欧拉情况，即假设外力对固定点的主矩为零，即 $M_x = M_y = M_z = 0$。这就是**刚体定点运动的欧拉情况**。显然，当刚体完全不受外力（即自由刚体），或者外力的合力通过固定点时，就是欧拉情况。其中重点介绍两种特解，一种是欧拉永久转动，对应自旋卫星的设计问题；另一个是规则进动，我们将由此进入陀螺运动原理的学习。

21.5.1 刚体永久转动

欧拉情况下，欧拉动力学方程为

$$\begin{cases} J_x\dot{\omega}_x + (J_z - J_y)\omega_y\omega_z = 0 \\ J_y\dot{\omega}_y + (J_x - J_z)\omega_z\omega_x = 0 \\ J_z\dot{\omega}_z + (J_y - J_x)\omega_x\omega_y = 0 \end{cases} \tag{21.5.1}$$

观察方程可发现有特解：两个角速度分量为零，剩下的分量为常数。这种情况下，角速度的绝对导数和相对导数相等且均等于零，即

$$\frac{\mathrm{d}\boldsymbol{\omega}}{\mathrm{d}t}=\frac{\tilde{\mathrm{d}}\boldsymbol{\omega}}{\mathrm{d}t}=\mathbf{0} \tag{21.5.2}$$

这说明角速度矢量相对惯性空间和固连系都不变。刚体角速度矢量相对刚体和相对惯性空间都不变的情况称作**刚体永久转动**，或者**欧拉永久转动**。

反过来，如果已知刚体角度相对刚体不变，是否能得出以上特解呢?

假设 $\dot{\omega}_x=\dot{\omega}_y=\dot{\omega}_z=0$，代入欧拉动力学方程式 (21.5.1)，可得

$$\begin{cases}(J_z-J_y)\omega_y\omega_z=0\\(J_x-J_z)\omega_z\omega_x=0\\(J_y-J_x)\omega_x\omega_y=0\end{cases} \tag{21.5.3}$$

即，存在以下三个特解：

$$\begin{cases}\omega_x=\omega_y=0,\omega_z\neq 0\\\omega_x=\omega_z=0,\omega_y\neq 0\\\omega_y=\omega_z=0,\omega_x\neq 0\end{cases} \tag{21.5.4}$$

可见，刚体的永久转动只能绕惯性主轴进行，即绕着刚体自身某一个惯性主轴，以常角速度转动。

在虚位移原理部分，我们介绍了平衡位置稳定问题，现在讨论一种特定运动的稳定问题。

稳定性是研究永久转动的一个重要课题，严格的论证需要在专门的稳定性课程中进行，在此仅进行简单的定性分析。

[难点讲解]
刚体永久转动稳定性

研究欧拉永久转动特解

$$\omega_x=\omega_y=0,\quad \omega_z=\omega_{z0}=C\quad (C\ 为常数, \omega_{z0}\neq 0)$$

在初始时刻受到干扰后，运动微弱地偏离了特解，变为

$$\omega_x=\delta_x,\ \omega_y=\delta_y,\ \omega_z=\omega_{z0}+\delta_z \tag{21.5.5}$$

其中 δ_x、δ_y、δ_z 初始都是小量。在刚体运动过程中，如果 δ_x、δ_y、δ_z 之中至少有一个可以增大到不再为小量，则说明永久转动不稳定；而如果 δ_x、δ_y、δ_z 都持续保持为小量，则说明永久转动稳定。

由于扰动也满足欧拉动力学方程，将式 (21.5.5) 代入欧拉动力学方程式 (21.5.1)，得

$$\begin{cases}J_x\dot{\delta}_x+(J_z-J_y)(\omega_{z0}+\delta_z)\delta_y=0\\J_y\dot{\delta}_y+(J_x-J_z)(\omega_{z0}+\delta_z)\delta_x=0\\J_z\dot{\delta}_z+(J_y-J_x)\delta_x\delta_y=0\end{cases} \tag{21.5.6}$$

上式很难求出解析解，但不妨碍我们对其进行分析。

将式 (21.5.6) 的第一式和第二式分别乘以 $(J_z-J_x)\delta_x$ 和 $(J_z-J_y)\delta_y$，再相加，并对时间积分可得

$$J_x(J_z-J_x)\delta_x^2+J_y(J_z-J_y)\delta_y^2=C(C\text{ 为常数}) \tag{21.5.7}$$

式 (21.5.7) 是式 (21.5.6) 的首次积分。

如果 $J_z>J_x$ 且 $J_z>J_y$，或者 $J_z<J_x$ 且 $J_z<J_y$，则由式 (21.5.7) 可知 δ_x、δ_y 都一直保持为小量，否则无法满足该等式。

再看看 δ_z 的变化情况。根据刚体能量守恒

$$J_x\delta_x^2+J_y\delta_y^2+J_z(\omega+\delta_z)^2=C(C\text{ 为常数}) \tag{21.5.8}$$

在已知 δ_x、δ_y 都一直保持为小量的前提下，可知 δ_z 也一直保持为小量。这说明，**绕最大或者最小转动惯量的主轴的永久转动稳定**。该结论的严格证明可利用李雅普诺夫运动稳定性理论给出。

如果 $J_y<J_z<J_x$ 或 $J_y>J_z>J_x$，则由式 (21.5.7) 可看出，δ_x、δ_y 同时增大也可以满足该等式。这说明，**绕中间转动惯量的主轴的永久转动不稳定**。这一结论也可以由稳定性理论给出严格证明。

在绪论中，我们曾介绍了人类历史上第一颗和第二颗人造地球卫星。人造地球卫星在太空运行时，姿态运动就可以看作刚体绕质心的定点运动。自旋卫星就是利用稳定的永久转动，在太空中保持姿态稳定，例如绪论中提及的 1957 年发射的“卫星 1 号”（苏联）、1958 年发射的“探险者 1 号”（美国）。两颗卫星都按照欧拉永久转动情况设计，不同的是“卫星 1 号”绕最大惯性主轴转动，“探险者 1 号”绕最小惯性主轴转动。按照我们上面得到的稳定性结论，这两种永久转动都是稳定的。而事实上，前者获得了成功；后者入轨之后数小时翻转 90°，被认为失败。

为什么都是按照欧拉永久转动情况设计的，“探险者 1 号”失败了呢？经过研究，学者们认为，“探险者 1 号”的四根鞭状天线发生了振动，结构阻尼造成了能量的耗散。如果存在能量耗散，动能逐渐减小，绕最大惯性主轴的永久转动仍然稳定，但绕最小惯性主轴的永久转动不稳定，稍后我们将证明这一结论。

由于卫星运动中能量耗散不可避免，后来自旋卫星都设计成绕最大惯性主轴转动。这就是自旋卫星设计的**最大轴原理**。

注记 21.6

20 世纪 70 年代后，学者们达成了共识，就是把卫星设计成“矮胖子”而不是“瘦高个”，即“最大轴原理”。历史上还是出现过特例。我国的“实践 1 号”卫星于

1971 年 3 月 3 日发射，但入轨后未收到遥测信号。8 天后信号突然出现，且卫星工作完全正常。如何解释这个现象？学者们合理猜测：卫星被设计成绕最大惯性主轴自旋，这样一个“矮胖子”卫星在星箭分离时，整流罩没抛掉，把天线罩住了，信号微弱。“矮胖子”卫星戴上了整流罩这样一个“高帽子”成为一个“瘦高个”——细长体，其自转变成绕最小惯性主轴转动，就会发生章动发散。在章动倒下的过程中，卫星边自旋边发生高频章动振动，甩掉了整流罩，于是通信恢复。

21.5.2 轴对称刚体的定点自由转动——规则进动

考虑另一特解，欧拉情况下的轴对称刚体的定点自由转动。若刚体对 O 点的两个主转动惯量相等

$$J_x = J_y = J \tag{21.5.9}$$

则称刚体**动力学对称**，固连坐标系 $Oxyz$ 的 Oz 轴为**动力学对称轴**。在一些文献中，将动力学对称的定点运动刚体也称为陀螺。

由于欧拉情况外力矩为零，则动量矩 $\boldsymbol{L}_O$ 为常矢量。不妨取固定坐标系 $OXYZ$ 使其 OZ 轴沿着动量矩矢量 $\boldsymbol{L}_O$。对于矢量 $\boldsymbol{L}_O$ 在刚体固连主轴坐标系 $Oxyz$ 的投影 $J\omega_x$、$J\omega_y$、$J_z\omega_z$ 有如下表达式（如图 21.8 所示）：

$$\begin{cases} J\omega_x = L_O \sin\theta \sin\varphi \\ J\omega_y = L_O \sin\theta \cos\varphi \\ J_z\omega_z = L_O \cos\theta \end{cases} \tag{21.5.10}$$

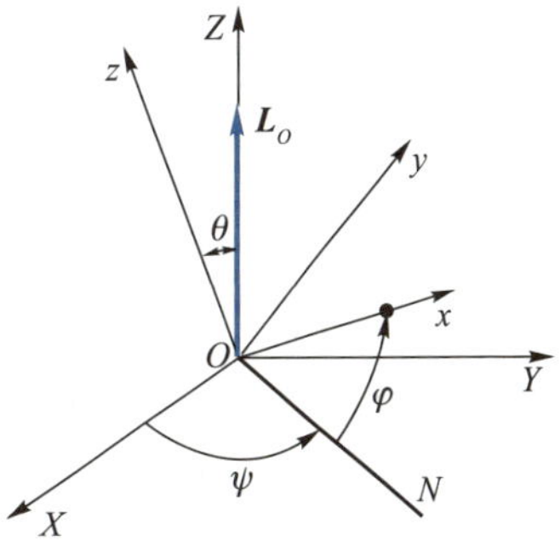

图 21.8

其中，ψ 是进动角，θ 为章动角，φ 为自转角。

另一方面，轴对称情况下，欧拉动力学方程式 (21.5.1) 改写为

$$\begin{cases} J\dot{\omega}_x - (J - J_z)\omega_y\omega_z = 0 \\ J\dot{\omega}_y - (J_z - J)\omega_z\omega_x = 0 \\ J_z\dot{\omega}_z = 0 \end{cases} \tag{21.5.11}$$

由方程组式 (21.5.11) 的第 3 式易得

$$\omega_z = \omega_0 = C(C \text{ 为常数})$$

联立式式 (21.5.10) 的第 3 式可得

$$\cos\theta=\frac{J_z\omega_z}{L_O}=C(C\text{ 为常数})$$

因此，章动角 θ 为常数，角速度在对称轴方向的分量 ω_z 也为常数。

在 $\theta=\theta_0$ 为常数，$\omega_z=\omega_0$ 为常数时，欧拉运动学方程式 (21.3.9) 可写成

$$\begin{cases}\omega_x=\dot{\psi}\sin\theta_0\sin\varphi\\ \omega_y=\dot{\psi}\sin\theta_0\cos\varphi\\ \omega_z=\dot{\psi}\cos\theta_0+\dot{\varphi}\end{cases}\tag{21.5.12}$$

式 (21.5.12) 第 1 式左乘 J 代入式 (21.5.10) 的第 1 式可得

$$J\omega_x=J\dot{\psi}\sin\theta_0\sin\varphi=L_O\sin\theta_0\sin\varphi$$

从而得到

$$\dot{\psi}=\frac{L_O}{J}=\omega_2=C(C\text{ 为常数})$$

这里的 ω_2 称为**进动角速度**，即进动角速度为常数。

代入 (21.5.12) 第 3 式，可得

$$\dot{\varphi}=\omega_z-\dot{\psi}\cos\theta_0=\omega_1=C(C\text{ 为常数})$$

即陀螺自转轴绕空间 Oz 轴的转动角速度 ω_1 为常数，称为**自转角速度**。

进动是刚体定点运动的一种，它由两个运动合成：刚体绕其对称轴的**自转**和对称轴绕固定轴的**公转**。例如地球的运动，陀螺的运动。如果自转角速度和进动角速度的大小都是常数，章动角为常数，则称为**规则进动**。显然，轴对称刚体的定点自由转动就是规则进动。

除了 $J_z=J$ 或 $\theta_0=0$ 的特殊情况，刚体规则进动时，角速度方向与动量矩方向不重合。当 $\theta_0=0$ 时，刚体角速度、进动角速度、自转角速度共线，规则进动退化为永久转动。如果永久转动受到干扰，θ 不再为零，永久转动变为进动。章动角 θ 的变化规律可以体现永久转动的稳定性，我们可以借此解释“有能量耗散时绕最小惯量轴永久转动不稳定”。在能量耗散时，对动力学对称卫星（$J_x=J_y=J$）有

$$\dot{T}=J\omega_x\dot{\omega}_x+J\omega_y\dot{\omega}_y+J_z\omega_z\dot{\omega}_z<0\tag{21.5.13}$$

因外力对卫星质心的主矩为零，卫星对质心的动量矩守恒，故

$$\frac{\mathrm{d}(L_O^2)}{\mathrm{d}t}=J^2\omega_x\dot{\omega}_x+J^2\omega_y\dot{\omega}_y+J_z^2\omega_z\dot{\omega}_z=0\tag{21.5.14}$$

利用式 (21.5.14) 可以把式 (21.5.13) 写成

$$\dot{T} = \frac{J_z}{J}(J - J_z)\omega_z\dot{\omega}_z < 0 \tag{21.5.15}$$

如果永久转动绕最小惯量轴，即 $J_z < J$，则由式 (21.5.15) 可知

$$\dot{\omega}_z < 0 \tag{21.5.16}$$

由

$$\omega_z = \dot{\psi}\cos\theta + \dot{\varphi} \tag{21.5.17}$$

求导可得

$$\dot{\omega_z} = \ddot{\psi}\cos\theta + \ddot{\varphi} - (\dot{\psi}\sin\theta)\dot{\theta} \tag{21.5.18}$$

由式 (21.5.16) 和式 (21.5.18) 可知 $\dot{\theta} > 0$，即章动角将增大，导致姿态翻倒。

■ 21.6 陀螺运动

21.6.1 陀螺基本公式

陀螺指作定点运动的轴对称刚体。这是一种广义泛化的概念，任意轴对称定点转动刚体都是陀螺，即便形状没有轴对称，但转动惯量对称，即 $J_x = J_y$ 也满足该定义。

已知若 $\boldsymbol{M}_O^{(e)} = 0$，且 $J_x = J_y$，则刚体作规则进动，满足自转角速度、进动角速度、章动角都是常数。这是一个动力学正问题，求解常微分方程即可得到规则进动的结果。

现在我们考虑其动力学反问题：如果一个动力学对称刚体绕固定点作规则进动，求维持规则进动所需的外力矩。当然，外力矩等于零是一个解，但不是唯一的解，通常动力学反问题的解不唯一。下面我们就设法求出规则进动刚体的一般形式的外力矩。

已知刚体作规则进动，即

$$\begin{cases} \dot{\psi} = \omega_2 \\ \dot{\varphi} = \omega_1 \\ \theta = \theta_0 \end{cases} \tag{21.6.1}$$

利用欧拉运动学方程式 (21.5.12) 得

$$\begin{cases} \omega_x = \omega_2 \sin\theta_0 \sin\varphi \\ \omega_y = \omega_2 \sin\theta_0 \cos\varphi \\ \omega_z = \omega_2 \cos\theta_0 + \omega_1 \end{cases} \tag{21.6.2}$$

代入欧拉动力学方程式 (21.3.8)，求力矩

$$\begin{cases} M_x = [J_z\omega_1\omega_2 - (J - J_z)\omega_2^2\cos\theta_0]\sin\theta_0\cos\varphi \\ M_y = -[J_z\omega_1\omega_2 - (J - J_z)\omega_2^2\cos\theta_0]\sin\theta_0\sin\varphi \\ M_z = 0 \end{cases} \tag{21.6.3}$$

注意到自转角速度 $\boldsymbol{\omega}_1$ 和进动角速度 $\boldsymbol{\omega}_2$ 在固连坐标系中的列阵分别为

$$\underline{\boldsymbol{\omega}}_1 = [0 \quad 0 \quad \omega_1]^{\mathrm{T}} \tag{21.6.4}$$

$$\underline{\boldsymbol{\omega}}_2 = [\omega_2\sin\theta_0\sin\varphi \quad \omega_2\sin\theta_0\cos\varphi \quad \omega_2\cos\theta_0]^{\mathrm{T}} \tag{21.6.5}$$

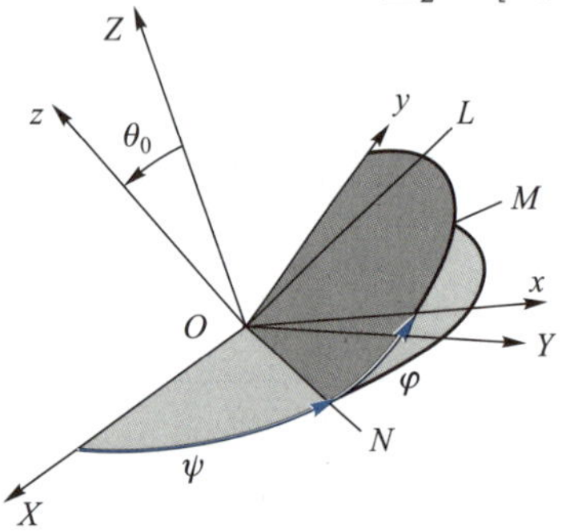

图 21.9

式 (21.6.3) 可以写成矢量形式

$$\begin{aligned} \boldsymbol{M}_O &= \omega_1\omega_2\sin\theta_0[J_z + (J_z - J)\frac{\omega_2}{\omega_1}\cos\theta_0]\boldsymbol{e}_{\mathrm{N}} \\ &= \boldsymbol{\omega}_2 \times \boldsymbol{\omega}_1[J_z + (J_z - J)]\frac{\omega_2}{\omega_1}\cos\theta_0 \end{aligned} \tag{21.6.6}$$

式中：$\boldsymbol{e}_{\mathrm{N}}$ 为如图 21.9 所示的节线方向的单位矢量。

这就是动力学对称刚体（陀螺）作规则进动所需的外力矩。这个公式也称为**陀螺基本公式**。

例 21.3

如图 21.10(a) 所示的研磨机碾子重为 $\boldsymbol{W}$，半径为 r，对其自转轴的转动惯量 $J_z = C$。碾子自转轴又绕竖直轴以匀角速度 ω 转动，设碾子作纯滚动，求碾子对盘面的压力大小。

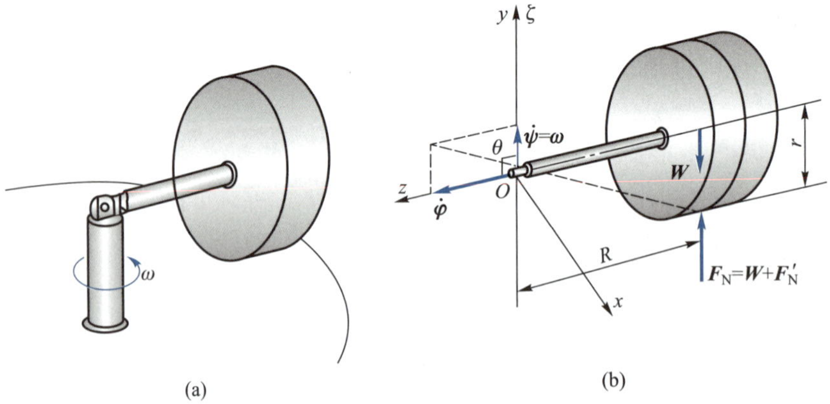

图 21.10

解　以 O 为原点，建立动坐标系 $Oxyz$，Oz 轴固结在磙子的轴上，Oy 轴固结在竖直轴上，如图 21.10(b) 所示。磙子作规则进动，$\theta_0=90^\circ$，磙子的进动角速度为 $\boldsymbol{\omega}_2=\omega\boldsymbol{j}$，磙子的自转角速度为 $\boldsymbol{\omega}_1=(R\omega/r)\boldsymbol{k}$，根据陀螺基本公式得外力对 O 点的主矩为

$$\boldsymbol{M}_O=C\boldsymbol{\omega}_2\times\boldsymbol{\omega}_1=\frac{CR\omega^2}{r}\boldsymbol{i}$$

提供这个力矩的是重力和盘面的约束力 $\boldsymbol{F}_\mathrm{N}$，于是有

$$\boldsymbol{M}_O=(F_\mathrm{N}-mg)R\boldsymbol{i}$$

比较上面两个式子得磙子对盘面的压力大小

$$F_\mathrm{N}=mg+\frac{C\omega^2}{r}$$

由此可以看出，磙子转动越快，对盘面的压力就越大。

式 (21.6.6) 分别有一些特殊情况：

（1）当章动角 $\theta_0=90^\circ$，或者刚体球对称 $J_x=J_y=J_z$ 时，有

$$\boldsymbol{M}_O=J_z\boldsymbol{\omega}_2\times\boldsymbol{\omega}_1$$

（2）当自转角速度远大于进动角速度，即 $\omega_1\gg\omega_2$ 时，有

$$\boldsymbol{M}_O\approx J_z\boldsymbol{\omega}_2\times\boldsymbol{\omega}_1 \tag{21.6.7}$$

这是一种近似情况，地球的运动和工程上的陀螺的运动皆属此类。第二种特殊的情况，我们将在下一节陀螺近似理论中重点学习。

21.6.2　陀螺近似理论

在日常生活中，我们经常可以观察到许多有趣的现象。例如，当自行车静止时，若无车架支撑，自行车将会倒下。但当自行车运动时，车身就不会倒下。又如，玩具陀螺静立地面上时，受微小扰动后陀螺就会立即倒下。陀螺绕其对称轴高速旋转时，受扰动后陀螺不会倒下，但其对称轴将绕空间中固定轴转动，如图 21.11 所示。这些现象称为**陀螺现象**。

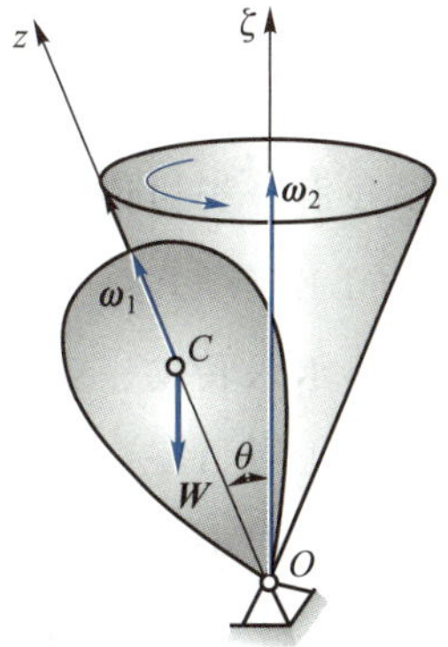

图 21.11

陀螺被广泛地应用于工程技术中，如飞行器、舰船的惯性导航与控制。现代技术中使用的陀螺，其转子绕对称轴高速旋转工作，自转角速度通常远大于进动角速度，即

$$\omega_1 \gg \omega_2 \tag{21.6.8}$$

此时

$$\begin{cases} |\omega_x| \leqslant \omega_2 \leqslant \omega_1 \\ |\omega_y| \leqslant \omega_2 \leqslant \omega_1 \\ \omega_z = \omega_2 \cos\theta_0 + \omega_1 \approx \omega_1 \end{cases} \tag{21.6.9}$$

在这种情况下，前两个方向分量远小于自转角速度。此时陀螺的角速度几乎等于自转角速度，即

$$\boldsymbol{\omega} = \omega_x \boldsymbol{i} + \omega_y \boldsymbol{j} + \omega_z \boldsymbol{k} \approx \omega_1 \boldsymbol{k} \tag{21.6.10}$$

我们从而得到直观的结论，陀螺对固定点的动量矩 $\boldsymbol{L}_O$ 可以近似写成

$$\boldsymbol{L}_O = J_x \omega_x \boldsymbol{i} + J_y \omega_y \boldsymbol{j} + J_z \omega_z \boldsymbol{k} \approx J_z \omega_1 \boldsymbol{k} \tag{21.6.11}$$

动量矩矢量方向平行于对称轴 $\boldsymbol{L}_O // \boldsymbol{\omega}$。因此陀螺仪的运动非常接近于刚体定轴转动。唯一的区别是，陀螺仪没有一个物理存在的固定轴，但是其运动状况类似于一个有固定轴的高速旋转的陀螺。由式 (21.6.11) 可知，**高速自转陀螺的动量矩矢量与角速度矢量都沿着动力学对称轴**。这就是陀螺近似理论的基本假设。

陀螺运动的特点：在运动学中我们已经知道，矢量对时间的绝对导数可以看作该矢量端点的运动速度。因此对于以角速度 $\boldsymbol{\omega}_2$ 作定点运动的矢量 $\boldsymbol{L}_O$，它对时间的绝对导数为

$$\dot{\boldsymbol{L}}_O = \boldsymbol{\omega}_2 \times \boldsymbol{L}_O$$

对陀螺采用动量矩定理分析

$$\dot{\boldsymbol{L}}_O = \boldsymbol{M}_O \tag{21.6.12}$$

也可以得到与式 (21.6.7) 相同的结果

$$\boldsymbol{M}_O \approx J_z \boldsymbol{\omega}_2 \times \boldsymbol{\omega}_1$$

我们分类讨论如下：

（1）当 $\boldsymbol{M}_O = 0$，动量矩和角速度总沿着对称轴方向，并在惯性空间保持不变，类似刚体永久转动，姿态保持定向。

（2）当 $\boldsymbol{M}_O \neq 0$，由式 (21.6.12)，角动量端点在空间中运动速度等于对 O 点的力矩，方向指向力矩的方向。这就是**莱查定理**：刚体对定点的动量矩矢量端点在惯性参考系中的速度，等于外力对同一点的主矩。

（3）当某一个外力 $\boldsymbol{F}$ 作用在陀螺对称轴上时，对称轴向着外力矩 $\boldsymbol{M}_O = \boldsymbol{r} \times \boldsymbol{F}$ 的方向 (垂直于外力的方向) 运动；当该力停止作用时，对称轴将停止运动。

综上，根据以上分类讨论的结论，可以得到陀螺运动的性质如下：

性质 1 如果作用在陀螺上的外力矩为零，则动量矩矢量的端点速度为零，陀螺的对称轴的方向在惯性空间保持不变。

性质 2 如果有外力作用在陀螺上，陀螺将沿着力矩方向 (垂直于外力的方向) 倾倒；外力停止作用，陀螺立即停止倾倒。

[难点讲解] 陀螺运动的特点

也就是说，如果你用手去推陀螺，陀螺不是沿着作用力方向倒下，其运动方向与你推的方向垂直；而当你不再推它，外力矩立即消失，陀螺不再倾倒。

陀螺的这个性质是由于高速转动造成的，有些反直觉。人们的直觉一般针对静止物体。如果陀螺不转动，运动当然沿力的方向；如果高速旋转起来，则沿力矩方向。

将自行车轮在 O 点用球铰支撑，车轮轴位于水平位置。如车轮不转动时，车轮将沿重力 $\boldsymbol{W}$ 的方向倒下。但当车轮以一定转速自转时再松开手，车轮的动量矩矢量的端点 A 的速度 $\boldsymbol{u}$ 等于重力 $\boldsymbol{W}$ 对 O 点的矩 $\boldsymbol{M}_O$，车轮的轴将朝 $\boldsymbol{M}_O$ 的方向运动，即垂直于图面向内运动，如图 21.12 所示。在车轮的运动过程中，$\boldsymbol{M}_O$ 的大小不变，方向指向以 O 为圆心、以 OA 为半径的圆周的切向，因此动量矩矢量的端点 A 作匀速圆周运动，即车轮的轴在作规则进动。

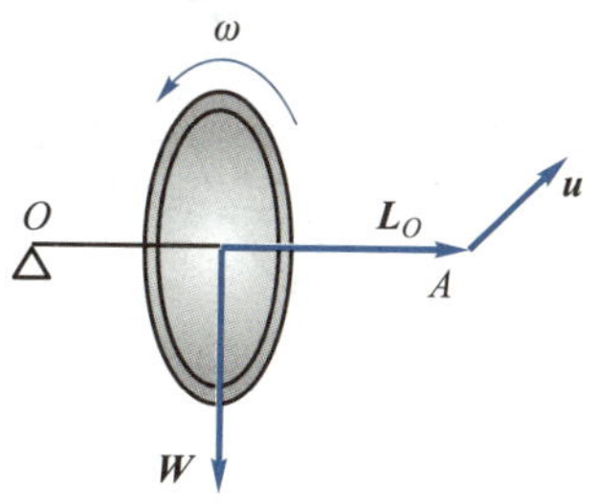

图 21.12

思考题 21.1

另外，在骑自行车时，如果想要自行车向右转弯，这时骑车人只需将重心稍向右倾斜即可，并不需要用手转动车把。想要自行车向左转弯时，只需将重心稍向左倾斜即可。请读者分析原因。

性质 3 陀螺受扰“漂移”。

让我们结合作用时间来分析受外力扰动情况。如果短时间受外力，高速旋转的陀螺对称轴偏转的小角度是多大?

设短时间 τ 作用在陀螺上的力 $\boldsymbol{F}$ 将使对称轴偏离原方向角度为 β，如图 21.13 所示。

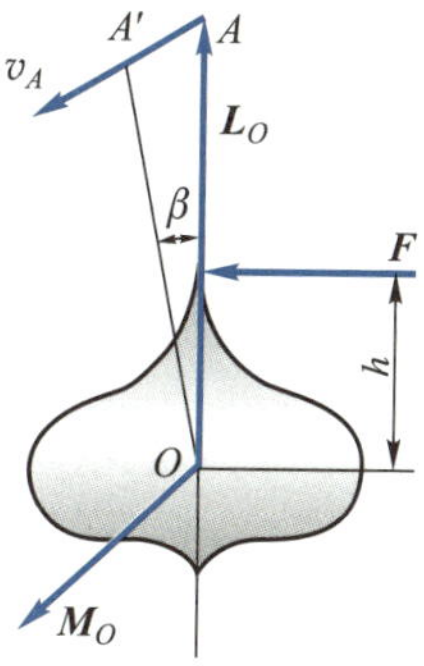

图 21.13

动量矩端点 A 的速度大小为

$$v_A = M_O = Fh$$

式中：h 为力 $\boldsymbol{F}$ 作用点到固定点 O 的距离。

由此可知，动量矩端点在时间 Δt 内运动的距离 (在垂直外力的平面内) 为

$$AA' = v_A\Delta t = Fh\Delta t$$

另一方面，根据几何关系，并考虑到 β 是个小角度，有

$$\frac{AA'}{\beta}=OA=L_O=J_z\omega_1$$

于是有

$$\beta=\frac{Fh\Delta t}{J_z\omega_1}$$

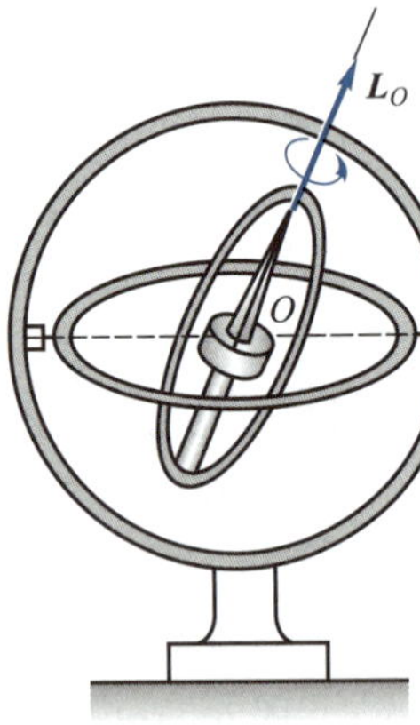

图 21.14

若冲量 $F\Delta t$ 是一个有限量，则由 $J_z\omega_1\gg 1$，可知 $\beta\ll 1$，在实际中很难观测到偏转角 β 的大小。举个例子，对高速旋转陀螺，假设我们用锤子锤一下对称轴，陀螺应该几乎纹丝不动。可见，高速转动的陀螺具有抗短时间干扰的能力，或称定轴性。

陀螺的定轴性可用于惯性导航。如图 21.14 所示的回转仪为一均质转子，用内外两层悬架支承，三轴交于一点，此点恰好为转子的重心。

这种陀螺不受外力矩作用，若转子高速自转，当外悬架支座作任意运动时，陀螺转轴的方位基本不变。将该陀螺仪安装在飞行器、舰船等载体上，并让其自转轴指向某个恒星，则当载体的姿态产生变化时，陀螺装置系统即可进行测量和控制。

需要注意的是，陀螺定轴性是针对短时间干扰而言的，如果受到长时间的干扰，不再是小角度，陀螺会发生显著的“漂移”，因此陀螺仪表必须定期校准。

思考题 21.2

请分析如图 21.15 所示的不自旋的子弹和绕其对称轴高速自旋的子弹的运动规律。

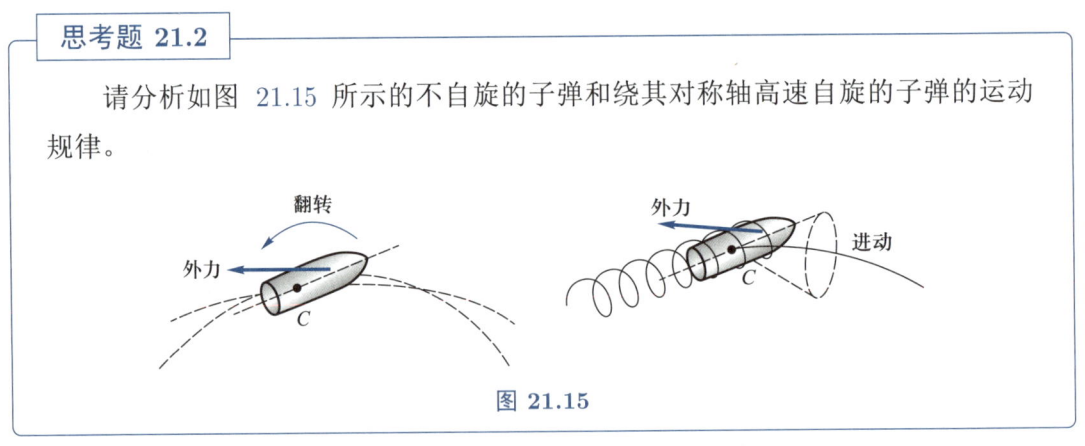

图 21.15

性质 4 陀螺进动。

在外力矩作用下，当力矩矢量与陀螺对称轴不重合时，陀螺对称轴将在惯性空间中转动，陀螺发生进动。设陀螺以角速度 $\boldsymbol{\omega}_1$ 绕对称轴 Oz 高速转动，如图 21.11 所示，对点

O 的动量矩为 $\boldsymbol{L}_O = J_z\boldsymbol{\omega}_1$，方向沿着陀螺对称轴。如果外力矩 $\boldsymbol{M}_O$ 作用在陀螺的对称轴上，使对称轴以角速度 $\boldsymbol{\omega}_2$ 绕固定轴 $O\zeta$ 转动，则根据陀螺近似公式有

$$\boldsymbol{M}_O = J_z\boldsymbol{\omega}_2 \times \boldsymbol{\omega}_1$$

根据牛顿第三定律，陀螺对施加力矩 $\boldsymbol{M}_O$ 的物体有反作用力矩

$$\boldsymbol{M}_{\mathrm{g}} = -J_z\boldsymbol{\omega}_2 \times \boldsymbol{\omega}_1 \tag{21.6.13}$$

这个反作用力矩 $\boldsymbol{M}_{\mathrm{g}}$ 称为**陀螺力矩**。

可见，任何绕对称轴高速旋转的转动物体，当它被迫改变方向时，必然有陀螺力矩作用在使其改变方向的物体上，这就是**陀螺效应**。

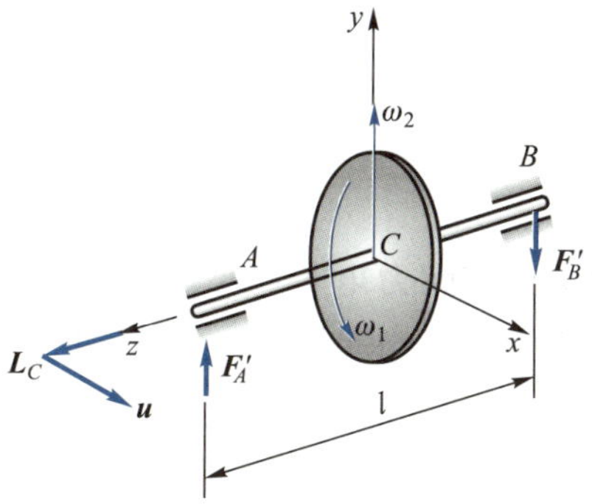

图 21.16

如图 21.16 所示的转子绕对称轴 AB 以角速度 $\boldsymbol{\omega}_1$ 转动。如果将该转子安装在飞机上，在飞机转弯时，迫使对称轴 z 以角速度 $\boldsymbol{\omega}_2$ 绕 y 轴转动，转子将产生陀螺力矩，在轴承 A、B 上产生动约束力 $\boldsymbol{F}'_A$ 和 $\boldsymbol{F}'_B$，它们的大小为

$$F'_A = F'_B = J_z\omega_1\omega_2/l$$

陀螺效应可能使机器零件（特别是轴承）由于附加动约束力过大而损坏。

例 21.4

如图 21.17 所示的转子框架系统安装在飞机上，框架与飞机之间附加一个弹簧。转子绕对称轴 Oz 以匀角速度 $\boldsymbol{\omega}$ 转动，它对 Oz 轴的转动惯量为 J_z。当飞机绕 y 轴以匀角速度 $\boldsymbol{\omega}'$ 转动时，求框架与飞机相对平衡时的转角。

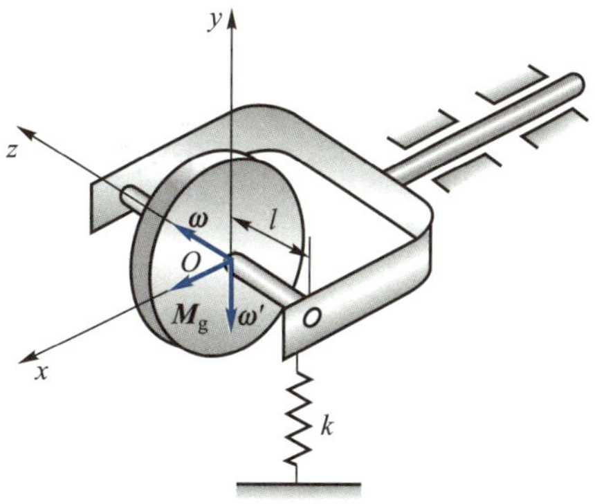

图 21.17

解　飞机转动时，转子产生陀螺力矩 $\boldsymbol{M}_O = J_z\omega\omega'\boldsymbol{i}$ 作用在框架上，使得框架绕 x 轴转动，并拉伸弹簧。弹簧的弹性力矩与框架转角 θ 成正比。当框架与载体相对静

止时，陀螺力矩与弹性力矩相互平衡。由此可求得

$$\theta=\frac{J_z\omega\omega'}{kl^2}$$

我们可以利用框架的转角来测量飞机转弯时的角速度。这就是飞机转弯仪的力学原理。

例 21.5

[典型例题] 例 21.5

飞机转弯的“抬头”与“低头”如图 21.18 所示，航模以速度 $\boldsymbol{v}$ 水平盘旋，半径（转弯）为 ρ，螺旋桨转动惯量为 C，转速为 $\boldsymbol{\omega}_1$，求螺旋桨对飞机的螺旋力矩。

解 飞机的螺旋桨转速为

$$\boldsymbol{\omega}_1=\omega_1\boldsymbol{i}$$

飞机转弯角速度为

$$\boldsymbol{\omega}_2=\frac{v}{\rho}\boldsymbol{k}$$

由于 $\omega_1\gg\omega_2$，因此可采用陀螺近似理论计算螺旋桨的陀螺力矩

$$\boldsymbol{M}_{\rm g}=C\boldsymbol{\omega}_1\times\boldsymbol{\omega}_2$$

大小为

$$M_{\rm g}=\frac{Cv\omega_1}{\rho}$$

方向如图 21.18 所示。

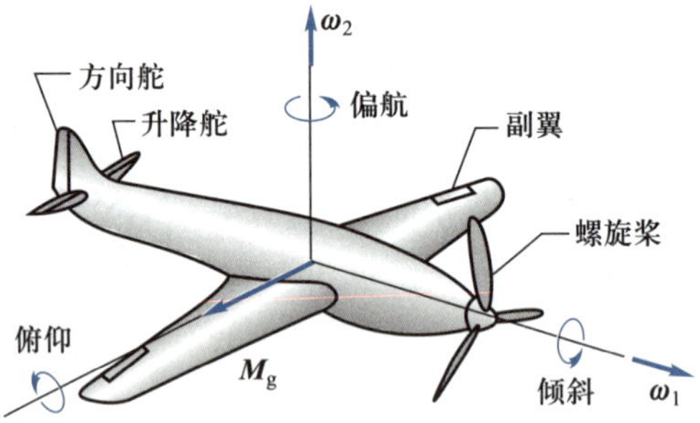

图 21.18

可见，飞机向左转弯时，形成的陀螺力矩使飞机头部抬起；飞机向右转弯时，陀螺力矩使飞机头部低下；形成左转“抬头”右转“点头”的现象。

21.7 重力场中的刚体定点运动

21.7.1 重刚体定点运动的积分问题

本小节研究刚体在重力场中绕固定点 O 的运动。固定坐标系的 OZ 轴竖直向上，$Oxyz$ 是与刚体一起运动的固连坐标系，其坐标轴为刚体对固定点 O 的惯性主轴。刚体重心 G 在 $Oxyz$ 中的坐标为 a,b,c。刚体相对固定坐标系的方向借助欧拉角 ψ、θ、φ 确定，欧拉角按通常方式定义（如图 21.19 所示）。

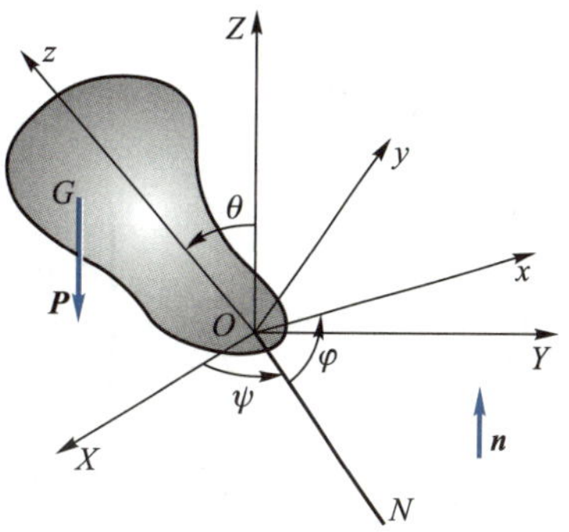

图 21.19

刚体相对 Ox、Oy、Oz 的转动惯量用 J_x、J_y、J_z 表示，重力用 $\boldsymbol{P}$ 表示。设竖直轴 OZ 的单位矢量 $\boldsymbol{n}$ 在固连坐标系 $Oxyz$ 中的分量为 γ_1、γ_2、γ_3。根据几何关系有

$$\begin{cases} \gamma_1 = \sin\theta\sin\varphi \\ \gamma_2 = \sin\theta\cos\varphi \\ \gamma_3 = \cos\theta \end{cases} \tag{21.7.1}$$

矢量 $\boldsymbol{n}$ 在固连坐标系是常量，所以其绝对导数等于零

$$\frac{\mathrm{d}\boldsymbol{n}}{\mathrm{d}t} = \boldsymbol{0}$$

利用绝对导数和相对导数的关系，上面的方程可以写成

$$\frac{\tilde{\mathrm{d}}\boldsymbol{n}}{\mathrm{d}t} + \boldsymbol{\omega}\times\boldsymbol{n} = \boldsymbol{0} \tag{21.7.2}$$

式中：$\boldsymbol{\omega}$ 为刚体角速度。

方程式 (21.7.2) 称为**泊松方程**。用 ω_x、ω_y、ω_z 表示 $\boldsymbol{\omega}$ 在 Ox、Oy、Oz 轴上的投影，泊松方程可以写成下面 3 个标量方程：

$$\begin{cases} \dot{\gamma}_1 = \omega_z\gamma_2 - \omega_y\gamma_3 \\ \dot{\gamma}_2 = \omega_x\gamma_3 - \omega_z\gamma_1 \\ \dot{\gamma}_3 = \omega_y\gamma_1 - \omega_x\gamma_2 \end{cases} \tag{21.7.3}$$

作用在刚体上的外力是重力和 O 点的约束力。约束力对 O 点的力矩为零，而重力 $\boldsymbol{P}$ 对 O 的力矩 $\boldsymbol{M}_O$ 等于 $\overrightarrow{OG}\times\boldsymbol{P}$。考虑到 $\boldsymbol{P} = -P\boldsymbol{n}$，有

$$\boldsymbol{M}_O = P\boldsymbol{n}\times\overrightarrow{OG} \tag{21.7.4}$$

如果 M_x、M_y、M_z 是 $\boldsymbol{M}_O$ 在 Ox、Oy、Oz 上的投影，则由式 (21.7.4) 得

$$\begin{cases} M_x = P(\gamma_2 c - \gamma_3 b) \\ M_y = P(\gamma_3 a - \gamma_1 c) \\ M_z = P(\gamma_1 b - \gamma_2 a) \end{cases} \tag{21.7.5}$$

于是，欧拉动力学方程有如下形式：

$$\begin{cases} J_x\dot{\omega}_x + (J_z - J_y)\omega_y\omega_z = P(\gamma_2 c - \gamma_3 b) \\ J_y\dot{\omega}_y + (J_x - J_z)\omega_z\omega_x = P(\gamma_3 a - \gamma_1 c) \\ J_z\dot{\omega}_z + (J_y - J_x)\omega_x\omega_y = P(\gamma_1 b - \gamma_2 a) \end{cases} \tag{21.7.6}$$

方程式 (21.7.3) 和方程式 (21.7.6) 构成了封闭方程组，包含描述重刚体定点运动的 6 个微分方程。分析、求解这个封闭方程组是研究重刚体定点运动的主要问题。

我们将给出方程式 (21.7.3) 和方程式 (21.7.6) 的 3 个首次积分，其中一个是单位矢量 $\boldsymbol{n}$ 的模等于 1，即

$$\gamma_1^2 + \gamma_2^2 + \gamma_3^2 = 1 \tag{21.7.7}$$

还有一个首次积分可以由动量矩定理得到。事实上，因为外力（重力）和约束力对竖直轴的矩都为零，动量矩 $\boldsymbol{L}_O$ 在竖直轴上的投影为常数，即

$$\boldsymbol{L}_O \cdot \boldsymbol{n} = C(C\ \text{为常数}) \tag{21.7.8}$$

在固定坐标系中 $\boldsymbol{L}_O$ 的分量为 $J_x\omega_x$、$J_y\omega_y$、$J_z\omega_z$，因此方程式 (21.7.8) 可写作

$$J_x\omega_x\gamma_1 + J_y\omega_y\gamma_2 + J_z\omega_z\gamma_3 = C(C\ \text{为常数}) \tag{21.7.9}$$

进一步可以发现，O 点的约束力不做功，因此机械能 $E = T + V$ 守恒。设重心位于水平面 OXY 上时势能等于零，可得 $V = Ph$，其中 h 是重心到平面 OXY 的距离，即

$$h = \overrightarrow{OG} \cdot \boldsymbol{n} = a\gamma_1 + b\gamma_2 + c\gamma_3$$

又因为

$$T = \frac{1}{2}(J_x\omega_x^2 + J_y\omega_y^2 + J_z\omega_z^2)$$

所以机械能守恒可以写成

$$\frac{1}{2}(J_x\omega_x^2 + J_y\omega_y^2 + J_z\omega_z^2) + P(a\gamma_1 + b\gamma_2 + c\gamma_3) = C(C\ \text{为常数}) \tag{21.7.10}$$

根据雅可比乘子理论[①]，为了在任意初始条件下完全求解微分方程组式 (21.7.3) 和式 (21.7.6)，除了上面 3 个首次积分式 (21.7.7)、式 (21.7.9) 和式 (21.7.10)，还需要独立于它们的第 4 个首次积分。

已经证明，只有在 3 种情况下可以完全求解微分方程组式 (21.7.3) 和式 (21.7.6)，就是欧拉情况、拉格朗日情况和柯娃列夫斯卡娅情况。

（1）欧拉情况：重心位于固定点 O，即 $a=b=c=0$。这种情况在本书第 21.5 节已经介绍过。

（2）拉格朗日情况：刚体动力学对称，重心位于对称轴上，例如 $J_x=J_y, a=b=0$，由式 (21.7.6) 的最后一个方程可得第 4 个首次积分 ω_z 为常数。

（3）柯娃列夫斯卡娅情况：主转动惯量满足关系式 $J_x=J_y=2J_z$，重心满足条件 $c=0$。为了计算简单，我们假设 Ox 轴通过重心，即 $b=0$，那么欧拉动力学方程在柯娃列夫斯卡娅情况下可写成

$$2\dot{\omega}_x-\omega_y\omega_z=0,\quad 2\dot{\omega}_y-\omega_z\omega_x=\alpha\gamma_3,\quad \dot{\omega}_z=-\alpha\gamma_2\quad \left(\alpha=\frac{Pa}{J_z}\right) \tag{21.7.11}$$

借助方程式 (21.7.3) 和方程式 (21.7.11) 直接验证可知，第 4 个首次积分是

$$(\omega_x^2-\omega_y^2-\alpha\gamma_1)^2+(2\omega_x\omega_y-\alpha\gamma_2)^2=C(C\text{ 为常数}) \tag{21.7.12}$$

还有很多情况存在第 4 个首次积分，使微分方程组式 (21.7.3) 和式 (21.7.6) 可以完全求解出来，但不是对任意初始条件均成立，而是对于特别选定的初始条件才成立。

21.7.2 重力力场中刚体相对质心的运动

通常在研究力学问题时，我们认为地球对物体的引力是分布平行力系，等效于作用在物体质心的合力，即重力（见第 17.2.2 小节）。因此，重力对物体质心不产生力矩。

实际上地球对物体不同质点的引力不是平行的。我们假设地球是均质或者非均质的球，在它的每个点的密度仅依赖于该点到球心的距离。可以证明，在这种情况下地球引力场与位于球心的等质量质点的引力场相同，即地球对物体不同质点的引力都指向地心。此外，物体上不同的点一般到地心的距离不同。基于这个原因，引力不一定可以简化为过物体质心的合力，也可能对质心产生引力矩。引力矩可以用非常简单的例子解释。设两个质点 P_1 和 P_2 质量相同，用无质量的刚性杆连接。

设 O 是杆中心（质点 P_1 和 P_2 的质心），而 O_* 是引力中心（如图 21.20 所示）。

① 超出本教程范围，有兴趣的读者可参阅分析力学书籍。

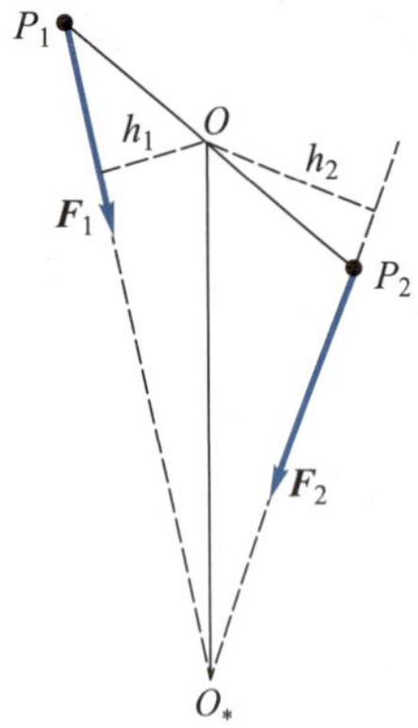

图 21.20

假设 $O_*P_1 > O_*P_2$，如果 h_1 是力 $\boldsymbol{F}_1$ 对 O 点的力臂，h_2 是力 $\boldsymbol{F}_2$ 对 O 点的力臂，则比较三角形 O_*P_1O 和三角形 O_*P_2O 的面积可得

$$\frac{h_2}{h_1} = \frac{O_*P_1}{O_*P_2} > 1$$

再由等式 $F_2 > F_1$ 可知，在 $O_*P_1 > O_*P_2$ 情况下，有 $F_2h_2 > F_1h_1$。因此出现了使杆 P_1P_2 趋向直线 O_*O 的力矩，也称为**引力梯度力矩**。

在通常条件下，引力矩与其他力矩相比非常小。在天体力学中引力矩经常具有决定性作用，例如月球相对质心的运动差不多完全由地球的引力矩决定。

我们来研究自由刚体在中心牛顿引力场中绕质心的姿态运动。为了得到运动微分方程，需要知道引力对刚体质心的引力矩。设 $OXYZ$ 是以刚体质心为原点的坐标系，OZ 轴沿着连接引力中心 O_* 和刚体质心 O 的直线（如图 21.21 所示），OY 轴沿着质心轨迹的副法线，从该轴上看质心的运动是逆时针的，OX 轴与 OY 轴和 OZ 轴构成右手直角坐标系。$OXYZ$ 通常称为**轨道坐标系**。

设 $\boldsymbol{R}$ 是刚体质心相对引力中心的矢径，$\boldsymbol{r}$ 是刚体内质量为 $\mathrm{d}m$ 的微元的矢径（如图 21.22 所示）。

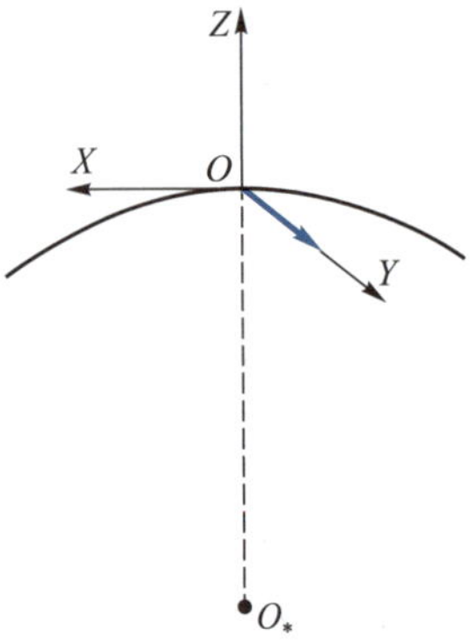

图 21.21

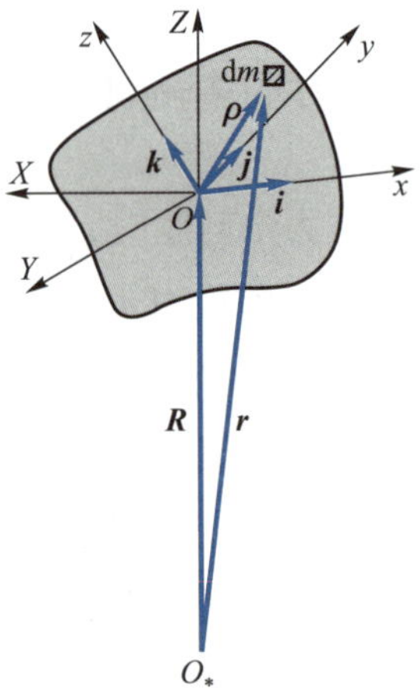

图 21.22

微元所受的引力为

$$\mathrm{d}\boldsymbol{F} = -G\frac{M\mathrm{d}m}{r^3}\boldsymbol{r} \tag{21.7.13}$$

式中：G 为万有引力常数；M 为引力中心 O_* 的质量（地球的质量）。刚体所受引力的主矢量 $\boldsymbol{F}$ 可由式 (21.7.13) 积分得到。在计算中，要考虑刚体的尺寸远远小于刚体质心到引力中心的距离（这对于行星的自然卫星和人造卫星都是正确的）。

设 $\boldsymbol{\rho}$ 是微元 $\mathrm{d}m$ 的矢径，X,Y,Z 是微元在轨道坐标系中的坐标，有

$$\boldsymbol{r}=\boldsymbol{R}+\boldsymbol{\rho},\quad r=R\sqrt{1+2\frac{Z}{R}+\frac{\rho^2}{R^2}} \tag{21.7.14}$$

如果忽略 $(\rho/R)^2$ 及更高阶小量，由式 (21.7.14) 可得 $1/r^3$ 的泰勒级数为

$$\frac{1}{r^3}=\frac{1}{R^3}\left(1-\frac{3Z}{R}\right) \tag{21.7.15}$$

将式 (21.7.14) 中的 r 和式 (21.7.15) 中的 $1/r^3$ 代入式 (21.7.13) 并进行积分，考虑到质心位于坐标原点，有

$$\int X\mathrm{d}m=\int Y\mathrm{d}m=\int Z\mathrm{d}m=0$$

得出引力主矢量为

$$\boldsymbol{F}=-G\frac{Mm}{R^3}\boldsymbol{R}$$

式中：m 为刚体质量。

由此可知，如果忽略 $(\rho/R)^2$ 及其更高阶量，则刚体的尺寸不影响引力主矢量的大小和方向。可以认为，质心沿着开普勒轨道（圆锥曲线）运动。

质心到引力中心的距离为

$$R=\frac{p}{1+e\cos\nu} \tag{21.7.16}$$

式中：p 和 e 分别为轨道参数和偏心率；ν 为真近点角（$\boldsymbol{R}$ 与拉普拉斯矢量之间的夹角，参见第 8 讲例 8.3）。

利用椭圆轨道的面积积分可得真近点角满足的方程

$$\dot{\nu}=\frac{\sqrt{GM}}{p^{3/2}}(1+e\cos\nu)^2 \tag{21.7.17}$$

下面来求引力矩。设 $Oxyz$ 是与刚体固连的坐标系，各轴沿着刚体的中心惯性主轴（如图 21.22 所示）。刚体相对轨道坐标系的方向可以用欧拉角 ψ、θ、φ 确定。

从坐标系 $Oxyz$ 到坐标系 $OXYZ$ 的变换矩阵的元素 a_{ij} 可以用欧拉角表示为

$$
\begin{cases}
a_{11} = \cos\psi\cos\varphi - \sin\psi\sin\varphi\cos\theta \\
a_{12} = -\cos\psi\sin\varphi - \sin\psi\cos\varphi\cos\theta \\
a_{13} = \sin\psi\sin\theta \\
a_{21} = \sin\psi\cos\varphi + \cos\psi\sin\varphi\cos\theta \\
a_{22} = -\sin\psi\sin\varphi + \cos\psi\cos\varphi\cos\theta \\
a_{23} = -\cos\psi\sin\theta \\
a_{31} = \sin\varphi\sin\theta \\
a_{32} = \cos\varphi\sin\theta \\
a_{33} = \cos\theta
\end{cases} \tag{21.7.18}
$$

引力对刚体质心的主矩 $\boldsymbol{M}_O$ 的表达式为

$$
\boldsymbol{M}_O = \int \boldsymbol{\rho} \times \mathrm{d}\boldsymbol{F} = -GM\int \frac{\boldsymbol{\rho}\times\boldsymbol{r}}{r^3}\mathrm{d}m \tag{21.7.19}
$$

式中的积分是对整个刚体进行的。我们利用坐标系 $Oxyz$ 来计算这个积分，在这个坐标系中有

$$
\boldsymbol{\rho} = x\boldsymbol{i} + y\boldsymbol{j} + z\boldsymbol{k}, \quad \boldsymbol{R} = R(a_{31}\boldsymbol{i} + a_{32}\boldsymbol{j} + a_{33}\boldsymbol{k}) \tag{21.7.20}
$$

$$
\boldsymbol{r} = \boldsymbol{R} + \boldsymbol{\rho} = (x + Ra_{31})\boldsymbol{i} + (y + Ra_{32})\boldsymbol{j} + (z + Ra_{33})\boldsymbol{k} \tag{21.7.21}
$$

$$
\boldsymbol{\rho}\times\boldsymbol{r} = R[(ya_{33} - za_{32})\boldsymbol{i} + (za_{31} - xa_{33})\boldsymbol{j} + (xa_{32} - ya_{31})\boldsymbol{k}] \tag{21.7.22}
$$

如果在 $1/r^3$ 的泰勒级数中忽略 $(\rho/R)^2$ 及更高阶小量，则得

$$
\frac{1}{r^3} = \frac{1}{R^3}\left[1 - \frac{3}{R}(xa_{31} + ya_{32} + za_{33})\right] \tag{21.7.23}
$$

在同样的精度下，由式 (21.7.22) 和式 (21.7.23) 得

$$
\frac{\boldsymbol{\rho}\times\boldsymbol{r}}{r^3} = \frac{1}{R^2}\left[1 - \frac{3}{R}(xa_{31} + ya_{32} + za_{33})\right][(ya_{33} - za_{32})\boldsymbol{i} + (za_{31} - xa_{33})\boldsymbol{j} + (xa_{32} - ya_{31})\boldsymbol{k}] \tag{21.7.24}
$$

将这个表达式代入式 (21.7.19) 并进行积分。因为 Ox、Oy、Oz 轴是刚体的中心惯性主轴，所以有

$$
\int x\mathrm{d}m = \int y\mathrm{d}m = \int z\mathrm{d}m = 0, \quad \int xy\mathrm{d}m = \int xz\mathrm{d}m = \int yz\mathrm{d}m = 0 \tag{21.7.25}
$$

由此可得

$$\boldsymbol{M}_O=\frac{3GM}{R^3}\int[(y^2-z^2)a_{32}a_{33}\boldsymbol{i}+(z^2-x^2)a_{33}a_{31}\boldsymbol{j}+(x^2-y^2)a_{31}a_{32}\boldsymbol{k}]\mathrm{d}m \tag{21.7.26}$$

可以看出

$$\int(y^2-z^2)\mathrm{d}m=J_z-J_y,\quad \int(z^2-x^2)\mathrm{d}m=J_x-J_z,\quad \int(x^2-y^2)\mathrm{d}m=J_y-J_x$$

最终得

$$\begin{cases}M_x=\dfrac{3GM}{R^3}(J_z-J_y)a_{32}a_{33}\\ M_y=\dfrac{3GM}{R^3}(J_x-J_z)a_{33}a_{31}\\ M_z=\dfrac{3GM}{R^3}(J_y-J_x)a_{31}a_{32}\end{cases} \tag{21.7.27}$$

这个表达式是近似的，忽略了 $(\rho/R)^2$ 及更高阶小量。

利用欧拉动力学方程可得刚体相对质心的运动微分方程

$$\begin{cases}J_x\dot{\omega}_x+(J_z-J_y)\omega_y\omega_z=\dfrac{3GM}{R^3}(J_z-J_y)a_{32}a_{33}\\ J_y\dot{\omega}_y+(J_x-J_z)\omega_z\omega_x=\dfrac{3GM}{R^3}(J_x-J_z)a_{33}a_{31}\\ J_z\dot{\omega}_z+(J_y-J_x)\omega_x\omega_y=\dfrac{3GM}{R^3}(J_y-J_x)a_{31}a_{32}\end{cases} \tag{21.7.28}$$

下面我们用欧拉角及其导数和质心轨道运动角速度表示刚体绝对角速度在 Ox、Oy、Oz 轴上的投影。可以发现，刚体参与复合运动：刚体相对轨道坐标系 $OXYZ$ 转动，而轨道坐标系绕 OY 轴转动。刚体相对轨道坐标系的角速度分量可以由欧拉运动学方程得到，而轨道坐标系绕 OY 轴转动的角速度等于 $\dot{\nu}$。因此有

$$\begin{cases}\omega_x=\dot{\psi}\sin\theta\sin\varphi+\dot{\theta}\cos\varphi+\dot{\nu}a_{21}\\ \omega_y=\dot{\psi}\sin\theta\cos\varphi-\dot{\theta}\sin\varphi+\dot{\nu}a_{22}\\ \omega_z=\dot{\psi}\cos\theta+\dot{\varphi}+\dot{\nu}a_{23}\end{cases} \tag{21.7.29}$$

式 (21.7.16) ~ 式 (21.7.18)、式 (21.7.28) 和式 (21.7.29) 构成了刚体相对质心运动的封闭方程组，广泛应用于研究人造地球卫星的运动。

如果刚体质心沿着圆轨道运动，则刚体相对质心的运动存在特解

$$\psi=0,\quad \theta=0,\quad \varphi=0 \tag{21.7.30}$$

这个特解对应于刚体在轨道坐标系中静止，刚体固连坐标系的坐标轴 Ox、Oy、Oz 分别沿着轨道坐标系的坐标轴 OX、OY、OZ。为了证明存在这个特解，我们由方程式 (21.7.18)

和式 (21.7.29) 可知，对于圆轨道，当 $\psi=0,\quad\theta=0,\quad\varphi=0$ 时，有 $a_{ij}=\delta_{ij}$（δ_{ij} 是克罗内克符号，当 $i=j$ 时，$\delta_{ij}=1$；当 $i\neq j$ 时，$\delta_{ij}=0$），$\omega_x=0,\quad\omega_z=0,\quad\omega_y=\dot{\nu}$ 为常数。由此可知，对于特解式 (21.7.30)，引力矩等于零且方程式 (21.7.28) 为恒等式。

对于这种特解，刚体绝对角速度矢量沿着轨道平面的法线，刚体绝对角速度的大小等于质心圆周运动的角速度，即刚体转动周期等于质心运动周期。由此可知，刚体始终以同一个面对着引力中心。在自然界这样的例子是月球的运动，月球始终以同一个面对着地球。在工程技术中这样的例子是大量的人造地球卫星。

■ 本讲小结

根据质点系动力学普遍定理，推导了刚体定点运动和一般运动的运动微分方程，研究了刚体定轴转动的约束力。利用欧拉动力学方程研究了刚体定点运动的欧拉情况，分析了永久转动、规则进动，介绍了有工程应用价值的陀螺近似理论、引力场中刚体的运动，以及在力学史上有重要地位的重刚体定点运动。利用刚体一般运动微分方程也能给出力系等效定理。

本讲给出的主要结论有：

（1）欧拉动力学方程

$$\begin{cases} J_x\dot{\omega}_x+(J_z-J_y)\omega_y\omega_z=M_x \\ J_y\dot{\omega}_y+(J_x-J_z)\omega_z\omega_x=M_y \\ J_z\dot{\omega}_z+(J_y-J_x)\omega_x\omega_y=M_z \end{cases}$$

（2）刚体定轴转动的动约束力等于静约束力的充分必要条件是，转动轴为刚体的中心惯性主轴。

（3）刚体绕最大或者最小转动惯量的主轴的永久转动稳定，绕中间转动惯量的主轴的永久转动不稳定。如果存在能量耗散，只有绕最大转动惯量主轴的永久转动稳定。

（4）欧拉情况下动力学对称刚体（陀螺）的运动是规则进动。维持对称刚体作规则进动所需的外力矩，可由陀螺基本公式给出

$$\boldsymbol{M}_O=\boldsymbol{\omega}_2\times\boldsymbol{\omega}_1[J_z+(J_z-J)(\omega_2/\omega_1)\cos\theta_0]$$

（5）高速转动的陀螺对施加力矩的物体有反作用力矩，即陀螺力矩

$$\boldsymbol{M}_{\mathrm{g}}=-J_z\boldsymbol{\omega}_2\times\boldsymbol{\omega}_1$$

■ 概念题

判断下列说法是否正确。

21–1　定点运动刚体对固定点的动量矩方向与角速度方向平行。

21–2　定轴转动刚体对转轴上任意点的动量矩方向沿着转动轴。

21–3　作定点运动的刚体，如果其动量矩矢量与瞬时角加速度矢量垂直，则此刚体的动能为常值。

21–4　刚体的质量是刚体平动时惯性的量度，转动惯量是刚体定轴转动时惯性的量度，惯性矩阵是刚体定点运动时惯性的量度。

21–5　刚体永久转动是规则进动的特殊情况。

21–6　刚体绕最小惯性主轴的永久转动稳定。

21–7　刚体规则进动的必要条件是外力对固定点的主矩为零。

21–8　高速陀螺受干扰后作规则进动。

21–9　陀螺力矩是作用在陀螺上的力矩。

21–10　高速转动的玩具陀螺最终会倒下，是因为能量耗散。

■ 习题

21–1　如图 21.23 所示正三角形薄板的质量为 m，三角形的高度为 h，求此板对通过其质心 C 且与其一边相平行之轴的转动惯量。

21–2　如图 21.24 所示均质正三角形板的质量为 m，三角形边长为 l。求此板对通过其一个顶点且与板面垂直的轴 z 的转动惯量。

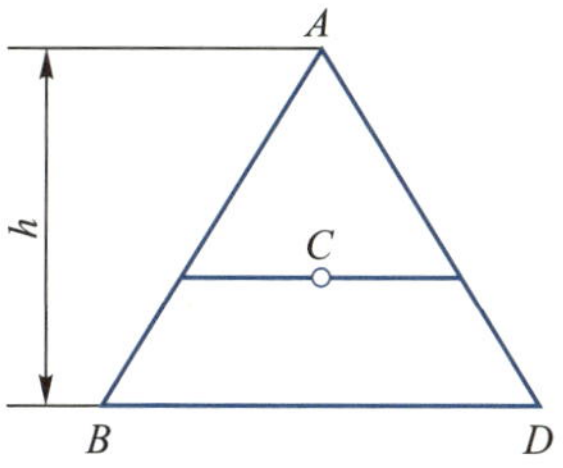

图 21.23

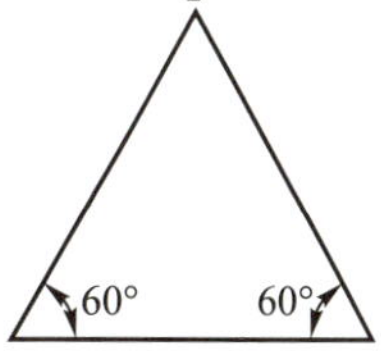

图 21.24

21–3　均质细杆 AB 长度为 $2l$，其质量为 m，此杆在其中心 O 处固连于铅垂轴并与之成 α 角。求杆 AB 的轴转动惯量 J_x、J_y 及惯性积 J_{xy}。坐标轴如图 21.25 所示。

21–4　如图 21.26 所示质量为 m、边长为 a 和 b 的均质矩形板固连于轴 z，此轴与矩形的某对角线重合。求此板对轴 y、z 的惯性积 J_{yz}。这两轴和板都在图面内，且坐标原点与板的质心相重合。

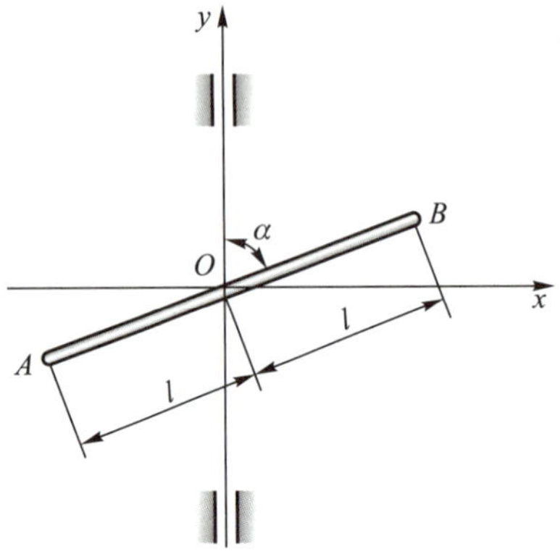

图 21.25

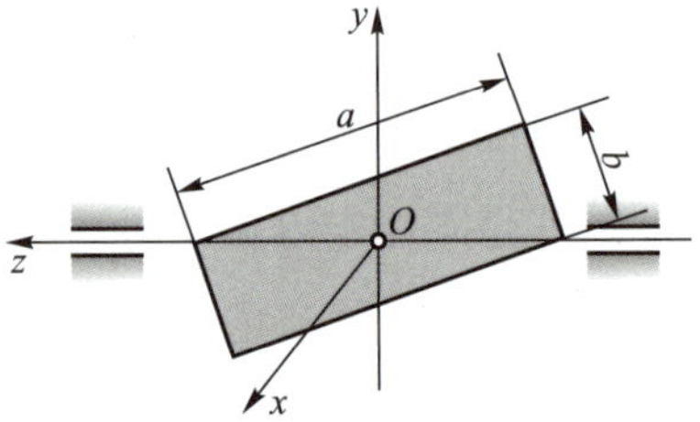

图 21.26

21–5　均质细杆长度为 l，质量为 m。如图 21.27 所示，以角速度 ω 绕 y 轴转动。求图示两种情况下杆的动能及对 O 点的动量矩。

21–6　均质等边三角形薄板 ABC 如图 21.28 所示，其质量为 m，边长为 a，在 AB 边的中点 O 与铅垂轴一起以 Ω 作等角速转动，同时绕 AB 边以角速度 $\dot{\theta}$ 转动。求当板对水平的仰角 $\theta = 30^\circ$ 时，板对 O 点动量矩的大小及动能。

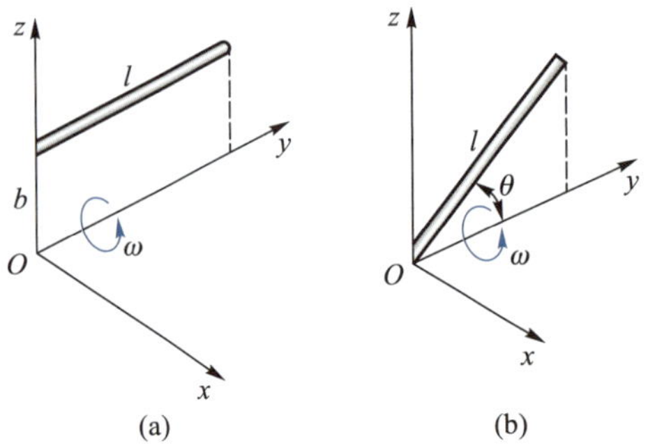

图 21.27

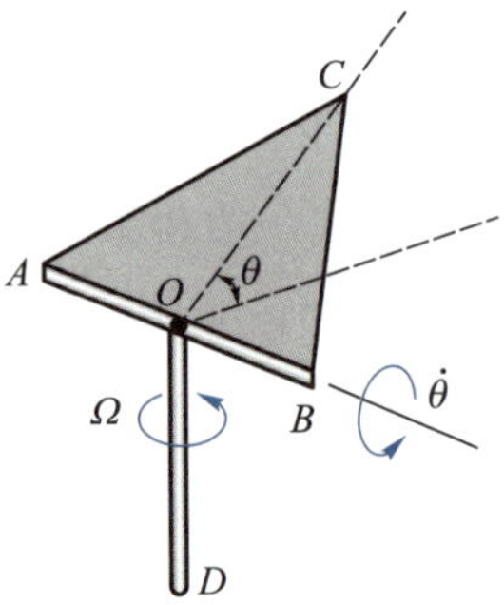

图 21.28

21–7　如图 21.29 所示均质杆 AB 长度为 l，以等角速度 ω 绕 z 轴转动。求杆与铅垂线的夹角 β。

21–8　如图 21.30 所示两细长的均质直杆，长度各为 a 和 b，互成直角地固结在一起，其顶点 O 与铅垂轴以铰链相连，此轴以等角速度 ω 转动。求长为 a 的杆偏离铅垂线的夹角 φ 与 ω 间的关系。

21–9　如图 21.31 所示，两相同的均质杆 O_1A、O_2B，长度为 l，重为 $\boldsymbol{P}$，分别铰接

于 T 形杆的 O_1、O_2 点上，并在两杆重心上连接一个刚度系数为 k 的弹簧。当两杆处于铅垂位置时，弹簧为原长，若 T 形杆以等角速度 ω 绕铅垂轴转动，试求图示相对平衡位置的 φ 角与 ω 的关系。令 $k=P/l, a=l/4$。

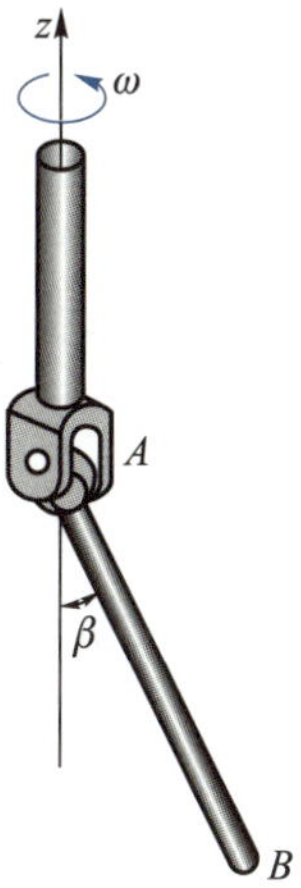

图 21.29

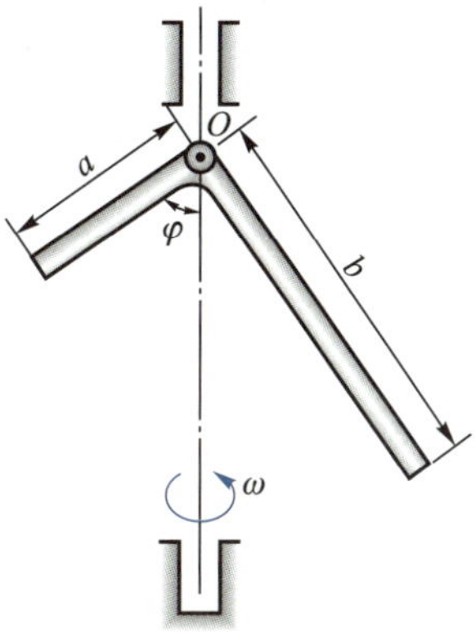

图 21.30

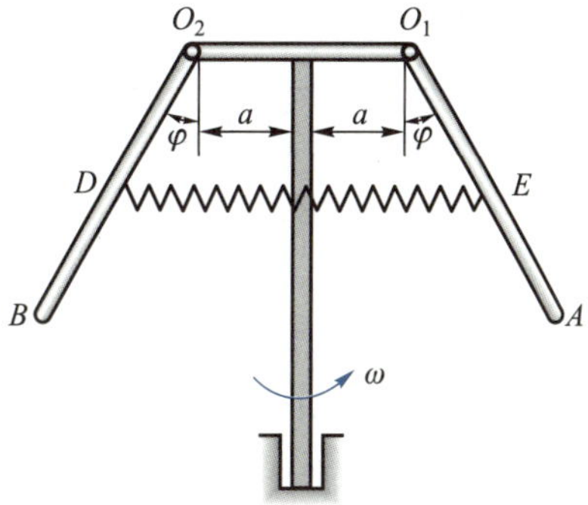

图 21.31

21–10　长度为 l 的均质杆 AB 铰接于圆盘 AC 上，如图 21.32 所示。圆盘以匀角速度 ω 绕铅垂轴转动，求使杆保持在 $\theta=60^\circ$ 时的 ω 值，设 $b=l/4$。

21–11　如图 21.33 所示，已知火箭加速度大小为 a，卫星整流罩自由倒下，转到 90° 位置时自动脱落。整流罩质心为 C，$OC=r$，质量为 m，对 O 点转动惯量为 $m\rho^2$。求整流罩在脱落位置时的角速度。

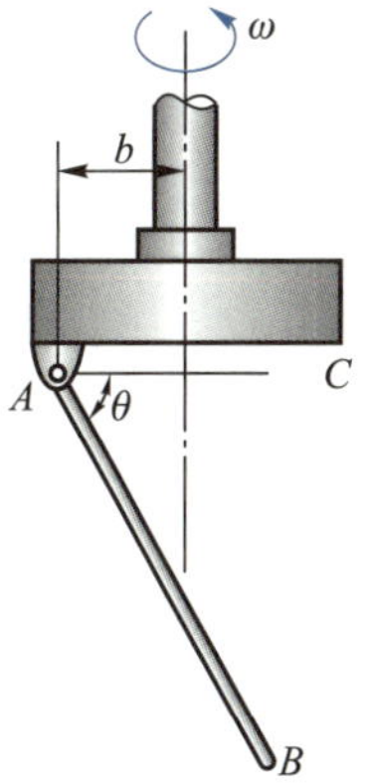

图 21.32

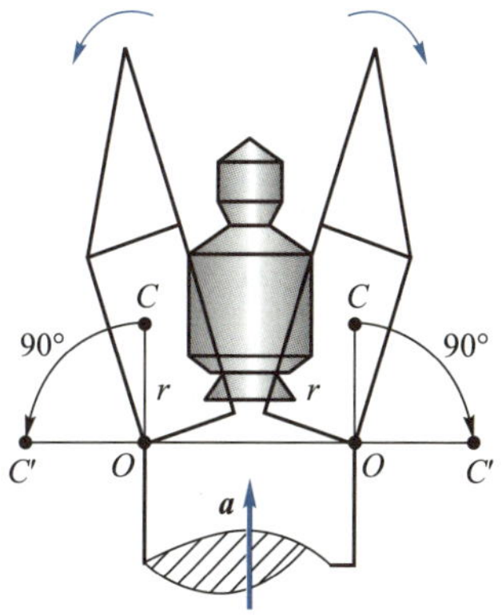

图 21.33

21–12　如图 21.34 所示长方形均质平板长度为 20 cm、宽度为 15 cm，质量为 27kg，由两个销 A 和 B 悬挂。如果突然撤去销 B，求在撤去销 B 的瞬时平板的角加速度和销 A 处的约束力。

21–13　质量与长度均相等的三杆 OA、OB、AB 互相铰接如图 21.35 所示，假如 B 铰突然撤掉，求该瞬时 OA 杆及 AB 杆的角加速度大小。

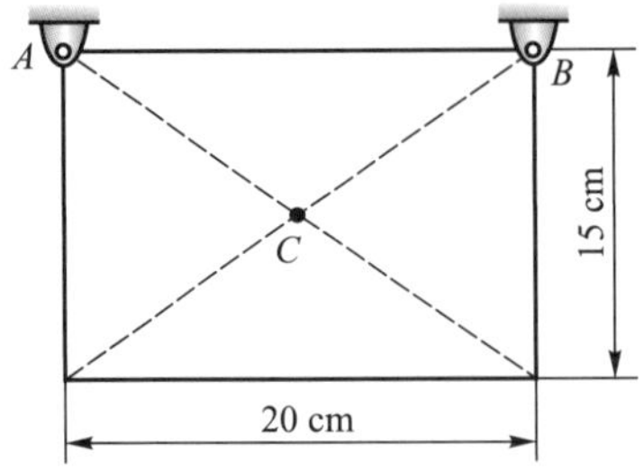

图 21.34

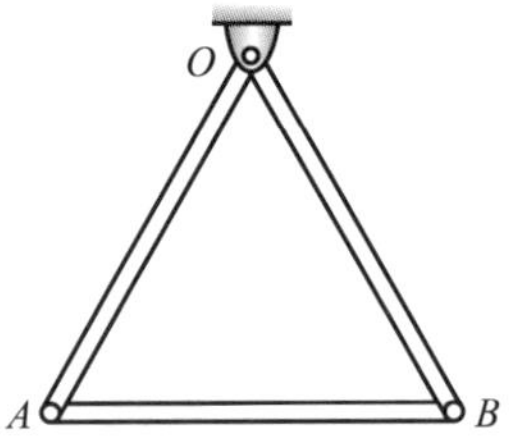

图 21.35

21–14　已知均质盘质量为 9 kg，杆的质量略去不计。为了让圆盘以 $\dot{\psi} = 0.3$ rad/s 的角速度作如图 21.36 所示的规则进动，问该圆盘的自转角速度 $\dot{\varphi}$ 应多大?

21–15　AB 轴长度 $l = 1$ m，水平地支在中点 O 上，轴的 A 端有物块，质量为 2.5 kg，B 端有质量为 5 kg、半径为 0.4 m 的转轮，如图 21.37 所示。设轮的质量均匀分布在外缘，轮的转速 $n = 600$ r/min，转向如图。求系统绕铅垂轴转动的进动角速度 Ω。

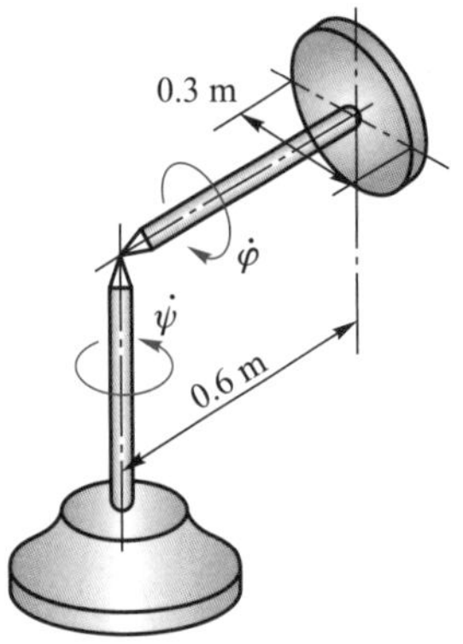

图 21.36

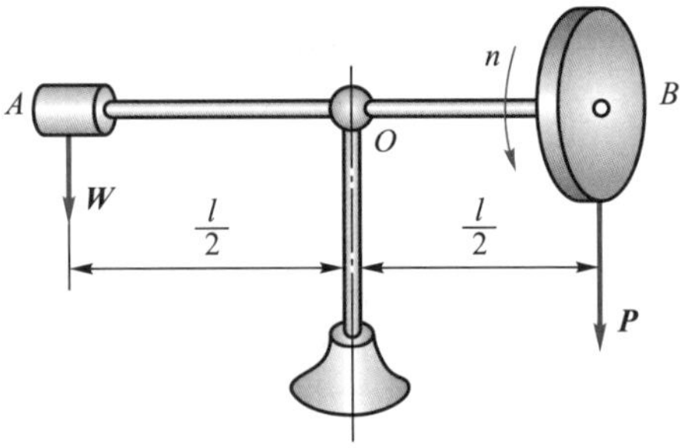

图 21.37

21–16　如图 21.38 所示碾轮 A 沿水平底盘滚动，水平轮轴 OA 以匀角速度绕铅垂轴转动。若碾轮的质量为 m，半径 $r = 450$ mm，对其自转轴的回转半径为 $\rho = 400$ mm，杆 OA 长度 $l = 600$ mm。问碾轮作纯滚动时，对底盘的压力为其自重的多少倍?

21–17　正方形框架 $ABCD$ 以匀角速度 ω_1 绕铅垂轴 AB 转动，而转子又以匀角速度 ω 相对于框架绕对角线 BC 转动，如图 21.39 所示。已知圆盘均质，其质量为 m，半径为 r，距离 $EF = l$，$\omega \gg \omega_1$。求轴承 E 和 F 处承受的陀螺力。

21–18　半径 $r = 0.2$ m、质量 $m = 10$ kg 的均质薄圆盘固连在长度为 $2l = 0.8$ m 的轻杆 AB 上，杆与铅垂轴 AD 的夹角 $\alpha = 30°$，杆以 $\Omega = 60$ r/min 的转速绕铅垂轴 AD

匀速转动，如图 21.40 所示。假设圆盘相对杆无自转（$\omega=0$），求水平绳 BD 的张力。

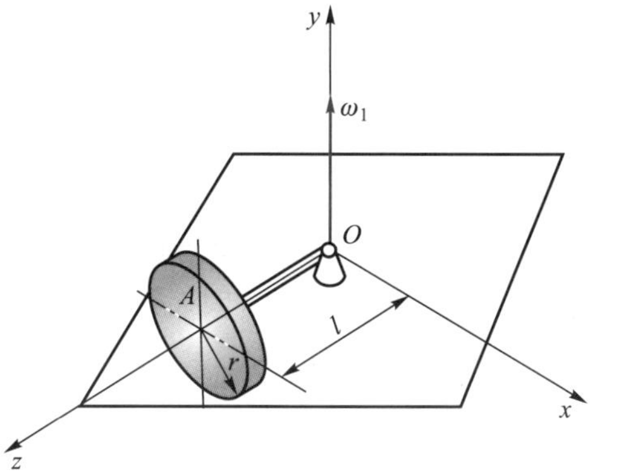

图 21.38

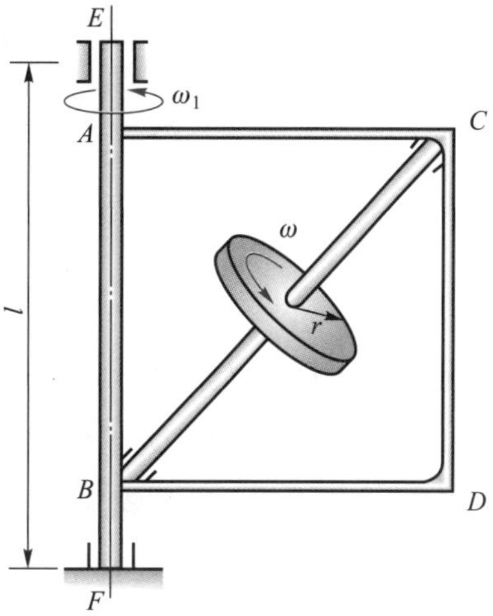

图 21.39

21–19　如图 21.41 所示均质细杆 AB 长度为 a，质量为 m，在 D 点与轴 DE 焊接，$\theta=120°$。轴 DE 的质量不计，长度为 l，以 $\varOmega$ 作等角速转动。求 E 处的动约束力。

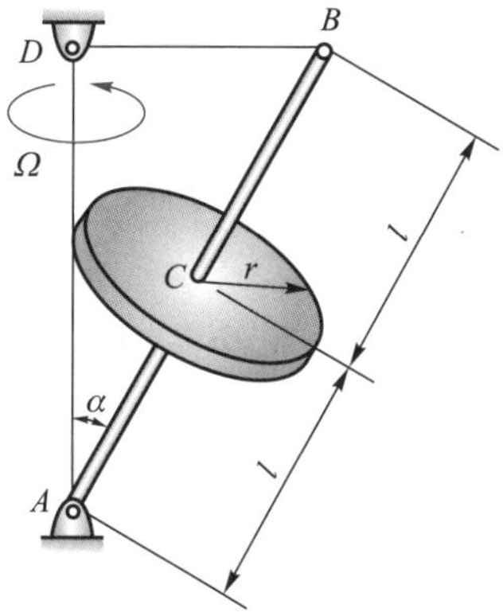

图 21.40

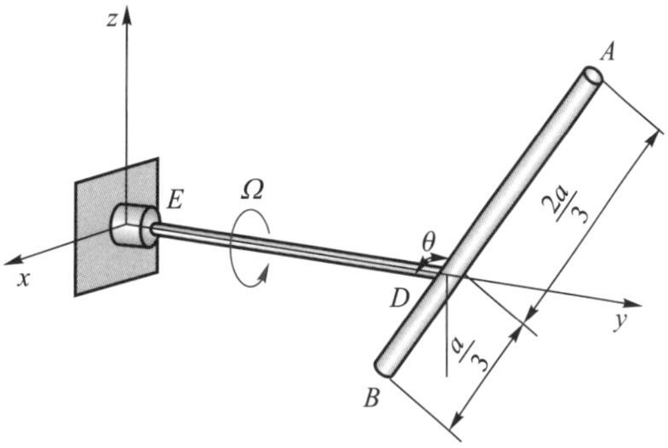

图 21.41

21–20　如图 21.42所示均质矩形薄板质量为 m，边长为 a 及 b，且 $a>b$，绕其对角线以 $\varOmega$ 作等角速转动，求两轴承处的动约束力。如果在过质心的 l 轴上焊接两个质量均为 $m/2$ 的质点，以消除转动时所产生的动约束力，问质点距质心的距离应为多少?

21–21　用均质线材制成半径为 r 的圆圈，在其上 A 点与线材垂直焊接一根同样材料的短杆 OA，杆长度 $l=2r$，与圆圈平面的夹角 $\theta=60°$，如图 21.43 所示。将此组合体置于粗糙的水平面上，并于 A 点在最高处时自由释放。求 A 点到达最低位置时组合体的角速度。设接触处均只滚不滑，线材单位长的质量为 ρ。

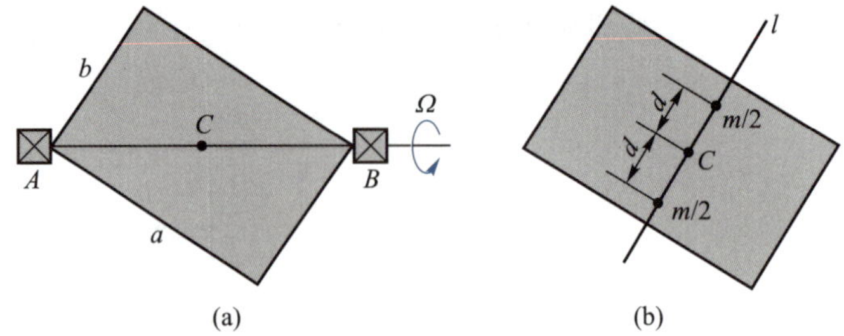

图 21.42

21–22 陀螺方位仪如图 21.44 所示，外环轴铅垂，陀螺主轴指北，不受任何外力矩作用，置于地球上北纬 φ 处。为了使陀螺主轴能跟踪在北向空间的运动，因而永远指北，需在 A 或 B 处悬挂重物。设陀螺对主轴的转动惯量为 J，自转角速度为 ω，$OA=OB=a$，问重物应悬挂在 A 还是 B 处？重物多重？地球自转角速度为 Ω。

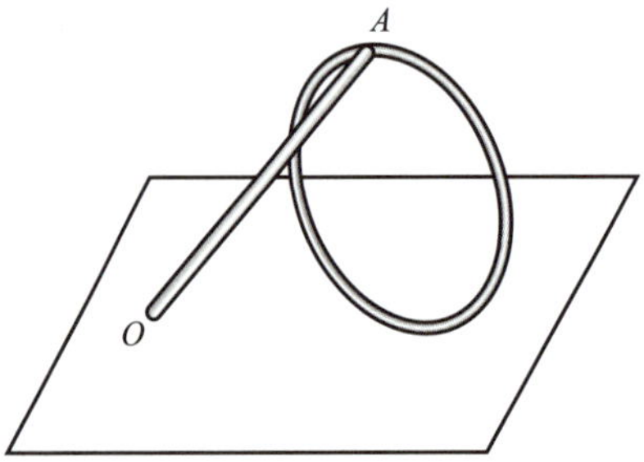

图 21.43

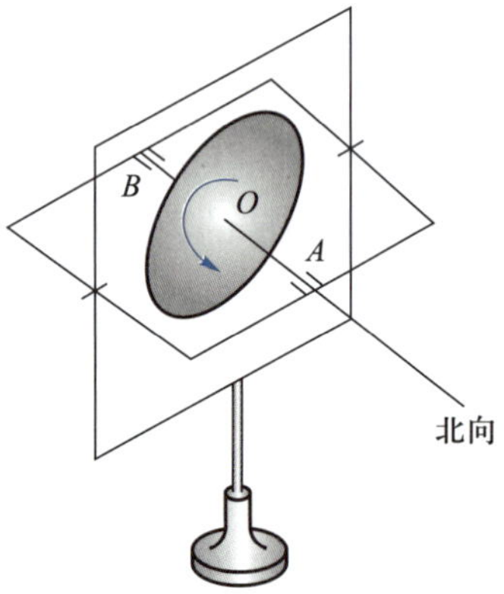

图 21.44

21–23 试推导刚体对任意点的惯性矩阵与对质心的惯性矩阵之间的关系。

第21讲习题
参考答案

第22讲 变质量系统动力学

本讲讨论的内容是变质量系统动力学。本讲内容和第 21 讲内容，在很多高校的理论力学教学中属于选讲范围。不过，这些内容特别重要，可以为后续课程打下基础，不仅仅在知识上，更重要的是在科学思维上，帮助同学们奠定理解和思考更复杂问题的基础。这些内容不一定会在学校的各种考试中出现，但与我们的日常生活和工程实践密切相关。如果同学们将来从事科研工作，或者在尝试解决实际生活中的问题或工程问题时，就会发现实际问题往往并不是大学课程中教过的数学、力学问题。同学们可以通过钻研某些课程中涉及的复杂问题，以及课外参与科研科创，体会一下如何面对那些实际问题。第 21 讲内容和本讲内容，应该可以使大学二年级的本科生受到一些启发，帮助大家在未来的科研、生活或工程实践中，更好地应对复杂问题。

此外，有些理论力学教材将变质量系统动力学放在质点系动量定理部分讲解，既有合理性也有局限性。我们将变质量系统动力学看作动力学普遍定理的应用和拓展，放在本教程最后介绍，既可以涵盖更多情况（比如变质量刚体动力学），也希望为后续课程“打开一扇窗”。

■ 22.1 变质量系统动量定理

在质点系中，如果至少有一个质点的质量随时间发生变化，我们就称为**变质量质点系**。

为了可以使用微分运算研究**变质量系统**，我们约定：质点系的质量随时间连续变化。我们的研究对象是质量**连续**变化的系统，不考虑质量不连续变化的情况。例如，运输石块的卡车在行驶中断断续续地掉下石块，这是变质量系统，但不属于本讲的研究范围。

变质量质点系在自然界和工程技术中广泛存在。我们先介绍两个自然界的例子。雨滴在下落时水分可能蒸发，同时，周围的水蒸气可能又凝结在雨滴上，雨滴质量有增有减。如果我们将增加和减少的部分都纳入研究对象，那就不是我们所讨论的变质量系统了。如果我们只关注雨滴，以雨滴为研究对象，就是研究变质量系统。又如，浮冰在河面上随着水流运动，温暖的天气会使冰溶解，寒冷的天气会使水凝固在浮冰上，降雪也会增加浮冰的质量。如果我们以浮冰为研究对象，就是研究变质量系统。

火箭是工程实际中典型的变质量系统，火箭在发射过程中喷出燃料，火箭质量连续变化。类似地，洒水车也是典型的变质量系统。生活中也常见变质量系统，例如，商场、高铁车站都有电动扶梯，随时有人走上扶梯，又有人离开扶梯，站在扶梯上的乘客就构成了变质量系统。

与常质量系统相比，研究变质量系统动量变化规律的特殊困难在于研究对象（质点系）的质量也随着时间变化。牛顿第二定律对常质量质点成立，基于牛顿第二定律得到的动力学普遍定理，均不能直接用于研究变质量系统动力学，必须重新推导适合描述变质量系统的动量定理和动量矩定理。

由于我们要用微分方程描述变质量系统的运动，需要假设：离开质点系的质量 $m_1(t)$ 和并入质点系的质量 $m_2(t)$ 都是时间的连续可微函数，并且都是非负、单调递增的。如果在初始时刻 $t=0$ 质点系的质量为 m_0，则任意时刻 t 的变质量质点系的质量为

$$m(t)=m_0-m_1(t)+m_2(t) \tag{22.1.1}$$

在严格推导变质量系统的动量定理之前，我们先通过一个离散的质点构成的变质量系统的简单例子说明推导思路。我们研究变质量质点系 $S(t)$ 和常质量质点系 $S'(t)$ 分别在时刻 t^* 和时刻 $t^*+\Delta t$ 的动量。假设在时刻 t^*，变质量质点系和常质量质点系包含四个相同的质点 b、c、d、e，即

$$S(t^*)=S'(t^*)=\{b,c,d,e\} \tag{22.1.2}$$

该时刻 S 和 S' 的动量也应该相等，即

$$\boldsymbol{p}(t^*)=\boldsymbol{p}'(t^*) \tag{22.1.3}$$

在时刻 $t^*+\Delta t$，变质量系统变为

$$S(t^*+\Delta t)=\{a,b,c\} \tag{22.1.4}$$

即并入了一个质点 a，离开了两个质点 d、e。该时刻 S 和 S' 的动量分别为

$$\boldsymbol{p}(t^*+\Delta t)=\boldsymbol{p}(t^*)+\Delta\boldsymbol{p} \tag{22.1.5}$$

和

$$\boldsymbol{p}'(t^*+\Delta t)=\boldsymbol{p}'(t^*)+\Delta\boldsymbol{p}' \tag{22.1.6}$$

在 $t^*+\Delta t$ 时刻再比较 S 和 S' 的动量，应该有关系

$$\boldsymbol{p}(t^*+\Delta t)=\boldsymbol{p}'(t^*+\Delta t)-\Delta\boldsymbol{p}_1+\Delta\boldsymbol{p}_2 \tag{22.1.7}$$

式中：$\Delta\boldsymbol{p}_1$ 为离开变质量质点系的动量，即质点 d 和 e 的动量；$\Delta\boldsymbol{p}_2$ 为并入变质量质点系的动量，即质点 a 的动量。

比较式 (22.1.5) $\sim$ 式 (22.1.7)，可得变质量质点系的动量变化量

$$\Delta\boldsymbol{p}=\Delta\boldsymbol{p}'-\Delta\boldsymbol{p}_1+\Delta\boldsymbol{p}_2 \tag{22.1.8}$$

可见，变质量质点系 S 的动量变化量，等于常质量质点系 S' 的动量变化量 $\Delta\boldsymbol{p}'$ 与质点增减引起的动量变化量 $-\Delta\boldsymbol{p}_1+\Delta\boldsymbol{p}_2$ 之和。

将式 (22.1.8) 两边同时除以 Δt，并令 $\Delta t\to 0$ 取极限，得

$$\left.\frac{\mathrm{d}\boldsymbol{p}}{\mathrm{d}t}\right|_{t=t^*}=\left.\frac{\mathrm{d}\boldsymbol{p}'}{\mathrm{d}t}\right|_{t=t^*}+\lim_{\Delta t\to 0}\left(-\frac{\Delta\boldsymbol{p}_1}{\Delta t}+\frac{\Delta\boldsymbol{p}_2}{\Delta t}\right) \tag{22.1.9}$$

对于常质量质点系 S'，第 12 讲中的质点系动量定理成立，因此有

$$\dot{\boldsymbol{p}}(t^*) = \boldsymbol{F}_{\mathrm{R}}^{(\mathrm{e})}(t^*) + \lim_{\Delta t\to 0}\left(-\frac{\Delta \boldsymbol{p}_1}{\Delta t} + \frac{\Delta \boldsymbol{p}_2}{\Delta t}\right) \tag{22.1.10}$$

式中：$\boldsymbol{F}_{\mathrm{R}}^{(\mathrm{e})}(t^*)$ 为 t^* 时刻作用在变质量系统上的外力系主矢量。

从这个推导过程可以看出：选择一个常质量质点系，在不同的时刻比较其与变质量质点系的动量，从而得到变质量质点系动量随时间的变化规律。

下面我们来严格推导变质量系统动量定理。

设 S 是惯性系中运动的封闭曲面，在运动（包括变形）中有质点并入或离开 S 围成的区域，这是个变质量系统。记 Q 为任意时刻 S 内质点构成的变质量质点系，其动量为 $\boldsymbol{p}(t)$。

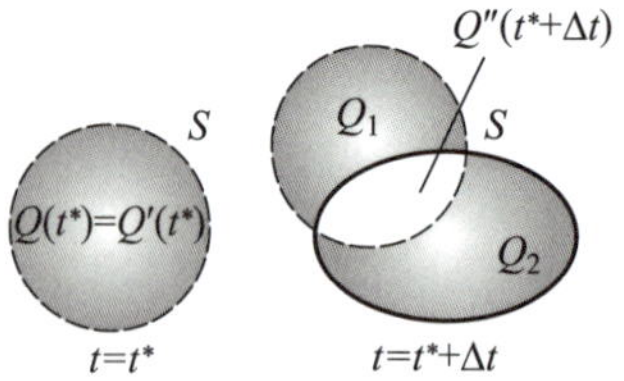

图 22.1

如图 22.1 所示，在某时刻 t^*，S 在图中虚线位置，S 内的质点构成的常质量系统为 Q'，在该时刻，变质量系统 Q 与常质量系统 Q' 完全重合，有 $Q(t^*) = Q'(t^*)$，动量为 $\boldsymbol{p}'(t^*) = \boldsymbol{p}(t^*) = \boldsymbol{p}^*$。经过时间 Δt 后，在时刻 $t^* + \Delta t$，S 运动到图中实线位置，常质量质点系 Q' 包括图中 Q_1 和 Q'' 两部分，其动量为 $\boldsymbol{p}^* + \Delta\boldsymbol{p}'$，变质量质点系 Q 包括图中 Q_2 和 Q'' 两部分，其动量为 $\boldsymbol{p} + \Delta\boldsymbol{p}$。比较 $t^* + \Delta t$ 时刻变质量质点系和常质量质点系的动量，得

$$\boldsymbol{p}^* + \Delta\boldsymbol{p} = (\boldsymbol{p}^* + \Delta\boldsymbol{p}') - \Delta\boldsymbol{p}_1 + \Delta\boldsymbol{p}_2 \tag{22.1.11}$$

式中：$\Delta\boldsymbol{p}_1$ 为 Δt 内离开控制面 S 的变质量质点系的质点 Q_1 的动量；$\Delta\boldsymbol{p}_2$ 为 Δt 内并入控制面 S 的变质量质点系的质点 Q_2 的动量。因此

$$\Delta\boldsymbol{p} = \Delta\boldsymbol{p}' - \Delta\boldsymbol{p}_1 + \Delta\boldsymbol{p}_2 \tag{22.1.12}$$

将上式两边同时除以 Δt，并令 $\Delta t \to 0$ 取极限，得

$$\left.\frac{\mathrm{d}\boldsymbol{p}}{\mathrm{d}t}\right|_{t=t^*} = \left.\frac{\mathrm{d}\boldsymbol{p}'}{\mathrm{d}t}\right|_{t=t^*} + \lim_{\Delta t\to 0}\left(-\frac{\Delta \boldsymbol{p}_1}{\Delta t} + \frac{\Delta \boldsymbol{p}_2}{\Delta t}\right) \tag{22.1.13}$$

因质点系 Q' 是常质量系统，应用常质量质点系动量定理，有

$$\frac{\mathrm{d}\boldsymbol{p}^{'}}{\mathrm{d}t} = \boldsymbol{F}_{\mathrm{R}}^{(\mathrm{e})}$$

其中，$\boldsymbol{F}_{\mathrm{R}}^{(\mathrm{e})}$ 为 t^* 时刻作用在质点系 Q^* 上的外力的主矢量。

式 (22.1.13) 变为

$$\dot{\boldsymbol{p}} = \boldsymbol{F}_{\mathrm{R}}^{(\mathrm{e})} + \boldsymbol{F} \tag{22.1.14}$$

式中：

$$\boldsymbol{F}_1(t^*) = -\lim_{\Delta t\to 0}\frac{\Delta \boldsymbol{p}_1}{\Delta t},\quad \boldsymbol{F}_2(t^*) = \lim_{\Delta t\to 0}\frac{\Delta \boldsymbol{p}_2}{\Delta t}$$

$$\boldsymbol{F} = \boldsymbol{F}_1(t^*) + \boldsymbol{F}_2(t^*)$$

$\boldsymbol{F}$ 称作**反推力**，$\boldsymbol{F}_1(t^*)$ 是由于有质点离开变质量质点系引起的，$\boldsymbol{F}_2(t^*)$ 是由于有质点并入变质量质点系引起的。式 (22.1.14) 就是**变质量系统动量定理**。

■ 22.2 变质量质点的运动

变质量质点是变质量系统的一个简单模型，不一定是几何点。如果变质量质点系的位置和运动的确定，与其尺寸无关，例如作平动的变质量刚体，我们就可以认为它是一个**变质量质点**。例如沿直线运动的洒水车，尚未转弯的发射段的火箭等。

设变质量质点 Q 在惯性系 $Oxyz$ 中运动，我们用 $\boldsymbol{u}_1$ 和 $\boldsymbol{u}_2$ 分别表示在时刻 t^* 从质点 Q 分离出去和并入 Q 的部分质量的绝对速度（即相对 $Oxyz$ 的速度），分别用 Δm_1 和 Δm_2 表示 Δt 内分离的质量和并入的质量。则动量改变为

$$\Delta \boldsymbol{p}_1 = \Delta m_1 \boldsymbol{u}_1,\quad \Delta \boldsymbol{p}_2 = \Delta m_2 \boldsymbol{u}_2$$

于是，式 (22.1.14) 中的反推力为

$$\boldsymbol{F}_1 = -\lim_{\Delta t\to 0}\frac{\Delta \boldsymbol{p}_1}{\Delta t} = -\lim_{\Delta t\to 0}\frac{\Delta m_1 \boldsymbol{u}_1}{\Delta t} = -\boldsymbol{u}_1\frac{\mathrm{d}m_1}{\mathrm{d}t} \tag{22.2.1}$$

和

$$\boldsymbol{F}_2 = \lim_{\Delta t\to 0}\frac{\Delta \boldsymbol{p}_2}{\Delta t} = \lim_{\Delta t\to 0}\frac{\Delta m_2 \boldsymbol{u}_2}{\Delta t} = \boldsymbol{u}_2\frac{\mathrm{d}m_2}{\mathrm{d}t} \tag{22.2.2}$$

式中：m_1 为从 $t=0$ 到 t^* 时刻离开 Q 的质量之和；m_2 为从 $t=0$ 到 t^* 时刻并入 Q 的质量之和。

设变质量质点的绝对速度为 $\boldsymbol{v}$，质量为 $m(t) = m_0 - m_1(t) + m_2(t)$，则其动量为

$$\boldsymbol{p} = m(t)\boldsymbol{v} \tag{22.2.3}$$

将式 (22.2.1) ~ 式 (22.2.3) 代入动量定理式 (22.1.14)，得

$$\begin{aligned}\frac{\mathrm{d}\boldsymbol{p}}{\mathrm{d}t} &= \boldsymbol{v}\frac{\mathrm{d}m}{\mathrm{d}t} + m\frac{\mathrm{d}\boldsymbol{v}}{\mathrm{d}t}\\ &= \boldsymbol{F}_{\mathrm{R}}^{(\mathrm{e})} + \boldsymbol{F}_1 + \boldsymbol{F}_2\\ &= \boldsymbol{F}_{\mathrm{R}}^{(\mathrm{e})} - \boldsymbol{u}_1\frac{\mathrm{d}m_1}{\mathrm{d}t} + \boldsymbol{u}_2\frac{\mathrm{d}m_2}{\mathrm{d}t}\end{aligned} \tag{22.2.4}$$

其中

$$\frac{\mathrm{d}m}{\mathrm{d}t}=-\frac{\mathrm{d}m_1}{\mathrm{d}t}+\frac{\mathrm{d}m_2}{\mathrm{d}t}$$

式 (22.2.4) 可改写成

$$m\frac{\mathrm{d}\boldsymbol{v}}{\mathrm{d}t}=\boldsymbol{F}_{\mathrm{R}}^{(\mathrm{e})}-(\boldsymbol{u}_1-\boldsymbol{v})\frac{\mathrm{d}m_1}{\mathrm{d}t}+(\boldsymbol{u}_2-\boldsymbol{v})\frac{\mathrm{d}m_2}{\mathrm{d}t} \tag{22.2.5}$$

令 $\boldsymbol{u}_{\mathrm{r}1}=\boldsymbol{u}_1-\boldsymbol{v}$ 和 $\boldsymbol{u}_{\mathrm{r}2}=\boldsymbol{u}_2-\boldsymbol{v}$。显然 $\boldsymbol{u}_{\mathrm{r}1}$ 和 $\boldsymbol{u}_{\mathrm{r}2}$ 分别是在时刻 t^* 从质点分离出去和并入的质量的相对速度（相对于变质量质点 Q）。式 (22.2.5) 变为

$$m\frac{\mathrm{d}\boldsymbol{v}}{\mathrm{d}t}=\boldsymbol{F}_{\mathrm{R}}^{(\mathrm{e})}-\boldsymbol{u}_{\mathrm{r}1}\frac{\mathrm{d}m_1}{\mathrm{d}t}+\boldsymbol{u}_{\mathrm{r}2}\frac{\mathrm{d}m_2}{\mathrm{d}t} \tag{22.2.6}$$

变质量质点的运动微分方程式 (22.2.5) 称为**广义密歇尔斯基方程**。

下面简单讨论一下特殊情况：

（1）如果只有分离质量，没有并入质量，则 $m_2=0$, $m=m_0-m_1$, $\dot{m}=-\dot{m}_1$，于是变质量质点的运动微分方程为

$$m\frac{\mathrm{d}\boldsymbol{v}}{\mathrm{d}t}=\boldsymbol{F}_{\mathrm{R}}^{(\mathrm{e})}+\boldsymbol{u}_{\mathrm{r}1}\frac{\mathrm{d}m}{\mathrm{d}t} \tag{22.2.7}$$

方程式 (22.2.7) 称为**密歇尔斯基方程**。比如火箭的发射，只有燃料排出，没有质量并入。

（2）如果只有并入质量，没有分离质量，即 $\dot{m}=\dot{m}_2$，则变质量质点的运动微分方程为

$$m\frac{\mathrm{d}\boldsymbol{v}}{\mathrm{d}t}=\boldsymbol{F}_{\mathrm{R}}^{(\mathrm{e})}+\boldsymbol{u}_{\mathrm{r}2}\frac{\mathrm{d}m}{\mathrm{d}t} \tag{22.2.8}$$

（3）如果没有并入质量，且分离质量的绝对速度为零，即 $m_2=0$, $\boldsymbol{u}_{\mathrm{r}1}=-\boldsymbol{v}$，则式 (22.2.7) 变为

$$\frac{\mathrm{d}(m\boldsymbol{v})}{\mathrm{d}t}=\boldsymbol{F}_{\mathrm{R}}^{(\mathrm{e})} \tag{22.2.9}$$

上式形式上与常质量质点的动量定理完全一致，动量对时间的导数等于外力，它成立的条件是：只有分离质量，没有并入质量，并且分离质量的绝对速度为零。

（4）如果没有并入质量，且分离质量的相对速度为零，即 $m_2=0$, $\boldsymbol{u}_{\mathrm{r}1}=0$，则式 (22.2.7) 变为

$$m\frac{\mathrm{d}\boldsymbol{v}}{\mathrm{d}t}=\boldsymbol{F}_{\mathrm{R}}^{(\mathrm{e})} \tag{22.2.10}$$

尽管此式形式上与牛顿第二定律完全一致，动量定理形同常质量，但仍要与常质量的动量定理有所区分。它成立的条件是：只有分离质量，没有并入质量，并且分离质量的相对速度为零。

例 22.1

雨滴开始自由下落时质量为 m_0，在下落过程中，单位时间内凝结在其上的水汽的质量 λ 为常数。不计空气阻力，求雨滴在 t 时刻的速度。

解　根据式 (22.2.8)，写出沿竖直方向的标量方程

$$m\frac{\mathrm{d}v}{\mathrm{d}t} = mg + (0 - v)\frac{\mathrm{d}m}{\mathrm{d}t}$$

上式可写成

$$\frac{\mathrm{d}}{\mathrm{d}t}(mv) = mg \tag{a}$$

由已知条件

$$\frac{\mathrm{d}m}{\mathrm{d}t} = \lambda = C \quad (C \text{ 为常数})$$

可得

$$m = m_0 + \lambda t$$

代入方程 (a) 得

$$mv = \int_0^t (m_0 + \lambda t)\mathrm{d}t$$

由此求出

$$v = \frac{1}{2}\left(1 + \frac{m_0}{m_0 + \lambda t}\right)gt$$

如果不考虑水汽凝结，即 $\lambda = 0$，则雨滴下降速度为 gt。可见，水汽凝结使雨滴降落速度减小。

例 22.2

水流由龙头射入质量为 m_0 的水车内，射入速度的大小为常数 u，方向与水平线夹角为 θ，每秒射入质量为 q，如图 22.2 所示。水车开始处于静止，可以在水平道上自由运动，不计摩擦力，求水车的运动速度。

解　以水车和车内的水为研究对象，这是一个变质量质点系，它在任意时刻的质量为

$$m(t) = m_0 + qt$$

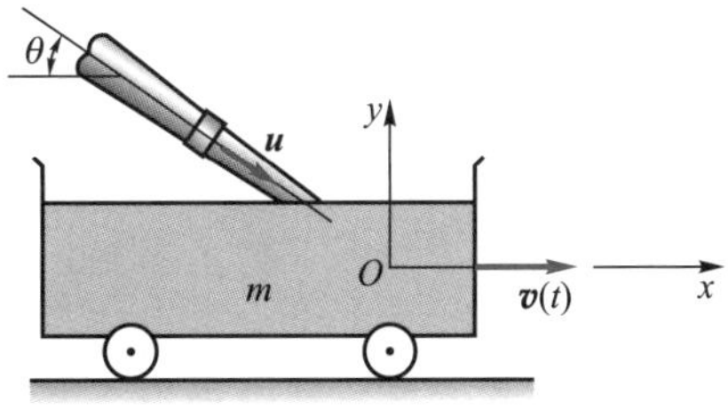

图 22.2

由于水车作平动，可以当作变质量质点。根据式 (22.2.8) 得

$$m\dot{v} = \dot{m}(u\cos\theta - v)$$

即

$$\frac{\mathrm{d}}{\mathrm{d}t}(mv) = qu\cos\theta$$

由此积分得

$$v(t) = \frac{qut\cos\theta}{m_0 + qt}$$

例 22.3

[典型例题]
例22.3

用手拿住长度为 l、质量为 m_0 的均质链条的上端，地面放有一磅秤，使下端刚好接触磅秤。突然将手放开，使链条竖直下落，如图 22.3 所示。求链条下落过程中磅秤的指示。

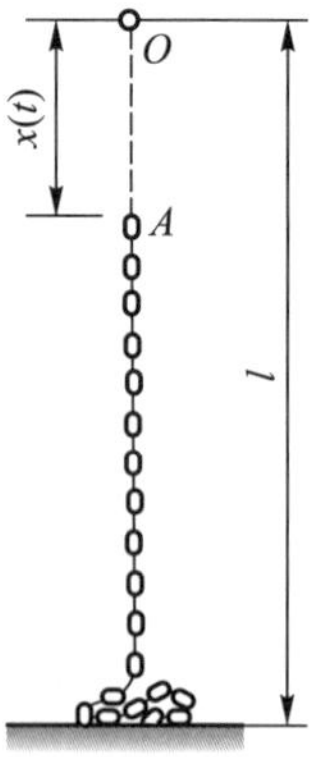

图 22.3

解　方法 1　将已落到磅秤上的链条视作变质量质点。设在链条运动过程中，链条上端下落距离为 x，密度为 ρ，则在磅秤上的链条质量为

$$m = \rho x$$

设加入质点的绝对速度与相对速度均为 $\dot{x}$，根据式 (22.2.8) 有

$$\rho x \cdot 0 = \rho x g - F_{\mathrm{N}} + \frac{\mathrm{d}(\rho x)}{\mathrm{d}t}\dot{x}$$

即

$$F_{\mathrm{N}} = \rho x g + \rho \dot{x}^2$$

由于链条下落时各环相互不挤压，故各环均为自由落体。因此可使用自由落体方程

$$\dot{x}^2 = 2gx$$

可得

$$F_{\mathrm{N}} = 3\rho x g$$

磅秤指数为已落于磅秤上的链条重量的 3 倍。

方法 2　取整个链条为研究对象，应用常质量系统动量定理求解。由于已经落在地面上的部分链条动量为零，所以该质点系的动量大小为

$$p = (\rho l - x)\dot{x}$$

利用常质量质点系动量定理得

$$\dot{p} = \rho l g - F_{\mathrm{N}}$$

其中 $F_{\rm N}$ 是地面对链条的约束力大小，方向竖直向上。由此可得

$$\begin{aligned} F_{\rm N} &= \rho l g - \dot{p} \\ &= \rho l g - \rho(l\ddot{x} - x\ddot{x} - \dot{x}^2) \end{aligned}$$

由 $\ddot{x} = g$，$\dot{x}^2 = 2gx$ 得

$$\begin{aligned} F_{\rm N} &= \rho l g - \rho(lg - xg - 2gx) \\ &= 3\rho x g \end{aligned}$$

由此可见，在链条完全落到磅秤上的那一瞬时，链条对磅秤的压力为 $3\rho l g$。

注记 22.1

例 22.3 的解有两种方法，第一种用变质量系统动力学，第二种用常质量动量定理。体会两种方法求解此类问题的不同。

下面我们研究运载火箭的运动。

(1) 单级火箭。运载火箭在太空中运动，初始速度大小为 v_0。火箭中燃料的质量为 $m_{\rm f}$，其他部分质量为 $m_{\rm s}$。假设燃料喷出的相对速度大小 $u_{\rm r}$ 为常数，方向始终与火箭速度 $\boldsymbol{v}$ 相反（如图 22.4 所示）。我们来计算燃料完全喷出时火箭速度的大小。

火箭在太空中运动，由于在真空环境，可以认为不受任何外力的作用，即

$$\boldsymbol{F}_{\rm R}^{(\rm e)} = 0$$

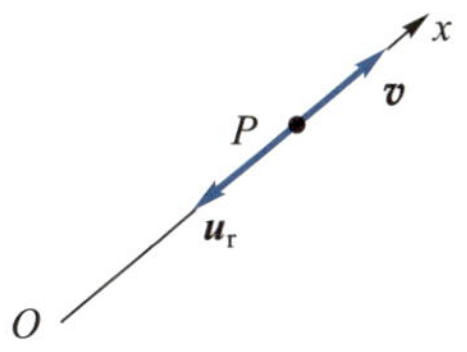

图 22.4

根据变质量质点动力学方程

$$m\frac{{\rm d}\boldsymbol{v}}{{\rm d}t} = \frac{{\rm d}m}{{\rm d}t}\boldsymbol{u}_{\rm r}$$

由于燃料向后喷出的相对速度 $\boldsymbol{u}_{\rm r}$ 和 $\boldsymbol{v}$ 共线反向，取公共作用线为 Ox 轴，则

$$m\frac{{\rm d}v}{{\rm d}t} = -\frac{{\rm d}m}{{\rm d}t}u_{\rm r}$$

如果向外喷燃料的相对速度 $u_{\rm r}$ 是常数，则可以积分。

$$v(t) = v_0 + u_{\rm r}\ln\frac{m_0}{(t)}$$

其中，$m_0 = m(0)$。当燃料完全燃烧后 $(t = T)$，火箭特征速度有

$$v(T) = v_0 + u_{\rm r}\ln\frac{m_{\rm s} + m_{\rm f}}{m_{\rm s}} = v_0 + u_{\rm r}\ln\left(1 + \frac{m_{\rm f}}{m_{\rm s}}\right) \tag{22.2.11}$$

式中：$m_0 = m_{\rm f} + m_{\rm s}$；$m_{\rm f}$ 为燃料质量；$m_{\rm s}$ 为火箭结构质量，称为干质量。

如果火箭在重力场中竖直向上运动，容易验证，式 (22.2.11) 变为

$$v = v_0 + u_{\rm r} \ln\left(1 + \frac{m_{\rm f}}{m_{\rm s}}\right) - gT \tag{22.2.12}$$

其中 T 为火箭发动机工作时间。如果在 $t=0$ 时，火箭高度 $z_0 = 0$，则在发动机工作过程中的任意时刻 t，火箭的高度为

$$z(t) = u_{\rm r} \int_0^t \ln \frac{m_0}{m} {\rm d}t - \frac{1}{2} g t^2$$

设火箭质量按指数规律 $m = m_0 {\rm e}^{-\alpha t}$ 变化，其中 α 为常数，则 $m_1 = m_0(1 - {\rm e}^{-\alpha t})$，反推力大小为 $F_1 = \alpha m u_{\rm r}$。如果 $F_1 > mg$，即 $\alpha u_{\rm r} > g$，火箭就可以上升。上升速度和距离为

$$v(t) = (\alpha u_{\rm r} - g)t$$

$$z(t) = \frac{1}{2}(\alpha u_{\rm r} - g)t^2$$

利用 $m = m_0 {\rm e}^{-\alpha t}$ 可以计算出燃料燃烧时间

$$T = \frac{\ln\left(1 + \dfrac{m_{\rm f}}{m_{\rm s}}\right)}{\alpha}$$

火箭能够上升到的最大高度为

$$H = z(T) + \frac{v^2(T)}{2g} = \frac{u_{\rm r}}{2}\left(\frac{u_{\rm r}}{g} - \frac{1}{\alpha}\right)\left[\ln\left(1 + \frac{m_{\rm f}}{m_{\rm s}}\right)\right]^2$$

可见燃料燃烧速度越快，火箭能够上升到的最大高度越大。在极限情况 $\alpha \to \infty$ 下有

$$H = \frac{u_{\rm r}^2}{2g}\left[\ln\left(1 + \frac{m_{\rm f}}{m_{\rm s}}\right)\right]^2$$

(2) 提高火箭特征速度的途径。分析火箭特征速度式 (22.2.11)，提高火箭特征速度的两个关键量分别是喷射速度 $u_{\rm r}$ 和质量比 $m_{\rm f}/m_{\rm s}$。如表 22.1 所示，不同火箭推进剂的喷射速度不同，可以通过选择合适的推进剂组合，提高喷射速度。此外，还可以通过研制高喷射速度的新型推进剂，追求更高的 $u_{\rm r}$。另一方面，我们同样可以选用高质量比的材料，如铝合金、镁合金、钛合金、高分子材料、复合材料等，或是通过设计新结构减轻结构的重量，如薄壳、薄壁结构、蜂窝夹层结构和杆系结构等，间接提高火箭的特征速度。

表 22.1 常见推进剂组合的喷射速度

推进剂	氧化剂	喷射速度 $u_r/(\mathrm{m/s})$
煤油	液氧	3000
液氢	液氧	4300
偏二甲肼	红烟硝酸	2500
偏二甲肼	四氧化二氮	2900

按照目前的技术水平，一般而言，$u_r < 4\ \mathrm{km/s}$，$m_f/m_s < 5$（鸡蛋内液体与蛋壳质量之比约为 8），但质量比的提高也是有极限的。如果取 $u_r = 3\,\mathrm{km/s}$，$m_f/m_s = 4$，假设从火箭静止开始运动，当燃料完全燃烧后，火箭的特征速度约为 4.8 km/s，不能达到第一宇宙速度。事实上，让单级火箭的特征速度直接到达第一宇宙速度极具挑战。几十年前就有关于单级入轨火箭的研究，但研究进展不大。目前更可行的技术方案是采取多级火箭。

(3) 多级火箭。如果火箭在重力场中竖直向上运动，由式 (22.2.11) 容易验证，第一级火箭的末速度为

$$v_1 = v_0 + u_r \ln\left(1 + \frac{m_{f1}}{m_{s1}}\right) - gt_1 \tag{22.2.13}$$

式中：t_1 为一级火箭发动机工作时间；m_{f1} 为一级火箭的燃料质量；$m_{s1} = m_0 - m_{f1}$ 为多级火箭排出一级推进剂后的质量。

随后抛掉第一级火箭的空壳，得到一个新的变质量系统，质量为 $m - m_1$，在此基础上再加速。

二级推进结束后，所得火箭末速为

$$v_2 = v_1 + u_r \ln\left(1 + \frac{m_{f2}}{m_{s2}}\right) - gt_2 \tag{22.2.14}$$

式中：t_2 为二级火箭发动机工作时间；m_{f2} 为二级火箭的燃料质量；$m_{s2} = m_0 - m_1 - m_{f2}$ 为火箭抛一级并排出二级推进剂后的质量。

同理，三级推进后的末速为

$$v_3 = v_2 + u_r \ln\left(1 + \frac{m_{f3}}{m_{s3}}\right) - gt_3 \tag{22.2.15}$$

式中：t_3 为三级火箭发动机工作时间；m_{f3} 是三级火箭的燃料质量；m_{s3} 为三级火箭的结构质量。

取 $m_{fi}/m_{si} = 6$，$i = 1, 2, 3$，则经三级火箭加速，推进速度能达到排气速度的约 5 倍，可以超过第一宇宙速度。

注记 22.2

如何借助牛顿第三定律理解反推力？按照过去的思维方式，我们通常认为动量变化的原因是存在外力，这些外力的合力，我们称之为反推力，是推动物体运动的原因。以火箭为例，在排出质量的过程中，尽管看似没有其他外部作用力，但实际上是质量的排出导致火箭加速，仿佛有一个力在推动它向前行进。

作者想分享一个发生在 2008 年或 2009 年的有趣的故事。当时，中央电视台的一位导演向作者提出了一个很有意思的问题。他问道，一个无动力的玩具车上有一个水箱，当水向后喷出时，车就会向前移动，他不理解这个变质量系统中，推力是如何产生的。他知道牛顿第三定律，于是问这个问题是否与牛顿第三定律有关，以及这里的反作用力是从哪里来的。

作者觉得这个问题非常有意思。与学术背景不同的人交流时，他们提出的问题可能非常有挑战，这考验了我们对一个基本概念和基本原理的深入理解。

为了解释这一现象，作者采用了一个思想实验：想象一个人站在静止的小车上，当他用力推一堵固定的墙时，车会向后移动，这是因为墙给了他反作用力；当一个人站在小车上，往后扔石头，车会向前移动，反作用力来自石头对手的作用力。这直观地展示了牛顿第三定律如何帮助我们理解反推力的产生。

22.3 变质量系统的动量矩定理

设 O 为惯性空间不动点或者质点系的质心，与上面推导动量定理过程类似，我们可以得到**变质量系统动量矩定理**

$$\dot{\boldsymbol{L}}_O = \boldsymbol{M}_O^{(\mathrm{e})} + \boldsymbol{M}_1 + \boldsymbol{M}_2 \tag{22.3.1}$$

式中：$\boldsymbol{M}_O^{(\mathrm{e})}$ 为 t^* 时刻作用在质点系上的外力对 O 点的主矩。

$$\boldsymbol{M}_1(t^*) = -\lim_{\Delta t\to 0}\frac{\Delta \boldsymbol{L}_{O1}}{\Delta t},\quad \boldsymbol{M}_2(t^*) = \lim_{\Delta t\to 0}\frac{\Delta \boldsymbol{L}_{O2}}{\Delta t}$$

$$\boldsymbol{M} = \boldsymbol{M}_1(t^*) + \boldsymbol{M}_2(t^*)$$

称作**反推力矩**，$\boldsymbol{M}_1(t^*)$ 是由于有质点离开变质量质点系引起的，$\boldsymbol{M}_2(t^*)$ 是由于有质点并入变质量质点系引起的。

如果刚体内至少有一个质点是变质量质点，则称为**变质量刚体**。我们利用变质量质点系动量矩定理来研究变质量刚体的定轴转动。

设变质量刚体对转动轴 Oz 的转动惯量用 $J(t)$ 表示，$J_1(t)$ 和 $J_2(t)$ 分别是分离质量和并入质量对 Oz 轴的转动惯量。如果在初始时刻 $t=0$ 时刚体的转动惯量为 J_0，则任意时刻 t 的变质量刚体的转动惯量为

$$J(t)=J_0-J_1(t)+J_2(t) \tag{22.3.2}$$

设刚体上的变质量质点 $m_i(i=1,2,\cdots,n)$ 到转动轴 Oz 的距离为 r_i，则在时间 Δt 内分离质量和并入质量对转动轴的动量矩为

$$\Delta L_{O1}=\sum_{i=1}^{n}\Delta m_{1i}r_iu_{1i}=\sum_{i=1}^{n}\Delta m_{1i}r_i(\omega r_i+u_{1i}^{(\mathrm{r})})=\Delta J_1\omega+\sum_{i=1}^{n}\Delta m_{1i}r_iu_{1i}^{(\mathrm{r})}$$

$$\Delta L_{O2}=\sum_{i=1}^{n}\Delta m_{2i}r_iu_{2i}=\sum_{i=1}^{n}\Delta m_{1i}r_i(\omega r_i+u_{2i}^{(\mathrm{r})})=\Delta J_2\omega+\sum_{i=1}^{n}\Delta m_{2i}r_iu_{2i}^{(\mathrm{r})}$$

$$\Delta J_1=\sum_{i=1}^{n}\Delta m_{1i}r_i^2,\quad \Delta J_2=\sum_{i=1}^{n}\Delta m_{2i}r_i^2$$

式中：Δm_{1i} 和 Δm_{2i} 分别为分离质量和并入质量；ω 为刚体的角速度大小；u_{1i} 和 u_{2i} 分别为分离质量和并入质量的绝对速度在垂直 Oz 轴的平面内沿切向的分量；$u_{1i}^{(\mathrm{r})}$ 和 $u_{2i}^{(\mathrm{r})}$ 分别是分离质量和并入质量的相对速度在垂直 Oz 轴的平面内沿切向的分量。

于是有

$$\lim_{\Delta t\to 0}\frac{\Delta L_{O1}}{\Delta t}=\frac{\mathrm{d}J_1}{\mathrm{d}t}\omega+\sum_{i=1}^{n}\dot m_{1i}r_iu_{1i}^{(\mathrm{r})}$$

$$\lim_{\Delta t\to 0}\frac{\Delta L_{O2}}{\Delta t}=\frac{\mathrm{d}J_2}{\mathrm{d}t}\omega+\sum_{i=1}^{n}\dot m_{2i}r_iu_{2i}^{(\mathrm{r})}$$

由此利用式 (22.3.2)，得

$$\lim_{\Delta t\to 0}\frac{\Delta L_{O2}}{\Delta t}-\lim_{\Delta t\to 0}\frac{\Delta L_{O1}}{\Delta t}=\frac{\mathrm{d}J}{\mathrm{d}t}\omega+M_{Oz}^{(\mathrm{r})}$$

其中

$$M_{Oz}^{(\mathrm{r})}=\sum_{i=1}^{n}\dot m_{2i}r_iu_{2i}^{(\mathrm{r})}-\sum_{i=1}^{n}\dot m_{1i}r_iu_{1i}^{(\mathrm{r})}$$

是反推力对 Oz 轴的合力矩。

将上式代入变质量质点系动量矩定理式 (22.3.1) 得

$$\frac{\mathrm{d}}{\mathrm{d}t}(J\omega)=M_{Oz}^{(\mathrm{e})}+\omega\frac{\mathrm{d}J}{\mathrm{d}t}+M_{Oz}^{(\mathrm{r})}$$

于是变质量刚体定轴转动运动微分方程为

$$J\dot\omega=M_{Oz}^{(\mathrm{e})}+M_{Oz}^{(\mathrm{r})} \tag{22.3.3}$$

[典型例题]
例 22.4

例 22.4

卫星消旋问题。如图 22.5 所示，半径为 r 的环形卫星在常力矩 M 作用下绕竖直轴作定轴转动，转动轴与刚体的对称轴重合。当刚体角速度为 ω_0 时，需要消旋制动。为此在卫星的外缘安装两个反推力喷嘴，喷气速度大小为 u，方向沿着环的切向，每秒燃料消耗为 q。初始时包括燃料的卫星转动惯量为 J_0，试求消旋所需的燃料。

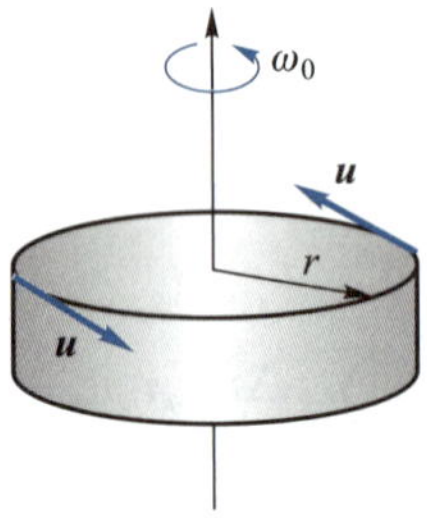

图 22.5

解　根据式 (22.3.3)，有

$$(J_0 - qr^2 t)\dot{\omega} = M - qur$$

显然只有在 $qur > M$ 时才有可能制动。

假设制动所用时间为 T，求解上面微分方程得

$$\omega(T) = \omega_0 + \frac{qur - M}{qr^2} \ln\left(1 - \frac{qr^2}{J_0}T\right)$$

由 $\omega(T) = 0$ 解出制动所需时间 T，即

$$T = \frac{J_0}{qr^2}(1 - e^{-\frac{r\omega_0}{u}})$$

利用 $m = qT$ 得制动所需燃料为

$$m = qT \quad = \frac{J_0}{r^2}\left(1 - e^{-\frac{r\omega_0}{u}}\right)$$

讨论一下，如果 $\dfrac{r\omega_0}{u}$ 是小量，则有

$$m = \frac{J_0}{r^2}\frac{r\omega_0}{u}$$

即 $mru = J_0\omega_0$。

因而喷出物质而损失的角动量近似于卫星减少的角动量，工程上用此简化公式来估算即可实现卫星的消旋。

■ 本讲小结

前面各讲介绍的牛顿定律、动力学普遍定理、拉格朗日方程及变分原理等，都是以常质量质点系为对象，即假设组成质点系的质点及所有质点的质量都是恒定不变的，因此这些定理、原理、方程都不能直接用来解决变质量系统的动力学问题。本讲推导了适用于变质量系统的动量定理和动量矩定理。我们在推导中使用了类似于描述流体力学运动的欧拉

方法和拉格朗日方法。

本讲给出的主要结论有:

(1) 变质量系统动量定理的一般表达式

$$\dot{\boldsymbol{P}} = \boldsymbol{F}_{\mathrm{R}}^{(\mathrm{e})} + \boldsymbol{F}_1 + \boldsymbol{F}_2$$

(2) 对于变质量质点有广义密歇尔斯基方程

$$m\frac{\mathrm{d}\boldsymbol{v}}{\mathrm{d}t} = \boldsymbol{F}_{\mathrm{R}}^{(\mathrm{e})} - (\boldsymbol{u}_1 - \boldsymbol{v})\frac{\mathrm{d}m_1}{\mathrm{d}t} + (\boldsymbol{u}_2 - \boldsymbol{v})\frac{\mathrm{d}m_2}{\mathrm{d}t}$$

(3) 对于只有质量分离(排出)的变质量质点有密歇尔斯基方程

$$m\frac{\mathrm{d}\boldsymbol{v}}{\mathrm{d}t} = \boldsymbol{F}_{\mathrm{R}}^{(\mathrm{e})} + \boldsymbol{u}_{\mathrm{r}1}\frac{\mathrm{d}m}{\mathrm{d}t}$$

(4) 变质量系统动量矩定理的一般表达式

$$\dot{\boldsymbol{L}}_O = \boldsymbol{M}_O^{(\mathrm{e})} + \boldsymbol{M}_1 + \boldsymbol{M}_2$$

(5) 变质量刚体定轴转动的运动微分方程

$$J\dot{\omega} = M_{Oz}^{(\mathrm{e})} + M_{Oz}^{(\mathrm{r})}$$

■ 概念题

判断下列说法是否正确。

22–1　在牛顿第二定律的表达式中将质量看作随时间变化的，就可以用于研究变质量质点的运动。

22–2　在常质量系统的动量定理的表达式中将质量看作随时间变化的，就可以用于研究变质量系统的运动。

22–3　密歇尔斯基方程就是牛顿第三定律的另一种形式。

■ 习题

22–1　如图 22.6 所示扫雪机 S，有一个横截面积 $A_S = 0.12\ \mathrm{m}^2$ 的斗，它以 $v_S = 0.5\ \mathrm{m/s}$ 的速率吸进雪。鼓风机通过一个通道 T 把雪排出，T 的横截面积 $A_T = 0.03\ \mathrm{m}^2$，它与水

平面成 60° 夹角。若雪的密度为 $\rho_S = 104\ \mathrm{kg/m^3}$，求推动扫雪机向前所需要的水平力 $\boldsymbol{P}$，以及阻止扫雪机侧向运动，地面给轮胎的总摩擦力 F。设轮胎可自由滚动。

22–2 如图 22.7 所示风扇把 A 处静止空气吸进通风口，在 B 处达到速率 $v_B = 12\ \mathrm{m/s}$，若通风口的横截面面积为 $0.09\ \mathrm{m^2}$，求空气给风扇叶片的水平力。空气的密度为 $\rho_a = 1.22\ \mathrm{kg/m^3}$。

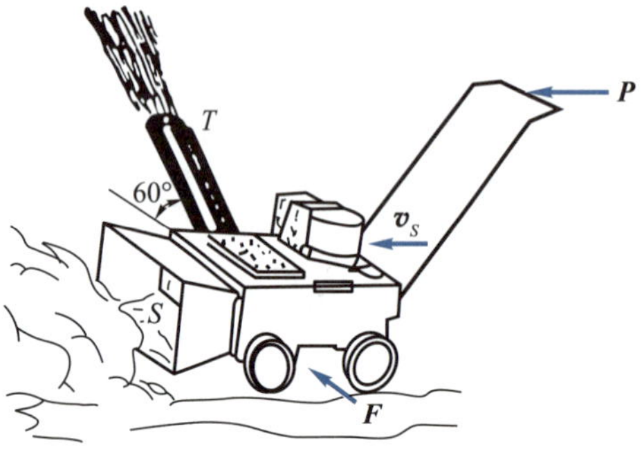

图 22.6

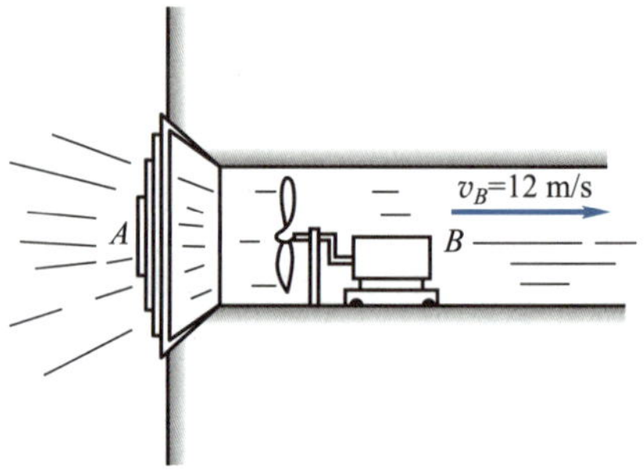

图 22.7

22–3 如图 22.8 所示导弹结构质量 $m_m = 1\ 500\ \mathrm{kg}$，携带 $m_f = 800\ \mathrm{kg}$ 的燃料供两个火箭助推器 B 使用，每个助推器的燃料（400 kg）以不变的消耗率 $\dot{m}_f = 20\ \mathrm{kg/s}$ 并以相对速度 $v_r = 1.2\ \mathrm{km/s}$ 排出。涡轮喷气发动机提供不变的推力 $F_T = 40\ \mathrm{kN}$，它的燃料消耗可忽略。若助推器启动时，导弹的初速率为 $v_1 = 500\ \mathrm{km/h}$，求 $t = 10\ \mathrm{s}$ 时导弹的速率。假定导弹保持水平飞行并略去空气阻力。

22–4 设无质量细绳通过一个光滑的不计质量的小滑轮，一端连接质量为 m 的物体 M，另一端与单位质量为 ρ 的柔绳相连，如图 22.9 所示。开始时柔绳全部静止堆放在地面上，试求：（1）当柔绳被拉起 x 时物体 M 的速度。（2）x 多大时物体 M 的速度为零?

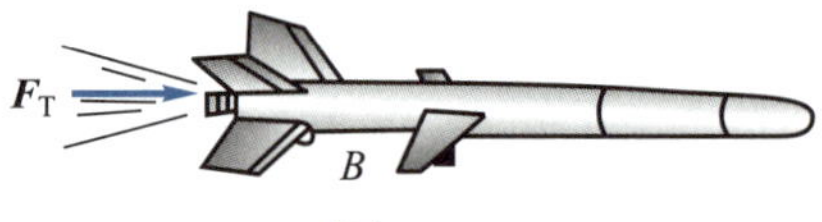

图 22.8

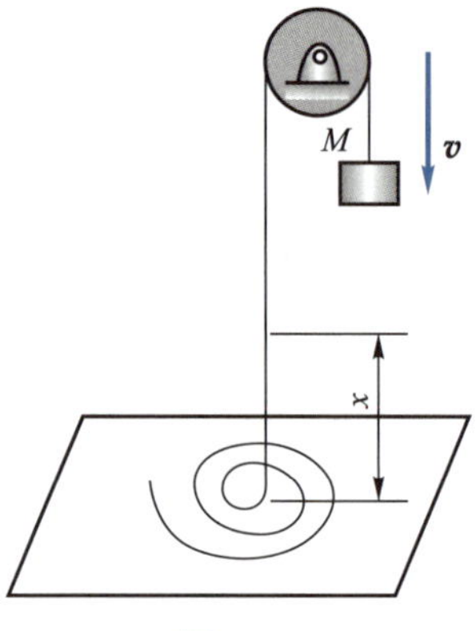

图 22.9

22–5 雨滴在云层中下落，初始速度的大小为 v_0，方向竖直向下，设雨滴质量的增长率是 $\dot{m} = kmv$，其中 k 是常量，v 是雨滴速度。不计阻力，证明雨滴的极限速度为 $\sqrt{g/k}$。

22–6　雨滴开始自由下落时质量为 M，在下落过程中，单位时间内凝结在它上面的水汽的质量 $\dot{m}$ 为常量 C。不计空气阻力，求雨滴在时刻 t 时下落的距离。

22–7　雨滴下落时其质量的增加率与雨滴的表面积成正比，求雨滴的速度与时间的关系，假定初始时雨滴半径为 a，速度为零。

22–8　火箭铅垂向上发射，在地面的初速度为零，其质量按 $m = m_0\mathrm{e}^{-at}$ 规律变化，a 为常数，燃气喷出的相对速度 v_r 可视为不变。不计阻力，也不计重力的变化，求火箭在燃料燃烧阶段的运动规律 $z(t)$；又设在 t_0 时燃料烧完，求火箭上升的最大高度。

22–9　某火箭竖直往上发射，其本身的质量为 m，加上燃料后的总质量为 M。假定发射火箭时在单位时间内消耗的燃料与初始总质量 M 成正比，比例常数是 a，燃料喷出的相对速度 v_r 是常量，重力加速度 g 为常量，求证：

（1）只有当 $av_\mathrm{r} > g$ 时，火箭才能上升。

（2）火箭能达到的最大速度为

$$v_\mathrm{r}\ln\frac{M}{m} - \frac{g}{a}\left(1 - \frac{m}{M}\right)$$

（3）火箭能达到的最大高度为

$$\frac{v_\mathrm{r}^2}{2g}\left(\ln\frac{M}{m}\right)^2 + \frac{v_\mathrm{r}}{a}\left(1 - \frac{m}{M} - \ln\frac{M}{m}\right)$$

22–10　一变质量单摆在介质中运动。摆的质量由于质点的离散作用，按已知规律 $m = m(t)$ 变化，且质点离散的相对速度为零。已知摆线的长度为 l，单摆受到的阻力 F_R 与角速度成正比，即 $F_\mathrm{R} = -\beta l\dot{\varphi}$，写出这个单摆的运动微分方程。

第22讲习题
参考答案

参考文献

[1] 周培源. 理论力学 [M]. 北京: 科学出版社, 2012.
[2] 朱照宣, 周起钊, 殷金生. 理论力学 [M]. 北京: 北京大学出版社, 1982.
[3] 武际可. 力学史 [M]. 重庆: 重庆出版社, 1999.
[4] 贾书惠. 漫话动力学 [M]. 北京: 高等教育出版社, 2010.
[5] 刘延柱. 航天器姿态动力学 [M]. 北京: 国防工业出版社, 1995.
[6] 梅凤翔. 分析力学（上卷）[M]. 北京: 北京理工大学出版社, 2013.
[7] 洪嘉振, 刘铸永, 杨长俊. 理论力学 [M] .4 版, 北京: 高等教育出版社, 2015.
[8] Л Д 朗道, Е М 栗弗席兹. 理论物理 · 卷 I 力学 [M]. 5 版. 李俊峰, 译. 北京: 高等教育出版社, 2007.
[9] А П 马尔契夫. 理论力学 [M]. 李俊峰, 译. 北京: 高等教育出版社, 2006.
[10] 李俊峰, 张雄. 理论力学 [M]. 3 版. 北京: 清华大学出版社, 2021.
[11] 李俊峰, 张雄. 理论力学 [M]. 2 版. 北京: 清华大学出版社, 2010.
[12] 李俊峰, 张雄, 任革学, 等. 理论力学 [M]. 北京: 清华大学出版社, 2001.

附录

理论力学发展简史和课程体系

本附录从学科角度概括理论力学的发展简史和课程教学体系[①]。

F.1 发展简史

F.1.1 学科简史

牛顿运动定律的建立标志着力学开始成为一门科学。19 世纪以前，力学是物理学的主干分支，而理论力学则是力学的主要研究内容。19 世纪上半叶，弹性力学的诞生及流体力学基本方程的建立，极大地丰富了力学的内容，使力学成为脱胎于物理学的独立学科。理论力学是力学的基础，它以质点、质点系为模型研究物体运动的一般规律，相继形成了牛顿力学和分析力学两大理论体系。理论力学运用这些原理和方法，重点研究刚体、刚体系的运动规律，其研究思想和方法也适用于连续介质系统。

F.1.2 课程体系形成史

理论力学课程体系的形成大约在 20 世纪 30 年代至 40 年代。此前，1811 年泊松的《力学教程》(法文)奠定了理论力学的教学体系。阿佩尔的 5 卷《理性力学》(1896 年第一版，1953 年第六版)之第一、二卷更接近现今的理论力学。20 世纪 30 年代以来，苏联出版了多种理论力学教材，作者分别为洛强斯基和路里叶(1934)，蒲赫哥尔茨(1939，第二版)，苏斯洛夫(1946)等。在中国较早的有范会国所著(1951)和周培源所著(1952)。20 世纪 50 年代一批苏联的理论力学教材相继翻译出版。20 世纪 60 年代，中国自行编写的几种理论力学教材相继出版。20 世纪 80 年代，朱照宣、周起钊、殷金生编写了《理论力学》(1982)，其后陆续有“九五”至“十二五”国家级规划教材《理论力学》问世。

F.2 基本概念、原理与方法

牛顿运动定律是在观察和实验的基础上发现的，可以作为理论力学中数学演绎的基础，以此构建牛顿力学体系。在牛顿力学体系中，唯有力可以改变运动，约束被归结为力的作用。牛顿运动定律(牛顿第二定律)给出了在惯性参考系中力与加速度之间的关系，即动力学基本方程。牛顿力学就是围绕这个方程展开的。应当指出，变分原理也可以作为理论力学中数学演绎的基础，以此构建分析力学体系。

① 推荐阅读文献：李俊峰. 理论力学 [M]. //中国大百科全书（第三版）总编辑委员会. 中国大百科全书 · 力学. 3 版. 北京: 中国大百科全书出版社, 2023: 327–329.

从研究的方法论角度看，理论力学包括牛顿力学和分析力学。牛顿力学以牛顿运动定律为基础，由于很多重要物理量都是矢量，普遍采用几何方法，因此，牛顿力学也称为矢量力学或者几何力学。分析力学以变分原理为基础，更多使用高等分析方法。

从研究的科学规律角度看，理论力学可以分为：静力学、运动学与动力学。静力学研究作用于物体上的力系的简化及平衡。运动学从几何角度研究物体的运动描述与特性，不涉及力。动力学研究物体运动与力之间的关系，是理论力学的核心内容。

F.3 静力学

在静力学中，人们研究动力学基本方程中加速度为零的特殊情况，也就是研究速度为常矢量的平衡状态。若选择适当的惯性参考系使速度矢量等于零，平衡状态就是静止状态。

静力学研究物体保持静止状态时作用力应满足的条件，即**平衡方程**。这些平衡方程是自由刚体保持原有的平衡状态（静止状态）的充分必要条件。对于受约束的刚体，必须假想解除刚体所有外部约束并代之以**约束力**，将约束力也计入力系，这样即可使用自由刚体的平衡方程。对于变形体或者刚体系，平衡方程仅仅是其保持平衡的必要条件，不再是充分条件。在作为平衡必要条件应用平衡方程时，可以假想变形体或刚体系是刚体，即将其刚化。

为了便于处理很多力（即**力系**）同时作用的情况，静力学中通常还研究**力系等效**、力系简化的问题。在理论力学中以刚体模型为主要研究对象，可以得出一系列力系简化的方法和结果。例如，作用在刚体上的一般力系，当**主矢量**与**主矩**的数量积（点乘）不等于零时，可以简化为力螺旋。人们拧螺钉时施加在螺丝刀上的力系可等效为一个力螺旋，它使螺钉从静止开始产生螺旋运动。在严格意义上，力系等效、力系简化都属于动力学问题。用刚体动力学方程或者变分原理，可以给出力系等效、力系简化的一般方法和结果。这些结果也可以在动力学中应用。在理论力学中还可以利用**静力学公理**（类似几何公理）分别演绎出各种特殊力系的等效、简化的特殊方法和结果。

静力学是动力学的基础，也是动力学的特殊情况，但其本身有独立存在的价值。静力学在工程技术中具有广泛应用。例如在设计房梁的截面时，一般须先根据平衡条件由梁所受的规定载荷求出未知的约束力，然后再进行梁的强度和刚度分析。

F.4 运动学

运动学只研究物体运动的描述及运动学量之间的关系，不考虑运动变化的原因（力），也不考虑物体的质量。运动学的首要任务是描述物体相对所选参考系的运动，重点研究物体的轨迹、位移、速度、加速度等运动特性。描述物体运动的一般方法是首先建立描述运动的运动方程（即位置与时间的函数关系），然后通过对时间求导数获得速度、加速度等，分析运动特征。运动学是动力学的基础，但其本身有独立存在的价值，如在机械设计中广泛使用运动学知识分析或设计各类机构的运动。

在理论力学中，运动学以刚体作为主要研究对象，研究其运动的描述方法，以及如何根据为数不多的刚体一般特性来确定刚体上每个点的运动，研究刚体的**角速度**、**角加速度**与刚体上点的**速度**、**加速度**之间的关系。

F.4.1 刚体位移

刚体从一个方位变化到另一个不同的方位，称为刚体位移。若刚体上所有点的位移在几何上都相等，则称该刚体位移为平动位移；而绕某个固定轴旋转得到的刚体位移则称为转动位移。由转动位移和沿着转动轴的平动位移共同组成的刚体位移称为螺旋位移。关于刚体位移有如下 3 个重要结论：

（1）最一般的刚体位移可以分解为随任选基点的平动位移和绕通过该基点的某个轴的转动位移。选择刚体上不同的点为基点，这种分解不是唯一的。对应不同基点的平动位移将会不同，但转动位移的转轴方向和转角不依赖于基点的选择。这就是夏莱定理。

（2）最一般的刚体位移是螺旋位移，即莫茨定理。

（3）有一个固定点的刚体的任意位移，都可以通过某个转动位移实现，该转动位移的转轴经过刚体的固定点。这就是著名的欧拉定理。

F.4.2 刚体角速度、角加速度及刚体上点的速度、加速度

观察刚体上各点的速度，如果某时刻刚体所有点的速度相同，则刚体作瞬时平动；如果某时刻刚体或其延拓部分上某直线上各点速度为零，则刚体作瞬时转动；如果某时刻刚体参与两个运动（即沿着某个轴作瞬时平动的同时绕该轴作瞬时转动），则刚体作瞬时螺旋运动。自由刚体最一般的运动是螺旋运动。

刚体的角速度和角加速度是刻画刚体整体运动的基本物理量。刚体上任意两点的速度可以通过角速度建立关系式，刚体上任意两点的加速度可以通过角速度、角加速度建立关系式。刚体的角速度和角加速度本质上是二阶反对称张量，但通常情况下，也可以用矢量表示，既方便计算，也容易与点的圆周运动角速度、刚体定轴转动的角速度等衔接。需要说明的是，对于点的圆周运动和刚体定轴转动，角速度的大小就是某个随时间变化的角度对时间的导数；而对于刚体一般运动和刚体定点运动，不存在一个随时间变化的角度，其对时间的导数恰好就等于角速度的大小。

F.4.3 刚体的特殊运动分类

刚体定点运动、刚体平面运动、刚体定轴转动、刚体平动都是刚体一般运动的特例。其中，刚体定点运动也称**刚体定点转动**，是三维空间中的刚体运动。由于刚体一般运动可以分解为刚体随基点的平动和绕基点的定点运动，而刚体平动在运动学中可以归结为点的运动，很容易处理，因此刚体运动学的难点归结于定点运动。另外，刚体定点运动在航空、航天等工程技术中有重要的应用价值，例如飞机、卫星的姿态运动就是绕质心的定点运动。刚体定点运动的常用描述有欧拉角、四元数、方向余弦矩阵等。著名的欧拉运动学方程给出了用欧拉角及其导数表达的刚体定点运动角速度在刚体固连坐标系中的分量，在航天器姿态控制中有重要应用。

F.4.4 复合运动方法

复合运动方法可将复杂运动分解为多个比较简单的运动来研究。复合运动理论主要有**速度合成定理**、**加速度合成定理**、**角速度合成定理**、**角加速度合成定理**等。

点的复合运动研究 3 个运动的关系：动参考系相对定参考系的运动、动点在动参考系中的相对运动、动点在定参考系中的运动。其中第一个运动是整个参考系的运动，属于刚体运动；后两个是点的运动。为了研究动点在两个参考系中的速度、加速度之间的关系，假想在动参考系中有一个牵连点，它的速度、加速度都是由于动参考系相对定参考系的运动引起的。速度合成定理给出动点的两个速度与牵连点速度的关系。加速度合成定理则给出动点的两个加速度与牵连点加速度的关系，其中还涉及**科里奥利加速度**（即科氏加速度）。它是动点相对运动与动参考系运动耦合产生的附加项，并没有与之相对应的速度和位移。

刚体复合运动研究 3 个运动的关系：动参考系相对定参考系的运动、刚体在动参考系中的相对运动、刚体在定参考系中的运动。这 3 个运动都是刚体运动，其核心问题是 3 个角速度、3 个角加速度之间的关系，由角速度合成定理、角加速度合成定理给出。

复合运动方法在研究复杂系统的运动时非常有效。

F.5 动力学

动力学是以动力学基本方程为基础研究力与运动的关系，基本内容包括质点动力学、质点系动力学、刚体动力学等。以此为基础发展出了天体力学、振动理论、运动稳定性、陀螺力学、外弹道学、变质量力学、多刚体系统动力学等。动力学在航空、航天等工程技术中有广泛的应用，例如飞机、火箭、卫星等在设计、制造、测试和飞行中都需要以动力学分析作为支撑。

F.5.1 质点与质点系动力学

研究自由质点与自由质点系的动力学问题，可以直接应用动力学基本方程，也可以运用由此方程导出的**动量定理**、**动量矩定理**、**动能定理**等。**二体问题**和**三体问题**是自由质点系动力学的典型例子。二体问题是指两个质点在万有引力作用下的运动问题，可化为一个等价的单个质点动力学问题。天体力学中的双星、行星及其卫星，以及太阳系的每颗行星与太阳等，都可以近似地归结为二体问题，故天体力学中很多研究均以二体问题为基础。三体问题是指以万有引力为相互作用力的 3 个质点的运动问题。二百多年来，有很多著名学者研究三体问题的一般理论，但至今未得到解决。对有特殊限定条件下的三体问题（如限制性三体问题），已经有不少研究成果，在人类探测月球的深空飞行任务设计与测控中得到了应用。

研究非自由质点与非自由质点系的动力学问题，可以假想解除所有约束并代之以**约束力**，将约束力也计入力系，再应用动力学基本方程。但这种方法可能会导致动力学方程的数目远大于自由度，加大求解工作量。更有效的方法运用质点系的**动力学普遍定理**（动量定理、动量矩定理、动能定理）研究质点系的整体运动（类似刚体运动），需要处理的动力学方程的数目与自由度很接近。如果不是必须，方程中可以不出现质点系内部的约束力。对于一个自由度的问题，动能定理通常是非常有效的。

F.5.2 刚体动力学

刚体动力学是理论力学的重点。刚体一般运动的动力学方程可以利用质点系的动量定理和动量矩定理得到

$$\dot{\boldsymbol{p}} = \boldsymbol{F}_{\mathrm{R}}^{(\mathrm{e})}$$

$$\dot{\boldsymbol{L}}_C = \boldsymbol{M}_C^{(\mathrm{e})}$$

式中：$\boldsymbol{p}$ 为刚体的动量；$\boldsymbol{F}_{\mathrm{R}}^{(\mathrm{e})}$ 为作用在刚体上外力（包括约束力）的**主矢量**；$\boldsymbol{L}_C$ 为刚体对质心 C 的动量矩；$\boldsymbol{M}_C^{(\mathrm{e})}$ 为作用在刚体上外力（包括约束力）对质心 C 的**主矩**。

显然，如果刚体保持平衡（静止）状态，则这两个矢量方程的左端都为零，反之亦然。在主矢量为零的情况下，力系对任意点的主矩都相等。于是可以得出静力学中的刚体平衡方程，即主矢量为零，且对任意点的主矩为零。类似地，还可以由这两个矢量方程得到力系等效的结论。上述方程左端代表了刚体运动状态的改变，如果两个不同的力系使刚体的运动状态发生同样改变，则这两个力系的主矢量相等，对质心的主矩也相等，反之亦然。在两个力系主矢量相等的情况下，只要两个力系对某个点的主矩相等，则对任意点的主矩

也相等。于是可以得到，作用在刚体上的两个力系等效的充分必要条件为主矢量相等，且对任意点的主矩相等。

根据动量的定义，由动量定理或第一个矢量方程可以得出**质心运动定理**：质点系的质心运动和一个位于质心的质点的运动相同，该质点的质量等于质点系的总质量，而该质点上的作用力则等于作用于质点系上的所有外力平行地移到这一点上。这样，刚体质心运动完全可以归结于质点动力学。因此，刚体动力学的重点就是定点转动动力学，即研究第二个矢量方程。

刚体在重力作用下的定点转动，即**重刚体定点转动**，是理论力学的经典问题，其动力学方程很难求解。在历史上，人们经历了一百多年的研究之后发现，这组微分方程的可积情况只有三种，它们分别由欧拉、拉格朗日、柯瓦列夫斯卡娅在 1765 年、1788 年和 1888 年得到。

在刚体动力学经典问题研究的基础上，发展出多刚体系统动力学，为车辆、机器人、航天器设计和研制提供了动力学建模和计算方法，促进这些领域的技术进步，又进一步发展出多柔体系统动力学、刚–柔耦合多体系统动力学、充液体系动力学等。

F.6 牛顿力学与分析力学

早期的理论力学主要是牛顿力学；近代的理论力学则有所扩展，还包括分析力学最基础的内容。牛顿力学与分析力学的主要研究对象都是质点系，但在思想、概念、方法、工具等方面有所不同。下面着重介绍分析力学与牛顿力学相比的一些不同之处。

在分析力学体系中，力和约束都可以改变运动，不必将约束归结为力的作用。分析力学的基本思想是，首先承认约束对运动的限制，不违背约束的可能运动还有很多，甚至无穷多，然后利用一些变分原理在可能运动之中确定唯一的真实运动。在确定真实运动的变分原理中会出现**主动力**，但不会出现**约束力**。分析力学对于含约束质点系的研究更为方便，所建立的系统动力学方程组的阶数可以较少。

分析力学可以划分为分析静力学和分析动力学。分析静力学以**虚功原理**（也称虚位移原理）为基础，采用“以动求静”的思路，假想质点系从可能平衡位置发生约束允许的可能位移或**虚位移**，而真实平衡位置要求主动力在虚位移上做功为零。分析静力学的研究对象不限于刚体，可以是任意质点系。刚体作为特殊的质点系，其平衡方程很容易由虚功原理经过简单的数学推导得出。分析动力学的基础可以是**达朗贝尔原理**、**若当原理**、**高斯原理**等微分变分原理，也可以是**哈密顿原理**等积分变分原理。事实上，对于符合这些变分原理共同使用条件的质点系，它们都是等价的，可以相互推导。这些变分原理可以直接用来分析求解质点系的动力学问题，也可以由它们推导出动力学方程，例如**第二类拉格拉日方程**。

分析力学又可以划分为**拉格朗日力学**、**哈密顿力学**、**非完整力学**、**伯克霍夫力学**等。拉格朗日力学的奠基性工作是拉格朗日于 1788 年出版的《分析力学》。他应用数学分析方法解决质点和质点系（包括刚体、流体）的力学问题，提出静力学普遍方程（即虚功原理），以及动力学普遍方程（即达朗贝尔–拉格朗日原理）；引入广义坐标，采用适当的数学变换，得到动力学方程，即拉格朗日方程。因为该书完全采用数学分析形式写成，没有一幅图，故命名为分析力学。哈密顿力学的奠基性工作是哈密顿在 1834 年和 1835 年发表的两篇长论文，题名是“论动力学中的一个普遍方法”和“再论动力学中的普遍方法”。他建立了著名的哈密顿原理，使各种动力学定律都可以从一个变分式推出，将广义坐标和广义动量都作为独立变量，得到了哈密顿正则方程。在上述基础上，近代分析力学得到进一步发展，建立了非完整力学和伯克霍夫力学。

索引

注：本索引所列页码为名词术语在正文中出现的位置，一般为其释义出现的位置，或其在正文中第一次出现的位置，对多次出现的情况择要列出。

E

F

G

郑重声明

防伪查询说明